HISTOIRE

DE LA PHYSIQUE

Imprimeries réunies, B, Puteaux.

HISTOIRE

DE LA PHYSIQUE

COURS FAIT A L'UNIVERSITÉ DE BERLIN

PAR

J. C. POGGENDORFF

TRADUCTION DE MM. E. BIBART ET G. DE LA QUESNERIE

PROFESSEURS AGRÉGÉS DE L'UNIVERSITÉ

PARIS

DUNOD, LIBRAIRE-ÉDITEUR

DES CORPS DES PONTS ET CHAUSSÉES, DES MINES,

DES CHEMINS DE FER, DES TÉLÉGRAPHES ET DES INDUSTRIES MÉCANIQUES ET CHIMIQUES

49, QUAI DES GRANDS-AUGUSTINS, 49

1883

AVANT-PROPOS

C'est avec un profond sentiment de tristesse et de deuil que j'offre au public cette traduction. Nous avons été deux pour y travailler, et je reste seul pour la publier! Il y a environ trois ans, Emile-Eugène Bibart, ancien élève de l'École normale, alors professeur de physique au lycée de Nantes, plus tard au lycée de Marseille, me proposa d'entreprendre cette œuvre avec lui. Nous venions de l'achever ensemble, lorsqu'une mort prématurée enleva mon excellent collaborateur et ami (avril 1882).

Bibart estimait qu'une traduction du livre de Poggendorff serait utile en France, et il a tout fait pour qu'elle rendît les services qu'il en attendait. Non seulement il a vérifié, avec le plus grand soin, la plupart des passages d'auteurs cités par le célèbre professeur de Berlin, mais il a, de plus, ajouté à l'ouvrage original de nombreuses notes, qui sont le résultat de recherches très sérieuses.

L'autorité de Poggendorff dans le domaine de la physique nous dispense de toute recommandation de son livre. Il suffit d'en lire quelques pages pour constater la profonde connaissance que l'auteur possède de son sujet, l'étendue et la variété des recherches qu'il a dû faire pour éclaircir les points obscurs, aussi bien que la valeur des raisons sur lesquelles il fonde, en général, ses jugements.

Sans doute, certaines conclusions concernant les travaux de nos compatriotes, notamment de notre Descartes, ne sont pas exemptes de partialité, et elles ne doivent pas être admises sans réserves par les lecteurs français. Cependant nous espérons que la traduction de ce livre qui expose les développements de la physique, depuis les temps les plus anciens jusqu'au commencement du XIXe siècle, sera utile, en France, non seulement aux spécialistes, mais à tous ceux qui s'intéressent à l'histoire du progrès des sciences.

G. DE LA QUESNERIE ,
Professeur agrégé de l'Université.

Lyon, mars 1883.

NOTICE

Poggendorff, le regretté professeur de l'Université de Berlin, a, pendant une longue suite d'années, fait un cours sur l'Histoire de la Physique. Beaucoup de personnes, désireuses de le voir paraître, lui avaient demandé de le publier. A cela, il avait l'habitude de répondre que le temps lui manquait pour compléter ses notes, et pour les revoir au point de vue de la critique, travail qu'il était nécessaire de faire, selon lui, avant de les livrer à l'impression. D'autre part, il ne cessait d'amasser, pour son cours, de nouveaux matériaux, puisés aux sources les plus diverses, afin de mettre en pleine lumière tous les mérites et tous les progrès.

Le manuscrit qu'il a laissé contient l'histoire de la Physique depuis ses origines jusqu'au commencement de notre siècle : il traite aussi la période importante qui commence à *Copernic*, et, dans laquelle furent posées les bases solides des doctrines physiques modernes. Le nombre des matériaux et la connaissance approfondie des faits qu'on rencontre dans cette œuvre nous autorisent à croire qu'elle trouvera un bon accueil auprès de tous ceux qui aiment et cultivent la science dont elle traite. Ainsi sera justifiée la publication de l'ouvrage sous la forme que nous lui avons donnée. Nous n'avons rien changé au contenu ni à la disposition du manuscrit : nous en avons également respecté le style, du moins autant que le permettait l'introduction des notes que l'auteur avait cru bon d'ajouter successivement au texte. Avant tout, il s'agissait pour nous de donner le travail de Poggendorff, en lui conservant l'esprit dans lequel il a été écrit, ainsi que la forme à la fois claire et attrayante de l'exposition.

La table détaillée à la fin du volume facilitera beaucoup la recherche des noms et des faits contenus dans l'ouvrage.

W. BARENTIN.

Berlin, novembre 1878.

INTRODUCTION

En nous proposant d'exposer l'histoire de la Physique, nous nous sommes imposé la tâche de suivre, dès l'origine, le développement d'une longue série de brillantes conquêtes dues, non à la force brutale des armes, mais à la seule puissance de l'esprit, dans l'un des domaines les plus riches et les plus importants de la nature objective.

La tâche est certainement belle et utile, et plus agréable, sous beaucoup de rapports, que celle qui consiste à suivre les destinées des peuples et des empires, mais elle n'est point facile. Je ne veux point énumérer ici toutes les difficultés qu'elle comporte, lorsqu'on veut satisfaire aux exigences d'une critique rigoureuse; je n'en citerai qu'une seule, qu'un examen même superficiel permet d'apercevoir.

Celui qui veut enseigner ou apprendre une science se contente d'en connaître l'état présent; il cueille les fruits et se préoccupe peu de savoir où et comment ils ont mûri.

En histoire, c'est tout le contraire. On veut suivre l'arbre jusqu'à la racine; on veut embrasser toute son existence, depuis le premier faible germe jusqu'au moment où nous le voyons chargé de milliers de rameaux. On demande plus encore : on ne veut pas simplement voir l'arbre dans sa croissance, mais connaître ceux qui en ont pris soin comme ceux qui ont nui à son développement.

Le plus souvent, les documents authentiques manquent et les pièces douteuses abondent, de sorte qu'il est difficile de mener le travail à bonne fin. Les inventeurs et les auteurs n'ont pas toujours fait savoir comment ils sont arrivés à leurs découvertes et à leurs inventions, bien au contraire; et quand ils l'ont fait, on n'est pas toujours certain qu'ils aient exposé fidèlement le développement de leur idée. Ne se seraient-ils pas laissés aller à indiquer, comme le résultat de profondes méditations, ce qui fut peut-être simplement l'œuvre du hasard, et n'arriva qu'après de longs détours, à une forme véritablement utile?

Pour ces motifs et d'autres encore, la tâche de l'historien est très difficile, et pour le moins beaucoup plus étendue que celle du professeur. Si ce dernier se voit déjà contraint, par l'abondance des matières, à ne mettre en lumière que les points les plus importants et à s'imposer certaines limites, l'historien est soumis également à la même nécessité, surtout lorsque le temps lui est mesuré.

Ces raisons m'ont conduit à donner à cet ouvrage des bornes bien déterminées. Je ne chercherai pas à embrasser l'histoire entière de notre science, ce qui ne pourrait se faire que sous une forme abrégée et sèche ; je préfère porter mon attention sur un certain nombre de sujets, traiter les temps anciens un peu rapidement, pour exposer avec plus de développements, les temps modernes si féconds en résultats variés.

Jetons d'abord un coup d'œil sur l'histoire générale de la physique, afin de déterminer, d'une manière plus précise, l'époque à partir de laquelle nous suivrons son développement avec plus de détails.

Notre science est fort ancienne, et ses origines se perdent dans la nuit des temps. Depuis, elle a suivi dans son évolution la marche générale de l'humanité : on trouve dans ses destinées un reflet de la civilisation des différents temps et des différents peuples, dont elle pourrait, non sans raison, donner la mesure.

La Physique est un fruit de la civilisation générale, mais c'est aussi, par ses applications, un levier puissant qui aide à son développement. Grâce à cette réciprocité d'action, nous la voyons toujours marcher de pair avec le perfectionnement de la société. Nous la voyons parfois s'arrêter pour un temps plus ou moins long, ou bien se tromper de route, mais dans l'ensemble, elle ne cesse pas de progresser. De nos jours, ses progrès s'accomplissent d'une manière si continue que personne n'oserait leur assigner de terme.

En considérant les choses de plus près, on peut distinguer dans le développement de notre science, au milieu de ses fluctuations, quatre grandes époques qui représentent assez fidèlement les différentes étapes accomplies dans la connaissance de la nature.

1° L'antiquité.

2° Le moyen âge,

3° La Renaissance,

4° Les temps modernes.

Nous allons maintenant établir, d'une façon plus précise, les limites de ces époques.

I. — La première de ces périodes comprend ces temps primitifs où l'homme commence à considérer les phénomènes qui se passent autour de lui, et à méditer sur leurs causes. Elle s'étend jusqu'au moment de la migration des peuples, ou pour parler d'une manière plus exacte, jusqu'à l'invasion des Arabes en Egypte.

Cette période embrasse les travaux des Anciens, ceux des Grecs surtout, jusqu'à la conquête d'Alexandrie par les Arabes en 640, conquête qui causa la ruine de la célèbre Académie, dernier épanouissement de la science grecque.

Cette époque peut être justement nommée ancienne ou grecque.

II. — La seconde période commence avec le développement de la civilisation arabe dans le monde.

Les Arabes jouent, dans l'histoire de la Physique, comme dans l'histoire de beaucoup d'autres sciences, un rôle important. Ce n'est pas qu'ils aient beaucoup contribué à étendre le domaine des sciences physiques, mais ils gardèrent soigneusement ce qui avait survécu de la philosophie grecque. Aussi plus tard, de concert avec les Grecs qui fuyaient l'Orient, ils éveillèrent le goût des sciences naturelles chez les peuples occidentaux, qui revenaient peu à peu à la civilisation.

Cette seconde période se divise elle-même en deux autres tout aussi différentes par leur esprit que par leur importance.

A. — La première est purement arabe. Pendant près de trois cents ans, du milieu du VIIIe siècle jusqu'au milieu du XIe, les Arabes déploient en effet une merveilleuse activité. Cette période forme, dans l'histoire de ce peuple, ainsi que dans l'histoire des sciences physiques, une sorte d'oasis au milieu d'une longue série de siècles stériles. On n'a pas d'autre exemple d'un peuple qui, parvenu aussi rapidement à un certain degré de civilisation, soit retourné à sa vie primitive et à l'existence nomade qu'il mène encore de nos jours.

B. — Un siècle et demi plus tard, commence dans l'Europe chrétienne la renaissance des sciences et spécialement celle de la Physique.

C'est l'époque de la fondation des Universités dues à la transformation des écoles et des cloîtres.

Avec elle nous entrons dans la seconde moitié de la deuxième période qui s'étend jusqu'à la fin du xvi⁰ siècle.

Cette période tout entière de près de 1000 années est caractérisée par un manque complet de productions.

La plupart de ceux qui s'adonnent aux sciences naturelles, s'occupent exclusivement d'apprendre, de s'assimiler, et de répéter aveuglément ce que les Anciens ont laissé. Ils étudient la nature, non pas en elle-même, mais dans les livres. Ce n'est que dans la deuxième moitié de la période qu'on voit apparaître des tentatives isolées d'une meilleure direction, des exemples encore rares de recherches personnelles, surtout dans le domaine des Mathématiques et de l'Astronomie.

Cette seconde période est celle du moyen âge.

III. — La troisième période succède à la précédente sans transition marquée. Elle commence au moment où le besoin de progresser se fait sentir dans toute l'étendue de l'activité humaine et où des idées nouvelles cherchent à se faire jour.

On pourrait peut-être faire dater cette période à partir de Copernic, qui a donné le premier un exemple si fécond en résultats de recherches personnelles. Mais comme l'objet de ces recherches n'appartient pas à la Physique proprement dite, il est préférable de la faire commencer à Galilée; il mériterait, en effet, le titre de fondateur de la Physique, si un seul homme avait pu fonder une science aussi vaste et aussi variée.

Avec lui et par lui commence l'étude attentive de la nature, à l'aide de l'expérience et de l'analyse mathématique : et cette méthode, appliquée à la mécanique et à l'optique, conduit rapidement ces deux branches de la science à une perfection qu'elles atteignent avec Huyghens et Newton.

On peut diviser cette période en deux époques bien distinctes.

La première s'étend de la fin du xvi⁰ siècle au deuxième tiers du xvii⁰, moment où la science présente en Italie un déclin sensible. On peut l'appeler la période italienne, car elle est remplie principalement (mais non pas d'une manière exclusive) par les travaux de Galilée et de ses élèves.

A cette époque se rattache immédiatement la seconde, pendant laquelle les autres peuples de l'Europe prennent une part toujours plus active au développement de la Physique. Les Anglais et les Français surtout enlèvent aux Italiens le sceptre de la science, et le gardent longtemps sans se le voir disputer.

La fondation de la Société Royale à Londres en 1662, et celle de l'Académie des sciences à Paris en 1666, peuvent être considérées comme le moment précis où commence cette seconde époque.

La période entière embrasse environ 150 ans, jusqu'au milieu du siècle dernier, où l'influence prédominante de Newton diminue peu à peu.

La quatrième et dernière période, celle qui s'étend jusqu'à nous, suit de très près la troisième, sans qu'un nom illustre ou une découverte importante signale ses commencements. Mais dans l'espace de quelques dizaines d'années, sa direction et son caractère s'accentuent. Jusqu'alors les sciences fondées par les Anciens (la mécanique et l'optique) ont été développées et portées à la perfection, de sorte qu'on pourrait, sous un certain rapport, considérer Newton comme la clef de voûte de la physique ancienne. Mais depuis de nouveaux domaines ont été explorés, l'électricité, le magnétisme et la chimie. La science s'est enrichie d'une multitude de faits et de phénomènes; elle a pris, dans les directions les plus diverses, une étendue qu'on ne pouvait prévoir : elle a revêtu une forme toute nouvelle.

HISTOIRE

DE LA

PHYSIQUE DE POGGENDORFF

PREMIÈRE ÉPOQUE

TRAVAUX DES ANCIENS

1. — Lorsqu'il est question des travaux des anciens dans les sciences physiques, ce sont principalement et presque exclusivement les Grecs qui se présentent à l'esprit. Les Romains n'ont suivi leurs traces que de loin en loin et avec un médiocre succès. Quant aux autres peuples, Égyptiens, Chaldéens et Indiens, auxquels les Grecs empruntèrent les premiers éléments de leurs connaissances astronomiques, à l'exception de ces connaissances, nous ne savons rien de leurs travaux en physique. Ils ont sans doute fait des observations et des découvertes que nous rangeons aujourd'hui dans le domaine de la physique et de la chimie; ils les ont appliquées aux divers besoins de la vie, comme nous le voyons aujourd'hui chez des peuples plus grossiers encore. Mais il ne nous est rien parvenu de leurs études des faits, de leurs méditations sur les causes des phénomènes pour en trouver l'explication, rien, en un mot de ces recherches qui révèlent l'esprit du physicien.

Il est remarquable que ces peuples ne nous aient pas transmis une seule observation, une découverte, un progrès dans le domaine des sciences physiques, se rattachant d'une manière certaine à un individu déterminé. Tout se perd dans la nuit des temps primitifs, et ce sont tout au plus des mythes, dieux ou héros, qui nous sont présentés comme les auteurs des découvertes ou des inventions importantes. Les noms historiques ne font leur première apparition dans l'histoire des sciences physiques que chez les Grecs, et il est assez remarquable que jusqu'au commencement de l'ère chrétienne, les Grecs seuls y figurent avec honneur; il y en a une trentaine environ en six cents ans, ce qui n'est certes pas beaucoup, en comparaison de notre époque.

A part ceux-là, nous trouvons encore dans l'extrême Orient un peuple qui peut se glorifier d'avoir eu des connaissances variées en physique, et même de les avoir possédées en partie avant les peuples de l'Occident : ce sont les Chinois. Mais, pendant un grand nombre de siècles, à cause de leur isolement, les Chinois ont formé un monde à part; leurs connaissances ne sont parvenues aux peuples de l'Occident que fort longtemps après la ruine de la civilisation classique, et lorsque ceux-ci avaient déjà commencé, au moins sur quelques points, à prendre les devants. On peut donc, à bon droit, laisser les Chinois en dehors de cette période.

Maintenant, en ce qui concerne les Grecs, nous ne saurions trop reconnaître les services qu'ils nous ont rendus. Ils ont frayé le chemin; ils ont allumé un feu qui s'est éteint peu à peu il est vrai, et qui, pendant de longs siècles, a couvé sous les cendres, mais qui a suffi au moyen âge pour revivifier et réchauffer les esprits. Il est hors de doute que c'est l'étude des écrits des anciens qui donna alors la première impulsion pour des recherches nouvelles.

Ce sentiment de reconnaissance ne doit pas nous conduire toutefois à taire et à pallier leurs fautes et leurs erreurs. Nous avons emprunté aux Grecs le mot physique; mais leur physique était essentiellement différente de la nôtre. La physique des anciens Grecs avait d'autres limites et un autre objet que la nôtre, et s'en distinguait surtout par la méthode d'investigation. Elle reposait en partie, mais seulement pour la plus petite partie, sur l'observation, et s'appuyait surtout sur les spéculations de l'esprit.

En fait d'observations, les Grecs étaient passés maîtres, surtout lorsqu'il s'agissait des phénomènes que présente la nature libre. Avec l'esprit pénétrant dont ils étaient doués, s'ils avaient pu venir en aide aux sens, s'ils avaient connu la lunette, le microscope, la boussole, le chronomètre, le thermomètre et le baromètre, bref, tous nos instruments de précision les plus délicats, ils auraient sans doute fait de grandes découvertes. Mais leur physique avait surtout ce grave défaut que l'expérience, ce levier aux mille bras dont dispose la science moderne, leur était à peu près complètement inconnue. Avec l'expérience naît véritablement la recherche active et indépendante. Dans la simple observation, nous sommes pour ainsi dire passifs et obligés de nous contenter de ce que la nature nous présente par hasard, de prendre ce que la nature nous offre d'elle-même, tandis que dans l'expérimentation, nous posons nous-mêmes les questions, nous les répétons, nous les modifions, nous les faisons plus pressantes jusqu'à ce qu'enfin nous ayons obtenu une réponse satisfaisante.

L'ignorance des anciens dans l'art d'expérimenter ou le peu de développement qu'ils donnèrent à cet art, est une des causes qui arrêtèrent l'essor de leur physique. Une autre cause tout aussi influente est leur prédilection pour la spéculation pure. Partant de cette erreur radicale qu'un petit nombre d'observations simplement établies à l'aide des sens suffisait pour bâtir des théories qui devaient tout embrasser, ils se livrèrent aux spéculations les plus extravagantes, et abandonnèrent, souvent à dessein, la voie expérimentale.

On ne pourrait nier qu'ils ont souvent donné des preuves d'une grand pénétration, et que sur les sujets situés en dehors de l'expérience, comme les mathématiques, ils ont fait des découvertes importantes. Mais en ce qui concerne l'étude de la nature, ils nous ont donné la preuve irrécusable que la spéculation, lorsqu'elle ne s'appuie pas sur l'expérience, qu'elle n'est pas contenue et réglée par elle, est la plus stérile de toutes les occupations.

On a dit souvent, il est vrai, que les théories faites sur la nature par les anciens Grecs, contiennent beaucoup de vérités; mais on oublie que les anciens ont, sur un certain nombre de points, affirmé tout ce qui était possible, et que la justesse de l'une ou de l'autre de leurs assertions, ne résulte pas de leur affirmation même, mais de ce qu'elle a été prouvée plus tard par les observations et les recherches des autres. Cela est vrai surtout d'un grand nombre de leurs philosophismes sur la constitution du monde.

Ces réserves faites, on peut réellement beaucoup revendiquer en faveur des anciens, et il s'est trouvé des hommes qui l'ont fait en toute sincérité. Ainsi le Français *Dutens*, dans son ouvrage *Recherches sur l'origine des découvertes attribuées aux modernes* (Paris, 1766), a essayé d'établir que les découvertes faites jusqu'alors par les modernes, se trouvaient déjà chez les anciens, mais il vaut cependant la peine de remarquer que si *Dutens* paraît tout à fait heureux relativement aux preuves qu'il donne sur les faits connus des anciens, il ne peut cependant trouver chez eux un seul fait nouveau encore inconnu de son époque, comme si les anciens avaient su autant de choses et pas plus que les physiciens de 1766. Il est arrivé à *Dutens* ce qui est arrivé au fameux philosophe *Swedenborg*, qui, dans ses prétendues communications avec les esprits de l'autre monde, ne reçut de ces êtres supérieurs, sur les secrets de la nature, que des révélations qu'à la même époque tout autre mortel aurait pu faire.

Après ces réflexions, nous ne considérerons désormais que ce qui peut être compté aux anciens comme ayant contribué réellement à la création de la physique. Aussi ferai-je abstraction de leurs hypothèses sur la constitution intime des corps, sur la théorie des atomes qui fut, paraît-il, établie par *Anaxagore*, soutenue par *Démocrite* et *Leucippe*, et enfin développée par *Épicure*. Des hypothèses de ce genre s'imposent avec une certaine nécessité dans les recherches sur la nature des choses, et elles ont de tout temps, et jusqu'à nos jours, trouvé des défenseurs et des partisans. Mais cela m'entraînerait trop loin si je voulais examiner jusqu'à quel point elles sont indispensables, et ce que l'on gagne à traiter ces questions. Je n'en parlerai donc qu'en passant pour m'appliquer avant tout à la physique expérimentale.

Dans la physique proprement dite, les anciens ont seulement cultivé avec succès la mécanique et l'optique. Sur la chaleur, l'électricité et le magnétisme, sur l'acoustique, nous n'avons d'eux qu'un petit nombre d'observations isolées. Les connaissances météorologiques et physico-géographiques étaient plus développées chez eux, bien qu'ils n'en aient pas le plus souvent compris le rapport intime. Mais là où ils ont rendu le plus de services, c'est sans contredit dans l'astronomie, qu'ils ont enrichie d'une longue suite d'observations faites avec soin.

MÉCANIQUE

2. — Les connaissances des anciens en mécanique sont tout à fait insignifiantes et ont évidemment leur origine dans certaines machines très imparfaites qu'ils possédaient depuis longtemps et qui leur venaient en partie des Égyptiens.

Archytas de Tarente, disciple de *Pythagore* et contemporain de *Platon* (400 av. J.-C.), est cité comme l'inventeur de la vis et de la poulie [1]. Il aurait aussi construit le premier automate, une colombe volante. Mais il en est sans doute de cette colombe comme de l'aigle construit par l'astronome *Regiomontanus* et qui soi-disant aurait volé à la rencontre de Maximilien Ier lors de son entrée à Nuremberg (1489). C'était tout simplement la figure d'un aigle qui pouvait mouvoir ses ailes éployées.

Ce fut certainement *Archimède*, le célèbre géomètre, qui fit en mécanique les travaux les plus importants. Né en 287 av. J.-C. à Syracuse, il y mourut en 212, lors de la prise de cette ville par le général romain Marcellus. *Archimède* peut sans contredit être considéré comme le fondateur de la statique et de l'hydrostatique, car c'est à lui que nous devons deux propositions fondamentales de ces sciences :

1° Pour qu'un levier à bras inégaux soit en équilibre, il faut que les forces qui le sollicitent soient en raison inverse de la longueur des bras de levier.

Il comprit que de cette manière on pourrait soulever les plus lourds fardeaux, ce qui lui suggéra cette phrase bien connue : « Qu'on me donne un point d'appui et je soulèverai le monde. » — Cette proposition le conduisit aussi à la théorie importante du centre de gravité, dont il détermina la place dans quelques cas particuliers.

2° Un corps plongé dans l'eau perd de son poids un poids égal à celui de l'eau qu'il déplace.

Archimède avait trouvé cette loi en se baignant, alors qu'il cherchait le moyen de reconnaître la quantité d'argent supposé contenu dans la couronne du roi Hiéron, sans endommager cette couronne.

D'après le récit de *Vitruve*, le roi *Hiéron* de Syracuse aurait fait fabriquer une couronne d'or, qui lui sembla être d'un prix inférieur à celui qui était fixé, et il aurait chargé *Archimède* de vérifier si ses soupçons étaient fondés. Quoi qu'il en soit, *Archimède* fit de cette proposition la base de la théorie du poids spécifique et de la natation.

On doit encore à *Archimède* l'invention de nombreuses machines mécaniques et hydrauliques, quarante d'après le témoignage des anciens. Les plus connues sont la moufle, la vis sans fin et la vis d'Archimède.

Archimède est aussi incontestablement l'inventeur de l'aréomètre ou pèse-liqueurs. On a, il est vrai, attribué cette invention à *Hypatie*, la savante et

1. Young, *A course of lectures on nat. philosophy and the mechanical arts*, I, 239.

célèbre fille du philosophe *Théon*, laquelle enseigna la philosophie et les mathématiques à Alexandrie, et périt dans une émeute de la population chrétienne en 415. Cette opinion est basée sur le témoignage de *Synesius*, élève d'*Hypatie*, qui mourut en 410, évêque de Ptolémaïs en Libye. Comme il lui annonçait qu'il était dans la nécessité d'employer un hygroscope, sans doute pour reconnaître la pureté de l'eau, *Hypatie* lui recommanda l'emploi du baryllium, un aréomètre avec une échelle arbitraire [1]. Mais tout d'abord il est prouvé que le grammairien *Rhemnius Fannius Palæmon*, qui vivait au temps des empereurs *Tibère*, *Caligula* et *Claude*, par conséquent trois cents ans plus tôt, fait mention de l'aréomètre dans son poème *De ponderibus et mensuris*; en outre, dans le même poème, se trouve l'histoire de la couronne du roi Hiéron; de sorte qu'il montre par là d'une manière formelle l'origine de cette invention, qui n'était d'ailleurs plus difficile pour *Archimède*, après la découverte du théorème mentionné.

Du reste, les anciens ne connaissaient pas seulement la différence de poids spécifique des corps solides, mais aussi celle des liquides; ils savaient par exemple que le vin est spécifiquement plus léger que l'eau, et l'eau de pluie plus légère que l'eau de mer. On trouve déjà dans les écrits d'*Hippocrate* (456-366) que l'eau de pluie est la plus légère de toutes les eaux, et l'eau de pluie servit plus tard chez les anciens pour graduer les vases d'après le poids d'eau qu'ils pouvaient contenir [2]. Cependant on ne trouve chez eux aucune trace d'un exposé scientifique de ces connaissances [3].

3. — Auprès d'Archimède il convient de placer *Ctésibius* et *Héron* qui vivaient à Alexandrie 150 ans ou 120 ans avant J.-C.

Ctésibius, fils d'un barbier, serait l'inventeur de la pompe foulante. Il construisit une machine à pression d'une disposition assez compliquée, consistant en deux corps de pompe métalliques dont les fonds étaient munis de soupapes et communiquaient avec un tube qui servait à l'ascension de l'eau et qui possédait également une soupape.

De telles pompes foulantes servirent plus tard chez les Romains, au temps des empereurs, comme pompes à incendie; elles portaient le nom de *siphon*, qu'on a donné de nos jours à d'autres appareils.

Toute pompe à compression suppose nécessairement une pompe aspirante, et bien que les anciens auteurs n'aient pas parlé d'une manière précise de pompes aspirantes, il est clair cependant que celles-ci devaient être connues au temps de *Ctésibius*. Il est même certain que de petites pompes aspirantes ou seringues étaient connues au temps d'*Aristote* (384-322) et qu'elles donnèrent lieu à la fameuse théorie de l'horreur du vide, qui régna jusqu'au temps de *Galilée*, et fournit la preuve que les anciens n'avaient aucune notion de la pression atmosphérique.

Je ferai remarquer ici que ce que les anciens Grecs appellent ἀντλία dans leurs écrits, n'avait aucune parenté avec nos pompes. C'était une roue à élever

1. Busch, *Handbuch d. Erfindungen*, I, 187.
2. Voy. *Hist. de la Physique et de la Chimie*, de Hoefer, p. 133. (T.)
3. *Monatsberichte d. k. preus.* Académie, 1837. S. 173.

l'eau, une roue munie d'une corde sans fin à laquelle des seaux (ἀντλίον) étaient attachés. C'était la roue à eau des Égyptiens (des Perses?) appelée *Noria* par les anciens, répandue dès la plus haute antiquité dans toute l'Asie et apportée en Espagne par les Sarrasins. Les Européens n'ont rencontré la pompe proprement dite chez aucun peuple du monde, pas même chez les Chinois.

Ctésibius construisit en outre des horloges à eau, des clepsydres avec des roues dentées, qui furent peut-être les premières machines munies de roues dentées, à moins qu'un planétaire construit par Archimède n'en possédât déjà ; car il se pourrait aussi qu'il fût muni de poulies et de cordes. Enfin on attribue à *Ctésibius* l'invention du fusil à vent, ce qui prouverait, si cela était fondé, que les anciens connaissaient la compressibilité de l'air.

Héron[1], disciple de *Ctésibius*, encore plus connu que son maître, est l'auteur d'un grand nombre de travaux sur les mathématiques et sur la mécanique dont quelques-uns seulement sont arrivés jusqu'à nous. La sphère de *Héron* et la fontaine de *Héron*, l'éolipyle, instrument qu'on trouve encore maintenant dans les cabinets de physique, ont conservé son nom à la postérité. On sait moins

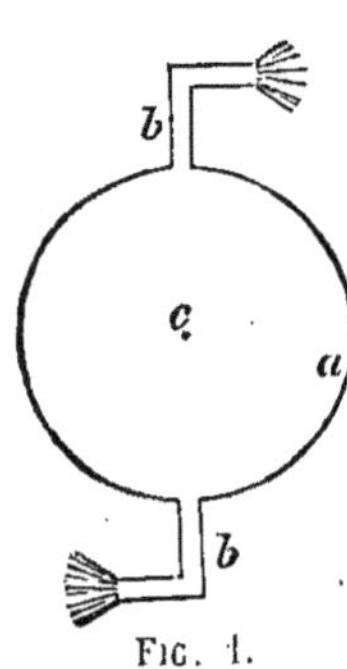

Fig. 1.

que c'est à lui qu'on doit la première application de la vapeur comme force motrice, bien que sous une forme encore très peu pratique ; il est en effet l'auteur d'une machine à réaction, appelée parfois tourniquet à vapeur dont la section horizontale est représentée figure 1. Un globe métallique creux *a* pouvant tourner autour de deux tourillons placés sur le prolongement de son axe vertical *c* porte à sa périphérie plusieurs tubes *b*, *b* recourbés dans la même direction. Si on porte à l'ébullition un liquide placé dans la sphère, la vapeur qui exerce sa pression dans tous les sens, s'échappe par l'ouverture du tuyau et l'appareil tourne dans une direction opposée. *Héron* décrit deux machines à réaction, l'une marchant à l'aide de la vapeur, l'autre par l'air échauffé ; il résulte de là qu'il connaissait aussi la dilatation de l'air sous l'action de la chaleur[2]. Tous ces appareils sont décrits dans son ouvrage, *Spiritualia seu pneumatica*, dans lequel se trouve aussi le siphon, qui était par conséquent connu au temps de *Héron* et peut-être avant lui[3].

Pappus nous a laissé aussi un ouvrage remarquable au point de vue théorique et pratique. C'était un mathématicien de l'école d'Alexandrie, qui vivait au quatrième siècle de notre ère. C'est dans cet ouvrage que se trouve entre autres choses le célèbre théorème relatif au centre de gravité, que le jésuite *Paul Guldinus* décrivit plus tard dans son traité : *De centro gravitatis* (Viennæ, 1635-1644), comme une nouvelle découverte, et qui est d'ordinaire désigné dans les traités de mécanique sous le titre de Règle de Guldin (voy. § 152). C'est dans *Pappus* que se trouvent aussi désignées pour la première fois les

1. M. Th. H. Martin (*Recherches sur la vie et les ouvrages d'Héron d'Alexandrie*) a établi que *Héron* a dû mourir vers le milieu du premier siècle avant notre ère. (T.)

2. *Annuaire du Bureau des longitudes*, 1829.

3. Voy. dans la *Revue scientifique* du 30 avril 1881, une étude sur le *Traité des gaz de Héron*, par M. de Rochas. (T.)

çinq puissances mécaniques : le levier, le coin, la vis, la poulie et le treuil.

Plus tard on trouve aussi des traces de connaissances plus détaillées en hydraulique. Ainsi nous possédons un ouvrage : *De aquæductibus* du Romain *Julius Frontinus* (110 après J.-C.), dans lequel nous trouvons la remarque que la quantité d'eau qui s'écoule d'un vase ne dépend pas seulement de la grandeur de l'ouverture, mais aussi de la hauteur du liquide dans le vase.

4. — En général les anciens Grecs ne s'occupèrent que de mécanique pratique et ils déployèrent dans la construction des machines beaucoup de sagacité. Les faits déjà cités en donnent la preuve.

. Le seul ouvrage de l'antiquité, qui s'occupe des principes de la mécanique, est celui d'*Aristote*, qui porte le titre : *Quæstiones mechanicæ*. C'est le plus ancien de tous, car *Aristote*, né à Stagire en Macédoine, vécut de 384-322, par conséquent cent ans avant *Archimède;* mais c'est aussi la production la plus faible du célèbre auteur. Ce traité a cependant une importance historique, à cause de la grande considération dont il jouit au moyen âge. *Galilée* commença sa brillante carrière en montrant que les propositions d'*Aristote* n'étaient point soutenables, alors que personne n'aurait osé les attaquer, en son temps du moins. Je dis en son temps, car fait assez bizarre, jusqu'au seizième siècle les doctrines d'*Aristote* furent déclarées hérétiques, ses livres brûlés même et ses partisans excommuniés.

Dans l'ouvrage mentionné se trouve pour la première fois le théorème de la composition des forces, pour le cas spécial, il est vrai, où ces forces sont rectangulaires. Ce traité contient aussi diverses considérations simples et justes, mais il nous prouve en même temps combien à cette époque un esprit même supérieur rencontrait de difficultés dans l'explication de phénomènes qui nous semblent aujourd'hui à la portée de l'intelligence d'un enfant. *Aristote* s'imaginait avoir pesé l'air, parce que par des raisonnements il était arrivé à conclure que l'air devait être pesant. Il pesa une outre d'abord déprimée et ensuite gonflée et il la trouva plus lourde dans le dernier cas. Mais il se demandait comment il se fait qu'une outre comprimée tombe au fond de l'eau, tandis qu'une outre gonflée nage à la surface bien qu'elle soit plus pesante.

De tout ce qui précède, il résulte que les connaissances des anciens étaient très bornées, ce qui sera confirmé plus loin par leurs opinions sur la constitution du monde.

OPTIQUE

5. — Leurs connaissances en optique étaient un peu plus étendues, et c'est évidemment la branche de la physique à laquelle ils s'adonnèrent le plus. Cela tient d'une part à ce que les phénomènes lumineux sont plus frappants que ceux de la mécanique, d'autre part à ce que la réduction des phénomènes en lois est dans beaucoup de cas plus immédiate et conduit à des considérations mathématiques pour lesquelles, comme on le sait, les anciens avaient une prédilection marquée.

Cependant les notions qu'ils possédaient des phénomènes lumineux étaient encore fort incomplètes, comme cela résulte déjà de leur théorie de la vision.

Tandis que nous admettons avec raison que la vision se produit par quelque chose qui arrive dans l'œil du corps considéré, ils supposaient au contraire que quelque chose émané de l'œil parvenait à l'objet. Ils admettaient que les rayons visuels palpaient l'objet regardé. Pour les anciens, la vision était une sorte de toucher.

Cette théorie se trouve presque sans exception chez les principaux de leurs philosophes et de leurs physiciens, par exemple chez *Pythagore, Démocrite, Platon, Empédocle, Épicure, Hipparque, Euclide, Lucrèce, Héron, Sénèque, Cléomède.* De temps à autre, elle est légèrement modifiée. *Empédocle,* par exemple, fait émaner des objets, de petites images qui se mêlent aux rayons visuels, et produisent ainsi la sensation de la vision. L'opinion du grand astronome *Hipparque* était semblable. Il faisait émaner les rayons visuels des deux côtés, et *Platon* se représentait la chose à peu près de la même manière.

La théorie des rayons visuels mérite de fixer l'attention, parce qu'elle a subsisté jusqu'au moyen âge, et que sa chute a marqué un changement profond dans la physique moderne. Le seul parmi les anciens qui se soit exprimé d'une manière raisonnable sur la théorie générale de la lumière, est *Aristote.* Il pense qu'il doit exister entre les objets et l'œil un milieu qui sert d'intermédiaire à la vision, tout comme le son arrive jusqu'à l'oreille par l'intermédiaire de l'air. « Si le vide existait, dit-il, nous ne verrions rien. » On sait que de nos jours on admet aussi que la vision s'effectue par l'intermédiaire d'un fluide très subtil entre l'œil et l'objet. On pourrait être tenté d'après cela d'attribuer à *Aristote* la priorité de cette théorie. Mais il suffit d'examiner plus attentivement sa manière de voir, pour abandonner cette opinion. Je suis convaincu que celui qui ne connaîtrait pas la théorie actuelle de la lumière, arriverait difficilement à la trouver dans les écrits d'*Aristote.*

On doit cependant lui savoir gré de s'être prononcé contre la théorie des rayons visuels partant de l'œil. Si l'œil était de feu, dit-il, comme l'affirme *Empédocle* et comme on le trouve dans le *Timée,* et si la vision consistait en ce que la lumière s'échappe de l'œil comme d'une lanterne, pourquoi l'œil ne verrait-il pas dans l'obscurité? C'est certainement là une remarque très juste.

L'insuffisance de la théorie de la lumière chez les anciens résulte naturellement de leur connaissance imparfaite des phénomènes lumineux ; à l'exception de quelques faits relatifs à la vision, de quelques phénomènes météoriques, ils ne connaissaient que la réflexion et la réfraction, et encore d'une manière très imparfaite.

6. — En ce qui concerne la réflexion, la connaissance empirique et simple du phénomène est aussi ancienne que l'humanité. Les premiers hommes ont certainement connu et utilisé le miroir naturel que présente la surface de l'eau tranquille comme le font encore aujourd'hui des peuples qui occupent les derniers degrés de la civilisation. Les miroirs artificiels, particulièrement les miroirs métalliques, sont aussi fort anciens. Ils étaient connus longtemps avant *Pythagore* (640-548). Ils sont déjà mentionnés dans Job et dans le 5ᵉ livre de

Moïse, et se trouvent fréquemment dans les tombeaux des momies égyptiennes. Plus tard, par exemple à l'époque de *Pline*, où les miroirs faisaient déjà partie de l'ameublement des Romains, et constituaient un objet de luxe, on les faisait le plus souvent en métal, quelquefois aussi en pierre (obsidienne) ou en verre. Les miroirs de Brindes, en étain et en bronze, étaient renommés, mais les miroirs d'argent paraissent cependant avoir été employés beaucoup plus tôt. « L'argent, dit Pline[1], a la merveilleuse propriété de réfléchir les images, ce qui a lieu évidemment, parce que l'air est renvoyé et revient de nouveau à l'œil. » Les miroirs de verre n'étaient pas étamés; ils furent inventés d'après Pline à Sidon. *Alexandre d'Aphrodisie* au deuxième siècle ainsi qu'*Isidore de Séville* au septième siècle, parlent du verre comme d'une substance très propre à faire des miroirs[2]. Les miroirs étamés sont d'une époque beaucoup plus récente.

Tous ces miroirs étaient plans, mais ce ne furent pas les seuls qu'employèrent les anciens; ils en faisaient aussi de convexes et de concaves. Ces derniers ont été très anciennement employés comme miroirs ardents. Le culte de Vesta qui existait déjà en Italie avant la fondation de Rome, par conséquent avant 753, nous en fournit une preuve. On entretenait en l'honneur de Vesta un feu qui devait toujours brûler, et si par hasard il venait à s'éteindre, on devait le rallumer avec la chaleur du soleil, comme étant le plus pur des feux, et ceci ne pouvait se faire qu'à l'aide d'un miroir ardent, à moins qu'on n'employât un verre lenticulaire.

Plutarque raconte dans la vie de Numa qu'on se servit pour rallumer le feu de Vesta d'un soi-disant scaphion : le scaphion était un verre à boire en forme de barque, semblable à un creuset, par conséquent un miroir creux plus ou moins parfait. En parlant de l'emploi des miroirs concaves chez les anciens, j'aurais dû mentionner le récit d'après lequel *Archimède*, au moyen de miroirs ardents, aurait détruit la flotte des Romains qui assiégeaient Syracuse. Mais cela est tout à fait inutile, puisqu'il résulte de toutes les discussions savantes auxquelles ce sujet a donné lieu que ce récit est une pure fiction, ou qu'il repose sur un malentendu.

Polybe qui était presque contemporain d'*Archimède* (il vécut de 204 à 121 av. J.-C.) et qui a décrit d'une manière détaillée le siège de Syracuse, ne dit rien de l'incendie en question, pas plus que *Tite-Live* et *Plutarque*.

La première mention en est due à *Lucien* de Samosate, en Syrie, et à *Galien* de Pergame qui vivaient au deuxième siècle ap. J.-C. Ils rapportent qu'*Archimède* détruisit la flotte en y mettant le feu par des moyens artificiels; mais aucun des deux ne dit d'une manière précise que des miroirs aient été employés pour cela. Le premier qui rapporte qu'*Archimède* incendia la flotte romaine à l'aide des rayons solaires est *Anthémius*, célèbre par la construction de l'église Sainte-Sophie, sous Justinien Ier au sixième siècle; mais il doutait que cela pût avoir lieu avec un seul miroir, à la portée ordinaire d'une flèche, et il proposait alors de combiner plusieurs miroirs plans, de telle sorte qu'ils réfléchissent en un

---

1. *Hist. nat.*, lib. XXXIII, cap. XLV; Wilde, *Gesch. d. Optik*, I, 66.
2. Wilde, *Gesch. d. Optik*, I, 67.

seul point tous les rayons incidents. Ce sont pour la première fois *Zonaras*, *Tzetzès* et *Eustathius*, écrivains byzantins du dixième siècle, qui mirent en circulation qu'*Archimède* aurait incendié la flotte romaine à l'aide de miroirs ardents. Depuis lors, la croyance à l'exactitude du fait s'est affermie, et les écrivains du moyen âge qui ont traité de l'optique, s'en sont beaucoup préoccupés, bien que le fait manquât de fondements historiques.

On ne saurait accorder plus de crédit au récit de *Zonaras* qui raconte que *Proclus* aurait incendié, à l'aide de miroirs, la flotte de *Vitalianus* qui assiégea Constantinople sous le règne de l'empereur Anastase (491-518). Cette histoire n'est déjà pas croyable, parce qu'*Anthémius* n'en dit rien, alors qu'il a cherché à justifier ce qu'on raconte d'*Archimède*. En outre, ce qui rend les deux événements très invraisemblables, c'est la grande difficulté de construire des miroirs creux capables de déterminer la combustion à une distance considérable, et que, d'un autre côté, à une distance moindre, il y a des moyens plus efficaces pour incendier une flotte [1].

7. Les anciens ne se sont pas seulement occupés de la réflexion de la lumière au point de vue pratique, ils se sont également appliqués de bonne heure au côté théorique de la question. Nous trouvons déjà dans l'école platonicienne, la connaissance des deux lois qui forment encore aujourd'hui la base de la catoptrique :

1° Que la lumière se propage en ligne droite dans un milieu homogène ;

2° Que dans la réflexion, l'angle d'incidence et l'angle de réflexion sont égaux, et que les deux rayons, incident et réfléchi, se trouvent dans un plan perpendiculaire à la surface du miroir.

On ne sait qui a trouvé ces deux lois, ni comment elles ont été trouvées. La première a d'abord tant de vraisemblance qu'elle a peut-être été plutôt admise que démontrée. L'autre loi n'est pas tout à fait aussi simple, elle ne se présente pas d'elle-même à l'esprit, et elle a besoin d'être prouvée. Comme les anciens savaient mesurer les angles, peut-être la découvrirent-ils en mesurant la hauteur du soleil au-dessus de l'horizon, et ensuite au-dessus de son image réfléchie par la surface de l'eau tranquille. Ces deux lois se trouvent dans un ouvrage sur l'optique attribué au célèbre géomètre *Euclide* (né à Alexandrie vers 300 avant J.-C.), ouvrage qui contient encore beaucoup de choses justes sur la réflexion et la réfraction mais avec tant d'assertions inexactes, qu'il est douteux que le célèbre géomètre en soit l'auteur.

En outre de ces deux propositions, les anciens en connaissaient encore une troisième se rapportant à la réflexion. Celle-ci n'était point si facile à observer, et développée plus complètement, elle conduit à l'une des lois les plus remarquables de la lumière.

C'est cette proposition :

3° Que la lumière, en se réfléchissant, suit toujours le chemin le plus court.

En effet, si un rayon parti de A tombe en B sur le miroir, et de là se réfléchit en passant par le point C, AB + BC est plus court que tout autre couple

1. Wilde, *Gesch. d. Optik*, I, 34, 49.

de lignes AD + DC, D désignant un point quelconque du miroir. Plus tard *Fermat* a indiqué une expression plus générale de cette loi.

On dit que cette loi nous aurait été conservée par *Héliodore de Larisse*, auteur du reste peu connu, qui vivait probablement au temps de Tibère, par conséquent au premier siècle de notre ère. Il paraît cependant que ce serait son fils *Damianus* qui aurait écrit l'ouvrage en question, composé dans tous les cas après l'optique de *Ptolémée*[1]. Quant au théorème lui-même, il vient du célèbre *Héron d'Alexandrie* qui a écrit également un livre sur la mesure des angles et des hauteurs, dans lequel se trouve déjà un hodomètre[2].

8. — Telles furent les connaissances des anciens sur la réflexion. Quant à la réfraction, c'est encore un phénomène si commun qu'il ne pouvait échapper longtemps à l'observation. C'est sans nul doute une remarque fort ancienne, qu'un aviron plongé obliquement dans l'eau semble brisé.

On a souvent douté que les anciens connussent les verres ardents, mais ces doutes ne sont point fondés : on trouve plusieurs indications qui rendent le fait incontestable. Mais on n'a pu déterminer quelle forme avaient ces verres brûlants, si c'étaient des sphères de verre, des segments de sphère ou des lentilles proprement dites. Il résulte déjà de la lecture d'*Aristophane* que ces verres étaient très anciens. Ce poète (424 avant J.-C.) fait dire par *Strepsiade* à *Socrate*, dans la deuxième partie de sa comédie des *Nuées*, qu'il sait un moyen de se débarrasser de son créancier. *Socrate* demande comment cela peut se faire, et *Strepsiade* lui répond que lorsque le créancier lui présenterait son compte, il s'arrangerait de manière à le placer au soleil, et à faire fondre sa tablette avec un de ces verres qui servent à allumer le feu[3].

Après ce témoignage qui prouve que les verres ardents étaient fort anciennement connus, il n'est pas étonnant de voir des auteurs plus récents en faire mention et parler de leurs effets : *Sénèque* (*Lucius Annaeus Seneca*, né l'an 12 et mort l'an 66 de notre ère) connaissait parfaitement le pouvoir grossissant d'un vase rempli d'eau. Il savait aussi qu'un morceau de verre en forme de coin produit toutes les couleurs de l'arc-en-ciel ; seulement, il ne considérait pas ces couleurs comme naturelles mais comme des couleurs apparentes, semblables à celles du cou d'un pigeon et à celles que réfléchit un miroir. *Pline l'Ancien* (né 23 ans après J.-C. à Vérone, mort en 79 en observant une éruption du Vésuve), savait aussi qu'une boule de verre placée au soleil peut enflammer certaines substances, et il signale l'application qu'on a faite de ces globes pour cautériser les blessures. Le rhéteur *Lactance* (mort 325 après J.-C.), gouverneur du fils aîné de Constantin le Grand, dit qu'une sphère remplie d'eau pourrait produire l'inflammation, lors même que l'eau resterait froide.

Bien qu'ils connussent les effets de la réfraction de la lumière, les anciens en ignoraient complètement la cause. Du moins, dans les siècles qui précédèrent l'ère chrétienne, n'en connaissaient-ils pas les lois. Cela résulte entre autres de

---

1. Wilde, *Gesch. d. Optik*, 49, 60.
2. *Gilbert's Ann.*, Bd 52, S. 403.
3. On sait que les anciens écrivaient sur des tablettes enduites de cire. (T.)

la question que se pose *Aristote* : pourquoi un bâton plongé obliquement dans l'eau paraît-il brisé ?

Plus tard, les écrivains montrent déjà une connaissance plus complète du sujet. Ainsi *Cléomède* (50 ans après J.-C.) qui écrivit la « théorie cyclique des météores, » y expose une théorie de la vision, de la réflexion et de la réfraction. Il savait qu'un rayon lumineux qui passe obliquement d'un milieu dans un autre plus dense se rapproche de la perpendiculaire, et qu'il s'en éloigne au contraire lorsqu'il passe dans un milieu moins dense. *Cléomède* connaissait aussi l'expérience qui consiste à placer une pièce de monnaie au fond d'une coupe, de manière que l'œil ne puisse la voir : alors, sans changer la position de l'œil, on remplit la coupe d'eau et la pièce devient visible. Il ajoute qu'on peut encore voir le soleil même quand il est au-dessous de l'horizon, grâce à la réfraction des rayons [1].

9. — Mais de toute l'antiquité, l'homme qui a possédé les connaissances les plus étendues et les plus approfondies sur l'optique est *Claude Ptolémée*, qui a fait aussi époque dans la science comme astronome et comme géographe.

Ptolémée naquit en l'année 70 ou 77 à Ptolémaïs en Égypte, et non pas à Péluse comme quelques auteurs l'indiquent; il mourut en 147, à Alexandrie, où il avait passé la plus grande partie de son existence, faisant des observations et composant des ouvrages. Ce n'est pas ici le lieu de parler d'une manière détaillée de ses travaux astronomiques et géographiques; je ferai seulement remarquer que *Ptolémée* a créé ou développé le système qui porte son nom, et d'après lequel la terre occupe le centre du monde. Cette doctrine a prévalu pendant près de quinze cents ans sans subir la moindre atteinte, et même lorsque *Copernic* l'eut réfutée d'une manière complète, elle trouva encore des partisans et des défenseurs. C'est aussi à *Ptolémée* que nous sommes redevables de la seule méthode permettant d'établir exactement la position géographique d'un lieu, à savoir par l'observation de sa latitude et de sa longitude. Il est vrai qu'à cause de l'inexactitude des mesures, il lui arriva parfois de faire de cette méthode des applications erronées.

Ce même *Ptolémée* a également laissé sur l'optique un ouvrage qui, à un certain point de vue, est un des plus remarquables de toute l'antiquité, soit en ce qui concerne la physique, soit en ce qui a spécialement rapport à l'optique. Pendant longtemps on n'a connu cet ouvrage que d'après les citations des auteurs du moyen âge, et on le croyait perdu, lorsque de nos jours on en a trouvé, tant à Oxford qu'à Paris, des manuscrits en latin traduits de l'arabe. Ils portent le titre de : *Ptolemaei opticorum sermones quinque.* C'est à l'astronome français *Delambre* que nous devons de mieux connaître leur contenu dont il a donné une analyse détaillée dans la *Connaissance des temps* pour 1816.

Cette analyse nous montre que l'ouvrage de *Ptolémée* embrassait toutes les branches de l'optique alors connues : la théorie de la vision, la réflexion, la théorie des miroirs plans et concaves, et enfin la réfraction.

Le cinquième livre traite de la réfraction. C'est de tous les documents sur la physique des anciens, un des plus remarquables en ce que nous y trouvons

1. Wilde, *Gesch. d. Optik*, I, 59.

décrites des expériences qui sont toujours très rares chez eux, comme nous le savons déjà, et surtout très imparfaites. Connaissant celle que décrit *Cléomède*, et sachant qu'un rayon de lumière tombant obliquement sur un corps transparent est dévié de sa direction, il cherche à mesurer cette déviation dans le cas où la lumière passe de l'air dans l'eau et dans le verre, et du verre dans l'eau: *Ptolémée* n'avait cependant aucune connaissance de la loi de la réfraction. Il mesura et donna les angles des rayons lumineux dans les deux milieux avec la perpendiculaire à la surface de séparation, sans en tirer de conséquences. A l'aide des angles qu'il indiquait, on a cependant calculé les indices de réfraction, et on a ainsi trouvé que les valeurs qu'il donnait étaient en moyenne assez rapprochées de la vérité :

Réfraction de l'air dans l'eau : $\dfrac{1}{0,76}$ $\left(\text{d'après } Newton : \dfrac{1}{0,74}\right)$.

— de l'air dans le verre : $\dfrac{1}{0,67}$ $\left(\text{d'après } Newton : \dfrac{1}{0,65}\right)$.

— du verre dans l'eau. $\dfrac{1}{0,88}$.

Ptolémée n'a pas connu davantage la dispersion ou séparation des couleurs.

10. — Abordons maintenant les phénomènes lumineux atmosphériques. Nous ne trouvons encore chez les anciens que des connaissances tout à fait primitives de ces phénomènes. *Ptolémée* connaissait la réfraction astronomique. Il savait qu'au zénith, il n'y a aucune déviation du rayon lumineux, mais que, pour toutes les autres parties du ciel, la réfraction augmente la hauteur du soleil, de la lune et des étoiles, et cela d'autant plus que ces astres sont plus près de l'horizon, de sorte que les étoiles circumpolaires ne décrivent pas réellement des cercles. Bref, il savait que les rayons lumineux qui entrent obliquement dans l'atmosphère sont déviés de la ligne droite et rapprochés de la verticale.

Après avoir fait un grand nombre de mesures, il calcula même des tables de réfraction. Il considérait la hauteur de l'atmosphère comme inconnue; mais il pensait qu'elle devait s'étendre jusqu'à la lune.

La connaissance de la réfraction astronomique est indispensable aux astronomes, car sans elle, ils ne pourraient déterminer avec exactitude la hauteur des astres, et c'est ce besoin qui fit que 100 ans après J.-C., on étudia d'une manière plus précise les effets de la réfraction ordinaire. Par contre, d'autres phénomènes dont l'étude ne présentait pas un intérêt immédiat, ont été fort négligés; par exemple, le plus brillant et l'un des plus fréquents de tous, l'arc-en-ciel.

Aristote connaissait l'arc-en-ciel tout comme les couronnes et les halos autour du soleil et de la lune, sans parler des parhélies et des parasélènes qui se produisent au point d'intersection de ces couronnes et de ces halos.

Il connaissait aussi l'arc-en-ciel supérieur, aussi bien que l'arc-en-ciel lunaire. Il a su indiquer pourquoi ce dernier est si rare et ne se produit qu'au moment de la pleine lune. Il savait aussi que la hauteur de l'arc-en-ciel dépend de la hauteur du soleil, qu'elle est d'autant moins grande que le soleil est plus élevé, et que c'est pourquoi en été et en plein jour, il ne pouvait y avoir d'arc-en-ciel en Grèce. Enfin, il savait aussi qu'on produit artificiellement un arc-en-ciel lorsqu'en frappant l'eau d'un aviron, on fait jaillir l'eau tout alentour en tournant le dos au soleil.

Mais, bien qu'il connût les circonstances dans lesquelles l'arc-en-ciel se produit, il ne se représentait pas sa formation d'une manière exacte. Il expliquait en effet l'arc-en-ciel par une multitude d'images imparfaites du soleil produites sur le nuage, et faisait provenir les couleurs de la réflexion. Les rayons les plus obliques, pénétrant moins dans le nuage, étaient réfléchis plus fortement et produisaient la couleur la plus vive, le rouge. Il faisait donc provenir les couleurs, dont il ne distinguait d'ailleurs que trois, d'une réflexion incomplète.

Les connaissances de *Sénèque* ne valaient guère mieux. Il considérait l'arc-en-ciel comme une image solaire allongée, réfléchie sur un nuage creux et humide, et qui paraissait plus grande que le soleil lui-même, parce que tout paraît plus grand dans l'eau. Il comparait les couleurs avec celles que présentent les morceaux de verre en forme de coin; mais il pensait qu'elles consistaient en ce que des rayons solaires de différente force se mélangeaient avec la couleur du nuage.

Les anciens connaissaient aussi des phénomènes plus rares, comme la réfraction terrestre, ou mirage, phénomène qui, dans les climats plus chauds de l'Asie et de Afrique, est plus commun qu'en Grèce ou en Italie. Aussi en est-il souvent question dans les poèmes arabes, persans et indiens. Il porte en sanscrit le nom de soif (désir) de l'antilope[1].

Pomponius Mela raconte qu'en Mauritanie, au pied de l'Atlas, il y a des contrées où, au milieu des montagnes, des fantômes imitent les mouvements des hommes. *Pline* cite une région de la Scythie où on voyait dans l'air de grandes troupes d'hommes et de moutons. Il est étonnant que les anciens aillent chercher des exemples si loin quand ils pouvaient en trouver si près d'eux. *Facellus* en rapporte cependant un qui se produisit en Italie ou en Sicile[2].

Telles étaient les connaissances des anciens dans le domaine de l'optique. Elles ne peuvent encore prétendre au nom de science, mais elles en contiennent les premiers germes et, en tous cas, elles surpassent de beaucoup ce qu'ils savaient dans les autres branches de la physique, où ils ne possédaient que des notions défectueuses et sans aucun lien.

ACOUSTIQUE

11. — Les connaissances des anciens en acoustique, bien que très bornées, n'étaient point dépourvues d'un caractère scientifique : elles tiraient leur origine de la musique qui fut cultivée de très bonne heure et qui atteignit plus tard un certain degré de perfection. Le nom qn'il convient de citer ici est surtout celui de *Pythagore*, fondateur de cette célèbre école de Crotone dans l'Italie méridionale, d'où sortirent tant d'idées ingénieuses.

Pythagore naquit à Samos, vers 580 avant Jésus-Christ et mourut de faim à Mé-

---

1. Humboldt, VI, 83.
2. Gilb., *Ann.*, XVII., 184.

gapontum dans le temple des Muses en l'an 509. On raconte qu'un jour, passant devant une forge, il fut surpris d'entendre les marteaux des ouvriers marquer la quarte, la quinte et l'octave. Il pensa que les poids différents des marteaux étaient la cause de l'harmonie des sons; il entra, examina les marteaux, et trouva que le marteau qui donnait l'octave le plus élevé avait la moitié du poids du plus lourd, que celui qui donnait la quinte avait les $\frac{2}{3}$, et celui qui donnait la quarte les $\frac{3}{4}$. Lorsqu'il revint chez lui, il tendit une corde verticalement et en chargea l'extrémité de différents poids. Il aurait alors trouvé que, pour produire à l'aide de cette corde, l'octave, la quinte et la quarte, il fallait suspendre des poids qui fussent entre eux dans le même rapport que les marteaux.

Ce récit peut paraître plausible; mais il a été ou bien inventé de toutes pièces ou bien entièrement défiguré. Pour produire la quarte, la quinte et l'octave, la tension restant la même, les longueurs de la corde doivent être dans les rapports $\frac{3}{4}$ $\frac{2}{3}$ $\frac{1}{2}$; ou bien, si la longueur reste la même, les poids doivent être dans les rapports $\frac{16}{9}$ $\frac{9}{4}$ $\frac{4}{1}$, car les nombres de vibrations sont entre eux comme les racines carrées des poids tenseurs, et en raison inverse des longueurs de la corde.

Cependant, il est tout à fait certain que *Pythagore* et ses disciples se sont beaucoup occupés de la gamme et de ses divisions; c'est lui en particulier qui aurait ajouté à la lyre, qui n'avait jusqu'alors que sept cordes ou tons, le huitième ton ou octave.

Aristote, lui aussi, possédait quelques notions d'acoustique. Entre autres, il savait que c'est l'air qui transporte le son jusqu'à l'oreille; qu'un tuyau ou une corde pour donner un son à l'octave doit avoir une longueur égale à la moitié de la longueur de la corde ou du tuyau qui donne le son fondamental. Toutefois cette dernière remarque a été faite par *Pythagore* ou par ses disciples[1]. On trouve encore chez *Aristote* la remarque intéressante que le son se propage mieux, et à une distance plus grande, la nuit que le jour, et mieux en hiver qu'en été. Voici comment il explique ce phénomène : cela résulte, dit-il, de ce que, par suite de l'absence de la chaleur, tout devient plus calme et plus attentif, car le soleil est le principe de tout mouvement[2].

LA CHALEUR

12. — Nous allons voir que, dans ce domaine, les anciens n'ont encore fait aucun progrès au point de vue de la science pure. Leurs connaissances se bornent ici à de simples données empiriques sur les phénomènes journaliers de la congélation, de la fusion, de l'ignition, de l'évaporation, de l'ébullition; au développement de la chaleur par la combustion, le frottement, la concentration

1. Young, *A Course of lect.*, I, 404.
2. Humboldt, *Gilb. Ann.*, Bd 65, S. 41.

des rayons du soleil; à la production du froid par l'évaporation; à la dilatation de l'air et de la vapenr par la chaleur.

Malgré cette connaissance incomplète des faits, ils ne manquaient pas d'hypothèses. Nous les trouvons principalement dans *Aristote* et dans *Épicure*. Le premier faisait de la chaleur et du feu un élément particulier, le plus subtil de tous, et formé de particules en mouvement extraordinairement petites. Le dernier enseignait que la chaleur provenait d'émanations enflammées.

Ces quelques indications montrent clairement qu'il n'y a pas ici la moindre trace de recherches scientifiques sur les phénomènes produits par la chaleur. Ces recherches n'ont commencé et ne pouvaient commencer qu'après l'invention du thermomètre.

ÉLECTRICITÉ

13.—Cette absence de recherches est encore plus complète en ce qui concerne l'électricité, bien que les anciens en aient connu quelques phénomènes de très bonne heure. D'après l'opinion générale, la première observation d'un phénomène électrique aurait été faite par *Thalès*, l'un des sept Sages de la Grèce, né à Milet en 640, et qui mourut de vieillesse en 548, pendant qu'il assistait aux jeux olympiques. C'est lui qui aurait constaté pour la première fois l'attraction que l'ambre frotté exerce sur les corps légers. Lors même que l'authenticité du fait ne serait pas établie, l'observation présenterait cependant un intérêt en ce que l'ambre s'appelait en grec *électron*, d'où dérive le mot électricité.

D'après *Kratzenstein*, le nom viendrait de l'arabe *elek* (*adhæret*); d'après *Buttmann*, au contraire, de ἕλκειν, attirer. De là l'ambre aurait reçu le nom de ἕλκτρον, la pierre qui attire, d'où plus tard Ἤλεκτρον. A cause de l'attraction que l'ambre frotté exerce sur la paille, les brins de fil, les feuilles et autres corps légers, les Syriens appellent cette pierre le voleur, les Perses le voleur de paille, *Karuba*, d'où vient le mot *carabe* par lequel ils désignent encore aujourd'hui l'ambre jaune. En français, le nom trivial est tire-paille. Le nom allemand *Bernstein* ne rappelle pas les propriétés de la substance, mais sa combustibilité; il vient du bas-allemand *bernen*, brûler, briller. Le mot *Agtstein*, synonyme de *Bernstein*, a le même sens, il vient de l'ancien mot *aiten*, brûler (Heyse). Quelques puristes ont voulu remplacer les mots tirés du grec *électron*, par des mots tirés de l'allemand : ainsi *electrisiren* par *beagtsteinkräftigen* et *Electrisirmaschine* par *Beagtsteinkräftigungs-Rüstzeug*. Ces propositions ont été faites très sérieusement par un électricien de mérite, l'abbé *Hemmer*, qui mourut en 1790 conservateur du cabinet de physique du prince palatin à Mannheim, mais elles sont naturellement demeurées à l'état de proposition.

Pendant longtemps, l'ambre jaune fut le seul corps dont on connut la propriété d'attirer les corps légers après avoir été frotté. Quelques centaines d'années plus tard, cette propriété fut aussi découverte dans le lynkurion par *Théophraste*, le plus célèbre minéralogiste de l'antiquité, né à Érèse dans l'île de Lesbos en 371, mort en 286. Mais on ne sait pas quel est le minéral désigné sous le nom de lynkurion. Les anciens racontent qu'il provenait de l'urine de lynx, ce qui lui fit aussi donner le nom de pierre du lynx.

Plus tard, un grand nombre de savantes recherches ont été faites sur le lynkurion et un électricien anglais, le docteur *Watson*, a soutenu que c'était notre tourmaline. Mais les propriétés que *Théophraste* attribue au lynkurion, la couleur, la dureté, la faculté d'être poli, conviennent à la tourmaline aussi bien qu'à beaucoup d'autres pierres précieuses, et *Théophraste* aurait été un très médiocre observateur s'il n'avait pas remarqué dans la tourmaline, qui ne s'électrise que très faiblement ou même pas du tout par le frottement, une propriété par laquelle elle a fait époque dans l'histoire de l'électricité, c'est la propriété qu'elle possède de s'électriser par échauffement. On aurait de meilleures raisons de considérer le carbunculus de Pline comme une tourmaline, car le célèbre auteur de l'*Histoire naturelle* dit de cette pierre, qui n'est pas d'ailleurs plus connue, qu'elle possède la propriété d'attirer les corps légers, soit qu'elle ait été frottée, ou simplement chauffée par le soleil.

Notre tourmaline n'était certainement pas connue des anciens, et c'est des Indes, de Ceylan, que nous avons appris à la connaître. Les Hollandais la rapportèrent en 1703 sous le nom de turmalin, turnamal ou trip. Ils lui donnèrent eux mêmes le nom de tire-cendres parce qu'ils avaient remarqué que cette pierre attirait les cendres légères d'un feu de tourbe, et les repoussait quelque temps après. La première mention de ce fait se trouve dans l'écrit : *Curiose Speculationen bei schlaflosen Nächten von einem Liebhaber, der immer gern speculirt, Leipzig,* 1707, écrit dans lequel l'auteur anonyme fait la remarque très juste que la pierre chauffée pouvait attirer bien d'autres objets que des cendres[1].

D'après tout cela, il n'est donc pas démontré que le lynkurion soit notre tourmaline. Il est beaucoup plus vraisemblable que cette pierre est notre hyacinthe, opinion qui de nos jours a été adoptée par un grand nombre de physiciens. Cette idée a été émise pour la première fois par l'évêque *Epiphanios* dans son livre sur les douze pierres précieuses de la robe d'Aaron. Celui-ci s'appuie sur la raison peu concluante, il est vrai, qu'il n'a pu trouver le mot lynkurion dans la Bible, qu'il paraît prendre pour un traité de minéralogie.

14. Il n'est pas besoin de mentionner d'une manière spéciale que les anciens devaient avoir connaissance des phénomènes électriques de l'atmosphère. Ils sont dans les pays méridionaux si fréquents et si frappants qu'ils ne peuvent échapper à personne. Mais en dehors des orages, les Grecs et les Romains, connaissaient aussi un phénomène électrique beaucoup plus rare, celui que nous nommons aujourd'hui le *feu Saint-Elme*. Ce phénomène consiste en aigrettes lumineuses qui s'échappent de la pointe des mâts, des tours, des branches d'arbres et des buissons et même des poils des hommes et des animaux. Il en est fait très souvent mention chez les anciens et parfois d'une manière très caractéristique.

On lit dans l'histoire de la guerre d'Afrique de César, chapitre XLVII (*Commentaires*) : « Tout à coup il s'éleva un orage de pierres (ou de grêle?) d'une

---

1. Beckmann, *Beiträge*, I, 241.

violence extraordinaire et dans la même nuit les pointes des piques de la cinquième légion s'illuminèrent. » *Tite-Live* rapporte des faits semblables. Il dit (lib. XXII, chap. i) : « En Sicile, les piques des soldats brillèrent, et les côtes s'illuminèrent en nombre de points ». Plus loin (lib. XXXIV, chap. xlv) : « Sur le Forum, dans le Comitium, et au Capitole, on vit des gouttes de sang, il tomba plusieurs fois une pluie de terre et la tête de Vulcain était lumineuse. »

Pline compare le feu Saint-Elme aux étoiles. Il dit (lib. II, chap. xxxvii) : « Il y a des étoiles sur terre et sur mer. J'ai vu moi-même une lumière semblable à celle des étoiles s'attacher aux piques des soldats en faction pendant la nuit. Ces étoiles s'attachent aussi aux vergues et sur les autres parties des navires avec un bruissement particulier, et voltigent d'une place à l'autre comme des oiseaux. Quand elles se produisent isolément, elles sont funestes, elles transpercent le navire, et lorsqu'elles sont arrivées à fond de cale, elles incendient la quille. Quand elles sont doubles, au contraire, elles sont d'un bon augure, elles présagent un heureux voyage et leur apparition met en fuite la redoutable Hélène (le météore précédent). C'est pourquoi on appelle ces deux étoiles Castor et Pollux, et sur mer on les invoque comme des divinités. Ces étoiles illuminent aussi parfois la tête des hommes pendant la nuit et elles présagent alors de grands malheurs. Mais la cause de tous ces faits est inconnue; elle reste cachée dans la majesté de la nature. »

Ce dernier passage dans lequel *Pline* avoue qu'on ignore la cause de ces phénomènes est important pour l'histoire de la physique, en ce qu'il prouve que les anciens ne possédaient aucune notion de l'électricité.

Cependant il s'est trouvé de nos jours un physicien qui attribue aux anciens une connaissance des plus complètes de l'électricité et qui pense même que ces connaissances possédées dans les temps antiques ne se perdirent que plus tard à l'époque de *Pline*[1]. Cet auteur ajoute que le paganisme tout entier ne proviendrait que d'une interprétation erronée des connaissances des peuples primitifs sur la nature. Il cite par exemple le passage où il est question de la double étoile qu'on nomme Castor et Pollux; il l'explique en disant que les anciens avaient voulu désigner par là les deux électricités, et il appuie cette affirmation sur différentes figures mythologiques dans la disposition desquelles il croit voir une allusion à la connaissance de deux pôles contraires en électricité.

Il serait trop long et inutile d'exposer et de réfuter la théorie de ce physicien. Je me contenterai de faire remarquer que la double étoile désignée par *Pline* sous le nom de Castor et Pollux et qui devait, d'après l'interprétation mythologique représenter les deux électricités contraires, n'a jamais été observée de nos jours dans le feu Saint-Elme, et qu'il n'est pas possible de comprendre, d'après notre théorie actuelle, ni d'après cette interprétation mythologique, comment, dans ce phénomène, les deux électricités pourraient se produire et briller l'une à côté de l'autre. Comment Castor et Pollux ont-ils été considérés

---

1. Schweigger, *Ueb. d. älteste Physik u. den Usprung d. Heidenthums*, etc. Schweigg. Journ., xxxiii. *Ueber d. elektrische Erscheinung, welche d. Alten mit dem Namen Castor u. Pollux bezeichneten, das.* xxxvii, 1823.

comme les dieux protecteurs des navigateurs? L'histoire a conservé à ce sujet une légende qui a pu à son tour influer sur l'idée qu'on s'est faite du phénomène. Castor et Pollux, ainsi le dit l'histoire, prirent part à l'expédition des Argonautes et pendant le cours de leur voyage, ils furent un jour surpris par une tempête effroyable. Pendant que tout le monde invoquait les dieux à grands cris, deux flammes semblables à des étoiles apparurent tout à coup sur la tête de Castor et de Pollux et aussitôt la tempête se calma. Depuis lors, Castor et Pollux devinrent les dieux tutélaires de la navigation, et reçurent le nom de Dioscures. C'est aussi pourquoi on les représente toujours avec une étoile au-dessus de leur tête.

Il se peut que cette légende des deux étoiles n'ait point d'autre origine. Je l'appelle à dessein une légende, car *Pline* lui-même n'a pas vu ces deux étoiles, non plus qu'aucun autre physicien après lui. Quant à l'étoile de malheur que *Pline* nomme Hélène, il est difficile de s'en faire une idée exacte; peut-être désigne-t-il par là une boule de feu. S'il s'agit d'un feu Saint-Elme isolé, l'idée qu'on se faisait au temps de *Pline* de sa fâcheuse influence s'est beaucoup modifiée depuis.

De nos jours, en effet, les marins de la Méditerranée où le phénomène est plus commun que dans nos pays du Nord, considèrent le feu Saint-Elme comme un signe de l'apaisement de l'orage, que ce feu paraisse sur un ou plusieurs mâts ou sur les vergues, et il n'est pas rare de les voir dans cette circonstance adresser des actions de grâces à saint Elme ou à sainte Anne. Les noms de Saint-Elmo, Telmo, Hermo, que les marins de la Méditerranée donnent encore aujourd'hui à ce phénomène viennent évidemment du nom d'Hélène, la sœur de Castor et Pollux[1]. Les Portugais le nomment Corpo Santo, d'où vient peut-être le nom Comasant donné par les marins anglais. Les noms de Castor et Pollux ne se sont même pas conservés sous une forme corrompue.

15. — Différents auteurs ont voulu prouver que les anciens connaissaient les paratonnerres ; les Étrusques entre autres les auraient fait connaître aux Romains[2], mais c'est là une proposition insoutenable. Les anciens connaissaient certainement quelques effets de la foudre qui auraient pu les conduire à cette découverte. Ils savaient par exemple, comme *Pline* l'a mentionné, que la foudre peut fondre la lame d'une épée sans toucher au fourreau, qu'elle peut fondre l'argent contenu dans une bourse sans brûler celle-ci, brûler le fer d'une pique sans consumer le bois. Mais on ne peut prouver avec certitude qu'ils aient fait de ces connaissances une application raisonnée. On trouve au contraire chez eux plusieurs traces de superstitions semblables à celles qu'on rencontre encore aujourd'hui parmi le peuple. Ainsi, ils croyaient que Jupiter tonnant épargnait le laurier, et ils plaçaient des branches de cet arbuste sur les tonneaux de vin ou sur les nids de poules pour les préserver de l'orage[3]. Tibère portait, dit-on, en temps d'orage une couronne de lauriers sur la tête[4].

---

1. Piper, *Poggendorff's Ann.*, Bd 82, S. 324.
2. Ukert, *Geogr. d. Griechen u. Römer*, II, a. 140.
3. Voy. Louis Figuier, *Principales découvertes scientifiques*, IV, p. 132, 1857.
4. Busch, *Handb. d. Erfindungen*, II, 71.

Il est tout à fait douteux d'après ce qui précède que les Grecs et les Romains aient eu une connaissance même empirique de la vertu protectrice des conducteurs métalliques contre les effets de la foudre. L'Orient paraît au contraire avoir possédé une pareille connaissance.

Dans un ouvrage laissé par *Ctésias*, médecin du roi de Perse Artaxercès (400 ans environ avant Jésus-Christ), se trouve un passage qui dit que les Indiens fixaient dans le sol des tiges de fer pour écarter les nuages, la grêle et les éclairs. *Ctésias* prétend avoir observé le fait deux fois, mais il importe de faire remarquer qu'il n'attribue pas cette propriété à toute espèce de fer, mais à celui qu'on trouve dans l'Inde, au fond d'une source d'où s'écoule aussi en abondance de l'or liquide [1]. D'ailleurs, les anciens croyaient que le fer préserve de beaucoup de maux, des empoisonnements, etc.

Dans les temps modernes, le Français *Paravay* a aussi essayé de prouver que les Chinois ont de toute antiquité fixé des bambous dans le sol pour détourner les orages, et il établit une relation entre cet usage et le fait que le toit du temple de Salomon aurait été muni de pointes qu'il considère comme des paratonnerres. Mais cette manière de voir est aussi peu fondée que celle qui consisterait à dire que les chaînes dont sont ornés les clochers des églises russes ont été primitivement établies dans le but de les préserver de la foudre. Dans tous les cas, ce seraient des paratonnerres bien peu efficaces puisqu'ils n'atteignent pas le sol.

De tout ce qui précède il résulte que les indications qu'on trouve sur l'emploi des paratonnerres chez les anciens sont très peu authentiques, et qu'elles supposeraient tout au moins une connaissance raisonnée de la cause des effets de ces instruments. Or, nous ne trouvons nulle part que les anciens aient entrevu d'une manière tant soit peu nette, l'existence de l'électricité. Nulle part on ne trouve indiqué le lien qui existe entre la foudre, le feu Saint-Elme et l'attraction que l'ambre frotté et le lynkurion exercent sur les corps légers ; les anciens connaissaient tout aussi peu l'action répulsive de ces minéraux. Il est par conséquent hors de propos de leur attribuer cette connaissance approfondie de l'existence de la polarité électrique que quelques écrivains modernes ont cru reconnaître dans leurs allusions mythologiques.

MAGNÉTISME

16. — La science du magnétisme demeura chez les anciens absolument dans l'enfance : leurs connaissances se bornèrent à quelques propriétés de l'aimant naturel. De la polarité magnétique, ils ne possédèrent que quelques notions empiriques, sans aucun lien, et l'aiguille magnétique leur fut totalement inconnue.

On a voulu, il est vrai, contester le fait et on a invoqué dans ce but le témoignage de *Vincent de Beauvais* qui écrivait vers 1250 et d'*Albrecht de Bollstaedt* (*Albert le Grand*) ; mais ceux-ci témoignent le contraire. Ils citent des

---

1. Ukert, *Geogr. d. Griechen u. Römer*, II, a. 140.

passages d'un ouvrage arabe attribué à *Aristote*, le « Livre des pierres », dans lequel il est question d'une manière fort obscure, de la polarité de la pierre d'aimant et de son emploi dans l'art de la navigation. Mais le savant sinologue *Julius Klaproth* a montré que les passages de l'ouvrage arabe cité par *Vincent de Beauvais* et par *Albrecht* de *Bollstaedt* ont été interpolés, vu qu'ils ne se trouvent pas dans le manuscrit conservé dans les bibliothèques de Paris, et que l'ouvrage qui nous est parvenu en langue arabe ne provient pas du célèbre *Aristote* de Stagire, mais d'un Grec du même nom et d'une époque plus récente.

Il est vrai que *Diogène Laerce* (190 ap. J.-C.) affirme que le célèbre *Aristote* aurait composé un ouvrage de ce genre portant le titre : « Sur les pierres », tandis que le titre de l'ouvrage arabe qui nous est parvenu est le « Livre des pierres », et contient surtout tant de fautes qu'on ne peut croire qu'il provienne de cet homme éclairé. Il y est dit, par exemple, que l'aimant attire l'or et la viande. En outre, il résulte de nombreux passages des auteurs classiques de l'antiquité que les navigateurs grecs et romains ne connaissaient pas du tout le compas, et que, dans leurs voyages, lorsqu'ils étaient obligés de s'éloigner des côtes, ils se dirigeaient pendant le jour d'après le soleil, et pendant la nuit d'après les étoiles.

La seule chose qui fut connue des anciens est la propriété magnétique de l'aimant naturel. *Pline* raconte, dans une légende qu'il emprunte à *Nicandre*, médecin grec de Pergame (vers 160 av. J.-C.), comment les anciens auraient connu cette propriété. D'après son récit, la découverte de la pierre d'aimant serait due au pasteur *Magnes*. Un jour, en gardant un troupeau, celui-ci arriva par hasard à un endroit où les clous de ses sandales et la pointe de fer de son bâton s'attachèrent si fortement qu'il eut de la peine à les en détacher. Il creusa et trouva alors la pierre qui fut depuis appelée magnétique [1].

D'autres attribuent cette légende aux Indiens. Elle est déjà peu vraisemblable en ce que la pierre magnétique portait dans les temps les plus anciens le nom de *Lithos heracleia*, c'est-à-dire pierre d'Hercule, ou bien pierre d'Héraclée, ville située près du mont Sipylus, en Lydie. Cette ville paraîtrait avoir reçu plus tard le nom de Magnésie, et, par suite, le nom de la pierre devint *Magnesia lithos*, pierre de Magnésie, *Magnes* ou *Magnetes*. Elle s'appela aussi *Lydia lithos*, *Lydike lithos*, et plus tard *Siderites lithos*, à cause de sa nature ferrugineuse, ou *Sideragogos*, parce qu'elle attire le fer. *Aristote* l'appelle simplement ἡ λίθος, la pierre.

Le nom de *Magnes*, *Magnetes* prévalut plus tard, et c'est de là que l'ensemble des phénomènes dont quelques-uns sont présentés par cette pierre, reçut le nom de *magnétisme*.

En général les anciens savaient seulement que l'aimant naturel attire le fer; mais ils ne paraissent avoir eu aucune connaissance de la répulsion magnétique, du moins dans les premiers temps. *Lucrèce* (né 95 av. J.-C.) dit cependant que l'aimant n'attire pas seulement le fer, mais qu'il le repousse, qu'il agit sur ce métal à travers d'autres substances, par exemple sur la limaille de fer contenue dans un vase de cuivre.

---

1. *Historia nat.*, lib. XXXVI, cap. xxv.

Les anciens Égyptiens eux-mêmes paraissent avoir eu quelque connaissance de la double action de la pierre d'aimant, car *Plutarque* (né 50 ans apr. J.-C. à Chéronée, mort en 120 ou 130) raconte dans « De iside et oriside » qu'ils avaient désigné l'aimant par le nom de *parole d'Horus* et *parole de Typhon*. Or, chez eux, Horus et Typhon sont les symboles de la réunion et de la séparation dans la nature.

Cependant les anciens étaient loin de posséder une connaissance complète de la polarité. Leur savoir était de l'empirisme, et *Pline* nous donne une preuve convaincante de son imperfection en affirmant que le diamant enlève à l'aimant toute sa force.

MÉTÉOROLOGIE

17. — Les sujets que nous venons de traiter nous donnent un aperçu de ce que les anciens savaient dans le domaine de la physique proprement dite; nous allons maintenant jeter un coup d'œil sur leurs connaissances météorologiques. Grâce à l'heureux climat sous lequel vivaient les anciens, grâce à leur séjour fréquent en plein air et à leur esprit toujours éveillé, ils connaissaient presque tous les phénomènes atmosphériques; il en existe fort peu qui n'aient été observés et décrits, parfois avec tant d'exactitude qu'on en reste surpris. Souvent ils notent des circonstances qu'on a crues pendant longtemps indifférentes ou insignifiantes, jusqu'à ce qu'une étude plus approfondie ait montré qu'elles étaient essentielles pour la production du phénomène. Ainsi, par exemple, *Aristote* indique que la rosée n'a lieu que pendant les nuits calmes et sereines. On a pendant longtemps fait peu de cas de cette remarque, jusqu'à ce qu'on ait découvert que la rosée a pour origine le rayonnement de la chaleur terrestre vers le ciel libre de nuages : on comprit alors que la sérénité du ciel et le calme de l'atmosphère étaient deux conditions nécessaires à la production du phénomène.

D'un autre côté, ce serait faire trop d'honneur aux anciens que d'accorder le nom de science à leurs notions météorologiques. De nos jours, le caractère scientifique de la météorologie n'est pas encore très solidement établi, et chez les anciens cette science devait rester dans l'enfance pour deux raisons qui se touchent de près. D'abord, ils ne connaissaient qu'une partie relativement petite de la surface de la terre, et ne pouvaient par conséquent s'élever jusqu'à des considérations générales des phénomènes; ainsi ils ne connaissaient pas les grands courants de l'atmosphère, ceux qui vont de l'équateur au pôle, et inversement. Ensuite ils manquaient totalement d'instruments d'observation, surtout du baromètre et du thermomètre, et ce n'est que depuis l'invention de ces instruments que la météorologie a pu commencer à s'établir sur une base scientifique.

La météorologie se réduisait donc chez eux à une connaissance pratique du temps, telle que nous la trouvons encore de nos jours chez les paysans, les chasseurs, les marins, connaissance mélangée d'erreurs et de préjugés. Ils croyaient, par exemple, que les astres avaient une influence sur le temps[1].

Je ne mentionnerai pas ici tous les phénomènes météorologiques que les anciens connaissaient ou ne connaissaient pas; j'en citerai seulement deux, qu'on aurait pu croire ignorés alors : ce sont les aurores boréales et les pierres météoriques.

L'aurore boréale était évidemment connue d'*Aristote*, car sa description de traits enflammés d'une couleur rouge aperçus dans le ciel convient tout à fait à ce météore. Les indications données par *Sénèque*, *Pline* et d'autres, du ciel qui s'éclaire, de la nuit qui est semblable au jour, du ciel qui s'est embrasé, qui devient sanglant, ne peuvent s'appliquer qu'à l'aurore boréale qui a été quelquefois de nos jours vue jusque dans le sud de l'Europe, bien que très rarement.

Il est toutefois étonnant que, tandis que nous trouvons chez les anciens tant d'indications sur l'aurore boréale, nous n'en trouvions aucune de précise sur la lumière zodiacale. Cependant, ce phénomène est mieux dessiné et plus remarquable dans les contrées méridionales que chez nous, à cause de la pureté du ciel, et l'on a, en tous cas, plus d'occasions de l'observer que l'aurore boréale[2].

18. — En ce qui concerne les pierres météoriques (météorites, aérolithes), la plus célèbre dans toute l'antiquité est celle qui tomba, en 465 avant J.-C., à l'embouchure de l'Aegos Potamos, en Thrace, près de l'Hellespont. Déjà *Aristote* en parle, et *Plutarque* a décrit cette pierre qui avait une grosseur considérable (la charge d'un chariot), aussi bien qu'on peut l'attendre de son époque. *Pline* affirme qu'*Anaxagore*, qui vivait au moment de la chute de ce météore, avait prédit l'événement. Mais il faut certainement entendre par là qu'*Anaxagore* a dit qu'il tombait parfois du ciel des pierres de cette nature, car jusqu'à présent personne n'a pu prophétiser de semblables apparitions. Il faut encore remarquer ici l'affirmation d'*Anaxagore*, qui dit que ces pierres météoriques venaient du soleil; car cette origine cosmique qu'il leur attribue s'accorde avec la théorie établie pour la première fois par notre compatriote *Chladni*.

Il vaut aussi la peine de mentionner que les pierres auxquelles on rendait, en Orient, les honneurs réservés aux dieux, et que les Grecs appelaient *Beethyles*, étaient, selon toute probabilité, des pierres météoriques. Parmi celles-ci se trouve la pierre conservée dans la Kaaba à la Mecque, pierre que les Mahométans regardent comme sacrée, et qui, d'après *Zamhascher*, un des commentateurs du Coran, aurait été apportée du ciel par l'ange Gabriel[3]. D'un autre côté, il ne faudrait pas rapporter aux météorites tout ce que les anciens racontent sur les pluies de pierres, car souvent ils ne veulent désigner par là que des orages de grêle.

Les anciens ont connu également les bolides ou pierres météoriques incandescentes qui traversent notre atmosphère. *Aristote* savait que ces bolides font parfois des ricochets ou des sauts dans leur course. Ce phénomène qui provient de la résistance de l'air était désigné par les anciens sous le nom de « Capra

---

1. Ukert, *Geogr. d. Gr. u. Römer*, II, a. 158.
2. Ukert, *ibid.*, II, a. 147.
3. Chladni, *Ueb. Feuermeteore*, etc., S. 184.

saltans. » Les Chinois le connaissent également, et lui donnent le nom de
« Chien céleste ».

Les anciens, comme nous l'avons déjà dit, ont surtout connu de très bonne
heure les phénomènes météoriques qui tombent sous les sens. Ainsi, on trouve
chez *Anaximandre* (né en 610 à Milet, mort en 546, disciple de Thalès), *Anaximène* (de Milet, vivant en 550) et *Anaxagore* (né en 500 à Clazomènes et mort
en 428 à Lampsaque), des considérations très judicieuses sur les vents, par
exemple. Les vents proviennent, d'après eux, de ce que le soleil résout les
parties les plus subtiles et les plus humides de l'air et les met en mouvement,
ou bien, comme le pensaient *Anaximène* et *Anaxagore,* de ce qu'il dilate l'air
condensé. Mais, dans le domaine de la météorologie, c'est *Aristote* qui tient le
premier rang et s'il n'a pu faire de la météorologie une science véritable, il l'a du
moins enrichie d'observations souvent très judicieuses.

GÉOGRAPHIE PHYSIQUE

19. — Pour nous faire une idée complète des connaissances physiques des
anciens, nous devons encore jeter un coup d'œil sur l'état de leur géographie
physique. Il est évident que, si on la compare à ce qu'elle est de nos jours,
cette science était chez les anciens fort imparfaite, surtout dans les premiers
siècles. C'est ce qu'on remarque tout d'abord dans leurs suppositions sur la
forme et la grandeur de la terre; ces suppositions, dans les âges primitifs,
étaient si enfantines qu'elles devinrent la risée des philosophes et des physiciens
des époques suivantes.

Tant que le cercle des idées des anciens ne dépassa pas les pays baignés par la
Méditerranée, cette mer avec ses côtes et ses archipels fut le centre de la
création. A l'est, la terre était limitée pour eux par la Syrie et l'Hellespont;
à l'ouest, ils plaçaient les limites à deux jours de voyage de la Sicile, sans
fixer de bornes précises au nord et au sud. Ils donnaient à tout l'ensemble la
forme d'un disque plat qui portait immédiatement sur de hautes montagnes la
voûte d'airain du ciel. Pour d'autres, le disque était d'abord entouré d'un large
fleuve, l'Océan.

C'est là l'image qu'on trouve de la forme de la terre 1000 ou 900 ans av. J.-C.
dans les chants homériques. Cette idée se maintint longtemps chez les Grecs,
avec quelques modifications relatives aux limites de la terre, à mesure que leurs
connaissances géographiques s'étendaient. On recula les limites de la terre à
l'ouest jusqu'aux colonnes d'Hercule, à l'est au delà du Bosphore jusqu'à la
Colchide; on fit reposer le ciel sur les sommets du puissant Atlas, et le monde
souterrain, Hades, le Tartare, fut arrosé par un bras de l'Océan, le Styx.

Malgré toutes ces modifications apportées à la supposition primitive, la terre
conservait la forme d'un disque plat. *Thalès* se représentait au contraire la
voûte du ciel comme un globe creux à moitié rempli d'eau, sur laquelle la terre
flottait comme un cylindre, une colonne ou un tambour; ou bien, comme d'autres le disaient, en songeant à la largeur, comme une feuille de platane ou une

planche. D'après *Thalès*, le monde ressemblait donc à un œuf dont la terre représentait le jaune. Quelques écrivains postérieurs ont voulu attribuer à *Thalès* des notions plus saines, mais *Aristote* et *Sénèque* contestent cela très formellement, et cette réfutation se trouve confirmée par ce que nous savons des doctrines des disciples de *Thalès*. On ne sait rien de précis sur les idées d'*Anaximandre* concernant la forme de la terre, mais on sait qu'*Anaximène*, son ami et son disciple, se représentait la terre comme un plateau rond. Les opinions de *Phérecide*, de *Leucippe*, d'*Empédocle* et de beaucoup d'autres étaient semblables. A l'époque de *Socrate* (470-400), on ne savait pas encore si la terre était plate ou ronde, car nous voyons ce philosophe demander à son maître *Anaxagore* quelle était l'opinion qui lui semblait la bonne. Telles étaient les difficultés que soulevait une vérité qui nous paraît évidente parce qu'on nous l'inculque dès notre enfance.

20. — On ne sait pas exactement qui a eu le premier l'idée de la rondeur de la terre, ni à quelle époque on a commencé à l'entrevoir. Il est probable que cette idée était partagée depuis longtemps par un bon nombre d'esprits éclairés, alors que le vulgaire restait attaché à la forme du disque plat. Quelques-uns considèrent *Thalès* comme l'auteur de cette opinion, depuis reconnue exacte, et cela n'est pas complètement improbable. Ce philosophe avait, en effet, longtemps habité l'Égypte où il avait acquis des connaissances astronomiques qui lui auraient permis, dit-on (610 ans avant Jésus-Christ), de prédire une éclipse de soleil. Mais *Aristote* conteste le fait, et nous ne possédons de *Thalès* lui-même, aucune œuvre qui puisse trancher la question. D'autres attribuent cet honneur à *Pythagore*, d'autres enfin à *Anaxagore*. Quoi qu'il en soit, nous trouvons déjà vers 450 avant Jésus-Christ, de nombreuses traces de cette doctrine, et à l'époque de *Platon*, elle était enseignée par plusieurs philosophes, notamment par *Philolaus* et *Eudoxe* de Cnide, tandis qu'il est difficile de savoir exactement quelle était l'opinion de *Platon*. Ce dernier, dont le véritable nom est *Aristoclès*, naquit à Athènes 429 ans avant Jésus-Christ et y mourut en 348. Au temps d'*Aristote*, la doctrine de la sphéricité de la terre était généralement acceptée, et *Aristote* lui-même en donnait plusieurs raisons très concluantes, telles que la forme de l'ombre de la terre dans les éclipses de lune, les variations dans la position de l'horizon, etc. *Archimède* enseignait aussi que la terre et l'eau qui l'entoure avaient la forme d'un globe, parce que telle était la forme des gouttes de liquide.

La raison pour laquelle la doctrine de la sphéricité de la terre apparut si tard, et lorsqu'elle se fut établie, trouva encore des adversaires, fut la peine que l'on avait à se représenter ce qui pouvait alors soutenir la terre. La question, il est vrai, n'était pas résolue davantage lorsqu'on lui donnait la forme d'un disque.

Les anciens philosophes grecs agissaient en cela comme les Indiens qui faisaient reposer la terre sur un éléphant sans s'inquiéter de savoir sur quoi il appuyait lui-même les pieds. Quelques philosophes grecs faisaient nager la terre sur l'eau ; d'autres, comme *Anaximène* et *Anaxagore*, sur de l'air condensé. *Empédocle* enseignait que la terre était maintenue par la rotation rapide du ciel, comme l'eau dans un vase que l'on fait tourner rapidement, et *Xénophane*, disciple d'*Archélaos*, tranchait le nœud gordien en disant que la terre ne tombait pas, parce que ses racines s'enfonçaient jusque dans l'infini. Les anciens n'ont pas su répondre d'une manière satisfaisante à cette question : Qu'est-ce qui soutient la terre dans les espaces célestes? par la simple raison qu'ils considéraient la terre comme immobile au milieu de l'univers. Cependant, dans cette manière de voir complètement erronée, quelques-uns ont répondu à cette question d'une manière qui paraissait très plausible, et qui fut alors acceptée par les plus grands mathématiciens et astronomes. Ils disaient que la voûte céleste est une sphère creuse, massive, au milieu de laquelle se trouvait la terre. Pourquoi la terre serait-elle tombée, puisqu'il n'y avait pas de raison pour qu'elle allât d'un côté plutôt que de l'autre. Elle devait d'elle-même se tenir en équilibre sans avoir besoin d'être soutenue.

Cette opinion se trouve exposée dans *Anaximandre* et s'est conservée jusqu'au dernier et au plus distingué des astronomes grecs, *Ptolémée*. Quelques-uns étaient, il est vrai, d'un avis différent, comme je l'expliquerai tout à l'heure plus en détail; mais ils ne purent faire prévaloir leur opinion. La plupart des anciens, et en particulier les savants mathématiciens, astronomes, géographes, restèrent fidèles à la doctrine que la terre est immobile au milieu de l'univers, et que le ciel tourne autour d'elle.

GRANDEUR DE LA TERRE

21. — Après que les anciens furent arrivés à cette conclusion que la terre devait être sphérique, ils cherchèrent à déterminer la grandeur de cette sphère. Des tentatives de ce genre semblent avoir été faites, même avant *Aristote*, car il dit dans son livre « De Cœlo » que tous les mathématiciens avaient trouvé la circonférence de la terre égale à 400 000 stades. Mais il n'indique pas comment ils sont arrivés à ce résultat, dans tous les cas très inexact, presque le double de ce qu'il devrait être. *Archimède* donne à la circonférence de la terre une longueur de 300 000 stades. C'était le nombre généralement adopté de son temps et qui serait dû à l'un de ses contemporains, *Aristarque*, de Samos, observateur ingénieux et habile, né en 267 av. J.-C. dans l'île de Samos. Nous ne savons si ce résultat était autre chose qu'une simple appréciation; en tous cas, il est encore beaucoup trop grand, si l'on prend en nombre rond le stade comme équivalant à $\frac{1}{40}$ de mille géographique.

La première tentative de mesure dont l'histoire fasse mention fut faite par *Ératosthène* (né à Alexandrie 276 av. J.-C.) qui fut à la fois philosophe, littérateur, poète, mathématicien et astronome, et remplit les fonctions de bibliothécaire à la grande bibliothèque d'Alexandrie. Il croyait avoir observé que la ville de Syène dans la Haute-Égypte se trouvait exactement sous le tropique du Cancer, c'est-à-dire qu'en ce lieu, au moment du solstice d'été, le soleil se trouvait à midi exactement au zénith, et que, par conséquent, la tige du gnomon ne projetait aucune ombre. Il croyait de plus avoir trouvé qu'Alexandrie et Syène se trouvent exactement sur le même méridien, et qu'en cette ville, le soleil au solstice d'été et pendant le milieu du jour, se tenait éloigné du zénith de $\frac{1}{50}$ de circonférence (7° 12′). Il admit la distance entre les deux villes égale à 5000 stades. Or, d'après son observation astronomique, c'était là précisément le $\frac{1}{50}$ de la circonférence de la terre ; cette circonférence était donc égale à 250000 stades.

Dans cette mesure, il y a plusieurs choses incertaines et inexactes. Qu'était-ce d'abord qu'un stade? D'après quelques-uns, il y en avait deux espèces : le stade égyptien équivalant à 50 toises ou 300 pieds de Paris; et le stade olympique, valant 95 toises ou 570 pieds de Paris, c'est-à-dire environ $\frac{1}{40}$ du mille géographique. Il s'agit ensuite de savoir, même en admettant qu'il n'y eût qu'un seul stade, le stade grec, comment *Ératosthène* mesura la distance des deux villes : très probablement en s'en rapportant au récit des voyageurs. En outre, Syène ne se trouve pas sur le méridien d'Alexandrie, mais à 3 degrés à l'est; et enfin le parallélisme des rayons solaires était une hypothèse. Dans tous les cas, le résultat est un peu trop grand. Le degré serait d'après cela de 63000 toises, tandis qu'il est d'environ 57000 toises. Cependant, cette mesure eut dans l'antiquité un grand retentissement, et cela à très juste titre; car chaque progrès dans une voie nouvelle mérite d'être hautement reconnu.

Environ deux cents ans après *Ératosthène*, *Posidonius* fit une mesure semblable. Celui-ci était né à Apamea, en Syrie (103 ans avant J.-C.). Il enseigna à Rhodes la philosophie des stoïciens, et mourut à Rome au temps de *Cicéron*, avec lequel il était intimement lié. Son travail ne reposait sur aucun principe nouveau et n'était pas même un progrès au point de vue de l'exactitude. *Posidonius* croyait avoir observé que l'étoile Canopus dans la constellation d'Argo qui, au moment de sa culmination, était au-dessus de l'horizon de la ville de Rhodes dans l'île de ce nom, se trouvait au même moment au-dessus de l'horizon d'Alexandrie à une hauteur de $\frac{1}{48}$ de cricon-férence. La distance entre Rhodes et Alexandrie étant évaluée par lui à 5000 stades, la circonférence entière de la terre devait être de 240000 stades.

D'après *Strabon*, *Posidonius* rectifia plus tard ses calculs. Il trouva en effet que la distance entre Rhodes et Alexandrie était seulement de 3750 stades. D'après cela, la circonférence était de 180000 stades, résultat évidemment plus exact et qu'on trouve aussi dans la géographie de *Ptolémée*, sans qu'on sache d'où il l'a tiré.

22. — Après que les anciens furent arrivés à des notions plus exactes sur la grandeur et sur la forme de la terre, leurs connaissances dans les autres branches de la géographie physique se perfectionnèrent aussi, surtout dans celles que nous réunissons aujourd'hui sous le nom de géographie mathématique. Cette science fut surtout cultivée par *Ératosthène, Posidonius, Geminus* (77 ans avant J.-C.), *Ptolémée*. La distinction des deux pôles, de l'équateur, des tropiques, des cercles arctiques, des degrés de longitude et de latitude, des zones, etc., appartient à ces anciens, et ils firent aussi les premières tentatives pour représenter la surface de la terre sur des globes et des planisphères. Ils entre-

virent que la partie de la terre qu'ils connaissaient n'était qu'une petite partie de la surface terrestre. Mais cette partie qu'ils connaissaient étant plus longue que large, cette circonstance a donné lieu aux dénominations de longitude et de latitude.

Des cinq zones qu'ils admettaient, ils en croyaient seulement deux habitées; c'étaient les deux zones tempérées séparées par la zone torride. Par conséquent, bien qu'ils aient fixé à la partie habitable de la terre des limites qui sont de beaucoup dépassées au nord et au sud, ils croyaient à la possibilité d'habitants vivant sur un point diamétralement opposé, et renversés par rapport à nous; ils soutenaient donc la théorie des antipodes. Cette doctrine se trouve déjà dans *Platon*, et quelques-uns l'attribuent même à *Pythagore*.

Mais à côté de ces idées fort exactes, nous trouvons aussi beaucoup d'erreurs et de préjugés. Ainsi, par exemple, ils ne sont pas arrivés à se former une idée précise sur les saisons, le phénomène astronomique le plus important pour la physique terrestre. Non seulement ils considéraient l'ascension et la descente apparentes du soleil comme un véritable mouvement de cet astre dans la direction du méridien, mouvement dont ils ne pouvaient donner aucune explication mais ils se trompaient encore sur la cause des variations de température qui se rattachent à cette ascension et à cette descente. Ils attribuaient ces variations à un changement périodique dans la distance du soleil à la terre, tandis qu'elles proviennent seulement des différentes inclinaisons des rayons solaires par rapport à l'horizon et à l'axe terrestre.

23. — La géographie physique dans le sens restreint du mot était aussi fort peu développée chez les anciens. Cette science des phénomènes qui se forment à la surface du globe et qui concernent la terre et l'eau, ressemblait à certains égards à leur météorologie. Ils connaissaient d'une manière empirique et par l'histoire la plupart des phénomènes qui se rattachent à cette science, mais ils n'étaient pas parvenus à relier ces phénomènes et à remonter jusqu'à leurs causes.

Il n'existait point chez eux de géologie rendant compte de la formation des montagnes, de la production des volcans, des tremblements de terre et autres phénomènes semblables, ou du moins c'étaient des essais si incomplets et si déraisonnables qu'ils n'eurent dans la suite aucune influence sur le développement de la science. Tout au plus pourrait-on reconnaître chez eux la doctrine du feu central qui de nos jours présentée sous une forme plus convenable a acquis une grande considération.

D'ailleurs, les anciens mesuraient déjà les hauteurs des montagnes à l'aide de graphomètres munis de pinnules. *Ératosthène*, *Ptolémée* et d'autres disent qu'aucune montagne n'a plus de 10 à 15 stades, ce qui est plus exact que les indications de *Pline* qui attribue à plusieurs pics des Alpes une hauteur de 50 milles, c'est-à-dire 10 milles géographiques.

24. — Les sujets les plus ordinaires de leurs méditations étaient les fleuves, les lacs, la mer, particulièrement les sources, sur la formation desquelles ils firent plusieurs hypothèses. Le phénomène du flux et du reflux ne leur échappa pas, bien qu'ils n'en eurent sans doute connaissance que plus tard, la mer Méditerranée ne leur fournissant pas l'occasion d'observer ce phénomène.

Pythéas de Massilia (actuellement Marseille), colonie grecque, est, dit-on, le premier Grec qui ait observé le flux et le reflux. Il vivait à l'époque d'Alexandre le Grand, et, dans un voyage qu'il fit, il remonta assez haut vers le nord, jusqu'à l'île de Thulé, probablement l'Islande actuelle, car il dit avoir été dans un pays où le soleil au moment du solstice d'été ne se couche pas, et pendant la nuit ne fait qu'effleurer l'horizon. Pendant ce voyage, il observa le phénomène du flux et du reflux, et ce qui est plus important, sa relation avec le mouvement de la lune. Cependant, d'après les affirmations de *Plutarque* et de *Pline*, *Pythéas* aurait eu une opinion très inexacte de l'influence de la lune, car il aurait fait dépendre le flux de la pleine lune et le reflux de la nouvelle lune. Mais il est probable que *Plutarque* et *Pline* ont mal compris *Pythéas*, car il est impossible que celui-ci n'ait pas observé que la marée se produit non pas une fois par mois, mais deux fois par jour.

Du reste, jusqu'à l'époque d'Alexandre le Grand, les Grecs connurent peu le phénomène de l'oscillation périodique de la mer. On sait combien les soldats d'Alexandre demeurèrent étonnés lorsqu'ils virent sur les côtes indiennes la mer se retirer au point de laisser leurs navires à sec. Et quand bien même on ne voudrait pas s'en rapporter à ce témoignage, parce qu'il se pourrait que des généraux et des soldats ignorassent ce que les philosophes et les naturalistes savaient déjà depuis longtemps, il n'en est pas moins certain que dans les œuvres d'*Aristote* qui nous sont parvenues, il n'est pas fait mention du flux et du reflux.

Mais dans la suite, les Grecs et les Romains eurent maintes occasions d'étudier le phénomène de plus près dans leurs expéditions en Espagne, en Gaule, en Bretagne. César en parle dans son 4e livre de la guerre des Gaules.

Si l'on s'en rapporte à *Strabon* (né 19 ans ap. J.-C. à Amaste en Cappadoce), les anciens auraient eu longtemps avant *Pythéas* une connaissance du flux et du reflux, plus complète que celle qui paraît devoir être attribuée à ce dernier. D'après *Strabon*, les Phéniciens notamment savaient déjà qu'il y a trois périodes dans les oscillations de la mer : 1° l'oscillation journalière, suivant le passage de la lune dans le méridien, soit en dessus soit en dessous; 2° les oscillations mensuelles les plus fortes à l'époque de la pleine et de la nouvelle lune, les plus faibles aux époques du premier et du dernier quartier, ou pour mieux dire un jour et demi plus tard; 3° les oscillations annuelles, par suite desquelles les marées sont plus fortes aux équinoxes, au moment des syzygies, que dans les quadratures.

Ce serait fort possible, car on sait que les Phéniciens franchirent de bonne heure les colonnes d'Hercule pour chercher l'étain dans les îles Cassidérites, c'est-à-dire la Bretagne. C'est là un témoignage de leur esprit d'observation, mais qui ne peut nous faire admettre qu'ils aient eu une connaissance approfondie de la cause du phénomène, car il leur aurait fallu pour cela d'autres connaissances, particulièrement celle de la gravitation universelle, qui demeura complètement inconnue des anciens.

DEUXIÈME ÉPOQUE

25. — La prise d'Alexandrie et la destruction de la bibliothèque de cette ville peuvent être considérées comme marquant la fin de l'enseignement dans l'école; du moins l'enseignement perdit là son dernier appui. Il ne faudrait pas croire cependant que toute trace de cet enseignement ait dès lors disparu, car un certain nombre de savants de l'école d'Alexandrie survécurent à cet événement tragique, et d'un autre côté, dans l'immense empire byzantin, se trouvaient aussi quelques savants, mais qui vivaient isolés.

On peut diviser la longue période de plus de mille années qui suivit en deux autres tout aussi différentes par leur esprit que par les travaux qu'elles embrassent.

La première comprend les travaux des Arabes depuis leur première apparition dans le domaine de la science jusqu'au moment où ils retournèrent à un état d'insignifiance politique et intellectuelle. La deuxième commence à l'époque de la Renaissance des sciences en Europe, marquée au commencement du treizième siècle par la fondation des Universités, et elle s'étend jusqu'à la fin de la période que nous considérons.

PREMIÈRE PÉRIODE OU PÉRIODE ARABE

26. — La merveilleuse impulsion que *Mahomet* sut imprimer à ses compatriotes, fit de ceux-ci dans les 150 premières années qui suivirent sa mort (632), un peuple purement conquérant. Semblable à un fleuve qui déborde, ce peuple se répandit de tous côtés au delà de ses frontières, frayant avec l'épée un chemin aux nouvelles doctrines.

En Asie, il enlève l'une après l'autre les provinces de l'empire Byzantin, il conquiert la Perse, envahit l'Égypte, soumet en même temps toute la côte du nord de l'Afrique, et en Espagne étend sa domination jusqu'à la petite province des Asturies. Ainsi, dans l'espace d'un siècle, il fonde un empire qui dépassait en étendue le vieil empire romain.

Vers la fin du huitième siècle, lorsque des dissensions intérieures préparaient la dislocation de ce grand empire, et que certaines provinces s'en détachaient déjà pour se constituer en États indépendants, cette soif de conquêtes se calma, et l'on vit surgir chez les Arabes le goût des sciences et des arts. C'est là un phénomène d'autant plus remarquable que ni avant ni après cette époque, il ne s'est manifesté chez ce peuple. Mais le caractère éphémère de leur civilisation s'explique très bien, lorsqu'on remarque que cette civilisation ne pénétra pas jusque dans la masse du peuple, et qu'elle effleura seulement quelques esprits plus éclairés. Ce fut dans les cours des califes et des princes que les sciences trouvèrent d'abord un asile, et c'est là qu'elles s'établirent le plus longtemps. Sans doute elles rayonnèrent de là sur des cercles plus étendus, mais sans jamais trouver dans l'Islam fanatique, dans le peuple, la large et forte base indispensable à leur développement et à leur prospérité. La science fut chez les Arabes comme ces plantes de serre chaude qui se flétrissent dès que la main du jardinier les abandonne.

Les califes du premier siècle de l'Hégire étaient trop bons musulmans, pour vouloir rien emprunter aux chrétiens détestés et méprisés. On connaît le récit d'après lequel le calife *Omar*, interrogé par le commandant d'Alexandrie sur ce qu'il devait faire de la grande bibliothèque, ordonna de la détruire. « Les écrits qu'elle contient, dit-il, renferment ce qui se trouve déjà dans le Coran, et alors ils sont inutiles, ou ils renferment autre chose, et alors ils sont impies. » Que ce récit soit vrai ou faux, il n'est nullemeut en contradiction avec le caractère du calife et de son époque.

Toutefois, lorsque la famille des Abassides monta sur le trône, ces conditions défavorables cessèrent. Les Grecs des provinces soumises, qui depuis longtemps déjà étaient entrés à leur service en nombre assez considérable, leur avaient fait connaître la philosophie des anciens. Ils avaient pris un tel goût pour les sciences, qu'ils s'en constituèrent les protecteurs, après leur arrivée au pouvoir.

27. — Le premier qui entra dans cette voie glorieuse fut *Abou Giafar*, ordinairement appelé *Al-Mansour*, le Victorieux. Celui-ci, initié lui-même à la philosophie et à l'astronomie des anciens, appela près de lui des savants de tous les pays, et fit de Bagdad, qu'il avait fondée en 764, le centre d'une civilisation qui rayonna pendant plus d'un siècle sur tout l'empire des Sarrasins. Haroun-al-Raschid, c'est-à-dire Aron le Juste, fit encore plus dans ce sens (786-809). Il continua à faire venir des savants à Bagdad, leur fit traduire en arabe les ouvrages les plus importants des anciens, et, ce qui valait encore mieux, il en fit répandre de nombreuses copies parmi le peuple. Il entretint des relations avec Charlemagne, et, à l'occasion de son couronnement, il lui envoya de précieux cadeaux, entre autres une clepsydre munie d'un cadran, qui indiquait les différentes heures par de petites boules qui tombaient en sonnant sur une plaque métallique[1].

---

1. Becker, *Wellgesch.*, V, 171; *dritte Aufl.* v. Ed. Arnd.

Il faut citer, en outre, Abdallah al Mamoun, le deuxième fils de Haroun-al-Raschid, qui monta sur le trône en 813. Il avait été instruit par un médecin grec, chrétien, *Joh. Mesua*, et, dès qu'il arriva au pouvoir, son goût pour les sciences le porta à les protéger et à les répandre dans les masses.

Il fonda des écoles et des bibliothèques à Bagdad, Bassora, Bochara, Kufa, Alexandrie et Kahira. On peut citer comme preuve de son amour pour la science le traité de paix qu'il imposa à Michel III, empereur de Byzance ; une clause spéciale obligeait ce dernier à livrer un exemplaire de tous les ouvrages grecs. A son instigation, une détermination de la longueur du degré fut entreprise en 827 dans le désert de Singar, près du golfe Arabique : nous parlerons plus tard du résultat obtenu.

Parmi les successeurs de *Al Mamoun* se trouvent aussi des princes animés du même esprit, et il est permis de croire que si la durée du califat eût été plus grande, cette glorieuse émulation n'aurait pas manqué de se soutenir. De même que les Abassides en Orient protégeaient et cultivaient les sciences, les Ommiades fondaient en Espagne un second asile qui surpassa de beaucoup celui des bords de l'Euphrate en durée et surtout en influence sur l'Europe chrétienne. Ce que Bagdad était pour l'Orient, Cordoue le fut pour l'Espagne, après qu'Abdurrhaman Ier en eut fait la capitale d'un califat indépendant en 756. Depuis cette époque, jusqu'au dixième siècle, trois Abdurrhaman et un Al Hakem gouvernèrent avec tant de douceur et de sagesse que vraisemblablement l'Espagne n'a jamais été aussi heureuse sous un prince chrétien.

Al Hakem fonda l'Université de Cordoue qui obtint bientôt une telle célébrité que non seulement la jeunesse du pays y affluait, mais qu'on y vint même, à partir de l'an 900, de toute l'Europe chrétienne, de France, d'Angleterre, d'Italie et d'Allemagne, pour y étudier la science ancienne conservée par les Arabes, et notamment la philosophie d'*Aristote*, les mathématiques et la médecine. Au dixième siècle, la bibliotèque de Cordoue contenait 280 000 volumes et le catalogue ne formait pas moins de 44 volumes. Lorsque Ferdinand le Saint, après une longue lutte, se fut emparé de Cordoue en 1236, cette bibliothèque célèbre, la première du monde à cette époque, et si riche en traductions d'ouvrages anciens, fut brûlée par ordre du cardinal *Ximénès*[1]. Séville, Tolède, Murcie avaient également des Universités et des bibliothèques, qui jouirent chez les Arabes d'une grande célébrité. Au douzième siècle, on comptait dans la partie de l'Espagne soumise aux Arabes quatorze Universités et soixante-dix bibliothèques publiques, et le nombre des auteurs était en rapport, bien qu'il ne puisse se comparer à celui de notre époque. Cordoue comptait cent cinquante auteurs, Almeria cinquante-deux, Murcie soixante-deux.

28. — Si les progrès des Arabes dans les sciences avaient été en rapport avec le nombre de ceux qui les cultivèrent, nous ne pourrions leur refuser notre admiration. Mais il faut avouer avec regret que, malgré les vues éclairées de plusieurs de leurs califes, malgré le grand nombre de leurs Universités et de leurs bibliothèques, et le nombre extraordinaire de leurs écrivains, les sciences ne firent que fort peu de progrès entre leurs mains. Le principal mérite des

---

1. Höfer, *Histoire de la Chimie*, I, 205.

Arabes et qui seul suffit pour leur assurer la reconnaissance de la postérité,
est, comme nous l'avons déjà dit, d'avoir conservé et préservé de la ruine les
sciences de l'ancienne Grèce. Ce qu'ils y ont ajouté d'eux-mêmes est peu de
chose, peut-être moins encore que nous ne l'imaginons, car ils ont çà et là puisé
à des sources qui ne nous sont pas connues.

Différentes découvertes qui ont été autrefois attribuées aux Arabes, parce
que nous les avons reçues d'eux, ont plus tard été démontrées comme n'ayant
pas une origine arabe, et proviennent des peuples orientaux, Indiens et Chinois.
C'est ce qui a eu lieu notamment pour notre système actuel de numération,
l'algèbre, la boussole, la poudre à canon, le papier de coton, l'alcool, etc.
D'après *Humboldt*[1], les Arabes empruntèrent les chiffres aux Perses, an VIe de
l'hégire. Dans toutes ces découvertes et autres semblables, les Arabes ne furent
que des intermédiaires qui firent connaître à l'Europe les arts de l'extrême
Orient; et les sciences qu'ils cultivèrent n'étaient au fond que celles qui étaient
étudiées chez les anciens, à savoir, outre la philosophie, — les mathématiques,
l'astronomie, la géographie, la physique et la médecine.

Cependant, nous trouvons encore chez eux une science sur laquelle les anciens ne nous ont laissé aucun ouvrage, et qu'on a justement considérée comme
un produit de la science arabe, nous voulons parler de la chimie ou alchimie.

LA CHIMIE

29. — La chimie qu'on peut évidemment regarder comme une branche de la
physique en se plaçant à un point de vue tout à fait général, a une origine très
obscure. Les arts chimiques, l'extraction et le travail des métaux, la fabrication
du verre, du savon, du pain, de la bière, des couleurs, des médicaments, etc.,
ont été très cultivés chez les Romains et chez les Grecs, et longtemps auparavant, chez les Égyptiens. Mais on ne trouve chez les anciens aucune trace
d'une connaissance tant soit peu scientifique des opérations usitées dans les
arts, non plus qu'un groupement systématique des connaissances requises.
Le mot chimie lui-même n'apparaît pas jusqu'à l'époque de *Pline*, et même
plus tard. On ne peut déterminer avec certitude à quelle date ce mot, ainsi
que le mot modifié alchimie, a fait son apparition, rattaché à l'idée de transformation et d'affinage des métaux. Mais il y a des raisons suffisantes pour admettre que le mot et la chose existaient en Égypte longtemps avant l'invasion
des Arabes.

Ainsi le lexicographe *Suidas*, qui vivait au onzième siècle à Byzance, et
qui composa un dictionnaire très étendu sur les arts industriels, raconte sous
le titre χημεία, l'histoire suivante : L'empereur Dioclétien, en 296, après avoir
soumis les Égyptiens révoltés, fit brûler leurs livres qui traitaient de la préparation de l'or et de l'argent περὶ χημίαν χρυσοῦ καὶ ἀργυροῦ, afin qu'ils ne devinssent pas trop riches et n'eussent pas une seconde fois l'envie de se révolter.

1. N. *Quat. Journ.*, VII, 310.

Jean d'Antioche, qui vivait au septième siècle, rapporte le même fait. Mais le décret ne se trouve pas dans le *Digeste* composé par l'ordre de Justinien, comme celui que Dioclétien lança contre les mathématiciens, les astronomes et les magiciens. Aussi a-t-on mis en doute l'exactitude de ce renseignement, et en même temps l'existence de la chimie à cette époque reculée. Mais il y a encore d'autres témoignages incontestables qui · confirment ces premières indications. Ainsi le mot chimie se trouve déjà dans *Zosime* de Panopolis, auteur grec qui vivait dans la première moitié du cinquième siècle à Alexandrie, et qui composa un grand nombre d'écrits, vingt et un ou vingt-huit, dit-on, sur la chimie et l'alchimie. Plus tôt encore, au IIe siècle, *Alexandre d'Aphrodisie*, le célèbre commentateur d'*Aristote*, parle d'instruments chymiques ou chimiques, διὰ χυικῶν ὀργάνων, dans un endroit où il est question de la fusion et de la calcination. On trouve encore une indication fort ancienne dans *Jul. Maternus*, écrivain romain du règne de Constantin le Grand, par conséquent de la fin du troisième siècle ou du commencement du quatrième; il parle en effet de la *scientia chymiæ*, comme le portent les manuscrits, tandis que dans les copies faites plus tard, on trouve *alchimiæ*.

30. — Il est évident que les mots χημία ou χημεία sont plus anciens que le mot *alchemia*, et vraisemblablement, ce dernier vient du premier, auquel on aura ajouté l'article arabe *al* pour donner au mot une plus grande valeur. Cela s'est produit plusieurs fois. Ainsi, le mot alambic est formé de *al* et *ambic* (ἄμβιξ, vase, chapiteau d'alambic), ou *ambica*, de ἀμβίκα, que *Dioscoride* emploie déjà. · Celui-ci, médecin grec de Anazarbus (Cæsarea augusta) en Dilicie, dans le premier siècle après J.-C., est l'auteur d'une *Materia medica*, dans laquelle il désigne par le mot *ambica* le vase dans lequel on condense · le mercure en vapeur provenant de la distillation du cinabre; — alembroth, sel, sel de sagesse, de *al* et *ambrotos* (ἄμβροτος, divin); — alkahest, dissolvant universel imaginaire que les anciens chimistes recherchaient avec ardeur, de *al* et *kaustes* (καύστης, qui brûle).

Même en dehors de la chimie, il y a des mots qui semblent arabes et qui ne doivent pas être considérés comme tels. Ainsi, d'après une autorité tout à fait sûre, celle de notre chronologue *Ideler*, il est très douteux que le mot almanach ait une origine arabe, car il se trouve déjà dans un fragment qui nous est parvenu de *Porphyre* au troisième siècle, et il y a la signification d'une éphéméride astronomique.

Il en est de même du mot *alchimia*, alchimie, qui n'est certainement pas de provenance arabe, et qui est probablement formé de *al* et de *chemia*. Mais il se peut qu'il ait une autre origine. Quelques auteurs grecs emploient toujours le mot ἀρχημεῖα au lieu de ἀλχημεια, et cette orthographe s'est conservée pendant le moyen âge, de sorte qu'en français on écrivit longtemps *archymia*. Ceci a fait supposer que *archymia* viendrait de *ars chymiæ*, et que plus tard ces mots auraient donné naissance au mot *alchymia* par un changement de l'*r* en *l*, changement si fréquent dans les langues.

Les opinions sont également partagées sur l'origine du mot chimie. Les mots χυικὰ ὀργάνα qu'*Alexandre d'Aphrodisie* emploie à l'occasion de la fusion ont fait admettre par quelques-uns que le mot chimie provenait de χέω, χεύω, je fonds. D'autres ont voulu voir dans le mot χυμεία qu'on rencontre dans un passage de *Suidas*, une allusion à la sève des plantes, χυμός; mais cette manière de voir n'est pas fondée, car χυμεία ne s'y trouve que par une faute des copistes; on ne le rencontre à aucun autre endroit. De plus, la chimie n'a certainement pas commencé par l'étude de la sève des plantes, mais par les métaux et leurs oxydes.

L'opinion la plus vraisemblable est celle d'*Alexandre de Humboldt*, à savoir, que le mot chimie viendrait du nom que les Égyptiens donnaient à leur pays. D'après *Plutarque*[1], ils l'appelaient chimie, χημια, à cause de la couleur noire du sol : ils donnaient le même nom à la pupille de l'œil et actuellement encore le mot *cham*, en copte, veut dire noir.

Dans les psaumes, entre autres dans le 105e, l'Égypte porte le nom de *cham, chami, chemi*. La fameuse inscription de Rosette lui donne le nom de *chmi;* l'Égypte s'appelait encore *Hermochymios*. La terre noire de l'Égypte a été personnifiée dans la personne de Cham, ou Ham, et de là viennent les anciennes étymologies du mot chimie, comme d'une science inventée par Cham.

La science mystérieuse qui traite de la séparation et de la transformation des corps, dit *Alex. de Humboldt*, reçut par conséquent le nom du pays dans lequel elle fut pour la première fois cultivée avec une prédilection marquée. C'était la science de Chemi ou de la Terre noire, c'était la science de l'Égypte. Si ces déductions sont exactes, on s'explique alors naturellement les dénominations qui ont été si longtemps employées en Allemagne de *Schwarzkunst, Schwarzkünstler* (magie noire, magicien noir). Du reste, dans l'antiquité comme au moyen âge, la chimie porta fréquemment d'autres noms.

C'était la science sainte, divine, secrète; la science de That ou de Hermès, de Hermès Trismégite, le trois fois grand, le roi fabuleux que les Égyptiens considéraient comme l'inventeur de tous les arts, et en particulier de la chimie. Ce que nous appelons aujourd'hui l'alchimie, et qui dans les premiers temps était considéré comme synonyme de chimie, à savoir l'art de faire de l'or n'était point connu des anciens jusqu'au iiie siècle ap. J.-C. On n'en trouve pas la moindre mention dans *Pline*. Le nom et la chose apparaissent pour la première fois sous Constantin le Grand et ne diffèrent peut-être pas beaucoup sous le rapport de l'ancienneté. A partir de ce moment, un nombre considérable d'écrivains qui parlent de l'art d'affiner les métaux, témoignent que longtemps avant l'invasion des Arabes en Égypte, cet art y était activement pratiqué par les Grecs.

GEBER

31. — Si les Arabes n'ont point de droits ou n'ont du moins que des droits fort contestables à la découverte de la chimie, on doit cependant dire à leur honneur que le premier chimiste, dans le sens véritable du mot, a écrit et enseigné dans leur langue.

1. *De iside et criside*, cap. XXXIII.

Nous appelons ordinairement cet homme *Geber*. Les Arabes au contraire le nomment Giafar ou plus complètement Abou Moussah Giaffar al Sofi, et aussi Giabr. C'est un des premiers écrivains arabes qui se soit occupé de chimie, et en réalité le seul. Car bien que le nombre de ceux qui ont écrit sur le même sujet, soit très considérable, et que dans ce nombre se trouvent même des auteurs de la fin du xv⁰ siècle, il n'y en a aucun qui ait contribué d'une manière importante au progrès de cette science. Ils ont tous plus ou moins copié ou paraphrasé *Geber*, et celui-ci est resté, jusqu'à la fin du xv⁰ siècle, supérieur à tous les autres chimistes (y compris les écrivains de l'Europe chrétienne) par l'étendue de ses connaissances. Nous ne savons que très peu de chose sur la vie de cet homme remarquable à tant de titres; nous savons seulement que dans la première moitié du huitième siècle, il était professeur de l'université de Séville. D'après les uns, il naquit à Horan ou Hauran, en Mésopotamie; d'après les autres, à Thus ou Thusso dans le Khorassan. Il serait né en 703, et serait mort en 765. Mais ces dates sont tout aussi peu certaines que sa patrie. Enfin beaucoup d'autres affirment qu'il était d'origine grecque, et qu'il passa plus tard à l'islamisme. Cette dernière opinion est celle de *Leo Africanus*, savant arabe qui s'enfuit de Grenade en Afrique en 1491, lorsque Ferdinand le Catholique s'empara de cette ville. Il tomba plus tard aux mains des chrétiens dans une expédition maritime. Mais il fut libéré par le pape Léon X, traité avec distinction, et se convertit au christianisme. Cette opinion de Leo enlèverait aux Arabes une grande partie de l'honneur qui leur revient, et bien des raisons semblent la confirmer. Les Grecs, les savants surtout, se mettaient fréquemment au service des Arabes, et *Geber*, Giabr, a beaucoup de ressemblance avec Giaour; mais ce ne sont là que des suppositions, et nous ne voulons point contester sérieusement aux Arabes la gloire d'avoir produit le premier chimiste, bien que nous n'affirmions pas qu'il ait puisé toutes ses connaissances en lui-même ou chez ce peuple. Ce qui valut à *Geber* sa grande renommée, ce qui lui fit donner par les écrivains du moyen âge le surnom de roi des Arabes, ce sont ses écrits, au nombre de cinq cents, dit-on, mais dont cinq seulement sont parvenus jusqu'à nous. Ces ouvrages ont été écrits en arabe, mais ils ont été traduits en latin, et même en allemand, et jouirent jusqu'au xvi⁰ siècle d'une haute considération; nous ne les connaissons que par les traductions latines.

32. — Si on compare les œuvres de *Geber* avec l'histoire naturelle de *Pline* ou la matière médicale de *Dioscoride*, on constate que dans l'espace des six siècles qui séparent ces divers travaux, un progrès considérable s'est accompli dans les connaissances chimiques. Le progrès est double : au point de vue pratique, la connaissance des faits s'est développée; au point de vue théorique, on constate un effort pour trouver un lien entre les différents phénomènes. Sous le premier rapport, il convient de rappeler que les anciens ne connaissaient que sept métaux à l'état de régule[1] : l'or, l'argent, le cuivre, l'étain, le plomb, le fer et le vif-argent.

---

1. Nom que les anciens chimistes donnaient à la substance métallique résultant de la fusion d'un minerai. Exemples : Régule d'antimoine, Régule d'arsenic.

Ces métaux se trouvent aussi dans *Geber*, mais désignés par les noms de Sol, Luna, Vénus, Jupiter, Saturne, Mars et Mercure. On ne sait si ces noms viennent de lui ou de ses traducteurs, mais les alchimistes n'en emploient jamais d'autres. *Geber* connaissait, en outre, l'arsenic métallique. Cependant il ne le met pas au nombre des métaux, à cause de sa combustibilité ; il le considère comme une sorte de soufre, et l'appelle le parrain du soufre.

En dehors de ces sept métaux, les anciens en connaissaient encore trois, peut-être cinq, non à l'état de régule, mais à l'état de minerai. — Le zinc, sous forme de calamine, ou cadmie, en outre, à l'état de pompholyx, fumée des fonderies. L'antimoine, à l'état de stibium, servait probablement chez les anciens à teindre les sourcils[1].

L'arsenic à l'état de sandaraque, de réalgar, et aussi d'arrhenicon ou arsenicum, auripigment (Pline) ou orpiment.

Le cobalt qu'on a contesté à tort, car *H. Davy* l'a trouvé dans les anciens verres bleus transparents ; le cuivre servait, au contraire, à colorer les verres opaques des anciens Égyptiens[2].

Le manganèse : deux verres romains pourpres étudiés par *Davy* contiennent de l'oxyde de manganèse, et *Théophraste* dit qu'à Scaptahyla[3], on rencontre une pierre qui ressemble au bois pourri, et qui s'enflamme quand on l'enduit avec de l'huile. Vers la fin du XVIIIe siècle, on découvrit cette propriété, dans le Derbyshire, sur un oxyde terreux de manganèse connu sous le nom de wad.

Geber connaissait, en outre : l'oxyde rouge de mercure ; — le chlorure de mercure ou sublimé corrosif, dont il indique une préparation semblable à l'une de celles que nous employons. Outre le mercure métallique, les anciens connaissaient le cinabre que *Geber* savait être composé de soufre et de mercure ; — le foie de soufre, le lait de soufre ; — l'alun de potasse. Les anciens avaient seulement l'alun naturel, l'alun de plume ; — le salpêtre, en latin *sal petræ*. Il est douteux que les anciens aient connu le salpêtre. Ce que *Pline* appelle *nitrum* est le carbonate de soude naturel, le natron, le trona, quelquefois aussi le sel ammoniac. A quelle époque le mot *nitrum* a-t-il reçu sa signification actuelle ? C'est ce qu'on ignore. Cependant il est déjà employé dans ce sens au XIIIe siècle par *Roger Bacon*. Ce mot vient de natron qui est très ancien, puisqu'il se trouve déjà dans la Bible. Dans les Proverbes de Salomon, chapitre XXV, verset 20, il est dit : « Celui qui chante devant un cœur affligé, etc., est comme le vinaigre sur le nitre. » Luther, dans sa traduction, a remplacé le mot hébreu *natr* par *kreide*, la craie ; — le natron, le carbonate de soude et le carbonate de potasse, obtenus par l'incinération du tartre et des plantes. *Geber* savait les débarrasser de leur acide carbonique par la chaux, et les rendre caustiques ; — le baurach ou borax ; — l'acide nitrique, qu'il extrayait par le vitriol, du salpêtre et de l'alun, opération dans laquelle il remarqua les vapeurs rouges de cet acide, et enfin l'acide sulfurique provenant de la distillation sèche de l'alun.

---

1. Voy. Isebel, *Buch der Könige*, II, Kap. 9, v. 30.
2. *Ann. de Chimie*, 96, p. 90.
3. En Thrace près d'Abdère. *Mines d'or et d'argent*, appartenant à la famille de Thucydide (Bouillet).

La connaissance de ces deux acides est à noter : elle indique que la chimie de *Geber* a fait un pas considérable depuis *Pline* et *Dioscoride* qui ne connaissaient d'autre acide que le vinaigre. Les anciens manquaient par conséquent d'un puissant dissolvant; et ce fait seul suffit à caractériser l'état de leur chimie. En effet leur chimie qui avait d'ailleurs une tendance purement technique, était essentiellement confinée aux opérations par voie sèche. *Geber* introduit dans la chimie la méthode de la voie humide dont les applications sont beaucoup plus variées et plus étendues.

Au moyen de l'acide nitrique, il pouvait effectuer un grand nombre de décompositions et de combinaisons auxquelles les anciens n'avaient pu songer. Ainsi il obtint du nitrate d'argent même sous forme de cristaux; l'eau régale en ajoutant du sel ammoniac ou du sel de cuisine à l'acide nitrique; avec cette eau, il put dissoudre l'or et obtenir aussi l'acide sulfurique en y dissolvant du soufre.

Les œuvres de *Geber* contiennent de plus une description détaillée d'opérations chimiques et d'appareils dont plusieurs n'étaient pourtant pas inconnus des anciens et surtout des Grecs des derniers siècles : la sublimation qu'on trouve déjà dans *Dioscoride*, — la distillation dont *Synesius*, évêque de *Ptolémaïs*, donne une description dans ses Commentaires sur *Démocrite*, ainsi que d'un appareil distillatoire complet avec chapiteau et récipient[1]; *Zosime* de Panopolis mentionne aussi, cinquante ans auparavant, la distillation descendante, — la filtration qui est présentée comme une distillation à travers le filtre; — la coupellation ou purification de l'or et de l'argent au moyen du plomb, qui est déjà indiquée, bien que d'une manière vague, par *Pline*, *Strabon* et *Dioscoride*. Enfin, Geber nous parle d'appareils pour l'incinération et la fusion, du bain-marie et du bain de sable.

33. — *Geber* ne se distingue pas seulement des anciens chimistes par des connaissances empiriques plus étendues, mais surtout parce qu'il donne une théorie des phénomènes chimiques. Sans doute, cette théorie est très bornée et très défectueuse, et même entièrement inexacte, d'après nos vues actuelles; elle n'en est pas moins digne d'être citée comme une première tentative pour expliquer les procédés chimiques, d'autant plus qu'à part quelques modifications, elle a prévalu pendant tout le moyen âge.

Cette théorie consiste dans l'hypothèse que tous les métaux seraient des corps composés de deux éléments dont les proportions et les différents degrés de cohésion produiraient les différences d'aspect. Ces éléments ne sont pas empruntés aux quatre éléments des philosophes de l'ancienne Grèce, ils en diffèrent complètement : ce sont le soufre et le mercure. *Geber* expose en détail comment chacun des métaux qu'il connaît est formé par la réunion de ces deux éléments. De son exposition quelque peu obscure, il résulte que, par le nom de soufre, il ne veut pas dire le soufre ordinaire, mais une substance mal définie, dans une certaine mesure le principe de la combustibilité. Il en est de même de son mercure.

On ne peut s'empêcher, en considérant de plus près les idées de *Geber*, de

<hr>

1. Hœfer, *Hist. de la Chimie*, I, 269.

penser que la théorie du phlogistique, établie au dix-huitième siècle par *Stahl*,
n'est à vrai dire qu'un perfectionnement de la manière de voir de *Geber*. D'ailleurs *Geber* n'est pas l'auteur de cette théorie qu'il dit tenir de ses prédécesseurs ; mais il n'indique pas quels étaient ses prédécesseurs. On pourrait trouver
peut-être un germe de cette théorie dans ce que *Platon* dit de la rouille. La
rouille qui se forme sur le fer ne proviendrait pas de ce que le métal absorbe
quelque chose, mais de ce qu'il perd quelque chose. Pour *Platon*, ce quelque
chose, c'est la terre, pour *Stahl*, le feu ou le phlogistique, pour *Geber*, le soufre[1].

Par cet aperçu des œuvres de *Geber*, on voit clairement qu'elles renferment une foule de connaissances chimiques que nous chercherions vainement dans les écrits des anciens qui nous sont parvenus. Nous ne prétendons
pas qu'il n'ait puisé à des sources antiques qui sont demeurées inconnues de
nous ; le contraire est même certain. Il a dit lui-même : *Totam nostram scien-
tiam quam ex dictis antiquorum abbreviamus compilatione diversa in nos-
tris voluminibus, hic in summa una redigimus*[2]. D'autre part ce serait aller
trop loin que de considérer *Geber* comme un simple compilateur. Sa manière
d'exposer montre qu'il parle d'après sa propre expérience, mais il est souvent
difficile de décider ce qui lui est personnel, et ce qui revient aux anciens.

RHAZÈS, AVICENNE, ABOULCASIS

34. — Avec *Geber* les Arabes ont encore un grand nombre de chimistes et
d'alchimistes qui suivirent très peu les traces de leur maître, et qui rendirent
un hommage exagéré à la mystique symbolique des philosophes d'Alexandrie.
Ils nommaient leur science, la science de K, première lettre du mot Kimia, ou
la science de M, de Misan : Balance. La vérité est qu'elle avait peu de chose,
pour ne pas dire rien, de commun avec la véritable chimie. Trois seulement
des successeurs de *Geber* font à cet égard une heureuse exception.

Rhazès, ou plutôt Mahommed-Ibn-Zakharia-Abou-Bekr-al-Razi, naquit
dans le Khorassan. Il mourut vers 932 à Bagdad, directeur d'un grand hôpital.
Par ses nombreux écrits, il introduisit l'emploi des médicaments chimiques
dans la thérapeutique de l'Orient.

Avicenne, dont le vrai nom est Abou-Ali-el Hosein-Ben-Abdallah-Ibn-Sina,
naquit en 980 à Charmatin dans la Boukharie, et mourut en 1037, à Hamadan en
Perse. C'était un homme d'une grande érudition, non seulement dans la médecine, sa spécialité, mais aussi en mathématiques, en astronomie, et dans les
sciences cultivées chez les Arabes. Il avait étudié *Euclide*, *Ptolémée* et *Aristote*. Comme médecin, il joua un grand rôle à la cour des califes de Bagdad, et
à celle des schahs de Perse ; et, comme il se trouva mêlé aux intrigues politiques
de son temps, il mena une vie fort agitée. Il trouva cependant les loisirs nécessaires pour écrire un ouvrage d'une étendue extraordinaire appelé *canon*.

1. Höfer, *Hist. de la Chimie*, I, 80.
2. Höfer, *ibid.*, I, 295.

C'est une sorte d'encyclopédie de tout ce qu'on savait alors en chimie et en médecine, et c'est cette œuvre surtout qui a conservé son nom à la postérité.

Aboulcasis (Aboul-Cacem) ou mieux encore : Chalaf-Ebn-el-Abbas-Aboul
Casan, né à Zahara, près Cordoue, d'où il a pris dans les éditions latines le nom
de Alzaharavicus, fut professeur à l'Université de Cordoue où il mourut, en 1122.
Il est célèbre par un ouvrage qui, dans la traduction latine, porte le nom de
« Servitor », et qu'on peut considérer comme le premier ouvrage pharmaceutique.
On considère par suite *Aboulcasis* comme le fondateur de la pharmacie. Il
décrit la préparation de l'esprit-de-vin qu'il cite le premier comme nu médicament. Il est douteux cependant qu'il ait découvert l'esprit-de-vin. Il est vrai que
Geber ne semble pas le connaître, car, dans la traduction latine de ses œuvres,
le mot *spiritus* désigne ordinairement le mercure ou tout autre liquide volatil.
Mais les Grecs du quatrième et du cinquième siècle ont sans nul doute distillé
le vin. Plusieurs siècles auparavant, les Chinois savaient déjà fabriquer des
liqueurs spiritueuses avec le riz, et un Arabe, *Abouzeid* qui fit en 851 un voyage
en Chine, a décrit le procédé des Chinois. Il s'agit du rak ou al-rak, d'où vient
le nom arrak, et c'est peut-être le vin de l'Inde dont parle *Strabon*, car l'Inde
ne possédait pas de vin.

OPTIQUE

. 35. — Si nous passons maintenant de la chimie à la physique proprement dite,
nous voyons que l'optique est presque la seule branche de cette science que les
Arabes aient cultivée. Cela tient sans doute. à ce que le terrain avait été déjà
déblayé par les anciens, et aussi à ce que les Arabes pouvaient employer comme
moyen de recherches des considérations mathématiques presque exclusivement
basées sur le raisonnement. Car les Arabes, comme les anciens, Grecs et Romains, s'adonnèrent peu à l'expérience, du moins dans le domaine de la physique. Ils paraissent s'être occupés d'optique de fort bonne heure, et il est
certain qu'en cela les anciens leur ont servi de maîtres et de modèles. Déjà .
vers l'an 900, un certain *Al Farabi* écrit sur la perspective ; et, vers l'an 1000,
Ebn Haithem (*Alkindi?*) de Syrie écrivit sur la vision, la réflexion et la réfraction ; ses œuvres toutefois ne nous sont pas parvenues, et furent sans importance.

Il n'en est pas de même des ouvrages d'*Alhazen* sur l'optique. Le véritable
nom de ce dernier, Abou-Ali-Alhazen-Ben-Alhazen, permet de le distinguer de
Alhazen-Ben-Yussuf qui traduisit l'Almageste de *Ptolémée*. Il vivait en Espagne
vers l'an 1100 d'après quelques auteurs, tandis que d'autres le font mourir déjà
en 1038[1]. L'*Optique* que nous possédons de lui est certainement peu claire et
diffuse, mais elle mérite néanmoins toute notre attention.. C'est en effet le premier ouvrage sur ce sujet après *Ptolémée*, et le seul qu'on trouve dans la littérature arabe. De plus, il a conservé jusqu'au dix-septième siècle une très grande

---

1. Wilde, *Gesch. d. Optik*, I. 70.

réputation : nous n'en citerons d'autre preuve que l'édition latine qui parut encore à Bâle, en 1572.

Des écrivains du xiiie siècle, *Roger Bacon* par exemple, qui connaissait cependant les livres d'optique de *Ptolémée*, ont affirmé qu'*Alhazen* n'avait fait que traduire cet auteur. Cette accusation n'est pas fondée, car la comparaison de l'ouvrage arabe avec les œuvres retrouvées de *Ptolémée*, a montré qu'*Alhazen* diffère en maints endroits de son prédécesseur, et le surpasse en d'autres. Il résulte cependant de tout cela qu'il doit l'avoir connu et mis à profit. Il y a surtout une différence importante entre lui et *Ptolémée* dans la théorie de la vision : *Alhazen* n'expose plus la théorie des rayons lumineux partant de l'œil. Il admet au contraire que la vision s'opère par quelque chose qui arrive dans l'œil ; il passe par conséquent de la théorie de l'émission à la théorie de l'immission. *Alhazen* donne aussi une description anatomique de l'œil, et cherche à montrer quel rôle joue chaque partie dans le phénomène de la vision. Il distingue déjà les trois liquides, humeurs *aqueuse, cristalline* et *vitrée* ; aussi bien que quatre enveloppes, *tunica adhærens, cornea, uvea* et *tunica retisimilis.* Il partage encore, il est vrai, l'erreur que le cristallin est le principal organe de l'œil ; mais il donne une explication très convenable du fait, que nous ne voyons qu'une seule image avec nos deux yeux, et dit que cela tient à ce que les parties correspondantes des nerfs optiques des deux yeux sont affectées par la lumière.

Il avait des idées bien plus justes que les anciens sur le phénomène de la vision. *Euclide* ne faisait partir de l'œil vers chaque point de l'objet regardé qu'un seul rayon visuel. *Alhazen*, au contraire, montre que de chaque point de l'objet, il arrive dans l'œil une multitude de rayons lumineux formant des pyramides, ayant chacun de ces points pour sommets, et l'œil pour base. *Alhazen* avait par conséquent des notions beaucoup plus vraies que les anciens sur la propagation de la lumière. Il savait aussi que notre jugement exerce une grande influence sur la vision.

Pour ce qui concerne la réflexion, il se distingue déjà de *Ptolémée* en ce qu'il admet sept miroirs réguliers au lieu des trois que connaissait *Ptolémée*, à savoir, un miroir plan, deux sphériques, deux cylindriques et deux coniques. *Alhazen* savait comme *Ptolémée* que, dans les miroirs plans, l'image et l'objet sont à la même distance du miroir. Il généralisa cette proposition, en ce qu'il chercha où devait se trouver l'image dans les miroirs sphériques, cylindriques et coniques. Mais dans les miroirs courbes il n'y a en général aucun point qui soit l'image d'un point lumineux.

Alhazen proposa en outre un problème qui plus tard porta son nom et acquit une certaine célébrité. Pour lui, il ne put le résoudre d'une manière satisfaisante. Voici ce problème :

Étant donnée la position d'un point lumineux et celle de l'œil, trouver sur un miroir sphérique, cylindrique et conique, le point où le rayon doit être réfléchi pour arriver à l'œil.

Pour le miroir plan, le problème est facile ; il est difficile au contraire dans les miroirs courbes, et il ne présente pour le physicien qu'un faible intérêt, vu qu'il n'est jamais nécessaire de connaître la position du point d'incidence sur un miroir courbe. *Alhazen* s'occupa surtout d'un grand nombre de problèmes qui n'ont qu'un intérêt purement mathématique. Comme ses démonstrations sont très longues, son ouvrage atteint un volume qui n'est pas en rapport avec son contenu.

Quant à la réfraction, *Alhazen* paraît avoir fait les mêmes recherches que *Ptolémée*, du moins il indique comment on pourrait trouver la réfraction de la lumière qui passe de l'air dans l'eau ou dans le verre. La loi de la réfraction demeure aussi inconnue pour lui, mais il remarque déjà que la proposition de *Ptolémée*, à savoir qu'il y a un rapport constant entre l'angle d'incidence et l'angle de réfraction, n'est pas exacte pour tout le quadrant. Il fit par conséquent la moitié du chemin vers la véritable loi ; mais ce progrès demeura inaperçu pendant des siècles.

Alhazen fut aussi sur le point de trouver les loupes ou verres grossissants, car il parle beaucoup et longuement du grossissement que produit un segment sphérique, c'est-à-dire une lentille plan-convexe. Mais il ne paraît pas avoir éprouvé les effets d'un pareil verre par l'expérience, car il dit qu'il est nécessaire de tourner la partie convexe vers l'œil, et de poser l'objet qu'on veut grossir tout contre la surface plane.

36. — En ce qui concerne la réfraction astronomique, ses connaissances ne différaient pas beaucoup de celles de *Ptolémée;* mais au lieu d'en rechercher la cause dans les vapeurs de l'atmosphère comme celui-ci, il la place dans les différents degrés de transparence de l'air ; quelques modernes ont cru voir là une allusion à la différence de densité des couches atmosphériques.

Alhazen a remarqué que le crépuscule commence et finit lorsque le soleil est à 19 degrés au-dessous de l'horizon. Il ajoute cependant, comme les savants le disent, qu'il avait appris cela des anciens. Ce qui lui appartient en propre, au contraire, c'est une méthode très ingénieuse pour trouver la hauteur de l'atmosphère d'après la durée du crépuscule. Elle est fondée sur ce que, au commencement ou à la fin du crépuscule, la couche d'air extrême à l'horizon, qui réfléchit encore de la lumière, reçoit les rayons lumineux du soleil qui se trouve à 19 degrés au-dessous de l'horizon. Si l'on relie par une droite le point où se trouve l'observateur O avec un point H situé dans la lumière crépusculaire, et si l'on imagine des lignes joignant le centre de la terre C à ces deux points, on obtient un triangle dans lequel le rayon terrestre ainsi que tous les angles sont connus, car on peut les déterminer facilement d'après les lois de la réflexion. La différence du rayon terrestre et de la ligne qui joint le point lumineux est la hauteur de l'atmosphère, que *Alhazen* estimait à 52 000 pas.

Plus tard, les astronomes et les physiciens se sont beaucoup préoccupés de ce problème et, entre autres, de savoir si l'atmosphère avait une limite. Mais on ne peut naturellement pas trouver de cette façon la hauteur de l'atmosphère, et surtout la hauteur à laquelle elle peut encore réfléchir les rayons solaires. Il y a même ici un grand nombre de points supposés, et particulièrement la propagation des rayons en ligne droite, qui n'a pas lieu en réalité.

Un autre problème intéressant qui a été souvent traité plus tard, et qui a préoccupé *Alhazen* , est de savoir pourquoi le soleil et la lune paraissent grossis à l'horizon, et les étoiles plus éloignées l'une de l'autre. *Alhazen* montre que ce phénomène ne peut provenir de la réfraction astronomique qui aurait plutôt pour effet de diminuer le diamètre vertical du soleil et de la lune. Il met ce phénomène au nombre des illusions d'optique, et il remarque très justement que notre appréciation de la grandeur des objets repose sur la comparaison du diamètre apparent et de la distance présumée de l'objet. Un corps céleste situé près de l'horizon nous paraît très éloigné, parce que nous pouvons comparer son éloignement avec celui des objets terrestres[1]. Cette influence de notre jugement sur la vision, ajoute *Alhazen*, fait aussi que la voûte céleste nous paraît surbaissée, au lieu de nous présenter une forme hémisphérique. Lorsque le ciel est couvert, cet aplatissement n'est pas sensible toutefois. — Ce problème du grossissement de la lune et du soleil au voisinage de l'horizon a donné lieu plus tard à de vives discussions, qui n'ont pas produit cependant une explication plus satisfaisante que celle d'*Alhazen*.

Nous n'en dirons pas davantage sur cet auteur. Son ouvrage est le dernier chez les Arabes qui ait traité de l'optique, du moins à notre connaissance. L'histoire de l'optique présente après lui une lacune de 170 ans, comme avant lui elle en avait présenté une de 550 environ. Le dernier écrivain de quelque importance qui ait traité de l'optique, parmi les Grecs, est en effet cet *Anthémius* qui donna cours à la fable des miroirs ardents d'*Archimède*.

ACOUSTIQUE

37. — En dehors de l'optique, et en ce qui concerne la physique pure, les Arabes n'ont guère cultivé que l'acoustique. Ils nous ont laissé quelques ouvrages sur la théorie de la musique, ce qui est quelque peu surprenant. Mahomet avait, en effet, interdit la musique à ses sectateurs, et, d'autre part, la musique qu'ils cultivèrent en dépit de cette défense demeura toujours chez eux à l'état de simple mélodie, de chant à une seule voix ; elle ne s'éleva jamais à la combinaison de plusieurs voix, à l'harmonie, qui est encore en horreur chez les Orientaux. Il est évident d'après cela, que les ouvrages théoriques laissés par *Alkendi* et d'autres n'ont aucune importance[2].

ASTRONOMIE

38. — Les Arabes ont cultivé l'astronomie et la géographie avec plus de succès. La première de ces sciences surtout conserve encore aujourd'hui les traces de leur activité dans nombre de mots arabes, tels que : Zénith, Nadir, Azimut,

---

1. M. J. Plateau, de l'Ac. R. de Belgique (mai 1880), a déterminé la distance à laquelle nous supposons la lune au voisinage du méridien ; il a trouvé cette distance de 50 mètres environ. (T.)

2. Montucla, *Hist. des mathématiques*, I, 394.

Alhidade, et dans les noms des étoiles : Aldebaran, Algol, Rigel, Fomalhaut
(Fum-al-Haut), Ras Alhagen, Ras Algeti, etc. [1].

Leur principal astronome fut *Albatenius* (Albategnus), ou plutôt Mohamed
Ben Geber Ben Senan Abou Abdallah Albatani, de la ville de Batan en Mésopotamie, qui florissait 50 ans après Al-Mamoun, vers 880. D'après d'autres, il
naquit en 880 et mourut en 928. C'est le Ptolémée des Arabes; il avait
d'ailleurs étudié cet auteur. Au nombre de ses travaux, citons une détermination
plus exacte de l'excentricité de l'orbite du soleil, la découverte du mouvement
de l'apogée, la construction d'une nouvelle table astronomique, une nouvelle
détermination de la durée de l'année solaire qu'il évaluait à 365 jours, 5 heures,
46 minutes, 22 secondes, valeur un peu trop faible.

Outre *Albatenius*, la période arabe nous offre encore un grand nombre
d'astronomes, aussi bien en Orient qu'en Espagne; mais leurs travaux ont
trop peu d'importance pour que nous les mentionnions ici. Au xiiie siècle,
l'astronomie était encore une des occupations favorites des Arabes. Ce qui le
prouve, c'est que lorsque Alphonse X de Castille, qui aimait l'astronomie,
voulut introduire cette science dans ses États, il fit venir des savants arabes de
Séville, de Tolède et de Cordoue. Il est vrai de dire que son choix ne fut pas
heureux, car ces savants étaient plutôt astrologues qu'astronomes. Un Arabe,
Alboazen, ne dissimula point sa pensée à cet égard, de sorte qu'Alphonse, en
1256, quatre ans après la publication des premières tables qu'il avait fait construire, ordonna d'en publier de nouvelles [2].

GÉOGRAPHIE

39. — En géographie, *Édrisi* et *Aboulfeda* se sont acquis une grande renommée
et pourraient être comparés, dans une certaine mesure, à *Hérodote* et
Strabon.

Le chérif *Al Edrisi*, ou mieux Abou Abdallah Mohamed Ben Mohamed al
Edrisi, naquit en 1099 à Ceuta, d'après d'autres à Tétuan : il descendait d'une
famille qui régnait en Nubie, ce qui lui a fait donner le nom de géographe de
Nubie. Il étudia à Cordoue et écrivit l'ouvrage qui l'a surtout rendu célèbre,
Récréations géographiques, à la cour de Roger Ier, roi de Sicile. Cet ouvrage
devait servir à l'explication d'un globe terrestre en argent, du poids de 400
marcs, que ce prince avait fait construire [3]. *Edrisi* mourut en 1175 ou 1186.

Aboulféda ou Ismaël Aboulféda, prince de Hamah en Syrie, né à Damas en
1273, mort en 1331, est l'auteur d'un traité intitulé : *Véritable position des
pays* [4].

Les œuvres de ces deux hommes sont extrêmement importantes pour la connaissance des pays et des peuples de leur temps, mais ne contiennent que fort

---

1. Pour l'étymologie de ces mots, voy. Montucla, I, 371. (T.)
2. Montucla, *Hist. des math.*, I, 369.
3. Montucla, *ibid.*, I, 403.
4. Montucla, *ibid.*, I, 407

peu de choses nouvelles sur la géographie physique. Cependant le dernier nous donne un récit de l'entreprise remarquable que le calife Al-Mamoun fit exécuter en 827. Il s'agit de la mesure du degré dont il a déjà été question au paragraphe 27. Les savants auxquels les Califes avaient confié cette détermination choisirent pour cela le désert de Singard ou Sinjar sur la mer Arabique. Ils se partagèrent en deux parties. A partir d'un certain point dont la hauteur polaire avait été déterminée, l'une des moitiés se dirigea en ligne droite vers le nord, la chaîne d'arpenteur à la main, jusqu'à ce que la hauteur du pôle se fût exactement accrue d'un degré. L'autre se dirigea de même vers le sud, jusqu'à ce que la hauteur du pôle eût diminué d'un degré. L'une des parties trouva de cette manière le degré égal à 56 milles arabes, et l'autre 56 $\frac{2}{3}$. La dernière détermination fut considérée comme la plus exacte.

Pour apprécier le résultat de cette mesure, il faut naturellement savoir ce que valait le mille arabe, mais il en est de cela comme du stade grec. On s'accorde généralement à considérer le mille arabe comme équivalent à 4000 aunes arabes, mais on n'est pas d'accord sur la longueur de l'aune. En outre, il y avait deux sortes d'aunes : l'aune royale et l'aune noire, cette dernière ainsi nommée à cause de la longueur du bras d'un grand esclave nègre. D'après les indications d'*Aboulfeda* l'aune noire était de 27 pouces, et d'après *Alfragani* (Alfergani) l'aune royale était de 24 pouces. Mais ce qu'il y a de plus singulier, c'est que le pouce avait une longueur de six grains d'orge placés bout à bout, de sorte que dans cette opération la surface de la terre avait été mesurée avec des grains d'orge.

Snell, qui découvrit la loi de la réfraction, trouva que 89 grains d'orge valent un pied du Rhin, soit 0,16103 toises. D'après cela un degré de 56 $\frac{2}{3}$ milles arabes égale 58 710 toises, et par suite est trop grand de 1700 toises.

Dans notre ignorance complète des mesures employées, nous ne pouvons connaître d'une manière précise le résultat de cette mesure. Mais ce que nous en avons dit autorise à penser qu'elle ne devait pas être d'une grande exactitude et qu'elle ne constituait pas un progrès sur les résultats déjà donnés par les Grecs.

DEUXIÈME PÉRIODE OU PÉRIODE EUROPÉENNE

40. — On ne saurait dire avec précision à quelle époque l'esprit scientifique commença à se réveiller dans l'Europe, qui était plongée dans la barbarie depuis la destruction de l'Empire romain. En cela comme en beaucoup d'autres choses les commencements furent peu importants et presque imperceptibles. Çà et là quelques lueurs commencèrent à paraître à une époque relativement fort reculée derrière les murs des cloîtres, tandis qu'au dehors tout était encore dans l'obscurité la plus profonde. Parfois aussi quelques lumières semblent se produire autour de certains princes éclairés, mais leurs faibles rayons ne parviennent pas à pénétrer la masse du peuple et tout rentre bientôt dans l'obscurité.

Ainsi nous trouvons déjà chez *Théodoric le Grand*, roi des Ostrogoths, qui régna de 475 à 526, une certaine considération pour les sciences. C'est ce qui résulte d'une lettre adressée au sénateur romain *Boëtius*, lequel était versé dans les mathématiques et la botanique. Il lui demande entre autres un cadran solaire et une horloge à eau pour en faire cadeau au roi des Burgondes. Nous savons en outre qu'en 782 Charlemagne appela à sa cour le savant anglais *Alcuin*, né en 736 à York, et réunit autour de lui une sorte d'académie. Il fit aussi établir par *Alcuin* des écoles près des couvents, écoles d'où sortirent peu à peu les Universités.

Au dixième siècle, cette ardeur scientifique devient déjà plus vive et plus générale. La jeunesse chrétienne commence à aller en Espagne étudier, près des Maures, les œuvres des anciens, vu le peu de ressources que lui offrait la patrie. *Gerbert* lui-même, qui fut depuis pape sous le nom de Sylvestre II, et qui porta la tiare de 999 à 1003, ne dédaigna pas d'aller puiser chez les Arabes de Séville et de Cordoue la connaissance de la littérature classique. Il naquit en France à Aurillac, en Auvergne, et aurait fait construire un orgue à vapeur dans la cathédrale de Reims. Il serait par conséquent l'inventeur des tuyaux à vapeur. Les sciences physiques et chimiques l'occupèrent particulièrement, et en dehors de l'orgue à vapeur que nous venons de mentionner, il inventa encore différentes machines hydrauliques, une table à calcul, etc.[1]

Les onzième et douzième siècles nous offrent des exemples aussi célèbres. Mais ce n'est qu'au treizième siècle que le mouvement scientifique devient plus puissant et plus fécond, de sorte qu'on peut véritablement faire dater de cette époque l'épanouissement des sciences. La fondation des Universités à Paris, Oxford, Cambridge 1200, Naples 1224, Salerne, Bologne, Padoue 1229, Pavie, Salamanque, Prague 1348, Vienne 1365, Heidelberg 1386, et en d'autres lieux, doit être considérée comme la première manifestation de ce réveil scientifique. Les Universités de Paris, Salerne et Bologne fleurirent les premières entre toutes, mais on ne peut indiquer avec certitude l'époque de leur fondation.

Nous voyons aussi dans ce siècle deux princes distingués prendre les sciences sous leur protection, ce sont l'empereur Frédéric II, que sa lutte avec la théocratie a rendu si célèbre et qui gouverna de 1209 à 1250, et Alphonse X, roi de Castille. Le premier, également grand comme homme et comme prince, non seulement protégea les lettres et les beaux-arts, mais favorisa aussi les progrès de la science et l'étude de la nature en fondant, d'une part, l'Université de Naples en 1224, et d'un autre côté, en faisant traduire en latin les œuvres des *Ptolémée*. — Alphonse X s'est acquis un nom honorable dans l'histoire de sciences à cause de sa prédilection pour l'astronomie, et particulièrement par les tables astronomiques qui portent son nom, et qu'il fit construire en 1256 par des astronomes qu'il fit venir à Tolède.

---

1. Libri, *Hist. des sciences mathématiques*, IV, 337.

ALBRECHT DE BOLLSTAEDT. — ROGER BACON

41. — Au xiiie siècle paraissent pour la première fois des hommes qui ont cultivé les sciences physiques et qui les ont fait progresser autant que le permettaient les circonstances. Tels furent surtout *Albrecht de Boll-staedt* et *Roger Bacon*. Tous deux embrassèrent dans leurs connaissances tout ce qui appartenait alors au domaine des sciences naturelles. Très versés dans l'étude de l'antiquité, dans la théologie et la philosophie, ils cultivèrent en outre les mathématiques, la mécanique, l'optique, la chimie, la médecine et la physique. Le premier s'adonna surtout à la chimie et le second aux sciences physiques et mathématiques.

Albrecht von Bollstaedt, appelé par ses contemporains Albert le Grand ou Albert le Teuton, descendait de la famille des comtes de Bollstaedt et naquit en 1193 à Lauingen en Bavière. Comme il était le plus jeune de la famille, il se destina à l'état ecclésiastique, étudia à Padoue, entra en 1273 dans l'ordre des dominicains et professa ensuite publiquement à Hildesheim, Ratisbonne, à Cologne et à Paris. En 1254, il parcourut l'Allemagne comme Provincial de son ordre, et en 1260 fut nommé évêque de Ratisbonne. Mais il abdiqua en 1265, et se retira dans le couvent des Dominicains de Cologne, où il mourut en 1280.

Albert de Bollstaedt fut un écrivain très fécond. Ses œuvres complètes aux-quelles on a sans doute beaucoup ajouté, furent imprimées à Leyde en 1651 et ne forment pas moins de 21 volumes in-folio. Elles donnent une image fidèle de l'étendue et de l'état des sciences naturelles à son époque et ont par suite une grande importance historique, mais elles ne contiennent aucune inven-tion ou découverte qu'on puisse avec certitude attribuer à l'auteur. Cependant *Albert de Bollstaedt*, par le crédit dont il jouissait et par ses connaissances, a beaucoup contribué à vulgariser la science, s'il ne l'a pas étendue par ses propres travaux.

Roger Bacon, qu'il ne faut pas confondre avec *lord Bacon* qui vécut 300 ans plus tard, naquit en 1214 à Ilchester dans le comté de Sommerset en Angle-terre d'une famille très considérée ; il mourut en 1292 ou 1294 à Oxford dans l'ordre des Franciscains.

Bacon fit ses études à l'Université de Paris. Il revint à Oxford en 1240. Il y eut à supporter de dures épreuves : d'une part, à cause de ses connaissances étendues qui excitaient l'envie des autres moines de son ordre ; d'autre part parce qu'il osa s'élever ouvertement contre leur ignorance et leur immoralité. Ceux-ci l'accusèrent en retour, auprès du pape, de sorcellerie et d'hérésie, et d'avoir fait un pacte avec le diable. Ces accusations lui firent perdre sa place de professeur à Oxford, et jeter en prison. Son protecteur, l'évêque de Sabine, légat du pape en Angleterre, ayant été élevé au trône pontifical sous le nom de Clément IV, il sortit de captivité, mais seulement pour peu de temps et pour subir bientôt une captivité plus longue encore. Clément IV mourut en effet en 1268, après un règne de trois ans ; et sous son successeur Nicolas III, Jérôme d'Esculo (Asculi), général de l'ordre des Franciscains, réussit à faire interdire les œuvres de *Bacon*. *Bacon* lui-même fut mis en prison en France, où il s'était réfugié après sa première captivité. Cette seconde captivité dura dix ans. Elle prit fin à la mort de Nicolas III, lorsque ce même Jérôme d'Esculo fut monté sur le trône pontifical, sous le nom de Nicolas IV. Alors quelques Anglais influents obtinrent la délivrance de *Roger Bacon*. Il quitta la France en 1288 pour retourner à Oxford, et ne s'occupa plus jusqu'à sa mort que d'études théologiques.

Roger Bacon était un homme d'une grande érudition. Ses contemporains l'avaient surnommé Doctor mirabilis. Il possédait en outre le génie de l'invention, et abondait en vues originales qui l'auraient certainement conduit à des découvertes ou à des inventions importantes s'il avait vécu à une époque plus éclairée, et dans des circonstances plus favorables. Ses œuvres sont remplies de projets qui ne furent jamais réalisés. Entre autres il parle d'un char qui se meut de lui-même, d'une machine qui s'élève dans les airs, de mécanismes pour transporter les fardeaux ; partout se manifeste ce penchant pour la mécanique pratique qui distingue encore les Anglais de nos jours. Son imagination était si vive, et sa confiance dans la réalisation de ses idées si grande, que *Roger Bacon* en parle d'ordinaire comme si elles eussent déjà été mises en pratique. Comme son exposition est parfois obscure, que le vrai et le faux s'y trouvent confondus, un certain nombre de ses compatriotes, *trop patriotes*, lui ont attribué nombre d'inventions et de découvertes auxquelles il n'a aucun droit. Cette remarque s'applique en particulier aux travaux de *Roger Bacon* sur l'optique.

Quelques auteurs anglais *Wood*, *Molineux*, *Jebb*, *Brewster* et d'autres, heureux de revendiquer pour leur pays des inventions aussi importantes que celles de la loupe et de la lunette, affirment que *Roger Bacon* a les droits les plus anciens à ces découvertes. D'autres hommes impartiaux, des Anglais même comme *R. Smith* et *Priestley*, n'ont pas pour lui de semblables prétentions, et sont d'avis qu'il n'a guère fait plus que *Ptolémée* et *Alhazen*, ses maîtres en optique. En ce qui concerne la loupe, il ressort de ses écrits qu'il a fait simplement des expériences avec des verres ayant la forme de segments sphériques et dont *Alhazen* connaissait déjà le pouvoir grossissant. Ce qu'il dit à ce sujet, paraît être resté dans le domaine des idées ; quant aux lentilles proprement dites biconvexes ou concaves-convexes, il n'en est pas question. Il dessine seulement des arcs de cercle et parle du grossissement des objets, suivant que l'œil se trouve sur le côté concave ou convexe de la figure. Mais il ne dit pas clairement ce que représente la figure [1]. Il en est de même de ses droits à la découverte de la lunette. On ne peut décider s'il l'a réellement construite ou s'il a conclu à la possibilité de construire cet instrument d'après les effets d'un segment sphérique. Il en est encore de même de sa prétendue invention de la chambre obscure.

Au contraire, c'est à *Roger Bacon* qu'appartient le mérite d'avoir, pour la première fois, indiqué avec exactitude la position du foyer d'un miroir sphé-

---

1. Voy. Montucla, I, p. 515. (T.)

rique creux, tandis que les physiciens qui vinrent dans la suite ne pouvaient s'accorder sur ce point. Il donna ensuite des instructions pour construire des miroirs pasaboliques, bien qu'il ne paraisse pas en avoir construit lui-même. Il a réuni tous ses travaux d'optique dans un ouvrage intitulé *Opus Majus* qu'il écrivit en 1267 pour se justifier des accusations d'hérésie et de sorcellerie portées contre lui, et qu'il envoya à son protecteur, le pape Clément IV. Le titre fait allusion à un *Opus Minus* et à un *Opus Tertium* qu'il envoya également à ce pape.

Quelques idées se trouvent aussi dans sa *Perspectiva*, et dans l'ouvrage intitulé *Specula mathematica* [1].

Comme preuve de la clarté de ses vues, je mentionnerai encore qu'il reconnut les défauts du calendrier julien, et que dès l'année 1267, il conseillait à son protecteur Clément IV la réforme du calendrier. Mais le pape Clément ne l'ayant pas jugée convenable, cette réforme ne fut faite qu'à la fin du xvie siècle par le pape Grégoire XIII.

Outre la physique, la chimie et l'alchimie occupèrent spécialement *Bacon* : ses nombreux écrits sur ces matières le prouvent. Les titres de ces ouvrages reflètent suffisamment l'esprit de l'époque, par exemple. : *Medulla alchymiæ, De lapide philosophorum, Verbum abbreviatum de leone viridi, Secretum secretorum, Speculum secretorum, Tractatus trium verborum*, etc. Un grand nombre de ces écrits ont été plus tard réunis sous le titre *Rogeri Baconis thesaurus chymicus*, Francfort 1603 et 1620.

Dans ces écrits, *Roger Bacon* se montre disciple de *Geber* : il n'ajouta rien aux connaissances du maître. La seule chose qui soit digne d'attirer l'attention sur eux, c'est qu'il y est question de la poudre à canon. Comme les œuvres d'*Albert de Bollstaëdt* en font également mention, et qu'à cause de cela on en a attribué la découverte tantôt à l'un, tantôt à l'autre, le moment est venu de dire quelques mots sur la découverte de cette substance qui joue un si grand rôle dans l'histoire des peuples.

POUDRE A CANON

42. — Tout d'abord je dois faire remarquer que ni *Albert de Bollstaëdt* ni *Roger Bacon* n'ont de droit à cette découverte. Le dernier n'a pas même le mérite d'avoir décrit d'une manière claire la composition de la poudre à canon. Il l'indique d'une manière incomplète et sous forme d'anagramme, peut-être parce qu'il considérait que l'indication détaillée pourrait être dangereuse pour ses contemporains. Lui-même du reste ne donne pas la poudre à canon comme une de ses inventions. Il en parle comme d'une substance connue en son temps, mais non d'une manière générale.

Albert de Bollstaëdt a le mérite de décrire très complètement la préparation de la poudre. Il faut mélanger, dit-il, une livre de soufre, deux livres de char-

1. Voy. Montucla, I, p. 515. (T.)

bon de bois et six livres de salpêtre dans un mortier de pierre. Ce n'est cependant pas le premier écrit qui nous soit parvenu indiquant la préparation de la poudre à canon. D'après le docteur *Jebb*, on conserve à Oxford et à Paris[1] un manuscrit d'un Grec, *Marcus Graecus*, dans lequel se trouve décrites tout au long la préparation de la poudre à canon, et la distillation de l'esprit de vin et de l'huile de térébenthine. Il porte le titre *Liber ignium ad comburendos hostes*. Il prescrit de mélanger dans un mortier une livre de soufre, deux livres de charbon et six livres de salpêtre, et ensuite d'en remplir de petits tubes qui volent dans les airs, *tunica ad volandum* (fusées à la congrève), ou si l'on veut imiter le tonnerre de remplir à moitié des tubes épais et courts et de les lier fortement ensemble. *Marcus Graecus* vivait vraisemblablement vers la fin du viiie siècle, car le médecin arabe *Mesua* qui le cite, vivait au neuvième siècle, et mourut en 846 ou en 865. Du reste, le *Liber ignium* n'est pas l'ouvrage le plus ancien qui parle de la préparation de la poudre.

Julius Africanus qui vivait au iiie siècle la décrit déjà sous le nom de πῦρ αὐτόματον, et la compose de parties égales de soufre, de salpêtre et de pyrite rudonique (sulfure d'antimoine)[2].

L'invention de la poudre est certainement plus ancienne que les renseignements fournis par l'histoire à ce sujet. Les Chinois, les Japonais, les Indiens, bien qu'il ne faille pas toujours se fier à leurs prétentions à la haute antiquité de leurs découvertes, ont certainement connu la poudre à canon bien avant les Européens. On peut d'autant moins en douter que la connaissance du salpêtre nous vient de l'Orient. Les Arabes et les Turcs se sont servis de très bonne heure de la poudre à canon contre les Grecs et les Croisés, et en ont sans doute appris l'usage des chinois, soit directement, soit par l'intermédiaire des peuplades établies entre leurs pays. On invoque en outre des raisons philologiques, à savoir que le salpêtre encore aujourd'hui porte. chez les Persans le nom de Nemek Tschim, sel chinois, et chez les Arabes celui de Thelz sini, neige de Chine.

Quoi qu'il en soit, dans les guerres des grecs et des Croisés contre les sarrasins, il est souvent fait mention du feu comme moyen d'attaque ou de défense dans des circonstances telles qu'on ne peut douter qu'il ne soit question du moins dans beaucoup de cas, de la poudre à canon. On sait aussi que les Tunisiens, dès l'année 1085, avaient sur leurs vaisseaux des engins avec lesquels ils lançaient le feu, et comme il est dit formellement, au milieu d'un bruit semblable à celui du tonnerre. On possède un autre récit remontant à l'année 1147 d'après lequel les Arabes se seraient défendus à Lisbonne contre les Espagnols et les Normands à l'aide du feu et d'armes à feu. Un juif *Rabbi Benjamin Ben Jona* de Tudela ordinairement appelé Benjamin de Tudela, qui en 1173 poussé par son zèle religieux, partit de Saragosse pour visiter les restes épars de son peuple, parcourut la plus grande partie de l'Asie, alla jusqu'en Chine et même jusqu'aux îles de la Sonde. Il raconte qu'il a vu en Perse des pièces d'artifices qu'on appelait soleils.

1. Höfer, *Hist. de la Chimie*, I, 284.
2. Höfer, *Hist. de la Chimie*, I, 282, 284.

On trouve même en Occident des documents plus anciens que ceux de *Bollstaëdt* et de *Bacon*, et qui prouvent que la poudre à canon était déjà employée au douzième siècle à Rammelsberg près de Goslar pour l'exploitation des carrières. A cause de la lenteur avec laquelle toute invention nouvelle passe dans la pratique, on peut en conclure que la connaissance de la poudre remonte à une époque beaucoup plus ancienne. Son emploi dans les travaux de mines inspira peut-être à Henri comte Palatin, fils de Henri le lion, l'idée de faire sauter par la poudre les murs de Tyr lors de son expédition en Terre-Sainte en 1200.

D'après tout ce qui précède, on peut juger de ce qu'il faut penser de la tradition qui attribue l'invention de la poudre à un moine allemand *Barthold Schwartz*. On ne connaît ni le lieu ni la date de sa naissance, pas plus que le lieu et la date de sa prétendue découverte. Quelques auteurs prétendent qu'il naquit à Fribourg en Brisgau, d'autres à Mayence ou à Nuremberg. Le seul point sur lequel tous les historiens s'accordent est qu'il était moine franciscain. La diversité des opinions est tout aussi grande sur l'époque et le lieu de sa découverte. Tantôt on cite Goslar, tantôt Cologne, et quant à l'époque, elle varie ordinairement de 1318 à 1380; quelques historiens même la reculent jusqu'au temps d'*Alb.* de *Bollstaëdt*.

D'après toutes ces contradictions, s'il est peu probable que *Barthold Schwariz* soit l'inventeur de la poudre à canon, quelques érudits, *Robins*, par exemple, prétendent que l'accident qui lui arriva en faisant ses expériences donna l'idée d'employer la poudre pour la grosse artillerie.

Ce qui semble prouvé, c'est que l'emploi de la poudre, pour les armes à feu et non pour les travaux de mines, date de la seconde moitié du xive siècle. Il existe peu de substances chimiques dont l'histoire ait donné lieu à tant de recherches savantes ayant en somme produit si peu de résultats certains. On ne sait même pas si ce soi-disant inventeur qui se fit sauter par maladresse portait réellement le nom de *Barthold Schwartz*. Quelques auteurs l'appellent *Constantin Anklitzen* ou *Anglitzen*, et pensent que c'est là son véritable nom, tandis que l'autre n'était que celui qu'il portait au couvent.

Le célèbre feu grégeois πῦρ ὑγρὸν, comme l'appelaient les Grecs, avec lequel l'empereur Constantin IV, dit Pogonat incendia la flotte des Sarrasins, devant Constantinople en 670, lui fut apporté par un transfuge des Sarrasins, un grec nommé *Callinicus* d'Héliopolis en Phénicie. Ce n'était certainement pas la poudre à canon, mais plutôt du pétrole qui brûle sur l'eau, ou de la résine enflammée qu'on lançait avec des flèches. Il est toutefois peu contestable que les grecs se soient déjà servis au ixe siècle de la poudre à canon comme moyen de défense.

OPTIQUE

43. — Outre les deux esprits universels dont nous avons parlé, *A. de Bollstaëdt* et *R. Bacon*, nous trouvons encore au xiiie siècle deux hommes qui

cultivèrent une branche spéciale de la physique, l'optique. Ces hommes sont *Vitello* et *Peckham*. De *Vitello* nous possédons un ouvrage qu'un certain *Risner* a rétabli trois siècles plus tard avec le moins d'erreurs possible à l'aide de plusieurs copies manuscrites, et qu'il fit imprimer en 1572 à Bâle en même temps que l'optique *d'Alhazen*.

Dans cet ouvrage, *Vitello* est désigné comme *filius Polonorum* et *Thuringorum*, ce qui a fait supposer que son père était polonais, et sa mère thuringienne ou inversement. En outre, on sait seulement qu'il était moine, que, pendant un voyage en Italie, la vue d'une belle chute d'eau développa en lui le désir d'étudier l'optique, et qu'il écrivit son Optique à la sollicitation du Dominicain *Wilh. de Morbeta* qui vivait en 1269. *Vitello* n'est vraisemblablement pas son vrai nom. C'est ou le nom qu'il reçut au couvent, ou la traduction latine du vrai nom *Witelo*.

L'ouvrage de *Vitello* est un sommaire de ce que tous les anciens et *Alhazen* ont laissé sur l'optique ; il est, d'après cela, très volumineux, mais ne contient rien de particulier, et peu de choses nouvelles. Il convient cependant de citer une série d'expériences sur la réfraction de la lumière, lorsqu'elle passe de l'air dans l'eau ou dans le verre, et de l'eau dans le verre. Comme *Ptolémée* et *Alhazen*, *Vitello* se borne à indiquer les angles d'incidence et de réfraction. Ses mesures sont cependant un peu plus exactes que celle de *Ptolémée*, car on trouve pour le rapport des sinus :

	EAU	VERRE
dans Ptolémée	0.767	0.687
— Vitello	64	69
— Newton	48	45

A l'occasion de ces mesures, *Vitello* fit la remarque très naturelle, mais qui avait passé inaperçue jusqu'alors, que dans la réfraction les deux angles restent les mêmes, que la lumière passe d'un milieu moins dense dans un milieu plus dense, ou inversement.

Il compléta aussi la théorie de la réflexion et de la réfraction, en ce qu'il montra que dans les deux cas une certaine partie de la lumière se perd. C'était là un progrès parce que jusque-là on avait toujours observé la direction des rayons, mais non leur intensité que *Vitello* ne mesure pas encore, il est vrai.

Vitello connaissait empiriquement la dispersion ou la séparation des couleurs qui accompagne toujours la réfraction. Son attention fut attirée sur ce phénomène par la vue de l'arc-en-ciel formé dans la cascade de Viterbe. Il alla un peu plus loin que ses devanciers en ce qu'il reproduisit les couleurs de l'arc-en-ciel au moyen d'un verre rempli d'eau et placé au soleil. Mais il ne considérait pas les couleurs qui s'étalaient sur le plancher de sa chambre comme étant les vraies couleurs de l'arc-en-ciel, d'abord parce qu'il croyait qu'elles différaient un peu des couleurs naturelles, et ensuite parce qu'on ne les voit pas comme dans l'arc-en-ciel par réflexion mais par transmission.

En ce qui concerne l'arc-en-ciel, il est réellement étonnant que *Vitello* soit arrivé si près de la véritable théorie sans l'atteindre. Il ne fait pas consister l'arc-en-ciel, simplement en une réflexion, comme ses prédécesseurs; il fait intervenir encore la réfraction, parce que, comme il en fait très justement la remarque, des rayons solaires qui tombent sur un corps transparent, une partie doit le pénétrer et par conséquent une partie seulement doit être réfléchie. Mais il ne paraît considérer la réfraction que comme un moyen d'augmenter la lumière qui arrive à l'œil. Quoique *Vitello* soit resté ici à moitié chemin de la véritable explication, il n'est pas improbable qu'il a mis ses successeurs sur la vraie voie. Il n'admettait, du reste, comme *Aristote* que trois couleurs : *alurgus, viridis, puniceus.* Il expliquait la scintillation des étoiles fixes par le mouvement de l'air, ce qui est faux, mais ce qui fut considéré comme vrai pendant longtemps.

Le deuxième écrivain du XIIIe siècle qui a traité de l'optique est *Jean Peckham*, archevêque de Canterbury, né en 1228, mort en 1291. Quelques-uns écrivent ce nom : Peckam, Pecham, Petsam, en latin *Johannes Pisanus*, et le font aussi évêque de Cambrai. L'ouvrage qui nous est parvenu sous le titre, *Perspectiva communis*, n'est pas autre chose qu'un extrait confus d'*Alhazen* et ne mérite d'être cité que comme exemple de l'importance qu'on attachait dans ce temps à l'optique.

MIROIRS DE VERRE. — LUNETTES OU BESICLES

44. — Parmi les découvertes pratiques faites en optique au XIIIe siècle, on trouve deux inventions importantes et fécondes en résultats. Tout d'abord, ce sont les miroirs de verre proprement dits ou miroirs étamés.

Les anciens connaissaient et employaient parfois les miroirs de verre non étamés, du moins dans les derniers siècles, mais ils se servaient ordinairement de miroirs métalliques (§ 6), et aucun de leurs écrivains ne fait mention de l'étamage des miroirs de verre. Un auteur du XIIIe siècle, *Antoine de Padoue*, qui mourut en 1231, dit expressément qu'un miroir n'est autre chose que le verre le plus pur. Il résulte clairement de là qu'on n'avait jusqu'alors employé en guise de miroirs que des verres non étamés.

Le premier qui parle de miroirs étamés est *Vincent de Beauvais* qui écrivait vers 1240. Il considère comme les meilleurs les miroirs étamés avec le plomb; et dans la *Perspective de Peckham* il est aussi parlé de l'étamage des miroirs[1]. *Raymond Lulle* parle aussi beaucoup des miroirs recouverts de plomb, et décrit en détail les procédés de leur fabrication. *Ramon Lull*, en latin *Raimundus Lullus*, né en 1235 à Palma, dans l'île de Majorque, mort probablement en 1315 à Tunis, était un alchimiste fameux en son temps. Il mena une vie fort agitée, ce qui ne l'empêcha pas de produire une foule d'écrits grands et petits.

D'après ce qui précède, les premiers étamages des miroirs étaient en plomb; l'emploi des feuilles d'étain plongées dans le mercure, par conséquent

---

1. Kastner, *Gesch. d. Mathem.*, II, 267.

de l'amalgame d'étain, pour l'étamage des miroirs est beaucoup plus récent et n'eut lieu qu'au XIVe siècle. Mais l'inventeur est tout aussi peu connu que celui de l'étamage au plomb : vraisemblablement ils n'étaient savants ni l'un ni l'autre et leurs noms se sont perdus parce qu'ils n'ont pas consigné leur découverte dans un écrit.

L'autre invention qui se rattache immédiatement à celle des miroirs étamés, et dont l'utilité n'est pas moins grande, est celle des *besicles*. On ne sait quand ni comment cette invention a été faite. Il est possible que les œuvres d'*Alhazen* et de *Roger Bacon* en aient donné l'idée. Il est en effet question chez le premier du pouvoir grossissant d'un segment sphérique de verre; et le second examine le cas où la substance réfringente concave est appliquée à l'œil. Mais de ces indications vagues à la confection des lunettes, il y avait encore une grande distance, et si l'inventeur l'avait franchie en s'appuyant sur la théorie, ce serait certainement très honorable pour lui. Mais, selon toute probabilité, la théorie n'y est pour rien, et le hasard ou l'empirisme seul a réalisé cette découverte.

On admet généralement que l'auteur de cette découverte est un noble Florentin *Salvino Degli Armati*, qui mourut en 1317. On s'appuie, pour soutenir cette opinion, sur une inscription tumulaire qui se trouvait jadis dans l'église de Sainte-Marie-Majeure de Florence et qu'un certain *Leopold del Migliore* nous a conservée dans sa *Firenze illustrata*, 1684. Voici cette inscription : *Qui giace Salvino degli Armati di Firenze, inventore degli occhiali. Dio gli perdoni le peccata. MCCCXVII.*

Il est vrai que ce témoignage n'est pas autrement confirmé, mais plusieurs récits s'accordent pour faire remonter l'invention des lunettes à l'époque où vivait *Salvino degli Armati*. On sait qu'*Alexandre de Spina*, dominicain de Pise, qui mourut en 1313, vit chez un habitant de cette ville une paire de lunettes dont l'invention était encore toute nouvelle. La personne n'ayant pas voulu lui faire connaître le procédé de fabrication, il se mit à le chercher lui-même et trouva ainsi pour la seconde fois l'art de polir les lunettes. Nous trouvons un autre renseignement sur l'époque approximative de cette invention dans le dictionnaire de l'Académie della Crusca, sous le mot *Occhiali*.

L'Académie della Crusca fut fondée à Florence en 1588, dans le but d'épurer la langue italienne, de la débarrasser de ses imperfections, de séparer la farine du son, en italien *Crusca*, d'où le nom *Accademia della Crusca, Academia furfuratorum*. On lit dans le dictionnaire de cette Académie, au mot Occhiali : « *Le frère Jordano de Rivalto, dit dans l'édition de ses sermons, publiée en 1305 : Il n'y a pas vingt ans qu'on a fait la merveilleuse découverte des lunettes.* » Cette invention remonterait donc à l'année 1285.

Le plus ancien document concernant les lunettes date de 1299, et se trouvait dans un manuscrit que possédait un certain *Redi*. Voici le passage en question : « Je me trouve tellement accablé par l'âge que je ne pourrais lire ni écrire sans le secours des lunettes qui ont été récemment inventées au grand profit des malheureux vieillards. »

D'après tous ces témoignages, il semble suffisamment prouvé que la date de l'invention des lunettes se trouve comprise dans le dernier tiers du XIIIe siècle et, comme nulle part on n'a contesté cette invention à *Salvino degli Armati*, on peut la lui attribuer jusqu'à preuve du contraire. On ne sait pas si les premières lunettes étaient convexes ou concaves, ni comment elles étaient agencées. Elles n'ont reçu leur forme actuelle qu'un peu plus tard. D'abord, on les attachait au bonnet qui, dans ce but, descendait jusque sur les sourcils, plus tard on les attacha sur le nez à l'aide d'un crochet.

Le mot allemand *Brille* ou, comme on disait autrefois, *Barill*, vient, d'après quelques auteurs, de Beryll, parce qu'on fit peut-être les premières besicles en verre de couleur verte, ce qui rappelait la nuance de la pierre précieuse : l'émeraude vert-clair (béryl).

QUATORZIÈME SIÈCLE

45. — Le XIVᵉ siècle n'a produit que fort peu de chose en physique ; il est incomparablement plus pauvre que le XIIIᵉ. Nous trouvons cependant au début même de ce siècle un ouvrage excessivement remarquable pour l'époque sur l'optique, celui du frère *Théodoric* : *De radialibus impressionibus*.

Ce frère *Théodoric*, de l'ordre des Frères prêcheurs, était saxon de naissance, et composa vers 1311 son ouvrage qu'il dédia au général de l'ordre, *Aymericus Placentinus*. L'ouvrage resta longtemps dans le couvent des Frères prêcheurs à Bâle, et, à l'époque de la Réforme, passa dans la bibliothèque publique de la ville. L'Italien G. B. *Venturi*, connu par plusieurs traités sur l'hydraulique, eut avis de l'existence de ce livre par un autre ouvrage : *Ueber die Schriftsteller des Ordens der Predigermönche*. Il s'adressa au professeur *Huber* de Bâle, obtint l'autorisation de l'examiner, et en fit connaître le contenu dans un ouvrage qui porte le titre : *Commentari sopra la storia e la teoria dell' ottica*. *Bologna* 1814[1].

Il résulte de cet ouvrage que l'auteur, sans avoir connu les lois de la réfraction, explique la formation des deux arcs-en-ciel d'une manière plus satisfaisante que tous les physiciens avant *Descartes*, et conforme à la théorie admise de nos jours. D'après cet auteur, l'arc intérieur ou principal est produit par les rayons $s\,a$ (fig. 2), qui entrent en a dans la moitié supérieure des gouttes d'eau, s'y réfractent et se réfléchissent sur le fond postérieur de la goutte, reviennent en c sur la moitié inférieure où ils éprouvent une autre réfraction, et arrivent en d dans l'œil de l'observateur. L'arc extérieur au contraire est produit par les rayons qui pénètrent en a (fig. 3), dans la partie inférieure des gouttes, et qui, après une double réflexion sur le fond bb', et une deuxième réfraction en c sur la partie supérieure des gouttes, arrivent en d. Mais *Théodoric* n'explique pas d'une manière satisfaisante pourquoi la réflexion seule qui a lieu en un point déterminé de la goutte produit l'effet connu : il dit en effet que ce point a été déterminé spécialement

---

1. *Gilbert's Ann.*, LII, 406.

par la nature pour cela. D'ailleurs dans l'état où se trouvait l'optique au temps
de *Théodoric*, il ne lui était pas possible de donner une explication exacte
comme *Descartes* la donna plus tard. Les rapports entre l'angle d'incidence i,
et l'angle de réfraction r, aussi bien que la cause de la disposition inverse des
couleurs du rouge au violet dans l'arc principal et dans l'arc secondaire (R et V

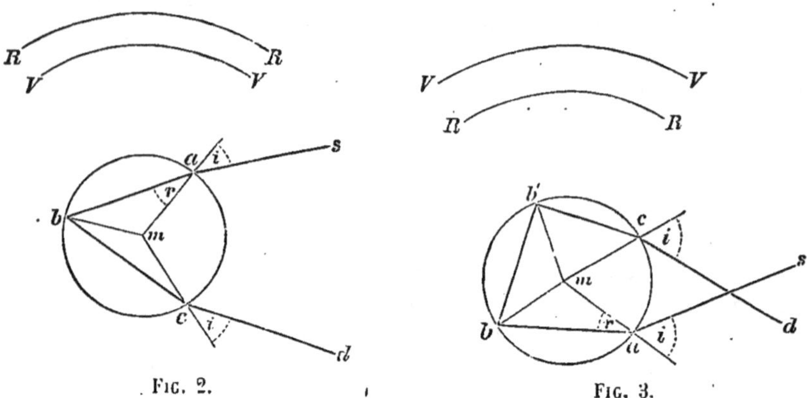

Fig. 2.   Fig. 3.

dans les figures indiquent cette disposition des couleurs), ne furent trouvés
que longtemps après lui. Ce travail précieux est malheureusement resté
caché et inconnu pendant des siècles, et ne put exercer sur la science l'influence qu'il n'aurait pas manqué d'avoir dans des conditions plus favorables :
on découvrit plus tard des faits qui depuis longtemps étaient renfermés dans ce
livre.

INVENTION DE LA BOUSSOLE

46. — Nous ne pouvons quitter le xiv⁰ siècle, sans examiner avec attention
ses prétentions à une des découvertes les plus importantes et les plus fécondes.

D'après l'opinion généralement acceptée, un navigateur napolitain du nom
de *Flavio Gioja*, originaire du village de Pasitano près d'Amalfi, aurait
découvert la boussole en 1302 ou 1303. Cette opinion est basée principalement
sur une déclaration d'un auteur du xiv⁰ siècle, *Antoine de Bologne*, appuyée
encore par d'autres raisons. Ainsi on ne manque pas de faire remarquer. le
lys emprunté aux armes de France, avec lequel le pôle nord de l'aiguille des
compas est encore marqué, et l'on ajoute que *Gioja* aurait choisi ce signe en
l'honneur de la dynastie qui régnait alors à Naples, et qui descendait des ducs
d'Anjou. On fait appel en outre au témoignage des Napolitains qui ont éternisé
l'importante découverte de leur compatriote en lui faisant élever sur la place de
la bourse de Naples une statue avec une inscription portant qu'il est l'inventeur
de la boussole. Enfin on cite les preuves fournies par plusieurs écrivains, et

entre autres par un certain *Arrigo Brechmann*, qui dit que la ville d'Amalfi porte dans ses armes une aiguille de compas.

Malgré cela, un examen historique plus précis ne laisse à *Gioja* aucun droit à l'invention de la boussole, et lui laisse tout au plus le mérite d'avoir introduit cet instrument si important dans la marine napolitaine, ou de lui avoir donné une disposition plus ou moins convenable.

Tout d'abord, je ferai remarquer que la présence de l'aiguille magnétique dans les armes de la ville d'Amalfi n'est pas confirmée. On y trouve seulement entre autres symboles une paire d'ailes dont la signification reste inconnue. Ensuite on ne sait rien de la vie de *Gioja* que quelques auteurs appellent aussi *Giri* au *Gira*, en lui donnant le prénom de Giovanni au lieu de Flavio. L'époque même de sa prétendue découverte est indiquée d'une manière différente 1300, 1302, 1303, et même 1320.

Tout cela, il est vrai, ne suffirait pas pour enlever à la ville d'Amalfi l'honneur d'avoir donné naissance à l'auteur de la découverte du compas. Mais il y a un grand nombre de documents qui prouvent d'une manière indiscutable que cet instrument était connu bien avant le temps où vivait *Gioja*. Je ne parlerai pas ici des prétentions que le professeur *Hansteen* de Christiania, dans son livre du magnétisme terrestre, a élevées en faveur de ses compatriotes les Normands, car ces prétentions ne sont pas mieux fondées que celles des Napolitains, comme nous allons le voir. *Hansteen* invoque l'autorité du Landnamabok, histoire de la découverte de l'Islande, dans lequel l'auteur *Are Frode* s'exprime de la manière suivante : « Floke Vilgardarson qui découvrit cette île en troisième lieu, était un célèbre Viking ou pirate. Il partit vers l'an 868 de Rogaland en Norwège pour retrouver Gardarsholm, c'est-à-dire l'Islande. Il prit avec lui trois corbeaux qui devaient lui servir de guides. Pour les consacrer il fit à Smörsund, où ses navires étaient déjà préparés, un grand sacrifice, car à cette époque les navigateurs des contrées septentrionales n'avaient pas encore de pierres conductrices. »

Cet *Are Frode*, l'auteur du Landnamabok, naquit en 1068, et selon toute probabilité, écrivit son histoire des découvertes vers la fin du xi⁰ siècle. Si ce passage était extrait du manuscrit de *Are Frode*, il faudrait reconnaître sans hésitation que les Normands connaissaient la boussole dès cette époque ; mais des doutes très sérieux s'élèvent contre l'authenticité et l'ancienneté de ce passage. *Frode* écrivit certainement son Landnamabok au xi⁰ siècle, mais il fut revu et complété quelques siècles plus tard par *Hauk Erlandson* qui mourut en 1333, et précisément, le chapitre où se trouve le passage cité a été composé par ce *Hauk*, comme l'affirme un autre écrivain du nord, *Johann Finnæus*. En outre ce passage manque dans trois manuscrits que l'on possède du Landnamabok, par conséquent il est tout à fait douteux que les anciens normands connussent la boussole dès le xi⁰ siècle ; et l'époque où écrivait *Hauk Erland-son* n'est dans tous les cas pas plus ancienne que le xiv⁰ siècle, époque à laquelle les Napolitains font remonter leurs prétentions.

Par contre, il existe d'autres documents qui prouvent que la boussole était connue en Europe, longtemps avant *Gioja* et *Erlandson*. Le premier et le plus ancien document de ce genre est un poème satirique que *Guyot* de *Provins* a écrit sous le titre la « Bible » vers 1190. Dans ce poème, il est dit sans détour que quand le ciel est couvert et qu'on ne peut voir ni lune ni étoiles, les navigateurs consultent l'aiguille magnétique ; et il est question de l'aiguille aimantée, non pas comme d'une nouvelle découverte, mais comme d'une chose bien connue des marins[1].

Le second écrivain qui fait mention de la Boussole est *Jacques de Vitry*. Ce dernier naquit à Argenteuil et devint plus tard évêque de Ptolémais. A l'époque de la quatrième croisade, par conséquent en 1204, il se rendit en Palestine, y demeura quelques années, et prit part en 1210 comme légat du pape Innocent III à la guerre des Albigeois. Il alla de nouveau dans la Terre-Sainte d'où il revint après un séjour de plusieurs années. Il mourut en 1224.

Jacques de Vitry a écrit une *Historia orientalis* dont la première partie contient une description de la Palestine. Cette partie, comme l'ouvrage tout entier, fut écrite entre 1215 et 1220 ; or il y est parlé clairement de l'aiguille magnétique, comme d'une chose nouvelle. Dans cette histoire, l'aimant est appelé *Adamas*, nom complètement inconnu aux anciens dans ce sens, et l'auteur ajoute qu'il fut découvert dans l'Inde, et qu'il attire le fer, en vertu d'une propriété occulte. Une aiguille de ce métal après avoir été mise en contact avec l'adamas, se dirige vers le pôle nord et devient par là d'une grande importance pour les navigateurs en pleine mer. C'est de ce nom *Adamas*, que l'on trouve ici pour la première fois comme désignant l'aimant, que viendrait, d'après quelques-uns, le mot français aimant. Cependant il est plus vraisemblable que le mot aimant dérive du verbe aimer, et est une abréviation de « pierre aimante. » Il est certain du moins que dans d'autres langues, la pierre magnétique porte presque le même nom : par exemple en Chinois, *thsu chy* a ce sens.

Le troisième écrivain qui, avant l'époque de *Gioja*, parle de l'aiguille aimantée est le poète français *Gauthier d'Espinois*, qui vers 1250 dit dans un poème : « De même que *l'aiguille* se dirige vers l'aimant, de même aussi tout se tourne vers la beauté qui fait l'objet de ces chants. » La pierre magnétique est ici pour la première fois appelée aimant.

Vers le même temps, c'est-à-dire vers 1260, un célèbre grammairien *Bru-*

---

1. Voici ce passage. « Les marins ont un moyen infaillible de reconnaître leur route dans l'étoile polaire qu'ils nomment la tresmontaigne.

Bien la voyent	Puis d'une aiguille iont touchée
Li Marinies, qui si avoient.	Et en un festu (fétu) l'ont couchée
Par celle estoile vont et viennent	En l'aigue la mettent sans plus
Et lor sen et lor voie tiennent.	Et li festu la tient dessus ;
Ils l'appellent la tresmontaigne.	Puis se torne la pointe toute
Icelle estaiche et moult certaine.	Contre l'estoile si sans doute
Toutes les autres se removent	Que jamais homme n'en doutera
Et rechangent les liens et tornent ;	Ne ja pour rien ne faussera.
Mais cele estoile ne se meut.	Quand la mer est obscure et brune
Un art font qui mentir ne peut	Quand ne voist estoile ne lune
Par la vertu de l'*Amanière* (aimant)	Dont font à l'aiguille allumer
Une pierre laide et brunière	Puis n'ont-ils garde d'esgarer
Où li fers volontiers se joint	Contre l'estoile va la pointe.....
Ont, si esgardent le droit point,	(Note des Tr.).

netto Latini de Florence, le maître du grand poète *Dante Alighieri*, écrivit un livre en langue française portant le nom de *Trésor*, dans lequel il est également ment question d'une manière très précise de la boussole, *aiguille d'aymant.* Ce *Brunetto* paraît avoir appris à connaître l'aiguille aimantée de *Roger Bacon;* c'est du moins ce qu'il dit nettement dans une lettre qu'un Anglais a découverte et publiée en 1802.

Albert de Bollstaëdt et *Vincent de Beauvais* parlent aussi de l'aimant et de son emploi dans la navigation, comme je l'ai déjà mentionné. Cependant le livre des « pierres » d'*Aristote* dans lequel ils paraissent tous deux avoir puisé leurs connaissances, n'est pas du célèbre précepteur d'Alexandre-le-Grand, et on n'y rencontre rien qui indique que les anciens aient connu l'aimant. Enfin le célèbre jésuite *Riccioli* dit aussi dans son *Hydrographia et Geographia* que sous le règne de saint Louis (1226-1270), les navigateurs français se servaient déjà ordinairement de l'aiguille aimantée.

47. — D'après tous ces témoignages, ni les Normands, ni les Napolitains ne peuvent élever la moindre prétention à l'honneur d'avoir découvert la boussole. Il s'agit maintenant de savoir à qui cette invention doit être attribuée.

Tout d'abord, portons notre attention sur les Arabes, puisque l'ouvrage duquel *Albert de Bollstaëdt* et *Vincent de Beauvais* ont tiré leurs renseignements était écrit en arabe. Mais une question se présente ici. Les Arabes ont-ils réellement connu avant les Européens cet instrument si nécessaire à la navigation ?

Quelques auteurs le nient en s'appuyant sur le témoignage de l'astronome arabe *Ibn Yunis* qui écrivit, vers l'an 1007, un ouvrage dans lequel il énumère tous les instruments connus alors, et ne cite pas l'aiguille aimantée.

On peut répondre avec raison que de l'an 1007 à l'an 1250, époque à laquelle *Albert de Bollstaëdt et Vincent de Beauvais* ont écrit, les Arabes ont bien pu apprendre à connaître l'aiguille aimantée. Il existe en effet un ouvrage arabe du même temps, dans lequel l'usage de l'aiguille magnétique est nettement décrit. Cet ouvrage porte le titre *Trésor des marchands pour la connaissance des pierres.* Il fut composé en 1242 par l'arabe *Bailak.*

Il y est dit que les marins qui naviguent sur la mer de Syrie, lorsque la nuit est obscure au point qu'on ne peut voir les étoiles, prennent un vase remplie d'eau, y placent deux petits bâtons en croix, et sur cette croix une pierre d'aimant aussi grande que la paume de la main. Les deux pointes de cette pierre indiquent le nord et le sud.

Chez les européens, les compas des navigateurs avaient aussi d'abord cette disposition. De là vient le nom de *calamita*, par lequel les Italiens, les Grecs modernes, les Croates et les Bosniaques désignent encore l'aiguille de la boussole. Ce nom vient de calamite, grenouille d'arbre. *Bailak* dit qu'il a dû lui-même employer cette boussole dans un voyage qu'il fit de Tripoli en Syrie à Alexandrie. Il ajoute une note bien curieuse : « Les marins », dit-il, « qui voyagent sur la mer des Indes font flotter sur l'eau, pour soutenir la pierre magnétique, non pas une croix de bois, mais un poisson de fer creux dont la tête indique le pôle nord ou le pôle sud. »

Cette dernière assertion de *Bailak* montre déjà que le compas n'est pas d'origine arabe, et que nous devons rechercher beaucoup plus loin vers l'Orient les inventeurs de cet instrument si utile. C'est ce que confirment les recherches du célèbre sinologue *Julius Klaproth* qu'il publia, à l'instigation d'*Alexandre de Humboldt*, dans sa *Lettre à M. Al. Humboldt sur l'invention de la boussole*, 1834.

48. — D'après les savantes recherches de *Klaproth*, nous devons considérer comme définitivement acquis que la boussole est d'invention chinoise, ou du moins que la boussole a été employée en Chine depuis les temps les plus reculés, et plus tôt que chez tous les autres peuples à nous connus. Les témoignages historiques invoqués par *Klaproth* sont si nombreux et si décisifs que nous n'avons pas à craindre ici une mystification, comme cela est arrivé bien des fois lorsqu'on a voulu accorder aux Chinois la priorité de découvertes réellement faites en Europe.

C'est ainsi que *Babbage* trouva, dans un exemplaire de tables de logarithmes envoyé de Chine en 1750 par le père *Gaubil* à la Société royale de Londres, exactement les mêmes fautes d'impression que dans les tables de *Vlacq* publiées à Gouda (Hollande) en 1628. — Ici, il n'y a pas à craindre de mystification semblable; nous en avons pour garant la critique et la science du sinologue dont je vais rapporter ici quelques-uns des principaux arguments.

Le plus ancien document écrit qui fasse mention de la polarité magnétique et de la force magnétisante de l'aimant, est daté de 121 après J.-C. Ce document se trouve dans un dictionnaire *Schu-e-Wen*, composé par un chinois du nom de *Hin-tschin*. A l'article aimant, il est dit que c'est le nom d'une pierre avec laquelle on donne la direction à l'aiguille.

Un passage analogue se trouve dans le grand dictionnaire *Poei-wen-yun-fu*, qui fut écrit au XIᵉ siècle. Il y est dit que déjà, sous la dynastie des Tsin, les marins avaient trouvé la direction du sud au moyen de l'aimant. La dynastie des Tsin régna de 265 à 419, par conséquent la boussole aurait déjà été employée sur mer du IIIᵉ au Vᵉ siècle. D'ailleurs les chinois considèrent le pôle sud comme le pôle principal, car ils font marquer le sud à leurs aiguilles aimantées.

Les chinois ne savaient pas seulement que l'aiguille aimantée se dirige à peu près du nord au sud; ils savaient aussi qu'elle ne prend pas exactement cette direction, mais que d'ordinaire elle s'en écarte quelque peu. Ils connaissaient donc déjà le phénomène de la déclinaison. *Ke-u-tsung-chy*, auteur d'une histoire naturelle écrite entre 1111 et 1117, dit dans cet ouvrage : « Si on frotte la pointe d'une aiguille avec le *Hi-nan-chy* ou pierre magnétique d'un bleu-foncé, elle indique ensuite le sud, mais pas très exactement, et dévie un peu vers l'est. » Il donne même la valeur de la déclinaison magnétique, car il dit que l'aiguille se dirige vers le point *Ping*, c'est-à-dire à $\frac{1}{24}$ de la circonférence entière vers l'est. Cela ayant lieu pour le pôle sud, le pôle nord déviait par conséquent de 15 degrés à l'ouest. Remarquons ici que la boussole était divisée en 24 parties ayant chacune un nom particulier.

Si l'on savait exactement à quelle partie du grand empire chinois se rapporte cette détermination, on pourrait l'utiliser pour la connaissance des variations séculaires de la déclinaison. Actuellement, la déclinaison en Chine est beaucoup plus petite, comme les Chinois le savent d'ailleurs, puisqu'ils indiquent la déclinaison comme étant toujours chez eux de 2 degrés à 2 degrés $\frac{1}{2}$ à l'est, jamais plus petite que 2 degrés, jamais plus grande que 4 degrés, bien entendu, à l'est du pôle sud. Ceci concorde, jusqu'à un certain point, avec les mesures faites par les Européens, car le père *Amiot* trouva, en 1755, que la déclinaison à Pékin était de 2 degrés à 2°30' à l'ouest pour le pôle nord, et au même endroit, en 1831, *Fuss* trouva 1°48'. D'après cela, en 76 ans, la déclinaison à Pékin n'aurait pas varié de plus de $\frac{1}{4}$ à $\frac{3}{4}$ de degré. Les édifices chinois prouvent d'ailleurs qu'en cet endroit, la déclinaison avait encore auparavant une valeur presque égale. Les murs de la ville de Pékin, qui furent construits sous le deuxième empereur de la dynastie des Ming, (1368 à 1644), et par conséquent furent bâtis peut-être au commencement du xvᵉ siècle, forment un rectangle dont deux côtés opposés se dirigent du sud au nord, pas exactement suivant le méridien, mais en s'en écartant vers l'est de 2°30'. La concordance de cette direction avec le méridien magnétique prouve que, dès cette époque, les chinois se servaient de la boussole pour orienter leurs grands édifices.

49. — Les Chinois ne se sont cependant pas servis, pour la première fois, de l'aiguille aimantée pour la navigation ou pour les travaux géodésiques, mais bien pour voyager sur terre. Ils s'en servirent d'abord dans les Tschi-nan-kiu ou chars magnétiques, (Tschi-nan indicateur du sud et Tschi-nan-tschin, aiguille aimantée). Ces chars étaient des voitures à deux roues : devant le siège se trouvait une petite statue mobile autour d'un pivot et étendant le bras. Dans ce bras étendu se trouvait un petit barreau aimanté, grâce auquel ce bras indiquait toujours le sud.

Les empereurs de Chine se servaient de ces chars quand ils entreprenaient de grands voyages ou des expéditions à travers les pays déserts de leur immense empire. Parfois ces chars avaient deux étages, et à côté de la statuette magnétique qui indiquait la direction de la route, il y en avait encore deux autres qui indiquaient la longueur du chemin parcouru, sans doute par un mécanisme semblable à celui des hodomètres. Sur l'étage supérieur se trouvait l'une de ces dernières statuettes, et chaque fois qu'on avait parcouru une *Li* ou mille chinois, dont 12,7 font un mille allemand, elle frappait sur un tambour, et à chaque dixième *Li* la deuxième statuette donnait un coup de cloche. On voit par-là que les Chinois doivent être considérés comme les inventeurs de l'hodomètre, et que leurs empereurs avaient à leur disposition tous les moyens nécessaires pour ne pas s'égarer dans leur vaste empire.

Ces chars que les empereurs donnaient aussi aux grands dignitaires de l'empire comme un témoignage de faveur toute spéciale, étaient en usage dans les temps les plus reculés, si l'on en croit les historiens chinois. Mais on ne doit pas oublier que les documents historiques dont nous avons tiré nos renseignements sur cette découverte n'ont point cette haute antiquité. L'auteur d'une encyclopédie chinoise qui a pour titre : « *Jardin de jaspe rouge où la jeunesse est instruite dans l'histoire des anciens,* » désigne comme inventeur du char magnétique et de la boussole l'empereur Tsche-u-kung, qui vivait 1100 ans avant J.-C. *Klaproth* doute cependant que l'inventeur du char magnétique et celui de la boussole soient une seule et même personne.

L'histoire mythologique de la Chine fait remonter à une bien plus haute antiquité encore l'invention du char magnétique. D'après cet ouvrage, ce serait l'empereur *Huang-ti* qui l'aurait inventé pendant une guerre contre le rebelle Tschi ye-u, alors que celui-ci avant une bataille avait soulevé une poussière épouvantable pour mettre le désordre dans l'armée impériale. *Huang-ti* construisit aussitôt un char magnétique, à l'aide duquel il put s'orienter et finit par triompher du rebelle. Cet événement est placé dans l'année 2364 avant J.-C.

Parmi les sources plus authentiques de l'histoire chinoise on cite les Mémoires de *Szu-ma-thsian* (ii* siècle avant J. C.), qui les premiers font mention du char magnétique. Dans cet ouvrage historique, il est dit que Tsche-u-Kung, premier ministre de l'empereur Tschim-wang, donna aux ambassadeurs du Tonking et de la Cochinchine venus en mission à Pékin, cinq chars magnétiques, afin qu'ils pussent retrouver sûrement la route de leur patrie. Le même fait est rapporté dans différents ouvrages historiques chinois.

Klaproth fournit encore d'autres documents sur ce sujet; je n'en citerai que deux. — L'un dit qu'au milieu des guerres civiles, qui éclatèrent vers la fin de la dynastie des Hang, l'art de faire des chars magnétiques se perdit et que le premier empereur des Weï, vers 235 après J.-C., ordonna au savant *Ma-Kiun* (Dʳ Ma) de construire de nouveaux chars. Celui-ci y parvint, et l'historien *Thsui-pao* affirme que tous les chars magnétiques de son temps avaient été construits par le docteur *Ma*. D'après cela, le secret de cette fabrication ne devait être connu que d'un petit nombre de personnes. On raconte en effet que l'empereur Taï-wou-ti, qui régna de 424 à 451 après J.-C., avait chargé Kuo-schung-ming de lui construire un char magnétique; mais celui-ci chercha vainement pendant toute une année. Il chargea alors un certain *Ma-yo* de ce travail, et ce dernier fut plus heureux.

Sous le règne de l'empereur Hian-tsung, entre 805 et 820, on vit paraître les chars magnétiques avec des statuettes nommées Ki-li-ku, qui indiquaient les distances parcourues; ce serait par conséquent l'époque de l'invention de l'hodomètre.

De Chine, les chars magnétiques passèrent au Japon vers le milieu du vii* siècle : on a même conservé la date exacte de cet événement. Ce fut en 658 après J.-C. qu'un prêtre de Bouddha transporta de la Chine au Japon le premier char de ce genre. Cet homme doit en outre avoir apporté l'aimant avec lui, car les histoires japonaises disent que l'on trouva au Japon la première pierre magnétique seulement en l'année 713 après J.-C.

50. — L'emploi de l'aimant pour la navigation est dans tous les cas beaucoup plus récent chez les Chinois que celui du char magnétique; mais nous ne pouvons indiquer de date précise. Le plus ancien document qui mentionne l'emploi de l'aiguille aimantée dans la navigation remonte au temps de la dynastie Tsin, qui régna de 265 à 419.

On sait aussi par d'autres ouvrages historiques que, sous la dynastie des Thang dans le VIIe et le VIIIe siècles, les Chinois entreprirent de très grands voyages sur mer. Ils partaient de Canton, passaient par le détroit de Malacca, se dirigeaient vers Ceylan et doublaient le cap Comorin, pour aller sur la côte de Malabar, vers les bouches de l'Indus, et même jusqu'à celles de l'Euphrate. De tels voyages ne pouvaient se faire aisément sans boussole.

La première description d'une boussole ne se trouve cependant que dans l'histoire naturelle de Ke–u–tsung–schy, composée vers 1111 ou 1117. Il y est dit qu'on suspend l'aiguille aimantée à un fil au moyen de cire, ou qu'on la fait flotter sur l'eau à l'aide d'un roseau. L'auteur ajoute comme nous l'avons déjà mentionné, qu'elle n'indique pas exactement le sud.

Un autre document sur l'emploi fait par les navigateurs de l'aiguille aimantée date du XIIIe siècle. C'est la Tschim–la–fung–thu–ki ou description du pays et des mœurs de Tchin–la, c'est-à-dire le Cambodje. Cet ouvrage fut composé en 1297, et donne entre autres la direction que les navigateurs doivent suivre pour longer les côtes de ce pays exactement d'après les indications de la boussole chinoise.

Les boussoles à eau paraissent dans les temps anciens avoir été les plus employées. Elles sont décrites dans une encyclopédie du XIVe siècle. Ces boussoles étaient encore en usage en Corée dans la deuxième moitié du XVIIe siècle. Le bourgmestre d'Amsterdam, *Nicolas Witsen* le dit positivement dans sa description de la Tartarie d'après l'affirmation d'un médecin qui fit naufrage en 1653 sur la côte de Corée avec un navire hollandais. — Cependant on se servait aussi de boussoles mieux disposées dans lesquelles l'aiguille aimantée oscille sur un pivot au moyen d'une petite chape. Cette disposition était en usage depuis longtemps déjà. *Vasco de Gama*, le fameux navigateur qui découvrit la route des Indes Orientales, rencontra en 1498, sur la côte est de l'Afrique, des pilotes indiens munis de cartes marines et de boussoles, qui savaient très bien mesurer la hauteur de l'équateur à l'aide d'un quadrant. Au lieu d'une véritable aiguille, la boussole de ces pilotes avait une bande de fer blanc qui ne flottait pas sur l'eau, mais oscillait sur un pivot. Ces pilotes lui indiquèrent le chemin des Indes Orientales.

Actuellement la boussole des Chinois a presque la même disposition que la nôtre. Un barreau aimanté en forme d'aiguille repose, au moyen d'une petite chape de cuivre, sur une pointe placée à l'intérieur d'une boîte de bois, qui est fermée par une lame de mica au lieu de verre. La division du limbe de la boussole est très variable. Il y a des boussoles nautiques, géographiques, astronomiques et astrologiques. Chacune d'elles a des divisions particulières et des noms particuliers 4, 8, 12, 16, 24, pour désigner les directions des vents et les régions du ciel.

D'après tous ces témoignages, il est maintenant hors de doute que si les Chinois n'ont pas inventé la boussole, ils ont du moins connu et employé cet instrument longtemps avant les Arabes et les Européens, et il n'est pas douteux, d'après cela que les Arabes, et ensuite les Européens l'aient importée de l'Orient. Ceux-ci ne peuvent donc pas prétendre même à l'honneur de l'avoir découverte une seconde fois. Les Arabes ne paraissent pas l'avoir perfectionnée, mais ils ont laissé un témoignage qui n'est certainement pas connu du plus grand nombre. Nous voulons parler du nom de « boussole » qu'on donne assez fréquemment au compas, surtout de nos jours. Ce mot qu'on écrit d'ordinaire « boussole » paraît tout d'abord français ; quelques auteurs cependant le font dériver de l'italien *boussolo* qui veut dire boîte. Mais la véritable étymologie, d'après *Klaproth*, est le mot arabe *muassala* (flèche), qu'on prononce ordinairement mo-ussala. Il est par conséquent plus exact de l'écrire *bussole* en allemand, et non *boussole*.

51. — Quant aux Européens, ils se servirent aussi, comme nous l'avons dit, dans les premiers temps, de la boussole à eau, et plus tard ils imaginèrent la disposition actuelle, qui consiste à placer l'aiguille sur la pointe d'un pivot. Il est possible que *Gioja* ait imaginé cette disposition, et peut-être aussi la suspension du compas tout entier devenue désormais nécessaire. Mais nous ne savons rien de précis à cet égard. Par contre nous savons que l'invention de la rose des vents, ainsi que la division de l'horizon en trente-deux aires, si commode pour les navigateurs, a été faite vers la fin du XVI° siècle. On l'attribue aux hollandais.

Ce qui appartient en propre aux européens, et n'a point été emprunté par eux aux chinois, c'est l'emploi de la boussole dans les travaux de mines pour établir et relever les galeries. A qui appartient cette application sans laquelle il eût été impossible d'étendre régulièrement l'exploitation d'une mine ? c'est ce qu'on ignore. Nous pouvons supposer toutefois que c'est à un allemand, *Agricola*, qui le premier a décrit le compas de mine.

Agricola, ou plutôt *Georges Bauer*, naquit en 1490 à Glauchau. De 1518 à 1522, il fut recteur à Zwickau, étudia ensuite la médecine à Leipzig et en Italie et depuis 1531 se consacra à l'exploitation des mines. Il mourut en 1555, bourgmestre de Chemnitz. *Agricola* était un homme de grand savoir qui a surtout rendu des services par ses ouvrages sur les mines. Dans son célèbre traité *De re metallica* 1530, il donne la première description de la boussole employée dans les mines, et indique ses différents usages. Cette boussole dont il donne un dessin est divisée en 24 parties ou *heures*, comme elle l'est encore aujourd'hui, et l'aiguille oscille sur une pointe au moyen d'une chape. L'art de tracer les galeries à l'aide de ce compas est désigné par le mot allemand *Marktscheidern*, bien que l'ouvrage soit écrit en latin.

Le premier traité pratique relatif à cet art a été écrit par *Erasmus Reinhold* et parut après la mort de l'auteur (1553) sous le titre : *Vom Marktscheiden, kurzer und gründlicher Unterricht durch Erasm, Reinh. Doctorem, Erfurt* 1574. Ce fut aussi un allemand, *Balthasar Rössler*, directeur des mines à Altenbourg, en 1673, qui imagina de suspendre la boussole employée dans les mines à l'aide du double cercle de la boussole marine [1].

J'ai cru devoir donner ici tous ces renseignements, bien qu'ils aillent au delà de la période que nous considérons. De cette façon, j'aurai épuisé tout ce qui se rapporte à l'invention de la boussole et à ses usages habituels. Je m'occuperai plus tard des applications scientifiques de cet instrument, et des découvertes auxquelles son emploi a donné lieu.

---

1. Suspension à la Cardan. (T.)

Les Chinois n'ont pas seulement inventé la boussole et la poudre à canon, ou du moins ne les ont pas seulement connues et employées longtemps avant les Européens, ils ont également des droits à la priorité de la troisième de ces inventions qu'on peut appeler principales ou cardinales, nous voulons dire l'imprimerie.

Cet art fut inventé dans le royaume de *Schu*, maintenant province de Szu-Tschuen, qui, de 891 à 952, avait un gouvernement indépendant, mais qui dans la dernière année fut soumise par l'empereur Tschuang-Tsung. Les rois de Schu avaient fait imprimer, entre autres, les quatre livres de Confucius et plusieurs ouvrages pour l'éducation de la jeunesse. D'ordinaire ils imprimaient, comme on le fait encore, et comme cela se faisait aussi en Europe avant *Gutemberg*, avec des planches de bois gravées; mais ils se servaient aussi de lettres de cuivre séparées. L'usage de ces lettres de cuivre passa en 1205 de la Chine au Japon. Les Européens auraient pu connaître cet art cent ans plus tôt s'ils avaient lu les historiens persans. *Raschid Eddin*, dans son histoire des rois de Cathay, vers l'an 1310, décrit en détail la façon dont les Chinois s'y prenaient pour que les exemplaires d'un livre se ressemblassent exactement.

Le papier que les Européens ne connurent qu'au douzième siècle et par les Arabes, était déjà connu des Chinois depuis des siècles, et avait été introduit au Japon dès l'année 601. Les Chinois inventèrent aussi le papier-monnaie et les cartes à jouer, ces dernières en 1120. Les Européens se servirent d'abord de l'ancien papyrus, ensuite du papier de coton que les Arabes connaissaient déjà en 704, et importèrent en Espagne au xie siècle, où les Européens apprirent à le connaître. Le papier de linge ne parut qu'au commencement du xive siècle : c'est incontestablement une invention européenne. (Klaproth, *Lettres*, p. 128; Libri, *Histoire*, etc., 1, 135; Busch, *Handb. d. Erfind.*, X.)

XVᵉ SIÈCLE

52. — Ce siècle si remarquable dans l'histoire de la civilisation n'a rien produit en physique. On étudia et commenta *Aristote* sans étendre ou rectifier les doctrines du maître. Cependant, on rencontre des hommes isolés, doués de facultés remarquables, qui à une autre époque auraient certainement rendu de grands services à la science. Nous devons citer particulièrement ici un homme qu'on n'est pas habitué à voir briller dans les annales de la science, bien qu'il se soit acquis une gloire immortelle dans un autre domaine.

C'est le grand peintre *Léonard* (*Lionardo*) *da Vinci*, né à Vinci, près de Florence en 1452, et mort en 1519, au château de Cloux, près d'Amboise, non dans les bras de François Iᵉʳ, mais entouré de ses élèves. *Léonard* ne fut pas seulement grand comme peintre, statuaire, architecte ou musicien ; il avait en outre des connaissances si étendues, des idées et des vues si originales dans les sciences, qu'on reste confondu devant l'universalité de son génie. Il cultiva l'algèbre, la mécanique, l'astronomie, la physique, la botanique et beaucoup d'autres branches des sciences naturelles, et il les cultiva toutes d'une manière distinguée pour l'époque.

Malheureusement, les œuvres de cet homme vraiment supérieur ne nous sont connues que très incomplètement : nous ne possédons de lui qu'un seul ouvrage : *Trattato della pittura*. Les autres écrits qu'il a laissés sous forme de feuilles détachées, sont malheureusement tombés dans des mains profanes ; ils ont été dispersés et en partie perdus. Leur ensemble n'en est pas moins considérable : ils forment quatorze ou quinze volumes conservés pour la plupart à Paris. Pour ne citer ici que ce qui a rapport à la physique, *Léonard* découvrit la capillarité et la diffraction. Il connaissait la chambre obscure, sans lentille toutefois, et fonda là-dessus une théorie de la vision ; il observa la résistance, la compressibilité et la pesanteur de l'air, les figures formées par le sable sur les plaques vibrantes, la formation des ondes liquides persistantes, le frottement et ses effets. Il imagina le dynamomètre et beaucoup de machines composées, etc., etc..., et d'après *Libri*, il employa déjà les signes — et +.

Nous assistons ensuite dans ce siècle au réveil de l'astronomie. Si l'on n'exécute pas de grands travaux, il n'en est pas moins vrai que les tentatives isolées furent le germe des grandes découvertes faites au siècle suivant.

Dans l'extrême Orient, un écho de la renommée des califes arabes éveille chez un prince l'amour de la science. *Ulug-Beg*, chef des Mongols, petit-fils du célèbre Tamerlan, appela en 1430 un grand nombre de savants dans sa capitale Samarkand, et y fit construire un observatoire. Lui-même prit part aux observations et fit dresser des tables astronomiques qui ont encore aujourd'hui une certaine valeur. Son exemple ne trouva toutefois aucun imitateur. Ce prince fut assassiné en 1449, et avec lui s'éteignit dans ces contrées le dernier rayon de la science.

En Europe, l'astronomie est cultivée avec plus de soin, bien que les efforts restent isolés. Parmi ceux qui sont entrés dans cette voie, nous devons citer en premier lieu le cardinal *Nicolas de Cuse*, né en 1401, mort en 1464. Son véritable nom est Niklas Krebs (Chrypffs) : il était fils d'un pêcheur, *Johann Krebs*, de Cuss sur la Moselle, et c'est pour cela qu'il fut appelé *Cusanus*. Encore jeune, il alla en Italie, entra dans les ordres, et se distingua par son talent et ses connaissances, au point que le pape Eugène l'envoya en Grèce pour établir l'union entre les églises d'Orient et d'Occident. Plus tard, il fut délégué du pape au concile de Bâle, devint évêque de Brixen et enfin cardinal.

Nous possédons de lui plusieurs ouvrages sur l'astronomie et la mécanique. Ces ouvrages qui ne sont point exempts d'erreurs contiennent aussi des preuves nombreuses d'un jugement sain. Ainsi, *Nicolas de Cuse* est un de ceux qui comprirent la nécessité d'une réforme du calendrier, déjà proposée par *Roger Bacon*. Mais, comme on le sait, cette réforme n'eut lieu que plus tard, en 1582, sous le pape Grégoire XIII.

C'est aussi un grand honneur pour *Nicolas de Cuse*, d'avoir été un des premiers parmi les modernes, à reconnaître que c'est la terre qui tourne et non le ciel. « Terra non potest esse fixa sed movetur ut aliæ stellæ, » dit-il dans son ouvrage *De docta ignorantia* (Bâle, 1595). La terre se meut, d'après lui, mais pas autour du soleil : la terre et le soleil tournent autour du pôle changeant de l'univers[1].

Des historiens ont plus tard détaché cette phrase du texte, et ont été jusqu'à vouloir enlever à *Copernic* une partie de sa gloire pour la reporter sur *Nicolas de Cuse*. Mais c'était commettre une injustice, car de cette seule proposition au système de *Copernic*, d'après lequel la terre se meut autour du soleil avec les planètes, il y a encore bien loin. En outre *Copernic* ne paraît pas avoir connu l'opinion de *Nicolas de Cuse*. Celui-ci doit être considéré toutefois comme un précurseur de *Copernic*, comme Jean Huss fut le précurseur de Luther[2].

Le traité *De staticis experimentis dialogus*, imprimé à Strasbourg en 1550, se rattache plus directement à la physique. Il contient un grand nombre de détails intéressants, par exemple la description de différentes clepsydres. — *Nicolas de Cuse* propose dans ce livre de semer un poids connu de graines dans un poids déterminé de terre, et de peser ensuite les plantes qui en proviennent pour savoir si elles empruntent tout à l'air. Mais ce qui intéresse le plus le physicien, c'est d'y rencontrer l'indication de l'instrument connu sous le nom de *bathomètre* ou sonde.

Ce bathomètre consistait en une sphère creuse chargée d'un poids suffisant pour faire descendre tout l'appareil dans l'eau avec une certaine rapidité. Le poids est attaché à la sphère par un mécanisme qui s'en détache au moindre choc produit au-dessous. Si l'on plonge l'instrument dans un lac ou un fleuve, il descend avec une certaine vitesse; dès qu'il atteint le fond, le choc détache le poids, et la sphère remonte à la surface. On calcule la profondeur d'après le temps qui s'est écoulé entre l'immersion de la sphère et sa réapparition.

Un certain *Pühler* décrit un instrument semblable dans sa *Géométrie* (Dillingen, 1563). Il y est dit que l'empereur Maximilien aurait fait mesurer de cette manière la profondeur des lacs de Traun et de Gmund, et qu'on s'était en même temps servi d'une clepsydre. *Pühler* ne dit pas s'il a emprunté cette idée à *de Cuse*. Elle a été depuis reprise bien souvent.

53. — Deux contemporains de *Nicolas de Cuse*, *Purbach* et *Regiomontanus* méritent d'être considérés comme les rénovateurs de l'astronomie, non point tant par leurs propres travaux que par le nouvel esprit qu'ils firent naître en Allemagne et dans toute l'Europe, par leur exemple et par leur enseignement. Leur nom mériterait d'être conservé dans l'histoire des sciences par cela seul qu'ils ont été les maîtres du grand *Copernic*.

Georges Purbach ou *Peuerbach*, ainsi nommé à cause de sa ville natale Peuerbach dans la haute Autriche, fut professeur d'astronomie à l'Université de Vienne, fondée en 1365. Il naquit en 1423 et mourut en 1461. Ses propres travaux, qui consistent principalement en une théorie des planètes, ont perdu

---

1. Humboldt, *Kosmos*, III, 409.

2. D'ailleurs lorsque le cardinal tenta de faire revivre le système pythagoricien, il ne proposa la chose que comme un paradoxe ingénieux et on ne la regarda pas autrement. Voy. Montucla, *Hist.*, I, p. 538. (T.)

depuis longtemps leur valeur; mais comme professeur, il exerça une influence salutaire sur la jeunesse studieuse qui se pressait autour de lui pour apprendre à connaître l'astronomie de *Ptolémée*. *Regiomontanus* et *Copernic* furent ses disciples, et cela suffit pour assurer à son nom un souvenir durable.

Regiomontanus tire son nom de la petite ville de Königsberg (mont royal) où il naquit en 1436. Il s'appelait véritablement *Jean Müller;* aussi quelquefois, selon l'usage, l'appelait-on *Molitor*. C'était un esprit précoce. A l'âge de douze ans il se rendit à l'Université de Leipzig, qu'il quitta à l'âge de quinze ans pour se consacrer entièrement à l'astronomie, sous la direction de *Purbach*. Dix ans plus tard, *Purbach* étant mort, il fut chargé de le remplacer comme professeur.

Il voyagea en Italie pendant plusieurs années avec le cardinal *Bessarion* qui aimait et encourageait les sciences. En 1463, il fit des cours publics à Padoue, et alla à Venise en 1464, où il s'occupa de travaux de trigonométrie. A son retour, il se rendit à Ofen à l'appel du roi de Hongrie Matthias Corvin, mais il quitta cette ville en 1471 à cause des troubles causés par les guerres, et alla s'établir à Nuremberg. Là il eut le bonheur de rencontrer dans un riche patricien, *Bernhard Walter*, un disciple et un protecteur. Celui-ci l'aida non seulement à publier ses œuvres, mais lui procura l'argent nécessaire pour continuer ses études, ce que ses propres ressources ne lui auraient pas permis de faire.

Sa grande renommée parmi ses contemporains le fit appeler à Rome en 1474 par le pape Sixte IV, pour travailler à la réforme du calendrier. Il mourut peu de temps après, en 1476 ou même 1475. Quelques auteurs prétendent qu'il mourut de la peste, d'autres disent qu'il fut assassiné par les fils de Georges de Trébizonde, pour avoir signalé comme très défectueuse la traduction faite par leur père du Commentaire de *Théonis* sur *Ptolémée*. Ce Georges de Trébizonde était un Grec né en Crète en 1396 : il mourut à Rome en 1486, comme préfet du gymnase et secrétaire apostolique. Il se faisait appeler de Trébizonde, du nom de la ville d'où sa famille était originaire. Il s'est acquis un certain mérite en son temps par ses traductions des ouvrages grecs, bien que ses traductions ne fussent pas exemptes de fautes.

Regiomontanus a aussi rendu des services en algèbre[1], par ses tables des sinus et par le calcul des éphémérides astronomiques pour 1475 jusqu'à 1506. Grâce à lui, Nuremberg fut pendant longtemps un centre important de recherches astronomiques.

Outre *Bernh. Walter* (1430-1504), il convient encore de citer *Joh. Werner* (1468-1498), qui s'est fait connaître spécialement par son *Analyse géométrique*.

Ainsi que nous l'avons déjà dit, ces tentatives célèbres et quelques autres recherches dans le domaine de l'astronomie sont les seuls essais dans l'étude de la nature au XVe siècle. Si on devait le juger d'après cela, on serait porté à croire que la culture des sciences a fait dans ce siècle un pas en arrière. Il n'en est rien. La civilisation générale, cette base sur laquelle seule l'art et la science peuvent se développer d'une manière féconde, fit, en comparaison des

---

1. Voy. Montucla, *Hist.*, I, 543. (T.)

siècles antérieurs, de très grands progrès. Ce siècle se distingua même sous
d'autres rapports par des inventions et des découvertes de premier ordre : à
ces dernières appartiennent l'invention de l'imprimerie par *Gutenberg* et ses
compagnons vers 1440, la découverte de l'Amérique par *Christophe Colomb*
en 1492, et la découverte de la route maritime des Indes orientales par *Vasco
de Gama* en 1498.

Ces grands événements historiques ont exercé une puissante influence sur
la marche de la civilisation : cette influence n'a fait que s'accroître avec le
temps, et il s'en faut de beaucoup que de nos jours elle soit près de s'affaiblir.
Un autre événement, la conquête de Constantinople par les Turcs en 1453,
eut, au moment même où il se produisit, une action plus immédiate et plus
efficace sur la culture des sciences dans l'Occident. Un grand nombre de
savants grecs quittèrent leur patrie et vinrent chercher un asile en Italie. Ils
contribuèrent, par leurs connaissances, à élever et à étendre le goût de la
littérature classique, et ce sont eux qui firent de l'Italie le berceau des arts
et des sciences.

XVI° SIÈCLE

54. — L'intérêt toujours grandissant pour les sciences exactes se manifeste
d'abord dans ce siècle par un zèle excessif pour l'étude de l'antiquité classique,
zèle poussé le plus souvent jusqu'à l'aveuglement. On s'efforce de s'assimiler
tout ce qui reste du passé, et on ne songe que fort rarement aux recherches
personnelles. Ainsi, nous voyons un nombre considérable de savants de cette
époque, surtout dans la première moitié du siècle, employer tous leurs efforts
à traduire et à commenter les œuvres des anciens. Citons :

Venatorius, qui, en 1544, donne une traduction latine d'*Archimède* et
de son commentateur *Eutocius ;*

Jean Péna ou de la Pêne, gentilhomme provençal, professeur à Paris, qui
traduit en latin, en 1557, l'Optique et la Catoptrique d'*Euclide;*

Frederigo Commandino, mathématicien du duc d'Urbino, et médecin
dans la ville de ce nom où il était né. Il mourut en 1575, la même année que
Maurolykus[1], dont il était le disciple. Son principal mérite est d'avoir fait
des traductions latines correctes et critiques des œuvres des anciens mathématiciens grecs : *Archimède, Ptolémée, Apollonius, Pappus, Héron, Euclide,
Aristarque*. Ses propres travaux se bornent à des recherches sans grande valeur
sur le centre de gravité d'un hémisphère et dans le conoïde hyperbolique.

Guido Ubaldo del Monte, nommé à tort Ubaldi[2], en latin *Montis*, fut
disciple de *Commandino*. Il naquit en 1545 à Pesaro, d'une famille très
considérée, et mourut en 1607. Il étudia à Urbino et à Padoue, alla ensuite
combattre les Turcs et retourna en Italie, en 1588, où il fut inspecteur général

---

1. *Maurolykus*, voy. Montucla, I, 571.
2. Voy. Montucla, I, p. 691.

des fortifications de la Toscane. Là, il se trouva en rapport avec *Galilée* qu'il encouragea beaucoup dans ses premiers travaux. *Del Monte* traduisit l'ouvrage d'*Archimède* sur l'équilibre, mais c'est surtout un *Traité de mécanique* publié en 1577, qui établit sa renommée. Dans ce traité, il perfectionna la théorie des machines en les ramenant toutes au levier. Il appliqua cette méthode avec succès à quelques-unes des puissances mécaniques, à la poulie par exemple. *Galilée* parle toujours de lui avec beaucoup d'égards, et l'appelle « un très grand mathématicien de son temps ». *Lagrange* lui attribue la première découverte du principe des vitesses virtuelles dans le levier et dans la moufle.

Aristote surtout trouva de nombreux traducteurs et commentateurs, et son autorité devint bientôt si grande que plus d'un savant a dû amèrement regretter de s'être élevé contre les théories du péripatéticien. Un de ces martyrs de la libre pensée est *Pierre Ramus*, professeur au Collège de France à Paris, né en 1502, mort en 1572, et très célèbre en son temps. Il expia son indépendance, comme jadis *Roger Bacon*, par la perte de sa place de professeur, et fût en outre soumis aux traitements les plus indignes[1] jusqu'à ce qu'enfin, dans l'affreuse nuit de la Saint-Barthélemy, il périt victime de la haine de son collègue *Charpentier* (1572)[1].

La persécution atteignit tout particulièrement ceux qui, outre la philosophie d'*Aristote*, osaient attaquer les doctrines de l'Église. Le plus triste exemple de ce genre nous est offert dans la vie de *Giordano Bruno*. Celui-ci naquit au milieu du XVIe siècle, à Nole, en Campanie, et se fit d'abord moine dominicain. Son esprit net, mais inquiet, enclin à la raillerie, l'entraîna bientôt dans de nombreuses controverses, à la suite desquelles il dut quitter l'Italie. Il se rendit à Genève où il passa au calvinisme, et là encore, il se lança trop avant dans des controverses théologiques. Il alla à Paris où il se déclara l'adversaire de la philosophie d'*Aristote* et des dogmes catholiques, ce qui l'obligea bientôt à quitter cette capitale. Il se réfugia à Londres, et y publia, en 1584, sous le titre *Spaccio della bestia trionfante*, un violent pamphlet contre la religion catholique, ou plutôt contre toutes les religions. En 1586, il passa en Allemagne où il professa soit à l'Université de Wittenberg, soit à Prague, puis à Helmstädt, où sous la protection du duc Jules de Wolfenbutell, il s'adonna tout entier aux sciences. En 1592, il eut l'imprudence de retourner en Italie, où il vécut pendant quelques années inaperçu et sans être inquiété ; mais, en 1598, il fut arrêté à Venise par ordre de l'Inquisition. Après avoir langui pendant deux ans dans les cachots, il fut brûlé vif à Rome comme apostat, le 17 février 1600. Avant de monter sur le bûcher, il dit à ses juges : « Ce jugement vous fait peut-être plus peur qu'à moi[2]. »

Les nombreux écrits de *Bruno* se rapportent pour la plupart à la philosophie et à la métaphysique. Mais son attachement éclairé et ardent au système de *Copernic* lui assure une place importante dans l'histoire des sciences. *Bruno* n'a rien fait pour étendre le domaine de la physique expérimentale. Il en est de même, du reste, de la plupart des savants qui travaillèrent en Italie, et surtout

---

1. *Dict. de Bayle*, Montucla, I, 577. (T.)
2. Libri, *Hist. des sciences mathématiques*, IV, 443.

dans les autres contrées de l'Europe, dans la première moitié du xvie siècle. Au contraire, nous voyons dans ce siècle les mathématiques, dont les progrès avaient presque toujours été liés à ceux de la physique, s'émanciper, pour ainsi dire, et franchir tout d'abord d'une manière notable les bornes que les anciens leur avaient données.

MATHÉMATIQUES ET MÉCANIQUE

55. — *Geronimo Cardano*, né en 1501 à Pavie, et mort en 1576 à Rome, est un des hommes qui, par leurs travaux mathématiques, contribuèrent aussi aux progrès des sciences naturelles. Il était doué d'un esprit original et possédait une grande érudition : ses écrits très nombreux embrassent la philosophie, la métaphysique, les mathématiques, la physique et la médecine. Il occupa successivement à Pavie, Bologne, Milan et Rome les chaires de mathématiques et de médecine. Mais sa science et son esprit ne le préservèrent point d'une superstition enfantine et ridicule. S'il n'avait lui-même écrit sa vie, on aurait de la peine à croire que tant d'intelligence pût s'allier à tant de faiblesse et de contradictions. Tandis qu'en philosophie il montrait la plus grande hardiesse, il tremblait devant les moindres présages. Quelques-uns affirment qu'il se laissa mourir de faim plutôt que de faire mentir une prophétie qui annonçait sa mort pour l'année même. Il croyait aussi pouvoir obtenir du ciel par ses prières tout ce qu'il demandait le 1er avril à 8 heures du matin. En outre, son caractère était bizarre, on pourrait ajouter peu honorable, et il l'expose lui-même dans sa biographie avec tant d'impudence, que ses amis ne parviennent à le disculper qu'en invoquant une aliénation mentale temporaire.

Les écrits de *Cardan* ne comprennent pas moins de dix volumes in-folio. En physique, un des plus remarquable est l'*Opus novum* (Basil., 1570), bien qu'il ne contienne que peu de choses nouvelles. Il y parle de la nécessité de tenir compte, dans le mouvement des projectiles, de la résistance du milieu, quand on veut déterminer leur vitesse. Il chercha en outre à employer les battements du pouls pour compter le temps. Il mesura de cette manière la vitesse du vent et trouva que la plus violente tempête ne parcourait pas cinquante pas pendant une pulsation. En outre, il chercha à appliquer les mathématiques à la médecine et se posa, entre autres, cet étrange problème : les médicaments agissent-ils d'après les progressions arithmétiques ou géométriques des doses ? Il détermina aussi la densité de quelques corps, soit par la réfraction, soit par la résistance qu'ils opposaient aux projectiles, et trouva que l'air était cinquante fois plus léger que l'eau, résultat qu'il tenait lui-même pour inexact.

D'autres observations et d'autres remarques se trouvent dans son ouvrage *De subtilitate* (Parisiis, 1552). Il y parle de la nécessité de la présence de l'air pour la combustion des corps ; il dit que, dans ce phénomène, il se produit deux sortes de fumées, dont l'une vient du charbon (l'acide carbonique ?). Il décrit aussi plusieurs machines, un blutoir à farine, un télégraphe de nuit, une sorte de cadenas qu'on ne peut ouvrir qu'en combinant d'une certaine façon les lettres qui s'y trouvent marquées [1], une méthode pour enseigner à lire aux élèves.

C'est en mathématiques qu'il a rendu les plus grands services. Dans son *Ars magna*, dont le titre complet est *Artis magnæ sive de regulis Algebræ liber unus* (Mediol., 1545), se trouvent pour la première fois les racines imaginaires des équations, et les règles pour les multiplier entre elles. Ce calcul à l'aide des quantités imaginaires est une grande découverte. Mais *Cardan* est surtout connu par la règle pour la solution des équations du troisième degré, ou règle de *Cardan*. Il la porte jusqu'aux nues, et il l'admire comme un art qui dépasse toute la pénétration des hommes, toute l'intelligence des mortels. Mais la gloire qu'il s'est acquise par là n'est pas méritée, car il n'a pas le moindre titre à cette découverte [2].

C'est *Scipion Ferro*, professeur de mathématiques à Bologne, qui trouva la première solution de cette équation. Il est vrai qu'il ne la fit pas connaître et qu'il la confia seulement à son ami, *Ant. Fiore*, qui, après la mort de *Ferro*, proposa le problème à plusieurs mathématiciens, selon la coutume du temps, et, entre autres, à *Tartaglia* (1535).

Celui-ci, non seulement le résolut, mais trouva encore la solution générale de l'équation $x^3 + ax = b$. *Cardan* en ayant entendu parler, ne cessa de supplier *Tartaglia* de lui communiquer sa découverte; celui-ci finit par la lui envoyer en 1539, dissimulée dans des vers. *Cardan* devina l'énigme, et, bien qu'il eût fait la promesse solennelle de ne point la divulguer, il s'empressa de la faire connaître sous son propre nom. Il a du reste plus tard reconnu dans son *Ars magna* qu'il était redevable de la solution à *Tartaglia*, mais ce dernier se trouva à juste titre profondément lésé dans ses droits, car le public, malgré cette déclaration, continua à donner à cette règle le nom de règle de *Cardan*. D'ailleurs cette solution fut bientôt après développée par *Ferrari*, disciple de *Cardan*.

Ludovico Ferrari [3], de Bologne, né en 1522, sortait d'une famille honorable mais très déchue. A l'âge de quinze ans, il entra au service de *Cardan*, mais il montra bientôt tant d'ardeur et d'aptitude pour les sciences mathématiques que celui-ci l'éleva de l'humble position de serviteur à l'emploi de secrétaire et le fit instruire. En peu de temps, il devint professeur de mathématiques à Milan, où il entra au service du prince Gonzague pour faire le tracé d'une carte du Milanais. Il se livra à ce travail pendant huit ans, mais il y renonça tout à coup et se rendit à Bologne où il obtint, grâce à *Cardan*, la chaire de mathématiques. Il mourut peu de temps après, en 1565, dans sa quarante-troisième année, vraisemblablement empoisonné par sa sœur, héritière de sa petite fortune. C'était un homme de beaucoup de talent.

56. — *Niccola Tartaglia*, ou *Tartalea* [4], naquit à Brescia au commencement

---

1. Voir Montucla, I, 571 ; et Höfer, *Hist. de la Phys. et de la Chimie*, p. 399. (T.)
2. *Ibid.*, I, p. 592, 593. (T.)
3. *Ibid.*, 596, 597. (T.)
4. *Ibid.*, I, p. 597. (T.)

du XV⁰ siècle. Son père, qu'il perdit à l'âge de six ans, était postillon. Sa mère, réduite à un état de misère extrême, se réfugia avec lui et ses deux frères dans une église au moment où les Français, conduits par Gaston de Foix, entraient dans la ville.

Mais cet asile ne les protégea pas. Les Français pénétrèrent dans l'église, et l'un d'eux frappa le pauvre enfant d'un coup de sabre si violent, qu'il fut blessé au crâne en plusieurs endroits, et qu'il eut le palais et les mâchoires atteints. Pendant longtemps il ne put ni manger ni parler. Il bégaya ensuite pendant un grand nombre d'années. C'est de là que lui vint le surnom de Tartaglia, du verbe *tartagliare* (bégayer), nom qu'il adopta et conserva, ne connaissant point son véritable nom de famille.

La pauvreté dans laquelle *Tartaglia* fut élevé ne lui permettait guère de s'instruire. Il apprit à lire et à écrire à quatorze ans, et comme il n'était pas en état de payer un professeur, il aurait, dit-on, appris lui-même l'alphabet à partir de la lettre K. En tout d'ailleurs, et surtout en mathématiques, il n'eut d'autres maîtres que lui-même. Malgré cela, il acquit dans cette dernière science un si grand talent qu'à l'âge de trente ans, il put résoudre le problème tenu secret par *Ferro*. Il professa successivement à Milan, à Venise, à Brescia, son pays natal, et de nouveau à Venise, où il mourut en 1559. Il était hautement estimé par les hommes capables de le comprendre, mais peu apprécié du public, et de plus sa vie fut attristée par des chagrins domestiques. Ses *Quesiti et inventioni diverse* (Venezia, 1546), peuvent servir à donner une idée de la réputation dont il jouissait parmi les savants. C'est un ouvrage en neuf volumes qui ne contient rien autre chose que la solution des problèmes qui lui avaient été proposés par des hommes des conditions les plus diverses, moines, architectes, docteurs, professeurs, ambassadeurs et princes. *Tartaglia* a composé un grand nombre d'ouvrages, entre autres un traité complet de mathématiques, dont la troisième partie parut après sa mort. Celle qui contient la solution des équations du troisième degré ne nous est pas parvenue. La mécanique et spécialement la balistique furent l'objet de ses méditations, et il exposa ses théories dans sa *Nuova scienza* (Venezia, 1537). Il y établit entre autres que la trajectoire d'un projectile est curviligne dans toutes ses parties. Telle n'était pas la théorie généralement admise à cette époque; ou plutôt on croyait que la trajectoire d'un projectile avait trois stades différents; que dans le premier, elle était droite, dans le second courbe, et dans le troisième de nouveau droite. Le premier mouvement était appelé violent, le deuxième mélangé et le troisième naturel. Ce sont de ces idées systématiques qui provenaient d'*Aristote*, et comme on en trouve beaucoup chez lui. On croyait aussi que la partie courbe de la trajectoire était un arc de cercle auquel les parties rectilignes étaient tangentes.

Un certain *Santbeck* écrivit encore en 1561 un livre, *Problematum astronom. et geometr. sectiones septem*, dans lequel il affirmait qu'un boulet lancé suit la ligne droite jusqu'à ce que sa force se soit épuisée, et que tout à coup il tombe verticalement. Et cet homme fondait une balistique sur cette théorie absurde! On peut juger d'après cela du service rendu par *Tartaglia*, lorsqu'il expliqua pour la première fois que la trajectoire d'un projectile est curviligne dans toutes ses parties. Il alla encore plus loin : il conclut que la portée d'une arme était la plus grande possible lorsque le boulet était lancé sous un angle de 45°. Comme l'amplitude du jet est nulle pour l'inclinaison de 0° et de 90°, elle devait être maximum à 45°.

Les deux résultats sont exacts, mais les déductions par lesquelles ils furent établis ne le sont pas. Pour que ces déductions fussent exactes, *Tartaglia* aurait eu besoin de connaître les lois de la chute des corps, qui ne furent trouvées que par *Galilée*.

Raphael Bombelli[1] ferme la série de ces mathématiciens. Comme *Ferro* et *Ferrari*, il naquit à Bologne, mais on ne sait à quelle époque. En 1572, il composa une algèbre contenant un exposé méthodique de tout ce qui était connu dans cette science. Cet ouvrage, qui renferme des démonstrations rigoureuses et complètes, présente pour la première fois le sujet sous une forme systématique, et n'a pas peu contribué au progrès de la science.

57. — Au XVI⁰ siècle, l'Italie produisit un grand nombre de savants adonnés aux mathématiques et à la mécanique. Sans doute, jusqu'à *Galilée*, dont ils furent les précurseurs, ils n'agrandirent pas beaucoup le domaine des sciences, mais ils contribuèrent à les propager. Leur nombre est pour nous une preuve des progrès que les sciences exactes avaient faits dans le public. Parmi ces hommes, citons le médecin *Geronimo Fracastoro*[2], né en 1483 à Vérone, mort dans la même ville en 1553, très connu par ses écrits sur la médecine, mais qui a rendu aussi des services dans la mécanique. En 1538, il écrivit un livre qui parut à Venise, *Homocentricorum seu de stellis liber unus*, sur le système du monde. Dans ce livre, il combat la théorie des épicycles, et donne une indication de l'importante loi de la composition des forces (voy. § 100)[1]. On pourrait peut-être aussi attribuer à *Fracastoro* l'honneur d'avoir contribué à l'invention des lunettes, car dans son *Homocentrica*, il est dit qu'on voit les objets plus grands et plus rapprochés lorsqu'on place deux lentilles l'une derrière l'autre[3].

Marino Ghetaldi, né à Raguse, mourut en 1609 à Constantinople où il était ambassadeur de Venise. Il composa un ouvrage, *Archimedes promotus* (Romæ, 1603), dans lequel il donne les poids spécifiques de différents corps; c'était là une chose nouvelle, et les déterminations sont assez exactes pour l'époque. Les corps dont il donne le poids spécifique sont au nombre de 12, d'abord les sept métaux des anciens, or, argent, mercure, plomb, cuivre, fer, étain, et en outre l'eau, le vin, le miel, l'huile, le vinaigre.

Valerio, né à Rome, écrivit en 1604 un ouvrage portant le titre : *De centro gravitatis solidorum* (Romæ), dans lequel il détermine le centre de gravité d'un grand nombre de corps, parmi lesquels tous les conoïdes et les sphéroïdes, aussi bien que les segments des uns et des autres, dont on n'avait pu jusqu'alors trouver le centre de gravité. *Galilée* parle toujours de *Valério* avec estime.

Benedetti, en latin *Benedictis*, né en 1530 à Venise, mort en 1590 à Turin,

<hr>

1. Montucla, I, 598. (T.)
2. *Ibid.*, I, 624. (T.)
3. Libri, *Hist. des sc. math.*, III, 101.

mathématicien du duc de Savoie : c'est parmi les précurseurs de *Galilée* le plus important de ceux qui se sont occupés de mécanique. Dans un ouvrage qui parut à Turin en 1585 : *Diversarum speculationum math. et physicarum liber*, il montre une grande indépendance d'esprit et ne reçoit pas sans examen ce qui vient d'*Aristote*, uniquement parce que le maître l'a dit.

Entre autres, il avait déjà une idée très claire de la force centrifuge. Il la déduisait de la tendance que possèdent les corps à se mouvoir en ligne droite, et il concluait de là, que lorsqu'on abandonnait à lui-même un corps animé d'un mouvement de rotation, il devait suivre la direction de la tangente au cercle décrit. Il montrait ainsi que dans les leviers courbés ou coudés en équilibre, les forces sont en raison inverse des perpendiculaires abaissées du centre de rotation du levier sur la direction des forces. Il arrive ainsi à considérer le cas où les forces n'agissent pas dans une direction parallèle sur un levier droit. Ce cas au XIVᵉ et au XVᵉ siècle avait soulevé de très vives discussions entre les mathématiciens.

Benedetti était un disciple de *Tartaglia*. Il publia, dans sa vingt-troisième année, un livre qui contenait la solution de tous les problèmes d'*Euclide* et autres à l'aide d'une seule ouverture de compas[1].

OPTIQUE

58. — J'ai enfin à parler de deux hommes qui, outre les théories mécaniques, cultivèrent l'optique, et enrichirent cette science de quelques découvertes, ce sont *Maurolycus* et *Porta*.

Franciscus Maurolycus[2] naquit en 1494 à Messine et mourut dans la même ville en 1575. Son père était un Grec qui s'était enfui de Constantinople par haine des Turcs, et s'était fixé à Messine. *Franciscus* entra dans les ordres à vingt-sept ans, et il réussit bientôt à se faire nommer abbé de *Santa Maria del Partu* près *Castro Nuovo*. Son savoir et son caractère lui acquirent une grande considération. Il fut en effet nommé directeur de la Monnaie, comme *Newton* le devint plus tard dans son pays, et se tint en relation avec les hommes les plus distingués de son temps. Don Juan d'Autriche, frère naturel de Philippe II d'Espagne, lui demanda des instructions au sujet de la guerre maritime qu'il faisait contre les Turcs, et on dit que *Maurolycus* lui aurait prédit la grande victoire qu'il remporta à Lépante en 1571. Malgré ses fonctions ecclésiastiques, il passa la plus grande partie de sa vie à enseigner les mathématiques à Messine et composa aussi de nombreux traités. Parmi ces écrits les mathématiques tiennent la plus grande place. Déjà en 1540, il acheva une immense encyclopédie mathématique qui contenait tout ce qui lui était connu des travaux des mathématiciens grecs, romains, et du moyen âge. Le grand nombre des ouvrages qu'il publia en 1575 à Venise sous le titre *Opuscula mathematica*, et peut-être

1. Voy. Montucla, I, p. 570. (T.)
2. *Ibid.*, I, p. 563. (T.)

aussi le concours qu'il offrit aux habitants de Messine pour fortifier leur ville, et la part qu'il prit dans la défense de la place contre les Espagnols, lui valurent de ses compatriotes le surnom de deuxième *Archimède*.

Cependant, ce ne sont pas ses écrits mathématiques ou autres qui ont transmis son nom à la postérité, mais bien une Optique qui parut en 1575 à Venise sous le titre : *Photismi (theoremata) de lumine et umbra*. Elle est remarquable surtout parce qu'elle vient après la longue lacune qui existe dans l'histoire de l'optique à partir du frère *Theodoric*, car dans son ensemble, elle ne contient pas beaucoup de choses nouvelles. Maurolycus surpasse ses prédécesseurs *Alhazen* et *Vitello* en ce qu'il cherche à expliquer l'action du cristallin dans l'œil par les effets des lentilles de verre. Il ne place plus la perception des objets dans le cristallin comme ses prédécesseurs[1] ; il fait au contraire réfracter les rayons dans cette lentille, et derrière elle. Il donne aussi une explication au moins approximative des vues courtes et longues. On est presbyte lorsque la lentille du cristallin n'est pas assez convexe et ne réfracte pas suffisamment les rayons des objets rapprochés ; et il explique alors l'effet des lunettes. Mais *Maurolycus* ignorait encore qu'il se produisait au fond de l'œil une image réelle des objets perçus.

Maurolycus avait aussi des notions très incomplètes sur la réfraction. Il croyait encore que l'angle de réfraction était proportionnel à l'angle d'incidence, et qu'il en était les $\frac{3}{8}$ lorsque la lumière passait de l'air dans le verre. Tous ses efforts pour déterminer le foyer d'une lentille ou d'une sphère devaient naturellement échouer. Il donna cependant la première indication des lignes focales ou des caustiques par réfraction.

Il n'avait aussi qu'une connaissance défectueuse de l'arc-en-ciel, ce qui prouve qu'il ne connaissait pas l'ouvrage de *Theodoric*. Il mesura les rayons des arcs intérieurs et extérieurs qu'il trouva de 40° à 42° pour l'arc intérieur, de 50° à 53° pour l'arc extérieur. Mais il ne put faire concorder ses mesures avec sa théorie. D'après lui, les arcs étaient produits dans les gouttes d'eau par une réflexion extérieure et plusieurs réflexions intérieures, et devaient avoir des diamètres de 45° et de 56°. Pour l'arc intérieur, par exemple, il admettait que les rayons qui tombent sur le nuage arrivent à l'œil de tous les côtés, sous un angle de 45°, en partie à la suite d'une réflexion sur les parois extérieures des gouttes, en partie après sept réflexions intérieures, dans lesquelles les rayons se saturent de couleurs ; il en distinguait d'ailleurs sept[2].

Maurolycus fut plus heureux dans l'explication d'un autre phénomène qu'on a aussi occasion d'observer en pleine campagne. Quand le soleil paraît à travers une petite ouverture d'une forme même très irrégulière, comme par exemple les interstices du feuillage, on voit une tache claire de forme arrondie apparaître sur le sol. « Chaque point de cette ouverture, dit-il, est le sommet d'un cône de rayon, qui a pour base le disque du soleil. Après avoir passé par l'ouverture, les rayons forment de nouveau un cône dont la section par un plan

---

1. Montucla, dans sa deuxième édition, I, 697, dit le contraire.

2. D'après Montucla, I, p. 698, 2ᵉ édition, il n'admettait que quatre couleurs, l'orangé, le vert, le bleu et le pourpre. (T.)

perpendiculaire à son axe est un cercle; le cercle est alors la base de ce cône, et avec celui qui vient du soleil, il forme un double cône. Tous les cercles qui se forment dans le plan sécant donneront lieu à une seule figure qui se rapprochera d'autant plus d'un cercle que l'ouverture sera plus petite par rapport au cercle, c'est-à-dire, que le plan sécant sera plus éloigné de l'ouverture. » Il fit également cette observation pendant une éclipse de soleil, et remarqua que chaque ouverture donnait une image en forme de croissant, lorsque le soleil possédait lui-même cette forme.

59. — Le second des savants dont nous avons à parler exerça une influence encore plus grande sur ses contemporains. *Giambattista della Porta* appartenait à une famille distinguée de Naples. Né en 1538, il mourut en 1615. C'était un homme d'un esprit vif et curieux, qui avait en partie acquis son grand savoir par ses voyages dans les principales villes de l'Europe. Il possédait un certain talent d'expérimentateur; il fit des recherches heureuses dans plusieurs parties de la physique qu'il enrichit par ses inventions et ses découvertes. Cependant, ce serait aller trop loin que de le considérer, ainsi qu'on l'a fait, comme un des fondateurs de la physique moderne, et de le placer à côté de *Galilée*: ses travaux manquent, malgré tout leur mérite, de cette grandeur et de cet esprit philosophique qui rayonnent dans tous les travaux du grand Florentin [1].

Porta se tourna d'abord vers les belles-lettres : il écrivit vingt-quatre drames tragiques ou comiques dont les derniers comptent parmi les meilleurs de son époque. Il lut ensuite les écrits des anciens philosophes naturalistes, ce qui réveilla bientôt en lui un désir très vif d'étudier la nature, ou plutôt un penchant à rechercher avec ardeur tout ce que les ouvrages renfermaient de merveilleux ou de mystérieux sur les phénomènes naturels.

Il faut savoir gré à *Porta* d'avoir cherché à diriger tous les efforts isolés vers un même but, ce qui était alors plus nécessaire qu'aujourd'hui. Il fonda en effet dans sa maison la première société de physique sous le nom : *Academia secretorum naturæ*. Dans cette société n'étaient admis que ceux qui pouvaient communiquer une découverte ou un fait nouveau. Malheureusement le saint-siège fit bientôt dissoudre, pour des motifs religieux, cette société qui promettait tant (voy. § 156).

L'ouvrage principal de *Porta* est sa *Magia naturalis* qu'il composa en 1553 à l'âge de quinze ans, ce qui prouve qu'il naquit en 1538, et non en 1543, comme quelques-uns l'ont indiqué. La première édition de cet ouvrage ne nous est pas parvenue : la plus ancienne que nous possédions est datée de 1558 et parut à Naples. Cette édition est fort rare; celle qu'on trouve habituellement est une reproduction que *Plantin* fit faire à Anvers en 1564. Cette première édition, ainsi que les reproductions qu'on en a faites depuis, contient quatre livres dont voici les matières :

1° Recherches sur les causes et leurs effets, sorte de métaphysique de peu de valeur;

2° Opérations. Dans ce livre, on trouve des instructions pour produire toutes

---

1. Voy. Montucla, I, 698, et Höfer, *Hist. de la Physique et de la Chimie*, p. 399.

sortes de choses merveilleuses et singulières : — la description d'une lampe qui aurait la propriété de faire paraître les personnes qu'elle éclaire avec une tête de cheval, — le moyen de reconnaître la chasteté d'une femme au moyen d'un aimant! Dans un autre passage, *Porta* montre qu'il avait quelque idée des variations horaires de la déclinaison.

3° Le troisième livre s'occupe seulement d'alchimie et contient les différents procédés pour l'affinage des métaux.

4° Le quatrième livre enfin traite de l'optique. On y trouve la description des instruments qui ont conservé le nom de *Porta* dans l'histoire de la physique, en particulier la chambre obscure dont nous parlerons plus loin.

Cette première édition fut pour ainsi dire dévorée par ses contemporains, pour lesquels le surnaturel, le merveilleux et le mystérieux n'avaient pas moins de charmes que pour l'auteur. Le texte latin fut traduit en cinq langues, en italien, en français, en espagnol, en allemand et même en arabe. Le succès croissant de son ouvrage engagea *Porta* à en faire publier une nouvelle édition très augmentée en 1589. Dans la préface de cette édition, il dit que depuis qu'il a publié la première, il a lu tous les anciens auteurs, qu'il a voyagé en Italie, en France et en Espagne, qu'il a fouillé dans toutes les bibliothèques; qu'il a interrogé les savants et les artisans pour apprendre leurs secrets, et il ajoute que jour et nuit il s'est appliqué à vérifier par l'expérience si tout ce qu'il a lu ou entendu est vrai.

Dans cette édition, il y a moins de choses niaises ou grotesques que dans la première, aussi fut-elle moins lue. Mais il y a encore beaucoup de faits que l'auteur ne peut guère avoir vérifiés ou constatés par expérience. Elle contient des milliers de faits jetés pêle-mêle sans lien et sans but, véritable *vademecum*.

Cette édition renferme vingt livres. Plus tard, *Porta* en édita plusieurs séparément en les complétant, par exemple, le livre des Chiffres, la Pneumatique, la Distillation, etc. Dans le chapitre relatif au magnétisme, on lit que l'aimant agit à distance à travers tous les corps excepté le fer et que l'aiguille de la boussole dévie du méridien, en Italie, d'environ 9° vers l'est. Dans le chapitre sur la distillation, il cherche quelle quantité d'air (vapeur) fournit un poids déterminé d'eau. Il parle aussi en cet endroit de la dilatation de l'air par la chaleur, et décrit une sorte de thermomètre. Dans le chapitre de la réfraction, il examine les couleurs subjectives, les illusions d'optique et les couleurs séparées par les prismes. On y trouve aussi une expérience faite avec deux lentilles superposées, ce qui a fait attribuer à *Porta* l'invention de la lunette. *Porta* lui-même a revendiqué cet honneur. Mais son expérience ne contient rien de plus que celle de *Fracastoro* et ne justifie pas une si grande prétention. Si *Porta* avait construit une lunette, il n'aurait point gardé le silence sur son invention.

Dans cette édition augmentée de la *Magia naturalis* de 1589, *Porta* fit connaître une invention aussi intéressante qu'instructive, celle de la chambre obscure. On l'attribue généralement à *Porta*, mais on ne peut lui faire cet honneur sans réserve; il est même difficile de décider ici, comme dans beaucoup d'autres cas, la part exacte qui lui revient dans cette invention. La *Magia natu-*

ralis n'est point une œuvre originale, mais bien une compilation d'expériences puisées aux sources les plus diverses, sources que l'auteur s'abstient de citer, soit par hasard, soit à dessein pour se rehausser dans l'opinion de ses lecteurs.

En ce qui concerne la chambre obscure, le fait seul qu'il ne s'en donne pas comme l'inventeur témoigne contre lui, et en réalité, la chambre obscure se trouvait déjà décrite dans les manuscrits inédits de *Léonard de Vinci*. C'est ce que *Venturi* a prouvé dans son *Essai sur les ouvrages de L. de Vinci*, mais ce point n'a généralement pas été remarqué.

Venturi cite un passage d'un commentaire sur *Vitruve* qu'un certain *Cesariano* fit paraître à Côme en 1521, et d'après lequel cette invention serait due à un moine bénédictin, *Dom Panunce*. Comme *L. de Vinci* est mort en 1519, et ne s'attribue pas cette invention, il serait très possible qu'elle appartînt à *Dom Panunce*. *L. de Vinci* alla d'ailleurs plus loin que *Dom Pannuce* en ce qu'il fit une application de la chambre obscure à la théorie de la vision.

D'autres auteurs parlent également de la chambre obscure, par exemple *Ignatio Danti*, moine dominicain (voyez plus loin), qui traduisit, en 1573, la *Perspective d'Euclide*, et dans une note, parle de la chambre obscure sans mentionner celle de *Porta*. Il faut, du reste, bien remarquer que toutes les chambres obscures étaient des instruments fort imparfaits[1].

La chambre de *Porta* avait d'abord un simple trou dans le volet, et une surface blanche recevait les rayons lumineux. Plus tard, *Porta* plaça une lentille convexe à l'ouverture, ce qui compléta l'appareil et donna des images plus nettes. Il ne se borna pas à reproduire dans sa chambre obscure des objets opaques, tels que édifices, paysages, personnages, etc., il employa aussi des dessins transparents. Il communiquait aux figures de ces dessins des mouvements de toutes sortes, et cet art ne lui attira pas seulement l'admiration de tous ceux qui assistaient à ses expériences, mais lui valut aussi la réputation, un peu dangereuse alors, de sorcier.

La chambre obscure avec des objets transparents donne à *Porta* des titres certainement fondés à l'invention d'un autre instrument bien connu, la lanterne magique, qui n'est autre chose qu'une lanterne obscure. D'ordinaire l'invention de la lanterne magique est attribuée au père *Kircher*, mais celui-ci n'y a d'autre droit que d'avoir donné à l'appareil une forme analogue, ou à peu près, à celle qu'il a actuellement. *Kircher* n'en parle pour la première fois que dans la deuxième édition de son *Ars magna lucis et umbræ* de 1671 ; il n'en parle pas encore dans la première édition parue à Rome en 1646. Or *Deschales*, qui ne mentionne même pas *Kircher*, raconte que déjà en 1665 un Danois lui a montré une lanterne magique avec deux verres convexes. *Kircher* n'a donc aucun droit à cette découverte[2].

60. — Le moine dominicain *Ign. Danti*, dont il a été question ci-dessus à l'occasion de la chambre obscure, et qui fut plus tard évêque d'Alatri, était très versé dans l'astronomie et les mathématiques. Il fut nommé par Grégoire XIII membre de la commission qui travailla à la réforme du calendrier,

---

1. Voy. Höfer, *Hist. de la Physique et de la Chimie*, p. 232. (T.)
2. Wilde, *Gesch. d. Optik*, I, 294, v, § 192.

et on lui doit le méridien autrefois si célèbre de l'église *Maria Novella* à
Florence. Il mourut en 1586.

Au sujet de cette réforme du calendrier dont il a été tant de fois question,
rappelons seulement que sous *Jules César*, l'année 707 de la fondation de
Rome, l'astronome grec *Sosigène* et le Romain *Marcus Fabius* établirent le
calendrier Julien, qui fut en usage jusqu'en 1582 dans toutes les église chré-
tiennes. D'après ce calendrier, l'année était de 365 jours $\frac{1}{4}$ et à la suite de
trois années de 365 jours, il y en avait une de 366 jours. Le jour intercalaire
se plaçait entre le 23 et le 24 février. Mais l'année, d'après ce calendrier, était
trop longue de 11 minutes, de sorte qu'au XVIe siècle l'équinoxe du printemps
du 21 mars arrivait le 10 mars. C'est pourquoi la commission nommée par
Grégoire XIII décida qu'en 1582 le lendemain du 4 octobre serait le 15, et
qu'à l'avenir, tous les quatre cents ans, on retrancherait trois jours intercalaires
en ce qu'on ne laisserait le jour intercalaire que dans les années séculaires
divisibles par 4. Ainsi 1600, 2000, 2400, etc., sont des années bissextiles;
1700, 1800, 1900 sont des années communes.

Dans ce qui précède, j'ai à dessein laissé de côté la suite chronologique de
tous les hommes dont j'ai parlé, afin de réunir toutes les tentatives faites avant
Galilée dans le domaine de la mécanique et de l'optique. Nous allons maintenant pour quelque temps laisser l'Italie de côté, et tourner notre attention
vers un homme qui, par ses travaux, a posé les premiers fondements de notre
physique, et qui fut le créateur de l'astronomie moderne.

COPERNIC

61. — *Nicolas Copernic*, né le 19 février (vieux style) 1473 à Thorn, mourut du 7 au 21 mai 1543, à Frauenbourg, chanoine de la cathédrale de cette
ville.

Il n'est pas rare de voir *Copernic* considéré comme Polonais, et cette opinion
a été pour ainsi dire consacrée depuis qu'on lui a élevé à Varsovie une statue
avec l'inscription : *Nicolao Copernico grata patria*. Ce fut Napoléon Ier qui en
1809 commanda cette statue à Thorwaldsen. D'abord destinée à la ville de
Thorn, elle fut cependant érigée en 1829 à Varsovie, non sans de longs démêlés
avec les autorités russes. Plus tard, le comte Sierakowski éleva un monument
à la mémoire de *Copernic* dans l'église de Sainte-Anne à Cracovie, avec cette
épitaphe : *Sta Sol, ne moveare.* Pour établir l'origine polonaise de *Copernic*,
on cite ordinairement un passage de la chronique de Thorn, de *Zernecke*, où
on lit : *Patre Nicolao Copernico, cive Cracoviensi.* Cependant, la source
de cette notice n'est pas indiquée, et il n'en est plus question que dans un tableau généalogique cité par *Centner* (*Personnages distingués et savants de
Thorn*) qui serait dû à un habitant inconnu d'Elbing. Les parents du célèbre
astronome y sont désignés sous les noms : *Nicolaus Copernicus, Cracoviensis,*
civis Thorunensis, conjux Wasselrodia, Lucœ a Wasselrod (proprement
Waisselrode), *episcopi Varmiensis soror.*

Néanmoins nous, Allemands, avons des raisons très concluantes pour considérer *Copernic* comme notre compatriote.

Dans les registres judiciaires de la vieille cité de Thorn, on trouve que déjà en 1400, un certain Koppernick a conclu avec un nommé Augustin une convention judiciaire au sujet d'un héritage; et sous le même nom Koppernick, le père de l'astronome figure dans le rôle des dignitaires de la ville, comme assesseur de la cour de justice en 1465.

D'après cela, il est tout à fait invraisemblable que *Copernic* le père soit venu pour la première fois de Cracovie à Thorn en 1463, comme on l'admet généralement, car il est difficile de croire que les habitants de Thorn eussent accordé à un Polonais, après deux ans de séjour seulement, une fonction qui devait exiger une si profonde connaissance de la langue allemande.

En outre, le nom de Koppernick, qui reparait deux fois dans ces documents, n'est pas Polonais, et le nom de la mère de l'astronome, Barbara Waisselrode, est certainement allemand. En Silésie, un grand nombre de lieux portent les noms de Koppernick, Köppernig et autres semblables, là où il y avait autrefois des exploitations de mines, et surtout de mines de cuivre. Dans l'Alvatergebirge, une montagne s'appelle Köpprichstein et aussi Köppernikstein.

. Les ancêtres de *Copernic*, dit le *Journal de Silésie* du 7 février 1873, sont originaires de l'Eulengebirge et étaient mineurs ou chaudronniers. De Köppernick ils vinrent d'abord à Frankenstein et de là se dispersèrent et s'établirent à Cracovie, Thorn et Dantzig. En 1422, un frère et une sœur établis à Thorn, Marguerite et Hans Koppernick le chaudronnier, firent à Frankenstein un héritage que leur envoya un certain Pierre Koppirnick.

D'ailleurs à Cracovie comme à Posen, il y avait des communes allemandes auxquelles depuis 1250 on avait accordé les privilèges des villes allemandes, et dont les actes municipaux et judiciaires étaient rédigés la plupart du temps en latin, parfois en allemand, mais jamais en polonais, au moins jusqu'à l'année 1570. Il se pourrait, par conséquent, que le père de l'astronome fût bourgeois de Cracovie; il n'en appartiendrait pas moins à la nationalité allemande[1], en admettant même qu'il fût né dans cette ville. A cela vient s'ajouter que la ville de Thorn, et l'évêché d'Ermland avaient appartenu de tout temps à l'ordre teutonique. Si la première s'était séparée de l'ordre quelques années avant la naissance de l'astronome, elle ne faisait cependant pas partie intégrante de la république de Pologne, mais elle s'était placée conventionnellement sous la protection du roi de ce pays. On ne peut donc par conséquent pas dire que *Copernic* soit né en Pologne.

Dans son entourage même, on ne le considérait point comme polonais; c'est ce qui résulte d'une lettre de l'évêque *Martin Crosner* au chapitre de sa cathédrale. Dans cette lettre datée du 21 novembre 1580, il est dit : *Cum N. Copernicus vivens ornamento fuerit atque etiam nunc post fata sit, non*

---

1. En admettant que la famille de *Copernic* fût de nationalité allemande, il n'en est pas moins vrai que *Copernic* est né dans une ville rattachée à la Pologne, qu'il reçut son éducation en Pologne, que c'est là qu'il puisa son goût pour l'astronomie et qu'il accomplit ses travaux. (T.)

POGGENDORFF.

6

solum huic Ecclesiæ, verum etiam toti Prussiæ patriæ suæ[1], *iniquum esse puto, eum post obitum carere honore sepulchri sive monumenti*[2].

Enfin, il vaut la peine de remarquer que *Copernic*, en dehors du latin, n'écrivit qu'en allemand, et non en polonais.

62. — *Copernic* étudia d'abord la médecine à l'université de Cracovie, et y obtint le titre de docteur. Les cours de mathématiques d'un certain Brudzewski (Albertus de Brudzewo) éveillèrent bientôt en lui l'amour de l'astronomie, et après avoir terminé ses études, il se rendit à Vienne, pour profiter de l'enseignement des deux plus célèbres astronomes du temps, *Purbach* et *Regiomontanus*. Il ne fit toutefois qu'un court séjour dans cette ville. A vingt-trois ans nous le voyons en Italie, où s'étaient formés également les deux hommes que nous venons de citer.

Pendant plusieurs années il resta à Bologne auprès de *Domenico Maria Novara* qui enseignait l'astronomie depuis douze ans et passait pour un astronome distingué. Cependant cet homme nourrissait l'idée singulière que la hauteur du pôle, en Italie et en Espagne, avait augmenté depuis l'époque de *Ptolémée*, à Cadix, par exemple, d'un degré entier. Il faut dire que les hauteurs du pôle sur lesquelles il appuyait cette opinion, n'avaient été déterminées dans la plupart des cas qu'à l'aide de la durée du jour le plus long et le plus court.

Copernic demeura longtemps en Italie. On ne sait pas à quel genre d'occupations il se livra pendant ce temps; on sait seulement que le 9 mars 1497, à Bologne, il observa le passage de la lune sur Aldébaran; qu'en 1500 à Rome, il observa également une éclipse de lune, et qu'à cette époque il enseignait les mathématiques avec succès. On ignore également l'année où il quitta l'Italie; mais on sait que peu après son retour dans sa patrie, son oncle Lucas, évêque d'Ermland, lui fit obtenir un canonicat à la cathédrale de Frauenbourg[3]. Grâce à cette situation, il put continuer en paix ses méditations sur le système du monde qu'il avait vraisemblablement commencées en Italie.

A partir de ce moment, *Copernic* mena une vie très retirée. En 1521, il fut désigné par le chapitre de la cathédrale de Frauenbourg comme délégué à la diète de Graudenz et il y proposa une amélioration du système monétaire. Une autre preuve de son activité est un aqueduc, en partie conservé à Frauenbourg, à l'aide duquel il amenait l'eau de la Baude dans les habitations des chanoines.

Sa principale occupation fut cependant l'astronomie. En réfléchissant dans le calme de la retraite à la constitution du monde, il en vint peu à peu à douter que son mécanisme pût être aussi compliqué que le voulaient les théories de

---

1. Thorn dans la Prusse royale. — Appartint d'abord à l'ordre teutonique qui l'abandonna à la Pologne en 1466. Elle jouissait en Pologne avec Dantzig et Elbing des mêmes privilèges que les villes impériales ont en Allemagne, c'est-à-dire qu'elle avait son administration particulière et ne relevait que du roi de Pologne. Au premier démembrement de la Pologne (1772), Frédéric II ayant obtenu la Prusse polonaise, moins Dantzig et Thorn, ces deux villes se trouvèrent gênées dans leur liberté et passèrent enfin à la Prusse en 1793. (T.)

2. Humboldt, *Cosmos*, II, 497.

3. Frauenbourg appartenait à l'évêque de Warmie qui était en même temps présidial de la Prusse polonaise, avant qu'elle passât sous la domination du roi de Prusse en 1772. (Trad.)

Ptolémée. Il soupçonna (on ne sait au juste à quelle époque cette idée lui vint pour la première fois) qu'il devait être possible d'en donner une explication plus simple. Mais, se défiant de lui-même, il n'osa pas encore rompre avec une doctrine consacrée par plus de dix siècles d'existence; il se mit alors à compulser les anciens, et trouva que déjà quelques-uns avaient eu une opinion différente de celle de *Ptolémée.* Cette découverte le confirma dans sa première pensée. Il alla plus avant, contrôlant par l'expérience chacune de ses inspirations, et lorsqu'il n'y avait pas désaccord, s'abandonnant à son génie, toujours avec plus d'assurance. C'est ainsi que, peu à peu, ses idées arrivèrent à former un système, déjà complet en 1530, au moins dans son ensemble.

Il avait, dans ses lettres à ses savants amis d'Allemagne, exposé çà et là quelques parties isolées de son système, et ceux-ci le pressaient de faire connaître au monde ses grandes découvertes. *Copernic* ne pouvait se résoudre à se déclarer ouvertément contre *Ptolémée.* Pourtant en 1536 il finit par céder aux sollicitations de son ami le cardinal de Schomberg, évêque de Padoue. Il consentit à livrer au monde ce qu'il avait tenu secret pendant plus de trente ans. Déjà affaibli par l'âge, il pria son ami *Georges Joachim*, ordinairement appelé *Rheticus*, du nom de sa patrie la Rhétie, professeur à Wittemberg, de l'aider dans la publication de son ouvrage. Celui-ci abandonna sa chaire pour venir à Frauenbourg travailler sous les yeux de *Copernic.*

Par l'intermédiaire de *Rheticus* le manuscrit fut livré à l'impression à Nuremberg, et confié aux soins d'*Osiander*, pasteur luthérien, et de *Schoner*, professeur de mathématiques au gymnase. Le premier écrivit une préface anonyme à cet ouvrage : celle de *Copernic* demeura à l'état de manuscrit entre les mains du comte Nostiz à Prague, et ne fut imprimée pour la première fois, en latin, qu'en 1854, dans une édition de luxe publiée par Baranowski. Elle a été depuis traduite en allemand.

Copernic dut avoir le pressentiment que ses idées seraient mal accueillies par le saint-siège, et c'est là peut-être une des raisons qui l'empêchèrent si longtemps de les publier. Aussi dédia-t-il son ouvrage au pape Paul III. Dans sa dédicace il propose, avec autant de finesse que d'habileté, ses idées comme de simples hypothèses. Mais son ouvrage montre pourtant que ces idées étaient chez lui des convictions profondes [1].

63.— L'œuvre de *Copernic* est le fruit de méditations longtemps mûries, et non pas une ébauche tracée à la hâte. Elle est basée sur les trois lois principales que voici :

1° La terre tourne de l'ouest à l'est autour d'un axe fixe, et de là résulte le mouvement quotidien des corps célestes de l'est à l'ouest, mouvement qui est seulement apparent.

2° Tandis que la terre tourne de l'ouest à l'est autour de son axe, elle se meut dans la même direction autour du soleil. Pendant ce mouvement, son axe demeure parallèle à lui-même, faisant un angle déterminé avec le plan de l'orbite terrestre : c'est là ce qui produit le phénomène des saisons.

3° Toutes les planètes, comme la terre, se meuvent autour du soleil, et c'est

1. Voy. Montucla, I, p. 628. (T.)

ce qui fait que ces astres semblent tantôt marcher en avant, tantôt demeurer immobiles, tantôt revenir en arrière.

Ces trois propositions seules forment dans leur ensemble le système de *Copernic*. C'est à quoi il faut penser lorsqu'on veut apprécier à sa juste valeur le mérite de *Copernic*, et le défendre contre les attaques injustes dont il a été l'objet autrefois. Un examen impartial de ses œuvres montre que :

La première loi avait été affirmée par quelques auteurs anciens, notamment par *Héraclide* de Pont, *Ekphantus* le pythagoricien, et *Nicetas* ou Hicetas de Syracuse. Ce dernier pensait même que le mouvement de la terre autour de son axe suffisait seul à expliquer le mouvement de toutes les autres planètes. *Copernic* savait certainement tout cela, car il dit lui-même l'avoir trouvé dans *Cicéron* et dans *Plutarque*. Mais ceci ne prouve pas que *Copernic* ait puisé cette première idée chez les anciens. D'ailleurs cette proposition ne fut pas prise en considération par eux, et leurs premiers astronomes se déclarèrent même contre elle.

Quant à la seconde loi, elle se trouve indiquée dans la doctrine d'*Aristarque* de Samos (280 av. J.-C.). *Archimède* nous apprend en effet que ce philosophe croyait le soleil immobile, et faisait mouvoir la terre tout autour de cet astre dans un cercle oblique. Mais il enseignait aussi que la sphère des étoiles tournait autour du soleil; seulement cette sphère était si grande que l'orbite de la terre était, par rapport à elle, ce que le centre d'un cercle est à sa circonférence.

Il y a certainement quelque chose de vrai dans ces doctrines, mais on le distinguerait difficilement, si on ne le savait d'avance ; au reste, elles furent très mal accueillies. *Aristarque* fut accusé d'impiété par *Cléanthe* qui lui reprocha d'avoir profané le culte de Vesta, et il dut s'enfuir d'Athènes. Les plus célèbres astronomes de l'antiquité, *Hipparque* et *Ptolémée*, ne font pas mention de ces doctrines. *Aristote* indique cependant que les pythagoriciens faisaient mouvoir la terre autour du feu central, mais il repousse cette opinion comme une hypothèse extravagante. *Copernic* ne paraît d'ailleurs pas avoir eu connaissance des opinions d'*Aristarque*.

Enfin, la troisième loi, certainement la plus générale, n'a été enseignée par personne avant *Copernic*[1], et elle est sa propriété incontestée.

64. — Pendant longtemps, les anciens ne s'occupèrent point de savoir quelle était la cause du mouvement des planètes, de leur marche en avant, de leur stationnement et de leur rétrogradation. Lorsque pour la première fois, *Platon* demanda aux astronomes comment ces mouvements pouvaient s'expliquer, le pythagoricien *Eudoxe*, qui vivait vers 370 av. J.-C., émit la singulière hypothèse du mouvement épicycloïdal des planètes que *Ptolémée* érigea plus tard en système. Dans ce système, la terre se tenait immobile dans l'univers, et autour d'elle les planètes tournaient dans l'ordre suivant : la Lune, Mercure, Vénus, le Soleil, Mars, Jupiter, Saturne : ensuite venait la huitième sphère, comme on l'appelait : la sphère des étoiles fixes.

---

1. Plutarque dit cependant que les pythagoriciens regardaient les étoiles comme autant de soleils répandus dans l'espace et autour desquels des planètes semblables à celles de notre soleil faisaient leurs révolutions (voy. Montucla, I, 121). (T.)

Ce système qui jouit pendant plus de mille ans d'un crédit incontesté, était déjà plus défectueux, au point de vue de la distribution des planètes, que le système plus ancien attribué par *Macrobe* aux anciens Égyptiens. Dans ce dernier, Mercure et Vénus du moins tournaient autour du soleil. Cette opinion fut aussi émise par *Vitruve* et *Martianus Capella* (470 ap. J.-C.), qui ne disent pas l'avoir empruntée aux Égyptiens. Mais ce système tomba complètement dans l'oubli, et fut supplanté par celui de *Ptolémée*, qui est fondé principalement sur deux hypothèses. Le soleil et la lune semblent décrire des cercles autour de la terre, mais leur mouvement au lieu d'être uniforme est tantôt plus rapide, tantôt plus lent. *Ptolémée* admit alors que la terre n'était pas au centre des cercles décrits par ces astres, et que par suite leur mouvement uniforme ne pouvait pas le paraître d'un point excentrique. Comme les cinq autres planètes décrivent dans le ciel des orbites semblables à un lacet, *Ptolémée* expliquait ces apparences en supposant à chaque planète, un mouvement uniforme sur un cercle, dont le centre lui-même décrivait un autre cercle autour de la terre : le mouvement de ces planètes était donc épicycloïdal.

Ptolémée paraît lui-même avoir senti que son système était quelque peu compliqué, car il disait qu'il était beaucoup moins difficile de faire mouvoir les planètes que de comprendre leurs mouvements. Cependant son système n'expliquait que très incomplètement les phénomènes, et, à mesure que les observations se multipliaient, ses défauts devenaient plus apparents. Aussi se vit-on obligé de modifier les hypothèses établies par *Ptolémée*, et d'ajouter des épicycles à ceux qu'il avait imaginés. Mais les difficultés ne furent pas aplanies par là, elles ne firent qu'augmenter : de là, une confusion déplorable. Au XIIIe siècle, elle était arrivée à un tel degré, qu'Alphonse X de Castille, devant qui des astronomes expliquaient le système du monde, se permit de dire en plaisantant que, si Dieu l'avait consulté, il aurait disposé les choses bien plus simplement.

Toutes ces difficultés s'évanouissent avec le système de *Copernic*. Le mouvement apparent des planètes, qui avait tant préoccupé les anciens, s'expliquait tout simplement, et aux complications d'autrefois se substituait la plus belle harmonie.

65. — Personne avant *Copernic* n'avait dit que la terre devait être placée au même rang que les cinq planètes connues ; qu'elle tournait comme celles-ci autour du soleil ; qne la lune, comptée jusqu'alors parmi les planètes, était un astre d'un autre ordre, un satellite de la terre. Les épicycles ne donnaient qu'une représentation insuffisante des lacets décrits par chaque planète. Combien, au contraire, ces apparences s'expliquaient d'une manière simple et naturelle, en remarquant que nous observons le mouvement des autres planètes de la terre, qui elle-même se meut circulairement ! Elles nous paraissent tantôt marcher en avant, puis s'arrêter, pour revenir en arrière, parce que leur mouvement est tantôt semblable, tantôt opposé au nôtre.

La gloire immortelle que *Copernic* s'est acquise, par l'établissement et le développement de ses doctrines, ne doit cependant pas nous faire oublier que celles-ci étaient entachées de maintes erreurs et de maintes imperfections. Ainsi, il croyait que, pour maintenir le parallélisme de l'axe terrestre, il fallait encore un mouvement spécial, et il attribuait par suite à la terre trois mouvements. De plus, il considérait les orbites planétaires comme des cercles excentriques. Enfin, il n'indiquait pas la cause des mouvements qu'il attribuait aux planètes. Son système du monde était une sorte d'histoire de la nature, dans laquelle il décrivait les phénomènes d'après ses appréciations, sans en rechercher les causes.

Copernic ne paraît avoir eu qu'un très faible pressentiment de la gravitation universelle, et il ne connaissait naturellement rien des lois qui président au mouvement des planètes. Sous d'autres rapports encore il n'avait que des vues incomplètes. Il croyait que les étoiles fixes étaient des corps opaques qui ne recevaient leur lumière que du soleil, opinion que *Giordano Bruno* réfuta bientôt après. Ce ne sont là toutefois que des taches insignifiantes qui ne sauraient ternir la gloire de *Copernic*.

Copernic est et demeure un astre brillant dans le ciel de la science; mais il parut à une époque où l'horizon était souvent obscurci par les nuages. La doctrine de *Copernic* ne trouva d'abord que peu d'accueil, même parmi les astronomes; le système de *Ptolémée* était trop ancien et trop bien établi pour disparaître en un jour. C'est en Allemagne que la nouvelle doctrine trouva ses premiers partisans et encore étaient-ils peu nombreux. Parmi eux se trouvaient :

Rheticus[1] (né en 1514, mort en 1576), ami de *Copernic*, dont nous avons déjà parlé; *Erasme Reinhold*[2] (né en 1511, mort en 1563), professeur à Wittenberg, ne put cependant jamais rompre complétement avec le système de *Ptolémée* et calcula ses *Tabulæ Prutenicæ* d'après les deux systèmes de *Ptolémée* et de *Copernic*. Ces tables étaient dédiées au duc Albert de Prusse et Margrave de Brandebourg; c'est de là que vient leur nom;

Christophe Rothmann[3], depuis 1577 astronome du comte Wilhelm de Hesse-Cassel;

Michael Mästlin[4] (Möstlin), né en 1550 à Göppingen en Wurtemberg, mort en 1631, professeur de mathématiques et d'astronomie à Tubingue. On raconte de cet homme estimable, le maître du grand *Keppler*, qu'il fit de *Galilée* un partisan de la doctrine de *Copernic* à la suite d'un entretien qu'il eut avec lui en Italie. Cependant dans son *Epitome astronomiæ* (Tubing., 1582), il exposait encore le système de *Ptolémée*.

C'est *Mästlin* également qui expliqua pour la première fois d'une manière exacte, le faible éclat que présente la lune avant et après sa conjonction avec le soleil, et qu'on nomme *lumen secundarium, lumière cendrée*. Il l'expliquait en effet par les rayons solaires renvoyés par la terre à la surface de la lune, tandis que *Tycho* la faisait provenir de la réflexion des rayons solaires à la surface de Vénus.

En somme le système de *Copernic* gagna peu de partisans dans les quarante

---

1. Montucla, 1, 663. (T.)
2. *Ibid.*, I, 640. (T.)
3. *Ibid.*, I, 650.
4. *Ibid.*, I, 651. (T.)

ou cinquante premières années; et même ses progrès se trouvèrent enrayés par un homme jouissant d'un grand crédit, qui s'en déclara l'adversaire. Nous voulons parler de Tycho-Brahé.

TYCHO-BRAHÉ

66. — *Tycho Brahé*[1], proprement Tygé, appelé souvent à tort de Brahé, descendait d'une ancienne famille noble suédoise. Il naquit en 1546, dans la Scanie, près de Helsingborg, à Knud-Strup, et mourut à Prague, en 1601. Il fut destiné à l'étude du droit et, dans ce but, se rendit aux Universités de Copenhague et de Leipzig. Mais il n'était encore qu'un enfant de quatorze ans lorsqu'une éclipse de soleil, ou plutôt son arrivée à la date annoncée, fit sur lui une telle impression qu'il conçut une prédilection marquée pour l'astronomie. Depuis lors, il consacra à cette science tout son temps et tout son argent, du moins autant que le lui permettait le gouverneur que lui avait donné son père. Dès l'âge de dix-sept ans, en 1563, il trouva à Leipzig, par ses propres observations, que les tables calculées alors pour Jupiter et Saturne étaient très défectueuses, et qu'elles indiquaient inexactement une conjonction de ces deux planètes.

Le peu de ressources que lui offrait sa patrie pour l'étude de l'astronomie le détermina, à la fin de ses études, à se fixer à l'étranger, particulièrement en Allemagne. Il ne retourna que rarement dans sa patrie, et pour peu de temps. Il vécut successivement à Wittemberg, à Cassel, à Augsbourg, à Regensburg (Ratisbonne) et même à Venise. A Rostock, dans un duel avec un gentilhomme danois, il perdit une partie de son nez qu'il fit remplacer plus tard par un nez d'argent artistement travaillé. Pendant son séjour à Cassel, il fit la connaissance de l'astronome *Rothmann* et de son protecteur le landgrave Guillaume IV[2]; à Ratisbonne, il fut présenté à l'empereur Rodolphe II. Enfin après dix années dans lesquelles *Tycho* s'était déjà fait connaître honorablement par différents travaux astronomiques, il fut rappelé dans sa patrie par le roi Frédéric II de Danemark, grâce aux bons offices du landgrave Guillaume IV. Il y retourna à des conditions qui doivent être considérées comme très brillantes pour l'époque. Le roi Frédéric lui donnait une pension de deux mille thalers sur les péages du Sund, il lui abandonnait un fief en Norvège, un canonicat à la cathédrale de Roeskilde, la prébende de Saint-Laurent qui lui rapportait mille thalers. En outre, il lui donnait en toute propriété la petite île de Hven dans le Sund qui appartient actuellement à la Suède, pour y construire un observatoire.

Cet observatoire, dont la première pierre fut posée le 8 août 1576, reçut le nom d'Uranienbourg et devint bientôt l'établissement le plus célèbre de ce genre, soit par son organisation, soit par les instruments dont il était pourvu, et que *Tycho* lui-même avait en partie améliorés, mais surtout par les observations et les travaux qui y furent exécutés sous sa direction. De près et de loin,

1. Voy. Montucla, I, p. 653 et J. Bertrand, *Les fondateurs de l'astronomie moderne*. (T.)
2. Voy. Montucla, I, p. 649. (T.)

savants et curieux, hauts et puissants seigneurs, accouraient pour voir la merveille du siècle. Ce ne fut pas précisément un avantage pour *Tycho*, car toutes
ces visites lui occasionnèrent de grandes dépenses qui finirent par dépasser ses
revenus pourtant considérables.

Tycho passa vingt et une années dans cette indépendance agréable et si utile à
la science, mais son protecteur Frédéric II mourut en 1597, et sous le règne de
son successeur Christian IV, les ennemis de *Tycho* lui firent retirer tous ses
revenus à l'exception de l'île de Hven qui ne lui rapportait que deux cents
thalers. Il se tourna alors vers l'empereur Rodolphe II à Prague auquel il avait
été présenté pendant son séjour à Ratisbonne, ainsi que nous l'avons mentionné,
et il trouva en lui un protecteur aussi généreux que Frédéric II. L'empereur lui
accorda une pension de trois mille florins d'or, en lui promettant un fief dès
qu'il se produirait une vacance.

Cette faveur doit paraître étonnante lorsqu'on sait que, dans le même temps,
Keppler, manquant du nécessaire, était obligé de se mettre au service de Tycho
comme aide-calculateur. Et cependant, *Keppler* était un esprit infiniment supérieur à *Tycho!* Mais l'énigme s'explique lorsqu'on sait que ce n'est pas à l'astronome que s'adressaient toutes ces faveurs : l'empereur Rodolphe prenait *Tycho*
à son service comme astrologue et comme alchimiste. L'astrologie et l'alchimie
étaient en effet à côté de l'astronomie les études favorites de cet homme distingué.
Dans sa jeunesse surtout, il s'était adonné avec ardeur à l'alchimie, afin d'acquérir des richesses, qu'il se proposait d'ailleurs de consacrer au développement de la science.

L'empereur Rodolphe aimait, lui aussi, l'alchimie avec passion. Il lui avait
assuré à Prague un asile où de temps à autre venait s'abriter un homme de valeur, mais qui fut également le rendez-vous des aventuriers et des chevaliers
d'industrie de tous les pays. *Tycho* est un des rares personnages pour lesquels
la fantaisie de l'empereur eut d'heureuses conséquences ; car, dans sa nouvelle
position, il ne cessa point de s'occuper d'astronomie. Malheureusement, son
activité à Prague ne fut pas de longue durée. En 1601, deux ans à peine après
son installation dans cette ville, il mourut d'une rétention d'urine contractée,
dit-on, à la table de l'empereur.

67.— *Tycho* fut un observateur de premier ordre, et il s'est acquis une gloire
durable dans le domaine de l'astronomie pratique ; on peut même, à certains
égards, le considérer comme ayant le plus contribué aux progrès de cette
science parmi les modernes. Non seulement il apporta de grands perfectionnements aux instruments qu'on employait de son temps, mais ce fut lui qui,
pour la première fois, utilisa les positions supérieure et inférieure de l'étoile
polaire dans le méridien pour déterminer la hauteur du pôle d'un lieu. Avant
lui, ainsi que *Copernic* le fait encore, on se servait de la plus grande et de la
plus petite hauteur du soleil dans le méridien pour déterminer la hauteur de
l'équateur. *Tycho* découvrit dans le mouvement de la lune l'inégalité qui porte
le nom de *variation*, le changement d'inclinaison de l'orbite lunaire par rapport à l'écliptique. Enfin, il montra que le mouvement rétrograde des nœuds de
la lune n'était pas uniforme, et il améliora d'une manière essentielle la carte
des étoiles fixes.

Mais il ne fut pas heureux dans ses théories. N'acceptant pas le système de *Copernic*, il crut devoir en établir un nouveau, qui, au lieu d'être un perfectionnement, était un retour vers le système de *Ptolémée*. Il admit en effet que la terre se tenait immobile dans l'espace et que la lune, le soleil et toutes les étoiles tournaient autour d'elle. Les cinq planètes tournaient par exception autour du soleil, et c'était la seule modification qu'il apportât au système de *Ptolémée*.

Tycho fit connaître ce système auquel il avait été conduit par des raisons moitié théologiques, moitié astronomiques, dans l'ouvrage *De mundi ætherei recentioribus phænomenis*, qui fut commencé en 1588 à Uranienbourg, achevé à Prague, et imprimé en 1610 à Francfort-sur-le-Mein. *Tycho* ne pouvait se résoudre à admettre le mouvement de la terre parce qu'il est en contradiction avec les affirmations de la Bible [1]. Il pensait aussi que si la terre tournait autour de son axe, une pierre tombant du sommet d'une tour, du côté ouest, devait rester en arrière de la tour. On ne pouvait se figurer que toutes les vingt-quatre heures, on eût la tête en bas, et que tout ne fût pas détruit dans la force centrifuge. On objectait aussi contre le mouvement de translation de la terre que les étoiles n'avaient pas de parallaxe.

Ce fut le mouvement de la terre qui empêcha *Tycho* d'adopter le système de *Copernic*. En dehors de ce point, leurs deux systèmes sont au fond absolument d'accord. Il semble, d'après cela, que, si *Tycho* a rejeté celui de *Copernic*, c'est par pur entêtement. Il affirme cependant qu'il a été amené à sa théorie par une observation attentive de la parallaxe de Mars, qui ne pourrait se produire dans le système de *Ptolémée*. Dans un écrit postérieur, *Astronomiæ instauratæ progymnasmata* (Pragæ, 1603), il reconnaît, il est vrai, que le mouvement des planètes s'expliquait plus simplement dans le système de *Copernic*, mais il ne pouvait se résoudre à l'accepter, à cause de sa contradiction avec la Bible. C'est du moins le motif qu'il invoqua contre l'astronome *Rothmann*, lorsque celui-ci eut réfuté toutes les raisons alléguées contre la rotation de la terre.

Malgré ses défauts, le système de *Tycho-Brahé* fut en général accueilli avec beaucoup de faveur, particulièrement par ceux qui ne sont pas habitués à penser par eux-mêmes, et qui s'inclinent volontiers devant l'autorité du maître. Mais *Keppler, Müstlin, Galilée*, etc., restèrent inébranlablement attachés au système de *Copernic*. Cette constance doit être louée particulièrement dans *Keppler*, car celui-ci se trouvait en effet sous la dépendance de *Tycho*, qui s'efforça jusqu'à sa mort de convertir *Keppler* à ses idées.

Ces doctrines eurent du moins pour résultat de donner le coup de grâce au système de *Ptolémée*. Dès lors, il ne fut plus question que du système de *Copernic* et de celui de *Tycho-Brahé*. Malheureusement, c'est ce dernier qui

---

1. Ces affirmations se trouvent dans Josué, cap. x, v. 12 et 13. Dans la guerre contre les Amorrhéens, Josué s'écria sur l'ordre du Seigneur : « Soleil, arrête-toi sur Gabaon, et toi, lune, arrête-toi dans la vallée d'Aïalon. » Alors s'arrêtèrent le soleil et la lune, jusqu'à ce que le peuple se fût vengé de ses ennemis. — Et dans l'Ecclésiaste, cap. i, v, 5 : « Le soleil se lève et le soleil se couche, et se dirige vers l'endroit où il doit se lever. »

comptait le plus grand nombre de partisans, entre autres *Riccioli*, *Rheita*, *Morin*, *Deschâles*. La plupart d'entre eux l'acceptaient sans modifications. *Longomontanus* seul, disciple de *Tycho*, crut devoir faire un léger changement, mais qui touchait en réalité à un point essentiel. Il lui paraissait tout à fait invraisemblable que toute la sphère des étoiles fixes tournât chaque jour autour de la terre, comme *Tycho* l'enseignait. Il admit donc que la terre tournait sur elle-même, sans admettre toutefois qu'elle change de place.

Longomontanus, ou à vrai dire *Christian Séverin*, qui fut appelé Longomontanus à cause du lieu de sa naissance, Langberg, dans le Jutland, naquit en 1561 et mourut en 1647, professeur de mathématiques à Copenhague. Il vécut pendant quelques années avec *Tycho*, à Prague; mais l'opposition qu'il fit à *Keppler* dans cette ville a terni sa renommée.

Quelque peu de motifs qu'il y eût d'envier le système de *Tycho*, un de ses compatriotes n'en chercha pas moins à le lui contester, *Nicolas Rymers* de Henstede dans la province de Dithmarsen, ordinairement appelé *Reimarus Ursus*, arpenteur, qui prit le titre de mathématicien de l'Empereur, s'établit à Prague en dernier lieu, et y mourut en 1600. Cet homme affirmait qu'il avait découvert le système en 1585, qu'il l'avait communiqué au landgrave Guillaume IV, et que *Tycho* avait appris à le connaître par l'intermédiaire de *Rothmann*, astronome du landgrave.

KEPPLER

68. — Tandis que les deux doctrines conservaient auprès du grand public une valeur presque égale par suite des efforts des partis, il arriva, quelques années à peine après la mort de *Tycho*, que le système de *Copernic* se trouva confirmé tout à coup de la manière la plus décisive. Ce fut l'œuvre d'un homme qui sera l'ornement et la gloire de la nation allemande, tant que les sciences seront honorées : nous voulons parler de *Keppler*[1]. *Johann Keppler*, né le 27 décembre 1571, dans le village de Magstatt, non loin de l'ancienne ville impériale de Weil, mourut le 15 novembre 1630 (nouveau style) à Ratisbonne.

La vie de ce grand homme nous présente un sombre tableau. Les divisions politiques, qui désolaient alors l'Allemagne, y jettent un triste reflet et les événements qui le remplissent forment une chaîne de revers et de tribulations, au milieu desquels apparaissent à peine quelques instants de bonheur.

Il descendait d'une vieille famille noble mais très déchue de Kappel, et était fils du bourgmestre de Weil, Sebald Keppler, et de Catherine Guldemann. Il naquit à sept mois, et fut, dès son enfance, faible de corps et sujet à de fréquentes maladies. En outre, les affaires de sa famille n'étaient pas prospères. Son père s'étant ruiné dut vendre tous ses biens et chercha fortune dans la carrière des armes. Il prit du service en Belgique, dans l'armée du duc d'Albe, qui combattait alors les Hollandais, emmena sa femme avec lui, et laissa

---

1. Voy. Montucla, II, 268, et J. Bertrand, *Les fondateurs de l'astron.* (T.)

Keppler encore jeune chez ses grands-parents. Ses parents, il est vrai, revinrent quelques années après, mais de nouveaux malheurs, et la discorde qui éclata entre les deux époux, amenèrent le père à s'expatrier encore une fois, et pour ne plus revenir. Il mourut dans la guerre des Autrichiens contre les Turcs.

Au milieu de telles circonstances, la première éducation du jeune *Keppler* dut laisser beaucoup à désirer. D'ailleurs, sa mère était une femme illettrée, qui ne savait ni lire ni écrire, dont le caractère était peu recommandable. Aussi, *Keppler* ne reçut-il dans sa jeunesse qu'une instruction au-dessous de la moyenne, souvent interrompue par les travaux des champs. A cause de sa faiblesse de constitution, on le destinait à l'état ecclésiastique et, dans ce but, on le conduisit en 1586 au petit séminaire de Maulbronn : de là, il passa en 1589 au grand séminaire de Tubingue où il fut élevé gratuitement. Il eut le bonheur d'y trouver dans *Michel Müstlin* un maître qui, non seulement éveilla én lui le goût des mathématiques et de l'astronomie, mais qui fut pour lui, tant qu'il vécut, un ami fidèle et un protecteur.

Grâce à la protection de *Müstlin*, *Keppler* fut appelé par les États de Styrie à la chaire de mathématiques et de morale à Gratz. D'abord, tout alla pour le mieux ; il y écrivit son *Prodromus dissertationum cosmographicarum, continens mysterium cosmographicum* (Tub., 1596). Ce travail le fit connaître pour la première fois au monde savant comme penseur, et le mit aussitôt en relation avec *Tycho* et avec *Galilée*. En 1595, il épousa à Gratz même une jeune veuve fort riche, Barbara Müller de Muhleck. Mais son bonheur domestique ne devait pas être de longue durée.

En 1598, l'archiduc Ferdinand prit en main le gouvernement de la Styrie qui jusqu'alors avait été placé sous tutelle. Ce prince, élevé par les jésuites, qui avait juré à Lorette sur l'autel de la Vierge d'extirper le protestantisme de ses États, ne fut pas plus tôt arrivé, qu'il exerça contre les protestants les persécutions les plus cruelles. *Keppler* reçut l'ordre, sous peine de mort, de quitter le pays dans les vingt-quatre heures, et il jugea prudent de gagner la frontière de Hongrie. A la vérité, peu de temps après, sur ses représentations, il obtint la permission de revenir en Styrie, mais au milieu des pérsécutions sans cesse dirigées contre les protestants, et, à ce qu'il paraît, à la suite des insinuations pressantes qui lui étaient faites de se convertir au catholicisme, sa position devint si intolérable qu'il dut se résoudre à quitter ce pays pour toujours.

Dans cette nécessité, il s'adressa à *Tycho* qui l'exhortait d'ailleurs à venir à Prague pour continuer ses études avec lui.

L'accueil hautain qu'il reçut de *Tycho* et le désordre des finances impériales rendirent tout d'abord son séjour à Prague fort peu agréable. Il est vrai que, grâce à l'invervention de *Tycho*, il fut nommé mathématicien de l'empereur, mais en réalité, il ne fit qu'aider *Tycho* dans ses calculs, et cela sans émoluments.

Heureusement pour lui, *Tycho* mourut le 24 octobre (13 ancien style) 1601, et il le remplaça comme astronome de l'empereur. Mais, dans cette position, il eut à lutter contre d'incessants chagrins. Assez modeste pour n'exiger de l'empereur Rodolphe II que la moitié des appointements accordés à Tycho, 1500 florins au lieu de 3000, il eut toujours l'ennui de ne recevoir cette modique somme que par portions et très irrégulièrement. Il se trouva fort souvent dans une gène profonde et obligé, comme dernière ressource, de composer des calendriers avec des pronostics, quoiqu'il méprisât profondément l'astrologie.

Malgré cette misère extrême, il n'abandonna pas ses travaux scientifiques, soit qu'il calculât des tables astronomiques, soit qu'il fît des observations ou des recherches théoriques. Ainsi, il observa en 1607 la grande comète qui accomplit sa révolution en 75 ans environ et qui fut vue depuis en 1682, 1758 et 1835. Il écrivit à ce sujet, en 1608, un mémoire dans lequel on trouve beaucoup de choses qu'on n'écrirait certainement pas aujourd'hui, par exemple, que l'orbite décrite par la comète était rectiligne. *Keppler* a fait du reste pendant son séjour à Prague quelques-unes de ses découvertes principales dont il sera parlé plus loin.

Au sujet des tables astronomiques, je ferai remarquer que le but immédiat de son travail était de remplacer les *Tables Pruténiques* du professeur *Reinholdt*, reconnues comme défectueuses, par de nouvelles tables plus exactes. A la mort de Rodolphe II, en 1612, l'empereur Matthias le maintint dans sa position d'astronome de la cour, et, en 1613, il accompagna son nouveau maître à la diète de Ratisbonne pour collaborer à la réforme du calendrier. Les protestants avaient en effet refusé d'accepter le calendrier réformé en 1582 par le pape Grégoire XIII, parce qu'ils s'imaginaient que c'était porter atteinte à leur religion. *Keppler*, quoique protestant, chercha à dissiper cette crainte; mais ses efforts furent inutiles, et la confusion continua de régner.

Les finances de l'empereur *Matthias* n'étaient d'ailleurs pas en meilleur état que celles de son prédécesseur Rodolphe, et il consentit volontiers à ce que *Keppler* acceptât les fonctions de professeur au gymnase de Linz, que les États d'Autriche lui avaient offertes. *Keppler* vécut à Linz pendant treize ans, nullement exempt de soucis, comme l'ont prétendu quelques écrivains récents mais souvent accablé par des chagrins domestiques. Il convient de citer entre autres que sa mère ayant été accusée de sorcellerie, il fut obligé de se rendre dans le Wurtemberg pour la défendre en justice. En outre, les nombreuses démarches qu'il dut faire pour toucher ses appointements d'astronome de la cour (car il avait conservé ce titre), furent pour lui, pendant cette période de sa vie, une préoccupation peu agréable.

Cependant, son activité était toujours dirigée du côté de la science. Il fit à Linz sa troisième grande découverte, et acheva enfin les tables astronomiques, auxquelles il travaillait depuis près d'un quart de siècle; il est vrai de dire qu'il avait été souvent interrompu dans ce travail. Ferdinand II avait succédé à l'empereur Matthias en 1619. Lorsqu'il était encore duc de Styrie, et souverain de *Keppler*, il s'était chargé des frais d'impression de ces tables ou plutôt il lui avait donné un mandat de 6000 florins sur les caisses des villes impériales de Nuremberg, Ulm et Memmingen. *Keppler* présenta lui-même le mandat impérial, mais il ne reçut rien de la riche cité de Nuremberg, et n'obtint des deux autres villes qu'une partie de la somme.

Keppler fit cependant imprimer ses tables astronomiques à Ulm, et il profita de cette circonstance pour quitter Lintz avec sa famille, car il ne se considérait plus en sûreté dans cette ville, à cause de la persécution toujours croissante, à laquelle les protestants étaient en butte sous le règne de Ferdinand. Cependant l'empereur lui devait toujours 12 000 florins, et *Keppler*, poussé par la nécessité, ne cessait de réclamer le payement de cette dette. Pour se débarrasser de ce créancier importun, l'empereur remit les appointements de *Keppler*, ainsi que l'arriéré des 12 000 florins, au nombre des charges qui incombaient au duché de Mecklembourg dont on venait d'investir *Wallenstein*, et il donna à ce dernier *Keppler* lui-même par-dessus le marché.

Wallenstein, qui aimait beaucoup l'astronomie et plus encore l'astrologie, accepta ces conditions et manda *Keppler* près de lui à Sagan en Silésie. Tout d'abord, les rapports entre ces deux hommes furent excellents; mais, lorsque *Keppler* eut présenté ses réclamations et insisté pour qu'on lui fît droit, *Wallenstein* resta sourd à sa requête, et chercha à l'éconduire en lui conférant à Rostock une place de professeur peu rémunératrice. *Keppler* ne voulut point accepter, et, en 1630, il se mit en route pour Ratisbonne afin de faire valoir devant le Reichstag ses légitimes prétentions. Mais, pendant le voyage, la maladie surprit le savant déjà affaibli par de longues souffrances, et il finit par succomber le 15 novembre (nouv. style) 1630 à Ratisbonne.

Keppler fut enterré dans le cimetière de Saint-Pierre, situé en dehors des fortifications, devant une des portes de la ville. Mais il ne trouva pas encore là un repos plus durable que pendant le cours de sa vie!... Deux ans après, lorsque le duc Bernard de Saxe-Weimar et les Suédois donnèrent l'assaut à Ratisbonne, sa tombe fut détruite par l'écroulement des murs et on ne put en retrouver la moindre trace.

C'est de nos jours seulement qu'on s'est souvenu des restes de ce grand homme, que le destin accabla d'une manière si imméritée. Le savant et humain *Charles de Dalberg*, prince primat de l'Église catholique d'Allemagne, président de la confédération du Rhin, évêque de Ratisbonne, fit élever à *Keppler* en 1808, sur les murs de Ratisbonne transformés en jardins, un monument digne de celui dont il rappelle le souvenir. Pour terminer ce sujet, rappelons l'épigramme de *Kästner*, qui peint si vivement le mérite et le sort de *Keppler* :

> Aucun mortel n'était encore parvenu
> Aux sommets où Keppler arriva...
>   Et il est mort de faim !
> Il ne sut satisfaire que les intelligences,
> Aussi les *corps* l'ont-ils laissé sans pain !
>   (Traduction littérale.)

69. — Les travaux scientifiques de *Keppler* ne sont pas seulement grands, ils sont encore très variés. Ils ont tous, il est vrai, une tendance mathématique, mais sont essentiellement différents entre eux, et on peut les diviser aisément en deux parties distinctes : travaux astronomiques, et travaux optiques. Nous parlerons d'abord de ses travaux astronomiques.

Keppler fut gagné à l'astronomie, et particulièrement au système de *Copernic*, par son professeur *Mästlin*. Bien que ce dernier, dans son *Epitome astro-*

nomiæ (Tub., 1582), se montre encore partisan du système de *Ptolémée*, il explique cependant, dans son *Observatio et demonstratio cometæ ætherei* (Tubing., 1578), l'ordonnance du monde d'après *Copernic* (§ 65), et comme nous l'avons déjà mentionné, ce fut lui qui aurait gagné *Galilée* à ces doctrines par un discours qu'il fit en Italie.

Keppler se montra partisan décidé du système de *Copernic,* dans son ouvrage : *Prodromus dissertationum cosmographicarum, continens mystérium cosmographicum* (Tubing., 1596), qui est son premier écrit, si on excepte un calendrier qui date de 1594. Ce même ouvrage fournit aussi une preuve de sa tendance à rechercher, comme les pythagoriciens, certaines relations secrètes qui doivent exister entre les phénomènes du monde physique et les rapports numériques ou géométriques.

Pour expliquer par exemple les distances entre les planètes alors connues, Mercure, Vénus, la Terre, Mars, Jupiter, Saturne, il imaginait six sphères concentriques dont les diamètres respectifs représentaient les distances de ces planètes au soleil. Le diamètre de ces sphères était tel que dans les cinq espaces inter médiaires, les cinq corps réguliers, Octaèdre, Icosaèdre, Dodécaèdre, Tétraèdre, Cube, pussent être inscrits. Chacun d'entre eux touchait avec ses sommets et ses faces chacune des deux surfaces sphériques voisines intérieure et extérieure. Les diamètres que les sphères obtiennent ainsi devaient représenter les distances relatives des planètes au soleil.

Cette hypothèse, évidemment suggérée par le nombre des planètes alors connues, fournit par hasard un résultat exact en ce qui concerne Jupiter et Saturne. Cette hypothèse n'a pas besoin d'une longue réfutation; mais elle mérite d'être signalée comme la première tentative de la solution d'un problème qui n'est pas encore résolu, et aussi parce qu'elle marque déjà la direction qui devait plus tard conduire *Keppler* à de si grandes découvertes.

Dans un temps plus récent, plusieurs recherches ont été entreprises pour découvrir une relation entre les distances des planètes au soleil. Parmi les plus connues, est celle que *Titius* (Tietz), autrefois professeur de physique à Wittemberg établit, à savoir :

$$
\begin{array}{ll}
\text{Mercure } 4 \qquad\;\; = 4 & \text{Jupiter } 4 + 16.3 = 52 \\
\text{Vénus } \;\; 4 + 1.3 = 7 & \text{Saturne } 4 + 32.3 = 100 \\
\text{La Terre } 4 + 2.3 = 10 & \text{et d'après cela} \\
\text{Mars } \;\;\; 4 + 4.3 = 16 & \text{Uranus } 4 + 64.3 = 196
\end{array}
$$

Titius publia cette loi en 1766 dans une traduction des *Considérations sur la Nature de Bonnet.* Il l'intercala dans le texte, sans signature; car l'original n'en dit mot. On la trouve indiquée pour la première fois dans les éditions suivantes, sous forme d'une note signée d'un T. Il fit par là apercevoir le vide entre Mars et Jupiter, mais il croyait que cet espace était rempli par des satellites encore non découverts des deux planètes.

Auparavant, le baron *Christian de Wolf*, philosophe et mathématicien, né en 1679 à Breslau, mort en 1754, à Halle, et célèbre en son temps, avait donné la

série suivante dans ses *Vernünftige Gedanken von den Absichten der natür-
lichen Dinge* (Halle, 1724) :

Mercure 4, Vénus 7, la Terre 10, Mars 15, Jupiter 52, Saturne 95,

sans parler du vide entre Mars et Jupiter que *Lambert*, déjà avant *Titius*,
avait remarqué, et qu'il avait attribué à la disparition d'une planète (*Lettres
cosmologiques* (Augsbourg, 1761). Les deux séries ne rappellent en rien la
progression de *Titius*, bien que celle de *Wolf* en ait vraisemblablement donné
l'idée. *Bode*, le premier, attira sur elle l'attention en 1772, dans son *Anleitung zur Kenntniss des gesternten Himmels*, 2 Aufl. (Instruction pour la
connaissance du ciel étoilé, 2ᵉ édition) et c'est par lui qu'elle fut généralement
connue.

Plus tard, en 1790, le professeur *Wurm* proposa une progression plus parfaite :

$$
\begin{aligned}
\text{Mercure} \quad\quad\quad &= 387 \\
\text{Vénus} \quad 387 + 1.293 &= 680 - \frac{1}{18} \\
\text{La Terre} \ 387 + 2.293 &= 973 - \frac{10}{83} \\
\text{Mars} \quad\quad - \ + 4. \ - &= 1559 + \frac{1}{40} . \\
\text{Planète } x - \ + 8. \ - &= 2731 - \frac{1}{96} \\
\text{Jupiter} \quad - \ + 16. \ - &= 5075 - \frac{1}{43} \\
\text{Saturne} \quad - \ + 32. \ - &= 9763 + \frac{1}{40} \\
\text{Uranus} \quad - \ + 64. \ - &= 19139 + \frac{1}{499} .
\end{aligned}
$$

Dans celle-ci, non seulement on admettait une planète encore inconnue comme
Zach l'avait fait en 1785, mais aussi la distance calculée s'accordait assez bien
avec celle de *Cérès* découverte par *Piazzi* en 1801, de sorte que cette progression acquit une importance considérable. Mais, en 1802, *Gauss* l'ébranla très
fortement en faisant remarquer que, d'après cette progression, il devait y avoir
entre Vénus et Mercure une infinité de petites planètes correspondant aux
termes :

$$
4 + \frac{1}{2} . 3, \ 4 + \frac{1}{4} . 3, \ 4 + \frac{1}{8} . 3, \ldots \ldots
$$

Plus tard, *Benzenberg* a cherché à établir une autre loi, mais en somme, on
a renoncé à ce problème, et quelques astronomes même le considèrent comme
n'appartenant pas du tout à leur science[1].

1. Gilb., *Ann.*, XI, 482; XV, 169.

70. — Le prodrome mentionné fut l'avant-coureur de ces grandes découvertes qui ont rendu le nom de *Keppler* immortel, et qui encore aujourd'hui doivent être considérées comme fondamentales pour le mouvement des planètes.

Ce sont les découvertes des trois lois suivantes :

1° Toutes les planètes décrivent des ellipses dont le soleil occupe l'un des foyers.

2° Les temps qu'une planète emploie pour parcourir les différents arcs de son orbite, sont proportionnels aux secteurs elliptiques correspondant à ces arcs.

Dans des temps égaux, le rayon secteur qui va du soleil à la planète décrit par suite des aires égales. *Keppler* déterminait l'excentricité de l'orbite par le rapport du plus grand et du plus petit mouvement : les distances correspondantes sont en rapport inverse des racines carrées de ces mouvements. Si α et β sont les angles décrits par la planète, a et b les distances correspondantes, alors les surfaces seront $\frac{1}{2} a^2 \alpha$ et $\frac{1}{2} b^2 \beta$, et comme celles-ci sont égales dans des temps égaux $a : b = \sqrt{\beta} : \sqrt{\alpha}$.

3° Les carrés des temps de révolution de deux planètes sont proportionnels aux cubes des grands axes de leurs orbites.

On a par conséquent, en désignant par t et t_1 les temps de révolution, par a et a_1 les grands axes $t^2 : t_1{}^2 = a^3 : a_1{}^3$.

La découverte de ces lois importantes ne fut pas l'œuvre d'un heureux moment d'inspiration, mais bien le fruit de longues méditations et de calculs laborieux basés sur les observations que Tycho avait faites sur Mars, cette même planète que *Tycho* et *Copernic* avaient déjà employée pour démontrer l'exactitude de leurs systèmes.

Keppler n'aurait peut-être pas fait sa découverte, du moins la première, dont les autres furent la conséquence, s'il ne s'était occupé par hasard de la planète Mars ; car, parmi toutes les planètes, si l'on en excepte Mercure, alors incomplètement observée, c'est l'orbite de Mars qui a la plus grande excentricité, et il était plus facile de trouver chez elle le mouvement elliptique.

Keppler fit connaître la première et la seconde loi dans son *Astronomia nova* αἰτιολογητος s. *physica cœlestis tradita commentariis de motibus stellæ Martis* (Pragæ, 1609).

Il trouva probablement l'idée de sa deuxième loi dans l'ancien système où l'on faisait mouvoir les planètes sur des cercles excentriques, et dans lequel on admettait que leur mouvement était uniforme, et, par conséquent, que les secteurs des arcs décrits étaient proportionnels aux temps.

Il trouva la troisième loi en mars 1618, seulement il fit une erreur de calcul, de sorte qu'il n'arriva pas tout de suite à la confirmation de son idée. Ce ne fut que le 15 mai de la même année, en vérifiant ses calculs, qu'il eut la joie de reconnaître l'exactitude de cette loi, et il la fit connaître dans son ouvrage *Harmonices mundi libri V* (Lincii, 1619).

Ces trois lois, que depuis cette époque on appelle avec raison les lois de *Keppler*, constituent encore aujourd'hui la base de la théorie du mouvement des planètes. *Keppler* les trouva avant que les découvertes importantes de son illustre contemporain *Galilée* fussent connues en Allemagne.

S'il les avait connues, son génie lui aurait peut-être fait faire un pas de plus vers cette loi supérieure dont les lois de *Keppler* ne sont qu'une conséquence : la loi de la gravitation.

Mais la gloire de cette découverte était réservée à *Newton*.

71. — *Keppler* sentit cependant très bien que les lois découvertes par lui étaient insuffisantes, qu'elles laissaient sans réponse la question de savoir pourquoi les planètes se meuvent d'après ces lois. Il s'efforça d'en trouver la solution, et il arriva en réalité si près du but qu'on peut s'étonner dans une certaine mesure qu'il ne l'ait pas atteint. Dans son ouvrage sur les mouvements de la planète Mars en 1609, il exprima des considérations plus exactes sur la pesanteur qu'aucun de ses prédécesseurs. Il ne définit pas seulement la pesanteur ainsi que *Copernic* l'avait fait, comme la tendance qu'ont tous les corps à se réunir, mais il explique aussi le flux et le reflux d'une manière tout à fait exacte par une attraction de la lune sur l'eau de la Terre.

Entre autres choses, il dit que si deux pierres se trouvaient en dehors de l'action d'un corps matériel dans les espaces célestes, elles se dirigeraient l'une vers l'autre, et se rencontreraient en un endroit moyen dont les distances à leurs points de départ seraient proportionnelles à leurs masses.

Keppler dit aussi que l'attraction des corps matériels diminue comme la lumière avec la distance. Il était évident pour lui que les corps célestes sont par conséquent pourvus d'une force de gravitation, et que de cette gravitation pouvait et devait résulter un mouvement rectiligne de ces corps. Mais il n'entrevit pas cette grande vérité que la rotation des planètes autour du soleil est un effet de la pesanteur.

Nous ne devons pas trouver cela étonnant, si nous considérons qu'à l'époque où *Keppler* s'occupa du mouvement des planètes, on n'avait pas encore découvert les principes élémentaires de la mécanique.

Comme il ne pouvait pas expliquer la révolution des planètes autour du soleil par une force attractive, *Keppler* crut que cette révolution était produite par une force magnétique du soleil et, avant tout, il est vrai, par la rotation du soleil autour de son axe. C'est un trait remarquable de son génie que d'avoir supposé cette rotation avant qu'elle fût prouvée par la découverte des taches du soleil. Mais ce qui est bien plus remarquable, c'est qu'il observa, sans s'en douter, cette rotation qu'il ne faisait que supposer. Il découvrit avant l'invention de la lunette, le 28 mai 1607 (n. style), une tache du soleil, et aussi le mouvement de cette tache, mais il la prit pour la planète Mercure.

Il y a cependant dans son hypothèse quelque chose de vrai. La direction semblable du mouvement de révolution et du mouvement de rotation de la terre avec la rotation axiale du soleil, a fait admettre à *Laplace* lui-même que ces mouvements ont été produits une première fois par cette rotation. Seulement, pour l'entretien de ces mouvements, celle-ci n'est pas nécessaire.

L'idée de la rotation axiale du soleil comme cause de la révolution des planètes donna plus tard à *Keppler* l'idée fort juste au point de vue théorique, et renouvelée plus tard par *Cassini*, de considérer le plan de l'équateur du soleil comme un plan fixe et de rapporter à ce plan le plan de toutes les autres orbites des planètes. Cette proposition, quoique exacte au point de vue théorique, n'est pas pratique, car le plan de l'équateur du soleil n'est pas déterminable d'une manière aussi précise que le plan de l'orbite terrestre. *Keppler* croyait du reste que l'axe de rotation du soleil était perpendiculaire à l'écliptique, de sorte que, d'après lui, le plan de l'équateur du soleil, qu'il appelait *Ecliptica regia*, coïncidait avec l'orbite terrestre ou écliptique. Il n'en est pas ainsi, car l'équateur du soleil est incliné de 7°30' sur l'écliptique.

La difficulté d'expliquer la révolution des planètes autour du soleil par l'action de la pesanteur, ou du moins, plus exactement, par son secours (car on a toujours besoin d'une force tangentielle), donna à *Keppler* dans ses écrits postérieurs, *Epitome astronomiæ copernicanæ* (Lincii, 1618), et *Harmonices mundi Libri V* (*ib.*, 1619), l'occasion de rejeter ses idées premières, et de parler seulement de la force magnétique du soleil. Des auteurs récents ont blâmé *Keppler* de ce pas en arrière; mais c'est qu'ils ne se sont pas représenté combien était difficile pour lui la résolution du problème du mouvement des planètes, puisque, pour cela, il lui aurait fallu créer la mécanique tout entière.

Quelque inexactes que doivent paraître ces opinions de *Keppler*, il faut cependant remarquer qu'on y trouve le premier germe d'une proposition fondamentale de la mécanique, l'inertie de la matière, à moitié complète, il est vrai. Il savait qu'*un corps en repos ne peut de lui-même se mettre en mouvement;* mais il n'avait pas entrevu la partie la plus importante du principe, qu'*un corps qui se meut ne peut de lui-même se mettre en repos.*

En énonçant les trois lois fondamentales du mouvement des planètes, *Keppler* n'a pas seulement élevé un monument impérissable à sa gloire; il a démontré, en l'appuyant sur des raisons décisives, l'exactitude du système de *Copernic*. L'histoire de cette partie de la physique nous offre un fait remarquable. Précisément à cette époque où le système de Copernic, débarrassé des erreurs dont son auteur l'avait laissé entaché, recevait de *Keppler* sa véritable base, une longue dispute sur l'exactitude de ce système s'éleva en Italie, vers 1613. Cette dispute fut aussi remarquable par sa longue durée et par les personnes qui y prirent part, que par l'intervention indigne de l'Église. Nous y reviendrons plus tard.

Parmi les travaux astronomiques de *Keppler*, il faut encore citer les tables Rudolphines, ainsi appelées du nom de leur promoteur, l'empereur *Rodolphe II*. Elles parurent en 1627 et firent époque en astronomie, car ce furent les premières calculées d'après le système de *Copernic. Keppler* y travailla pendant plus d'un quart de siècle : et ce fut à la confection de ces tables qu'il consacra la plus grande partie de ses appointements, ou plutôt des traites qu'il faisait tirer sur ses appointements.

Les ouvrages de *Keppler*, dont une trentaine ont été imprimés, contiennent un grand nombre de considérations et de remarques sur le système du monde. —Lors même qu'elles sont erronées, elles n'infirment en rien la profondeur et l'originalité de leur auteur. Mais il serait trop long d'entrer dans des détails à ce sujet.

72. — Lorsqu'on cite le nom de *Keppler*, ce nom ne rappelle d'ordinaire que les brillantes découvertes astronomiques qui l'ont immortalisé. On se souvient beaucoup moins qu'il a encore laissé d'autres titres de gloire que beaucoup pourraient lui envier. *Keppler* n'a pas seulement découvert les lois qui portent

son nom, il est encore le fondateur de la dioptrique. Et cette branche de la physique, si elle n'a pas eu de part à la découverte de la lunette, a contribué d'une manière essentielle à son perfectionnement. Les services que *Keppler* a rendus sous ce rapport sont d'autant plus à noter qu'ils n'ont jamais été appréciés comme ils le méritaient ni de ses contemporains, ni de la postérité, notamment si on les compare aux travaux analogues de son grand contemporain *Galilée.*

Galilée, en s'occupant de l'optique, a été conduit sans doute à d'importantes et brillantes découvertes, mais il les a acquises à bon marché, et l'optique elle-même n'y a rien gagné. Les travaux de *Keppler*, au contraire, furent le fruit d'une longue étude : ils ne le conduisirent pas, à vrai dire, à des résultats brillants, mais ils étendirent et rectifièrent essentiellement les connaissances d'alors sur la lumière et donnèrent la première impulsion aux progrès d'une science dont la partie théorique était depuis longtemps stationnaire. Les découvertes de *Galilée* ont apporté à leur auteur la renommée et un large bénéfice ; celles de *Keppler*, au contraire, ne lui apportèrent rien qui puisse alléger le sort d'un homme. Les plus grandes découvertes dans les sphères célestes ne préservent pas de la pauvreté sur la terre.

Déjà en 1602, *Keppler* s'occupa de l'optique, et deux ans plus tard (1604) il publia son premier ouvrage sur ce sujet. Cet ouvrage porte le titre : *Ad Vitellonem paralipomena, quibus astronomiæ pars optica traditur* (Francofurti, 1604). Les lunettes n'étaient pas encore inventées, et *Keppler* n'avait qu'une idée à peu près juste de la loi de la réfraction, ou de la loi d'après laquelle un rayon de lumière est dévié de sa direction lorsqu'il passe d'un milieu dans un autre en faisant un angle aigu avec la surface de séparation des deux milieux. — Il croyait que si on désigne par i l'angle d'incidence, par i_1 l'angle de réfraction, $i = ni_1 + m$ séc. i_1. L'opinion qui régnait depuis le temps de *Ptolémée* était que le rapport entre l'angle d'incidence et l'angle de réfraction était constant : *Keppler* reconnut que cette loi n'était pas exacte, et seulement approchée pour les angles d'incidence très petits. Il lui parut que la manière la plus convenable de représenter la marche du phénomène était de supposer l'angle d'incidence comme formé de deux parties, l'une proportionnelle à l'angle de réfraction, l'autre à la sécante de cet angle.

73. — Bien que cette formule n'exprimât pas la véritable loi de la réfraction, mais seulement une loi approchée, *Keppler* établit cependant une théorie exacte de la vision[1]. Il montre que tout corps lumineux ou tout corps éclairé qui ne réfléchit pas simplement la lumière envoie ses rayons dans toutes les directions. D'après cela chaque point du corps perçu n'envoyait pas un seul rayon comme le croyaient *Porta* et *Maurolycus*, mais un cône complet de rayons, dont la pupille formait la base ; — ce cône de rayons, en se réfractant dans le cristallin de l'œil, était réuni en un seul point, et de plus ce point était situé sur la rétine ; — cela ayant lieu pour les cônes de rayons émanés de chaque point, il en résultait sur la rétine une image représentant l' ' ' ' ----: déré, et cette image était renversée. Quant à la raison qui fai

1. Voy. Montucla, II, p. 222. (T.)

voyons les objets droits malgré le renversement de l'image, il se représentait l'impression lumineuse comme un choc sur la rétine, et il admettait que l'âme transportait la cause du choc dans la direction suivant laquelle elle se produisait.

En plaçant le siège de la vision dans la rétine et non dans le cristallin, comme l'avait fait *Porta*, il compléta l'assimilation de l'œil à la chambre noire, assimilation indiquée déjà par *Porta*, mais d'une manière défectueuse et incomplète. *Porta* considérait la pupille comme l'ouverture de la chambre obscure et le cristallin comme le tableau dans lequel l'image se formait; il paraît donc n'avoir rien su de *Maurolycus* qui plaçait la sensation visuelle tout au moins au delà du cristallin.

Keppler explique aussi la myopie et la presbytie de l'œil et la manière dont les verres concaves dans le premier cas et les verres convexes dans le second peuvent y remédier : il montre que chez les presbytes les images se forment en arrière de la rétine et chez les myopes en avant. L'accomplissement de ce travail lui coûta près de huit ans d'efforts, ainsi qu'il l'avoue lui-même, ce qui prouve combien il est difficile de découvrir des choses dont l'étude donne si peu de peine.

En outre, il donne une explication de la faculté que possède l'œil de voir dans de certaines limites au delà d'un éloignement déterminé, ce que nous appelons la faculté d'accommodation. Il croyait que l'œil s'allongeait sous l'action des procès ciliaires pour voir les objets approchés et inversement.

Dans cet ouvrage se trouve aussi énoncée pour la première fois une loi fondamentale de la photométrie, à savoir que la lumière décroît, ainsi qu'il le dit, dans le rapport inverse de la surface rencontrée.

Après tant de choses excellentes, on passe volontiers à l'auteur les faiblesses et les erreurs que contient cet ouvrage. Nous y trouvons par exemple l'opinion que les couleurs proviennent des différents degrés de transparence et de densité des milieux; que la réfraction a sa cause dans la résistance du milieu plus dense, ce qui fut réfuté par *Harriot*[1]. Celui-ci, trouva en effet, que les huiles d'olive, de térébenthine et de pétrole réfractent plus fortement la lumière que le vinaigre, le vin, l'esprit-de-vin et l'eau salée, bien que ces derniers liquides aient une plus grande densité.

L'explication que donne *Keppler* du phénomène de l'irradiation est aussi peu satisfaisante. *Tycho* avait remarqué que le disque noir que forme la lune devant le soleil, pendant les éclipses de soleil, était remarquablement plus petit que la pleine lune. *Keppler* remarqua aussi en 1603, pendant une éclipse de lune, que le croissant lumineux paraissait avoir un diamètre extérieur plus grand que le disque sombre. Cela l'amena à méditer sur ce phénomène : et il pensa que l'irradiation provenait de ce que les rayons partis de points si éloignés, ne pouvaient se réunir de nouveau sur la rétine et formaient de petits cercles. C'est pourquoi l'irradiation serait différente ponr les différents yeux.

L'opinion de *Keppler* sur la réfraction astronomique était plus exacte du moins que celle de *Tycho*. Celui-ci croyait qu'elle variait avec l'éloignement des corps

---

1. *Epist. ad Keplerum scriptæ*. ed. Hanschii, 233, 1606. — Wilde, *Gesch. d. Optik*, I, 190.

célestes, qu'elle cessait par exemple pour les étoiles à 20° de hauteur, pour la lune à 43°, pour le soleil à 45°. *Keppler* montra que les différences d'éloignement n'ont rien à faire avec la réfraction astronomique, qu'elle est égale pour tous les astres, et qu'elle décroît pour tous de la même manière avec la hauteur. Il plaçait la cause de cette réfraction dans le brisement de la lumière passant dans l'atmosphère plus dense; il se trompait en ce qu'il croyait cette densité égale à toutes les hauteurs.

74. — La découverte de la lunette donna à *Keppler* l'occasion de reprendre ses travaux d'optique depuis longtemps interrompus, et il publia alors sa *Dioptrice*, (August. Vind., 1611). Bien que cet ouvrage ne contienne que quelques cahiers, 79 pages in-4°, c'est cependant l'un des plus importants jusqu'à *Newton*. Dans cet ouvrage *Keppler* s'efforce de donner une théorie de la lunette, ce à quoi personne n'avait songé jusqu'alors, pas même *Galilée*. Enfin il chercha à trouver la loi de la réfraction pour le passage de la lumière de l'air dans le verre.

Il se servit pour cela d'un instrument de son invention qu'il nommait instrument anaclastique, et qui consistait en deux planches perpendiculaires l'une sur l'autre, dont l'une, la plus longue, était placée horizontalement.

Dans l'angle formé par ces planches, on mettait un cube de verre ayant même hauteur que la petite planche verticale, mais pas aussi large que celle-ci. On installait cet appareil au soleil, de telle sorte que la planche verticale projetât son ombre sur la planche horizontale. Les rayons qui rasaient le bord supérieur devaient passer en partie à travers l'air, en partie à travers le verre avant d'arriver sur la planche horizontale. Les premiers rayons poursuivaient simplement leur chemin, les autres étaient réfractés dans le cube de verre. Les limites des ombres dans l'air et dans le verre n'étaient pas les mêmes; elles se séparaient le plus souvent d'une manière considérable et permettaient de comparer facilement les angles d'incidence et de réfraction.

Keppler n'eut cependant pas le bonheur de trouver la véritable loi, ce qui est réellement étonnant chez un homme de sa sagacité faisant usage d'un appareil dans lequel la loi semble se présenter d'elle-même. Il arriva seulement à ce résultat, que si l'angle d'incidence n'est pas plus grand que 30° (voy. § 72) $i = ni_1$ et que pour le passage de la lumière de l'air dans le verre $n = \frac{3}{2}$.

Ce n'est pas sans doute la loi exacte, mais cette loi suffisait complètement pour une première ébauche d'une théorie de la lunette, car dans aucune lunette l'angle d'incidence n'est égal à 30°. Comme d'ailleurs la valeur de n était assez exacte, il arriva que *Keppler* put, avec une loi défectueuse, établir cependant avec exactitude les premiers fondements de cette théorie.

Avec la loi qu'il venait de trouver $i = ni_1$, il chercha d'abord à déterminer le foyer des lentilles de verre, c'est-à-dire le point où tous les rayons incidents parallèles à l'axe de la lentille se réunissent après avoir traversé celle-ci. *Keppler* se mit à l'œuvre en procédant d'une manière tout à fait exacte et systématique. Il considéra en effet la réfraction de la lumière dans chaque surface de la lentille, et non pas comme ses prédécesseurs en supposant inexactement qu'un simple rayon part de chacun des points de l'objet, mais dans le cas réel où chaque point envoie un cône entier de rayons.

Keppler ne parvint cependant pas à résoudre ce problème dans toute sa généralité : il ne détermina le foyer que pour deux lentilles seulement, pour les lentilles plan-convexes et pour les lentilles bi-convexes à courbures égales. En désignant par r le rayon de la surface sphérique, et par f la distance focale, il trouva pour les lentilles plan-convexes $f = 2\,r$ et pour les lentilles bi-convexes $f = r$. Il découvrit aussi la propriété des dernières, que si un objet se trouve à une distance $2\,r$ de la lentille, son image se fait de l'autre côté à une distance égale.

C'est *Cavalieri* qui donna plus tard, pour la première fois, la solution complète du problème des distances focales, c'est-à-dire des distances des points de réunion des rayons incidents parallèles, pour toutes les lentilles. *Isaac Barrow* trouva alors les foyers, ou points de concours, des rayons non parallèles, et enfin *Halley* établit une formule commode pour calculer les distances des points conjugués dans toutes les lentilles sphériques et dans les miroirs. Aujourd'hui on résout très facilement toutes les questions sur les phénomènes des lentilles, à l'aide de la formule

$$\frac{1}{\alpha} + \frac{1}{\alpha'} = (n - 1)\left(\frac{1}{r} + \frac{1}{r'}\right),$$

dans laquelle a désigne la distance de l'objet, a' la distance de l'image, n l'indice de réfraction, r et r' les rayons des surfaces de la lentille.

D'ailleurs, on ne doit pas omettre de mentionner que *Keppler*, dans ses *Paralipomena*, avait remarqué l'aberration dans les lentilles, provenant de leurs formes sphériques, ce que *Maurolykus* avait déjà observé dans une sphère. L'aberration consiste, comme on le sait, en ce que les rayons qui traversent les bords de la lentille ne se rencontrent pas exactement au même point que ceux qui passent par le milieu, ce qui fait que l'image manque de netteté. *Keppler* proposait d'employer des lentilles de forme hyperbolique, pour éviter ce défaut. Cette idée n'a donc pas été émise par *Descartes* pour la première fois.

Jusqu'à la *Dioptrique* de *Keppler* en 1611, on ne connaissait pas d'autre lunette que la lunette hollandaise, ou lunette de Galilée, consistant en un objectif convexe et un oculaire concave. C'est avec ces lunettes, que, dans les premières années, on fit dans le ciel toutes les découvertes. *Keppler* là encore ouvrit la voie, en ce qu'il montra, qu'on pouvait[1] aussi employer des lunettes formées de la réunion de deux verres convexes, objectif et oculaire ; ce qui constituait un progrès important sur la lunette hollandaise, comme cela sera établi complètement dans l'histoire des lunettes. Cette nouvelle lunette, il est vrai, donne des images renversées, mais cela n'a point d'inconvénient pour les observations astronomiques, et, comme elle convient surtout à ce genre d'observations, on l'a appelée lunette astronomique. Rappelons encore que *Keppler*, déjà en 1610, avait reconnu la nécessité de donner aux tubes des longueurs variables pour les différentes vues (§ 84).

Keppler indique en outre trois lunettes de moindre importance, il est vrai

1. Voy. Montucla, II, p. 234. (T.)

mais qui montrent combien il avait médité sur les combinaisons des lentilles.
C'étaient : des lunettes n° 1 avec un objectif convexe et deux oculaires concaves ;
n° 2, avec un objectif convexe et deux oculaires convexes ; n° 3, avec deux objectifs convexes et un oculaire convexe.

Pour le n° 1, il montrait que cette lunette, un peu plus longue que la lunette
hollandaise, offrait sur celle-ci l'avantage de donner un grossissement presque
double. Avec la lunette n° 2, il pensait éviter le renversement des images dans
la lunette astronomique, mais ce n'était pas là un véritable progrès. Pour la lunette n° 3, il la proposait, parce que le tube en était plus court presque de la
moitié.

Ce sont, avec quelques travaux sur la réflexion astronomique, les principaux
travaux de *Keppler* en optique. Si on les compare avec ce que ses prédécesseurs
lui ont transmis, on doit constater qu'ils ont puissamment contribué à rectifier
et à étendre les connaissances sur la vision, les effets des lentilles et des lunettes. Ils ont, en un mot, acquis à leur auteur les droits les plus complets au
nom de fondateur de la dioptrique.

HISTOIRE DES LUNETTES [1]

75. — Avant d'entrer dans de plus longs détails au sujet de l'optique, nous
devons nous arrêter à l'histoire de la lunette et du microscope. Ces inventions,
qui ont exercé une grande influence sur les travaux de *Keppler*, doivent être
placées parmi les plus importantes qui aient été faites en optique, à cause des
grands services qu'elles ont rendus et qu'elles rendent encore, soit à la science,
soit à l'existence.

En appelant ici l'attention sur ces découvertes, je dois mettre en garde contre
une erreur possible. Il est superflu d'insister aujourd'hui sur l'utilité des lunettes et du microscope. Sans la lunette, l'astronomie serait restée dans l'enfance, et la physique aurait aussi moins le droit d'être considérée comme une
science exacte, si elle ne possédait ces instruments de mesure délicats, qu'on ne
peut construire sans employer les lunettes et le microscope.

A ce point de vue, on ne saurait trop reconnaître les avantages de ces instruments : mais il faut avouer, en même temps, qu'ils ne nous ont rien appris
par eux-mêmes sur la nature de la lumière. Ils n'ont étendu nos connaissances
en optique que d'une manière indirecte, et par l'usage qu'on en a fait. L'invention de ces instruments n'a rien appris d'essentiellement nouveau en optique,
ou, du moins, n'a fait connaître aucune propriété de la lumière qui n'ait été
trouvée sans leur secours, ou n'aurait pu être trouvée sans eux.

Les effets des lunettes sont de simples corollaires de la loi de la réfraction
de la lumière, et, bien qu'elles aient conduit à développer les conséquences de
cette loi, elles n'ont rien appris sur la réfraction de la lumière, qu'on n'eût pu
trouver déjà, à l'aide d'un prisme ou d'une simple lentille de verre.

1. Voy. Montucla, 2° volume, part. IV, liv. IV, II, p. 228.

J'ai cru devoir faire cette remarque, d'abord parce que l'histoire de la physique a incontestablement pour tâche d'apprécier les inventions et les découvertes à leur juste valeur, en outre, parce que ces inventions ont été autrefois placées bien avant d'autres découvertes plus utiles cependant pour la connaissance de la lumière. Nous voulons parler des découvertes de la diffraction ou inflexion des rayons lumineux, de la polarisation, de la double réfraction, de l'interférence de la lumière, dont les premiers germes remontent tous au xviiᵉ siècle.

Ces phénomènes, peu apparents et inexpliqués, restèrent inconnus du monde savant et de la plupart des physiciens du xviiᵉ et du xviiiᵉ siècle. Et cependant ce sont eux qui ont étendu véritablement nos connaissances sur la nature de la lumière, qui ont fait de l'optique une science digne de ce nom. Aussi, quelque haut qu'on place l'invention de la lunette et du microscope, on doit toujours placer plus haut encore la découverte de ces phénomènes.

C'est du moins le jugement que nous devons porter aujourd'hui sur la découverte de ces instruments d'optique, si nous voulons leur assigner impartialement leur rang, au milieu des autres découvertes ou inventions faites en physique. Mais, en réalité, les contemporains devaient juger les choses tout autrement. Jusqu'alors, il n'avait été fait en optique aucune invention qui pût être comparée à celle des lunettes. On ne peut les blâmer d'avoir considéré comme la plus belle invention due au génie de l'homme, un instrument qui, dans sa forme encore grossière, révéla dans les espaces célestes l'existence d'un monde nouveau.

Lorsqu'une invention nouvelle n'attire pas l'attention, ou qu'on y attache peu d'importance, il arrive souvent que le nom de son auteur, l'époque ou le lieu où elle s'est produite, demeurent inconnus. Mais cela arrive encore très fréquemment, même quand l'importance de la découverte frappe tous les esprits, quand des jalousies nationales ou individuelles sont en jeu, ou même quand certains bénéfices s'y rattachent.

Alors, au lieu d'un inventeur, on en a plusieurs à la fois, qui cherchent à faire valoir, souvent avec des raisons égales en apparence, leurs titres, vrais ou supposés, à l'honneur d'avoir conçu la première idée, ou de l'avoir mise à exécution pour la première fois. Il devient très difficile, pour l'historien, de décider à qui revient la palme. C'est ce qui est arrivé pour l'invention de la lunette. Il n'y a pas moins de trois nations, qui se disputent l'honneur d'avoir donné naissance à l'inventeur de la lunette, à savoir : l'Angleterre, l'Italie, la Hollande ; et, chez les Hollandais, trois noms sont mis en avant, avec des titres égaux.

Il ne manquait plus que de voir les Chinois entrer en lice. Dans la grande encyclopédie japonaise *Wa-kan-san-saï-tson-ye*, on voit représenté Jupiter accompagné de deux petites étoiles, avec ces mots inscrits au-dessous : *Il y a près de Jupiter deux petites étoiles qui semblent dépendre de lui.* Cela se trouve dans l'édition japonaise publiée après 1713 ; dans l'édition ancienne, qui parut en Chine en 1609, on ne trouve rien de semblable. L'édition de 1713 ne trahit aucune influence européenne : car on y voit le lapin broutant du riz dans la lune, les neuf chemins que suit la lune, et les neuf cieux au milieu desquels se trouve la terre.

76. — Les Anglais s'appuient sur les indications se rapportant à la lunette, que l'on trouve dans l'*Opus majus* de *R. Bacon* en 1267. Ces indications méritent certainement d'être prises en sérieuse considération, mais, quand on les examine avec impartialité, on reconnaît que le plus qu'on puisse accorder à ce savant, est l'honneur d'avoir compris la possibilité de la construction du télescope. Il ne dit nulle part avoir eu devant les yeux une lunette, ou en avoir jamais construit une : il ne parle que de la *possibilité* de le faire. On lui fait dire, en un certain endroit, que Jules César aurait examiné, des côtes de la Gaule, les ports et les villes de la Bretagne, à l'aide de miroirs élevés [1], et, dans son livre *De Perspectivis*, dont le manuscrit se trouve à Oxford, il irait même jusqu'à dire que Jules César aurait examiné les côtes de Bretagne, à l'aide d'un tube placé sur une hauteur.

En ce qui concerne le premier passage, il y a une erreur d'interprétation, comme l'a fait remarquer *Robert Smith*, provenant de ce que *speculæ*, tours élevées, aura été pris pour *specula*, miroirs. Quant au second passage, personne n'attribuera sérieusement à César l'invention de la lunette. Il paraît résulter de différentes relations, que, dans les temps anciens, on s'était servi de tubes ouverts pour observer les étoiles, afin d'arrêter les rayons latéraux. Il est possible que cela ait conduit à des interprétations erronées.

Ainsi l'évêque *Ditmar* de Mersebourg, mort au commencement du xie siècle, raconte, dans le *Chronicon Martisburgense*, que *Gerbert*, qui fut pape sous le nom de Sylvestre II, observait les étoiles à travers un tube. En outre *Cysatus* dit, dans son ouvrage sur les comètes, qui date de 1618, qu'il existerait dans le couvent de Scheyern, diocèse de Freising, une chronique commencée en 1096 par un moine nommé *Conrad*, dans laquelle est représenté un astronome, qui regarde le ciel à travers un tube. Le célèbre bénédictin *Mabillon*, dans un voyage qu'il fit en Allemagne en 1683, a vu la chronique et le dessin, et il raconte que ce dessin représente *Ptolémée*, observant le ciel à l'aide d'une sorte de lunette. Mais ces, tubes étaient ouverts, selon toute probabilité, car, s'ils avaient été munis de verres, cette circonstance aurait certainement été mentionnée[2].

De tout ce qui précède il résulte que les deux passages mentionnés de *Roger Bacon* ne fournissent pas la moindre preuve qu'il ait connu les lunettes.

Du reste, on est allé parfois bien loin, en interprétant les passages d'après lesquels l'invention des lunettes remonterait à une haute antiquité. Par exemple *Diodore de Sicile* raconte qu'il y a une île, située vis-à-vis de la Gaule, en allant vers le pôle Nord (la Bretagne), où on voit la lune de si près, qu'on y peut apercevoir des montagnes, comme sur la terre : on a vu dans ce passage une allusion à la lunette. Un homme très savant du xviie siècle, *Arias Montanus*, a reporté l'invention des lunettes jusqu'au temps de Jésus-Christ. Du passage de saint Mathieu, chap. iv, v. 8 : « Alors le diable le conduisit sur une haute montagne, et lui montra tous les royaumes de la terre avec leur gloire », il tira la conclusion, que cela ne pouvait s'être fait qu'à l'aide d'un télescope, que le diable aurait inventé !

1. Voy. Montucla, I, p. 515. (T.)
2. Wilde, *Gesch. d. Optik*, I, 141.

Les prétentions que les Anglais élèvent en faveur de leur compatriote *Léonard Diggs* qui habitait Bristol et mourut vers 1573, ont quelque chose de plus précis. Celui-ci a publié en 1571 une *Pantométrie*, de laquelle son fils, *Thomas Diggs*, donna une deuxième édition en 1591. Dans l'avant-propos de cette deuxième édition, le fils dit que son père fut conduit, en se basant sur des expériences et à l'aide de considérations mathématiques, à combiner des verres de telle façon qu'ils permettaient de distinguer les objets éloignés. Dans le XXI⁰ chapitre du livre, L. Diggs expose d'une manière plus détaillée les effets d'une combinaison de verres concaves et convexes.

Un physicien moderne fort distingué, *Brewster*, qui a enrichi l'optique de tant de faits importants, mais dont le jugement comme historien est rarement impartial lorsque l'intérêt de ses compatriotes est en jeu, n'hésite pas, sur les indications qui précèdent, à attribuer à *L. Diggs* une part dans l'invention de la lunette, et à admettre surtout que les effets d'une combinaison de lentilles pouvaient être connus comme une simple expérience, longtemps avant d'avoir été utilisés pour la construction d'un instrument[1].

On doit cependant remarquer que *Rob. Hooke*, contemporain de *Newton* et physicien distingué, qui le premier a appelé l'attention sur l'ouvrage de *Diggs*, pense qu'il a puisé ces connaissances dans *Porta*. Mais cette opinion ne peut être soutenue, si l'on réfléchit que la 2⁰ édition de la *Magie* de *Porta* dans laquelle il est question de combinaisons de lentilles ne parut qu'en 1589. Il ne faut pas non plus oublier qu'il s'agit dans les passages cités de *Diggs* de la disposition des verres sous des angles convenables, de sorte qu'il paraît avoir eu en vue non pas des lentilles de verre, mais des miroirs en verre, et qu'il s'agissait ici de réflecteurs.

77. — Si l'on se fiait à des relations qui n'offrent qu'une faible garantie, les télescopes à miroirs, les réflecteurs, dont on considère habituellement l'invention comme de beaucoup postérieure à celle des lunettes ou réfracteurs, auraient été connus au contraire bien avant ceux-ci. Cela ne serait pas tout à fait incroyable, puisque les miroirs creux, ou miroirs ardents métalliques, ont été amenés à un certain degré de perfection bien avant les lentilles de verre.

A ces informations appartient une légende musulmane fort répandue, d'après laquelle il y avait sur le phare d'Alexandrie un grand miroir au moyen duquel on pouvait voir les vaisseaux sortir des ports de la Grèce. Ce récit est évidemment fabuleux, et dans tous les cas fort exagéré, mais il doit contenir quelque chose de vrai, car il est affirmé par plusieurs écrivains arabes, et le miroir est même décrit par *Hafez, Abdallatif, Massudi*, etc., et même par *Benjamin* de Tudela. *Abulfeda* dit de plus que le miroir avait été construit avec du métal de provenance chinoise[2].

Le savant italien *Burattini* nous a transmis un renseignement du même genre dans une lettre adressée à l'astronome français *Boulliau*. Dans cette lettre, qui date il est vrai de 1672, époque à laquelle les télescopes à miroirs étaient connus, il dit qu'il a trouvé à Raguse sur une tour un instrument de ce genre. A

<hr>

1. Brewster, *Optics*, S. 466, 468. London, 1831.
2. Libri, *Hist. des sciences mathém. en Italie*, I, 215, 229.

l'aide de cet appareil on pouvait voir les navires à une distance de vingt-cinq à trente milles : un garde était spécialement affecté aux observations. On faisait remonter la construction de l'instrument jusqu'à *Archimède*.

Nous laisserons à nos lecteurs le soin de décider ce qu'il peut y avoir de vrai dans ces informations, vu que des recherches récentes n'ont rien appris sur la destination du miroir de Raguse[1]. Il est indubitable par contre que les Italiens ont les plus anciens titres à la découverte des premières combinaisons de lentilles.

78. — *Fracastoro*, dont nous avons déjà parlé (§ 57), dit dans son ouvrage *Homocentricorum seu de stellis liber unus* (Venet., 1538), que l'on voit les objets plus grands et plus rapprochés à travers deux lentilles superposées qu'à travers une seule. *Giambattista Porta* s'exprime encore plus clairement dans sa *Magie naturelle*. Dans l'édition de 1589 il est vrai (et, lors même que le passage cité serait dans celle de 1558, il serait toujours postérieur à *Fracastor*), il dit : « A travers un verre concave, on aperçoit distinctement les objets éloignés; à travers un verre convexe, on examine les objets rapprochés. En combinant d'une manière convenable ces deux verres, on peut agrandir et voir distinctement aussi bien les objets rapprochés que les objets éloignés. J'ai rendu par là de grands services à des amis dont la vue était mauvaise, et je les ai mis en état de voir très nettement. »

D'après les termes même de cette indication, on voit que la combinaison de lentilles dont parle *Porta* était seulement une sorte de lunette, tout au plus une sorte de lorgnette d'un grossissement à peu près double. Certainement il ne combina ainsi que des verres ordinaires de lunettes. S'il avait combiné des lentilles à long foyer, s'il avait construit une véritable lunette, il n'aurait pas manqué de le dire[2]. Les effets d'une lunette un peu puissante sont tellement surprenants pour celui qui les observe pour la première fois, qu'ils suffisent à lui délier la langue, et *Porta* n'était pas un de ces hommes qui mettent leur lumière sous le boisseau. Il est impossible de croire qu'il n'eût pas pour le moins observé la lune et alors certainement il ne se serait pas tu. Mais si *Porta* n'a pas pris une part directe à l'invention de la lunette, il est possible qu'il y ait contribué indirectement. Les œuvres de *Porta* furent beaucoup lues dans leur temps, et se répandirent dans toute l'Europe, et il se pourrait bien qu'un lecteur, en méditant le passage mentionné, ait répété l'expérience si facile à faire, et l'ait complétée.

Ainsi *Keppler* connaissait l'expérience de *Porta*, et nous dit que l'empereur Rodolphe lui avait demandé ce qu'il en pensait. *Keppler* regardait l'expérience comme impossible, mais il pensait cependant que cette description, ainsi que les nombreux dessins de verres concaves et convexes qu'il avait rapportés lui-même dans ses *Paralipomènes*, avaient pu contribuer à l'invention de la lunette. Mais, c'est seulement là une présomption. Les avis sont très partagés sur les causes qui amenèrent l'invention de cet instrument. Quelques physiciens de notre époque croient que si *Bacon* et *Porta* n'inventèrent pas la lunette, les connaissances en

1. Libri, *ibid.*, 1, 217.
2. Voy. Montucla, 1, p. 699. (T.)

optique au commencement du xvii° siècle étaient arrivées à un développement suffisant pour que cette invention, ainsi que celle du microscope, devînt inévitable. Partant de la supposition que personne en particulier ne peut être désigné avec certitude comme l'inventeur de la lunette, ils croient que plusieurs personnes ont pu arriver en même temps, indépendamment l'une de l'autre, à des combinaisons de lentilles encore grossières. Celles-ci passant dans différentes mains auraient été peu à peu perfectionnées jusqu'à devenir une véritable lunette sans qu'il soit possible de décider à qui revient la part principale de ce travail, et à qui doit être attribué par conséquent l'honneur de la découverte. C'est là bien certainement l'histoire de plus d'une invention, surtout de celles que la pratique a suggérées. Mais on ne sait si ce fut là l'histoire de la lunette. En ce qui concerne les prétentions des différentes nations, on ne peut hésiter un instant. Un examen impartial et approfondi de la question montre que les Hollandais ont pour eux les plus grandes vraisemblances.

79. — Dès l'apparition de cet admirable instrument, l'invention en fut attribuée aux Hollandais, sinon avec une certitude entière, du moins avec de grandes probabilités. Et avant le temps que l'on peut assigner, d'une manière précise, à l'invention de la lunette en Hollande, il est impossible de prouver que cet instrument ait existé dans un autre pays. On y trouve tout au plus les lunettes ou les lorgnettes, mais non l'instrument dont nous parlons. Ce ne sont donc pas seulement des probabilités qui portent à considérer la Hollande comme le pays où fut inventée la lunette. Il ne s'agit plus maintenant que de savoir qui, dans ce pays, doit être considéré comme l'inventeur parmi les trois personnes qui sont désignées comme telles. Les documents relatifs à l'histoire de cette invention sont précisément au nombre de trois, et, chose assez remarquable, chacun désigne une personne différente. Ces documents se trouvent dans :

1° La *Dioptrique* de *Descartes* qui parut en 1637;

2° Un livre intitulé : *De vero Telescopii inventore* publié en 1655 par *Pierre Borel* (en latin *Borellus* et non pas *Borelli*), médecin français, à l'instigation et sous les auspices de *Willhem Boreel*, alors ambassadeur de Hollande en Italie, et natif de Middelbourg;

3° Des extraits des Archives nationales de Hollande faits par *Van Swinden*, ancien professeur de physique à Amsterdam, mort en 1823, et publiés en 1831 par le professeur *Moll* à Utrecht. Cette source doit être considérée comme la plus sûre.

Tout d'abord, en ce qui concerne les indications de *Descartes*, il dit brièvement que trente ans auparavant, vers 1607, un homme n'ayant aucune instruction, du nom de *Jacob Métius*, habitant à Alkmaar, dans le nord de la Hollande, après beaucoup de recherches sur les lentilles concaves et convexes, serait arrivé à construire la première lunette[1].

Le professeur *Moll* nous donne les renseignements suivants sur ce *Jacob Métius*. D'après lui, son vrai nom n'est pas Métius, mais *Adriaanszoon*. Ensuite ce n'était pas un homme sans instruction; il était au contraire très versé dans les sciences, et particulièrement dans les mathématiques. Son père, Adriaan

1. Voy. Montucla, II, p. 230. T)

Anthoniszoon, était inspecteur des fortifications de Hollande, et se distingua aussi bien dans la guerre contre l'Espagne que dans les mathématiques. On lui doit entre autres la valeur 113 : 355 pour le rapport du diamètre à la circonférence. Il avait quatre fils qui avaient tous comme leur père un penchant pour les mathématiques. Le second, nommé *Adriaan*, compléta ses études à Hven sous la direction de *Tycho* et dans plusieurs Universités allemandes. Pendant qu'il était encore étudiant, ses condisciples, à cause de son goût prononcé pour les mathématiques, lui donnèrent le nom de *Métius*. Et non seulement ce surnom lui resta toute sa vie, mais finit par passer à ses frères, et même à son père. C'est de là que vient le nom de Métius donné à *Jacob Adriaanszoon* dont nous avons seulement à nous occuper.

Ce Jacob, le quatrième des fils, était un original dont on raconte maintes choses singulières. Entre autres il aurait établi sur les remparts de sa ville un grand miroir et prenait plaisir à dire à l'avance l'heure à laquelle tel ou tel arbre situé à une distance considérable serait incendié. On lui aurait offert des sommes importantes pour lui faire livrer le secret de la construction de ce miroir, mais il aurait toujours refusé, même sur son lit de mort. On a trouvé de lui dans les Archives des états généraux une supplique portant la date du 17 octobre 1608 dans laquelle il dit :

« Depuis deux ans, j'ai consacré tout mon temps à la fabrication des miroirs, et j'ai réussi à construire un instrument qui fait voir les objets éloignés plus grands et plus distincts... Mon appareil produit des effets aussi puissants que celui qui fut présenté récemment aux états-généraux par un bourgeois et lunettier de Middelbourg. Le prince Maurice de Nassau et d'autres personnes ont pu s'en convaincre par eux-mêmes, etc. » — Là-dessus l'auteur termine en demandant un brevet pour son invention.

Deux faits historiques ressortent clairement de cette pièce : c'est que 1° en octobre 1608, les lunettes avaient déjà été inventées à Middelbourg ; 2° *Jacob Adriaanszoon*, bien qu'il s'occupât de la fabrication des miroirs, comme il le dit lui-même, depuis 1608, ne prétend pas à la priorité de l'invention, et soutient seulement qu'il obtient des résultats égaux à ceux du lunettier de Middelbourg.

Les états généraux répondirent à sa demande qu'on ne pouvait donner un brevet à *Jacob Adriaanszoon* que lorsqu'il aurait perfectionné son appareil. Cette décision fut mal prise par *Jacob Adriaanszoon*, et dès lors il cessa de s'occuper de ce sujet. La réponse des états généraux était d'ailleurs basée sur de bons motifs. Un autre document trouvé dans les Archives à La Haye, montre en effet que ce lunettier de Middelbourg dont parle *Jacob Adriaanszoon*, avait déjà demandé un brevet avant lui.

80. — C'est une décision datée du 2 octobre 1608, statuant sur une demande adressée par *Hans Lippershey* (Lippersheim, Lipperseim, Laprey), né à Wesel et lunettier à Middelbourg, inventeur d'un instrument pour voir de loin. Celui-ci ayant réclamé un brevet d'invention valable pour trente ans ou une pension annuelle, la décision portait : « qu'il devait compléter son invention de telle sorte qu'on puisse voir *avec les deux yeux* à travers son instrument... Alors on lui demanderait à qu'elle récompense il prétendait. »

La condition qu'on lui imposait de construire un instrument pour les deux yeux est certainement singulière. Elle parut sans doute peu raisonnable au gouvernement, car dès le 4 octobre 1608, parut une ordonnance portant : qu'une personne par province serait élue pour examiner l'instrument de *Hans Lippershey* qui se trouvait placé sur la tour du palais de S. Excellence le prince Maurice. Dans le cas où cela serait jugé utile, ces personnes se mettraient en rapport avec *Hans Lippershey* pour lui commander trois instruments en cristal de roche, à un prix plus raisonnable que celui qu'il désirait, à savoir 3000 florins.

L'examen de l'appareil ne se fit pas attendre. Dès le 6 octobre fut rendue la décision suivante : « Les commissaires nommés pour examiner l'instrument de *Hans Lippershey* ont reconnu qu'il pouvait être utile aux états. En conséquence *Lippershey* est chargé de construire un instrument semblable en cristal de roche : il recevra de suite 300 florins et 600 florins lorsqu'il aura terminé l'instrument. Un délai lui sera fixé pour l'exécution de son travail. Enfin on délibèrera pour savoir si on doit lui accorder un brevet ou une pension. »

Pendant le cours de ces négociations avec *Lippershey*, *Jacob Adriaanszoon* présenta sa requête, qui fut naturellement repoussée. Les négociations avec *Lippershey* continuèrent au contraire. Un décret du 15 décembre 1608 porte que *Lippershey* a construit l'instrument demandé pour les deux yeux à la satisfaction des commissaires. Néanmoins on ne pourrait lui donner de brevet parce que beaucoup d'autres personnes avaient également connaissance de la nouvelle invention (il s'agit sans doute ici de *Jacob Adriaanszoon*). On consentait toutefois à lui commander deux autres appareils binoculaires aux conditions premières de 900 florins d'or. *Lippershey* accepta : il livra les deux instruments le 13 février 1609 et reçut la somme convenue.

Ces négociations sont fort intéressantes au point de vue historique. Elles nous apprennent tout d'abord que les premières lunettes n'ont pas été construites en verre, sans doute à cause de la mauvaise qualité des verres qu'on fabriquait alors en Hollande, mais avec une substance incomparablement plus dure, le cristal de roche : cette substance a de nos jours été de nouveau employée dans la construction des lunettes par l'opticien *Cauchoix* de Paris. Remarquons en passant que dans les premiers temps, les lunettes n'ont probablement pas toujours été construites en verre, car le mot allemand *brille* (lunette) vient de *beryll*, qu'on confondait communément avec le cristal de roche (voy. § 44).

Nous voyons en outre par ces documents que *Lippershey* fut amené involontairement à la découverte de la lunette binoculaire, instrument qui fut abandonné comme inutile jusqu'à ce qu'on l'employât de nouveau sous forme de lorgnettes. Avant la publication de ces documents hollandais on attribuait cette découverte soit à *Galilée*, soit à *Schyrläus de Rheita*, soit au Père *Chérubin le Gentil* qui l'appliqua au microscope dans son ouvrage, *De visione perfecta* (Paris, 1678).

81. — La troisième personne à laquelle on attribue l'invention de la lunette et plus souvent encore qu'à *Métius* ou à *Lippershey*, est *Zacharias Jansen* (Janszoon), également lunettier à Middelbourg. *Borel*, dans son livre, se prononce en faveur de ce *Jansen*, et ce témoignage mérite d'être pris en con-

sidération. Il repose, en effet, sur les renseignements communiqués par l'am_bassadeur *Boreel* qui lui-même né à Middelbourg, comptait *Zacharias* parmi ses camarades d'enfance et qui en 1655 fit comparaître devant les magistrats de Middelbourg tous les témoins encore vivants des travaux de ce lunettier. Le procès-verbal de cette enquête fut déposé à la mairie de Middelbourg : malheureusement il a disparu ainsi que les dessins qui s'y trouvaient, représentant d'une manière fort exacte les habitations de *Jansen* et de *Lippershey*.

Ce que *Borel* nous fait connaître de ces dépositions n'est pas tout à l'avantage de *Jansen* : quelques-unes parlent en faveur de *Lippershey*. En outre, les preuves reposent sur le témoignage de personnes âgées de la petite bourgeoisie, qui parlent d'après leurs souvenirs et qui font assez souvent des erreurs de dates. Les renseignements mêmes que *Boreel* fournit à *Borel* d'après ses propres souvenirs, ne sont pas d'un grand poids, pour établir les droits de *Jansen* à l'invention de la lunette. Il dit en effet qu'il a souvent entendu *Jansen*, le père de *Zacharias*, raconter qu'il avait inventé le premier microscope, de concert avec son fils, et qu'il en aurait envoyé un au prince Maurice d'Orange, et plus tard un autre à l'archiduc Albert d'Autriche. *Boreel* ajoute même qu'il a vu ce dernier instrument chez *Cornelius Drebbel* (§ 114), lorsqu'il était ambassadeur en Angleterre. Ce n'était pas toutefois un microscope disposé comme on le faisait alors : il avait un tube de 18 pouces de long et de 2 pouces de large en cuivre doré, porté par trois dauphins sur un plateau de bois d'ébène. Les petits objets placés sur ce plateau paraissaient considérablement agrandis quand on regardait à travers le tube. Longtemps après, ajoute *Boreel*, en 1610, *Hans* et son fils *Zacharias* seraient parvenus, après de longues méditations, à construire une lunette propre à l'observation des corps célestes. Ils l'auraient offerte au prince Maurice, qui aurait tenu cette invention secrète, et s'en serait utilement servi dans plusieurs de ses expéditions.

Les indications fournies par *Hans*, le fils de *Zacharias*, et par suite petit-fils du *Hans* déjà nommé, concordent avec les précédentes. Il dit en 1665 qu'il avait souvent entendu dire que son père (il ne parlait pas de son grand père) avait inventé une lunette en 1590, mais que celle-ci n'avait pas plus de 15 à 16 pouces de longueur. Ces petits instruments auraient été employés jusqu'en 1618, époque à laquelle *Zacharias* et le même *Hans* dont nous rapportons la déposition auraient imaginé les télescopes plus longs (Microscopes ?).

Ainsi d'après ces témoignages mêmes *Lippershey* aurait la priorité sinon de l'invention, du moins de la construction des lunettes, puisque, comme nous l'avons vu, il offrit un instrument de ce genre dès 1608 aux états généraux.

De tout ce qui précède on peut conclure avec raison :

1° Que c'est à *Lippershey*, né à Wesel, lunettier à Middelbourg, mort en 1619, que revient l'honneur d'avoir construit la première lunette, puisqu'il avait déjà envoyé un de ces instruments perfectionnés aux états généraux dès le mois d'octobre 1608; qu'il a en outre construit la première lunette binoculaire, et qu'il s'est servi de cristal de roche pour les lentilles;

2° Que lors même que *Jacob Adriaanszoon*, ou *Métius*, aurait conçu l'idée de la lunette en même temps que *Lippershey*, il est toutefois resté en arrière dans l'exécution de ce projet. *Huyghens* affirmait aussi[1] qu'un artisan de Middelbourg avait construit une lunette avant *Jacob Métius;*

3° En ce qui concerne *Hans* et son fils *Zacharias Jansen* ou Janszoon, ils n'ont, d'après le témoignage de *Borel* lui-même, aucun droit à l'invention de la lunette, puisque, d'après leur propre aveu, ils ne construisirent leur première lunette qu'en 1610. Tout au plus pourrait-on considérer *Hans* ou son fils comme l'inventeur du microscope composé destiné aux objets opaques.

82. — La certitude que nous possédons que déjà en 1608 la lunette avait été construite par *Lippershey*, suffit à prouver le peu de fondement de maints récits concernant l'invention de cet instrument. J'en citerai seulement quelques-uns. Un Milanais, *Hieronymus Sirturus*, qui composa en 1618 un ouvrage *De origine et fabrica telescopiorum*, et qui parcourut plusieurs pays dans le but de rassembler des documents pour cette histoire, raconte ce qui suit :

En 1609, un inconnu ayant la tournure d'un Hollandais, serait allé trouver *Lippershey* et lui aurait fait tailler quelques lentilles convexes et concaves. Les ayant prises, il aurait mis une lentille convexe et une lentille concave l'une devant l'autre, les rapprochant et les éloignant alternativement tandis qu'il regardait au travers, après quoi il paya et s'éloigna. *Lippershey*, qui était observateur, l'ayant remarqué, répéta cette expérience et apprit à connaître par là les effets des lentilles combinées; il aurait aussitôt construit une lunette. Comme ce fait se serait passé en 1609, il est impossible d'admettre ce récit.

D'après d'autres ce sont les enfants de *Lippershey* qui auraient été l'occasion de cette invention. En jouant dans l'atelier de leur père avec des lentilles de verre, ils auraient assujetti une lentille concave et une lentille convexe dans un tube de papier et auraient regardé à travers ce tube la girouette d'une église qui leur aurait paru considérablement agrandie. Cette petite histoire enfantine a été rappelée par *Arago* dans son rapport sur le daguerréotype. Lors même que cette histoire serait vraie, les enfants de *Lippershey* auraient seulement combiné des lentilles de verre ordinaire, et n'auraient fait que répéter les expériences exécutées longtemps auparavant par *Porta* et *Fracastoro*.

Enfin *Borel* qui conteste, comme nous l'avons dit, l'invention à *Lippershey*, raconte comment il en aurait eu connaissance. Un homme du nord de la Hollande qui avait entendu parler des travaux de *Jansen*, et qui voulait voir celui-ci, aurait été adressé par erreur à *Lippershey*, et lui aurait parlé de l'invention. La conversation de cet étranger aurait suffi pour faire de *Lippershey* un deuxième inventeur de la lunette. *Borel* place ce fait dans l'année 1610; il ne porte par conséquent pas le moindre préjudice aux droits de *Lippershey*.

83. — De Hollande, la connaissance de l'instrument merveilleux se répandit avec une grande rapidité dans toute l'Europe civilisée. Elle parvint en France dès l'année 1608. *Jeanin* et *Bussy* envoyés extraordinaires du roi Henri IV près des états généraux, adressèrent dès le 28 décembre 1608, une lettre à leur monarque, dans laquelle ils lui recommandaient le porteur de leur mes-

----

1. *Opera reliqua*, Amstel., 1728, vol. II, *Diopt.*, p. 125.

sage. C'était un soldat de Sedan nommé *Crépi* qui avait longtemps servi dans l'armée du prince Maurice : il était au courant de mainte invention utile en temps de guerre, et connaissait notamment la construction des lunettes récemment inventées. Les ambassadeurs ajoutaient qu'ils auraient profité de l'occasion pour envoyer à Sa Majesté un exemplaire des lunettes de Middelbourg, mais que le fabricant avait refusé de leur en vendre, prétextant qu'il ne pouvait travailler que pour les états généraux.

La réponse que fit Henri IV à cette lettre, le 16 janvier 1609, mérite d'être citée : « Je recevrai avec plaisir les lunettes dont vous me parlez dans votre dernière lettre, bien que j'aie beaucoup plus besoin en ce moment d'un instrument pour voir clair dans les choses qui me touchent de près que dans celles qui sont éloignées. » Il y avait dans ces paroles un triste pressentiment, car on sait que le roi fut bientôt après assassiné par Ravaillac, le 14 mai 1610.

On a néanmoins prétendu que la connaissance des lunettes s'était propagée très lentement en France. L'astronome distingué *Peiresc* (né en 1580 à Beaugensie, mort à Aix en 1637), qui fit tant pour l'astronomie et qui était en même temps conseiller au parlement d'Aix, aurait douté jusqu'en 1622 des effets de la lunette; mais il doutait seulement qu'on pût lire un écrit avec cet instrument à une lieue de distance. Il observa lui-même, dès le mois de novembre 1610, les satellites de Jupiter, et eut comme *Galilée* l'idée d'utiliser leur mouvement pour déterminer les longitudes en mer [1].

Les lunettes furent aussi connues de très bonne heure en Allemagne. Dès 1608 à la foire de Saint-Michel à Francfort-sur-le-Mein, une lunette fut offerte par un marchand hollandais à Philippe Fuchs de Bimbach, conseiller intime du margrave de Brandebourg-Anspach; mais comme il y avait une fente sur l'objectif et que le marchand en demandait un prix fort élevé, le marché ne se fit pas. A son retour à Anspach, *Bimbach* raconta à l'astronome *Marius* (Mayr) ce qu'il savait du nouvel instrument. Celui-ci fit alors un essai à l'aide d'un verre convexe, essai qui réussit pleinement. Il voulut alors faire tailler à Nuremberg des lentilles d'une distance focale plus considérable, d'après des modèles de plâtre qu'il fit lui-même, mais le fabricant n'y put parvenir. Simon *Marius*, de son vrai nom *Mayr*, naquit en 1570 à Gunzenhausen et mourut en 1624 à Anspach, où il était astronome de la cour du margrave Georges-Frédéric.

En été 1609, *Bimbach* reçut enfin une bonne lunette (de Hollande ?), et *Marius* commença aussitôt à observer le ciel à l'aide de cet instrument : ses observations l'amenèrent plus tard à entrer en discussion avec *Galilée*. Il prétendait avoir découvert les satellites de Jupiter dès le 29 décembre 1609, mais il n'avait fait valoir ses titres à cette découverte que longtemps après que *Galilée* eût publié cette découverte comme sienne. *Marius* parle de sa découverte dans le calendrier franconien, ou *Practica*, qu'il publia en 1612, et dans son *Mundus jovialis anno* 1609 *detectus ope perspicilli belgici*[2], qui

<hr>

1. Kastner, *Gesch. d. Math.*, IV, 135, 136.
2. Voy. Humboldt, *Cosmos*, II, 509.

parut en 1614 à Nuremberg. Il appelait les satellites de Jupiter *Sidera bran-denburgica* en l'honneur des margraves de Brandebourg, Frédéric, Christian, et Joachim-Ernest, qui l'avaient envoyé pendant trois ans en Italie pour compléter ses études et qui l'avaient pris ensuite à leur service comme mathématicien.

Outre ces découvertes astronomiques, *Marius* chercha à s'attribuer l'invention du compas à proportions que *Galilée* avait également faite. On ne saurait donc trop en vouloir au grand physicien de Florence de s'être laissé aller à une certaine animosité contre *Mayr*, qui avait été jadis son disciple à Padoue, quoiqu'il soit peut-être allé trop loin en le traitant publiquement de plagiaire. *Keppler* admet dans ses *Éphémérides* dé 1610 que *Marius* a réellement vu les satellites de Jupiter, mais qu'il ne s'était pas rendu compte de ce qu'il avait eu devant les yeux, et il n'en attribue pas moins la découverte à *Galilée*.

Les lunettes passèrent également de très bonne heure en Angleterre : ce qui n'est pas étonnant à cause des relations qui existaient entre ce pays et la Hollande. Il est vrai qu'on a démontré plus tard que le baron de *Zach*[1] s'était trompé en affirmant que l'astronome anglais *Harriot* avait observé les satellites de Jupiter dès le 16 janvier 1610, et par conséquent avant *Galilée* et *Marius*. — *Harriot* n'a en effet commencé ses observations que le 17 octobre 1610, mais il paraît certain qu'un autre Anglais, *Christophe Heyden*, aurait observé les Pléiades dans l'été de 1610 avec une lunette. Il mentionne ce fait dans une lettre à *Camden*, et y désigne la lunette par le mot *trunk*.

Enfin le télescope ne demeura pas longtemps inconnu en Italie. *Sirturus* raconte que dès le mois de mai 1609 un Français, venu à Milan aurait offert un télescope au comte Fuentes, prétendant qu'il aurait eu une certaine part à l'invention de l'instrument. Ce Français ne trouvant pas à Milan de verre de bonne qualité, aurait été à Venise où la fabrication du verre était alors très florissante. Selon toutes les probabilités, ce Français, était précisément ce soldat de Sedan que les ambassadeurs français avaient recommandé à leur roi, en lui disant qu'il fabriquerait une lunette sous ses yeux.

Ce ne fut cependant pas la seule voie que suivit le télescope pour pénétrer en Italie. Il résulte d'une lettre de *Lorenzo Pignoria* à *Paolo Gualdo*, lettre datée du 31 août 1609 et qui a été publiée dans une récente biographie de *Galilée*, que vers cette époque une lunette fut envoyée de Flandre au cardinal Borghèse. Enfin on sait aussi qu'un Italien nommé *Lanccius*, qui avait été en Hollande, fit faire à Venise, dès son retour, des lentilles de verre, et celles-ci étaient si parfaites que dès le commencement de l'année 1610, il envoya deux lentilles à Anspach à ce *Bimbach* dont il a déjà été question.

Les lunettes ayant été introduites de très bonne heure en Italie, il se pourrait que *Galilée* n'ait pas simplement entendu parler de cet instrument par ouï-dire, mais ait eu de plus l'occasion de l'examiner *de visu* ainsi que quelques écrivains le prétendent. Mais *Galilée* affirme le contraire, et nous devons aux

---

1. *Monatliche Correspond.*, VIII, 3077.

mânes de ce grand homme d'ajouter foi à ses paroles. Nous reviendrons là-dessus en parlant de *Galilée*[1].

84. — La lunette hollandaise, formée d'un objectif convexe et d'un oculaire concave, a le grave défaut de n'avoir qu'un champ fort restreint par suite de la divergence des rayons qui sortent de l'oculaire. — On ne peut embrasser à la fois qu'une très petite portion du ciel, et encore l'observateur, pour profiter de tout le champ dont il dispose, doit coller exactement son œil contre l'oculaire. Cela rend les observations très pénibles, et on comprend difficilement aujourd'hui que *Galilée* et ceux qui, dans les premiers temps, se servirent de cet instrument, aient eu la patience de continuer à l'employer.

La lunette de *Keppler* n'a pas ces inconvénients : elle a un champ relativement grand et l'œil n'a pas besoin de se coller contre l'oculaire. Elle a en outre un avantage essentiel. Comme l'image donnée par l'objectif se forme réellement dans le tube, on peut placer à l'endroit où se forme cette image deux fils croisés dont le point d'intersection se trouve sur l'axe de la lunette; alors il devient possible de donner constamment à celle-ci la même direction vers un point déterminé. Grâce à cette propriété précieuse, la lunette de *Kepplér* n'est pas simplement un instrument propre à observer des objets, mais aussi à les mesurer dès qu'on l'applique à un cercle divisé.

Dans la lunette hollandaise au contraire, aucune image réelle ne se forme. Les rayons qui ont traversé l'objectif sont reçus par l'oculaire avant qu'ils se soient réunis, et ils divergent alors comme s'ils venaient d'une image rapprochée : mais cette image n'existe pas, et l'adaptation des fils croisés ne peut par conséquent avoir lieu. Cette lunette est donc par ses applications bien inférieure à celle de *Keppler*. Aussi cette dernière est-elle maintenant seule employée dans les observations astronomiques, et c'est pour cela qu'on l'appelle lunette astronomique.

Faisons remarquer cependant que *Keppler* lui-même n'a pas trouvé cette propriété importante de son télescope, grâce à laquelle il rend de si grands services dans les mesures, spécialement en physique. Bien plus, il se contenta de donner l'idée de cet instrument en laissant à d'autres le soin de l'exécuter. Ce ne fut que vers 1613 ou 1617 (l'année n'est pas exactement connue) que le jésuite *Scheiner*, compatriote de *Keppler*, construisit une lunette astronomique d'après les idées de ce dernier, et s'en servit pour faire de nombreuses observations astronomiques fort importantes pour l'époque.

L'adaptation de fils croisés au réticule et l'application de la lunette munie d'un réticule aux instruments à angle sont d'une époque beaucoup plus récente. Nous en parlerons plus tard.

85. — Pour citer les noms de toutes les personnes qui ont joué un rôle dans l'histoire de l'invention des lunettes, ou qui ont contribué à leur perfectionnement, je dois encore nommer ici *Fontana* et *Schyrl*.

Francesco Fontana, jésuite et astronome napolitain (né en 1580 à Naples, mort dans la même ville en 1656), affirme qu'il avait inventé la lunette astronomique dès 1608, et le microscope composé dès 1618. Mais son ami *Zupus*,

---

1. Voy. Montucla, II. p. 232. (T.)

dont il invoque le témoignage, indique seulement qu'il avait vu chez lui une pareille lunette en 1614, alors qu'elle était depuis longtemps inventée. — En ce qui concerne le microscope, *Fontana* lui-même ne revendiqua ses droits qu'en 1646 dans l'écrit *Novæ cœlestium terrestriumque rerum observationes*, tandis qu'il l'aurait trouvé en 1618. — De semblables réclamations n'ont pas été prises en considération, comme on doit bien le penser[1].

Les services rendus par le capucin *Antoine-Marie Schyrläus de Rheita*, du couvent de Rheit en Bohême, sont mieux établis. Le nom de ce savant était *Schyrl*, né en 1597 en Bohême, mort en 1660 à Ravenne. Il est l'inventeur de la lunette terrestre, combinaison de quatre lentilles convexes, qui donne des images redressées des objets. On peut la considérer, ou bien comme une double lunette astronomique, ou bien comme une seule lunette ayant un objectif et trois oculaires convexes. Elle est préférable à la lunette de *Keppler* avec trois lentilles, et elle est encore aujourd'hui fort employée tandis que celle de *Keppler* est tombée dans l'oubli.

Schyrl décrit son invention dans l'ouvrage qu'il fit publier à Anvers, sous le titre singulier *Oculus Enochii et Eliæ seu Radius sidereomysticus* (1645), et dans lequel il défend le système de *Tycho-Brahé* contre celui de *Copernic*. Mais conformément à l'esprit du temps où il vécut, il déguisa sa description par la transposition des lettres des mots *convexa quatuor* de la façon suivante : *c q o u n a v t e u x o a r*. Il croyait par là avoir caché son secret, mais le médecin *Jacob Amling*, auquel le jésuite *Caspar Schott* le montra, le devina du premier coup[2].

Dans cet ouvrage, *Schyrl* emploie pour la première fois les expressions *oculaire* et *objectif*.

Il y donne aussi comme sienne l'invention du télescope binoculaire, mais, comme nous le savons, il avait été découvert par *Lippershey* et par *Galilée*, longtemps auparavant. — Il est à remarquer qu'il prétendait avoir vu neuf satellites autour de Jupiter, six autour de Saturne et plusieurs autour de Mars ; il dit à ce propos : *Novem stellæ circa Jovem visæ, circa Saturnum sex, circa Martem nonnullæ a P.-Ant. Rheita detectæ* (Lovani, 1643).

Un membre de l'Académie *dei Lyncei*, d'origine grecque, *Demiscianus*, donna aux lunettes et aux verres grossissants les noms actuellement employés de télescope et de microscope, au lieu des mots *conspicilia, perspicilia, occhiali, occhialini*, alors employés.

Quant aux microscopes, *Huyghens* croyait qu'ils avaient été trouvés après les télescopes, parce que *Hieron. Sirturus*, dans son ouvrage *De origine et fabrica telescopiorum* (1618), ne parlait pas encore du microscope.

---

1. Voy. Montucla, II, p. 234. (T.)
2. Wilde, *Gesch. d. Optik*, I, 172. — Voy. Montucla, II, 235. (T.)

SCHEINER[1]

86. — Après *Keppler* celui qui a rendu à cette époque les plus grands services en optique, principalement en ce qui concerne les lunettes, est ce *Scheiner* dont nous avons déjà parlé. Ses travaux établissent une transition entre ceux de ses deux grands contemporains *Keppler* et *Galilée ;* aussi me paraît-il convenable d'en parler ici.

Christophe Scheiner naquit en 1575 à Walda près de Mündelheim en Souabe ; il était par conséquent compatriote de *Keppler*. En 1595 il entra dans l'ordre des jésuites, enseigna l'hébreu et les mathématiques successivement à Ingolstadt, à Fribourg, à Rome, et mourut en 1650, recteur du collège des jésuites de Neisse en Silésie.

Scheiner est surtout connu par ses titres à la découverte des taches du soleil. Il en fait mention dans trois lettres adressées au savant bourgmestre d'Augsbourg *Marcus Welser*, sous le pseudonyme de *Apelles latens post tabulam* pour ne point scandaliser les membres ignorants de son ordre. Le supérieur général de l'ordre, *Théodore Busæus* lui-même, ne voulait pas admettre l'existence des taches du soleil parce que, suivant la doctrine d'*Aristote*, il considérait le soleil comme le feu le plus pur.

Ces lettres qui furent imprimées plus tard portent les dates des 12 novembre, 19 décembre et 26 décembre 1611. Dans la première il dit qu'environ 7 ou 8 mois auparavant, par conséquent, en avril ou mai 1611, il avait observé des taches noires sur le disque du soleil. *Welser* envoya ces lettres à *Galilée* pour lui demander son avis sur cette soi-disant découverte. *Galilée* répondit aux dates des 4 mai, 14 août et 1er décembre 1612, qu'il avait précisément vu ces taches, et qu'il les avait montrées à plusieurs personnes, dès le mois d'octobre 1610.

On ne saurait douter que *Galilée* n'ait eu la priorité dans cette découverte. Mais *Scheiner* n'avait certainement rien vu des travaux du savant italien, et il a par conséquent quelque droit à cette découverte. On pourrait plutôt lui reprocher de ne l'avoir pas comprise, car il considérait ces taches comme des corps opaques ou de petites planètes tournant autour du soleil. Toutefois cela ne l'empêcha pas de conclure de leur mouvement à la rotation du soleil autour de son axe, car il se figurait que ces soi-disant planètes se trouvaient à la surface du soleil ou du moins tout près de cette surface.

D'autres savants ont également pris ces taches pour des planètes, *Malapertius* par exemple, qui écrivit sur ce sujet son ouvrage *Sidera austriaca periheliaca* (Duaci, 1627) et *Johann Tarde*, auteur de *Sidera borbonia, falso maculæ solis nuncupata* (Parisiis, 1620)[2].

---

1. Voy. Montucla, II, p. 312. (T.)
2. Fischer, *Gesch. d. Physik*, I, 121.

Plus tard, lorsqu'il connut les observations de *Galilée*, *Scheiner* revint de son erreur, et par le soin qu'il apporta à l'observation de ces taches, il s'est acquis un mérite plus grand que par leur découverte. Son mérite est surtout d'avoir fait pour la première fois une étude attentive de ces taches, afin de connaître leur mouvement et leurs caractères. Il fit pendant plusieurs années plus de 2000 observations.

Il exposa le résultat de ses recherches dans un ouvrage qui porte le titre singulier : *Rosa Ursina sive sol ex admirando facularum et macularum suarum phænomeno varius*, etc.

Rosa est un nom symbolique du soleil auquel il crut devoir ajouter l'adjectif *ursina*, parce qu'il avait dédié son ouvrage au duc Paul Jordan II de Orsini Bracciano, qui l'avait encouragé. Cet ouvrage parut en 1630 à Bracciano, mais il avait été commencé dès 1626, comme le porte le titre du livre.

Lors de ses premières observations *Scheiner* n'avait d'autre moyen de triompher de l'éclat éblouissant du soleil que de l'examiner à travers un nuage léger. Plus tard l'idée lui vint de construire les lentilles de sa lunette avec du verre coloré ; ce moyen n'étant pas pratique, il plaça devant sa lunette, dont les lentilles étaient en verre blanc, des verres plans colorés.

Ces verres étaient d'abord bleus. C'est donc à lui qu'appartient l'honneur d'avoir employé pour la première fois les verres obscurs proposés 70 ans auparavant par *Apian* dans son *Astronomicum cæsareum* (Ingolst, 1540). C'est en grande partie pour n'en avoir pas fait usage que *Galilée* perdit la vue [1].

Dans cet ouvrage *Rosa Ursina*, *Scheiner* décrit aussi une lunette astronomique construite d'après les indications de *Keppler* à l'aide de deux lentilles convexes. L'exécution et l'application de cet instrument lui appartiennent à la fois, car il s'en servit dans la plupart de ses observations. *Scheiner* dit dans cet ouvrage, que treize ans auparavant, à l'aide d'une pareille lunette, il avait pu montrer les taches du soleil à l'archiduc Maximilien d'Autriche, et bientôt après à l'empereur lui-même. D'après cela, la première lunette astronomique aurait été construite vers 1613 ou 1617, selon que l'on compte les treize années à partir de l'une des deux dates 1626 ou 1630 indiquées dans la *Rosa ursina*.

Scheiner employait la lunette astronomique d'une manière tout à fait appropriée à l'étude des taches solaires. Il tirait l'oculaire de la lunette un peu plus qu'il n'était nécessaire pour la vision distincte : se plaçant dans une chambre obscure, il dirigeait la lunette vers le soleil et recevait l'image qui se formait derrière l'oculaire sur un tableau blanc ou sur une feuille de papier huilé. Il est vrai que l'image obtenue ainsi n'est pas aussi nette que celle de l'objet vu directement à travers la lunette, mais elle présente l'avantage de pouvoir être examinée en même temps par plusieurs personnes. C'est de cette façon que *Scheiner* fit voir les taches du soleil à l'archiduc Maximilien. Il donna à cette disposition de l'appareil le nom d'*hélioscope*, et on ne saurait lui contester ce droit, car c'est lui qui établit cette disposition pour la première fois. Mais il ne

1. Voy. Humboldt, *Cosmos*, III, 383.

faut pas oublier que *Kepplèr* l'avait déjà indiquée d'une manière théorique dans la proposition 88 de sa *Dioptrique*[1].

87. — Un autre Allemand revendique encore l'honneur d'avoir découvert les taches du soleil, *Johann Fabricius*, fils du pasteur David Fabricius de Osteel, bailliage d'Aurich dans la Frise orientale. Ce dernier astronome distingué, né en 1564 et mort en 1615, découvrit entre autres en 1596 l'étoile changeante du col de la Baleine, observa la comète de 1607, et la nouvelle étoile dans le pied d'Ophiuchus (Serpentaire). Il publia en 1610 la première carte de la Frise orientale. Son fils Johann (né en 1587) vit les taches du soleil en observant cet astre à travers un télescope de Hollande. D'abord il ne se servait pas d'écran, ses yeux s'étant peu à peu accoutumés à l'éclat du soleil ; plus tard il se plaçait dans une chambre obscure dans laquelle il ne laissait pénétrer les rayons du soleil que par une petite ouverture. Il décrivit ses observations dans un ouvrage intitulé : *De maculis in sole observatis et apparente earum cum sole conversione narratio*, qui parut à Wittemberg au mois de juin 1611, époque à laquelle les observations de *Galilée* ne pouvaient être facilement connues en Allemagne. Il n'indique pas le jour où il observa pour la première fois les taches du soleil, mais d'après les indications contenues dans son traité, on peut placer cette date vers la fin de 1610[2].

Il n'est pas facile de décider si *Fabricius*, qui ne donne pas la date de sa découverte, a aperçu les taches avant *Galilée*, qui les observa pour la première fois en octobre 1610 ; mais on n'a pas de raison de lui contester, pas plus qu'à *Scheiner*, l'originalité de sa découverte. Il en est tout autrement de *Harriot*, astronome anglais et ami de *Kepplèr*, né en 1560 à *Oxford* et mort dans la même ville en 1621. Le baron de *Zach*, qui eut en 1788 l'occasion de parcourir le manuscrit de *Harriot*, soutient que cet astronome vit les taches pour la première fois le 8 décembre 1610, et qu'il fit depuis sur ce sujet un grand nombre d'observations. Mais il ne savait pas qu'il avait devant lui les taches du soleil ; il ne publia pas ses observations, et ne reconnut leur valeur qu'au mois de décembre de l'année suivante.

88. — Pour revenir à *Scheiner*, ce n'est pas seulement sa découverte des taches du soleil qui a conservé son nom à la postérité.

D'autres observations, appartenant plus spécialement à la physique, montrent que ce n'était pas un esprit ordinaire. Il est l'auteur d'un ouvrage sur l'optique, très remarquable pour le temps où il parut : *Oculus, hoc est fondamentum opticum* (Œniponti, 1610). Cet ouvrage traite de la vision, comme son titre l'indique, et il contient maintes observations qui font honneur à *Scheiner*. Celui-ci y expose ses expériences pour déterminer d'une manière précise les indices de réfraction des différents liquides de l'œil. Il trouva que l'indice de réfraction de l'humeur aqueuse de l'œil était égale à celle de l'eau, que celui du cristallin se rapproche de l'indice du verre, et que celui de l'humeur vitrée était entre les deux.

<hr>

1. Wilde, *Gesch. d. Optik*, I, 170.

2. Voy. Humboldt, *Cosmos*, II, 360 ; Fischer, *Gesch. d. Physik*, I, 116 ; Kastner, *Gesch. d. Math.*, IV, 140.

Ensuite il chercha à suivre la marche des rayons lumineux à travers l'œil, et arriva par là, ainsi que *Keppler*, à cette conclusion que la rétine est le siège de la vision. Il le prouva, et aussi l'identité de l'œil et de la chambre obscure, par une expérience très instructive et décisive. Il prit un œil de bœuf, enleva les tuniques extérieures jusqu'à la rétine et dirigea cet œil vers la lumière. Il vit alors sur la rétine transparente une image nette des objets placés devant l'œil. Plus tard en 1625, il répéta cette expérience sur un œil humain.

Sur la faculté que l'œil possède de voir nettement à diverses distances, il donna une explication différente de celle de *Keppler*. Il admit que l'adaptation de l'œil résultait d'un changement de forme du cristallin, celui-ci devenant plus convexe pour les objets rapprochés et plus aplati pour les objets éloignés. A cette occasion, il remarqua aussi très justement que la pupille se rétrécit lorsqu'on considère des objets rapprochés.

Il fit voir également qu'on n'a pas besoin d'un appareil compliqué pour montrer le croisement des rayons dans une petite ouverture. En effet, si l'on examine la flamme d'une bougie à travers un petit trou percé dans une carte, et si on fait descendre la lame d'un couteau de haut en bas, d'abord entre la carte et l'œil, et ensuite entre la carte et la flamme, on voit, dans le premier cas, la partie inférieure de la flamme disparaître d'abord, et dans le second cas la partie supérieure.

Scheiner remarqua également que si l'on perce plusieurs petits trous dans une carte sur un espace que la pupille puisse embrasser, en regardant la flamme d'une chandelle, on voit autant d'images que de trous. Mais *Scheiner* ne parvint pas à expliquer ce phénomène. L'explication en fut trouvée pour la première fois par *Jacob de la Motte*[1], médecin à Danzig, et plus tard par *Musschenbroek*[2]. Le phénomène ne se produit que dans le cas où les rayons se croisent en avant ou en arrière de la rétine : il disparaît pour un œil myope quand il regarde à travers une lentille concave ; pour un œil presbyte, quand il regarde à travers un verre convexe[3].

Scheiner est encore connu pour la description exacte d'un cas remarquable du phénomène des parhélies qu'il observa à Rome le 20 mars 1629 ; il accompagna sa description de mesures. Ce phénomène, depuis désigné sous le nom de phénomène romain, consiste en deux cercles colorés autour du soleil, et en un grand cercle blanc horizontal passant par cet astre. En outre, quatre parhélies se trouvent sur le dernier cercle, et deux autres sont placés au-dessus du soleil, sur les cercles colorés[4] (voy. § 266).

Scheiner est aussi l'inventeur d'un instrument fort utile pour reproduire les dessins dans un rapport soit plus petit, soit plus grand, et qu'on a appelé pantographe ou parallélogramme à réduction. Il inventa cet appareil en 1603, mais ne le décrivit qu'en 1630 dans sa *Pantographia*.

Tous ces faits témoignent de la part de *Scheiner* de beaucoup d'ardeur et de

1. Abhand, *Naturforsch. Gesellsch.*, in Danzig, 1751.
2. *Introductio ad phylososiam nat.*, 1762.
3. Wilde, *Gesch. der Optik*, I, 214.
4. Fischer, *Gesch. d. Physik*, II, 137.

brillantes facultés. Aussi croyons-nous devoir admettre, que ce fut moins par conviction que par sa situation d'ecclésiastique, qu'il fut amené à combattre le système de *Copernic*, comme il le fit dans son ouvrage :

Prodromus pro sole mobili et terra stabili contra Galileum de Galileis, Posth., 1651[1].

1. Montucla, *Hist. des Math.*, II, 308.

TROISIÈME ÉPOQUE

GALILÉE

89.—*Galileo Galilée*[1] naquit à Pise le 18 février 1564 (n. style), et mourut le 8 janvier 1642, dans la villa Giojello, près d'Arcetri, en Toscane.

Quelques auteurs, et entre autres *Paul Frisi* dans son éloge de *Galilée*, ont voulu faire ressortir comme une circonstance remarquable que *Galilée* était mort l'année même où *Newton* était né. Mais cela n'est pas exact. *Newton* est né, il est vrai, le 25 décembre 1642, mais en comptant d'après l'ancien style. Le calendrier grégorien en usage aujourd'hui fut introduit en Italie en 1582, tandis qu'il ne fut accepté en Angleterre qu'en 1752 ; et, dans le nouveau style, auquel se rapporte la mort de *Galilée*, *Newton* serait né le 5 janvier 1643, par conséquent 100 ans après la mort de *Copernic*.

Galilée était fils d'un gentilhomme florentin, Vincenzo Galilei, homme très versé dans les mathématiques, et dont nous possédons un ouvrage sur la musique ancienne et moderne intitulé : *Dialoghi della musica antiqua et nuova* (Firenze, 1582). La famille porta d'abord le nom de *Bonajuto*, et celui qui s'appela pour la première fois *Galilei* fut un médecin qui professait à l'université de Florence en 1438.

Le père de notre *Galilée* avait beaucoup d'enfants et peu de fortune : aussi, malgré le penchant de son fils pour les mathématiques, le destina-t-il à une profession bourgeoise, celle de marchand de drap. Il lui fit néanmoins faire ses études classiques, et ses progrès furent si rapides que le père abandonna son premier projet, et résolut de faire étudier la médecine à son fils, espérant que celui-ci pourrait un jour soutenir ses frères et sœurs.

C'est ainsi que *Galilée* en 1582 fréquenta l'université de Pise, sa ville natale. Mais bientôt son génie le conduisit sur la voie dans laquelle il devait faire des

---

1. Voy. Montucla, II, p. 286. — J. Bertrand, *Les Fondateurs de l'Astronomie*. (T.)

découvertes si importantes pour la physique. Ce fut en effet en 1583 qu'en observant par hasard les oscillations d'un lustre dans la cathédrale de Pise, il fut conduit à méditer sur les lois du mouvement.

Il lut *Aristote* dans le texte original, afin de se bien pénétrer des opinions de ce maître de la science antique : à son grand étonnement il trouva qu'elles ne s'accordaient pas avec ses propres idées, et qu'elles contenaient beaucoup de choses foncièrement inexactes. Cependant il n'osa pas encore entrer ouvertement en lutte avec *Aristote* dont les doctrines étaient considérées comme parole d'évangile aussi bien à Pise que dans toute l'Italie. Mais il n'en discutait que plus ardemment avec ses compagnons d'étude, et ceux-ci lui donnèrent le surnom de *Chicaneur* à cause de son goût pour la discussion.

Peu de temps après, *Ricci* lui enseigna les premiers éléments des mathématiques. Il y fit de si rapides progrès que bientôt, sur la proposition du marquis Guido Ubaldo del Monte, il fut nommé à la chaire de mathématiques de Pise (1589). Il est vrai que ses appointements n'étaient que de 60 thalers. A partir de ce moment, il se déclara résolument l'adversaire de la physique d'*Aristote*. Il réfuta notamment la théorie de ce dernier sur la chute libre des corps, et ses arguments et ses expériences furent si décisifs qu'il enleva tous les suffrages.

Mais ces heureuses attaques contre une doctrine considérée jusqu'alors comme inébranlable lui attirèrent tant d'inimitiés, lui suscitèrent tant de difficultés, qu'il fut obligé d'abandonner sa chaire de Pise. Heureusement son activité scientifique ne fut pas arrêtée pour cela. Grâce aux recommandations de son protecteur le marquis del Monte et du Vénitien Sagredo qu'il avait connu à Florence, il obtint bientôt après la chaire de mathématiques à l'université vénitienne de Padoue (1592). C'est là, dans sa vingt-septième année, qu'il compléta en grande partie les découvertes dont il avait jeté les premiers fondements à Pise. Ses leçons furent suivies par un auditoire aussi nombreux et aussi brillant que lorsqu'il professait dans sa ville natale. Il comptait parmi ses auditeurs le futur roi de Suède Gustave-Adolphe.

90. — En 1609 *Galilée* fit un voyage à Venise où il entendit parler des télescopes récemment découverts en Hollande (1608) ; quelques auteurs prétendent même, mais sans preuves suffisantes, qu'il y aurait vu un télescope apporté de Hollande. Il fut induit par là à méditer sérieusement sur le perfectionnement et l'application de ce nouvel instrument qui excitait à bon droit une admiration générale. Dès son retour à Padoue, il se mit à l'œuvre et arriva à des résultats si rapides, que dès le mois d'août de la même année, il put envoyer au sénat de Venise une lunette plus puissante que celle que le sénat avait reçue de Hollande. Le sénat se montra fort reconnaissant envers *Galilée* : le 25 août 1609 il lui accorda une pension viagère et tripla le traitement qu'il avait à Padoue comme professeur.

Galilée n'avait pas modifié les principes de la construction de la lunette ; il avait construit la sienne sur le modèle des télescopes de Hollande, c'est-à-dire en réunissant un objectif convexe et un oculaire concave. Mais l'exécution en était plus parfaite que celle des lunettes construites jusqu'alors. Elle grossissait les objets environ trente fois, et donnait des images d'une si grande netteté qu'elle pouvait servir aux observations astronomiques, ce qui n'avait pas lieu pour les lunettes hollandaises importées en Italie. Ainsi en 1637, *Constantin Huyghens*, père du célèbre *Christian Huyghens*, dans une lettre adressée à *Diodati*, atteste que même chez le premier inventeur des lunettes, on n'en trouvait pas avec lesquelles on pût observer les satellites de Jupiter.

Galilée ne tarda pas à diriger sa lunette vers le ciel [1], et bientôt il fit des découvertes qui prouvèrent que le sénat de Venise n'avait pas mal placé ses libéralités. Dès le mois de janvier 1610, il parvint à découvrir des corps célestes inaperçus jusqu'alors : il vit trois satellites de Jupiter le 7 janvier 1610, et il en aperçut un quatrième le 13 du même mois. Il donna à ces satellites le nom de *Sidera medicea* en l'honneur de la maison de Médicis qui régnait en Toscane, sa patrie.

Il fit bientôt connaître cette découverte et d'autres semblables dans un ouvrage intitulé *Nuncius sidereus* (Venise, 1610). Il y exposait ses observations — sur les montagnes de la lune, et donnait un procédé très simple pour en mesurer les hauteurs, — sur la voie lactée, et prouva que la lumière, provenant de cette surface unie en apparence, était due à une multitude de petites étoiles, opinion qu'il nourrissait depuis longtemps, — sur les nébuleuses, etc., etc.... Il envoya cet ouvrage à plusieurs princes de l'Europe, non sans l'espoir d'obtenir quelque récompense. C'était encore probablement cette raison qui l'avait porté à placer le nom des Médicis parmi les étoiles.

Galilée ne fut point trompé dans ses espérances ! Soit pour reconnaître ses brillantes découvertes, soit pour le remercier de cette apothéose sans précédent, Cosme II qui avait reçu autrefois les leçons de *Galilée* se souvint de son maître. Dès qu'il fut arrivé au pouvoir en 1610, il s'empressa de rappeler *Galilée* dans sa patrie, à des conditions très avantageuses. Il le nomma mathématicien de la cour, lui donna la première chaire de mathématiques à Pise avec un traitement de 1000 scudi, sans l'obliger à résider à Pise et à y exercer ses fonctions de professeur, qui consistaient par année en soixante leçons d'une demi-heure chacune. C'est en août 1610 que *Galilée* entra dans ses nouvelles fonctions.

Il habita la plupart du temps la ville du grand-duc qui ne pouvait presque plus se passer de sa société, mais il séjourna aussi fort souvent dans la villa Alla Jelve, chez son ami *Salviati*, et là, en automne 1610, il fit de nouvelles découvertes astronomiques très remarquables.

En septembre il découvrit les phases de Vénus et de Mars, il entrevit les anneaux de Saturne, et enfin, en octobre, il remarqua les taches du soleil, découverte qui devait donner lieu plus tard à tant de contestations (voy. §§ 86, 87). Enfin il observa aussi pour la première fois les facules du soleil [2].

Tandis que ces découvertes excitaient chez les uns un enthousiasme facile à comprendre, elles étaient mises en doute par d'autres, et niées par les péripatéticiens qui les considéraient comme des illusions diaboliques. *Jacob Christmann*, professeur de logique à Heidelberg, disait encore en 1612, dans son

---

1. Voy. Montucla, II, p. 287. (T.)
2. Libri, *Hist. des Math.*, IV, 227.

Nodus gordicus, que la renommée acquise à *Galilée* par sa découverte des quatre satellites de Jupiter s'était déjà évanouie, parce que cette découverte ne provenait que d'une illusion d'optique. Le Père *Clavius* (Schlüssel, jésuite, mort à Rome en 1612) disait que pour voir les satellites de Jupiter, il fallait d'abord avoir un instrument qui les produisît.

En mars 1611, *Galilée* se rendit à Rome et communiqua ses découvertes au prince *Cesi*. Ce prince était un ami de la science ; il avait fondé à ses frais une académie connue sous le nom singulier d'Académie des Lynx (*Accademia dei Lyncei*), sans doute par ce que ses membres se proposaient de pénétrer les secrets de la science avec « l'œil du lynx ». *Galilée* devint membre de cette académie, et bientôt il justifia son nouveau titre par ses travaux. En 1612 en effet, s'il n'inventa pas le microscope, il construisit du moins le premier instrument de ce genre qui ait été vu en Italie, et dans la même année il envoya un de ces appareils construit par lui au roi Sigismond de Pologne [1].

91. — Des trois lettres que *Galilée* écrivit à *Welser* (voy. § 86), la troisième est surtout remarquable. *Galilée* y traite différentes questions astronomiques et prend la défense du système de *Copernic* : soixante-dix ans s'étaient écoulés depuis que *Copernic* avait publié son fameux ouvrage, et l'Église n'y avait encore rien trouvé de répréhensible. Quelques hommes tels que *Tycho-Brahé* avaient eu, il est vrai, quelques scrupules à admettre le mouvement de la terre, mais ces hésitations n'avaient pas franchi le cercle des astronomes, et n'avaient pas eu d'autres conséquences. Ce ne fut qu'au moment où *Galilée* prit la défense du système de *Copernic* qu'on commença à le combattre d'une manière indigne.

C'est un dominicain, *Coccini*, qui commença la lutte, en prêchant en 1613 avec une violence extrême contre les doctrines de *Copernic*, qu'il dénonça comme hérétiques. Des moines de son ordre allèrent si loin, dans leur ignorance, qu'ils affirmèrent que cet ouvrage dangereux attribué à *Copernic* était l'œuvre de *Galilée*. Celui-ci chercha à réfuter les accusations portées contre lui, dans des lettres écrites à plusieurs personnes influentes, et il réussit en effet à trouver quelques défenseurs parmi les personnes non prévenues. Le carmélite *Foscarini*, par exemple, écrivit en 1615 au général de son ordre, *Fantoni*, une lettre dans laquelle il prouvait que les doctrines de *Copernic* pouvaient parfaitement se concilier avec les dogmes de l'Église. De même le moine augustin *Didacus a Stunica* de Salamanque, qui déjà en 1584, dans un commentaire du livre de Job, avait fait une semblable tentative, prit aussi la défense de *Galilée*.

Mais ces essais de justification excitèrent les défiances de la cour de Rome au sujet des doctrines de *Copernic*, et comme les dominicains continuaient à attaquer *Galilée* avec la plus grande violence, celui-ci crut prudent, en 1615, d'aller à Rome pour s'y justifier en personne auprès du pape Paul V.

Galilée chercha à faire régner à Rome une sage liberté de penser : il représenta au pape, entre autres choses, que l'Église compromettait son autorité en cherchant à combattre ou à étouffer des vérités aussi démontrées que le système de *Copernic*.

---

1. Voy. Montucla, II, 238. (T.)

Le pape écouta toutes ces raisons avec beaucoup de calme en témoignant à *Galilée* sa considération personnelle; mais, pour ce qui était de l'objet même de la discussion, il laissa à la congrégation de l'index le soin de décider. Cette congrégation prononça un jugement très défavorable. Le 20 février 1616, elle lança un décret qui interdisait tous les livres dans lesquels il était affirmé que le mouvement de la terre n'était pas contraire aux saintes Écritures. Le cardinal Gaëtano fut chargé de purger les ouvrages de *Copernic* et *Didacus a Stunica* de tous les passages où le mouvement de la terre était mis en parallèle avec l'expression de la Bible.

Tout d'abord, aucune disposition ne fut prise contre *Galilée*[1]. Mais celui-ci ayant commencé à défendre sa thèse avec ardeur, et le cardinal *Orsini* s'en étant déclaré partisan convaincu, le pape s'en rapporta à la décision de la sainte Inquisition, qui n'hésita pas à déclarer que l'opinion de *Galilée* sur le mouvement de la terre était fausse et hérétique.

Cette décision fut prononcée le 5 mars 1616, et, chose remarquable, au moment même où *Keppler* en Allemagne, par la découverte des lois qui portent son nom, démontrait d'une manière irréfutable la vérité du système de *Copernic*.

Galilée ne se crut plus en sûreté à Rome, et, le 23 mai, il retourna à Florence, bien résolu à n'avoir plus de démêlés avec le ciel. De 1616 à 1630 il ne fut pas autrement inquiété, en effet, par la cour de Rome. Pendant ce temps, surtout depuis la mort de son protecteur Cosme II, en 1621, il vécut dans la retraite dans sa villa d'Arcetri, tout entier à ses amis et à ses travaux scientifiques quand la maladie lui laissait quelque répit.

Ce fut à cette époque, en 1617, qu'il imagina sa *Testiera* ou lorgnette pour les deux yeux, qu'il appelait aussi célatone parce qu'il l'assujettissait à une armure, *celata*. Cette invention est, il est vrai, de peu d'importance, et il n'en a même pas la priorité, mais elle est une preuve de son activité, et c'est à ce titre qu'elle mérite d'être citée.

92. — En 1630, commença le deuxième acte du drame qui devait avoir un dénouement si malheureux pour *Galilée*. Celui-ci avait formé le dessein de publier un travail sur le système du monde dont il avait réuni les premiers éléments à Padoue en 1610[2]. Pour plus de sûreté, il alla lui-même à Rome, afin de soumettre son ouvrage à la censure. Grâce aux pieuses protestations qu'il avait habilement placées dans l'introduction de son ouvrage, et grâce aussi aux observations fallacieuses de son ami Ciampoli, secrétaire du pape, il parvint à obtenir l'Imprimatur de la congrégation de l'Index.

Galilée aurait pu le faire imprimer à Rome, mais, comme il manquait encore quelque chose au manuscrit, il l'emporta à Florence pour le compléter. En 1631, la peste éclata dans cette ville, et, comme le manuscrit ne pouvait être envoyé à Rome, *Galilée* fit imprimer son ouvrage à Florence, non sans avoir eu à subir la censure de l'Inquisition, qui se montra toutefois beaucoup plus indulgente que celle de Rome.

1. Voy. Montucla, p. 293. (T.)
2. *Ibid.*, II, 294. (T.)

Cet ouvrage était un parallèle entre le système de *Ptolémée* et celui de *Copernic*, mais sous forme de dialogue entre trois personnes, Sagredo, Salviati et Simplicio, dialogue dans lequel Simplicio, défenseur du système de *Ptolémée*, avait naturellement le dessous. Si jusqu'alors le feu avait couvé sous la cendre, il se ralluma soudain; *Galilée* fut attaqué de tous côtés et accusé d'hérésie. Un de ses accusateurs les plus ardents fut un certain *Chiaramonti* de Cesena, professeur à Pise, et dont *Galilée* s'était attiré l'inimitié en critiquant ses ouvrages. *Chiaramonti* écrivit contre lui une sorte d'acte d'accusation, et, afin qu'il ne restât pas sans effet, il le dédia au neveu du pape, le cardinal Barberini.

Malheureusement, le but ne fut atteint que trop complètement. Le clergé, s'imagina que, par les assurances pleines de respect contenues dans la préface, *Galilée* avait voulu se moquer de son ignorance. On alla même jusqu'à affirmer que, sous le nom de Simplicio, *Galilée* avait voulu désigner le pape crédule qui avait autorisé l'impression du livre.

Le pape *Urbain VIII*, alors qu'il n'était que le cardinal Maffeo Barberini, avait été l'ami intime de *Galilée*. Comme tel, il avait célébré dans ses vers la découverte des étoiles de Médicis et des taches du soleil. En 1624, un an après son avènement au trône pontifical, il avait encore reçu *Galilée* d'une façon amicale, mais dès lors il devint un de ses adversaires les plus acharnés. Il fit examiner minutieusement l'ouvrage de *Galilée* par une commission de cardinaux, de théologiens et de mathématiciens, tous ennemis déclarés du savant. La commission déclara que l'auteur avait enfreint la défense prononcée seize ans auparavant d'enseigner le système de *Copernic*, — que le livre était des plus dangereux pour l'autorité de la Bible et pour la religion, — et que l'auteur devait être traduit devant l'Inquisition.

En novembre 1632, *Galilée* reçut en effet l'ordre de comparaître devant ce tribunal. Le grand-duc Ferdinand II intervint vainement en sa faveur en invoquant son âge et ses infirmités. Rien n'y fit : *Galilée* dut entreprendre le voyage de Rome, le 20 janvier 1633. Avant sa condamnation, il ne fut point soumis à des traitements aussi durs qu'on l'a prétendu; il fut au contraire traité avec égards. On l'autorisa à habiter pendant deux mois chez l'ambassadeur du grand-duc, ensuite on lui meubla une chambre dans le palais de l'Inquisition, et on lui permit même de se promener dans les jardins de la villa Médicis, dans un carrosse à moitié fermé.

Mais, sur les chefs de l'accusation, on demeura inexorable. Le 22 juin, on l'assigna à comparaître de nouveau devant l'Inquisition, afin de s'y entendre condamner. On le retint tout le jour et la nuit suivante, et le lendemain matin on le conduisit au couvent des dominicains Alla Minerva, devant une assemblée des membres de l'Inquisition. Et là ce vieillard de soixante-dix ans, debout en chemise, dut abjurer et rétracter la doctrine du mouvement de la terre.

On le sait, *Galilée* eut la faiblesse de se plier à cette exigence humiliante. On ne sait pas ce qui l'y détermina, et il ne fut pas possible non plus de savoir à quel traitement il fut soumis dans le palais de l'Inquisition, car un silence éternel lui fut imposé, sous peine de se voir excommunier. Il n'est donc pas démontré qu'on l'ait soumis à la torture : peut-être l'en a-t-on menacé seulement. Après son abjuration, la sentence fut prononcée. Il fut condamné à la prison, et on lui imposa de réciter pendant trois ans, une fois par semaine, les psaumes de la pénitence. Son livre fut en outre sévèrement prohibé[1].

Son emprisonnement n'eut rien de bien rigoureux ; il fut bientôt changé en une simple détention dans la villa Médicis[2]. Quelque temps après il put même résider au palais de l'archevêque de Sienne. Un peu plus tard, le pape l'autorisa à retourner dans sa villa, lui interdisant seulement de tenir des réunions scientifiques ou musicales, de donner des grands repas et autres divertissements.

Galilée n'en demeura pas moins sous la surveillance de la police de l'Inquisition. Il fut sans cesse en butte aux attaques passionnées des moines qui cherchaient à détruire tous ses écrits. En décembre 1633, *Galilée* obtint la permission de se rendre à la villa Bellosguardo, près de Florence, où le grand-duc et ses amis lui donnèrent les témoignages de la plus vive sympathie.

Ainsi se termina cet épisode remarquable : bien que *Galilée* ait été traité avec quelques ménagements, le procès qu'on lui intenta n'en est pas moins dans l'histoire du saint-siège une tache ineffaçable. D'un autre côté, c'est un exemple frappant de cette grande vérité que les efforts de l'ignorance ne peuvent jamais éteindre le divin flambeau de la raison.

En novembre 1634, *Galilée* se retira au Mont Rivaldi, dans le diocèse d'Arcétri, où il demeura jusqu'à sa mort, s'occupant de ses sciences de prédilection, ce que prouve une *Théorie de la Mécanique*, publiée en 1634. En 1637, alors qu'il avait déjà perdu l'usage d'un œil, il fit sa dernière découverte astronomique, celle de la libration de la lune. Ce phénomène consiste, comme on le sait, en ce que la lune ne nous présente pas toujours exactement la même moitié de sa surface ; la partie que nous voyons oscille légèrement, tant dans la direction de l'est à l'ouest, que dans celle du nord au sud. Grâce à cela, nous connaissons un peu plus de la moitié de la surface de la lune.

A partir de 1637, *Galilée* fut complètement aveugle. Il devint mélancolique, perdit le sommeil, et des rhumatismes vinrent s'ajouter à tous ses maux. Vers 1626, il avait en partie perdu l'ouïe, et, en 1640, il était entièrement sourd et aveugle. Heureusement il ne survécut pas longtemps à ce triste état : le 8 janvier 1642, il mourut d'une hydropisie, à la villa Giojello, près d'Arcétri : dans les bras de ses deux disciples, *Corricelli* et *Viviani*. Il était âgé de soixante-dix-huit ans. Ainsi se termina cette vie si bien remplie. Ses restes furent déposés dans

---

1. Au commencement de l'année 1820, *Giuseppe Settele*, professeur d'astronomie à l'Académie della Sapienza à Rome, soumit le manuscrit de ses cours à la Congrégation en demandant l'autorisation de le faire imprimer. On le lui refusa parce qu'il y soutenait la doctrine du mouvement de la terre autour du soleil. *Settele* ne se laissa point déconcerter et s'adressa à l'Inquisition, en la priant, dans cette circonstance, de vouloir bien rendre une décision conforme à l'état actuel de la science. L'Inquisition permit alors l'impression de l'ouvrage, mais en même temps ordonna à *Settele* de faire remarquer, *conformément à la vérité*, que la persécution dont *Galilée* avait été victime devait être attribuée, non pas tant à son système, qu'au langage inconvenant tenu par lui (Settele, *Elementi di ottica e di astronomia*, Roma, II, p. 130. Voy. *Conversat. Lex.*, édition 7, article ASTRONOMIE).

2. Voy. Montucla, II, 293. (T.)

l'église Santa Croce, le Panthéon où reposent presque tous les grands hommes de la Toscane.

93. — *Galilée* n'était pas marié, mais il avait eu de ses liaisons avec une Vénitienne, Marina Gamba, deux filles et un fils, *Vincenzo*, dont le nom mérite d'être mentionné dans l'histoire de la physique. Il assista, en effet, son père dans ses derniers travaux, et hérita de ses manuscrits qui furent plus tard soumis à bien des vicissitudes. *Vincenzo*, qui exerça tantôt ici tantôt là les fonctions de juge dans de petites villes de province, ne put donner à cet héritage littéraire tous les soins qu'il réclamait ; du moins il ne le laissa pas s'égarer. Mais un de ses fils, *Cosme*, se crut par scrupule de conscience, obligé de détruire les manuscrits de son grand-père[1]. Il en brûla une partie, et le reste aurait eu probablement le même sort, si *Viviani*, disciple de *Galilée*, n'en eût pris soin.

Viviani, architecte sous Ferdinand II, se proposait de publier ces manuscrits ; mais Ferdinand étant mort peu de temps après, Cosme III monta sur le trône, et sous ce prince ennemi de la science, *Viviani* ne crut pas prudent de faire cette publication. Il enfouit les manuscrits dans la cave de sa maison, et mourut sur ces entrefaites sans avoir réalisé ses projets.

Ce fut en 1739 seulement, quatre-vingt-sept ans après la mort de *Galilée*, lorsque la maison était déjà occupée par un deuxième propriétaire, qu'on découvrit les manuscrits enterrés. Une partie de ces papiers avait déjà été vendue à un fripier, quand le chevalier *Nelli* survint et les acheta. Une autre partie tomba entre les mains du médecin *Félici* dont le fils les remit entre les mains de *Giov. Targioni Tozzetti*, conservateur de la bibliothèque Magliabecchiana[2]. Ce dernier s'en servit pour son ouvrage : *Notizie degli aggrandimenti delle scienze fisiche accaduti in Toscana, etc.* (Firenze, 1780).

Actuellement, on trouve encore une collection importante des manuscrits de *Galilée* dans la bibliothèque grand-ducale. Ses œuvres ont paru dans des éditions chaque fois plus complètes, en 1655 et 1656 à Bologne, en deux volumes in-4° ; en 1718, à Florence, en trois volumes in-4° ; à Padoue, en 1744, en quatre volumes in-4° ; à Milan en 1811, en treize volumes in-8°, et de 1842 à 1856, à Florence, en 16 volumes in-8°. Cette dernière édition donne aussi les dates des travaux de *Galilée*, autant du moins qu'elles sont connues.

94. — Les faits et les théories dont *Galilée* a enrichi la science sont si divers et si nombreux que je suis forcé de n'en citer que les plus importants. Afin de les embrasser plus facilement, nous les diviserons en deux classes : d'abord les travaux d'optique et d'astronomie, ensuite ses travaux de mécanique.

Les découvertes de *Galilée* en optique et en astronomie lui ont valu parmi ses contemporains une plus grande renommée que ses travaux en mécanique. Même à une époque plus récente, on les considérait encore comme constituant les plus grands services qu'il ait rendus à la science. Il n'en est cependant pas ainsi. Malgré les honneurs et les avantages que ces découvertes ont valu à *Galilée*, malgré leur importance réelle pour la science, on ne peut nier

---

1. Voy. Montucla, II, 290. (T.)

2. Bibliothèque de Florence, fondée par Maggliabecchi, savant bibliophile. (T.)

cependant que le mérite personnel de leur auteur n'y a été que pour peu de chose.

Une fois la lunette inventée, ces découvertes devenaient en effet inévitables. Pour les faire, il n'était pas besoin de la sagacité d'un *Galilée ;* ce qui le prouve, c'est que plusieurs de ses découvertes furent faites tout aussitôt ou peu de temps après, par des hommes qui, sous le rapport du talent, ne peuvent être mis en parallèle avec lui. Qu'on se reporte, à ce sujet, à ce que nous avons dit au paragraphe 83 sur les satellites de Jupiter, et aux paragraphes 86 et 87 sur les taches du soleil.

Il en est tout autrement des découvertes de *Galilée* dans le domaine de la mécanique. Celles-ci supposent une pénétration, une force et une liberté de jugement telles qu'on les trouve chez peu de personnes. Nous qui n'avons pas été élevés dans le respect de la physique d'*Aristote*, nous ne pouvons nous représenter que bien difficilement ce qu'il fallait d'indépendance d'esprit et de puissance créatrice pour reconnaître la fausseté d'une théorie consacrée par les siècles, et pour la remplacer par des doctrines exactes. Pour en juger, il faut considérer le nombre et le talent des hommes qui, jusqu'à *Galilée*, demeurèrent dans l'erreur, et de ceux qui, même après *Galilée*, persistèrent à y demeurer.

Ici comme dans beaucoup d'autres cas, la postérité a fait preuve d'un jugement droit en honorant *Galilée* comme le *principal* fondateur de la physique moderne, et ce ne sont pas ses découvertes dans le domaine de l'optique et de l'astronomie qu'elle a eues surtout en vue, mais ses travaux en mécanique, ses théories sur l'équilibre et le mouvement, parce que ces théories doivent être considérées comme la base des sciences physiques.

95. — *Services rendus par Galilée à la mécanique.*— J'ai déjà dit plus haut qu'au temps de *Galilée*, en mécanique, on s'en tenait encore aux *Quæstiones mechanicæ* d'*Aristote*. On avait pour cet ouvrage, le plus ancien que nous possédions sur la théorie du mouvement, un respect vraiment superstitieux, au point qu'on préférait faire abstraction de son jugement, plutôt que de s'écarter des principes qui y étaient exposés.

A cette époque, on ne se représentait nullement qu'un corps, une fois mis en mouvement par une force, doit conserver le même mouvement rectiligne et uniforme jusqu'à ce qu'une nouvelle force vienne le modifier. Quand on voyait un corps animé d'un mouvement rectiligne arriver au repos, on n'attribuait pas l'arrêt de ce corps à une force étrangère ou à la résistance des milieux : on admettait que la force motrice s'était épuisée, à peu près comme se perd la chaleur d'un corps placé dans un milieu plus froid. Le mouvement circulaire était considéré depuis *Aristote* comme le plus parfait de tous, et comme le seul immuable.

En général, on partageait les mouvements en naturels et violents. Parmi les mouvements naturels, on plaçait le mouvement des planètes, auxquelles *Aristote* attribuait une orbite circulaire, et le mouvement rectiligne des corps qui tombent. On distinguait encore deux sortes de mouvements rectilignes, l'un résultant d'une certaine attraction du centre de l'univers, l'autre au contraire d'une répulsion de ce centre. Cela conduisait à admettre deux catégories opposées de corps, les corps lourds et les corps légers. Parmi les mouvements violents, on comptait, par exemple, le mouvement d'une pierre qu'on jette. On admettait que ces mouvements violents étaient si contraires aux propriétés des corps qu'ils ne duraient que tant que la force agissait. C'est pourquoi on divisait aussi la trajectoire d'un projectile en trois parties, l'une violente, l'autre mélangée, la dernière naturelle.

Combien ces théories diffèrent des nôtres, c'est ce qui se voit facilement. Nous admettons, en effet, qu'un corps lancé, en supposant que la pesanteur et la résistance de l'air n'agissent pas sur lui, non plus qu'aucune force, à partir du moment où il a quitté l'appareil de projection, conserve son mouvement en vertu de l'inertie ou de l'impuissance dans laquelle il est de modifier son état. C'est ainsi que nous comprenons le mouvement rectiligne et uniforme.

Lorsqu'un corps se meut en ligne droite et avec une vitesse uniforme, nous sommes bien *persuadés* qu'une force a agi sur lui à un moment donné, et qu'elle est la cause de son mouvement. Tant que ce corps conserve le même mouvement, nous admettons qu'aucune force n'agit sur lui, et qu'il conserve son mouvement simplement à cause de l'impossibilité dans laquelle il est de modifier son état, c'est-à-dire en vertu de l'inertie. Cette supposition, qui est la base fondamentale de notre mécanique actuelle, est d'ailleurs une conséquence nécessaire de notre conception de la force.

Nous appelons force tout ce qui modifie l'état des corps. Dans un mouvement rectiligne et uniforme, rien n'est modifié, pas plus que dans le repos; par conséquent aucune force n'est nécessaire pour entretenir ce mouvement, pas plus que pour maintenir un corps au repos. C'est là notre définition actuelle.

Mais à cette époque, les idées étaient toutes différentes. Pour entretenir un mouvement rectiligne uniforme, une force toujours agissante semblait nécessaire. On croyait que, sans l'action constante d'une force, un corps serait aussitôt rentré au repos. On admettait bien aussi une action constante de la force dans les mouvements naturels, mais on enseignait en même temps que, dans ces mouvements, les forces ne s'épuisaient pas comme dans les mouvements violents. Comme on expliquait déjà le mouvement rectiligne et uniforme d'un corps qui tombe par l'action constante d'une force, pour expliquer le mouvement accéléré que prend, par exemple, ce corps, on avait besoin de recourir à des forces particulières.

Si l'on demandait à un disciple d'*Aristote* pourquoi un corps qui tombe prend une vitesse de plus en plus grande, celui-ci répondait que cela tient à ce qu'il reçoit à chaque instant une nouvelle impulsion de la part de l'air qui se précipite derrière lui. L'air était donc pour les anciens une cause de l'accélération du mouvement, tandis que nous savons aujourd'hui qu'il oppose au contraire une résistance au mouvement des corps. Dans un espace vide, d'après la théorie d'*Aristote*, les corps tomberaient avec une vitesse uniforme, c'est-à-dire qu'ils parcourraient des espaces égaux dans des temps égaux, tandis que nous savons par la théorie et par l'expérience que les corps prennent dans le vide un mouvement accéléré, mouvement que leur communique la pesanteur.

Tout était également confusion et ignorance en ce qui concerne les notions de masse, de densité et de poids. On croyait par exemple qu'un corps huit fois plus pesant qu'un autre tombait aussi huit fois plus vite que lui.

Les propositions sur les phénomènes d'hydrostatique n'étaient pas moins confuses. On savait depuis *Archimède* que les corps solides plongés dans les liquides perdent une partie de leur poids égale au poids du volume de liquide qu'ils déplacent. Mais on n'avait pas entrevu que cette perte de poids provenait de la pression exercée de bas en haut par le liquide dans lequel le corps est plongé. *Aristote* enseignait, en effet, que les liquides ne pèsent pas lorsqu'ils sont à leur place naturelle.

On n'avait aucune idée de la pression atmosphérique, ce qui est d'autant plus remarquable que plusieurs savants, et *Aristote* lui-même, avaient considéré l'air comme un corps pesant, et que ce dernier avait même essayé de le peser. Lorsqu'on voyait l'eau monter dans les pompes ou dans les tubes par aspiration, on attribuait ce phénomène *avec Aristote* à l'horreur de la nature pour le vide (*horror vacui*).

96. — Toutes ces erreurs, et d'autres encore, se trouvent à côté de quelques considérations exactes, dont je parlerai plus tard, dans les questions mécaniques d'*Aristote*. Jusqu'au xviie siècle elles s'imposaient encore aux meilleurs esprits avec tant de force que lord *Bacon* lui-même ne put s'en débarrasser, lui qui donna cependant des preuves d'un jugement si net, et qui, dans d'autres circonstances, se montra l'adversaire résolu des abstracteurs de quintessence de l'École d'*Aristote*. C'est ce qui résulte entre autres des questions que lord *Bacon* propose aux physiciens dans son ouvrage *Novum organum* (Lond., 1620). D'après lui, on devait chercher quels sont les corps qui sont mis en mouvement par la pesanteur, ceux qui sont mis en mouvement par leur légèreté propre, et enfin ceux qui ne le sont ni par l'un ni par l'autre. Quelles sont les limites de la légèreté? L'air appartient-il aux corps pesants ou légers?

L'ignorance de *Bacon* sur tous les principes de la mécanique se voit encore davantage par les nombreuses espèces de mouvements qu'il croit nécessaire de distinguer. Il n'en admet pas moins de 19, au nombre desquels se trouvait un mouvement résultant de l'horreur du mouvement! Et cependant, lord *Bacon* était l'un des hommes les plus éclairés de son siècle! un homme qui a immortalisé son nom en cherchant surtout à convaincre ses contemporains de la nécessité absolue de recourir à l'expérience, pour atteindre la vérité dans les sciences physiques. Quelques historiens, surtout parmi les Anglais, le considèrent même comme un des principaux rénovateurs de la physique.

Ce *Francis Bacon* était le plus jeune des fils de sir Nicolas Bacon. Il naquit à Yorkhouse, à Londres, le 22 janvier 1561, et fit ses études à l'université de Cambridge, afin d'entrer dans la magistrature. Ses qualités brillantes lui valurent, à l'âge de vingt-huit ans, une place de conseiller extraordinaire de la reine Elisabeth. Il franchit rapidement tous les degrés des honneurs et arriva enfin, en 1619, à la plus haute des dignités en Angleterre, après la royauté, à celle de lord chancelier. Il acquit en même temps le titre de baron de Verulam, auquel il ajouta un an après celui de vicomte de Saint-Alban.

Mais il ne resta pas longtemps investi de cette haute dignité. Dès 1621, il fut accusé par le parlement d'avoir vendu des offices et des privilèges sous le sceau de l'État. Il ne put nier ce délit qu'il commit plutôt par faiblesse que par vénalité. Il fut dépouillé de toutes ses dignités, déclaré incapable de remplir aucune fonction publique, condamné à payer une amende de 40 000 livres sterling, et enfin condamné à un emprisonnement perpétuel dans la Tour de Londres. La peine de l'emprisonnement fut levée peu de temps après par son protecteur Jacques Ier, qui lui accorda même une pension de 1800 livres sterling, mais il ne rentra jamais en possession de ses titres; et le chagrin le conduisit bientôt à la tombe. Il mourut le 9 avril 1626, à Highgate.

L'ouvrage principal de *Bacon* porte le titre : *Novum Organum scientiarum;* il parut en 1620, un an avant la ruine de son auteur. *Bacon* a joui parmi ses contemporains d'une grande réputation légitimement acquise, et qui lui a valu l'épitaphe de *Lumen scientiarum;* mais il ne peut prétendre au titre de fondateur de la physique moderne. *Bacon* lui-même n'est pas entré dans la voie expérimentale, ou du moins il ne l'a pas fait avec succès. Il la recommanda seulement à ses contemporains, et exerça par là une influence salutaire, surtout sur ses compatriotes; mais il fit cette recommandation à une époque où *Galilée* avait depuis longtemps brisé les entraves de la physique d'*Aristote*. D'ailleurs, un an avant l'apparition du *Novum Organum*, *Bacon* connaissait les travaux de *Galilée* déjà publiés et ceux qui ne l'avaient pas encore été[1].

97. — Après cette digression, pour en revenir à *Galilée*, disons que sa première attaque contre la mécanique d'*Aristote* fut dirigée contre cette proposition que la vitesse d'un corps qui tombe est proportionnelle à son poids et que par conséquent un corps qui pèse n fois plus qu'un autre tombe aussi n fois plus vite. On dit que *Galilée* fut conduit à soupçonner l'inexactitude de cette proposition en observant par hasard les oscillations des lustres dans la cathédrale de Pise. Il aurait remarqué que les lustres grands ou petits, dès lors qu'ils étaient attachés à des chaînes d'égale longueur, accomplissaient leurs oscillations dans le même temps. De ce phénomène *Galilée* conclut que les corps d'un poids grand ou petit tombent également vite, ou que le poids d'un corps n'a aucune influence sur la vitesse de sa chute.

Cette judicieuse conclusion du jeune homme de dix-neuf ans n'est pas la moindre preuve de son génie. Encore aujourd'hui, il y a des milliers de personnes qui voient osciller des pendules sans s'imaginer que l'oscillation est une chute. Et *Galilée* devait à l'avance s'être fait sur ce sujet des idées précises, avant de pouvoir conclure de l'égale durée des oscillations des masses grandes ou petites, à l'inexactitude du principe d'*Aristote* cité plus haut.

Galilée aurait pu en rester là, car cette proposition était complètement réfutée par l'égale durée de ces oscillations. Cependant, il ne se contenta pas de cette preuve. Il s'efforça de montrer l'inexactitude de la proposition d'une manière plus directe en partie par le raisonnement, en partie par l'expérience. Ses raisons sont simples et ingénieuses. Il dit : « Que l'on imagine la masse qui doit tomber divisée en un certain nombre de parties égales. Chaque partie atteindra évidemment le sol en même temps que les autres, et toutes conserveront leurs positions respectives. Qu'y aurait-il donc de changé si toutes les parties étaient réunies en un tout? Évidemment rien! Il résulte donc de là qu'une grande masse doit tomber tout aussi vite qu'une petite. » C'est là une des preuves les

____
1. Libri, *Hist. des math.*, IV, 160, 466.

plus simples et les plus convaincantes qu'on puisse donner de la loi en question. Toutefois, la preuve que fournit la considération des masses et de leur rapport aux forces est plus savante et plus générale.

Les expériences de *Galilée* pour vérifier l'égalité de la chute des corps grands ou petits étaient de deux sortes. D'abord, il laissa tomber du haut de la tour penchée de Pise des sphères de poids différents, et il trouva qu'elles atteignaient toutes le sol en même temps, pourvu que leurs poids spécifiques ne fussent pas trop différents, et qu'ils ne fussent pas trop faibles, afin que la résistance de l'air n'agît pas sur eux d'une manière trop sensible. Plus tard, *Galilée* fit encore à Padoue des expériences avec des pendules de différents poids aussi bien qu'avec des masses de poids différents, qu'il laissait tomber le long d'un plan incliné. Ce n'étaient là que d'ingénieuses modifications de ses premières observations faites sur les lustres de la cathédrale de Pise.

Les idées qu'on se faisait sur l'accélération étaient tout aussi défectueuses que celles qui se rapportaient à l'influence du poids sur la chute libre. On ne pouvait naturellement ignorer qu'un corps tombe avec une vitesse croissante; mais, au temps de *Galilée*, on ne savait pas plus d'après quelle loi progresse cette vitesse qu'on ne connaissait la cause de cette accélération.

En général on croyait, au temps de *Galilée*, que si on représente par v et v' les vitesses, par s et s' les chemins parcourus par des corps qui tombent,

$$\frac{v}{v'} = \frac{s}{s'}.$$

Cette opinion paraît à première vue tout à fait naturelle, et *Galilée* l'avait tout d'abord adoptée. Mais il reconnut bientôt qu'elle était fausse, car elle conduisait à un non-sens [1]. On peut aujourd'hui facilement le démontrer, car la preuve de *Galilée* n'était pas aussi simple. En désignant le temps par t,

$$ds = vdt.$$

Alors, si $\qquad\qquad v = cs, \ ds = csdt,$

d'où : $\qquad\qquad \dfrac{ds}{s} = cdt.$

Par suite $\qquad\qquad$ log nat. $s = ct$;

mais pour $\qquad\qquad s = o, \ t = \infty.$

Par conséquent pour parcourir l'espace o, le temps serait infiniment grand, et il en résulte que, dans l'hypothèse $v = cs$, aucun mouvement ne peut se produire et la vitesse demeure égale à o.

D'autres physiciens du XVIe siècle avaient encore d'autres opinions plus erronées et proposaient des lois encore plus compliquées. Les espaces parcourus

1. Voy. Montucla, II, 196. (T.)

pendant des temps égaux étaient entre eux comme les segments d'une ligne divisée en moyenne et extrême raison, par conséquent,

$$\frac{s}{s'} = \frac{s'}{s + s'}.$$

98.—Après avoir longtemps cherché quelle loi pouvait bien régler la chute libre, *Galilée* arriva à cette hypothèse que ce devait être non pas $\frac{v}{v'} = \frac{s}{s'}$, mais bien $\frac{v}{v'} = \frac{t}{t'}$.

Les conclusions par lesquelles *Galilée* arriva à cette loi nous montrent de nouveau son génie, car avant de la découvrir il avait dû chercher à s'expliquer de quelle manière peut croître la vitesse d'un corps qui tombe.

Comme nous l'avons déjà mentionné, les partisans d'*Aristote* croyaient que, pour l'entretien d'un mouvement uniforme, une action constante de la force était nécessaire, et, pour expliquer le mouvement accéléré, ils étaient obligés de faire intervenir une force additionnelle. Cette force additionnelle, ils croyaient l'avoir trouvée dans l'air. Ils admettaient que, derrière le corps qui tombe, il se produisait un vide dans lequel l'air se précipitait, et communiquait à chaque instant une nouvelle impulsion au corps qui tombait.

Galilée comprit que l'air n'intervenait pas d'une manière directe dans la chute des corps, qu'il agissait seulement comme une force étrangère, comme une cause perturbatrice. Il eut le premier la pensée parfaitement juste qu'un mouvement accéléré devait être produit exclusivement par l'action constante de la force agissante, et que, par conséquent, le mouvement accéléré que prend un corps en tombant devait tenir exclusivement à l'action constante de la pesanteur. Cette conception du mouvement accéléré lui donnait en même temps l'explication du mouvement uniforme. *Galilée* fut le premier qui comprit que, pour l'entretien, la continuation du mouvement uniforme, aucune force n'était nécessaire [1].

Après s'être formé cette idée de l'origine du mouvement accéléré, *Galilée* arriva facilement à la loi que les vitesses sont entre elles comme les temps :

$$\frac{v}{v'} = \frac{t}{t'}.$$

Il pensait, en effet, que le corps qui tombe reçoit à chaque instant, pendant sa chute, une nouvelle action de la pesanteur, un nouvel accroissement de vitesse tout aussi grand que celui qu'il avait reçu dans le premier moment de sa chute. Ce nouvel accroissement de la vitesse s'ajoutait à celle que le corps possédait déjà. C'est là certainement l'hypothèse la plus simple et la plus naturelle qu'on puisse faire, et elle est complètement confirmée par l'observation. Mais cette loi avait aussi besoin d'être confirmée par l'expérience, sans quoi elle n'aurait été rien de plus qu'une hypothèse : elle n'appartient pas à celles dont la justesse se laisse entrevoir à priori. C'est une loi purement expérimentale, comme la plupart, ou, pour mieux dire, comme toutes les lois physiques.

1. Voy. Montucla, II, 284. (T.)

La loi d'après laquelle un corps qui tombe reçoit à chaque instant de sa chute un accroissement de vitesse aussi grand que celui qu'il a reçu dans le premier instant de son mouvement, suppose que la grandeur de la vitesse que le corps possède déjà ne change pas l'action que la pesanteur exerce sur lui. Mais il est impossible de décider à priori si cette supposition est exacte ou non. Nous voyons même dans beaucoup de cas le contraire arriver, lorsque par exemple un corps reçoit son mouvement d'un autre corps déjà en mouvement.

Une sphère A, qui se meut derrière une autre B, communique à celle-ci un choc d'autant plus grand et par suite un mouvement d'autant plus rapide que la vitesse que celle-ci possède déjà est plus petite. De même, le vent agit sur les ailes d'un moulin ou sur les voiles d'un navire avec d'autant moins d'énergie que les ailes ou les voiles ont déjà une plus grande vitesse. Il en est de même de l'effet de l'eau sur les palettes d'une roue.

On ne comprend pas à priori qu'il en doive être tout autrement des mouvements dans lesquels les forces agissent à distance, comme la pesanteur par exemple, et que pour ceux-ci, l'influence de la force sur le corps ne soit pas changée par la vitesse que ce corps possède déjà. C'est pourquoi nous devons recourir à l'expérience pour nous convaincre de la vérité de la loi énoncée.

C'est ce que *Galilée* sentit fort bien et c'est pourquoi il ne considéra pas sa proposition comme rigoureuse, tant qu'il ne l'eut pas confirmée par l'expérience.

Mais la loi d'après laquelle les vitesses sont proportionnelles aux temps de chute $\frac{v}{v'} = \frac{t}{t'}$, ne peut pas être démontrée directement par l'expérience, parce qu'il est impossible de mesurer à chaque instant la vitesse d'un corps qui tombe. Mais elle peut être vérifiée indirectement en ce que de cette loi on peut en déduire une autre, que l'expérience permet de constater directement. Cette loi est la suivante : les espaces parcourus par un corps qui tombe sont entre eux comme les carrés des temps employés :

$$\frac{s}{s'} = \frac{t^2}{t'^2}.$$

Galilée déduisait cette deuxième loi de la première d'une manière très simple et très claire. Si *ac* représente un temps de chute quelconque, et *ab* une certaine fraction de celui-ci, si les perpendiculaires *bb'* et *cc'* élevées en *b* et en *c* représentent les vitesses en ces points, les vitesses étant dans le même rapport que les temps de chute, $\frac{bb'}{cc'} = \frac{ab}{ac}$ et l'extrémité *b'* doit être sur la ligne *ac'*. Il en sera de même pour toutes les perpendiculaires élevées sur *ac* et représentant les vitesses en chaque point. Si on suppose alors une perpendiculaire élevée en chaque point de *ab* et de *ac*, les sommes de toutes ces perpendiculaires sont données par les triangles *abb'* et *acc'*.

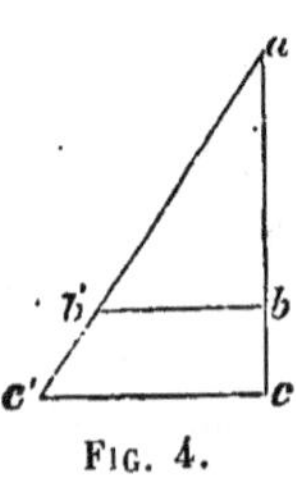

Fig. 4.

Nous savons que

$$\Delta\, abb' = \frac{1}{2}\, bb' \times ab = \frac{1}{2}\, vt,$$

et

$$\Delta\, acc' = \frac{1}{2}\, cc' \times ac = \frac{1}{2}\, v't',$$

en représentant de nouveau par v et v' les vitesses, par t et t' les temps de chute correspondants. Or, chaque triangle représente la somme de toutes les vitesses acquises successivement par le corps qui tombe; il représente donc par suite l'espace parcouru. Si l'on désigne par s et s' les espaces parcourus dans les temps t et t', on a donc

$$\frac{abb'}{acc'} = \frac{s}{s'} = \frac{\frac{1}{2}\, vt}{\frac{1}{2}\, v't'} = \frac{t^2}{t'^2},$$

en remplaçant $\frac{v}{v'}$ par le rapport égal $\frac{t}{t'}$.

99.— La loi des espaces $\frac{s}{s'} = \frac{t^2}{t'^2}$ pourrait être vérifiée par la chute libre d'un corps. Il suffirait pour cela de laisser tomber un corps d'un poids spécifique assez grand d'un point très élevé, et de mesurer exactement les espaces et les temps de chute corrrespondants. Mais la vitesse d'un corps qui tombe est très grande sur notre terre, si grande que, pour obtenir un résultat exact, il faudrait employer beaucoup d'exactitude dans les mesures. Cette exactitude qu'il serait très difficile d'atteindre de nos jours, était impossible avec les moyens qu'on possédait au temps de *Galilée*.

Mais *Galilée* sut tourner la difficulté d'une manière aussi honorable pour lui qu'elle est instructive pour les autres. Il chercha, en effet, un moyen de ralentir la vitesse de chute du corps, et, après quelques méditations, il le trouva dans l'emploi du plan incliné. Il est vrai qu'avant d'en faire usage, il devait examiner comment un tel plan modifie la chute du corps.

Pour cela, il eut recours au pendule. Il suspendit une sphère de plomb à un fil AP (fig. 5) et l'écarta jusqu'en B. Cette sphère abandonnée à elle-même décrivit l'arc BP et remonta de l'autre côté à une hauteur CE égale à la hauteur BD dont elle était tombée. Alors *Galilée* raccourcit le fil jusqu'en a et écarta la sphère jusqu'en b, de sorte que $bd = $ BD : ayant abandonné la sphère, celle-ci décrivit l'arc bP et monta de l'autre côté jusqu'en c. La hauteur ce était égale à $bd = $ BD $= $ CE. *Galilée* conclut de là que, dans les deux cas, le corps arrivé en P devait avoir acquis une égale vitesse, sans quoi il n'aurait pu parvenir à des hauteurs égales à $ce = $ CE. Il en conclut en outre que, très vraisemblablement, la même chose aurait lieu si les arcs BP et bP étaient remplacés par leurs cordes, c'est-à-dire que les corps tombant le long des différents plans inclinés possèderaient dans un même plan horizontal la même vitesse et précisément la même que s'ils étaient tombés verticalement sur ce plan.

Il est évident d'ailleurs que cette conclusion n'est pas vraie seulement pour
un plan horizontal DE, mais encore pour tout autre plan horizontal rencontré
par les plans inclinés (voy. fig. 6, Traducteurs).

Mais si la vitesse acquise par le corps en tombant le long de chaque plan in-

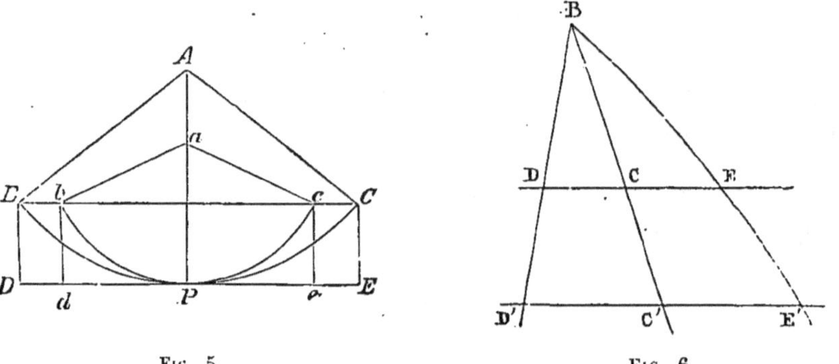

FIG. 5.   FIG. 6.

cliné est la même dans chaque plan horizontal que si le corps était tombé verticalement, il est évident, d'après la loi $s = \frac{1}{2} vt$, que le temps de la chute doit
croître à mesure que le plan s'incline davantage sur l'horizon, puisque la longueur du plan incliné croît dans le même rapport. Bref, *Galilée* parvint, par
cette suite de conclusions, à ce résultat que la chute d'un corps le long d'un plan
incliné a lieu d'après la même loi que la chute libre, et que, par suite, on doit
encore avoir

$$\frac{s}{s'} = \frac{t^2}{t'^2}.$$

La seule différence, c'est que, pour des hauteurs de chute égales, les temps
sont plus grands que dans la chute libre. Après que *Galilée* fut parvenu à ce résultat, il commença l'expérimentation. Il établit une tringle de douze aunes de long
dans l'un des côtés de laquelle était creusée une rainure. Cette tringle était inclinée de telle sorte que la hauteur de l'extrémité supérieure au-dessus de l'autre
extrémité était égale à $\frac{1}{12}$ de la longueur totale. La sphère qui descendait en
roulant était en laiton poli, et afin que la rainure fût parfaitement lisse, elle était
recouverte de parchemin. Pour la mesure des chemins parcourus le long du plan
incliné, la rainure était munie d'une échelle, et, pour mesurer le temps à défaut
d'horloge, *Galilée* mesurait la quantité d'eau qui s'écoulait d'un large vase par
une ouverture étroite. Au moyen de cet appareil très convenable, bien qu'il ne
fût pas de la dernière exactitude, et par des mesures répétées, *Galilée* trouva
réellement la loi qu'il avait déduite de ses conclusions :

$$s : s' = t^2 : t'^2,$$

et que, par conséquent, lorsque les temps croissent comme les nombres 1, 2, 3,
4, les espaces parcourus croissent comme les nombres 1, 4, 9, 16.

Cette loi établie, la première loi $\dfrac{v}{v'} = \dfrac{t}{t'}$, se trouvait également confirmée,
et ces deux propositions, qui jusque-là n'étaient que de simples hypothèses, devenaient des lois expérimentales, à savoir :

1° Tandis qu'un corps tombe, il reçoit dans chaque intervalle de temps égal
un égal accroissement de vitesse.

2° La pesanteur agit avec une force égale sur les corps en repos comme sur
les corps en mouvement.

Galilée trouva toutes ces vérités dans l'année 1602; mais il ne les publia, ou
plutôt ne les fit imprimer qu'en 1638, dans son *Discorsi e demostrazioni matematiche intorno a due nuove scienze attenenti alla mecanica*, etc. (Leida,
1638). *Galilée*, il est vrai, ne les a pas démontrées avec une entière rigueur; sa
démonstration était suffisante cependant pour qu'elles pussent être considérées
comme exactes, et les méthodes plus rigoureuses et plus générales employées par
les mathématiciens et les physiciens postérieurs n'ont fait que les confirmer.

De plus, dans toute la suite des raisonnements et dans les expériences, il a
été fait abstraction de la résistance de l'air, et on a fait tacitement la supposition que, pendant toute la hauteur de chute, la pesanteur agissait avec une
force égale. Mais la résistance de l'air pouvait être négligée par *Galilée*, parce
que le corps qu'il employa, le laiton, a un poids spécifique considérable, et
qu'elle ne diminuait la vitesse que dans une faible mesure. D'un autre côté, la
pesanteur peut être considérée comme constante lorsque le corps ne tombe pas
d'une grande hauteur. *Galilée* ne fut d'ailleurs pas conduit à s'occuper de la
diminution de la pesanteur qui résulte de la hauteur ou de l'éloignement du
centre de la terre.

La première démonstration indiquée plus haut, d'après laquelle la chute d'un
corps le long d'un plan incliné peut se déduire des oscillations du pendule, et
suit la loi de la chute libre, est une démonstration détour-
née, ce qui fait qu'on ne l'emploie plus aujourd'hui. D'ailleurs *Galilée* ne s'en était pas tenu à celle-ci, et il parvint
en 1639 à en trouver une autre que le médecin *Monconys*
nous a conservée dans ses *Voyages*, etc. (Paris, 1695). Cette
preuve est tout à fait identique à celle que nous employons
aujourd'hui, et repose sur une décomposition des forces.

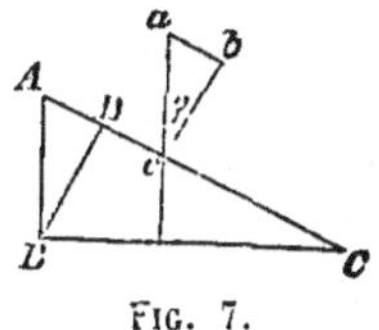

Fig. 7.

Si l'on représente par *ac* le poids du corps qui repose sur
le plan incliné ABC (fig. 7), la composante qui agit sur le corps parallèlement
à AC est *ab*, mais

$$\frac{ac}{ab} = \frac{AC}{AB} = \frac{1}{\sin\gamma}.$$

Comme cette même masse qui, dans la chute verticale, est mise en mouvement
par la force *ac* représentant le poids du corps, n'est actionnée ici que par la
composante $ab = ac \sin\gamma$, il est évident que le mouvement le long de AC sera
plus lent que le mouvement suivant la verticale dans le rapport $\dfrac{1}{\sin\gamma}$.

Réciproquement, si par l'expérience ou par la théorie il est démontré que le mouvement le long de AC est plus long que le mouvement le long de AB dans

le rapport $\dfrac{1}{\sin\gamma}$, il s'ensuit que les intensités des forces qui agissent sur une

même masse sont proportionnelles aux vitesses qu'elles communiquent à cette masse dans le même temps.

100. — Des lois de la chute sur le plan incliné *Galilée* déduisit encore quelques résultats qui méritent d'être remarqués.

Tout d'abord, considérons que, dans des temps égaux, les espaces parcourus sur le plan incliné et suivant la verticale sont entre eux comme $\dfrac{AB}{AC}$, (fig. 7). Si l'on mène alors BD, perpendiculaire à AC, les chemins AB et AD sont parcourus dans des temps égaux, car $\dfrac{AB}{AC} = \dfrac{AD}{AB}$. — En généralisant ce résultat, il résulte de là que toutes les cordes AD, AD' (fig. 8, Traducteurs) d'un cercle sont parcourues dans le même temps que le diamètre vertical AB. Si l'on imagine en effet un cercle décrit sur AB comme diamètre, ce cercle passe par le

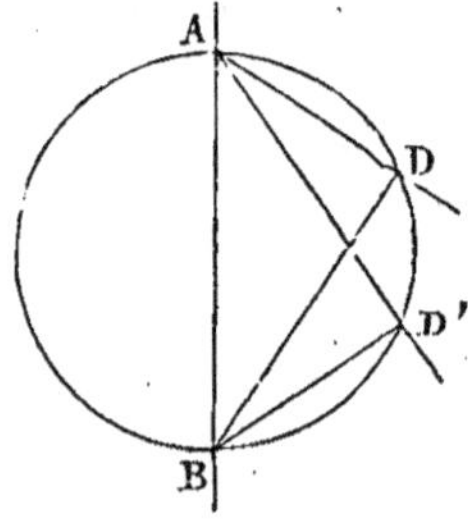

FIG. 8.

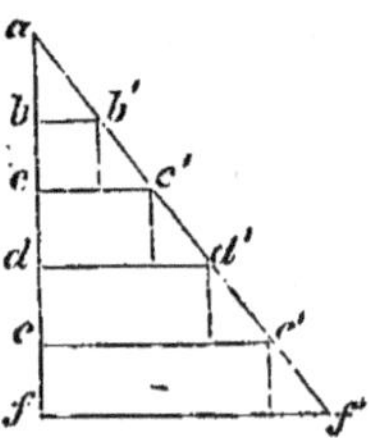

FIG. 9.

point D, et chaque corde telle que AD' possèdera la même propriété que AD, c'est-à-dire qu'une sphère parcourra AD et AB dans le même temps.

Galilée tira également des lois de la chute libre une couple d'intéressantes conclusions, à savoir :

Que les chemins parcourus successivement dans des intervalles de temps égaux sont entre eux comme les nombres impairs.

Ainsi au bout des temps   1,   2,   3,   4,   5,   les chemins parcourus
sont   1,   4,   9,   16, 25   et les espaces parcourus
dans chaque unité de temps
sont :   1,   3,   5,   7,   9.

Galilée démontre cela géométriquement. Si, dans le triangle rectangle aff' (fig. 9), $ab = bc = cd = de = ef$ représentent des temps égaux, et si les perpendiculaires élevées sur af représentent de nouveau les vitesses correspondantes aux différents instants (voy. § 98, fig. 4), alors les surfaces abb', $bb'cc'$, $cc'dd'$, etc., représentent les espaces parcourus dans les intervalles de temps successifs. Or il est facile de voir que ces surfaces sont entre elles comme les nombres 1, 3, 5, 7, etc.

Voici une seconde conclusion plus importante : — Supposons qu'un corps en tombant pendant un temps t ait acquis la vitesse v, et que tout à coup la pesanteur cesse d'agir, le corps continuera à se mouvoir avec la vitesse constante v, et, dans le même temps t, il parcourra un chemin deux fois aussi grand que celui qu'il a parcouru en tombant pendant le temps t. On peut dire d'une manière abrégée : que la vitesse en chaque point est le double de l'espace parcouru, en prenant la durée de la chute comme unité de temps.

La justesse de cette conclusion se déduit facilement de la considération de la figure 9. Soit ab l'unité de temps, bb' la vitesse au moment b, l'espace parcouru dans la deuxième unité de temps, en vertu de la vitesse acquise, est représenté par le parallélogramme $b'c$; celui-ci a une surface double de celle du triangle abb' qui représente l'espace parcouru dans le premier instant de la chute. — Si le corps était tombé pendant deux unités de temps, il aurait acquis la vitesse cc', et s'il continuait alors à se mouvoir, avec cette même vitesse, pendant deux autres unités de temps, il décrirait un chemin représenté par le parallélogramme $c'e$ qui est double du triangle acc' qui représente l'espace parcouru pendant la chute libre. — On pourrait continuer la démonstration de la même manière.

101. — Après avoir étudié les lois de la chute des corps, *Galilée* fut encore conduit à un problème plus important que les deux propositions que nous venons de mentionner. C'est le problème de la trajectoire d'un projectile sur lequel on avait tant discuté en son temps, et que l'ingénieux *Tartaglia* lui-même n'avait pu résoudre (§ 56). La solution que donna *Galilée* n'était pas générale, il est vrai, et par suite ne pouvait s'appliquer directement à la balistique pratique, car il considérait seulement le cas idéal d'un corps qui se meut dans le vide. Mais ce cas, il le traita fort exactement dans ce qu'il avait d'essentiel. Nous devons à *Galilée* toutes les lois qui se rapportent au mouvement des corps dans le vide, lois qui sont d'une application si générale dans toute la mécanique.

1° Tout corps en repos ou en mouvement demeure dans cet état tant qu'il n'est pas troublé par une cause ou une force. C'est la fameuse loi de l'inertie dont *Keppler* n'avait indiqué que la première moitié, à savoir qu'un corps en repos ne peut de lui-même se mettre en mouvement (§ 71).

2° Tout changement dans la vitesse et la direction du mouvement est produit par une force motrice et lui est proportionnel.

3° Si deux forces d'égale grandeur agissent en même temps sur un corps dans des directions opposées, celui-ci demeure en repos.

4° Si ces forces opposées sont inégales, il se produit un mouvement dans la direction de la plus grande des forces, mouvement proportionnel à leur différence.

5° Enfin si deux forces faisant entre elles un certain angle agissent en même temps sur un corps, celui-ci parcourt la diagonale d'un parallélogramme dont les côtés représentent la direction et la grandeur des deux forces. De plus, il parcourt cette diagonale dans le même temps qu'il aurait mis à parcourir chacun des deux côtés . C'est la proposition si importante du parallélogramme des forces, ou, comme on le dit aujourd'hui, de la composition et de la décomposition des forces.

En ce qui concerne la dernière loi, on ne peut nier qu'elle se trouve déjà avant *Galilée* dans quelques indications obscures ou dans quelques applications spéciales. Ainsi, on la trouve déjà dans les *Questions mécaniques d'Aristote* pour le cas des forces rectangulaires ; dans l'ouvrage *De Stellis* de *Fracastoro* qui parut en 1540 (§ 57) ; enfin dans *Simon Stevin*, ingénieux mathématicien hollandais, contemporain de *Galilée. Stevin*, dont je parlerai plus longuement dans la suite (voy. § 107), publia en 1586, à Leyde, un ouvrage : *De Beghinselen der Weegkonst*, dans lequel, entre autres, se trouve énoncée la loi que trois forces se font équilibre lorsqu'elles sont entre elles en grandeurs et en directions comme les trois côtés d'un triangle. Si l'on imagine le triangle complété de façon à former un parallélogramme, on reconnaît alors aisément le parallélogramme des forces de *Galilée*. La diagonale est l'un des côtés du triangle ; elle représente la résultante des deux autres côtés, et, en la prenant en sens contraire avec une grandeur égale, elle produit l'équilibre.

Mais il faut bien remarquer que *Stevin* a énoncé cette proposition, qu'il n'a d'ailleurs pas démontrée, seulement au point de vue de la statique. Il ne dit nulle part que si l'une de ces trois forces qui se font équilibre agissait seule, elle produirait un mouvement de grandeur égale et de direction opposée à celui qui serait produit par les deux autres forces.

102. — Aucun de ceux qui ont précédé *Galilée* sur ce terrain n'a donc complètement saisi l'importance de la loi du parallélogramme des forces, et ne l'a appliquée à la composition des mouvements. Ce mérite appartient à *Galilée* seul, et c'est pourquoi on doit le considérer comme le véritable auteur de cette loi qui a produit de si nombreux résultats dans toute la mécanique. Au moyen de cette loi et de celles énoncées précédemment, *Galilée* parvint à déterminer la trajectoire d'un projectile, et en même temps à résoudre le cas assez compliqué de la composition de deux mouvements dont l'un est uniforme, et l'autre accéléré.

Voici les trois principes sur lesquels *Galilée* s'appuya pour résoudre ce problème :

1° Si la pesanteur n'intervenait pas, le corps lancé se mouvrait en ligne droite dans la direction du jet ou du tir avec une vitesse uniforme ; il continuerait indéfiniment à se mouvoir si la résistance de l'air ou d'autres obstacles ne le ramenaient au repos.

2° La pesanteur agit sur le corps lancé ou chassé avec autant de force que sur un corps au repos ou librement abandonné. Ainsi *Galilée* admettait par conséquent qu'une balle lancée horizontalement du sommet d'une tour atteindrait le sol dans le même temps que si elle était tombée verticalement en chute libre, contrairement à l'opinion que l'on entend encore aujourd'hui émettre par le vulgaire, qui croit que la pesanteur n'agit pas sur la balle dans ce cas.

3° Les deux mouvements, le mouvement de propulsion uniforme et le mouvement accéléré de la chute, se combinent à chaque instant, d'après le principe de la composition des forces, et produisent un mouvement curviligne. Si l'on représente le mouvement uniforme par des abscisses horizontales y, dont les longueurs soient proportionnelles aux temps, si l'on représente par des ordonnées verticales x les espaces de chute qui sont proportionnels aux carrés des temps, il en résultera une courbe dont l'équation sera $y^2 = px$. Mais c'est là l'équation d'une parabole dont le sommet est à l'origine du mouvement et dont l'axe vertical passe par ce point.

Dans ce raisonnement, on a supposé le corps lancé dans une direction horizontale. C'est le cas le plus simple du mouvement de projection, et c'est celui dont *Galilée* s'occupa spécialement. Cependant, il considéra aussi le cas où le corps est lancé obliquement de bas en haut; il montra que par là aucune modification essentielle n'est introduite; le corps décrit encore une parabole, mais qui occupe une autre position.

Galilée montra encore que, lorsqu'on lance un corps de bas en haut avec une même force, mais sous des angles différents, l'amplitude du jet varie et atteint son maximum pour l'angle de 45°. L'amplitude est égale pour des angles qui s'écartent également de 45° en plus ou en moins; mais cette amplitude est plus petite que celle relative à 45°. On peut comparer ces conclusions avec celles de *Tartaglia* (§ 56).

Enfin, *Galilée* fut conduit par là à considérer le cas où un corps est lancé verticalement de bas en haut, c'est-à-dire le cas d'un mouvement uniformément retardé. Il arriva ainsi à la conclusion fort juste que, si un corps est lancé verticalement de bas en haut avec une vitesse de 150 pieds par seconde, tandis que la pesanteur dans chaque seconde lui communique une vitesse de 30 pieds, le corps doit monter pendant 5 secondes. En effet, d'après la loi $\frac{v}{v'} = \frac{t}{t'}$, la vitesse de chute, après 5 secondes, est de $5 \times 30 = 150$ pieds, et par conséquent égale à la vitesse de projection.

Il est facile d'après cela de calculer la hauteur à laquelle le corps arrive. Si nous désignons par g la vitesse qu'un corps acquiert pendant la première seconde de chute, par c la vitesse de projection, la durée de l'ascension sera $t = \frac{c}{g}$, dans l'exemple ci-dessus $t = \frac{150}{30}$. Mais, dans le temps t, si la pesanteur n'agissait pas, le corps serait arrivé à une hauteur ct, tandis que dans le même temps, par suite de l'action de la pesanteur, il tombe d'une quantité égale à $\frac{1}{2} gt^2$. Le corps arrive donc en réalité à une hauteur $h = ct - \frac{1}{2} gt^2$.

Dans l'exemple précédent $h = 150 \times 5 - \frac{30}{2} \times 25 = 375$ pieds.

103. — *Galilée* fit encore une deuxième application très importante des lois de la chute des corps en découvrant le mouvement des pendules. Bien que *Galilée* n'ait pas été ici tout à fait aussi heureux que dans les recherches déjà mentionnées, il doit être regardé cependant comme le fondateur de la théorie du mouvement pendulaire, théorie si importante pour la physique et pour la mécanique. Nous lui devons en effet les théorèmes suivants :

1° Le poids d'un pendule n'exerce aucune influence sur la durée de ses oscillations. Comme nous l'avons déjà dit, ce fut même cette loi qui amena *Galilée* à reconnaître l'inexactitude des théories d'*Aristote* sur l'influence que le poïds d'un corps exerce sur sa chute. Il comprit, en effet, que l'oscillation d'un pendule n'était autre chose qu'une chute le long d'un arc de cercle, et celle-ci une chute le long d'une série de plans inclinés, et que ces dernières étaient analogues à la chute libre.

2° La durée des oscillations d'un pendule dépend de sa longueur, et de plus

les durées t et t' des oscillations de deux pendules de longueurs l et l' sont
comme les racines carrées de ces longueurs, par suite :

$$\frac{t}{t'} = \frac{\sqrt{l}}{\sqrt{l'}} \text{ ou } \frac{t^2}{t'^2} = \frac{l}{l'}.$$

Il tira cette conclusion de la chute d'un corps sur le plan incliné pour lequel
les temps de chute sont comme les racines carrées des hauteurs (§ 99). Dans le
pendule, les hauteurs des arcs semblables sont entre elles comme les rayons
des arcs ou comme les longueurs des pendules : il résulte donc de là que les
durées des oscillations sont entre elles comme les racines carrées des longueurs des pendules.

Cette déduction prouve que *Galilée* supposait que les deux pendules comparés décrivaient des arcs semblables ou étaient également écartés de la verticale.
Et, dans le fait, la loi $\frac{t}{t'} = \frac{\sqrt{l}}{\sqrt{l'}}$ n'est vraie qu'à cette condition, à moins toutefois que les oscillations des deux pendules ne soient très petites. La cause en est,
comme on le sait, que les oscillations d'un seul et même pendule ont une durée
qui varie avec l'amplitude : les plus petites ont une durée moindre que les plus
grandes.

Galilée paraît déjà avoir eu connaissance de ce fait. Cela résulte en effet de
la manière dont il démontre la loi $\frac{t}{t'} = \frac{\sqrt{l}}{\sqrt{l'}}$ et en outre de ce que son fils *Vincenzo* assure dans les Mémoires de l'Académie del Cimento, que son père avait
fait cette remarque dès 1583, lors de ses premières recherches. Cependant
Galilée n'a pas cherché à déterminer de combien la durée des oscillations d'un
seul et même pendule variait avec l'amplitude.

Galilée avait d'ailleurs employé déjà la loi $\frac{t}{t'} = \frac{\sqrt{l}}{\sqrt{l'}}$ pour calculer la hauteur
de la coupole de la cathédrale de Pise, par la durée des oscillations des
lustres qui y étaient suspendus, et cela, au grand étonnement des spectateurs.

3° Enfin la troisième loi sur le mouvement pendulaire, due à *Galilée*, est un
corollaire de la précédente, et s'énonce ainsi : En désignant par n et n' les
nombres d'oscillations accomplies par deux pendules dans le même temps τ,

$$\frac{n}{n'} = \frac{\sqrt{l'}}{\sqrt{l}},$$

car en désignant par t et t' la durée d'une oscillation de chacun des pendules,

$$n = \frac{\tau}{t} \text{ et } n' = \frac{\tau}{t'}, \text{ d'où } \frac{1}{n} : \frac{1}{n'} = \sqrt{l} : \sqrt{l'}.$$

Dans les dernières années de sa vie, *Galilée* chercha aussi à appliquer le pendule à la mesure du temps [1]. Après sa mort, son fils *Vincenzo*, poursuivant

1. Montucla, II, 193. (T.)

probablement les idées de son père, construisit un instrument qui peut jusqu'à un certain point être appelé une horloge à pendule. Mais il ne parvint pas à trouver comment on pourrait employer cet appareil pour mesurer le temps d'une manière convenable et régulière.

Il comprit bien qu'un pendule mis en mouvement continuerait à osciller indéfiniment s'il n'éprouvait pas de frottement autour de son axe ou de résistance de la part de l'air, mais il ne fut pas assez heureux pour imaginer un moyen d'écarter ces résistances, et d'entretenir les oscillations aussi longtemps qu'on le voudrait. Dans la soi-disant horloge à pendule décrite par *Vincenzo*, le pendule était lui-même le producteur du mouvement : dans chaque oscillation, le pendule, au moyen d'une griffe, faisait mouvoir une roue dont l'axe portait une aiguille se déplaçant sur un cercle. Une pareille horloge ne pouvait naturellement demeurer longtemps en mouvement.

L'heureuse idée d'utiliser le pendule comme régulateur d'un système de roues mis en mouvement par des poids, et d'établir avec cela une véritable horloge à pendule, appartient sans contredit au grand physicien hollandais *Huyghens* dont nous parlerons plus tard d'une manière spéciale.

104. — Si nous résumons les travaux que nous venons d'exposer, nous voyons que *Galilée* a enrichi la science d'une manière importante. Nous lui devons :

Des propositions rigoureuses sur les conditions nécessaires pour produire un mouvement uniforme ou un mouvement accéléré ;

La conception de l'inertie de la matière d'une manière plus complète que ne l'avait fait *Keppler* ;

Les lois de la chute libre des corps ;

La loi de la composition et de la décomposition des forces dite aussi règle du parallélogramme des forces, bien qu'il n'ait pas encore énoncé cette loi sous sa forme la plus générale ;

Les lois de la chute sur un plan incliné ;

Les lois du mouvement des projectiles, cependant sans tenir compte de la résistance de l'air ;

Les premiers principes de la théorie du mouvement pendulaire.

A ces travaux, qui ont servi de base à la mécanique actuelle, on peut en ajouter encore un autre. C'est la première indication, fort restreinte il est vrai, du principe devenu plus tard si célèbre sous le nom de principe des vitesses virtuelles.

Sous le nom de vitesses virtuelles, on entend celles qu'un corps en équilibre prend ou est susceptible de prendre dans le premier moment où l'équilibre est détruit. Le principe des vitesses virtuelles s'énonce alors ainsi : les forces ou les puissances sont en équilibre quand elles sont en raison inverse des vitesses virtuelles projetées sur les directions de ces forces.

Le cas le plus simple est celui du levier. Qu'on s'imagine un levier à bras inégaux aux extrémités duquel agissent les forces L. et K. : celles-ci seront en équilibre si elles sont en raison inverse des bras de levier sur lesquels elles agissent. Par suite de cet équilibre, si on communique au levier un petit mouvement, le poids K décrit un chemin qui est au chemin décrit par L comme L est à K. Réciproquement, si cette dernière condition est remplie, c'est que les forces L et K se font équilibre. C'est ce que *Galilée* comprit fort bien, et par là, il reconnut cette vérité que ce que l'on gagne en force on le perd en vitesse, de sorte que le produit de la force par la vitesse est constant.

C'est dans son ouvrage *Della scienza mecanica* etc. que *Galilée* indique le principe des vitesses virtuelles comme une propriété générale des machines. Cet ouvrage ne fut imprimé que 40 ans après avoir été écrit, et encore ce fut en français, en 1634. Il ne fut imprimé en italien qu'en 1649, sept ans après la mort de son auteur.

Il est digne de remarque que la première indication de ce principe se trouve déjà dans *Aristote* : c'est même l'une des rares opinions exactes qu'il ait exprimées en mécanique. Elle ne se trouve pas dans ses Questions mécaniques, mais dans sa Physique où il dit que les forces (puissances ou masses en mouvement) agissent également si elles sont en raison inverse de leurs vitesses. Soient deux corps, deux sphères par exemple, avec des masses $A = 1$ et $B = 8$ et les vitesses respectives $a = 8$ et $b = 1$, elles impriment à une troisième sphère la même vitesse. Si on suspend ces corps à un levier à bras inégaux, dont les bras sont dans le rapport de 1 à 8 (B étant suspendu au plus court), les deux corps se tiennent en équilibre, parce que si l'on fait tourner quelque peu le levier, la simple masse A décrit un chemin huit fois plus grand que le chemin décrit par la masse B huit fois plus grande.

Aristote n'avait pas vu le lien qui existe entre ces deux propositions ; c'est *Galilée* qui le premier l'a reconnu [1].

105. — Ce qui a été exposé jusqu'ici est le plus important de ce que nous devons à *Galilée* dans la mécanique proprement dite. Pour ce qui est de la chute des corps, je dois ajouter que *Galilée* ne s'est proposé que d'étudier les lois de la chute, c'est-à-dire les effets de la pesanteur sans s'inquiéter de l'origine même de cette force, par la raison bien simple qu'il pensait que nous ne pouvions rien savoir à ce sujet. Il ne tint pas compte non plus des variations de la pesanteur ; il considérait cette force comme constante, parce qu'il n'avait observé ses effets qu'en un point de la surface du globe.

Ainsi *Galilée* ne s'inquiéta pas de savoir si la pesanteur a partout la même intensité en différents points de la surface de la terre ou à des hauteurs différentes. Il ne lui vint pas non plus à l'esprit de considérer les mouvements des planètes et de la terre autour du soleil, comme des effets de la pesanteur. Même en ce qui concerne les phénomènes du flux et du reflux, *Galilée* méconnut l'action exercée par les astres, tandis que *Keppler* et avant lui *Stevin* (ce dernier surtout, bien qu'il mêlât des idées fausses à ses considérations) avaient envisagé ces phénomènes comme résultant de l'attraction de la lune. *Galilée* au contraire les déduisait de la pesanteur, de l'attraction terrestre. Il croyait que, dans le mouvement rapide de la terre autour de son axe et autour du soleil, l'eau ne pouvait pas suivre le noyau solide avec une égale vitesse, et qu'alors elle s'accumulait d'un côté, à peu près comme dans un vase ouvert qu'on déplace rapidement vers la gauche, l'eau s'accumule du côté droit. *Stevin* croyait que, puisque nous avons deux flux par 24 heures, l'eau ne devait

<hr>

1. Montucla, *Hist des math.*, II, 182.

pas être attirée simplement par la lune mais encore par un autre point directement opposé à cet astre.

Galilée était d'ailleurs, comme nous l'avons vu suffisamment par sa biographie, partisan du système de *Copernic*, qui ne donnait aucune raison des causes et des lois des mouvements des corps célestes. Dans toutes ses recherches sur la chute des corps et sur les mouvements des projectiles, *Galilée* fit abstraction de la résistance de l'air ; néanmoins il connaissait très-bien l'influence de l'air sur ces mouvements, et il donna même un moyen d'en mesurer la résistance. Son procédé consistait à tirer successivement deux balles de fusil de haut en bas contre une plaque de fer, l'une de quelques pieds de hauteur, l'autre d'une hauteur de cent aunes et plus, si c'était possible. Il pensait qu'alors la dernière balle s'aplatirait un peu moins que la première, bien que sa vitesse de projection fût accrue par l'effet de la pesanteur, précisément parce que la résistance de l'air diminuerait le mouvement.

Galilée n'avait fait sur ce sujet qu'une simple proposition ; mais les membres de l'Académie del Cimento, dont la plupart étaient ses élèves, réalisèrent l'expérience, et confirmèrent, comme on devait s'y attendre, l'opinion du maître.

En terminant, j'ajouterai que *Galilée* doit avoir écrit sur le choc des corps un ouvrage qui a été perdu. Ce qui semble le prouver, c'est que *Galilée* considérait le choc et la pression comme incommensurables [1].

106. — *Galilée* a également laissé des traces de son activité dans l'hydrostatique et l'hydrodynamique. Non-seulement il inventa une machine hydraulique pour laquelle, en 1594, le doge de Venise lui délivra un privilège de vingt années, mais il cultiva également le côté théorique de cette partie de la mécanique. On lui doit, sur la constitution intérieure des liquides, des considérations, qui, dans leurs parties essentielles, servent encore aujourd'hui de base aux calculs mathématiques.

Galilée se représentait les liquides comme formés de petites molécules sphériques soumises, comme les molécules des corps solides, à l'action de la pesanteur, mais possédant une grande mobilité et cédant par suite à la plus petite pression. De cette mobilité, il concluait que les liquides exercent de tous côtés une égale pression. Il expliquait ainsi différents phénomènes qui résultent de la pression des liquides, et cela d'une manière satisfaisante, sans connaître quoi que ce soit des travaux de son contemporain *Stevin*.

A ces travaux d'hydrostatique appartient encore la découverte de la *Bilancetta*, ingénieuse romaine hydrostatique ayant pour but de résoudre un problème semblable au problème bien connu que résolut *Archimède* pour la couronne du roi Hiéron. La Bilancetta consistait en un fléau de balance à bras inégaux, dont la plus longue portait un poids mobile, et la plus courte, le corps à soumettre à l'expérience. On pesait successivement le corps dans l'air et dans l'eau et on déterminait par là sa perte de poids dans l'eau.

Par le but que *Galilée* se proposait ici, il est facile de voir qu'il ne savait pas que les métaux se contractent pendant leur combinaison, et que, par suite, le poids spécifique d'un alliage ne peut être déterminé exactement ; du moins

____

1. Libri, *Hist. des math.*, IV, 285.

à l'aide des poids spécifiques de leurs parties constituantes. De cette manière, on trouve d'ordinaire un poids spécifique trop petit. *Glauber* fut le premier, d'après ce qu'il dit dans son ouvrage *Furni novi philosophici* (Amstelodami, 1651), qui aurait observé la contraction d'un alliage de cuivre et de zinc.

107. — Les travaux de *Galilée* en hydrostatique m'offrent l'occasion la plus favorable de parler des travaux d'un de ses contemporains que j'ai déjà cité incidemment, et dont le nom célèbre peut être placé à côté de celui du grand Florentin. Je veux parler du Néerlandais *Stevin*.

Simon Stevin[1], naquit en 1548, à Bruges, en Flandre, et mourut en 1620, à Leyde où il était inspecteur des digues. Il s'appelait *Steven* ou plutôt Stevens, en latin *Stevinus* et par abréviation Stevin. Nous possédons de lui deux ouvrages : 1° *De Beghinselen der Weegkonst* (Leyden, 1586); et 2° une édition complète de ses œuvres, publiée après sa mort en français sous le titre : *Les œuvres mathématiques de Simon Stevin* (Leyden, 1634). Ces deux ouvrages nous le montrent comme un homme ayant des connaissances très-étendues en mathématiques, en même temps qu'un coup-d'œil juste et un esprit original.

J'ai déjà mentionné (§ 101) que *Stevin* fut sur le point de découvrir l'importante proposition du parallélogramme des forces. Ou plutôt il la découvrit, mais en l'appliquant seulement à la statique. — Il dit en effet que trois forces se font équilibre lorsqu'elles sont entre elles en grandeur et en direction comme les trois côtés d'un triangle. La démonstration qu'il donne de cette proposition n'est pas acceptable, mais elle n'en est pas moins originale. Il disait que si cette proposition n'était pas vraie, une chaîne fermée, enroulée autour d'un triangle à base horizontale, tournerait continuellement autour de ce triangle, ce qu'il était absurde d'admettre.

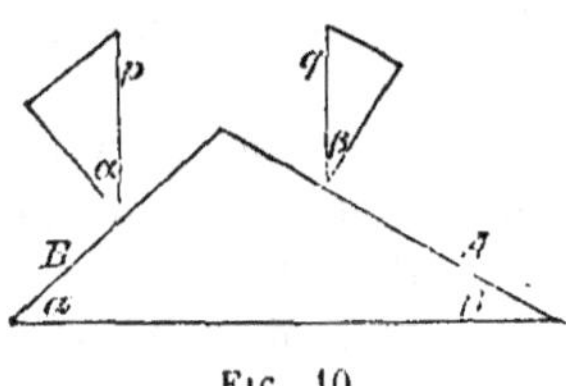

FIG. 10.

En réalité, il démontrait seulement que deux fardeaux, placés sur les deux côtés d'un triangle à base horizontale, se tiennent en équilibre s'ils sont entre eux comme les côtés de ce triangle. Soient α et β (fig. 10) les angles à la base horizontale du triangle, A et B les côtés opposés, p et q les deux fardeaux qui sont tirés le long des deux plans inclinés par les forces $p \sin \alpha$ et $q \sin \beta$, lorsque ces poids se font équilibre, c'est que

$$p \sin \alpha = q \sin \beta.$$

Or

$$B \sin \alpha = A \sin \beta.$$

Donc :

$$\frac{p}{q} = \frac{B}{A}.$$

108. — Ses travaux en hydrostatique sont plus importants et plus durables.

____

1. Montucla, II, 180. (T.)

Si Archimède n'était pas considéré comme le fondateur de cette branche de la mécanique, on devrait accorder cet honneur à *Stevin*. Après le célèbre géomètre de l'antiquité, personne n'a en effet, autant que *Stevin*, contribué à enrichir l'hydrostatique de propositions fondamentales.

On lui doit tout d'abord cette proposition que la pression de l'eau sur le fond d'un vase est indépendante de la forme du vase, et dépend seulement de la hauteur de l'eau dans le vase. Il démontra cette proposition, aussi bien par le raisonnement que par l'expérience, et par ce dernier moyen, aussi bien pour les pressions de haut en bas que pour celles de bas en haut. Il prit des vases ayant des parois verticales et d'autres rétrécis vers le haut et les remplit d'eau jusqu'à la même hauteur. Plaçant alors sur le fond du vase un disque attaché au fléau d'une balance, il trouva qu'il fallait toujours le même contrepoids pour soulever le plateau, soit que le vase eût partout la même section, ou qu'il fût rétréci vers le haut de telle sorte que la surface libre de l'eau fût plus petite que le disque. — Pour déterminer la pression du liquide de bas en haut, il y enfonçait un tube, contre l'ouverture inférieure duquel il avait appliqué un disque de plomb. Il l'enfonçait assez profondément pour que l'eau, par sa pression seule, empêchât la chute du disque, et il constatait ainsi que la pression exercée par l'eau de bas en haut, était aussi grande que la pression exercée de haut en bas, à la même profondeur. Par conséquent cette pression était égale au poids d'une colonne d'eau ayant pour base le fond du vase, et pour hauteur la distance du fond à la surface du miroir.

Il rendit encore la preuve plus complète pour les tubes communiquants avec et sans soupapes. La preuve la plus simple et la plus sûre résulte en effet de ce que, dans les vases communiquants d'inégales largeurs, les liquides s'élèvent à la même hauteur.

D'après cela, disait *Stevin*, une livre d'eau versée dans un tube étroit pourrait produire sur une paroi un effet plus grand que cent mille livres dans un vase large. Il aurait par conséquent entrevu très exactement l'effet de la presse hydraulique, à savoir qu'avec une petite masse d'eau on peut exercer une très grande pression [1].

Stevin parvint encore à déterminer la pression exercée par l'eau sur la paroi verticale d'un vase prismatique. Il la trouva égale à la pression d'un prisme d'eau qui aurait la paroi pour base, et pour hauteur la moitié de la hauteur de l'eau dans le vase. La démonstration qu'il en donne est basée sur une sorte de calcul différentiel, et s'appuie sur ce que, dans un liquide en repos, la pression exercée en chaque point horizontalement est égale à la pression verticale sur le même point. *Stevin* imaginait alors la couche d'eau qui se trouve contre la paroi verticale d'un vase comme partagée en une infinité de couches horizontales ayant chacune une largeur b égale à celle de la paroi et une longueur

---

1. Fischer, *Gesch. d. Phys.*, I, 82...

Cette conclusion ne me paraît pas tout à fait exacte. L'effet dont parle *Stevin* et qui se manifeste dans l'expérience dite du tonneau de Mariotte, tient à ce que l'eau est un fluide *pesant*, tandis que dans le principe énoncé par *Pascal* et qu'on appelle aussi principe de la transmission des pressions, sur lequel repose l'emploi de la presse hydraulique, *la pesanteur n'intervient pas*. (Tr.)

égale respectivement à la distance verticale de la couche à la surface libre. Ces couches étaient par suite de plus en plus longues, et considérées dans une section verticale, elles formaient un triangle rectangle dans lequel la hauteur et la base étaient égales. En désignant par h cette hauteur, la surface du triangle était $h \dfrac{h}{2}$. Celle-ci multipliée par b donnait la pression exercée par le prisme d'eau soit $bh. \dfrac{1}{2} h$. [1].

En outre *Stevin* confirme les propositions trouvées par *Archimède*;

1° Qu'un corps plongé dans l'eau, perd une partie de son poids égale au poids de l'eau déplacée;

2° Que, dans le cas d'un corps flottant, le volume de la partie immergée remplie d'eau pèserait autant que le corps tout entier. En outre il ajouta à ces propositions deux autres propositions nouvelles et importantes :

1° Le centre de gravité d'un corps flottant et le centre de gravité de l'eau qui remplirait la partie immergée du corps sont sur une ligne verticale.

2° Pour que le corps flottant soit en équilibre stable, il est nécessaire que le centre de gravité du corps soit au-dessous du centre de gravité de cette masse d'eau, — la stabilité est d'autant plus grande que le centre de gravité du corps est plus bas au-dessous de celui de l'eau.

109. — Les sujets que *Stevin* traite dans ses ouvrages sont d'ailleurs très multiples; il s'y occupe d'arithmétique, de cosmographie de géométrie pratique, de statique, d'hydrostatique, d'optique, de fortifications, de construction d'écluses, de bateaux, etc., et dans nombre d'endroits il donne les preuves d'un esprit original et ingénieux. Ainsi il développe d'une manière très explicite les avantages qu'aurait le système décimal dans tous les calculs, dans les subdivisions des mesures, des volumes et des poids, et il recommande son emploi avec insistance. Ce ne sont donc pas les Français qui ont reconnu pour la première fois les avantages du système décimal.

En outre *Stevin* fit valoir les avantages qu'il y aurait pour les savants à écrire dans leur langue maternelle. On doit lui en savoir gré, surtout à une époque où les savants de tous les pays écrivaient encore pour la plupart en latin. Pour que les sciences progressent, dit-il, il faut que beaucoup d'hommes s'occupent à faire des recherches, et c'est pour cela qu'il est bon que les savants écrivent dans leur langue maternelle comme les Grecs et les Romains. *Stevin* croyait aussi que le Hollandais ou Bas-Allemand pouvait exprimer les choses d'une manière plus brève et plus précise que le latin à cause de sa richesse en mots monosyllaliques, opinion qui peut paraître surprenante puisque généralement on admet le contraire. Stevin n'hésita pas du reste à enrichir son vocabulaire de mots nouveaux. Quand en mathématiques ou en mécanique les termes lui manquaient, il les créait quelquefois avec un rare bonheur.

Parmi les inventions de *Stevin*, celle de son chariot à voiles mérite encore d'être signalée. Le Français *Peiresc* raconte qu'il avait lui-même fait un voyage dans ce chariot, pouvant contenir 28 personnes, et que le prince Maurice de

---

1. Kastner, *Gesch. d. Math.*, IV, 41.

Nassau aurait été de Putten à Scheveningen, c'est-à-dire à une distance de quatre milles hollandais, en deux heures[1].

110. — Après cette digression, pour revenir à *Galilée*, je parlerai de travaux d'une nature tout différente, de ses recherches sur la cohésion, la résistance ou la ténacité des corps solides[2]. Là encore *Galilée* a frayé la voie. Il chercha le rapport entre la ténacité absolue et la ténacité relative des corps, c'est-à-dire le rapport entre la force qu'il faut pour rompre un bâton dans la direction de sa longueur, et celle qui est nécessaire pour le briser transversalement.

Sa manière de concevoir le phénomène n'est pas tout à fait exacte. Il suppose en effet que toutes les fibres longitudinales résistent également, qu'elles se brisent en même temps, qu'elles ne s'allongent pas avant la rupture, et que les fibres de la moitié inférieure ne se raccourcissent pas. Mais pour les corps solides tels que la pierre ou le verre cette supposition s'accorde assez bien avec l'expérience, de sorte que d'une théorie à moitié vraie, *Galilée* put tirer beaucoup de conclusions exactes.

Par exemple :

Un cylindre creux résiste plus fortement à la rupture qu'un cylindre massif d'égale surface de base... C'est sans doute pour cette raison, dit *Galilée*, que la nature a donné aux os des animaux, aux plumes des oiseaux et aux tiges de beaucoup de plantes la forme de cylindres creux ;

La résistance des corps à la rupture n'est pas proportionnelle à leur masse, parce que les masses sont comme les cubes des côtés semblables, tandis que les résistances à la rupture sont comme les carrés de ces côtés.

De là vient, dit *Galilée*, qu'il y a une limite au delà de laquelle un corps se briserait sous son propre poids, et qu'il ne faut pas juger de la solidité d'une machine par la solidité d'un modèle (exécuté en petit). Il croyait trouver dans ces considérations la raison pour laquelle la nature a fait les animaux d'une certaine grandeur, et pourquoi les plus grands d'entre eux sont aquatiques. Il pensait que de très grands animaux tomberaient sous le poids de leurs propres ossements, s'ils n'étaient soutenus par l'eau dans laquelle ils vivent[3].

Autant *Galilée* s'est exprimé justement sur cette catégorie de phénomènes, autant il s'est trompé sur la cause de la cohésion des corps. Son erreur mérite d'être remarquée, en ce qu'elle montre d'une manière fort instructive, que même un homme d'un jugement très droit ne peut pas toujours se défaire des préjugés dans lesquels il a été élevé. *Galilée* qui fut avant tout l'adversaire d'*Aristote* et des scolastiques émet à propos de la cohésion une opinion qui est au fond semblable à la leur. Il faisait dépendre la solidité d'une *resistenza del vacuo* qui ressemble assez à l'horreur du vide (*horror vacui*) des partisans d'Aristote[4].

111. — *Galilée* commit encore la même erreur au sujet de l'ascension des liquides dans les tubes par aspiration, et par conséquent au sujet des pompes. On raconte que *Galilée* apprit avec étonnement d'un jardinier florentin qu'une

1. Kastner, *Gesch. d. Math.*, IV, 65, 392, 418.
2. Montucla, *Hist. d. Math.*, II, 189. (T).
3. Fischer, *Gesch. d. Phys.*, I, 60.
4. Kastner, *Gesch. d. Math.*, IV, 7.

pompe toute neuve n'avait pas pu élever l'eau au-dessus de 18 aunes italiennes. Cela lui parut si invraisemblable qu'il tint à s'en convaincre par lui-
même. Il aurait examiné la pompe, n'y aurait trouvé aucun défaut et cependant aurait constaté que l'eau ne suivait le piston que jusqu'à une hauteur de
18 aunes, et restait à plusieurs pieds au-dessous de celui-ci lorsqu'on continuait à l'élever. Pendant longtemps Galilée n'aurait pu s'expliquer ce phénomène et aurait fini par l'attribuer à l'horreur du vide, mais en lui donnant une
limite, indiquée par cette hauteur.

Cette anecdote fort répandue se trouve dans la préface du traité de *Pascal*
sur l'*Équilibre des liqueurs*, 1663; elle ne se trouve pas dans l'édition de 1698.
Libri, dans son *Histoire des sciences math.* (IV, 270), conteste l'exactitude de ce
récit. Il se pourrait bien, en effet, que *Galilée* n'ait pas été initié par le jardinier florentin au phénomène que présentent les pompes; il n'en est pas moins
vrai que *Galilée*, dans ses *Discorsi e dimostrazioni matemat.* (Leid, 1638), émet
des opinions qui se rapportent fort bien à cette anecdote. Il y compare la colonne
d'eau soulevée dans la pompe à un fil de métal : or il existe pour ce dernier une
longueur pour laquelle il se rompt sous son propre poids; il pense qu'il en est
de même pour la colonne d'eau suspendue au-dessous du piston.

L'ascension de l'eau dans les pompes est par conséquent pour lui un phénomène de cohésion ou d'adhérence entre le piston et l'eau, analogue à l'adhérence bien connue de lui, de deux plaques de verre mouillées. De même qu'il
expliquait la cohésion des corps solides par une *resistenza* ou *repugnanza del
vacuo*, il voulut expliquer le phénomène des pompes d'une manière semblable.
Si l'eau ne s'élevait pas dans celles-ci au delà de dix-huit aunes italiennes, ce
n'était pas, d'après lui, par suite de la pression de l'air extérieur, mais l'effet
d'une *résistance du vide* précisément mesurée par le poids de la colonne d'eau
soulevée. Cette erreur de *Galilée* est d'autant plus remarquable qu'il n'ignorait pas la pesanteur de l'air. Dans ses *Discorsi e dimostrationi matemat.
intorno a due nuove scienze*, etc., dans lequel il pose les fondements de cette
nouvelle science de la cohésion, il fait décrire par *Salviati* le procédé qui permet
de montrer la pesanteur de l'air, et en même temps de déterminer le poids d'un
certain volume d'air.

« Pour montrer simplement que l'air est pesant, dit Salviati (nom par lequel
Galilée a l'habitude de se désigner), on comprime de l'air dans un vase, on
porte le vase dans une balance, et on lui fait équilibre. On laisse l'air sortir par
l'ouverture de la soupape qui ferme le vase ; on pèse de nouveau le vase, et on
le trouve plus léger : l'air est donc pesant. » *Salviati* décrit encore la méthode
par laquelle il aurait déterminé le poids de l'air. Il dit qu'il avait rempli le vase
d'abord d'air comprimé, et ensuite qu'il l'avait rempli d'eau ; en le pesant dans
les deux cas, il avait trouvé que l'air est 100 fois plus léger que l'eau.

De cette manière, il est vrai, c'est seulement le poids spécifique de l'air comprimé qui a été trouvé ; et, pour que le résultat ait quelque valeur, il aurait fallu
mesurer également le degré de condensation. *Galilée* ne l'a pas fait, et pour ce
motif, le résultat qu'il indique ne mérite pas qu'on s'y arrête. Mais la tentative
est digne d'être signalée parce que c'est la première qu'on a faite pour déterminer
le poids spécifique de l'air ou d'un gaz.

A ce sujet, *Galilée* propose une autre expérience qui peut être considérée dans une certaine mesure comme l'inverse de la précédente. On devrait, dit-il, peser le vase d'abord plein d'air, on chasserait ensuite l'air en échauffant le vase et on le fermerait : on trouverait par là immédiatement le poids de l'air qui remplissait le vase. En pesant alors de nouveau le vase rempli d'eau, et en comparant le poids trouvé précédemment avec celui de l'eau, on aurait le poids spécifique de l'air.

La méthode indiquée ici est tout à fait exacte ; elle est encore employée aujourd'hui. Seulement pour faire le vide dans le vase, on ne se sert plus de l'échauffement qui ne produisait qu'un vide incomplet, on emploie la pompe à air. Mais celle-ci était inconnue de Galilée. Il parvint seulement à comprimer l'air, et encore au moyen d'une seringue.

Il semble que la connaissance du poids de l'air aurait dû entraîner immédiatement la connaissance de la pression atmosphérique puisque celle-ci est une conséquence de la première : il n'en a pas été ainsi. *Aristote* lui aussi avait soupçonné la pesanteur de l'air, et croyait même l'avoir démontrée. Mais ni *Aristote* ni *Galilée* n'arrivèrent à penser que l'ascension de l'eau dans les pompes *aspirantes* était un effet de la pression atmosphérique.

La seule chose que *Galilée* ait apprise par le phénomène des pompes, c'est que malgré l'horreur de la nature pour le vide, il pouvait exister des espaces vides d'air, et dans son esprit pratique il chercha à démontrer la chose expérimentalement. Il prit un cylindre creux, fermé à une extrémité par un fond plan; il y introduisit un piston fermant exactement, suspendit alors le cylindre verticalement, et attacha des poids au piston de manière à le faire descendre. On voit qu'il ne s'en fallut pas de beaucoup que *Galilée* trouvât la pompe à air; il s'en fallait seulement d'un robinet ou d'une soupape, et du tube de communication avec le récipient. Mais là encore *Galilée* s'arrêta près d'atteindre le but. Il se borna à déterminer le poids nécessaire pour faire descendre le piston, et croyait par là avoir mesuré la résistance du vide[1].

THERMOMÈTRE

112. — *Galilée* fut plus heureux avec le thermomètre qu'il ne l'avait été avec le baromètre et la pompe à air. L'histoire de l'invention de cet instrument si précieux, présente quelque obscurité. On ne sait pas d'une manière certaine qui en est l'inventeur, ou plutôt qui en est le premier inventeur. Il est possible et même probable que le premier instrument, fort imparfait sans doute, a été inventé par plusieurs personnes, sinon en même temps, du moins indépendamment l'une de l'autre.

Nous savons que les anciens connaissaient la dilatation de l'air par l'échauffement : *Héron* notamment s'était servi de cette propriété pour élever l'eau.

Cependant, en pesant le pour et le contre, on est forcé de reconnaître que

1. Montucla, *Hist. des math.*, II, 203.

Galilée a des droits à l'invention du thermomètre, et même des droits beaucoup mieux établis que les titres de ceux qu'on a l'habitude de regarder comme les inventeurs de cet instrument. Il est vrai que dans les œuvres imprimées de Galilée qui nous sont parvenues, il n'est aucunement question de thermomètre. Mais nous savons que beaucoup de ses manuscrits ont été perdus et que d'autre part un grand nombre de ses travaux n'ont jamais été imprimés ou ne l'ont été que fort tard.

C'est pourquoi nous pouvons ajouter foi aux biographes de *Galilée*, *Nelli* et *Viviani*, lorsqu'ils nous disent que *Galilée* aurait construit une sorte de thermomètre dès l'année 1597, à une époque où il étudiait les œuvres de *Héron* d'Alexandrie[1].

Il résulte aussi de documents authentiques, qu'en 1603, par conséquent bien avant qu'il ne soit question des autres inventeurs, *Galilée* aurait montré les effets de cet instrument au P. *Castelli*. On sait encore que son fidèle ami, le Vénitien *Sagredo*, fit à partir de 1613 des observations avec un thermomètre de *Galilée*.

Ce thermomètre consistait en un tube de verre terminé par une boule d'un côté et ouvert à l'autre extrémité : une goutte d'eau séparait l'air intérieur de l'air extérieur ; l'échelle était arbitraire. C'était donc un instrument très imparfait, non pas un thernomètre, mais un thermoscope ; encore les indications devaient-elles induire en erreur, puisque l'instrument était influencé à la fois par la chaleur et par la pression atmosphérique. Mais les instruments de ceux auxquels on attribue d'ordinaire l'invention du thermomètre étaient tout aussi imparfaits. Ces prétendus inventeurs sont les Anglais *Bacon* et *Fludd*, les Italiens *Sarpi* et *Sanctorius* et le Hollandais *Drebbel*.

113. — Lord *Bacon* est peut être celui qui méritait le moins d'être considéré comme l'inventeur du thermomètre, car il parle pour la première fois de cet instrument en 1620 dans son *Novum Organum*, et il en parle seulement comme d'une chose connue ; il l'appelle *vitrum calendare*. L'instrument qu'il décrit a l'ancienne forme très défectueuse.

Robert Fludd, appelé *a Fluctibus*, était un médecin anglais qui parcourut en aventurier un grand nombre de pays, et en particulier l'Italie : il retourna dans sa patrie en 1605. Il renonce de lui-même à l'honneur de la découverte. Il décrit en effet un thermoscope dans sa *Philosophia mystica* qui parut en 1638, mais il ajoute qu'il en aurait trouvé la description et le dessin dans un manuscrit qui datait d'au moins 500 ans, mais qu'il ne désigne pas. *Fludd* était né en 1574 à Milgate (Kent) et il mourut à Londres en 1637[2].

Sanctorius ou plutôt *Santorio* naquit en 1561 à Capo d'Istria et mourut en 1636 à Venise où il était professeur de médecine théorique[3].

C'était un médecin très célèbre en son temps, qui s'était acquis une grande renommée surtout par sa *Medicina statica* (Venet, 1614). Il décrivit le thermoscope dans ses *Commentaria in artem medicinalem Galeni* (Venet, 1612). Il cher-

1. Libri, *Hist. des sc. math.*, IV, 139.
2. Libri, *Hist. des sc. math.*, IV, 189.
3. Tiraboschi, *Storia della letteratura ital.*, VIII, 474.

cha à faire l'application du thermoscope et du pendule à la médecine. Mais en admettant qu'il ait réellement inventé le thermomètre ce ne serait toutefois qu'après *Galilée*. Il a d'ailleurs inventé un hygromètre à boyau[1].

Fra Paolo Sarpi, moine de l'ordre des Servites, né en 1552 à Venise mort en 1623 dans la même ville, paraît s'être servi d'un thermomètre dès 1617, mais il n'en parle pas dans ses ouvrages[2].

D'ordinaire c'est *Cornelius Drebbel* qu'on désigne comme l'inventeur du thermomètre. Cette opinion est appuyée le plus souvent sur ce que dit *Dalencé* dans son *Traité des baromètres, thermomètres*, etc. (Amst., 1688). Mais il existe à ce sujet des documents plus anciens. Dans le recueil du P. *Leurechon* : *La récréation mathématique* (Pont-à-Mousson, 1624); l'instrument de Galilée ou de *Sanctorius* est décrit sous le titre : *Du thermomètre ou instrument pour mesurer les degrés de chaleur ou froidure, qui sont en l'air.*

Dans le *Thaumaturgus mathematicus*, 1636, de *Caspar Ens*, qui est une traduction de l'ouvrage précédent, le passage cité est traduit ainsi : *De thermometro sive de instrumento drebeliano*, etc., et c'est de là que *Dalencé* et d'autres conclurent plus tard que *Drebbel* était l'inventeur de l'instrument[3].

Si l'on en croit l'Italien *Libri*, l'ouvrage de Drebbel *De natura elementorum* (Hamb., 1621), qui est cité comme source, ne parle aucunement du thermomètre ou d'un instrument du même genre; *Drebbel* aurait simplement cherché à montrer que l'eau se change en air par l'échauffement. Je n'ai pas eu l'occasion de lire l'ouvrage, mais ce ne serait pas la première fois qu'une indication passerait ainsi de livre en livre comme une tradition.

En réalité, *Drebbel* parle de la dilatation de l'air par la chaleur dans l'ouvrage cité (cet ouvrage parut d'abord en hollandais dès 1608, selon Burckhardt[4]), mais ce qu'il en dit ressemble tellement à ce que dit *Porta* dans ses *Pneumaticis*, qu'on a toutes les raisons de croire qu'il a emprunté le passage à cet auteur.

Porta aurait du moins autant de droits que *Drebbel*, car l'ouvrage *Pneumaticorum libri tres* contient le dessin et la description d'une sorte de thermomètre. Cette description ne se trouve pas, il est vrai, dans l'édition latine de 1601, mais dans la traduction italienne de 1606, de sorte qu'il est très vraisemblable que l'auteur, dans l'intervalle, a dû avoir connaissance de l'instrument de *Galilée*. D'après cela, *Porta* aurait le mérite d'avoir décrit l'instrument pour la première fois[5].

Même en ne tenant pas compte de *Santorio*, de *Sarpi* et de *Porta*, *Drebbel* n'aurait encore aucun droit bien établi à l'invention du thermomètre, car il existe un document encore plus ancien que l'ouvrage de *Drebbel*. C'est l'ouvrage *Matematica maravigliosa* publié à Rome en 1611 par l'ingénieur *Telioux*, commentateur de *Héron*. Dans cet ouvrage dont le manuscrit est conservé à la bibliothèque de l'Arsenal, se trouve décrit un thermoscope à air dont la dis-

---

1. Libri, *Hist. des sc. math.*, IV, 194.
2. Libri, *ibid.*, IV, 194, 214. — Tiraboschi, *Storia*, etc., VII, 742.
3. Wohlwill, *Poggend. ann.*, CXXIV, 163.
4. Poggend, *Ann.*, CXXXIII, 681.
5. Libri, *Hist.*, etc., IV, 469.

position est déjà meilleure que celle qui est représentée par *Porta*, bien qu'il ne soit pas certain, comme *Libri* l'affirmait, que la pression de l'air y ait été éliminée [1]. Ce thermomètre consiste en un tube de verre dont l'une des extrémités porte une boule tandis que l'extrémité ouverte plonge dans un liquide contenu dans une sorte de ballon en verre. Les deux vases de verre étaient reliés entre eux mais pas d'une manière hermétique ; le tube de verre avait une échelle arbitraire qui contenait 8 degrés divisés chacun en 60 minutes.

Enfin *Salomon de Caus*, dont il sera parlé plus tard à propos de la machine à vapeur, dans son ouvrage *Raisons des forces mouvantes*, etc. (Francfort, 1615), décrit un thermomètre très imparfait [2].

De cette longue discussion, il résulte que *Galilée* peut être considéré avec raison comme l'inventeur du thermomètre, à moins qu'on ne veuille remonter jusqu'à *Héron d'Alexandrie* qui a certainement trouvé l'idée fondamentale d'où est sortie cette invention. Il faut avouer aussi que *Galilée* n'a donné à cet instrument qu'une forme grossière et qu'il ne paraît pas avoir reconnu l'imperfection de son appareil dont les indications étaient fort complexes, et qu'enfin il n'a fait aucune observation profitable à la science. Il est vrai qu'on en peut dire autant de tous ses compétiteurs.

114. — *Cornelius Drebbel* naquit à Alcmar en Hollande, en 1572, et mourut à Londres en 1634. Souvent, pour donner sans doute à sa biographie un caractère particulier, on a voulu en faire un paysan. Mais s'il était né à la campagne, il n'était certainement pas paysan dans le sens propre du mot, puisque Ferdinand II, empereur d'Allemagne, lui confia l'éducation de son fils et l'appela au Conseil impérial. Pendant les troubles de 1620, les troupes du prince Electeur Frédéric V le firent prisonnier et s'emparèrent de ses biens. Mais grâce à l'intervention de personnes puissantes, il fut bientôt mis en liberté. Il alla alors à la cour de Jacques Ier, roi d'Angleterre, beau-père de Frédéric, qui aimait à s'entourer de savants, et il demeura à Londres jusqu'à sa mort.

Drebbel ne manquait pas d'esprit d'observation ni d'un certain talent d'invention, comme le montrent la plupart de ses appareils qui excitaient l'étonnement de ses contemporains. Ainsi il construisit un navire, qui aurait, dit-on, parcouru deux milles anglais sous l'eau, de Westminster à Greenwich ; de même, un instrument qui rendait un son agréable, dès qu'on le plaçait au soleil, et d'autres encore. Il paraît avoir eu une prédilection marquée pour ces constructions plus ou moins ingénieuses, et bien qu'il possédât dans différentes branches des mathématiques appliquées, des connaissances peu ordinaires à son époque, l'esprit vraiment scientifique fait défaut à ses travaux.

Outre le thermomètre, on a aussi attribué à *Drebbel* l'invention du microscope composé. Cette assertion, qui met de nouveau *Drebbel* en compétition avec *Galilée*, n'est pas mieux fondée que son droit à l'invention du thermomètre. On sait seulement, avec certitude, que l'envoyé hollandais *Boreel* vit, en 1619, chez *Drebbel*, une sorte de microscope composé, mais il n'est pas dit que ce fut lui qui l'eût inventé (§ 81). D'un autre côté, il semble hors de doute,

---

1. Libri, *Hist.*, etc., IV, 471.
2. Comparez Wohlwill, Poggend, *Ann.*, CXXXIV, 170.

que *Galilée* a, dès 1612, offert au roi Sigismond de Pologne un microscope qu'il avait construit lui-même. Enfin un ouvrage de *Boccalini : Ragguagli di Parnasso*, qui parut à Venise précisément en 1612, prouve qu'à cette époque les microscopes étaient déjà connus en Italie.

Tant que le contraire ne sera pas prouvé, on a toute raison de considérer Galilée comme l'inventeur du microscope composé. Cependant, ce que j'ai dit à propos des thermomètres pourrait peut-être aussi s'appliquer à cette invention. Selon toute vraisemblance, le microscope de *Galilée* était encore très imparfait ainsi que ceux qu'il construisit plus tard, en 1624, pour le prince *Cesi* à Rome. S'ils avaient été plus parfaits, ils auraient attiré davantage l'attention, et auraient conduit *Galilée* à des découvertes réellement importantes.

LONGITUDES GÉOGRAPHIQUES

115. — Les sujets dont *Galilée* s'est occupé, dans les cinquante années qu'il consacra à la science, sont si nombreux, qu'il serait trop long de les énumérer tous, ou d'exposer sur chacun la marche de ses idées. Je me contenterai de considérer quelques-uns de ses travaux, qui, s'ils n'ont pas, comme les précédents, contribué à enrichir la science, montrent du moins le talent d'invention de leur auteur. Parmi ceux-là, un des plus ingénieux est certainement l'idée de se servir des éclipses des satellites de Jupiter pour déterminer les longitudes géographiques. Dans plusieurs de ses inventions, *Galilée* s'était proposé de trouver quelque application utile à la navigation, dont le perfectionnement était rendu nécessaire par les nombreux voyages que les Européens entreprenaient dès lors dans les contrées transatlantiques.

Ainsi, en 1617, il imagina sa Testiera, Celatone, ou lunette binoculaire, à l'usage des navigateurs. Il voulut aussi appliquer le pendule à la mesure du temps sur mer, et il chercha à utiliser le mouvement des satellites de Jupiter, en particulier du satellite le plus rapproché de la planète, pour la détermination des longitudes géographiques. Cette idée, *Peiresc* l'eut également, mais il l'abandonna, dès qu'il apprit que *Galilée* s'en occupait (§ 83). Cette tentative de *Galilée* était d'autant plus méritoire, qu'à cette époque, le problème de la détermination des longitudes était encore tout à fait dans l'enfance.

Au temps de *Galilée*, les navigateurs savaient déterminer la hauteur du pôle, ou la latitude géographique de leurs navires, avec assez d'exactitude. Quant au deuxième élément nécessaire, pour indiquer avec précision la position d'un lieu, sur mer comme sur terre, — la longitude géographique — ils ne savaient la trouver qu'en se basant sur l'évaluation très incertaine de la vitesse du navire à l'aide du loch, et sur la direction de sa route, qu'ils établissaient à l'aide de la boussole. Ce moyen, très insuffisant et très incommode, qu'on emploie encore aujourd'hui dans les voyages de peu de durée, en cas de nécessité, est le seul que possédaient les navigateurs du xvi⁰ et du xvii⁰ siècle, entre autres *Barthélémy Diaz* dans son voyage au Cap, en

1486, et *Christophe Colomb* dans ses voyages de découverte en Amérique, en 1492.

L'imperfection de cette méthode porta les astronomes du seizième siècle à imaginer de meilleurs procédés. Tout d'abord, ils songèrent aux éclipses de lune. Une éclipse de lune est un signe qui se produit en même temps pour tous les lieux de la terre d'où il est visible, ce qui n'a pas lieu pour les éclipses de soléil. Par conséquent, si on observe le commencement ou la fin d'une éclipse de lune en différents points de la terre, et si l'on note l'heure d'une horloge en chaque point au même moment, la différence des temps permet de calculer la différence des longitudes géographiques des lieux d'observation.

Mais les éclipses de lune sont des faits beaucoup trop rares, pour que leur observation puisse être d'un grand secours aux navigateurs, en admettant même, ce qui n'est pas le cas, qu'elles puissent être exactement observées. C'est pourquoi les astronomes du xvie siècle songèrent à employer, au lieu des éclipses de lune, les distances de la lune à certaines étoiles fixes. C'est à un Allemand qu'appartient la priorité de cette idée, *Johann Werner*, prêtre de Nuremberg né en 1468, mort en 1528. Il exprima pour la première fois cette idée en 1514, dans ses remarques sur la géographie de *Ptolémée*.

Beaucoup d'autres astronomes ont fait après lui la même proposition: *Apianus* (Bienewitz), professeur de mathématiques à Ingolstadt, dans sa Cosmographia 1524; — *Orontius Finaeus*, professeur de mathématiques à Paris, où il mourut en 1555; — *Gemma Frisius*, médecin et professeur de médecine à Louvain, dans ses *Principiis astronomiæ*, 1547; — *Pedro Nuñez*, professeur de mathématiques à Coïmbre, qui vécut de 1547 à 1577; — *Daniel Santbeck* 1560; — *Keppler* 1600; — *Morin*, professeur de mathémathiques, à Paris, 1645.

Mais toutes ces propositions demeurèrent sans résultat, parce que, pour appliquer cette méthode, il était nécessaire de connaître le cours de la lune mieux qu'on ne le connaissait au seizième siècle. Elle nécessitait en effet l'emploi de tables, donnant avec exactitude les distances, calculées longtemps à l'avance, de la lune aux étoiles fixes choisies, et on n'était pas alors en état de construire de pareilles tables.

C'est seulement en 1755, qu'un autre astronome allemand, le célèbre *Tobias Mayer* (né en 1723 à Marbach, mort en 1762), professeur à Göttingen, parvint à résoudre le problème, et ce travail valut à sa veuve une partie du prix de 3000 livres sterling institué par le parlement anglais.

L'idée de *Galilée* n'était donc pas nouvelle, en principe du moins, mais elle présentait, sur l'observation des éclipses de lune, cet avantage que les éclipses d'un satellite de Jupiter se succèdent environ tous les deux jours, et donnent par suite un signal beaucoup plus fréquent. Elles ne nécessitent aucune mesure d'angles, ce qu'on ne savait encore pas faire à l'aide des lunettes, et ne demandent qu'une détermination exacte de l'époque du phénomène. C'est pour cela que *Galilée* avait imaginé sa Celatone, qu'il essaya lui-même en 1677 dans le port de Livourne, afin de s'assurer, si, malgré les oscillations du navire, elle fournissait une observation certaine. Il chercha, en outre, à mesurer le temps au moyen du pendule.

Mais le projet de Galilée échoua pour les mêmes causes qui avaient empêché les astronomes de son temps de se servir de la lune. Il ne parvint pas à calculer exactement, à l'avance, le cours des satellites de Jupiter; on ne sait pas exactement jusqu'à quel point il mena son travail. Il fit, pendant nombre d'années des observations dans ce but, et après sa mort, l'un de ses disciples, *Vincenzo Renieri*, fut payé par le grand duc de Toscane pour continuer les observations. On a dit que *Renieri* était sur le point de publier son travail en 1647, lorsque tout à coup ses papiers disparurent, et ne purent être trouvés, malgré toutes les recherches. *Renieri* a dû les détruire lui-même, après avoir reconnu l'inutilité de ses efforts. L'idée de *Galilée* attira d'ailleurs l'attention de tout le monde savant.

Si Philippe II d'Espagne, auquel *Galilée* s'était adressé, non sans l'espoir d'une belle récompense, n'accorda aucune attention à la proposition qui lui était faite, il n'en fut pas de même de la Compagnie des Indes Orientales. Ses relations continuelles avec les colonies devaient lui faire désirer que le problème des longitudes sur mer fût résolu d'une façon satisfaisante. Non seulement elle récompensa *Galilée* par de riches présents, mais, comme celui-ci était déjà aveugle, elle envoya à Arcetri deux astronomes hollandais, pour l'aider dans ses observations et dans ses calculs. Ces astronomes étaient *Wilh. Blauew*, disciple de *Tycho*, connu par la construction d'une sphère céleste, (mort en 1638), et *Hortensius van den Hove*, professeur de mathématiques au Gymnase d'Amsterdâm (né en 1605, mort en 1639). Cette mission n'eut également aucun résultat, mais elle n'en contribua pas moins à propager dans le monde savant la renommée de *Galilée*.

DIVISION DES ANGLES

116. — *Galilée* porta encore son attention sur la simplification des instruments astronomiques, qui étaient alors assez compliqués. Il montra que, pour fonder un observatoire, deux instruments seulement étaient nécessaires : une lunette établie dans le méridien, et un instrument pour mesurer le temps. On sait, en effet, que ces deux instruments suffisent pour les principaux problèmes d'astronomie.

La méthode qu'il indiqua, pour trouver les fractions de degré des instruments à angles, sans qu'il soit nécessaire de pousser la division au delà du degré, est très ingénieuse. Déjà *Tycho* se servait, dans le même but, de lignes transversales sur la partie divisée du cercle; mais cette méthode et d'autres plus imparfaites ont été remplacées par des méthodes plus commodes et plus exactes, par la vis micrométrique, et par le nonius qui fut inventé précisément au temps de *Galilée*.

On sait que le nonius est une petite échelle mobile qui se déplace, en face de l'échelle fixe qu'elle sert à diviser. Elle est graduée de telle sorte, qu'un certain nombre de ses parties diffère d'une division, de la longueur occupée sur l'échelle fixe par le même nombre de divisions. La différence entre une partie N

du nonius et une division de l'échelle, donne alors la fraction de la division de
l'échelle. Veut-on par exemple partager la division de l'échelle en 20 parties,
on fait alors

$$20\,N = 19\,S$$

ou

$$20\,N = 21\,S,$$

d'où

$$N = \frac{19}{20}\,S,$$

ou

$$N = \frac{21}{20}\,S,$$

par suite

$$S - N = \frac{1}{20}\,S$$

ou

$$N - S = \frac{1}{20}\,S.$$

D'ordinaire, on attribue l'invention du nonius au mathématicien portugais
Pedro Nuñez ou *Nonius*, professeur de mathématiques à Coïmbre, et dont il a
été question plus haut. *Nuñez* s'est fait connaître avantageusement comme
mathématicien. Il a entrepris des recherches sur la ligne loxodromique et sur
le plus court crépuscule. Il a aussi écrit un traité sur la navigation, fort bon
pour le temps. Il donne une description du nonius dans son ouvrage : *De cre-
pusculis liber unus* (Lisbon, 1542), mais il n'a aucun droit à cette invention,
et c'est par conséquent à tort qu'on a donné son nom à cet instrument.

Le véritable inventeur de l'instrument est *Pierre Vernier*, né en 1580 et
mort en 1637, à Ornans dans la Franche-Comté. Il décrit l'instrument dans *La
construction, l'usage et les propriétés du quadrant de mathématique*, etc.
(Brux., 1631). Les Français ont donc raison de donner son nom à l'instrument.
Mais quant à savoir s'ils doivent considérer l'auteur comme leur compatriote,
cela est douteux. *Vernier* vécut dans les Pays-Bas comme sujet du roi d'Espagne, de la Maison d'Autriche. Sur l'entête de son livre, il se nomme capitaine et conseiller de sa Majesté le roi d'Espagne, et directeur des monnaies du
comté de Bourgogne. La Franche-Comté d'ailleurs, dans laquelle il est né,
appartint jusqu'en 1668 à l'Empire allemand [1].

La proposition de *Vernier* passa longtemps inaperçue, et il put arriver

---

1. Je ne saurais décider si *Pierre Vernier* doit être considéré comme Français, bien que
son nom soit français et qu'il ait écrit en français : il est franc-comtois et je doute qu'on puisse
en faire un Allemand. Il serait peut-être bon de rappeler ici d'autres jugements exprimés par
l'auteur dans des circonstances semblables. *Copernic* qui est né et a vécu dans des villes at-
tachées à la Pologne, est Allemand, parce qu'il a écrit en allemand et que son nom a une dési-
nence allemande (V. § 61). Plus loin (§ 351) l'auteur considère comme des Allemands : *Wilke*, né
en 1732 à Wismar, *Scheele*, né en 1742 à Stralsund. Or à cette époque Wismar et Stralsund
appartenaient à la Suède, et d'autre part *Wilke* et *Scheele* ont passé la plus grande partie de
leur vie en Suède, à Stockholm même. (Bibart.)

qu'après un assez long espace de temps, dans les Pays-Bas mêmes, deux autres personnes la présentèrent comme une proposition nouvelle, à savoir : *Hedraeus* pensionnaire suédois à l'Université de Leyde et plus tard professeur de math. à Upsal en 1643, et *Gutschoven*, professeur d'anatomie et de mathématiques à Louvain en 1674. Mais les prétentions de ceux-ci ont été oubliées avec raison. A *Vernier* seul appartient l'honneur de l'invention d'un instrument qui n'a pas moins contribué au progrès de la science des mesures, que le réticule placé au foyer des lunettes et des microscopes.

ACOUSTIQUE

117. — J'aurais encore à parler du compas de proportion que Galilée inventa peu après 1594, et qu'il décrivit en 1606, dans un ouvrage spécial. Mais je veux clore ici la longue liste de ses inventions et de ses découvertes, pour examiner ses titres à la première observation d'un phénomène, que nous autres Allemands attribuons d'ordinaire à notre compatriote *Chladni* : je veux parler des figures acoustiques.

A notre époque, en 1816, le physicien français bien connu, *Biot*, a affirmé que la découverte de ces formes si intéressantes pour l'acoustique n'était pas due à *Chladni*, mais au grand florentin. Recherchons jusqu'à quel point ce jugement est fondé. *Galilée* a certainement fait différentes observations qui ont rapport à ce sujet. Il a observé, entre autres faits, que, si on frotte le bord d'un verre en tournant avec le doigt humide, la surface de l'eau contenue dans le verre présente des bourrelets ou des sillons concentriques dès que le verre rend un son.

Ces ondes fixes résultent de ce que les vibrations du vase qui produit le son, se communiquant à l'eau, produisent des ondes directes et réfléchies, qui se croisent en des points déterminés. *Galilée* observa, à ce sujet, que, si le son du vase passe à l'octave, ce qui arrive parfois dans ces expériences, chaque onde se partage en deux autres; les ondes ne persistent qu'autant qu'on entretient le son du verre avec le doigt. Mais ne serait-il pas possible, dit *Galilée* de produire des ondes durables, de telle sorte qu'on puisse les mesurer et les compter avec exactitude?

Certes, continue *Galilée*, car si on passe rapidement (phénomène qu'il observa une fois par hasard) un racloir de fer sur un plateau de laiton, on obtient parfois un son strident, et lorsque ce son se produit, on remarque ensuite sur le plateau un grand nombre de fines stries, parallèles, et à des distances égales les unes des autres. On remarque aussi que ces stries sont d'autant plus rapprochées que le ton est plus élevé. Ce phénomène est sans doute très intéressant, mais il n'a rien de commun avec les figures acoustiques découvertes par *Chladni* seul.

Galilée a également étudié les oscillations sonores. Il est arrivé à la conclusion que la hauteur du son dépend du nombre des oscillations (exécutées dans le même temps), et que, dans les corps d'égale grosseur, de même substance et

également tendus, les nombres d'oscillations sont en raison inverse des longueurs des cordes. Par conséquent, les durées des oscillations sont proportionnelles aux longueurs des cordes. Ces résultats méritent d'autant plus d'être
signalés que ce sont les premières recherches physiques entreprises sur le son.

Par ce tableau, encore incomplet, des travaux de *Galilée*, il est facile de voir
combien sont grands les services qu'il a rendus à la science, et si un seul
homme peut prétendre à l'honneur d'avoir fondé une science aussi étendue que
la physique, c'est certainement à *Galilée* que cet honneur revient. Il a, en
effet, posé les bases de la mécanique scientifique, sur laquelle s'appuient plus
ou moins toutes les autres parties de la physique. Ce ne sont pas toutefois les
seuls résultats de ses expériences, qui lui assurent cet honneur, mais encore
l'esprit et la méthode qu'il apporta dans toutes ses recherches, le lien, qu'il sut
établir entre les expériences et les spéculations mathématiques. Ce lien qui est
encore aujourd'hui la seule base solide de toutes les recherches, personne,
avant *Galilée*, ne s'en était servi avec autant de succès.

MAGNÉTISME

118. — Vers le douzième siècle, les navigateurs de la Méditerranée apprirent à connaître la boussole, probablement par l'intermédiaire des Arabes, qui,
de leur côté l'avaient probablement empruntée aux Chinois (§ 46 et suivants).
La boussole fit faire un progrès considérable aux notions que l'on avait du magnétisme. Elle montra, ce que les anciens ignoraient, qu'une aiguille aimantée,
ou même un aimant naturel, placé de manière à se mouvoir facilement, prend
une direction qu'on peut considérer comme fixe, dans un même lieu et pendant
un certain temps.

On pourrait croire que l'invention de la boussole dut concorder avec la découverte du magnétisme terrestre. Mais ce ne fut pas le cas, et plus de 400 ans
s'écoulèrent, avant qu'on fît ce second pas. La connaissance empirique du phénomène ne fit même, dans les premiers siècles, que des progrès très lents. On
crut d'abord que l'aiguille magnétique indiquait exactement le nord (ou le sud),
en quoi on s'était laissé devancer par les Chinois, comme on l'apprit plus tard.
Ceux-ci savaient, en effet, vers l'an 1100 après J-C. que tel n'est pas le cas général (§. 48). L'erreur des Européens est pardonnable, car, d'une part, leur
boussole n'avait à l'origine aucune graduation, et de l'autre, l'angle dont l'aiguille magnétique s'écartait du méridien, c'est-à-dire la *déclinaison*, était très
faible dans le sud de l'Europe vers les XIIIᵉ et XIVᵉ siècles.

On ne sait pas exactement qui, parmi les Européens, reconnut le premier la
déclinaison et les différences de déclinaison aux différents points de la surface
terrestre, mais il est évident que ces différences, et par suite la déclinaison
elle-même, ne purent rester longtemps inconnues à partir du moment où on
entreprit de grands voyages sur mer.

D'après *Thévenot*, qui le dit dans son *Recueil des voyages* (Paris, 1681),
Pierre Adsigerius aurait observé dès l'année 1269 une déviation de 5°. Mais ce

renseignement est peu précis, car il n'est pas dit en quel lieu cette observation a été faite, ni si cette déclinaison diffère de celle des autres lieux.

Il est plus certain que parmi les Européens, c'est *Christophe Colomb* qui le premier observa la déclinaison et ses variations dans les différents points de la surface terrestre. Pendant son premier voyage de découvertes en Amérique, alors qu'il était à 200 milles marins de l'île de Fer, le 13 septembre 1492, une observation astronomique faite au coucher du soleil lui montra, à son grand étonnement, que l'aiguille aimantée déviait d'environ une demie aire ($5° \frac{1}{2}$) vers l'Ouest.

Au temps de *Christophe Colomb*, on s'entendait fort bien à faire des observations astronomiques en mer, et c'est pourquoi il est étonnant jusqu'à un certain point que lui, pas plus que d'autres navigateurs, ne nous dise rien de la déviation magnétique dans la Méditerranée, vu que cette déviation ne pouvait pas être nulle. A la fin du xvi° siècle, la déclinaison dans la Méditerranée était orientale et d'environ 9° en Italie (§ 59) : comme cette déclinaison allait en diminuant, elle devait être plus grande au xv° siècle. C'est pourquoi il peut sembler étrange que Colomb ait été étonné d'obtenir une déclinaison occidentale de $5° \frac{1}{2}$, tandis qu'à Palos, le port ou il s'était embarqué, il aurait pu certainement observer une déviation vers l'est tout aussi grande.

Mais c'est peut-être seulement ce changement de la déclinaison, qui passait de l'est à l'ouest, qui causa son étonnement et ses appréhensions. Il est encore possible que dans la Méditerranée on donnât d'ordinaire à l'aiguille, par rapport à la rose des vents, une position telle, que celle-ci indiquât exactement le nord. Cela est d'autant plus croyable que longtemps après que la déclinaison eût été constatée, on pensait généralement que cet écart était accidentel et provenait d'une construction défectueuse de l'aiguille magnétique. On faisait par suite toutes sortes d'essais pour construire des aiguilles indiquant exactement le nord.

Quoi qu'il en soit, si *Colomb* n'est pas le premier Européen qui ait découvert la déclinaison elle-même, il paraît avoir le premier observé les variations d'un point à l'autre de la surface terrestre. Actuellement, on ne conteste pas ce mérite à *Christophe Colomb*, mais je dois rappeler que *Gilbert* avec lequel nous ferons bientôt plus ample connaissance, ainsi que *Riccioli*, attribuent la découverte de ce phénomène à deux autres hommes, *Sebastien Cabot* et *Gonzales Oviedo*.

Sébastien Cabot (Caboto, Gaboto), fils du Vénitien Jean Cabot, entreprit, sur l'ordre de Henri VIII d'Angleterre, un voyage vers le nord de l'Amérique, dans lequel, en 1497, il découvrit Primavista (Terre-Neuve), et bientôt après, le 24 juin 1497, il toucha le continent américain, et, chose étonnante, avant Christophe Colomb.. Celui-ci en effet ne mit le pied sur le continent Américain, à cinq lieues de Cabo de Lapa, dans le golfe de Paria, que le 5 août 1498 Il croyait au contraire l'avoir touché dans ses précédents voyages, car il demeura convaincu jusqu'à sa mort que Cuba faisait partie de la terre ferme. C'est à ce *Cabot* que *Gilbert* attribue sans hésitation la découverte de la déclinaison magnétique.

L'autre compétiteur *Gonzales Oviedo* est aussi un contemporain de *Chris-*

tophe Colomb. Il est célèbre par une description des Indes, dans laquelle, comme le dit *Gilbert*, il mentionne que l'aiguille magnétique n'indique aucune déclinaison dans le voisinage des Açores.

Les deux témoignages peuvent être véridiques, sans porter atteinte, comme on le voit, au droit que *Colomb* possède à la priorité de la découverte. D'ailleurs, en ce qui concerne *Cabot*, ce témoignage est douteux; car *de l'Isle* a vu un manuscrit du pilote *Crignon*, de Dieppe, daté de 1534 et attribué à *Cabot*, dans lequel il est question de la déviation de l'aiguille aimantée. De sorte qu'on ne sait pas si *Cabot* a découvert la déclinaison, ou si elle était déjà connue avant lui [1].

119. — On se tromperait beaucoup si on croyait qu'après avoir été découverte, la déclinaison fut partout connue et acceptée de tous. Ce n'est pas le cas, et cela ne tient pas seulement à la lenteur avec laquelle les idées scientifiques se propageaient alors, mais surtout à l'opposition des physiciens et des mathématiciens du temps, qui ne pouvaient faire concorder la déclinaison de l'aiguille aimantée avec leurs théories préconçues.

C'est ainsi qu'en 1545, c'est-à-dire cinquante ans environ après les voyages de Colomb, un mathématicien espagnol, *Pedro de Medina*, écrivait encore, à Valladolid, un traité de navigation dans lequel il nie formellement la déclinaison de l'aiguille aimantée. Il l'attribuait à l'aimantation défectueuse des aiguilles des boussoles et aux observations erronées des navigateurs. *Nonius*, professeur à Coïmbre, que nous avons déjà mentionné (§ 116) était également de cet avis, ou du moins croyait que la déviation des aiguilles aimantées venait de ce qu'elles perdaient de leur force par l'usage.

Cependant les expériences que faisaient les navigateurs espagnols et portugais, dans leurs longs voyages à travers les deux océans, se multipliaient, et les savants se virent obligés de renoncer à leurs théories préconçues. On en voit une preuve dans le manuel de navigation publié à Séville, en 1556, par *Martin Cortez*. On y trouve la déclinaison magnétique exposée, comme un fait acquis, et en outre l'explication des règles et des instruments propres à la mesurer.

La chose était connue en Allemagne depuis longtemps, mais, comme cela arrive souvent, elle n'attira guère l'attention à l'étranger. *Georges Hartmann*, né en 1489 à Eckoltsheim près Bamberg et mort en 1564, était Vicaire à l'église de Saint-Sébaldus à Nuremberg. Il avait voyagé en Italie, et s'occupait beaucoup de la construction des astrolabes, des cadrans solaires et autres instruments du même genre. En 1540, il inventa le calibre pour déterminer le poids des boulets des armes à feu, et publia une traduction de la *Perspectiva communis* de *Jean Pisani* (1542). *Levin Hulsius* de Gand, qui vint en 1590 à Nuremberg, et qui y publia une *Descriptio et usus viatorii et horologii solaris* (1597), dit dans cet ouvrage, que *Hartmann* avait déjà observé, en 1536, qu'à Nuremberg la déclinaison était de $10° \frac{1}{4}$ [2]. Dans une lettre au duc Albert de Prusse, prince versé dans les sciences, et qui porte la date du

<hr>

1. Fischer, *Gesch. d. Phys.*, I, 253.
2. Fischer, *Gesch. d. Phys.*, I, 253.

4 mars 1544, *Hartmann* dit également qu'à Nuremberg la déclinaison est de 10°, mais que, dans certains pays, elle n'est que de 6°, comme il a eu lui-même l'occasion de l'observer à Rome[1].

Orontius Finaeus (Oronce Finé), professeur à Paris, mathématicien célèbre de son temps, mais cependant assez médiocre, puisqu'il croyait avoir trouvé la quadrature du cercle, observa la déclinaison à Paris en 1550, et la trouva de 8°.

Enfin, les Anglais aussi portèrent leur attention sur le magnétisme terrestre, et devancèrent bientôt tous les autres peuples dans l'étude des phénomènes qu'il produit. En 1580 l'Anglais *Robert Norman*, navigateur expérimenté, publia un opuscule, sous le titre *The new attractive*, dans lequel il parle d'une manière détaillée de la déclinaison magnétique. En outre, il essaya le premier de donner une explication rigoureuse de la cause de ce phénomène.

En général, on croyait que la direction de l'aiguille aimantée était due à l'attraction d'un point situé dans le ciel. C'était, entre autres, l'opinion de *Christophe Colomb*. Le fameux *Paracelse* (mort en 1541, à Salzbourg) plaçait ce point dans la constellation de la Grande-Ourse. *Cardan* en faisait autant, et *Martin Cortez*, dont il a déjà été parlé, faisait mouvoir ce point sur la voûte céleste. *Norman* eut une opinion plus exacte, en ce qu'il plaçait le centre d'attraction dans la terre. Il avait été, jusqu'à un certain point, précédé en cela par le célèbre médecin et académicien *Fracastoro* de Vérone. Celui-ci se figurait que, dans les régions hyperboréennes, devaient se trouver des montagnes avec de puissantes masses de fer, qui agissaient sur l'aiguille de la boussole. De même s'exprimait le suédois *Olaüs Magnus*, qui vécut de 1490 à 1558, et mourut à Rome. Il racontait qu'il y avait, vers le Nord, des montagnes entières de fer douées d'un tel magnétisme, que dans leur voisinage on ne pouvait employer que des navires avec des chevilles de bois parce que les clous de fer auraient été arrachés des planches des vaisseaux.

Dans la 3ᵉ édition des ouvrages de Norman, qui parut quelque temps après 1580, un certain *William Burroughs*, contrôleur dans la marine anglaise, donna un tableau des déclinaisons, connues alors, des différents points du globe, et, ce qui est digne de remarque, il chercha à exprimer la déclinaison en différents lieux par une formule. Naturellement la tentative échoua, puisque, aujourd'hui même, après des milliers d'observations en différents points de la terre, on n'est pas encore parvenu à une solution satisfaisante de ce problème.

Quelques années plus tard, *Porta* exprime une pensée semblable dans sa *Magia Naturalis* de 1589. Il savait qu'à son époque la déclinaison en Italie était de 9° à l'est, qu'elle était nulle aux Açores, et occidentale dans les Indes Occidentales. Il pensait alors que, si on faisait une grande boussole d'environ 10 pieds de diamètre, et que, si on l'observait avec attention dans un voyage à travers l'Atlantique, on pourait, au moyen de la boussole, trouver les longitudes sur mer. Cette idée a été souvent reprise, jusqu'à ce qu'une con-

---

1. Dove, *Repertorium*, II, 129.

naissance plus exacte des variations de la déclinaison, l'ait montrée tout à fait impraticable.

120. — Jusqu'alors on avait reconnu que la déclinaison magnétique n'était pas la même aux différents points de la surface terrestre; mais on la croyait constante en un même lieu. Cette opinion fut bientôt renversée par *Henry Gellibrand*, professeur d'astronomie au Gresham-College de Londres, et qui mourut en 1636, à l'âge de trente-neuf ans. En comparant ses propres observations faites à Londres avec celles qui avaient été faites par son prédécesseur *Gunter* et par *Norman*, il trouva que la déclinaison diminuait d'une manière très sensible.

D'après Norman elle était en 1576 de 11°15′ orient.
— Gunter — 1622 de 6°12′ —
— Gellibrand — 1634 de 4°5′ —

Gellibrand publia sa découverte en 1635, à Londres dans un ouvrage : *A discourse mathematical on the variation of the magnetic needle*, qui ne laissa pas de causer un grand émoi chez les navigateurs, dont la confiance dans la sûreté de leur boussole fut beaucoup ébranlée. Un certain *Bond*, professeur de mathématiques à Londres, chercha, il est vrai, à les rassurer. En 1650, il publia, dans son *Seaman's Kalendar* une formule à l'aide de laquelle il croyait pouvoir calculer à l'avance les variations de la déclinaison. Mais l'expérience montra bientôt que cette formule n'était qu'approchée, même pour Londres.

Edmund Gunter, ci-dessus nommé, né en 1581, mort en 1626, était professeur d'astronomie au Gresham-College de Londres. Il imagina la chaîne d'arpenteur, et la règle à calcul (basée sur les logarithmes), et aurait dès 1622 découvert, avant *Gellibrand*, les variations de la déclinaison magnétique.

Je dois encore mentionner ici des observations faites à Paris, desquelles ressortaient les variations en question.

Sennertus et Offucius trouvèrent en 1580 11°30′ orient.
Nautonnier — 1603 8°45′ —
Petit — 1630 4°30′ —

Mais on négligea de tirer aucune conclusion de ces observations. Par conséquent, c'est à *Gellibrand*, et pas à un autre, qu'appartient la découverte de la variation séculaire de la déclinaison magnétique. Cette découverte fut confirmée en ce que l'aiguille aimantée se rapprochant sans cesse du méridien, l'atteignit en 1660 dans le nord-ouest de l'Europe. Dès lors, le pôle nord de l'aiguille dévia vers l'Ouest, et dans ce mouvement atteignit son maximum en mars 1819. Le colonel *Beaufoy*, qui entreprit une série d'observations en mars 1819, à Bushey-Heath près Stanmore en Angleterre, trouva ce maximum égal à 24° 41′ 42″.

Depuis cette époque, la déclinaison décroît en Angleterre et dans les pays voisins, et, si ce décroissement continuait d'une manière régulière, en 1978 l'aiguille magnétique indiquerait de nouveau exactement le Nord.

D'après ce qui précède, la connaissance du magnétisme terrestre, vers la fin du premier tiers du xviie siècle embrasse les trois faits suivants :

1° La déclinaison même; 2° ses valeurs différentes aux différents lieux de la terre; 3° ses variations en un seul et même lieu; c'est-à-dire les variations séculaires. Ces dernières se produisent avec tant de lenteur, qu'on n'a pas encore pu déterminer leur période, et qu'on ne sait même pas si elles ont une période. Les variations périodiques proprement dites, les variations diurnes et annuelles, ainsi que les variations brusques et irrégulières ont été découvertes plus tard.

121. — Tout ce qui a été dit concerne la composante horizontale de la force magnétique terrestre, vu que l'aiguille de la boussole, soit qu'elle flotte à la surface de l'eau ou qu'elle oscille sur une tige, ne peut être affectée d'une manière sensible par une force autre qu'une force horizontale. Nous savons aujourd'hui que la force magnétique terrestre n'est horizontale qu'en certains points de la surface du globe. Ces points sont situés sur une ligne irrégulière qui fait le tour de la terre au voisinage de l'équateur: à partir de ces points, la force magnétique fait un angle de plus en plus grand avec l'horizon, à mesure qu'on se rapproche des pôles.

Ce phénomène aurait bien pu être découvert par les navigateurs de la fin du xve et du commencement du xvie siècle, vu que quelques-uns parvinrent à des latitudes assez élevées, comme *Barthélemy Diaz* 1486, *Vasco de Gama* 1497, et *Magellan* 1519. — Cependant aucun d'eux n'en fait mention. — S'ils ont vu l'aiguille de la boussole s'incliner, ils ne s'en sont donc pas préoccupés davantage. Peut-être ont-ils eu recours, pour lui rendre sa position horizontale, au procédé employé aujourd'hui par les marins, qui consiste à coller un petit morceau de cire ou de toute autre substance sur l'aiguille aimantée.

Le premier qui, à notre connaissance, ait observé l'inclinaison de l'aiguille aimantée et qui en ait fait mention, celui qui doit être, par suite, considéré comme ayant découvert l'inclinaison, est cet *Hartmann*, dont il a déjà été question (§ 119). Dans la lettre qu'il écrivit, le 4 mars 1544, au duc Albert de Prusse, il s'exprime ainsi:

« *Entre autres faits je trouve que non seulement l'aimant s'éloigne du méridien et s'incline vers l'est de 9° environ, comme je l'ai déjà dit, mais il s'incline aussi vers la terre.* » Il décrit alors une expérience d'après laquelle l'aiguille du compas s'inclinait d'environ 9° [1]. L'expérience de Hartmann était toutefois très imparfaite. Elle suffisait certes pour montrer l'existence de l'inclinaison, mais elle ne pouvait permettre d'en déterminer la valeur, même d'une manière approchée, puisqu'il trouva 9° au lieu de 70°!

Ce ne fut que 33 ans plus tard, que *Robert Norman* observa l'inclinaison d'une manière satisfaisante. Celui-ci, en construisant des aiguilles de boussole, fit la même observation que *Hartmann*. Il fut conduit par là à imaginer la boussole d'inclinaison, qu'il construisit pour la première fois en 1576 [2]. Dans cet instrument, l'aiguille magnétique tourne autour d'un axe horizontal qui passe

---

1. Dove, *Repertorium*, II, 130.

2. Musschenbroek, *Dissertatio.*, *de Magnete*, in *Diss. phys. et géomet.*, I, 189.

autant que possible par son centre de gravité. De sorte que, si elle est mobile
dans un plan vertical convenable, elle peut prendre la direction des forces magnétiques. A l'aide de cet instrument, *Norman* donna en 1576, pour Londres,
une mesure qui probablement ne s'éloignait pas beaucoup de la vérité. Il
trouva l'inclinaison égale à 71°50'[1]. La première détermination de l'inclinaison
fut faite à Paris, en 1671, et à Berlin, aussi bien que dans le reste de l'Allemagne,
pour la première fois, en 1755 seulement.

Norman constata aussi ce fait digne d'être relevé que l'acier ne change pas
de poids par l'aimantation.

122. — Jusqu'à la fin du XVI° siècle, ce qu'on savait de l'inclinaison se bornait
à une simple constatation du phénomène. Soit dit en passant, les Chinois, qui
avaient connu de si bonne heure la déclinaison, ne paraissent pas avoir eu connaissance de l'inclinaison. Mais bientôt les idées qu'on avait sur ce point devaient
s'étendre, grâce à un homme qui, dans l'histoire du magnétisme, a eu un rôle
semblable à celui de *Galilée* dans la mécanique.

William Gilbert né à Colchester en 1540, mourut en 1603 à Londres. Après
avoir terminé ses études à Oxford et à Cambridge, il voyagea à l'étranger; et
enfin, en 1573, il s'établit à Londres comme médecin. Il y acquit bientôt une
telle renommée que la reine Elisabeth le prit à son service, et lui fit en outre
une pension, pour qu'il pût continuer ses recherches scientifiques. Cette pension
lui fut continuée par Jacques Ier, mais il n'en jouit pas longtemps; il mourut
peu de temps après l'avénement de ce prince.

Il est très vraisemblable que *Gilbert* était en relations scientifiques avec lord
Bacon, vu qu'à cette époque celui-ci jouissait d'un grand crédit près de la reine
Elisabeth. C'est ainsi que s'expliquerait très naturellement la parenté d'idées
et de langage qu'on a remarquée dans les ouvrages de ces deux hommes. Il faut
cependant avouer que *Gilbert*, s'il n'a appliqué qu'à une seule branche de la
physique les principes prônés par Bacon, s'est montré beaucoup plus pratique
que ce dernier, et doit être considéré, pour son temps, comme un physicien
beaucoup plus distingué. Nous possédons de lui un ouvrage, *De magnete
magneticisque corporibus et de magno magnete tellure Physiologia nova*
(Londini, 1600), qui en fournit une preuve convaincante. C'est le premier travail
de ce genre, écrit avec clarté, et plein de recherches ingénieuses, qui montrent
que l'auteur connaissait complètement la valeur de l'expérience. Chose singulière, dans les premiers temps, cet ouvrage attira moins l'attention en
Angleterre qu'à l'étranger. Tandis que, jusqu'à 1628, il n'en paraissait que deux
éditions en Angleterre et en langue latine, il en parut cinq en Hollande et en
Allemagne. J'en possède même une de 1633, imprimée à Stettin par Wolfgang
Lochmann.

On doit encore à *Gilbert* un autre ouvrage, *De mundo nostro sublunari
Philosophia nova* (Amstelodami, 1651), qui parut après sa mort et qui est une
tentative de remplacer la philosophie d'*Aristote* par une doctrine supérieure.
Gilbert fait surtout époque dans l'histoire du magnétisme terrestre en ce qu'il
exprima pour la première fois l'idée que la terre était un grand aimant, ayant

1. Musschenbroek, *Dissertatio, de Magnete*, in *Diss. phys. et géomet.*, I, 67.

des pôles comme un barreau aimanté ordinaire. Il expliqua longuement qu'il ne fallait pas chercher la cause de la direction que prend l'aiguille aimantée soit dans le ciel, soit dans des masses de fer disséminées accidentellemett dans les montagnes septentrionales, mais bien dans une propriété de tout le globe terrestre. Cette grande et juste idée assure à *Gilbert* l'honneur de la découverte du magnétisme terrestre.

Pour établir l'analogie de la terre avec un aimant, il construisit un aimant d'acier de forme sphérique auquel il donna le nom encore employé de nos jours de *terella*. A l'aide de cette terella, autour de laquelle il promenait un barreau aimanté suspendu à un fil, il cherchait à montrer comment la direction de la force magnétique terrestre varie d'un endroit à l'autre. Et, ce qui est certainement très-honorable pour lui, c'est qu'à une époque où on n'avait encore observé l'inclinaison qu'à Londres, il pressentit que l'inclinaison n'était pas la même partout, et qu'elle augmentait de l'équateur au pôle.

Cinq années après sa mort, ce pressentiment fut confirmé pour la première fois par *Hudson*, le navigateur qui découvrit la baie qui porte son nom. Celui-ci en effet, en 1608, à 75° 22' de latitude nord, trouva l'inclinaison égale à 89° 30' tandis qu'à Londres, l'inclinaison trouvée par *Norman* en 1576 était de 71° 50', et par *Gilbert* en 1600, de 72°.

Baffin, qui la mesura plus tard, en 1613, par 65° 45' de latitude nord, la trouva seulement de 63° 30'. Mais son instrument était défectueux, puisqu'il n'indiquait à Londres que 54°. Il montrait cependant encore un accroissement.

123. — Vu le petit nombre d'observations dont *Gilbert* pouvait disposer, il n'est pas étonnant qu'il ait mêlé beaucoup d'erreurs à cette idée entièrement juste dans son ensemble. Il croyait, par exemple, que les pôles magnétiques de la terre concordaient avec les pôles géographiques, et l'équateur magnétique avec l'équateur géographique. Nous savons que cela n'a pas lieu, et que l'équateur magnétique notamment ne forme nullement un grand cercle, mais une ligne assez irrégulière. Il plaçait également les pôles aux extrémités de l'axe terrestre et à la surface de la terre.

De là chez *Gilbert* cette autre erreur, que la latitude géographique, ou la hauteur du pôle en un lieu donné pourrait être déterminée d'après l'inclinaison de l'aiguille aimantée. Cette erreur est d'autant plus étonnante, que d'autre part *Gilbert* comprit très bien que la déclinaison de l'aiguille ne pouvait servir à déterminer la longitude géographique d'un lieu.

A cet égard il réfute *Porta* de la manière la plus formelle, et fait remarquer avec raison que, lors même qu'on aurait trouvé expérimentalement, et avec toute l'exactitude possible, les variations de la déclinaison sur un parallèle, on ne pourrait en déduire d'une manière générale la longitude géographique, les variations se produisant différemment sur chaque parallèle, et étant beaucoup plus grandes dans les latitudes nord que dans les latitudes sud.

On se demandera peut-être comment *Gilbert* conciliait les variations de la déclinaison sur un seul et même parallèle, ou la déclinaison elle-même, avec sa théorie de la coïncidence des pôles magnétiques et géographiques. Sa réponse à cette question est que : à côté de l'aimant principal, qu'il plaçait suivant l'axe de la terre, il admettait encore des influences perturbatrices résultant de la forme irrégulière de la terre, qu'il considérait seule comme magnétique, tandis que l'eau ne l'était pas ! Au milieu de l'Océan, disait-il, la déclinaison doit être nulle, parce qu'en cet endroit l'Amérique et l'Europe se font équilibre. Plus près de l'Europe, la déclinaison est orientale, plus près de l'Amérique, elle est occidentale, parce que l'influence de l'un ou de l'autre continent prédomine.

Ces idées s'accordaient en général avec les faits connus au temps de *Gilbert*. Mais la découverte de la variation de la déclinaison en un point les a naturellement renversées de fond en comble.

124. — *Gilbert* qui en Astronomie était partisan de la doctrine de *Copernic*, ce qui est encore à son honneur, rechercha si le magnétisme terrestre était la cause de la rotation axiale de la terre. Il arriva à conclure que cela ne pouvait être, et que la cause de ce mouvement de la terre était inconnue. Je cite ces faits, parce qu'on a prétendu que *Gilbert* considérait la rotation axiale de la terre comme provenant de son magnétisme. Il rapporte, il est vrai, que *Petrus Peregrinus* affirmait qu'un aimant sphérique suspendu entre ses pôles tournait autour de son axe une fois en 24 heures, mais il ajoute que cette expérience ne lui a pas réussi.

Plus tard, un autre physicien *Petit* ne manqua pas d'indiquer cette expérience comme fausse. Il fut cause que le Père jésuite *Grandami* donna une mauvaise démonstration de l'immobilité de la terre. Ce dernier raisonnait de la façon suivante dans sa *Nova demonstratio immobilitatis terræ petita ex virtute magnetica* (La Flèche, 1645) : « La terre est un aimant ; un aimant ne tourne point en 24 heures autour de son axe, donc la terre ne tourne pas non plus ! »

Au temps de *Gilbert*, on ne savait que peu de chose, pour ne pas dire rien, sur les actions réciproques des aimants. Aussi ne devons-nous pas trop nous étonner qu'il n'ait pu se rendre compte de phénomènes qui aujourd'hui nous paraissent très clairs. Ainsi, par exemple, *Norman* lui avait montré qu'une aiguille d'acier, placée avec précaution à la surface de l'eau, flotte, et que, si elle est aimantée, elle prend une direction constante. *Gilbert* se demandait alors pourquoi l'aiguille se dirige simplement vers le nord, sans se mouvoir dans cette direction. Pour toute réponse, il distinguait, dans l'action de la terre, une force directrice et une force attractive, la première étant plus grande que la seconde. *Gilbert* ne savait pas encore que chaque pôle de l'aiguille est soumis à l'influence des deux pôles terrestres ; que l'attraction et la répulsion exercées, par un quelconque des pôles de la terre sur les deux pôles de l'aiguille, sont également grandes à cause de la petitesse de l'aiguille par rapport à l'éloignement du pôle terrestre... Il résulte de là que les deux pôles de l'aiguille sont sollicités par des forces égales et de sens contraire, qui peuvent bien lui imprimer un mouvement de rotation, mais non une translation. Tout cela, *Gilbert* l'ignorait.

125. — Il savait, comme *Porta* et même *Hartmann*, que les pôles des deux aimants qui se dirigent du même côté de l'horizon se repoussent ; que les pôles qui se dirigent vers des points opposés s'attirent. D'après cela, il donna au pôle qui, dans une aiguille aimantée, se tourne vers le Nord, le nom de pôle sud.

Cette dénomination est très logique : si on veut appeler pôle nord le pôle terrestre qui se trouve au Nord, on doit appeler pôle sud le pôle de l'aiguille qui est attiré par lui : c'est ce qui a fait adopter cette dénomination jusqu'à notre époque par la plupart des physiciens français[1]. En Allemagne, au contraire elle n'a jamais prévalu; nous appelons pôle nord le pôle de l'aiguille aimantée qui est tourné vers le Nord.

Une autre particularité de la nomenclature adoptée par *Gilbert* est le mot *variation*, désignant la déclinaison, et le terme *declination* employé dans le sens d'inclinaison. Cette dernière circonstance nous explique l'erreur commise par des écrivains postérieurs, qui attribuent à *Norman* la découverte de la déclinaison dans le sens que nous donnons à ce mot, tandis qu'il ne peut prétendre qu'à la découverte de l'inclinaison. — L'angle que fait l'aiguille aimantée avec l'horizon est actuellement appelé inclinaison par tous les peuples. — Au contraire, de nos jours encore, les Anglais, et en particulier les marins, ont l'habitude de nommer variation, l'angle que fait l'aiguille aimantée avec le méridien.

126. — *Gilbert* jugeait exactement l'action du magnétisme terrestre sur le fer doux. Il savait qu'une barre de fer placée verticalement s'aimante. Son pôle nord (pôle sud de Gilbert) se trouve à l'extrémité inférieure. Il ne donne pas ce fait comme une découverte de lui; il dit au contraire qu'il a été observé à Mantoue snr la tige d'une girouette qui surmontait la tour d'un couvent des Augustins. Mais *Gilbert* a le mérite d'avoir indiqué pour la première fois la cause de ce phénomène et de l'avoir mise en évidence par quelques expériences ingénieuses. Il montra qu'un barreau de fer tenu verticalement au-dessus du pôle sud d'un aimant prend un pôle nord en bas et un pôle sud en haut. Il fit voir que pour aimanter un barreau de fer par l'action de la terre, il n'est pas nécessaire de le tenir verticalement, qu'on peut l'incliner, et que même dans la direction de l'aiguille d'inclinaison, il s'aimante encore plus fortement que dans la position verticale. Enfin *Gilbert* observa aussi que les barres de fer s'aimantent lorsqu'on les laisse un certain temps couchées dans la direction du méridien magnétique.

Les connaissances de *Gilbert* sur le magnétisme terrestre ne se bornaient pas là. Il savait que les barres de fer deviennent magnétiques si on les frappe à coups de marteau, à la condition d'êtres couchées dans le sens du méridien magnétique. Il savait en outre que le magnétisme d'un barreau d'acier disparaît lorsqu'on le fait rougir, mais qu'il reparaît si on le laisse refroidir dans le sens du méridien magnétique.

Il résulte de tout cela que *Gilbert* connaissait très-bien l'action de la terre sur le fer doux et sur les aimants, et lorsqu'il déclarait que la terre était un grand aimant, ce n'était pas un simple propos en l'air, mais une induction tirée de ses expériences après mûre réflexion.

127. — *Gilbert* avait aussi sur les aimants artificiels et leurs effets des notions

---

1. En France, on appelle bien pôle *Nord* celui des pôles d'un aimant qui se dirige vers le Nord, mais dans le langage scientifique, ce même pôle est aussi désigné par le nom de pôle *Austral*, conformément à l'idée exprimée par *Gilbert*. Dans la marine, pour éviter toute confusion on dit *extrémité nord*, *extrémité sud*. (T.)

pleinement satisfaisantes pour son temps. Je ne citerai qu'un petit nombre de faits.

Il savait : que l'action des aimants s'exerce à travers tous les corps, et qu'elle s'exerce plus loin à travers un long fil de fer qu'à travers l'air ;

Qu'un pôle d'aimant produit toujours un pôle de nom contraire lorsqu'on le frotte sur l'acier ou sur le fer. C'est ce que savait déjà *Porta* et avant lui *Hartmann*. Toutefois d'après le Père *Cabeo*, ce que *Porta* dit des aimants dans sa Magia naturalis aurait été emprunté au jésuite *Léonardo Gazzonni* mort en 1592 à Venise, sa ville natale, et qui a écrit un ouvrage inédit sur les aimants[1] ;

Qu'un barreau aimanté séparé en plusieurs morceaux donne autant d'aimants dont les pôles conservent la même disposition ;

Que la force d'un aimant naturel augmente lorsqu'on y adapte une armature en fer doux ;

Qu'un aimant porte une charge plus considérable de fer que de toute autre substance. Il donna de ce fait la véritable raison, et montra qu'il n'était pas indifférent à un aimant de porter un poids de cent livres de pierres ou de cent livres de fer.

Gilbert a encore le mérite d'avoir employé dans beaucoup de ses recherches la suspension si convenable de l'aiguille aimantée à un fil très fin, et d'avoir indiqué plusieurs méthodes pour déterminer la déclinaison magnétique avec une exactitude remarquable pour l'époque.

Gilbert a aussi fait de nombreuses tentatives pour établir la différence du magnétisme et de l'électricité. Il a beaucoup disserté sur ce point. C'est lui qui a introduit dans la science le mot *électrique*, et comme nous le verrons plus tard, il a beaucoup étendu le domaine de l'électricité.

Combien *Gilbert* était supérieur à son époque, c'est ce que montrent les ouvrages de ceux qui écrivirent sur le magnétisme dans les dix premières années qui suivirent sa mort. Au fond, ils ne contribuèrent en rien au progrès de cette science. Il y a cependant deux hommes qui ont fait quelques expériences sur les aimants, sans parler des merveilleuses hypothèses qu'ils imaginèrent pour les expliquer. Je veux en dire quelques mots avant de terminer ce chapitre.

128. — *Nicolo Cabeo* (Cabaeus), jésuite, né en 1585 à Ferrare, mourut en 1650 à Gênes. Il a été parlé de lui dans le paragraphe précédent. Il est l'auteur d'une *Philosophia magnetica* (Ferrariæ, 1639), et d'un commentaire sur la Météorologie d'Aristote (Rome, 1646).

Dans le premier de ces ouvrages, qui nous donne l'occasion de parler de lui ici, on trouve de nombreuses expériences sur l'aiguille aimantée ; aucune d'elles n'est vraiment nouvelle. Celles qui sont bonnes sont de simples reproductions de celles de *Gilbert*, dont *Cabeo* connaissait les travaux. Quant au second ouvrage, il suffit pour donner une idée exacte de l'esprit dans lequel il a été écrit, de citer la théorie qui s'y trouve exposée sur le flux et le reflux. *Cabeo* pensait que ces phénomènes étaient produits par des substances spiritueuses mises en mouvement au fond des mers par une force particulière à la lune. Il faut dire

---

1. Tiraboschi, Storia della lett. ital., VIII, 367.

toutefois qu'un certain *Furnerius* donnait encore une théorie beaucoup plus simple; il déclarait que le phénomène était un secret de la nature.

L'autre homme dont nous voulons parler n'est certes pas un physicien de premier ordre, mais il dépassait de beaucoup *Cabaeus* en fait d'érudition et de subtilité d'esprit. *Athanasius Kircher* naquit en 1602 à Geiss dans la province de Fulda. Il entra en 1618 dans l'ordre des jésuites et fut professeur de mathématiques, de philosophie et de langues orientales à Würzbourg. Inquiété par les armées suédoises, il se réfugia à Avignon chez les riches jésuites de cette ville et s'y consacra à l'étude pendant plusieurs années. Au moment où il se disposait à retourner en Allemagne, il fut appelé à Rome par le pape. D'abord il y enseigna les mathématiques au Collegio Romano et plus tard s'adonna uniquement à ses travaux scientifiques. Il mourut en 1680.

Kircher était l'un des hommes les plus instruits de son ordre et de son temps. Il était véritablement universel, car il écrivit sur la philosophie, les mathématiques, la physique, la mécanique, l'histoire naturelle, la philologie et sur beaucoup d'autres choses encore, mais il écrivit en réalité plutôt *multa* que *multum*, car ses écrits, notamment ceux qui concernent la physique sont horriblement prolixes. L'ouvrage qui me fournit ici l'occasion de parler de *Kircher* a pour titre : *Magnes, sive de arte magnetica*, etc. (*Colon. Agrippæ*, 1634). Je parlerai des autres plus tard (§ 192).

Ce que j'ai dit en général des œuvres de *Kircher* s'applique en particulier à cet *Ars magnetica*. Il est très diffus et contient fort peu de bonnes choses. Parmi ces dernières, il convient de citer :

Un procédé pour déterminer la force attractive d'un aimant à l'aide d'une balance ;

L'observation que le fer rougi est encore attiré par l'aimant ;

L'observation d'un de ses amis qu'après une éruption du Vésuve, une grande perturbation s'était produite dans la déclinaison de l'aiguille aimantée.

A côté de cela on y trouve aussi la description d'un grand nombre d'instruments et de jouets reposant sur l'emploi de l'aimant. Entre autres, il émet l'idée de communiquer avec une personne placée à un mille de distance, idée qui se trouvait déjà dans *La récréation mathématique de Leurechon* (1624), d'où elle a été tirée [1].

Leurechon était de l'ordre des jésuites et professeur au monastère de Bar-le-Duc. Il mourut à Pont-à-Mousson (§ 113).

Pour se faire une idée exacte des connaissances du père *Kircher* sur l'aimant, il suffit de rappeler que pour augmenter sa force, il conseillait de l'envelopper dans deux feuilles sèches d'*Isatis sylvatica* (pastel). Sous ce rapport, *Porta* lui donnait cependant une leçon en réfutant les fables accréditées par *Plutarque*, *Pline* et autres, à savoir que — l'aimant frotté avec de l'ail, ou mis en présence du diamant perdait sa force, — qu'il la reprenait au contraire lorsqu'on le frottait avec du sang de bélier qui avait aussi la propriété d'amollir le diamant.

Mais il n'y faut pas regarder de trop près avec les écrivains des XVIe et

____
1. Poggend. *Ann.*. LXXXII, 335.

xviiᵉ siècles. Nous verrons plus loin que le « très illustre Père *Kircher*, heureux en belles découvertes », comme le dit un de ses contemporains, avait aussi parfois des idées ingénieuses. Seulement, il n'était pas physicien dans le vrai sens du mot et il ne mérite pas d'être placé dans l'histoire du magnétisme à côté de *Gilbert* dont les travaux portent toujours l'empreinte d'un caractère scientifique sérieux.

SUCCESSEURS DE GALILÉE

129. — L'activité scientifique de *Galilée* marqua le commencement d'une ère nouvelle. Par ses doctrines et son exemple, par la considération personnelle dont il jouissait, par sa haute position dans le monde, et enfin par les tribulations dont il fut l'objet, il exerça sur ses contemporains une influence inconnue jusqu'alors et qui s'étendit longtemps après sa mort, grâce aux résultats brillants et décisifs de ses travaux.

Si quelque chose peut nous faire comprendre l'action extraordinaire exercée par cet homme, c'est la trace profonde qu'il a laissée dans le développement de la science. La plupart des travaux entrepris par les physiciens dans la deuxième moitié du xviiᵉ siècle, ont été en effet provoqués par les recherches de *Galilée*, ou procèdent directement de ces recherches. Celles-ci forment pour ainsi dire un point central autour duquel le domaine de la science fut exploré dans ses différentes directions, et comme ces recherches avaient eu principalement pour but les problèmes mécaniques de notre science, tous les efforts, dans les vingt ou trente années qui suivirent s'appliquèrent surtout à résoudre ces problèmes. Même cette tendance, qui concorde avec le développement des mathématiques et qui contribue d'une manière essentielle à leurs progrès, prédomine en physique plus d'un siècle après *Galilée*.

Il se peut qu'elle dût nécessairement se produire, car ce côté mécanique de la Physique peut être cultivé sans qu'il soit indispensable d'avoir en sa possession un grand nombre de faits particuliers et de procédés expérimentaux, qu'une longue expérience permet seule d'acquérir. On ne peut nier cependant que *Galilée* n'ait donné ici la première impulsion féconde, et n'ait commencé le premier toute une série de recherches, qui devaient être terminées avant qu'il fût possible d'étudier scientifiquement les autres parties de la physique.

Parmi les sujets que *Galilée* avait traités, deux surtout avaient vivement excité l'intérêt des contemporains; c'étaient, d'un côté, le système de Copernic et de l'autre, les lois de la chute et plus généralement les lois du mouvement des corps.

130. — Soixante-dix ans s'étaient écoulés depuis la mort de *Copernic*, sans que la connaissance de ce nouveau système eût franchi le cercle étroit des astronomes. Les lois de *Keppler* elles-mêmes, malgré la confirmation éclatante qu'elles apportaient aux idées de *Copernic*, n'avaient point suffi à en propager la connaissance. C'est alors que *Galilée* parut, qu'il prit ouvertement la défense du système de *Copernic*, et que l'Inquisition le força ensuite à se rétracter.

Dès lors tous les regards se tournèrent vers le système de Copernic, et le saint-siège qui croyait l'avoir anéanti eut la douleur de le voir revivre, à cause de sa condamnation même. Alors dans des écrits sans nombre, on vit commencer une guerre qui dura pendant plus d'un demi-siècle, et qui fut même continuée par quelques combattants acharnés, longtemps après que Newton eût confirmé le testament du chanoine de Frauenbourg par sa loi de la gravitation universelle. Croirait-on qu'en 1731, un médecin de Helmstaedt qui alla plus tard à Saint-Pétersbourg en qualité de *Præfectus horti medici* osa encore écrire contre *Copernic !* Cet homme éclairé s'appelait *Siegesbeck* nom qui, sans cette circonstance, n'aurait certes jamais passé à la postérité [1].

Les adversaires du système de *Copernic* eurent incontestablement la supériorité du nombre, surtout dans les premiers temps et en Italie, où la suprématie de l'église romaine fit taire toute opposition et où la plupart des physiciens appartenaient à l'état ecclésiastique. Cela nous explique la présence parmi les adversaires de *Copernic*, d'hommes d'un talent aussi incontestable que *Scheiner* et *Riccioli :* ils appartenaient tous les deux à l'ordre des Jésuites. Mais les voix qui s'élevèrent en faveur du nouveau système, en France, en Angleterre, en Hollande et en Allemagne n'en eurent que plus de retentissement.

En France, les esprits restèrent d'abord indécis. Un astronome distingué, *Morin* s'étant déclaré contre le système de *Copernic*, son influence entraîna presque la Sorbonne, la première juridiction scientifique du pays, à confirmer l'excommunication papale. Mais deux autorités plus hautes, *Descartes* et *Gassendi* l'emportèrent sur *Morin* ; *Gassendi*, il est vrai, en sa qualité d'ecclésiastique, n'osa se prononcer qu'avec réserve. Mais alors un troisième champion, l'abbé *Boulliau* entra en lice et ne s'en montra que plus zélé défenseur de *Copernic* et de *Galilée*, dans son traité *Philolaus* (Amst., 1639). Une femme, Mademoiselle *Dumée* prit aussi vaillamment parti pour *Copernic* dans ses *Entretiens sur l'opinion de Copernic touchant la mobilité de la terre* (Paris, 1680). Il en fut de même en Angleterre, en Hollande et en Allemagne. Là encore, si le saint-siège trouva chez les ecclésiastiques des avocats habiles, leur zèle n'eut d'autre effet que d'exciter des hommes jouissant d'une grande considération à prendre en mains la défense de la bonne cause. Ainsi le Docteur *Wilkins*, évêque de Chester écrivit son *Copernic defended* (1660, en 2 volumes). *Lipstorp* mathématicien de la cour à Weimar, publia son *Copernicus redivivus* (1653) et *Lansberg* junior, son *Anti-Aristarchi vindex* (1632), en réponse à un *Anti-Aristarchus* (1631), du docteur *Fromondus*, professeur à l'Université de Louvain.

Plus d'un illettré fut mêlé à la lutte et confondit par son seul jugement plus d'un soi-disant homme de sciences. Ainsi le cordonnier hollandais *Rembrandsz* de Nieuw-Nierop sur le Zuydersee, dans sa *Nederduytsche Astronomia* (Harlingen, 1653), se montra partisan convaincu de *Copernic* et c'est bien à tort qu'un savant adversaire de Copernic chercha à lui appliquer le mot bien connu : *Ne sutor supra crepidam* [2]. Cet homme avait certainement plus de bon sens

---

1. Montucla, *Hist. des math.*, II, 301. — Voy. dans Montucla, p. 295 et suivantes, l'intéressant exposé de cette lutte. (T.)

2. Montucla, *Hist des math.*, II, 341.

que le docteur *Zimmermann*, professeur de mathématiques à Heidelberg, qui voulait réconcilier les parties adverses en essayant de prouver dans sa *Scriptura sacra copernizans* (Francof., 1690), que la Bible ne contient rien contre le mouvement de la terre.

Peu à peu la chaleur de la lutte s'apaisa, à mesure que les travaux des *Huyghens*, des *Newton* et de bien d'autres savants démontraient d'une manière plus nette et plus décisive la vérité de la doctrine de *Copernic*. On doit dire à l'honneur de ces hommes et aussi des grands corps savants de Paris et de Londres, qui exercèrent longtemps l'autorité suprême dans les sciences, que dans cette longue lutte, ils n'employèrent jamais d'autres armes que celles de l'expérience et du raisonnement.

131. — Les discussions sur les lois de la chute des corps, découvertes par *Galilée* ne furent pas moins ardentes. Les savants purent s'y livrer plus librement, l'Église n'y voyant aucun danger pour les croyances. Sur ce terrain, *Galilée* eut aussi plusieurs adversaires de talent, mais dont les attaques au lieu d'ébranler ses théories, ne firent que les confirmer en plaçant au-dessus de tous les doutes, les lois découvertes par le grand Florentin. Parmi ces adversaires, un des premiers est *Giambattista Baliani*[1], patricien et sénateur de Gênes, qui mourut en 1666 dans sa quatre-vingt-quatrième année. C'était un homme de mérite et un mathématicien distingué, mais qui avait la manie de vouloir rivaliser avec *Galilée*. A peine *Galilée* venait-il de publier une découverte, que *Baliani* se présentait pour la revendiquer.

Ainsi en 1638, il publia un ouvrage, *De motu naturali fluidorum et solidorum* (*Genuæ*), dans lequel il s'attribue presque toutes les découvertes de *Galilée* sur les théories du mouvement. Naturellement ses prétentions n'étaient pas fondées. *Baliani* prétendait avoir fait lui-même des expériences sur la chute des corps. Mais de son propre aveu, il les aurait faites pour la première fois en 1611 à Savone, tandisque celles de *Galilée* étaient terminées avant 1600. Ce qui est plus étonnant encore, c'est que quelques années plus tard, en 1646, dans une deuxième édition de son ouvrage, il retira tout ce qu'il avait dit, déclara les opinions de *Galilée* et les siennes entièrement fausses, et présenta sur la chute libre des corps une autre loi, seule exacte d'après lui.

D'après cette loi, les corps devaient parcourir successivement dans des temps égaux des espaces proportionnels aux nombres 1, 2, 3, 4, 5... tandis que ces espaces d'après *Galilée*, sont proportionnels aux nombres impairs 1, 3, 5, 7. 9.

Je n'ai pas besoin d'assurer que la loi de *Baliani* n'est pas vraie et ne peut l'être; cependant elle fut accueillie par les scolastiques peut-être par opposition à *Galilée*, tandis que d'autres, *Riccati* par exemple, prirent la défense de *Baliani* en affirmant que celui-ci n'avait jamais établi une pareille loi[2].

132. — Les recherches de *Riccioli* et de *Grimaldi*, deux jésuites qui firent la plupart de leurs expériences en commun, sont plus importantes pour l'histoire de cette partie de la physique.

Giovanni-Battista Riccioli, le plus âgé des deux, naquit à Ferrare en 1598.

1. Voy. Montucla, II, 194. (T).
2. Tiraboschi, *Storia*, etc., VIII, 301 ; Montucla, *Hist.*, etc., II, 195.

Il enseigna la philosophie et la théologie à Parme, l'astronomie à Bologne, et mourut dans cette ville en 1571. Il est l'auteur de différents ouvrages : l'un d'eux, qui lui valut une grande réputation est son *Almagestum novum, Bononiæ* 1651, ainsi nommé par allusion à la Μεγαλη Συνταξις de *Ptolémée*, qui portait le titre d'Almagest dans la traduction arabe de 827, et qui fut traduite en latin en 1230, par l'ordre de l'empereur Frédéric II.

L'*Almagestum novum* est une œuvre d'une grande étendue et d'une immense érudition, qui a dû exiger un travail considérable. Entre autres, on y trouve exposées les opinions de tous les astronomes, depuis les temps les plus reculés jusqu'au milieu du XVIIe siècle. On y trouve aussi la description des expériences entreprises par l'auteur sur la chute des corps, de 1640 à 1650, de concert avec *Grimaldi*, et dont je parlerai plus longuement. On y trouve aussi différentes autres observations qui n'ont pas grande valeur : — une détermination de la hauteur de l'atmosphère par la durée des crépuscules, d'après le procédé de *Alhazen*, basé sur la réfraction des rayons lumineux, et selon laquelle la hauteur de l'atmosphère est de 30 milles ; — une expérience pour trouver le poids de l'air, qui ne vaut pas mieux que celle d'*Aristote*, car Riccioli pesait une vessie de bœuf d'abord vide, ensuite gonflée, et dans ce dernier cas la trouvait plus lourde de 2 grains, d'où il concluait que l'air était mille fois plus léger que l'eau. A vrai dire, il aurait dû dans les deux cas trouver la vessie également pesante, car lorsqu'elle est gonflée, la vessie déplace un volume d'air plus grand, et comme elle reçoit une poussée égale au poids du volume d'air déplacé, si on y introduit autant d'air qu'elle en déplace son poids apparent n'est pas modifié. Si *Riccioli* trouva que la vessie gonflée était plus lourde, c'est sans doute qu'en la gonflant ou en la liant, il avait comprimé l'air intérieur [1].

Riccioli est encore connu pour avoir mesuré, de concert avec *Grimaldi*, un degré dans le voisinage de Modène. Leur résultat s'écarte sensiblement de la vérité : ils trouvèrent 62 250 toises. L'exposé de leurs opérations se trouve dans la *Geographia et Hydrographia reformata, Bonon.* 1661.

Francisco-Maria Grimaldi, né en 1618 à Bologne, et mort dans la même ville en 1663, était un homme supérieur. Il a enrichi l'optique de deux faits de la plus haute importance, dont je parlerai plus tard en détail : la dispersion des rayons colorés, et l'inflexion ou diffraction de la lumière, qu'il a exposées dans son traité *Physico-Mathesis de lumine, coloribus et iride aliisque adnexis libri duo, Bononiæ* 1665.

Grimaldi observa aussi la lune avec attention. Il en dressa une carte publiée de nouveau par *Riccioli* dans son *Almagestum novum*. C'est lui qui introduisit la coutume de désigner les taches de la lune par les noms d'hommes illustres. Avant lui, le célèbre astronome de Danzig, *Johann Hevel*, dans sa *Selenographia* de 1647, avait donné aux taches de la lune les noms des mers et des montagnes de la terre. La méthode de Grimaldi l'a emporté surtout de notre temps. Mais il paraît qu'il a eu sur ce point un prédécesseur.

Un certain *Langrenus*, qui prend le titre de cosmographe de Sa Majesté

---

1. Fischer, *Gesch. d. Phys.*, I, 423.

Apostolique, aurait en 1645 publié à Bruxelles, une *Selenographia seu lumina austriaco-philippica*, dans laquelle il a éternisé, de cette manière, le nom de la princesse Elisabeth, fille du prince-électeur Frédéric, roi de Bohême. Le même *Langrenus* eut aussi l'idée d'utiliser le commencement et la fin de l'illumination des taches de la lune pour déterminer les longitudes géographiques sur la terre.

D'ailleurs, *Hevel* ébaucha sa carte de la lune dès 1643, et elle n'est pas seulement plus ancienne, mais encore meilleure que celle de *Grimaldi*. C'est à *Galilée* qu'on doit la première carte de la lune, très incomplète il est vrai.

133. — Pour en revenir à *Riccioli*, ses recherches sur la chute des corps furent faites en plusieurs fois. Dans les premières, il chercha à déterminer les vitesses des corps qui tombent, d'après leurs effets : pour cela il laissait tomber des sphères, de différentes hauteurs, sur une balance et notait les poids que ces sphères pouvaient soulever en tombant. De cette façon il trouve que les espaces de chute[1] étaient de 1.3.9.27 au lieu de 1.3.5.7..... Plus tard, lorsqu'il eut obtenu l'autorisation spéciale de lire les Dialogues de *Galilée*, qui étaient interdits, il reprit ses expériences, avec l'aide de *Grimaldi* (1640). Du haut de la tour *degli Asinelli*, à Bologne, il laissa tomber des sphères de terre glaise et de craie, pesant huit onces, de hauteurs graduellement croissantes, jusqu'à 280 pieds romains, et mesura les temps de chute au moyen d'un pendule.

Soit par désir d'arriver au résultat indiqué par *Galilée* soit par toute autre cause, il trouva assez exactement :

$$\frac{s}{s'} = \frac{t^2}{t'^2},$$

ce qui est évidemment inexact, car les sphères de terre glaise, à cause de leur faible poids spécifique, devaient éprouver une résistance relativement considérable et par suite devaient tomber plus lentement que l'énonce cette loi. Ce n'est naturellement pas une réfutation des lois de *Galilée*, qui font abstraction de la résistance de l'air. Cette résistance d'ailleurs ne dépend pas seulement du poids spécifique des corps, mais de leur forme et même, lorsqu'ils ne sont pas sphériques, de leur position durant leur chute.

Plus tard, en 1645, *Riccioli* reconnut son erreur et entreprit même une série d'expériences très instructives pour le temps, afin de déterminer la résistance de l'air. Il laissa tomber des boules de plomb, de bois, d'argile, creuses et pleines, d'une hauteur de 280 pieds, et observa que les corps dont le poids spécifique était plus grand arrivaient invariablement avant ceux dont le poids spécifique était plus faible. Il trouva aussi que la résistance du milieu, dans lequel la chute a lieu, augmente avec la densité de ce milieu, que par exemple un corps qui tombe dans l'eau finit par prendre un mouvement uniforme. D'ailleurs *Chiaramonti*, professeur à Pise, si connu par la lutte qu'il soutint contre *Galilée* et par son attachement opiniâtre aux doctrines d'*Aristote*, avait déjà trouvé expé-

1. C'est-à-dire les espaces parcourus successivement dans chaque unité de temps par le corps qui tombe (T).

rimentalement avant *Riccioli*, que l'accélération de la chute diminue avec le temps, sans attribuer toutefois ce fait à la résistance de l'air.

Le Père *Ariaga* répéta aussi les mêmes expériences, d'une manière tout à fait familière. Il laissa tomber simultanément une pierre, une croûte de pain et une plume, de la hauteur d'une table, et trouva que ces corps arrivaient à terre en même temps. Il s'étonnait après cela que les philosophes, au lieu de faire cette expérience si simple, continuassent à répéter, les uns après les autres, que les vitesses des corps qui tombent sont proportionnelles à leurs poids.

En ce qui concerne les lois de la chute des corps, *Riccioli* était donc complètement d'accord avec *Galilée;* mais il ne fut pas gagné pour cela au système de *Copernic*, dont il resta toute sa vie un adversaire acharné. Dans son *Almagestum novum*, il ne produit pas moins de 77 raisons contre le système de *Copernic*, dont la plupart reposent sur l'objection bien connue de *Tycho Brahé*, au sujet de la direction suivie par un corps qui tombe.

Une seule de ces raisons est assez instructive pour mériter un instant notre attention.

Convaincu de l'exactitude des lois établies par *Galilée* sur la chute des corps, il crut pouvoir en déduire une preuve décisive contre le système de *Copernic*, parce que si la loi $\frac{s}{s'} = \frac{t^2}{t'^2}$ était vraie pour la terre en repos, elle ne pouvait plus l'être pour la terre en mouvement. Sa proposition était donc la suivante : Qu'on imagine un corps tombant d'un point élevé a et qui arriverait au bout de la première seconde en b, au bout de la deuxième en c, au bout de la troisième en d, etc., les espaces ab, bc, cd, parcourus dans chaque seconde successive, la terre étant en repos, seraient entre eux comme les nombres 1, 3, 5, etc.

Mais si la terre tourne, par suite de ce mouvement, le point

b pendant 1 seconde décrira un arc $b\,\beta$

c — 2 — — $c\,\gamma$

d — 3 — — $d\,\delta$

Alors les trajectoires du corps qui tombe dans chaque seconde successive seraient $\alpha\beta$, $\beta\gamma$, $\gamma\delta$, etc., et ne pourraient être dans le même rapport que ab, bc, cd, c'est-à-dire comme les nombres 1, 3, 5,... Par suite concluait *Riccioli*, la terre ne pouvait tourner et devait nécessairement être immobile.

Cette conclusion est évidemment fausse. Déjà *Galilée* remarque, dans ses *Dialogues*, qu'on ne pouvait rien conclure de semblables recherches au sujet du mouvement de la terre, puisque les résultats étaient les mêmes que la terre tourne ou soit en repos. Ceci à la vérité n'est pas rigoureusement vrai, mais l'influence de la force centrifuge de la terre sur la chute des corps est bien moins importante que *Riccioli* ne se l'imaginait.

Les conclusions de ce dernier furent combattues déjà par ses contemporains, *Gassendi*, dont nous parlerons plus tard, et *Stephan de Angelis* de Venise, professeur de mathématiques à Padoue en 1697. Ce dernier fit en outre, en 1667, la remarque que le choc d'un corps qui tombe ne dépend pas simplement de sa vitesse, mais aussi de l'angle sous lequel ce corps touche le sol. Il fut amené à soutenir cette proposition, à la suite de l'hypothèse de *Riccioli* que si la terre était en mouvement le choc serait toujours le même, quelle que soit la hauteur d'où le corps tombe ; comme ce choc serait toujours le même, disait Riccioli, la terre ne tourne pas. A cela *Angelis* faisait remarquer que l'angle de chute variait constamment avec la hauteur et que même dans cette hypothèse, le choc ne pouvait être constant.

134. — Pendant que ces débats avaient lieu en Italie, les lois de *Galilée* étaient en France l'objet de beaucoup de discussions et de nombreuses expériences. Je mentionnerai d'abord les expériences de *Deschales*, parce qu'elles se rapportent à celles de *Riccioli*.

Claude-François-Milliet Deschales, né en 1621 à Chambéry, mort en 1678 à Turin, appartenait à l'ordre des jésuites. Il fut professeur d'hydrographie à Marseille, professeur de mathématiques à Lyon, et enfin recteur du collège de Chambéry. C'était un homme d'un jugement droit, et qui avait le véritable sens mathématique. Il n'était vraisemblablement pas adversaire convaincu du système de Copernic, et contribua même à le défendre ; du moins il montra que les objections de *Morin*, *Riccioli* et autres contre ce système n'étaient point fondées.

Nous possédons de lui plusieurs ouvrages qui tous se distinguent par la clarté de l'exposition. L'un des plus importants est son : *Cursus seu mundus mathematicus, Lugd.* 1674. C'est une sorte de physique mathématique, dans laquelle un examen attentif révèlerait peut-être encore beaucoup de choses dignes d'attention. Il contient entre autres une réfutation du système de *Descartes*, si célèbre en ce temps, et dont il sera question plus tard.

On y trouve aussi une observation qui donne à *Deschales* des titres à la découverte des couleurs produites par la diffraction ; mais cette découverte avait été faite avant lui par Grimaldi.

Deschales remarqua qu'en faisant réfléchir dans une chambre noire, la lumière solaire sur une surface métallique couverte de raies très fines, la lumière réfléchie présentait des colorations lorsqu'on la recevait sur un tableau blanc. Il conclut de là que toutes les couleurs n'étaient pas produites par réfraction, mais il ne sut point expliquer le phénomène, qu'il attribuait à une différence d'intensité des rayons lumineux.

Dans le même ouvrage, *Deschales* décrit aussi des expériences sur la chute des corps, expériences pour lesquelles je l'ai principalement cité. Il fit ces expériences en 1670, au collège des jésuites de Lyon, dans un puits de 123 pieds de profondeur. Il y laissait tomber des pierres, et mesurait la durée de la chute au moyen d'un pendule, en tenant compte du temps que le son mettait à remonter. Au grand étonnement des autres pères, il put ainsi déterminer la profondeur du puits, ayant à l'avance mesuré la vitesse de la chute pour des hauteurs plus petites. Ces expériences ne concordèrent que d'une manière approchée avec les lois de Galilée, mais *Deschales* eut l'esprit de ne pas en conclure à l'inexactitude de ces lois, mais d'attribuer les différences à la résistance de l'air.

135. — *Gassendi* contribua encore davantage à répandre les théories de *Galilée*. Ce savant, dont il a été plusieurs fois question, a joué un rôle important dans

l'histoire de la physique. Ce n'est pas par la découverte de faits nouveaux ou par l'établissement de théories fécondes, bien que sous ce rapport il ne soit pas sans mérite; c'est surtout par la grande influence qu'il a exercée sur ses contemporains par ses ouvrages de philosophie et de physique. Il fut un temps où toute la France savante se partagea entre lui et son rival *Descartes*, où il fallait être Gassendiste ou Cartésien si on voulait être quelque chose.

Pierre Gassendi[1] naquit en 1592, à Champtercier près de *Digne*, et il mourut en 1655 à Paris, victime de l'ignorance de ses médecins, qui lui firent faire coup sur coup neuf saignées et ensuite quatre autres. Il s'appelait réellement *Gassend*; le nom de *Gassendi* par lequel on le désigne ordinairement est dérivé de Gassendus. De bonne heure il fit preuve de capacités extraordinaires: Il savait par cœur 6000 vers latins, dont il récitait 300 chaque jour pour fortifier sa mémoire.

Il se voua à l'état ecclésiastique et devint plus tard chanoine et prévôt de la cathédrale de Digne. Ce ne fut que sur les instances réitérées du fameux cardinal Richelieu qu'il se décida, en 1645, à échanger ses fonctions ecclésiastiques contre une chaire de mathématiques au collège de France à Paris, mais seulement, comme il nous le dit, quand le grand cardinal lui eût représenté que Dieu a deux manières de se révéler aux hommes, la Bible et la nature[2].

Ses écrits, qui parurent après sa mort, sous la rubrique *Opera omnia*, Lugd. 1658, en 6 volumes in-folio, sont un vivant témoignage de la variété de ses connaissances. Ils embrassent la philosophie, l'histoire de la littérature, l'archéologie, l'astronomie, les mathématiques et la physique. Ils contiennent aussi une série de biographies précieuses pour l'histoire de mathématiciens, d'astronomes et de physiciens, aussi bien qu'une correspondance étendue avec les hommes les plus célèbres de son temps, *Galilée, Keppler, Hevel*.

Ses travaux en physique sont plutôt théoriques que pratiques. Ce fut un adversaire d'*Aristote*, aussi bien que de son contemporain *Descartes*, tandis qu'il était au contraire partisan de *Démocrite* et d'*Épicure*. Il emprunta à ce dernier la théorie des atomes, qu'il modifia en plusieurs points. Il admettait atomes et molécules, et les considérait comme composant les quatre éléments. Il expliquait les effets de la lumière par des atomes qui se propagent à partir du point lumineux, avec une grande vitesse, dans toutes les directions et en ligne droite, de sorte que l'intensité de la lumière est en raison inverse du carré de la distance. Dans son enthousiasme pour cette théorie, il allait jusqu'à admettre des atomes spéciaux pour la chaleur, le froid, l'odorat, le goût, l'ouïe.

Les atomes de l'ouïe ne l'empêchaient cependant pas de se faire une idée exacte du mode de la propagation du son, et de la cause de la hauteur des sons. Il admettait qu'ils arrivent à notre oreille par les mouvements ondulatoires de l'air, et faisait consister leur hauteur dans le nombre d'impulsions reçues dans un temps donné, ou dans la longueur des ondes sonores. *Aristote* se représentait la chose tout autrement. Pour lui la hauteur des sons était produite par leur vitesse de propagation. Il s'imaginait que les sons graves se

---

1. Montucla, II, 321 (T).
2. Kästner, *Gesch. d. Math.*, IV, 484. — Richelieu est mort le 4 décembre 1642. (Tr.)

propagent plus lentement dans l'air que les sons aigus. *Gassendi* prouva l'inexactitude de cette opinion par une expérience décisive. Il fit tirer un canon et un fusil à une assez grande distance, et mesura le temps qui s'écoule entre le moment où on voit l'éclair, et celui où on entend la détonation. Comme la lumière parcourt en un temps inappréciable les distances terrestres, en divisant l'éloignement par l'intervalle de temps qui s'écoule entre l'éclair et la déto-nation, il obtenait la vitesse du son.

De cette manière, il donna la première détermination numérique, à savoir 1473 pieds par seconde, valeur en réalité beaucoup trop grande, car, d'après *Moll* et *van Beek*, elle est seulement de $332^m,25$ ou 1022,8 pieds parisiens, à 0°. *Gassendi* acquit en même temps la preuve que les vitesses étaient égales pour la détonation du canon et pour celle du fusil, par conséquent, pour les sons graves et pour les sons aigus. *Gassendi* a laissé aussi un souvenir dans l'astronomie. Il fut un de ceux qui, le 7 novembre 1631, virent le passage de Mercure sur le soleil, phénomène que *Keppler* avait calculé d'avance, et qui fournissait la première preuve palpable de la justesse du système de *Copernic*. Cependant *Gassendi* ne fut pas le seul à faire cette observation; le Père *Cysatus* à Inspruck, *Quietanus*, mathématicien de l'empereur Mathias, en Alsace, et un anonyme à Ingolstadt, observèrent aussi ce passage. Huit ans plus tard, le 4 décembre 1639, le premier passage de Vénus devant le soleil fut observé par un jeune astronome anglais *Horrox* (mort en 1641), de concert avec son ami, *Crabtree*. Ils furent les seuls mortels qui eussent vu ce phénomène, jusqu'à l'année 1761, où il se renouvela[1].

Joh. Baptist Cysatus, né en 1588, à Lucerne, mort dans la même ville en 1657, rendit de grands services par ses connaissances astronomiques. Outre l'observation importante ci-dessus mentionnée, il attira le premier l'attention sur la nébuleuse d'Orion, découvrit deux satellites de Saturne, et publia les premières observations télescopiques sur une comète, dans son traité *Mathemata astronomica de loco, motu*, etc. *Cometae, qui* 1618 *et* 1619 *in cælo fulsit, Ingolsdadt* 1619.

136. — *Gassendi* s'est fait surtout connaitre par la lutte qu'il soutint contre son collègue *Morin*.

Jean-Baptiste Morin[2], né en 1583 à Villefranche, dans le Beaujolais, mourut en 1656, professeur de mathématiques et d'astronomie à l'Université de Paris.

Il avait exercé d'abord la profession de médecin. C'était un homme plein de savoir et de mérite, mais il eut le malheur de ne pouvoir se convaincre de l'exactitude du système de *Copernic*, et il crut devoir s'en déclarer l'adversaire. C'est peut-être grâce à son influence que la Sorbonne, alors la plus haute autorité scientifique en France, fut sur le point d'obtenir du cardinal Richelieu la confirmation de la sentence d'excommunication lancée par la cour de Rome contre le système de *Copernic*. En 1631, *Morin* l'attaqua avec une extrême violence, lui opposant, comme on le devine, des raisons sans valeur. Cela

---

1. Montucla, II, 325 (T).
2. Montucla, II, 336 (T).

donna à *Gassendi* l'occasion de prendre parti pour ce système, dans l'ouvrage *De motu impresso a motore translato, Parisiis,* 1649.

Parmi les objections des anti-coperniciens se trouve celle de *Tycho-Brahé,* à savoir qu'une pierre qu'on laisse tomber à l'ouest d'une tour, devrait s'éloigner de la tour, parce que, pendant la durée de la chute, la tour s'est transportée vers l'est.

Pour réfuter cette objection, *Gassendi* fit l'expérience suivante. Dans le port de Marseille, sur une galère à rames, qui faisait quatre milles à l'heure, il laissa tomber des pierres le long du mât, et nota les endroits où elles arrivaient sur le pont. Il trouva que les pierres, malgré le mouvement du navire, tombaient toutes parallèlement au mât.

Il donna de ce résultat une explication très juste, tout comme du phénomène analogue, à savoir, que des objets lancés verticalement par un homme à cheval ou en voiture lui retombent dans la main. Il dit que le mouvement du navire, du cavalier ou de l'homme qui voyage en voiture, ne peut exercer aucune influence sur le corps qui tombe ou qu'on lance verticalement de bas en haut, parce que ce même mouvement est également communiqué au corps lancé.

Gassendi considéra le mouvement de la terre justifié par cette expérience, et il a, sans contredit, convaincu par cet argument maint esprit hésitant. C'est ce qui m'a déterminé à parler de lui ici. Mais je dois faire observer que *Gassendi,* malgré sa conviction, fut toujours un défenseur timide du système de *Copernic.* Dans son ouvrage dédié au cardinal Richelieu, intitulé *Institutio astronomica, Parisiis,* 1645, il explique la marche des planètes d'après les trois systèmes de *Ptolémée,* de *Tycho-Brahé* et de *Copernic.* Il ajoute, il est vrai, que ce dernier système est selon lui plus raisonnable que les autres, mais il laisse au Collège des Cardinaux à Rome le soin de trancher la question.

Son différend avec *Morin* ne fut du reste nullement terminé par la réfutation dont nous avons parlé. Quoique *Gassendi* se fût abstenu de prononcer son nom à cette occasion, *Morin* riposta avec violence; *Gassendi* répliqua, et cette discussion se prolongea jusqu'à la mort de ce dernier. *Morin* alla même dans sa haine jusqu'à prédire à Gassendi qu'il mourrait en 1650. Mais il ne fut pas plus heureux comme astrologue que comme astronome, car *Gassendi* vécut jusqu'à 1655.

Enfin *Gassendi* a rendu quelques services en contribuant à faire admettre les lois de la chute des corps découvertes par *Galilée.* Il les défendit contre les attaques que le Père *Casrée* dirigea contre elles en 1644, et prouva que les expériences faites par ce Père jésuite étaient aussi insignifiantes que ses conclusions étaient absurdes. *Casrée* faisait tomber, comme l'avait fait primitivement *Riccioli,* des poids, de hauteurs différentes, sur le plateau d'une balance, afin de mesurer l'effet produit à l'aide de contre-poids, et il conclut que les vitesses sont, entre elles comme les hauteurs $\frac{v}{v'} = \frac{s}{s'}$ (v. § 97), ce qui donnerait pour $s = 0 \ t = \infty$[1].

137. — Comme je viens d'exposer les points les plus importants des travaux de

[1]. Montucla, *Hist. des math.,* II, 199; Küstner, *Geschichte d. Math.,* IV, 28.

Gassendi, c'est peut-être le moment le plus convenable de parler de son compatriote et contemporain *Descartes*, dont l'activité s'est étendue jusque sur la physique, bien qu'elle soit loin d'avoir eu l'influence durable et féconde de *Galilée*, à côté duquel on a voulu le placer, mais sans raison. *René du Perron Descartes*, en latin Renatus Cartesius, naquit le 31 mai 1596 à La Haye en Touraine, et mourut à Stockholm, le 11 février 1650. Il reçut son éducation au collége des Jésuites de la Flèche, qu'il quitta en 1612, pour aller à Reims où il se proposait d'embrasser la carrière militaire. Mais bientôt il se rendit à Paris où il mena d'abord joyeuse vie, et enfin se consacra tout entier à l'étude. Lassé de ce genre d'existence, en 1617, il prit successivement du service dans les armées de Hollande, de Bavière et d'Autriche et prit part à de nombreuses expéditions militaires. En 1622, la levée du siège de Neuhaüsel en Hongrie, où son général en chef le comte Bucquoy fut tué, lui inspira un tel dégoût pour la carrière militaire, qu'il prit un congé et pendant plusieurs années parcourut presque tous les pays de l'Europe.

En 1627 et 1628, nous le retrouvons à Paris occupé à la fabrication de lentilles et de miroirs, occupation qu'il laissa pour rentrer encore une fois au service et prendre part au siège de la Rochelle (1628). En 1629, fatigué de cette vie errante, il s'établit en Hollande, à Egmond, joli village près de Franeker, où il vécut pendant 20 ans en simple particulier. Il refusa des invitations très séduisantes de venir à Paris; mais il accepta la proposition de la reine Christine de Suède, qui aimait à s'entourer d'hommes de talent et qui lui fit une pension très considérable. *Descartes* arriva à Stockholm au mois d'octobre 1649 : mais déjà malade en route, il mourut au mois de février de l'année suivante.

Son corps fut transporté à Paris en 1666 et déposé en grande pompe à l'église Sainte-Geneviève. Pour des raisons inconnues, son crâne demeura à Stockholm et fut envoyé à l'Académie de Paris par *Berzélius*, il y a trente ou quarante ans [1].

1. Arckenholtz, dans ses *Mémoires concernant Christine de Suède*, Amsterdam, 1751, t. I, p. 228, dit à propos de la translation des restes de Descartes à Paris : *A cette occasion on ne saurait passer sous silence un fait qui ne sera connu que de peu de personnes, que M. Hof, professeur au collége de Skara en Westro-Gothie vient de publier. C'est que l'officier des gardes de la ville de Stockholm, qui eut la commission de faire lever le cercueil de Descartes de l'endroit où il était enterré et de le transporter en France, ayant trouvé moyen d'ouvrir la bière, il en ôta le crâne du défunt Descartes, qu'il garda le reste de ses jours fort soigneusement comme une des plus belles reliques de ce grand philosophe. Après la mort de l'officier, ses créanciers ne trouvèrent guères d'autre chose que ce crâne, qui a passé depuis en d'autres mains.*

Cela est en complète opposition avec ce que *Baillet* rapporte, d'après des sources manuscrites, dans son ouvrage *La vie de Monsieur Descartes*, Paris, 1619, t. II, page 436, au sujet de la translation des restes de ce dernier de Stockholm à Paris.

D'après cet auteur toute la cérémonie eut lieu sous la surveillance la plus rigoureuse de l'ambassadeur français *M. de Ferlon*. Voici le passage qui s'y rapporte : *M. de Ferlon avait fait faire un cercueil de cuivre long de deux pieds et demi seulement, parce qu'il se doutait que le crâne et les os du défunt seraient détachés et qu'on pourrait les ranger les uns sur les autres sans indécence. L'on renferma les os couchés sur les cendres dans ce nouveau cercueil avec de nouvelles cérémonies et quelques prières : mais l'on ne put refuser à M. le chevalier*

Descartes était un homme d'un talent supérieur, d'une grande mobilité d'esprit, et il était plein du désir de briller dans la science. Mais son humeur très irritable et son caractère quelque peu équivoque, l'entraînèrent dans maint démêlé avec ses contemporains. Ses goûts indépendants étaient favorisés par une fortune considérable.

Il est étonnant que, dans sa vie errante, il ait pu trouver les loisirs nécessaires pour se consacrer à des travaux qui, d'ordinaire, ne peuvent s'effectuer que dans le silence de la retraite. *Descartes* s'est essayé dans trois sciences, dans lesquelles il a laissé son nom ; la philosophie, les mathématiques et la physique. Ce fut surtout la philosophie qui lui valut sa grande réputation parmi ses contemporains et qui le mit en relation avec la reine Christine de Suède.

En physique, on ne saurait proposer *Descartes* comme modèle. Au lieu de suivre la voie de l'expérience recommandée par *Lord Bacon*, et où *Galilée* s'était si glorieusement engagé, il fit un retour en arrière et marcha sur les traces des anciens, qui s'imaginaient pouvoir trouver en eux-mêmes la connaissance de la nature extérieure. Doué d'une grande pénétration et d'une imagination puissante, il s'abandonna presque exclusivement à la méditation : mais sa confiance exagérée dans la perfection de ses idées métaphysiques, par lesquelles il croyait pouvoir tout expliquer, le fit aboutir à des erreurs plus grandes que celles qu'il croyait combattre.

Pour ces raisons, il n'a laissé en physique que fort peu de choses, bien que ses systèmes et ses hypothèses aient joui d'une grande faveur parmi ses contemporains, et qu'ils aient pu donner alors une utile impulsion [1].

de Ferlon un des ossements de la main qui avait servi d'instrument aux écrits immortels du défunt, et qu'il avait religieusement demandé à l'assemblée, qui composait presque toute l'église catholique de Suède, en témoignage du zèle qu'il avait pour conserver la mémoire de M. Descartes.

D'après cela il est très vraisemblable que la demande de M. de Ferlon a donné lieu avec le temps au récit de *Arckenholz* et autres, et que le crâne envoyé dernièrement à Paris n'appartient pas à *Descartes.*   (Note de l'éditeur allemand.)

1. *Descartes* a voulu appliquer à la physique la méthode rationnelle ou déductive *à priori.* (Voir *Discours de la méthode avec des notes par Élie Rabier*, p. 128). Toute sa physique est tirée par voie de conséquence de la définition de la matière et des lois du mouvement posées elles-même *à priori.* Ce n'est pas qu'il dédaigne l'expérience : il dit au contraire « qu'un homme seul ne saurait suffire à faire toutes celles » dont il aurait besoin (p. 70). Mais s'il étudie les phénomènes ce n'est point « afin d'en tirer les raisons qui servent à prouver ce qu'il avance, car son dessein est d'expliquer les effets par leurs causes et non les causes par leurs effets. » L'expérience lui permet seulement de choisir, entre une infinité d'effets qui peuvent être déduits des mêmes causes, ceux qu'il doit principalement tâcher d'en déduire. (*Principes,* t. III, p. 183.)

C'est cette méthode *à priori* qui a conduit *Descartes* à tant d'erreurs scientifiques. Cependant à la fin de son discours sur la méthode il semble exprimer une manière de voir toute différente :

« Si quelques-unes des choses dont j'ai parlé au commencement de la Dioptrique et des Météores choquent d'abord, à cause que je les nomme des suppositions et que je ne semble pas avoir envie de les prouver, qu'on ait la patience de lire le tout avec attention et j'espère qu'on s'en trouvera satisfait ; car il me semble que les raisons s'y entresuivent en telle sorte que, comme les dernières sont démontrées par les premières qui sont leurs causes, ces premières le sont réciproquement par les dernières qui sont leur effets. Et on ne doit pas imaginer que je commette en ceci la faute que les logiciens nomment un cercle : car l'expérience

138. — Parmi les systèmes établis par *Descartes*, son système de l'Univers surtout lui a valu une grande renommée, bien que ce soit plutôt un roman qu'une œuvre scientifique. Il rappelle les hypothèses de *Cléanthe* (250 avant J.-C.) qui supposait le ciel rempli par un éther, qui faisait tourner le soleil et les planètes autour de la terre. *Descartes* admet que des tourbillons d'une matière subtile entraînent les planètes autour du soleil, les satellites autour des planètes, comme les tourbillons de vent soulèvent la poussière du sol.

Quant à ces tourbillons, on ne saisit pas bien la cause qui les met en mouvement. Il n'en est pas moins vrai, qu'ils tournèrent la tête aux physiciens de la seconde moitié du XVIIe siècle et obtinrent tant de crédit dans les Universités de France et d'Angleterre, que des hommes tels que *Newton* et *d'Alembert* cru-

rendant la plupart de ces effets très certains, les causes dont je les déduis ne servent pas tant à les prouver qu'à les expliquer : mais tout au contraire ce sont elles (les causes) qui sont prouvées par eux (leurs effets). Et je ne les ai nommées des suppositions qu'afin qu'on sache que je pense les pouvoir déduire de ces vérités que j'ai ci-dessus expliquées; mais que j'ai voulu expressément ne pas faire, pour empêcher que certains esprits... ne puissent de là prendre occasion de bâtir quelque philosophie extravagante sur ce qu'ils croiront être mes principes et qu'on m'en attribue la faute. »

Ainsi la conclusion du Discours de la méthode c'est que les causes sont prouvées par leurs effets, que la théorie est confirmée par l'expérience. N'est-ce pas ainsi que la théorie de la lumière et la plupart des principes de mécanique ont été établis?

On sait d'autre part qu'au temps de *Descartes* on enseignait dans l'école l'existence des *formes substantielles*, essences distinctes de la matière, qui s'ajoutant à la matière, lui donnaient des formes déterminées. Le feu brûlait parce qu'il a eu lui une ignéité, l'opium faisait dormir parce qu'il avait en lui une vertu dormitive. *Descartes* repousse toutes ces propriétés occultes de la matière. Il est vrai qu'il cherche à tout expliquer par ses tourbillons, mais comme le dit *d'Alembert* « il y a peut-être plus loin des formes substantielles aux tourbillons, que des tourbillons à la gravitation. » *Descartes* reconnaissait en somme que tous les phénomènes physiques devaient se réduire à des mouvements. Voici ce que dit à ce propos M. *Huxley* (Génie et Méthode de Descartes). « Descartes vit que les découvertes de *Galilée* signifiaient que les plus lointaines parties de l'univers étaient gouvernées par des lois mécaniques, pendant que *Harvey* révélait ces mêmes lois comme présidant à toutes les opérations de cette portion du monde qui est nous mêmes, qui est notre propre corps. Alors, franchissant par un de ces grands pas du génie l'intervalle du centre à l'immense circonférence, *Descartes* chercha à ramener tous les phénomènes de l'univers à de la matière et du mouvement, c'est-à-dire à des forces agissant sous une loi. Cette grande conception, esquissée dans le *Discours de la méthode*, plus largement développée dans les *Principes* et dans le *Traité de l'homme*, *Descartes* l'élabore avec une puissance et une science extraordinaires; et c'est elle qui le conduisit, dans ce dernier essai à la théorie purement mécanique des phénomènes vitaux, pour laquelle combat aujourd'hui la physiologie moderne. »

Et plus loin... « Il y a des hommes qui sont grands parce qu'en eux se personnifie tout ce qui est en virtualité dans leur temps et qu'ils ont le magnifique privilège de réfléchir l'avenir. Ils expriment les pensées qui deux ou trois siècles plus tard seront les pensées de tout le monde. C'est un de ceux là que fut *Descartes*. »

Quant à son rôle en philosophie, voici ce qu'en pense *Hegel* (Histoire de la philosophie) :

« Descartes est dans le fait le vrai fondateur de la philosophie moderne en tant qu'elle prend la pensée pour principe. L'action de cet homme sur son siècle et sur les temps nouveaux ne sera jamais exagérée. » Les différentes citations, empruntées au livre de monsieur *Élie Rabier*, suffiront à prouver que si l'on ne peut comparer *Descartes* et *Galilée* au point de vue des progrès qu'ils ont fait faire à la physique expérimentale, Descartes peut soutenir la comparaison sous le rapport de l'ampleur des idées et de l'influence qu'il a exercée sur la marche de la science en général. (Trad.)

rent nécessaire de prouver d'une manière détaillée leur incompatibilité avec les lois de *Keppler*.

Descartes développa ce système dans ses *Principia philosophica*, l'année même où Galilée fut condamné à renier le système de *Copernic*. Il était sur le point d'envoyer cet ouvrage au père *Mersenne*, pour le faire imprimer, lorsqu'il entendit parler des persécutions dirigées contre *Galilée*; aussi crut-il prudent de garder le manuscrit provisoirement et il ne le fit paraître qu'en 1644 à Amsterdam[1].

Le même ouvrage contient aussi une théorie sur la cause de la pesanteur et sur les phénomènes du flux et du reflux, basée également sur les tourbillons hypothétiques, et non moins insoutenable que la théorie du mouvement des corps célestes. D'après *Descartes*, le reflux par exemple devrait se produire au moment où en réalité le flux a lieu, c'est-à-dire où la lune se trouve dans le méridien. Dans cet ouvrage, *Descartes* expose aussi une théorie du mouvement qui, à côté de quelques propositions justes, ne contient la plupart du temps que des notions erronées. On en peut dire autant de la théorie du choc, mais on doit cependant reconnaître à *Descartes* le mérite de l'avoir le premier exposée. On peut se rendre compte de l'inexactitude de cette théorie par le fait qu'il admet, que si un petit corps A, frappe un corps plus grand B, lequel est au repos, A revient en arrière avec toute sa vitesse et B reste en repos. *Descartes* apprit lui-même plus tard, par l'expérience, qu'il n'en est pas ainsi, mais ses principes ne lui permirent pas d'abandonner cette proposition. *Deschales* lui en montra l'inexactitude ainsi que celle de plusieurs autres[2].

Si on compare à ces théories les idées précises exposées par *Galilée*, on doit reconnaître que *Descartes* montrait quelque peu de suffisance quand il disait dans une lettre à *Mersenne* : « Je ne vois rien dans les ouvrages de *Galilée* que je puisse lui envier et presque rien qui lui appartienne en propre! » Certes *Galilée* aurait pu avec beaucoup plus de justice lui renvoyer ce jugement[3].

Par contre, *Descartes* avait certes raison de réfuter la *Resistenza del Vacuo* du physicien italien. Un fait, qui serait très remarquable s'il était historiquement prouvé, c'est que *Descartes* aurait expliqué l'ascension de l'eau dans les pompes par la pression atmosphérique avant que *Pascal* ait exécuté sa célèbre expérience, expérience dont *Descartes* lui-même revendique l'idée[4]. Il retombe au

1. *Edinburgh encyclopaedia conducted by* D. Brewster, VIII, 682.

2. Fischer, *Gesch. d. Phys.* I, 324, 357, 359.

3. Kästner, *Gesch. der Math.*, IV, 25.

4. Fischer, *Gesch. d. Phys.*, I, 324, 357, 359. — Voir la note ajoutée au § 150. (T.)
On sait que *Descartes* ne laissait aucun vide dans l'univers et qu'il suppose l'espace rempli d'une matière subtile servant d'intermédiaire à tous les phénomènes... Or voici dans quels termes *Descartes* répond à un correspondant anonyme qui lui avait demandé d'expliquer l'ascension de l'eau dans les pompes ou plutôt la différence de niveau entre la surface du mercure exposée à l'air libre et la colonne de mercure soulevée dans un tube ouvert qu'on enfonce dans un vase rempli de ce liquide et qu'on bouche à l'extrémité supérieure.

« Imaginez, dit *Descartes*, l'air comme de la laine et l'éther qui est dans ses pores comme des tourbillons de vent qui se meuvent çà et là, et pensez que ce vent qui se joue de tous côtés entre les pores de la laine empêche qu'ils ne se pressent si fort l'un contre l'autre comme ils pourraient le faire sans cela, car ils sont pesants, si bien que la laine qui est contre la

contraire dans l'erreur, lorsqu'il attribue l'adhérence de deux plateaux de verre à la pression de l'air.

139. — Le plus grand service que *Descartes* ait rendu à la physique est sa théorie de l'arc-en-ciel. Il l'expose dans sa dioptrique, qui parut en 1637 et fait partie d'un ouvrage plus considérable portant le titre *Discours de la méthode pour bien conduire sa raison et chercher la vérité des sciences. Plus, la dioptrique, les météores et la géométrie, qui sont des essais de cette méthode;* Leyd., 1637, œuvre très remarquable, malgré ses défauts, par la clarté de l'exposition[1].

Dans cet ouvrage, *Descartes* explique comment se forme l'arc-en-ciel principal et l'arc secondaire. 1°. Pour le premier, les rayons du soleil pénètrent dans la moitié supérieure de la surface antérieure de la goutte de pluie, en *a* où ils se réfractent (fig. 2. § 45), éprouvent de l'autre côté de la goutte une réflexion, reviennent alors en avant sur la moitié inférieure de la surface en *c*, et là se réfractent de nouveau.

2° L'arc-en-ciel secondaire est formé par les rayons qui arrivent en *a* sur la moitié inférieure du côté antérieur (fig. 3 § 45), s'y réfractent et après deux

terre est pressée de toute celle qui est au-dessus jusqu'au delà des nues, ce qui fait une grande pesanteur... »

« Dans l'exemple que vous apportez, le vif-argent qui est dans le tuyau ne peut commencer à descendre qu'il n'enlève (soulève) toute cette laine, laquelle prise toute ensemble est fort pesante, car le tuyau étant fermé par le haut, il n'y peut rentrer de laine (je veux dire d'air), à la place du vif argent lorsqu'il descend. »

... « Et afin que vous ne vous trompiez pas, il ne faut pas croire que ce vif-argent ne puisse être séparé du plancher (c'est-à-dire du haut du tube) par aucune force, mais seulement qu'il faut autant de force qu'il est besoin pour enlever (soulever) tout l'air qui est depuis là jusqu'au dessus des nues. »

Or ces citations sont tirées d'une lettre datée de 1631 et par conséquent antérieure de douze ans à l'expérience de *Toricelli*.

Baillet, dans son ouvrage sur *Descartes* dit que celui-ci eut un entretien avec *Pascal* qui lui fit part de ses expériences sur le vide. *Descartes* trouva ces expériences assez conformes à sa philosophie et bien que *Pascal* y fut opposé, « pour le récompenser de sa conversation, il lui donna avis de faire d'autres expériences sur la masse de l'air, à la pesanteur duquel il rapportait ce que les philosophes du commun avaient attribué vainement à l'horreur du vide. »

Enfin après l'expérience du Puy-de-Dôme, dans une lettre adressée à *Carcavi*, Descartes lui demande de lui faire connaître le résultat de cette expérience. « J'aurais droit d'attendre cela de M. Pascal plutôt que de vous, dit-il, parce que c'est moi qui l'en ai avisé il y a deux ans et qui l'ai assuré que, quoique je n'eusse pas fait cette expérience, je ne doutais point du succès. Mais, parce qu'il est l'ami de M. *Roberval* qui fait profession de n'être pas le mien, j'ai lieu de croire qu'il en suit les passions. »

Voir Montucla, t. II. p. 205; voir aussi le *Mémoire*, communiqué par M. Nourrisson à l'Académie des sciences morales et politiques, dans les séances du 5 et du 10 Mars 1881. (Trad).

1. Une lettre de *Descartes* au père *Mersenne* fait connaître l'objet de ces différents livres : « En la *Dioptrique*, outre la matière des réfractions et l'invention des lunettes, j'y parle aussi fort particulièrement de l'œil, de la lumière, de la vision et de tout ce qui appartient à la catoptrique et à l'optique. Aux *Météores*, je m'arrête principalement sur la nature du ciel, les courses du vent et du tonnerre, les figures de la neige, les couleurs de l'arc-en-ciel, où je tâche aussi à démontrer généralement quelle est la nature de chaque couleur et les couleurs ou *halones* et les soleils ou parhélies semblables à ceux qui parurent à Rome il y a six ou sept ans. Enfin en la Géométrie, je tâche de donner une façon générale pour résoudre tous les problèmes qui ne l'ont encore jamais été. » (Trad).

réflexions en *b* et *b'* sur la surface postérieure, reviennent en *c* sur la moitié supérieure de la surface antérieure, s'y réfractent et sont vus dans la direction *c d.* .

Jusque-là, il n'y a rien qui n'ait été déjà établi par deux physiciens plus anciens, le frère prêcheur *Théodoric*, dans son traité *De radialibus impressionibus*, 1311, dont il a déjà été parlé au § 45, et *Marc-Antoine de Dominis*[1], (né en 1566 à Arbe en Dalmatie, mort à Rome en 1624) archevêque de Spalatro, qui traite cette question dans son ouvrage : *De radiis visus et lucis* etc., Venet, 1611.

Il est possible que *Descartes* ait connu l'un ou l'autre de ces ouvrages, comme on suppose que *Dominis* a connu le livre de *Théodoric*. Mais il faut bien remarquer que les théories établies par ces deux auteurs laissent inexpliqué un point principal. Elles ne donnent pas la raison de la grandeur de l'angle que les rayons lumineux, en sortant de la goutte de pluie, forment avec les rayons incidents, angle qui, pour l'arc principal est d'environ 41°30′ et pour l'arc secondaire d'environ 52°. C'est là ce que *Descartes* a fait; et la manière dont il l'a fait lui assure un rang honorable parmi les physiciens.

Malheureusement, son œuvre porte une tache dont même ses plus ardents admirateurs n'ont pu le disculper. Cette partie de la théorie ne peut être donnée sans la connaissance de la loi de la réfraction de la lumière, d'après laquelle lorsqu'un rayon lumineux passe d'un milieu dans un autre, le sinus de l'angle d'incidence est au sinus de l'angle de réfraction dans un rapport constant pour les mêmes milieux.

Descartes donne cette loi dans sa dioptrique, comme venant de lui, sans mentionner que le professeur *Snell* mort à Leyde en 1626, l'avait déjà trouvée. *Willebrord Snell* (Snellius) naquit en 1591 à Leyde et mourut dans la même ville en 1626 comme professeur de mathématiques. C'était un homme de mérite. Il mesura en particulier la valeur d'un degré entre Alkmar et Berg-op-Zoom, en appliquant pour la première fois le procédé de la triangulation. On peut consulter à ce sujet son *Eratosthenes batavus, Lugd. bat.*, 1617.

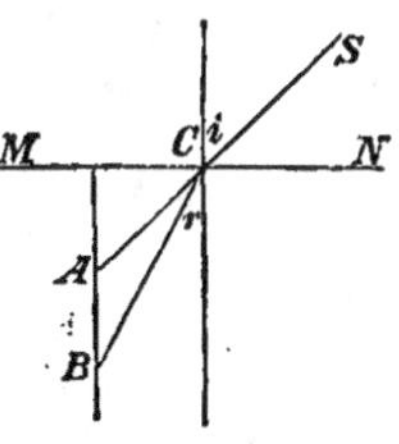

Fig. 11.

Voici comment Snell exposa la loi de la réfraction. Soit MN (fig. 11) la surface du milieu réfringent, soit SC le rayon incident, CB le rayon réfracté, *i* l'angle d'incidence, *r* l'angle de réfraction et *n* l'indice de réfraction. — On a alors :

$$n \cdot CA = CB \text{ ou } n \, \sec(90 - i) = (90 - r),$$

c'est-à-dire

$$n \, \mathrm{coséc}\, i = \mathrm{coséc}\, r$$

par conséquent

$$n = \frac{\mathrm{cosec}\, r}{\mathrm{cosec}\, i}.$$

Snell établit cette loi dans un ouvrage qui malheureusement ne vit pas le

1. Voy. Montucla, t. I, p. 703.

jour ; de sorte qu'il faillit par là être frustré de sa découverte. *Descartes*, en effet, en ayant eu connaissance, la publia en 1637 dans sa dioptrique et passa long-temps pour en être l'auteur. Mais *Isaac Voss* (Vossius né en 1618 ·à Leyde et mort en 1689, comme chanoine de Windsor) le célèbre critique, et *Chr. Huyghens*, le célèbre physicien, qui virent tous les deux l'ouvrage manuscrit, disent sans réticence que *Descartes* connaissait cet ouvrage, opinion déjà rendue très vraisemblable par le fait que *Descartes* vécut plus de 20 ans en Hollande et que parmi les savants de ce pays il comptait de nombreux amis. Ajoutez à cela que *Descartes* ne cite pour ainsi dire jamais ses sources (défaut qui semble s'être perpétué jusqu'à ce jour parmi ses compatriotes) et qu'il exprime en outre dans ses principes philosophiques une opinion sur la constitution du monde, qui se trouve presque littéralement dans *Giordano Bruno*[1].

Il est donc tout à fait probable que *Descartes* a connu la loi de *Snell* et qu'il n'a par suite aucune part à sa découverte. Il n'indique d'ailleurs aucune expérience qui l'ait mis sur la trace de cette découverte. Cependant il lui reste le mérite d'avoir le premier exprimé la loi, sous la forme plus simple encore employée aujourd'hui. Au lieu de dire en effet que les cosécantes sont dans un rapport constant, comme le fait *Snell*, il disait que les sinus des mêmes angles sont dans un rapport constant. En effet coséc $x = \dfrac{1}{\sin x}$ donc $n = \dfrac{\sin i}{\sin r}$.

---

1. Fischer, *ibid.*, t. I, p. 27.-

Huyghens se contente de soupçonner *Descartes*; il dit : *quæ et nos vidimus aliquando et Cartesium vidisse accepimus, ut hinc fortasse mensuram illam quæ in sinibus consistit elicuerit.*

Plusieurs passages des lettres de *Descartes* prouvent que celui-ci avait fait beaucoup d'expériences sur la réfraction. Il savait que pour un même angle d'incidence la réfraction d'un rayon qui passe de l'air dans un autre milieu n'est pas toujours d'autant plus grande que ce milieu est plus dense. Dans une lettre à *Mersenne*, la 35e, il observe que l'huile de thérébenthine, plus légère que l'eau, occasionne une réfraction plus grande : qu'il en est de même de l'esprit de vin. (Montucla. II. 245). *Descartes* s'occupait donc beaucoup d'optique et cette occupation était à l'ordre du jour au commencement du XVIIe siècle, au moment où *Keppler* venait de publier ses deux ouvrages, *Ad. Vittelonem paralipomena*, 1604 et sa dioptique de 1611 dans lesquels il s'efforce de trouver la loi de la réfraction. Quoi d'étonnant après cela que *Descartes* se soit occupé de cette question et qu'il soit parvenu à la résoudre indépendamment de *Snell*? Est-il donc si rare en physique de voir deux savants arrriver en même temps à la même découverte ?

D'autre part, nous ne savons pas comment *Snell* est parvenu à cette loi importante que tant d'autres avaient cherchée avant lui. *Descartes*, au contraire, a donné une théorie qui le conduit à énoncer la loi $\dfrac{\sin. i}{\sin. r} = n$. Puisque l'auteur veut bien admettre que *Descartes* n'a pas inventé cette théorie uniquement pour cacher son plagiat, il serait logique de reconnaître que cette théorie « qui se rattache si intimement aux idées de *Descartes* sur la nature de la lumière », a bien pu conduire celui-ci à la découverte de la loi de la réfraction ordinaire, tout comme la théorie a conduit *Huyghens* à la découverte de la loi du rayon extraordinaire dans le spath.

Les raisons qu'on a mises en avant pour accuser *Descartes* sont donc insuffisantes : le soupçon serait tout au plus permis dans ce cas. Disons d'ailleurs que dans des contestations du même genre, auteur s'est montré plus confiant dans les affirmations de *Galilée*, de *Hooke* etc.

L'auteur reproche ici aux Français de ne pas citer leurs sources. Nous croyons qu'on pourrait parfois relever le même défaut chez des étrangers : mais hâtons-nous de dire que, sur ce point, les Français semblent vouloir se corriger. (Trad).

Cette forme était justifiée par l'explication qu'il donnait de la loi de la réfraction, explication qui est certainement sujette à beaucoup d'objections, mais qui mérite d'être signalée comme la première tentative faite pour pénétrer le mode d'action de la lumière, et qui a sûrement préparé l'avènement de théories plus complètes. Elle se rattache d'ailleurs si intimement à ses idées sur la nature de la lumière, que ses adversaires, à mon avis, lui font tort lorsqu'ils affirment que *Descartes* a inventé ces explications uniquement pour cacher son plagiat.

Il concevait la lumière comme constituée de particules non élastiques (v. Fermat § 143) séparées l'une de l'autre et lancées dans toutes les directions avec une grande vitesse par le corps lumineux. Lorsque ces particules tombent sur un plan dans une direction oblique, leur vitesse se décompose en deux, l'une parallèle à la surface, l'autre perpendiculaire : de ces composantes il résulte pour la particule un mouvement tel qu'elle s'éloigne de la surface, en faisant un angle égal à celui sous lequel elle est tombée. Cette explication dans ses parties essentielles est donc semblable à celle que *Newton* donna plus tard pour la réflexion.

Pour expliquer la réfraction, *Descartes* admet que le milieu transparent laisse pénétrer les particules lumineuses et a simplement la propriété de modifier la composante verticale de leur vitesse [1]. Il ajoute cependant encore l'hypothèse, que les milieux pondérables opposent d'autant moins de résistance qu'ils sont plus denses, de même qu'une balle perd moins en vitesse lorsqu'elle est lancée contre un corps solide que lorsqu'elle rebondit sur un corps mou. Alors *Descartes* arrive, par une décomposition de forces semblable à la précédente, à la loi que dans un seul et même milieu le sinus des angles considérés est dans un rapport constant.

Descartes fut vivement attaqué [2] à cause de cette explication, mais, si elle a ses côtés faibles, comme l'hypothèse d'où elle part, il faut cependant avouer qu'elle se rapproche beaucoup de l'hypothèse mise en avant par *Newton* et qu'elle n'a été précédée par aucune autre du même genre.

140. — Pour en revenir à l'arc-en-ciel, *Descartes* a le premier appliqué la loi de *Snell* à ce phénomène et a présenté son explication d'une manière qui lui fait beaucoup d'honneur. Au moyen de cette loi, il suit la marche des rayons qui tombent sur la surface antérieure d'une goutte de pluie, en admettant que le rapport des deux sinus de l'angle d'incidence i et de l'angle de réfraction r (Fig. 2 et 3. § 45) ou l'indice de réfraction de l'eau par rapport à l'air est de $\frac{250}{187}$. Il calcula alors, ce qui dut lui coûter beaucoup de travail, pour 10 000 rayons qui tombent sur la partie antérieure de la goutte de pluie, les angles que font avec eux les rayons émergents. Il trouve alors qu'en partant du rayon qui passe par le centre de la goutte de pluie et en remontant par le haut, les angles croissent d'abord très rapidement, puis plus lentement, et ensuite si peu entre les rayons 8500 et 8600, que la variation pour cet intervalle est moindre qu'une minute. Au delà de ce maximum les angles décroissent de nouveau.

<hr>

1. Voir Montucla, t. II, p. 250. (T).
2. Voir Montucla. t. II, p. 251. (T).

Il trouva que cette valeur maximum de l'angle était de 41° 30' et il en conclut que pour cet angle les rayons émergents demeurent tout-à-fait ou presque entièrement parallèles, tandis que tous les autres sortent en divergeant. Ce sont ces rayons parallèles sortant sous cet angle de 41° 30' qui seuls agissent (d'une manière efficace — T.) sur l'œil de l'observateur placé au loin. Nous voyons donc l'arc-en-ciel principal dans une position telle que les rayons, qui de cet arc viennent jusqu'à nous, fassent un angle de 41° 30' avec les rayons incidents.

D'une manière analogue, *Descartes* montre que de tous les rayons, qui tombent sur la moitié inférieure de la surface antérieure de la goutte de pluie et qui en sortent par la partie supérieure après deux réfractions et deux réflexions, ceux-là seuls peuvent faire une impression sur l'œil éloigné de la goutte, qui sortent parallèles entre eux. Or ce parallélisme n'a lieu que pour les rayons émergents qui font un angle de 51° 54' avec les rayons incidents.

Descartes ne sut pas expliquer, d'une manière satisfaisante, les couleurs de l'arc-en-ciel et notamment pourquoi les couleurs, qui se succèdent du violet au rouge (V et R dans les figures 2 et 3), ont une disposition inverse dans l'arc principal et dans l'arc secondaire. Cette explication était réservée à *Newton*. *Descartes* montre seulement comment, sur la paroi d'une goutte de pluie éclairée par le soleil, deux arcs de cercle brillants, de diamètres angulaires déterminés, peuvent se former. Mais c'est là le corps principal de l'édifice dont le frère *Théodoric* avait posé les fondations et dont *Newton* établit le couronnement, pas complètement cependant, car récemment on a reconnu que la théorie de l'arc-en-ciel, qu'on regardait comme tout à fait complète au temps de *Newton*, présentait encore des lacunes à certains points de vue (§ 281).

Du reste, je dois ajouter que *Descartes* n'était pas aussi inébranlable, dans sa théorie de la lumière, qu'on pourrait le croire d'après l'explication qu'il donne des lois de la réflexion et de la réfraction. Dans cette explication il se montre partisan convaincu de la théorie de l'émission; dans d'autres, il se rapproche au contraire de la théorie des ondulations : il parle simplement de mouvements, et dit qu'on ne doit pas croire que, dans la vision, quelque chose de matériel pénètre dans l'œil. Dans d'autres cas, il paraît même vouloir faire revivre la théorie platonicienne d'après laquelle on considère l'œil comme un foyer de rayons lumineux, lorsqu'il compare la vision à un toucher, et dit qu'on ne voit pas seulement par quelque chose qui vient des corps lumineux dans l'œil, mais aussi par quelque chose qui est dans l'œil, et qui s'étend de cet organe au corps considéré. Il cherche à expliquer par là comment les chats peuvent voir dans l'obscurité, ce qui n'est d'ailleurs pas vrai [1].

De tout ceci il résulte suffisamment que ses idées sur la nature de la lumière étaient encore très indécises. C'est ce qui est vrai notamment pour les couleurs, qu'il cherche à expliquer quelque part, en attribuant aux particules lumineuses lancées en avant un mouvement rotatoire plus ou moins rapide.

141. — Dans sa Dioptrique, qui fait malgré tout époque dans l'histoire de l'Optique, *Descartes* traite encore beaucoup d'autres problèmes. Parlant de la faculté d'accomodation de l'œil, il décrit, sans nommer *Scheiner*, l'expérience faite par

1. Gehler, *Wörterb.*, t. II, p. 892.

celui-ci sur un œil-de-bœuf; mais il la modifie en ce qu'il allongeait par la pression l'œil préparé d'avance. Il observait alors qu'une image nette d'objets plus rapprochés se produisait ainsi sur la rétine transparente, ce qui le portait à adopter l'explication donnée par *Keppler* sur la vision (§ 73).

En outre, il discute l'emploi de lentilles hyperboliques au lieu de lentilles sphériques pour perfectionner les lunettes. Il ne connaissait alors que la lunette hollandaise. Il indique aussi une machine pour tailler ces lentilles, et avec cette machine, l'opticien *Ferrier*, de Paris, obtint réellement une lentille convexe de cette espèce; mais il n'en fit pas de concave. Il est étonnant que *Descartes* qui appliqua si heureusement la loi de la réfraction à l'arc-en-ciel, se soit complètement mépris sur la théorie des lentilles de verre.

142. — On pourrait encore citer plusieurs sujets, dans d'autres branches de la physique, dans lesquels *Descartes* a laissé des preuves de sa pénétration et de son activité. Parmi ceux-là, il en est un qui n'a pas, il est vrai, une grande importance, mais qui n'est pas sans intérêt, et auquel s'est attaché le nom du philosophe : c'est *le diable ou le plongeur de Descartes*.

Mais je passerai sur ces différents sujets pour dire encore quelques mots sur les mérites de *Descartes* comme mathématicien, car ce sont eux, incontestablement, qui constituent une partie très essentielle de sa gloire.

Descartes est le fondateur de toute une partie très importante des mathématiques, la géométrie analytique, qui, plus tard, surtout pour toutes les applications, a rejeté à l'arrière-plan la géométrie constructive d'*Euclide*. Il a également laissé en algèbre un souvenir des plus honorables. Nous lui devons la connaissance et l'emploi des racines négatives des équations, de même qu'une règle facile pour reconnaître combien une équation a de racines positives et négatives lorsqu'elle n'a pas de racines imaginaires.

143. — Parmi les savants français qui se sont occupés de physique et de mathématiques, et qui ont contribué à faire admettre les découvertes de *Galilée* relatives à la mécanique, je ne puis me dispenser de citer *Fermat*, d'après l'opinion de juges compétents, un des plus grands génies mécaniques que la France ait vus naître.

Pierre Fermat naquit à Toulouse en 1608[1], et mourut en 1665 membre du Parlement de cette même ville. Ses œuvres furent réunies après sa mort, et comprennent deux volumes in-folio. Elles renferment des travaux qui le font considérer comme un précurseur des grands hommes qui créèrent plus tard le calcul infinitésimal.

Déjà, en 1636, il donna entre autres, une méthode pour déterminer dans tous les problèmes les maxima et les minima des grandeurs variables. Cette méthode est fondée sur le principe que *Keppler* avait déjà développé dans sa *Stereometria doliorum*, Lincii, 1615, d'après lequel les variations d'une grandeur variable sont nulles dans le voisinage de leur maximum et et de leur minimum.

---

1. Ceci n'est pas tout à fait exact : *Fermat* est né à Beaumont-de-Lomagne, où on vient de lui dresser une statue (août 1882). L'éloge de *Fermat* a été prononcé, en cette circonstance, par M. *Mouchez*, de l'Institut. Lecture en a été faite devant l'Académie des sciences de Paris. Séance du 28 août 1882. (*Trad.*)

Fermat eut à cette occasion un vif démêlé avec *Descartes*, qui avait donné une autre méthode pour arriver au même résultat, et basée sur ce qu'aux points de maximum ou de minimum d'une courbe, la tangente à cette courbe est parallèle à l'axe des abcisses [1].

Fermat eut une autre discussion avec *Descartes* à propos de la loi de la réfraction donnée par ce dernier, et il l'attaqua même avant la publication de la *Dioptrique*, dont il avait pu se procurer un exemplaire.

Il trouvait à bon droit fort contestable que la lumière, qui pénètre dans un corps, éprouvât d'autant moins de résistance que le corps est plus dense. Il contesta aussi que la réflexion fût produite par le rebondissement des particules lumineuses non élastiques, ainsi que l'admettait *Descartes* (§ 139). Grâce à l'intervention d'amis communs, cette discussion fut apaisée, sans que *Descartes* ni *Fermat* modifiassent leur manière de voir. Mais lorsque vingt ans après, *Clerselier* (né en 1614, mort en 1686), disciple de *Descartes* et éditeur de ses lettres, prit de nouveau la défense des opinions de son maître, *Fermat* renouvela la discussion.

Dans le cours de ce débat, *Fermat* fut amené à énoncer cette proposition remarquable :

Que la lumière dans tous ses mouvements suit le chemin qui correspond au temps le plus court, — proposition qui suppose, contrairement à l'opinion de *Descartes*, que la lumière se meut plus lentement dans les milieux plus denses que dans ceux qui le sont moins. Cette proposition conduit également à la loi découverte par *Snell*, comme *Fermat* le prouva par sa méthode des maxima et des minima. Elle fut reprise plus tard par *Leibnitz* sous une autre forme, et elle est d'ailleurs une généralisation de celle que *Héron d'Alexandrie* émit sur la réflexion, et d'après laquelle la lumière suit toujours la voie la plus courte (§ 7). La proposition de *Fermat* est d'accord avec celle de *Héron*, lorsque la lumière reste dans un seul et même milieu.

En ce qui concerne les travaux de *Galilée*, *Fermat* défendit les lois établies par ce dernier sur la chute des corps. En outre, il exprima sur la pesanteur une opinion qui plus tard fut démontrée vraie par *Newton*, à savoir que la pesanteur résulte d'une attraction réciproque des corps. Il dit en même temps que la pesanteur à l'intérieur de la terre, diminue avec la profondeur, vu que les parties supérieures du globe agissent en sens inverse des parties centrales et que par suite elle doit être proportionnelle à la distance au centre [2].

144. — Retournons maintenant en Italie pour voir quels progrès y a faits la science sur le terrain défriché par Galilée. L'interdiction lancée par l'Église avait opposé un obstacle insurmontable aux recherches astronomiques. Il était donc naturel que les esprits de ce temps, pleins de zèle et surexcités par l'exemple de *Galilée*, cherchassent à se dédommager dans le domaine de la physique où leur essor n'était pas entravé.

Tous ceux que nous voyons briller dans cette voie sont, dans toute l'acception du mot, des disciples de *Galilée*. Après leur mort, l'Italie tombe dans une longue

---

1. Montucla, II, p. 133; Kästner, t. III, p. 313.
2. Fischer, *Gesch. d. Phys.*, t. I, p. 271.

période de léthargie, d'où elle n'a commencé à sortir que dans notre temps.
Parmi ces disciples de *Galilée*, ceux qui se présentent d'abord sont *Castelli* et
Torricelli.

Benedetto Castelli, issu d'une famille noble, naquit à Brescia en 1577 et
mourut à Rome en 1644. Il était bénédictin, de la congrégation du Mont-Cassin,
et professa les mathématiques à Rome. Il connut *Galilée* d'assez bonne heure
et l'assista dans ses travaux astronomiques.

Dans la deuxième lettre que *Galilée* adressa en 1612 au bourgmestre d'Augsbourg, il cite *Castelli* comme l'inventeur du procédé pour rendre visibles les
taches du soleil. Ce procédé consiste à placer à quelque distance de l'oculaire
de la lunette un tableau blanc ou une feuille de papier huilée ; et il était à cette
époque d'autant plus précieux qu'on ne connaissait pas encore les verres noircis.
Ce serait donc *Castelli* et non pas *Scheiner* qui aurait le premier inventé
l'appareil que celui-ci appela hélioscope et qu'il avait déjà établi, dès 1613
peut-être, d'après l'idée que *Keppler* avait déjà émise à ce sujet.

En 1628, *Castelli* publia à Rome deux ouvrages sur l'hydraulique, intitulés :
Della misura dell'acque correnti et *Dimostrazioni geometriche della misura
dell'acque correnti*. Ils contenaient les premiers principes sensés sur le mouvement de l'eau dans les fleuves et les canaux, et acquirent à leur auteur une telle
renommée que le pape Urbain VIII, le même qui condamna *Galilée*, le fit venir
à Rome pour y enseigner les mathématiques et lui confia, en outre, la direction
de différents travaux hydrauliques qu'il termina à l'entière satisfaction de Sa
Sainteté. D'ailleurs, dès 1615, *Castelli* avait défendu les théories hydrostatiques
de *Galilée* contre les attaques injustes de *Delle Combe* et de *Vincenzo di
Grazia*.

145. — Le second disciple de *Galilée*, *Evangelista Torricelli*[1] est encore
plus célèbre que *Castelli* et aussi plus connu à l'étranger. Il naquit à *Faenza*
en 1608 et mourut en 1647, à Florence, âgé de trente-neuf ans à peine. Il suivit
à Rome les leçons de mathématiques de *Castelli*. Là, ayant pris connaissance
des *Dialogues de Galilée sur deux nouvelles sciences*, parus en 1638, il fit un
ouvrage dans lequel il présenta d'une manière nouvelle les théories de *Galilée*
sur le mouvement des corps.

Castelli, qui peu de temps après (1641) entreprit un voyage à Venise pour
les affaires de son ordre, passa par Florence et soumit le manuscrit de *Torricelli*
à *Galilée*, qui avait alors soixante-dix-huit ans et était complètement aveugle.
Galilée exprima le désir de connaître *Torricelli* pour lui confier l'achèvement
des deux derniers dialogues de l'ouvrage que nous venons de citer.

Torricelli accéda à cette proposition et, en octobre 1641, vint à Arcetri où se
trouvait alors *Galilée*. Le bonheur de vivre auprès du digne vieillard, dans les
écrits duquel il avait puisé ses connaissances en physique, devait être de peu
de durée, car trois mois après son arrivée, *Galilée* succomba à ses infirmités.
Cependant *Torricelli* eut le temps de terminer sous sa direction le *Cinquième
Dialogue* qui fut publié en 1674 par *Viviani*, autre disciple de *Galilée*.

Torricelli voulut alors retourner à Rome, mais le grand-duc de Toscane,

___
1. Montucla, t. II, p. 203.

Ferdinand II, lui offrit la place de mathématicien de la cour et la chaire de mathématiques que *Galilée* avait occupée, et il se décida à rester à Florence.

Torricelli fut certainement le plus digne successeur de *Galilée*. Il marcha sur les traces de son glorieux maître, et il aurait sans doute beaucoup contribué au développement de la science si, cinq ans plus tard, la mort ne l'avait surpris. Il mourut le 25 octobre 1647, estimé et honoré par le prince, son protecteur, à l'égal de *Galilée*. Un des traits du caractère de *Torricelli* est le peu de cas qu'il faisait de la renommée. Une des conférences qu'il fit à l'Académie della Crusca et qui fut plus tard imprimée, avait pour sujet : « La gloire après la mort n'est rien et ne mérite pas la peine qu'on prend pour l'acquérir ; après la mort tous les hommes sont également célèbres. » Il développa cette thèse, sans penser que lui même serait un exemple éclatant de son inexactitude [1].

146. — *Torricelli* a fait des recherches dans diverses branches de la Physique et partout a laissé des preuves de son talent élevé.

Il fit des recherches sur les verres pour les lunettes et sur les microscopes. Il trouva le premier que de petits globes de verre, comme ceux qu'on peut fondre à la lampe, constituent les microscopes simples les plus parfaits.

Mais c'est surtout dans la physique mécanique que *Torricelli* a rendu les principaux services — ses *Lezioni accademiche* publiées en 1715 à Florence par *Bonaventura* témoignent déjà de la justesse de ses vues sur les phénomènes du mouvement. Il y persifle très agréablement les doctrines des péripatéticiens sur les corps légers et lourds : il pense comme *Galilée*, que le choc ne peut en aucune façon être comparé à la pression.

Le talent d'invention de *Torricelli* se manifeste surtout dans son *Trattato del moto dei gravi* (Florence), 1641, qui est un développement de l'ouvrage présenté à *Galilée* par *Castelli*. On y trouve aussi la proposition que deux corps liés l'un à l'autre sont en équilibre lorsque, dans quelque position qu'on les place, leur centre de gravité commun n'est ni élevé ni abaissé, — ce dont la balance et le plan incliné donnent des exemples connus et évidents, lorsqu'on fait passer sur l'arête supérieure de celui-ci un cordon reliant les deux corps.

Torricelli a traité avec bonheur les deux sujets suivants, le mouvement des projectiles et l'écoulement des liquides ; sur ce dernier point il n'avait été devancé par personne.

En ce qui concerne le mouvement des projectiles, il confirma les propositions de *Galilée*, à savoir :

1° Qu'un corps lancé décrit une parabole, abstraction faite de la résistance de l'air ;

2° Que l'amplitude du jet est maximum pour une inclinaison de 45° ;

3° Qu'elle est la même pour deux inclinaisons qui diffèrent également de 45° l'une en plus, l'autre en moins.

Il compléta toutes ces propositions par la suivante qui est très remarquable : « Toutes les paraboles décrites par un corps lancé avec la même vitesse sous des inclinaisons variant de 0° à 90° sont enveloppées par une courbe qui est également une parabole. » — Enfin, *Torricelli* chercha à déterminer la grandeur de

---

1. Kästner, *Gesch. d. Math.*, t. IV, p. 458, 465.

la trajectoire parabolique décrite par un corps lancé avec une force déterminée.

Torricelli fraya une nouvelle voie dans le domaine de la Physique par ses recherches sur l'écoulement de l'eau. Sur ce problème souvent étudié depuis et qui n'est pas complètement résolu, nous lui devons les propositions suivantes :

1º Que l'eau qui s'écoule par la paroi latérale d'un vase obéit aux lois du mouvement des projectiles : le jet a une forme parabolique;

2º L'amplitude du rayon est la plus grande lorsque l'ouverture se trouve à égale distance du sol et de la surface libre du liquide;

3º Que des ouvertures percées à égale distance de ce milieu au-dessus et au-dessous donnent des jets d'une amplitude plus faible, mais égale.

4º Que les quantités d'eau v et v' qui s'écoulent dans le même temps par des ouvertures égales, situées à des distances h et h' de la surface libre du liquide, sont proportionnelles aux racines carrées de ces hauteurs :

$$\frac{v}{v'} = \frac{\sqrt{h}}{\sqrt{h'}} \, ;$$

5º Que des vases d'égale largeur et ayant des ouvertures égales, mais des hauteurs différentes h et h' se vident dans des temps t et t',

$$\frac{t}{t'} = \frac{\sqrt{h}}{\sqrt{h'}},$$

c'est là une conséquence du nº 4;

6º Dans le cas où l'ouverture se trouve dans le fond horizontal du vase, *Torricelli* donne la proposition suivante :

Si on divise le temps nécessaire pour que le vase se vide entièrement, en parties égales, et si on prend comme unité la quantité d'eau qui s'écoule dans la dernière fraction du temps, les quantités d'eau qui se sont écoulées dans chacune des fractions précédentes sont représentées par 3. 5. 7. 9.....

Si la durée totale de l'écoulement est de 6 minutes, et la quantité d'eau qui s'écoule dans la sixième minute, égale à une livre, les quantités d'eau qui s'écoulent dans la 1ʳᵉ, 2ᵉ,... 6ᵉ minutes sont 11, 9, 7,... 1 livres.

Les corps lancés verticalement de bas en haut, présentent un décroissement semblable de vitesse; *Torricelli* en conclut avec raison, que les liquides qui s'écoulent des vases, suivent les mêmes lois que les corps solides qui tombent librement suivant la verticale. Il appliqua ce principe aux fontaines jaillissantes et dit que la hauteur du jet serait égale à celle de l'eau dans le vase, s'il n'y avait pas de perturbations.

147. — *Torricelli* est plus connu et plus célèbre par l'invention du baromètre, qui est incontestablement une découverte importante, mais qui n'a pas coûté à l'auteur tant de méditations que ses recherches sur l'écoulement des liquides et sur le mouvement des projectiles.

Torricelli connaissait l'opinion et les expériences de *Galilée* sur la **Résistance du vide** ; il savait que l'eau ne s'élève qu'à 32 pieds dans les tubes verticaux. Il n'était par conséquent pas difficile de penser qu'un liquide plus dense devrait s'élever à une moindre hauteur. Cependant, on doit considérer comme des plus heureuses pour la physique l'idée qu'il eut de remplacer l'eau par le mercure : *Torricelli* doit donc être considéré comme l'inventeur du baromètre, bien qu'il ait laissé à son ami *Viviani* le soin de mettre le premier son idée à exécution.

C'est en 1643 que le baromètre fut exécuté pour la première fois. On l'appela avec raison tube de *Torricelli* et non pas tube de *Viviani*, parce qu'ici l'idée avait plus de valeur que l'exécution. *Torricelli* d'ailleurs s'assura par sa propre expérience de la justesse de son idée, et ce qui lui donne des droits encore plus certains à l'invention du baromètre, c'est qu'il reconnut et indiqua la pression atmosphérique comme cause de l'ascension du mercure dans le tube.

Torricelli doit donc être considéré comme ayant découvert la pression atmosphérique, bien qu'au fond le baromètre ne démontrât pas mieux que les pompes l'existence de cette pression. *Torricelli* fit plus encore, il trouva que cette pression variait. Ayant observé la hauteur du mercure dans le tube pendant plusieurs jours, il vit qu'elle n'était pas toujours la même, qu'elle était tantôt plus grande, tantôt plus petite. Contrairement aux affirmations de son ami *Ricci*, de Rome, il fit remarquer, en 1644, que la colonne de mercure pouvait servir à mesurer les variations de la pression atmosphérique ; et il ajoutait qu'en entreprenant ces recherches, son but avait été de mesurer ces variations et non de produire un espace vide. *Torricelli* doit donc avoir considéré l'existence de la pression atmosphérique et du vide comme suffisamment démontrée par le phénomène des pompes et par les expériences de *Galilée*.

Il dut être détourné de ce travail pas quelque raison, car, bien qu'il ne soit mort qu'en 1647, il ne paraît pas avoir tiré de ses observations sur le baromètre de conclusion qui mérite d'être signalée. Il ne s'agit d'ailleurs ici que des variations irrégulières ; les variations périodiques, beaucoup plus faibles, ne furent remarquées que plus tard.

Torricelli communiqua sa découverte en 1644 au Père *Mersenne*, entre autres. Celui-ci habitait Nevers et, comme il entretenait une correspondance étendue avec les physiciens et les mathématiciens les plus distingués de son époque, il était devenu pour eux une sorte de centre scientifique. Comme je n'aurai pas dans la suite d'occasion plus convenable de parler des travaux de ce savant, je vais les exposer brièvement ici.

148. — *Marin Mersenne*, né en 1588, à Soultière près Bourg-d'Oisé, dans le Maine, fut élevé au collège des Jésuites de la Flèche avec *Descartes* et mourut en 1658 à Paris : il appartenait à l'ordre des Minimes. Bien que son activité fût surtout littéraire, et qu'il ait brillé plutôt par son savoir et son ardeur scientifique que par son talent, il a cependant fait des recherches expérimentales qui, pour l'époque, ne sont pas à dédaigner.

Ainsi, il fit sur le pendule un travail remarquable en ce qu'il contient la première tentative pour la détermination de la longueur du pendule à secondes.

Un travail sur l'écoulement des liquides s'accorde sur quelques points avec le travail de *Torricelli*, mais ne lui est pas comparable. Une remarque qui lui est propre c'est que le jet qui s'échappe d'une paroi verticale n'est pas exactement parabolique, à cause de la résistance de l'air, et que cette résistance empêche un jet d'eau d'arriver à la hauteur de l'eau du réservoir. Il décrit ces recherches dans l'ouvrage : *Phœnomena hydraulica-pneumatica*, Paris, 1644.

Ce livre contient encore des expériences grossières pour déterminer la dilatation de l'air. Il chauffait pour cela un éolipyle et ensuite y laissait entrer de l'eau. Il décrit en outre un hygroscope formé d'une corde de boyau tendue à l'air et qui rend certains sons. Lorsque l'air est humide l'appareil rend un son plus haut; si l'air est sec il rend un son plus grave[1].

Enfin on trouve encore dans cet ouvrage, probablement la première description du fusil à vent, dont on peut toutefois faire remonter l'invention avec quelque raison jusqu'au temps de *Ctesibius*. *Mersenne* indique qu'un certain *Marin*, bourgeois de Lisieux, en Normandie, avait fait un de ces instruments pour Henri IV. Les chroniques de Nuremberg désignent au contraire *Hans Lobsinger*, qui mourut en 1570, comme l'inventeur du fusil à vent, lequel aurait été construit par lui pour la première fois en 1560[2].

D'après un renseignement que nous fournit *Musschenbroek* dans son Introduction, il y avait dans la collection d'armes d'un seigneur de Schmettau un fusil à vent avec le millésime 1474. Bien que *Mersenne* se fût beaucoup occupé de problèmes se rattachant à la physique mécanique, il avait sur quelques points de cette science des notions très confuses. Ainsi il voulait mesurer la force du choc par la pression, comme avant lui *Riccioli* et *Casrée*, et il expliquait l'aspiration des liquides par la présence de petits crochets à l'aide desquels les particules d'air tiraient derrière elles les particules d'eau !

Un autre ouvrage qui contribua beaucoup à la renommée de *Mersenne* est son livre : *Harmonicorum, libri XII*, Parisiis, 1636, dont le sujet est l'acoustique, branche de la Physique jusqu'alors peu étudiée. *Mersenne* y donne une détermination de la vitesse du son, la deuxième que l'on connaisse : il procède comme *Gassendi* et arrive peut-être à un résultat un peu plus précis. Il trouva 1380 pieds par seconde. Il remarque aussi qu'une corde, outre le son fondamental peut aussi donner d'autres sons plus élevés[3]..

En optique, *Mersenne* fut presque sur le point de faire une découverte importante, celle du télescope à miroir (*Phaenomena hydraulico-pneumatica*, p. 96). Il proposa de placer deux miroirs creux paraboliques l'un en face de l'autre, le plus grand dirigé vers l'objet éloigné, l'autre plus petit, placé près du foyer du premier. Les rayons parallèles tombant sur le premier miroir et rendus convergents devaient être envoyés à l'œil par le petit miroir à travers une ouverture de la grandeur de la pupille faite dans le grand miroir. Mais il s'en tint au projet, dans lequel il avait d'ailleurs oublié de placer un verre devant l'œil, parce que *Descartes* lui fit plusieurs objections. Il trouvait une grande difficulté à construire des miroirs paraboliques et il considérait la distance de l'œil au petit miroir comme trop faible, et quant à la longueur de l'instrument et à sa

---

1. Fischer, *Gesch. d. Phys.*, t. II, p. 224.

2. Gehler, *Neues. phys. Wörterb.*, t. X, p. 2119.

3. Il trouva comment le nombre de vibrations d'une corde varie avec sa longueur et le poids tenseur. (*Harmonicorum, lib. II, prop.* 18.) Voir 3320.

On lui doit également la loi des tuyaux semblables. (T.)

clarté, il n'y voyait aucun avantage sur les télescopes dioptriques[1]. Ainsi *Mersenne* fut privé de l'honneur d'avoir construit le premier un instrument qui est certainement plus parfait que celui que *Zucchi* avait imaginé et même construit vingt ans auparavant.

Nicolas Zucchi, jésuite, né en 1586 à Parme, mort à Rome en 1670, conçut déjà en 1616 le projet d'un télescope à miroir, et l'exécuta, mais sous une forme très grossière. Il regardait dans le miroir creux à l'aide d'une lentille concave placée à une distance convenable[2]. Ce même *Zucchi* aurait, d'après le témoignage de *Bailly* (*Résumé complet de l'astronomie*, Paris, 1825), vu le premier les taches et les facules de Jupiter.

De tout ce que j'ai rapporté au sujet de *Mersenne*, il résulte qu'il ne fut pas un physicien de premier ordre. Son principal mérite consiste peut-être dans sa correspondance très active, par laquelle il suppléait à l'absence de journal de Physique. Il fit par là beaucoup de bien, mais non sans mélange de mal. Il entraîna en effet *Torricelli* dans une discussion des plus vives avec le mathématicien français *Roberval*, en l'informant, dans une lettre datée de 1634, que ce dernier était occupé à un travail sur la cycloïde, mais sans lui dire que le problème proposé (qui consistait à trouver l'aire et la tangente de la cycloïde) avait été déjà résolu par *Roberval*[3]. *Torricelli* et son ami *Cavalieri* s'appliquèrent à ce problème, le résolurent et furent, quoique à tort, accusés de plagiat par *Roberval*. — C'est grâce au père *Mersenne* que l'expérience de *Torricelli* fut connue en France, et arriva à *Pascal*, qui devait bientôt lui donner une confirmation remarquable.

149. — *Blaise Pascal* naquit le 19 juin 1623, à Clermont, en Auvergne, et mourut à Paris le 19 août 1662, par conséquent à l'âge de 39 ans seulement. Il était fils unique d'*Étienne Pascal*, homme versé dans les sciences mathématiques, président de la cour des aides à Clermont.

Dès sa plus tendre enfance, *Blaise Pascal* montra les talents les plus extraordinaires; il avait une intelligence remarquable qui voulait savoir la cause de toutes les choses qui se présentaient à lui. C'est ce qui détermina principalement son père à laisser la charge qu'il occupait à Clermont, et à venir à Paris avec son fils âgé de huit ans, pour se consacrer tout entier à l'éducation de ce dernier. *Blaise Pascal* n'eut pas en effet d'autre maître. Il donna bientôt des preuves étonnantes de son esprit d'observation. Un jour, quelqu'un, à table, heurta par hasard un verre, et, pour en arrêter le son le prit par le haut : *Blaise* voulut savoir pourquoi le son cessait, et comme l'explication qu'on lui donnait ne le satisfit point, il écrivit lui-même un mémoire sur le son. Il n'avait pas encore onze ans.

Le père de Pascal était d'avis que son fils devait se former dans l'étude des langues avant d'apprendre les autres sciences; et pour cela il lui interdit formellement les mathématiques, et pria ses amis de ne pas traiter en sa présence de questions se rattachant à cette science. Mais il était difficile de ne pas enfreindre

<hr>

1. Wilde, *Gesch. d. Optik* t. I, p. 309.
2. Wilde. *Gesch. d. Optik* t. I, p. 307.
3. Montucla, t. II, p. 57. (T).

cette défense, le père se trouvant en relations intimes avec *Mersenne, Roberval, Midorge, Carcavi* et autres qui composèrent plus tard l'Académie de Paris, et qui tenaient alors des réunions scientifiques. Ils se réunissaient alternativement les uns chez les autres, et par suite chez Étienne Pascal. Le jeune *Blaise* eut bientôt l'occasion d'en apprendre tant sur les occupations de cette société qu'un penchant irrésistible l'entraîna vers les mêmes études.

Il conjura son père de l'instruire dans les mathématiques, et comme celui-ci refusait, il le pria de lui dire au moins ce qu'étaient les mathématiques. Le père répondit : « C'est la science qui enseigne à tracer des figures exactes et à trouver leurs rapports; » mais il lui défendit en même temps d'en parler et d'y penser. C'était verser de l'huile sur le feu! Quelques jours plus tard, le père de Pascal étant entré dans la chambre de son fils sans être aperçu, le trouva occupé à dessiner et à combiner des figures, parmi lesquelles il ne savait désigner que les ronds et les barres. Le père fut plus étonné encore lorsqu'il vit que son fils, agé de douze ans, avait trouvé de lui-même la XXXIIe prop. du Ier livre d'Euclide, à savoir que dans un triangle la somme des angles est égale à deux droits. A partir de ce moment le père ne s'opposa plus à la vocation de son fils! Il lui mit Euclide entre les mains : Blaise lut ce livre avec avidité ainsi que plusieurs autres ouvrages de mathématiques. A seize ans il fut en état de composer sur les sections coniques un traité plein de remarques ingénieuses, que *Descartes* attribuait à son père, se refusant à croire que c'était le jeune *Blaise* qui l'avait composé. Ce dernier assistait régulièrement aux réunions scientifiques dont nous avons parlé, et il lui arrivait souvent de confondre par son jugément et par ses travaux les autres membres de la société. A dix-neuf ans, il imagina une machine à calculer, qui fit une vive sensation et qui donna plus tard au célèbre *Leibnitz* l'idée de construire une machine du même genre, mais plus complète. Celle de *Pascal* ne servait qu'aux additions et aux soustractions; celle de *Leibnitz* permettait en outre de multiplier et de diviser[1].

A côté de tous ces travaux, *Pascal* s'occupa aussi d'études philosophiques et littéraires, et il y dépensa une telle activité que sa santé déjà faible fut ruinée dès l'âge de dix-huit ans.

150. — Par ses relations avec les savants de la capitale, *Pascal* eut connaissance des travaux de *Galilée* et de *Torricelli*. L'expérience de ce dernier fit sur lui une grande impression. Elle lui fut communiquée par *Pierre Petit* (né en 1598, mort en 1667), disciple de *Descartes*, astronome et physicien fort estimable, qui l'avait apprise du Père *Mersenne*. *Pascal* eut l'idée de répéter en grand l'expérience de *Torricelli;* il habitait alors Rouen où son père occupait une charge dans le barreau et les finances. Il remplit des tubes de 46 pieds de haut fermés à la partie supérieure, soit avec de l'eau soit avec du vin rouge, et en les renversant sur les liquides correspondants, il vit ces liquides se maintenir à une hauteur d'environ 32 pieds, que les tubes fussent placés verticalement ou plus ou moins inclinés.

Il ne connut tout d'abord que le fait expérimental de l'expérience de *Torricelli*, mais non l'explication que ce physicien avait donnée de la hauteur limitée de la

___

1. Busch, *Handb. der Erfindungen*, t. XI, p. 32.

colonne mercurielle. On comprend pourquoi, dans le petit traité qui contient la description de cette expérience ainsi que beaucoup d'autres et qui porte le titre : *Expériences nouvelles touchant le vuide*, Paris, 1647, *Pascal* se conformant à l'opinion régnante, attribue les phénomènes qu'il expose à l'horreur du vide.

Cependant *Pascal* revint bientôt de son erreur ; dans cette même année, il eut connaissance de l'explication de *Torricelli*. Il trouva l'idée de la pression de l'air très belle, mais ne la considéra pas comme démontrée, et songea par suite à en donner une preuve rigoureuse. Il disposa un baromètre de façon que l'air extérieur pût être complètement éloigné, et il vit alors le mercure dans le tube descendre au niveau du mercure dans le vase où plongeait le tube. Il nommait cette ingénieuse expérience, l'*expérience du vuide dans le vuide*[1].

Pascal considéra alors la pression atmosphérique comme démontrée, et on

1. Voici en quoi consistait cette expérience : Un siphon ABC fermé en A et ouvert en G était soudé à un tube droit CD. L'orifice commun C était fermé avec une bonne vessie, l'appareil retourné et rempli de mercure, après quoi on redressait l'appareil sur une cuve à mercure. Le mercure dans le siphon s'éleva dans les deux branches au même niveau *a a* : dans le tube droit il se tint à 28 pouces de la cuvette.

En débouchant l'orifice C on vit le mercure tomber dans le tube CD et s'élever en A B 28 pouces au-dessus du niveau qu'il prit dans la branche BC. (Fig. 12.)

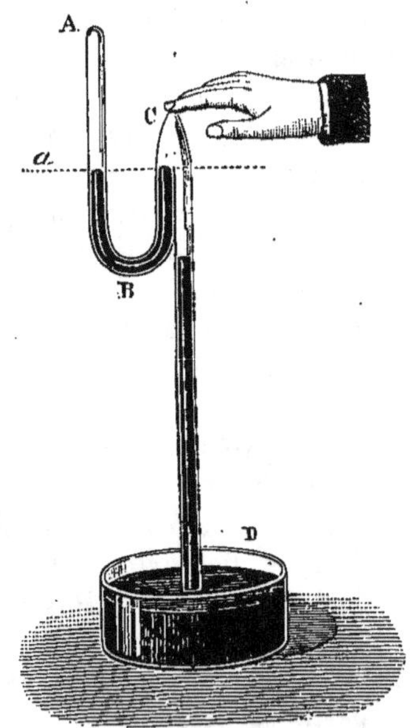

Fig. 12.

Pascal insiste encore sur une autre expérience montrant que l'air est plus condensé dans les couches inférieures de l'atmosphère. Pour réaliser cette expérience, après avoir rempli imparfaitement une vessie à la surface du sol, on la ferma : puis on la transporta à une hauteur sur une montagne et on la vit graduellement se distendre et redevenir ensuite « flasque et molle quand elle fut ramenée au point de départ ». (*Traité de la pesanteur de l'air*). — Desains, *Leçons de physique* t. I, p. 73. (Note des Trad.)

doit ajouter que ce fut là en effet la première preuve de son existence, car, par cela seul qu'on avait rempli un tube fermé de mercure au lieu de le remplir d'eau, la théorie de l'horreur du vide n'était pas réfutée. Mais *Pascal* ne s'en tint pas là ; si la colonne de mercure dans le baromètre est soutenue par la pression de l'air, se dit-il, sa longueur doit être plus petite sur les montagnes, parce que la pression de l'air y est nécessairement plus petite. ·

Pascal ne voyant pas d'occasion convenable d'établir cette idée par des preuves, écrivit le 15 novembre 1647, à son beau-frère Périer, à Clermont, pour le prier de s'assurer par lui-même, si au sommet du Puy-de-Dôme, au pied duquel se trouve la ville de Clermont, le baromètre ne se tiendrait pas plus bas que dans la ville. *Périer* accepta cette proposition et exécuta l'expérience avec beaucoup de soin. Il rectifia 16 livres de mercure, en remplit deux tubes de quatre pieds de long, fermés à une de leurs extrémités et les retourna en les plongeant dans le reste du mercure ; après les avoir munis d'une échelle de papier, il les compara l'un à l'autre : tous deux indiquaient 26 pouces et 3,5 lignes. Il confia alors un de ses tubes au Père *Chastin*, en chargeant celui-ci d'observer le baromètre pendant toute la journée (19 septembre 1648) et avec l'autre tube, il monta au sommet du Puy-de-Dôme à une hauteur d'environ 3000 pieds. A son grand étonnement et à celui de ses compagnons, il vit que l'appareil n'indiquait là que 23 p. et 2 lignes, par conséquent 3 p. et 1,5 lignes de moins.

Il répéta l'observation en plusieurs points de la montagne et quand il fut au pied il retrouva de nouveau 26 p. et 3,5 lignes, hauteur qu'avait indiquée pendant toute la journée le baromètre du Père *Chastin*.

Le résultat de cette expérience, que *Périer* ne tarda pas à communiquer à son beau-frère, donna le coup de grâce à la théorie de l'horreur du vide, du moins pour les personnes éclairées. A partir du 19 septembre 1648, aucun homme intelligent ne pouvait plus douter de l'existence de la pression atmosphérique. Il y eut cependant des hommes qui ne purent se décider à abandonner leur ancienne croyance, depuis *Franz Linus* (§ 208) professeur à Liège, jusqu'au baron de *Drieberg* (mort en 1856) de Protzen, près Fehrbellin, qui, en 1843, promit mille ducats et en 1844 le double, à celui qui pourrait le convaincre de l'existence de la pression atmosphérique. Le prix est encore à gagner !

Pascal décrivit l'expérience de son beau-frère en 1648, dans une brochure intitulée : *Récit de la grande expérience de l'équilibre des liqueurs*, etc., Paris 1648. Il conclut avec raison qu'au moyen du baromètre on pouvait trouver la différence de hauteur de deux points, ou plus exactement qu'on pouvait trouver quels points se trouvaient à égale altitude ou à des altitudes différentes, car *Pascal* n'avait pas encore de formules pour mesurer les différences de hauteur. — Il répéta aussi l'expérience à Paris sur la tour Saint-Jacques de la Boucherie (25 toises), et il trouva, là encore, que l'expérience était confirmée, aussi bien que sur les maisons élevées.

Il provoqua aussi une série d'observations barométriques à Paris, à Clermont et à Stockholm de 1649 à 1651, dans le but d'étudier les variations de la pression atmosphérique. Il résulta de ces observations que la température n'agissait

pas directement sur le baromètre mais que le vent avait au contraire une influence marquée. *Chanut*, l'observateur de Stockholm, mentionne aussi que
Descartes, qui peu de temps avant sa mort avait entendu parler de ces expériences et qui y prit même une certaine part[1], indiqua une disposition pour
rendre les variations du baromètre plus visibles. Ce moyen consistait à remplacer la partie supérieure de la colonne de mercure par de l'eau, mais le peu
d'habileté des verriers de ce pays ne permit pas de l'employer.

Pascal développa la théorie de la pression atmosphérique dans un opuscule
remarquable par la clarté de l'exposition : c'est le *Traité de l'équilibre des
liqueurs et de la pesanteur de la masse d'air*, composé dès 1653, mais qui ne
parut à Paris qu'en 1663, un an après la mort de son auteur. Celui-ci montre
que la succion de l'enfant au sein de sa nourrice, le phénomène des ventouses,
etc., étaient tout aussi bien dus à la pression atmosphérique que l'ascension
des liquides dans les pompes, les seringues, les syphons et les baromètres.
Toutefois ce n'est pas ainsi qu'il nomme ce dernier instrument bien qu'il
parle de thermomètre.

Il calcule la grandeur de la pression atmosphérique sur une surface donnée,
en admettant qu'elle fût égale au poids d'une colonne d'eau de 32 pieds ou
d'une colonne de mercure de 28 pouces ayant la même base ; il déduit de là
quelle est la pression exercée par l'atmosphère sur toute la surface de la terre
et il la trouve égale à :

$$8.283889 \quad 440000 \quad 000000 \text{ livres.}$$

On peut bien l'excuser d'avoir attribué l'adhérence de deux plaques de verre
polies à la pression atmosphérique[2] et d'avoir calculé la grandeur de cette
adhérence à diverses hauteurs au-dessus de la mer. Il ne connaissait pas encore la pompe à air.

Le même ouvrage s'occupe aussi de l'équilibre des liquides. *Pascal* y développe avec une grande clarté les propositions découvertes avant lui par *Stevin*[3],
mais qu'il ne connaissait vraisemblablement pas ; il montre notamment que la

---

1. Voir dans Montucla, t. II, p. 205, les prétentions de *Descartes* au sujet du baromètre (T.).

Dans une lettre datée de 1631, et par conséquent bien antérieure à l'expérience de *Torricelli*,
Descartes parle de la suspension du mercure dans un tuyau fermé par le haut et l'attribue
à la pression de l'air ; il explique aussi de même l'action des ventouses (t. III, let. III, p. 602).
Plus tard, il dit à propos de l'entonnoir magique « L'eau ne demeure pas dans les vaisseaux
par la crainte du vide, mais à cause de la pesanteur de l'air. » (t. II, lett. 94). Enfin dans
une autre lettre (t. III, lett. LXXV), *Descartes* revendique l'idée de l'expérience du Puy-
de-Dôme qu'il aurait communiquée à Pascal depuis deux ans déjà.

Voir à ce sujet le *mémoire* communiqué par M. Nourrisson à l'Académie des sciences
morales et politiques, le 5 mars 1881. (*Trad.*)

2. Nous avons vu que *Descartes* avait commis la même erreur (T.).

3. Dès 1646, *Pascal* avait fait des expériences avec des siphons, des seringues, et « toutes
sortes de tuyaux de toutes longueurs, grosseurs et figures chargés de différentes liqueurs,
comme vif-argent, eau, vin et huile, etc. », pour montrer « que les liquides pèsent suivan
leur hauteur et qu'un petit filet d'eau tient un grand poids en équilibre. »

Mais si *Pascal* a été devancé par *Stevin* (§ 108) dans l'exposition et la démonstration de
cette loi importante, c'est certainement *Pascal* qui a nettement énoncé pour la première fois

pression d'un liquide sur le fond d'un vase ne dépend que de la hauteur du liquide.

151. — Si *Pascal* avait poursuivi ses travaux dans le domaine de la physique, il aurait sans doute rendu de grands services à la science, mais en 1650 et même un peu avant, il s'était opéré en lui un changement complet. Grâce à ses lectures religieuses et sans doute aussi à ses souffrances continuelles, il arriva à penser que la religion était seule digne d'occuper l'esprit humain. Il abandonna la science à peu près complètement et vécut dès lors dans la retraite. En octobre 1654, un tragique événement vint le frapper; ses chevaux s'emportèrent sur le pont de Neuilly, et il ne fut sauvé que par miracle. Depuis lors sa mélancolie ne fit qu'augmenter.

C'est dans cette disposition d'esprit qu'il composa plusieurs ouvrages religieux et philosophiques qui ne nous sont parvenus qu'en partie. Une fois seulement il revint encore à sa première science de prédilection, les mathématiques.

Ce fut à l'occasion de la cycloïde, courbe engendrée par un point d'un cercle qui roule sur une ligne droite. *Galilée* s'était déjà occupé de cette courbe, dont la forme paraissait pouvoir s'appliquer aux arches des ponts, et, depuis, plusieurs mathématiciens y avaient essayé leurs forces : *Roberval, Torricelli, Cavalieri, Descartes. Pascal* en fit le sujet de ses méditations et trouva plusieurs problèmes qu'il proposa en 1658 aux géomètres sous le pseudonyme *Amos Dettonville*[1], en promettant une prime de 40 pistoles pour chaque problème résolu et de 20 pistoles pour la meilleure solution qui serait adressée avant un an au mathématicien *Carcavi*.

Ce dernier ne reçut que deux solutions, l'une du jésuite *Latouere* à Toulouse, et l'autre du mathématicien anglais *Wallis*. La première fut déclarée tout à fait insuffisante et on n'accorda pas la prime à la seconde, à cause de quelques erreurs. Alors *Pascal* donna lui-même sa solution en 1659 sous le titre : *Lettres de M. Dettonville à M. Carcavi*, tandis que dans l'intervalle, en octobre 1659, il traitait le côté historique de la question, dans son *Histoire de la Roulette*, peut-être avec un peu de partialité pour ses compatriotes[2].

Pascal communiqua à l'*Académie des mathématiciens de Paris*, (il appelait ainsi la société privée qui se réunissait chez son père) en 1654, un nombre considérable de travaux de mathématiques, entre autres un ouvrage sur le jeu de dés; mais ces travaux n'ont jamais paru. L'accident tragique dont nous avons parlé en fut sans doute la cause. A partir de ce moment il vécut presque

le *principe de la transmission des pressions* sur lequel repose l'emploi de la *presse hydraulique* :

« Si un vaisseau plein d'eau, clos de toutes parts a deux ouvertures, l'une centuple de l'autre : en mettant à chacune un piston qui lui soit juste, un homme poussant le petit piston égalera la force de cent hommes qui pousseront celui qui est cent fois plus large et en surmonteront 99. »

« Et quelque proportion qu'aient cés ouvertures, si les forces qu'on mettra sur les pistons sont comme les ouvertures, elles seront en équilibre. » (T.)

1. Ce nom est l'anagramme de Louis de Montalte nom sous lequel Pascal écrivit ses Provinciales.

2. Voir à ce sujet Montucla, t. II, p. 58 (T.).

comme un moine retiré dans ses terres, occupé uniquement d'exercices de piété et de la lecture des Écritures Saintes qu'il apprit presque par cœur.

Il mourut le 19 août 1662, à l'âge de trente-neuf ans comme *Torricelli*, auquel il ressemblait par l'intelligence, et avec lequel il a encore ce point de commun, qu'il fit exécuter sa conception la plus célèbre par *Périer*, comme *Torricelli* avait laissé à *Viviani* le soin de vérifier son idée. Les œuvres de *Pascal* parurent à La Haye et à Paris en 1779, en cinq volumes et plus tard en 1819, à Paris, en six volumes in-8.

152. — Retournons maintenant à l'Italie, où nous avons à parler d'un homme distingué que j'ai cité comme étant l'ami et l'associé de *Torricelli*, c'est-à-dire *Bonaventura Cavalieri*, et non Cavaleri[1].

Ce savant naquit en 1598 à Bologne et mourut en 1647. Il était professeur de mathématiques à Bologne. Il entra très jeune dans l'ordre des Jésuates ou Hiéronymites, fondé par Jean Colombinus de Sienne, mais qui fut dissous en 1668, et qu'il ne faut pas confondre avec l'ordre des Jésuites, fondé en 1540 par Ignace de Loyola.

Cavalieri montrait déjà de bonne heure de telles dispositions pour les mathématiques que ses supérieurs jugèrent à propos de l'envoyer à la célèbre université de Pise. Là, il jouit des entretiens de *Castelli* et de *Galilée*, et fit de si grands progrès dans ses études, que tous deux lui prédirent le plus brillant avenir.

En 1629, il fut appelé par les magistrats de Bologne à la chaire de mathématiques de l'université de cette ville. Il avait déjà composé l'ouvrage qui lui valut, parmi ses contemporains une si grande renommée ; mais cet ouvrage ne parut qu'en 1635 à Bologne sous le titre : *Geometria indivisibilibus continuorum nova quâdam ratione promota*.

Cavalieri y enseigne à mesurer les surfaces et les volumes. Les lignes sont considérées comme les éléments indivisibles des surfaces et les surfaces comme les éléments indivisibles des corps. Dans ce procédé que son ami *Torricelli* appliqua à la quadrature de la cycloïde, il y a certainement un pressentiment du principe du calcul infinitésimal, ce qui a fait considérer la méthode de *Cavalieri* comme un premier pas vers cette science. Mais cette méthode est elle-même une abréviation de celle qu'employaient les anciens sous le nom de méthode d'exhaustion[2], méthode il est vrai plus longue, mais qui repose sur des principes plus exacts. C'est ce que lui reprochait son contemporain, le jésuite *Guldin* de Saint-Gall (né en 1577, mort en 1643, à Gratz). Il soutenait aussi que *Cavalieri* avait été amené à la découverte de sa méthode par la lecture des œuvres de Keppler.

Toutefois, ce reproche n'est pas tout à fait fondé. *Keppler* avait sans doute décrit dans sa *Stereometria doliorum*, etc. (1615), une méthode que connaissait *Cavalieri*, et qui, au premier coup d'œil, ressemble assez à celle de ce dernier, mais qui, en réalité, en diffère essentiellement. Quant aux anciens, *Cavalieri*, ne semble pas leur avoir fait d'emprunt ; et sa méthode, bien que moins rigou-

---

1. Ne pas confondre avec *Antoine Cavalleri*, jésuite et professeur de mathématiques à Cahors, né en 1698, à Bayonne, mort vers 1763.

2. Voir Montucla, t. II, p. 38.

reuse, a l'avantage d'être d'une application plus facile. Du reste, on pourrait faire à *Guldin* le même reproche qu'il fit à *Cavalieri*, car la méthode à laquelle il doit uniquement d'être cité dans l'histoire des mathématiques, — les règles de *Guldin* pour la détermination du centre de gravité des surfaces et des corps engendrés par la rotation des lignes et des surfaces, — avait déjà été décrite par *Pappus*, au IVᵉ siècle (§ 3). Ajoutons, en outre, que *Guldin* cite fréquemment les œuvres de *Pappus* sans jamais le nommer comme l'auteur de ces règles. Les théorèmes décrits dans l'ouvrage de *Guldin*, *De centro gravitatis*, etc. (Vienne, 1635), s'énoncent ainsi :

1° La figure formée par la rotation d'une surface plane autour d'un axe situé dans son plan est le produit de cette surface par le cercle que décrit son centre de gravité, ou $V = 2\pi y S$, si V désigne le volume, S la surface, et y l'ordonnée du centre de gravité.

2° La surface engendrée par la rotation d'un arc de courbe plane autour d'un axe situé dans son plan, est égale à cet arc multiplié par le cercle que décrit son centre de gravité, ou $S = 2\pi y A$, si S désigne la surface, A l'arc, y l'ordonnée du centre de gravité.

Du reste *Galilée*, dit-on, aurait inventé[1] le calcul infinitésimal, ce dont, cependant, aucune information précise ne nous est parvenue. *Cavalieri* dit toutefois dans une lettre à *Galilée*, datée de 1626, qu'il retarde le moment de faire paraître son ouvrage déjà achevé, uniquement pour lui donner le temps de publier le sien.

Cavalieri s'est fait connaître comme physicien par deux ouvrages : *De speculo ustorio*, 1632, et *Exercitationes geometricæ* (Bonon. 1647). Ce dernier lui assure une place honorable dans l'histoire de la physique, car il y donne, pour la première fois, la solution complète du problème de la distance focale des lentilles convexes ou concaves. *Keppler* ne l'avait trouvée que pour les lentilles plan-convexes ou bi-convexes à courbures égales (§ 74). Par contre, *Cavalieri* se borna à calculer les distances focales, c'est-à-dire les points de concours des rayons incidents parallèles à l'axe. Les foyers conjugués ne furent trouvés que plus tard.

153. — Puisque je suis entré avec *Cavalieri* dans le domaine de l'optique, je ne puis me dispenser de faire plus ample connaissance avec son compatriote *Grimaldi* (§ 132). J'ai déjà cité son nom en parlant de *Riccioli*, mais je n'ai fait qu'indiquer en passant ses travaux en optique, afin de ne pas interrompre l'exposition des progrès de la mécanique. *Grimaldi* habitait Bologne en même temps que *Cavalieri* : tous deux étaient ecclésiastiques, le premier était jésuite le second jésuate. Ils cultivèrent l'optique, mais tandis que *Cavalieri* suivait la voie mathématique, *Grimaldi* s'adressait à l'expérience.

Cavalieri a certainement de grands mérites, mais si on les compare à ceux de *Grimaldi*, on doit reconnaître que la balance penche en faveur de ce dernier. Celui-ci, en effet, a enrichi la théorie de la lumière de faits importants et qui auraient réellement fait époque dans cette science, s'ils avaient été découverts dans un autre temps. Mais ils eurent le sort de toutes les découvertes qui sont

---

1. Libri, *Hist. des sc. math. en Italie* t. IV, p. 288.

faites trop tôt : ils passèrent sans laisser de trace parmi les contemporains, et l'homme modeste qui n'osa pas les publier pendant sa vie, fut oublié jusqu'à notre époque, où son nom a été rappelé avec honneur. Les découvertes dont je veux parler, sont celle de la diffraction ou inflexion de la lumière, et celle de la dispersion ou séparation des couleurs. Bien qu'on trouve auparavant des indications vagues de ces phénomènes, leur découverte doit être attribuée sans hésitation à *Grimaldi*, qui les décrit dans un ouvrage paru deux ans après sa mort : *Physico-Mathesis de lumine, coloribus et iride* (Bononiæ, 1665.)

Grimaldi a désigné sous le nom de diffraction, nom encore en usage aujourd'hui, la propriété qu'il mit en évidence par l'expérience bien simple que voici. A travers une petite ouverture percée dans le volet d'une chambre obscure, il laissait entrer un pinceau de lumière qui tombait sur un petit corps dont l'ombre se projetait sur un écran : si la lumière se propageait simplement en ligne droite, l'ombre du corps devrait former un noyau obscur entouré d'une pénombre. Or, *Grimaldi* remarqua que l'ombre entière était sensiblement plus grande que celle qui aurait dû avoir lieu si la lumière se propageait en ligne droite, — que, par conséquent, l'ombre physique était sensiblement plus large que l'ombre géométrique, telle qu'on pouvait la calculer. — En dehors de l'ombre physique, on voyait des raies claires et obscures : les raies claires étaient incolores au milieu, avec un bord bleu du côté de l'ombre et rouge de l'autre côté. Ces raies étaient d'autant plus larges que le tableau était plus éloigné du corps. Par un soleil vif et clair, et à une distance convenable du corps, on apercevait aussi à l'intérieur de l'ombre des raies semblables[1]. Ces raies, ainsi que les premières, sont parallèles aux bords de l'ombre, et sont rectilignes quand les bords de l'ombre le sont.

Grimaldi décrit encore, dans la proposition XXII de son ouvrage, une autre expérience remarquable qui se rapporte à celle-ci. Cette proposition est la suivante : Un corps lumineux peut devenir obscur quand on ajoute de la lumière à la lumière qu'il reçoit. — C'est la même proposition qu'*Arago* a si souvent exprimée de nos jours, sous la forme paradoxale : De la lumière ajoutée à la lumière donne de l'ombre !

L'expérience est la suivante : Deux trous percés l'un près de l'autre, dans le volet d'une chambre noire, donnent deux cônes de lumière qui empiètent en partie l'un sur l'autre et qu'on reçoit sur un carton blanc. Chaque cône de lumière, intercepté séparément, donne un disque blanc plus clair au centre que sur les bords. Les bords paraissent ombrés, mais un examen plus attentif montre qu'ils sont colorés en rouge. Si on coupe ces deux cônes en même temps, à une distance telle qu'ils empiètent l'un sur l'autre, on remarque que le centre de l'espace compris entre les bords des cercles lumineux qui se recouvrent est plus clair que les parties restantes des deux cercles, et que les arcs de cercle qui limitent la partie claire centrale sont singulièrement obscurs. Si on rapproche le carton des trous, les arcs deviennent rouges : si on l'éloigne, ils redeviennent obscurs.

---

1. Il est nécessaire pour cela que le corps soit petit, une aiguille à coudre, à tricoter se prêtent bien à l'expérience (T.).

Des expériences du même genre ont été faites à notre époque par les deux grands physiciens *Thomas Young* et *Fresnel*, afin de rétablir dans ses droits la théorie presque oubliée des ondulations de la lumière. Ils ont démontré en même temps le principe qui en découle sur l'influence réciproque des rayons lumineux, le principe des interférences, qui est à son tour une confirmation éclatante de la théorie des ondulations.

Grimaldi, lui aussi, pressentit le mouvement ondulatoire de la lumière pendant sa propagation, mais il ne parvint pas à une idée nette, et ne put expliquer d'une manière satisfaisante les phénomènes qu'il avait observés. Il était cependant sur la bonne voie, ainsi que le prouvent les réflexions qui accompagnent sa première expérience.

De même, dit-il, que si on lance une pierre dans l'eau on voit des renflements circulaires de l'eau se former autour de la pierre, comme autour d'un centre, de même on voit se former autour de l'ombre du corps opaque ces bandes plus brillantes, qui, selon la forme de ce dernier, s'étendent en longueur ou paraissent se courber. Et de même que ces ondes circulaires de l'eau ne sont pas autre chose que de l'eau amoncelée autour de laquelle, des deux côtés, il se forme un sillon, de même ces bandes brillantes ne sont autre chose que la lumière même, répartie inégalement par une dispersion violente et qui se trouve séparée par des intervalles d'ombre. Enfin, de même que les ondulations de l'eau deviennent plus grandes à mesure qu'elles s'éloignent du centre de l'action perturbatrice, nous remarquons que le même fait se produit pour les bandes lumineuses à mesure qu'elles s'éloignent de leur point de départ[1].

Grimaldi s'exprime d'une manière analogue au sujet de la deuxième expérience, et dans tout le cours de l'ouvrage on retrouve cette idée que la lumière consiste dans le mouvement ondulatoire d'un liquide ténu, dans une *fluitatio, undulatio, agitatio, volutatio.*

Une autre expérience remarquable, qui appartient entièrement à la classe de celles que nous venons de décrire, se trouve résumée dans la proposition XXIX (p. 231) : *Lumen non coloratum aliquando coloratur per solam reflexionem,* — (La lumière non colorée est parfois colorée par sa simple réflexion). — C'est identiquement la même expérience que nous avons mentionnée en parlant de *Deschales* (§ 134), mais dont la priorité appartient à *Grimaldi*, et qui consiste à faire réfléchir la lumière solaire pénétrant dans une chambre obscure sur une plaque de métal portant des rayures fines : les rayons réfléchis sur un tableau blanc paraissent colorés. Ces couleurs sont produites également par la diffraction. Et c'est encore *Grimaldi* qui a découvert le premier le phénomène sous cette forme.

Grimaldi ajoute aussi qu'on observe des colorations de même nature dans la réflexion de la lumière par un fil d'argent très fin, par un fil d'araignée, par les plumes qui entourent le cou du pigeon, etc.

Tous ces exemples prouvent que *Grimaldi* a étudié le phénomène de la diffraction sous des aspects très multiples et jusque dans ses particularités, bien qu'il n'ait pas épuisé le sujet. On doit donc le considérer comme l'auteur de la

1. Wilde, *Gesch. d. Optik*, t. I, p. 326.

découverte de la diffraction, et on ne saurait lui contester ce titre parce qu'avant
lui on trouve déjà une indication du même phénomène. Cette indication fut
donnée par *Léonard de Vinci*, si célèbre comme peintre et comme sculpteur,
et qui unissait à son génie artistique une aptitude tout à fait remarquable pour
les sciences d'observation.

Comme nous le savons aujourd'hui par ses manuscrits en partie imprimés,
il observa un phénomène de diffraction dans un cas particulier. Il fit pénétrer
la lumière solaire par une fente étroite dans une chambre obscure et il vit cette
fente éclairée de la même façon et partout de la même largeur. Ayant interposé
un objet transversalement entre la fente et l'œil, il remarqua que l'image de la
fente se contractait d'une manière sensible près des deux bords de l'objet[1]. —
Telle est l'observation de *Léonard*. Nous ne voyons pas qu'il ait remarqué des
lignes ou des franges autour de l'ombre ou dans l'ombre, ou qu'il ait poursuivi
l'expérience en cherchant à l'expliquer. C'est pourquoi nous ne pouvons lui attribuer la découverte de la diffraction pour cette observation, peut-être due au
hasard et qu'il négligea ensuite. Personne n'a de titres à cette découverte que
Grimaldi.

154. — Il en est autrement de la dispersion ou de la séparation des rayons
colorés : il est plus difficile ici de se prononcer. *Grimaldi* a certainement le
premier observé la dilatation des rayons dans la réfraction produite par le
prisme. En faisant passer un rayon solaire à travers un prisme, il trouva, non
seulement, que l'image reçue sur un tableau blanc était colorée sur les bords,
mais qu'elle était en outre considérablement allongée. Cette dilatation du rayon
est incontestablement sa découverte, comme, d'autre part, la production des
couleurs dans la lumière qui traverse un prisme a été observée longtemps avant
lui. Il s'agit de décider si l'on peut lui attribuer pour cela la découverte de la
dispersion.

Si on doit réserver cet honneur uniquement au physicien qui a exprimé pour
la première fois des considérations satisfaisantes sur la cause de cette dilatation
des rayons, *Grimaldi* n'y a aucun titre. Bien qu'il ait évidemment beaucoup
réfléchi sur ce phénomène, qu'il en parle longuement dans son ouvrage, et qu'il
dise même, en un certain passage, qu'une partie du rayon lumineux est plus
fortement réfractée que l'autre, il n'arrive cependant ni à une exposition claire
du phénomène ni à un résultat décisif.

Je pense qu'on ne peut contester à *Grimaldi* la découverte de la dispersion
au point de vue expérimental, mais, d'autre part, je crois qu'il faut laisser à
Newton l'honneur d'avoir donné le premier une théorie de ce phénomène,
qui jusqu'à ce jour est restée suffisante. Il est vrai que *Grimaldi* a devancé le
grand physicien anglais, non seulement dans l'étude de la dispersion, mais surtout dans la question plus générale de la nature des couleurs. *Grimaldi* demeure ici encore dans son obscurité et dans son indécision ordinaire, mais il
résulte de nombreux passages de son ouvrage, qu'il ne considère pas les couleurs et les rayons colorés comme quelque chose de différent de la lumière : il
veut au contraire qu'on les regarde comme des parties constituantes de la lu-

---

1. Libri, *Hist. d. sc. math. en Italie*, t. IV, p. 288.

mière blanche. En outre, il ne se représente pas les couleurs propres des corps, ainsi qu'on les appelle, comme une propriété qu'ils possèdent encore dans l'obscurité, mais, comme une qualité qu'ils empruntent à la lumière.

Toutes ces considérations ont été exprimées de nouveau par *Newton*, d'une manière plus précise. Mais, à un autre point de vue, *Grimaldi* s'éloigne beaucoup de *Newton*, et se rapproche par ses opinions de la théorie des ondulations. Il tient pour probable que les couleurs résultent d'un changement dans la manière d'être et dans la vitesse du mouvement, que les différences de couleur sont produites par les frémissements d'un fluide ténu, qui agissent sur l'œil avec des vitesses inégales, de même que la diversité des sons est due à des vibrations de l'air d'inégale rapidité.

Il résulte surtout de l'ensemble de l'ouvrage, comme je l'ai déjà dit, que *Grimaldi* avait toujours présente à l'esprit l'idée que la lumière se propage sous forme d'ondes; mais il ne fut pas assez heureux pour développer cette idée. On en trouve une preuve convaincante dans les expériences qu'il fit pour expliquer la réfraction. En réalité, si on regarde les gravures qu'il donne à ce sujet dans la *Physico-Mathesis*, on est surpris de leur ressemblance avec celles que contiennent nos traités de Physique les plus récents : elles sont identiquement les mêmes.

On croit tout d'abord que *Grimaldi* possède la théorie des ondulations, mais en lisant attentivement le texte qui s'y rapporte, on s'aperçoit bientôt que l'auteur s'est arrêté à moitié chemin. Il parle d'un rayon lumineux, non pas comme d'une simple ligne géométrique; il admet un rayon lumineux physique, un faisceau de rayons qui a toujours une certaine épaisseur, bien que très faible, et qu'on peut encore diviser en quelques rayons élémentaires isolés. Si un pareil faisceau de rayons tombe, dans une direction oblique, sur une surface réfringente, alors, dit *Grimaldi*, les rayons élémentaires isolés n'arrivent pas tous à la fois sur la surface; les rayons inférieurs ont déjà parcouru un certain chemin dans le nouveau milieu quand les rayons supérieurs arrivent à la surface de séparation.

C'est précisément la manière de procéder de notre théorie actuelle des ondulations. *Grimaldi* ajoute : dans le milieu réfringent qui est plus dense que l'air le faisceau de rayons progresse plus lentement que dans l'air, — c'est encore un des principes de la théorie des ondulations, et qui la sépare de la théorie de l'émission. Grâce à cette vitesse plus faible, le rayon qui a pénétré d'abord dans le milieu réfringent va plus lentement que le rayon supérieur qui se trouve encore dans l'air. Ceci est tout à fait exact, et conforme à la théorie des ondulations, mais que se passe-t-il ensuite? Pourquoi le rayon est-il brisé? — *Grimaldi* est obligé de recourir à des hypothèses, qui lui semblent à lui-même tout à fait invraisemblables, et qui laissent le phénomène tout à fait inexpliqué.

On voit par là que *Grimaldi* était en voie de trouver la théorie des ondulations, mais qu'il n'atteignit pas le but, de même que de *Keppler* jusqu'à *Newton*, plus d'un songea à expliquer le mouvement des corps célestes par une attraction réciproque de ces corps, et cependant pas un n'arriva à tirer de cette pensée féconde la théorie de la gravitation.

Göthe[1], dans sa théorie des couleurs, n'est certainement pas tout à fait juste à l'égard de *Grimaldi*, quand il dit de lui : que l'on voit que l'auteur de la *Physico-Mathesis* est versé dans toutes les subtilités de la dialectique, que son exposition est problématique et même ironique, ce qui donne à un travail sérieux une tournure tout à fait bizarre.

Il est vrai que *Grimaldi*, dans le premier livre de son ouvrage (un in-quarto), pendant 472 pages, énonce soixante propositions pour prouver que la lumière est substantielle, tandis que dans le II⁰ livre, il consacre 63 pages à modifier cette opinion, de sorte que finalement il n'est pas possible de décider quelle est sa manière de voir. Mais je crois que nous devons regarder ces contradictions comme une preuve de sa propre indécision, ce qui est peut-être la cause qui l'empêcha de publier son ouvrage pendant sa vie. *Grimaldi* n'aurait certes pas poursuivi son sujet avec tant de sérieux et de persévérance, s'il n'avait loyalement recherché la vérité.

HISTOIRE DES ACADÉMIES

155. — Nous trouvons dans l'antiquité une institution à laquelle nous pouvons donner le nom d'Académie, dans le sens actuel de ce mot. Nous voulons parler du Musée d'Alexandrie[2], fondé environ 250 ans avant J.-C. par *Ptolémée Philadelphe*, protecteur des arts et des sciences, et maintenu par ses successeurs. Grâce à cette institution, l'Égypte fut pendant de longs siècles le foyer de la science grecque, même sous la domination romaine et jusqu'à l'invasion des Arabes.

Ce Musée d'Alexandrie était, comme nos Académies, une réunion de savants n'ayant d'autre mission que de développer et de perfectionner les sciences. Il paraîtrait cependant que, plus tard au moins, une école supérieure y fut attachée et que quelques personnes s'y instruisaient par leurs entretiens avec les Académiciens. Ce qui est particulièrement à la gloire de l'école d'Alexandrie, c'est le souvenir qu'elle a laissé dans les sciences mathématiques. Trois des premiers mathématiciens de l'antiquité y ont vécu et travaillé : *Euclide*, le père de la géométrie, né à Alexandrie, environ 300 ans avant J.-C; — *Appollonius*, de Perga en Pamphylie, 200 ans av. J.-C., connu par ses belles recherches sur les sections coniques; — *Diophante*, qui vécut probablement au IV⁰ siècle après J.-C. le créateur de l'Analyse des indéterminés peut-être de l'algèbre. Parmi ceux qui ont illustré Alexandrie on trouve encore : *Eratosthènes*, de Cyrène, qui vivait 275 ans avant notre ère, célèbre par sa détermination de la valeur du degré; — *Ptolémée* (70 ans après J.-C.), né à Péluse, en Egypte, géographe distingué et auteur du système cosmologique, qui porte son nom, et qui fut adopté pendant bien des siècles. Il est aussi l'auteur d'un traité d'optique remarquable

1. Sämmtliche *Werke* in 6 Bdn. *Farbenlehre*, t. VI, p. 369.
2. Voir dans la *Revue scientifique* du 23 septembre 1882, un article de M. de Rochas : *La physique et la mécanique à l'école d'Alexandrie*. (T.)

par ce seul fait qu'il y décrit des expériences pour déterminer la réfraction, alors que l'expérimentation était inconnue aux anciens. Enfin, citons *Hypatie* (née en 415 ap. J.-C.), fille du mathématicien *Théon* auteur d'un Commentaire sur *Appollonius* et sur *Diophante ;* — *Synesios* (mort en 410 ap. J.-C.), qui vécut et enseigna à Alexandrie et inventa un astrolabe.

Les Juifs d'Orient, puis les Nestoriens et les Arabes fondèrent plusieurs petits établissements sur le modèle du Musée d'Alexandrie, mais ce n'étaient que des écoles savantes et non de véritables Académies.

Le nom d'Académie peut être accordé avec plus de raison aux assemblées de savants que plusieurs princes du moyen âge réunirent autour d'eux. Charlemagne fonda une de ces Académies de cour, sur le conseil de son maître *Alcuin.* Celui-ci était Anglais ; né à York en 736 il mourut en 804, abbé de Saint-Martin de Tours. Charlemagne, lui-même, faisait partie de cette Académie, dont le but était d'étendre les connaissances littéraires, et de perfectionner la langue allemande.

Un second exemple de ce genre nous est donné par le khan des Mongols *Ulug-Beg*, petit-fils du célèbre conquérant *Tamerlan.* En 1430, sur les conseils de son maître *Salaheddin*, il appela à sa cour un certain nombre des astronomes les plus distingués de l'Orient, qui firent des mesures et des observations d'une valeur très considérable pour l'époque.

Enfin, parmi ceux qui fondèrent de pareilles sociétés, citons encore *Rodolphe II*, qui régna de 1516 à 1672. Il fit de sa cour de Prague une Académie d'alchimie et d'astrologie. Il favorisa aussi l'astronomie, en appelant près de lui et en soutenant des hommes tels que *Tycho-Brahé* et *Keppler*, bien qu'il ait été peu généreux envers ce dernier.

Mais ces trois Académies avaient été établies dans un but particulier et dans l'intérêt de leurs fondateurs, aussi disparurent-elles avec eux. De plus, aucune de ces sociétés ne s'occupa de nos sciences physiques, car les recherches alchimiques de l'empereur *Rodolphe* n'avaient pas pour but d'étendre les connaissances chimiques, mais bien de remplir sa caisse épuisée.

156. — C'est en Italie, le berceau de la Renaissance, qu'on trouve pour la première fois de véritables Académies scientifiques, fondées dans le but d'étendre et de développer toutes les sciences, et par suite les sciences naturelles. L'Italie est la terre des Académies, elles sont comme un produit naturel du sol. Il fut un temps où dans la seule ville de Milan on en comptait 25, et on n'évalue pas à moins de 550, le nombre de celles qui s'y fondèrent, la plupart, il est vrai, pour un temps assez court.

Autant elles étaient nombreuses, autant étaient curieux et bizarres les noms que choisirent la plupart d'entre elles. Il y avait une *Accademia eccentrica, Acc. degl'infiammati, Acc. degli ardenti, Acc. degl'illuminati, Acc. dei tenebrosi, A. dei lunatici, — insipidi, — acerbi, — acuti, — offusi, — oscuri, — oziosi,* etc. Naturellement, toutes ces académies n'étaient pas des Académies du genre de celles que nous voyons aujourd'hui dans la plupart des capitales de l'Europe. C'étaient plutôt des sociétés privées, artistiques, littéraires, humanitaires et scientifiques, semblables à celles que nous possédons en si grand nombre dans notre chère Allemagne.

Un petit nombre seulement de ces Académies italiennes s'étaient adonnées à l'étude des sciences naturelles, et un plus petit nombre encore à l'étude des sciences physiques. Parmi ces dernières, si l'on en excepte la tentative infructueuse faite à Milan par *Léonard de Vinci*, la première est celle qui fut fondée à Naples par *Porta*, en 1560, sous le nom *Academia secretorum naturæ* (Voy. § 59). C'était véritablement une société de physiciens, dans laquelle il fallait, pour être admis, présenter une découverte, ou communiquer quelque nouveauté en physique. Malheureusement, elle n'eut pas une longue durée. La papauté, craignant que les progrès des sciences naturelles ne détruisissent la foi catholique, mit fin au bout de peu d'années à l'existence de cette première Académie. A l'instigation d'un Français dont il était devenu l'ennemi, *Porta* fut accusé de magie et de sorcellerie, principalement parce qu'il avait écrit un traité sur l'onguent des sorcières, *lamiarum unguentum*. Il dut aller à Rome pour se justifier de ces accusations, et on peut le féliciter d'avoir été acquitté. Mais son Académie fut dissoute avant qu'elle ait pu produire rien d'important.

Ensuite, nous devons nommer l'*Academia Telesiana* ou *Cosentina*, dont le but était moins l'étude de la nature que la réfutation des erreurs d'*Aristote*. Elle fut fondée par *Bernard Telesius*, né en 1509, à Cosenza, et mort en 1588, à Naples. Il eut le malheur d'être fait prisonnier, lors de la prise de Rome par Charles-Quint, en 1527, et fut maintenu pendant quatorze ans en captivité. Après sa mise en liberté, il étudia à Padoue, et enseigna plus tard la philosophie à Naples. Ses écrits, qui se rapportent surtout à la métaphysique et à la philosophie, sont surtout remarquables par leur opposition à *Aristote*, et lui valurent une grande célébrité. Au lieu de quatre éléments, il n'en admettait que deux, la chaleur et le froid.

L'Accademia dei Lyncei ainsi nommée parce qu'elle avait pris pour symbole l'œil du lynx, fut fondée en 1603, à Rome par le prince *Cesi*. *Galilée* y fit quelques leçons. Elle n'avait pas été établie seulement pour faire progresser les sciences naturelles, mais encore les arts et la littérature.

L'Accademia della Crusca peut encore moins être comptée comme une société de physiciens, bien que *Torricelli* y ait donné quelques entretiens. Cette Académie avait en effet pour but principal d'épurer la langue italienne, de la débarrasser de ses incorrections, comme on sépare le son (crusca) de la farine. C'est ce qui fait que, sous le titre des *Leçons de Torricelli*, imprimées en 1715, nous trouvons un visa du censeur de cette Académie, certifiant que dans l'ouvrage il n'y avait pas de fautes de langage [1]!

ACADÉMIE DEL CIMENTO

157. — Ce ne fut que quinze ans après la mort de *Galilée*, que les circonstances permirent de songer à fonder une nouvelle société ou Académie de

---

1. Kästner. *Gesch. d. Math.*, t. III. p. 461.

physique, à Florence. On ne sait pas, d'une manière précise, ce qui donna lieu à la création de cette Académie; mais il est facile d'en indiquer les principaux motifs. Il y avait encore à Florence un nombre considérable d'hommes qui avaient connu *Galilée* et *Torricelli*, qui avaient profité de leurs leçons et qui brûlaient du désir de marcher sur leurs traces. En outre, le grand-duc *Ferdinand II*, sous lequel *Galilée* avait eu ses démêlés avec la cour de Rome, et son frère le prince Léopold de Médicis s'étaient adonnés aux sciences physiques. Ils auraient même, si l'on s'en rapporte aux écrivains de l'époque, imaginé ou perfectionné différents instruments. Quoi de plus naturel alors qu'une Académie ait été fondée sous leur égide, dans le but de perfectionner les sciences physiques?

Quelques historiens, *Tiraboschi*, entr'autres, attribuent au prince Léopold la première idée de cette société, et prétendent que le grand-duc *Ferdinand II* aurait conçu un projet semblable dès 1651. Je ne puis garantir ces renseignements; toujours est-il que, six ans plus tard, l'Académie prit naissance. C'est le 19 juin 1657, qu'eut lieu l'installation de la nouvelle société, qui reçut le nom d'*Accademia del Cimento* (Académie de l'expérience), parce qu'elle s'était imposée comme but de n'étudier la nature que par la voie expérimentale.

Peu d'académies ont aussi bien compris leur tâche que celle-ci, et on a dit avec raison, que l'esprit de *Galilée* revivait en elle. Il semblait qu'une brillante période dût commencer pour notre science en Italie; malheureusement on devait bientôt reconnaître que la faveur des princes seuls est un appui bien chancelant: car ces mêmes Médicis, qui avaient montré tant d'ardeur à fonder cet asile de la science, l'abandonnèrent bientôt. Ils le vendirent pour ainsi dire à la cour de Rome, parce que celle-ci ne voulut accorder au prince Léopold le chapeau de cardinal qu'il convoitait, qu'à la condition de dissoudre l'Académie.

Léopold consentit : il obtint la pourpre; et l'*Accademia del Cimento* disparut. Ce fut en 1667, dix ans seulement après la fondation de la société, que Rome obtint cet indigne succès.

158. — L'Académie del Cimento n'était composée que de quelques membres; leur nombre ne dépassait pas celui des Muses, mais c'était une réunion d'élite. Sous ce rapport, l'histoire ne nous offre qu'un autre exemple d'une pareille société : c'est la *Société d'Arcueil* constituée en 1807, et qui tenait ses réunions dans la maison de campagne de *Berthollet*, à Arcueil, près Paris. Cette société, au moins à son début, se composait aussi de neuf membres, pris parmi l'élite de l'Académie de Paris. Elle fut également dissoute, au bout de dix ans, non par l'autorité du gouvernement, mais par le consentement libre de ses membres.

Sans doute, ces deux sociétés ont beaucoup fait pour la Science, et il serait difficile, à cet égard, de décider laquelle des deux mérite le premier rang. Mais, sous le rapport de l'activité, comparée à celle des autres physiciens du même temps, l'Académie del Cimento est de beaucoup supérieure.

A un autre point de vue, elle ne l'emporte pas seulement sur la société d'Arcueil, mais encore sur la plupart des académies et autres sociétés savantes, connues jusqu'ici. Car, tandis que, dans ces dernières, les efforts particuliers tendent rarement vers un but commun, l'Académie del Cimento nous offre un exemple d'une unité d'action qu'on ne retrouve pas, du moins dans l'histoire de la physique.

Les membres se considéraient tous comme solidaires : aucun d'eux n'était nommé dans les recherches, qu'ils faisaient probablement toutes en commun. Les résultats de leurs travaux ont été publiés seulement au nom de l'Académie, de sorte que la plus grande partie du public ne peut savoir la part prise par chacun à telle ou telle recherche. Le résultat de leurs efforts communs parut pour la première fois en italien, en un volume in-4° sous le titre *Saggi di naturali sperienze fatte nell' Accademia del Cimento* (Firenze, 1667), puis en 1692. La dédicace au grand-duc est datée du 14 juillet 1667. Une édition, augmentée et corrigée, fut publiée par *Targione Tozetti* en 1780 [1].

Plus tard, le physicien hollandais *Musschenbroek* en fit faire une traduction latine, intitulée : *Tentamina experimentorum naturalium captorum in Academia del Cimento* (Lugd. 1731), que l'on trouve plus souvent dans nos bibliothèques que l'œuvre originale.

Nous devons une édition plus récente des *Saggi*, avec un supplément extrait du « Journal de l'Académie », au grand-duc Léopold II, de Toscane, qui renonça au trône en 1859. Ce prince, par cette édition, non moins que par sa sollicitude à nous conserver les manuscrits de Galilée, a donné une preuve convaincante de son admiration pour cette glorieuse époque des Médicis. En 1841, il fit faire à ses frais, une splendide édition des *Saggi*, et, en septembre 1841, il en distribua un exemplaire à chacun des physiciens italiens réunis à Florence. Cette édition ne se trouve pas en librairie : j'ai eu cependant l'occasion de m'en servir. Elle est corrigée et augmentée d'après les manuscrits originaux conservés dans la bibliothèque du grand-duc. Dans cette bibliothèque on trouve également le Journal de l'Académie, dans lequel on peut voir la part prise par chaque académicien aux travaux communs.

Les *Saggi* produisirent, à leur apparition, une grande sensation. En France, en Angleterre, en Allemagne, et même en Italie, chez les personnes éclairées, ils furent accueillis avec enthousiasme. Mais ils réveillèrent en même temps les ennemis de la libre recherche, qui lancèrent contre eux leurs flèches empoisonnées. Aussi *Antinori*, l'auteur de la nouvelle édition, a-t-il pu dire avec raison : « Notre Académie est morte comme une mère infortunée, en mettant au monde son premier enfant. »

Les réunions de l'Académie se tenaient dans le palais du prince Léopold, qui assistait régulièrement aux séances, et prenait une grande part aux débats.

---

1. Tiraboschi, *Storia della lett. ital.*, t. VIII, p. 255. — (*Saggi* veut dire *Essais*).

MEMBRES DE L'ACADÉMIE DEL CIMENTO

159. — Voici les noms des membres de l'Académie, dans l'ordre alphabétique[1] :

1° *Giovanni Alfonso Borelli ;* 2° *Candido del Buono ;* 3° *Paolo del Buono ;* 4° *Lorenzo Magalotti ;* 5° *Alessandro Marsili ;* 6° *Antonio Oliva* (Uliva) ; 7° *Francesco Redi ;* 8° *Carlo Renaldini ;* 9° *Vincenzo Viviani.*

Giovanni Alfonso Borelli[2], né en 1608, à Castel-Nuovo, dans le royaume de Naples, mourut à Rome en 1679, dans le cloître de St-Pantaleone. Fort jeune encore, il se rendit à Rome, pour y étudier la philosophie et les mathématiques sous *Castelli,* dont *Torricelli* et *Cavalieri* avaient également suivi les leçons. Ses études terminées, il devint professeur de mathématiques à Messine, où il écrivit, entre autres, un ouvrage précieux sur la peste qui ravagea la Sicile en 1647 et en 1648. Bien qu'il fût très considéré à Messine, il accepta en 1656, la chaire qu'on lui offrait à Pise, et bientôt il fut choisi comme membre de l'Académie del Cimento.

Il fut un des principaux ornements de cette Académie, et le promoteur d'une grande partie des travaux, notamment de ceux qui se rapportent à la pression de l'air. A l'occasion des recherches de l'Académie sur la vitesse de la lumière, il imagina un appareil par lequel on communiquait une direction constante à un rayon lumineux à l'aide d'un miroir relié à un mouvement d'horlogerie. *Borelli* est, par conséquent, l'inventeur de l'héliostat, appareil si important dans un grand nombre de recherches d'optique.

Après la dissolution de l'Académie, en 1667, il fit ses adieux à Pise, et retourna à Messine. Mais en 1674, ayant pris part au soulèvement de cette ville, il dut s'exiler. Il retourna à Rome où il fut secouru pendant un certain temps par la reine Christine de Suède, qui se trouvait alors dans cette ville. Plus tard, il retomba dans la plus grande indigence, et il y demeura jusqu'à sa mort.

Telle fut la fin d'un homme de grand talent. Il méritait un meilleur sort, et sa fin eût sans doute été plus heureuse, s'il eût été d'un caractère plus conciliant, moins fougueux et moins passionné. Son emportement l'entraîna à la fin dans une querelle avec *Viviani,* qui était cependant d'un caractère très doux ; et cette querelle, si elle ne fut pas la principale cause de la dissolution de l'Académie, y a certainement beaucoup contribué.

Borelli n'a pas seulement montré son activité dans l'Académie del Cimento ; il a en outre produit treize mémoires différents sur les mathématiques, l'astronomie, la physique et la philosophie, quelques-uns d'une grande importance et tous fort remarquables pour l'époque. Les plus importants sont peut-être com-

---

1. Tiraboschi, *Storia,* t. VIII, p. 354 et suivantes ; Nelli, *Saggio di Stor. lett. fior. ;* et Antinori dans les *Saggi* de 1841.

2. Ne pas confondre avec *Pierre Borel,* médecin de Louis XIII, auteur de l'ouvrage : *De vero Telescopii inventore,* 1655 ; ni avec *Willem Boreel,* ambassadeur hollandais à Paris, sur les conseils duquel *Borel* écrivit ce livre (Voy. § 79).

pris dans sa *Theoria mediceorum planetarum ex causis physicis deducta,
Florentiæ*, 1666.

Parmi tous ceux qui, avant *Newton*, ont pensé que le mouvement des corps
célestes pouvait être produit ou entretenu par une attraction réciproque, c'est
certainement *Borelli* qui a exprimé cette idée le plus clairement, sans arriver
cependant jusqu'à la théorie de la gravitation.

On lui doit en outre un ouvrage : *De vi repercussionis et motionibus naturalibus a gravitate pendentibus*, paru à Reggio en 1670. Le prince Léopold
aurait désiré publier ce mémoire dans les *Saggi*, mais on ne put dissuader
Borelli de le faire paraître lui-même, et sous son nom.

Un ouvrage encore très célèbre de nos jours, *De motu animalium*, est le
résultat de recherches poursuivies pendant de longues années, et qu'il mit en
ordre vers la fin de sa vie. Il était à Rome dans une grande indigence, lorsqu'il
en fit hommage à la reine Christine de Suède, qui pourvut aux frais d'impression.
A peine était-elle commencée, que *Borelli* mourut le 31 décembre 1679. L'ouvrage parut après sa mort, en 1680, et le deuxième volume à Leyde en 1685.

160. — Les frères del *Buono* étaient au nombre de trois, *Antoine-Maria,
Candide* et *Paolo*. Issus d'une ancienne famille de Florence très célèbre, ils
se distinguèrent par leurs connaissances et leur talent en physique et en mécanique. Néanmoins les deux derniers seuls furent membres de l'Académie,
quoique *Antoine-Maria* ait pris part à plusieurs de ses travaux, et ait donné
des preuves de son génie d'invention dans une disposition dont je parlerai plus
tard (§ 166).

Nous n'avons, par conséquent, à considérer ici que *Candide* et *Paolo*. *Candide*, le plus âgé des deux, naquit à Florence en 1618, et mourut doyen du
chapitre de Campoli, dans le Val di Pesa, 1676. De même que *Paolo*, qui
était également disciple de *Galilée*, il s'était voué à l'état ecclésiastique. Il dut
d'être choisi comme académicien à l'invention de différents instruments :
1 une clepsydre dont *Viviani* fait l'éloge; 2° une disposition pour recueillir les
gaz s'élevant des cours d'eau; 3° une disposition pour mesurer la pression des
fluides sur le mercure, et pour comparer leurs poids spécifiques; 4° un appareil pour mesurer la compressibilité de l'air; 5° un appareil pour comprimer
l'eau, que *Tirasboschi* (VIII, 357) attribue à tort à *Paolo*.

D'après le témoignage de Magalotti, *Candide* aurait trouvé la mêm méthode, pour mesurer le diamètre de Saturne et de son anneau, que le célèbre
Huyghens décrivit quelques années plus tard.

Candide était donc bien un Académicien del Cimento, dans le vrai sens
du mot. On n'en peut dire autant de *Paolo*, qui n'appartenait à l'Académie
que de nom. Lorsque le prince Léopold le nomma membre de l'Académie, en
considération de ses connaissances et de ses talents, il voyageait en Allemagne
où il se trouvait dès 1655. On espérait, par là, le ramener à Florence ; et Paolo
montra réellement un grand enthousiasme, en apprenant quelle ère nouvelle
s'ouvrait dans sa patrie pour les sciences physiques.

Mais il avait formé à Vienne, où il se trouvait alors, des relations trop solides
et trop avantageuses pour qu'il pût les rompre. Il était mathématicien de l'Empereur et directeur de la monnaie impériale. Avec son disciple *Montanari*,

dont nous parlerons plus tard (§ 181), il fit différents voyages en Hongrie, en Bohème, en Styrie, etc., pour y visiter les mines. D'après *Nelli*, le biographe de *Galilée*, il serait mort à Vienne en 1662, et d'après *Boulliau* à Varsovie. Il avait sept ans de moins que *Candide*, et serait né, d'après cela, en 1625.

Mais si *Paolo* ne peut être réellement considéré comme membre de l'Académie, quoiqu'il en eût le titre, il en était un correspondant très actif. Il échangeait avec le prince Léopold des lettres fréquentes, et rendait compte de toutes les nouveautés, en fait de physique, qu'il voyait en Allemagne ou dans la monarchie autrichienne. Il fait mention entre autres d'une lentille de glace qui aurait été construite à Vienne, et d'une autre lentille de diamant, qui y aurait été taillée, paraît-il, sur l'ordre du grand duc Ferdinand II. A Vienne, *Paolo* et *Montanari* firent, en commun, des expériences sur l'incubation artificielle des œufs de poules, recherches dont le grand duc Ferdinand s'était déjà occupé quatre ans auparavant (§ 163).

161. — *Lorenzo Magalotti*, fils du comte Orazio Magalotti et de Francesca Venturi, naquit à Rome en 1637 et mourut en 1712 à Florence. Lorsqu'il eût terminé ses études au collège des Jésuites à Rome, où *Oliva* et *Fabri* furent ses condisciples, il se rendit en 1656 à l'université de Pise. Il fit tant de progrès dans les sciences mathématiques et physiques sous la direction de *Viviani*, que celui-ci, en 1660, le proposa au prince Léopold comme secrétaire particulier, — cet emploi étant devenu vacant, par le départ d'Alexandre Segni.

Ces fonctions convenaient parfaitement à *Magalotti*, car à sa science il unissait beaucoup de savoir faire et une éloquence et une facilité de composition peu communes. Non seulement il écrivait avec élégance sa langue maternelle, mais il parlait aussi le français, l'espagnol et l'anglais, et comprenait même l'arabe et le turc. Aussi, l'Académie ne pouvait-elle faire un meilleur choix en lui confiant la rédaction des *Saggi*. Cet ouvrage est en effet renommé pour l'élégance de sa composition.

A côté de ces qualités personnelles, *Magalotti* dut aussi à sa qualité de « noble » d'être admis à la cour du grand duc. Il voyagea en France et en Angleterre avec le prince Cosme II, qui succéda en 1670 à son père Ferdinand II. Pendant ce voyage, il se lia étroitement avec le célèbre *Robert Boyle*, qu'il essaya, mais en vain, de ramener dans le giron de l'Église.

On ne sait pas exactement quelle part le comte *Magalotti* prit aux recherches expérimentales de l'Académie. On connaît seulement de lui des *Lettere scientifiche ed erudite*, qui parurent à Florence après sa mort, en 1721. Cinq ans auparavant, il avait été choisi comme membre étranger de la Société de Londres.

Alessandro Marsili, né en 1601 à Sienne, mourut entre 1669 et 1671 à Pisè. Il était d'une famille patricienne. C'était de tous les Académiciens celui qui avait le moins de valeur ; du moins, le biographe *Nelli* dit qu'il n'était pas très au courant de la physique nouvelle, et que ses expériences réussissaient rarement.

Antonio Oliva (Uliva) fut au contraire un membre distingué, ou du moins très capable de l'Académie. Quant à son caractère et à sa moralité, son compatriote *Tiraboschi*, dans son histoire de la littérature, ne nous les montre pas sous un jour favorable. Mais on ne doit pas oublier que celui-ci, comme ecclésiastique et comme jésuite, avait certes quelque intérêt à le dépeindre plus noir qu'il n'était, afin de pouvoir passer plus facilement sur sa fin... *Oliva*, en effet, après la dissolution de l'Académie, alla à Rome, où il tomba entre les mains de l'Inquisition; et pour échapper aux tourments de la torture, il mit fin à ses jours vers 1668, en se jetant par la fenêtre de sa prison. Il était né à Reggio en Calabre.

Francesco Redi, d'une famille noble, naquit à Arezzo en 1626, et mourut à Pise en 1694; c'est dans cette dernière ville qu'il étudia la philosophie et la médecine. Ses études terminées, il acquit bientôt, comme médecin, une telle réputation, que le grand-duc Ferdinand II, et après lui son fils, Cosme III, le choisirent pour leur médecin particulier.

Comme médecin, naturaliste, physiologiste, comme poëte, et aussi à cause de sa connaissance approfondie de la langue italienne, il acquit une grande réputation. Aussi faisait-il partie d'un grand nombre d'académies, et entre autres de l'Académie della Crusca. Comme physicien il a laissé peu de chose, bien qu'il soit certain qu'il a pris une grande part aux travaux de l'Académie dont nous nous occupons.

Carlo Renaldini (Rinaldini), né à Ancône en 1615, remplit d'abord les fonctions d'ingénieur sous les papes Urbain VIII et Innocent X. En 1649, il fut appelé à l'université de Pise comme professeur *primarius*. Après son entrée à l'Académie del Cimento, il donna au prince Cosme, qui devint plus tard grand-duc, des leçons de mathématiques. Lorsqu'en 1667 l'Académie fut dissoute, il quitta Pise, sous prétexte que le climat lui était nuisible, pour accepter à Padoue une chaire qui lui était offerte. Il se distingua comme professeur de mathématiques et de philosophie. En 1698 il retourna à Ancône, sa ville natale, où il mourut le 16 juillet de la même année. Ce fut un des membres distingués de l'Académie, et, en dehors des travaux qu'il y exécuta, il a laissé des preuves de son activité dans un nombre considérable d'ouvrages de philosophie et de mathématiques.

162. — *Vincenzo Viviani*, le neuvième académicien, était né à Florence d'une ancienne famille de patriciens, et il mourut en 1703, dans la même ville. Dès son jeune âge il montra de grandes dispositions pour les mathématiques. A peine eut-il reçu les premiers éléments de cette science, qu'il put lui-même, sans le secours d'un professeur, lire et comprendre le IVᵉ livre d'*Euclide*.

Désirant pénétrer plus à fond les secrets de la géométrie, il chercha à entrer en relations avec *Galilée*. Celui-ci, déjà aveugle, l'accueillit avec bienveillance, et conçut bientôt pour lui une telle affection, qu'il le traita comme son fils, et lui ouvrit le riche trésor de sa science. Cette science tomba sur un sol fertile. Non seulement *Viviani* se montra bientôt digne, par ses propres travaux, des soins qui lui avaient été donnés, mais il conçut pour son vieux maître un tel respect filial, que toute sa vie il mit son orgueil à se faire appeler le dernier élève de *Galilée*.

En 1642, après la mort de ce grand physicien, *Viviani* trouva en *Torricelli* un second maître, en même temps qu'un ami. Il assista celui-ci dans ses expériences, comme nous l'avons déjà fait remarquer à propos de l'invention du baromètre.

A peine âgé de vingt-trois ans, *Viviani* commença à se faire connaître par ses propres recherches. Ce sont, il est vrai, des recherches mathématiques qui n'entrent point dans notre sujet; mais les circonstances qui les accompagnent ont tant d'intérêt, que nous ne pouvons nous empêcher de les exposer brièvement comme une preuve de la pénétration de *Viviani*.

Le fameux ouvrage d'*Apollonius*, de Perga en Pamphylie (240 ans av. J.-C.), sur les sections coniques, un des chefs-d'œuvre de la géométrie des anciens, ne fut connu des chrétiens d'Occident, que vers le milieu du xvᵉ siècle, par les manuscrits arabes. *Regiomontanus* (Jean Müller), notre compatriote, eut le dessein d'en faire une traduction latine; sa mort prématurée l'en empêcha. Plus tard, le Vénitien *Memmius* en donna une mauvaise version, qui fut remplacée, en 1566, par une autre, meilleure, due à *Commandino* (§ 54). Ces traductions ne comptaient que quatre livres, parce que le manuscrit arabe n'en contenait pas davantage. On savait cependant qu'*Apollonius* avait écrit huit livres. Cela fit naître chez les mathématiciens du xvıᵉ siècle le désir de remplacer les livres perdus par leurs propres recherches.

La première tentative de ce genre fut faite à Messine par *Maurolykus*, dont j'ai déjà parlé, d'une manière honorable, dans l'histoire de l'optique. Ensuite, ce fut *Viviani* qui entreprit de résoudre le problème. Tandis qu'il y travaillait en silence, le jésuite *Golius* apporta de l'Orient à Florence une grande quantité de manuscrits arabes, parmi lesquels, comme il l'annonça, en 1644, au père *Mersenne*, les sept premiers livres d'*Apollonius*. *Golius* paraît avoir eu le désir de traduire ces manuscrits, mais il ne réalisa pas ce projet; et ce grand trésor littéraire demeura enfoui dans la bibliothèque publique de Florence.

On continuait à considérer les quatre derniers livres d'*Apollonius* comme perdus, lorsqu'en 1656, *Borelli* fut assez heureux pour découvrir, dans la bibliothèque de Florence, le manuscrit de *Golius*. Il se convainquit aussitôt que ce manuscrit contenait plus que les traductions faites jusqu'alors, et, comme il était très enthousiaste de la géométrie des anciens, il demanda au grand-duc l'autorisation de le traduire ou de le faire traduire. Sa demande fut agréée, et en 1558, il porta le manuscrit à Rome, pour le faire traduire en latin par un prêtre maronite, *Abraham Ecchellensis*, car il ne connaissait pas l'arabe.

Viviani entendit parler de cette traduction, mais il ne se laissa pas décourager, et poursuivit son travail avec tant d'ardeur, qu'en 1659 il put le faire imprimer. Ce ne fut que deux ans plus tard, par conséquent en 1661, que parut la traduction latine du manuscrit arabe. On put alors comparer l'œuvre originale avec le travail hypothétique de *Viviani*, et on trouva que la comparaison était tout à fait en l'honneur de *Viviani*. S'il n'avait pas traité quelques-uns des problèmes les plus difficiles résolus par *Apollonius*, sur d'autres il était complètement d'accord avec lui, et parfois même il avait embrassé le sujet d'une manière plus générale que le géomètre grec.

Il est regrettable que *Viviani*, encouragé par ce succès, qui lui valut de la part de ses contemporains une si grande renommée, n'ait pas songé à entreprendre un pareil travail pour le huitième livre d'*Apollonius*, qui ne se trouve point dans le manuscrit apporté par *Golius*. Celui-ci, comme nous l'avons dit, ne contenait que les sept premiers livres; le huitième n'a pas été retrouvé jusqu'à ce jour.

Cependant *Viviani* entreprit un travail du même genre sur un ouvrage que *Aristæus*, contemporain d'*Euclide*, composa vers l'an 300 avant J.-C., sous le titre *De locis solidis*. Cet ouvrage, cité par *Pappus*, ne nous est pas parvenu. Ce fut même l'occasion de la première tentative faite par *Viviani* pour reconstituer les travaux des anciens géomètres, car il l'entreprit dans sa vingt-troisième année. Il en fut détourné par d'autres travaux, mais il la reprit plus tard et la termina en 1701. Ce travail est un témoignage éclatant des connaissances de *Viviani* et de sa manière élégante de traiter les problèmes de géométrie. Mais l'ouvrage original d'*Aristæus* étant resté inconnu, on ne peut juger dans quelle mesure *Viviani* est entré dans l'esprit de l'ancien géomètre.

Viviani a encore donné une preuve de sa prédilection pour la géométrie des anciens et de sa grande expérience en ces matières, dans un autre ouvrage qui a beaucoup contribué à augmenter sa réputation parmi les mathématiciens étrangers de l'époque.

Sous le pseudonyme :

a Pio Lisci pusillo geometra,

anagramme de

a postremo Galilei discipulo,

il posa le problème suivant :

« Il y a, parmi les antiques monuments de la Grèce, un temple consacré à la géométrie, dont le plan est circulaire et qui est couronné d'un dôme hémisphérique. Ce dôme est percé de quatre fenêtres égales et avec un tel art que le reste de la surface est absolument *quarrable*. »

Viviani s'adressait principalement aux analystes du temps, en ajoutant néanmoins qu'il ne doutait point que leur art secret (c'est ainsi qu'il désignait l'analyse nouvellement inventée) ne les mît bientôt en possession du mot de son énigme[1].

Il ne s'était pas trompé, en effet, car la solution du problème fut bientôt trouvée par *Leibnitz*, par *Jacques Bernoulli* en Allemagne, par le *Marquis de l'Hôpital* en France, et par *Wallis* et *David Gregory* en Angleterre. Ces solutions étaient en général complètes, mais toutes le cédaient en élégance à celle que *Viviani* publia en 1692, à Florence, dans un petit écrit.

Cela m'entraînerait trop loin de donner le détail des travaux de *Viviani* et des diverses circonstances de sa vie. Je mentionnerai seulement qu'en 1662 il fut chargé par le grand-duc Ferdinand II d'explorer le Val di Chiana, sur la limite des États de l'Église, et de faire un projet pour le dessèchement de cette rivière. *Viviani* se trouva, dans cette entreprise, en relation avec le célèbre astronome *Domenico Cassini*, délégué par le pape dans le même but. Le rapport de *Viviani* existe encore, mais sans doute, il était insuffisant ou

---

1. V. Montucla, t. II, p. 94. (T.)

impraticable, car de nos jours, le dessèchement de cette vallée et le moyen
d'arrêter les inondations de la Chiana, ont été de nouveau mis à l'étude.

En 1666, *Viviani* devint premier mathématicien du grand-duc et, par conséquent, successeur de *Galilée* et de *Torricelli*. Il conserva cette position jusqu'à
la fin de sa vie, aimé de tous ceux qui l'approchaient, estimé et honoré des
étrangers. Ainsi il fut élu membre corespondant de la Royal Society de Londres,
aussi bien que de l'Académie des sciences de Paris, et en outre Louis XIV lui
accorda une pension.

Viviani employa cette pension d'une manière qui lui fait honneur. Il fit
bâtir, à Florence, une maison consacrée tout entière à la mémoire de Galilée,
jusque dans l'inscription, qui portait en outre l'expression de sa reconnaissance
envers le royal donateur. Il fit placer dans cette maison un buste en bronze du
maître vénéré, et fit orner les chambres de bas-reliefs remarquables, représentant les principales découvertes et inventions de ce grand génie.

A l'instigation du prince Léopold, *Viviani* écrivit une notice biographique
sur *Galilée*. Cette notice contient des détails précieux sur la vie du grand
homme, mais il est facile de voir que *Viviani* n'a pas osé y exprimer ses véritables sentiments. Non seulement il passe sous silence la plupart des faits se
rattachant au jugement de l'Inquisition, mais il se croit obligé de déclarer que
si *Galilée* a été porté à défendre la théorie du mouvement de la terre, c'est
sans doute parce que la Providence a permis que cet homme, qui s'était
élevé jusqu'au ciel par ses découvertes sublimes, fut rattaché par ses erreurs
à la nature humaine. *Viviani* mourut le 22 septembre 1703, à l'âge de quatre-
vingt-un ans. On l'ensevelit dans l'église Sainte-Croix, à côté de son maître bien
aimé. En 1735, on lui éleva un splendide mausolée de marbre, où ses cendres
furent mêlées à celles du grand homme pour lequel il avait conservé, jusqu'au
dernier soupir, une si touchante affection.

163. — Tels seraient les noms des neuf membres ordinaires de l'Académie
del Cimento. Dans quelques ouvrages, il est encore question d'un dixième
membre, *Francesco Aggiunti*, auquel *Lalande*, d'après *Nelli*, attribue la
découverte de la capillarité. Il aurait été médecin du grand-duc Ferdinand II,
et non seulement il aurait fait partie de l'Académie, mais il l'aurait même
fondée, bien qu'il fût mort dès 1653.

Mais ces indications reposent sur une triple erreur. D'abord cet *Aggiunti*,
auquel on ne peut attribuer avec certitude la découverte de la capillarité, ne
portait pas le prénom de *Francesco*, mais bien celui de *Nicolo*. Ensuite il
n'était pas médecin du grand-duc Ferdinand II, mais professeur de mathématiques à l'université de Pise. Cependant, il vécut quelque temps à la cour, en
qualité d'homme de lettres, et donna des leçons à deux des princes de Médicis.
Enfin, il mourut, non pas en 1653 mais en 1635, dans sa trente-cinquième année,
car il était né en 1600 à Borgo di San Sepolcro en Toscane [1]. Mais fût-il mort
en 1653, il n'aurait pu être membre de l'Académie, celle-ci n'ayant été fondée
qu'en 1657, et on sait positivement qu'il mourut en 1635, sept ans avant *Galilée*,
alors qu'il n'était pas question de fonder l'Académie.

---

1. Tiraboschi, *Storia, etc.*, t. VIII, p. 369.

Cet *Aggiunti*, d'après le témoignage du sénateur *Nelli*, un des biographes de *Galilée*, aurait été un homme rempli de talent et, dans un manuscrit inédit *Un libro di speculazione e di sperienze fisiche*, il aurait décrit différentes expériences intéressantes sur la glace, le pendule, etc. *Galilée* faisait grand cas de lui.

Il fit des observations sur la congélation de l'eau pure ou mélangée avec des sels, construisit un appareil pour voir si l'eau, pendant qu'elle se congelait, augmentait ou diminuait de volume. Il trouva qu'elle se dilatait, ce que *Galilée* avait déjà conclu, de ce fait que la glace nage à la surface de l'eau. Il chercha à utiliser le pendule pour déterminer la résistance de l'air et de l'eau. Je reviendrai plus tard sur la part qu'il prit à la découverte de la capillarité.

A côté d'*Aggiunti*, qui n'était certes pas membre de l'Académie, *Targioné Tozetti, Antinori* et d'autres citent encore *Carlo Dati* comme ayant fait partie de cette société.

Carlo Dati était né d'une famille patricienne de Florence, et mourut en 1675 à l'âge de cinquante ans. C'était un homme d'une intelligence remarquable, d'un grand savoir et d'un caractère fort honorable. Il refusa les offres avantageuses qui lui furent faites par la reine Christine de Suède et par Louis XIV, pour se conserver à sa patrie. Il occupait à Florence la chaire de grec, et était par conséquent littérateur. Il n'en portait pas moins un vif intérêt aux sciences physiques. Par ses soins, le plus ancien traité de minéraogie italien, le manuscrit *Metallotheca* de *Michel Menati* fut préservé de la destruction : ce manuscrit fut publié plus tard, en 1717[1]. Il semble résulter des procès-verbaux de l'Académie, qu'il prenait part aux séances et aux travaux de cette société, mais il est douteux qu'il en fît partie, et on ne connaît aucun travail sur la physique qui provienne de lui seul.

164. — En dehors des neuf membres ordinaires, Academici operatori, l'Académie avait aussi des membres correspondants, soit italiens, soit étrangers. Parmi les italiens, *Ricci, Cassini, Montanari, Rossetti, Falconieri;* parmi les étrangers, *Sténon, Thévenot, Fabri.*

Michel Angiolo Ricci, l'ami de *Torricelli* dont nous avons déjà parlé, naquit en 1619 à Rome, et mourut dans cette ville en 1682; il était cardinal. Il était très au courant de la physique de son temps et écrivit même, en 1666, un ouvrage de mathématiques *Exercitatio geometrica*. A cause de son érudition et de sa connaissance approfondie de la langue italienne, il ne paraissait, pour ainsi dire, aucun ouvrage de quelque importance, qui ne fût auparavant soumis à son approbation. *Dati, Viviani* et *Magalotti* lui demandèrent des avis sur leurs ouvrages, et les *Saggi* eux-mêmes lui furent communiqués avant l'impression, sur le désir du prince Léopold. *Ricci* publia, en 1668, le premier journal italien *Giornale dei letterati*, qui dura jusqu'en 1675.

Je parlerai plus tard de *Dominique Cassini* et de *Montanari* (§ 181, 244). Il n'y a rien d'important à dire sur *Falconieri*.

Rossetti était prélat romain, ami et disciple de *Borelli*. Il combattit avec raison le dire de *Fabiano Michelini* (né en 1592, mort en 1666), professeur

---

1. Tiraboschi, *Storia*, t. VII, p. 900; Marx, *Gesch. d. Mineralogie*, 85.

de mathématiques à Pise, qui affirmait dans son ouvrage *Della direzioni dei fiumi* (Firenze, 1664), que les fleuves n'exercent pas de pression sur leurs bords. *Michelini* et plus tard *Torricelli* enseignèrent les mathématiques au prince Léopold.

Nicolo Stenone, que les Italiens appellent *Steno*, et qu'ils considèrent à moitié comme un des leurs (sa vie a été écrite par le fameux biographe *Falroni* dans son ouvrage *Vitæ italorum*, etc.), était d'origine danoise et se nommait, d'après toute vraisemblance, *Steen*, en allemand *Stein*. Le nom de *Stenone* lui vient, probablement, de ce que, dans ses ouvrages écrits en latin, il se disait le fils de Sténon, *Stenonis filius*.

Ce *Stenone* ou *Steen* était déjà connu comme anatomiste et physiologiste, lorsqu'en 1666 il quitta Paris pour venir à Florence. Il était porteur d'une lettre de recommandation de *Thévenot*, lequel était en relations avec *Borelli*.

Ses talents et ses connaissances lui eurent bientôt acquis l'estime de tous les savants florentins sans exception, et il ne tarda pas à acquérir le droit de cité en embrassant la religion catholique : il était auparavant luthérien. C'est probablement à cause de cette conversion que le grand-duc Ferdinand II le prit à son service, et lui permit de poursuivre ses recherches anatomiques dans l'hôpital de Santa Maria Nuova. Comme cela arrive à tous les convertis, ce fut un catholique ardent, et il écrivit un grand nombre de livres sur des questions de foi. Il fut pour cela nommé évêque in-partibus de Titiopolis en Grèce, et plus tard vicaire aspostolique du Nord. Il fit en cette qualité un voyage en Suède.

Pendant son long séjour en Italie, *Stenone* déploya une grande activité scientifique, mais, dans la suite, cette activité prit une nouvelle direction, car il abandonna l'anatomie et la physiologie pour cultiver la minéralogie et la géologie, science qui a été plus tard, et même de nos jours, persécutée par le Saint-Siège, comme l'astronomie l'avait été au temps de *Galilée*.

Stenon a laissé sur la géologie un ouvrage très apprécié en son temps, et qui permet de considérer son auteur comme le fondateur de cette science. Cet ouvrage a pour titre : *Nic. Stenonis Dissertationis prodromus de solido intra solidum naturaliter contento* (Florentiæ, 1669). L'ouvrage était tombé depuis longtemps dans l'oubli, lorsqu'il en fut tiré en 1831 par le célèbre géologue français *E. de Beaumont*. Celui-ci en a donné, dans les *Ann. des sciences nat.*, XXV, page 337, un extrait détaillé, duquel il résulte que *Sténon* avait observé très exactement les phénomènes qui ont conduit les géologues modernes à admettre que l'écorce terrestre avait été autrefois soumise à de profonds bouleversements. Il donnait de ces phénomènes des explications semblables à celles qui sont acceptées aujourd'hui.

Il avait remarqué que l'écorce terrestre, aussi loin qu'on l'étudie, est composée de couches parallèles superposées. Ces couches, surtout lorsqu'elles contiennent des débris d'êtres organisés, n'ont pu être déposées que par les eaux, et par conséquent, à l'origine, elles ont dû être toutes horizontales. Il montrait alors que ces couches n'étaient plus horizontales pour la plupart, que quelques-unes mêmes étaient disposées verticalement, qu'on les trouvait fréquemment bouleversées et confondues. Il concluait de là qu'une cause ultérieure avait dû agir sur ces couches, et cette cause, il la trouvait dans les éruptions volcaniques dont l'action est si manifeste en Italie.

Comme les géologues modernes, *Sténon* admettait des périodes de repos, pendant lesquelles la terre avait été recouverte par la mer jusqu'aux plus hautes montagnes. De nouvelles couches se déposaient au fond des eaux, jusqu'à ce que d'autres convulsions survenant, ces couches étaient brisées, des montagnes soulevées, tandis que d'autres s'écroulaient. Il croyait pouvoir distinguer dans l'Etrurie et la Toscane seulement, jusqu'à six de ces périodes.

Il est curieux de voir combien *Sténon* se trouvait arrêté par sa conscience dans ces conclusions, dont sa raison lui faisait cependant reconnaître la justesse. Il crut pouvoir apaiser ses scrupules en s'efforçant de prouver que ses idées n'étaient pas en contradiction avec le récit de la Bible. Mais il se trouva visiblement empêché par là de donner à ses propositions tout le développement qu'elles comportaient, et il serait parvenu, sans doute, à des résultats plus généraux, s'il avait poursuivi l'étude de la nature sans arrière-pensées, sans préoccupations étrangères.

Dans les limites qu'il s'était imposées, — soit par conviction personnelle, soit par la force des circonstances, — il est certain que jusqu'au célèbre *Werner*, aucun géologue n'avait considéré sa science d'un point de vue plus large. Aucun n'a émis tant d'idées nouvelles qu'une plus longue étude n'a fait que confirmer. C'est pourquoi j'ai cru devoir m'arrêter ici un peu plus longtemps. J'ajouterai que, dans l'ouvrage de *Sténon*, bien que la géologie tienne la plus grande place, il se trouve encore des considérations minéralogiques et cristallographique très remarquables pour l'époque.

Il parle, d'une manière détaillée, des doubles pyramides du cristal de roche, des cubes de la pyrite, des octaèdres du diamant, des tablettes hexagonales du fer oligiste, etc. Il dit formellement que si parfois, sur des cristaux d'un même minéral, les facettes sont plus ou moins grandes, les arêtes semblent déplacées, mais que néanmoins les angles que les surfaces forment entre elles conservent une valeur constante [1].

Après toutes ces observations si justes et si précieuses, on doit regretter que l'auteur n'ait jamais fait paraître un autre écrit, où il promettait de traiter ce sujet plus en détail. — On peut dire que *Sténon*, en sa qualité de membre correspondant, fit honneur à l'Académie del Cimento.

Thévenot et *Fabri* étaient moins distingués.

165. — *Melchisédec Thévenot*, né en 1620 à Paris, mourut en 1692 à Issy. Il a déjà été nommé à propos de la découverte de la déclinaison magnétique (§ 118). Il ne s'est signalé par aucun travail important en physique. Il habitait Paris, d'où il fit un grand nombre de voyages dans toute l'Europe. Il rassemblait avec passion les manuscrits, correspondait avec beaucoup de savants et entre autres avec *Borelli*. Il fut plus tard conservateur de la Bibliothèque royale et, en 1685, devint membre de l'Académie des sciences de Paris.

Honoré Fabri, en Italien *Onorato Fabbri* naquit en 1606 dans le Bugey, diocèse de Belley, et mourut en 1688 à Rome. Il était jésuite et fit ses études

---

1. Marx, *Gesch. d. Mineralogie*, 56.

à Lyon. C'était un homme d'une activité infatigable, avide de tout savoir ou du moins d'être considéré comme sachant tout; théologien, physicien, astronome, archéologue, ét quelque chose en tout. Lorsqu'il vint de Lyon à Rome, ce fut pour occuper les fonctions de grand-pénitencier près du Saint-Office, c'est-à-dire près de l'Inquisition. Là, il fit la connaissance de *Ricci*, qui le recommanda au prince Léopold; celui-ci, pensant peut-être que *Fabri*, à cause de ses fonctions, pourrait bien lui être utile, le nomma correspondant de l'Académie.

Fabri sembla en effet vouloir prendre sous sa protection les nouvelles doctrines de l'astronomie et de la physique. Voici ce qu'il dit au sujet du système de Copernic : Tant qu'on n'a pas de preuve irréfutable du mouvement de la terre, il appartient à l'Église de décider la question; mais dès que cette preuve serait trouvée, il n'y aurait aucune difficulté à déclarer que les passages de la Bible, qui semblent contraires au mouvement de la terre, doivent être pris dans un sens figuré.

Fabri croyait, par cette explication jésuitique, avoir fait la part de chacun, mais cela lui réussit mal. Le Saint-Office n'entendait pas qu'on plaisantât sur ce point. Bien qu'il fût membre de la Congrégation, il fut jeté en prison; il y demeura pendant cinquante jours, et, probablement, il y aurait langui plus longtemps sans l'intervention du prince Léopold, qui demanda sa délivrance.

D'après *Montucla*, *Fabri* aurait fait cette déclaration, dont les conséquences furent si fâcheuses pour lui, dans une brochure qui parut sous le nom d'*Eustachio de Divini*, mais qui peut lui être attribuée. Dans cet écrit, il se prononçait en même temps contre les découvertes que *Huyghens* venait de faire dans la planète Saturne; le titre de l'ouvrage était d'ailleurs : *Brevis annotatiǫ in systema Saturnium Chr. Hugenii, Romæ*, 1660.

L'indication de *Montucla* est exacte, mais je dois faire remarquer que *Eustachio de Divini* n'était pas du tout un personnage fictif. Il vécut à Rome, où il acquit une grande renommée par la construction de ses lunettes ou longue-vues. A l'aide de ces instruments, il fit des observations astronomiques qui l'amenèrent à composer un ouvrage. Comme il n'écrivait pas très facilement, il soumit son travail au père *Fabri*, qui lui conseilla de le publier en latin. *Divini* ne connaissant pas cette langue, *Fabri* se chargea de la traduction. Mais en corrigeant et revisant l'ouvrage, ce dernier a bien pu y introduire une foule de choses auxquelles *Divini* lui-même n'avait jamais songé [1].

Les objections faites à *Huyghens* étaient tout à fait insuffisantes, de sorte que celui-ci n'eut pas de peine à se justifier dans un opuscule : *Brevis assertio systematis sui* (Hagæ, 1660) [2].

Fabri a publié plusieurs ouvrages sur la physique, parmi lesquels la *Synopsis optica* (Lugd., 1667), est un des plus importants. Dans cet écrit, qui paraît identique à l'*Essai optique*, qui parut à Lyon en 1667, il donne une explication fort acceptable de la couleur bleue du ciel. Il l'attribue à la réflexion de la lumière sur les corpuscules qui flottent dans l'atmosphère. Cette explication

1. Tiraboschi, *Storia etc.*, t. VIII, p. 263.
2. Il faut ajouter que *Fabri* reconnut son erreur : Montucla, t. II, p. 551. (T.)

est du moins préférable à celle que donna *Léonard de Vinci*, et qui fut plus tard répétée par tant de physiciens jusqu'à *Gœthe* : Ceux-ci faisaient provenir le bleu du ciel de la lumière du soleil réfléchie par l'atmosphère, et mélangée avec le noir des espaces célestes.

Dans cette *Synopsis*, *Fabri* décrit aussi une illusion de la vue fort singulière. On perce, dit-il, un trou dans un morceau de carton et on le place tout près de l'œil; on met entre l'œil et le trou une épingle, et en regardant un objet éloigné on voit une image agrandie et renversée de l'épingle. Comme *Fabri* le fait remarquer très justement, une ombre droite de l'épingle tombe sur la rétine, mais à cause de la position renversée des images que les objets environnants forment dans l'œil, cette ombre paraît, au contraire, renversée[1].

Fabri a fait aussi sur la capillarité quelques observations dont je parlerai plus tard. Il les a décrites dans un volumineux ouvrage, une *Physica in decem tractatus distributa* (Lugd., 1669), qui contient beaucoup de parties faibles et d'erreurs. Ainsi il explique la cohésion par des particules crochues rentrant l'une dans l'autre comme les dents des engrenages. Le flux et le reflux ne proviennent pas selon lui de l'attraction directe de la lune sur la mer, mais de ce que la lune modifie la pression de l'air qui agit à son tour sur la mer.

De tout cela il résulte assez clairement que *Fabri* n'était pas précisément un grand physicien, et que les circonstances, la position qu'il occupait, ont plus contribué que ses mérites à le faire choisir comme membre correspondant de l'Académie del Cimento[2].

En dehors de *Sténon*, de *Thévenot*, de *Fabri*, le Français *Auzout*, un des premiers membres de l'Académie de Paris, est quelquefois cité comme membre correspondant de l'Académie del Cimento. Mais cette indication porte sur une erreur. *Auzout* fut en effet chargé par le grand-duc Ferdinand II d'exécuter quelques expériences de physique, mais il vint pour la première fois à Florence en 1668, un an après la dissolution de l'Académie.

166. — Comme, dans ce qui précède, j'ai prononcé le nom de *Divini* (né à Saint-Severino dans la marche d'Ancône), je ne peux pas ne pas mentionner qu'il a contribué au perfectionnement du microscope composé. Jusqu'à lui, ces instruments étaient formés de deux lentilles seulement, l'objectif et l'oculaire : *Divini*, le premier, employa deux lentilles pour l'oculaire et deux pour l'objectif. L'oculaire se composait de deux lentilles plan-convexes se touchant par leurs convexités. Mais ces microscopes, comparés à ceux qui sont employés de nos jours, étaient monstrueux, aussi gros que la jambe d'un homme, avec des verres oculaires aussi grands que la paume de la main[3]. C'étaient sans doute les verres oculaires de *Divini*, que le père *Fabri* décrit dans sa *Synopsis optica*, en en faisant l'éloge.

Le prince Léopold reçut en 1660, de *Divini*, un objectif d'une distance focale

<hr>

1. Fischer, *Gesch. d. Phys.*, t. III, p. 153.

2. *Fabri* a écrit également sur la Cycloïde et sur les lois du mouvement. Montucla, t. II, p. 71 et 406 (T.).

3. Fischer, *Gesch. d. Phys.*, t. II, p. 98.

de 18 $\frac{1}{2}$ *bracci* (1 *braccio* vaut 263,4 lignes de Paris), c'est-à-dire d'environ 34 pieds.

Cette circonstance permit aux membres de l'Académie del Cimento de vérifier l'opinion de *Fabri* sur le phénomène des anneaux de Saturne. On monta l'objectif, et on triompha des difficultés créées par la nécessité de donner à la lunette une grande mobilité, à l'aide d'une disposition imaginée par *Antonio Maria del Buono*. Cette disposition nommée Arcicanna est surtout employée pour les observations au zénith (§ 160).

L'Académie, après avoir fait ces observations, reconnut que les idées de *Huyghens* sur les phénomènes présentés par Saturne étaient parfaitement justes, ce que *Fabri*, lui-même, fut obligé de reconnaître plus tard.

On compara la lunette établie, comme nous venons de le dire, à une autre lunette d'uné distance focale de 18 *bracci*, construite par *Torricelli*. On constata que cette dernière l'emportait un peu sur celle de *Divini*. En mentionnant la lunette de *Torricelli*, nous devons faire remarquer que celui-ci a rendu les plus grands services dans la construction des télescopes. Jusque-là *Galilée*, seul, était parvenu à faire des télescopes convenables pour les observations astronomiques, et il était assailli de demandes venant d'Allemagne. Les lunettes de *Galilée* étaient même meilleures que celles de Hollande, dont la construction était très défectueuse au début, ainsi que nous l'avons dit plus haut (§ 90). Alors *Torricelli* s'adonna à la construction des instruments d'optique et arriva, non sans peine, à confectionner des lunettes qui valaient autant et même mieux que celles de Galilée : cela contribua à lui faire décerner la médaille *Virtutis præmia*. La lunette dont il est ici parlé, de 18 *bracci* de distance focale, est encore aujourd'hui conservée au Musée de Florence.

Divini avait à Rome un rival, *Giuseppe Campani*, né à Rome même. Ce rival le surpassa dans la confection des lunettes, et acquit une telle renommée dans cet art, qu'à sa mort le pape Benoît XIV acheta tous ses instruments, pour en faire cadeau à l'Institut de Bologne. Il construisit aussi, sur la demande de Louis XIV, les lunettes avec lesquelles le célèbre astronome *Domenico Cassini* découvrit les deux satellites de Saturne les plus rapprochés de la planète. C'étaient des instruments d'une longueur colossale ayant 86, 100, 136 pieds de Paris (210 *palmi romani*) de longueur focale. *Divini* n'était guère arrivé qu'à 45 pieds (72 *palmi rom.*) de distance focale.

Une grande jalousie existait entre ces deux savants. *Ricci* dit, dans une lettre au prince Léopold, datée de 1664, qu'il suffisait de parler de l'un en présence de l'autre pour que celui-ci se trouvât gravement offensé — *tout comme chez nous.*

Campani ne laissait entrer personne dans son atelier, et faisait un grand secret de ses procédés. Il fit aussi avec ses télescopes des observations astronomiques, et les publia en deux petits écrits : 1° *Ragguaglio di nuove osservazioni* (Roma, 1664); 2° *Ombre delle stelle medicee nel volto di giove* (Bologna, 1666).

Les travaux des deux artistes étaient sans doute remarquables pour leur époque, mais on voit déjà par la grande longueur de leurs lunettes; et par cette circonstance qu'il leur arrivait fréquemment de manquer de verres, combien, en optique, la pratique était inférieure à ce qu'elle est aujourd'hui. D'après le témoignage de *Hooke*, on faisait dès cette époque, en Angleterre, des lunettes beaucoup plus petites, qui rendaient les mêmes services que les instruments italiens. *Matteo Campani*, le frère de *Giuseppe*, dont il a été question tout à l'heure, envoya, en 1665, au prince Léopold, une lunette qui est l'une des meilleures qui aient été construites alors. Elle se trouve encore au Musée de Florence : elle a 4 pouces 1/2 d'ouverture et servait notamment aux observations de Jupiter.

On éprouvait encore de grandes difficultés à obtenir des verres homogènes et purs pour la construction des lunettes. C'est ce que prouve une lettre adressée à *Boulliau*, en 1672, par l'habile mécanicien *Tito Livio Burattini*.

Burattini avait conçu la pensée de faire des lentilles creuses (*vetri concavo-convessi*) et de les remplir de liquides, mais il ne dit pas lesquels.

TRAVAUX DE L'ACADÉMIE DEL CIMENTO

167. — Maintenant que nous connaissons d'une manière suffisante les personnages qui se rattachent à l'Académie del Cimento, il me reste à donner un aperçu des travaux de cette société.

Conformément à sa devise : *Provando e Riprovando*, l'Académie a cherché à résoudre par l'expérience les questions les plus importantes qui se posaient à son époque; et elle l'a fait d'une manière très honorable pour elle et très instructive pour nous. Le caractère de ses recherches est purement expérimental, sans théorie et sans considérations mathématiques. On lit en un certain passage des *Saggi* : « Il n'entre pas dans les habitudes de l'Académie de disserter sur la cause des phénomènes ».

La plupart, pour ne pas dire toutes les questions, qui ont été agitées par cette société, ont actuellement reçu des réponses si satisfaisantes, que ce serait peine perdue de les discuter de nouveau. Sur toutes ces questions nous avons des réponses beaucoup plus simples et plus concluantes que celles que pouvaient donner les académiciens.

Sous ce rapport, les mémoires de l'Académie florentine fournissent un éclatant témoignage des progrès que notre science et nos procédés expérimentaux ont fait dans le cours des deux derniers siècles. Mais ne soyons pas présomptueux ! N'oublions pas que nous nous sommes élevés sur les épaules de ces hommes, et que sans eux nous ne saurions peut-être pas procéder avec autant d'habileté, même de nos jours, dans l'étude des mêmes problèmes.

Les *Saggi* de l'Académie florentine se divisent en treize chapitres :

CHAP. I. — Instruments de mesure et leur emploi.
   II. — Recherches sur la pression atmosphérique.
   III. — Expériences sur la congélation artificielle de l'eau.
   IV. — Expériences sur la glace naturelle.
   V. — Expériences sur la dilatation des métaux et des autres corps par la chaleur.

Je vais essayer de tirer de ce riche écrin ce qu'il y a de plus important pour l'histoire de la physique.

168. — Le chapitre Ier sur les instruments de mesure contient la description de trois instruments importants pour la physique expérimentale : le thermomètre, l'hygromètre et le pendule.

En ce qui concerne le thermomètre, j'ai discuté précédemment les droits des différentes personnes auxquelles on attribue son invention. Je suis arrivé à cette conclusion que, d'après toute vraisemblance, *Galilée* devait, seul, en être considéré comme l'inventeur, puisqu'il est prouvé que, dès l'année 1597, il avait construit un instrument de ce genre (§ 112). Cet instrument, ainsi que ceux de tous les autres compétiteurs, n'était pas à vrai dire un véritable thermomètre, mais un thermoscope à air ou plutôt un thermobaroscope, instrument dans lequel l'air contenu est soumis à la fois à l'influence de la température et à celle de la pression atmosphérique.

L'instrument de l'*Académie del Cimento* est au contraire un véritable thermomètre, quoiqu'il n'eût pas d'échelle bien déterminée. Mais ce n'est pas, comme on le croit ordinairement, une invention des membres de cette académie : il existait déjà quelque temps avant la fondation de celle-ci. Les documents authentiques sur le perfectionnement du thermomètre nous font absolument défaut, comme ceux qui se rapportent à son invention. On ne sait pas d'une manière certaine quel est celui qui effectua la transformation importante du thermoscope en thermomètre. Mais il est certain que l'instrument décrit dans les *Saggi*, existait à Florence au moins sous sa forme essentielle, vers la fin de l'année 1641, par conséquent, seize ans avant la fondation de l'Académie et deux ans avant l'invention du baromètre.

D'après ce que rapporte *Viviani* dans sa biographie de *Galilée*, le grand-duc Ferdinand II aurait eu une part importante dans le perfectionnement définitif du thermomètre. Il semble aussi résulter des renseignements fournis par le Père *Urbano Daviso*, disciple de *Cavalieri*, que ce fut le grand-duc Ferdinand II qui donna au thermomètre florentin la forme sous laquelle il est décrit. *Antinori*[1] tient pour certain que ce fut lui qui remplaça par de l'esprit-de-vin l'eau pure ou colorée dont on remplissait les thermomètres, qui se cassaient facilement par la congélation du liquide. Il employa d'abord de l'esprit-de-vin coloré, parce qu'il est plus facile à voir ; et ensuite de l'esprit-de-vin pur parce que la matière colorante se sépare facilement et se dépose sur les parois du tube, ce qui rend les lectures très difficiles.

---

1. Antinori, *Notizie istoriche relative all'Academia del Cimento*, p. 33.

Targioni-Tozzetti, s'appuyant sur l'autorité de notre compatriote *Sturm*, désigne[1] l'année 1649, comme l'époque où le grand-duc aurait apporté ces perfectionnements au thermoscope. Mais *Sturm*[2] dit seulement que le grand-duc envoya, cette année-là, à *Magiotti* et à *Kircher* à Rome, des instruments qui étaient toutefois plutôt des thermoscopes que des thermomètres. Il résulte cependant très clairement du journal de l'Académie, que le thermomètre employé par elle et construit en 1641 était rempli d'esprit-de-vin, et on sait que *Torricelli* montra, en 1646, au célèbre voyageur français *Monconys* le thermomètre et les autres instruments du grand-duc. Il est encore certain que le grand-duc Ferdinand II se servait déjà du thermomètre en 1644 pour répéter[3] ses expériences sur l'éclosion artificielle des œufs de poule, et qu'il fit des observations avec ce thermomètre, en plusieurs endroits, dans un but météorologique.

Les instruments employés par les Académiciens étaient des thermomètres à esprit-de-vin, que le grand-duc avait fait construire par un souffleur très habile, *Giuseppe Moriani*. Ils possédaient pour la plupart la forme encore usitée aujourd'hui, à l'exception de la tige, qui était contournée en forme de serpentin (*col cannello a chiocciola*). Sous ce rapport, ils avaient un avantage qu'on a reconnu seulement à notre époque. Leur échelle n'était pas tracée à côté du thermomètre sur du bois, de l'ivoire ou sur un métal, comme on le fait souvent aujourd'hui ; elle était fixée immédiatement sur le verre de l'instrument.

Cette disposition aurait été excellente si l'échelle avait été formée de traits comme ceux qu'on trace de nos jours sur les thermomètres de précision, soit à l'aide d'un diamant soit au moyen d'acide fluorhydrique. Mais les divisions au lieu d'être indiquées par des traits, l'étaient par de petites perles de verre, soudées au tube avec une grande habileté, il est vrai, mais qui ne pouvaient avoir la régularité et la finesse des traits. De dix en dix les perles étaient en émail blanc, les autres en verre de couleur sombre.

Cette disposition aurait encore permis cependant de faire d'assez bonnes lectures, malheureusement elle concordait avec les principes de la graduation qui était très variable. Le thermomètre le plus employé avait une échelle divisée en 50 degrés ; dans d'autres, l'échelle avait 60, 70 ou 100 parties ; dans les thermomètres à hélice, il y avait jusqu'à 300 ou 400 divisions. Les constructeurs et les Académiciens de Florence ne possédaient pas encore le grand, ou si l'on aime mieux, le petit secret de faire concorder deux thermomètres. Ils

---

1. Targioni-Tozzetti, *Aggrandimenti delle scienze fisiche, etc.*, t. I, p. 150.

2. Sturm. *Collegium expérimentale curiosum*, t. II, p. 166.

3. Le grand duc s'intéressait beaucoup à l'éclosion artificielle. Sachant que ce procédé était employé en Égypte depuis le temps d'*Hérodote*, et qu'il était encore en usage au Caire, il fit venir de là deux chrétiens Koptes, et fit installer à Florence des appareils d'incubation. . Mais les expériences réussirent mal : les œufs réussissaient mais les poussins étaient difformes, et ne pouvaient d'ordinaire porter la tête. Le troisième jour leurs yeux enflaient très fortement et ils périssaient. Sur 12 douzaines d'œufs qu'on plaça une fois dans le couvoir, 61 seulement réussirent et 3 poulets seulement vécurent. Les tentative faites à Vienne quatorze ans plus tard par P. *del Buono* et *Montanari* n'eurent pas plus de succès (§ 160).

réglaient l'échelle de telle sorte que le thermomètre à 100 divisions marquât 16 ou 17° pour les plus grands froids de l'hiver en Toscane, et 80° sous l'action des rayons solaires, pendant les plus fortes chaleurs de l'été. Dans les mêmes circonstances, les thermomètres à 50 divisions marquaient de 11 à 12° dans le premier cas, et 40° dans le second.

On voit déjà, par ces indications, que les thermomètres, dont les échelles comprenaient un nombre différent de degrés, ne pouvaient pas être comparés. Une concordance exacte n'existait même pas entre les différents thermomètres d'un même genre ; mais ici, l'habileté de l'artiste avait remédié, en quelque sorte, aux défauts du principe. Comme on le voit d'après un passage des *Saggi*, on obtenait des instruments comparables, parce qu'on avait grand soin de conserver un même rapport entre la grosseur du réservoir, le diamètre du tube et la quantité d'esprit de vin introduite. Cependant, on remarquera qu'une longue expérience seule, pouvait indiquer les règles à suivre pour la construction d'un bon thermomètre, et c'est précisément pour cela que les *Saggi* passent si rapidement sur le point le plus important, celui de la graduation du thermomètre.

Par suite de cette absence de points fixes bien déterminés dans l'échelle des thermomètres florentins, nous ne pourrions aujourd'hui nous rendre compte des indications de ces instruments, si *Antinori*, en 1829, n'avait été assez heureux pour découvrir, dans un magasin de Florence, au milieu de nombreux appareils en verre remontant à cette glorieuse époque, une caisse remplie de thermomètres dont l'échelle contenait 50 divisions. Grâce à cette découverte, *Libri* [1] put comparer le thermomètre florentin à esprit-de-vin avec un thermomètre à mercure de Réaumur. Voici les résultats de cette comparaison :

$$50° \text{ Fl} = 44° \text{ R}$$
$$13°5 = 0 \text{ R}$$

par conséquent
$$0° \text{ Fl} = 15° \text{ R.}$$

Il serait à désirer qu'on eût pu faire cette comparaison sur plusieurs thermomètres florentins, et pour plusieurs points de leur échelle, afin de juger de leur accord. Cette comparaison présenterait un intérêt tout particulier parce que, ainsi que nous l'avons dit, le grand-duc Ferdinand fit faire des observations météorologiques avec un thermomètre dont l'échelle était divisée en 50 parties.

169. — De semblables observations furent faites régulièrement depuis 1654 à Florence, dans le couvent degli Angeli, à Vallombrosa et Cutigliano dans les montagnes de Pistoja, à Bologne par *Riccioli*, à Parme, à Milan, à Varsovie, à Inspruck et à Ossiponti. Le père *Luigi Antinori*, jésuite et théologien attitré (teologo stipendiato) du grand-duc, était chargé de la surveillance de cet institut météorologique, le plus ancien de tous.

Les registres étaient tenus avec grand soin. On observait tous les jours, à des heures déterminées, dans chaque station, la température indiquée par des thermomètres placés au nord et au sud. On notait, en outre, la hauteur du baromètre, ou, comme on disait, le degré du vide, la direction du vent, l'état du ciel, etc.

1. *Poggendorff's Annalen*, t. XXI, p. 325.

Les baromètres avaient une échelle arbitraire ; pour la première fois un baromètre observé par *Borelli* était divisé en pouces et en lignes, probablement en mesures françaises. Le baromètre décrit dans les *Saggi*, dans lequel l'extrémité inférieure du tube plonge dans un vase de forme à peu près, sphérique rempli de mercure et reposant sur un pied, est encore divisé en degrés (§ 174).

Quelques-uns de ces journaux météorologiques existent encore. L'un d'eux, qui contient des observations faites pendant seize ans, à raison de cinq observations par jour, — il présente toutefois quelques lacunes — a été utilisé en 1830, par *Libri*, pour décider si la température de la Toscane a subi des variations depuis cette époque. On croyait en général devoir répondre affirmativement à cette question, parce qu'au xvii° siècle les Apennins étaient encore très boisés et qu'ils sont aujourd'hui passablement dénudés. Mais la comparaison de ces anciennes observations, dans lesquelles le thermomètre florentin a été réduit en thermomètre Réaumur, avec celles qui ont été faites en 1820 à l'observatoire du séminaire de Florence, a montré que depuis cette époque il n'y a pas eu de différence appréciable dans la température.

D'après *Libri* ces observations seraient dues au *Père Renieri*. Mais il y a ici une confusion de nom, ou il s'agit d'un autre *Renieri* (ou *Reinieri*) que le disciple de *Galilée*. Celui-ci mourut en 1647 ou 1648. Il est connu par ses efforts infructueux pour calculer le cours des satellites de Jupiter (§ 115).

Il n'aurait pu, par conséquent, faire des observations pendant seize ans avec le thermomètre florentin. Parmi les instruments de ce temps, conservés dans le musée du grand-duc de Florence, on trouve encore une modification du thermomètre florentin, dont il n'est pas question dans les mémoires de l'Académie del Cimento. C'est une sorte de thermomètre multiplicateur dont la tige, dans une certaine partie de l'échelle, est notablement plus étroite que dans le reste du tube, de sorte que, dans cette partie, les degrés étaient beaucoup plus grands. Il servait évidemment à des observations comprises dans un certain intervalle de température.

170. — Enfin on trouve dans les *Saggi* la description d'un instrument ingénieux qui mérite plutôt le nom de thermoscope que de thermomètre. Ce fut cet appareil que le grand-duc, en 1649, envoya à Rome à *Kircher* et à *Magiotti* (§ 168). Il consiste en un vase de verre rempli d'un liquide, au milieu duquel flottent de petites boules de verre qui, en montant ou en descendant, indiquent les variations de température.

C'est sur un principe semblable que reposent les *perles aréométriques* de verre, dont il fut question plus tard, mais qui n'ont jamais été réellement employées. Elles furent imaginées en 1757 par *Alexandre Wilson* (mort en 1786) professeur d'astronomie à Glasgow, et perfectionnées plus tard par *Lovi*. Elles étaient numérotées et disposées de façon à flotter dans les liquides de poids spécifique 1000, — 0,998 — 0,996 — 0,994 et ainsi de suite.

Ces perles aréométriques en verre ne sont pas d'invention nouvelle. On les retrouve parmi tous les instruments de physique conservés au Musée de Florence. Celles-ci ne sont pas numérotées, il est vrai, mais elles sont enfermées dans une petite corbeille en toile métallique, ce qui permet de les plonger toutes ensemble dans le liquide et de les retirer d'une manière très commode.

Dans cette collection d'instruments se trouvent encore plusieurs appareils pour déterminer les poids spécifiques des liquides :

1° Des aréomètres à poids constant, semblables à celui de *Baumé*, en verre, lestés avec de la grenaille de plomb ou du mercure. Ils sont munis d'une échelle formée par de petites boules de verre disposées sur la tige, et à côté desquelles se trouvent différents nombres, 11 par exemple, ce qui signifie que, pour ce degré, le liquide essayé pèse 11 grains de plus qu'une once d'eau;

2° Des aréomètres semblables remplis d'esprit-de-vin, et qui servaient en même temps de thermomètres, parce qu'ils indiquaient à la fois la température et le poids spécifique ;

3° Des aréomètres à volume constant en verre, lestés avec de la grenaille de plomb ou du mercure, de telle sorte que le volume de la partie plongée fût égal au volume d'une once d'eau ; c'est pourquoi on leur donnait le nom de *Palla d'oncia* (boules d'une once).

Sur une tige étroite se trouvait une marque, et on chargeait la tige de petits disques métalliques de poids connus et percés d'un trou, jusqu'à ce que l'instrument s'enfonçât dans le liquide jusqu'au trait marqué sur la tige.

171. — Je dois ajouter quelques mots à l'histoire du thermomètre florentin. Cet instrument, avant et pendant l'existence de l'Académie, ne possédait pas d'échelle fixe, pas plus que des points de température qu'on pût retrouver dans toute circonstance. Mais, après la dissolution de l'Académie, un ancien membre de cette société, *Charles Renaldini* (§ 161) remédia à ce défaut. Dans sa *Philosophia naturalis*, qu'il publia en 1594, pendant son séjour à Padoue, ce physicien distingué émit, pour la première fois, l'idée que le point de fusion de la glace et le point d'ébullition de l'eau pourraient être utilisés comme des températures fixes pour la graduation des thermomètres.

Il fit dans ce but deux propositions :

1° De plonger successivement le thermomètre dans la glace fondante et dans l'eau bouillante, et de diviser l'intervalle entre les deux indications en douze parties égales ;

2° De plonger le thermomètre successivement dans la glace fondante; dans un mélange de 11 parties d'eau froide (*aqua gelida*) et 1 partie d'eau bouillante; dans 10 parties d'eau froide et 3 parties d'eau bouillante ; dans 8 parties d'eau froide et 4 d'eau bouillante, et ainsi de suite et de marquer les états correspondants du thermomètre.

La dernière proposition est certainement sujette à bien des objections : mais la première est juste dans son principe. Il n'y avait qu'à plonger le thermomètre, non dans l'eau bouillante, mais dans la vapeur, et à tenir compte de la hauteur barométrique. On doit s'étonner que cette proposition n'ait pas été prise en plus grande considération par les contemporains. Ainsi *Newton*, sept ans plus tard, en 1701, indiquait une graduation beaucoup plus imparfaite.

Il est très surprenant aussi que les Académiciens, dans leurs travaux en commun, n'aient pas découvert le principe de la graduation proposé par Renaldini, car ils avaient déjà observé la constance du point de fusion de la glace. Dans une de leurs expériences, ils plongèrent dans de l'eau bouillante un vase de plomb rempli de glace concassée, au milieu duquel se trouvait un de leurs thermomètres de 50 degrés. Ils observèrent que tant qu'il y avait de la glace dans le vase, le thermomètre marquait un point fixe, environ 13° 1/2 florentins. Mais la constance du point d'ébullition de l'eau leur échappa, bien qu'ils eussent placé leur thermomètre dans de l'eau bouillante. Ces expériences faites en dernier sont décrites dans le treizième chapitre.

172. — Le second instrument de mesure que nous trouvions décrit dans les *Saggi*, est l'hygromètre. Cet instrument fait grand honneur à son inventeur; aussi serait-il important de savoir si nous devons réellement l'attribuer, comme cela est indiqué, au grand duc Ferdinand II. Quoiqu'il en soit, il est hors de doute que déjà, avant la fondation de l'Académie, il s'était occupé de cet hygromètre et que, plus tard, en 1665, il en envoya des exemplaires à différents princes de l'Europe.

Tous les instruments employés jusqu'alors ne méritaient point le nom d'hygromètre. C'étaient des hygroscopes fondés sur la propriété que possèdent les substances végétales et animales d'absorber l'humidité de l'air, et par là, de subir un accroissement de poids, comme dans la balance hygroscopique du cardinal *de Cuse*, ou bien un changement de longueur, comme dans l'hygroscope acoustique de *Mersenne*.

La propriété que possèdent les cordes de chanvre de se raccourcir sous l'action de l'humidité, était déjà connue du célèbre architecte *Domenico Fontana*. Celui-ci, en 1586, s'en servit fort à propos pour l'érection du grand obélisque, devant l'église Saint-Pierre de Rome. On avait presque dressé cet immense bloc de pierre, quand les cabestans refusèrent tout service. Tout le travail semblait perdu. *Fontana* (peut-être cette idée lui fut-elle suggérée par son nom), fit verser de l'eau sur les câbles : bientôt ils se contractèrent avec tant de force que l'obélisque se trouva dressé! C'est sur cette propriété que repose l'hygroscope imaginé en 1626 par le médecin *Santorio*, de Venise, dans lequel une corde de boyau absorbe l'humidité. Il en est de même de l'hygromètre de *Maignan* : celui-ci faisait usage de grains d'avoine sauvage, comme le voyageur français *Monconys* le vit en 1646, chez *Torricelli*.

Tous ces instruments pouvaient fournir des indications sur le plus ou moins d'humidité contenue dans l'air, mais ils n'en pouvaient donner une mesure, même approximative. L'instrument décrit dans les mémoires de l'Académie del Cimento, et que le grand-duc Ferdinand II appelait sa *Mostra umidaria* était par contre un véritable hygromètre, ou du moins pouvait le devenir par un emploi convenable. Il ne reposait pas sur l'absorption de la vapeur d'eau, mais sur sa condensation, et avait la forme suivante :

Une corbeille sphérique, goudronnée à l'intérieur et revêtue extérieurement de fer-blanc, était placée sur un trépied et se terminait inférieurement par une pointe de verre fermée. Cet appareil était rempli de glace pilée, ce qui amenait un refroidissement considérable de l'entonnoir de verre : la vapeur d'eau contenue dans l'air se condensait sur les parois et coulait le long de la pointe.

Pour recueillir cette eau, on plaçait sous l'instrument une coupe en verre graduée au moyen de petites boules de verre, et on mesurait le temps nécessaire pour que la coupe se remplît complètement ou pour que l'eau arrivât à l'une des divisions.

De cette manière on découvrit, entre autres, qu'à Florence, les vents du sud
et de l'ouest, venant de la mer, étaient plus humides que les vents du nord et de
l'est, qui passaient sur les Apennins. L'emploi de cet instrument dépendait, il
est vrai, de certaines circonstances. Il supposait d'abord la possibilité de se
procurer de la glace; ensuite il n'aurait pu réellement servir à mesurer l'état
de l'air qu'autant qu'on aurait opéré sur une masse d'air enfermée. Mais son
principe était très rationnel, et, ce qui le prouve, c'est qu'après beaucoup de
tentatives on est revenu à cet instrument, notablement amélioré il est vrai.

Comme il a été question ici du dépôt de la vapeur d'eau, il convient peut-être
de citer en même temps une remarque de *Dioscoride*, se rapportant à notre
sujet. Il dit qu'en mer, pour se procurer de l'eau fraîche, on devrait suspendre autour du navire des toisons de laine : celles-ci s'imprégneraient de
vapeurs humides, de sorte qu'en les pressant on pourrait avoir de l'eau
douce[1].

173. — Le troisième instrument dont parlent les *Saggi* est le pendule, qui
avait déjà reçu, avant la fondation de l'Académie, la forme sous laquelle nous le
retrouvons. Il consistait en une sphère suspendue à deux fils, pour empêcher
les oscillations coniques.

Les Académiciens l'employèrent dans leurs expériences sur la transmission du
son, expériences commencées en 1656, avant la fondation de l'Académie. Ils
remarquèrent, à cette occasion, que les petites oscillations se font en moins de
temps que les grandes, et ils décrivent une sorte d'horloge dont ils attribuent
l'invention à *Vincenzo Galilée* (1649). Cela porta *Huygens*, le véritable inventeur, à se plaindre, dans une de ses lettres, de ce que *Magalotti* attribue à *Galilée*
et à son fils l'invention de l'horloge à pendule. Cependant il ressort d'une lettre
de *Galilée*, du 9 janvier 1637, que celui-ci avait déjà eu l'idée de
munir le pendule d'une roue à échappement. Nous reviendrons
plus tard sur ce sujet.

174. — Le chapitre II contient des expériences sur la pression
atmosphérique. Les Académiciens y donnent la description de
leur baromètre, qui avait la forme (fig. 13) d'un baromètre à
cuvette, comme tous ceux qu'on employa d'abord. Sur le tube
se trouvait une échelle, divisée non pas en pouces et en lignes,
mais en degrés, au moyen de petites perles de verre. Cet instrument ne portait pas encore le nom de baromètre, et je ne sais
pas qui lui a donné ce nom.

On ne sait pas non plus exactement où et par qui fut construit
le premier baromètre à siphon : mais celui-ci existait au temps
de l'Académie. Le *baromètre à roue*[2], de *Robert Hooke*, qui entre dans cette
catégorie, date de 1666. On trouve aussi dans les *Saggi* la description d'un
baromètre à siphon, mais dans la courte branche était simplement un tube
capillaire. Cette disposition avait été imaginée pour vérifier si la pression atmosphérique diminuait, ainsi que quelques-uns le croyaient, lorsqu'elle s'exerçait

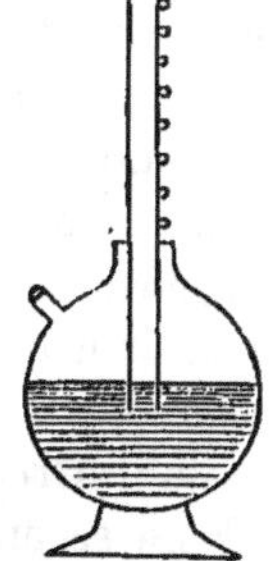

FIG. 13.

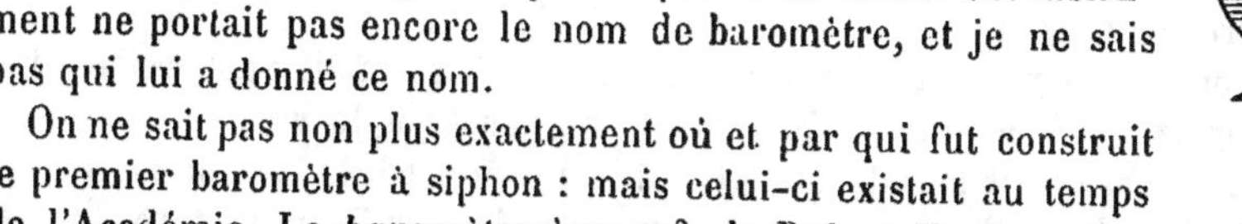

1. Porta, *Magia, nat. lib.*, t. XX, art. 3, p. 1021.
2. Baromètre à cadran. (T.)

à travers un tube capillaire. Les Académiciens ne constatèrent aucuue influence du tube.

On voit dans les *Saggi* que les Académiciens répétèrent, à l'aide d'un baromètre à cuvette de la forme indiquée, « *les expériences exécutées en France pour la première fois*, » afin de constater que le baromètre baisse quand on s'élève à une plus grande hauteur. Toutefois ils ne citent pas le nom de *Pascal*. Pour faire cette expérience, ils choisirent à Florence une tour de 142 *bracci* de haut, mais ils purent déjà constater l'abaissement de la colonne mercurielle à une hauteur de 50 *bracci*.

Il est important, au point de vue historique, de remarquer que les *Saggi* déclarent que de semblables recherches ont déjà été exécutées en France. En effet, *Antinori*, dans les *Saggi* de 1841, voulait réclamer la priorité des expériences en faveur de l'Italie : on voit par là que ses prétentions sont peu fondées. *Antinori* s'appuyait sur ce que *Claude Bérigard* de Moulins (*Berigard* ou *Beriguardi*), successivement professeur de mathématiques et de philosophie à Paris, Lyon, Avignon, Pise et enfin Padoue, mort en 1663, rapporte, dans son *Circulo Pisano* (Udine, 1643). Il dit que si on remplit un tube de mercure, le vide qu'il laisse est plus petit au pied d'une montagne qu'à son sommet. Si le livre parut réellement en 1643, il se pourrait que l'auteur parlât par anticipation. C'est encore de cette manière qu'on doit comprendre le passage d'une lettre de *Torricelli* à *Ricci*, où il est dit que l'air est plus pesant à la surface du globe ; qu'il devient de plus en plus léger et pur, à mesure qu'on s'élève sur les hauteurs[1].

La diminution de la hauteur barométrique, à mesure qu'on s'élève, est, comme on le sait, une conséquence de ce que la pression de l'atmosphère diminue. Comme l'air est un fluide élastique, il résulte nécessairement de ce décroissement de pression que l'air doit être moins condensé en haut qu'en bas. C'est ce que comprirent les Académiciens, et ce qu'ils cherchèrent à prouver par deux jolies expériences.

1° L'appareil représenté dans la figure 14, contenait de l'air en a et en a' et du mercure dans la partie inférieure recourbée. Ils le portaient au pied d'une tour, où le mercure prenait le niveau oo'. Ils fondaient alors la pointe b et montaient l'appareil au sommet de la tour à l'aide d'un fil. Le mercure présentait alors une différence de niveau $u\,u'$: l'air enfermé au bas de la tour se dilatait donc dès qu'il arrivait au sommet.

2° La seconde expérience fut faite de la même manière, mais l'appareil avait une autre forme. Le tube C (fig. 15), était ouvert en k et le vase fermé en i. Comme l'air du vase était plus dense que l'air au sommet de la tour, le mercure s'élevait dans le tube C d'une certaine quantité. Les Académiciens remarquèrent expressément que la température devait être la même au sommet et au pied de la tour.

Quoique la pression de l'air fût suffisamment prouvée par ces expériences, les Académiciens ne s'en tinrent pas là ; ils entreprirent une série de recherches pour montrer que c'était bien la pression de l'air qui soutenait le mercure dans

---

1. Antinori, *Notizie istoriche relat. all'Acc. del Cimento*, 1841. p. 29.

le baromètre: La plus directe de toutes est peut-être celle dans laquelle ils retirèrent, à l'aide d'une petite pompe à main, l'air de la cuvette du baromètre préalablement fermée; ils virent alors le mercure descendre dans le tube barométrique.

Ils firent aussi l'expérience que *Pascal* avait décrite, dès 1647, et que d'après eux, *Torricelli* avait déjà conçue alors. Ils inclinèrent le tube du baromètre et observèrent que la hauteur du sommet de la colonne mercurielle dans le tube, au-dessus du niveau du mercure dans la cuvette, demeure constante. En continuant à incliner le tube, ils disent avoir vu le mercure atteindre le sommet du tube, à une petite quantité d'air près qui se trouvait dans le vide! L'air contenait aussi de l'eau.

Les expériences des Académiciens sur le vide sont très nombreuses et très ingénieuses. Pour de semblables recherches nous nous servons actuellement avec plus de succès de la machine pneumatique. Mais les Académiciens de Flo-

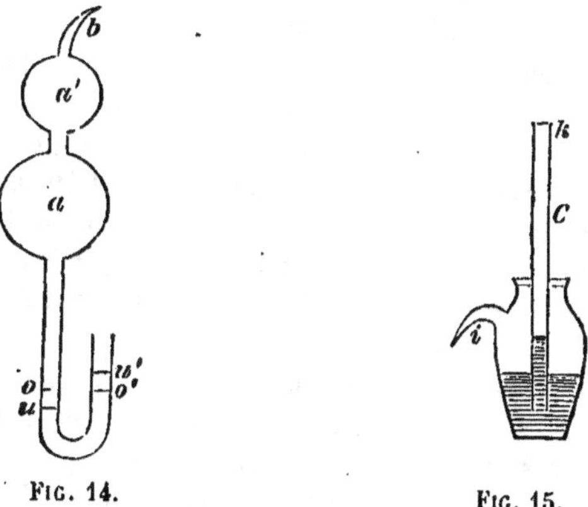

Fig. 14.   Fig. 15.

rence, qui n'avaient à leur service qu'une petite pompe à main, étaient obligés de se servir du baromètre dont ils avaient élargi l'extrémité supérieure de différentes manières, pour obtenir un espace vide d'une forme convenable et d'une grandeur suffisante.

Pour montrer que l'air se dilate quand on diminue la pression, ils introduisaient dans le vide une vessie de mouton repliée et fermée, elle se gonflait complètement par la dilatation de l'air intérieur. Ils montrèrent ensuite que les gouttes d'eau ou d'un autre liquide ne doivent pas leur forme à la pression de l'air. Pour cela, ils plaçaient au-dessus du globe vide, un deuxième globe plus petit contenant un peu d'eau et séparé du premier par un robinet. Lorsque celui-ci était ouvert, l'eau coulait goutte à goutte dans le vase inférieur vide d'air et prenait la même forme que dans un espace rempli d'air. Par une autre expérience, ils montrèrent que l'ascension des liquides dans les tubes capillaires est complètement indépendante de la pression de l'air. Ils ajustèrent un tube capillaire dans le goulot d'une bouteille, de façon qu'il s'enfonçât presque jusqu'au fond et fermèrent hermétiquement le goulot. Ils placèrent alors la bouteille horizontalement et par un tube latéral introduisirent un peu de vin rouge. Par cette ouverture, ils retirèrent ensuite l'air du vase au moyen d'une pompe à air; après quoi, ils redressèrent le vase de façon à mettre le tube capillaire en contact avec le vin. Le vin s'éleva dans le tube et resta au même point lorsqu'on laissa rentrer l'air dans la bouteille.

Les Académiciens de Florence trouvèrent aussi que l'eau placée dans le vide dégage de l'air, et qu'à une température relativement peu élevée elle entre en ébullition. Mais ce n'était là, comme ils le disent eux-mêmes, qu'une répétition des expériences de *Boyle*. Ils firent aussi plusieurs expériences pour déterminer la vitesse de propagation du son, mais ils n'arrivèrent pas à des résultats précis. Ils placèrent une clochette dans un espace vide et l'entendirent encore, mais ils pensèrent avec raison que cela provenait, ou bien de l'air resté dans l'appareil, ou de la transmission du son par le fil auquel était suspendue la clochette.

Il faut bien remarquer que le vide, que les physiciens florentins obtenaient, même à l'aide du baromètre, n'était pas parfait; car il ne leur était pas venu à l'idée de faire bouillir le mercure. Il ne faut donc pas nous étonner de voir qu'ils aient constaté une augmentation de volume du vide barométrique par l'échauffement. Mais il est étonnant qu'ils n'aient pas attribué ce fait à un reste d'air emprisonné dans l'instrument, car dans l'expérience sur l'ascension du baromètre rapportée plus haut, ils indiquent eux-mêmes qu'il reste toujours un peu d'air au-dessus du mercure, parce que celui-ci n'a pas été bouilli. C'est à cause de ce reste d'air ou plutôt de l'humidité de la chambre barométrique, qu'ils n'ont généralement pas pu obtenir d'effets électriques avec l'ambre frotté et placé dans le vide, tandis qu'ils constatèrent que l'aimant reste actif dans les mêmes circonstances.

Enfin les Académiciens firent un grand nombre d'expériences sur les animaux placés dans le vide : sangsues, escargots, grillons, mouches, papillons, grenouilles, lézards, écrevisses et différents poissons. Ils rappellent à cette occasion que *Torricelli* avait fait le premier des recherches semblables, mais seulement sur de très petits animaux, et qu'il n'avait jamais pu décider si leur mort était due au mercure du baromètre ou au manque d'air.

175. — Chapitre III. — *Sur la congélation artificielle de l'eau.* — Ces recherches avaient pour but d'étudier, d'une manière plus précise, la grandeur et la puissance de la dilatation de l'eau qui se congèle. Les Académiciens se procurèrent des vases sphériques ou piriformes en laiton, en cuivre, en argent ou en or, qu'on pouvait fermer hermétiquement par des bouchons à vis. Ils remplirent ces vases d'eau glacée, et la firent se congeler; quelle que fut la force des vases ils finissaient toujours par se fendre.

Ils cherchèrent aussi à déterminer la grandeur de la dilatation. Ils prirent un tube ouvert à l'une de ses extrémités, le remplirent d'eau et laissèrent cette eau se congeler. Une partie de la glace sortit du tube; on la détacha et on pesa le tube avec la glace. En comparant ce poids avec celui de l'eau qui remplissait le tube, on le trouva plus faible dans le rapport de 8 à 9, d'où l'on conclut que l'eau se dilate dans le rapport de 8 à 9. Cette expérience est la première de ce genre, et ce qu'elle a de plus remarquable encore, c'est que la congélation de l'eau y fut produite par un mélange réfrigérant.

C'est aux physiciens de Florence qu'appartient le mérite d'avoir fait pour la première fois usage d'un mélange réfrigérant dans un but scientifique. Ils s'en servirent en effet, en 1657, dans leurs expériences sur l'influence de la chaleur et du froid sur la capacité des vases. Ils employaient pour la production artificielle de basses températures différents mélanges, neige et sel marin; neige et esprit-de-vin; neige, sel et esprit-de-vin; neige et salpêtre; neige et sel ammoniac. Le dernier mélange leur donna les plus grands froids, 5° de leur thermomètre à cent divisions.

Ils citent comme un fait connu que l'esprit-de-vin mélangé à la neige produit du froid, mais ils ne disent pas de qui ils tenaient cette observation. Il se pourrait que l'un ou l'autre de ces phénomènes ait été déjà étudié par l'Anglais *Boyle;* car au temps de l'Académie de Florence, il s'occupait de pareilles recherches. Cependant son *Experimental history of cold,* dans laquelle il a rassemblé toutes les observations qui se rattachent à cette question, porte la date de 1665. Je dois aussi faire remarquer qu'en ce qui concerne le salpêtre, nous trouvons dans la *Magia naturalis* de Porta (1589) une observation beaucoup plus ancienne.

Elle est rapportée dans le livre XX, chapitre II. Il s'agit de faire de l'eau avec de l'air. Pour cela il suffit de remplir un ballon de verre d'un mélange de glace pilée et de salpêtre impur appelé *solazzo.* Ce mélange produit un grand froid; de l'eau se forme sur le ballon et tombe goutte à goutte à la partie inférieure, où on peut la recueillir dans un verre. On voit que ce principe est celui de l'hygromètre des Académiciens florentins, mais *Porta* n'avait pas songé à cette application.

A cette occasion, *Porta* fait encore une remarque intéressante. On voit, dit-il, à Venise, dans les chambres qui ont des fenêtres de verre, que lorsqu'il fait froid au dehors, les vitres commencent à suer à l'intérieur, et laissent couler de l'eau. Il n'y avait donc probablement pas encore de fenêtres vitrées à Naples.

Dans le chapitre IV, sur *la glace naturelle,* nous trouvons une expérience très remarquable. Les Académiciens placèrent une masse de 500 livres de glace à une assez grande distance d'un miroir concave, et placèrent au foyer de celui-ci un de leurs thermomètres les plus sensibles; ils le virent alors descendre d'une manière notable. Ils se demandèrent si ce refroidissement ne provenait pas du voisinage de la glace. Pour s'en assurer ils placèrent un écran entre le miroir et le thermomètre et le virent remonter à la température ambiante; mais dès qu'ils retiraient l'écran, le thermomètre descendait. Ce n'était donc pas l'influence directe de la glace, mais la température transmise par le miroir qui faisait descendre le thermomètre.

C'est la plus ancienne observation sur la chaleur rayonnante, ou du moins la plus ancienne qui ait été établie scientifiquement, car on en trouve déjà une première indication dans la *Magia nat.* de Porta (liv. XX, chap. IV). Voici le passage : « Si on place un cierge allumé au foyer d'un miroir concave, la lumière est projetée avec tant de force contre les yeux qu'on ne peut en supporter la chaleur et l'éclat. Il est merveilleux que le froid soit réfléchi tout comme la chaleur. » — Mais on ne voit pas sur quoi repose cette dernière indication.

Dans le même chapitre, les Académiciens parlent aussi de la fumée de la glace, et remarquent que c'est une fumée différente de celle des corps en combustion, et qu'elle ressemble plutôt aux vapeurs du matin.

176. — Le chapitre v traite de l'*influence de la chaleur et du froid* sur la capacité d'un vase. Il contient, à ce sujet, une fort jolie expérience. D'après les théories des physiciens d'alors, les corps devaient, lorsqu'on les échauffait ou lorsqu'on les refroidissait, exercer une sorte de réaction, en vertu de laquelle ils produisaient du froid lorsqu'on les échauffait, et de la chaleur lorsqu'on les refroidissait. On appelait cette propriété l'*antipéristase* (réaction).

Pour vérifier cette théorie, les Académiciens chauffèrent de la glace placée dans un vase entouré d'eau bouillante, s'attendant à voir la glace se refroidir davantage encore, en vertu de l'antipéristase. Mais ils virent, comme nous l'avons déjà dit, la glace fondre et la température demeurer invariable pendant toute la durée de la fusion. Pour soumettre l'antipéristase à une autre épreuve, ils remplirent d'eau froide une sorte de thermomètre en verre, et le portèrent rapidement dans l'eau bouillante. Ils virent, au premier instant, l'eau descendre dans le thermomètre, comme si, par le premier effet de la chaleur, cette eau s'était réellement contractée ou refroidie. Mais les Académiciens conclurent avec raison que cette baisse du thermomètre à eau provenait, non pas de la contraction de l'eau, mais de la dilatation de l'enveloppe de verre, qui recevait la première l'action de la chaleur.

Afin de mettre hors de doute l'exactitude de cette conclusion, les Académiciens modifièrent leur expérience d'une manière fort instructive, et qui rendait, pour ainsi dire, visible la marche du phénomène. Ils placèrent dans leur thermomètre à eau plusieurs de leurs petits ballons de verre, dont le poids était égal ou tant soit peu inférieur à celui de l'eau qu'ils déplaçaient à la température ordinaire, de sorte qu'ils flottaient au milieu ou à la surface du liquide. En répétant alors l'expérience, et en plongeant rapidement leur thermomètre dans de l'eau chaude, ils virent non seulement le niveau de l'eau baisser, mais aussi les boules de verre descendre dans le liquide. La chute de ces boules de verre était une preuve évidente que l'eau était devenue spécifiquement plus légère, par conséquent plus chaude. L'eau s'était donc dilatée, et si le niveau de l'eau paraissait descendre, ce n'était que par suite de la dilatation du verre. La théorie de l'*antipéristase* était donc par là complètement réfutée.

Après avoir fait cette expérience, les Académiciens montrèrent qu'en donnant au vase une forme convenable, on pourrait obtenir un effet contraire, c'est-à-dire qu'en enfonçant rapidement le vase dans de l'eau chaude, on observerait d'abord une forte dilatation du liquide, et qu'en l'enfonçant rapidement dans de l'eau froide, on obtiendrait une contraction.

Pour cela, ils prenaient un vase de forme A (fig. 16) à parois épaisses. Lorsqu'on échauffait rapidement les parties voisines de la concavité, celles-ci se dilataient, et par là, la capacité du vase diminuait. Ils le démontraient expérimentalement à l'aide d'une tige de verre B épais et recourbé (fig. 17). Ils approchaient rapidement un morceau de charbon rouge de la courbure, d'abord à l'extérieur en *a*, ensuite à l'intérieur, en *b*. Dans le premier cas, les deux branches de la tige se rapprochaient, dans le second elles s'écartaient. Ils modifièrent cette expérience de toutes les façons; ils tendaient par exemple un fil métallique entre les deux branches de la tige de verre, de manière que le son produit s'accordât avec celui d'une guitare : en approchant le charbon rouge d'abord du côté convexe *a*, et ensuite du côté concave *b*, ils voyaient le ton descendre ou monter.

Toutes ces expériences concernent les changements de forme des corps inégalement échauffés. Mais les Académiciens étudièrent aussi l'effet d'un échauffement uniforme des corps, et prouvèrent de différentes manières, par des expériences très concluantes, que cet effet est toujours une dilatation ou un accroissement de volume du corps:

Pour le verre, leur appareil était assez ingénieux. Un tube de verre en forme d'anneau avait deux ouvertures permettant d'y introduire des liquides : une croix de bois s'adaptait exactement à l'intérieur de l'anneau. Lorsqu'on introduisait de l'eau chaude dans l'anneau, la croix de bois ne s'y ajustait plus ; elle passait librement.

Pour les métaux, ils procédaient de différentes manières. Ils prenaient par exemple un anneau qui, à la température ordinaire, s'ajustait exactement sur un cylindre, tandis qu'il passait librement lorsqu'il était échauffé.

Ils se servaient encore d'un cône, qui s'enfonçait dans des trous percés dans

FIG. 16.   FIG. 17.

une plaque d'acier, et d'autant moins qu'il était plus fortement échauffé. Ils prenaient encore un fil métallique auquel une boule était suspendue à une petite distance d'un miroir horizontal. Lorsqu'on échauffait le fil, la boule se rapprochait du miroir, lorsqu'on le refroidissait, la boule s'en éloignait.

Ils employèrent la méthode du cône pour montrer la dilatation du bois par l'humidité. Un anneau de buis était placé d'abord sec sur un cône de métal ; on marquait sa place par un point. On plaçait alors l'anneau dans l'eau pendant trois jours, et, en le replaçant sur le cône, on constatait qu'il s'enfonçait beaucoup plus bas.

177. — Le chapitre VI traite de la *compressibilité de l'eau*. Les recherches entreprises sur ce sujet demeurèrent infructueuses ; elles ne pouvaient d'ailleurs donner un résultat bien net, vu qu'on ne trouva aucun moyen d'empêcher la dilatation des vases dans lesquels on voulait comprimer l'eau. Dans une des expériences, on enferma l'eau dans une sphère d'argent, dont on essaya ensuite de réduire le volume à coups de marteau. Mais le globe d'argent devint poreux et laissa jaillir l'eau au dehors. C'est de notre temps seulement qu'on est parvenu à montrer que les liquides étaient compressibles, mais à un degré très faible par rapport aux gaz.

Les expériences ayant pour *but de prouver la non-existence d'une légèreté absolue,* remplissent le chapitre VII. Les phénomènes de l'ascension de la fumée dans l'air, du bois dans l'eau, et beaucoup d'autres, avaient fait naître parmi les anciens physiciens, la singulière idée qu'il y avait des corps doués d'une légèreté absolue, et que, par suite de cette légèreté, ils s'élevaient au milieu des autres corps qui ne possédaient pas cette propriété. Cette doctrine avait encore des partisans au milieu du XVII° siècle, quoique *Galilée* et *Torricelli* l'eussent déjà combattue, et eussent montré que ces phénomènes résultaient de la pression exercée par le milieu environnant de densité supérieure.

Les Académiciens del Cimento cherchèrent alors à réfuter la doctrine de la légèreté absolue, en montrant qu'en enlevant cette pression, l'ascension de ces corps soi-disant légers n'avait plus lieu. Ils cherchèrent à placer un corps dans des conditions telles qu'il éprouvât seulement sur ses parois latérales la pression exercée par le milieu plus dense ; la pression qui s'exerçait en dessous étant supprimée, ils virent que le corps ne montait plus.

Pour cela, ils se procurèrent une boîte de bois, dont le fond était parfaitement uni, et un cylindre de bois dont la base était également bien plane : le cylindre avait un diamètre sensiblement plus petit que la boîte. Ils le placèrent dans la boîte, et versèrent avec précaution du mercure dans l'espace intermédiaire presque jusqu'au haut, et ils virent que le cylindre ne s'élevait pas ! Ils firent une expérience semblable sur une boule d'ivoire enfoncée jusqu'à la moitié dans une coupe de même substance, à laquelle elle s'adaptait exactement : en versant du mercure sur cette boule on ne la vit pas monter. Mais dès qu'un peu de mercure parvenait à se glisser sous le cylindre ou sous la boule, immédiatement l'ascension de ces corps avait lieu. Ils montraient ainsi par là quelle était la cause qui faisait monter les corps plongés dans un milieu plus dense.

Le chapitre VIII sur *l'aimant*, et le chapitre IX sur *l'ambre jaune*, ne contiennent que fort peu de choses. Dans le chapitre IX, on trouve seulement que l'ambre jaune frotté perd sa vertu électrique lorsqu'on le passe dans une flamme.

Le chapitre X, sur *les changements de couleur de quelques liquides*, ne contient rien de bien remarquable ; cependant il peut être intéressant de savoir que les Académiciens connaissaient déjà la coloration en rouge de la teinture de tournesol et autres liquides par les acides, tels que le jus de citron, l'acide sulfurique. Ils savaient qu'on reproduit la couleur primitive bleue par une solution de potasse (*oleum tartari*).

Le chapitre XI contient des expériences sur *la vitesse de propagation* du son. Ces expériences sont décrites dans les *Saggi*, bien qu'elles aient été exécutées en 1656 avant la fondation de l'Académie, notamment par *Borelli* et *Viviani*.

La méthode était celle qu'avaient déjà employée *Gassendi* et *Mersenne*, et qui consiste à observer la distance entre la perception de la lumière et du bruit d'une arme à feu tirée à une distance connue. On appliqua cependant cette méthode avec plus de soin, et on s'approcha davantage de la vérité. On trouva 1111 pieds de Paris par seconde, tandis que la vitesse véritable, d'après *Moll* et *v. Beek* serait de 1022 pieds 8 p. de Paris, à 0° (§ 135). On ne tint pas encore compte de la température ; et l'évaluation du temps à l'aide du pendule peut n'avoir pas été faite d'une manière bien précise. On trouva, comme *Gassendi*, que le vent n'avait aucune influence sur la vitesse de propagation du son, qu'il soufflât dans le sens même de cette propagation ou en sens contraire. Cette conclusion n'est évidemment pas exacte.

Le chapitre XII contient des *expériences* faites *sur les projectiles*. Les Académiciens cherchèrent d'abord à vérifier la proposition énoncée par *Galilée*, qu'une balle, lancée horizontalement à une certaine hauteur, arrive à terre aussi vite que si on l'avait laissée tomber verticalement sous la seule influence de la pesanteur. Ils firent l'expérience à Livourne sur une tour de 50 aunes de haut, attenant aux fortifications du côté de la mer. Ils lancèrent des balles de différents calibres dans une direction horizontale vers la mer, et observèrent le moment où elles atteignaient l'eau. Ils laissèrent alors tomber les balles verticalement du haut de la tour et observèrent le temps de la chute. Les deux temps étaient égaux.

Ils étudièrent ensuite l'effet de la résistance de l'air. Comme nous l'avons déjà dit, *Galilée* avait annoncé qu'une balle lancée verticalement d'abord d'une faible hauteur, ensuite d'une hauteur plus considérable, aurait, dans le dernier cas une vitesse plus faible en arrivant au sol, bien que dans ce cas la vitesse de chute s'ajoutât à la vitesse primitive. Il avait indiqué ce fait comme une conséquence de la résistance de l'air, qui doit se manifester plus énergiquement dans la chute d'une grande hauteur, à cause de la plus grande longueur du chemin parcouru dans l'air.

Les Académiciens vérifièrent par l'expérience la prédiction du grand maître. Pour cela ils lancèrent verticalement de différentes hauteurs, avec des charges égales, des balles égales en poids, sur une plaque de fer blanc. Ils trouvèrent constamment que les empreintes produites par les balles étaient plus faibles lorsqu'elles avaient été lancées d'une grande hauteur.

Le chapitre XIII contient *différentes expériences,* différentes non seulement par leur objet, mais aussi par leur valeur. En dehors de l'expérience déjà indiquée sur la constance de la température du point de fusion de la glace, il n'y a guère que les expériences sur la lumière qui méritent d'être mentionnées. Elles avaient pour but de déterminer la vitesse de propagation de la lumière.

Galilée avait proposé d'employer le procédé suivant : Deux observateurs devaient se placer à une certaine distance munis de flambeaux ou de lampes, qu'ils pourraient couvrir ou découvrir à l'aide d'un écran. Tous deux couvriraient d'abord leurs lumières. A un moment déterminé, le premier tirerait l'écran qui masquait sa lampe, et l'autre en ferait autant dès qu'il apercevrait la lumière du premier. L'intervalle entre le moment où le premier observateur aurait découvert sa lampe, et celui où il apercevrait la seconde lumière, serait le temps employé par la lumière pour franchir le double de la distance qui sépare les observateurs.

Les Académiciens exécutèrent cette expérience, dont le principe était parfaitement juste, sur une distance d'un mille, mais le résultat fut négatif. Nous savons aujourd'hui que la vitesse de propagation de la lumière est excessivement grande, trop grande pour que nous puissions la mesurer sur la terre par les moyens les plus précis[1]; à plus forte raison par des moyens aussi grossiers que ceux que nous venons d'indiquer.

Enfin, nous trouvons encore dans ce chapitre quelques observations sur les miroirs ardents et sur la phosphorescence.

Au sujet des miroirs ardents, les Académiciens remarquèrent qu'on pouvait, par leur secours, enflammer la toile de Hollande et le papier le plus blanc, mais qu'en général, les corps blancs s'enflammaient moins facilement que les corps sombres, et que l'esprit-de-vin ne s'enflammait pas dans ces circonstances.

En ce qui concerne la phosphorescence, leurs renseignements se bornèrent à dire que le sucre et le sel gemme produisent dans l'obscurité une lumière très vive lorsqu'on les broie ou qu'on les frotte, tandis que d'autres corps tels que l'ambre jaune, l'alun, le salpêtre, n'ont pas cette propriété.

PHOSPHORESCENCE

178. — Je ne saurais dire si les observations qui précèdent sont les premières qui aient été faites sur ce genre de phosphorescence, mais il est certain que d'autres phénomènes de phosphorescence étaient connus depuis longtemps. Ainsi *Aristote* et *Pline* connaissaient la lumière produite par des êtres vivants, ou par des matières en décomposition, par la mer, les pholades, certains poissons, et quelques insectes.

Ces deux sortes de phosphorescence avaient déjà été nettement observées au XVIIe siècle par *Thomas Bartholin*, et en partie avant les remarques de l'*Académie del Cimento*, ainsi que le prouve son ouvrage : *De luce animalium* (*Hafn.*, 1669[2]).

Mais un autre genre de phosphorescence, qui touche de plus près à la physique, la phosphorescence produite par l'action directe de la lumière, était déjà connue à cette époque. Ainsi *Pline* parle d'une manière un peu emphatique, il est vrai, des pierres étincelantes (carbunculus, chrysolampis, selenites). Mais, si cette indication peut nous paraître sans beaucoup de valeur, parce que nous ne savons pas de quelles pierres il veut parler, il est du moins certain qu'*Albrecht de Bollstädt* (Albert le Grand) savait que le diamant devient lumineux lorsqu'on le chauffe modérément[3].

Mais, vers l'époque de l'existence de l'Académie, il avait été fait, dans le même domaine, une découverte qui excita beaucoup l'attention des physiciens de la seconde moitié du XVIIe siècle. C'est la découverte du *phosphore de Bo-*

---

1. Les premières valeurs de la vitesse de la lumière furent en effet déduites de l'observation des phénomènes célestes. *Rœmer* (1676) se servit des éclipses des satellites de Jupiter; *Molineux* et *Bradley* de l'aberration des étoiles fixes (1725-1728). Cependant, grâce à la perfection des instruments de mesure, M. *Fizeau* (1849) est parvenu à mesurer le temps que la lumière met à franchir une distance de 17 kilom. environ. M. *Foucault*, enfin, a mesuré ce temps pour une distance de quelques mètres. (T.)

2. Fischer, *Gesch. d. Phys.*, t. II, p. 115.

3. Placid. Heinrich, *Die Phosphorescenz der Körper*, p. 9.

logne. Elle fut faite par hasard par un cordonnier de Bologne, *Vincenzo Casca-riolo*, qui vivait au temps de *Galilée*. Dans le but de reproduire quelque expérience d'alchimie, il calcina entre des charbons ardents des morceaux d'une pierre friable prise au pied du mont Paterno : il observa que cette pierre luisait dans l'obscurité, lorsqu'on l'avait auparavant exposée à la lumière pendant un certain temps.

On fait ordinairement remonter cette découverte à l'année 1630, bien que quelques auteurs, *Heinrich*, par exemple, la reculent jusque vers 1602 ou 1604. *Jul. Cæsar La Galla*, mentionne déjà le phosphore de Bologne dans son ouvrage *De phænomenis in orbe Lunæ* (Venet, 1612). Il dit à cette occasion que *Galilée*, dans un entretien qu'il avait eu avec lui, aurait exprimé des doutes sur l'immatérialité de la lumière, s'appuyant pour cela sur les propriétés du phosphore de Bologne. Cette découverte, comme nous l'avons déjà dit, excita vivement l'attention dans la dernière moitié du xvii⁰ siècle. Un certain *Fortunio Liceti* publia sur ce sujet un écrit spécial : *Litheophosphorus s. de lapide bononiensi in tenebris lucente* (Udini 1640) ; et le Père *Kircher*, dans son *Ars magna lucis et umbræ* traita le sujet tout au long.

Un grand nombre de recherches furent exécutées pour arriver à d'autres découvertes du même genre, de sorte que *Heinrich*, un physicien de notre temps, proposait d'appeler la deuxième moitié du xvii⁰ siècle, l'*époque phosphorique* des sciences naturelles. On peut objecter à cela que les physiciens de cette époque ont brillé d'un éclat autrement vif que celui de ce phosphore artificiel. Toujours est-il que grâce à ces recherches, plusieurs substances furent découvertes, possédant, comme le phosphore de Bologne, la propriété de luire dans l'obscurité après qu'on les avait exposées à la lumière, sans que ces lueurs provinssent d'une combustion.

La pierre de Bologne est, comme nous le savons aujourd'hui, du sulfure de baryum provenant de la réduction du spath pesant (sulfate de baryte) par le charbon. En 1675, *Christoph-Adolph Balduin*, bailli à Grossenhain en Saxe, découvrit le *phosphore de Baudouin* : c'était probablement de l'azotate basique de chaux. Le phosphore découvert par *Homberg*, en 1693, était du chlorure de calcium calciné, et enfin le phosphore obtenu par l'Anglais *Canton*, en 1768, était du sulfure de calcium.

Pendant ce temps, eut lieu également la découverte du phosphore proprement dit, qu'un marchand de Hambourg, nommé *Brand*, retira de l'urine, en 1669 ou seulement en 1677, d'après *Leibnitz*.

CAPACITÉ CALORIFIQUE

179. — J'aurais pu terminer par cette digression sur l'histoire des phosphorescences, ce que j'avais à dire des travaux de notre Académie; car j'ai fait un compte rendu assez complet des *Saggi*. Mais un extrait des Mémoires de cette Académie, publié dans la nouvelle édition de l'ouvrage, me donne l'occasion d'ajouter ici quelques mots. On voit par cet extrait, que les Académiciens n'ont

publié, dans les *Saggi*, qu'un certain nombre de leurs expériences, et qu'ils en ont omis un grand nombre, la plupart sur les mêmes sujets, mais qui ne leur semblaient pas encore prêtes à être livrées au public.

Parmi ces expériences, il en est quelques-unes qui prouvent que les Académiciens avaient quelques notions du pouvoir conducteur et de la capacité calorifique. En ce qui concerne ce dernier point, désigné dans leurs Mémoires mêmes sous le nom de *capacité*, voici ce qu'ils observèrent :

Ils firent un thermomètre à mercure et un thermomètre à eau, de grandeur égale à celle de leur thermomètre ordinaire à esprit-de-vin, et les placèrent tous deux dans une quantité assez considérable de liquides froids ou chauds. Ils virent le thermomètre à mercure descendre ou monter plus rapidement que le thermomètre à eau, bien que la quantité dont s'abaissait ou s'élevait la colonne de mercure fût moins grande que pour l'eau.

En second lieu, ils versèrent des quantités égales de différents liquides, portés à la même température, sur de la glace, et remarquèrent que la quantité de glace fondue variait d'un liquide à l'autre.

CAPILLARITÉ

180. — Les *Saggi* de l'*Académie del Cimento* ne renferment pas tous les travaux des membres de cette société. Quelques-uns de ceux-ci, ainsi que des correspondants de l'Académie, publièrent séparément d'autres ouvrages de physique dont nous devons nous occuper, afin d'apprécier les services qu'ils ont rendus à la science. Parmi ces travaux, je n'étudierai que ceux qui ont rapport à la capillarité, afin d'en compléter l'histoire déjà commencée.

On ne sait pas d'une manière certaine qui observa le premier les phénomènes de *l'attraction capillaire*, et notamment l'ascension des liquides dans les tubes très fins ou capillaires : *Pascal* ne connaissait pas encore ce phénomène, comme cela résulte clairement d'un passage de son *Traité de l'équilibre des liquides*, où il est dit que les liquides homogènes s'élèvent toujours au même niveau dans les vases communiquants, quels que soient du reste les diamètres de ces tubes [1].

Ce traité parut en 1663, après la mort de *Pascal*, et l'éditeur parait avoir eu tout aussi peu connaissance des travaux exécutés ailleurs sur la capillarité, car il attribue la découverte de l'ascension des fluides dans les tubes capillaires à un Jésuite de Milan *Joh. Rho*, qui mourut en 1662, à Rome. Mais celui-ci ne fut pas le premier qui fit cette découverte. Bien auparavant, *Aggiunti* avait observé le phénomène. Cet *Aggiunti* n'était pas membre de l'*Académie del Cimento* ; il mourut longtemps avant sa fondation, en 1635, professeur de mathématiques à Pise (§ 263).

. Mais *Aggiunti* lui-même n'aurait pas ici la priorité, s'il est vrai, ce dont nous n'avons d'ailleurs pas de raisons de douter, que *Léonard de Vinci* avait déjà

-----

1. Libri, *Hist.*, etc., t. II, p. 249; Busch, *Handbuch der Erfindungen*, t. VI, p. 7.

observé le phénomène[1]. *Libri* base cette affirmation sur les manuscrits du grand peintre conservés à Paris ; mais je n'ai pu malheureusement les examiner, pour juger quelle était la part de *Léonard de Vinci* dans cette découverte.

Cependant, si les phénomènes que présentent les tubes capillaires étaient déjà connus, au commencement du xvi° siècle, de quelques physiciens italiens, il est certain que le phénomène ne fut étudié, d'une manière précise, que vers le milieu du xvii° siècle. Il faut citer avant tout *Borelli*, qui dans son ouvrage *De vi repercussionis et motionibus naturalibus a gravitate pendentibus*, considère entre autres, les actions capillaires. Cet ouvrage ne parut, il est vrai, qu'en 1670 à Reggio ; mais, d'après les indications de l'auteur lui même, les recherches qui y sont décrites furent faites dès 1655. On ne saurait mettre en doute cette affirmation, car nous savons que l'ouvrage était déjà achevé au temps de l'*Académie del Cimento*, et que *Borelli* se brouilla précisément avec le prince Léopold, parce qu'il ne voulut pas, comme celui-ci le désirait, laisser englober cet ouvrage dans les *Saggi*. *Borelli* a d'ailleurs pris part aux expériences que firent les Académiciens pour montrer que la pression atmosphérique n'était pas la cause de la capillarité.

Dans cet ouvrage se trouvent maintes observations importantes :

1° L'ascension des liquides, notamment de l'eau, dans les tubes capillaires, est plus rapide et plus grande lorsque les tubes sont humides ;

2° Les liquides demeurent suspendus dans les tubes lorsqu'on retire ces tubes des liquides ; la colonne de liquide entraînée est aussi longue que si le tube plongeait dans le liquide ; si la colonne de liquide introduite dans le tube est plus longue, il se forme au-dessous du tube, une goutte de liquide qu'on peut enlever sans changer la longueur de la colonne liquide ; enfin, si la colonne qui se trouve dans le tube est plus courte que celle qui s'y élèverait naturellement, et qu'on porte une goutte au-dessous du tube, celle-ci est immédiatement aspirée dans le tube. De tout cela, *Borelli* conclut que les phénomènes capillaires ne provenaient pas de la pression atmosphérique ;

3° *Borelli* rechercha en outre de quelle quantité s'élevait un même liquide dans des tubes de différentes largeurs, et il trouva que les hauteurs du liquide soulevé étaient en raison inverse du diamètre des tubes ou que $\frac{h}{h'} = \frac{d'}{d}$ en représentant par h et h' les hauteurs, et par d et d' les diamètres correspondants ;

4° L'observation de *Gilbert* ou plutôt de *Norman*, qu'une aiguille d'acier ou de fer placée sur l'eau, avec précaution, flotte à la surface du liquide, amena *Borelli* à étudier de plus près le phénomène. Il se procura deux petites lames de laiton pourvues de tiges, les plaça avec précaution sur l'eau, où elles flottèrent. Il les rapprocha à l'aide des tiges, et vit qu'arrivées à une certaine distance l'une de l'autre, elles s'attiraient. Il observa aussi que l'eau formait un bourrelet entre les deux plateaux, et que les plateaux s'enfonçaient dans l'eau, qui formait autour d'eux une surface convexe.

Il répéta la même expérience avec deux plateaux de bois semblables, et observa que l'eau présentait autour d'eux une surface convexe, et que par suite, quand

---

1. Libri, *Hist. des Sciences math. en Italie*, t. III, p. 54.

les deux plateaux étaient rapprochés d'une manière suffisante, il se produisait un creux entre les deux plateaux, et que dans ce cas il y avait encore une attraction réciproque entre eux.

Il prit alors un plateau de cuivre et un plateau de bois, et au moyen d'une tige, les plaça l'un près de l'autre. Il vit alors le liquide prendre, entre les deux plateaux, une surface convexe-concave : lorsqu'il lâchait les tiges les petites lames se repoussaient.

Ce sont ces expériences que *Borelli* répéta, en 1655, devant le grand-duc Ferdinand II et le prince Léopold. Entre autres, au lieu de plateaux de laiton, il prit deux plaques de verre, et observa qu'après les avoir mises en contact, s'il en enlevait une, l'autre restait attachée et glissait (sans tomber à terre) quand il inclinait la première. *Borelli* s'efforça vainement de trouver la cause de ces phénomènes, ainsi que d'expliquer pourquoi deux gouttes de mercure mises en contact se réunissent en une seule [1]. En un mot, *Borelli* ne fut pas heureux en ce qui concerne la théorie des phénomènes capillaires. La seule chose exacte qu'il ai démontrée, c'est que ces phénomènes n'étaient pas dus à la pression atmosphérique.

181. — Plusieurs autres physiciens du même temps s'occupèrent aussi des actions capillaires, entre autres *Honoré Fabri, Isaac Voss, Robert Boyle*, et *Montanari*. Mais ils ont ajouté peu de chose aux observations de *Borelli*.

Fabri, que nous connaissons déjà (§ 165), parle de la capillarité dans sa *Physica in decem tractatus distributa* (Lugd., 1669). Il attribue encore les phénomènes à la pression de l'air. La seule observation digne d'être relevée, si toutefois elle est réellement de lui, c'est que l'eau ne s'écoule jamais par la partie supérieure d'un tube capillaire, fait qui fut souvent oublié plus tard.

Au sujet du Hollandais *Isaac Voss* (*Vossius*), dont j'ai déjà parlé à propos des travaux optiques de *Descartes* (§ 139), je dirai seulement qu'il connaissait la dépression du mercure dans les tubes de verre. Son travail ne contient rien de neuf, car son explication des phénomènes capillaires par la viscosité des fluides n'en est certes pas une. Il a inséré toutes ses observations sur ce sujet dans son ouvrage : *De Nili aliorumque fluminum origine* (Hagæ, 1666).

Comme je parlerai plus tard de *Robert Boyle*, il ne me reste plus à mentionner ici que les travaux de *Montanari*, que j'ai déja cité comme compagnon de route de *Paolo del Buono*, et comme correspondant de l'*Académie del Cimento* (§ 160, 164).

Geminiano Montanari naquit en 1633, à Modène, où il fit ses études. Il devait avoir une certaine fortune, car après son voyage d'Autriche en compagnie de *Paolo del Buono*, nous le voyons pendant longtemps à Florence, s'adonner, comme simple particulier, à l'étude des sciences. Ce ne fut qu'en 1664 qu'il reçut du duc de Modène, Alphonse IV, le titre de philosophe et mathématicien de la cour. Après la mort du duc, qui arriva cette année même, *Montanari* vécut pendant quelques années chez le comte *Cornelio Malvasia*, sénateur de Bologne. Ce dernier cultivait l'astronomie. C'est à lui que les Italiens attribuent l'invention du micromètre, parce que pour mesurer les petites

____
1. Fischer, *Gesch. d. Phys.*, t. I, p. 19, 320.

distances entre les corps célestes, il avait placé dans sa lunette un treillis de fil d'argent, comme cela résulte de ses *Éphémérides* imprimées en 1662[1].

A la mort de *Malvasia*, *Montanari* fut chargé, en 1664, de la chaire de mathématiques à Bologne. Il l'occupa avec distinction pendant quatorze ans, et l'échangea alors contre une chaire semblable à Padoue. — Il mourut dans cette dernière ville, en 1687.

Montanari a composé sur la physique un nombre considérable d'ouvrages, tous remarquables par la forme et par le fond. Celui qui me fournit directement l'occasion de parler de lui, à cette place, a pour titre : *Pensiere fisiche e matematiche*, et parut à Bologne en 1667.

Montanari y traite des phénomènes capillaires, à peu près de la même manière que *Borelli*. Mais, chose étonnante, il ne parle pas de ce dernier, tandis qu'il cite *Fabri*, *Boyle* et *Grimaldi*. Il doit cependant avoir connu les expériences de *Borelli*, bien que l'ouvrage de celui-ci, comme nous l'avons indiqué, n'ait paru qu'en 1670.

LARMES BATAVIQUES

182. — *Montanari* a également étudié les propriétés merveilleuses des larmes de verre, qui venaient d'être découvertes depuis peu. Il a publié à ce sujet un opuscule intitulé : *Speculazioni fisiche sopra gli effetti dei vetri temperati.*

Comme on le sait, les *larmes bataviques* (*lacrymæ vitreæ*) s'obtiennent en laissant tomber des gouttes de verre fondu dans de l'eau froide; le verre rapidement refroidi prend la forme d'une poire terminée en pointe. On peut frapper à coups de marteau sur la partie la plus épaisse sans l'endommager, tandis qu'elle tombe en poussière dès qu'on brise la pointe. On obtient d'une manière semblable les serpentins de verre (*vermiculi vitrei*), en laissant couler un filet de verre fondu dans l'eau froide. Celui-ci prend la forme d'un ver qui tombe aussi en poussière, dès qu'on en brise la pointe.

On ne sait pas qui a découvert ces larmes et ces serpentins. Il est probable que cette découverte est due au hasard, et que le phénomène était connu, depuis fort longtemps, dans les verreries, avant d'avoir attiré l'attention des physiciens. D'après le témoignage du sous-directeur du séminaire de Brème, *Schulenbourg*, les larmes de verre étaient connues en 1625, dans les verreries du Mecklembourg. — *Samuel Reyher*, professeur à Kiel, rapporte aussi qu'un maître verrier de Hambourg possédait de pareilles larmes en 1637. Cependant *Reyher* ne les vit pour la première fois qu'en 1656, à Leyde, et la même année, plusieurs savants de Paris firent des expériences sur des larmes de verre, qui venaient précisément de Hollande[2].

Il résulte de là, que si les larmes de verre étaient déjà connues en Allemagne

1. Fischer, *Gesch. d. Phys.*, t. II, p. 100.
2. Busch, *Handb. d. Erfind.*, t. V, p. 256.

de quelques personnes de la classe ouvrière, ce fut cependant de Hollande
qu'elles passèrent dans le monde savant. De là le nom de *larmes bataviques*,
par lequel on les désignait chez nous, surtout autrefois. C'est également en
Hollande que le prince Ruprecht les connut. Celui-ci, qui était le troisième fils
de Frédéric V, prince électeur du Palatinat, et d'Élisabeth, fille de Jacques Ier
d'Angleterre, les importa pour la première fois en 1661 dans ce pays, où on les
appela, pour cette raison, *gouttes du prince Ruprecht*. Le roi Charles II les
donna aux membres du Gresham College, qui les étudièrent avec beaucoup de
soin. Leurs expériences, qui embrassent à peu près tout ce que nous savons
aujourd'hui des propriétés de ces larmes de verre, ont été décrites, en 1661,
par *Robert Moray*[1].

L'ouvrage de *Montanari* n'a rien ajouté d'important à la partie expérimentale de ces recherches : il n'a fait que confirmer celles-ci. Il a cependant le
mérite, ainsi que *Hobbes*, d'avoir entrevu que la propriété merveilleuse de ces
verres trempés provenait d'une forte tension de la couche extérieure du verre.
Les larmes de verre ont d'ailleurs été étudiées par un grand nombre de physiciens *Redi, Hobbes, Hooke, Maignan, Bosc-d'Antic, Sturm*, etc., sans que
nos connaissances à ce sujet en aient été de beaucoup étendues.

Les *flacons de Bologne* ont beaucoup de rapport avec les larmes bataviques.
Ce sont de petits flacons de verre blanc ou verdâtre, à parois épaisses refroi-
dies rapidement à l'air, mais de telle sorte que la paroi intérieure se soit refroidie plus rapidement que la paroi extérieure. La paroi intérieure est par suite
dans une sorte de tension. Il en résulte que ces flacons jouissent de la propriété
fort étonnante de pouvoir supporter à l'extérieur un choc assez fort sans être
endommagés, tandis qu'ils se brisent en mille morceaux dès qu'on laisse tomber
à l'intérieur un corps pointu, un morceau de pierre à fusil, par exemple, qui
raie la surface interne.

Ces flacons sont d'une origine récente, et ont été obtenus d'abord dans les
verreries du territoire de Bologne. Les physiciens en eurent connaissance pour
la première fois en 1740, par *Paolo-Bapt. Balbi*, professeur de physique à
Bologne (né en 1770), qui les décrivit dans les *Mémoires de l'Institut de Bologne*[2].

PORTE-VOIX

183. — *Montanari* s'occupa aussi du porte-voix, ce qui me permet de m'é-
tendre un peu sur ce sujet. *Montanari* a publié sur cet instrument un écrit
intitulé : *Discorso sopra la Tromba parlante* (Opus posth. 1715). Ne connaissant de cet ouvrage que le titre seul, je ne peux dire si le contenu répond au
titre, mais je dois ajouter qu'au temps de *Montanari*, le porte-voix était déjà
connu sous sa forme actuelle.

---

1. Busch, *Hanbd.*, t. V, p. 258; Fischer, *Gesch.*, t. I, p. 288.
2. Busch, *Handb.*, t. II, p. 122.

Quelques auteurs ont voulu faire remonter cette invention à une époque
assez éloignée. Un certain nombre l'attribuent à *Porta*, mais à tort, car le
tube dont parle celui-ci dans sa *Magia nat.* n'est pas un porte-voix, mais un
cornet acoustique. Le Père *Kircher* est allé encore plus loin. Dans ses premiers écrits, *Ars magna lucis, etc.*, et *Musurgia universalis* (1650), il ne parle
que des cornets acoustiques, puisqu'on appliquait à la fois ces instruments à
la bouche de celui qui parlait et à l'oreille de celui qui écoutait. Mais dans une
édition postérieure du premier ouvrage, (édition de 1671), il affirme avoir
trouvé dans un manuscrit d'Aristote : *De secretis ad Alexandrum Magn.*,
qu'Alexandre-le-Grand se servait d'un porte-voix, pour commander de loin
son armée.

Il donne même un dessin de ce cornet, et dit qu'il pouvait porter la voix à
une distance de 100 stades, c'est-à-dire de 2 milles 1/4 allemands. Cette affirmation de *Kircher* a donné lieu plus tard à un grand nombre de discussions
savantes : les uns l'acceptant, les autres la rejetant. Certes, *Kircher* n'est pas
un auteur auquel on puisse se fier d'une manière certaine, mais son assertion
n'est pas purement imaginaire. L'ouvrage où il aurait puisé ce renseignement
existe en réalité : il fut traduit de l'arabe en latin, et fut imprimé en 1516, à
Bologne[1]. Un auteur digne de foi, *Morhof*, qui vivait vers la fin du XVIIe siècle,
l'a vu, et en a même donné un extrait, qui concorde assez bien avec l'assertion
de *Kircher*. Mais cet ouvrage n'est certainement pas d'Aristote, le philosophe
de Stagyre. C'est sans doute l'œuvre d'un écrivain postérieur du même nom,
à moins que ce ne soit une addition faite par le traducteur. De plus, il n'est
pas démontré que ce cornet servit à parler à distance ; et si *Alexandre* s'en est
servi, ce qui est encore douteux, il aurait pu l'employer pour des signaux inar-
ticulés, fort en usage, comme on le sait, dans l'antiquité, et de nos jours encore
chez les sauvages d'Amérique.

Un tube de la forme et des dimensions de celui que dessine *Kircher* (il a
1 pied 1/2 de large à une extrémité, et à l'autre 2 pieds), ne peut servir pour
parler à distance. Cependant, en 1796, *Gottfried Huth*, professeur de physique
à l'ancienne Université de Francfort-sur-l'Oder en a construit un en fer-blanc
sur ce modèle, avec lequel il pouvait réellement se faire entendre à 1500 pas ;
mais il différait en quelques points de l'instrument de *Kircher*, et cela ne
prouve rien sur l'emploi du soi-disant porte-voix d'Alexandre[1].

On ne saurait faire remonter avec certitude l'invention du porte-voix au delà
de *Samuel Moreland*, contemporain de *Montanari*, qui décrivit cet instrument
en 1670, dans sa *Description of the tuba stentorophonica* (Lond., 1671). Il le
construisit d'abord en verre, plus tard en cuivre, en forme de cône, — forme
qu'on regarde encore aujourd'hui comme la meilleure, — après lui avoir fait

---

1. On sait que, dans ces derniers temps, *Edison* a réalisé un porte-voix qui permet de se
faire entendre à 2 ou 3 kilom. de distance. Il se compose simplement d'un tube en fer blanc
de 2 mètres de long environ, et de 2 à 3 centimètres de diamètre, terminé par un pavillon-
plan. De part et d'autre, deux grands entonnoirs de carton ayant deux mètres de long et
et 0m,80 de diam. à l'orifice, se terminent par des tubes de caoutchouc qui débouchent dans
l'oreille. On peut ainsi entendre les paroles prononcées par une personne qui se trouve à un
kilom. et qui ne fait usage d'aucun instrument (*Trad.*).

subir maintes transformations. Avec ce porte-voix il exécuta diverses expériences, en présence du roi Charles II et du prince Ruprecht. *Kircher* attribue l'invention de cette forme de porte-voix à un certain *Soland*, qui l'aurait fait en 1654, — mais rien ne garantit l'exactitude de cette information[1].

Musschenbroek attribue encore à *Moreland*[2], sur lequel nous reviendrons d'ailleurs plus tard, l'invention du baromètre incliné. Cette modification ingénieuse du baromètre avait pour but de rendre plus sensibles les variations de la colonne mercurielle; pour cela, il avait incliné la partie supérieure du tube portant les divisions : cet instrument n'est du reste plus employé, à cause de l'incertitude des lectures. Cependant les droits de *Moreland* à cette invention ne sont pas certains. *Derham* qui décrit cet appareil dans les *Phil. Transact.* pour 1698, dit seulement qu'il tient l'invention d'un ami[3].

D'après *Leupold*[4], l'italien *Bernardino Ramazzini*, médecin très célèbre en son temps, aurait des droits à cette invention, et l'aurait décrite et dessinée dans ses *Ephemerides barometricæ Mutini.* Je ne saurais trancher la question; je dirai seulement que cette indication pourrait être exacte, car *Ramazzini* (né en 1633 à *Carpi*, mort en 1714, professeur de médecine à *Modène*), était un homme très versé en physique[5]. C'est à lui que nous devons les premiers renseignements sur les *puits artésiens*, qui étaient utilisés dans la principauté de Modène, bien avant d'être introduits dans le comté d'Artois.

DEUXIÈME PÉRIODE OU PÉRIODE DE NEWTON

184. — Dans ce qui précède, nous avons suivi le développement de la physique moderne, aussi complètement que nous le permettait le peu de temps que nous avions à consacrer à ces leçons. Depuis le moment où *Galilée* apparaît et fonde une nouvelle ère scientifique, jusqu'à celui où l'*Académie del Cimento* est dissoute, il s'est écoulé une période de quatre-vingts ans environ.

Avec la dissolution de l'Académie, se termine l'époque où l'Italie brilla dans les sciences d'un si vif éclat. Nous voyons toujours, il est vrai, dans la suite, des hommes très distingués de ce pays étendre le domaine de la physique dans diverses directions; nous voyons même l'Italie, au moment où elle laissait supprimer son Académie, fournir des savants à la France, et jouer envers elle un rôle semblable à celui de la France vis-à-vis de l'Allemagne dans le milieu du XVIII⁰ siècle, et que celle-ci remplit aujourd'hui, dans une mesure plus grande encore, à l'égard de la Russie.

Cette émigration des savants italiens ne résultait pas toutefois d'une exubérance intellectuelle, comme cela peut être le cas chez nous, à l'égard de la Russie. Elle fut occasionnée plutôt par les entraves de toutes sortes auxquelles

---

1. *Edinburgh Encyclopædie*, t. I, p. 113.
2. On attribue aussi a Samuel Moreland la première idée du baromètre statique (*Trad.*).
3. *Edimburgh Encyclop.*, t. III, p. 293.
4. *Gilb. Ann.*, t. II, p. 334.
5. Tiraboschi, *Storia della lett. ital.*, t. VIII, p. 483.

étaient en butte tous les esprits travaillant en ce pays au libre développement de leurs facultés. Çà et là nous voyons parfois quelques talents se manifester; mais l'âge d'or, en Italie, est passé pour la science, comme il l'est depuis longtemps déjà pour l'art et la poésie.

D'autres nations entrent en scène, et font pâlir l'éclat qui entoure ce berceau de la civilisation européenne, en marchant dans la voie que l'Italie leur avait tracée.

A partir de ce moment et jusqu'à nos jours, les Anglais et les Français ont presque seuls régné en maîtres dans les sciences physiques, et ce sont eux qui, de beaucoup, ont le plus contribué à leurs progrès. C'est ce que nous devons reconnaître sans injustice envers notre pays et envers les autres nations d'origine germanique. L'Allemagne, en effet, qui au XVIᵉ siècle et dans les premières années du XVIIᵉ siècle, marchait de pair avec l'Angleterre et la France, et qui même les surpassait avec *Copernic* et *Keppler*, l'Allemagne, dis-je, se laissa bientôt dépasser par elles. A partir du milieu du XVIIᵉ siècle, et pendant tout le XVIIIᵉ, elle n'occupe qu'un rang inférieur; et bien qu'elle ne soit jamais restée étrangère aux progrès que la science faisait dans les autres pays, bien qu'elle ait eu dans l'astronomie et dans la chimie des travailleurs infatigables, on peut lui reprocher d'avoir trop négligé la physique proprement dite.

Pendant toute cette période, l'Allemagne n'a pas plus contribué et peut-être même n'a pas autant contribué aux progrès de la science que les petits États de Hollande et de Danemark, ou que la Suède, si pauvre en hommes. Ce n'est que dans ces derniers temps que les choses ont pris, sous ce rapport, une apparence plus favorable; et, s'il nous est permis de nous appuyer sur certains symptômes de bon augure, tels que le nombre toujours croissant de ceux qui cultivent la science, non pas seulement dans les livres, mais dans la nature même, nous pouvons dire que la physique atteindra bientôt chez nous son apogée.

ACADÉMIE DE LÉOPOLD

185. — Celui qui est tant soit peu au courant de l'histoire générale de l'Allemagne à cette époque, s'expliquera facilement son peu d'activité intellectuelle, et se montrera moins exigeant à son égard. La guerre de Trente-Ans était à peine finie, — et l'on ne sait que trop quelles profondes blessures elle a faites à la patrie commune. Où les sciences auraient-elles pu trouver un refuge et une protection puissante dans un pays ravagé et dépeuplé par la guerre, et au milieu de tant de villes appauvries? Et cependant, — on pourrait considérer ce fait comme presque miraculeux, — quatre ans à peine après le traité de Westphalie, la science semble se réveiller chez nous!

En 1652, par conséquent à une époque où il n'était encore question ni de l'Académie de Paris ni de la *Royal Society* de Londres, dans la petite ville de Schweinfurth-sur-le-Mein, quelques savants s'assemblaient dans le but de s'entretenir de médecine, d'histoire naturelle et de physique. Le savant bourgmestre et médecin de la ville de Schweinfurth, *Joh. Lorenz Bausch* (né en 1605, mort en 1665) fut le fondateur de cette première société scientifique en Allemagne. Pendant un certain temps, cette société conserva un caractère privé, mais en 1670, elle commença à publier ses mémoires, et deux ans plus tard, par conséquent en 1672, elle fut élevée par l'empereur Léopold, au rang d'Académie, et prit le nom d'*Academia Cæsareo-Leopoldina naturæ curiosorum*.

Dans le principe, cette Académie devait être commune à toute l'Allemagne. Mais, comme le pays n'avait pas alors de centre politique, il fut établi que le siège n'en serait pas fixé à un endroit déterminé, mais que l'Académie siègerait toujours dans la ville où le président temporaire habiterait.

Les académies et les sociétés savantes ne conviennent évidemment qu'aux grandes villes, qui offrent de grandes ressources scientifiques et renferment un cercle nombreux de savants. Lorsque les membres d'une société se trouvent éparpillés dans une province ou dans un vaste empire, il leur manque l'aliment principal qui les fait vivre ; les relations et les entretiens deviennent fort rares ou cessent complètement, et toute action commune devenant impossible, l'association n'existe plus de fait.

C'est pour cette raison que l'Académie de Léopold n'arriva jamais au développement complet de ses forces et de son activité, et elle a perdu complètement son importance, depuis la fondation à Berlin et à Munich, d'académies séparées pour la Prusse et pour la Bavière. Elle existe encore de nos jours, mais son activité se borne uniquement à faire publier, avec des fonds du gouvernement, un recueil de mémoires qui, soit par leur contenu, soit par le prix élevé des gravures, ne sont pas à la portée du public. La plupart de ces mémoires se rapportent à l'histoire naturelle, et il en est de même de la longue série d'ouvrages que l'Académie a fait publier depuis 1670, sous différents titres :

1° *Miscellanea curiosa s. Ephemerides*, 1670-1706, XXX vol.
2° *Ephemerides* 12 — 1722, V vol.
3° *Acta phys. med.* 1722-1754, X vol.
4° *Nova acta phys. med.* 1754-1791, VIII vol.
5° *Verhandl. d. Leopold. Carol. Acad. d. Naturforsch.*, 1818-1846, XIII vol.

A côté des mémoires de médecine, se trouvent aussi un grand nombre de mémoires ayant trait à la chimie, et très précieux pour l'époque.

En dehors de cette société, le goût pour les sciences physiques se manifeste aussi dans la deuxième moitié du xvii° siècle par les efforts de quelques particuliers, mais ceux-ci sont en petit nombre, et encore en est-il peu qui soient réellement remarquables ; parmi eux, *Otto de Guericke* occupe évidemment la première place, bien qu'il ne fût pas physicien de profession, mais il avait pour cette science la vocation la plus prononcée.

TRAVAUX EN ALLEMAGNE

186. — *Otto de Guericke* naquit en 1602, à Magdebourg, où son père, Johann, était magistrat. Le jeune *Guericke* étudia d'abord le droit à l'Université de Leipzig en 1617, ensuite à Helmstadt en 1620, et à Iéna en 1621. De là, il se rendit à Leyde en 1623 pour étudier les mathématiques et la mécanique : il fit ensuite des voyages en France et en Allemagne, et retourna alors dans sa patrie. Il y fut témoin du sac de sa ville natale par Tilly en 1631. Il faillit y perdre la vie, et fut fait prisonnier par les Impériaux : il se racheta par une rançon de 300 rixdales.

Plus tard, il entra au service de la Suède, sous Guillaume, duc de Saxe-Weimar, et parvint au grade d'ingénieur en chef des fortifications d'Erfurth. Son engagement terminé, il entra au service de sa ville natale, qui le choisit bientôt comme bourgmestre (1646). Dans cette charge, qu'il occupa pendant de longues années, il rendit de grands services à sa patrie, qu'il délivra en 1649 d'une forte contribution. Mais, cinq ans avant sa mort, il abandonna volontairement ses fonctions et se rendit auprès de son fils à Hambourg, où il mourut en 1686. Ses restes furent déposés dans l'église Saint-Nicolas, et transportés plus tard à Magdebourg.

Guericke avait un talent marqué comme expérimentateur, et par là, aussi bien que par l'activité extraordinaire qu'il déploya dans l'étude de la physique, il donna en Allemagne un exemple malheureusement trop rare. Il paraît n'avoir rien connu des travaux de *Galilée* et de *Torricelli*, mais être arrivé, par ses propres réflexions, aux découvertes et aux inventions, par lesquelles il s'est acquis un nom dans la science. Il semble plutôt que ce sont les discussions des philosophes anciens et modernes, sur l'existence du vide, qui l'ont mis sur la voie de ses recherches expérimentales.

Afin de s'assurer si le vide pouvait réellement exister, il remplit entièrement un tonneau d'eau et le plaça la bonde en bas; il y introduisit une seringue et chercha à en retirer l'eau. Il pensait qu'en vertu de sa pesanteur, elle suivrait le piston de la seringue, et que par là il se formerait un vide au-dessus du piston, mais il se vit déçu! Trois hommes qu'il fit travailler à la seringue ne purent, après beaucoup d'efforts, faire sortir que très peu d'eau, et pendant tout le temps que dura ce travail, ils entendirent dans toutes les parties du vase un bruit semblable à celui que produit l'ébullition de l'eau dans une marmite.

Il lui parut clairement que l'air extérieur avait dû pénétrer par les pores du bois dans le petit espace vide produit. Comme il n'avait pas atteint son but, il modifia son expérience. Il prit un petit tonneau rempli d'eau, le renferma dans un tonneau plus grand également rempli d'eau, et fit alors recommencer le même travail, mais cette fois encore il échoua!

Sans se laisser décourager par ce double échec, il recommença encore et cette fois avec plus de succès. Il fit fabriquer un ballon de cuivre muni d'une

ouverture et pouvant se fermer à l'aide d'un robinet. Il ne le remplit pas
d'eau mais y appliqua immédiatement une seringue.

Lorsque *Guericke* fit son expérience, il n'avait aucune idée de l'élasticité de
l'air; il pensait que l'air suivrait le piston en vertu de sa pesanteur et, dans
cette pensée, il fit tourner en bas l'ouverture de la boule communiquant avec la
seringue. Il put faire alors sortir un peu d'air de la boule, car lorsqu'il l'ouvrit
après avoir enlevé la seringue, l'air s'y précipita en sifflant.

187. — Cette expérience suggéra à *Otto de Guericke* l'idée de construire
un instrument, à l'aide duquel il pourrait aspirer l'air et produire un vide. Il
imagina alors en 1650, par conséquent, sept ans avant l'Académie *del Cimento*,
un instrument ayant la forme indiquée fig. 18, et qui doit être considéré comme

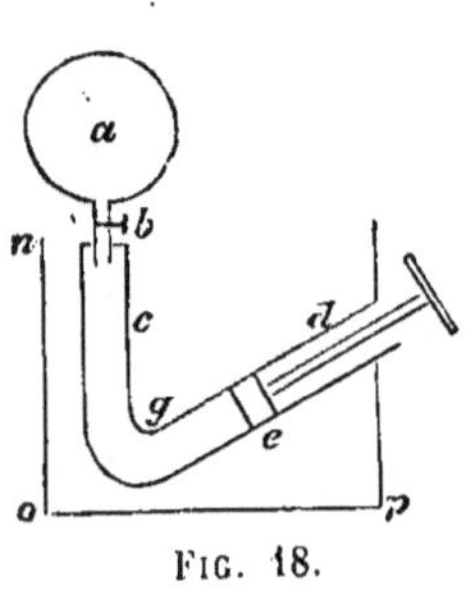

FIG. 18.

la première pompe à air. C'était une pompe munie
d'un robinet. Le corps de pompe *c d* en métal était
recourbé, le piston *e* était en cuir; il y avait une soupape *g* pour chasser l'air du corps de pompe, et pendant qu'on se servait de l'appareil, le corps de pompe
était plongé dans l'eau d'un vase *n o p* afin d'obtenir
une fermeture plus hermétique. Il fallait trois hommes
pour faire manœuvrer cet appareil incommode. Dès
qu'on avait fait le vide aussi bien que possible dans le
récipient *a*, on fermait celui-ci à l'aide du robinet *b*
et on le détachait de la pompe.

Plus tard en 1663, *Guericke* donna à son appareil une meilleure disposition.
Il plaça le corps de pompe verticalement, et relia le piston à un levier qui permettait de le faire mouvoir plus facilement. L'endroit où le ballon *a* était vissé
sur le corps de pompe était entouré d'une coupe dans laquelle on versait de
l'eau pour obtenir une fermeture plus hermétique, qu'on ne savait pas encore
se procurer autrement.

Guericke est sans contredit le véritable inventeur de la machine pneuma-
matique, et on peut avec raison appeler *vide de Guericke*, le vide incomplet
obtenu à l'aide de cet instrument, comme on appelle *vide de Torricelli*, le vide
parfait obtenu au-dessus du mercure dans le baromètre. Quelques Anglais
nomment ce vide le *vide de Boyle*, mais c'est à tort, car Boyle n'a pas imaginé la
machine pneumatique; il l'a seulement perfectionnée et appliquée à un grand
nombre de recherches ingénieuses. Il rendait lui-même toute justice à *Gue-*
ricke, et le louait beaucoup de cette invention. *Boyle* eut connaissance de la
machine pneumatique par *Caspar Schott*, Jésuite de Würzbourg. Celui-ci
était en correspondance avec *Guericke*, et en 1657, avec l'autorisation de l'inventeur, il décrivit le nouvel instrument dans sa *Mechanica hydraulico-pneu-*
matica.

Il est vrai que, dès les temps les plus anciens, on connaissait des pompes de
petites et de grandes dimensions, et que vers le milieu du XVIIᵉ siècle, il y avait en
Allemagne des instruments de ce genre servant à élever ou à lancer l'eau. Mais
cela ne diminue en rien le mérite d'*Otto de Guericke*. Tous les instruments
dont nous venons de parler n'étaient en effet que des pompes à eau, et ils ne
possédaient que des soupapes, tandis que *Guericke* y appliqua pour la première

fois un robinet. Si on voulait contester à *Guericke* l'invention de la pompe à air, à cause de l'existence des pompes à eau et des seringues, on devrait aussi contester à *Torricelli* l'invention du baromètre, car une pompe est à vrai dire un baromètre à eau.

C'est donc à *Guericke* qu'appartient incontestablement l'honneur d'avoir inventé cet instrument utile, que nous employons si souvent aujourd'hui pour raréfier l'air; mais il est seulement l'inventeur de la machine à raréfier. La pompe à compression est beaucoup plus ancienne : elle fut appliquée au fusil à vent 200 ans avant *Guericke*, et ce n'est pas tout-à-fait à tort qu'on en fait remonter l'invention au temps de *Ctesibius* (§ 3, 148).

Guericke connaissait le fusil à vent, et l'employa pour comprimer l'air ; mais dans ses premières recherches, il ne considérait pas l'air comme un corps élastique, et c'est dans cette pensée qu'il mettait la pompe à air à la partie inférieure du ballon, croyant que l'air descendrait par son propre poids quand on tirerait le piston. Ce ne fut que plus tard qu'il se convainquit de l'élasticité de l'air par des expériences particulières et exécutées dans ce but :

1° Il relia deux ballons, l'un plein d'air, l'autre vide d'air et séparés par un robinet. Dès que celui-ci était ouvert l'air pénétrait dans le ballon vide et se répartissait également dans les deux ballons;

2° Il plaça une vessie de bœuf gonflée d'air dans un ballon où il fit le vide : la vessie ne tarda pas à crever;

3° Il relia un globe de cuivre avec un long tube qu'il fit monter extérieurement jusqu'au troisième étage de sa maison. Il fit alors le vide, avec la pompe placée à la partie supérieure du tuyau, et vit que le globe, placé à la partie inférieure, se vidait tout aussi bien que si on l'avait mis directement en communication avec la pompe. Après qu'il se fût persuadé ainsi de l'élasticité de l'air, il la désigna avec raison comme une des causes des tempêtes.

Dans ses premières recherches, *Guericke* ne connaissait pas non plus la pesanteur de l'air, quoique, comme nous l'avons dit, il la supposât. Plus tard, il la démontra expérimentalement, en opérant comme nous le faisons encore aujourd'hui. Il pesait un ballon rempli d'air, y faisait le vide autant qu'il lui était possible et le pesait de nouveau : la différence de poids était alors le poids de l'air. Le même principe avait déjà été employé par *Galilée*, mais, comme il ne connaissait d'autre moyen de raréfier l'air que de le chauffer, le résultat auquel il arriva était encore beaucoup plus éloigné de la vérité que celui de *Guericke*.

De toutes les expériences que nous venons de décrire, *Guericke* conclut avec raison, que l'air dans l'atmosphère est *comprimé par son propre poids* et que, par conséquent il est *moins dense* à une grande hauteur qu'à la surface de la terre. Il prouva cela de la manière suivante : Il remplit un ballon d'air à la surface du sol, et le ferma avec un robinet. Il le porta alors sur une tour, et ouvrant le robinet, il entendit une partie de l'air s'échapper en sifflant[1]. Il remarqua très justement que cela ne provenait pas d'un échauffement de l'air du ballon. Il connaissait très bien la dilatation de l'air par la chaleur, et dit expressément

____

1. Nous avons vu au § 150 que Pascal était arrivé à la même conclusion par une expérience semblable (T.).

que dans cette expérience il faut avoir soin que l'air ait, en haut et en bas, la même température.

Guericke remarque avec raison que la comparaison du poids de l'air avec le poids d'un égal volume d'eau donnerait un résultat très variable selon la position du lieu où on ferait la comparaison. Mais il se trompait lorsqu'il croyait les pesées de l'air tout à fait inutiles. Il né savait pas encore, que dans ces déterminations du poids de l'air, on doit tenir compte de la hauteur du baromètre et qu'alors on peut très bien rendre ces pesées comparables.

Guericke ne se contenta pas de s'être persuadé de l'existence de la pression atmosphérique : il s'efforça de faire partager cette conviction à ses contemporains, en leur donnant des preuves palpables des effets de la pression atmosphérique, non sans se réjouir en secret de leur étonnement.

Ainsi, il faisait le vide dans de petits flacons de verre en forme de parallélipipèdes. Lorsque le vide avait atteint un certain degré, le flacon ne pouvait plus résister à la pression extérieure et se cassait avec bruit.

Il prit encore deux hémisphères munis de larges bords et collés par un mélange de graisse, de cire et de térébenthine. Il fit le vide autant que possible dans la sphère ainsi formée, l'attacha à un support par l'un des hémisphères, et suspendit au-dessous un plateau sur lequel il plaça différents poids. Plusieurs quintaux ne suffirent point à séparer les deux hémisphères.

Il fit une autre expérience du même genre. Dans un cylindre de cuivre de 0,75 aune de diamètre, dont le fond était arrondi, se trouvait un piston s'ajustant hermétiquement. A sa partie supérieure se trouvait une corde qui passait sur une poulie, et se divisait en un grand nombre de brins. Cinquante personnes tirant sur cette corde parvenaient à peine à soulever le piston et à raréfier l'air resté au-dessous du piston à cause de la forme arrondie du fond du cylindre.

Alors il vissait à cet espace un ballon, où on avait d'abord fait le vide, et qu'on avait ensuite fermé à l'aide d'un robinet. Dès que *Guericke* ouvrait le robinet, l'air raréfié se précipitait dans le ballon vide, le piston descendait et les cinquante personnes étaient entraînées malgré toute leur résistance !

Une autre expérience encore plus célèbre et beaucoup plus connue est celle que *Guericke* fit, en 1554, au Reichstag de Ratisbonne, devant l'empereur Ferdinand III et l'assemblée des princes de l'empire, et qui lui fut suggérée par le baron Joh. Philipp de Schönborn, prince électeur de Mayence, homme très instruit (mort en 1673). Dans cette expérience, *Guericke* essaya de séparer des hémisphères de 0,67 aune de diamètre, en y attelant des chevaux. Seize chevaux, huit de chaque côté suffirent à peine, après les plus grands efforts, à séparer les deux hémisphères, et, quand ils y réussirent, il se produisit une détonation semblable à celle d'un coup de fusil. Au contraire, lorsqu'on laissait pénétrer l'air dans les hémisphères, ils se séparaient immédiatement.

Cette expérience de Ratisbonne, que *Guericke* répéta plus tard sur une plus grande échelle avec des sphères de 1 aune de diamètre et 24 chevaux, n'apprit rien de nouveau sur la pression atmosphérique; mais c'était une expérience frappante et bien faite pour attirer l'attention des personnes peu habituées à réfléchir sur les phénomènes naturels, — expérience que ces personnes auraient à peine remarquée si on la leur avait présentée sous une forme plus délicate. Cette expérience a réellement contribué aux progrès de la science, bien que depuis ce temps jusqu'à nos jours il se soit rencontré quelques sceptiques, qui ont soulevé les objections les moins fondées contre la théorie de la pression atmosphérique. Ceux-ci prétendaient par exemple que ce ne peut être la pression atmosphérique qui soutient la colonne de mercure dans le baromètre, parce que si l'on rétrécit le tube à la partie inférieure (ce qui soi-disant supprime la pression de l'air), le mercure ne tombe pas davantage. Ils soutenaient encore que nous ne pourrions résister au poids de la pression atmosphérique, si elle existait et si elle était aussi grande qn'on le prétend. *Guericke* lui même a réfuté ces objections, en expliquant que la pression atmosphérique s'exerce dans tous les sens.

Cette expérience de Ratisbonne n'a pas peu contribué à assurer à *Guericke* une grande célébrité parmi ses contemporains, et c'est encore elle qui lui vaut en partie sa réputation scientifique. On appelle toujours les hémisphères dont nous venons de parler *hémisphères de Magdebourg*, et cela, non seulement chez nous mais aussi en Angleterre et en France. Dans ces deux pays comme dans le nôtre, on retrouve les *hémisphères de Magdebourg* dans tous les livres et dans tous les cabinets de physique.

188. — Ce fut au Reichstag de Ratisbonne que *Guericke* entendit parler pour la première fois du baromètre de *Torricelli*. Il avait cependant déjà lui-même construit un baromètre, mais au lieu de mercure il avait employé l'eau. On peut donc, avec quelque raison, considérer *Guericke* comme l'inventeur du baromètre à eau, ou du moins comme l'un des inventeurs de cet instrument, car on doit reconnaître que *Torricelli* en avait déjà eu l'idée; qu'un certain *Caspar Bertus* ou *Berti* en avait déjà construit un à Rome avant *Guericke*, et que précédemment, avant 1647, *Pascal* en avait construit un semblable, un baromètre à vin[1].

Pour construire un baromètre à eau, *Guericke* mastiqua bout à bout plusieurs tubes de verre, jusqu'à une hauteur de 19 aunes de Magdebourg. Le tube ainsi formé fut placé à l'extérieur de sa maison et plongé dans un vase rempli d'eau; à la partie supérieure, munie d'un robinet, il plaça sa pompe à air. Il fit le vide tant que l'eau monta, et ferma ensuite le robinet. De cette expérience il conclut qu'un siphon ne pouvait élever l'eau à plus de 32 pieds de haut, et que dans les pompes il en était de même.

Grâce à ce baromètre à eau, *Guericke* découvrit bientôt, sans rien connaître des observations de *Torricelli*, les variations continuelles et fort irrégulières qu'éprouve la pression atmosphérique. Aussi désigne-t-il ce baromètre sous le nom de *semper vivum* ou *bonhomme atmosphérique*, nom qui est remplacé dans les éditions latines par le mot *anemoscopium;* il ne connaissait pas le mot *baromètre.*

Guericke donna à cet instrument le nom de *bonhomme atmosphérique* parce qu'il remarqua bientôt que la colonne d'eau montait ou descendait lorsque le temps changeait, et qu'on pouvait par ce moyen prédire les changements de

---

1. Il s'agit ici de l'expérience que *Pascal* exécuta à Rouen en 1647 avec un tuyau de verre de 46 pieds de long rempli de vin. Mais dès 1646 *Pascal* avait répété l'expérience de *Torricelli* en employant le vif-argent, l'eau, le vin, l'huile, etc. (T.).

temps avec quelque probabilité. Il savait notamment que quand son baromètre baissait tout à coup et d'une manière notable, cela indiquait une tempête et il se servit de cette remarque pour prédire un orage en 1660.

Selon le goût de son époque, il fit flotter à la surface de l'eau du tube un petit bonhomme de bois, dont le bras tendu indiquait, sur une échelle graduée, l'état de l'atmosphère. Le reste du tube était caché dans une gaîne de bois. Naturellement ses concitoyens, qui ne connaissaient pas la disposition intérieure de l'appareil, regardaient avec surprise les indications prophétiques du petit bonhomme, — et *Guericke* s'amusait de leur étonnement.

Un autre instrument très instructif, dont l'invention est due exclusivement à *Otto de Guericke*, est le *manomètre* (*baroscope*), que *Guericke* décrit pour la première fois dans une lettre au père *Schott*, datée de 1661. Il avait la disposition qu'on lui trouve encore dans tous les cabinets de physique : un fléau à l'une des extrémités duquel se trouve un globe creux, équilibré par un contre-poids placé à l'autre extrémité. Cet instrument étant placé dans un espace où on faisait le vide, on voyait le globe s'abaisser d'autant plus que l'air était plus raréfié. Cet appareil avait, comme tous ceux que *Guericke* construisit, des proportions gigantesques. Le globe de cuivre avait un diamètre d'un pied : il y faisait le vide, ce qui est d'ailleurs superflu (§ 209).

En faisant usage de cet instrument, *Guericke* observa bientôt des variations continuelles dans l'état d'équilibre : le globe paraissait tantôt plus lourd, tantôt plus léger. *Guericke* en conclut très justement que le poids de l'air qui entourait le globe variait constamment. Mais il n'entrevit pas clairement la différence entre ce baroscope et le baromètre : on ne saurait cependant l'en blâmer, car les indications des deux instruments s'accordent souvent, et la différence est surtout sensible dans les gaz de densités très différentes[1].

189. — Comme les académiciens de Florence, *Guericke* fit un grand nombre d'expériences pour prouver la nécessité de l'intervention de l'air dans différents phénomènes. Dans ce but, il se servit beaucoup de la machine pneumatique, tandis que les physiciens florentins qui ne connaissaient pas cet appareil, employaient le baromètre qui était bien plus incommode. A cette série d'expériences appartient celle qu'il fit pour montrer que l'air est nécessaire pour transmettre à notre oreille les vibrations d'un corps sonore, ou du moins que dans les circonstances ordinaires, c'est l'air qui remplit ce rôle. Il plaça sous un récipient, en le suspendant par un fil, un mouvement d'horlogerie muni d'un timbre, et observa que le son du timbre était affaibli, dans une certaine mesure, lorsque l'air était raréfié.

Caspar Bertus avait fait une expérience semblable dans le vide du baromètre à eau : il y plaça une cloche avec un marteau qu'il faisait mouvoir de l'extérieur, à l'aide d'un aimant, mais il n'observa pas de diminution dans l'intensité du son. Comme les péripatéticiens admettaient (car ils ne l'avaient pas démontré), qu'un corps ne pouvait produire de son dans le vide, ils conclurent de là que le vide dans le baromètre à eau n'était pas parfait. En cela ils n'avaient pas tort.

____

1. Les indications du baroscope dépendent à la fois de la pression et de la température (T.).

Guericke savait d'ailleurs que le son se propage non seulement par l'air mais encore par les corps solides et liquides. Il en donnait comme preuve qu'on peut accoutumer les poissons à venir au son d'une cloche.

Guericke prouva encore que la combustion ne peut avoir lieu dans un espace vide d'air. Il plaça une lumière sous un récipient, y fit le vide, et vit la lumière s'éteindre peu à peu; il en conclut que les corps avaient besoin d'air pour brûler. Pour rendre cette conclusion plus évidente encore, il disposa l'ingénieuse expérience que voici. Un vase V portait en dessous une tubulure à travers laquelle passait un tube, qui pouvait être mis en communication avec un récipient inférieur R. Le vase était rempli à moitié d'eau, et un ballon B de verre était renversé sur le tube qu'il entourait. Une lumière était placée dans le récipient, et celui-ci relié au tube. L'air du récipient était dilaté par la lumière et le ballon B soulevé; mais après un temps assez court, le ballon s'enfonçait de nouveau et l'eau montait dedans.

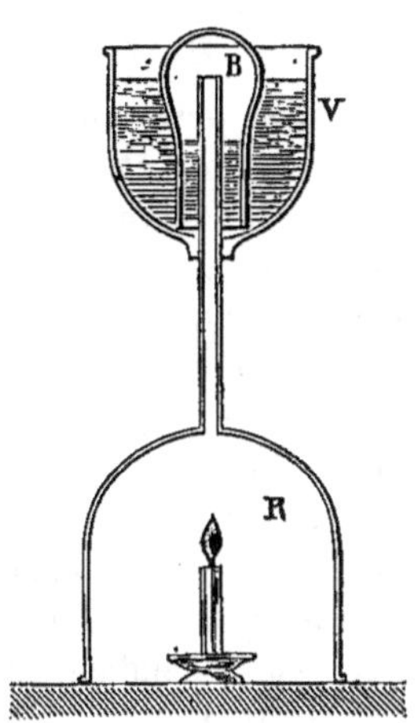

FIG. 19.

Dans cette expérience *Guericke* remarqua fort justement que l'air contenu dans le récipient avait diminué, et d'environ 1/10e de son volume primitif. Mais il ne put pas reconnaître si l'air était entièrement consumable ou non, car la flamme s'éteignait trop rapidement[1].

190. — Après la pression atmosphérique, *Guericke* s'occupa de l'action de la chaleur sur l'air. Il connaissait le thermoscope de Drebbel. Il construisit un instrument du même genre qui ne constituait aucun progrès essentiel, mais qui différait du premier par la forme. On peut l'appeler thermoscope à siphon, tandis qu'on pourrait appeler les instruments de *Porta* et de *Drebbel* des thermoscopes à cuvette.

L'instrument de *Guericke* consistait en un tube de cuivre recourbé, dont les branches étaient parallèles et dirigées vers le haut; elles étaient à moitié remplies d'esprit-de-vin. L'une d'elles communiquait avec une sphère de cuivre; dans l'autre, sur l'esprit-de-vin se trouvait un flotteur suspendu à un fil qui passait sur une poulie : ce fil à son extrémité portait une figure. La sphère avait une petite ouverture qui servait à l'introduction de l'air. Le tout était enfermé dans une cage, de laquelle sortait la figure seule, qui indiquait avec la main les divisions tracées sur une échelle. Cette échelle portait 7 divisions, dont les points extrêmes étaient marqués *magnum frigus* et *magnus calor*. *Guericke* appelait cet instrument le *Perpetuum mobile*.

Il est étonnant que *Guericke*, qui connaissait si bien la pression atmosphérique, n'ait pas compris que son instrument devait être affecté en même temps par les variations de la pression et de la température. Par suite, il était tout aussi

---

1. Fischer, *Gesch.*, t. II, p. 160. D'ailleurs *Otto de Guericke* dit expressément « que le feu reçoit de l'air un aliment, qu'il le consomme et qu'il ne peut plus vivre lorsque cet aliment vient à manquer ». Hoëfer, *Hist. de la Phys.*, 40 (T.).

imparfait que les appareils du même genre avant le thermomètre florentin ;
mais sous un certain rapport, il présentait cependant un avantage : il possédait
un point fixe, *un seul,* il est vrai, et par suite l'avantage était sans importance.
Au moyen de l'ouverture que portait la sphère, il arrangeait son appareil de
façon à ce que la figurine indiquât le milieu de l'échelle, quand il y avait des
gelées nocturnes ou matinales. C'était certes un procédé de graduation fort
primitif, mais qui valait mieux que rien[1].

191. — Les services rendus par Guericke en électricité sont plus importants
que ceux qu'il rendit dans la thermométrie. Il construisit un instrument grâce
auquel les phénomènes électriques purent être mieux étudiés qu'auparavant : ce n'était pas encore une machine électrique, mais c'était un acheminement vers sa construction. Son appareil consistait en un globe de soufre,
qu'il obtenait en fondant du soufre dans un ballon de verre et en cassant
ensuite le verre. Il perçait ce globe de soufre, et y ajoutait un axe au
moyen duquel il pouvait lui communiquer un mouvement de rotation. — Sa
main sèche servait de frottoir : il l'appuyait sur le globe de soufre pendant que
celui-ci tournait.

Grâce à cet appareil grossier, qui ne peut encore être appelé une machine
électrique, parce qu'il manquait de conducteurs, *Guericke* fit un certain
nombre d'observations importantes ; il constata notamment la répulsion
électrique, que les anciens et *Gilbert* lui-même ignoraient, en outre la lumière
et le bruissement qui accompagnent la déperdition de l'électricité. *Guericke*
n'aperçut cependant que la faible lueur phosphorescente que présentent dans
l'obscurité les corps électrisés, il n'observa pas encore l'étincelle électrique
proprement dite.

Otto de Guericke a réuni tous ces faits, et d'autres encore moins importants
dans un ouvrage qui parut à Amsterdam en 1672, mais qui était déjà achevé
en 1663. Cet ouvrage a pour titre : *Ottonis de Guericke, Experimenta nova
(ut vocantur) magdeburgica.* Si l'on compare ce travail avec les autres ouvrages de physique qui parurent à la même époque en Allemagne, on doit reconnaître qu'il tient parmi ces productions un rang distingué.

192. — Le plus célèbre des physiciens allemands de la seconde moitié du XVIIe
siècle après *Otto de Guericke* est incontestablement *Athanasius Kircher,*
dont nous avons déjà donné la biographie au § 128. Il doit moins sa réputation
à ses inventions et à ses découvertes scientifiques qu'à sa grande érudition, à
son activité, et à ses nombreux écrits. Ceux-ci embrassent les diverses parties
de la physique cultivées en son temps, et dénotent une connaissance complète
des travaux de ses prédécesseurs et de ses contemporains. Malgré leurs défauts,
ils servirent du moins à vulgariser la science. Ils contiennent beaucoup de faits
remarquables et d'idées ingénieuses, — celles-ci ne faisaient pas défaut à
l'auteur, — mais par contre, un tel amas confus de données sans preuves et
sans valeur, qu'on ne peut admettre que l'auteur lui-même ait toujours ajouté
foi à tout ce qu'il rapporte, et qu'on doit plutôt croire qu'il s'était proposé
d'exciter l'étonnement des gens crédules et ignorants. Aussi la plupart de ses

---

1. Fischer, *Gesch.,* t. II, p. 160.

ouvrages ne sont-ils considérés aujourd'hui que comme de simples curiosités.

Au xviie siècle *Kircher* était, grâce à ses écrits, une sorte d'autorité ; mais il est douteux qu'il ait réellement contribué aux progrès de la science, ou qu'il ait, par ses propres observations, mérité le titre de physicien. J'ai déjà fait mention de quelques travaux de peu de valeur sur le magnétisme (§ 128) ; il me reste à parler de ce qu'il a fait en optique et en acoustique, où on reconnaît généralement qu'il a rendu le plus de services. En somme, il n'a rien fait d'important.

Kircher est bien certainement le premier physicien qui ait parlé des couleurs physiologiques. Mais l'observation qui lui en fournit l'occasion n'est pas de lui. Elle appartient à un certain *Joseph Bonacursius*. Ce dernier remarqua qu'en regardant des morceaux de papier de différentes couleurs placés dans l'ouverture du volet d'une chambre noire, et en fermant ensuite l'ouverture, il voyait apparaître devant ses yeux les couleurs les plus variées. Cette observation fut pour *Kircher* l'occasion de maintes réflexions. Entre autres il compare l'œil à la pierre de Bologne sur laquelle il avait également fait une dissertation.

Ses droits à l'invention de la lanterne magique ne sont pas mieux établis, bien qu'on la lui attribue généralement.

Comme nous l'avons dit plus haut, à propos des nombreux changements que *Porta* introduisit dans la chambre obscure, il se servit aussi de cet appareil en plaçant des objets transparents devant la lentille. Or une chambre obscure et des objets transparents constituent une lanterne magique, avec cette seule différence, que la lumière solaire remplace les flambeaux employés dans ce dernier instrument. Cependant on pourrait regarder comme un léger service d'avoir substitué des lumières artificielles à la lumière solaire ; mais il n'est pas certain que ce mérite appartienne au Père *Kircher*.

Kircher parle de la lanterne magique dans son *Ars magna lucis et umbræ*, non dans la première édition de 1646[1], mais dans l'édition postérieure de 1671 (§ 59). Or *Deschales* rapporte, dans son *Mundus mathematicus* (Lugd., 1674), qu'un Danois, qu'il ne nomme malheureusement pas, lui avait montré dès 1665 une lanterne magique avec deux verres convexes, dont *Deschales* donne le dessin et la description. *Deschales* ne fait pas mention de *Kircher*, même dans la 2e édition du *Mundus mathematicus* parue après sa mort en 1690 ; il dit que le Danois en question venait de Leyde. Or, vers ce même temps, *Thomas Bartholin*, l'anatomiste, se rendait de Leyde en Italie, et comme il s'est occupé également d'optique (ce qui résulte de ses recherches sur la phosphorescence des substances animales vivantes ou en putréfaction), ce Danois est très probablement *Thomas Bartholin*.

A propos de l'optique, *Kircher* s'est encore préoccupé de savoir si *Archimède* a réellement incendié la flotte romaine qui assiégea Syracuse. J'ai déjà dit (§ 6) que cette question avait été soulevée pour la première fois par les écri-

---

1. Voyez cependant *Gehler*, Wörterbuch, IV, 843. — Note des T. Dans la première édition de 1646, *Kircher* parle du moyen de faire paraître sur le mur d'une chambre noire des images de tout genre, en éclairant par une vive lumière ces images peintes sur un miroir concave. Ce n'est que dans la seconde édition (1671) qu'il a donné une description et le dessin de sa lanterne magique, *lanterna thaumaturga* (Hoëfer, *Hist. de la Phys. et de la Chim.*, 233).

vains byzantins du XIIᵉ siècle, *Zonaras*, *Tzetzes* et *Eustathius* et que, bien qu'elle manque de fondements historiques sérieux, elle a beaucoup préoccupé tous les écrivains du moyen âge qui ont traité de l'optique. Comme on avait fini par comprendre que l'incendie d'une flotte par des miroirs concaves aurait en tout cas présenté de grandes difficultés, on avait saisi avec empressement l'assertion de *Tzetzes*, d'après laquelle *Archimède* se serait servi de petits miroirs quadrangulaires à charnières.

Kircher était au nombre de ceux qui croyaient que par ce moyen la chose était possible, et il fit même une expérience pour en démontrer la possibilité. Il relia cinq miroirs plans de manière qu'ils pussent réfléchir les rayons solaires à une distance de 100 pieds, et s'il n'incendia pas une flotte, il produisit du moins une chaleur intense.

Dans un voyage qu'il fit en Sicile avec *Caspar Schott*, dont il a déjà été question, il examina la topographie de Syracuse, et crut devoir conclure qu'Archimède avait pu s'approcher de la flotte romaine jusqu'à 30 pas de distance, et qu'il lui avait été dès lors possible d'y mettre le feu par des miroirs plus convenablement disposés. Je ne déciderai pas la question, mais je dois faire remarquer que la priorité de l'expérience citée plus haut n'appartient pas à *Kircher*, car au XIIIᵉ siècle, *Vitello* l'avait déjà faite et dans le même but[1].

Les travaux de *Kircher* dans le domaine de l'acoustique peuvent aussi lui être contestés : j'en ai déjà mentionné une partie à propos du porte-voix (§ 183). On attribue généralement à *Kircher* l'invention de la harpe éolienne ou anémo-corde, qu'il décrit dans sa *Phonurgia* 1673 : Cet instrument consiste en une sorte de guitare, qui exposée au vent produit des accords harmonieux et variés. C'est en effet *Kircher* qui l'a décrite le premier et qui l'a ainsi portée à la connaissance des physiciens. Mais ses droits à l'invention de cet instrument sont fort contestables, car *Eustathius* dit déjà que le vent, en soufflant sur des cordes tendues, produit des sons harmonieux. Or, *Kircher* connaissait trop bien les ouvrages des anciens pourqu'on puisse admettre qu'il ignorât ce passage, et cela est d'autant plus facile à croire que dans ses œuvres il parle de bien d'autres choses, sans citer les sources où il les a puisées, alors qu'on sait parfaitement qu'elles ne sont pas de lui.

Ainsi les travaux qui appartiennent en propre à *Kircher* sont assez médiocres, mais nous ne voulons pas méconnaître que ses écrits, malgré leur prolixité et le peu de confiance que méritent d'ordinaire les assertions qu'ils renferment, ont beaucoup contribué à l'instruction de ses contemporains.

193. — Nous trouvons encore en Allemagne quelques savants dont les travaux ressemblent à ceux de *Kircher*, et qui ont encore aujourd'hui une valeur historique, en ce qu'ils nous font connaître l'état de la science à cette époque.

Ce sont :

Daniel Schwenter, né en 1585 à Nuremberg, mort en 1636, professeur de mathématiques et de langues orientales à l'université de Altdorf en Franconie, supprimée en 1809. Ses *Mathematische und philosophische Erquickstunden*, publiées en 1636, après sa mort, rappellent la *Magia naturalis* de Porta. Il y

---

1. Wilde, *Gesch. d. Optik*, t. I, p. 43.

est fait mention d'un cerf-volant d'une grandeur peu commune et d'une sorte de mongolfière.

Caspar Schott, l'ami de *Guericke* et de *Kircher*, appartenait à l'ordre des Jésuites. Il était né en 1608 à Königshofen près de Würzbourg et mourut en 1666 dans cette dernière ville, où il était professeur de mathématiques et de physique. Il a laissé différents ouvrages sur ces deux sciences, entre autres un livre qui a pour titre *Technica curiosa*, où l'on trouve les plus anciens renseignements sur l'emploi de la cloche à plongeur. *Schott* rapporte, d'après les informations que donne un certain *Taisnier*, dans son ouvrage *Opusculum de motu celerrimo* qu'en 1538, deux Grecs firent à Tolède une expérience sur la cloche à plongeur, en présence de l'empereur Charles-Quint et de plusieurs milliers de spectateurs. Ils descendirent au fond de l'eau, sous une cloche renversée, et munis d'une lumière, après quoi ils remontèrent sans avoir été mouillés.

Lord Bacon connaissait aussi cet appareil et le décrit en détail dans son *Novum Organum* (1620). En Angleterre, où on a fait dans notre temps de si utiles applications de la cloche à plongeur, dans les constructions maritimes par exemple, et dans le relèvement des objets tombés au fond de la mer, on paraît tout d'abord s'en être servi pour ce dernier usage. En 1588 on chercha à retrouver près de l'île de Mull, sur la côte orientale de l'Écosse, les trésors engloutis avec plusieurs vaisseaux espagnols de la flotte « l'Invincible ». La cloche dont on se servit à cette occasion a été décrite par *Sinclair* dans son *Ars nova et magna gravitatis et levitatis* (Roterodami, 1669), sans qu'il s'en attribue l'invention.

Depuis lors, la cloche à plongeur a été modifiée à maintes reprises, à mesure que son usage devenait plus fréquent. Sous une forme plus incomplète, elle était même connue des anciens : *Aristote* en parle déjà, mais d'une manière obscure. Son appareil n'était pas une véritable cloche à plongeur, mais une sorte de chapeau à plongeur, de vase renversé, dans lequel se trouvait simplement la tête du plongeur et non son corps tout entier.

Joh. Christoph Sturm, né en 1635 à Hippoltstein, mourut en 1703 à Altdorf, où il était professeur de mathématiques et de physique. Parmi ses écrits nous citerons : *Collegium experimentale curiosum* (Norimb., 1685 et 1702), dans lequel il fait mention des essais aérostatiques de *Francesco Lana*. Celui-ci, était un Jésuite, né en 1631 à Brescia, où il enseigna les mathématiques et la philosophie, et qui mourut à Rome en 1687. Il publia un petit ouvrage : *Prodromo ovvero saggio di alcune invenzioni nuove promesso all'arte maestra* (Bresc., 1670), dans lequel il propose de s'élever dans les airs à l'aide de globes de cuivre vides d'air. Il voulait attacher à une nacelle 4 globes de cuivre de 20 pieds de diamètre et de $\frac{1}{23}$ de ligne d'épaisseur[1].

On trouve aussi dans le *Collegium exper.* la description du thermomètre différentiel, dont on attribue d'ordinaire l'invention à *Leslie*. *Brewster* qui a appelé l'attention sur ce fait dit formellement que *Leslie* a emprunté cet appareil au *Collegium experimentale*[2]. Une autre description du même instrument se

1. Fischer. *Gesch.*, t. II, p. 471, Murhard, *Gesch. d. Phys.*, t. I, p. 39.
2. *Journ. of sciences*, t. II, p. 1644.

trouve déjà dans *Van Helmont*, ce que *H. Davy*, en 1803, a déjà fait valoir contre *Leslie*, dans ses *Elements of chemical philosophy*, pages 75 et 76; cependant la description laisse place à une échappatoire : « *a loophole, through which a person of small dimensions might creep.* » (*Journal of Sc.*, II, 145).

Ce *Van Helmont* était l'un des chimistes les plus distingués de son temps. Il naquit à Bruxelles en 1577, et descendait de la famille des comtes de Mérode. Sa renommée comme médecin et comme chimiste lui valut des offres brillantes de la part de l'empereur Rodolphe II et de l'archevêque de Cologne, mais il les déclina, préférant son laboratoire de Vilvorde, près Bruxelles, à toutes les distractions de la cour. Il mourut en 1644 à Vilvorde.

Au nombre de ses découvertes en chimie, on peut citer celle de l'acide carbonique, bien que *Paracelse* (né en 1493 à Einsiedel, canton de Schwytz, mort en 1541 à Salzbourg) le connût déjà. *Van Helmont* savait qu'il se produit aussi bien dans la combustion du charbon que dans la fermentation du pain et du vin. C'est encore lui qui eut le mérite d'introduire dans la science le mot *gaz*, qu'il avait créé. Le mot *gaz*, que quelques auteurs considèrent comme d'origine grecque et font dériver de *chaos*, semble davantage, au moins par son origine, se rapprocher du mot allemand *Gahst* (en anglais *Ghost*, bas-allemand *Güest*), *Geist*, esprit, ou encore, ce qui s'accorde avec ce qui précède, de *Güscht*, levain, écume, en bas-allemand *Gest*, en anglais *Yest*.

En dehors du thermomètre différentiel, *Van Helmont* connut et employa un thermomètre à eau, probablement sans connaître les travaux des physiciens florentins. Ce thermomètre n'avait pas de graduation; c'était par suite un appareil fort grossier, que *Van Helmont* décrit dans son ouvrage *Ortus medicinæ* (Amstel., 1648), qui parut quatre ans après sa mort, et qui eut de nombreuses éditions.

Samuel Reiher, professeur de physique à Kiel, né en 1635 à Schleusingen, mourut en 1714 à Kiel; il a déjà été question de lui à propos des larmes bataviques (§ 182).

Daniel Georges Morhof, né à Weimar en 1639, fut d'abord professeur de poésie à Rostock, fit ensuite un voyage en Hollande et en Angleterre, et exerça plus tard les fonctions de professeur d'éloquence et de poésie à l'Université de Kiel nouvellement fondée (1665). Au retour d'une saison aux bains de Pyrmont il mourut en 1691 à Lübeck.

Morhof est célèbre comme littérateur, surtout par son *Polyhistor* (Lübeck, 1688), qui a provoqué pour la première fois en Allemagne une étude plus complète et plus méthodique de l'histoire littéraire. En physique il s'est fait un nom par l'écrit *Stentor hyaloklastes s. Epistola de scypho vitreo per vocis humanæ sonum rupto* (Kilon., 1672), dans lequel il parle de verres se brisant sous les vibrations de la voix humaine. *Morhof* raconte dans cet ouvrage, qu'il avait été conduit chez un marchand de vin nommé *Petter*, qui connaissait le moyen de briser les verres en chantant, et qui avait répété l'expérience devant lui. *Petter* avait d'abord frappé un verre (une de ces coupes dans lesquelles on boit généralement le vin du Rhin); il en avait cherché le ton, et en plaçant la bouche tout près, au-dessus du verre, il avait donné l'octave en continuant à chanter jusqu'à ce qu'il se brisât : *Morhof* dit du reste qu'il avait senti le verre frémir dans sa main[1].

Chladni craignait qu'il n'y eût là quelque supercherie, que le verre n'eût été préalablement rayé par le diamant[2]. Cependant il donne lui-même plus tard, page 89, un renseignement qui rend ce récit fort croyable. Il dit : « Dans le Talmud, dans la Gemara, sont exposées les opinions des différents docteurs sur les indemnités à payer lorsqu'un animal domestique brise un vase par son cri! » Le fait doit par conséquent s'être présenté. On trouve en outre que Rame, le fils de Jecheskel, dit que celui dont le coq ayant mis la tête dans le vase de verre d'un voisin l'aura brisé par son chant sera condamné aux dommages-intérêts!

D'ailleurs un Jésuite Italien, *Bartoli* a écrit également sur les verres brisés par le chant, un ouvrage qui porte le titre : *Trattato del suono e dei tremori armonici* (Bologna, 1680).

194. — A côté de tous ces physiciens plus connus par leurs écrits que par leurs expériences, il convient de placer le comte de *Tschirnhausen*. Il mérite d'abord d'être cité à cause de l'ardeur avec laquelle il cultiva la science uniquement pour elle-même, et ensuite parce qu'il y apporta un esprit vraiment pratique, ce qui est toujours rare chez nous. Sous ce rapport, il se montra le digne émule d'*Otto de Guericke.*

Ehrenfried Walter, comte de Tschirnhausen, baron de Kislingswalde et de Stolzenberg, naquit en 1651, à Kislingswalde dans la Lusace supérieure. — Fort jeune, il manifesta de grandes dispositions pour les mathématiques, ce qui le détermina à se rendre à l'université de Leyde. En 1672, il entra au service de la Hollande, mais l'abandonna au bout d'un an et demi, et se mit à voyager. Il visita alors la France, l'Italie, la Sicile, Malte, et revint par Vienne, où il fit un long séjour. Il fit de nouveau plusieurs voyages en Hollande et en France, et passa le reste de ses jours dans ses terres en Lusace. Il mourut en 1708, à Dresde, conseiller de la Saxe électorale.

Tschirnhausen a écrit un grand nombre d'ouvrages mathématiques, qui sont consignés pour la plupart dans les *Acta Eruditorum.* Ces *Acta Eruditorum,* une des productions littéraires les plus remarquables du XVIIᵉ siècle, furent fondés en 1682, à *Leipzig,* par le professeur *Otto Mencke.* Ce fut la première revue périodique savante de l'Allemagne, et, pendant longtemps, ce fut l'un des journaux les plus lus et les plus répandus. Les savants les plus distingués de l'époque collaboraient à la rédaction de cette revue, et fournissaient des comptes rendus ou des critiques des ouvrages nouvellement parus, comme le font actuellement nos journaux littéraires; on y publiait les travaux qui avaient besoin d'être connus rapidement. C'est ainsi que les *Acta Eruditorum* contiennent toute une série de travaux précieux en mathématiques et en physique, à côté d'une quantité d'extraits et de critiques d'ouvrages de théologie, de droit et de médecine, qui n'offrent aucun intérêt aux physiciens.

Dans les trois premières années de leur existence, les *Acta Erud.* semblaient

1. Fischer, *Gesch. d. Phys.,* t. 1, p. 499.
2. Chladni, *Akustik.,* p. 271.

devoir jouir d'un brillant succès; mais, plus tard, ils perdirent leur crédit, leur esprit ne convenant plus à l'époque, et des journaux en langue allemande commençant à paraître pour chaque branche spéciale de l'étude de la nature. Ils végétèrent cependant jusqu'en 1782, où parut le volume de 1776 qui ferma la série des 117 volumes in-quarto, dont se compose le recueil.

Mais ce qui a surtout contribué à conserver à la postérité le nom de *Tschirnhausen*, ce n'est pas la part qu'il prit à la rédaction des *Acta Erudit.*, mais bien plutôt les tentatives qu'il fit pour construire de grands miroirs et de grands verres ardents. Dans ce but, il fit établir sur ses terres trois verreries ainsi qu'un moulin spécial pour le polissage des verres. En 1687, il fit un miroir ardent qui laissait bien loin derrière lui tous ceux qui avaient été construits jusqu'alors. Il était en cuivre, avait un diamètre de trois aunes de Leipzig et une distance focale de deux pieds. Il doit encore être conservé dans le « salon mathématique ». Ses effets étaient surprenants. Il enflammait le bois, faisait bouillir l'eau, fondait du zinc de trois pouces d'épaisseur, perçait en cinq minutes des pièces d'un thaler ou des plaques de fer et de cuivre, vitrifiait les tuiles, la terre, etc. Ce qui est plus remarquable, c'est qu'exposé aux rayons de la lune il ne produisait pas la moindre chaleur.

Tschirnhausen dépensa beaucoup d'argent et de peine à la construction de grands verres ardents, mais il ne réussit à en faire que quatre. Le plus grand avait trente-trois pouces de diamètre, et une distance focale de douze pieds. Il fut offert, en 1701, à l'Académie des sciences de Paris, dont *Tschirnhausen* était membre correspondant depuis 1682, par *Homberg*, chimiste célèbre en son temps, médecin du duc d'Orléans alors régent de France. Un autre verre devint la propriété du comte de la Tour d'Auvergne. Un troisième se trouve dans la bibliothèque municipale de Görlitz, et le quatrième dans la collection de l'Académie des sciences de Berlin.

Les effets de ces verres étaient semblables à ceux des miroirs, surtout quand on plaçait devant eux, un autre verre convergent, ainsi que le faisait *Tschirnhausen*. Ce dernier s'amusait parfois à cuire dans l'eau des poissons et des écrevisses. Mais en concentrant les rayons de la lune, à l'aide de ces verres, il n'obtint pas plus de chaleur qu'avec les miroirs. C'est au moyen d'un de ces fameux verres brûlants, qui avait un diamètre de $\frac{3}{4}$ aune de Florence et une distance focale de 2 aunes $\frac{1}{2}$, qu'en 1694 et 95, *Averani* et *Targioni* entreprirent, à Florence, aux frais du grand-duc Cosme III, de remarquables expériences avec le diamant, et démontrèrent les premiers la combustibilité de cette substance. Pour augmenter les effets du verre, ils avaient placé encore une lentille collective avant le foyer. Le plus gros diamant qui ait été brûlé en cette circonstance pesait 22 $\frac{7}{8}$ Denar (de 6 à 8 grains) et après 28 minutes $\frac{1}{2}$ il n'en restait plus qu'une trace imperceptible[1].

Les miroirs ardents ont conduit *Tschirnhausen* à des recherches mathéma-

---

1. François-Étienne, duc de Lorraine, qui, en 1737, à l'extinction de la dynastie des Médicis, prit possession de la Toscane, et plus tard, en 1745, fut élu empereur d'Allemagne sous le nom de François 1er, fit répéter ces expériences, non pas avec une lentille, mais dans un four. Le

tiques qui ont fait passer son nom à la postérité : Nous voulons parler des lignes focales ou *catacaustiques*, comme elles furent nommées peu de temps après par le grand mathématicien *Jacques Bernoulli* (1692), pour les distinguer des courbes du même genre ou *diacaustiques* produites par la réfraction des lentilles. Les lignes focales avaient été déjà observées par *Mauvolykus*, mais les premières recherches exactes furent faites, en 1682 seulement, par *Tschirnhausen;* elles présentent cependant des fautes que l'auteur reconnut lui-même plus tard. *Huyghens* a écrit, il est vrai, un mémoire sur le même sujet en 1678, mais qui fut publié seulement en 1690[1].

195. — Comme je parle ici des physiciens allemands du xviie siècle, je dois encore citer un homme qui a été compté parmi eux, bien que pour ma part, je doute qu'on puisse le faire en toute justice. Il s'agit de *Salomon de Caus*, auteur d'un ouvrage portant le titre : *Les raisons des forces mouvantes avec diverses machines tant utiles que plaisantes* (Francf.-s.-Mein, 1615). Cet ouvrage, dont j'examinerai bientôt le contenu, a fourni à Arago l'occasion de soutenir dans l'annuaire de 1829 que :

1º *Sal. de Caus* est Français de naissance ;

2º Qu'il a découvert la machine à vapeur ;

3º Que, par suite, cette découverte importante doit être considérée comme appartenant à la nation française.

Pour établir le premier point, *Arago* s'appuie sur ce que *Salomon de Caus*, bien qu'au service du prince électeur du Palatinat, écrivit son ouvrage en Français, qu'il le dédia à Louis XIII, et que, dans la dédicace, il employa les termes suivants : *de Votre Majesté, le très obéissant sujet*, quoique *Arago* accorde qu'on ne doit pas prendre le mot *sujet* dans son sens propre.

D'un autre côté, le professeur *Baumgartner* de Vienne a fait remarquer que l'ouvrage de *Salomon de Caus* avait paru aussi en langue allemande, sous le titre *Von gewaltsamen Bewegungen., etc, durch Salomon de Caus, churfürstlich pfälzischem Ingenieur und Baumeister, erstlich in französischer jetztund aber in unserer deutschen Sprache an Tag gegeben*[2]. Le professeur *Baumgartner* insiste sur les mots *in unserer deutschen Sprache*, et conclut de là que *Salomon de Caus* devait être Allemand. Je dois avouer que je ne trouve pas cette conclusion justifiée.

Tant qu'il n'est pas démontré — et cela ne l'est pas — que *Salomon de Caus* a publié lui-même l'édition allemande de son ouvrage, ces mots ont peu de valeur

résultat fut le même que dans l'expérience faite à Florence et l'on apprit ainsi que le diamant est également combustible dans un feu ordinaire.

L'empereur acheta cependant ce résultat un peu cher, car il ne sacrifia pas moins de 6000 florins en diamants et en rubis : ces derniers résistèrent toutefois à l'action de la chaleur. Nous pourrions nous étonner à bon droit de cette prodigalité, si nous ne savions par un écrit postérieur, que cette expérience n'avait pas été entreprise dans un but scientifique, mais que l'empereur avait seulement l'intention de faire fondre ensemble quelques petits diamants pour en faire un gros, d'après un secret qu'il tenait d'un inconnu, mais dont l'expérience démontra suffisamment l'inanité.

1. Wilde, *Gesch. der Optik*, t. I, p. 341.

2. *Des forces mouvantes etc.*, par Salomon de Caus, ingénieur et architecte du prince électeur de Palatinat, parues d'abord en français, mais publiées ici dans notre langue allemande (T.).

démonstrative, car ils peuvent tout aussi bien être attribués au traducteur qui était Allemand. En outre le nom *de Caus* n'a pas une assonance allemande. Et si l'on voulait revendiquer *de Caus* en faveur de l'Allemagne parce qu'il était au service d'un prince allemand, il faudrait revendiquer en même temps *Papin*, l'inventeur de la marmite qui porte son nom, parce qu'il fut professeur à Marbourg; *Maupertuis* et *Lagrange*, qui firent partie de l'Académie de Berlin, et y séjournèrent pendant plusieurs années.

D'ailleurs, nous n'avons pas de raisons particulières pour revendiquer *Salomon de Caus*, car ses titres à l'invention de la machine à vapeur sont très faibles, et au fond n'existent même pas. Il décrit cinq manières de faire monter l'eau, l'une au moyen du feu, dans laquelle *Arago* trouve l'occasion de soutenir son second point. D'après le dessin que *Salomon de Caus* donne de cette machine, elle consiste en une sphère creuse, portant latéralement un entonnoir fermé par un robinet qui permet d'introduire de l'eau dans la boule. Un second tube placé tout à côté, descend presque jusqu'au fond de la sphère, et par ce tube l'eau jaillit avec force dès que la sphère est placée sur le feu, à cause de la pression exercée sur l'eau par la vapeur qui se forme dans la partie supérieure de la sphère. On voit par là quel est le principe de la machine; c'est un appareil à jet semblable à celui que connaissait Héron d'Alexandrie. Il peut d'autant moins être considéré comme le premier germe de la machine à vapeur, que d'autres, longtemps avant *de Caus*, avaient construit des appareils se rapprochant beaucoup plus de la machine à vapeur[1] (§ 229).

ASTRONOMIE

196. — Je ne puis quitter l'Allemagne sans jeter un coup d'œil sur l'état des autres sciences physiques. Comme nous l'avons déjà mentionné, la physique n'y fut cultivée que par un petit nombre d'hommes et par la plupart d'entre eux avec peu de succès.

Par compensation, nous y trouvons des travaux plus nombreux, dans les deux sciences voisines, l'astronomie et la chimie. Depuis cette époque, les Allemands ont toujours tenu dans ces sciences un rang très honorable et parfois l'ont même emporté sur leurs voisins d'au delà du Rhin et d'outre-mer.

Parmi les astronomes, je mentionnerai ici seulement *Hevel*, *Dörfel* et *Kirch*.

Johann Hevel ou Hevelius, plus exactement Hewelcke (Hügelchen, petite colline) comme s'appelle encore sa famille, naquit à Dantzig, en 1611, d'une maison noble et puissante de cette ville impériale. Comme *Guericke* et *Tschirnhausen*, il s'adonna volontairement à l'étude des sciences, et y déploya une

1. Voir les détails que donne Louis Figuier dans son *Histoire des principales découvertes scientifiques modernes*. D'après cet auteur, *Salomon de Caus* était probablement originaire de Normandie. Un de ses parents, *Isaac de Caus*, qui publia quelque temps après lui un ouvrage d'hydraulique, prend le titre de Dieppois. Salomon revint en France en 1623. En 1624 il publia un ouvrage : *La practique et démonstration des horloges solaires, avec un discours sur les proportions*, dédié au cardinal de Richelieu (T.).

activité comparable, dans une certaine mesure, à celle que nous avons admirée de nos jours chez le célèbre astronome *F. W. Bessel*, de la cité rivale des bords du Pregel, *Königsberg*.

Depuis l'année 1640 environ, où *Hevel*, après de longs voyages dans l'Est et le Sud de l'Europe retourna dans sa patrie, jusqu'à sa mort en 1687, il se consacra tout entier à des observations et à des travaux astronomiques. Néanmoins, il remplit des fonctions municipales, d'abord comme échevin, ensuite comme conseiller, et entretint avec les plus célèbres savants de son temps une correspondance si active, qu'à sa mort elle ne remplissait pas moins de dix-sept volumes in-folio. Cette précieuse collection, dans laquelle se trouvaient entre autres des lettres de *Keppler*, n'a malheureusement pas été conservée à sa patrie. L'astronome français *de l'Isle*, lors d'un voyage à Dantzig, l'acheta à vil prix à ses héritiers, et l'emporta à Paris. Mais elle passa dans les mains de *Godin*, qui l'emporta avec lui à Cadix, où elle se trouve peut-être encore[1].

Hevel était par-dessus tout un homme pratique. Il gravait lui-même les figures de ses ouvrages, et comme les bonnes lunettes étaient encore rares à cette époque, il taillait lui-même les verres des lunettes dont il se servait. Celles qu'il construisait ont acquis une grande renommée. *Hevel* n'employait pas encore les lunettes comme instruments de mesure, bien qu'on les employât déjà dans ce but, à cette époque. Mais ses observations étaient exactes à une minute près, ainsi que *Halley* l'assurait[2] (§ 239).

Son premier ouvrage, qui fut en même temps un de ses plus célèbres, est la *Selenographia* (Gedani, 1647), dont il a déjà été question (§ 132). Il faut encore citer sa *Cometographia* (Ged., 1668) et la *Machina coelestis* (Ged., 1673).

Malheureusement, dans un grand incendie qui eut lieu le 26 septembre 1679, *Hevel* perdit sept maisons, presque tous ses biens meubles, ses livres, ses instruments, et son journal d'observations commencé en 1647. C'est là une grande perte pour la science.

Georges Samuel Dörfel, le deuxième astronome dont je parlerai ici, était un élève de *Hevel*. Il était né en 1643, à Plauen, en Voigtland, où il remplit les fonctions de diacre, jusqu'à ce qu'il devint inspecteur ecclésiastique à Weida, où il mourut en 1688. Il s'est principalement fait connaître par ses observations sur la grande comète de 1680 et de 1681 qu'il publia en allemand, dans cette dernière année, à Plauen.

Par ces observations, il fut établi pour la première fois, que les comètes se meuvent comme les planètes, d'après les lois de *Keppler*, et décrivent des orbites autour du soleil, tandis qu'on avait cru jusqu'alors, et *Keppler* lui-même, qu'elles se mouvaient en ligne droite. *Dörfel* montra pour la comète mentionnée, que la partie visible de son orbite appartenait à une parabole dont le soleil était le foyer, orbite qu'il considérait dans son ensemble comme une ellipse très allongée. Cinq années plus tard dans les *Principia philos. nat.* (1686), *Newton* démontrait la nécessité de cette conclusión d'après la théorie de

---

1. Montucla, *Hist. des Math.*, p. 640.
2. Montucla, *Hist. des Math.*, p. 639.

la gravitation. Il connaissait l'opinion de *Dörfel* et la confirma. Elle avait d'ailleurs été déjà énoncée comme très probable par *Henry Percy*, comte de Nor-
thumberland [1] et par *Madeweis*, astronome de Berlin [2].

Gottfried Kirch, né à Guben en 1639, mort à Berlin en 1710, disciple de *Hevel*,
devint plus tard premier astronome de l'Observatoire, qui venait d'être créé à
Berlin. Il observa d'abord la comète ci-dessus mentionnée, à Cobourg, le
4 novembre 1680, et écrivit à ce sujet : *Observationes insignis cometæ sub
finem 1680, visi Coburgi Saxoniæ habitæ.*

CHIMIE

197. — En passant à l'étude de la chimie, nous ne devons pas oublier que pendant toute la durée du xviie siècle, aussi bien en Allemagne que dans les autres
contrées de l'Europe, la chimie ne formait pas encore une véritable science.
Cependant, en 1609, l'Université de Marbourg créait une chaire de chimie (la
première qui ait été fondée) en faveur de *Joh. Hartmann*.

Malgré ces quelques signes qui sembleraient indiquer que la chimie prend à
cette époque une forme scientifique, elle n'était guère cultivée qu'à cause de
ses applications. Ceux qui s'occupaient de chimie avaient presque toujours en
vue l'alchimie, et ce n'est que peu à peu, vers la fin du siècle, que se manifesta
chez les chercheurs un intérêt d'un ordre plus élevé dans l'étude des phénomènes. Alors cette étude plus approfondie relégua peu à peu l'alchimie au
second plan. Il n'en est pas moins vrai que l'art si plein de promesses des
faiseurs d'or, la recherche de la panacée universelle, de la pierre philosophale,
eurent, pendant tout le xviie siècle, un grand nombre de partisans, déclarés
ou non, et qu'il est difficile de distinguer nettement les chimistes des alchis-
mistes.

Beaucoup, en poursuivant la recherche de la pierre philosophale, contribuèrent, souvent malgré eux, à fonder une science nouvelle. Le nombre de
ceux-là est grand en Allemagne et je devrai me borner à citer quelques-uns des
noms les plus importants.

Andreas Libau ou *Libavius*, né à Halle, occupa de 1588 à 1591, la chaire
d'histoire et de poésie à l'Université d'Iéna, ensuite la chaire de physique à
Rothenbourg sur la Tauber, et, en 1607, devint directeur du Gymnase de Cobourg
où il mourut en 1616.

On lui attribue d'ordinaire la découverte du bichlorure d'étain, ou *liqueur
fumante de Libavius*, qu'il décrivit pour la première fois, mais d'une manière
si brève qu'on pourrait presque douter qu'il l'ait considérée comme quelque
chose de nouveau. Il l'obtenait par la sublimation de 1 p. d'étain et de 4 p. de
chlorure de mercure et il l'appelait à cause de cela *liquor s. spiritus argenti
vivi sublimati.* — *Libau* écrivit aussi une *Alchymia* (Francfort-sur-le-

<hr>

1. Monatl. *Korresp.*, t. VIII, p. 47.
2. Busch, *Handb.*, t. VII, p. 357.

Mein, 1597) qui peut être considérée comme le plus ancien traité de chimie paru en Allemagne.

Johann Rudolph Glauber, le Paracelse de son siècle, qui découvrit le *Sal mirabile Glauberi*, naquit en 1603, à Carlstadt en Franconie. Il imagina un grand nombre de recettes de médecine et de chimie, qu'il vendait pour vivre et pour voyager. Il alla notamment en Hollande et mourut à Amsterdam en 1766.

Il préparait le sel qui porte son nom en distillant du sel de cuisine avec l'acide sulfurique : Dans le récipient il obtenait l'acide muriatique, et ce qui restait dans la cornue était le sulfate de soude, son *sal mirabile*, qu'il considérait comme identique à celui que *Paracelse* appelait *sal enixum*. Il ne décrivit le procédé qu'il employait qu'en 1658[1].

Glauber composa de nombreux ouvrages qui lui acquirent une grande renommée. Contrairement à l'usage d'alors, il les écrivit en allemand, mais la plupart du temps avec un titre moitié latin moitié allemand, ce qui pourrait bien avoir contribué à les répandre : ils furent en effet traduits en français et en anglais. L'un d'eux : *Neuer philosophischer Ofen oder Beschreibung einer neuen Distillirkunst* (Amsterdam, 1648) (*Nouveau fourneau philosophique ou description d'une nouvelle manière de distiller*), intéresse les physiciens, en ce qu'il signale la contraction de deux métaux dans leur combinaison. Il coulait dans un même moule deux sphères de cuivre et deux sphères de zinc, puis fondait ces quatre sphères ensemble et coulait de nouveau l'alliage dans le même moule. Et ainsi qu'il l'indique, bien qu'il ne se fût rien perdu, il n'obtenait plus que trois sphères ! *Galilée* et d'autres ne connaissaient encore pas ce phénomène de condensation que peut présenter la combinaison de certains corps.

Dans un autre ouvrage : *Deutschlands Wohlfahrt* (Amsterdam, 1656) (*De la prospérité en Allemagne*), *Glauber* manifeste des vues fort patriotiques. Il conseille vivement le développement de l'industrie, et s'élève avec énergie contre l'habitude qu'on a d'exporter à l'étranger, le plomb, le cuivre, la potasse et autres matières premières, pour importer ensuite les produits de fabrication qui en résultent, comme le blanc de plomb, le vert-de-gris, le verre, etc.

Johann Joachim Becher, né en 1635 à Spire, était le fils d'un pasteur protestant ; il mourut à Londres en 1682. Il fut pendant longtemps professeur de médecine à Mayence, après quoi il alla à Munich ; mais il passa la plus grande partie de sa vie à voyager en Italie, en Hollande, en Angleterre, en Écosse et en Suède. Il n'a laissé en somme que fort peu de travaux, n'ayant pas eu les loisirs nécessaires pour en composer davantage.

Deux choses ont contribué à conserver sa mémoire : d'abord sa *Physica subterranea* (Francof., 1669), ouvrage encore cité de nos jours, — et aussi la circonstance qu'il fut le maître de *Stahl*, l'auteur de la première théorie générale des phénomènes chimiques, la théorie du phlogistique. On dit que *Stahl* aurait puisé dans les leçons de *Becher* la première idée de cette théorie, qui, malgré son peu de solidité, a exercé une grande influence sur les progrès de la chimie.

1. Höfer, *Hist. de la Chimie*, t. II, p. 192.

198. — *Johann Kunckel de Löwenstjern* jouit d'une renommée beaucoup plus grande parmi ses contemporains. Il était fils d'un orfèvre, et naquit en 1638, à Hütten, près de Ratisbonne. S'étant appliqué à la pharmaceutique, il cultiva naturellement la chimie, et y acquit tant de connaissances et d'habileté, qu'il jouit bientôt d'une grande réputation. Aussi fut-il appelé d'une cour à l'autre, soit comme apothicaire, soit comme chimiste ou alchimiste, et partout comblé d'honneurs et largement payé. Il servit successivement François-Charles et Jules-Henri de Lauenbourg, le prince-électeur Jean-Georges II de Saxe, le prince-électeur Frédéric-Guillaume de Brandebourg, et enfin le roi Charles XI de Suède. Celui-ci, en 1690, lui confia la direction supérieure des mines du royaume et lui conféra un titre de noblesse, *de Löwenstjern*. Il mourut en 1703, dans ses propriétés de Dreissighufen, près Pernau, en Livonie.

Si *Kunckel*, par conviction ou par calcul, ne rejeta pas complètement les doctrines alchimiques, on doit cependant remarquer que, du moins dans les derniers temps de sa vie, il reconnut le peu de valeur de leurs promesses. Dans son *Laboratorium chymicum*, qui parut en 1716, après sa mort, à Hambourg et à Leipzig, et qui est l'un de ses principaux ouvrages, il déclare que la transmutation ou la transformation d'un métal en un autre n'existe pas, que le prétendu dissolvant universel l'Alkahest (qu'il vienne d'Alkali ou de Allgeist, qu'il soit tout feu ou tout esprit) est certainement une chimère, un non-sens (all Lügen).

Kunckel a rendu des services dans plusieurs parties de la chimie appliquée. Il est l'inventeur du *verre rubis*, verre coloré par de l'or en rouge rubis dont la préparation est demeurée un secret jusqu'à notre époque. Comme *Kunckel* le raconte lui-même, il fut mis sur la voie de cette invention par la découverte que fit un médecin de Hambourg, *Andreas Cassius*, qui était en même temps médecin de l'évêque de Lübeck. Celui-ci, connaissant probablement les travaux de *Glauber*, avait obtenu un précipité d'or rouge pourpre, à l'aide d'une solution d'étain. Ce précipité, qu'on nomme le *pourpre de Cassius*, et la préparation qui permet de l'obtenir, furent décrits en 1685, par le fils du précédent qui s'appelait aussi *Andreas* et exerçait la médecine à Lubeck. Les indications qu'il donne sont telles qu'on ne saurait dire, si c'est lui ou bien son père qui a trouvé la préparation. *Cassius* chercha à employer son *pourpre* pour colorer le verre, mais il ne put y parvenir.

Kunckel s'occupa alors du problème, et parvint à le résoudre complètement, ce qui lui valut un bénéfice considérable. Le prince-électeur Frédéric-Guillaume lui fit, pour le premier verre, un présent de 108 ducats, et le prince-électeur de Cologne, pour lequel il exécuta une grande coupe de 24 livres en verre coloré, lui donna 800 rixdales. Dans les premiers temps *Kunckel* ne vendait pas le loth (demi-once) de verre rouge moins de 4 thalers[1] !

Le verre pourpre préparé par *Kunckel* est, au point de vue physique ou chimique, une substance très remarquable, et si ce n'est pas lui qui l'a réellement inventé, il a du moins le mérite d'avoir répandu sa connaissance et son emploi, car avant lui il avait été difficile d'obtenir des vases colorés de cette

---

1. Joh. Fr. Gmelin, *Gesch. d. Chimie*, t. II, p. 165 166.

manière. *Glauber*, dans son *Fourneau philosophique*, décrit cependant un produit du même genre mais il précipitait la solution d'or, par la *Liquor silicum* (liqueur des cailloux) et non par la liqueur d'étain [1].

Kunckel s'occupa encore de la fabrication du verre et écrivit un traité : *Ars vitraria experimentalis oder vollkommene Glasmacherkunst* (Frankf. und Linz., 1679). Il y décrit le verre aventurine, qui était jusqu'alors un secret des Vénitiens. L'ouvrage contient en outre un commentaire de *Neri*. Cet *Antonio Neri*, prêtre florentin, qui avait voyagé en Italie et en Hollande, avait rassemblé des renseignements intéressants sur la fabrication des émaux, des verres colorés, des pierres précieuses artificielles, des miroirs métalliques. Il publia ces renseignements dans un ouvrage : *L'arte vetraria distinta in libri sette* (Firenze, 1612), qui acquit une très grande réputation. Florence, Venise et Anvers étaient alors renommées pour la fabrication du verre.

199. — *Kunckel* a encore le mérite d'avoir découvert pour la seconde fois le *phosphore*, le premier élément non métallique qui ait été découvert depuis les anciens, et d'en avoir fait connaître la préparation. Comme nous l'avons déjà dit (§ 178), ce corps si remarquable fut trouvé, en 1669, par un marchand de Hambourg nommé *Brand*, qui s'était lancé dans la pratique de l'alchimie pour relever sa fortune détruite.

Pendant un séjour qu'il fit à Hambourg, *Kunckel* apprit par un ami que *Brand* avait découvert un corps lumineux dans l'obscurité. *Kunckel* se rendit auprès de celui-ci et lui demanda le procédé qu'il employait pour obtenir ce corps ; mais *Brand* ne voulut pas le révéler parce que, ainsi qu'il le dit plus tard, il avait vendu le secret de sa préparation, pour 200 thalers, au Dr *Kraft* de Dresde. Après maintes tentatives infructueuses auprès de *Brand*, *Kunckel* finit par apprendre que ce dernier avait fait beaucoup de recherches sur l'urine. Cette indication lui suffit pour arriver une seconde fois à la découverte du phosphore.

Leibnitz, qui a écrit dans le premier volume des *Mémoires de l'Académie de Berlin*, une histoire du phosphore, a voulu contester à *Kunckel* sa découverte. Mais le témoignage de *Stahl* lève tous les doutes, et mérite d'autant plus de confiance qu'il résulte de tous les détails, que *Brand* était un homme dépourvu de connaissances chimiques, et qu'il ne parvint pas à obtenir le phosphore d'une manière régulière et certaine.

Le Dr *Kraft* de Dresde communiqua[2] le secret que *Brand* lui avait vendu au célèbre *Robert Boyle*, qui prépara pour la première fois le phosphore en Angleterre ; plus tard un certain *Gottf. Hanckwitz* à Londres, prépara et vendit le phosphore. *Boyle* est considéré par ses compatriotes comme l'un de ceux qui ont découvert cette substance, mais il n'a pas plus de droit à cette découverte qu'à l'invention de la pompe à air [3]. *Boyle* déposa en 1680 le procédé de préparation du phosphore au secrétariat de la Société Royale, avec la mention qu'il

1. Höfer. *Hist. de la Chimie*, t. II, p. 197.

2. D'après Boyle, Kraft lui aurait dit seulement que le phosphore était « quelque chose qui appartenait au corps humain ». Boyle aurait donc les mêmes titres que Kunckel à la découverte du phosphore. — V. Höfer. *Hist. de la Phys. et de la Chim.*, p. 419 et p. 430. (T.)

3. Fischer, *Gesch. de Phys.*, t. III, p. 187.

ne devait être publié qu'après sa mort. Il ne fut publié en effet qu'en 1692, dans les *Philosoph. Transactions* (§ 209).

De son côté, *Kunckel* communiqua son procédé de fabrication à quelques personnes, entre autres au chimiste *Homberg* si célèbre en son temps ; c'est par cette voie que le phosphore fut connu en France. Toutefois, il n'a pas indiqué sa préparation dans son *Laboratorium chymicum,* de peur que cette substance, en se répandant dans le public, n'occasionnât des incendies.

A l'époque de *Kunckel,* on trouve aussi un grand nombre de médecins, de pharmaciens, de praticiens et d'alchimistes dont je devrais parler, si j'avais en vue de donner une histoire complète de la chimie. Mais comme ce n'est pas mon but, je m'arrêterai ici ; les noms et les travaux que je viens de citer suffisent pour donner une idée exacte de ce qu'était la chimie au XVII siècle. Ils nous montrent que la chimie n'était pas cultivée alors dans un but purement scientifique, mais qu'un grand nombre de personnes s'en occupaient cependant avec ardeur.

Nous allons maintenant revenir à la physique proprement dite, en étudiant le développement de cette science en Angleterre et en France.

ROYAL SOCIETY

200. — Pendant la guerre civile, qui éclata en Angleterre entre le roi et le Parlement, il se forma à Londres, en 1645, une petite société d'hommes qui cherchèrent, en étudiant la nature, à se consoler et à oublier les malheurs qui frappaient leur pays. Trois ans plus tard, en 1648, une partie de cette société alla à Oxford, et y établit son lieu de réunion dans la maison de l'apothicaire *Cross.* Le célèbre *Robert Boyle* habitait cette maison, et cela lui donna l'occasion de se joindre à cette société, ainsi qu'à *Robert Hooke* qui travaillait avec lui. En 1659, la plupart des membres de la société retournèrent à Londres et se joignirent aux anciens membres qui y étaient restés.

Cette société tenait ses réunions tous les jeudis. Elle s'accrut considérablement par l'adjonction de notabilités scientifiques de la noblesse ou de la bourgeoisie. La plupart des membres étaient *tories,* c'est-à-dire soutenaient le parti du roi : ils avaient par conséquent toutes sortes de bonnes raisons de se tenir à l'écart pendant le protectorat de Cromwell ; aussi appelait-on généralement cette société le Collège invisible. Après la mort de Cromwell en 1658, et l'abdication de son fils Richard en 1659, l'ancienne dynastie recouvra le pouvoir en la personne de Charles II, fils de Charles. Ier, qui avait été décapité en 1649. La société sortit alors de son obscurité et se constitua publiquement le 18 novembre 1660. Deux ans plus tard, le 15 juillet 1662, la société reçut l'approbation royale, avec le droit de prendre le titre de Société royale de Londres. Lord *Brouncker,* chancelier et garde des sceaux, sous Élisabeth, fut le premier président de la société, qui comptait parmi ses membres : *Boyle, Hooke, Wren, Ward, Wilkins,* et autres hommes célèbres.

Quelques Anglais ont voulu attribuer à Lord *Bacon* l'idée de la formation de cette société, parce que dans *La nouvelle Atlantide*, il avait développé le plan d'une société ou Académie des sciences. En cela on lui fait beaucoup trop d'honneur, car la pensée de réunir des hommes instruits dans le but de travailler au progrès des sciences, appartient à *Théodore Haak*. Ce dernier né à Neuhausen près Worms, en 1605, avait étudié la théologie à Oxford et à Cambridge et était devenu plus tard vicaire de l'évèque d'Exeter, Jos. Hall : il mourut à Londres en 1690.

Mais ce fut l'exemple de l'Italie qui contribua le plus à l'établissement de la Société de Londres, et ce fut notamment l'*Académie del Cimento* qui lui servit de modèle. Comme dans cette académie, les recherches furent faites en commun, et l'expérience seule fut prise pour guide. Dans les premiers temps même, pour ne pas s'écarter de la voie quelque peu étroite qu'on s'était tracée, on excluait systématiquement toute théorie, et on se bornait à rassembler des faits. Ce ne fut qu'après que quelques membres distingués, *Newton* entre autres, eurent appris à relier les spéculations mathématiques aux données expérimentales, qu'on commença à envisager et à poursuivre l'étude de la nature à un point de vue plus élevé. Cependant, à côté du soin que les Anglais apportent dans les observations, ils ont conservé jusqu'à nos jours une certain prévention contre les théories, et les travaux de la Société royale manifestent clairement cette tendance.

En 1665, la Société commença à faire connaître les ouvrages de ses membres, en les publiant sous le titre de *Philosophical Transactions*, qu'ils ont conservé jusqu'à ce jour. Nous devrions traduire ce titre par travaux ou recherches de physique, les Anglais désignant la physique sous le nom de *Natural philosophy*. La Société a publié le plus souvent un volume par an de ces *Transactions*, de sorte que leur réunion jusqu'en 1844 ne forme pas moins de 138 vol. in-4°. En 1852, elle formait 146 volumes et en 1860, 154.

Le nombre des travaux renfermés dans cette volumineuse collection est extraordinaire, de sorte que, dès le siècle dernier, on a jugé nécessaire d'en extraire les parties les plus importantes. Ces extraits forment des œuvres considérables, parmi lesquelles la plus importante est celle commencée, en 1809, par *Hutton*, *Shaw* et *Pearson*, qui va de 1665 à 1807, et forme 18 volumes in-quarto.

Malgré son titre de Société royale, les membres de ladite Société ne recevaient de l'État aucune rétribution, mais payaient au contraire une cotisation assez forte. La Société se conserva par là une certaine indépendance; mais, d'un autre côté, il arriva que, soit pour des motifs d'intérêt, soit par d'autres considérations, elle accepta fort souvent comme membres, des personnes qui n'avaient que bien peu de titres scientifiques. En 1830, la Société qui n'était d'abord composée que de 55 membres en comptait 714, dont 199 seulement avaient pris part à ses publications, et parmi ceux-là, 37 n'avaient fourni qu'un seul mémoire. Cet inconvénient ainsi que quelques autres ont été exposés de nos jours par *Babbage* dans une brochure intitulée : *Sur la chute des sciences en Angleterre*, (Lond., 1830). Mais l'auteur a envisagé les choses sous un jour trop sombre. Car, si les $\frac{6}{7}$ des membres de la Société ne prennent aucune part directe à ses travaux, il est cependant fort consolant de voir les gens riches distingués du pays tenir à honneur de figurer parmi les membres d'une réution savante et ne pas reculer pour cela devant la cotisation. De plus, dans un pays tel que la Grande-Bretagne, cet état de choses est presque une nécessité, car, à part de rares exceptions, le gouvernement n'accorde aucune subvention pour favoriser le progrès des sciences. En outre, c'est un fait historique que l'éclat de toutes les sociétés est dû aux travaux de quelques membres illustres, et ceux-là n'ont jamais fait défaut à la *Royal society* de Londres. De tout temps, et plus encore autrefois qu'aujourd'hui, elle a compté dans son sein des membres qui ont enrichi la science par des découvertes vraiment importantes.

ACADÉMIE DE PARIS

201. — L'Académie de Paris fut la deuxième institution de ce genre fondée dans le dernier tiers du XVIIe siècle. Non seulement cette fondation indique le progrès des sciences à cette époque, mais elle montre en même temps que les gouvernements avaient fini par les apprécier comme elles le méritaient. Cette académie fut, en effet, instituée en 1666, par *Colbert*, pendant l'époque la plus brillante du règne de Louis XIV, peu de temps après la conclusion du traité des Pyrénées.

Elle ne se composait d'abord que de sept membres : *Carcavi, Huyghens, Roberval, Frénicle, Auzout, Picard* et *Buot,* tous mathématiciens ou physico-mathématiciens. Mais bientôt s'y joignirent d'autres savants illustres, appelés en partie d'Italie, comme *Dominique Cassini, Maraldi,* etc.

Bien avant la fondation de l'Académie, il existait déjà à Paris une Société qui peut en être considérée comme le germe. C'est la Société qui se réunissait dès 1635 chez le Père *Mersenne,* et qui fut plus tard dirigée par *Montmor* et *Thévenot. Duhamel* exprime même l'opinion, dans son *Histoire de l'Académie de Paris,* que cette société aurait bien pu donner l'idée de la *Royal Society* de Londres, mais c'est une erreur [1].

Il est aussi à remarquer qu'avant la fondation de l'Académie des sciences, en 1666, il y avait à Paris d'autres académies : l'Académie française, par exemple, qui avait pour but d'épurer et de perfectionner la langue française; en un mot c'était une reproduction de l'*Académie della Crusca* à Rome. Cette Académie française fut fondée ou plutôt officiellement reconnue en 1635 par le cardinal *Richelieu,* car les bases en avaient été jetées dès 1634 par un particulier, *Valentin Conrard.* L'Académie de peinture et de sculpture de Paris est encore plus ancienne. Née dès le commencement du XIVe siècle, elle fut successivement reconnue et développée par Charles VII en 1430, et par Henri III en 1584. Enfin, *Colbert* lui-même, avant de fonder l'Académie des sciences, avait fondé en 1663 l'Académie des inscriptions et médailles, qu'on appelait la petite Académie, parce qu'elle ne se composait d'abord que de quatre membres.

---

1. Birch, *History of the Royal Society,* London, 1756.

Toutes ces Académies furent bientôt éclipsées par l'Académie des sciences, qui s'éleva en peu de temps au premier rang, non seulement parmi celles du continent, mais parmi toutes celles de l'Europe, bien que, sous beaucoup de rapports, la Société de Londres en soit toujours restée une rivale heureuse. En 1699, l'Académie fut réorganisée et reçut alors la constitution qu'elle conserva à peu près intégralement jusqu'à la Révolution française.

Jusqu'à cette époque, les travaux de la société furent publiés irrégulièrement et sous différents titres, en partie dans l'*Historia regiæ scientiarum academiæ* (Par., 1698), de *Duhamel*, en partie dans le *Journal des savants* fondé en 1665 par *De Sallo*, sur le modèle de nos *Acta Eruditorum*.

De Sallo était conseiller au parlement de Paris : le journal qu'il a fondé fut publié sans interruption jusqu'en 1790 ; il fut alors supprimé, mais il reparut en 1816 et existe encore.

Depuis 1699, l'Académie fit paraitre chaque année ses Mémoires en un volume in-quarto, et elle réunit même les travaux antérieurs dans des volumes particuliers. Jusqu'en 1793 il parut :

```
11   volumes des mémoires antérieurs, de 1666-1699.
92      —                    —            de 1699-1790.
11      —     de mémoires de savants étrangers.
 9      —     de planches gravées.
 7      —     de machines.
─────────
130   volumes
```

En 1793, cette Académie fut dissoute, car la loi votée par la Convention nationale et qui supprimait les corporations lui fut appliquée. Cette ancienne Académie s'est distinguée non seulement par les travaux particuliers de ses membres, mais encore par les grandes expériences qu'elle a fait exécuter par des commissions choisies dans son sein. Par là, ainsi que par le contrôle qu'elle a exercé, elle a eu une grande et salutaire influence sur le développement des sciences naturelles. En particulier, elle a empêché la France de tomber dans mainte erreur et de s'égarer dans l'étude de la nature, tandis qu'en Allemagne, où il n'existait pas de tribunal scientifique semblable pour diriger les efforts d'un public studieux, ces efforts ont produit parfois de fâcheux résultats, ou du moins ont abouti à des non sens et à des futilités.

Pendant la Révolution même, le 20 novembre 1795, les Académies de Paris furent reconstituées et réunies en une seule corporation sous le nom de : *Institut national des sciences et des arts*. Il se divisait en quatre classes[1] :

```
1re  classe Sciences physiques et mathématiques.
2e      —     Littérature française.
3e      —     Histoire et littérature étrangère.
4e      —     Beaux-arts.
```

Après la Restauration, en 1816, l'organisation de l'Institut fut quelque peu

1. Voir à ce sujet les articles de la *Revue scientifique*, dans les nos 3 et 4 de l'année 1881. L'Institut ne comprenait que trois classes : 1° Sciences physiques et mathématiques ; 2° Sciences morales et politiques ; 3° Littérature et beaux-arts (T.).

modifiée. Il devint l'Institut royal de France; les classes furent transformées en académies, et plus tard une cinquième académie fut créée pour les sciences morales et politiques.

La troisième de ces Académies est l'Académie des sciences : C'est celle qui compte le plus de membres, et sans contredit celle qui occupe aujourd'hui en France et à l'étranger le premier rang. Conformément à ses statuts elle compte 65 membres divisés en 11 sections :

1° Géométrie (Math).	7° Minéralogie.
2° Mécanique.	8° Botanique.
3° Astronomie.	9° Agriculture.
4° Géographie et Navigation.	10° Anatomie et zoologie.
5° Physique.	11° Médecine.
6° Chimie.	

L'Institut, ou du moins la section des mathématiques et des sciences physiques, a dignement continué le rôle de l'ancienne Académie. Sous la République et l'Empire, ainsi que pendant les dix premières années de la Restauration, elle comptait parmi ses membres un nombre si considérable d'hommes éminents, qu'il est difficile de croire qu'on reverra de sitôt une période aussi brillante pour la France, et aussi fructueuse pour les sciences exactes. L'état actuel est loin d'être comparable à l'ancien. Un nombre considérable de ces grands hommes n'existe plus; une autre partie vit encore, mais elle est morte pour ainsi dire pour la science. Quant à la nouvelle génération, elle reste fort en arrière de l'ancienne tant par le nombre que par le génie.

Après les trois institutions dont nous venons de parler, la Société de Londres, l'Académie de Léopold et l'Académie de Paris, qui seules se sont maintenues jusqu'à nos jours, il s'est fondé peu à peu un grand nombre de sociétés et d'académies. Presque tous les États ont au moins une académie ou une société savante, et elles sont considérées comme nécessaires à une Résidence, presque au même degré que les musées, les sociétés des beaux-arts, et les théâtres. Le nombre en est si grand qu'il serait impossible de les mentionner toutes, et, d'ailleurs, il en est dont les travaux ne s'étendent pas au delà des provinces ou des pays pour lesquels elles ont été instituées. Parmi les plus importantes, nous citerons les suivantes, avec l'année de leur fondation :

Berlin	7120	Copenhague	1743	Munich	1759
Bologne	1712	Göttingue	1750	Turin	1760
St-Pétersbourg	1725	Édinbourg	1754	Bruxelles	1769
Upsal	1725	Erfurth	1754	Dublin	1782
Stockholm	1739	Mannheim	1755	Sociét. Ital.	1782
		Vienne	1848		

OBSERVATOIRES

202. — La fondation des sociétés savantes et des académies reconnues par le gouvernement fut naturellement accompagnée de la fondation d'observatoires permanents.

Ces établissements, il est vrai, ne sont pas nouveaux : les Chaldéens, les Égyptiens, les Indiens et les Chinois avaient, bien avant les Européens, des observatoires fixes.

Vers la fin du xvi° siècle, Mohamed Schah, désirant rectifier le calendrier à l'aide d'observations astronomiques, fit établir à la fois à Delhi, Bénarès, Matra, Oujein et Suvay Jeypoor, cinq observatoires, dont on retrouve encore des traces. Ce sont des constructions colossales, bâties toutes sur le même modèle, dans lesquelles ou sur lesquelles les observations étaient faites, à l'aide de cadrans solaires construits en pierre et d'une grandeur extraordinaire.

Des observatoires plus semblables aux nôtres avaient aussi été fondés en Europe, mais les instruments de mesure ne portaient pas encore de lunettes, puisque celles-ci n'étaient pas encore inventées. Le premier de ce genre fut élevé en 1561, à Cassel, par le landgrave Guillaume IV (mort en 1592). Il cultivait lui-même l'astronomie, et observait en compagnie de *Rothmann* et de *Byrg*. Celui-ci est d'origine suisse : on le regarde comme l'inventeur des logarithmes vulgaires. Quinze ans plus tard, fut élevé dans l'île d'Hven, dans le Sund, l'établissement dans lequel *Tycho-Brahé* fit une si longue série d'observations (§ 66). Grâce à son aménagement et aux instruments qu'il renfermait, grâce aussi à la renommée de son fondateur, cet observatoire était considéré en son temps comme une véritable merveille. Il fut inauguré le 8 août 1576.

Mais ces observatoires n'étaient alors que des établissements privés, qui étaient supprimés, dès que leurs fondateurs étaient enlevés à leur œuvre par la mort, ou par quelque autre circonstance fortuite, comme cela arriva pour *Tycho-Brahé*. En un mot, ces observatoires, de même que les observatoires de l'Orient, ne sauraient être comparés à nos observatoires actuels. Ces derniers ont été fondés en même temps que les sociétés savantes, sur les bords de la Seine et de la Tamise.

Le plus ancien de tous est l'Observatoire de Paris, qui fut commencé en 1667, un an après la fondation de l'Académie, et achevé en 1672 : *Dominique Cassini* en fut le premier astronome. Ensuite fut fondé l'Observatoire de Greenwich, qui s'est acquis une renommée encore plus grande dans l'astronomie pratique. La première pierre en fut posée sous Charles II, le 10 août 1675, dans un emplacement élevé du parc de Greenwich. Jusqu'à ce jour, des hommes distingués s'y sont succédé comme astronomes royaux :

Flamstead jusqu'en	1719		Maskelyne jusqu'en	1811
Halley	—	1742	Pond —	1836
Bradley	—	1762	Airy encore en fonctions.	
Bliss	—	1764		

L'Observatoire de Berlin fut construit et aménagé de 1700 à 1706, et *Gottfr.
Kirch* de Guben en fut le premier directeur, mais il mourut en 1710 (§ 196).

BOYLE

203. — Après cette digression, nous allons revenir au xviie siècle, et reprendre notre récit où nous l'avons laissé. Les hommes dont nous allons maintenant parler appartiennent pour la plupart aux deux sociétés savantes de Paris et de Londres. Leurs travaux se rattachent étroitement les uns aux autres, et embrassent une période de quelque trente ans. Par suite, si on voulait les classer d'après leur nationalité, ou suivre exactement l'ordre chronologique, cela aurait l'inconvénient de séparer les travaux semblables, et empêcherait de comprendre l'influence qu'ils ont exercée bien souvent les uns sur les autres. Je considérerai donc désormais les hommes que nous allons étudier, tels qu'ils se présenteront naturellement, en suivant l'ordre qui leur est assigné par leurs recherches. C'est pourquoi je commencerai par *Robert Boyle*, dont les travaux se rattachent le plus directement à ceux des physiciens florentins et à ceux de notre compatriote *Otto de Guericke*. Donnons d'abord quelques détails sur sa vie.

Robert Boyle était l'avant-dernier des quinze enfants du comte Richard Boyle, de Cork; personnage éminent qu'on appelait habituellement le grand comte de Cork. Celui-ci défendit les intérêts anglais et protestants avec tant d'énergie et d'habileté, que Cromwell disait que, s'il avait eu dans chaque province un homme comme Boyle, la révolte d'Irlande n'aurait jamais éclaté.

Le jeune *Boyle* naquit le 25 janvier 1626, à Lismore dans le comté de Cork. Il fut élevé dans les principes rigoureux de l'église anglicane, ce qui exerça sur sa vie tout entière une profonde influence. Pour compléter son éducation, son père l'envoya à Genève, en 1638, sous la surveillance d'un gouverneur. Il y demeura quelques années, après quoi son père l'envoya visiter l'Italie et le midi de la France. Il était à Florence et entrait dans sa seizième année lorsque *Galilée* mourut dans sa propriété, près d'Arcetri en 1642.

En 1644, la mort de son père, qui le laissait possesseur d'une grande fortune, le rappela en Angleterre, où il se fixa bientôt dans une propriété près de Stallbrigde dans le Dorsetshire. Ce fut dans cette retraite rustique qu'il s'adonna aux études surtout philosophiques et théologiques, pour lesquelles il conserva jusqu'à la fin de sa vie une grande prédilection. Son éducation, son caractère naturellement enclin à la rêverie et à la mélancolie, l'esprit du siècle dans lequel il vivait, tout contribua à lui donner cette tendance religieuse qu'on rencontre rarement aujourd'hui en dehors de l'Angleterre, mais qui est assez fréquente dans ce pays même, chez ceux qui s'occupent des sciences naturelles.

Comme preuve de cette tendance qu'il conserva toute sa vie, je dirai seulement qu'afin de pouvoir lire la Bible dans son texte original, il étudia les langues orientales. Il publia également plusieurs écrits théologiques et religieux; il fit traduire la Bible en irlandais, en gallois, en malais et en turc, et dépensa

5000 thalers dans ce but. Il consacra 2000 thalers aux missions d'Amérique, et il institua dans son testament une rente de 350 thalers, pour qu'on fît tous les ans huit prédications sur le christianisme. Sa traduction de la Bible en malais contribua à le faire nommer, pendant plusieurs années, l'un des directeurs de la compagnie des Indes-Orientales. Cette ardeur religieuse le rendait parfois intolérant; il était d'ailleurs modeste, et n'était pas chrétien seulement de nom, mais aussi de fait.

En 1654, il se rendit à Oxford. Ce changement de résidence le gagna aux sciences naturelles, car on le voit dès lors s'en occuper avec une ardeur infatigable. C'est sans doute les réunions du Collège invisible qui le conduisirent à entrer dans cette voie. Et, comme ces réunions se tenaient dans la maison de l'apothicaire Cross, c'est ce qui le décida sans doute à y établir son domicile. On peut admettre aussi que ce fut là qu'il puisa sa prédilection pour la chimie.

Boyle se joignit à cette réunion dont il continua à faire partie lorsque le Collège retourna à Londres, et se constitua ouvertement en *Royal Society*. Quant à lui, il resta encore pendant longtemps à Oxford, et ne se fixa à Londres qu'en 1668. Il y continua pendant vingt ans sa vie paisible, partageant tout son temps entre ses études religieuses et ses recherches sur la physique. En 1680, il fut élu président de la *Royal Society*, mais il déclina cet honneur.

Il mourut célibataire à 65 ans, le 30 décembre 1691, sept jours après sa sœur, lady Ranelagh, avec laquelle il avait vécu pendant 47 ans. Ses restes furent déposés dans l'abbaye de Westminster[1].

204. — *Robert Boyle* est souvent appelé par ses compatriotes le *grand expérimentateur*, et il mérite ce surnom. Quoique, en effet, les physiciens anglais se soient toujours fait remarquer par la précision et la persévérance qu'ils ont apportées à leurs observations, on n'en pourrait trouver aucun qui ait mis en lumière un aussi grand nombre de faits, si ce n'est toutefois *Priestley*. Il a donné à la science un élan extraordinaire pour le temps dans lequel il vécut; seulement la plupart des phénomènes qu'il a découverts ont perdu de leur valeur par suite des progrès de la science, ou bien ont été subordonnés à des principes plus généraux.

Aussi sa mémoire, comme celle de *Priestley*, est-elle moins honorée dans la science que celle d'autres hommes qui, sans avoir augmenté d'une façon aussi considérable le nombre des faits établis, ont par leurs idées et leurs découvertes ouvert des voies nouvelles, et étendu le domaine des recherches. *Boyle* ne peut être comparé à *Galilée, Keppler, Huyghens, Newton*, mais il faut reconnaître qu'il a pris une grande part aux progrès de la physique expérimentale.

Les œuvres de *Boyle* sont très nombreuses. Elles furent réunies après sa mort, et plusieurs fois publiées sous le titre : *Opera omnia philosophica et chemica*. L'édition la plus complète parut en 1744 en anglais. Elle comprend cinq in-folios. On en fit un extrait qui remplit trois in-quartos. Malgré cela, on ne possède de ses écrits aucun catalogue complet ou disposé par ordre chronologique, car quelques-uns furent brûlés, d'autres volés, d'autres détruits par les acides[2].

---

1. *Edinburgh Encyclopædia*, vol. IV.
2. J. F. Gmelin, *Gesch. d. Chimie*, II, 99; Edinb. Encyclop., IV, 385.

Les travaux de *Boyle*, en Physique, comprennent un grand nombre de recherches faites avec la pompe à air. Celle-ci jouait alors, dans les travaux des physiciens, à peu près le même rôle que jouèrent plus tard la machine électrique et la pile de Volta. Chaque corps fut placé sous la machine pneumatique, chaque expérience répétée dans le vide, pour voir s'il se produirait quelque chose de nouveau. On doit accorder à *Boyle* ce témoignage qu'il expérimenta avec beaucoup de sens et d'adresse, et qu'il mit au jour un grand nombre de faits importants. Seulement, on peut lui reprocher d'avoir entrepris beaucoup de recherches déjà faites par d'autres, sans en avoir fait mention ; de sorte que ses compatriotes lui attribuent l'honneur de maintes découvertes qui ne lui appartiennent pas. On ne peut dire avec certitude si ce fut à dessein ou par hasard. Dans certains cas, il n'a pas connu les travaux de ses contemporains ou il est arrivé en même temps qu'eux aux mêmes découvertes ; dans d'autres, ses recherches ne furent que des répétitions ou des amplifications de celles des autres. Lorsque sa réputation se fut étendue, *Boyle* se trouva en correspondance active avec les savants de son pays et des autres nations. Aussitôt qu'un nouveau fait lui était communiqué, il cherchait à le vérifier par ses propres expériences. C'est peut-être pour cela qu'il a pu maintes fois considérer les citations comme superflues.

Boyle apprit à connaître la pompe à air en 1657, dans la *Mechanica hydraulico-pneumatica* de notre compatriote *Caspar Schott*. Elle lui fournit l'occasion d'un travail étendu sur l'élasticité de l'air, travail qui parut sous le titre : *New experiments physico-mechanical touching the spring of the air*. Il est daté de décembre 1659, et est un des plus anciens travaux de *Boyle*.

Comme la pompe à air de *Guericke*, notamment sous sa première forme, que

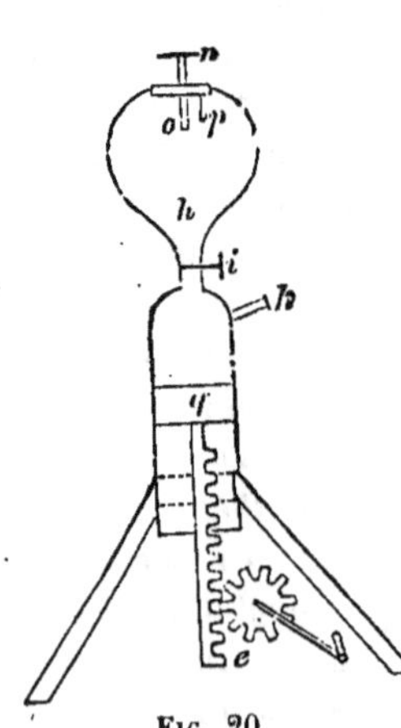

Boyle connaissait seule, laissait beaucoup à désirer, il entreprit de l'améliorer. Après quelques recherches, dans lesquelles *Robert Hooke* l'aida, il lui donna la forme représentée par la figure 20, dont on trouve le dessin et la description dans le traité de 1659, que nous venons de citer. Le cylindre est dressé verticalement sur un support solide, et sur lui est mastiqué le récipient *h*. Celui-ci porte un couvercle de métal avec une tige *n o*, en forme de vis, à côté de laquelle se trouve un crochet *p* placé sous le couvercle. Un fil attaché en *o* à la tige passe sur le crochet. On y suspend l'objet que l'on veut examiner, et en tournant la tige sur laquelle le fil s'enroule, on peut élever ou abaisser l'objet. Le piston *q* est au dessous dans le cylindre de laiton. Il est mis en mouvement au moyen d'une tige à crémaillère et d'un pignon *c*. Dans la partie supérieure du cylindre se trouve un trou avec un bouchon *k* qui s'y enfonce :

FIG. 20.

Lorsqu'on ouvre le robinet *i* et qu'on descend le piston, l'air du récipient entre dans le cylindre. Si on ferme alors *i* et qu'on ouvre *k*, par suite de l'ascension du piston, l'air du cylindre est refoulé au dehors par l'ouverture *k* [1].

1. Fischer, *Gesch. d. Phys.*, I, 442.

On voit que cette pompe perfectionnée, pompe à robinet, est encore un instrument assez grossier. *Guericke*, qui eut connaissance de cette pompe, accorde bien qu'elle doit se mouvoir avec moins d'efforts que la sienne; mais il lui reproche non sans raison, d'employer beaucoup de temps à ses manipulations. Ceci l'amena, en 1663, à perfectionner son instrument : il mit alors le piston en mouvement à l'aide d'un levier.

Boyle fit la plus grande partie de ses expériences avec la pompe que nous venons de décrire. Cependant il eut l'occasion de la perfectionner dans la suite. Avant d'exposer les résultats de ses travaux, je dirai quelques mots sur les perfectionnements dont ses relations avec *Denis Papin* lui fournirent l'occasion.

205. — *Denis Papin*[1] naquit à Blois en 1647. Il étudia la médecine à

1. *Voir sur la vie de Papin les renseignements contenus dans la note ci-jointe* (T.).

Denis Papin naquit à Blois, le 22 août 1647, d'une famille protestante. En 1662 il se rendit à l'Université protestante d'Angers, pour y suivre les cours de la Faculté de médecine. Il prit tous ses grades dans cette université et y fut reçu docteur en juin 1669. Son nom ne figure pas comme on peut s'en assurer, sur la liste des docteurs de la Faculté de Paris, publiée en 1752, et qui part de 1539.

Huyghens avait également suivi les cours de la Faculté d'Angers. On croit que c'est là un des motifs qui amenèrent *Huyghens* à choisir *Denis Papin* pour l'aider dans ses travaux (1671). Il l'associa en particulier aux tentatives qu'il faisait pour employer la poudre à soulever des poids considérables. (*Acta Eruditorum*, Lipsiæ, septembre 1668).

En 1674, *Papin* publia son premier ouvrage à Paris, *Nouvelles expériences pour faire le vide*. Mais en 1675, il partit brusquement pour Londres (*Journal des savants* du 17 février 1676), tandis que *Huyghens* se préparait à retourner en Hollande (1685). Ces deux départs furent sans doute occasionnés par les mesures qu'on cherchait à prendre contre les protestants.

Peu de temps après son arrivée en Angleterre, *Papin* se présenta chez *Robert Boyle*. « Il arriva heureusement, dit ce dernier, qu'un certain traité français, petit de volume, mais très ingénieux, contenant plusieurs expériences sur la conservation des fruits et quelques autres points de différentes matières, me fut remis par M. *Papin*, qui avait joint ses efforts à ceux de l'éminent *Christian Huyghens* pour lesdites expériences. » *Roberti Boyle opera varia* (Genève 1682, t. II).

Boyle ayant appris « que le docteur *Papin* n'était arrivé de France en Angleterre que depuis peu de temps, dans l'espoir d'y trouver un lieu qui fût convenable à l'exercice de son talent » résolut de l'associer à ses travaux.

Plus loin *Robert Boyle* dit encore :

« M'étant aperçu que la pompe pneumatique dont M. *Papin* se servait était de son invention, fabriquée par lui-même, et qu'il la manœuvrait plus aisément que la mienne, je lui laissai la liberté de l'employer de préférence, parce qu'il savait très bien la faire jouer et qu'il n'avait besoin de personne pour la réparer... »

« ... Plusieurs des machines dont nous faisions usage, particulièrement la double pompe pneumatique et le fusil à vent, étaient aussi de son invention et en partie fabriquées de sa main. »

En 1681, *Papin* publia son *nouveau digesteur* muni d'une soupape de sûreté. La suite ou *continuation du nouveau digesteur* fut publiée en 1687 en collaboration avec *Boyle*, mais les lignes que nous venons de citer montrent quelle part revient à *Papin* dans les perfectionnements qu'ils apportèrent à la machine pneumatique.

En 1682, *Papin* aurait été à Venise où l'on se proposait de fonder une Académie des sciences. N'y ayant pas trouvé les avantages qu'il espérait, il revint à Londres en 1684. De 1685 à 1687 il travailla à une *machine destinée à transporter au loin la force des rivières*, mais sans parvenir à surmonter les difficultés d'exécution.

En 1687, appelé par le landgrave de Hesse, *Papin* vint s'établir à Marbourg, où s'était d'ailleurs réfugiée une partie de sa famille, et, en 1691, il épousa sa cousine germaine, madame de Maliverne, qui était devenue veuve. La chaire de mathématiques qu'il occupait ne l'empêcha pas de se livrer à ses travaux de prédilection. Reprenant les travaux entrepris avec *Huyghens*,

Paris, où il obtint le titre de docteur. Comme il était calviniste, il dut quitter son pays lors de la révocation de l'Édit de Nantes, et il s'enfuit en Angleterre, où fit la connaissance de *Boyle*. Il entreprit avec le savant anglais une série de recherches, et, sur la proposition de celui-ci, il fut élu membre de la Société Royale de Londres, tandis que l'Académie de Paris ne faisait pas mention de lui, sans doute à cause de sa religion.

D'Angleterre il alla à Venise ; mais en 1684, il revint à Londres où il demeura jusqu'en 1688. Il entra ensuite au service du landgrave de Hesse, et exerça, jusqu'en 1707, les fonctions de professeur de physique à Marbourg. Il écrivit plusieurs mémoires dans les *Act. Eruditorum*, et mourut vers 1714. On ne sait rien sur les dernières années de sa vie : d'après quelques-uns il serait retourné en France.

Déjà en 1674, *Papin* avait publié à Paris un écrit intitulé : *Nouvelles expériences du vide*. Cet écrit contient un perfectionnement de la pompe à air de Boyle, qui consiste principalement en ce que le piston descendant verticalement était muni d'un étrier, qui permettait de l'abaisser avec le pied, ce qui était beaucoup moins pénible que de l'abaisser avec la main.

il chercha de nouveau à employer la force de la poudre, mais cette fois, pour faire le vide sous le piston d'un cylindre (1688).

Ayant échoué dans cette nouvelle tentative, il songea à se servir dans ce même but de la force expansive de la vapeur. Après deux ans d'efforts, en septembre 1690, il publia enfin sa *Nouvelle manière de produire à peu de frais des forces motrices considérables*, mémoire dans lequel il donne la description de son cylindre à vapeur.

Mais, comme les précédentes, la nouvelle invention eut peu de succès auprès des savants : *Hooke*, à la Société Royale de Londres, se borna à en faire ressortir les défauts. C'est alors que *Leibnitz*, ayant vu fonctionner en Angleterre la machine de *Savery*, en envoya les dessins à *Papin* (1705). Le landgrave les vit et commanda à *Papin* une machine semblable pour élever les eaux de la Fulda. Celui-ci se mit à l'œuvre, et publia en 1707, sous le titre : *Nouvelle manière pour élever l'eau par la force du feu*, une sorte de machine à haute pression qui n'était qu'une modification de la machine de *Savery*. *Papin* habitait Cassel depuis 1695. Il était occupé, depuis plusieurs années, à la construction d'un bateau à rames mues par la vapeur, — il l'avait achevé en 1704. Enfin en 1707, sa dernière machine à élever l'eau n'ayant pas plu au landgrave, il se décida à partir pour Londres avec son bateau, dont il avait fait l'épreuve devant le landgrave, sur la Fulda.

Dans une lettre écrite à *Leibnitz*, le 15 septembre 1707, il lui fait part du succès de cette expérience :

« La force du courant, dit-il, était si peu de chose en comparaison de mes rames, qu'on avait de la peine à reconnaître que le bateau allait plus vite en descendant qu'en remontant. »

Malheureusement pour le pauvre inventeur, son bateau fut mis en pièces par les bateliers du Weser lui refusant le passage. *Papin* renvoyant sa famille alla seul à Londres, il soumit son invention à la Société Royale, demandant qu'on lui donnât les moyens de la mettre à exécution. Mais, tout en l'attachant au service de la compagnie, on ne lui donna pas même de quoi vivre, et il se vit obligé de reléguer « ses machines dans sa pauvre cheminée sans feu. » En 1712, il quitta l'Angleterre, retourna à Cassel dans sa famille en 1714. Depuis lors on ne sait plus rien de lui.

Voir, pour plus de détails, les Discours de M. Charles de Comberousse, *Revue scientifique* du 12 février 1881. Voir aussi les *Découvertes scientifiques modernes*, par *Louis Figuier*, 1855. On trouvera dans les notes placées à la fin du t. I plusieurs lettres écrites à *Leibnitz* et se rapportant à l'invention du bateau à vapeur. Enfin le Dr Gerland (de Cassel) vient de publier la correspondance de *Leibnitz* et de *Huyghens* avec *Denis Papin*. S'appuyant sur des documents inédits, il rend un éclatant hommage à la mémoire du pauvre inventeur. (T.)

Les recherches entreprises en commun par *Papin* et *Boyle* furent décrites dans un petit ouvrage, qui parut à Londres en 1687, sous le titre : *A continuation of the new digestor of bones.* Comme l'indique ce titre, c'est une suite du premier écrit que *Papin* avait publié à Londres, en 1681 : *A new digestor or engine for softing bones.* C'est ce dernier écrit qui a fait la réputation de l'auteur, car il contient la description de l'appareil appelé marmite de *Papin*, le premier appareil muni d'une soupape de sûreté, et sur lequel je reviendrai prochainement.

Dans l'ouvrage de 1687 se trouve décrite une nouvelle pompe à air, dont la disposition mérite d'être citée, car elle constitue un véritable progrès dans la construction de ces instruments. C'est la première pompe munie d'un plateau, de sorte qu'on pouvait faire le vide sous une cloche, tandis que jusque-là on s'était borné à faire le vide dans des globes où on ne pouvait introduire que de petits objets. Le robinet était en outre remplacé par une soupape, et le piston était muni d'un étrier [1].

Dans les travaux de *Boyle* se trouve aussi décrite, pour la première fois, une pompe à air avec double corps de pompe, disposition qu'on doit regarder comme une amélioration importante de cet instrument. Grâce à ce perfectionnement, on pouvait en effet établir le vide sans interruption : on diminuait par suite la durée de l'expérimentation. On attribue d'ordinaire l'invention du double corps de pompe à l'Anglais *Hawksbee*, mais c'est à tort, car s'il l'a perfectionnée, il ne l'a décrite pour la première fois qu'en 1709. Seulement, *Boyle* reliait les tiges des deux pistons, au moyen d'une corde qui s'enroulait sur un cylindre, tandis que *Hawksbee* employait un engrenage et une tige dentée [2].

On doit aussi considérer comme un service rendu à la science la construction d'une pompe de compression, pouvant s'appliquer à des recherches physiques, car les instruments employés jusqu'alors pour comprimer l'air étaient peu convenables pour expérimenter.

La pompe de compression de *Boyle* présentait la disposition suivante : Sur une planche carrée i (fig. 21) est posé un plateau b, en laiton poli, dont le milieu est percé d'un trou. Sur ce plateau est placé le récipient cylindrique A, dans lequel on doit comprimer l'air. Son bord inférieur est muni d'une rondelle de cuir afin de produire une adhérence parfaite avec le plateau. Le récipient est couvert d'un disque serré fortement contre ses parois, au moyen d'une planche placée au-dessus et pressée par la vis m, ce qui ferme en même temps et très exactement le plateau.

Le cylindre est hermétiquement adapté à l'ouverture du plateau. Lorsqu'on descend le piston o jusqu'au-dessous de l'ouverture p, l'air extérieur entre dans le cylindre. Il est refoulé, par le mouvement ascendant du piston, dans le récipient, où il se comprime. Une soupape placée dans l'ouverture du plateau, et qui n'ouvre que de bas en haut, empêche l'air de sortir du récipient quand le piston redescend [3].

---

1. *Acta Eruditorum*, 1687, p. 324.
2. Fischer, *Gesch. d. Phys.*, II, 444, 449.
3. Fischer, *Gesch. d. Phys.*, II, 446.

Vers le même temps, d'autres physiciens eurent aussi l'idée de perfectionner la pompe à air. *Wolferd Senguerd* (né en 1646, mort en 1724), professeur de physique à l'Université de Leyde, réalisa un progrés plus remarquable encore dans la construction de cet instrument. La pompe à air qu'il décrit en 1685, dans sa *Philosophia naturalis* (Lugd. Bat.), mais qu'il ne construisit que plus tard, en 1697, était une pompe à robinet, à un seul corps de pompe oblique, où la tige dentée du piston était mise en mouvement par un tourniquet. Le perfectionnement introduit résidait dans la double perforation du robinet (fig. 22), au moyen duquel le seul corps de pompe communique avec la cloche, lorqu'on place le robinet dans une certaine position, et avec l'air extérieur lorsque le robinet

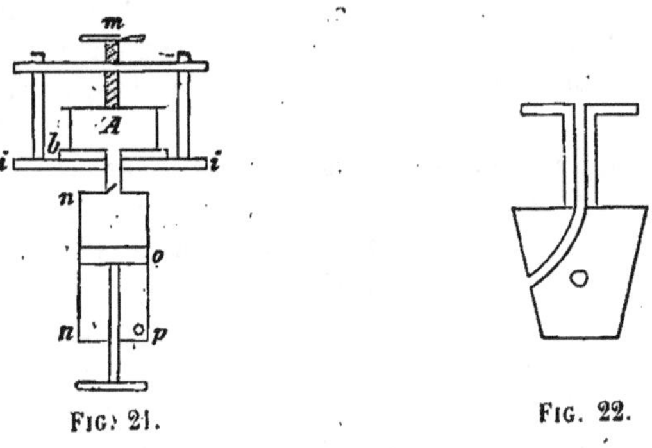

FIG. 21.   FIG. 22.

est placé perpendiculairement. Grâce à cette disposition, la pompe peut-être employée aussi bien à faire le vide qu'à comprimer l'air[1].

206. — Parmi les recherches entreprises par *Boyle* avec la pompe à air, il y en a beaucoup, sans aucun doute, qui avaient déjà été faites avant lui, soit par les physiciens florentins, soit par *O. de Guericke*, et qui doivent être considérées seulement comme des vérifications. Telles sont les expériences qu'il fit pour prouver :

1° Que le baromètre baisse dans la pompe à air, et que le siphon cesse de couler dans le vide ;

2° Que l'influence des tubes capillaires est indépendante de la pression de l'air[2] ;

3° Que le son ne se transmet pas dans le vide ;

4° Que les corps en combustion s'éteignent dans le vide ;

5° Que les animaux n'y peuvent vivre, du moins pendant longtemps, car quelques-uns lui parurent toutefois avoir la vie très dure ;

6° Que l'aiguille magnétique ne perd rien dans le vide de son action sur les aimants[3] ;

7° Que les attractions électriques se produisent aussi dans le vide[4].

Sont au contraire nouvelles :

1. Fischer, *Gesch. d. Phys.*, II, 448.
2. *Ibid.*, I, 308.
3. Fischer, *Gesch. d. Phys.*, II, 250.
4. *Ibid.*, II, 240.

Les recherches sur la production de la chaleur par le frottement, dans les-quelles il trouva que la chaleur se développe aussi bien dans le vide que dans l'air. Cette conclusion n'était pas sans importance à cette époque; car on enseignait généralement que la chaleur, qui résulte du frottement des corps durs l'un sur l'autre, provenait de l'air interposé.

Il se convainquit également que le développement de la chaleur, dans les actions chimiques autres que les combustions, n'est en aucune façon dû à l'air.

Il trouva par exemple, que la chaux caustique (chaux calcinée) s'échauffe lorsqu'on l'arrose avec de l'eau, aussi bien dans le vide qu'à l'air libre.

Enfin il fournit aussi une preuve contre la théorie de la légèreté absolue qu'on enseignait alors. Il montra en particulier que la fumée produite par les liquides dans le vide ne s'élève pas, mais au contraire descend.

207. — Les expériences que *Boyle* entreprit sur la pesanteur et l'élasticité de l'air, se rattachent étroitement aux précédentes. Il détermina le poids spécifique de l'air, d'après le moyen proposé par *Galilée* : il chassait l'air d'un éolipyle en le chauffant; puis il fermait l'appareil à l'aide d'un robinet qui s'y trouvait, le pesait, le remplissait d'eau, et le pesait de nouveau. Cette méthode, qui n'était pas plus parfaite que celle de *Guericke*, ne pouvait donner de résultat exact, tant qu'on ne tenait pas compte de l'air resté dans l'éolipyle ; il trouva aussi que le poids spécifique de l'air par rapport à l'eau est $\frac{1}{398}$.

A cette ocasion, il détermina aussi le poids spécifique du mercure par rapport à l'eau. L'une des méthodes consistait simplement à déterminer les poids d'eau et de mercure qui pouvaient remplir le même vase. Mais l'autre méthode est remarquable, et fut, pour la première fois, employée par lui. Elle repose sur le principe suivant : les pressions exercées par deux liquides ont même valeur, quand leurs hauteurs sont en raison inverse de leurs poids spécifiques.

Il prit donc un tube de verre en forme d'U, dont les branches ouvertes étaient d'inégales longueurs. Il versa du mercure dans la plus petite, et de l'eau dans la plus longue : les colonnes d'eau et de mercure étaient dans le rapport de 1 à $13^{3}/_{4}$.

L'élasticité de l'air fut aussi de sa part l'objet d'un grand nombre de recherches, soit pour en prouver l'existence, soit pour voir jusqu'à quel degré on pouvait pousser la raréfaction de l'air. Il trouva qu'on peut raréfier l'air jusqu'à la 13 000ᵉ partie. Nous savons actuellement que la raréfaction de l'air n'a pas de limite. C'était déjà l'opinion de *Guericke*, qui était arrivé à cette conviction, que l'atmosphère, dans les parties supérieures, est formée d'air beaucoup moins dense que dans ses parties inférieures. Il concluait de là que l'air n'avait pas de limite déterminée, et s'étendait au moins à 1000 ou 2000 milles de la Terre.

208. — *Boyle* a traité également une autre question touchant l'élasticité de l'air, mais beaucoup plus importante que toutes celles qu'il avait abordées jusque-là. On peut même affirmer que la solution de cette question constitue le plus grand et le plus durable service qu'il ait rendu à la physique. *Boyle* a, en effet, établi, pour la première fois, la relation qui existe entre le volume d'une masse d'air et la pression qu'elle supporte. Il a démontré que *les volumes d'une même masse d'air sont en raison inverse des pressions*.

Cette loi, qu'on a nommée plus tard loi de *Mariotte*, et qu'on nomme encore généralement ainsi de nos jours, n'a pas été trouvée pour la première fois par *Mariotte*, mais par *Boyle*. Il est remarquable, qu'après avoir attribué à *Boyle* tant de découvertes, dont la priorité ne lui appartient pas, on lui ait précisément contesté la plus importante de toutes celles qu'il ait faites.

Il y a eu d'ailleurs pour cela de bonnes raisons, ainsi que nous le verrons bientôt.

Un professeur de Liège, *Franciscus Linus*, lui fournit l'occasion de découvrir cette loi. Ce *Linus* était un Jésuite, né à Londres en 1595, mort en 1675, à Liège, où il enseignait l'hébreu et les mathématiques au collège anglais établi dans cette ville. Il avait le malheur de ne pouvoir se convaincre, comme dans notre siècle le baron de *Drieberg* (§ 150), de l'existence de la pression de l'air. Il maintenait que la colonne de mercure dans le baromètre n'était pas soutenue par la pression de l'air; ou, dans le cas où l'on bouche la partie inférieure du baromètre, par l'élasticité de l'air qu'on y a laissé, mais par de petits fils invisibles, qui suspendent en quelque sorte le mercure au sommet du tube. Il pensait, il est vrai, qu'il était impossible de rendre ces petits fils (*funiculi*) sensibles à la vue, mais qu'on pouvait les rendre sensibles au toucher. Et pour cela, il prenait d'abord un tube de 28 pouces de long, ouvert à ses deux extrémités; il le bouchait en dessous avec le doigt, le remplissait dé mercure, plaçait un autre doigt à l'extrémité supérieure, et, après avoir plongé l'extrémité inférieure dans le mercurce, il retirait son doigt : il sentait que le doigt supérieur était attiré dans le tube !

Boyle eut le mérite de réfuter cette plaisante affirmation, et à cette occasion il découvrit la prétendue loi de *Mariote*. Il se proposa d'abord seulement de montrer d'une manière évidente qu'un petit volume d'air, tel que celui qui est contenu dans la petite branche d'un baromètre à siphon, pouvait contrebalancer la pression d'une haute colonne de mercure, et la tenir en équilibre. Il prit un long tube en U, avec des branches parallèles inégales. Après avoir fermé la plus courte à la lampe, il plaça les tubes verticalement et y versa assez de mercure pour remplir la courbure et enfermer un volume d'air dans la branche courte. Cet air occupa un espace de 12 pouces. Il versa ensuite, dans la grande branche, assez de mercure pour que l'air contenu dans la petite branche occupât seulement 6 pouces; et il trouva que pour arriver à ce résultat, il fallait une colonne de mercure qui s'élevât à 29 pouces anglais au-dessus du niveau du mercure dans la branche courte. S'il voulait réduire la masse d'air à 4 pouces il fallait une colonne de mercure égale à $2 \times 29 = 58$ pouces; et pour la réduire à 3 pouces, il fallait une colonne de mercure égale à $3 \times 29 = 87$ pouces.

Boyle inscrivit ces résultats dans une table qu'il publia :

12 vol sous une pression de 1 atmosphère.

6	—	—	—	2
4	—	—	—	3
3	—	—	—	4

et il en tira cette conclusion : *que le volume se comprime en proportion de la force agissante.*

Il publia ces résultats en 1661, dans son livre : *Defensio de elatere et gravitate æris adversus objectiones Francisci Lini*, sans en tirer d'abord de conclusion plus étendue; mais un de ses disciples, *Richard Townley*, fit la remarque fort juste, que dans ces expériences *le volume d'air était en raison inverse de la pression*, et ce fut lui, par conséquent, qui énonça la soi-disant loi de *Mariotte*.

Partant de là, *Boyle* reprit ses expériences, et les modifia d'abord de façon à étendre la loi pour des pressions plus grandes que les premières, et ensuite pour des pressions plus petites. Pour ces dernières, il plongeait un tube ouvert dans le mercure, de manière qu'il n'en dépassât, que d'un pouce environ, le niveau. Alors il bouchait l'extrémité supérieure du tube, il le soulevait de quantités variables et observait les grandeurs correspondantes du volume et de la pression. Il trouva toujours la confirmation de la loi[1]

$$\frac{v}{v'} = \frac{p'}{p}$$

209. — Un autre fait important que *Boyle* observa le premier, bien qu'il n'en ait pas reconnu suffisamment la généralité, est l'influence de la pression atmosphérique sur l'ébullition des liquides. Il porta de l'eau, qu'il avait privée d'air par une longue ébullition sous le récipient d'une pompe à air, tandis qu'elle était encore chaude. En raréfiant l'air, il vit, à son grand étonnement, l'eau entrer de nouveau en une vive ébullition[2]. Ce fait ne paraît pas avoir été très bien connu, car en 1675 et 1676, *Huyghens* et *Papin* le décrivaient encore dans les *Philosophic Transactions*. *Papin* avait du reste donné ces résultats deux ans auparavant dans ses *Expériences du Vide*, mais la priorité appartient encore à *Boyle*.

Il y a dans ces recherches de *Huyghens* et de *Papin* un renseignement digne de fixer l'attention; c'est que, si l'on fait bouillir avec force l'eau contenue dans un vase de verre, le fond de celui-ci resterait seulement tiède. Ce fait que, dans beaucoup de contrées, le peuple connaît fort bien (et ce n'est certes pas par les ouvrages de *Huyghens* et de *Papin*), les physiciens l'avaient oublié, et il a dû être confirmé dans ces dernières années par de nouvelles expériences; ce qui n'empêche pas quelques personnes de le mettre en doute.

Les autres recherches importantes de *Boyle* sont, comme nous l'avons dit, très nombreuses, on pourrait presque dire innombrables. Je dois par conséquent me contenter de signaler seulement ses travaux les plus remarquables. A ceux-là appartiennent :

1° Un perfectionnement du fusil à vent;

2° La découverte de l'évaporation de la glace, qu'il attribuait à tort à une action dissolvante de l'air;

3° Plusieurs recherches sur le poids spécifique de la glace, et la dilatation de l'eau pendant la congélation. Ce dernier phénomène avait été déjà observé par

1. Fischer, *Gesch. d. Phys.*, I, 450.
2. *Ibid.*, II, 179.

les physiciens florentins. Pour obtenir uue congélation artificielle, *Boyle* employait un mélange réfrigérant de neige et de sel ammoniac ou d'un autre sel. Il découvrit par là, que le sel détermine la fusion de la glace, et que c'est seulement par cette fusion que le froid est produit[1];

4° Des recherches sur l'élasticité de l'eau. Mais il n'a pu trouver de meilleurs résultats que ceux donnés par *Bacon*, les Académiciens florentins, et *Guericke;*

5° L'observation que les métaux, tels que le plomb en fusion, absorbent l'air, et par là augmentent de poids. Il fut loin cependant de conclure de ce fait à une oxydation du métal. Il croyait au contraire que cette augmentation du poids devait être considérée comme une preuve de la pesanteur du feu.

6° *Boyle* eut également l'idée, comme l'ont eue après lui beaucoup de physiciens, que la lumière était pesante. Il rechercha en effet si les rayons du soleil produiraient une poussée sur une balance sensible. Le résultat fut négatif, comme nous devions le prévoir;

7° *Boyle* entreprit aussi quelques déterminations sur les rapports de l'indice de réfraction de différents corps; et il trouva, ce qui, incontestablement, avait été déjà trouvé avant lui, que le pouvoir réfringent des différents corps n'était pas proportionnel à leur poids;

8° *Boyle* avait déjà écrit en 1663 un ouvrage sur les couleurs : *Experimenta et considerationes de coloribus,* dans lequel il énonce, relativement aux couleurs propres, un grand nombre de propositions, que *Newton* établissait trois années plus tard, dans son célèbre travail sur la décomposition de la lumière. Dans cet ouvrage, *Boyle* remarquait également, et les couleurs d'une bulle de savon, et les différences de couleurs que présente une feuille d'or selon qu'elle réfléchit ou laisse passer la lumière;

9° En outre, dès 1667, *Boyle* entreprit des expériences sur la lumière du bois pourri, et il trouva que cette lumière diminue dans le vide et par le refroidissement. La phosphorescence des poissons pourris fut aussi l'objet de ses recherches.

Parmi les découvertes qu'on a, sans raison, attribuées à *Boyle,* je dois encore nommer le *manomètre* (baroscope). *Boyle* le décrit sous le nom de *Statical Baroscop* dans les *Philosoph. Transact.* de 1666, et sous une forme semblable, (du moins dans ses parties essentielles), à celle qu'indique *O. de Guericke,* dans une lettre adressée à *Schott* en 1661. Cependant nous devons ajouter que celui de *Boyle* était un instrument plus délicat. La sphère placée à l'un des bras de la balance était en verre mince, pas plus grosse qu'une orange, et ne pesait pas plus de 10 grains; elle n'était pas vide d'air, tandis que *Guericke* pesait une sphère de cuivre, d'un pied de diamètre, de laquelle il retirait l'air, ce qui était inutile. *Boyle* remarquait avec juste raison, que l'ascension ou la descente de cet instrument montrait d'une manière évidente la cause des variations du baromètre, puisqu'ici il ne pouvait être question ni de *l'horreur du vide* ni de *funiculus.*

Il en est de même de la découverte du phosphore par *Boyle;* car s'il l'a faite

____
1. Fischer, *Gesch. d. Phys.,* II, 219.

réellement, ce n'est pas à lui du moins qu'appartient l'honneur de l'avoir faite pour la première fois. A propos de *Kunckel*, j'ai déjà dit (§ 199), que le Dr *Kraft* de Dresde avait fait connaître le phosphore à Boyle. *Kraft* étant à Londres, montra cette substance à *Boyle*, et comme il l'assura plus tard devant *Stahl*, il lui communiqua aussi la manière de la préparer. Au contraire, *Boyle* a protesté et affirmé hautement, que *Kraft* ne lui avait en aucune façon communiqué la manière de préparer le phosphore, mais qu'il lui avait seulement dit, qu'il l'avait retiré de quelque chose qui appartenait au corps humain.

D'après cela, *Boyle* aurait été dans le cas de *Kunckel*; il aurait découvert le phosphore une deuxième fois. Il est bien difficile ici de décider de quel côté est la vérité. Les considérations morales parlent tout à fait en faveur de *Boyle*; car ce Dr *Kraft* n'était en aucune façon un homme digne de foi. Comme nous l'avons déjà dit au § 199, *Boyle* livra le procédé, au moyen duquel il obtenait le phosphore, à un chimiste allemand qui résidait à Londres, *Gottfried Hankwitz*, à condition que ce procédé ne serait publié qu'après sa mort. En effet, il ne parut qu'en 1692, dans les *Philosoph. Transact.* Dans la même année, *Homberg* publiait à Paris le procédé de *Kunckel*.

210. — J'ajouterai encore à tout ceci que *Boyle* fut, en chimie, tout aussi actif qu'en physique, et qu'il pourrait même peut-être occuper une place plus élevée parmi les chimistes que parmi les physiciens de son temps. On compte de lui environ quarante traités différents sur des sujets touchant à la chimie, qui, pour le temps renfermaient beaucoup de nouveautés, mais ne possèdent plus aujourd'hui qu'une valeur historique. Sans chercher à indiquer ici d'une manière complète les travaux de *Boyle*, non plus que l'état de la chimie à son époque, je veux cependant en dire quelques mots.

Au temps de *Boyle*, c'est-à-dire dans la dernière moitié du xviie siècle, on s'attachait encore à l'enseignement des Péripatéticiens, d'après lequel la terre, l'eau, l'air et le feu étaient les substances élémentaires formant dans son entier le monde matériel. Cependant, déjà au viiie siècle, l'Arabe *Geber* (le chimiste le plus éclairé et le plus savant qui ait paru jusqu'au xvie siècle), avait établi une théorie différente, d'après laquelle il considérait le mercure et le soufre, au moins comme parties constituantes des métaux. C'est un honneur pour *Boyle* d'avoir contesté la simplicité de chacun des quatre éléments, et d'avoir émis l'opinion que le nombre des substances simples ou indécomposables devait être plus grand que quatre[1].

Il croyait même avoir démontré l'hétérogénéité de l'eau. Pour cela il laissait croître différentes plantes dans l'eau pure, et trouva au bout de quelques mois, qu'elles avaient considérablement augmenté de poids[2]. Cette expérience avait déjà été faite avant lui par *van Helmont* et par le cardinal *de Cuse*. Elle fut reprise aussi plus tard, non pour montrer la composition de l'eau, mais pour résoudre la question de l'origine de l'acide carbonique dégagé par les plantes. *Boyle* en concluait, comme *van Helmont*, que l'eau devait nécessairement être formée en partie des substances terreuses, qui étaient fournies aux parties solides

1. Höfer, *Hist.*, II, 157.
2. Fischer. *Gesch. d. Phys.*, II, 200.

des plantes. Pour donner une base certaine à cette conclusion, *Boyle* distilla de l'eau, et avec cette patience infatigable qu'on trouve seulement chez les alchimistes des premiers temps, il la distilla non pas une fois mais deux cents fois. Il trouvait toujours un résidu terreux, qu'il considérait comme une partie constituante de l'eau, tandis qu'il ne pouvait provenir que de l'appareil distilatoire.

Cette dernière expérience, qui plus tard fut reprise plus d'une fois, a d'ailleurs été faite par *Olaus Borch*, presqu'en même temps que par *Boyle*.

Olaus Borch, d'après d'autres Borrich, en latin Borrichius, avait déjà bien mérité de la science, par son histoire primitive de la chimie *Dissertatio de ortu et progressu chemiae* (Hafn., 1668).

Né en 1626 à Synder Borch, diocèse de Ripen dans le Jutland, il étudia la médecine, et occupa à Copenhague, malgré les exigences d'une nombreuse clientèle, la chaire de chimie et de botanique. Il mourut en 1690. Il décrit cette expérience dans son *Hermetis Aegyptiorum et Chemicorum sapientia* (Hafn., 1674).

Toutefois, si on devait attribuer en chimie la découverte d'une substance à celui qui l'a eue le premier entre les mains, on devrait attribuer à *Boyle* un nombre considérable de découvertes de ce genre. Il a en effet, dans ses nombreux travaux chimiques, obtenu beaucoup de corps remarquables, mais il n'est pas parvenu à reconnaître leur nature, ce qui seul peut donner un droit incontestable à leur découverte.

Il faut néanmoins noter qu'il trouva le gaz hydrogène, et qu'il l'obtenait au moyen du fer et de l'acide sulfurique étendu. Il ne paraît cependant pas avoir remarqué une seule fois sa combustibilité. Il considérait seulement cette expérience comme une preuve qu'on peut obtenir l'air artificiellement. De même en 1664, il dégageait l'acide carbonique des écailles d'huîtres à l'aide de l'acide acétique; mais dans cette expérience il devait avoir en vue quelque idée particulière, car il considérait ces écailles comme salutaires pour la respiration.

La nouvelle nomenclature chimique a sans doute des avantages précieux, mais elle a le tort de ne pas rappeler les souvenirs historiques. Jadis la mémoire de *Boyle* était conservée en chimie par la *liqueur fumante de Boyle* (foie de soufre liquide). Boyle la décrivit en 1676, mais elle avait été préparée déjà en 1608 par le médecin français *Beguin*, et portait alors avec plus de raison, le nom d'Esprit sulfuré de Beguin (*spiritus sulfurat. Beguini*). Cette substance consiste principalement en sulfhydrate d'ammoniaque, et s'obtient par la distillation d'un mélange de soufre, de sel ammoniac et de chaux éteinte.

Comme pour tous les anciens chimistes, la distillation sèche était une des opérations favorites de *Boyle*. L'ayant appliquée au bois, il en tira un esprit inflammable et un acide, qui ne sont évidemment que notre esprit de bois et notre vinaigre de bois.

Boyle est également le premier qui ait cherché à rectifier l'esprit de vin, par la distillation avec des substances avides d'eau. Il le rectifiait en effet sur de la crême de tartre calcinée, c'est-à-dire du carbonate de potasse, ou sur de la chaux calcinée.

Dans un tableau de poids spécifiques qu'il donne, et qui est le plus complet de son temps (il contient 32 corps), on voit qu'il concentre l'esprit-de-vin jusqu'à lui donner un poids spécifique $= 0{,}866$, ce qui correspond à 78 ou 79 pour 100 d'alcool.

211. — Mentionnons aussi, parmi les recherches chimiques de Boyle se rattachant à la physique, celles qu'il entreprit sur la salure de l'eau de mer, question qui, avec un certain nombre d'autres touchant à la géographie physique, commence à attirer l'attention des physiciens du XVIIe siècle.

Aristote enseignait à ce sujet, que la mer était salée seulement à sa surface, et cela par la force des rayons solaires. Cette doctrine avait été reprise au XVIe siècle par *Julius Cæsar Scaliger*, médecin italien de Padoue, fort célèbre en son temps, qui mourut en 1558 à Agen, en France, à l'âge de soixante-quinze ans. Celui-ci s'était acquis un renom parmi les philosophes de son siècle, par son *Exotericarum exercitationum liber quintus decimus de subtilitate* (Paris, 1557), dans lequel il affirmait l'opinion ci-dessus mentionnée.

Boyle se procura de l'eau de mer puisée à différentes profondeurs, et trouva qu'elle contenait autant de sel, et avait la même densité que celle de la surface. En réalité, le Père *Kircher* avait déjà enseigné la même chose ; et il était allé encore plus loin, puisqu'il affirmait dans son *Mundus subterraneus* que la salure de la mer augmentait avec la profondeur, et à mesure qu'on se rapprochait de l'équateur. Seulement ce n'était pas là le résultat de ses expériences, mais la conséquence d'une théorie, dans laquelle il expliquait la salure de l'eau par l'existence de bancs de sel, qui se trouvaient au fond de la mer.

Cette opinion fut développée aussi par *Varenius* dans sa *Geographia generalis* (Amstelod., 1664). Cet ouvrage très remarquable pour son temps, possédait encore, après la mort de son auteur, une telle renommée, que *Newton* en faisait la base de son enseignement à Cambridge. Il en publia même en 1672 une édition augmentée en anglais, qui plus tard fut traduite en latin et en français. *Bernhard Varenius*, ou encore Varen, médecin à Amsterdam, était né à Uelzen, près Lünebourg ; il mourut en 1660.

Au temps de *Boyle*, les voyages dans les régions transatlantiques n'étaient déjà plus chose rare, et on commençait à s'occuper du problème si important pour la navigation, de rendre l'eau de mer potable. Il faut remarquer que l'on croyait que l'amertume et la saveur nauséabonde de l'eau de mer étaient dues, non pas au sel, mais à du bitume, et qu'il était dès lors impossible de la rendre potable par une simple distillation. Dans cette conviction, on faisait toutes sortes de propositions extraordinaires. Le Français *Hauton* conseillait, en 1671, de distiller l'eau de mer sur le carbonate de potasse — et c'était encore là la proposition la plus sensée. Mais *Lister* recommandait, en 1683, la distillation sur le varech ; *Appleby* et *Watson* proposaient à la fois, en 1753, la distillation sur la pierre infernale, les os brûlés et la chaux caustique, tandis que *Chapman*, en 1761, préférait le savon et les cendres.

Toutes ces propositions, et surtout les dernières, étaient d'autant plus extravagantes, que les anciens savaient fort bien déjà qu'il est possible de rendre l'eau de mer douce et potable, au moyen d'une simple distillation. D'après *Alexandre d'Aphrodisie*, quelques-uns auraient conseillé de porter l'eau de mer à l'ébullition dans une vaste chaudière, et de recueillir la vapeur déposée sous le couvercle, pour obtenir de l'eau douce. *Aristote* s'appuyait déjà sur cette expérience, pour expliquer comment il se fait que les vapeurs qui s'élèvent au-dessus de la mer soient douces et non salées.

Olympiodorus raconte que les navigateurs, manquant d'eau potable, avaient coutume de faire bouillir l'eau de mer. Ils plaçaient sur l'ouverture du vase de grosses éponges, et en les pressant, ils en retiraient de l'eau buvable [1]. Il n'y avait donc au fond rien de nouveau, lorsque, en 1717, un médecin français de Nantes, *Gautier* proposa de rendre l'eau de mer potable par la simple distillation ; il eut le mérite d'indiquer le premier appareil de distillation construit spécialement à l'usage des navigateurs.

Il est également étonnant qu'on ait appris pour la première fois, à l'époque de *Boyle*, à dessaler l'eau de mer par la congélation, ou du moins qu'on en ait parlé pour la première fois seulement alors. *Kircher* savait cependant que la glace provenant de l'eau de mer donne de l'eau douce, quand elle fond. Mais, comme il avait toujours une explication sous la main, voici comment il interprétait ce phénomène : Dans les pays froids, il pleut et neige beaucoup. L'eau qui en résulte reste à la surface, puisqu'elle est plus légère que l'eau de mer. C'est donc cette eau qui se congèle lorsque le froid devient plus vif, et qui ensuite donne de l'eau douce [2]. D'après lui, l'eau de mer n'aurait même pas pu geler ! Certains auteurs estiment que ce fut *Samuel Reyher*, professeur à Kiel, qui écrivit le premier sur la nature de la glace, provenant de l'eau de mer. Mais il ne le fit qu'en 1697, dans les *Acta Eruditorum*. Plus de trente ans auparavant, le célèbre anatomiste danois, *Thomas Bartholin*, avait dit, dans son écrit : *De nivis usu medico observationes variae* (Hafn., 1661), que la glace de mer fournit de l'eau douce. Le fait était connu aussi depuis longtemps des industriels, car *Boyle* affirme dans ses *New experiments and observations touching cold* (Londres, 1665), que les brasseurs d'Amsterdam, manquant d'eau douce pour leurs brasseries, employaient la glace de mer qu'ils faisaient dégeler.

MARIOTTE

212. — Aux travaux de *Boyle* se rattachent, par un grand nombre de points, ceux de *Mariotte*, qui d'ailleurs furent tous entrepris durant la vie de l'expérimentateur anglais.

Edme Mariotte, né en Bourgogne, embrassa l'état ecclésiastique. Il était prieur de Saint-Martin-sur-Beaune, près Dijon, lorsqu'il fut nommé en 1666 membre de l'Académie de Paris, peu de temps après sa fondation. Il en faisait encore partie lorsqu'il mourut en 1684.

Mariotte a rendu d'importants services à la mécanique physique, tant par ses théories que par ses recherches expérimentales, qu'il savait relier ensemble avec beaucoup d'habileté. C'est donc un physicien dans le vrai sens du mot. Il

1. Ukert, *Georgr. d. Griechen u. Römer*, II, 69.
2. Fischer, *Gesch. d. Phys.* II, 13.

est surtout connu par cette loi à laquelle de nos jours, et même depuis fort longtemps, on a généralement attaché son nom. Cela n'est pas très équitable pour
Boyle, qui avait trouvé cette loi bien avant *Mariotte*. Il est vrai que jusqu'à
présent rien ne prouve que *Mariotte* ait eu connaissance de ses travaux, et
d'autre part celui-ci l'a énoncée très clairement, tandis que *Boyle* doit partager l'honneur de sa découverte avec *Townley.*

Mariotte démontre la loi absolument de la même manière que *Boyle*, aussi bien
pour les pressions supérieures à une atmosphère, que pour les pressions inférieures, dans son *Essai sur la nature de l'air* (Paris, 1676), seize ans après
Boyle. En outre, *Mariotte* a le premier cherché à faire une application pratique de cette loi. Il s'en est servi en effet pour établir la relation entre la
pression de l'air et sa distance à la terre, ou, autrement dit, il a cherché à
appliquer le baromètre à la mesure des hauteurs. On ne peut pourtant considérer *Mariotte* comme le fondateur de l'hypsométrie, mais c'est lui qui, incontestablement, a fait faire le premier pas à cette science.

Déjà, *Pascal* avait eu l'idée de se servir du baromètre pour mesurer les hauteurs; il entrevit aussi qu'on pouvait en déduire la loi de la compressibilité de
l'air. Mais sa mort prématurée, et, dès longtemps auparavant, la malheureuse direction de son esprit, l'empêchèrent de continuer ses travaux (§ 151).

Plus tard, les membres de l'*Académie del Cimento*, le français *Pecquet*
(célèbre anatomiste, né à Dieppe en 1674), et l'Écossais *Sinclair* (professeur
à Glasgow, mort en 1696), firent différentes observations sur la dépression du
baromètre pendant l'ascension des montagnes. Mais aucun d'eux ne songea à en
déduire une loi même empirique entre la hauteur des montagnes et l'état du
baromètre.

Cet honneur était réservé à *Mariotte*. Après qu'il eût trouvé la loi qui porte
son nom, sur la compressibilité de l'air, il rechercha la relation entre la pression
et la hauteur. La méthode qu'il employa n'est pas, il est vrai, très rigoureuse;
mais il a fait du moins le premier pas dans l'apprentissage de la mesure des
hauteurs barométriques; et on devrait encore conseiller aux commençants, qui
voudraient acquérir une notion claire des principes sur lesquels repose cette
mesure, de suivre la voie tracée par *Mariotte.*

D'abord Mariotte commença à chercher de combien le baromètre baisse quand
on s'élève d'une certaine hauteur. Le nouvel observatoire créé à Paris lui en
fournit une excellente occasion. C'est une construction élevée établie sur d'anciennes carrières, grâce auxquelles il a été possible d'obtenir une cave, de 80
et quelques pieds de profondeur. Mariotte descendit dans cette cave avec son
baromètre, dont il observa la hauteur, et s'éleva, à partir de là, de 84 pieds :
le baromètre s'était alors abaissé de $\frac{4}{3}$ de lignes. S'étant élevé de nouveau de
84 pieds, le baromètre baissa encore de $\frac{4}{3}$ de lignes. Un abaissement de $\frac{4}{3}$ de
lignes pour 84 pieds, fait 1 ligne pour 60 pieds, et il en déduisait que près de
la surface, une différence barométrique de $\frac{1}{12}$ de ligne correspond à une différence de hauteur de 5 pieds.

Il prit la hauteur du baromètre à la surface de la terre, égale à 336''' et la partagea en $\frac{1'''}{12}$. La hauteur barométrique renfermait alors 4032 douzièmes de lignes. Alors il détermina la hauteur de chacune des couches consécutives de l'atmosphère, de telle sorte qne chacune d'elles présentât avec la suivante une différence de $\frac{1'''}{12}$, et partant de la couche inférieure de 5 pieds de haut, il en déduisait, à l'aide de la loi trouvée par lui, l'épaisseur de la couche suivante. Ainsi :

Couche :	**0**	**1**	**2**	**2016**	**2017**	
Hauteur :	$\frac{4032}{4032}$ 5',	$\frac{4032}{4031}$ 5',	$\frac{4032}{4030}$ 5', $\ldots$	$\frac{4032}{2016}$ 5',	$\frac{4032}{2015}$ 5',	et ainsi de suite.

Pour trouver les hauteurs qui correspondent à une certaine hauteur du baromètre, par exemple à celle marquée 2015, il devait additionner tous les termes de cette série jusqu'à l'avant-dernier, c'est-à-dire les hauteurs de toutes les couches déjà trouvées. Il admit alors que la série était une série arithmétique d'autant de termes, de sorte que, pour l'état du baromètre correspondant à 2015, cette série serait :

$$\frac{4032}{4031} \, 5 + \ldots \frac{4032}{2016} \, 5 \quad \text{c'est-à-dire} \quad 5 + \ldots 10$$

dont la somme

$$(5 + 10) \, 1008 = 15120 \text{ pieds,}$$

ce qui revient à établir que l'épaisseur de la couche d'air, qui correspond à une différence barométrique de $\frac{1'''}{12}$, est égale à $\frac{15120}{2016} = 7$ pieds $\frac{1}{2}$.

On voit dès lors que cette méthode ne conduit pas à un résultat exact ; elle donne des valeurs trop petites pour les hauteurs considérables, mais elle n'est inexacte que par ce seul point. Elle est juste au fond. Seulement *Mariotte* aurait dû prendre, non pas une différence de $\frac{1'''}{12}$, mais une différence beaucoup plus petite de $0''',01$, par exemple. Il aurait aussi dû tenir compte du décroissement de la température. Quant à la sommation des termes de série, elle était d'une haute difficulté, et fut plus tard effectuée par *Deluc*.

213. — Dans son *Essai sur la nature de l'air*, *Mariotte* considère aussi le baromètre au point de vue météorologique, et cherche l'influence que peut avoir le vent sur son état. On avait déjà remarqué avant Mariotte, que le vent du Nord et de l'Est déterminent l'ascension du baromètre, et que le vent du Sud et de l'Ouest le font au contraire descendre. *Mariotte* cherche à expliquer ce phénomène. Il admet que les vents du Nord et de l'Est, qui sont froids, soufflent de haut en bas, et tendent par suite à faire monter le baromètre ; tandis que les vents du Sud et de l'Ouest déterminent au contraire la descente du baromètre, parce que, se déplaçant tangentiellement à la terre, ils soulèvent l'air supérieur, et diminuent par suite la force élastique de celui-ci [1].

---

1. Fischer, *Gesch. d. Phys.*, II, 429, 430.

Mariotte est aussi un de ceux qui observèrent le phénomène de la rotation des vents. Il observa en particulier que, dans nos contrées, la direction du vent tourne le plus souvent du Nord à l'Est, et du Sud à l'Ouest, c'est-à-dire dans le sens de la marche diurne apparente du soleil. Le même phénomène fut aussi remarqué, peut-être à la même époque, par notre compatriote *Sturm*, dans la *Physica electiva* (Altorfi, 1697). Il avait également été indiqué par Lord *Bacon* dans son *Hist. nat. et experimentalis* (Lugd., 1638), et encore auparavant par *Aristote*[1] et *Pline*[2].

Mariotte s'occupait surtout beaucoup de *théorie*, et il chercha entre autres à expliquer les moussons, mais il ne fut pas heureux dans cette tentative; il croyait que l'air, ne pouvant pas suivre la rotation rapide de la terre de l'Ouest à l'Est, restait en arrière, et donnait alors l'apparence d'un vent d'Est[3].

214. — *Mariotte* cultiva aussi avec succès l'hydrostatique et l'hydrodynamique. Les merveilleuses machines hydrauliques de Versailles et de Chantilly lui en fournirent l'occasion[4]. Il écrivit sur ce sujet son *Traité du mouvement des eaux et autres fluides*, qui fut publié après sa mort en 1686.

Dans ce travail, il confirme, par une nombreuse série de recherches, les lois trouvées par *Torricelli* sur l'écoulement des fluides à travers les ajutages. Il observa, pour la première fois, le frottement des liquides dans les tubes, même dans les tubes de verre les mieux polis, et expliquait par ce frottement le désaccord que présente la théorie et l'expérience, et en particulier ce fait que le jet qui s'élance d'une fontaine reste toujours au-dessous de la hauteur de chute[5]. Cependant il n'observa pas la contraction de la veine liquide, qui s'échappe par une ouverture de mince paroi.

Incidemment je mentionnerai que vers le même temps en Italie, la loi de *Torricelli* avait été également soumise au contrôle de l'expérience par *Domenico Guglielmini*, né en 1655 à Bologne et mort en 1710 à Padoue. Celui-ci étudia les mathématiques, l'astronomie et la médecine avec un grand succès. Ses connaissances dans les deux premières sciences étaient telles, qu'à peine âgé de trente ans, il fut nommé sous-intendant des eaux de Bologne, et bientôt après on créa spécialement pour lui une chaire d'hydrométrie à l'université de cette ville. Sa renommée comme hydrographe était si grande, qu'il fut successivement consulté par presque tous les États du nord de l'Italie, lorsqu'il s'agissait de commencer une entreprise difficile dans la rectification des cours d'eau, l'établissement d'un canal, le dessèchement des marais, etc.

L'œuvre qui lui a valu sa principale renommée est connue sous le titre : *Trattato fisico-matematico della natura dei fiumi*, qui parut en deux parties : la première à Bologne en 1697, et la seconde seulement après sa mort en 1712. Le tout fut ensuite compris dans la collection de ses écrits hydrauliques, qui parut à Parme en 1766. Les Italiens du nord, dont le pays est entrecoupé de canaux et de cours d'eau, ont accordé une attention toute particulière aux

---

1. *Meteorol.* lib. II, cap. VI.
2. *Hist. nat.* lib. II, cap. XLVIII.
3. Fischer, *Ibid.*, II, 475.
4. Brewster, *Edinb. Encyclop.*, XI, 411.
5. Fischer, *Gesch. d. Phys.*, II. 407, 410.

recherches sur l'hydraulique, et ils ont réuni dans deux gros volumes tout ce qui se rapporte à ce sujet.

1° *Raccolta di autori, che trattano del moto dell'acque, Firenze*, 1723, 3 vol. contient les œuvres d'*Archimède, Albici, Galilée, Castelli, Michelini, Borelli, Montanari, Viviani, Cassini, Guglielmini, Grandi, Manfredi, Picard, Narducci.*

2° *Nuova Raccolta di autori, che trattano del moto dell'acque, Parma*, 1766, 7 vol. contenant les œuvres parues depuis, entre autres celles de *Guglielmini* et de *Poleni.*

Pour en revenir à *Mariotte*, il a également décrit dans son *Traité du mouvement des eaux*, etc., un appareil très ingénieux, qui est généralement connu sous le nom de *Vase de Mariotte*, et qu'il construisit pour prouver l'existence de la pression atmosphérique. Il fut plus tard employé pour obtenir l'écoulement d'un liquide sous une pression constante, et c'est cette propriété qui a le plus contribué à le répandre, et le fait encore employer de nos jours.

215. — *Mariotte* s'est également occupé de la mécanique des corps solides. Son nom a été conservé dans cette partie de la physique, par l'invention d'un instrument, qui acquit plus tard un certain renom lorsqu'on s'intéressa plus vivement à ce genre d'études. Nous voulons parler de l'appareil à percussion qu'on trouve encore aujourd'hui dans tous les cabinets de physique un peu complets : il consiste en une série de billes d'ivoire suspendues à la suite l'une de l'autre en se touchant, et dont les centres sont sur une ligne horizontale. La disposition que lui avait donné Mariotte fut plus tard améliorée par *s'Gravesande* et *Nollet*, et c'est particulièrement sous la forme donnée par ce dernier qu'il est employé en Allemagne.

Mariotte inventa cette machine pour vérifier les lois théoriques trouvées par *Wallis, Wren* et *Huyghens*. Il la décrit dans son *Traité de la percussion ou choc des corps* (Paris, 1677). Dans ce même traité il donne aussi les recherches sur la chute des corps, qu'il fit à l'Observatoire avec des balles de plomb, sur une hauteur de chute de 166 pieds 1/2 afin de démontrer la résistance de l'air[1].

A ces expériences se rattachent aussi les recherches de *Mariotte* sur la résistance des corps solides, c'est-à-dire sur la cohésion relative, ou la force qu'il faut employer pour les briser. Mariotte compléta les recherches commencées par *Galilée*, en ce qu'il tint compte de la dilatation des fils avant la rupture. Il établit que la dilatation des fils est proportionnelle à la force de tension, et arriva aussi à une règle, qui, même pour les corps qui ne sont pas absolument durs, est plus près de la vérité que celle établie par *Galilée.*

216. — Mais la partie mécanique de la physique n'est pas la seule que *Mariotte* ait enrichie de ses découvertes ; il mérite tout aussi bien d'être cité avec honneur dans l'histoire de l'optique et de la chaleur. En ce qui concerne l'optique, il faut citer en première ligne son *Essai sur la nature des couleurs*, dont la première édition parut en 1681, à Paris. Dans cet ouvrage, il s'occupe

---

1. Benzenberg, *Versuche üb. d. Gesetze d. Falles, d. Widerstand. d. Luft u. s. w. Hamb.*, 1804, p. 106.

entre autres, de la théorie des halos et des anneaux qu'on aperçoit par un ciel vaporeux, autour du soleil et de la lune.

Les halos sont, comme on le sait, des cercles colorés de 7 à 12 degrés 1/2 de diamètre autour des corps lumineux. Mariotte cherche à les expliquer par une double réfraction des rayons lumineux dans les petits globes de vapeur. On a démontré plus tard que cette explication était inexacte, ce qui était d'ailleurs évident, puisque d'après cette théorie le bord intérieur de l'anneau devait être rouge, tandis qu'il est bleu en réalité. Par contre, *Mariotte* a donné pour les plus grands halos, c'est-à-dire pour les cercles de 23° de diamètre, la partie principale de la théorie que nous regardons aujourd'hui comme exacte. Il les explique notamment par la présence dans l'atmosphère d'aiguilles de glace, ayant la forme de prismes triangulaires à base équilatérale.

Dans ces prismes, la lumière éprouverait deux réfractions et une réflexion, tout comme *Descartes* l'admet pour expliquer la formation de l'arc-en-ciel dans les gouttes d'eau. Il démontre ensuite, toujours comme *Descartes*, que, aux environs de 23°, l'angle d'incidence peut changer sans que la direction des rayons émergents change de plus de 2 degrés 1/2 [1].

La théorie de *Mariotte* s'accorde entièrement avec le phénomène, notamment en ce que le bord intérieur est nettement limité par le rouge. *Descartes* émit le premier l'idée, que ces plus grands halos ou couronnes pouvaient être produits par des aiguilles de glace, mais il croyait cependant à de petites étoiles de glace (*stellulæ ex glacie pellucidæ compositæ*), et c'est ce qui conduisit *Huyghens* à s'occuper de cette question [2].

Dans son *Essai sur les couleurs*, *Mariotte* s'occupe enfin des couleurs physiologiques ou accidentelles, dont on attribue d'ordinaire l'observation au célèbre *Buffon*. Il est vrai qu'elles ont été de la part de ce dernier l'objet de recherches plus précises, mais évidemment la priorité revient à *Mariotte*. Celui-ci connaissait d'ailleurs la théorie des couleurs de *Newton*, dont il se montra en partie l'adversaire, comme nous le verrons dans la suite.

Mais un travail qui excita chez ses contemporains un intérêt plus grand encore que l'*Essai des couleurs*, fut celui que *Mariotte* présenta en 1666 à l'Académie de Paris sous le titre : *Observations sur l'organe de la vision*, et qui fut également communiqué en 1668 à la Société royale de Londres [3].

Mariotte avait constaté par des recherches anatomiques sur les hommes et sur les animaux, que le nerf optique n'entre pas dans l'œil directement en face de la pupille, mais un peu plus haut et près du nez. Cela le conduisit à se demander ce qui pourrait bien arriver, s'il laissait tomber l'image d'un objet directement sur cette place. Il attacha alors sur un mur sombre un morceau de papier rond, et à droite, à deux pieds de là, et un peu plus bas, un second morceau de papier semblable au premier. Il ferma alors l'œil gauche, fixa l'œil droit sur le premier papier, et chercha en se rapprochant ou s'éloignant du mur à faire en sorte que l'image du deuxième morceau de papier se formât sur le nerf

1. Wilde, *Gesch. d. Optik.*, II, 283.
2. Wilde, *Gesch. d. Optik.*, II, 279.
3. *Mém. de l'Acad.* 1666, t. I, p. 68; *Phil. Transact.* 1668, p. 658.

optique. A son grand étonnement il vit alors le deuxième morceau de papier disparaître [1].

Cette expérience excita beaucoup l'attention, et fut, dès 1668, répétée à la Société royale de Londres en présence du roi. L'expérience qui prouve l'existence du *punctum cœcum* est très simple, mais l'intérêt qu'on y attachait devint encore plus grand lorsque *Mariotte* s'en servit pour établir une théorie sur le siège spécial de la vision. Il affirmait notamment que ce n'était pas dans la rétine, mais dans la membrane vasculaire qui se trouve au-dessous, que la perception de la lumière avait lieu. Cette perception ne pouvait se faire dans la première puisqu'elle est transparente, et qu'elle se laissait traverser par les rayons lumineux. Cela donna lieu alors à toute une série de discussions, dans lesquelles on trouve les noms des physiciens et des anatomistes les plus considérables du siècle et des époques suivantes, tels que *Pecquet*, *Perrault*, *de la Hire*, *Lecat*, *Michell*, *Porterfield*, *Haller*, *Morgagni* et autres, sans qu'on puisse dire que le différend eût été tranché avec certitude, à l'avantage de telle ou telle opinion mise en avant par l'un d'eux.

217. — *Mariotte* a fait sur la *chaleur rayonnante* une observation tout aussi importante que sur la vision, quoique l'on soit obligé d'admettre qu'il n'en comprit pas lui-même toute la valeur. Il observa pour la première fois que, tandis que la chaleur des rayons solaires traverse un verre sans être affaiblie, la chaleur d'un feu ordinaire est presque toute entière arrêtée. Il remarqua notamment que la chaleur du feu d'une cheminée concentrée à l'aide d'un miroir ardent, produisait sur la main une chaleur à peine supportable, mais que lorsqu'on interposait une lame de verre, la sensation disparaissait presque complètement bien que la lumière envoyée par la cheminée n'éprouvait pas d'affaiblissement appréciable. Cette expérience, dont l'importance a été démontrée seulement dans notre temps par *Melloni*, a été décrite par *Mariotte* dans son *Traité de la nature des couleurs* [2].

Dans un autre traité, *Mariotte* montre qu'on peut former un miroir ardent avec de la glace; il ajoute que cet essai a déjà été fait par d'autres personnes, mais il ne les nomme pas. Avec un miroir ainsi fait, *Mariotte* enflammait de la poudre [3].

Enfin, il me faut aussi mentionner que *Mariotte* a su attacher son nom à la géographie physique, non seulement à propos des vents, mais aussi à propos des sources. Il s'est posé en particulier cette question : D'où provient l'eau de source? — D'après des observations qui furent alors entreprises à Dijon, il évalua à 15 pouces l'épaisseur de la couche d'eau tombée dans l'année. Il considéra le bassin de la Seine comme ayant une surface de 3000 lieues carrées (lieues françaises), et la quantité d'eau transportée annuellement par la Seine à travers Paris égale à 105 120 millions de pieds cubes. D'après cela il prouva, par le calcul, que la Seine ne charrie pas à Paris la $\frac{1}{6}$ partie de l'eau qui tombe

1. Fischer, *Gesch. d. Phys.*, III, 141.
2. Poggendorff, *Ann.* XXXV, 112.
3. *Œuvres de Mariotte*, II, 607.

du ciel sur le bassin, dans le cours d'une année ; les $\frac{5}{6}$ qui restent suffiraient donc pour alimenter toutes les sources existantes[1]. Par là, il mettait en doute que l'infiltration de l'eau à travers le terrain fût aussi faible qu'elle le paraissait, et il s'attira de nouveau les objections de ses collègues *Perrault* et *de la Hire* (§ 305).

De tout cet exposé il résulte que *Mariotte*, en dépit d'une activité relativement limitée, a abordé, avec un entier succès, des sujets très différents. Ses principaux travaux sont contenus dans les *OEuvres de Mariotte*, 2 vol. in-4° (Leyden, 1717).

218. — Si on poursuit l'histoire des recherches entreprises par les physiciens florentins, par *Guericke, Boyle, Papin* et *Mariotte*, on est amené à parler immédiatement d'un autre membre de l'Académie des sciences, *Amontons*, qui dans cet exposé, marque la fin du xviiᵉ siècle.

Guillaume Amontons, fils d'un avocat de Normandie, naquit en 1663, à Paris d'après les uns, en Normandie d'après les autres. Mais il vint dès son enfance à Paris, où s'établit sa famille, et où il mourut en 1705, à quarante-deux ans. Tandis qu'il était encore sur les bancs de l'école, il perdit l'usage de l'ouïe ; mais cet accident, au lieu d'entraver ses études, ne fit qu'augmenter son ardeur surtout pour les mathématiques et la mécanique. Semblable à cet ancien philosophe qui s'était rendu aveugle, pour ne pas être détourné de ses spéculations par la vue des objets extérieurs, *Amontons* négligea de recourir à la médecine pour la guérison de son infirmité, de peur qu'en recouvrant l'ouïe, il ne fût détourné de ses études par le bruit du monde.

A côté des sciences mathématiques pures, *Amontons* s'occupa aussi d'architecture et d'arpentage, ce qui lui fit plus tard obtenir une place au service de l'État. Une de ses premières recherches fut l'établissement du mouvement perpétuel, et bien qu'il entrevît déjà la difficulté du problème, il ne pouvait se convaincre de l'impossibilité de la solution, ce qui était alors véritablement pardonnable.

En 1687, il se fit connaître pour la première fois à l'Académie des sciences, par la présentation d'un hygromètre (hygroscope), qui fut décrit en 1688 par *Regis* dans le *Journal des Savants*. Cet appareil consiste en un tube de verre d'environ 34 pouces, qui se termine à la partie supérieure par un vase *f*, et à sa partie inférieure par une boule *a* (fig. 23). Celle-ci porte en *c* une ouverture ; elle est entourée d'une autre boule *d* de corne, de bois de sapin, ou mieux encore d'une peau de mouton. Du mercure remplit complètement la sphère *d*, et la moitié du vase de verre *a*. Au-dessus se trouve de l'esprit-de-vin, qui remplit le tube jusqu'en *b*, et de *b* en *f*, de l'huile, qui doit conserver dans le vase supérieur un niveau et une pression sensiblement constants : aussi le tube n'est-il pas fermé. L'emploi de cet instrument repose sur ce fait que, lorsque l'humidité de l'air augmente, le globe de peau se dilate, les liquides descendent dans le tube, ce qu'il est facile de constater au point de séparation de l'huile et de l'esprit-de-vin, et ce qu'on peut mesurer à l'aide d'une échelle placée en cet endroit.

---

1. Fischer, *Gesch. d. Phys.*, II, 581.

Dans l'air sec, au contraire, la capacité du vase diminue, et la colonne de liquide monte dans le tube[1].

Un autre fruit de ses études fut un petit ouvrage, qu'il publia en 1695 à Paris, sous le titre : *Remarques et expériences physiques sur la construction d'une nouvelle clepsydre, sur les baromètres, thermomètres et hygromètres.*

Il est probable que ce fut ce travail qui lui ouvrit, en 1699, les portes de l'Académie, dont il resta membre jusqu'à sa mort, six années plus tard.

219. — Bien souvent le premier objet sur lequel un hasard quelconque fixe l'attention du savant détermine pour toujours la direction de ses recherches. Ainsi, voyons-nous *Amontons*, qui débuta par la construction d'un hygromètre, s'occuper plus tard spécialement du perfectionnement des instruments météorologiques. C'est surtout à propos du baromètre qu'il donna plus d'une preuve de sa sagacité, bien qu'il ne soit arrivé à aucun résultat pratique. Ainsi, pour faire disparaître l'inconvénient qui résulte de la grande longueur du baromètre, il

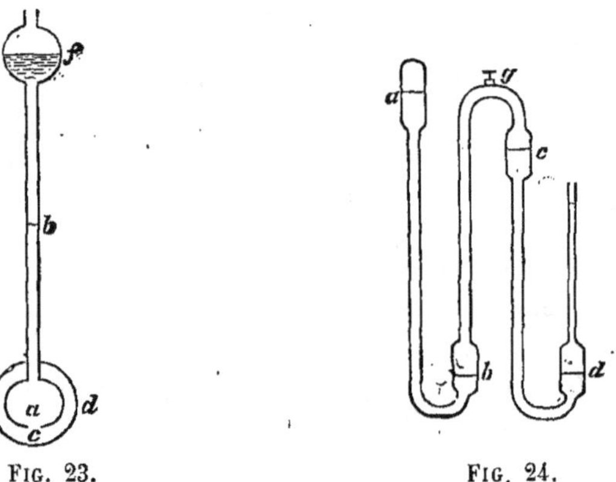

FIG. 23.   FIG. 24.

imagina en 1688 le baromètre *raccourci*. Celui-ci (fig. 24) se compose de plusieurs branches en zigzag soudées ensemble. La tige *ab* contient du mercure, *bc* de l'air ou un autre fluide, *cd* contient encore du mercure et ainsi de suite. Deux colonnes de mercure réduisent la hauteur du baromètre à la moitié de 28 pouces, quatre la réduisent au $\frac{1}{4}$ — Les colonnes d'air, qui se trouvent entre elles, transmettent les pressions des colonnes de mercure précédentes à celles qui suivent, de sorte que finalement s'exerce en *d* une pression dirigée de bas en haut, égale à la somme de toutes les colonnes de mercure. Mais ici les changements de pressions apparaissent d'autant plus petits que le nombre des colonnes de mercure est plus grand. C'est pourquoi *Amontons* établit encore au-dessus de *d* un tube étroit, rempli d'un liquide léger, dans lequel les changements de pressions se trouvent augmentés. Le remplissage de l'instrument se faisait par le tube fermé *g*. Toute cette disposition est certainement

1. Fischer, *Gesch. d. Phys.*, III, 344.

ingénieuse; mais elle est difficile à réaliser, et entraîne des erreurs considérables dans l'observation [1].

Amontons décrit également, dans ses *Remarques* de 1695, un baromètre conique encore plus ingénieux. Il consiste simplement en un tube droit, qui se termine en cône sur la partie supérieure, et dont la longueur dépend de l'angle de la section axiale de ce cône. Le tube est fermé à la lampe, à la partie supérieure, et ouvert à la partie inférieure. Mais cette extrémité est encore si étroite que le mercure ne peut s'échapper, de sorte qu'il est soutenu seulement par la pression de l'air. Maintenant lorsque la pression atmosphérique est de vingt-huit pouces, par exemple, le mercure prend, dans le baromètre conique, une position telle, qu'il fasse équilibre à la pression extérieure. Lorsque celle-ci diminue, le mercure descend, lorsqu'elle monte le mercure s'élève. La graduation de l'échelle repose sur ces variations dans la position de la colonne mercurielle. Malheureusement cette disposition si ingénieuse présente de graves défauts.

Amontons n'a été précédé par personne dans l'invention de ces deux instruments; par contre, il a encore décrit un double baromètre et un baromètre marin dont *Hooke* avait eu l'idée longtemps auparavant. Mais *Amontons* a rendu un service beaucoup plus important à la science, en reconnaissant le premier l'influence de la chaleur sur le baromètre, et en indiquant la nécessité de faire subir au baromètre des corrections relatives à la température.

Il chercha aussi à déterminer la dilatation du mercure, et trouva qu'à Paris, entre les plus grands froids de l'hiver et les plus grandes chaleurs de l'été, c'est-à-dire entre $-14°$ R et $+22°$ R, cette dilatation atteint la $\frac{1}{115°}$ partie du volume total [2]. C'est là sans doute une approximation assez grossière, qui provient surtout de l'estimation inexacte des températures; mais elle est encore assez exacte pour l'époque à laquelle elle a été faite. En tout cas, *Amontons* avait sur ce sujet des idées beaucoup plus justes qu'un grand nombre de physiciens, qui plus tard encore niaient l'influence de la chaleur. L'Anglais *Beighton* [3], par exemple, indiquait la cuisson du baromètre comme un moyen de le soustraire à l'influence de la chaleur.

D'aillleurs, au temps d'*Amontons*, on n'avait pas encore entrevu la nécessité de faire bouillir le baromètre. Les baromètres de ce temps ne l'étaient pas; et la correction relative à la température signalée par *Amontons* était véritablement prématurée. L'histoire du baromètre du chancelier *Pontchartrain* [4] nous montre d'une manière frappante, combien à cette époque on s'inquiétait peu de la cuisson du baromètre, et combien par suite il était difficile d'expliquer les phénomènes qui résultent de cette omission. Ce baromètre se tenait à 18 ou 19 lignes au-dessous de tous les autres baromètres de Paris, et aucun physicien ne pouvait en donner la raison. Le fait fut porté devant l'Académie et soumis à *Amontons*. Mais celui-ci ne résolut pas la difficulté, et mourut sur ces entrefaites, sans avoir donné d'autre explication que cette hypothèse incroyable,

---

1. Fischer, *Gesch. d. Phys.*, II, 423.
2. Fischer, *ibid.*, II, 427; *Mémoires de l'Acad.* de Paris, 1704.
3. *Ibid.*, IV, 173.
4. *Ibid.*, II, 425.

que le tube de verre de ce baromètre devait être poreux. Ce fut l'année suivante, en 1706, que la question s'éclaircit pour la première fois, lorsque *Homberg* eût déclaré qu'il avait lavé le tube avec de l'esprit de vin, avant de le remplir de mercure, et qu'il était peut-être resté quelques gouttes, dont la vapeur, en s'élevant dans la chambre de Torricelli, avait déprimé la colonne de mercure. Malgré cet incident, on ne fut pas encore amené à la cuisson du baromètre, et on laissa s'écouler encore une trentaine d'années avant d'arriver à ce perfectionnement essentiel.

CUISSON DES BAROMÈTRES

220. — Comme je viens précisément de parler de la cuisson des baromètres, je ne puis résister à la tentation de donner une histoire abrégée de cette opération, bien qu'elle s'étende au delà de la période que nous considérons en ce moment. Elle forme un épisode remarquable de l'histoire du baromètre, surtout en ce qu'elle comprend une période de près de 90 ans, et remonte précisément à l'époque dont nous nous occupons maintenant, c'est-à-dire au dernier tiers du xvii° siècle.

Ce fut en 1675 que *Picard* observa, par hasard, que lorsqu'il transportait son baromètre dans un endroit obscur, celui-ci, à la suite des secousses éprouvées, laissait voir dans la chambre de *Torricelli* une lueur fugitive[1]. *Cassini* avait aussi un baromètre qui brillait dans l'obscurité. Mais, comme le plus grand nombre de ces instruments ne présentait pas ce phénomène, on le considérait comme une simple curiosité connue sous le nom de *phosphore mercuriel*, et l'on n'y fit pas attention. Pour la première fois, en 1700, le célèbre mathématicien *Joh. Bernoulli* examina la chose de plus près, et crut avoir découvert le moyen de construire des baromètres lumineux. Il communiqua cette découverte à l'Académie de Paris, mais on ne réussit pas à faire des baromètres lumineux d'après ses indications. Ceci l'amena à écrire un second mémoire en 1701, mais, comme il ne parvint pas à attirer l'attention d'une manière suffisante, il composa en 1719, un troisième traité plus étendu sur le même sujet. Dans cet écrit, *Bernoulli* explique en détail dans quelles circonstances un baromètre est phosphorescent, à quelles conditions il le devient, et comment on peut produire les lueurs.

Il donna trois procédés pour faire des baromètres lumineux, mais qui n'atteignirent pas tous le but, de sorte que son mémoire suscita un grand nombre d'écrits, dans lesquels on considérait le phénomène comme problématique. C'est alors qu'en 1706, prirent part à cette discussion le célèbre physicien hollandais, *Musschenbroek* et le médecin français *Dutal;* en 1708, l'Anglais *Hawksbee;* en 1710, le Hollandais *Hartsoeker*, qui attaqua vivement *Bernoulli* et qui s'attira une réplique tout aussi âpre; en 1715, le professeur de mathématiques *J. F. Weidler* de Wittenberg; en 1716, *J. G. Liebknecht*, pro-

---

1. Fischer, *Gesch. d. Phys.*, III. 429.

fesseur de mathématiques à Giessen, et *Michael Heusinger* son collègue; en 1717, le physicien français *Mairan*.

Tous leurs travaux n'apportèrent aucune lumière sur la production ni la cause du phénomène. La plupart d'entre eux croyaient l'avoir expliqué en l'appelant *phosphore mercuriel*; et *Mairan*, dont le mémoire fut couronné par l'académie de Bordeaux, croyait même qu'il provenait de la présence de soufre dans le mercure. La question en resta là jusqu'en 1723. Alors *Dufay*, membre de l'Académie des sciences, qui s'est rendu célèbre par sa théorie de l'électricité, publia un traité, dans les *Mémoires de l'Académie de Paris*, où il déclare avoir appris d'un verrier allemand l'art de construire d'une manière certaine des baromètres lumineux. Ce procédé consistait à faire bouillir une partie seulement du mercure du baromètre; car il prescrivait de remplir d'abord $\frac{1}{3}$ du baromètre avec du mercure et de le faire bouillir, de traiter ensuite le second tiers de la même façon, et de remplir de mercure le troisième tiers, mais cette fois sans le faire bouillir. *Dufay* déclarait, tout spécialement, que si on chauffait le tube barométrique d'une façon énergique, qu'on le remplit alors de mercure bouillant, et qu'on en fît sortir l'air, en l'agitant au moyen d'un fil de fer, le baromètre ne luisait pas dans l'obscurité[1].

Ainsi *Dufay* ne conçut pas encore l'idée de considérer les lueurs, dont il est question, comme un phénomène électrique, bien qu'il repousse l'idée émise par *Heusinger*, que la température devait avoir une influence sur leur production.

D'après lui, ces lueurs provenaient de particules de feu, que le mercure aurait retenues pendant la cuisson, et qui s'échappaient longtemps après ! La question en resta là pendant dix-sept ans. On chauffait et rechauffait le baromètre, mais seulement pour étudier les lueurs, ou par amusement.

En 1740, *Cassini* et *Le Monnier* se disposaient à faire un voyage dans les Pyrénées. Ils voulaient emporter des tubes de réserve pour leur baromètre, et tandis qu'ils les remplissaient de mercure, il leur vint à l'idée de les faire bouillir, afin de voir s'ils luiraient dans l'obscurité comme *Dufay* l'avait observé[2]. Ils constatèrent le fait, et firent de plus cette observation que, non seulement les baromètres qui avaient bouilli se tenaient plus haut que les autres, mais aussi que dans ces baromètres, la hauteur de la colonne mercurielle était la même, ce qu'on n'avait jamais pu obtenir avec ceux qui n'avaient pas subi cette préparation. Dès lors, on porta les baromètres à l'ébullition, afin de les rendre comparables. Mais, quant à l'explication, ni *Cassini* ni *Le Monnier* ne purent la donner.

Il était réservé au physicien génevois *Deluc* de donner la raison si simple de cette concordance, et de montrer la nécessité de faire bouillir les baromètres pour les rendre parfaits. Ces indications se trouvent dans ses *Recherches sur les modifications de l'atmosphère*, qui furent soumises à l'approbation de l'académie de Paris en 1762, mais qui parurent pour la première fois à Genève en 1772[3].

---

1. Fischer, *Gesch. d. Phys.*, III, 437.
2. Fischer, *ibid.*, IV, 172.
3. *Ibid.*, IV, 176.

PERFECTIONNEMENT DU THERMOMÈTRE

221. — Les renseignements que nous avons donnnés sur l'histoire du baromètre, se rattachent aux travaux que fit *Amontons* sur ce même sujet. Celui-ci joue également un rôle honorable dans l'histoire du thermomètre. Il remarqua en 1702, que la température de l'eau bouillante était constante; et il attachait avec raison beaucoup d'importance à cette observation. Aussi devrait-on la lui compter comme une découverte importante, si on pouvait lui en attribuer la priorité. Mais, cela est difficile, car *Amontons* eut certainement au moins un précurseur, bien qu'il n'en ait rien su.

Ce précurseur n'est autre que *Renaldini*, dont il a été question plus haut (§ 171), et qui, déjà en 1694, dans sa *Philosophia naturalis*, indiquait à la fois comme températures fixes, et le point d'ébullition de l'eau et le point de fusion de la glace, et les proposait pour la construction des échelles thermométriques. *Robert Hooke* en 1664, c'est-à-dire à peu près en même temps que les Florentins, connaissait la fixité de la température de fusion de la glace, et en 1684, par conséquent avant *Renaldini*, constatait également la fixité de la température d'ébullition de l'eau. Il proposait aussi ces températures comme points fixes de l'échelle thermométrique. Du moins *Brewster* l'avance dans son *Edinburgh Encyclopædia*, volume XI, page 110, sur l'autorité d'un manuscrit *Robison*. Mais je ne trouve rien qui y ait rapport dans *Birch's History of the de Royal Society*, de 1684, ni dans *Hooke's Philosoph. Experiments* publiés par *Derham*. Il paraîtrait en outre d'après l'*Edinb. Encyclop.*, volume XVIII, page 590, que les procédés de graduation de *Hooke* auraient eu une certaine ressemblance avec ceux de *Boyle*. On trouve cette opinion dans la *Micrographie*, page 13.

D'autre part, la constance de la température du point d'ébullition de l'eau était connue de *Halley*[1], qui dit l'avoir observée en 1688, et de *Newton*[2]; mais ceux-ci ne cherchèrent pas, comme *Amontons*, à l'appliquer à la graduation du thermomètre. Il est très remarquable, qu'après avoir observé les deux températures fixes de l'eau, on en ait tenu si peu compte, au point de vue de leur application au thermomètre. Ainsi l'*Académie del Cimento* connaissait au moins la constance de la température de fusion de la glace, et cependant elle ne régla en aucune façon son thermomètre là-dessus.

Boyle, qui eut de bonne heure connaissance du thermomètre florentin, remarque, il est vrai, les défauts de sa graduation, mais, bien qu'il connût lui aussi, la constance du point de fusion de la glace, il n'en fit aucun usage. Il proposa, pour l'un des points fixes de l'échelle thermométrique, le point de fusion de l'huile grasse d'anis, parce qu'il était plus facile de s'en procurer à toutes les époques de l'année, et parce qu'il doutait d'autre part de l'entière

---

1. *Philosoph. Transactions*, 1693.
2. *Ibid.*, 1701.

constance du point de fusion de la glace! Ce doute, *Derham*, *Halley* et *Musschenbroek* le partageaient, en ce qu'ils croyaient que le point de fusion variai avec la latitude géographique [1].

Avec le point fixe de l'huile d'anis, *Boyle* voulait graduer le thermomètre de telle sorte, que chaque degré indiquât la $\frac{1}{10000}$ partie, ou une certaine fraction de la dilatation de l'huile.

Halley avait aussi, comme nous venons de le dire, observé, avant *Amontons*, la constance de la température de l'ébullition de l'eau, mais toutefois il n'en fit aucune application au thermomètre. Il remplissait des tubes thermométriques ouverts, avec du mercure ou de l'eau, les plongeait dans l'eau qu'il portait à l'ébullition, afin de voir quelle serait la dilatation des liquides désignés. Dans ses recherches, il eut le tort de ne pas déterminer avec soin la température initiale; c'était vraisemblablement la température moyenne de l'air. Il trouva que la dilatation des deux liquides, jusqu'à la température d'ébullition de l'eau, avait une limite nettement déterminée. Elle était pour l'eau égale à $\frac{1}{26}$.

Quelques années auparavant, en 1684, *Hooke* avait fait une détermination semblable par un autre procédé, et, comme il le dit, *to examine the limits of heat and cold, that water will endure in the guise of a liquor*, etc., il pesait une boule de fer dans de l'eau qui allait se congeler, et dans de l'eau sur le point de bouillir, et il trouvait par là que, dans ce dernier état, cette eau avait un poids spécifique plus petit de $\frac{1}{30}$ [2]. Il est vraisemblable que c'est sur cette expérience que *Robison* avait basé l'opinion rapportée ci-dessus, mais je ne trouve pas, à l'endroit cité, que *Hooke* ait appliqué ce résultat au thermomètre.

Pour le mercure, *Halley* trouva la dilatation égale à $\frac{1}{74}$. On indique bien que *Halley* aurait proposé le mercure comme liquide thermométrique dès 1680 [3]; mais à l'endroit où il en est question, il dit qu'il serait très propre pour cet usage, si sa dilatation était plus considérable. Le mercure n'a donc pas été recommandé comme substance thermométrique en 1693; il ajoute au contraire que, bien que cette dilatation fût assez faible, elle avait une influence sur la hauteur du mercure dans le baromètre. Il serait, d'après cela arrivé, à reconnaître l'influence de la chaleur avant *Amontons*, mais je ne trouve pas qu'il ait reconnu la nécessité de faire subir au baromètre la correction relative à la chaleur.

Halley entreprit aussi la recherche précédemment indiquée sur l'esprit-de-vin; mais, comme il avait placé ce liquide dans un vase thermométrique ouvert, il ne pouvait naturellement aller jusqu'au point de l'ébullition de l'eau; il dut arrêter l'expérience dès que l'esprit-de-vin commençait à bouillir. C'est ce point fixe de l'ébullition de l'esprit-de-vin, et non celui de l'eau, que *Halley* aurait désiré voir prendre comme point fixe supérieur, parce qu'il avait précisément trouvé que le volume de l'esprit de vin n'augmentait plus au delà. Comme point fixe inférieur, il proposait la température d'une cave profonde;

---

1. Brewster, *Edinb. Encycl.*, XVIII, 590.
2. Birch, *History of the royal Society*, IV, p. 254, 269.
3. *Philosoph. Transact.*, 1693.

parce qu'il la considérait comme plus constante et plus facile à déterminer que
le point de fusion de l'huile d'anis ou de la glace.

On voit, d'après cela, que *Halley* était encore loin d'établir l'échelle du thermomètre sur une base certaine, car le point normal supérieur de l'échelle dépendait chez lui entièrement de l'eau contenue dans l'esprit-de-vin, avec lequel il
remplissait le thermomètre.

Quant à *Newton*, son échelle thermométrique était mieux déterminée, mais
elle n'était cependant pas exempte de fautes. Comme liquide, il prenait l'huile
de lin ; ses points fixes étaient la température de la glace fondante égale à 0°, et
la température du corps humain. Il partageait cet intervalle en douze parties. Il
ne faisait aucun usage de la température d'ébullition de l'eau, bien qu'il sût
qu'elle était constante. Elle correspondait au 34° degré de son échelle : ce
n'était à vrai dire qu'une graduation abrégée d'après laquelle

$$\text{le volume de l'huile de lin à } 0° \text{ } Newton = 10000$$
$$- \qquad - \qquad 12° \quad - \quad = 10256$$
$$- \qquad - \qquad 34° \quad - \quad = 10725$$

encore ne trouva-t-il pas la température d'ébullition constante; car l'ébullition
commençait à 33° de son échelle, l'ébullition très vive se produisait à 34, et
pouvait aller jusqu'à 34 $\frac{1}{2}$.

Ce n'est, à véritablement parler, qu'une preuve de la précision avec laquelle
observait *Newton*, car, si on plonge le thermomètre dans l'eau même, comme
il le faisait, il est impossible d'éviter ces variations. Ce que nous appelons
aujourd'hui tout simplement température d'ébullition de l'eau, n'est pas la
température de l'eau bouillante, mais la température de la vapeur qui s'en
dégage. Celle-ci seulement est constante, tandis que la température de l'eau
bouillante est au contraire variable, et dépend non seulement de la pression de
l'air, mais aussi de la nature du vase, de la profondeur de l'immersion, de la
pureté de l'eau, etc.

C'est peut-être cette circonstance qui fit que *Newton* n'employa pas la température de l'eau bouillante, pour établir l'échelle thermométrique; peut-être
savait-il que la température de l'eau bouillante dépend de l'état barométrique.
Amontons ignorait cette relation, bien qu'il eût pu en avoir connaissance par
les expériences de *Boyle* et de *Papin*. D'ailleurs *Mariotte* la connaissait, et il
en tirait la conclusion fort juste que l'eau doit bouillir à une température plus
basse sur le sommet qu'au pied d'une montagne, conclusion qui ne reçut la
sanction de l'expérience que beaucoup plus tard. Ce fut le 6 octobre 1739, sur
le Canigou, dans les Pyrénées, que *Le Monnier* observa que, le baromètre se
tenant à 20″ 2,5‴, l'eau bouillait à une température de 9° plus basse qu'à Perpignan.

222. — Il résulte de tout cela qu'*Amontons* n'est pas le premier qui ait
observé la température constante d'ébullition, et qui ait reconnu les circonstances dans lesquelles elle est véritablement constante. Cependant on doit lui
reconnaître le mérite de l'avoir appliquée à la construction d'un thermomètre
qui présente, à beaucoup d'égards, de sérieux avantages sur ceux qui avaient

été faits auparavant. Il construisit en effet le premier véritable thermomètre à air, qui ne fût pas en même temps un baromètre. L'appareil consistait en un tube de verre *ab*, long et étroit, ouvert à la partie supérieure, recourbé à la partie inférieure, et terminé par une boule *c* (fig. 25). L'appareil contenait une quantité de mercure telle qu'en le portant dans l'eau bouillante, la hauteur barométrique étant de 28 pouces, le mercure s'élevât dans *b* à 45 pouces au-dessus du niveau dans la boule. La pression totale de l'air chauffé était par conséquent de $28 + 45 = 73''$. A partir, et au-dessous de ce point marqué 73, on partage le tube en pouces de Paris et en lignes, qu'on compte en descendant, de telle sorte qu'au niveau *ca*, s'il avait été nécessaire d'étendre les indications aussi bas, on aurait dû marquer 28. Si l'élasticité de l'air enfermé dans la boule diminuait par suite du refroidissement, la colonne de mercure descendait dans le tube *ab*. Lorsqu'au moment de l'observation, la hauteur barométrique dépassait $28''$, *Amontons* ajoutait la différence à la hauteur de la colonne mercurielle; lorsqu'elle était inférieure à $28''$, *Amontons* retranchait la différence de la hauteur indiquée par le thermomètre, et il avait ainsi la hauteur due à l'action seule de la chaleur, indépendamment des variations de la pression atmosphérique. De cette façon, il trouva que la température de la congélation de l'eau correspondait à $51'' 1/2$, et la température des caves de l'Observatoire de Paris à $54''$[1].

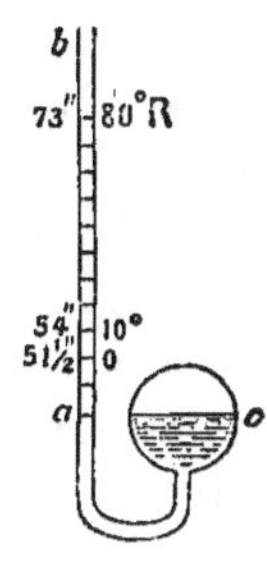

FIG. 25.

Il faut bien remarquer que le thermomètre à air d'*Amontons* différait essentiellement de tous les instruments de cette espèce, non seulement par cette correction, mais aussi dans son principe. Dans tous les thermomètres à air construits jusque là, la température était mesurée ou déterminée par la dilatation ou l'augmentation du volume de l'air enfermé. Dans l'instrument d'*Amontons*, au contraire, elle est mesurée par l'accroissement de la force expansive de l'air, dont le volume reste sensiblement constant, car les diamètres du tube et de la boule étaient dans le rapport de 1 à 58. Ce principe est tout à fait conforme à l'équation aujourd'hui employée

$$\frac{V'}{V} = \frac{P}{P'} = \frac{(1 + \alpha\, t')}{(1 + \alpha\, t)},$$

qui est applicable pour autant que la loi de *Mariotte* est exacte. *Amontons* avait trouvé cette dernière établie[2]. Quant à la relation

$$\frac{P'}{P} = \frac{1 + \alpha\, t'}{1 + \alpha\, t'},$$

lorsque $V = V'$, il pourrait bien l'avoir supposée plutôt que démontrée.

Il trouva que le rapport $P' : P$ pour les températures de $54''$ et $73''$, c'est-à-

1. Fischer, *Gesch. d. Phys.*, III, 218.
2. *Ibid.*, II, 461.

dire les températures des caves, et celle de l'ébullition était de 1 à 1,35, ce qui donne pour l'intervalle de 0° et 100° le rapport 1 : 1,4 [1].

Le thermomètre à air d'*Amontons* est naturellement incommode dans la pratique, à cause de sa grande longueur; aussi ne voulait-il point l'employer ainsi, mais seulement comme thermomètre normal pour régler son thermomètre à esprit de vin. La grande longueur et la masse de l'instrument faisaient qu'il était aussi très difficile de le plonger tout entier dans l'eau bouillante, et de lui donner une température uniforme, ou bien d'éviter une perte de l'air pendant la manipulation et le transport. Ces défauts, auxquels s'ajoutait aussi l'inégale humidité de l'air enfermé dans les différents thermomètres, inspirent quelques doutes sur la certitude des indications de cet instrument. Il est toutefois très ingénieux, et c'est avec lui que le marquis *Poleni* poursuivit pendant onze ans à Padoue, de 1725 à 1736, ses observations météorologiques.

Afin de rendre inutiles les corrections que doit subir le thermomètre, à cause des variations du baromètre, *Jacob Hermann* (1678-1733) proposa, quatorze ans plus tard, de fermer l'extrémité supérieure du tube, ce qui donnait au thermomètre à air d'*Amontons* la forme d'un baromètre. Ce *Jacob Hermann* était un physicien et mathématicien distingué de Bâle, contemporain d'*Amontons*. Il décrit l'instrument ainsi modifié, dans son *Phoronomia seu de viribus et motibus corporum solidorum et fluidorum* (Amstel., 1716). Ce thermomètre, qu'on trouve encore dans les cabinets de physique, indique directement l'élasticité, et en même temps la température de l'air enfermé, lorsqu'on a effectué sur la colonne de mercure la correction relative à sa température. Ce même instrument fut encore une fois décrit comme nouveau, en 1719, dans les *Acta Erudit*, par *Balthasar*, professeur de mathématiques à Erlangen, qui s'en servit pendant une année pour faire des opérations météorologiques; *Hermann* au contraire semble avoir simplement proposé son emploi dans ce but.

223. — *Amontons* chercha aussi à mesurer, avec son thermomètre, les températures plus élevées que celles qu'il pouvait indiquer directement. Pour cela, il prit une barre de fer épaisse, et fit rougir l'une de ses extrémités sur un feu de charbon, la barre étant d'abord posée verticalement, puis, il la plaça horizontalement, et détermina l'endroit où elle était assez chaude pour fondre la cire, l'étain, le plomb, le verre, et ainsi de suite. Il avait auparavant, à l'extrémité froide de la tige, déterminé en certains points les températures les plus basses, au moyen de son thermomètre à air. Comme il admettait que les températures croissaient en progression arithmétique en allant vers les parties les plus chaudes, il trouvait facilement les points de fusion de la cire, de l'étain, du plomb, du verre, et ainsi de suite.

Cette expérience est certainement très ingénieuse et très utile; malheureusement pour *Amontons*, ce n'est pas lui qui l'a imaginée, et il ne l'a pas appliquée avec précision. L'invention de cette méthode est due à *Newton* qui, l'année précédente, c'est à dire en 1701, l'avait décrite dans un article anonyme des *Philosoph. Transactions*, sous le titre *Une échelle des degrés de chaleur*. *Newton* trouve, à l'aide d'une méthode que j'exposerai plus tard (§ 283), que les

____

1. Fischer, *Gesch. d. Phys.*, II, 468.

températures d'une barre de métal, dont une extrémité est soumise à l'action d'une source de chaleur constante, sont représentées par les ordonnées d'une courbe logarithmique. Ses estimations devaient donc différer de celles d'*Amontons*. Cependant, les différences apportées par les deux hypothèses ne sont pas très importantes, jusqu'à une température d'environ 540° F [1]. D'ailleurs, *Amontons* lui-même ne prétend en rien à la découverte. Non seulement il connaissait très bien le mémoire de *Newton*, mais de plus il entreprit ses expériences dans le but de corriger les erreurs qu'il pensait devoir s'y trouver.

224. — En dehors des travaux dont il a. été question jusqu'ici, *Amontons* s'est encore acquis une certaine réputation par ses recherches sur le *frottement* des corps solides. Ces recherches sont décrites dans les mémoires de Paris en 1699, sous le titre : *Sur la résistance causée dans les machines par le frottement et par la raideur des cordes.* Jusque-là on n'avait eu que de très vagues notions sur le frottement; on croyait par exemple que la grandeur du frottement était simplement proportionnelle à la grandeur des surfaces frottantes. *Amontons* montra le premier qu'elle augmentait avec la pres'sion.

Pour le démontrer, il plaçait le corps soumis à l'expérience sur une base horizontale, y attachait une ficelle enroulée sur une poulie de telle sorte qu'elle fût parallèle à la surface frottante. Cette ficelle était tendue par un poids. Ensuite, il déterminait le plus grand poids qu'on pouvait mettre à l'extrémité de la corde sans ébranler le corps; et aussi le poids strictement nécessaire pour le mettre en mouvement : il considérait le poids moyen comme mesurant le frottement. Dans ses recherches, le corps et la base étaient, chacun en particulier ou tous les deux à la fois, en fer, plomb, cuivre ou bois ; il trouva le frottement égal au tiers du poids du corps. *Amontons* montre d'une façon ingénieuse combien le frottement dépend de la pression. Pour cela il prend un parallélipipède, qu'il place soit sur une de ses grandes faces, soit sur une petite, et mesure le frottement dans les deux cas. Le frottement reste le même malgré l'inégalité des surfaces [2]. Ces recherches eurent le mérite d'attirer l'attention des physiciens de cette époque et de leurs successeurs, sur les phénomènes de frottement. Comme dernière preuve de l'activité et de la fécondité d'invention d'*Amontons*, j'ajouterai qu'il construisit un télégraphe et une espèce de machine à vapeur ou de *moulin à feu.* Son télégraphe ressemblait beaucoup aux règles mobiles employées de nos jours. En 1702, il fit avec cet instrument des expériences en présence de la cour et d'un public considérable. Mais ce n'était pas le premier télégraphe. *Hooke* en avait indiqué un de cette espèce depuis longtemps déjà. La soi-disant machine à vapeur d'*Amontons* ou son *moulin à feu,* devait être mise en mouvement par de l'air chauffé; mais elle n'était pas pratique et n'a jamais été exécutée.

1. Lambert, *Pyrométrie*, S. 186.
2. Fischer, *Gesch. d. Phys.*, II, 388.

DALENCÉ

225. — Comme j'ai beaucoup parlé jusqu'ici des perfectionnements apportés au thermomètre, je ne puis abandonner ce sujet sans placer immédiatement à la suite d'*Amontons*, deux hommes qui ont rendu, dans cette question, d'importants services : je veux parler du français *Dalencé* et de notre compatriote *Fahrenheit*.

Dalencé est l'auteur d'un petit livre in-12, intitulé *Traité des baromètres, thermomètres et notiomètres*, qui parut à Amsterdam en 1688, sans signature. Ce livre joua dans l'histoire du thermomètre un certain rôle. C'est grâce à lui surtout que fut répandue l'erreur d'après laquelle *Cornelius Drebbel* serait l'inventeur de cet instrument. Cette opinion erronée ne suffirait pas pour attirer l'attention; mais c'est dans ce petit traité qu'on trouve pour la première fois exprimé le véritable principe pour établir rigoureusement une échelle thermométrique.

Ce principe est le suivant : porter successivement le thermomètre à deux températures essentiellement constantes, puis diviser l'intervalle des points marqués sur le thermomètre en un nombre égal de parties.

Ce principe conduit à des résultats précis, puisque le liquide thermométrique se dilate, en réalité, proportionnellement à la température et que la tige de l'instrument est exactement cylindrique. *Dalencé* en a la priorité sur *Renaldini* lui-même; mais au lieu de prendre comme celui-ci, pour températures fixes, la point de fusion de la glace et le point d'ébullition de l'eau, il choisissait des températures beaucoup moins convenables. Il indiqua deux échelles; dans le première il déterminait les points fixes par :

<pre>
la fusion du beurre............ + 10° Dal. = 30° C.
au milieu......................   0° . —
Température de la congélation — 10°   —   = 0° C.
</pre>

Pour la deuxième échelle, une cave profonde et close, et un mélange de glace et de sel de cuisine lui fournissaient les points fixes. Ces températures n'étaient évidemment pas bien choisies, et elles pouvaient d'autant moins donner des résultats exacts, que *Dalencé* les appliquait au thermomètre à esprit-de-vin. Mais le principe de la graduation n'en était pas moins juste et n'avait pas encore été établi[1].

1. Lambert, *Pyrométrie*, S. 50.

226. — J'arrive maintenant à notre compatriote *Fahrenheit*. Son activité s'étend, il est vrai, jusqu'au xviiie siècle, mais comme ses travaux se rattachent à l'histoire du thermomètre, j'ai cru convenable de les placer ici.

Daniel Gabriel Fahrenheit naquit à Dantzig en 1686, et fut destiné d'abord au commerce. Dans ce dessein, il fut envoyé à Amsterdam en 1701, mais son penchant pour la physique lui fit bientôt abandonner complètement cette carrière. Afin d'étendre ses connaissances, il fit plusieurs voyages en Angleterre, en France et en Allemagne; et, comme de bonne heure il avait acquis une habileté peu commune dans l'art encore restreint de construire les thermomètres, il se créa ainsi beaucoup d'amis parmi les physiciens. Il passa la plus grande partie de son temps en Hollande, où il put jouir de l'intimité de *s'Gravesande* et du célèbre *Boerhaave*. Il y mourut en 1736.

C'est surtout le thermomètre, qui a fait la célébrité de *Fahrenheit*; il lui valut une renommée telle parmi ses contemporains, que déjà en 1709, on entreprenait, dans un grand nombre de villes de l'Europe, des observations avec les thermomètres qu'il avait construits. Les premiers thermomètres de *Fahrenheit* étaient remplis d'esprit-de-vin, et avaient une faible capacité, de sorte qu'ils ne pouvaient servir qu'aux observations météorologiques; mais ils avaient le grand avantage de concorder les uns avec les autres.

Cette qualité était fort rare dans les thermomètres qu'on construisait alors, malgré les travaux de *Dalencé, Renaldini, Halley, Newton* et *Amontons*. Elle l'était tellement que le célèbre baron *Christian de Wolf*, chancelier de l'Université de Halle, et en même temps professeur de philosophie et de mathématiques, ne pouvait cacher son étonnement de ce que deux thermomètres envoyés par *Fahrenheit* en 1714, concordaient si exactement qu'il ne constatait aucune différence dans leurs indications[1]. Il trouva cette concordance si merveilleuse qu'il écrivit un mémoire dans les *Acta Erudit.* de 1714, où il conclut en disant que la concordance de ces thermomètres pouvait bien résulter d'une propriété particulière de l'esprit-de-vin.

Farhenheit donna dans la suite trois échelles différentes à ces thermomètres à esprit-de-vin. On les divisait plus tard en grandes, moyennes et petites échelles.

Leur rapport est :

Grand	Moyen	Petit
90	24	96
0	12	48
90	0	0

C'est avec des thermomètres de la première espèce que pendant tongtemps,

---

1. Fischer, *Gesch. d. Phys.*, III, 221.

de 1725 à 1740, furent faites des observations météorologiques à Berlin, — à
Dantzig par *Hanov* (mort en 1773), et à Nuremberg par *Doppelmayr* (mort
en 1750). La deuxième échelle fut employée par *Wolf* avec des degrés divisés
en quatre parties. La troisième est tirée évidemment de la seconde en en sub-
divisant les degrés en quatre.

En 1714 et 1715, d'après d'autres en 1720, *Fahrenheit* abandonna le thermomètre à esprit-de-vin pour le thermomètre à mercure. C'est là certainement un
progrès important. Dans ces thermomètres, *Fahrenheit* conserva la troisième
échelle, et ne la divisa pas en plus de 96°. De plus, le thermomètre à mercure
concordait avec le thermomètre à esprit-de-vin. Ce fait a même excité l'étonnement chez les physiciens qui vinrent après lui ; on alla jusqu'à croire que
Fahrenheit avait un secret particulier, d'autant plus que, selon toute apparence,
il ne réglait pas ses thermomètres d'après un thermomètre normal, mais gra-
duait chacun d'eux en particulier. Après même qu'il eût publié son procédé,
quelques-uns pensèrent, et beaucoup croient encore aujourd'hui qu'il n'a pas
révélé son secret. Cependant ce soupçon ne me paraît pas fondé.

Fahrenheit fit connaître son procédé dans les *Philosoph. Transactions*
de 1724, et de ce qu'il en dit, il résulte que son thermomètre avait trois points
fixes.

1° La température d'un mélange de glace, d'eau, de sel ammoniac ou de sel
de cuisine. Il prit plus tard ce point comme zéro de son thermomètre, et il le
considérait comme le plus grand froid que la nature pût présenter, comme le
zéro absolu.

Boerhaave semble avoir partagé cette opinion, et *Olaf Römer* lui attribue
l'emploi de ce point[1]. La température du soi-disant zéro absolu de *Fahrenheit*
coïncida par hasard avec le grand froid qui sévit à Dantzig dans l'hiver de 1709 ;
et quelques-uns ont cru que *Fahrenheit* avait emprunté cette température à
cet hiver rigoureux. Mais cela ne paraît pas exact, car le même point se trouve
aussi sur les thermomètres que *Fahrenheit* avait construits avant 1709.

2° La température d'un mélange de glace et d'eau, notre zéro ordinaire, que
Fahrenheit considérait comme le commencement de la congélation : c'est son 32°.

3° La température de l'intérieur de la bouche, ou de l'aisselle, comme indiquant la température du corps humain ou celle du sang, qui est toutefois un peu
supérieure : le degré correspondant est 96.

Fahrenheit n'utilisa pas la température d'ébullition de l'eau ; et cependant,
ainsi qu'il le dit, dans le même mémoire déjà cité de 1724, il avait appris que
cette température était constante, quelque dix ans auparavant, dans les ouvrages
d'*Amontons*. Quelques physiciens, *Muncke*[2], par exemple, ont émis l'opinion
que *Fahrenheit* l'avait cependant employée, et que son procédé de graduation
était en tout semblable au nôtre, et avait pour bases la glace fondante et l'eau
bouillante ; mais c'est là une supposition que rien ne justifie. La disposition
entière de son échelle y est contraire ; car elle semble reposer sur certaines
données théoriques de six températures égales. Ainsi, les deux thermomètres de

---

1. Van Swinden, *Comparaison des thermomètres*, p. 45.
2. Gehler, *Neues phys. Wörterb.*, IX, 860.

Wolf gradués d'après la seconde échelle (la troisième, l'échelle usuelle, s'en déduisait en multipliant le nombre des degrés par 4), présentaient de 4 en 4 degrés des indications, qui jettent quelque éclaircissement sur le but de l'échelle :

0 = très grand froid.	16 = Chaleur
4 = grand froid	20 = grande chaleur
8 = froid	24 = chaleur intolérable.
12 = tempéré.	

Pour les thermomètres qui n'étaient pas destinés aux observations météorologiques, *Fahrenheit* étendait son échelle, et trouvait que 212° correspond à l'ébullition de l'eau, et 600 à l'ébullition du mercure.

On a voulu contester à *Fahrenheit* le mérite d'avoir le premier employé le thermomètre à mercure; et, sous un certain rapport, ce n'est pas sans raison. Nous savons aujourd'hui que les physiciens florentins employèrent le thermomètre à mercure dans quelques expériences (§ 179), bien que cela ne soit pas relaté dans leurs mémoires et que le fait n'ait été connu que dans ces derniers temps. Ainsi je trouve dans *Birch* [1], qu'une lettre fut envoyée le 28 mai 1684 à la Société royale de Londres par un certain *Musgrave*. Il écrit qu'il y a à Paris un nouveau thermomètre de cinq pouces de long seulement, et de trois lignes de diamètre, rempli de mercure, avec lequel on pouvait suivre la marche de la fièvre. Mais ce thermomètre n'avait sûrement aucune échelle régulière, et on en fit peu de cas. Ce qui le prouve, c'est que nous voyons *Halley*, en 1693, rejeter formellement le mercure comme liquide thermométrique, et *Newton* en 1701 avoir recours à l'huile de lin. Le mérite d'avoir rendu pratique le thermomètre à mercure, avec une échelle constante, appartient donc incontestablement à *Fahrenheit*.

L'emploi du thermomètre à mercure conduisit *Fahrenheit* à déterminer les points d'ébullition de différents liquides : il en a donné une table dans les *Philosoph. transact.* de 1724. Il chercha ensuite à déterminer la température d'ébullition de l'eau dans différentes circonstances; il trouva qu'elle était variable et dépendait de l'état du baromètre, observation qui n'avait pas encore été faite de cette manière. Cela le porta à construire un thermomètre qui pourrait à la fois servir de baromètre. C'était un thermomètre, dont le tube portait dans la partie inférieure, l'échelle ordinaire de 0 à 96; et dans la partie supérieure, non pas des températures d'ébullition, mais bien des hauteurs barométriques correspondantes. Les divisions supérieures portaient donc les nombres 27″, 28″, 29″. Afin que le tube n'eût pas une trop grande longueur, il l'élargissait entre les deux échelles. L'échelle barométrique était déterminée empiriquement en vue des observations météorologiques, mais non pas pour la mesure des hauteurs. *Fahrenheit* est donc l'inventeur du thermo-baromètre, qui fut plus tard amélioré par *Cavallo* (*Philsoph. transact.*, 1784) et par *Wollaston* (*Phil. tr.*; 1817).

Dans le cours de ses travaux sur le baromètre, *Fahrenheit* fit une autre

---

1. *Hist. of the royal Society*, IV, 299.

observation intéressante. Il observa que l'eau laissée dans le repos le plus complet, peut rester liquide au-dessous de son point de congélation. Il découvrit ce phénomène le 21 mars 1721. Il avait à moitié rempli, avec de l'eau de pluie, une boule de verre terminée par un tube effilé très court. Il avait fait bouillir, l'eau plusieurs fois, et avait fermé le tube à la lampe. Il l'exposa pendant la nuit à un froid de 15° F, c'est-à-dire environ 8° R, et le matin suivant, ayant trouvé l'eau encore liquide, il brisa la pointe du tube, et l'eau se congela immédiatement. Il crut d'abord que cette congélation était due au manque d'air, mais, par de nouvelles recherches, il montra que le phénomène pouvait s'obtenir également sans que l'air eût été chassé, et qu'il était provoqué par. l'ébranlement seul [1].

227. — Enfin il faut encore mentionner, que nous devons à *Fahrenheit* le premier *aréomètre à poids* bien construit. On a, comme on le sait, pour déterminer les poids spécifiques des liquides, deux sortes d'aréomètres : les aréomètres à volume et les aréomètres à poids. Les premiers ont une échelle, et le point jusqu'où ils enfoncent dans le liquide indique le poids spécifique de celui-ci. Dans ces aréomètres, le poids de l'instrument est constant, et le volume de la partie plongée varie avec la densité du liquide. Les aréomètres à poids au contraire ont, au lieu d'échelle, un simple trait, et le poids spécifique est donné par les poids avec lesquels il faut charger l'instrument pour qu'il enfonce jusqu'au trait. Par conséquent le volume plongé est constant, mais le poids est variable.

Les aréomètres à volume sont dus à *Archimède*, et ont été modifiés après lui de diverses manières : les aréomètres à poids, au contraire, ont été, selon toute apparence, construits pour la première fois par les membres de l'Académie del Cimento. Ils se trouvent, comme nous l'avons appris par la nouvelle édition des *Saggi*, encore conservés à Florence, dans le cabinet des instruments laissés par ces physiciens (§ 170). C'est probablement un de ces aréomètres, que le médecin lyonnais *Monconys* (mort en 1665), déjà cité plusieurs fois, a décrit dans ses relations de voyage, bien que, en 1663, il l'ait présenté à la Société royale de Londres comme sa propre découverte [2].

Cet aréomètre différait cependant encore, dans une certaine mesure, de notre aréomètre à poids. Il consistait en un globe de verre muni d'une courte tige, et lesté avec de la limaille de fer. On le fermait avec de la cire de telle sorte que l'instrument flottât exactement dans l'eau, et alors on fermait la partie supérieure à la lampe. Pour s'en servir, on prenait des petits anneaux d'argent, qu'on glissait autour de la tige, ou qu'on suspendait à un anneau de verre qui se trouvait sous la boule, jusqu'à ce que l'instrument tout entier s'enfonçât à la hauteur de la pointe et demeurât en suspension dans le liquide. Le principe de cet aréomètre est donc conforme à celui des instruments florentins, même dans ce qu'ils ont d'inexact, puisque les anneaux qui plongeaient dans le liquide changeaient le volume de l'instrument. Celui que *Robert Hooke* présenta en 1677 à la société de Londres, et qu'il décrit dans les *Transact. phil.* de 1693, se rapproche davantage de notre aréomètre actuel. C'était un globe creux muni

<hr>

1. Fischer, *Gesch, d. Phys.*, III, 310; *Philosoph. Transact.*, 1724.
2. Birch, *History*, I, 257.

d'une longue tige, qui était suspendue à l'un des bras d'une balance ordinaire, tandis qu'à l'autre bras était suspendu un plateau chargé de telle sorte que l'aréomètre s'enfonçât jusqu'à l'endroit marqué. Cet instrument avait une boule très grosse, qui contenait trois livres d'eau. L'appareil était principalement destiné à vérifier la pureté des eaux de rivière, etc., et fut pour cela nommé *water-poise* [1] (pèse eau).

Le premier aréomètre à poids, ayant à peu près la forme de celui que nous employons actuellement, est dû au Père *Louis Feuillée* (mort à Marseille en 1732). Ce savant mérite d'être cité, surtout à cause des observations météorologiques et magnétiques qu'il fit en 1708, dans un voyage en Amérique et dans les Indes. L'aréomètre qu'il décrit en 1714 manquait encore de plateau, et des poids en forme d'anneau étaient glissés sur une tige au-dessus du globe de l'instrument. Un autre, décrit par *Joh. Georg. Leutmann* (né en 1667 à Wittenberg, mort en 1736 à Saint-Pétersbourg), possédait un tube ouvert dans lequel on laissait tomber les poids nécessaires [2].

Tous ces instruments étaient ou défectueux, ou incommodes dans la pratique. *Fahrenheit* a le premier donné, à l'aréomètre à poids, la forme usitée aujourd'hui (fig. 26). Il le surmontait d'un plateau pour mettre les poids, et il ne chargeait pas l'instrument de manière à le faire plonger entièrement, mais seulement jusqu'à un trait *b* marqué sur la partie rétrécie de la tige. Le globe intérieur *c* était lesté avec du mercure, de sorte que l'instrument flottait verticalement. *Fahrenheit* l'a décrit dans les *Philosoph. transact.* de 1724. Il est devenu le modèle de tous les aréomètres de cette

FIG. 26.

espèce, qu'on a construits plus tard, et même de l'aréomètre très employé, que *William Nicholson* a décrit en 1787, dans les *Mém. of the Manchester Soc.*, volume II. Ce dernier en diffère seulement par la forme extérieure, et surtout parce qu'il peut servir en même temps à la détermination des poids spécifiques des corps solides.

INVENTION DE LA MACHINE A VAPEUR

228. — De ce qui a été dit précédemment il résulte, que la pression de l'atmosphère, l'élasticité de l'air et sa dilatation par la chaleur, la congélation, et l'ébullition des liquides ont joué le principal rôle, dans les occupations des physiciens du XVIIe siècle. Dans le cours de ces recherches, il ne pouvait manquer d'arriver qu'on accordât une plus grande attention à la vapeur d'eau, dont la propriété principale, la force expansive ou l'élasticité était connue depuis très longtemps et même comme force motrice. Les efforts tentés pour utiliser cette force vont nous conduire, vers la fin du XVIIe siècle, à la construction de la machine à vapeur, ce levier puissant de notre industrie moderne. Cette invention,-

1. Birch, *Hist.*, III, 344.
2. *Comment. Acad. Pétropol.*, V, 273.

à cause de l'influence profonde qu'elle à exercée sur les relations industrielles, commerciales et politiques des différents peuples, doit occuper un rang aussi élevé, dans le cercle des découvertes humaines, que la découverte du compas, de la poudre à canon et de l'imprimerie.

L'invention de la machine à vapeur, comme beaucoup d'autres, n'a pas été faite d'un seul coup, mais après bien des essais de peu d'importance. Les transitions entre ses perfectionnements successifs sont tellement insensibles, que si on se demande à quelle époque la première machine à vapeur a été construite, la réponse variera avec les points de vue particuliers ; car elle dépend essentiellement, en effet, de ce qu'on voudra désigner par machine à vapeur, — et cette dénomination comporte beaucoup de latitude.

Cette circonstance, jointe à la grande importance de la machine à vapeur, a déjà soulevé, au commencement du siècle précédent, la question de savoir à quelle nation et à quel individu appartient l'honneur d'avoir doté l'humanité d'une invention aussi utile. Cette question a été de nos jours très chaleureusement discutée, depuis que M. *Arago* de Paris l'a tranchée contre l'opinion généralement admise, en faveur de ses compatriotes, les Français. A cette occasion, on a recherché tout ce qui pouvait assurer à telle ou telle nation une partie au moins de la découverte de la machine à vapeur. Grâce à cela, une série de documents historiques ont été mis au jour, et, s'ils ont peu servi au but qu'on se proposait, ils sont cependant intéressants, en ce qu'ils ont montré plus clairement combien de recherches ont été entreprises, avant qu'on ait trouvé le droit chemin.

Si on voulait commencer l'histoire de cette machine avec les premiers indices de la connaissance de la force expansive de la vapeur, il faudrait remonter jusqu'à *Aristote*. Il est en effet de toute notoriété, que celui-ci a observé la puissance de la vapeur enfermée dans un espace clos, car il chercha à expliquer les tremblements de terre par la transformation brusque de l'eau en vapeur ou pour mieux dire en air. Cependant cette manière de voir, que *Sénèque* a exposée plus tard d'une manière plus précise, était encore très confuse chez *Aristote ;* et, à proprement parler, ce n'était pas une application scientifique de la vapeur d'eau [1].

Cette application scientifique se trouve pour la première fois dans *Héron* d'Alexandrie (120 ans av. J-C.). Si celui-ci ne doit pas être considéré comme l'inventeur de l'éolipile, il l'a du moins décrit pour la première fois, et nonseulement l'appareil simple, mais encore l'appareil tournant sous l'action de la vapeur ou de l'air chaud, ainsi que je l'ai indiqué au § 3. Son ouvrage *Spiritualia seu pneumatica* qu'on a tant étudié plus tard, contient encore d'autres dispositions, dans lesquelles la dilatation de l'air et de la vapeur est utilisée comme force motrice. Mais ce ne sont pas de véritables machines ; ce sont plutôt des appareils de démonstration, ou si l'on veut des jouets, comme par exemple la boule dansant sur un jet de vapeur vertical.

Les Romains apprirent des Grecs à connaître l'éolipyle. *Vitruve*, au temps de l'empereur Auguste, en parle, d'une manière détaillée, dans son *Architectura*

---

1. Ukert, *Geogr. der Griechen u. Römer*, II, 185.

lib. I, cap. 6, et veut y trouver l'explication des vents; mais il n'est pas heureux dans cette tentative. Plus tard, dans les derniers temps de la civilisation romaine, on conserva la connaissance de la force expansive de la vapeur d'eau, ainsi que le prouve l'histoire quelque peu fabuleuse d'*Anthemius*, le célèbre architecte de l'église Sainte-Sophie à Constantinople.

Celui-ci vivait, dit-on, en désaccord avec son voisin le rhéteur *Zénon*. Le différend ayant été porté en justice, son adversaire, grâce à son élocution facile, gagna le procès. Pour se venger de lui, *Anthemius* aurait disposé dans sa cave, plusieurs marmites à vapeur, desquelles partaient des tubes cachés entre les poutres et les solives de la maison de son voisin. Ces tubes étaient fermés, et, à l'aide d'un feu très vif, il les aurait fait éclater; ce qui aurait produit dans la maison de *Zénon* un tel ébranlement, que le pauvre homme aurait cru que c'était un tremblement de terre, et aurait déclaré en justice qu'il aimait mieux abandonner sa maison que d'habiter près d'un voisin qui avait en sa puissance le trident de Neptune [1].

229. — Au moyen âge nous entendons parler, pour la première fois, d'une application de la vapeur vers la fin du xe siècle. *William de Malmesbury* [2], affirme en 1125, qu'il y avait, dans une église de Reims, un orgue hydraulique, dans lequel l'air poussé d'une façon merveilleuse par la force de l'eau chauffée, faisait vibrer des tuyaux de métal. Cet orgue avait été construit par l'évêque *Gerbert*, qui fut pape de 999 à 1003, sous le nom de Sylvestre II (§ 40).

Le Püstrich, Peustrich ou Bustard est un appareil du même genre. C'était une idole des anciens Germains ayant la forme d'un jeune homme gros et joufflu, le genou droit en terre, haut de quatorze pouces, creux à l'intérieur et renfermant neuf pintes d'eau. Lorsqu'il était placé sur le feu, la vapeur sortait par la bouche. Il fut trouvé dans une cavité murée à Rottenbourg et apporté en 1552 à Sondershausen. Quelques savants considèrent cette figure comme un appareil de physique fort ancien. *Klaproth*, qui a analysé le métal dont il est formé, l'a trouvé composé de 916 parties de cuivre, 75 d'étain et 9 de plomb.

A partir du xvie siècle des remarques du même genre se rencontrent plus souvent. Un certain Alberti né en 1398, d'après d'autres en 1400, rapporte dans son *De Architectura seu de re œdificatoria* (Flor., 1485), que les chaufourniers de ce temps redoutaient beaucoup la pierre à chaux qui contenait des creux; car lorsqu'on les chauffait, ces cavités s'emplissaient de vapeur, et produisaient des explosions très dangereuses [3]. En Italie, on connaissait la puissance de la vapeur dès le commencement du xvie siècle, ainsi que cela résulte des commentaires sur Vitruve, publiés en 1521 par *Césare Cesariano* à Côme, sous le titre *Vitruvio tradotto da C. C.* Dans ce livre, l'auteur parle, en termes formels, de la puissance redoutable avec laquelle la vapeur s'échappe de l'éolipile et il paraît résulter de ce qu'il rapporte que d'ores et déjà l'on se servait de l'éolipile dans la guerre.

---

1. Rob. Stuart, *Historical and descriptive anecdotes of steam engines and of their inventors,* Lond. 1829, vol. I, p. 14,

2. Rob. Stuart, *Historical and descriptive anecdotes of steam engines and of their inventors,* Lond. 1829, vol. I, p. 15.

3. Libri, *Hist. des Math.*, IV, 345.

Dans le même siècle (en 1543), nous trouvons aussi que le capitaine de vaisseau espagnol *Blasco de Garay*, aurait mis en mouvement un bateau au moyen de roues et par la force de la vapeur, dans le port de Barcelone. C'était probablement une machine à réaction fondée sur le même principe que celle de *Héron* ; je dis probablement, car la disposition de l'appareil n'est pas connue, *Garay* l'ayant gardée secrète. On sait seulement que le bateau contenait une marmite et de l'eau chauffée, et qu'elle portait des roues à palettes. Quatorze ans plus tard parut l'ouvrage *De varietate rerum* (Basil., 1557), du célèbre *Cardan*, dans lequel celui-ci parle longuement de l'èolipile. Il décrit une machine mise en mouvement par l'air chaud et propose, ou plutôt conseille d'employer comme force motrice la fumée qui s'échappe des cheminées[1].

En 1562, *Joh. Matthesius*, pasteur à Joachimsthal en Bohême, écrivit un livre intitulé *Sarepta oder Bergpostille* (Recueil de sermons à l'usage des mineurs de Nuremberg), dans lequel se trouve le passage remarquable qui suit : « *Vous, mineurs, il vous faut célébrer dans vos chants l'homme de bien qui s'efforce d'élever le minerai et l'eau au moyen du vent frappant sur les palettes* (les ailes d'un moulin à vent), *comme on dit que quelques-uns élèvent actuellement l'eau au moyen du feu, mais au grand jour* » (c'est-à-dire à la surface du sol, et non pas du fond des mines). Malheureusement *Matthesius* ne nous apprend pas comment ce résultat pouvait être obtenu.

En 1569, parut à Orléans un ouvrage anonyme sous le titre : *L'art et science de trouver les eaux*. Il y est dit : *D'une mesure d'eau par chaleur et atténuation ils s'en font dix d'air, qui tient une grande espace par dessus nous, au contraire par froideur ils s'en font dix d'air une d'eau*[2].

Dans la bibliothèque de Göttingen se trouve un livre intitulé *Opera di M. Bartholomeo Scappi, cuoco secreto di Papa Pio V* (Venetia, 1570). Cet ouvrage contient dix-huit planches gravées dans lesquelles on voit, parmi d'autres ustensiles de cuisine, un tournebroche mis en mouvement par la fumée. Ce tournebroche est désigné sous le nom de *Molinello a fumo*[3].

Ce sont surtout les ouvrages de *Héron*, qui ont contribué à conserver et à répandre la connaissance de la force expansive de la vapeur d'eau. Dès le milieu du xvie siècle, *Héron* a eu de nombreux traducteurs et commentateurs. Ainsi, on trouve une traduction italienne de ses œuvres : *Gli artificiosi e curiosi moti spirituali di Erone Alessandrino tradotti di Giambattista Aleotti* (Ferrara, 1589 ; Bologna, 1647) ; une traduction latine de Commandino publiée en 1575, et rééditée en 1580 à Amsterdam ; deux autres traductions italiennes, l'une publiée à Urbino par Giorgi, en 1592, et l'autre publiée en 1601, à Venise, par Baldi. Enfin les *Veteres mathematici* de Paris en donnèrent, en 1693, une traduction latine d'après l'original grec. Tout cela prouve avec quel soin *Héron* a été étudié.

En 1601, *Porta* publia ses *Pneumaticorum libri* III. Ce n'est pas, comme on pourrait le croire, une traduction de *Héron*, mais bien un développement de

---

1. R. Stuart, *Hist.*, etc., p. 19.
2. R. Stuart, *Hist.*, p. 21.
3. Busch. *Handb. der Erfindungen*, III, 22.

l'un dés chapitres de la *Magie naturelle*. Un homme de lettres en fit, en 1606, une traduction italienne qui contient plusieurs additions de *Porta*. On trouve entre autres dans cette édition de 1606 un chapitre qui porte ce titre : *Reconnaître en combien de parties d'air une partie d'eau peut se transformer*.

Ce chapitre donne la description de l'appareil ci-contre qui y est également dessiné, et qui diffère essentiellement de l'éolipyle. Dans un ballon *a*, chauffé extérieurement, on forme de la vapeur qui s'élève dans un récipient fermé, *b*, presse sur le liquide qui s'y trouve, et le fait écouler par le tube *c*. Dans cet appareil, ce n'est donc pas l'eau directement échauffée, mais bien de l'eau froide ou tiède qui est élevée par la vapeur[1].

Ce fut là, si l'on veut, la première machine à vapeur, et elle doit être mentionnée avant celle que *Salomon de Caus* décrit en 1615, par conséquent neuf ans plus tard, dans ses *Raisons des forces mouvantes* (§ 195) et qu'il présente sous le titre : « Moyen pour élever l'eau plus haut que son niveau ». Cependant cette circonstance ne lui donne aucun avantage sur *Porta*, qui se proposait simplement de rechercher en combien de vapeur une partie d'eau peut se transformer.

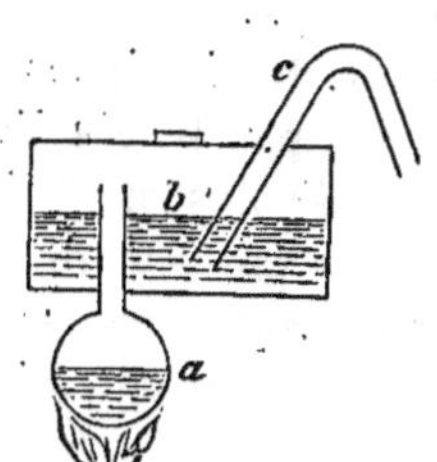

FIG. 27.

Plusieurs années après *Salomon de Caus*, l'Italien *Giovanni Branca*, l'architecte de là fameuse église de *Notre-Dame-de-Lorette*, dans les États du pape, publia le livre *Le machine artificiose tanto spirituali quanto animali di molto artificio per produrre effetti maravigliosi.* (Roma, 1629). Dans ce livre, il propose de faire arriver la vapeur, qui s'élance d'un éolipyle chauffé, contre les palettes d'une roue au moyen de laquelle, par une série d'engrenages, on pourrait mettre un moulin en mouvement. Bien que cette machine se rapproche plus de la machine à vapeur actuelle que celle de *de Caus*, ce serait cependant un tort de vouloir attribuer à *Branca*, une part à l'honneur de la découverte de ce puissant levier de notre industrie.

230. — Avec *Branca* se termine, pour ainsi dire, la première période de l'histoire de la machine à vapeur ; et nous avons vu que, dans cette période, ce sont les Italiens qui, après *Héron*, ont le mieux reconnu la puissance motrice de la vapeur, bien qu'ils n'en aient fait que des applications insignifiantes, au point de vue pratique. Mais, en 1663, commence une nouvelle époque dans l'histoire de la machine à vapeur, car c'est dans cette époque que le *marquis de Worcester* publia un petit ouvrage que, dans ces derniers temps, on a opposé aux arguments d'Arago, car il contient la description d'une machine, qu'on ne peut se refuser de reconnaître comme une machine à vapeur.

Parlons d'abord de l'auteur :

Edward Somerset, marquis de Worcester, plus tard comte de Glamorgan, était issu d'une ancienne famille noble, qui même dans la riche Angleterre, passait pour l'une des plus riches. Malheureusement sa fortune devait bientôt disparaître au milieu des orages politiques que souleva le gouvernement imprudent de Charles Ier. Le marquis, aussi bien que son père le comte de Worces-

---

1. Libri, *Hist.*, etc., IV, 332.

ter, était fervent royaliste et catholique, et lorsque Charles Ier appela sa fidèle noblesse à son aide contre les Indépendants, le marquis équipa à ses frais un corps de 1500 fantassins et de 500 cavaliers, ce qui ne lui coûta pas moins de 60 000 livres sterling. Mais la fortune ne fut pas favorable aux royalistes. Malgré la bravoure du marquis, sa troupe fut bientôt détruite : le manoir de ses ancêtres, qu'il défendit cependant avec le courage d'un Romain, tomba aux mains de l'armée du Parlement; ses biens de famille furent confisqués, et lui-même, proscrit, dut chercher son salut dans la fuite : il se réfugia en France.

Il y vécut dans la retraite jusqu'en 1656, époque à laquelle il fut chargé par les royalistes d'une mission secrète pour Londres. Mais, il fut reconnu et jeté dans la Tour. Il ne fut délivré qu'en 1661, au retour de Charles II. Les sacrifices qu'il avait faits pour la dynastie maintenant rétablie ne furent pas reconnus : des intrigues de cour fermèrent l'oreille du roi. L'homme qui avait mis une fortune princière au service de la royauté, dut vivre accablé de dettes et pressé par le besoin. Il mourut à Londres le 3 août 1667. Ses restes furent déposés plus tard à Ragland, dans le caveau où reposaient ses ancêtres. En 1795, on y voyait encore son tombeau, avec une inscription latine, qui ne dit rien cependant de sa découverte de la machine à vapeur.

On a souvent répété que *Worcester* inventa la machine à vapeur pendant sa captivité, et que la première idée lui en vint en voyant le couvercle de la marmite, dans laquelle on lui apportait ses aliments, soulevé par la vapeur qui s'en échappait. Ce récit arrangé après coup n'est certes pas invraisemblable, mais il manque de fondement historique. On sait en effet que, bien avant que la guerre civile n'éclatât, le marquis avait fait construire un grand nombre de machines et de pièces scientifiques dans son château de Ragland. De plus, l'écrit qui a conservé son nom dans l'histoire des sciences proteste aussi contre cette version. Cet écrit, daté de 1663 et désigné d'ordinaire sous le nom de *Century of inventions*, porte le titre quelque peu long et traînant : *A century of the names and scantlings of such inventions, as at present I can call to mind to have tried and perfected, which, my former notes being lost, I have at the instance of a powerful friend endeavoured now in the year 1655 to set down in such a way, as may sufficiently instruct me to put any of them in practice (Recueil de cent inventions que j'ai imaginées ou perfectionnées, autant du moins que je peux m'en souvenir, mes premières notes étant perdues. En cette année 1655, sur les instances d'un ami puissant, j'ai cherché à les classer de telle sorte qu'au besoin je puisse retrouver les indications suffisantes pour les mettre en pratique)*.

Cet écrit n'a pas eu moins de sept éditions en Angleterre, et, ce qui est assez singulier, la plupart à une époque assez éloignée, alors que l'écrit ne pouvait avoir qu'un intérêt purement historique. Ainsi à Londres, en 1663, 1746; à Glasgow en 1767; à Kyo (Lancashire) en 1778 ; à Londres en 1786, 1813, 1825; en outre il a été publié dans plusieurs traités modernes de mécanique, par exemple, dans *A treatise of mechanics*, 3 vol. 1806, de O.G. Gregory.

Comme son titre l'indique, l'écrit de *Worcester* contient cent découvertes non pas décrites mais plutôt indiquées, et la plupart dans un langage obscur et confus, de sorte qu'on peut en interpréter le sens de bien des façons. Aussi leur valeur a-t-elle été diversement appréciée par différents auteurs. Le professeur défunt *Robison* d'Édimbourg, appelle le noble marquis *un faiseur de projets*, qui n'avait manqué ni de savoir ni de génie, mais qui dans son ouvrage avait eu pour but, non pas d'instruire, mais d'étonner le public[1]. Dans le fait, la plupart des cent inventions n'ont aucune importance réelle; quelques-unes même sont de simples amusettes tout-à-fait inutiles ou impraticables. Mais on ne peut nier que l'une d'elles, qu'on a voulu lui contester, relative à la machine à vapeur, a été décrite par lui d'une manière fort reconnaissable, et qu'à elle seule elle contrebalance plus que complètement les 99 autres.

Le document qu'on cite en faveur de *Worcester* est l'invention décrite dans le numéro 68. Comme le morceau n'est pas long, je veux le communiquer ici, car il donne un excellent échantillon de la rédaction de l'ouvrage.

Cent inventions par Worcester[2].

§ 68. *J'ai inventé un moyen admirable et très-puissant d'élever l'eau pa le feu, non par attraction, ou par aspiration; car alors celle-ci, se produisant seulement intra-sphœram activitatis, comme le disent les philosophes, l'ascension de l'eau ne serait possible qu'à une certaine hauteur. Mais le moyen dont je parle n'a pas de limites, tant que les vases sont assez forts. J'ai pris en effet un canon dont l'extrémité était brisée, et, après l'avoir rempli d'eau aux trois quarts, j'ai fermé par des vis l'extrémité brisée et la lumière. Ensuite sous le canon ainsi disposé, j'ai entretenu du feu pendant 24 heures; le canon s'est brisé en faisant un grand bruit : j'ai donc disposé mes vases de telle sorte qu'ils se vident et se remplissent alternativement par la force intérieure.*

J'ai vu l'eau couler d'un jet continu, comme celle qui s'échappe d'une fontaine, à la hauteur de quarante pieds. Un vase rempli avec l'eau raréfiée par le feu élève l'eau à quarante pieds de haut; l'ouvrier qui surveille la machine a seulement deux robinets à tourner, de sorte que si l'un des vases est vide, l'autre commence à agir, tandis que le vase vide se remplit d'eau froide, et ainsi de suite. Pendant ce temps, le feu doit être convenablement

---

1. Robert Stuart, dans son *Histoire descriptive de la machine à vapeur*, exprime sur Worcester un jugement non moins sévère.

« Il ne reste, dit-il, aucune trace de ses expériences (sur la vapeur), ni de son appareil; aussi est-il plus raisonnable de révoquer en doute les travaux dont il se glorifie. La clause de l'acte du parlement, par laquelle on lui accorde le privilège de son monopole, fortifie singulièrement notre soupçon, et lui donne un caractère de certitude, car il y est dit expressément, (et cette clause prouve que le procédé était tout nouveau) que le brevet a été délivré au marquis sur sa *simple affirmation* qu'il était l'auteur de la découverte. Il n'est pas vraisemblable qu'on eût motivé ainsi son brevet s'il eût eu une machine à montrer ou une expérience à rapporter. »

(Voir l'*Histoire des principales découvertes scientifiques modernes*, par Louis Figuier, t. I, p. 42. Paris, 1855).   *(Note des traducteurs.)*

2. Olinth. Gilbert Gregory. A *treatise of mechanics*, vol. II, p. 620.

entretenu, ce que le même ouvrier peut faire facilement durant les inter-valles que lui laisse la manœuvre des robinets.

Cette description est tout à fait obscure, et permet de douter que la machine indiquée ait été réellement construite. Mais ce paragraphe n'est pas le seul document en faveur de *Worcester*, comme cela a été affirmé entre autres par *Arago*. Evidemment *Arago* n'a pas vu le *Century*, ou il ne l'a parcouru que superficiellement ; car dans cet ouvrage même se trouve un document plus important qui montre, à n'en pas douter, que *Worcester* n'a pas simplement esquissé le projet de sa machine sur le papier. *Worcester* a en effet de nouveau décrit la même machine, ce que beaucoup de personnes n'ont pas remarqué, dans les §§ 98 et 100. Je veux vous communiquer le dernier :

§ 100. *Grâce à ces puissants moyens, que j'ai déjà mentionnés deux fois en dernier lieu, je suis parvenu après bien des années de recherches et de travail, à construire une machine pour élever l'eau. Avec cette machine, un enfant pourrait élever à cent pieds de hauteur une quantité d'eau incroyable, même par des tubes de deux pieds de large, et cela d'une manière si naturelle qu'on n'entendrait pas la machine de la chambre la plus voisine, et avec une si grande uniformité et une telle facilité que lors même qu'on laisserait fonctionner la machine pendant toute une année, jour et nuit, les dépenses n'auraient pas dépassé 40 shellings, et la machine n'aurait pas eu besoin de s'arrêter pendant un jour entier. Aussi puis-je l'appeler hardiment l'œuvre la plus merveilleuse du monde entier.*

Aussi je tiens avec raison à ce que cette découverte couronne mes travaux et me dédommage de mes soins. Je crois n'avoir pas besoin de méditer d'autres travaux et d'autres découvertes.

Celle-ci est la centième, et je ne veux pas fatiguer davantage le lecteur, car j'ai l'intention de transmettre à la postérité un livre dans lequel j'in-diquerai, à la suite de tous les paragraphes mentionnés ci-dessus, les moyens et les expériences nécessaires pour mettre à exécution toutes les inventions décrites. J'y joindrai des dessins de toutes les pièces qui s'y rapportent.

In bonum publicum et ad majorem Dei gloriam.

La conclusion de l'ouvrage explique pourquoi la machine est si brièvement décrite. Cela tient à ce que *Worcester* avait dessein d'en donner plus tard les détails et aussi, comme nous le savons par d'autres sources, qu'il voulait faire servir cette machine à relever sa fortune détruite. En fait, nous savons qu'en 1663, il sollicita un brevet pour sa découverte, et que le Parlement lui accorda un brevet singulièrement exclusif. Il lui assurait la propriété de sa découverte à lui et à ses héritiers pour quatre-vingt-dix ans, et spécifiait que celui qui emploierait la machine de *Worcester*, sans la permission de ceux-ci, serait puni d'une amende de 5 liv. st. par heure !

Le mémoire qu'il fit pour le Parlement, à l'occasion de ce brevet, est une deuxième preuve qu'il a réellement construit sa machine. Dans ce mémoire, il dit entre autres choses, qu'il a employé plus de 10.000 liv. st. pour perfectionner sa machine, jusqu'à la rendre pratique. Pour nous, il y a encore un intérêt particulier à savoir qu'il fut aidé dans ses travaux par un homme qui était probablement Allemand, — à en juger par son nom et par cette mention, que s'il ne recevait aucun secours, il serait perdu pour le royaume. Cet homme se nommait *Kaspar Kalthoff* (*Kaltoff*). Il demeura pendant trente-cinq ans au service de *Worcester*, et, au dire de ce dernier, était un ouvrier incomparable.

Une autre preuve que *Worcester* n'a pas laissé son invention dormir sur le papier, est un passage qui nous montre combien cet homme était rempli de l'importance de sa découverte, bien qu'il n'eût aucun pressentiment de ce qu'elle devait être plus tard. La pièce en question est une prière qu'on a retrouvée après sa mort dans ses papiers. En voici le titre :

Actions de grâces du lord marquis de Worcester lorsque pour la première fois il fit fonctionner sa machine à élever l'eau.

Cette prière commence ainsi :

O Dieu infini et tout-puissant dont la miséricorde est sans fond, la sagesse sans borne et inépuisable, après les grâces que je te rends pour ma création et ma rédemption, je t'adresse du plus profond de mon cœur mes plus humbles remerciements de ce que tu m'as choisi entre tous les hommes pour me révéler un secret de la nature aussi grand et aussi utile que ma machine à élever l'eau.

Ne permets pas, ô Seigneur! que je m'enorgueillisse à son sujet, non plus que de découvertes, dispositions et recherches beaucoup plus rares et inouïes et certainement sans égales, mais calme mon cœur orgueilleux par la connaissance de ma propre nature, ignorante, faible, indigne et sujette à tous les mauvais penchants..., etc.

Cet enthousiasme pour son invention était partagé par la marquise, sa femme (morte en 1680), et à tel point qu'un prêtre romain qui était sans doute son confesseur, jugea nécessaire de lui faire comprendre que cela ne convenait pas à une femme. D'après la réprimande qu'il lui fit à cette occasion, et dont le texte nous est parvenu, il résulte clairement qu'une machine à vapeur construite par *Worcester* était en activité.

Enfin un dernier argument qui prouve, d'une manière plus directe, que la machine de *Worcester* a été réellement exécutée, nous est venu dernièrement d'une tout autre source. Comme je l'ai mentionné déjà, Cosme, fils du grand-duc Ferdinand de Toscane, alors prince héritier, fit en compagnie de *Magalotti*, un voyage dans les pays du nord, notamment en Angleterre. D'après les *Saggi* (nouvelle édition, p. 121), ce voyage aurait eu lieu vers 1667. Une relation très détaillée en fut publiée; mais jusqu'à ce jour elle était restée dans la bibliothèque du grand-duc, à Florence, complètement ignorée des étrangers. Par bonheur, un Anglais en eut connaissance, et, en 1818, publia dans un volume in-quarto ce qui avait rapport à l'Angleterre.

Dans cette traduction, on trouve, à la date du 28 mai 1699 (ou 1669?) : *Afin que son Altesse ne perdît pas son temps aujourd'hui, elle visita, après le déjeuner, les autres parties de la ville (Londres) et se dirigea du côté de Vauxhall, au delà du palais de l'évêque de Canterbury, pour voir une machine hydraulique imaginée par lord Somerset, marquis de Worcester.*

Elle élève l'eau à quarante pieds géométriques de hauteur par la force d'un seul homme; et dans un temps très court, par un tube qui n'a pas plus d'un empan d'ouverture, elle remplit quatre vases d'eau. C'est pourquoi on la considère comme plus utile pour le public qu'une autre machine qui se trouve à Somersethouse (de laquelle il est dit plus loin qu'elle est mise en mouvement par deux chevaux).

Nous avons donc ici le rapport d'un témoin oculaire. Ainsi se trouve réfutée complètement l'objection qui consiste à dire que la machine de *Worcester* serait restée à l'état de projet.

Malheureusement nous ne savons rien de certain sur la disposition de cette machine, car elle n'a jamais été décrite. De toutes les indications données par *Worcester*, il résulte néanmoins qu'elle était très incomplète; que notamment la vapeur n'agissait pas encore sur un piston mobile, mais bien directement sur l'eau, et que la manœuvre des robinets devait être exécutée par un homme se tenant constamment auprès de la machine.

On croit que la machine avait un vase à vapeur, d'où la vapeur s'élançait par deux tubes. Chacun d'eux s'ouvrait dans le couvercle d'un vase cylindrique complètement fermé et rempli d'eau. Par le couvercle de ce vase passait en outre un tube vertical, dont l'extrémité inférieure plongeait jusqu'au fond du vase. Sur chacun des deux tubes à vapeur se trouvait un robinet : en l'ouvrant, la vapeur pressait sur l'eau contenue dans le vase, et la faisait monter dans l'autre tube. Il n'y avait jamais qu'un seul des robinets ouvert, de sorte que la vapeur n'élevait l'eau que dans un vase, et n'agissait pas sur l'autre, qu'on remplissait pendant ce temps. Il est facile de comprendre d'après cela que l'un des vases se remplissant tandis que l'autre se vidait, on pouvait obtenir si on le voulait un écoulement d'eau continu[1].

---

1. Sans doute si l'on se proposait aujourd'hui d'élever de l'eau froide en faisant agir directement la vapeur sur l'eau, on procéderait comme l'indique ici l'auteur. Mais est-ce bien là cette machine dont *Worcester* donne au § 68 une description si vague? c'est ce dont on peut douter.

Remarquons de plus que, dans son explication, l'auteur a oublié de dire comment les vases se remplissaient d'eau froide. L'eau n'étant pas aspirée, ainsi que le dit formellement Worcester, les réservoirs qui alimentaient les vases devaient être placés à un niveau supérieur. Deux tubes devaient amener l'eau dans chacun des vases, et ces tubes devaient porter soit des soupapes soit deux autres robinets. Or, il n'en est nulle part question. Aussi, la description donnée par M. Hirsh, dans sa préface à l'*Histoire de la machine à vapeur de Thurnston* (voir la *Revue scientifique* du 1er novembre 1879, n° 18), nous parait-elle s'accorder beaucoup mieux avec le texte du § 68, du *Century*. Mais, dans ce cas, l'invention de l'auteur se réduirait à avoir accouplé sur un même foyer deux vases de Salomon de Caus afin d'obtenir un débit continu.

Ajoutons que, malgré les nouveaux documents cités par Poggendorff, il est encore permis de douter que la machine à vapeur décrite au § 68 ait été réellement construite.

En effet, dans tous les passages autres que ce § 68, il est bien question de machines hydrauliques, mais il n'est plus fait mention de l'emploi du feu et de la vapeur. Il n'est donc pas étonnant qu'*Arago* n'en ait pas parlé, et on ne peut conclure de là qu'*Arago* n'ait pas lu le livre ou qu'il l'ait lu superficiellement. Il l'a lu tout simplement avec d'autres yeux que ceux qui veulent voir partout des allusions à la machine à vapeur.

De même les pièces qu'on retrouve dans le livre publié récemment sous le titre : *Life, Times and scientific Labours of the marquis of Worcester* 1865. *London, Bernard Quaritch*, se rapportent à une machine commandant l'eau sans limite de hauteur ni de quantités. Mais dans

231. — La deuxième personne qu'on nomme d'ordinaire dans l'histoire de la découverte de la machine à vapeur est le chevalier *Samuel Moreland*, dont j'ai déjà eu l'occasion de parler à propos du porte-voix et du baromètre penché. (§ 183).

Ce *Samuel Moreland* ou *Morland* était fils d'un pasteur et naquit en 1625, à Sulhamstead dans le Berkshire. Il étudia les mathématiques à Cambridge, prit part à la guerre civile, et arriva rapidement à une situation importante. Il jouit de la faveur de Cromwell, qui lui confia différentes missions politiques, notamment auprès du duc de Savoie, après l'expulsion des Vaudois. Cela lui donna l'occasion de rester longtemps à Gênes. A son retour en Angleterre, ayant entendu parler d'une conspiration contre la vie de Charles II, sa conscience se souleva, et il alla à Breda révéler le complot au roi. Ce fut pour cela, qu'à la restauration des Stuarts, il joua à la cour un rôle important et fut élevé en 1660 à la dignité de baron.

Charles II n'était pas simplement un esprit léger, comme on l'a dit, en pensant à son caractère : il aimait beaucoup les mathématiques, la mécanique, l'histoire naturelle et la chimie, et fit construire, au parc Saint-James, un laboratoire de recherches et d'expériences. *Robert Moray*, que j'ai nommé à propos des larmes bataviques (§ 182), un des membres les plus actifs de la Royal Society, devint directeur de ce laboratoire royal; *Samuel Moreland* y fut nommé Master of mechanics (maître de mécanique). En 1675, il construisit à Windsor une machine hydraulique, qui élevait l'eau de la Tamise jusqu'au sommet du château royal et même à soixante pieds au-dessus, en un seul jet, et donnait un débit de 60 barrels (1 barrel = 36 gallons = 36×4 litres, 54) d'eau à l'heure. Mais ce n'était pourtant pas une machine à vapeur.

En 1681, *Moreland* vint en France, sur l'ordre de son souverain, pour visiter la splendide machine hydraulique établie à Marly par *Rannequin*. On dit que dans cette circonstance, il aurait présenté au roi de France une méthode pour élever l'eau par le feu : mais on ne sait rien de précis à ce sujet. Le livre que *Moreland* publia à Paris en 1685 : *Élévation des eaux par toute sorte de machines*, ne contient rien qui s'y rapporte, sinon que, dans le dénombrement des forces agissantes, le feu ordinaire et la poudre à canon sont nommés.

l'énumération des différentes pièces qui composent la machine, il n'en est aucune dans laquelle on puisse voir la chaudière et le foyer.

Enfin, arrivons au document qui semblerait lever tous les doutes, à la relation détaillée du voyage que fit Cosme III en Angleterre. Cette relation prouve d'une manière évidente que *Worcester* avait construit une puissante machine hydraulique, ce dont personne ne doute aujourd'hui. Elle prouve que cette machine hydraulique pouvait avoir des avantages puisqu'il suffisait pour la mettre en mouvement de la force d'un homme, tandis qu'une autre machine, qui se trouvait à Somersethouse même, exigeait deux chevaux. *Mais tout cela ne prouve pas que cette machine fût mise en mouvement par le feu.* Bien au contraire, car, s'il en avait été ainsi, cette nouveauté aurait dû frapper un savant comme *Magalotti*, et il n'aurait pas manqué de la signaler tout au long, dans sa relation de voyage.

Cette circonstance, non moins que le silence obstiné de tous ceux qui ont pu voir fonctionner à Londres la machine de *Worcester*, et en particulier le silence des membres de la Société royale, me semblent prouver surabondamment que l'invention de *Worcester* ne devait pas être considérée par ses contemporains comme une chose nouvelle, et que la machine qu'il avait construite ne devait pas être une machine à vapeur.   . (*Note des traducteurs.*)

Sous le même titre, on trouve au *British Museum* un manuscrit, qu'on croit être celui que *Moreland* aurait présenté au roi de France. Il renferme deux parties très dissemblables. La première est très belle, avec des lettres enluminées, et dorée sur tranche ; il ne contient rien sur la vapeur et s'accorde dans les parties essentielles avec l'écrit imprimé. La deuxième est tout à fait négligée, et n'a aucun de ces ornements. Dans celle-ci, il est au contraire parlé de la vapeur et on y lit, ce qui est à remarquer, que l'eau en se transformant en vapeur occupe un espace environ deux mille fois plus grand. Mais il y est dit plus loin de la vapeur, que si on savait s'y prendre, elle se laisserait gouverner aussi facilement qu'un cheval. Cette expression rappelle tellement celle qu'emploie *Worcester* dans son *Century*, qu'on ne peut hésiter à croire qu'elle a été empruntée à cet écrit, paru vingt-deux ans plus tôt. Bref, en examinant de près les droits de *Moreland* à l'invention de la machine à vapeur, on trouve qu'ils se réduisent à rien. *Moreland* mourut en 1695, à Hammersmith, près Londres. Peu de temps auparavant, il avait fait élever une fontaine publique près de sa maison avec cette inscription : « Qu'aucun de ceux qui viendront après moi ne soit assez impie pour refuser un verre d'eau fraîche à un ennemi, à un voisin, à un voyageur, à un mendiant. » — Mais dans le cours du temps la fontaine a disparu !

232. — Lorsqu'on sait que *Worcester* a accompli sa découverte dans la grande ville de Londres ; qu'on se rappelle combien il était enthousiasmé de son importance ; combien il avait d'occasions, — et certes il n'en négligea aucune, — de gagner à sa découverte des hommes considérés et puissants, on doit s'étonner que cette découverte ait été accueillie avec tant de froideur et d'indifférence par ses contemporains.

Ç'a été, il est vrai, le sort de bien des inventions, surtout lorsqu'elles n'étaient pas exécutées en grand. Mais, avec la machine de *Worcester*, ce n'était pas le cas ; chacun pouvait la voir à Londres, et l'on doit s'étonner avec raison que pas un de ses compatriotes n'ait élevé la voix en sa faveur. Même dans les Mémoires de la Royal Society de Londres, qui prenait cependant note de toutes les découvertes dignes d'être mentionnées, il n'en est aucunement question.

Il est maintenant difficile de dire la cause de ce silence. Il est peut-être dû à la personne même du marquis, qui pouvait inspirer peu de confiance ; peut-être au monopole de son brevet, et au prix élevé qu'il en exigeait ; peut-être en trouvera-t-on la cause dans l'imperfection de sa machine, dont les résultats pouvaient être au-dessous de ceux qu'il avait annoncés ; peut-être aussi dans le manque d'ouvriers qui fussent capables de conduire convenablement la machine. Le fait est qu'à la mort de *Worcester*, sa découverte tomba dans l'oubli, quoique d'autres personnes ne manquèrent pas d'utiliser la force de la vapeur.

Parmi celles-ci, je devrais parler tout d'abord de *Papin*, pour me conformer à l'ordre chronologique. Mais, comme ses idées n'ont eu aucune influence sur la construction de la première machine à vapeur qui ait été faite en grand peu après, je le laisserai provisoirement de côté pour parler de l'homme auquel, en dépit de toute attaque, appartient le mérite d'avoir construit cet engin puissant. Je veux parler de :

Thomas Savery. Il est d'ordinaire désigné sous le nom de capitaine ; et même quelques-uns le présentent comme un ancien capitaine de vaisseau. Mais il dit lui-même incidemment dans un écrit, qu'il n'avait aucune expérience dans l'art nautique. Il est beaucoup plus probable qu'il était garde ou employé des mines dans le Cornwall, et qu'il portait pour cela le titre de capitaine. On ne sait presque rien sur son existence, mais tout montre que c'était un homme des plus considérés et des plus influents. En dehors de sa machine à vapeur, ce qui prouve qu'il ne manquait pas de ce talent mécanique si commun chez les Anglais, c'est qu'il imagina un appareil pour mesurer la vitesse des navires, une sorte d'*Hodomètre*, sur lequel *Newton* a fait un rapport favorable, et aussi une nouvelle espèce de bateau à roues, qu'il décrit sous le titre : *Navigation perfectionnée ou l'art de conduire les navires. Londres*, 1693.

C'est en 1698 que *Savery* entre en scène, avec sa machine à vapeur, pour laquelle il prit un brevet en date du 25 juillet. Un an plus tard, en juin 1699, il en présenta un modèle à la Société Royale de Londres, qui la décrit et la représente dans ses Transactions de 1699. Il publia lui-même un ouvrage sur la disposition et les avantages de sa machine, *The miner's friend* (l'*Ami du mineur*), qui parut en 1702. D'après certains auteurs, ce livre aurait paru dès 1696, mais il n'est pas vraisemblable que la description de la machine ait été publiée avant que l'auteur eût pris le brevet. L'écrit était dédié au roi Guillaume, devant lequel *Savery* avait fait fonctionner un modèle de sa machine à Hampton-Court.

La machine de *Savery* était disposée, dans ses parties essentielles, comme devait l'être, selon toute apparence, la machine de *Worcester*. La vapeur pressait directement sur l'eau, et les robinets étaient tournés au moment voulu par un homme. La seule chose nouvelle était, que la condensation de la vapeur dans les vases était produite par un courant d'eau froide tombant à l'extérieur, de sorte que, grâce à des soupapes convenablement disposées, la machine aspirait elle-même l'eau qu'elle devait élever. C'était donc une sorte de pompe aspirante et foulante, tandis que la machine de *Worcester* était seulement une pompe foulante. Dans celle-ci, en effet, les vases ou les cylindres devaient être placés plus bas que les réservoirs, car l'auteur dit, dans son § 68, que l'eau n'était pas aspirée ou soulevée.

La figure 28 représente la disposition de la machine de *Savery* : *a* et *a'* sont les deux tubes à vapeur, partant d'une chaudière à vapeur qui n'est pas représentée dans la figure ; ces tubes sont munis de robinets destinés à ouvrir ou fermer le passage à la vapeur : *b* et *b'* sont des vases (cylinder) remplis alternativement d'eau et de vapeur, ce qui est possible grâce au jeu des soupapes *c* et *d* contenues dans le tube ramifié. Le tube *e* s'ouvre à la partie inférieure dans le réservoir d'eau ; le tube vertical *f* conduit l'eau élevée à sa destination. Les tubes *g* et *g'* laissent l'eau froide couler sur les vases.

La figure représente le cas où *b'* agit comme pompe foulante et *b* comme pompe aspirante. Par le robinet ouvert *a'*, la vapeur entre dans le vase *b'* et refoule l'eau qui s'y trouve dans le tube d'ascension *f*. Pendant ce temps, le robinet *a* est fermé. L'eau froide qui coule du tube *g* condense la vapeur qui se trouve dans *b*, ce qui produit en *b* un certain vide, grâce auquel l'eau du réservoir s'élève par le tube *e* jusque dans le vase *b*. Alors si on vient à ouvrir *a* et à fermer *b*, les mêmes phénomènes se reproduisent, à cela près que c'est en *b* que s'exerce la pression, tandis que l'aspiration se produit en *b'*.

En outre, *Savery* avait imaginé une disposition ingénieuse pour remplir la chaudière à vapeur sans la refroidir. Il avait une chaudière de réserve B (fig. 29) dans laquelle il chauffait l'eau qui passait dans la chaudière principale *A* dès qu'on fermait le robinet *d*. Le tube *C* permettait de voir si le vase *B* était vide, selon qu'en l'ouvrant il laissait échapper de l'eau ou de la vapeur.

On peut voir par là que, bien que la machine de *Savery* différât en quelques points de celle de *Worcester*, elle lui était tout à fait semblable dans le principe, et au fond n'était pas beaucoup plus parfaite. C'est ce qui a conduit à croire, que la machine de *Savery* n'était autre que celle de *Worcester*, sur la disposition de laquelle nous ne pouvons faire que des conjectures. *Desaguliers*, membre distingué de la Société Royale, qui a contribué lui aussi au perfection-

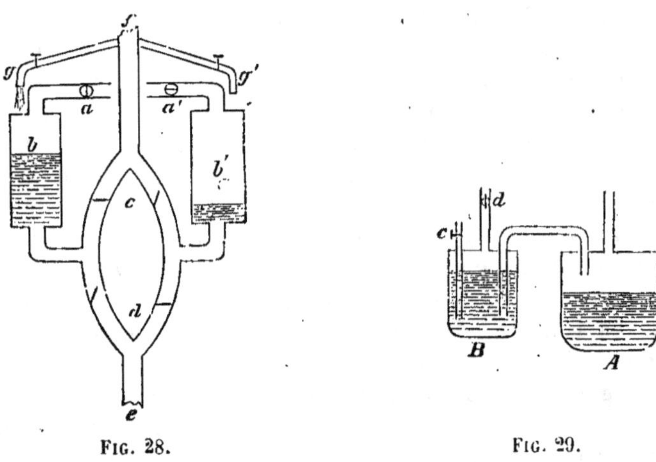

FIG. 28.   FIG. 29.

nement de la machine à vapeur, affirmait sans détour, que *Savery* avait emprunté sa machine au *Century of inventions* de *Worcester*. Il disait même que *Savery*, pour mieux cacher son plagiat, aurait acheté tous les exemplaires de l'ouvrage de *Worcester*, et les aurait fait brûler en présence d'un ami, de qui il tenait le fait directement.

Ce récit n'a pas été accepté, il est vrai, par d'autres contemporains. Mais on peut remarquer qu'il n'est pas infirmé par la manière dont *Savery* raconte qu'il aurait été amené à la découverte de sa machine. *Savery* dit en effet que ce fut par hasard, un jour qu'il prenait une bouteille de vin dans une hôtellerie. Il plaça la bouteille vide sur un fourneau, où elle se remplit de vapeur; s'étant fait donner de l'eau pour se laver, il plongea le col de la bouteille dans cette eau, qui s'y éleva et la remplit complètement. *Desaguliers* pense que *Savery* a imaginé cette histoire pour faire croire aux gens crédules qu'il était arrivé de lui-même à sa découverte.

D'autres auteurs disent que *Savery* aurait été conduit à l'idée de la machine à vapeur, en nettoyant une pipe. Il y aurait mis de l'eau, l'aurait chauffée et aurait vu la vapeur chasser l'eau avec une grande violence [1]. Qu'y-a-t-il de vrai dans tout cela? c'est ce qu'il est difficile de décider. Il est fort possible, et même vraisemblable, que *Savery* a eu connaissance de l'écrit de *Worcester*; et on peut croire que cet ouvrage lui a servi de guide dans ses recherches, s'il ne lui en a pas donné la première idée. *Savery* aurait toujours le mérite d'avoir fait revivre une invention oubliée. De plus les perfectionnements qu'il y apporta devaient avoir une certaine importance, sans quoi on ne lui aurait pas volontiers accordé un brevet alors que celui de *Worcester* avait pris fin, en 1681, à la mort de la femme de ce dernier.

Savery exécuta aussi sa machine en grand. Une des premières applications qu'il en fit, consistait à élever l'eau au-dessus d'une roue à aubes, qui se trouvait par là mise en mouvement. On ne connaissait pas alors d'autre moyen d'obtenir un mouvement de rotation à l'aide de la vapeur.

233. — Tandis que *Savery* s'occupait de la construction de sa machine, et même auparavant, *Papin* s'efforçait de son côté d'utiliser la force de la vapeur [2].

Un des premiers fruits de ses travaux fut l'utile appareil qu'on nomme aujourd'hui la *marmite de Papin*, dans lequel la pression et la température de l'eau chauffée en vase clos sont utilisées pour le ramollissement des matières organiques. *Papin* décrit cet appareil dans l'opuscule intitulé : *A new digestor or engine for softing bones* (London, 1681), qui fut suivi six ans plus tard d'un supplément ayant pour titre : *Continuation of the new digestor* (Lond., 1687).

Cet appareil, tel qu'il est décrit en 1681 [3], est déjà très remarquable en ce qu'il porte une soupape de sûreté, c'est-à-dire une soupape maintenue par un levier et un contrepoids. Ni *Worcester*, ni *Savery*, dans ses premiers essais du moins, ne connaissaient cette disposition. *Papin* vivait alors à Londres, et son digesteur fut présenté au roi Charles II, qui en fit construire un exemplaire pour son laboratoire. Dans ce *Digestor*, *Papin* employait encore une autre disposition pour se mettre en garde contre la rupture du vase. Le couvercle avait une petite cavité, dans laquelle il mettait une goutte d'eau et observait le temps qu'elle prenait pour se réduire en vapeur : il comptait le temps à l'aide d'un pendule formé d'un poids suspendu à un simple fil. Il fallait cinq secondes, lorsque la pression intérieure était de dix atmosphères. Papin fit la remarque que la cavité devait être bien propre; lorsqu'elle était un peu grasse, la vaporisation était retardée d'une manière considérable!..

Papin fut sans doute conduit à l'idée d'utiliser la vapeur d'eau et l'air, comme forces motrices, par la pompe à air, dont il s'était occupé de fort bonne heure. C'est en effet en 1674 qu'il publia ses *Nouvelles expériences du vide* (Paris, 1674), complétées plus tard, comme je l'ai déjà dit (§ 205), par l'invention importante de la *platine*.

Nous avons déjà eu l'occasion de remarquer (§ 219), que la marche suivie par un physicien dans ses recherches, dépend bien souvent de la façon dont il a

1. Switzer, *Introduction to a general system of Hydrostatics*, 1729. R. Stuart, *Historical and descriptive anecdotes*, etc., I, p. 123.

2. Voir la *Revue scientifique*, nos du 18 septembre 1880 et du 12 février 1881 (T.).

3. *Acta Erudit.*, 1682, p. 105.

abordé la question. Cette remarque s'applique encore à *Papin*. Lorsque celui-ci voulut en effet passer de la pompe à air, — dans laquelle le piston est certes une partie essentielle, — à la machine à air ou à vapeur, il chercha toujours à conserver le piston et à faire de sa machine une sorte de pompe à air renversée. Et, en fait, toutes les machines que nous construisons aujourd'hui sont basées sur ce principe. Un piston y est mû par la raréfaction ou la compression d'un gaz, ce qui produit un certain travail mécanique, tandis que dans la pompe à air, un piston mis en mouvement par une certaine force raréfie ou comprime un gaz.

Lorsque Papin entra dans cette voie, il prit donc le droit chemin : malheureusement il ne put surmonter les difficultés qui s'offrirent à lui. *Arago* a donc tort d'affirmer que *Papin* doit être considéré comme le véritable inventeur de la machine à vapeur ; mais on doit reconnaître que les projets et les idées de cet homme ingénieux ont conduit d'autres personnes à employer le piston.

Papin imagina plusieurs machines ayant pour but d'élever l'eau ou d'autres objets au-dessus du sol. Mais, à côté de dispositions ingénieuses, elles présentaient des défauts considérables, de sorte qu'elles restèrent seulement à l'état de projet et n'existèrent jamais que dans les descriptions qu'il en donna[1]. Ce qu'on doit surtout remarquer, c'est que, dans toutes ces machines, la force motrice était non pas la vapeur, mais l'élasticité de l'air comprimé. C'est ce qui explique bien comment les différents projets qu'il fit ne purent aboutir. Cependant, il vaut la peine de mentionner, que dans l'un de ces projets se trouvait un robinet deux fois transpercé (à quatre voies), qui joua plus tard un rôle important dans la machine à vapeur. Si *Papin* a réellement imaginé ce robinet, comme *Arago* le pense, ce qui est fort possible, ce n'est cependant pas lui qui l'a inventé le premier ; car il fut décrit dès 1685 par *Wolferd Senguerd* de Leyde, ainsi que nous l'avons dit plus haut (§ 205), bien qu'il n'ait été employé pour la première fois qu'en 1697, dans la pompe à air.

Papin publia encore plus tard ses projets, dans un autre ouvrage, qui porte ce titre : *Recueil de diverses pièces touchant quelques nouvelles machines et autres sujets philosophiques* (Cassel, 1695).

A côté de la machine à vapeur, on trouve un autre projet que *Papin* fit connaître vers 1688[2]. Dans celui-ci, il se proposait d'utiliser la force de la poudre à canon, pour faire le vide sous le piston d'un cylindre. Le côté nouveau du projet consiste précisément dans cette manière de produire le vide ; car on avait déjà cherché à employer la poudre comme force motrice. C'est ce qu'avaient fait en particulier un certain *Hautefeuille* en 1678, et le célèbre *Huyghens*

---

1. *Philosoph. Transact.*, 1685, p. 1093, 1274 ; *Acta Erudit.*, 1688, p. 644. — Il s'agit ici de sa *machine à transporter au loin la force des rivières*, dont il présenta un modèle à la Société royale en 1687. A l'aide d'une roue hydraulique et de deux immenses corps de pompe, Papin opérait le vide dans un long tuyau métallique. Un piston fermant ce tuyau était poussé par la pression de l'atmosphère ; il entraînait une corde qui pouvait ainsi transmettre au loin une force motrice considérable.

Les difficultés d'exécution empêchèrent cette expérience de réussir ; mais comme on le voit elle contenait le principe de nos chemins de fer atmosphériques (*N. des T.*).

2. *Acta Erudit.*, 1688, p. 497.

en 1680; seulement ceux-ci se proposaient de soulever le piston par la force expansive de la poudre.

En 1690, Papin revient à l'idée d'appliquer la force de la vapeur, et il décrit son projet dans les *Acta Eruditorum*[1]. Il verse un peu d'eau dans le cylindre, enfonce jusqu'au contact le piston, qui est muni d'un trou par lequel l'air, s'échappe : le trou est ensuite fermé. Il porte alors le cylindre sur le feu : l'eau se change en vapeur et soulève le piston jusqu'au moment où on enfonce une cheville dans un trou qui traverse la tige du piston. En éloignant le feu, le cylindre se refroidit, la vapeur se condense et, dès qu'on retire la cheville, le piston descend rapidement. — C'est sur cette seule disposition qu'*Arago* s'appuie pour attribuer à *Papin* l'invention de la véritable machine à vapeur! On y trouve certes le principe de notre machine à vapeur, mais ce n'est à dire vrai qu'un embryon, et, si on considère que *Papin* n'a jamais cherché à exécuter son idée en grand, on reconnaîtra que l'affirmation d'*Arago* n'est en rien justifiée[2].

Papin paraît même avoir eu ici un prédécesseur, dont *Arago* ne fait pas mention, ce qui est assez singulier, puisqu'il était également son compatriote. Ce prédécesseur est *Jean de Hautefeuille*. Il était fils d'un boulanger d'Orléans : il naquit dans cette ville en 1647, et y mourut en 1724. Il fut l'un des mécaniciens les plus distingués de son temps. Dans ses ouvrages : *Pendule perpétuelle avec la manière d'élever l'eau par la poudre à canon* (Paris, 1678), et *Réflexions sur quelques machines à élever les eaux* (Paris, 1682), il parle d'employer l'eau et l'esprit-de-vin, de telle sorte que les liquides se vaporisent et se condensent alternativement[3].

Dans le recueil qu'il publia en 1695, *Papin* reprend le projet que nous venons d'exposer, et y apporte plusieurs perfectionnements ingénieux. Pour échauffer le cylindre, il imagine un appareil fumivore. Il propose aussi d'employer la force de la vapeur pour mettre les bateaux en mouvement, ce qui fait qu'*Arago* le considère également comme l'inventeur des bateaux à vapeur! Pour transformer le mouvement de va-et-vient du piston en un mouvement de rotation, *Papin* termine la tige du piston par une crémaillère qui engrène dans une roue dentée; et pour obtenir la continuité du mouvement, il emploie plusieurs cylindres à vapeur semblables, avec une désarticulation des engrenages. *Papin* fut conduit

---

1. *Acta Erudit.*, 1690, p. 410.

2. Papin est resté longtemps sans pouvoir exécuter son idée en grand, d'un côté parce que ses ressources étaient insuffisantes, de l'autre, comme il le dit lui-même dans son mémoire, parce que la principale difficulté était de trouver une fabrique où l'on forgeât facilement ces grands tubes (cylindres). Papin a cependant surmonté ces deux « difficultés », puisqu'en 1707, il est parvenu à construire ce bateau à roues mû par la vapeur, dont il parle longuement dans son mémoire de 1690.

On voit donc par là qu'*Arago* avait aussi quelque raison de dire que Papin a contribué à l'invention des bateaux à vapeur.

Voir à ce sujet les *Nouveaux documents sur l'Histoire de la découverte des bateaux à vapeur*, par le professeur *Kuhlmann*, de Hanovre. Voir aussi L. Figuier, *Hist. des Principales découvertes scientifiques modernes*, t. 1, notes, 1855. Enfin le Dr *Gerland* de Cassel vient de publier, aux frais de l'Académie de Berlin, la correspondance de *Leibnitz* et de *Huyghens* avec *Denis Papin*, accompagnée d'une biographie de *Denis Papin* et de documents inédits. Cette biographie est un éclatant hommage rendu au génie de *Denis Papin* (*Tr.*).

3. R. Stuart. *Hist. and descript. anecdoctes*, etc., 1, p. 70, 94.

à l'idée d'employer la vapeur comme force motrice d'un bateau à roue, par la vue d'un bateau de ce genre que le prince Ruprecht avait fait construire sur la Tamise, et qui laissait derrière lui tous les autres bateaux à rames[1].

Tels sont les faits sur lesquels *Arago* s'appuie[2] pour attribuer à *Papin* l'invention de la véritable machine à vapeur, c'est-à-dire de celle dans laquelle la vapeur agit sur un piston mobile. Comme je l'ai déjà dit, je ne peux pas regarder cette prétention comme justifiée; et je suis d'accord en cela avec les écrivains anglais, qui ont plus tard traité ce sujet. Mais il est juste de reconnaître que *Papin* a mis en avant un grand nombre d'idées ingénieuses.

Bien qu'il n'ait pas réellement mis ses idées à exécution, il est de toute vraisemblance qu'elles ont eu une certaine part aux perfectionnements qui furent bientôt apportés à la machine à vapeur[3]. Les savants s'occupèrent peu de

1 Ce bateau à roues était mis en mouvement par des chevaux (T).

2. *Annuaire*, 1829 et 1837.

3. Le mémoire dans lequel Denis Papin décrit son cylindre à vapeur fut publié dans les *Acta Eruditorum* en septembre 1690. La patente de Savery, pour sa machine à élever l'eau, est de 1698 : l'ouvrage qui en renferme la description (l'*Ami du mineur*) est de 1702.

Savery, il est vrai, parvint le premier à construire une machine où la vapeur fut employée comme force motrice. Il obtint ce résultat pratique en améliorant d'une manière notable les idées de Salomon de Caus. Et dans cette voie il n'était guère possible de faire mieux. Son œuvre n'était pas susceptible de perfectionnement.

Papin, au contraire, en imaginant de faire agir la vapeur sur le piston d'un cylindre, et de condenser ensuite cette vapeur par le refroidissement, a trouvé l'idée féconde, celle qui devait nous donner seule la machine à vapeur actuelle. C'est ce que nous montre en effet l'histoire de la machine à vapeur.. Newcomen et Cawley, qu'ont-ils fait, sinon appliquer les idées de Papin? ils ont modifié la construction de la machine, mais ils n'en ont pas changé notablement le principe. Et Watt, comment est-il parvenu à sa machine à simple effet? en réparant un modèle de la machine de Newcomen, dont il saisit aussitôt les défauts et les avantages en remplaçant l'injecteur par le condensateur. Ainsi, à partir de Papin, la route est tracée et les perfectionnements se suivent sans interruption.

Quant aux idées ingénieuses mises en avant par Papin, elles ne sont pas de médiocre importance, et méritent d'être citées tout au long. Voici, d'après M. de Lesseps, la liste des travaux et des découvertes dont a pu profiter l'industrie contemporaine.

1674 à 1709. Perfectionnements et modifications de la machine pneumatique.

1681-1687-1741. Digesteur-autoclave.

1685. Découverte du principe des siphons à pression de l'air, par la faculté qu'ils ont de s'épancher à la partie supérieure.

1687. Découverte et première application du principe de nos chemins de fer atmosphériques.

1695-1709. Appareil fumivore.

1709. Méthode d'administration d'air amélioré soit en chambre, soit en serre, à air comprimé, méthode qu'utilise avec avantage la thérapeutique moderne.

1681. Gouvernement de la vapeur-soupape de sûreté.

1687-1695. Robinet à deux voies doubles employé par *Watt* et *Leupold*, pour distribuer la vapeur dans leurs machines à haute pression.

1690-1695. Application des appareils mécaniques de la vapeur. Mouvement de rotation. Condensation par le refroidissement. Piston et double effet à deux corps de pompe.

1690-1698. Premières expériences d'une machine à haute pression. Essai de la combinaison de la machine atmosphérique et de la machine à jet direct, de Salomon de Caus.

1698. Wagon ou chariot mené par la vapeur sur un modèle réduit.

1704. Construction d'un bateau à vapeur : les roues doivent, d'après un essai fait à force de bras, recevoir l'impulsion de la vapeur.

cette invention, et particulièrement les membres de la Société Royale qui, dans les trente premières années surtout, montrèrent une singulière indifférence pour tout ce qui concernait la machine à vapeur : Ils en avaient probablement une médiocre opinion.

234. — La première impulsion fut donnée cette fois par deux hommes appartenant à la simple bourgeoisie, *Thomas Newcomen*, serrurier, et *John Cawley*, vitrier, habitant tous deux Dartmouth et appartenant à la secte des anabaptistes.

Aujourd'hui encore, nous ne savons rien de l'existence de ces hommes de mérite ; nous ne savons ni la date de leur naissance ni celle de leur mort. Ils firent en secret beaucoup de tentatives pour employer la vapeur comme force motrice, et connurent l'idée qu'avait eue Papin de faire agir la vapeur sur un piston. Cela résulte d'une lettre adressée à *Newcomen* par *Hooke*, et retrouvée dans les papiers de ce dernier. Celui-ci lui conseille de ne pas perdre davantage son temps et sa peine à la réalisation des idées de *Papin*. La conclusion de la lettre est remarquable, en ce qu'elle donne la mesure des connaissances de *Hooke* sur les propriétés de la vapeur : « Si vous pouviez, dit-il, produire rapidement le vide sous votre piston, vous auriez atteint le but que vous vous proposez. » — Dans l'appareil de *Papin*, le vide était en effet très lent à se produire.

Ces hommes si pleins d'ardeur ne se laissèrent pas égarer par les avis de *Hooke*, malgré sa haute autorité dans les questions de mécanique. Ils poursuivirent leur entreprise avec beaucoup de courage, et virent enfin leurs efforts couronnés de succès, de sorte qu'ils purent songer à prendre un brevet pour leur découverte. Mais le brevet de *Savery* était pour eux un obstacle ; car la méthode employée par ce dernier pour produire rapidement le vide par la condensation de la vapeur était reconnue comme sa propriété. Ils s'entendirent donc avec lui, et l'associèrent aux bénéfices que pourrait leur procurer leur entreprise. C'est ainsi qu'en 1705, un brevet fut accordé à *Newcomen*, *Cawley* et *Savery*, réunis en société, pour le perfectionnement de la machine à vapeur. Mais *Savery* ne semble avoir, ni avant ni après, participé à leurs travaux. Il paraîtrait même que *Newcomen* et *Cawley* auraient construit leur machine bien avant celle de *Savery*. Mais ce dernier, qui se trouvait plus près de la cour, aurait réussi à obtenir un brevet avant eux[1].

La machine construite à la suite de l'obtention de ce brevet, est la première qu'on puisse véritablement appeler une machine à vapeur. Elle appartient au genre de machines dites atmosphériques, parce qu'elles sont en réalité mises en mouvement par la pression atmosphérique. Elle possédait le piston ordinaire comme celle que fit ou proposa *Papin*, mais elle en différait essentiellement par la manière dont ce piston était utilisé. Dans celle de *Papin*, le piston était soulevé par la vapeur qui se formait en dessous, et descendait ensuite lorsque la vapeur

1707. Lancement à l'eau de cette embarcation : réussite ; sa destruction violente.

1707. Exécution définitive d'une machine à vapeur à haute pression, sans condensation, avec double soupape de sûreté et soulèvement d'un courant d'eau assez puissant pour faire tourner un moulin (Extrait de la *Revue scientifique* du 18 septembre 1880). Voir la *Vie de Papin*, par M. de la Saussaye, membre de l'Institut. (*Note des traducteurs.*)

1. Switzer, *Hydrostatics*, II, p. 216.

s'était condensée; de sorte que les deux mouvements d'ascension et de descente
du piston étaient produits par la force élastique de la vapeur. Dans la machine
de *Newcomen* et de *Cawley*, le dernier mouvement seul était produit par la
vapeur. Le mouvement d'ascension était obtenu à l'aide d'un contre-poids, et
par l'intermédiaire d'un levier ou balancier employé ici pour la première fois.
Afin que le piston fût toujours tiré verticalement, il était attaché au balancier
par une chaîne, qui s'appliquait sur un arc de cercle placé à l'extrémité du
balancier.

La disposition de l'appareil est indiquée par la figure 30 : *a* désigne la
chaudière, *b* le cylindre muni d'un piston, *cc'* le balancier avec les arcs de
cercle qui se trouvent à ses extrémités. Le contrepoids *d* est formé par la tige
de la pompe à eau, que la machine mettait en mouvement. Cette tige était
attachée à l'extrémité *c'* du balancier, et son poids augmenté encore autant
qu'il était nécessaire par une masse *d'*. La vapeur n'est pas produite dans le
cylindre, mais dans la chaudière *a* qui se trouve au-dessous, et qui est reliée
au cylindre par un tube *e* qu'on pouvait ouvrir ou fermer.

Pour faire monter le piston, il suffisait d'ouvrir le robinet *e* : la vapeur entrait
sous le piston et empêchait le vide de se produire au-dessous, de sorte que le
contrepoids pouvait le soulever. Lorsque le piston était arrivé au haut de
sa course, le robinet *e* était fermé. Il s'agissait alors de condenser la vapeur,
pour que la pression de l'atmosphère devînt capable de faire descendre le piston,
et d'élever la tige de la pompe placée à l'autre extrémité du balancier.

Il fallait pour cela refroidir le cylindre. Dans ce but, *Papin* en éloignait le
feu, moyen assurément très imparfait, et qui ne permettait d'obtenir qu'un
refroidissement très lent. *Savery*, bien qu'il ne se servît pas de piston, employait un moyen beaucoup plus efficace : il laissait couler de l'eau froide sur
son cylindre. *Newcomen* et *Cawley* procédaient de la même façon. Ils faisaient
couler de l'eau froide d'un vase *f*, rempli lui-même par la pompe. Cette eau
arrivait sur le piston, et lorsque celui-ci était parvenu au haut de sa course,
elle se déversait dans une enveloppe qui entourait le cylindre, puis s'écoulait par un tube *g*. Le piston était donc recouvert constamment d'une couche
d'eau, ce qui avait encore l'avantage de produire une fermeture plus hermétique du cylindre. Le chanvre ou étoupe, qu'on employait alors, ne donnait pas
de très bons résultats; c'est seulement plus tard, en 1713, qu'on reconnut par
hasard, que le cuir était bien préférable [1].

Bientôt *Newcomen* et *Cawley* remarquèrent qu'une de leurs machines travaillait beaucoup plus rapidement que les autres. En examinant la chose de
plus près, ils reconnurent que le piston de cette machine ne fermait pas très
exactement, de sorte qu'un peu d'eau froide s'introduisait dans la chambre à
vapeur. Cette circonstance les conduisit à un perfectionnement essentiel.
Newcomen et *Cawley* reconnurent que la vapeur se condensait beaucoup plus
rapidement lorsqu'on la mettait directement en contact avec de l'eau froide; et
aussitôt, ils cherchèrent à appliquer cette propriété d'une manière convenable.
Ils imaginèrent l'injecteur représenté par le tube *i* de la figure 31. C'était là un

---

1. Desaguliers, *Experimental Philosophy*, II, p. 333.

progrès important, car la vapeur se condensait beaucoup plus rapidement, et par suite la machine pouvait fonctionner beaucoup plus vite. Mais la vapeur, qui se condensait sous le piston, formait une certaine quantité d'eau augmentée encore par celle qui était injectée dans le cylindre, et il était nécessaire de retirer cette eau, si la machine devait continuer longtemps à fonctionner. Pour cela, *Newcomen* et *Cawley* ajustèrent au fond du cylindre un tube *p* qui descendait dans une citerne placée à trente pieds au-dessous. C'était, comme on le voit, une sorte de baromètre à eau, dont le liquide, bien qu'il vînt du cylindre, ne pouvait jamais y remonter, même lorsque la pression y était la plus basse possible par suite de la condensation de la vapeur. Le procédé était incommode mais très ingénieux.

Il fallait enfin expulser l'air, qui se dégageait nécessairement de l'eau dans la chaudière, ou qui provenait de l'eau froide injectée dans le cylindre. C'est à cela

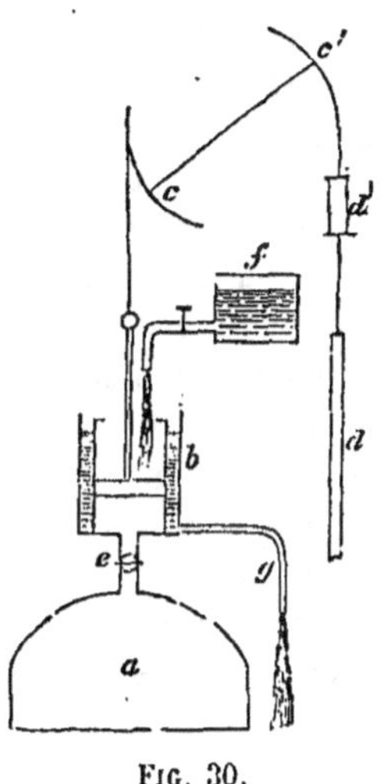

FIG. 30.

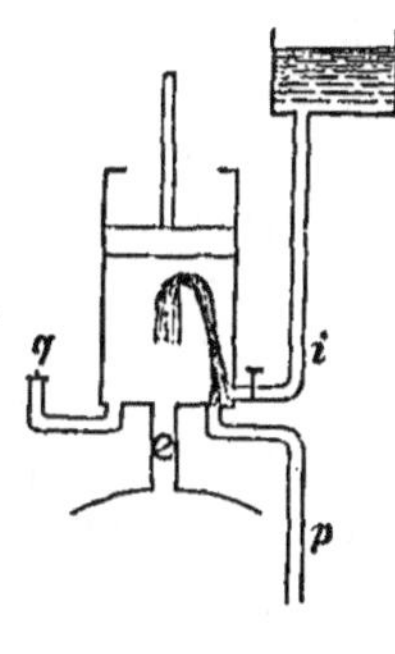

FIG. 31.

que servait un tube *q* muni d'une soupape s'ouvrant de bas en haut. Lorsque le piston descendait, la soupape était soulevée par l'air qui s'échappait. Pour obtenir une fermeture plus hermétique, la soupape était recouverte d'une couche d'eau.

Telle était, dans ses parties essentielles, la disposition de la machine pour laquelle *Newcomen* et *Cawley* prirent un brevet en 1705, en société avec *Savery* : l'injecteur cependant ne s'y trouvait pas encore. Le jeu de cette machine est facile à comprendre; mais le mouvement des robinets y était produit par l'ouvrier même qui surveillait la machine, comme dans celle de *Savery* ou de *Worcester*. C'était là une grande imperfection, car il fallait l'attention soutenue d'une personne active. C'était généralement un enfant qu'on chargeait de tourner alternativement le robinet de vapeur et le robinet de l'injecteur. Un jour, cette occupation monotone fut confiée à un jeune garçon nommé *Humphry Potter*. Celui-ci, qui entendait jouer ses camarades au dehors, aurait bien voulu prendre part à leurs ébats, mais il n'osait abandonner sa machine. Le dégoût de son travail le rendit ingénieux. Il remarqua que le mouvement des robinets était lié d'une manière nécessaire à celui du balancier : il lui vint aussitôt à l'esprit de les relier par des ficelles, et la machine continuant à fonctionner, il put lui aussi courir en liberté [1]. Je n'ai pu savoir à quelle époque *Potter* trouva cette disposition ingénieuse. Sa valeur n'en fut pas moins aussitôt appréciée, et, au lieu de ficelle, on plaça des tringles, qui rendirent dès lors l'intervention de l'ouvrier inutile, en assurant la manœuvre régulière des robinets.

Newcomen et *Cawley* avaient leur brevet depuis six ans, avant qu'ils fussent en état de faire fonctionner pratiquement leur machine, soit qu'ils n'aient pu eux-mêmes la construire en grand, soit qu'on eût contre elle des préventions et qu'on doutât de ses avantages.

Enfin, en 1711, un sieur *Back* leur fit construire à Wolverhampton une machine à élever l'eau, et c'est dans cette machine qu'ils reconnurent les avantages de l'injection de l'eau froide, au milieu même de la vapeur.

235. — Tandis que la machine à vapeur était ainsi perfectionnée en Angleterre jusqu'à recevoir une application pratique, sur le continent, deux hommes poursuivaient le même but, à savoir *Amontons* à Paris et *Papin* à Marbourg. *Amontons* décrivit, en 1699, son *moulin à feu*, dont nous ferons simplement mention en passant, parce qu'il était mis en mouvement par l'air chaud, et qu'il n'a par suite rien de commun avec la machine à vapeur; ce moulin demeura d'ailleurs à l'état de projet [2] (§ 224). Quant à *Papin*, il est remarquable qu'après avoir exprimé, en 1690, une idée qui pouvait conduire à d'importants résultats il l'abandonna tout à coup, pour ne la reprendre qu'après son retour en Angleterre. Il dit, il est vrai, avoir fait de nouvelles expériences sur la force de la vapeur dès l'année 1698, et cela à l'instigation du Landgrave Guillaume. Mais il résulte assez clairement de tous les renseignements qui nous sont parvenus, qu'il n'aurait repris ses recherches qu'après avoir eu connaissance de la machine de *Savery*.

Le célèbre *Leibnitz* avait été en Angleterre. Il y avait vu la machine de *Savery*, dont il donna la description à *Papin*. En outre, le mémoire de Savery paru dans les *Phil. Transact.* de 1699, avec le dessin de la machine, fut traduit en 1700 dans les *Acta Erudit;* par suite la machine de Savery ne pouvait être inconnue de *Papin*. Cependant, en 1707, celui-ci donne la description d'une nouvelle machine, qu'il prétend avoir imaginée indépendamment de celle de *Savery*. Il publia à ce sujet un opuscule intitulé : *Nouvelle manière pour élever l'eau par la force du feu* (Cassel, 1707). Mais la machine dont il donne ici la description ne réalisait pas un progrès; c'était au contraire un pas fait en dehors de la voie qu'il avait tracée en 1690. Dans ses parties essentielles, elle se rapprochait tellement de celle de *Savery*, qu'il était facile de voir que celle-ci lui avait servi de modèle.

La disposition de cette machine, qui est d'ordinaire désignée sous le nom de

1. *Annuaire*, 1839, p. 298 ; Stuart, *Hist.*, etc., I, 160.
2. Stuart, *Hist. and descriptive anecdotes*, I, 130.

machine de Hesse, était la suivante[1] : La vapeur venant de la chaudière entrait
dans le cylindre, pressait sur le flotteur α et chassait l'eau par le tube d'ascension
en soulevant la soupape c. Ensuite a était fermé et b ouvert. La vapeur
s'échappait alors dans l'air par b : la machine était donc ici une machine à
haute pression. Mais l'eau du réservoir entrait par la soupape d et remplissait de nouveau le cylindre; b était fermé, a ouvert et le même jeu se reproduisait. Jusqu'ici, cette machine ne diffère de celle de *Savery* que par la
forme extérieure; mais une différence essentielle consiste dans le flotteur α
placé sur l'eau dans le cylindre à vapeur, pour empêcher le contact immédiat
de l'eau et de la vapeur. Celle-ci en effet en se condensant perdait sa force
élastique, et *Papin* savait fort bien que la vapeur ne pouvait presser sur l'eau,
d'une manière efficace, que lorsque l'eau était à la température même de la
vapeur. Ce flotteur était creux, en fonte, et de la forme indiquée par la figure.
La cavité avait été ménagée pour recevoir un cylindre de fer rouge, qui devait

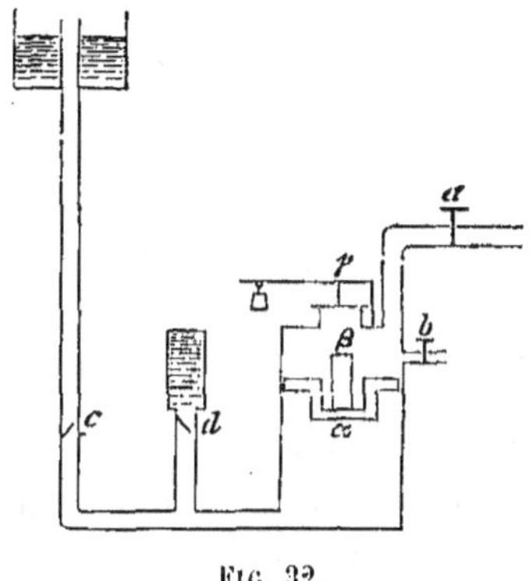

FIG. 32.

empêcher le refroidissement et la condensation de la vapeur. Pour introduire
ce morceau de fer, on avait pratiqué une ouverture fermée par une soupape
équilibrée elle-même par un contre poids et servant de soupape de sûreté.

Un auteur anglais de notre époque, *Ainger*, dit, en parlant de ce flotteur,
que c'est là une disposition enfantine. Dans le fait, elle n'est pas très bien imaginée ; car, indépendamment de l'inconvénient que présentait l'introduction
du fer rouge, dont le remplacement devait à chaque fois interrompre la marche
de la machine, le choix du flotteur n'était pas heureux : Papin aurait dû prendre
un corps moins bon conducteur de la chaleur que la fonte. Quoi qu'il en soit,
on voit par là que Papin s'attachait à empêcher la condensation de la vapeur,
à laquelle il donnait d'ailleurs une haute tension, comme dans les machines
à haute pression. Dans la machine de Savery, au contraire, la vapeur produisait alternativement la compression et l'aspiration.

Le prince-électeur de Hesse fit, paraît-il, construire cette machine à Cassel
vers 1705 : elle élevait l'eau dans un réservoir placé à 70 pieds de haut, qui

1. Stuart, *Hist. and descript. anecdotes*, I, 135.

alimentait une fontaine. Mais ses effets ne devaient pas être très satisfaisants, car on nous dit que le prince-électeur Charles de Hesse, fils du Landgrave Guillaume, après un voyage qu'il fit à Londres en 1706, où il vit la machine de *Savery*, engagea celui-ci à modifier la machine de *Papin*. Savery indiqua en effet les modifications qu'il était nécessaire d'y apporter, s'il ne les exécuta pas lui-même.

HOOKE

236. — Parmi les hommes distingués, qui ont tant contribué, vers la fin du XVIIᵉ siècle, au développement de la physique, étudions tout d'abord *Robert Hooke*, que nous avons déjà nommé plus d'une fois. Il n'est pas en effet de physicien dont les travaux se rapprochent davantage de ceux que nous venons de traiter.

Il ne faudrait pas confondre *Hooke* avec d'autres savants dont le nom est à peu près semblable, en particulier avec l'allemand *Haak* qui habitait Londres, et qui, dans les premiers temps, prit une part active aux séances de la Société royale ; avec *Rooke*, astronome et mathématicien distingué, qui fut un membre des plus zélés de la Royal Society, et qui aurait certainement laissé des preuves durables de son activité, s'il n'était mort encore bien jeune, — dans sa 40ᵉ année (1662).

Robert Hooke naquit à Freshwater, dans l'île de Wight, le 18 juillet 1635, et mourut à Londres dans sa quatre-vingt-septième année. Malgré l'âge avancé auquel il parvint, il était dans sa jeunesse d'une très faible constitution. Son père, qui était pasteur, le destinait à l'état ecclésiastique : aussi, dès qu'il eût terminé ses études élémentaires, lui fit-il commencer le latin. Mais la mauvaise santé du jeune *Hooke* s'accrut à ce point que son père fut obligé de lui faire abandonner ses études.

Dans les loisirs qui lui furent laissés, *Hooke* donna bientôt des preuves de son talent d'invention : entre autres, il construisit une horloge de bois qui indiquait assez exactement les heures. Son père voulut alors le faire horloger, mais il abandonna ce projet pour en faire un peintre. A la fin, *Hooke* montra qu'il était encore plus disposé à devenir un savant ; alors il fut mis à l'École de Westminster où il étudia le latin, le grec, l'hébreu et les mathématiques. Il fit en géométrie des progrès importants ; et là encore montra son esprit d'invention, en indiquant à son professeur trente manières différentes de voler !

En 1653, il alla à l'université d'Oxford. Il entra bientôt en relation avec les membres de la Société philosophique, et comme il fit preuve de beaucoup d'adresse, le chimiste *Willis*, et plus tard le célèbre *Robert Boyle*, le prirent successivement comme aide. Il travailla plusieurs années avec *Boyle*, et l'aida notamment dans les expériences qu'il fit avec la machine pneumatique. *Hooke* paraît avoir inventé la machine à double corps de pompe, en 1658 (§ 205).

Les inventions et les découvertes qu'il fit, à partir de 1656, lui acquirent une telle renommée, que la Société royale de Londres le choisit comme membre, le 3 juin 1663, et, vu son peu de fortune, le dispensa une fois pour toutes de payer la cotisation annuelle d'usage. En 1664, elle lui accorda même un traitement fixe de 30 l. strl., à la condition qu'il ferait les expériences nécessaires pour les séances de la Société. Sa situation pécuniaire s'améliora encore dans cette même année : Sir *John Cutler* lui assura en effet un traitement de 50 liv. st. pour qu'il fît un cours de mécanique qui fut imprimé en 1679 sous le titre : *Lectiones Cutlerianæ*; d'un autre côté, il fut nommé professeur de géométrie au Gresham College.

Hooke était, comme cela arrive souvent aux personnés maladives, d'un caractère très irritable, capricieux et jaloux du mérite des autres. En outre, il se croyait toujours lésé, et se livra à des querelles et à des contestations perpétuelles, entre autres avec notre compatriote *Hevel*, avec *Huyghens*, avec le secrétaire *Oldenbourg* et même avec *Newton*. Il eut même plusieurs fois des démêlés avec la Société, au sujet des fonctions qu'il remplissait : mais la bonne intelligence se rétablissait, et, comme il était très estimé malgré ses défauts, il fut choisi comme secrétaire en 1678, après la mort d'*Oldenbourg*. En 1693, on lui accorda encore une somme importante pour entreprendre certaines expériences.

Hooke conserva son activité jusque dans un âge avancé. Dans les dernières années de sa vie, il demeurait presque jour et nuit à sa table de travail et ne se mettait jamais au lit que tout habillé. Hooke était célibataire.

Henri Oldenbourg, dont il a été plusieurs fois question ici, et qui signait quelquefois aussi Grubendol en transposant son nom, était né à Brême en 1626. Il vint en Angleterre sous Charles Ier, comme consul de sa ville natale, et conserva ses fonctions sous le Protectorat de Cromwell. Ayant perdu sa charge, il s'attacha comme précepteur au service d'un jeune lord à Oxford. Cette circonstance le mit en relation avec les membres de la Société philosophique. Il entra dans la Société royale, et sa connaissance des langues le fit choisir comme assistant par le premier secrétaire le *Dr. Wilkins*, auquel il succéda après sa mort. Il fit la correspondance, s'occupa de la publication des transactions et remplit ses fonctions à la grande satisfaction de la Société, jusqu'à sa mort survenue en 1678, à Charlton, près Blackheath.

237. — *Robert Hooke* ne peut certes pas être mis en parallèle avec ses deux grands contemporains, *Newton* et *Huyghens*. C'était toutefois un homme d'un grand talent, auquel on doit un grand nombre d'observations et de découvertes, surtout dans la mécanique pratique. Si, à cette habileté manuelle si remarquable, il eût joint un esprit mathématique aussi élevé ; s'il avait davantage concentré son attention sur un sujet déterminé, il aurait incontestablement occupé un rang encore plus haut parmi les physiciens. Mais il a éparpillé ses efforts, et il est arrivé que, tandis qu'on trouve dans toutes les branches de la physique des traces de son activité, il n'en a transformé et renouvelé aucune. Ses travaux sont extraordinairement variés, et je devrai me borner à en présenter quelques-uns des plus importants.

Une de ses premières et plus importantes découvertes est celle du ressort à spirale ou balancier des montres. Il fit cette découverte de 1656 à 1658 et y fut conduit par la lecture de l'*Almagest de Riccioli*. L'emploi du ressort métallique dans les horloges existait bien avant *Hooke*. On en trouve une preuve dans les montres qui furent inventées, comme on le dit (et cela n'a jamais été réfuté) par *Peter Hele*, horloger de Nuremberg, vers 1500 ou 1510.

Dans ces premières montres, qu'on appelait, à cause de leur forme ovale, les œufs vivants de Nuremberg, la force des ressorts servait seulement comme *primum movens*, à produire le mouvement. Le ressort y tenait donc la place que tient le poids dans les horloges fixes et dans les horloges à sonnerie, qui sont de date bien plus ancienne encore, puisqu'on les connaissait en Italie dès la fin du XIIIᵉ siècle, où elles furent probablement importées par les Sarrasins.

Mais aucune horloge, ou du moins aucune de ces horloges à roue, comme on les désignait, qu'elles soient mises en mouvement par un poids ou par un ressort, ne peut fonctionner sans un régulateur qui modère la force motrice, et rende uniforme le mouvement produit. Toutes ces horloges à roue, que dès le XIVᵉ siècle, on trouve en Italie, en Allemagne, en France, en Angleterre, sur les églises, sur les hôtels de ville, dans les châteaux et dans les couvents, devaient donc posséder des régulateurs ; mais ces régulateurs étaient très imparfaits. On le sait surtout par l'horloge que Charles V, roi de France, fit construire à Paris en 1364 par l'Allemand *Henri de Wick*. Cette horloge, la première faite sur un grand modèle, fut précisément pour cela longtemps renommée (§ 251).

Les montres de cette époque étaient munies d'un échappement tout à fait imparfait. Au milieu du XVIᵉ siècle, elles étaient, du reste d'un prix si élevé, qu'en Angleterre on les vendait jusqu'à 50 liv. st., et cependant elles avaient une marche très irrégulière. Les horloges astronomiques mêmes étaient alors des appareils fort grossiers. Le célèbre *Tycho-Brahé* se servait pour ses observations astronomiques d'une sorte d'horloge de clocher, dont l'une des roues n'avait pas moins de trois pieds de diamètre et portait douze cents dents.

Hooke eut alors l'heureuse idée de relier un ressort d'acier d'abord droit, plus tard en forme de spirale, à la pièce qu'on nomme le balancier. Celui-ci, lorsqu'il est poussé d'un côté par la roue de rencontre, est ainsi ramené en arrière avec une force invariable. *Hooke* communiqua cette idée à son protecteur *Boyle*, qui la confia à *Rob. Moray*, autre membre de la Société royale, et à lord *Brouncker*, président de cette société. *Moray* conseilla à *Hooke* de prendre un brevet en lui indiquant le moyen de le rendre utile. Ce fut sans doute à cause de son inexpérience que *Hooke* s'entendit avec ces trois confidents pour demander avec eux un brevet commun.

Les associés considéraient l'invention comme si importante qu'ils assuraient à *Hooke* les 3/4 des 6000 premières livres sterling, puis les 2/3 des 4000 suivantes, et enfin la moitié de ce qui reviendrait plus tard. Mais comme ils prétendaient profiter seuls des perfectionnements de cette invention, *Hooke* n'ayant pas voulu avec raison accepter cette clause, rompit toute association et ne prit pas le brevet. L'invention fut tenue secrète. Il n'est donc pas étonnant que *Huyghens*, qui imagina le ressort à spirale vers la même époque, ainsi que l'horloge à pendule, ait songé, lui aussi à appliquer la force des ressorts pour régulariser le mouvement des montres. *Huyghens* fit connaître cette idée pour la première fois en 1675 : la priorité de l'invention appartient donc à *Hooke*. Il est peu admissible que *Huyghens* la lui ait empruntée : cependant *Hooke* l'affirmait, accusait le grand homme de plagiat, et reprochait au secrétaire *Oldenburg* de lui avoir communiqué sa découverte (§ 256).

Il n'est pas possible de dire ce qu'il y avait de vrai dans ces accusations : il est seulement certain que *Huyghens*, dans son *Horologium oscillatorium*, ouvrage dans lequel il décrit sa découverte et qui parut en 1673, ne parle pas du ressort à spirale. D'un autre côté, avant cette année, aucune montre n'avait encore été construite d'après le principe de *Hooke*, car la première montre avec ressort à spirale que reçut Charles Ier portait l'inscription :

Robert Hooke invenit 1658, Tompion fecit 1675.

D'ailleurs, l'échappement des montres de *Huyghens*, dont la première fut construite à Paris par *Turet* en 1674, diffère un peu de celui de Hooke. Je dois aussi mentionner que, vers le milieu du XVIIe siècle, *Hautefeuille*, que nous avons plusieurs fois cité (§ 233), s'était occupé de régulariser le mouvement des montres sans arriver toutefois à un résultat de quelque importance. Il employa d'abord une soie de cochon, puis un ressort d'acier droit, et enfin un ressort à spirale, mais celui-ci bien après qu'il eût entendu parler des inventions de *Hooke* et de *Huyghens*. Ce même *Hautefeuille* s'attribuait aussi l'invention des horloges à pendule au détriment de *Huyghens*.

238. — Un autre sujet, sur lequel *Hooke* et *Huyghens* se rencontrèrent encore est l'application du pendule conique, du pendule à force centrifuge ou de la pirouette, à la régularisation du mouvement des horloges. *Hooke* avait, d'après son dire, fait cette découverte dès 1660 : il l'a décrite dans les *Animadversions to the first part of the Machina cœlestis of Joh. Hevelius*, etc. (Lond., 1674), tandis que *Huyghens* parle pour la première fois de l'emploi de ce pendule dans son *Horolog. oscillat.* de 1673. Cependant l'affirmation de *Hooke* est quelque peu contestable, car le pendule conique est certainement plus compliqué que celui qui oscille dans un seul plan, et on doit croire que si *Hooke* avait songé à appliquer le premier aux horloges dès 1660, il n'aurait pas manqué de trouver le dernier, sur lequel il n'élève cependant aucune prétention. On sait d'autre part que les inventions et les recherches qu'Huyghens décrit dans son *Horolog. oscillat.* de 1673, dataient pour la plupart de 1656 à 1660. Enfin *Huyghens* a découvert les lois des oscillations du pendule conique et les a exactement développées. L'application de ce pendule aux horloges eut alors peu de succès; elle fut reprise depuis, lorsqu'on voulut obtenir un mouvement continu.

Quoi qu'il en soit de l'application du pendule conique, l'invention du ressort à spirale et son application à la mesure exacte du temps suffisent pour assurer ici au nom de *Hooke* un souvenir très honorable.

239. — Les tentatives de *Hooke* pour perfectionner la mesure des angles, ne sont pas moins méritoires. Ainsi, le 28 novembre 1666, il inventa le niveau à esprit-de-vin, cet instrument si précieux dans les mesures. Sur ce point il a

sans contredit la priorité, en particulier sur le Français *Picard*, qui décrit un appareil du même genre dans son *Traité du nivellement* de 1684 : encore celui-ci employait-il l'eau au lieu de l'esprit-de-vin, qui est cependant plus convenable.

Deux ans plus tôt, c'est-à-dire en 1664, *Hooke* employa la vis pour la division des angles dans les instruments astronomiques, et en 1665, il présenta à la Royal Society un petit quadrant dont l'alidade était mue par une vis, de sorte que l'instrument pouvait indiquer les minutes et les secondes. Hooke parvint encore, sans connaître quoi que ce soit des travaux des autres, à l'invention du nonius ou vernier, à l'application de la lunette aux instruments à angles, à l'invention du micromètre ou du réticule.

La découverte du réticule, à cause de son importance, a donné lieu à de nombreuses discussions entre Italiens, Français et Anglais. Le premier pas vers cette découverte a été fait, sans doute, par *Morin*, professeur de mathématiques à Paris, puisqu'en 1634 il plaça une lunette sur un quadrant pour pouvoir mesurer en plein jour la hauteur des étoiles. Mais sa lunette ne devait probablement pas avoir de réticule, puisque c'était une lunette de Galilée ou de Hollande, qui n'en peuvent avoir (§ 84). D'ordinaire on attribue l'invention du réticule aux Français *Auzout* et *Picard*, tous deux membres de l'Académie de Paris, et il est certain qu'ils en firent les premiers l'application en grand, puisqu'ils l'employèrent dans la mesure du degré qu'ils entreprirent en 1667 par ordre de l'Académie.

Adrien Anzout, né à Rouen, fut un des premiers membres de l'Académie. Une cabale le perdit auprès de Colbert, qui lui retira sa charge et son traitement. Il alla alors en Italie et mourut à Rome en 1691. — Jean *Picard* était né en 1620, à La Flèche (Anjou), et mourut à Paris en 1682.

D'après l'astronome *Zach*[1], *Auzout* et *Picard* auraient été précédés dans leur invention par le florentin *Francesco Generini*, qui appliqua la lunette aux instruments destinés à la mesure des angles. Celui-ci était ingénieur du grand-duc de Toscane, mécanicien et ingénieur des eaux : il mourut en 1663 à soixante-dix ans. D'après les renseignements donnés par Zach, non seulement il aurait placé sur un support la lunette, que jusqu'alors on tenait à la main, mais il aurait encore eu l'idée de la relier à un instrument à angle, et aurait réellement mis cette idée à exécution. L'année de son invention n'est pas exactement connue, mais il paraîtrait l'avoir faite à trente ou quarante ans, par conséquent une dizaine d'années après l'invention de la lunette. Mais comme dans ces renseignements il n'est jamais question de la lunette astronomique non plus que du réticule, on doit considérer les droits de Generini à l'invention de ce dernier, comme fort douteux.

Au contraire le comte *Malvasia* de Bologne dit, dans ses *Éphémérides astronomiques* publiées en 1662, qu'il se sert depuis longtemps déjà d'un micromètre à fils d'argent. Aussi les Italiens lui attribuent-ils l'invention du micromètre (§ 181).

Avant lui cependant, en 1659, *Huyghens*, dans son *Systema Saturnium*,

<hr>

1. Zach, *Astronom. Zeitschr.*, IV, 3.

décrit un micromètre qu'il employait pour mesurer le diamètre des planètes, etc. Ce micromètre consistait en une plaque de laiton, en forme de coin, qu'il introduisait dans la lunette par le côté, et qu'il enfonçait jusqu'à ce qu'il couvrit la planète. A cause de l'irradiation, ce micromètre donnait toutefois de trop grandes valeurs. — *Hevel* se servait aussi d'un micromètre consistant en plusieurs fils parallèles mis en mouvement par une vis. — *Hecker*, patricien de Dantzig, qui le trouva dans les œuvres laissées par *Hevel*, l'a décrit et dessiné dans les *Acta Eruditorum* de 1708, p. 125.

Mais le premier qui ait employé le micromètre, est l'Anglais *William Gascoigne*. Il le décrit en 1640 et 1641, dans des lettres adressées à ses amis *Horrox* et *Crabtree*, les deux astronomes qui, le 4 décembre 1639, observèrent pour la première fois le passage de Vénus sur le soleil (§ 135). *Gascoigne* n'a pas seulement employé le micromètre pour mesurer le diamètre des planètes ou de la lune ; il a encore muni ses instruments à angles de lunettes à réticule, ainsi que *Derham* l'a prouvé dans les *Philosoph. Transact.* de 1717. *Gascoigne* éclairait le micromètre pendant la nuit. Ce micromètre a été décrit par *Townley* et aussi par *Hooke*[1]. Ce dernier en a donné un dessin : il consistait en deux lames taillées en biseau et terminées en pointes, qu'il mettait en mouvement l'une vers l'autre à l'aide d'une vis munie d'une échelle et d'une tête divisée. Cette invention fut perdue pour les contemporains, car peu de temps après, le 2 juillet 1644, *Gascoigne* était tué dans la bataille de Marston-Moor, où il combattait pour Charles Ier. Son invention fut retrouvée dans ses papiers. *Hooke* paraît d'abord ne pas avoir connu la découverte de son compatriote : il l'améliora en remplaçant les plaques métalliques par des fils tendus.

L'emploi du micromètre ou plutôt de la lunette munie d'un réticule, à la place des alidades des instruments à angles, jeta *Hooke* dans une polémique violente avec notre compatriote *Hevel*. En 1668, celui-ci ayant envoyé des exemplaires de sa *Cometographia* à *Hooke*, ainsi qu'à plusieurs autres membres de la société royale, *Hooke* pour répondre à cette politesse, lui envoya un exemplaire de sa *Description of the dioptric telescope*, dans lequel il conseillait d'employer des lunettes au lieu des alidades, dans les instruments destinés à la mesure des angles.

Hevel qui était alors déjà vieux, ne voulut pas entendre parler de cette innovation, et répliqua, qu'avec son alidade, il observerait tout aussi exactement que *Hooke* avec sa lunette. En 1673, il publia la première partie de sa *Machina cœlestis*, etc., dans laquelle il décrit les instruments qu'il avait jusqu'alors employés. Il en envoya plusieurs exemplaires à certains membres de la Royal Society, mais en omettant, soit à dessein, soit par hasard d'en envoyer à *Hooke*. Celui-ci prit mal la chose, et en 1674, il écrivit ses *Animadversions to the first part of the Machina cœlestis*, sur un ton extrèmement violent, que ses compatriotes mêmes qualifient d'arrogant.

Hevel fut très offensé de ces attaques, et écrivit à la Royal Society qu'elle pourrait faire examiner le différend par un de ses membres. La Royal Society accepta, et chargea de ce soin le célèbre astronome *Halley*. Celui-ci se rendit

---

1. *Philosoph. Transact.*, 1667.

alors à Dantzig, où il arriva le 26 mai 1679 muni des instruments de *Hooke*. L'épreuve fut aussitôt commencée et dura jusqu'au 18 juillet. *Halley* observait, avec l'instrument de Hooke, les mêmes objets que *Hevel* examinait en se servant de ses instruments. La comparaison des résultats témoigna en faveur de notre compatriote : *Halley* déclara, en effet, ce qu'il n'aurait jamais cru *à priori*, que *Hevel* observait aussi bien à l'œil nu avec son alidade que lui avec sa lunette [1] (§ 196).

C'est à la fois une preuve de l'habileté et de la bonté de la vue de notre compatriote, comme aussi de l'imperfection des instruments d'alors; car l'œil le meilleur et le mieux exercé ne pourrait pas soutenir la comparaison avec nos instruments actuels.

240. — *Hooke* s'occupa beaucoup de la taille des lentilles de verre et de la construction des lunettes. A ce sujet, il entra en contestation avec *Auzout*, qui cherchait également à perfectionner les lunettes et qui avait construit entre autres un objectif de six cents pieds de longueur focale, qu'il ne put utiliser faute d'une disposition convenable. Avec des objectifs d'un aussi long foyer, il ne fallait pas songer à employer un tube : on chercha donc à s'en passer en suspendant simplement dans l'air les deux lentilles, objectif et oculaire. On attribue d'ordinaire cette disposition à *Huyghens*, qui la décrit en 1684 : *Hooke* affirmait cependant qu'il l'avait employée plus tôt. Elle est en tout cas sans importance, et n'a plus de valeur aujourd'hui qu'on sait obtenir de très forts grossissements, sans donner aux tubes des longueurs extraordinaires.

Une autre invention de *Hooke* plus importante, ou du moins plus intéressante est celle de l'*extincteur* de lumière. L'*extincteur* est absolument nécessaire dans les lunettes, lorsqu'on veut observer le soleil. Dans les premières années qui suivirent l'invention de la lunette, on se servait des écrans naturels offerts par les nuages légers qui passaient devant le soleil : c'est ainsi qu'observait *Fabricius*. Plus tard on se servit de verres enfumés ou de verres noirs : *Scheiner* employait les deux procédés.

On procédait donc jusqu'alors par absorption. *Hooke* songea à employer la réflexion. Son extincteur consistait en deux miroirs plans entre lesquels les rayons solaires se réfléchissaient autant de fois qu'il le fallait pour qu'ils devinssent supportables à l'œil. Il présenta un écran de ce genre à la Royal Society le 26 juin 1675. On ne peut pas dire précisément qu'il soit meilleur que le verre coloré qu'on employait alors, à cause de sa simplicité, et qu'on emploie encore aujourd'hui; mais il reposait sur un principe qui n'avait pas encore été appliqué, et il avait en outre l'avantage d'affaiblir la lumière sans la colorer. De nos jours ce dernier but a été atteint encore plus complètement par la polarisation.

1. Brewster, *Edinburgh Encyclopædia*, XI, 48, 49.

INVENTION DU TÉLESCOPE A MIROIR

241. — *Hooke* s'est aussi occupé du télescope à miroir, dont *Zucchi* avait donné la première idée en 1616 (§ 77). *Mersenne* avait repris cette idée et l'avait développée, mais sans la mettre à exécution, car *Descartes* lui avait représenté qu'elle n'était pas pratique. Le premier qui l'ait fait est *James Gregory*, mathématicien et astronome distingué, né en 1638 à Aberdeen en Écosse, et mort en 1675, à Édimbourg, dans sa trente-septième année : peu de jours auparavant il était devenu tout à coup aveugle.

Il fit connaître son projet de télescope à miroir en 1663, dans son *Optica promota*, mais il l'avait déjà complété en 1661. Il espérait, à l'aide de ce télescope, éviter l'aberration de sphéricité, qui se produit dans les lunettes ; il ne connaissait pas encore l'autre défaut essentiel qu'elles présentaient, l'aberration de réfrangibilité. Il proposait donc de placer au fond d'un tube ouvert N (fig. 33) un miroir parabolique *a*, et de recevoir les rayons réfléchis par celui-ci sur un petit miroir elliptique *b*, dont le foyer serait situé un peu au delà du foyer du miroir parabolique. Grâce à cette disposition les objets éloignés forment, dans le grand miroir, une image renversée située un peu au delà du foyer du miroir elliptique ; celui-ci donne alors une nouvelle image droite et agrandie vers le milieu du miroir parabolique. Au milieu de ce miroir

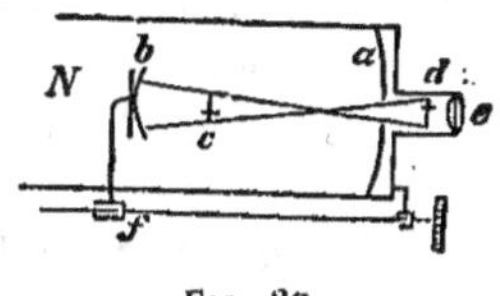

Fig. 33.

est percé un trou, qui laisse passer les rayons lumineux qui forment l'image redressée *d*; on regarde enfin cette image à l'aide d'une loupe *e*. Comme la distance de l'objet influe sur le lieu de l'image renversée, le miroir elliptique est mobile : on le déplace, à l'aide de la tige *f*, jusqu'à ce que l'image redressée apparaisse nettement.

Vers 1664 ou 1665, *Gregory* vint à Londres pour faire construire par un opticien l'appareil qu'il avait imaginé ; mais bien qu'il se fût adressé à un des artistes les plus en renom de la capitale, il ne put arriver à un résultat satisfaisant : le télescope resta à l'état de projet.

Mécontent de cet insuccès, Gregory abandonna sa patrie pour aller en Italie ; il s'établit pendant quelques années à Padoue, où il écrivit un ouvrage sur la quadrature du cercle et sur l'hyperbole : ce fut l'occasion d'une vive discussion avec *Huyghens*. Vers 1668, il retourna en Angleterre, où il devint membre de la Société Royale et ensuite professeur de mathématiques à Édimbourg. Il publia encore différents ouvrages de mathématiques pleins de valeur pour l'époque.

Il faut encore signaler que *Gregory*, dans son *Optica promota* de 1663, propose de se servir du passage de Vénus ou de Mercure devant le soleil, pour calculer la parallaxe de cet axe et par suite sa distance à la terre. On attribue d'ordinaire cette idée à *Halley*, contemporain de *Gregory*, et ce n'est pas sans quelque raison. *Halley* eut en effet cette idée en 1677 à Sainte-Hélène, alors qu'il observait le passage de Mercure. Il la publia en 1691, et la développa plus tard en 1716, dans un ouvrage spécial. Dans cet ouvrage, il engageait les astronomes à se servir du passage de Vénus, qui devait avoir lieu le 6 juin 1761, pour faire cette détermination, son âge avancé ne lui permettant pas d'espérer qu'il atteindrait cette époque (il vécut de 1656 à 1742). Cette proposition fut mise à exécution, et c'est seulement depuis ce passage, ou plutôt depuis le passage suivant de 1769, que nous connaissons la distance qui nous sépare du soleil.

Aujourd'hui encore, toutes nos connaissances sur ce point reposent sur les observations de 1761 et de 1769, et sur les calculs exacts que le professeur *Encke* a entrepris depuis. « Puissent les mortels, dit Halley dans son ouvrage de 1716, après qu'ils auront mesuré l'étendue du système solaire, ne pas oublier que c'est un Anglais qui a eu le premier cette heureuse idée! » *Halley* ne sera certes pas oublié, car c'est de lui-même qu'il a tiré cette idée et c'est lui qui l'a fait entrer dans la science, mais on doit se rappeler aussi que c'est *James Gregory* qui l'a exprimée le premier.

Il ne faudrait pas confondre ce *James Gregory* avec *David Gregory*, mathématicien et astronome d'ailleurs plein de mérite, qui s'est acquis une juste renommée non seulement par différents travaux de mathématiques, mais aussi parce qu'il a beaucoup contribué à répandre en Angleterre les doctrines de *Newton*. Il était le neveu de *James*, naquit comme lui à Aberdeen, mais en 1661, et mourut, en 1710, à Maidenhead, dans le Berkshire. Il fut pendant longtemps professeur à Oxford; son ouvrage le plus célèbre est : *Astronomiæ physicæ et geometricæ elementa* (Oxf., 1702), tout entier basé sur les principes de Newton. Un autre : *Catoptricæ et dioptricæ sphericæ elementa* (Oxf., 1695), mérite d'être cité parce qu'il contient une indication anticipée de la découverte importante de l'achromatisme. Il dit en effet : « qu'il serait peut être utile de former l'objectif d'une lunette de différents milieux, comme cela a été réalisé pour l'œil par la nature, qui ne fait jamais rien d'inutile. »

Cinquante ans plus tard, notre *Euler* exprime l'avis, que les différents liquides réfringents dont l'œil est composé, pouvaient bien avoir pour but d'empêcher la dispersion des couleurs dans cet organe. Le mémoire, dans lequel il développait cette idée par le calcul, donna dix ans plus tard, à l'opticien anglais *Dollond*, l'occasion de découvrir réellement l'achromatisme. On ferait toutefois un trop grand honneur à *David Gregory*, de lui attribuer, sur cette simple phrase, la découverte de l'achromatisme, ainsi que l'ont fait quelques-uns de ses biographes. Cette découverte n'est pas possible, en effet, sans la connaissance de la différence de dispersion, que présentent les différents milieux : et *D. Gregory* ne connaissait pas cette différence. Son idée n'en était pas moins heureuse, et il est étonnant qu'on n'y ait pas fait attention plus tôt.

Pour en revenir à *Hooke*, il reprit le projet de *James Gregory* et réussit à construire un télescope à miroir, qu'il présenta à la Société royale le 5 février 1674. C'est le premier télescope à miroir transpercé, qui ait été réellement exécuté. Je ne puis dire si les miroirs avaient réellement la forme indiquée par *Gregory* : la description et le dessin de l'instrument de *Hooke*, qui nous sont parvenus, n'en font pas mention[1]. On voit seulement par là que l'ouverture prati-

---

1. *Philosoph. experiments* published by W. Derham, 1726, p. 269.

quée dans le miroir portait non pas une lunette mais une simple lentille.

242. — Tandis que *Hooke* avait suivi les indications de *Gregory*, du moins dans l'emploi du grand miroir transpercé, *Newton* en Angleterre et *Cassegrain* en France, furent également conduits par l'ouvrage de *Gregory* à s'occuper de la construction du télescope.

Newton croyait, en effet, que la dispersion était la même dans tous les corps, et qu'il était, par suite, impossible d'éviter l'irisation des images dans les lunettes, par conséquent d'obtenir des images fort nettes avec ces instruments. Entrevoyant la difficulté de construire des miroirs paraboliques et elliptiques, il se contenta de miroirs sphériques. Le premier télescope qu'il construisit lui-même, dès 1668, avait un miroir récepteur en métal ; le tube avait 6 pouces de long, 1 pouce de diamètre, et l'instrument grossissait environ 30 ou 40 fois. Il donnait les mêmes résultats qu'une lunette de 6 pieds, de cette époque. Le miroir récepteur n'était pas percé : le trou se trouvait sur le côté du tube et portait une lentille plan-convexe[1]. Les rayons réfléchis par le grand miroir étaient dirigés sur un petit miroir plan, disposé de manière à rejeter les rayons latéralement sur la lentille placée dans la paroi. Newton avait fondu lui-même l'alliage du miroir, composé de cuivre, d'arsenic et d'étain.

Il essaya aussi un alliage de cuivre et d'étain avec un peu d'argent, mais le trouva trop mou et peu propre au polissage. Plus tard, il en construisit un second un peu plus grand, dont il se servit pendant quelques années à Cambridge, où il vivait alors, pour faire des observations.

La Royal Society de Londres, ayant entendu parler de cet instrument, pria Newton de le lui envoyer pour l'examiner. Le 11 janvier 1672, l'instrument fut étudié par la société, qui témoigna une extrême satisfaction des résultats obtenus. Il se trouve encore dans la bibliothèque de la Royal Society, et porte cette inscription : *Invented by sir Isaac Newton and made with his own hands*, 1671. Cet instrument n'avait encore que de très petites dimensions. A l'époque où le télescope fut présenté, *Newton* n'était pas encore membre de la Royal Society, mais on s'empressa de le choisir, et il présenta modestement ce télescope comme titre de recommandation (§ 275.)

On trouve un dessin et une description de cet appareil dans les *Phil. Transactions* de 1672 : il est également représenté dans la planche I de la vie de *Newton* par *Brewster*.

Newton ne paraît pas avoir construit lui-même d'autre télescope. En 1678, il se mit en relation avec un constructeur de Londres, qu'il chargea de faire un télescope de quatre pieds, et grossissant 150 fois. Dans celui-ci, le grand miroir de métal devait être remplacé par un grand miroir de verre, et le petit par un prisme ; mais cette tentative échoua, parce qu'on ne put parvenir à faire des verres assez purs.

243. — Peu de temps après que le télescope de *Newton* eût été décrit dans les *Phil. Transactions*, le Français *Cassegrain* donnait à Paris, dans le *Journal des Savants*, la description d'un autre télescope, qu'il aurait trouvé avant celui de *Newton*, et qui devait être meilleur suivant lui. La première affirmation n'est

---

1. Voir Brewster, *Vie de Newton*, p. 21.

POGGENDORFF.

peut-être pas certaine, mais la seconde est fondée. *Cassegrain* ne mérite aucunement les reproches que plusieurs écrivains du XVIIIe siècle lui ont adressés. Son télescope se compose d'un miroir concave en métal et percé d'un trou, les rayons réfléchis par ce miroir tombent sur un petit miroir convexe et sont ramenés par celui-ci vers l'ouverture du grand miroir, où se trouve un oculaire : Les deux miroirs sont sphériques.

Si on suppose les miroirs du télescope de *Gregory* également sphériques, celui de *Cassegrain* n'en diffère qu'en ce que le petit miroir est convexe au lieu d'être concave. Cette modification paraît sans importance, mais dans le fait c'est une amélioration essentielle, plus essentielle même que ne le croyait Cassegrain, qui n'était probablement pas arrivé à ce perfectionnement par des raisons purement théoriques.

En effet : 1° ce télescope est plus petit que celui de *Gregory*, d'environ le double de la longueur focale du petit miroir; de sorte qu'à longueur égale, il donne un grossissement plus fort : pour une longueur focale de 15 pouces 1/2, par exemple, le télescope de Gregory grossissait 86 fois, et celui de Cassegrain 93 fois; 2° comme les deux miroirs présentent leurs courbures en sens contraire, une plus grande partie de l'aberration de sphéricité se trouve évitée; 3° enfin les rayons, avant d'arriver dans l'œil, ne se réunissent pas en un foyer. On empêche par là une perte de lumière, qui se produit toujours, lorsque les rayons se coupent en un même point, même dans les lunettes les plus achromatiques, comme *Brewster* l'a prouvé pour la première fois, et comme le capitaine *Kater* l'a également montré plus tard dans les télescopes à miroirs [1].

Les avantages du télescope de Cassegrain n'ont pas été appréciés par ses contemporains.

Pendant presque tout le XVIIIe siècle, on préféra le télescope de *Gregory* aussi bien à celui de *Cassegrain* qu'à celui de *Newton* [2].

Tous les télescopes à miroirs construits par, *Hooke*, *Newton* et *Cassegrain* n'avaient que de petites dimensions, et ne rendirent à la science d'autre service que celui de montrer la voie à suivre pour obtenir de plus grands effets. Ces instruments furent, pour ainsi dire, abandonnés, et ne furent tirés de l'oubli que cinquante années plus tard par *John Hadley*. En 1723, celui-ci présenta en effet à la Royal Society un télescope à miroir de 6 pieds de long, dont le miroir avait une longueur focale de 62 pouces 1/2 et qui donnait les mêmes résultats qu'une lunette de *Huyghens* de 123 pieds de longueur focale. *Hadley* avait construit ce premier télescope d'après les principes de *Newton*; mais, l'ayant trouvé très incommode, il revint en 1726 au télescope de *Gregory*.

C'est *John Hadley* qui, quelques années plus tard, imagina le sextant, cet instrument si important pour la navigation. Il présenta un instrument de ce genre, ou plutôt un octant à miroir, à la Société royale, le 13 mai 1731. Nous savons peu de choses sur cet homme de valeur, si ce n'est qu'il s'occupa beaucoup de problèmes nautiques, qu'il eut avec l'astronome *Halley* des relations suivies, et enfin qu'il mourut en 1744.

---

1. Brewster, *Edinb. Encycloped.*, X, art. GREGORY, *Philosoph. Transact.*, 1813 et 1814.
2. Brewster, *Optics*, p. 639.

Après cette digression, pour revenir à *Hooke*, j'ajouterai qu'il ne se contenta pas de construire des lunettes et des télescopes, mais qu'à l'aide des premiers instruments, il se livra à une étude attentive du ciel et qu'il observa quelques faits importants de l'astronomie physique tout aussitôt et même plus tôt que le célèbre *Cassini*.

CASSINI

244. — *Giovanni Domenico Cassini* était né en 1625, à Perinaldo, dans le comté de Nice. Il était issu d'une famille de patriciens de Sienne, des plus considérées, depuis l'année 1426 surtout, où l'un de ses membres fut nommé cardinal. Le jeune Dominique fut élevé au collège des Jésuites de Gênes, où il acquit bientôt de telles connaissances en mathématiques que le Sénat de Bologne lui offrit, en 1650, alors qu'il n'avait pas plus de 25 ans, la chaire de mathématiques laissée vacante par la mort de *Cavalieri*.

En 1653, il publia ses premières observations faites de concert avec le marquis *Malvasia*. Elles se rapportaient aux comètes de 1652 et 1653, et avaient pour but de montrer que ces corps célestes n'étaient pas, comme on le croyait généralement à cette époque, de nature météorique. Deux ans plus tard, *Cassini* fut chargé de rectifier la méridienne tracée, en 1575, par *Egnazio Dante*, sur le sol de l'église de Saint Petronius à Bologne. Ce travail, qu'il effectua d'après les meilleures observations, lui acquit une grande renommée parmi ses contemporains : à cette époque, on attachait, et on devait en effet attacher, une grande importance aux lignes méridiennes, car on ne connaissait pas d'autre moyen de trouver le milieu du jour. Cette méridienne fut d'ailleurs encore rectifiée par lui en 1695.

Ce qui montre la considération dont jouissait *Cassini*, c'est qu'il fut, en 1657, appelé à Rome par le pape Alexandre VII, pour trancher les difficultés qui s'étaient élevées entre les villes de Bologne et de Ferrare, au sujet des inondations du Pô; c'est que dans une circonstance semblable, il fut nommé membre d'une commission chargée de régler le différend survenu entre les États du pape et ceux de Florence, à la suite des inondations de la Chiana. Comme je l'ai déjà dit (§ 162), les Florentins lui opposèrent *Viviani*. Enfin, en 1663, Mario Chiggi, frère du pape, le nomma général-inspecteur des fortifications du château d'Urbino.

Des observations et des tables sur les satellites de Jupiter, publiées par *Cassini*, tombèrent entre les mains de *Picard*. Celui-ci conçut une telle opinion de leur auteur, qu'il engagea le ministre *Colbert* à appeler *Cassini* à Paris. Celui-ci fut en effet invité à venir en France et, bien qu'il fût d'abord peu disposé à répondre à cet appel, il vint à Paris en 1669. Il fut nommé membre de l'Académie et astronome royal. En 1671, il prit la direction de l'Observatoire qu'on venait de fonder, et remplit sa charge pendant 40 ans, avec une activité incroyable.

Dans sa patrie, il avait déjà publié 18 mémoires différents sur l'astronomie, les uns en italien, les autres en latin. Depuis son séjour à Paris, il ne publia pas moins de 176 dissertations dans les *Mémoires de l'Académie*, 165 sur l'astronomie et 11 sur la physique. En outre, il composa 6 ouvrages particuliers, et en laissa 3 inachevés, dont une cosmographie en vers italiens. A la fin de cette longue et laborieuse carrière, il perdit la vue. Il mourut sans souffrances, le 14 septembre 1712, à l'âge de 87 ans. Il a donné à la France trois astronomes distingués :

1° *Jacques Cassini*, le plus jeune fils de Dominique, né à Paris en 1677, mort en 1756, dont il sera question plus tard.

2° *César-François Cassini de Thury*, fils de Jacques, par conséquent petit-fils de Dominique, né à Paris en 1714 et mort en 1784.

3° *Jacques-Dominique Cassini*, comte de Thury, né en 1748 à Paris, mort en 1845 à 97 ans. Il était fils du précédent, et fut, comme celui-ci, membre de l'Académie de Paris et directeur de l'Observatoire jusqu'en 1793.

Des nombreux travaux et découvertes de *Dom. Cassini*, je mentionnerai seulement deux ou trois, qui concernent l'astronomie physique. D'abord il a découvert quatre des huit satellites de Saturne, que nous connaissons aujourd'hui ; et il les appela Sidera Ludovicea en l'honneur de Louis XIV. Voici l'ordre dans lequel ces satellites ont été découverts, en commençant par les satellites supérieurs :

N° 1 découvert le	28 août	1789	par Herschel.
— 2 —	17 septembre	1789	— Herschel.
— 3 —	— mars	1684	— Cassini.
— 4 —	— mars	1684	— Cassini.
— 5 —	23 décembre	1672	— Cassini.
— 6 —	25 mars	1655	— Huyghens.
— 7 —	16 septembre	1848	— Bond (Lassel, 18 septembre 48).
— 8 —	5 octobre	1671	— Cassini.

Huyghens, *Derham* et d'autres doutèrent longtemps de l'existence des satellites, nᵒˢ 3 et 4, jusqu'à ce qu'enfin, *Pound*, en 1718, fût parvenu à observer les cinq qui se suivent du nᵒ 3 au nᵒ 8 (le nᵒ 7 excepté), avec une lunette de 123 pieds (§ 265), et l'on n'admet leur existence comme véritablement démontrée que depuis cette époque. Les nᵒˢ 3 et 4 furent découverts avec une lunette de 136 pieds, et le nᵒ 5 avec une de 35 pieds de longueur et de 70 pieds de foyer.

On doit en outre à *Cassini* plusieurs observations sur le mouvement de rotation de quelques planètes autour de leur axe, observations dans lesquelles il se rencontra en partie avec *Hooke*. Ce dernier découvrit des taches sur Jupiter, et ensuite la rotation de ces taches, le 9 mai 1664. *Cassini* fit vraisemblablement aussitôt cette même découverte, et la décrivit dans ses *Lettere astron. al sign. O. Falconieri sopra la varietà delle macchie osservate in Giove e loro diurne revoluzioni*, Bologna, 1665. Il estima le temps de la rotation égal à 9 h 56. *Cassini* fit la même observation sur Mars, le 6 février 1666, et *Hooke* seulement quelques semaines plus tard, le 3 mars 1666. *Cassini* trouva le temps de la rotation 24 h 48'. Sur Vénus enfin, *Cassini* vérifia le même phénomène le 14 octobre 1666, et plus exactement le 28 avril 1667. —Enfin *Cassini* a le grand mérite d'avoir le premier établi les limites de la lumière zodiacale, et les observations qu'il fit, de mars 1683 jusqu'à l'année 1688, contiennent à peu près tout ce que nous savons aujourd'hui sur cet important phénomène. La première mention de la lumière zodiacale fut faite d'ailleurs par *Childrey* qui, dans sa *Britannia Baconica* de 1661, donne une description fidèle de ce phénomène[1].

MICROSCOPE

245. — Pendant que *Hooke* cherchait à perfectionner et à utiliser les lunettes et les télescopes, le microscope fut aussi l'objet de ses recherches assidues. La preuve en est dans sa *Micrographia or philosophical description of minute bodies* (London, 1665), un de ses premiers ouvrages et des plus célèbres. Il contient les résultats d'un grand nombre d'observations micrographiques que *Hooke* a clairement rendues par des figures gravées sur cuivre. Ce sont certainement les premières observations micrographiques précises et étendues que nous possédions; car celles de *Torricelli* et des autres physiciens italiens ne nous sont pas parvenues, ou du moins ne nous sont pas connues. De plus, au moment où Hooke publia la Micrographie, son illustre rival, le Hollandais *Leeuwenhoek* ne s'était pas encore fait connaître.

Anton van Leeuwenhoek, naturaliste célèbre par ses découvertes microscopiques, naquit en Hollande en 1632 à Delft, ou Delph, ce qui a quelquefois fait donner à *Leeuwenhoek* le surnom d'oracle de Delphes, pour rappeler le grand nombre de choses ignorées qu'il fit connaître.

Il mourut en 1723 dans sa ville natale, qui lui a élevé un splendide monument dans son église principale. Son premier mémoire publié dans les *Philosophical Transactions* est daté de 1673; ses œuvres complètes, qui forment 4 volumes, parurent pour la première fois en hollandais et ensuite entre 1695 et 1719 en latin, sous le titre : *Arcana naturæ ope microscopiorum detecta;* elles ont été rééditées à Leyde en 1722.

Leeuwenhoek observait seulement, et c'est un fait très remarquable, avec des lentilles biconvexes, qu'il construisait lui-même avec beaucoup de soin et d'habileté. A sa mort, il en laissa, par testament, 26 des meilleures à la Royal Society. Leur examen a montré plus tard qu'elles ne comportaient pas un grossissement plus grand que 160, de sorte qu'on doit attribuer un grand nombre des découvertes faites par *Leeuwenhoek* plutôt à la bonté de sa vue et à sa grande habileté, qu'à la force des verres employés. *Hooke* se servait aussi fréquemment de simples lentilles, qu'il formait en partie de verres fondus à la lampe, procédé dont se servit, peu de temps après, le physicien hollandais *Nicolaus Hartsoeker* (1656-1725), et que *Torricelli* avait déjà imaginé auparavant.

1. Voir Humboldt, *Kosmos*, I, 409.

246. — Parmi les travaux ultérieurs de *Hooke* appartenant à l'optique instrumentale, nous trouvons une sorte de *lanterne magique*, non encore transportable, mais pouvant être éclairée à volonté par le soleil ou par la lumière des lampes. Elle se rapprochait donc plus de la véritable lanterne magique que celle de *Porta. Hooke* la décrit dans les *Philosoph. Transact.* de 1668, bien qu'il l'ait construite dès 1665. Plus tard, en 1694, *Hooke* présenta une *chambre obscure* à la Société royale. Enfin, il nous faut citer ici son *télégraphe* qu'il soumit à l'approbation de la Royal Society le 21 mai 1684 et qu'il décrivit dans les *Philos. Transact.* de 1694. *Hooke* doit être considéré comme l'inventeur du télégraphe, car son appareil est antérieur à celui d'*Amontons*, qui ne fit connaître le sien qu'en 1702. Le télégraphe de *Hooke* se rapproche, dans ses parties essentielles, de celui que le Français *Chappe* imagina et présenta à la Convention nationale en 1792, sous le nom de *sémaphore*. L'appareil de *Hooke*, ainsi que beaucoup d'autres, demeura à l'état de projet jusqu'au temps de *Chappe*. Celui-ci eut le mérite ou le bonheur, favorisé qu'il fut par les circonstances, de faire entrer son invention dans le domaine de la pratique. Mais il ne peut aucunement en revendiquer la priorité, et il n'avait par suite aucun motif de mettre fin à ses jours, en se précipitant dans un puits (1805), parce qu'on ne voulait pas la lui reconnaître. Il était né en Auvergne en 1763 [1].

J'ai déjà parlé des travaux de *Hooke* sur le thermomètre (§ 221). En 1691, il exposa à la Royal Society la description de différents instruments destinés à faire des recherches au fond de la mer, entre autres un *bathomètre* pour mesurer la profondeur, et un appareil pour remonter de l'eau ou d'autres objets.

Il proposa également une sorte de *thermomètre à minima* pour mesurer les plus basses températures du fond de la mer[2]; enfin il imagina un procédé pour approvisionner d'air les cloches à plongeur. *Hooke* s'est aussi beaucoup occupé du baromètre : sous ce rapport, il est surtout connu par son *baromètre à roue* (baromètre à cadran), qu'il décrivit en 1655, dans sa micrographie. Il imagina aussi un *baromètre de mer*, analogue au thermomètre à air d'*Amontons*, qu'il décrivit en 1700, tandis qu'*Amontons* n'a fait connaître le sien qu'en 1705. Il chercha aussi à perfectionner le double baromètre (baromètre bitubulé) de *Huyghens* : pour cela, il plaçait au-dessus du mercure, qui remplit la courte branche du baromètre, deux liquides au lieu d'un. En cela, il a encore

---

1. Il y a là une erreur. *Chappe d'Auteroche* (Jean) membre de l'Académie des sciences, naquit à Mauriac en Auvergne en 1722. Mais Claude *Chappe*, celui qui établit le télégraphe aérien, naquit en 1763 à Brûlon dans le Maine. — D'après L. Figuier. (*Découvertes scientifiques modernes*, 1855), il serait mort par accident en 1806... « A la suite d'un dîner de savants où les convives s'étaient un peu animés, il se laissa choir dans un puits qu'il n'avai pas aperçu. » (T. II, p. 130.) (*Note des Traducteurs.*)

2. *Philosophical experiments*, p. 225.

précédé *Amontons*, car il fit part de cette idée à la Société royale dans l'année 1686[1].

Il s'en est fallu de peu que *Hooke* n'ait, avant *Mariotte*, jeté les principes fondamentaux de la mesure des hauteurs par le baromètre. Dans sa *Micrographie*, de 1665, il calcula, en effet, la hauteur de l'atmosphère, en s'appuyant sur la loi de *Boyle*, et par un procédé semblable à celui que suivit *Mariotte*. Mais il partageait l'atmosphère en colonnes d'air de 35 pieds de hauteur, qu'il supposait d'abord toutes d'égale densité, et il cherchait alors, par le calcul, quelle serait la dilatation de ces colonnes d'air, par suite de la diminution de pression. Il trouva par là que la hauteur de l'atmosphère était infinie, et, comme cela lui paraissait inadmissible, il crut devoir en conclure que la loi de *Boyle* était fausse, ce qu'il chercha du reste à prouver par ses propres expériences[2].

On voit par là que *Hooke* ne se proposait pas d'employer le baromètre pour la mesure des hauteurs, et qu'il cherchait seulement à calculer la hauteur totale de l'atmosphère. Mais le procédé qu'il employa conduit également à l'Hypsométrie. *Hooke* dit d'ailleurs fort justement, dans sa *Micrographie*, que, dans les mesures trigonométriques des hauteurs, on ne devait pas négliger les erreurs de réfraction, comme on le faisait alors assez générale-ment[3].

Hooke est encore, sinon le premier, du moins un des premiers qui ait imaginé l'*ombromètre* ou pluviomètre. Il présenta un instrument de ce genre à la Société royale en 1670 : ce n'était pas un simple pluviomètre, mais bien un pluviomètre enregistreur, c'est-à-dire indiquant lui-même la quantité de pluie tombée. Cet instrument faisait partie de son *indicateur du temps*, comprenant une horloge reliée à plusieurs instruments météorologiques, dont elle indiquait la marche. Il est difficile de dire qui construisit le premier ombromètre. Il est possible que ce soit *Mariotte*, car ce fut lui du moins qui utilisa le premier les observations pluviométriques pour la solution d'une question scientifique, à savoir, l'origine des sources (§ 217); toutefois le *Traité du mouvement des eaux* dans lequel il fit connaître ses résultats, ne parut qu'en 1686, après sa mort; *Townley* a également décrit un pluviomètre dans les *Phil. Transact.*, mais seulement en 1677, par conséquent sept ans après *Hooke*. Il différait de l'instrument proposé par ce dernier, en ce qu'il déterminait la quantité de pluie, non pas à l'aide des volumes, mais à l'aide des poids. Il paraîtrait d'ailleurs que les météorologues florentins auraient les premiers employé le pluviomètre.

247. — Jusqu'ici nous n'avons considéré, pour ainsi dire, que le talent mécanique de *Hooke;* jetons maintenant un regard sur ses observations et sur ses découvertes en physique. Elles ne sont pas moins nombreuses que ses inventions et quelques-unes sont très importantes. Parmi celles de moindre importance, je ne citerai que quelques-unes en passant : sur les larmes bataviques[4], les

---

1. *Philosophical experiments*, p. 169.
2. Fischer, *Gesch. d. Phys.*, II, 32.
3. Fischer, *Gesch. d. Phys.*, II, 150.
4. Fischer, *Gesch. d. Phys.*, I, 293.

tubes capillaires[1], aéromètrie[2], la cohésion et le poids spécifique de la glace[3], et enfin des expériences sur la chute des corps pour vérifier la rotation de la terre. Il entreprit ces dernières en 1679 pour vérifier l'assertion de *Newton*, que, si la terre tourne, les corps qui tombent doivent dévier vers l'est. Mais, comme il n'opéra que sur une hauteur de chute de 27 pieds, il ne put obtenir de résultat décisif, bien que Hooke ait cependant cru remarquer une déviation vers l'est.

Tandis que, dans ces dernières expériences, *Hooke* paraît seulement avoir marché à la suite de *Newton*, il avait, cinq ans auparavant, publié un petit ouvrage, qui nous le montre au contraire comme le précurseur de ce grand homme. Cet opuscule a pour titre : *An attempt to prove the motion of the earth* (London, 1674). Il y émet des principes, qui, s'il en avait déduit logiquement les conséquences, l'auraient conduit nécessairement à la théorie de la gravitation. Il dit en effet :

1° Tous les corps célestes ne sont pas simplement attirés vers leur propre centre; mais ils le sont encore l'un vers l'autre, dans la limite de leur cercle d'action;

2° Tous les corps qui possèdent un mouvement rectiligne et uniforme, persistent dans ce mouvement rectiligne, tant qu'ils n'en sont pas écartés par une force; mais dans ce dernier cas, ils décrivent un cercle ou une ellipse;

3° Les corps célestes s'attirent avec d'autant plus de force qu'ils sont plus près les uns des autres. Il ajoute qu'il n'avait pas recherché d'après quelle loi la force augmente lorsque les corps se rapprochent, mais qu'il pourrait être utile de connaître cette loi. Cela aurait certes été fort utile, tout d'abord pour la renommée de *Hooke;* car, s'il avait découvert cette loi, on pourrait le considérer comme l'auteur de la théorie de la gravitation. Mais cette découverte ne lui était pas réservée; ainsi que *Copernic, Keppler, Borelli,* il s'est arrêté à moitié chemin, bien qu'il soit allé peut-être un peu plus loin que ses prédécesseurs. On doit supposer d'ailleurs que *Newton,* qui ne publia jamais une idée avant qu'il ne l'eût complètement mûrie, devait déjà à cette époque (en 1674), être aussi avancé que *Hooke* dans la solution de cette question. On sait en effet que, bien qu'il n'eût encore rien publié, il avait conçu la première idée de la théorie générale de la gravitation des corps célestes, dès 1666.

248. — Parmi les découvertes les plus importantes de *Hooke,* on doit placer celles qui se rapportent à l'Optique. C'est ici le lieu de regretter qu'il ne les ait pas poursuivies avec tout le soin nécessaire, soit parce que ses occupations multiples l'en ont empêché, ou bien, ce qui est également admissible, parce qu'il n'était pas dans son caractère d'étudier un sujet d'une manière persévérante et approfondie.

Parmi ces découvertes se place tout d'abord la *coloration des lames minces* et le changement périodique de la couleur lorsque l'épaisseur des lames varie progressivement. Il observa la première fois ces couleurs sur des feuilles de mica et les décrivit dans sa *Micrographie.* Il les montra le 7 mars 1672 à la

1. *Ibid.*, I, 311.
2. *Philosoph. experim.*, p. 24.
3. *Ibid.*, p. 130, 134.

Royal Society, d'abord dans les bulles de savon, où *Boyle* les avait également observées neuf ans plus tôt (§ 209, N° 8). *Hooke* produisit aussi ces couleurs entre deux prismes de verre dont l'un était quelque peu convexe et qu'il pressait l'un sur l'autre. Ces recherches donnèrent à *Newton* l'occasion de reprendre le sujet : il fut conduit par là à la théorie des *accès* (fits) de plus facile réflexion ou de plus facile réfraction de la lumière.

Au commencement de l'année 1675, *Hooke* présenta à la Royal Society un mémoire sur l'inflexion de la lumière. Dans ce mémoire, il décrit des observations, qui sont au fond les mêmes que celles décrites par *Grimaldi*, dans son ouvrage paru dix ans plus tôt. On doit croire que *Hooke* ne connaissait pas les travaux de *Grimaldi*, et, s'il les a connus, les conclusions auxquelles il arriva par ses observations n'en seraient pas moins remarquables. Il fut amené en effet, par les mêmes expériences que *Grimaldi*, à cette conclusion, que la lumière devait consister en une sorte de mouvement ondulatoire d'un milieu répandu partout. Il y a beaucoup de confusion et d'inexactitudes dans son exposition, mais il a, en 1672, émis ce principe important de la théorie de la lumière :

« Le mouvement de la lumière, lorsqu'il est produit dans un milieu homogène, se propage par des impulsions ou vagues simples et de forme constante, perpendiculaires à la ligne de propagation. »

Comme on le sait, ce principe a été de nos jours énoncé de nouveau et confirmé expérimentalement par le génie de *Fresnel*, qui a montré que, sans l'hypothèse des vibrations transversales, on ne pouvait expliquer le phénomène de la polarisation. On peut dire toutefois avec raison, que chez *Hooke*, cette loi a été plutôt le résultat d'une heureuse inspiration, qu'une déduction logique de ses expériences ; car les phénomènes de diffraction ou de *déflexion*, comme *Hooke* les appelle, n'exigeaient pas cette hypothèse : Pour les expliquer complètement, il suffit en effet d'admettre un mouvement ondulatoire de la lumière ; la direction des vibrations dans les ondes est tout à fait indifférente. Ainsi, dans notre siècle, *Thomas Young* et *Fresnel* lui-même, dans les premières années, admettaient, pour expliquer la diffraction, des vibrations longitudinales. Mais l'idée exprimée par *Hooke* n'en demeure pas moins remarquable, et elle aurait mérité d'être mieux mûrie par son auteur, et plus appréciée par les contemporains. *Hooke* l'abandonna malheureusement, et la plus ingénieuse de ses idées fut perdue!

Hooke lui-même a beaucoup contribué à faire méconnaître sa pensée. Au lieu de poursuivre ses recherches et de débrouiller ses idées, il engagea une polémique violente contre *Newton*, qui dans la même année (1672) présenta à la Royal Society, sa théorie des couleurs.

Hooke avait certainement raison dans l'idée fondamentale qu'il s'était faite de l'existence de la lumière : mais, pour combattre avec succès un adversaire tel que *Newton*, il aurait dû se préparer mieux qu'il ne le fit. Son caractère passionné, et d'un autre côté, la confusion et le peu de rigueur de la plupart de ses affirmations, n'étaient certainement pas faits pour convaincre un esprit aussi clair et aussi précis que *Newton*. Que prouvaient en effet des affirmations comme celle-ci : « Il n'existe que deux couleurs, le rouge et le

bleu. Le rouge est l'impression sur la rétine d'un ébranlement d'abord énergique, ensuite plus faible, tandis que le bleu résulte d'un ébranlement d'abord
faible, ensuite plus fort. »

Les attaques de *Hooke* et de quelques autres n'eurent d'autres résultats que
de détourner *Newton* de l'Optique : pendant 20 années, il ne put se décider à
publier le travail, dont il est question et dont quelques fragments avaient déjà
paru. Lorsqu'enfin, en 1704, les prières de ses amis eurent triomphé de sa
résistance, il publia ce travail en anglais, comme étant une langue peu connue
à l'étranger, et spécifia qu'on ne pourrait le traduire sans son autorisation, ce
qui eut lieu du reste.

On pourrait aussi déduire de cette réserve faite par *Newton*, que, dans la
suite, la théorie des ondulations ayant trouvé en *Huyghens* un défenseur plus
puissant que *Hooke*, sa confiance dans l'infaillibilité de sa théorie aurait été
quelque peu ébranlée... Les questions qu'il pose dans le dernier chapitre de son
Optique pourraient faire admettre cette hypothèse. Il n'en resta pas moins fermement attaché à la théorie de l'émission, et par son autorité si bien établie d'un
autre côté, il lui assura, pendant plus d'un siècle, un avantage marqué sur la
théorie rivale des ondulations.

HUYGHENS[1]

249. — *Christian Huyghens*, ou *Huygens*, en latin Hugenius, né le 14 avril
1629 à La Haye, était le fils de *Constantin Huyghens*, seigneur de Zelen et de
Zülichem, possesseur d'une fortune considérable, connu comme poète et
mathématicien, et surtout parce qu'il fut secrétaire et conseiller de trois princes
de la maison d'Orange. Notre *Christian Huyghens* reçut de son père, malgré
ses occupations multiples, ses premières leçons, particulièrement en mathématiques. Dès l'âge de treize ans, il manifestait pour cette science un goût,
et ce qui va ordinairement ensemble, une aptitude remarquables. En 1651,
par conséquent dans sa vingt-deuxième année, il termina ses études de droit,
qu'il avait entreprises aux Universités de Leyde et de Bréda, sur le désir de
son père. Il fit avec lui, à la suite du comte Henri de Nassau, un voyage en
Allemagne et en Danemark. Il donna dès lors différentes preuves de son talent,
qui montrèrent qu'à côté du droit, il avait aussi étudié les mathématiques avec
ardeur : il avait en effet suivi les cours de *Schooten*, commentateur de *Des-*
cartes. L'occasion lui en fut fournie par un ouvrage parvenu à une grande
renommée : Εξέτασις, *cyclometriæ Gregorii a S. Vincentio* (Hague, 1647). Il
réfuta avec beaucoup de netteté les erreurs contenues dans cet ouvrage,
dans un mémoire ayant pour titre : *Theoremata de quadratura hyperboles,*
ellipsis et circuli ex dato portionum gravitatis centro (Hag., 1651).

Jusqu'en 1658, il publia encore quatre autres mémoires sur des sujets de
mathématiques pures ou de géométrie, et, dans cette même année, il publia aussi

---

1. Pour la partie mathématique, voir Montucla, II, p. 414. (T.)

le premier résultat de ses recherches en physique. Dans quelques pages in-quarto dédiées aux États Généraux de Hollande, sous le titre *Horologium*, il exposait sa première invéntion, l'application si importante du pendule aux horloges. Cet opuscule précédait un ouvrage plus considérable, *Horologium oscillatorium*, qu'il publia à Paris, en 1673, et dans lequel il développait complètement la théorie du pendule et ses applications. Un an après l'appa-rition de l'*Horologium*, par conséquent en 1659, il publia un autre ouvrage non moins important : *Systema Saturnium*, dans lequel il exposait les décou-vertes qu'il avait faites sur Saturne.

Ces ouvrages, ainsi que d'autres que nous ne citons pas, se distinguent autant par la nouveauté et l'importance de leurs sujets que par la clarté et l'élégance de l'exposition. Ils acquirent à *Huyghens* une telle renommée qu'en 1663, pen-dant un séjour qu'il fit en Angleterre, il y fut nommé membre de la Société royale. Deux ans plus tard, en 1665, il reçut de *Colbert* l'invitation de faire partie de l'Académie des sciences, que ce grand ministre de Louis XIV se proposait de fonder, et sur laquelle il voulait jeter un vif éclat, en y appelant plusieurs des grandes célébrités de l'étranger, telles que l'astronome *Dominique Cassini*, par exemple. Les offres faites à *Huyghens* étaient si avantageuses pour lui qu'il répondit aussitôt à cet appel, et, à partir de 1666, après la fondation définitive de l'Académie, il vint s'établir à Paris.

Il est probable que *Huyghens* n'eût jamais songé à quitter cette ville sans la néfaste révocation de l'édit de Nantes. — *Huyghens*, qui était protestant, ne jugea pas prudent de vivre plus longtemps sous un gouvernement si hostile à sa religion; il quitta Paris en 1681 pour retourner dans sa patrie[1]. D'après d'autres auteurs, ce serait sa mauvaise santé qui aurait occasionné ce départ de *Huyghens*, car, d'après eux, on lui aurait donné spécialement l'assurance qu'il n'avait rien à craindre pour sa personne.

Nous ne saurions décider laquelle des deux versions est la vraie. Il se pourrait que *Huyghens*, ne se fiant pas aux assurances reçues, ait donné sa mauvaise santé comme prétexte de son départ. Le fait est qu'il abandonna complètement la situation qu'il avait occupée pendant quinze ans, entouré de l'estime géné-rale, pour retourner dans sa patrie où il vécut dans la retraite. Il mourut à La Haye, le 8 juin 1695, à l'âge de 67 ans.

Sa fortune, le mettant à l'abri des soucis de l'existence, *Huyghens* put s'oc-cuper sans relâche de ses recherches physiques et mathématiques.

La mort le surprit au milieu de la publication d'un ouvrage sur la pluralité des mondes, intitulé *Kosmothéoros*. Son caractère était à la hauteur de ses talents. Sans être précisément enclin à la mélancolie, il était d'une nature grave, et comme la plupart des penseurs profonds, il aimait la retraite et la vie con-templative. A Paris même, on le voyait peu dans les sociétés brillantes; et, comme ses deux grands contemporains *Newton* et *Leibnitz*, il ne se maria pas.

Pendant près d'un demi-siècle, *Huyghens* a travaillé avec ardeur pour la

---

1. On doit remarquer que le départ de Huyghens précéda de quatre ans la révocation de l'édit de Nantes (1685). (T.)

science. Malgré une correspondance très étendue, et malgré de fréquents voyages, il nous a laissé un nombre considérable d'ouvrages, grands et petits, qui tous portent l'empreinte de son esprit éminent. Quelques-uns assurent à leur auteur un nom durable parmi les plus grands physiciens. *Newton*, en le désignant plus d'une fois par le nom de *Summus Hugenius*, reconnaît en lui un esprit aussi grand que le sien.

Les œuvres de ce grand homme furent publiées séparément pendant sa vie, soit dans des écrits particuliers, soit dans de grandes publications, comme les *Philosoph. Transactions*, les *Mémoires de l'Académie de Paris*, le *Journal des Savants*, et les *Act. Eruditorum*. Elles furent réunies pour la première fois, après sa mort dans une édition complète publiée par son compatriote *s'Gravesande*, professeur de physique et de mathématiques à Leyde. Deux volumes parurent en 1724, sous le titre *Opera Varia*, et deux autres en 1728 sous le titre *Opera posthuma et reliqua*. *Huyghens* avait en outre légué à la bibliothèque de Leyde un grand nombre de manuscrits et de lettres, qui y sont encore conservés, et dont on a tiré de nos jours de précieux documents pour l'histoire de cette époque.

Les travaux de *Huyghens* sont très variés et se rapportent aux mathématiques pures, à la mécanique, à l'astronomie physique et à l'optique. Ceux qui se rapportent aux mathématiques pures, ont surtout pour objet la géométrie et le calcul des probabilités : ils n'entrent donc pas dans notre sujet. Ses travaux en mécanique, au contraire, ont tant contribué au développement de notre science, que nous devons nous y arrêter.

Parmi ces travaux, ceux qui traitent du pendule tiennent le premier rang, même au point de vue chronologique. Ils avaient pour but le perfectionnement des horloges, encore si imparfaites à l'époque de *Huyghens*, et ils le conduisirent à l'invention importante de l'horloge à pendule. De nos jours, on a voulu contester cette invention à *Huyghens*, mais à tort, bien qu'on doive reconnaître que les horloges et le pendule étaient déjà en usage de son temps. Pour faire apprécier à sa juste valeur le mérite de cette invention, il ne sera pas inutile de jeter un coup d'œil rapide sur l'histoire des horloges.

HISTOIRE DES HORLOGES

250. — L'homme à l'état sauvage ne connaissait pas le besoin de mesurer le temps : il vivait littéralement au jour le jour. Mais, dès qu'il eût fait les premiers pas vers la civilisation, ce besoin dut se faire sentir, et il dut se servir du lever et du coucher du soleil, ainsi que de sa plus grande hauteur, pour régler ses occupations de chaque jour. Lorsque son attention se fût portée vers l'étude de l'astronomie, dont l'origine se perd dans la nuit des siècles, il arriva à une mesure du temps mieux déterminée. Il observa les variations dans la longueur de l'ombre d'un corps vertical, et plus tard aussi le mouvement de ces ombres sur le sol. Ainsi s'établirent les premières *horloges solaires*, qu'on trouve déjà chez les anciens Chaldéens. De là elles passèrent en Grèce, avec la

division du jour en douze heures. C'est le Chaldéen *Berosus* qui paraît y avoir introduit cette mesure du temps[1].

Après les horloges solaires, qui jusqu'au XVIIe siècle furent bien souvent modifiées et perfectionnées, vinrent les *horloges à eau*, en latin *Clepshydra*, de κλεπτω voler, cacher, et ὕδωρ eau. Elles étaient également connues des anciens Chaldéens et des Égyptiens, qui n'avaient pas été seuls à les inventer, car César les rencontra chez les peuples de l'ancienne Bretagne ; plus tard les Européens les trouvèrent aussi employées, sous différentes formes, par les Indiens et par les Chinois. Une des formes les plus anciennes était celle d'un cône creux, dont la pointe tournée vers le bas portait un petit trou, par lequel l'eau contenue à l'intérieur s'écoulait en un jour : la hauteur était divisée en douze parties correspondant aux douze heures. Pour les jours les plus longs, un cône solide qui portait à sa base une tige verticale, s'enfonçait dans le cône creux : la tige était divisée et maintenue par un support[2].

Chez les Grecs, les horloges à eau furent perfectionnées d'une manière notable, surtout par *Ctesibius* (140 av. J.-C.), maître de *Héron* d'Alexandrie[3]. *Ctésibius* ne leur donna pas seulement différentes formes ingénieuses ou artistiques ; mais il les munit aussi, au dire de *Vitruve*, d'un système de roues. Dans une disposition de ce genre, de petites pierres étaient lancées dans une coupe de métal et par leur choc indiquaient les heures. L'art de construire des horloges à roues de ce genre se conserva en Orient, même après la chute de l'empire grec. Parmi les présents que les envoyés du calife Haroun-al-Raschid présentèrent à Charlemagne, au commencement du IXe siècle, se trouvait une clepsydre astronomique, dans laquelle les heures étaient également indiquées à l'aide de petites boules de cuivre (§ 27).

De l'Orient, cet art passa en Occident ; il était extraordinairement développé pendant les XVe, XVIe et même XVIIe siècles, mais les clepsydres qu'on construisait alors étaient surtout considérées comme un objet d'ornement. Outre les heures du jour, elles indiquaient les dates, les fêtes de l'année, le cours du soleil dans le zodiaque, les longueurs des jours et des nuits, etc. Sur la place Saint-Marc de Venise, on voyait, au XVIe siècle, une horloge à eau construite par *Martinelli*, dans laquelle des Éthiopiens et les trois rois mages frappaient les heures et venaient saluer la vierge Marie.

Au moyen âge, on voyait dans la plupart des villes d'Italie, de France et d'Angleterre des tours munies de ces horloges, comme on en trouve encore aujourd'hui dans presque toutes les villes chinoises. Les ouvrages d'*Athanasius Kircher*, *Kaspar Schott*, *Harsdörffer* et autres écrivains du XVIIe siècle, sont pleins de descriptions de pareilles œuvres d'art, composées en partie d'horloges et d'automates à eau extrêmement curieux. D'un autre côté, des hommes tels que *Galilée*, *Varignon* et *Bernoulli* ne dédaignaient pas de rechercher quelle forme devaient avoir les vases pour que l'eau s'écoulât d'une manière régulière.

Après les horloges à eau vinrent les *horloges à huile et à mercure ;* ces der-

---

1. Voir Montucla, t. II, p. 483 et 715 et suivantes. (T.)
2. Brewster, *Edinb. Encyclop.*, XI, 408.
3. Voir Montucla, t. I, p. 582. (T.)

nières furent employées par le célèbre *Tycho-Brahé* dans ses observations astronomiques. Enfin on se servit aussi d'*horloges à sable*. Bien que ces dernières
paraissent être d'une origine postérieure à celle des horloges à eau, elles n'en
étaient pas moins connues des Chaldéens, qui les transmirent aux Grecs. Nous
les retrouvons, en particulier, chez *Archimède*, sous la forme de notre *sablier*
actuel. Les horloges à sable ne jouirent jamais, il est vrai, d'une aussi grande
faveur que les horloges à eau; mais, dans le cours du temps, on parvint à leur
faire indiquer les minutes. D'après ce que rapporte *P. v. Stetten*, dans son
Histoire des arts, industrie et manufactures d'Augsbourg, au XVIe siècle, les
fashionables de la ville portaient aux genoux des sabliers de ce genre. Dans
l'industrieuse ville de Nuremberg, les fabricants de sabliers formaient une
corporation, et au temps d'*Huyghens*, on cherchait encore à utiliser les sabliers,
pour déterminer les longitudes en mer.

251. — Le passage de ces horloges hydrauliques aux horloges à roues, mises
en mouvement par des poids, constitua un progrès important dans la mesure du
temps. On ne sait pas dans quel lieu et à quelle époque il a été réalisé. Quelques-uns ont voulu voir une horloge à roues proprement dite dans l'œuvre d'art
si célèbre, en son temps, dont l'ingénieux et savant *Gerbert*, depuis pape sous
le nom de Sylvestre II, gratifia Magdebourg en 996. Mais rien ne prouve que
ce soit une horloge de ce genre plutôt qu'une horloge à eau perfectionnée, ou un
planétaire.

Rien ne prouve surtout que les horloges à roues soient d'invention européenne : il y a maintes raisons de croire que les Sarrasins les connaissaient
déjà [1]. Ainsi, l'empereur Frédéric II de Hohenstaufen reçut, en 1232, du sultan
d'Égypte, une horloge complète avec roues et poids, qui indiquait non seulement les heures du jour et de la nuit, mais aussi le cours du soleil, de la lune,
des planètes et des autres étoiles.

Il est fait, pour la première fois, mention des horloges à roues vers le
XIe siècle; ou du moins, vers cette époque il est souvent parlé des horloges
avec des qualifications, qui ne conviennent ni aux horloges solaires, ni aux
horloges à eau, ni aux planétaires. Ces horloges se trouvaient d'ordinaire dans
les églises ou dans les cloîtres : elles n'indiquaient pas seulement les heures,
mais frappaient aussi, à certains moments déterminés, sur une cloche; elles
servaient par conséquent de réveil, et donnèrent plus tard naissance aux horloges à sonneries proprement dites. Au commencement du XIIe siècle, tous les
cloîtres n'étaient cependant pas munis de semblables horloges. Ainsi on sait
qu'en 1108, le sacristain du cloître des bénédictins de Cluny était chargé d'observer l'état du ciel, pendant la nuit, pour reconnaître le moment où il devait
appeler les moines à matines.

Au XIIIe siècle ces horloges se multiplièrent : elles étaient munies de sonneries. Un des premiers qui en fasse mention est le célèbre poète *Dante Alighieri*
(1265-1321), dans le chant X du *Paradis*. Elles étaient surtout répandues en
Italie où *Jacob* et *Jean Dondi* de Padoue acquirent une grande renommée
par leur construction. *Jacob Dondi* mourut en 1359; *Jean Dondi* vivait

---

1. Libri, *Hist. des sc. math.*, 1, 214; II, 218.

encore en 1389. Mais la nouvelle invention se répandit aussi très rapidement dans les autres pays. En 1288, la galerie de Westminster à Londres, et en 1292, l'église de Canterbury, recevaient des horloges sonnantes.

En Allemagne, les horloges provenaient évidemment d'Italie; car au commencement, elles portaient toutes la division italienne du jour en 24 heures, comptées depuis le moment du coucher du soleil jusqu'à celui du lendemain, ce qui rendait par suite les heures inégales dans le cours d'une année. Cette manière de compter les heures fut abandonnée, à Breslau, pour la première fois en 1580 : on adopta, par contre, la division en 12 heures, ce qui constituait à proprement parler, une demi-montre. D'ailleurs, au xive siècle, l'horlogerie fit en Allemagne d'importants progrès. Ce qui le prouve, c'est non seulement, que de 1368 à 1395, les villes de Breslau, Strasbourg, Spire, Augsbourg élevèrent des beffrois, mais c'est surtout que le roi de France, Charles V, fit venir d'Allemagne *Henri de Wick*, *Wyck* ou *Vic*, en 1384, pour construire une horloge à sonnerie sur la tour de son palais : en retour, le roi lui assurait ses frais de résidence et la somme importante de 6 sous par jour (§ 237). Cette horloge existait encore en 1737, et on en a conservé un dessin et une description exacts. On y voit qu'elle était munie d'une sorte d'échappement; les dents d'une roue de rencontre venaient buter contre les appendices d'un pivot, au-dessus duquel se trouvait une croix, avec des poids mobiles qui étaient lancés tantôt à droite, tantôt à gauche [1].

Les horloges à poids furent d'abord employées pour les observations astronomiques, vers 1484 à Nüremberg, par le patricien *Bernhard Walter*. Il fut imité par le prince éclairé, protecteur des sciences, *Guillaume*, landgrave de Hesse, au temps de *Copernic*, et plus tard par le célèbre *Tycho-Brahé*. Ce dernier possédait quatre horloges à poids, marquant les heures, les minutes et les secondes, mais dont la construction était encore fort primitive; aussi leur marche était-elle très imparfaite et fortement influencée par la température. Elles étaient construites sur le modèle des horloges de ville : l'une des roues n'avait pas moins de trois pieds de diamètre et de 1200 dents; il fallait, de temps à autre, avoir recours au marteau pour les faire marcher. Dans le cours du xvie et de la première moitié du xviie siècle, les horloges à roues se multiplièrent et se perfectionnèrent sensiblement. Au temps de *Huyghens*, tous les observatoires de quelque importance en avaient, ainsi que la plupart des tours principales de toutes les villes tant soit peu considérables de l'Europe civilisée.

Mais ces horloges étaient partout très défectueuses. C'est ce qui fait que *Galilée*, après avoir reconnu la régularité des oscillations du pendule, n'employa plus que ce simple instrument pour mesurer le temps, au lieu de se servir des horloges qu'on construisait alors. Dans ses lettres, dans son *Systema cosmicum* et dans ses *Dialogi dei moti*, il conseille également aux savants l'emploi du pendule. *Mersenne*, *Torricelli*, *Riccioli* et les Académiciens de Florence ne se servirent jamais que du pendule pour cela.

Mais si un pendule qui oscille librement est très avantageux pour les obser-

____
1. Brewster, *Edinb. Encyclop.*, XI, 114.

vations de courte durée, il présente deux graves défauts lorsqu'il s'agit d'observations plus longues. Premièrement, lorsqu'il faut compter, une à une, les oscillations du pendule pendant un certain temps, non seulement l'opération est très pénible, mais elle donne facilement lieu à des erreurs. Deuxièmement, l'amplitude des oscillations décroît par suite de la résistance de l'air et du frottement de l'axe; et les petites oscillations sont plus rapides que les grandes. *Galilée* n'ignorait certes pas ce dernier défaut, mais ce fut seulement pour supprimer l'opération si fatigante du comptage, que, dans les dernières années de sa vie, il lui vint à l'idée de relier le pendule à un système d'engrenages. Comme il était alors aveugle, il confia l'éxécution de cette idée à son fils *Vincenzo*. Celui-ci ne parvint à la réaliser qu'en 1649, par conséquent six ans après la mort de son père, comme cela est indiqué dans les *Mémoires de l'Académie de Florence*, où l'instrument qu'il imagina est précisément représenté.

Tel était l'état de la question lorsque *Huyghens* l'aborda. On possédait bien les horloges et le pendule; on possédait même le pendule muni d'un compteur, mais on n'avait pas encore d'horloge à pendule !

252. — Une horloge à pendule est la combinaison d'un pendule avec un système de roues devant remplir un double rôle : d'abord compter les oscillations du pendule; ensuite réparer, à chaque instant, les petites pertes de mouvement que ce pendule éprouve par suite de la résistance de l'air et du frottement de l'axe, sans toutefois troubler sa marche. Pour cet usage, il est nécessaire de recourir à une force extérieure, soit, par exemple, celle d'un poids ou d'un ressort élastique, mais de telle sorte que, tandis que celui-ci communique au pendule une partie de sa force, le pendule, à son tour, régularise le mouvement du moteur.

Nul appareil ayant une réciprocité d'action semblable n'existait avant *Huyghens*. Avant lui aucune horloge n'était régularisée par le pendule; bien au contraire, l'instrument de *Galilée* n'était qu'un compteur d'oscillations, qui ne pouvait rester longtemps en mouvement.

Comment étaient donc disposées les horloges avant *Huyghens*, et puisqu'elles n'étaient pas réglées par le pendule, comment pouvaient-elles fonctionner à peu près régulièrement? Cela tient à ce que toutes les horloges étaient munies d'un régulateur, sans lequel, au bout de peu de temps, les roues auraient nécessairement tourné avec une vitesse toujours croissante; mais ce régulateur était très imparfait et ne présentait pas la sûreté du pendule.

Les premières de toutes les horloges à roues, soit à poids, soit à ressorts, ne possédaient probablement pas d'autre régulateur que le ventilateur ou moulinet à ailettes, que l'on emploie encore dans les horloges ou dans les boîtes à musique, parce qu'il présente l'avantage de communiquer à l'appareil d'horlogerie un mouvement continu et non saccadé. La résistance de l'air contre les ailes du moulinet sert ici à régulariser le mouvement. Plus tard le régulateur à ailettes fut remplacé par le balancier, en même temps qu'on inventa l'échappement.

Au temps de *Huyghens* on employait deux sortes de balanciers, l'un vertical, l'autre horizontal. Le premier avait la disposition suivante :

L'arbre *a* (figure 34) était mis en mouvement à l'aide d'un système d'engrenages, par l'intermédiaire du pignon *n*, en même temps que la roue de rencontre *b*, qui s'y trouvait fixée. En face de cette roue se trouvait l'axe vertical *c*, muni de deux languettes *d* et *e*, placées à peu près à angle droit l'une par rapport à l'autre, de sorte qu'elles ne touchaient jamais à la fois les dents de la roue de rencontre. Le pivot vertical portait également le balancier *ss'* qui consistait d'abord en une tige de fer chargée de poids, et plus tard en un anneau. Supposons alors que la languette *d* soit poussée par une dent de la roue de rencontre, cette dent glisse et quitte la languette *d*, mais en même temps l'arbre vertical tourne sur lui-même, et la languette *e* vient buter contre l'une des dents inférieurés de la roue *b*, dont elle arrête le mouvement jusqu'à ce que le balancier ait achevé l'oscillation qui lui a été communiquée. Alors la dent *b* qui jusque-là avait été arrêtée, pousse à son tour la languette *e*, mais dans une direction opposée à celle qu'avait prise *d*. Celle-ci arrive dans la dent suivante qu'elle arrête, et les mêmes mouvements se succèdent, de sorte que le

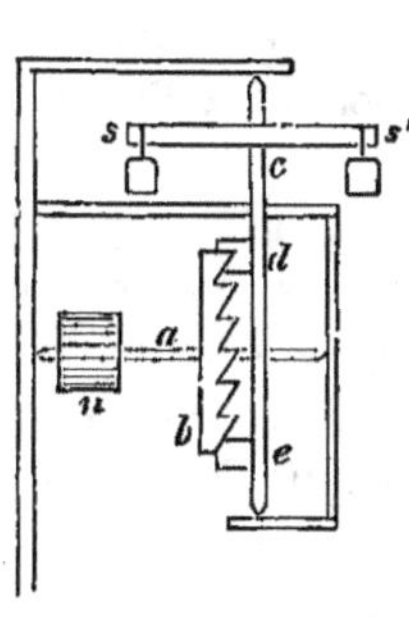

FIG. 34.

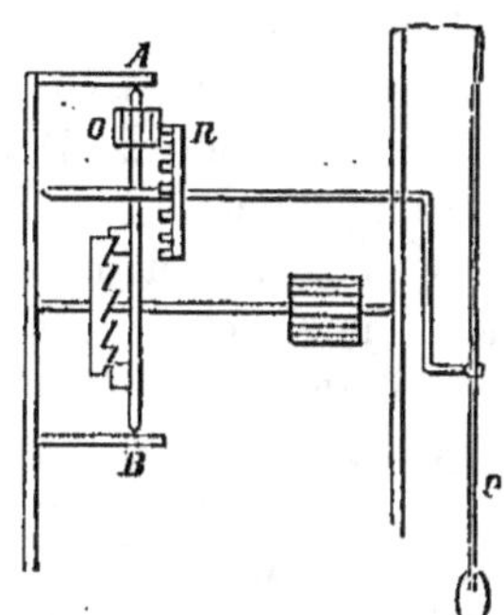

FIG. 35.

pivot *c* effectue une série de mouvements à droite et à gauche. A chaque oscillation, la roue de rencontre, et par suite tout le système d'engrenage, éprouve un arrêt, qui se reproduit donc périodiquement, de sorte que le poids ne tombe à chaque fois que d'une petite quantité. C'est de cette façon notamment qu'était disposée l'horloge de *Henri de Wyck*, qui existait encore en 1737 et a été décrite par *Julien le Roy* (§ 237, 251).

Dans les horloges munies d'un balancier horizontal, le pivot était horizontal et l'axe portant la roue de rencontre placé verticalement.

Dans ses premières tentatives, *Huyghens* choisit l'échappement à pivot vertical et le modifia de la manière suivante : La petite roue O (fig. 35) placée sur l'axe AB, ainsi que la roue R qui engrenait avec elle, avaient non pas un mouvement de rotation continu, mais un mouvement alternatif, qui leur était communiqué par les oscillations du pendule P. La roue R avait de deux à trois fois le diamètre de la roue O, de sorte que le pendule n'avait à faire que de petites oscillations pour maintenir l'horloge en mouvement.

Cette disposition est celle que *Huyghens* imagina en 1656, dans sa vingt-septième année. Au mois de juin 1657, il reçut pour cette invention un brevet des États généraux, après quoi, en 1658, il la décrivit et la dessina dans l'opuscule intitulé *Horologium*.

La valeur de la nouvelle invention fut aussitôt généralement reconnue. A peine était-elle répandue par cette publication, qu'on commençait déjà à enlever l'ancien balancier des horloges, pour le remplacer par le pendule. On employait des pendules de 12 à 20 pieds de long, avec des lentilles de 30 livres. L'horloge de ville de Scheveningen près de la Haye, et celle d'Utrecht, furent les premières ainsi modifiées. Un grand nombre de lettres de félicitation, provenant de personnes de toute condition et de différentes nationalités, qui ont été retrouvées dans les papiers de *Huyghens*, prouvent avec quel enthousiasme la nouvelle invention fut accueillie.

253. — *Huyghens* ne se contenta pas cependant de ce premier écrit. Ayant découvert une imperfection dans la disposition qu'il employait, il chercha à l'améliorer. *Nil actum reputans, si quid superesset agendum* était sa devise.

Dès le 31 janvier 1659, dans une lettre adressée à un sieur Mylon de Paris, il dit qu'il est passé de l'échappement avec pivot vertical, à l'échappement avec pivot horizontal; qu'il a abandonné le pignon et la roue dentée, et qu'il a au contraire ajouté deux petites pièces destinées à faire disparaître l'inégalité des oscillations du pendule.

Au mois de décembre de cette même année, il annonce à son ancien professeur de mathématiques, *Schooten*, de Leyde, que ces deux pièces consistent en deux plaques curvilignes, entre lesquelles le pendule accomplit ses oscillations. Il ajoute qu'il était parvenu (ce qu'il n'aurait jamais cru possible à priori) à trouver la courbe le long de laquelle un pendule accomplit toutes ses oscillations, petites et grandes, dans le même temps.

Ce n'est que treize ans plus tard, dans son célèbre ouvrage *Horologium oscillatorium*, paru en 1673 (qu'on ne doit pas confondre avec l'opuscule de 1658, qui porte simplement le titre d'*Horologium*), qu'il fit connaître cette intéressante découverte. On a reconnu d'ailleurs, depuis, qu'elle n'avait aucune valeur pratique. La propriété qu'il cherchait, pour corriger les inégalités dans l'amplitude ou la durée des oscillations du pendule, il la trouva dans la *cycloïde* ou *roulette*, courbe décrite par un point quelconque de la circonférence d'un cercle qui roule sur une ligne droite.

Il trouva que sur cette courbe, tout arc, grand ou petit, est parcouru dans le même temps, parce qu'en chaque point de cette courbe, la force accélératrice est proportionnelle à l'arc qui reste à parcourir; on admet, ce qui est évidemment vrai au même lieu d'observation, qu'en tous les points de la courbe, la pesanteur a la même direction et la même intensité. A cause de cette propriété, il appela la cycloïde *linea tautochrona*, ou simplement *tautochrone*. Il découvrit encore une deuxième propriété de la cycloïde, à savoir, que son développement donne de nouveau une cycloïde, ou autrement dit, que la cycloïde est elle-même sa *développée*. *Huyghens* est principalement l'auteur de la théorie de l'évolution ou du développement des courbes, théorie qu'il exposa dans son *Horologium oscill.*, d'après les méthodes de l'ancienne géométrie.

Ces deux propriétés, il les appliqua d'une manière fort ingénieuse à l'horloge à pendule. Il fit découper deux plaques en forme de cycloïdes, les vissa l'une contre l'autre sur une traverse élevée, et entre les deux fit passer un fil qui soutenait le pendule. La tige de ce pendule était entourée d'un anneau fixé à l'extrémité de la tige qui faisait mouvoir le pivot horizontal, dont les appendices venaient buter contre les dents de la roue de rencontre. Pendant les oscillations du pendule, le fil s'appliquait nécessairement contre les plaques cycloïdales, et par suite de la deuxième propriété de la cycloïde, que nous avons mentionnée, l'extrémité du fil décrivait une cycloïde. Il en était de même du pendule, car dans les limites d'amplitude qui lui étaient assignées, il formait toujours la tangente de la cycloïde. A l'intérieur de ces limites, les oscillations du pendule, qu'elles fussent petites ou grandes, s'accomplissaient toutes dans le même temps.

Cette manière de rendre les oscillations du pendule isochrones est certainement très ingénieuse et d'une rigoureuse exactitude, au point de vue mathématique; mais dans la pratique, elle présente des difficultés telles qu'on l'a depuis abandonnée. 1° Il est très difficile, en effet, de donner aux plaques la forme exacte d'une cycloïde, bien que *Huyghens* ait employé pour cela un procédé tout à fait rigoureux, mathématiquement parlant. Il faisait rouler un cylindre sur un plan; sur la circonférence de ce cylindre se trouvait une pointe qui décrivait une cycloïde sur un tableau placé en regard; on découpait alors la plaque d'après le tracé obtenu. 2° Le fil, de quelque matière qu'on le prenne, a toujours une certaine rigidité et ne s'applique pas exactement contre la plaque. 3° Toute cette disposition si ingénieuse est cependant superflue, car en perfectionnant davantage l'échappement, on a pu obtenir que les oscillations du pendule fussent toutes de même amplitude. Or, pour des amplitudes égales, toutes les oscillations sont isochrones, qu'elles s'accomplissent suivant des arcs de cercle, de cycloïde, d'ellipse, ou de quelque courbe que ce soit.

Aussi maintenant laisse-t-on osciller le pendule suivant un arc de cercle, comme la chose la plus simple. Ou bien le pendule est rigide dans toute sa longueur et repose sur un axe, ou bien il est suspendu à un ressort serré en un point ou sur une ligne. Même lorsque le pendule est suspendu à un fil, disposition qu'on emploie parfois dans les horloges fixes de nos jours, à cause de sa simplicité, ce fil oscille autour d'un point.

Déjà au temps de *Huyghens*, on avait abandonné la cycloïde, pour revenir à la première disposition qu'il avait imaginée. On prenait des pendules très lourds, et on ne leur laissait décrire que de petits arcs de cercle : c'est ainsi du moins que procédaient *R. Hooke, Derham*, ainsi que l'horloger *William Clement* de Londres. C'est ce dernier qui, pour la première fois, vers 1680, rendit cette disposition très pratique, en imaginant l'*échappement à ancre*. Cette invention, que *R. Hooke* revendiqua aussi comme sienne, a donné plus tard naissance à un grand nombre d'autres échappements.

254. — Au point de vue pratique, les lames en forme de cycloïdes n'apportèrent donc pas un bien grand perfectionnement aux horloges, mais elles eurent pour résultat d'attirer l'attention sur la cycloïde, dont on découvrit une autre propriété remarquable. Cette nouvelle découverte est due au grand mathématicien *Bernoulli*. Il s'était posé le problème suivant : soient deux points, qui

ne se trouvent pas dans le même plan horizontal ou vertical, et supposons qu'un corps en tombant aille de l'un à l'autre point; quelle courbe doit-il suivre, en tombant, pour que le temps de sa chute soit minimum? Il trouva que ce n'était pas la ligne droite, mais bien la cycloïde, qui était la ligne de plus courte descente, et c'est pourquoi il la nomma *linea brachystochrona*. La cycloïde présente donc cette propriété remarquable, d'être en même temps *tautochrone* et *brachystochrone*.

Les mathématiciens de la fin du XVIIe et du commencement du XVIIIe siècle avaient l'habitude de se poser des problèmes à résoudre, habitude qui entretint chez eux une activité extraordinaire, et qu'on n'a malheureusement pas pu faire revivre de nos jours, malgré de nombreuses tentatives. *Jean Bernoulli* proposa donc le problème à ses contemporains en 1696, un an après la mort de *Huyghens*, dans les *Acta Eruditorum*, sans communiquer la solution, pour laquelle il accordait un délai de six mois.

Leibnitz, qui était alors très occupé, demanda un autre délai de six mois, l'obtint, et résolut le problème. Mais ce sursis permit à trois autres solutions de se produire : une de *Newton*, qui n'avait eu connaissance du problème que vers le commencement de 1697, une deuxième de *Jacques Bernoulli*, frère aîné de *Jean*, et une troisième du *marquis de l'Hôpital*, élève de *Jean Bernoulli*.—*Leibnitz, Newton* et *l'Hôpital* se contentèrent d'indiquer brièvement le résultat, mais *Jacques Bernoulli* exposa, en même temps, son ingénieuse méthode; et, pour froisser son frère, avec lequel il était en mésintelligence, il lui proposa des problèmes semblables et d'une grande difficulté. Le plus célèbre entre tous est celui des isopérimètres, que *Jacques* proposa en 1697, et qui fut résolu par *Jean* en 1718 seulement, après qu'il se fut trompé plusieurs fois.

Les *Bernoulli* sont originaires de la Hollande. *Jacques Bernoulli*, né en 1598, abandonna sa patrie, Anvers, à cause du système d'oppression religieuse inaugurée par le gouvernement du duc d'Albe; il s'établit à Bâle. Son fils Nicolas (1623-1708) eut onze enfants, parmi lesquels *Jacques* était le cinquième et *Jean* le dixième.

Jacques Bernoulli, né en 1654 à Bâle, devint professeur de mathématiques dans cette ville, où il mourut en 1705.

Jean Bernoulli, né en 1667 à Bâle, occupa, depuis 1695, la chaire de mathématiques à Groningue, puis, son frère étant mort, il lui succéda à Bâle, où il mourut lui-même en 1748. Il s'est aussi fait connaître par différentes recherches de physique, sur lesquelles je reviendrai plus tard.

. Les deux frères brillent au premier rang dans l'histoire des mathématiques; ils répandirent tous deux la nouvelle théorie du calcul infinitésimal, enseignée par *Leibnitz*, et pendant longtemps furent, avec leur maître, seuls initiés aux mystères de cette nouvelle branche des mathématiques. La famille *Bernoulli* a donné naissance à un grand nombre de mathématiciens de génie, mais on y trouve aussi *Daniel Bernoulli*, dont le nom est bien connu en physique. Il était fils de *Jean Bernoulli*; il naquit en 1700 à Groningue, et mourut en 1782 à Bâle.

Le marquis *François de l'Hospital* aussi *l'Hôpital*, dont il a été parlé

naquit en 1661 à Paris, où il mourut en 1704; il était depuis 1690 membre
honoraire de l'Académie de Paris.

255. — Pour en revenir à *Huyghens*, je dois commencer par dire que s'il eut
la joie de voir sa grande découverte complètement appréciée de ses contemporains, il eut cependant l'ennui de se la voir contester. Il repoussa les prétentions de ses rivaux avec calme mais fermeté, dans la préface de son *Horologium oscil.* de 1673. Mais elles furent renouvelées depuis, et elles se trouvent
principalement réunies dans un ouvrage qui parut, pour la première fois, à
Lucques en 1772, dans le troisième volume des *Elogi degli uomini illustri
di Toscana.* On y trouve le passage suivant : « Nous possédons des lettres de
Galilée à *Beaugrand* à *Reaal* et à *Hortensius*, qui, sans parler des assertions
de *Viviani*, démontrent que *Galilée* a réellement appliqué le pendule aux
horloges. C'est *Elia Deodati* qui, en 1637, envoya au père du célèbre *Huyghens*,
une description de l'horloge à pendule inventée par *Galilée :* de plus, *Becher*
(le chimiste, voy. § 197) ajoute qu'un modèle de cette horloge aurait été envoyé
en Hollande. Cela suffit pour réfuter *Huyghens* et d'autres, qui ne veulent pas
accorder à l'Italie l'honneur de cette grande découverte. »

Toutes ces réclamations, qui semblent fort sérieuses, n'ont cependant aucun
fondement, ainsi que cela a été établi d'une manière très explicite et irréfutable
par le professeur *van Swinden* d'Amsterdam en 1822[1]. Celui-ci eut l'occasion
d'examiner la riche collection de lettres et de manuscrits laissés par *Huyghens*
et conservés à Leyde, et il se trouva par là en état de réfuter, point par point,
les réclamations en question. J'ajoute quelques mots à ce sujet.

Des lettres écrites par *Galilée* à *Beaugrand*, il n'existe plus qu'une seule, dans
l'édition imprimée de ses œuvres, elle est datée de novembre 1633. Il dit brièvement qu'il a construit une horloge exacte (*giusto orologio*), qui ne varie pas
d'une seconde, non seulement dans une heure, mais même dans un jour et dans
un mois. Il ne donne d'ailleurs aucun détail sur cette horloge. Si cependant il
existait d'autres lettres adressées à *Beaugrand?* Mais il serait difficile qu'elles
continssent plus de détails que celles que *Galilée* envoya, vers 1636, à différentes
personnes de Hollande, par l'intermédiaire de *Deodati*, qui se trouvait alors à
Paris, lorsqu'il chercha à vendre aux États généraux son procédé pour déterminer les longitudes sur mer, par l'observation des satellites de Jupiter.
Ces lettres sont adressées à *Reaal*, ancien gouverneur des Indes-Orientales,
au célèbre *Hugo Grotius*, à *Hortensius* (Van den Hove) professeur de mathématiques à Amsterdam et à d'autres encore. *Hortensius* fut choisi par les
États généraux pour se rendre près de *Galilée*, afin d'étudier sa proposition,
mais il mourut en 1639 (§ 115) avant d'avoir pu accomplir ce voyage.

Dans ces lettres, *Galilée* décrit son *Orologio* ou *Oriuolo* très explicitement,
et il résulte de sa description que cette horloge consistait en un simple
pendule ayant la forme d'un segment de cercle de 12 à 15° et de 16 à 24
pouces de rayon, qu'il faisait osciller sur le tranchant affilé d'un axe d'acier.
De même, les lettres que *Deodati* écrivit, en 1637, au père de *Huyghens*, ne
contiennent rien de plus que les œuvres imprimées de *Galilée*. Il n'est nulle

1. *Edinb. phil. Journ.*, VI, 196; VII, 35. *Mémoires de l'institut de Hollande.*

part question d'une horloge envoyée par *Galilée ;* on y trouve seulement l'offre faite par ce dernier aux États généraux de leur envoyer, s'ils le désiraient, la construction de l'horloge qu'il avait imaginée, ainsi qu'une lunette marine.

Le passage qui semblerait le plus nettement contraire à *Huyghens* est le suivant, extrait des *Saggi :*

« *Les académiciens jugèrent convenable de joindre à l'horloge un pendule,* » *d'après le modèle que Galilée a imaginé le premier de tous, et que son fils* » *Vincenzo a exécuté en* 1649. »

Mais il est précisément à remarquer que les *Saggi* parurent en 1667, par conséquent, dix ans après qu'*Huyghens* eut pris un brevet pour son invention ; d'autre part, l'horloge qui s'y trouve représentée, n'a aucun rapport avec celle de *Huyghens*, et n'est rien de plus qu'un appareil compteur. Il résulte des lettres que le prince Léopold de Médicis écrivit en 1659 à l'astronome *Boulliau* de Paris, en réponse à l'envoi qu'il lui avait fait de l'opuscule de *Huyghens*, qu'il n'y avait à Florence, à cette époque, aucune véritable horloge à pendule.

Boulliau envoya à *Huyghens* des copies de ces lettres, qui existent encore, et qui démontrent clairement que les prétentions des Italiens ne sont aucunement fondées. Chacune de ces copies contient des esquisses grossières d'horloges ; de l'une d'elles le prince dit qu'elle aurait été commencée par Galilée ; d'une autre, qu'elle se trouve au palais du grand-duc à Florence ; mais cette horloge ne devait pas être encore construite, car le prince ajoute qu'on en attendait de bons services. Ces appareils ne sont que des pendules munis d'un système de roues et sans poids, *Numeratore del tempo*, comme *Galilée* le dit une fois, en parlant de la sienne.

On voit suffisamment par là ce qu'on doit penser de l'assertion de *Becher*, qu'une horloge de *Galilée* aurait été envoyée en Hollande. Cette indication est tirée d'un écrit que *Becher* envoya, en 1680, à la Royal Society de Londres : *De nova temporis dimetiendi ratione et accurata horologiorum ratione*, et qui est rempli des plus grossières accusations contre *Huyghens*. Il dit, entre autres, qu'il avait appris l'histoire entière des horloges du comte *Magalotti*, l'auteur des *Saggi dell'Acc. del Cimento*, et alors ambassadeur du grand-duc à Vienne, et que cette histoire lui avait été confirmée, à Augsbourg, par un certain *Trefler*, ancien horloger du grand-duc Ferdinand II. Ce *Trefler*, lui avait assuré que lui-même avait, sur l'ordre du grand-duc, et d'après les indications du mathématicien *Galilée*, construit à Florence la première horloge à pendule, *Horologium pendulum*. *Becher* ajoute encore que le mathématicien du prince électeur de Mayence lui avait raconté avoir vu, à Prague, une horloge à pendule construite par *Justus Borgen*, mathématicien et horloger de l'empereur Rodolphe II, horloge qui aurait été employée par *Tycho-Brahé* pour ses observations.

La dernière indication seule mérite quelques éclaircissements. Que *Trefler* ait en effet construit l'horloge dont parle le prince Léopold dans sa lettre à *Boulliau*, c'est possible, mais cela nous importe peu pour le moment, puisque nous connaissons déjà le genre d'horloges dont il est question. Au contraire, si la dernière indication était exacte, les horloges à pendule auraient été construites avant 1601, puisque le célèbre astronome *Tycho* mourut cette année-là.

La chose s'explique cependant très simplement. Après l'invention de *Huyghens*, il arriva fréquemment qu'on enleva le balancier des anciennes horloges pour le remplacer par un pendule, sans qu'on changeât pour cela la date de leur construction, ou sans qu'on indiquât même l'époque à laquelle on avait ajouté le pendule. Ainsi, l'horloge de la maison de ville d'Amsterdam avait encore, au temps de *Becher*, un balancier, bien que maintenant elle soit, depuis plus de cent-vingt ans, munie d'un pendule.

Huyghens lui-même vit, chez l'ambassadeur danois à la Haye, une horloge à pendule qui portait le millésime 1576 sur le cadran, et qui avait été employée par *Tycho-Brahé;* mais le célèbre *Römer*, qui arrivait de Copenhague, savait exactement quand et par qui le pendule avait été ajouté. Par conséquent, le mathématicien de Mayence pouvait avoir réellement vu une horloge à pendule avec le nom de *Just. Borgen*, et d'un autre côté, rien ne s'oppose à ce que *Christophe Trefler* ait construit, à Augsbourg, la première horloge à pendule qui ait été faite en Allemagne[1].

Ce *Justus Borgen* (aussi nommé Jobst Burgi, Bürgi ou Byrgius), dont il vient d'être question, était né en 1552 à Lichtensteig en Suisse, et mourut à Cassel en 1632. C'était un homme peu instruit, mais très ingénieux et doué d'un véritable talent pour la mécanique. Pendant longtemps il occupa à Cassel l'emploi d'horloger du prince électeur. En 1602, il alla à Prague, comme horloger royal, et en 1622 revint s'établir à Cassel. Il a inventé les logarithmes, après *Napier*, il est vrai, mais indépendamment de celui-ci.

Je me suis un peu étendu sur cette revendication des droits de *Huyghens*, parce que, même dans notre temps, ces droits n'ont pas toujours été suffisamment reconnus. Ainsi l'horloger *Berthoud*, qui est une autorité comme constructeur, dans sa précieuse *Histoire de la mesure du temps*, Paris, 1802, I, p. 37, tient pour vraisemblable que *Burgi* est l'inventeur de l'horloge à pendule; et la même chose se trouve répétée, d'une manière encore plus affirmative, par *Bode*, dans son *Annuaire astronomique* de 1816. Le premier dit, dans un autre endroit de son ouvrage, qu'on pouvait laisser à *Huyghens* tous les mérites qui lui sont attribués, mais que, dans cette circonstance, on ne devait pas le considérer comme un inventeur, car ce qu'il avait fait n'était pas une invention, mais une simple substitution du pendule au balancier.

Il faut ajouter que ce jugement de *Berthoud* a été aussitôt réfuté par son compatriote *Delambre*[2], mais il mérite cependant d'être relevé comme un exemple d'aveuglement patriotique. On pense involontairement à l'œuf de Colomb! Si la chose avait été si simple, que devrait-on penser de *Galilée* et des astronomes qui songèrent à entretenir le mouvement du pendule et qui ne purent y arriver? Notre compatriote *Hevel* dit expressément dans sa *Machina cælestis* de 1673, p. 336, qu'il s'était beaucoup occupé de ce problème, mais qu'avant qu'il fût parvenu à le résoudre, Huyghens avait publié son invention en 1657.

Huyghens, d'ailleurs, n'a pas nié qu'il était redevable à *Galilée* de l'emploi

---

1. Busch, *Handb. d. Erfindungen*, X, 32.
2. Delambre, *Mém. de l'Inst.*, 1808.

du pendule, et que, d'un autre côté, il avait emprunté l'échappement aux horloges à roues de son époque. Le mérite qu'il eut de réunir les deux dispositions, d'une manière convenable, dans l'horloge à pendule, n'en est pas amoindri pour cela.

256. — Il nous paraît aujourd'hui tout naturel de voir *Huyghens*, après qu'il eut perfectionné les horloges fixes, porter son attention sur les horloges portatives ou montres. On ne sait rien de l'origine de celles-ci, dont le mouvement devait être naturellement produit par un ressort et non plus par des poids. Mais s'il n'est pas établi que ce soit *Peter Hele*, de Nuremberg, qui les ait inventées vers 1500, le nom qu'on leur donnait généralement d'*œufs vivants de Nuremberg*, prouve du moins qu'elles furent fabriquées dans cette ville de très bonne heure. On n'a, de plus, jamais entendu dire qu'on en ait construit avant cette date en Italie, en France ou en Angleterre.

Tant que les montres furent réglées par un simple moulinet à ailettes, leur marche ne put être fort régulière. Ce n'était pas ici le cas d'employer le pendule, dont les oscillations auraient été troublées par le mouvement de la montre ; la pesanteur qui agit sur le pendule devait être remplacée par une autre force indépendante de la position de celle-ci. *Huyghens*, après y avoir réfléchi, trouva cette force dans l'élasticité d'un ressort d'acier. Dans le *Journal des savants* du 25 février 1675, il donna une courte description de son idée avec le dessin des pièces essentielles qu'elle exigeait.

C'est un balancier avec un ressort à spirale, comme celui que nous trouvons dans nos montres actuelles, et sur l'axe du balancier un pignon dans lequel engrène une roue de champ ; celle-ci repose sur un pivot perpendiculaire à cet axe, et par conséquent horizontal, si l'axe est vertical. Le pivot a deux appendices, qui viennent tour à tour buter contre les dents de la roue de rencontre, tout comme dans les anciennes dispositions décrites au § 252.

Huyghens ne peut cependant prétendre ici à la priorité de l'invention. Il est hors de doute que *Rob. Hooke* était arrivé avant lui à utiliser l'élasticité du ressort, vers 1658 déjà, par conséquent un an après que *Huyghens* eut pris patente pour l'horloge à pendule. D'après d'autres indications, *Hooke* aurait même exprimé cette idée dès 1656[1].

Nous avons vu au § 257 que *Hooke* ne put réaliser l'intention qu'il avait eue de prendre patente pour cette découverte, qu'il garda secrète, et qu'enfin *Huyghens* arriva de son côté à l'invention du ressort spiral. Il se pourrait que ce dernier ait entendu parler vaguement de l'existence de la découverte de *Hooke* ; mais il n'est pas admissible qu'un homme de son génie et de son caractère, ayant eu connaissance de la nature de cette découverte, se la soit appropriée contrairement à toute justice. D'ailleurs, l'échappement de *Huyghens* était autre que celui de *Hooke*, qui n'est pas connu exactement, mais qui aurait donné lieu plus tard, à ce qu'on l'on croit, à l'échappement double construit en 1724 par l'horloger *Dutertre* de Paris.

Le mérite de *Huyghens* comme inventeur du ressort à spirale peut encore moins être affaibli par les prétentions de l'abbé *Hautefeuille* (§ 237). Cet

____

1. Brewster, *Edinb. Encyclop.*, XI, p. 110.

homme, qui ne manquait pas d'un certain talent mécanique, avait la présomption et la prétention de faire considérer chacune des idées à peine ébauchées qu'il concevait, comme des inventions parfaites. Il entama avec *Huyghens* un procès qu'il aurait eu de la peine à gagner, si celui-ci n'avait renoncé librement à sa patente sur le ressort spiral.

257. — Avant d'abandonner ce chapitre, je dois encore mentionner une observation remarquable que fit *Huyghens* sur les horloges. Il observa que deux horloges dont la marche différait d'environ 5 secondes par jour, lorsque les pendules étaient à une distance d'environ 15 pieds, marchaient tout à fait d'accord lorsque les pendules n'étaient plus qu'à 1 ou 2 pieds l'un de l'autre; de plus, que si on troublait à dessein la marche de ces pendules, au bout d'une demi-heure, ils marchaient de nouveau d'accord, de telle sorte que l'un oscillant dans un sens, l'autre oscillait exactement dans l'autre sens.

Huyghens a fait connaître cette observation dans le *Journal des savants* du 26 février 1665. Il dit qu'il ne peut s'expliquer cette quasi-sympathie des deux pendules que par le mouvement de l'air. Soixante-quatorze ans plus tard, en 1739, le même phénomène fut observé à Londres par *Ellicott* et soigneusement étudié. Il constata qu'il avait lieu pour deux horloges enfermées dans des boîtes exactement closes, et dont les pendules étaient distants de deux pieds. Lorsqu'il mettait l'un des pendules en mouvement, en laissant l'autre au repos, celui-ci n'y restait pas longtemps, et au bout de 15 à 30 minutes, ce second pendule était complètement en mouvement et faisait tourner les rouages. Si les horloges allant séparément avaient une différence de 90 secondes en 24 heures, elles s'accordaient si exactement lorsqu'elles marchaient ensemble, que leur différence de marche n'était pas d'une seconde dans le même temps; l'une des horloges retardait alors de 19 secondes, l'autre avançait de 77 secondes.

En étudiant le phénomène de plus près, *Ellicott* reconnut que cette sympathie entre les deux pendules, que *Huyghens* attribuait à l'air, résultait de ce que leur mouvement se communiquait de l'une à l'autre par l'intermédiaire des supports, et s'égalisait. *Ellicott* parvint à supprimer ou à renforcer, à volonté, cette influence réciproque des deux pendules, selon qu'il donnait aux horloges des supports parfaitement fixes et séparés, ou qu'il les reliait à dessein par une traverse de bois[1].

Daniel Bernoulli mentionne dans les *Mém. de Pétersbourg* de 1772, qu'une observation analogue aurait été faite par *Ferdinand Berthoud*: une excellente horloge à pendule, qui n'était pas très bien fixée, retarda d'environ 5 minutes par jour lorsqu'il l'eut fixée complètement. De notre temps ces phénomènes de communication de mouvement ont attiré l'attention de *Laplace* lui-même, et *Bréguet* a cherché à en faire une application pratique. Mais la première observation de ce phénomène est due à *Huyghens*.

1. *Philosoph. Transact.*, 1739.

OSCILLATIONS DU PENDULE.

258. — Je vais maintenant passer à un autre chapitre de l'*Horologium oscillatorium*, pour expliquer plus longuement l'importance des progrès que cet ouvrage fit faire à la mécanique physique.

Les bases de la théorie du mouvement pendulaire ont été certainement posées par *Galilée*, mais les lois qu'il avait trouvées, notamment celle qui s'exprime par la proportion

$$t : t' = \sqrt{l} : \sqrt{l'} ,$$

ne s'appliquent exactement que dans le cas idéal où un simple point matériel accomplit ses oscillations suivant un petit arc de cercle et dans le vide. Il est facile de voir qu'un corps, c'est-à-dire un système de points matériels liés invariablement l'un à l'autre, ne peut pas osciller de la même manière que chacun de ses points. Cela résulte de la loi ci-dessus exprimée, $t : t' = \sqrt{l} : \sqrt{l'}$, ou simplement de ce fait, qu'une très petite sphère, que nous pourrions considérer comme un point matériel suspendu à un fil, oscille d'autant plus rapidement que ce fil est plus court. Pour qu'un corps, un bâton ou une ligne oscillât de la même façon que ses points pris isolément, il faudrait que les oscillations de chaque point isolé fussent indépendantes de la longueur du fil ou de la distance du point de suspension. Comme ce n'est pas le cas, et que cependant les points d'un même corps reliés l'un à l'autre accomplissent leurs oscillations dans le même temps, il est clair qu'un pendule matériel oscille autrement qu'un pendule idéal d'égale longueur.

Il est possible que *Galilée* ait déjà songé à ce fait, mais nous ne sachons pas qu'il soit parvenu à aucun résultat sur ce point. Ce fut le père *Mersenne* qui, le premier, mit ce sujet en avant, et qui, vers 1646, proposa aux mathématiciens de déterminer la durée des oscillations de différentes figures oscillant soit dans leur plan, soit latéralement. Deux de ses contemporains s'occupèrent de ce problème, *Descartes* et *Roberval*.

Descartes résolut le problème pour le cas où une figure plane oscille dans son plan, mais il se trompa pour les oscillations des mêmes figures en dehors de leur plan, et il erra encore davantage en ce qui concerne un corps quelconque. *Roberval* fut plus heureux; il détermina, pour certaines figures, les temps d'oscillations dans les deux sens, mais il se trompa pour d'autres figures et encore plus pour les corps. Il entra alors en discussion avec *Descartes* sur ce sujet; mais aucun des deux adversaires n'avait complètement raison.

Giles Persone ou *Personier*[1] fut appelé *Roberval* d'après le lieu de sa naissance, village du diocèse de Beauvais. Il naquit en 1602, vint à Paris en 1627, fut élu comme membre de l'Académie en 1665, au moment de sa fondation,

---

1. Montucla, *Hist. des math.*, II, 43.

et mourut à Paris en 1675. *Roberval* a laissé beaucoup de travaux mathématiques surtout en géométrie ; il n'appartenait cependant pas aux esprits éminents de son temps, et, d'autre part, son caractère laissait beaucoup à désirer. D'une nature très passionnée, il se lançait souvent dans des discussions dans lesquelles il laissait parfois la vérité de côté. Son nom a été conservé en physique par la balance dite de *Roberval*, qu'il proposa en problème aux physiciens, en 1670.

Huyghens avait également essayé de résoudre le problème proposé par *Mersenne*, mais il n'était alors que dans sa dix-septième année, et son bon vouloir surpassa ses forces. Depuis lors, il est vrai, dans son *Horologium oscillatorium* de 1673, il traita ce sujet d'une manière beaucoup plus approfondie que ne l'avaient fait ses prédécesseurs.

Je serais entraîné trop loin si je voulais suivre *Huyghens*, pas à pas, dans le développement de sa théorie : je me contenterai d'exposer brièvement les résultats principaux auxquels il arriva. Il montra d'abord que, dans un corps oscillant autour d'un axe, il y a un point qui oscille exactement comme s'il était libre, de sorte que, si l'on supposait la masse entière du corps concentrée en ce point, les oscillations ne seraient pas modifiées. Ce point, il le nommait d'un nom très significatif, *centrum oscillationis*. Il énonce la règle générale suivante pour déterminer la position de ce point : la distance r' du centre d'oscillation au point de suspension s'obtient en divisant la somme des moments d'inertie de tous les points matériels du pendule par la somme des moments statiques de ces points, ou brièvement

$$r' = \frac{\Sigma\ mr^2}{\Sigma\ mr},$$

et autant que l'état des mathématiques le lui permettait, il fit l'application de cette règle aux différents corps et aux différentes figures les plus simples. La distance r' ainsi déterminée du centre d'oscillation à l'axe de rotation, — il l'appelait la longueur du *pendule simple* qui ferait ses oscillations dans le même temps que le pendule composé. Après avoir montré comment on pouvait trouver, pour chaque pendule composé, la longueur du pendule simple correspondant, il émit l'idée importante que ce procédé permettait d'obtenir une mesure des longueurs invariable. Non seulement il a émis cette idée, mais il l'a développée pour la première fois. Comme la seconde de temps solaire moyen est une mesure du temps partout la même et que la nature nous a placée sous la main, il prit comme mesure normale des longueurs, la longueur du pendule simple qui oscillerait dans une seconde de temps solaire moyen, en faisant de petites oscillations, ou bien des oscillations suivant une cycloïde. Ayant trouvé, par ses propres recherches, que ce pendule avait près de trois pieds de long, il aurait voulu qu'on adoptât, comme unité de mesure des longueurs, le tiers de cette longueur du pendule simple ; cette unité, il l'appelait *pied horaire, pes horarius*.

Le pendule employé par *Huyghens* consistait en une sphère de plomb suspendue à un fil. Il lui faisait faire de petites oscillations, et comptait le nombre des oscillations faites dans un certain temps, déterminé à l'aide d'une horloge à pendule Il calculait ensuite la longueur du pendule simple qui correspondait à son pendule composé; connaissant alors la longueur du pendule simple et la durée des oscillations, il pouvait, en s'appuyant sur la loi de *Galilée* $t : t' = \dfrac{\sqrt{l}}{\sqrt{l'}}$, calculer la longueur du pendule simple qui accomplirait une petite oscillation dans une seconde.

Il trouva ainsi qu'à *Paris* la longueur du pendule à seconde était de 440,5 lignes de Paris, et que son *pes horarius* était au pied de Paris dans le rapport de $\dfrac{881}{864}$. Il avait en outre trouvé par la théorie que la durée de l'oscillation, pour un arc très petit, était, au temps qu'emploierait un corps pour parcourir en chute libre une hauteur double de la longueur du pendule, dans le rapport de π à l'unité; d'après cela, en se servant des données ci-dessus, il calculait qu'à Paris la hauteur de chute d'un corps, dans la première seconde, est :

proxime pedum 15 et unciæ unius.

Lorsque *Huyghens* fit cette détermination, il ne savait pas encore que l'intensité de la pesanteur, et par suite la longueur du pendule simple à seconde, différait avec la latitude du lieu d'observation. Cependant sa proposition d'employer le pendule comme mesure des longueurs aurait mérité d'être prise, par ses contemporains, en plus sérieuse considération qu'elle ne le fut réellement.

Elle passa inaperçue jusqu'au temps de la Révolution française, où elle fut enfin tirée de l'oubli; et, si elle n'a pas amené dans tous les pays une entière transformation des poids et des mesures, elle a déterminé au moins partout une réglementation sévère des mesures existantes, et elle a ainsi marqué une nouvelle époque dans la métrologie.

Aux recherches précédentes appartient encore un théorème qui a reçu, pour la première fois dans notre temps, une application pratique. Ce théorème est le suivant : le centre d'oscillation et le point de suspension sont réversibles, c'est-à-dire que, si l'on suspend un corps par son centre d'oscillation, le premier point de suspension devient à son tour le centre d'oscillation, et la durée des oscillations n'est pas modifiée. Ce théorème conduit à une détermination très pratique de la longueur du pendule simple qui bat la seconde, et beaucoup plus exacte que celle qu'employait *Huyghens*, et qui était encore employée un siècle plus tard.

Notre compatriote *Bohnenberger* (mort en 1831) a pour la première fois, dans son Traité d'astronomie en 1811, appelé l'attention sur cette application du théorème de *Huyghens*. Toutefois, c'est au capitaine anglais *Kater* (mort en 1835) et dont le père était d'ailleurs Allemand, qu'appartient l'honneur d'avoir mis le premier cette idée à exécution avec toute la précision qu'elle comportait : ce fut lors de la revision des mesures et des poids anglais[1]. Le pendule qu'il employait consistait en une tige soigneusement travaillée, et portant deux couteaux tournés l'un vers l'autre, de sorte qu'on pouvait, en renversant le pendule, le faire osciller successivement autour de chacun des deux couteaux. Pour soutenir les couteaux, dont la distance était exactement déterminée, on employait des plateaux d'acier ou d'agate. Sur la tige se trouvait encore un contrepoids qu'on déplaçait jusqu'à

---

1. *Philosophical Transact.*, 1818.

ce que les oscillations du pendule dans les deux positions fussent rigoureusement égales. La distance des deux couteaux était alors exactement la longueur du pendule simple correspondant au temps des oscillations observées; de sorte qu'on pouvait tirer du résultat des conclusions certaines. *Kater* a donné très justement à ce pendule le nom de pendule à réversion.

FORCE CENTRIFUGE.

259. — Par ses recherches sur le pendule, *Huyghens* fut conduit à une théorie toute nouvelle, celle de la force centrifuge.

C'est, comme on le sait, la force ou réaction qu'exerce un corps lorsqu'on l'assujettit à décrire une courbe. Un corps qui a reçu une impulsion se meut en ligne droite et, pour le maintenir en mouvement, aucune force n'est nécessaire. Mais, pour le faire dévier de sa direction, une certaine force est nécessaire, et si la déviation doit être continue, la force doit également agir d'une manière continue. La réaction exercée par le corps, et à laquelle cette force fait équilibre, est ce qu'on nomme la force centrifuge.

Le cas le plus simple à considérer est celui où un corps attaché par un fil inextensible est forcé de décrire un cercle. La tension du fil qui maintient le corps sur le cercle, mesure alors la force centrifuge, en faisant toutefois abstraction de la pesanteur. Les recherches de *Huyghens* se sont bornées à ce cas du mouvement circulaire. Dès 1673, dans son *Horologium oscillatorium*, il donna une courte indication des lois trouvées par lui, mais sans en indiquer la démonstration ; plus tard il étudia ce sujet, d'une manière plus approfondie, en exposant la théorie. Mais son mémoire *De motu et vi centrifuga* parut seulement en 1703 après sa mort, alors que *Newton* avait traité le sujet à un point de vue beaucoup plus général, et, notamment, avait étudié la force centrifuge dans le mouvement elliptique des corps célestes.

Les lois trouvées par *Huyghens*, dans le cas du mouvement circulaire, sont renfermées dans l'équation

$$f = \frac{v^2}{r} \ldots \ldots (1)$$

où f désigne la orce centrifuge, v la vitesse du corps en mouvement et r sa distance au centre. Si l'on ajoute à cette quation la relation $v = \frac{2\pi r}{t}$, il vient

$$= \frac{4\pi^2 r}{t^2} \ldots \ldots (2)$$

Ces deux équations permettent de trouver tout ce qui a rapport à la force centrifuge.

Les recherches d'*Huyghens* sur la force centrifuge produisirent deux résultats remarquables.

. Le premier est l'invention du *pendule à force centrifuge*, appelé aussi pendule circulaire ou pendule conique : c'est un pendule qui oscille non plus dans un même plan, mais en décrivant un cône. *Huyghens* s'en était occupé de très bonne heure, et il ne serait pas impossible que cet appareil l'eût conduit à des recherches sur la force centrifuge. Il ne s'en occupa cependant, aussi bien dans l'*Horologium oscillatorium* que dans le mémoire de 1703, qu'au point de vue théorique, de sorte que les physiciens qui vinrent après lui, considérèrent le pendule à force centrifuge comme une simple curiosité.

De notre temps, cependant, on a compris l'utilité de ce pendule, et on l'a relié aux mouvements d'horlogerie. Il a, en effet, sur le pendule ordinaire l'avantage que son mouvement, au lieu d'être alternatif, se fait toujours dans le même sens, et qu'il communique, par suite, au système d'horlogerie un mouvemement continu, et non pas un mouvement saccadé, comme celui que produit le pendule ordinaire. C'est pourquoi *Fraunhofer*, pour compenser le mouvement de la terre, mettait son grand réfracteur en mouvement par un système d'horlogerie muni d'un pendule centrifuge. Un pendule ordinaire ne pouvait être employé ici, car il aurait communiqué aux astres qui se trouvaient dans le champ des lunettes, un mouvement très nuisible à l'observation. C'est l'horloger *Pfaffius* de Wesel, qui paraît avoir le premier, vers 1804, construit des horloges à force centrifuge. Il faisait osciller le pendule autour de deux axes perpendiculaires l'un à l'autre.

James Watt, qui apporta de si grands perfectionnements à la machine à vapeur, avait fait auparavant une application peut-être encore plus utile du pendule conique. Il l'employa pour régler l'admission de la vapeur. L'effet de ce régulateur s'explique par la formule $f = \frac{v^2}{r}$; les sphères qui se trouvent aux extrémités des tiges du pendule s'écartent d'autant plus que la vitesse de rotation v est plus grande, et en s'écartant elles produisent une rotation du robinet, qui diminue l'entrée de la vapeur et ralentit la marche de la machine.

Rob. Hooke revendique d'ailleurs aussi l'invention du pendule à force centrifuge, qu'il prétend avoir faite vers 1660 (§ 238). Si les prétentions de *Hooke* sont fondées, ce qui est possible, il faut cependant remarquer que *Huyghens* est arrivé à cette idée tout aussitôt et même plus tôt que lui; et que, de plus, il a donné les lois des oscillations du pendule conique, au moins dans un cas particulier, tandis que *Hooke* n'a rendu au sujet de ce pendule aucun service théorique ni pratique.

FORME DE LA TERRE.

260. — Les recherches de *Huyghens* sur la force centrifuge ont eu pour la science un résultat encore plus général, en ce qu'elles ont posé les premières bases de la connaissance exacte de la forme de la terre.

Jusqu'au temps de *Huyghens*, la terre fut considérée, d'une manière générale, comme un globe parfait, et de temps à autre des mesures furent entreprises pour déterminer la grandeur de ce globe. La première détermination faite par

Eratosthènes (né 276 av. J. C.) fut suivie deux cents ans plus tard environ de celle de *Posidonius*. Tous les deux cherchèrent à déterminer la valeur d'un degré du méridien en se servant des hauteurs d'une étoile, mesurées au même instant, en deux lieux dont la distance était connue. *Eratosthènes* s'était servi dans ses recherches de la hauteur du soleil à Alexandrie et à Sienne ; *Posidonius* avait déterminé la hauteur de l'étoile Canopée à Alexandrie et à Rhodes (§ 21).

Après un laps de temps de neuf siècles, une nouvelle détermination fut entreprise(827)sur l'ordre du calife Al-Mamoun, dans le désert de Singar (Sindjar),sur la mer Arabique (§ 39). Ce fut la première mesure de la terre proprement dite, car la distance des lieux fut directement déterminée à l'aide d'une chaîne, tandis qu'*Eratosthènes* et *Posidonius* s'étaient contentés des évaluations des voyageurs et des marins. Le résultat auquel ils parvinrent fut que le degré valait 56 milles arabes et 2/3 ; mais ce résultat est pour nous tout aussi indéterminé que les premiers, puisque la valeur du mille arabe ne nous est pas exactement connue.

Ensuite *Jean Fernel*, médecin de Paris, célèbre en son temps, s'occupa de ce problème en 1525, et donna, pour la première fois, la longueur d'un degré du méridien en mesures qui nous soient connues. Il détermina la hauteur du pôle à Paris et à Amiens, et mesura la distance de ces deux villes en comptant le nombre de tours des roues de sa voiture, et en évaluant arbitrairement les corrections nécessitées par les sinuosités de la route. Grâce à une compensation fortuite des erreurs, il arriva à une évaluation assez approchée, à savoir 57 070 toises par degré[1].

Quatre-vingt-dix ans plus tard, en 1615, *Willebrord Snell*, qui découvrit les lois de la réfraction, entreprit près de Leyde la mesure dont j'ai parlé plus haut (§ 139). Elle fit époque dans cette branche de la science, en ce que, pour la première fois, une ligne de station y fut mesurée ; et à l'aide de celle-ci, on détermina l'éloignement des stations extrêmes par le procédé de la triangulation. Ce procédé est, en effet, le seul applicable partout où l'on ne peut aller en ligne droite, comme dans les déserts de l'Arabie, mais où l'on est gêné dans ses opérations par un terrain très découpé. Il trouva ainsi pour le degré 28 500 perches du Rhin, ce qui fait 55 072 toises si on fait les perches de 12 pieds égales à 1,93236 toises. *Snell* lui-même indiqua, par suite d'une erreur de calcul, 55 021 toises[2].

Dans le cours du xviie siècle, quatre mesures du degré furent encore entreprises. La première fut exécutée par l'Anglais *Rich. Norwood*, de 1633 à 1635, entre Londres et York, en partie par la méthode de *Fernel*, en partie par celle de *Snell*. Le résultat fut, pour le degré, de 57 300 toises, d'après d'autres, 57 424 toises. Cette détermination ne se fait remarquer par aucune circonstance particulière et le résultat est très inexact. — La deuxième est attribuée au Hollandais *Will. Blauew*, en latin Cæsius, qui mourut en 1638, et était élève de *Tycho-Brahé ;* mais on doute qu'elle ait été réellement exécutée[3]. — La troi-

---

1. J. K. L. Schmidt, *Lehrb. d. math. u. phys. Geogr.*, I, 168. — Montucla, *Hist. des math.*, II, 316.

2. Schmidt, *ibid.*, I, 169.

3. Schmidt, *ibid.*, I, 171.

sième fut entreprise, à Modène par *Riccioli* aidé de *Grimaldi;* elle ne fut faite que sur une faible distance et conduisit à un résultat très défectueux, à savoir : 1° 61478 T et même, d'après *Montucla*, 62650 T[1]. — La quatrième et dernière fut entreprise, sur l'ordre de Louis XIV, par *Picard* déjà plusieurs fois cité, dans les années 1669 et 1670 : elle fut occasionnée par la grande différence des résultats obtenus par *Riccioli* et *Snell*, différence qui n'était pas moindre de 7578 toises.

Picard employa non seulement le procédé de triangulation de *Snell*, mais il utilisa aussi, pour la première fois, dans les opérations de ce genre, les instruments à angles munis de lunettes et de réticules, ce qui devait donner à ses mesures une grande avance sur celles des géomètres précédents, qui mesuraient les angles à l'aide d'alidades et à l'œil nu. En réalité, le résultat de cette mesure exécutée entre Amiens et Malvoisine approcha beaucoup plus de la vérité que les précédentes : *Picard* trouva 57060 toises pour le degré. Ce résultat fut pour la science d'une utilité extraordinaire, en ce qu'il permit à *Newton* de poursuivre ses recherches sur la gravitation universelle, tandis qu'il avait été presque induit en erreur par les mesures défectueuses de *Norwood*. Cependant plus tard, *Lacaille* a montré que les mesures de *Picard* étaient entachées d'erreurs assez grossières, et que la justesse du résultat final provenait d'une compensation accidentelle de fautes de sens contraires.

261. — Toutes ces mesures étaient basées sur la supposition de la sphéricité de la terre, et avaient seulement pour but de déterminer la grandeur de cette sphère. Il est vrai que *Picard*, dans son ouvrage, *Mesure de la terre*, Paris, 1671, exprimait la conjecture que si la terre tournait, les corps devaient à l'équateur être attirés moins fortement qu'aux pôles, et qu'il devait en résulter une différence dans la longueur du pendule à seconde. Mais, comme dans le voyage qu'il fit à *Uranienbourg* pour retrouver l'observatoire que *Tycho-Brahé* avait établi dans l'île d'Hven (dans le Sund), et dans celui que fit le Danois *Römer* à Londres, les deux savants ne constatèrent aucune différence dans la longueur du pendule à seconde avec celui de Paris, cette réflexion de *Picard* n'attira pas davantage l'attention des physiciens et des astronomes.

Vers le même temps, l'Académie de Paris résolut d'envoyer un de ses membres nommé *Richer* (mort en 1696) à Cayenne, pour faire des observations astronomiques. Il partit à la fin de 1671, arriva en avril 1672 et revint en 1673. Parmi les observations qu'il fit, il y en avait une particulièrement singulière. Il trouva que l'horloge à pendule qu'il avait emportée de Paris retardait, à Cayenne, d'environ deux minutes par jour, de sorte que, pour la régler, il fut nécessaire de raccourcir le pendule de $\frac{5}{4}$ de ligne. De retour à Paris, cette horloge allait alors trop vite, et pour qu'elle donnât de nouveau la seconde, il dut allonger le pendule de $\frac{5}{4}$ de ligne.

Cette observation causa beaucoup d'étonnement parmi les savants de Paris, et on crut assez généralement que *Richer* s'était trompé. Cependant, quelques années après, la même observation fut faite, dans des circonstances analogues,

---

1. Montucla, *Hist.*, II, 319.

sur plusieurs points de la côte africaine et des îles des Indes occidentales par *Varin* et *Deshayes*. Il n'était alors plus possible de douter; il s'agissait d'expliquer. La plupart des académiciens croyaient que le retard dans la marche du pendule était dû à l'action de la chaleur qui allongeait le pendule. Le pendule devait certainement éprouver un allongement de ce genre dans les contrées tropicales, mais la valeur du retard observé était cependant trop grande pour qu'on pût l'attribuer principalement à cette cause.

Huyghens trouva le premier l'explication. Il avait d'abord réservé son opinion, mais il l'exprima ensuite d'une manière très nette. Il montra que, par suite de la rotation de la terre, la pesanteur doit nécessairement décroître à la surface depuis les pôles jusqu'à l'équateur, et cela pour deux raisons : d'abord parce que les corps, à mesure qu'on se rapproche de l'équateur, décrivent de plus grands cercles, ce qui a pour effet d'accroître la force centrifuge; en second lieu, parce que, à mesure qu'on s'éloigne des pôles, la direction de la force centrifuge se rapproche de celle de la pesanteur. Par suite, une partie toujours plus grande de celle-là agit en sens contraire de la pesanteur.

Ainsi s'expliquait la diminution de la longueur du pendule à secondes depuis les pôles jusqu'à l'équateur. Jusque-là, il est vrai, *Huyghens* n'avait fait qu'exprimer, d'une manière plus nette, les conjectures de *Picard*. Mais il fit faire en outre un pas important à la question. Puisque, en dehors de l'équateur, la direction de la force centrifuge ne s'accorde pas avec celle de la pesanteur, si l'on suppose la force centrifuge décomposée en deux forces, l'une parallèle, l'autre perpendiculaire à la pesanteur, cette dernière n'est pas compensée. Or, cette partie de la force dirigée vers l'équateur doit au moins entraîner l'Océan vers lui; celui-ci ne peut posséder, par suite, une forme absolument sphérique, il doit être aplati au pôle et renflé à l'équateur.

Comme d'ailleurs la terre ferme ne s'élève jamais d'une manière considérable au-dessus de la surface des mers, la terre prise dans son ensemble ne doit pas non plus avoir une forme sphérique: elle doit être aplatie aux pôles. *Huyghens* chercha alors à déterminer d'une manière plus précise la forme de la terre. Il chercha d'abord à établir quel serait, dans une masse liquide en rotation, le rapport entre le demi-axe A et le rayon R de l'équateur. Il trouva d'abord que la force centrifuge à l'équateur est la $\frac{1}{289}$ partie de la pesanteur au même point, et que, par suite, $A = R - \frac{1}{578}$, ou $\frac{A}{R} = \frac{577}{578}$. Il chercha aussi à déterminer la courbe que devait présenter le méridien, et crut trouver que la terre avait la forme du solide qui serait engendré par la rotation de deux paraboles du quatrième degré.

C'est ainsi que *Huyghens* exposa sa théorie dans le petit ouvrage *Discours de la cause de la pesanteur* qui parut à Leyde en 1690, et qui fut plus tard joint à ses œuvres sous le titre *De causâ gravitatis*. La première partie de cette petite brochure fut écrite à Paris, par conséquent avant 1681 ; la dernière, qui contient le développement plus complet de ses théories, parut plus tard.

Pour ne pas être injuste envers *Newton*, je dois faire remarquer que celui-ci avait déjà traité le problème de la forme de la terre à un point de vue plus

général et plus rigoureux avant 1690, époque où le discours parut. Car, tandis
que *Huyghens* admet ou suppose, dans ses calculs, que la pesanteur a son
siège seulement au centre de la terre, *Newton* considère déjà dans ce problème
toutes les parties de la terre comme pesantes. C'est ce qu'on peut voir dans son
célèbre ouvrage *Principia philosophiæ naturalis* qui parut en 1687. Lorsque
Huyghens écrivit la dernière partie du *Discours* qui y est jointe sous forme
d'appendice, il connaissait les *Principia* et il en parle avec beaucoup d'éloges,
bien qu'il ne doive pas avoir considéré comme entièrement exactes les théories
qui y sont développées.

Si, sur ce sujet, *Huyghens* est resté en arrière de *Newton*, on doit reconnaître cependant que ce sont les horloges à pendule inventées par lui qui ont
permis de reconnaître la non-sphéricité de la terre, et qui ont permis plus tard
de déterminer sa forme d'une façon plus exacte. C'est un des premiers et des
plus importants services que les horloges à pendule aient rendus à la physique.

Pour conclure, je dois encore faire remarquer que *Huyghens* démontra aussi
expérimentalement que la terre, par suite de sa rotation, devait prendre une
forme aplatie. Il plaça pour cela un globe d'argile molle sur un axe qu'il faisait
tourner; il vit alors que ce globe s'aplatissait dans le sens de l'axe et se ren-
flait à l'équateur. J'ajouterai que cette preuve de l'aplatissement de la terre
démontrait en même temps, de la manière la plus décisive, le premier principe
de la doctrine de *Copernic*, celui de la rotation de la terre.

THÉORIE DES CHOCS.

262. — Il me reste encore à parler d'une autre partie de la mécanique
naturelle, que les travaux de *Huyghens* ont beaucoup contribué à développer.
Je veux parler de la théorie des chocs ou de la communication du mouvement.

La théorie des chocs n'a pas du tout été étudiée par *Galilée*, qui a simplement
fait à ce sujet une remarque très juste, à savoir, que la force du choc est infiniment grande par rapport à la force de la pression : le choc et la pression sont
des grandeurs incomparables. Mais il ne chercha pas à approfondir les lois qui
régissent le choc. Le premier qui entrevit que le choc de deux corps était soumis
à des lois déterminées est *Descartes*. Mais cet esprit si perspicace ne fut pas
heureux dans les tentatives qu'il fit pour trouver ces lois. On peut s'en convaincre par l'un des principes qu'il établit : si un petit corps en mouvement en
rencontre un plus grand en repos, ce dernier demeure en repos et le plus petit
retourne en arrière avec la même vitesse !

Descartes ne fait pas de distinction, au point de vue des effets, entre les corps
élastiques et les corps non élastiques. *Deschales* signala bientôt le défaut de
cette théorie, et *Clerselier* lui-même, disciple de *Descartes*, éleva contre elle
différentes objections[1]. Cependant ils ne proposèrent rien de mieux pour la
remplacer, et la théorie que donna Borelli même, dans son ouvrage *De vi*

---

1. Fischer, *Gesch. d. Phys.*, I, 357, 359.

percussionis, Bol., 1666, laissait encore beaucoup à désirer. C'est alors que la Société royale de Londres exprima publiquement, en 1668, le désir de voir ses membres traiter à nouveau la théorie du choc. Cet appel fut entendu par *Wallis*, *Wren* et *Huyghens*, qui arrivèrent ainsi à s'occuper de ce problème tous les trois en même temps.

John Wallis, né en 1616 à Ashford, dans le comté de Kent, mathématicien distingué, occupa jusqu'à sa mort (1703) la chaire de mathématiques fondée à l'Université d'Oxford par Sir Savile. Outre plusieurs ouvrages sur la théologie et la philosophie, il a écrit un grand nombre de mémoires mathématiques, et différents autres ouvrages qui lui ont acquis une renommée durable : tels sont, entre autres, son *Arithmetica infinitorum* et sa mécanique. C'est lui qui a indiqué pour π la formule élégante :

$$\frac{1}{2}\,\pi = \frac{2.2.4.4.6.6\ldots}{1.3.3.5.5.7\ldots}$$

Christopher Wren, né en 1632 à Knoyle, dans le Wiltshire, était fils d'un pasteur ; il mourut à Londres en 1723 dans sa quatre-vingt-onzième année. Il fut professeur de mathématiques au Gresham College de Londres, et plus tard à l'Université d'Oxford. Mais il est encore plus connu comme architecte que comme mathématicien. Une grande partie des édifices publics de Londres furent construits par lui : ainsi on lui doit le *Monument* élevé en commémoration du grand incendie de Londres en 1666, les palais de Hamptoncourt et Winchester, l'hôpital de Chelsea et une partie de celui de Greenwich, et avant tout, son chef-d'œuvre, l'église Saint-Paul, qui fut bâtie entre 1676 et 1710, d'après son propre plan, et non pas, comme on l'a dit, sur le modèle de Saint-Pierre de Rome.

Le nombre des églises ou édifices publics qu'il exécuta de 1668 à 1718 ne s'élève pas à moins de 60. On pourrait croire qu'avec de telles occupations, cet homme devait avoir peu de loisirs à consacrer à la science pure, et cependant il a écrit un nombre considérable de mémoires sur la physique, les mathématiques, la mécanique, l'art de construire, etc., qui parurent en partie dans les *Philosophic. Transactions*, ou bien furent publiées par *Wallis* et par d'autres. Il n'en a pas édité un seul lui-même.

En ce qui concerne les mémoires sur la théorie des chocs, *Wallis* présenta le sien le premier, le 26 novembre 1668 ; puis *Wren* le 17 décembre 1668, et enfin *Huyghens* le 4 janvier 1669, bien qu'il dût être, dès l'année 1663, en possession des lois qu'il énonça.

Wallis considère seulement le choc *central*, c'est-à-dire le cas où le corps choquant se meut suivant la ligne qui va de son centre de gravité au centre de gravité du corps choqué ; dans le cas contraire, c'est un choc oblique. *Wallis* considère alors le choc central entre les corps non élastiques, et arrive à résoudre complètement ce problème. Il donne la formule encore en usage

$$u = \frac{mv \pm m'v'}{m + m'}$$

dans laquelle v et v' désignent les vitesses des masses m et m' avant le choc, et u la vitesse de $m + m'$ après le choc : cette formule renferme tous les cas du choc central des corps non élastiques. Le travail de *Wallis* est encore remarquable en ce qu'il y est question pour la première fois du point central du choc, *centrum percussionis*, qu'on est conduit à considérer lorsque le corps choqué, au lieu d'être entièrement libre, est fixé en un point ou suivant un axe. Si on mène un plan par cet axe, et par le centre de gravité du corps, le centre de percussion est le point de ce plan, sur lequel une percussion perpendiculaire au plan doit s'exercer pour que l'effet de la secousse ne se fasse pas ressentir sur l'axe. *Wallis* considère seulement le cas où ce centre de percussion coïncide avec le centre d'oscillation. C'est *Jean Bernoulli* qui a, le premier, traité le sujet d'une manière générale.

Wren et *Huyghens*, au contraire, considèrent seulement le choc des corps élastiques. Ils développent tous deux leurs théories très brièvement avec beaucoup d'élégance, et d'une manière générale, mais sans les appuyer par des preuves. Les lois qu'ils trouvent pour le choc central sont renfermées dans les deux formules

$$u = \frac{mv + m'v + n\,(v' - v)\,m'}{m + m'} \quad (\text{I})$$

$$u' = \frac{mv' + m'v' - n\,(v' - v)\,m}{m + m'} \quad (\text{II})$$

Au mois de février de la même année (1669), *Huyghens* envoyait encore un supplément à son mémoire dans lequel il indiquait la loi remarquable suivante :

$$mv^2 + m'v'^2 = mu^2 + m'u'^2,$$

c'est-à-dire que la somme des produits des masses par le carré des vitesses est la même avant et après le choc. C'est la première indication et la première application de l'un des principes généraux de la mécanique théorique, de celui qu'on nomma plus tard le principe de la conservation de la force vive, *Leibnitz* ayant nommé *force vive* le produit de la masse en mouvement par le carré de sa vitesse.

Plus tard, *Huyghens* a établi toute sa théorie du choc, d'une manière très ingénieuse, dans un ouvrage spécial intitulé : *De motu corporum ex percussione*, qui parut en 1703 dans ses œuvres posthumes. Ces premières recherches théoriques sur le choc central amenèrent plus tard *Jean* et *Daniel Bernoulli* ainsi qu'*Euler*, à entreprendre des recherches du même genre sur le choc oblique ou excentrique. Elles donnèrent lieu également à des études expérimentales ayant pour but la vérification des lois trouvées. *Wren* lui-même, avant de faire connaître ses résultats, les aurait vérifiés à l'aide de pendules, et *Mariotte* imagina son *appareil à percussion* qu'on trouve encore dans nos cabinets de physique.

DOUBLE BAROMÈTRE.

263. — Parmi les travaux de *Huyghens* qui se rapportent à la physique mécanique, se trouvent encore quelques recherches isolées que je vais exposer en partie. Je parlerai d'abord du *double baromètre*, une des nombreuses dispositions qui ont été imaginées pour amplifier les mouvements du baromètre, mais qui ont été depuis abandonnées, à cause de leurs inconvénients.

Le *double baromètre* de *Huyghens* (fig. 36) avait la forme d'un baromètre à siphon dont les deux branches avaient le même diamètre dans les parties *a* et *b* où s'effectuent les déplacements du mercure. Au-dessus de *b*, le tube se rétrécissait, et de *b* en *d* on avait introduit un liquide non susceptible de se solidifier ou d'attaquer le mercure : Huyghens choisissait pour cela de l'eau avec $\frac{1}{8}$ d'acide nitrique. Lorsque le niveau du mercure descendait en *a*, il montait en *b* d'une quantité égale et poussait alors le liquide en *b*, *d*, qu'il faisait monter d'une hauteur considérable. *Huyghens* décrit cette disposition dans le *Journal des savants* de 1672. Elle a été abandonnée plus tard, à cause de l'évaporation du liquide, de son adhérence au tube, et des changements de volume produits par la chaleur.

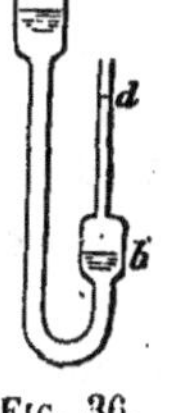

FIG. 36.

Dans ses recherches avec la pompe à air, *Huyghens* eut l'occasion de faire une observation plus remarquable. Il prenait un tube de verre fermé à la partie inférieure, le remplissait d'eau de telle sorte qu'aucune bulle d'air ne demeurât adhérente au verre. Il le renversait alors dans l'eau, le portait sous la pompe à air et faisait le vide. Mais, bien que la pression de l'air fût annulée, il s'aperçut que l'eau ne se détachait pas du verre, ne descendait pas et ne s'écoulait pas. Il répéta l'expérience avec du mercure, dont il remplissait un tube de 75 pouces de long, et malgré que cette colonne de mercure surpassât plus de trois fois le poids de la pression de l'air, elle demeurait suspendue. C'était seulement lorsqu'on la secouait, qu'elle descendait brusquement à la hauteur normale : 28 pouces. La plus petite bulle d'air entre l'eau ou le mercure et le verre empêchait le phénomène de se produire.

Huyghens communiqua son observation sur l'eau à la Royale Société de Londres en 1672, bien qu'il l'eût faite dès le mois de décembre 1661, et l'eût déjà publiée dans le *Journal des savants*. Elle produisit une grande sensation, et donna lieu à différentes hypothèses, qui d'ailleurs n'expliquèrent pas le phénomène. Aujourd'hui même on n'est pas encore arrivé à une interprétation complète de l'expérience de *Huyghens*, bien qu'on sache que les phénomènes d'adhérence en soient la première cause.

Plus tard, *Watt*, *Southern* et récemment *Magnus* ont observé un phénomène du même genre, le dernier, dans ses recherches sur la force expansive de la vapeur [1].

---

1. Poggendorff, *Ann.*, LXI, 225, 248.

Huyghens a encore fait un nombre considérable de recherches sur la manière dont les corps se comportent dans le vide, en grande partie avec la collaboration de *Papin*, mais je les passerai sous silence, car elles n'ont aujourd'hui aucun intérêt particulier.

SATURNE.

264. — Je m'occuperai maintenant de la seconde partie des travaux de *Huyghens*, ceux qui concernent l'astronomie physique et la théorie de la lumière. De même que ses travaux en mécanique ont eu pour point de départ le pendule, de même ses recherches sur la lunette le conduisirent dans le domaine de l'Astronomie et de l'Optique. Ses premiers pas dans cette voie furent marqués par une brillante découverte, celle des anneaux de Saturne, que *Huyghens* fit à l'âge de vingt-six ans.

Cette découverte se place au-dessus de celles qu'on fait communément dans l'Astronomie physique. Pour la faire, il ne suffisait pas, en effet, d'une lunette, d'une bonne vue et d'être secondé par le hasard ; il fallait en outre une perspicacité qui n'est pas donnée à tout le monde, vu qu'elle concerne un corps auquel on n'a pas encore trouvé de pendant dans notre système planétaire. Ce qui montre la justesse de cette remarque, c'est que plusieurs physiciens et astronomes avaient déjà observé les anneaux de Saturne, sans pouvoir se rendre compte exactement de ce qu'ils avaient devant eux.

Peu de temps après la découverte de la lunette en 1610, *Galilée* remarqua que l'anneau de Saturne n'était pas entièrement rond, mais avait une forme particulière, une forme *triple*, comme il le disait. Mais comme, dans une deuxième observation, il le trouva complètement rond, il ne s'arrêta pas davantage à ce phénomène. Celui-ci fut de nouveau observé en 1640 par *Gassendi*, et en 1650 par *Riccioli* et *Grimaldi* : ces derniers remarquèrent que Saturne était muni d'anses. *Joh. Hevel*, de Dantzig, observateur distingué, s'occupa avec beaucoup d'ardeur de ce phénomène. Il trouva que l'aspect de Saturne variait d'une manière périodique, la durée de cette période étant de quinze années ; il décrivit exactement ses apparences en donnant aux phases des noms particuliers. Son ouvrage *Dissertatio de nativa Saturni facie ejusque phasibus certa periodo redeuntibus*, qui parut à Dantzig en 1676, est une preuve mémorable de son ardeur et de sa persévérance, mais il n'a pas cherché à donner l'explication du phénomène. Le célèbre *Dom. Cassini* lui-même ne parvint pas à trancher la difficulté : après avoir étudié les résultats consignés par *Hevel*, il se contenta d'exprimer l'opinion que Saturne pouvait bien être entouré d'une multitude de lunes très rapprochées.

On en était là, lorsque *Huyghens* commença à observer Saturne, et en peu de temps il trouva la cause du phénomène : l'aspect variable de la planète s'expliquait si l'on admettait qu'elle était entourée, à une certaine distance, d'un anneau concentrique, incliné sur l'écliptique, et comme il le dit plus tard, conservant une position parallèle. C'est en 1655 que *Huyghens* fit cette importante découverte, que les observations ultérieures n'ont fait que confirmer; il la publia dans un opuscule intitulé : *De Saturni luna observatio nova*, qui parut en mars 1656 à la Haye. Cette publication fut faite cependant sous forme d'énigme, selon un usage de ce temps; la découverte ne fut, en effet, indiquée que par les lettres

$$a_7 \ c_5 \ d_1 \ e_5 \ g_1 \ h_1 \ i_7 \ l_4 \ m_2 \ n_9 \ o_4 \ p_2 \ q_1 \ r_2 \ s_1 \ t_5 \ u_5,$$

où les petits chiffres indiquent combien de fois chacune des lettres est répétée. La solution de cet anagramme est :

« *Saturnus cingitur annulo tenui, plano, nusquam coherente et ad eclipticam inclinato.* »

Il la donna dans un ouvrage qui contient la série complète de ses observations et le développement de son idée. Cet ouvrage, qui porte le titre : *Systema saturnium*, parut à la Haye en juillet 1659; il était dédié au prince Léopold de Médicis. Il y est dit expressément que le plan de l'anneau demeure parallèle à lui-même et coïncide avec l'équateur de Saturne.

Déjà le titre du petit ouvrage publié auparavant indique qu'à la découverte de l'anneau de Saturne s'en rattachait une autre, à savoir, une lune de cette planète. La découverte de ce satellite n'est certes pas à mettre en parallèle avec celle de l'anneau, mais elle n'est pas sans importance, en ce qu'elle contribue à étendre nos connaissances sur la constitution du système solaire.

Jusqu'au temps de *Huyghens* on ne connaissait, en fait de satellites, que celui de notre terre, et les quatre satellites de Jupiter. Les six que le père *Anton Maria de Rheita*, l'inventeur de la lunette terrestre (§ 65), prétendait avoir découverts n'avaient sûrement pas été vus par lui, comme *Huyghens* l'a suffisamment démontré, bien que le temps ait transformé en vérités les illusions de ce savant. Cette découverte d'un satellite autour d'une planète à laquelle on n'en connaissait encore pas, avait donc son importance. *Huyghens* l'observa pour la première fois le 25 mars 1655, et détermina plus tard assez exactement la durée de sa révolution, qu'il évalua à 15 jours, 22 heures, 39 minutes. C'est de toutes les lunes de Saturne la plus grosse, et, comme on le reconnut plus tard, la sixième comptée à partir de la planète. Au paragraphe 244, il a été donné un tableau de cette série de lunes ainsi que l'époque de leur découverte.

L'explication que *Huyghens* donna de l'aspect de Saturne trouva un contradicteur en Italie, dans l'opticien célèbre en son temps, *Eustachio de Divini*, ou pour mieux dire, dans le Père *Honoré Fabri*, qui écrivit sous le nom du premier. Il exposa ses objections dans un ouvrage : *Brevis annotatio in systema saturnium Christiani Hugenii*, Romæ, 1660. Huyghens les réfuta complètement dans son *Brevis assertio systematis Saturnii sui*, Hagæ, 1660 (voy. §§ 165, 166). Un certain *Gallet*, en 1684, prétendit que toutes les découvertes faites sur Saturne et Jupiter n'étaient que des illusions d'optique : *Huyghens* ne se donna pas la peine de répondre.

LUNETTE.

265. — Parmi les travaux de *Huyghens* en optique, ceux qu'il entreprit pour perfectionner les lunettes occupent une place importante : il dut en reconnaître la nécessité dans ses observations astronomiques. Ses recherches sur ce point sont à la fois théoriques et pratiques. Ainsi, il imagina un procédé pour tailler les lentilles des lunettes; il le communiqua en 1660 à la Société royale de Londres, et comme ce procédé l'emportait de beaucoup sur ceux qu'on employait alors, il lui valut l'honneur d'être admis dans cette Société.

Huyghens a encore sinon inventé, du moins établi le premier, une lunette aérienne, instrument qui n'étant aujourd'hui d'aucune utilité, n'est plus en usage depuis longtemps, mais qui rendit de grands services à cette époque où la construction des lunettes était encore dans l'enfance. Cette idée fut suggérée par la difficulté qu'on trouvait à faire mouvoir des lunettes extraordinairement longues. *Bossal*, de Toulouse, proposa en 1681 d'établir la lunette dans une position fixe et invariable, et d'envoyer dans cette lunette, à l'aide d'un miroir, les rayons de l'objet qu'on voulait observer; mais cette proposition était fort défectueuse. Deux autres astronomes, *Comiers* et *Auzout*, proposèrent au contraire, le premier dès 1666, d'abandonner le tube, et de suspendre en l'air les deux lentilles, objectif et oculaire.

C'est ce dernier projet que *Huyghens* exécuta, bien qu'il ne soit pas certain qu'il y ait été conduit par l'idée de *Comiers* et d'*Auzout*. Il décrit cette disposition dans un mémoire paru à la Haye en 1684 : *Astroscopia compendiaria tubi optici molimine liberata*. C'est avec une lunette de ce genre, de 123 pieds de long, munie d'un objectif taillé par *Huyghens* lui-même, que les astronomes *Pound* et *Bradley*, en 1718, observèrent pour la première fois en Angleterre (§ 244) les satellites de Saturne, dont on avait jusque-là admis l'existence sur la foi de *Huyghens* et de *Cassini*. *Auzout* avait même fait un objectif de 600 pieds de foyer, mais il ne put l'employer, faute d'une disposition convenable.

Huyghens est encore, après *Gascoigne*, le premier qui ait muni la lunette d'un *micromètre*, pour mesurer le diamètre des corps célestes et surtout des petits angles. Il est même le premier qui ait décrit cette disposition, qu'on trouve dans son *Systema saturnium*, 1659. *Gascoigne* ne publia rien lui-même, et les autres inventeurs, tels que *Malvasia*, *Hooke*, etc., le firent seulement plus tard. Le micromètre de *Huyghens* laissait d'ailleurs beaucoup à désirer, comme nous l'avons dit au paragraphe 239, bien qu'il ait effectué avec cet instrument toutes ses mesures sur Saturne.

Huyghens a encore cherché à mesurer l'éclat relatif de deux lumières. C'est donc lui qui fit faire le premier pas à la photométrie, bien que cette branche de la physique n'ait acquis une forme réellement scientifique que par les travaux de *Bouguer*, et qu'aujourd'hui encore elle laisse à désirer. Huyghens compara la lumière du soleil à celle de Sirius. Voici comment il s'y prenait. Il regardait le Soleil à travers un tube de douze pouces de long, portant à son extrémité une

ouverture de 1/12ᵉ de ligne, et à l'autre extrémité une boule de verre microsco-
pique de 1/24ᵉ de ligne de diamètre. Il calcula qu'au moyen de cette disposition
il pouvait embrasser la 1/27644ᵉ partie du soleil, et comme cette partie du soleil
lui parut aussi brillante que Sirius pendant la nuit, il en conclut que le soleil
était 27664 fois plus brillant que Sirius. Ce résultat ne fut publié qu'après
sa mort, dans son ouvrage *Kosmotheoros*, qui parut à la Haye en 1698.

HALOS ET PARHÉLIES.

266. — Parmi les travaux de *Huyghens*, dans le domaine de l'optique théorique, se place d'abord un mémoire sur les halos et les parhélies. *Huyghens*
l'écrivit à l'occasion d'un phénomène de ce genre observé à Paris le 12 mars 1667.
Il le communiqua d'abord à l'Académie de Paris, et ensuite à la Société de
Londres qui l'inséra dans les *Philosophical Transactions* de 1670. Ce mémoire
corrigé parut plus tard, en 1703, dans ses œuvres posthumes sous le titre :
Dissertatio de coronis et parheliis.

Ce phénomène si peu commun, mais si frappant lorsqu'on l'observe dans des
circonstances favorables, était déjà connu au temps d'Aristote. Au XVIIᵉ siècle,
un certain nombre de ces phénomènes extraordinaires soigneusement décrits
avaient attiré l'attention des physiciens. En 1629, le père *Scheiner* vit le Soleil
entouré de deux cercles colorés ayant 45° et 90° de diamètre; sur ceux-ci
aussi bien que sur un cercle horizontal blanc passant par le Soleil, se trouvaient
6 parhélies, deux au-dessus du Soleil, et deux de chaque côté, aux points où le
cercle horizontal coupait les cercles colorés. On a donné plus tard à cet aspect du
phénomène, le nom de phénomène romain (§ 88). Un cas analogue fut observé
le 30 mars 1660 par l'infatigable *Hevel*, mais cette fois autour de la Lune, où le
phénomène, à cause de la faible lumière de l'astre, se produit rarement et
jamais d'une façon aussi marquée.

Deux cercles concentriques, que touchaient au-dessus et au-dessous d'autres
arcs de cercles, entouraient la Lune, et sur le cercle intérieur se trouvaient deux
parasélènes avec des queues tournées en dehors. Ce même observateur vit aussi,
le 20 février 1661, autour du Soleil, un phénomène encore plus compliqué et qui
surpasse même celui qu'observa *Scheiner*.

Des phénomènes si étonnants ne pouvaient manquer d'attirer l'attention des
physiciens, surtout à une époque où les esprits se montraient si éveillés. On voit
en effet que *Descartes*, dans son livre *De meteoris*, exprime l'opinion que les
couronnes et les halos pourraient bien être produits par de petites aiguilles, ou,
suivant son expression, par de petites étoiles de glace, dans lesquelles la lumière
serait réfléchie ou réfractée. Cette idée jetée en passant, ainsi que l'apparition
de cinq parhélies observés à Varsovie en 1658, conduisirent *Huyghens* à méditer sur ce sujet, et à se former une opinion, qu'il exposa brièvement après le
phénomène apparu en 1667.

La théorie donnée par Huyghens marque la première tentative faite pour
expliquer un phénomène qui jusqu'alors était resté une énigme. Cette théorie

repose, il est vrai, sur une hypothèse dont la vraisemblance n'est certes pas très grande; mais on doit remarquer qu'elle explique, d'une manière assez plausible, les grand halos, c'est-à-dire les cercles de 45° et de 90° qui forment la plus grande partie du phénomène. *Huyghens* admet qu'au moment où le phénomène se produit, il existe en suspension dans l'air de petites sphères de glace ou grêlons, renfermant des noyaux opaques entourés d'une couche transparente, dans laquelle la lumière se réfracterait d'après la loi de réfraction de Snell. Il montra alors, par le calcul et par des figures, que le résultat de cette supposition s'accorde avec l'apparence, si on admet que le rapport des diamètres des noyaux opaques soit aux diamètres des noyaux transparents de 48 à 100 pour les anneaux de 45°, et de 68 à 100 pour les anneaux de 90°.

Pour expliquer les parhélies, *Huyghens* supposait des cylindres de glace constitués de la même façon, et il faisait provenir le cercle blanc qui ne manque presque jamais de se produire, de la réflexion de la lumière sur ces cylindres. Pour expliquer certaines particularités du phénomène observé par *Scheiner*, *Huyghens* se vit encore obligé de donner d'autres formes aux cylindres de glace.

Ces hypothèses sont certainement quelque peu compliquées, et elles ne correspondent guère à nos connaissances actuelles de la cristallisation de la glace; mais elles étaient suffisantes pour l'époque, et ouvraient la voie à de meilleures explications. Dans son essai sur la nature des couleurs de 1681, *Mariotte* expliqua la formation des anneaux par la réfraction de la lumière dans des prismes de glace triangulaires, ce qui s'accorde assez avec la théorie admise de nos jours (§ 216).

DOUBLE RÉFRACTION ET THÉORIE DE LA LUMIÈRE.

267. — Les travaux de *Huyghens*, que nous avons mentionnés jusqu'ici, sont si importants par leur nombre et par leur valeur, que même s'ils étaient répartis entre plusieurs physiciens, ils suffiraient à assurer à chacun d'eux un nom honorable dans l'histoire des sciences. Et cependant ils s'effacent tous devant un seul que j'ai réservé à dessein parce qu'il couronne tous les autres. Je veux parler de son travail sur la double réfraction, et de la théorie de la lumière qu'il a basée sur ce phénomène. Ce travail suffirait à *Huyghens* pour lui assurer l'immortalité.

L'ouvrage qui a fait connaître à la postérité ce fruit de son génie renferme à peine seize feuillets, et parut en 1690 à Leyde sous le titre : *Traité de la lumière*. C'est, aussi bien pour la forme que pour le fond, un des ouvrages les plus distingués et les plus ingénieux de la physique ancienne, et eût-il paru au commencement de ce siècle, qu'il n'en aurait pas moins placé son auteur au premier rang parmi les physiciens. Jusqu'alors en effet il n'avait pas été surpassé, mais malheureusement il était aussi demeuré incompris !

Le traité de la lumière de *Huyghens* montre, d'une manière frappante, combien il est difficile d'écrire une histoire impartiale de la physique, surtout alors que les recherches ne sont pas complètement terminées, et que l'on n'est pas encore d'accord sur les points contestés. *Huyghens*, en s'appuyant sur le phénomène de la double réfraction dans le spath, arriva à se convaincre, mais d'une manière beaucoup plus claire et plus précise que *Grimaldi*, que la lumière devait résulter des vibrations d'une substance impondérable répandue partout, et se propageant d'une manière analogue à la propagation du son dans l'air.

En partant de cette idée, il n'expliquait pas seulement la réflexion et la réfraction de la lumière dans les milieux non cristallisés, mais aussi le phénomène merveilleux de la bifurcation des rayons dans le spath et dans les cristaux semblables. Cette explication était si complète, toutes les circonstances du phénomène étaient appuyées par des mesures si exactes, qu'il semble que sa théorie aurait dû être acceptée avec empressement par les physiciens de son temps. Ce fut précisément le contraire qui arriva! *Huyghens* publia, pour la première fois, son idée et ses mesures en 1678. La fatalité voulut que neuf ans plus tôt, en 1669, son grand contemporain et son rival *Newton*, s'appuyant surtout sur les recherches qu'il avait faites sur les prismes, et sans doute aussi encouragé par le succès de sa théorie de la gravitation, établit ou prit sous sa protection une théorie de la lumière directement opposée. Il admit que la lumière consiste en parties concrètes s'élançant avec une vitesse extraordinaire du corps lumineux, et qui, selon les circonstances, reçoivent du corps éclairé une répulsion ou une attraction. Cette théorie, qu'on nomme théorie de l'émission, fut dès son apparition acceptée par les contemporains, et s'établit bientôt d'une manière inébranlable dans tous les esprits. Personne, soit par timidité, soit par respect pour l'auteur, n'osa élever le moindre doute sur son exactitude.

C'est alors que *Huyghens* parut avec sa théorie des ondulations, et celle-ci, qui, dans toute autre circonstance, aurait trouvé des partisans demeura complètement méconnue. *Newton* lui-même, lorsqu'il s'occupa plus tard du phénomène de la double réfraction, qui semblait s'accorder si peu avec sa théorie, aima mieux en donner une explication fausse que de renoncer à sa manière de voir.

On s'explique toutefois que *Newton* et ses contemporains aient à ce point méconnu le mérite de *Huyghens*. Mais ce qu'on ne conçoit pas, c'est que la postérité ait continué cette injustice; c'est que, pendant plus d'un siècle, il ne se soit pas trouvé un homme qui se soit donné la peine d'étudier à fond la théorie de *Huyghens* et de la comparer à la théorie de *Newton*. C'est là certainement une tache dans l'histoire de la physique, et une preuve éclatante de l'influence funeste que peut exercer un grand esprit sur les générations qui lui succèdent, lorsque son autorité va jusqu'à empêcher toute recherche impartiale.

Il est vrai que, vers le milieu du dernier siècle, notre compatriote *Leonhard Euler* intervint en faveur de *Huyghens*. Dans quelques articles insérés dans les Mémoires de l'Académie de Berlin de 1746 et de 1752, il fait ressortir les avantages de la théorie des ondulations sur celle de l'émission; mais comme il ne considère le sujet qu'au seul point de vue mathématique, il montre plutôt les inconséquences de la théorie de *Newton*, qu'il ne s'arrête à réfuter les objections faites à la théorie de *Huyghens*, surtout en ce qui concerne la dispersion. En outre, comme il n'entreprend aucune expérience pour établir la justesse de la théorie de *Huyghens*, sur les deux points contestés de la diffraction et de la double réfraction, il est possible qu'il ait réussi à ébranler la confiance que quelques esprits avaient en *Newton;* mais la théorie du grand physicien anglais n'en demeura pas moins fermement établie. Les livres de physique de l'époque et ceux qui furent publiés jusqu'à la fin du XVIIIe siècle, et même au delà, le prouvent d'une manière suffisante.

Il était réservé à un compatriote de *Newton,* l'ingénieux *Thomas Young,* de tirer de l'oubli la théorie des ondulations. De 1801 à 1803, il lui donna en effet un nouvel appui en étudiant, d'une manière plns approfondie, les phénomènes de diffraction, en découvrant à nouveau le principe des interférences, auquel il donna une base scientifique. Mais la fatalité sembla s'acharner encore une fois contre cette théorie : *Young* fut oublié comme ses prédécesseurs *Euler, Huyghens* et *Grimaldi.* Ni dans sa propre patrie, ni en France, ni en Allemagne, où l'on traduisait cependant ses mémoires, il ne se trouva personne qui comprît sa pensée. *Wollaston* eut beau lever tous les doutes sur l'exactitude des mesures faites par *Huyghens* sur le spath, en reprenant ses mesures (1802), cela ne servit à rien : la théorie tomba de nouveau dans l'oubli !

Enfin, en 1815, un homme de génie, *Fresnel,* soutenu par *Arago,* après avoir livré un rude assaut contre les Newtoniens, *Biot* et *Poisson,* remporta sur ses adversaires la plus brillante victoire, et justifia en même temps de la manière la plus complète la théorie de *Huyghens.* Il n'y a pas, dans toute l'histoire de la Physique, un autre exemple d'une vérité si longtemps méconnue, à cause de la confiance en la parole du maître, — *in verba magistri.*

Le travail de *Huyghens* sur la lumière est encore très instructif à un autre point de vue : il donne une preuve convaincante de l'utilité des théories dans la science.

Il réfute, d'une manière décisive, ceux qui enseignent que les faits et les lois qui s'en déduisent constituent seuls la science, et qui oublient que la théorie est le terme, le seul but raisonnable qu'on puisse avoir en vue, en collectionnant les faits.

268. — Un grand nombre de lois naturelles sont si simples, qu'elles résultent immédiatement des faits observés et ne sont d'ailleurs que l'expression la plus générale des phénomènes. Telle est, par exemple, la loi de Mariotte, que les volumes d'une masse d'air, à une même température, sont en raison inverse des pressions qu'elle supporte. Or, il y a des physiciens qui supposent à priori que toutes les lois de la nature sont aussi simples, et qui abandonnent leurs recherches, lorsqu'ils ne peuvent déduire une loi simple de leurs observations, sous le prétexte qu'elles n'aboutissent à rien. Pour réfuter de telles idées, il suffit de leur rappeler la loi que *Huyghens* a trouvée pour l'un des deux rayons, dans lesquels se décompose un rayon de lumière qui pénètre dans le spath d'Islande, et qu'on a appelé *rayon extraordinaire,* parce qu'il ne suit pas en général les lois ordinaires de la réfraction.

Cette loi est si compliquée, qu'il est déjà très difficile de l'exposer sans le secours de figures et de modèles. Le rayon extraordinaire, en effet, ne demeure pas, le plus souvent, dans le plan d'incidence ; il est situé tantôt d'un côté, tantôt de l'autre ; il passe tantôt au-dessus, tantôt au-dessous du rayon incident, et selon la position de la surface réfringente par rapport au cristal. Et cependant il n'existe pas, dans toute la physique, de loi qui soit mieux démontrée que celle du rayon extraordinaire.

On peut affirmer hautement qu'il aurait été impossible de déduire la loi de *Huyghens* d'une série de mesures d'angles, et de la comparaison des valeurs numériques trouvées, comme on l'a fait déjà pour bien des lois. *Huyghens* lui-même ne l'aurait certainement pas découverte, s'il ne s'était à l'avance représenté la propagation de la lumière comme due à un mouvement ondulatoire. Il n'en est pas moins vrai que, même après avoir admis cette hypothèse, pour arriver à établir la loi de réfraction du rayon extraordinaire dans le spath, *Huyghens* a fait preuve d'une perspicacité qui laisse bien loin derrière elle toute celle que *Newton* a montrée dans le domaine de l'optique.

Lorsqu'un rayon de lumière tombe sur la surface d'un milieu homogène, tel que le verre, l'eau, etc., le mouvement qu'il y produit se propage avec la même vitesse dans toutes les directions, et donne lieu à une onde sphérique : voilà ce qu'on admet dans la théorie des ondulations. La même chose a lieu dans le spath pour le rayon ordinaire : *Huyghens* trouva que, pour ce rayon, le rapport $\frac{\sin i}{\sin r} = \frac{5}{3}$ ou $\frac{1}{0.60}$, et l'on sait que, d'après la théorie des ondulations, c'est le rapport entre les vitesses de la lumière dans l'air et dans le spath. Lorsque *Huyghens* chercha ensuite l'indice de réfraction du rayon extraordinaire, il trouva que cet indice variait avec la position du plan d'incidence et avec la valeur de l'angle d'incidence; en comparant ses calculs, il trouva que la surface d'onde du rayon extraordinaire, au lieu d'être une sphère, était un ellipsoïde de révolution, dont l'axe de rotation coïnciderait avec l'axe principal du cristal, ou lui serait parallèle[1]. La vitesse du rayon extraordinaire suivant l'axe était aussi grande que celle de l'onde ordinaire; dans toute autre direction elle était plus grande, et elle était la plus grande possible perpendiculairement à l'axe. Le rapport de la plus petite vitesse à la plus grande était égal à $\frac{8}{9}$: d'après quoi, la vitesse de propagation dans l'air serait à la plus grande dans l'ellipsoïde dans le rapport de

$$\frac{1}{\frac{3}{5}\times\frac{9}{8}} = \frac{1}{0.67} \cdot$$

Huyghens représenta ces résultats par la figure 37. Du point c comme centre avec le diamètre $ca = 1$, il décrit une sphère dans celle-ci, une autre sphère de rayon $cb = 0,60$; cb est également l'axe de révolution de l'ellipsoïde dont le grand axe $cd = 0,67$. Si un mouvement lumineux se propageait dans l'air, à partir du point c, il atteindrait la sphère de rayon ca, dans le même temps que mettrait le rayon ordinaire pour atteindre, dans le cristal, la sphère de rayon cb et le rayon extraordinaire pour parvenir à l'ellipsoïde. D'après cela, il énonce la loi suivante : les changements de vitesse du rayon extraordinaire dans le spath sont représentés par

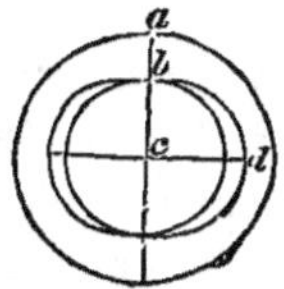

FIG. 37.

1. Wilde, *Gesch. d. Optik*, II, 258.

un ellipsoïde de révolution dont les axes sont dans le rapport de 0,60 à 0,67.

La découverte de la loi de réfraction du rayon extraordinaire dans le spath, considérée en elle-même, ne constitue pas à beaucoup près le plus grand service que Huyghens ait rendu à l'optique; on doit, sans hésiter, attribuer une plus grande valeur à ses idées sur la propagation ondulatoire de la lumière, qui l'ont conduit lui-même à la découverte de cette loi. C'est sur ces idées que *Huyghens* a fondé l'explication rigoureuse de tous les autres phénomènes de l'optique. C'est par elles qu'il a préparé l'état actuel de cette science, plus parfaite qu'aucune autre branche de la physique, — la mécanique exceptée.

La théorie des ondulations n'est pas, il est vrai, aussi solidement établie que celle de la gravitation, en ce qu'elle repose sur l'existence *hypothétique* d'un fluide élastique impondérable, l'éther, qui remplirait tout l'espace. Mais à tout autre point de vue, elle peut rivaliser avec la théorie de la gravitation, qu'elle surpasse même sous beaucoup de rapports. Elle donne en effet, de la plupart des phénomènes lumineux, une explication toute aussi complète que celle que la théorie de la gravitation donne des mouvements des corps célestes, et, d'un autre côté, les phénomènes lumineux que la théorie des ondulations explique sont beaucoup plus nombreux et plus variés que les phénomènes que présentent les mouvements des corps célestes, phénomènes qui sont tous du même ordre.

Il est vrai que *Huyghens* n'a fait que poser la base de notre théorie actuelle des ondulations, mais cette base, il l'a solidement établie. Ses idées sur les ondes lumineuses ont été très développées par *Young* et par *Frèsnel*, en ce qui concerne la propagation, la décomposition et la composition de ces ondes, mais elles n'ont pas eu besoin d'être rectifiées : *Fresnel* a même conservé, sans les changer en rien, plusieurs des principes de la théorie de *Huyghens*.

269. — Au temps de *Huyghens*, on ne connaissait que six phénomènes lumineux :

1° La *réflexion*.

2° La *réfraction;* deux phénomènes que les anciens connaissaient : ils connaissaient même les lois de la réflexion.

3° La *dispersion*, sur laquelle les anciens avaient au moins des notions empiriques, puisqu'ils n'avaient pas été sans remarquer les couleurs des morceaux de verre prismatiques, de l'arc-en-ciel, etc.; mais c'est *Grimaldi* qui le premier, en 1665, parvint à reproduire d'une manière convenable les couleurs de l'arc-en-ciel et remarqua l'allongement que présente dans le sens même de la réfraction, l'image du soleil réfractée par un prisme.

4° La *diffraction* ou *inflexion* découverte et décrite par Grimaldi en 1665.

5° Les *couleurs des lames minces*, ou anneaux de *Newton*, découvertes par Hooke en 1665. On pourrait encore y ajouter les *couleurs des surfaces striées*, étudiées à la fois par *Grimaldi* et par *Deschales*.

Les trois derniers phénomènes désignés dans les n°s 4 et 5 ne sont, à vrai dire, que des manifestations différentes d'un seul et même phénomène, l'influence mutuelle des rayons lumineux, ou *interférence*, dont la découverte expérimentale au moins doit être attribuée à *Grimaldi*, si l'on ne veut admettre qu'il l'ait reconnue scientifiquement (§ 153).

6° La *double réfraction*, découverte d'abord dans le spath calcaire par *Erasme Bartholin* qui l'a décrite en 1669.

De ces six phénomènes, *Huyghens* en a expliqué trois complètement, du moins en ce qui concerne la direction du rayon lumineux : ce sont la réflexion, la réfraction et la double réfraction. *Newton* n'a pas expliqué le dernier ou du moins il ne l'a fait que d'une manière très défectueuse ; l'explication qu'il a donnée des deux autres phénomènes était également incomplète. La théorie que donne *Huyghens* de ces phénomènes est au contraire considérée comme entièrement exacte et on la donne encore de nos jours.

Il est vrai que *Huyghens* faisait osciller les particules d'éther, dont le mouvement constitue les ondes lumineuses, dans la direction même du rayon lumineux, c'est-à-dire dans le sens de la propagation de la lumière ; il admettait par conséquent des vibrations longitudinales analogues à celles qu'on suppose dans les particules d'air lorsqu'on veut expliquer la propagation du son. Cette hypothèse suffit pour expliquer la réflexion, la réfraction et les interférences ; elle ne suffit plus pour les phénomènes de polarisation qui rendent nécessaire l'hypothèse de vibrations transversales, c'est-à-dire perpendiculaires à la direction de propagation, comme celles qu'on voit se produire dans les particules d'un liquide lorsqu'un ébranlement se propage à sa surface.

La nécessité d'admettre ces vibrations transversales a été reconnue, pour la première fois, entre 1820 et 1830 par *Fresnel* et *Arago*.

Il vaut la peine de remarquer que *Robert Hooke*, qui a eu sur plus d'un sujet tant de pensées heureuses, dans une communication faite en 1672 à la Société royale de Londres, exprima l'idée que la lumière devait se propager par pulsations perpendiculaires à sa direction (§ 248). Mais c'était une simple idée jetée au hasard et qui n'avait aucune base théorique ou expérimentale.

270. — A ces six phénomènes *Huyghens* en ajouta un autre, jusqu'alors inconnu, le phénomène de la *polarisation*, qu'il découvrit en étudiant la double réfraction. Il plaça deux rhomboèdres de spath l'un à la suite de l'autre de façon que la lumière les traversât tous deux successivement.

Il observa alors le phénomène suivant : Lorsque les deux rhomboèdres avaient leurs faces parallèles, par conséquent lorsque leurs sections principales[1] étaient parallèles, les rayons qui sortaient du premier rhomboèdre traversaient le second sans être modifiés ; le rayon ordinaire *o* dans le premier était encore un rayon ordinaire dans le second, et le rayon extraordinaire *e* restait encore un rayon extraordinaire. Mais lorsque les sections principales étaient rectangulaires l'une à l'autre, le rayon ordinaire *o* dans le premier rhomboèdre devenait extraordinaire *e* dans le second, et le rayon extraordinaire *e* du premier devenait ordinaire *o*, comme on pouvait le reconnaître par les déviations qu'éprouvaient les rayons lumineux lorsqu'on éloignait quelque peu les deux rhomboèdres l'un de l'autre. En donnant aux rhomboèdres une position intermédiaire, chacun des deux rayons du premier rhomboèdre se décomposait en un rayon ordinaire *o* et

---

1. La section principale est le plan qui passe par la petite diagonale de l'une des faces du rhomboèdre et par le côté opposé ; ce plan contient l'axe du cristal. Le terme de section principale, *sectio præcipua*, vient de *Huyghens*, ainsi que les termes de réfraction ordinaire et extraordinaire, *refractio consueta, vulgaris* et *refractio insolita*.

en un rayon extraordinaire *e*, de sorte qu'en général on obtient quatre images dont l'éclat est différent et change d'ailleurs, lorsqu'on fait tourner les sections principales entre des positions parallèles et perpendiculaires.

Huyghens ne put s'expliquer ce phénomène singulier : il se contenta de le signaler en laissant à l'avenir le soin de l'expliquer. Pendant plus de 130 ans ce fait resta isolé : on y accorda peu d'attention et on l'étudia encore moins. Enfin, en 1810 le colonel d'artillerie *Malus*, un Français, reconnut que la lumière réfléchie sous un certain angle possédait la propriété qu'il nomma *polarisation* : il reconnut bientôt que cette propriété était précisément celle qui donnait lieu aux phénomènes observés par *Huyghens* dans le spath.

Ce n'est pas seulement dans le spath calcaire que *Huyghens* étudia la double réfraction, il la rechercha dans le cristal de roche (le quartz), dans lequel il tailla des prismes suivant différentes directions. Mais ce n'est pas dans cette substance, où les phénomènes sont encore plus compliqués, que *Huyghens* pouvait trouver le mot de l'énigme qui n'a été résolue que de nos jours, par *Fresnel*, et encore d'une façon peut-être incomplète. Mais si *Huyghens* n'est pas parvenu à résoudre cette difficulté, cela ne porte pas préjudice aux services qu'il a rendus à la théorie des ondulations. Il n'en demeure pas moins le principal, le vrai fondateur de cette théorie fructueuse, qui constitue aujourd'hui l'une des parties les plus brillantes de notre science.

BARTHOLIN. — RÖMER.

271. — Les différents travaux d'optique, dont je viens de chercher à vous donner un aperçu, procèdent des découvertes de deux hommes dont je crois devoir parler ici.

Erasme Bartholin qui découvrit la double réfraction était Danois. Né en 1625 à Roeskilde, il mourut en 1698 à Copenhague ; il était professeur de mathématiques et de médecine à l'Université de cette ville, et assesseur de la haute cour de justice. Il a laissé différents ouvrages, entre autres : *De cometis* 1664 *et* 1665, Hafn. 1665 ; *De aere hafniensi*, Francof., 1679, et enfin celui qui a véritablement perpétué son nom : *Experimenta crystalli islandi disdiaclastici, quibus mira et insolita refractio detegitur*. Ce dernier ouvrage parut en 1669 à Copenhague, l'année même où *Newton* établissait sa théorie de la lumière, qui devait trouver dans ce petit livre une si savante réfutation.

Des marchands danois lui donnèrent le spath calcaire, qu'on ne connaissait pas encore à l'état de cristal transparent et biréfringent, et il le soumit à une étude très exacte, pour l'époque. Il mesura avec soin les angles dièdres du rhomboèdre et observa très attentivement le phénomène optique qu'il trouvait très merveilleux. Il vit que l'un des rayons suit la loi ordinaire de la réfraction, tandis que l'autre, qu'il nomme le rayon mobile, ne la suit pas ; mais il ne parvint pas à établir la loi suivant laquelle ce rayon se réfracte, et il n'observa pas non plus le phénomène de la double réfraction.

Le frère aîné d'*Erasme*, *Thomas Bartholin*, était aussi un homme très dislingué. Né en 1616 à Copenhague, il mourut en 1680 : il fut médecin du roi Christian V. On le compte parmi les plus grands anatomistes du XVIIe siècle : c'était en même temps un bon physicien, car dans un voyage en Italie, il fit de nombreuses observations sur la lumière de certains insectes, observations qu'il fit connaître dans un ouvrage intitulé : *De luce animalium* (§ 178). L'un des premiers il remarqua que la glace de l'eau de mer n'est pas salée. C'est aussi très probablement lui le Danois, qui, vers 1665, fit part au Jésuite *Deschales* de l'invention de la lanterne magique, qu'il avait peut-être vue dans ses voyages à travers la Hollande et l'Allemagne (§ 192).

La seconde personne qui a, dans une certaine mesure, ouvert la voie à *Huyghens* est encore un Danois et un homme éminent, *Olof Römer*. Il naquit à Aarhuus en 1644 et mourut en 1710 à Copenhague. Il fut initié aux mathématiques par *Erasme Bartholin;* il manifesta dans cette science un talent extraordinaire et surtout dans ses applications. De 1672 à 1681 il vécut à Paris, où il acquit une telle considération, qu'il fut nommé membre de l'Académie et prit depuis une part active à plusieurs travaux de cette société. En 1681, l'année de la révocation de l'édit de Nantes[1], il retourna dans sa patrie ainsi que *Huyghens,* et prit la direction de l'Observatoire de Copenhague. Il remplit ces fonctions jusqu'en 1705, époque à laquelle il fut élu bourgmestre de Copenhague et où il délaissa la science. Il eut pour successeur à l'observatoire *Horrebow*, qui a écrit une vie de *Römer* et qui a rassemblé ses œuvres.

Römer s'est fait connaître avantageusement par plusieurs travaux : d'abord par un mémoire lu à l'Académie de Paris en 1675, mémoire dans lequel il montra que la forme la plus convenable à donner aux dents d'une roue dentée est celle d'un épicycloïde; ensuite par le perfectionnement des méthodes d'observation en astronomie. Mais ce qui l'a rendu surtout célèbre, c'est sa découverte de la vitesse de propagation de la lumière, découverte qui se rattache aux travaux de *Huyghens.* Elle fut amenée par une série d'observations du premier satellite de Jupiter, que Römer fit en commun avec *Dom. Cassini,* depuis 1672 jusqu'à 1676.

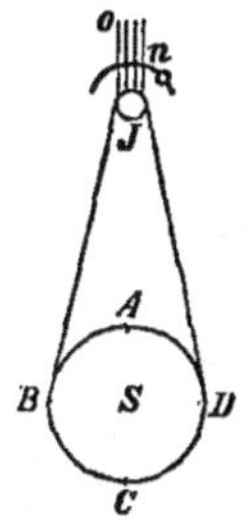

Fig. 38.

Römer et *Cassini* remarquèrent que le temps compris entre deux entrées consécutives du premier satellite *n* dans l'ombre *o* de Jupiter *J* (fig. 38), ou le temps compris entre deux sorties était soumis à des variations périodiques. Tandis que cette durée était de 42 h. 28′ 42″ lorsque la Terre se trouvait en *A* ou en *C* sur son orbite, cette durée diminuait lorsque la Terre se trouvait sur la moitié *C D A* et s'approchait de Jupiter, tandis qu'elle augmentait quand la Terre s'éloignait de *J*. Le maximum de cette diminution se produisait lorsque la Terre était en *D* et était de 14 secondes; le maximum de l'augmentation de temps avait lieu en *B* et était égal au précédent.

Cassini fut amené par là à penser que la lumière devait employer un certain temps pour parvenir de *Jupiter* jusqu'à *nous*, et en 1675 il exprima cette opinion devant l'Académie de Paris : Mais n'ayant pu trouver de semblables variations pour les autres satellites de Jupiter il abandonna cette idée.

---

1. L'édit de Nantes n'a été révoqué qu'en 1685. (T.)

Römer s'y attacha, au contraire, et lorsque le 9 novembre 1676 il vit la disparition du satellite se produire 10 minutes plus tard que cela n'avait eu lieu en
août de la même année, il affirma que le phénomène était dû au mouvement de
la Terre et que la vitesse de propagation de la lumière n'était pas infiniment
grande par rapport à la vitesse de translation de la Terre. Il calcula qu'en
42 h. 1/2 la Terre parcourt environ 590.000 milles, que dans l'intervalle de
deux éclipses du satellite, elle se rapprochait ou s'éloignait de Jupiter d'une
quantité égale, selon qu'elle se trouvait en D ou en B. La lumière devait par
conséquent employer 14 secondes pour parcourir ces 590.000 milles, et devait
par suite se propager avec une vitesse de 42.000 milles par seconde.

Römer soumit ses calculs et sa manière de voir à l'Académie de Paris en
1676. *Cassini* parla contre ses conclusions ainsi que l'astronome *Maraldi*, qui
s'appuyait sur ce qu'on aurait dû observer une autre inégalité dans l'intervalle
entre deux éclipses, inégalité correspondant aux positions de Jupiter dans son
orbite. Mais *Huyghens* et bientôt après *Newton* défendirent les idées de *Römer*
qui furent bientôt généralement acceptées.

On a plus tard cherché à enlever cette découverte à Römer pour l'attribuer à
Cassini, mais c'est à tort : car si on peut admettre que *Cassini* a donné l'impulsion première, la découverte n'aurait certes pas été faite en 1676, sans *Römer*.
C'est précisément l'avis des hommes les plus impartiaux parmi les Français,
de l'astronome *Lalande*, par exemple. Si l'explication de Römer souleva tant
d'objections à l'Académie, c'est qu'une grande partie de ses membres étaient
partisans de la théorie de *Descartes*. Or celui-ci avait affirmé que la lumière
se propageait instantanément, ce qui au fond est un non-sens, car une chose
ne peut pas être en deux endroits en même temps ; ce qui se meut emploie du
temps pour se mouvoir.

Il est curieux de voir comment *Descartes* fut conduit à cette conclusion
erronée. Il dit que si la lumière se propageait successivement, de sa vitesse
et de celle de la Terre devrait résulter un mouvement apparent des étoiles
fixes : comme ce mouvement n'avait jamais été observé, la lumière se propageait d'une manière instantanée. Nous retrouvons ici ce mélange d'erreur et
de vérité qu'on rencontre si fréquemment chez *Descartes*. On voit qu'il a pressenti l'*aberration* des étoiles fixes : mais, au lieu de dire que l'observation n'en
avait pas encore été faite, il admet qu'elle n'existe pas et en tire une fausse
conclusion pour la lumière. Les membres de l'Académie *del Cimento* au
contraire, supposaient la vitesse de la lumière, selon les idées de leur maître
Galilée : ils cherchèrent même à la mesurer sur la Terre, mais ne purent parvenir à aucun résultat (§ 117. N°. XIII).

La découverte de *Römer* confirma *Huyghens* dans ses idées : comme il se
représentait constamment la lumière comme un phénomène de mouvement, il
devait naturellement beaucoup désirer en connaître la vitesse par une mesure
directe. Aussi la découverte de *Römer* est-elle un des faits sur lesquels
s'appuie *Huyghens* dans son *Traité de la lumière* pour développer sa théorie.

NEWTON

272. — Le physicien écossais *David Brewster* a donné, de nos jours, une biographie très détaillée de *Newton*. La traduction de cet ouvrage a été tellement répandue chez nous, que je me bornerai à mentionner les points principaux de la vie du grand homme, vie qui n'est du reste pas très riche en événements extraordinaires.

Isaac Newton naquit le 25 décembre 1642 ancien style, par conséquent le 5 janvier 1643, en comptant les dates d'après notre calendrier actuel... Le lieu de sa naissance est Woolsthorpe, village de la paroisse de Colsterworth dans le comté de Lincoln, au sud de la ville de Grantham. Bien qu'il soit de règle historique de laisser les dates telles qu'elles étaient à l'origine, et de ne pas les transformer d'après le calendrier grégorien introduit plus tard, nous ferons observer que *Newton* ne serait né en 1642 que d'après l'ancien calendrier. Or on a signalé comme un fait curieux que *Newton* était né l'année même de la mort de *Galilée :* on a parlé à ce propos de la transmigration des âmes : ce rapprochement ne repose que sur une erreur. *Galilée* est bien mort le 8 janvier 1642, mais cette date correspond au nouveau style, et dans une comparaison chronologique comme celle dont nous parlons, toutes les dates doivent être rapportées au même calendrier. En calculant d'après le nouveau style, *Newton* serait né le 5 janvier 1643, par conséquent presqu'un an après la mort de *Galilée*, et 100 ans après celle de *Copernic*, qui arriva en mai 1543 de l'ancien style. D'ailleurs, au temps où *Newton* est né, non seulement on se servait en Angleterre de l'ancien calendrier, mais l'année commençait le 25 mars. Le commencement de l'année civile ne fut reporté au 1er janvier qu'à partir de 1752.

Le père de *Newton*, qui se nommait également *Isaac*, mourut à 36 ans quelque temps après son mariage avec la mère de notre *Newton*, avant la naissance de celui-ci. L'enfant venu avant terme était extrêmement petit et de si faible constitution, qu'on craignait pour sa vie : rappelons qu'il en avait été de même pour *Keppler*.

N'est-il pas étonnant que ce corps débile ait non seulement servi d'enveloppe à l'esprit le plus vigoureux qui ait jamais existé, mais ait encore dépassé de beaucoup la durée moyenne de la vie humaine? Trois ans après, la mère de *Newton* se remaria, et en même temps confia l'enfant à sa propre mère. Cependant, en 1656, son deuxième mari le pasteur Smith étant mort à North-Witham, un village voisin, elle se retira à Woolsthorpe, avec ses trois enfants et reprit l'éducation du jeune *Newton*. Elle possédait à Woolsthorpe un petit bien, dont elle avait hérité de son premier mari, ainsi qu'un autre dans le voisinage, qui joint au premier lui rapportait le modique revenu de 80 livres sterling. Son désir était de voir son fils aîné apprendre l'agriculture afin qu'il fît valoir lui-même ses fermes.

Mais dès son jeune âge *Newton* montra un tout autre penchant. — Calme et réfléchi, il prenait rarement part aux jeux de ses camarades; il aimait mieux

lire les livres, que lui procurait l'apothicaire Clark de Grantham, ou s'occuper
à construire des machines. C'est ainsi qu'il fit un ingénieux moulin à vent, un
chariot mû par un système d'engrenages, une horloge à roues, et enfin un certain nombre de cadrans solaires qui ont été conservés jusqu'à ce jour, et dont
les meilleurs ont été dernièrement enlevés de Woolsthorpe et transportés dans
la salle des séances de la Société Royale.

Ses jeux étaient pour lui une nouvelle occasion de méditer, plutôt qu'un
délassement. En jouant au cerf-volant par exemple, il cherchait quelle forme
il devait lui donner pour que le vent agît avec plus de force.

Après que sa mère eut fait plusieurs tentatives infructueuses pour le tourner
vers l'agriculture et qu'elle eût acquis des preuves convaincantes de son
peu d'aptitude pour cette profession, elle finit par prêter l'oreille aux conseils
de son frère. Celui-ci, qui était pasteur, avait étudié au Trinity College à
Cambridge : le jeune *Newton* y fut envoyé le 5 janvier 1660 à l'âge de dix-
huit ans. De 1660 à 1667 il prit au Trinity College tous les grades qu'exige la
règle inflexible des Universités anglaises : la dernière année il fut Maître ès arts
et *senior Wrangler*.

Pendant cette dernière année, il étudia les ouvrages les plus célèbres dans le
domaine des mathématiques, de la physique et de la philosophie, la géométrie
de *Descartes*, l'arithmétique des indéfinis de *Wallis*, l'optique de *Keppler*, la
logique de *Saunderson*, etc. Mais il ne se contentait pas d'étudier, il méditait
sur les divers sujets contenus dans ces ouvrages. Nous verrons plus tard que c'est
à cette époque que sont nés en lui les germes de ses principales découvertes.
La considération dont il jouissait déjà était si grande, que le docteur *Barrow*
son maître, qui professait les mathématiques à Cambridge depuis 1653, lui
confia l'édition de ses leçons d'optique et de géométrie. *Newton* y fit plusieurs
additions importantes, d'après ce que dit *Barrow* lui-même dans la préface de
son ouvrage. Précisément la même année, celui-ci délaissa les sciences exactes
pour se livrer tout entier à la théologie : il abandonna sa chaire de mathématiques en faveur de *Newton*, qui entra dès lors dans la carrière où il devait
briller d'un si vif éclat.

Cet *Isaac Barrow* dont nous venons de parler, était le fils d'un marchand de
toiles de Londres. Il était né en 1630 et mourut en 1679 dans un voyage qu'il
faisait à Londres, en qualité de master du Trinity College de Cambridge. Le roi
lui avait conféré cette distinction comme « au meilleur *scholar* de l'Angleterre »
et peut-être aussi parce qu'il était un royaliste ardent.

Barrow est connu en Angleterre peut-être plutôt encore par ses ouvrages de
théologie que par ceux de mathématiques. Ce sont cependant ces derniers et
notamment ses *Lectiones opticæ*, London 1669, et ses *Lectiones geometricæ*
1670 qui ont conservé son nom. Le premier ouvrage lui assure une place honorable dans l'histoire de la physique, en ce qu'il contient pour la première fois la
solution générale du problème des foyers dans les lentilles. Il détermine la position
des foyers relatifs aux rayons parallèles ou divergents dans les lentilles de toutes
formes. Il emploie encore, il est vrai, la méthode géométrique, ce qui l'oblige
à considérer chaque lentille séparément : mais ce n'en est pas moins un progrès,
puisque *Cavalieri* avait recherché seulement les foyers des rayons parallèles.

273.—Pour en revenir à *Newton*, il occupa pendant plus de trente ans la chaire de mathématiques, à laquelle étaient attachés, paraît-il, des émoluments importants. De 1669 à 1671 il fit d'abord des leçons d'optique. Dans cette dernière année il fut choisi comme membre de la Société Royale de Londres, honneur qui lui fut conféré à l'occasion d'un télescope à miroir qu'il avait construit et qu'il offrit ensuite à la Société en témoignage de sa reconnaissance (§ 242).

De 1669 à 1695 aucun changement ne survint dans sa situation ; mais dans la dernière année il fut nommé inspecteur de la Monnaie Royale par son ami *Montague*, depuis comte Halifax, qui occupait la charge si importante de chancelier du conseil des finances. La place donnée à *Newton* était un emploi subalterne, mais elle lui offrait un avantage considérable puisqu'en lui assurant un revenu de 4 à 500 livres sterling, elle lui permettait de conserver sa chaire de Cambridge.

Pour reconnaître cette faveur que *Newton* recevait directement de l'État les membres de la Société Royale élurent *Montague* comme leur président en 1695.

Cet emploi ne fut pas la seule preuve d'amitié que *Montague* donna à *Newton*. En 1699 il le fit nommer directeur de la Monnaie, position importante à laquelle était attaché un revenu de 12 à 15000 livres sterling. Il faut dire qu'en lui donnant cette place, *Montague* n'avait pas seulement en vue d'améliorer le sort de son ami ; il se proposait aussi d'utiliser ses connaissances pour exécuter une réforme importante : il voulait refondre les monnaies et les ramener à leur valeur primitive.

Par suite de son élévation à ce poste, dont les fonctions étaient incompatibles avec celle de professeur, il abandonna sa chaire en 1703. Son successeur fut *William Whiston*, qui s'est acquis une certaine renommée par ses ouvrages de théologie et de mathématiques. Malheureusement pour lui, il ne pouvait admettre la doctrine de la Trinité : il eut même l'audace d'écrire contre ce mystère, de sorte qu'en 1710, il fut obligé d'abandonner ses fonctions universitaires ; son écrit fut même condamné par une cour de justice ecclésiastique.

Ce même *Whiston* a également joué un certain rôle en géologie par une cosmogonie qui parut sous le titre : *A new theory of the Earth*, London 1696. Il était né en 1667 à Norton, Leicestershire, et mourut à Londres en 1752.

Peu de temps après qu'il eut abandonné sa chaire de professeur, *Newton* fut nommé président de la Société Royale ; il habita dès lors, tantôt Londres, tantôt Kensington. Arrivé à l'âge de 80 ans, il était accablé de douleurs : la pierre, la goutte, une affection pulmonaire lui causaient de cruelles souffrances. Malgré les soins empressés de sa nièce Catherine Barton, qui habitait chez lui avec son mari, un sieur Conduit, il avait très souvent des attaques dangereuses. Une de ces attaques survint dans un voyage qu'il fit de Kensington à Londres, le 28 février 1727, pour présider la Société-Royale. On le ramena à Kensington, où il mourut bientôt le 20 mars 1726, c'est-à-dire le 31 mars 1727 (voir le § 272), à l'âge de 85 ans[1].

Ses restes furent transportés à Londres en grande pompe, et sur l'ordre spécial du roi Georges I⁰ʳ, déposés à Westminster-Abbey, le Panthéon des grands

---

1. On a vu plus haut qu'en Angleterre l'année commençait alors le 25 mars. (T.)

hommes de l'Angleterre. Le drap mortuaire était porté par le lord grand-chancelier, par les ducs de Roxburgh et Montrose, tous trois pairs d'Angleterre et par les comtes de Pembroke, de Sussex et de Macclesfield, qui faisaient tous partie de la Société Royale. Un splendide tombeau élevé par ses héritiers, marque la place où ses restes reposent. Plus tard, en 1755, une statue lui fut érigée à Cambridge, et à la tour de Londres en 1731, une médaille commémorative fut frappée en son honneur avec l'inscription : *Felix cognoscere causas.*

Dans les dernières années de sa vie, *Newton* s'occupa beaucoup d'études théologiques : longtemps après sa mort, en 1736, il parut de lui un ouvrage sur le prophète Daniel et l'Apocalypse de saint Jean, qui semble dater de cette époque. Le physicien français *Biot* a voulu considérer cette tendance religieuse de *Newton* comme le résultat d'une maladie accompagnée d'un affaiblissement du cerveau, mais *Brewster* s'est élevé très vivement contre cette opinion ; et non seulement il repousse cette manière de voir, mais il nie surtout que *Newton* ait jamais eu le cerveau dérangé. Cependant il est généralement admis, — et cela est confirmé par une nouvelle biographie de *Newton* publiée en Angleterre, — que vers 1693, à la suite d'une maladie, celui-ci eut la mémoire troublée : en même temps il fut atteint d'une absence ou d'une faiblesse d'esprit, qui ne lui permettait même plus de comprendre ses propres ouvrages. Mais cet état fut de courte durée et ne se renouvela jamais.

Nous ne rechercherons pas jusqu'à quel point le fait est vrai ; personne du moins n'en conteste la possibilité. Et, bien qu'il répugne à la pensée d'admettre qu'un esprit aussi élevé que celui de *Newton* ait pu être, pendant un certain temps, soumis aux faiblesses humaines, cela ne pourrait jeter aucune ombre sur la gloire de ce grand homme. Ne le voyons-nous pas d'ailleurs obéir dans toutes les autres choses aux lois ordinaires de la vie? et n'est-ce pas à lui, dans ses recherches d'optique, qu'on pourrait appliquer bien souvent cette vérité : *Errare humanum est?* Il est vrai que pendant longtemps ses partisans, tels que *Biot* et *Brewster*, ne voulurent pas admettre qu'il avait pu se tromper.

Brewster est même allé quelquefois trop loin, en défendant les œuvres théologiques et quelques autres opinions particulières de *Newton*. Il dit par exemple que *Newton* ne reçut jamais une marque de la reconnaissance nationale. Mais *Newton* a été honoré et récompensé, comme un savant l'a rarement été sur le continent. Il reçut de la reine Anne le titre de chevalier, il jouit à la cour de Georges Ier des honneurs les plus recherchés, il fut élu deux fois membre du parlement, et enfin, lui qui était né dans la pauvreté, laissa à ses héritiers une fortune qui, pour l'époque, était considérable, même en Angleterre, à savoir plus de 30 000 livres sterling, sans compter les biens-fonds. Cette fortune passa à ses parents collatéraux, *Newton* n'étant pas marié. Ainsi que nous l'avons déjà dit, ses deux grands contemporains *Huyghens* et *Leibnitz* étaient dans le même cas.

274. — Les travaux de *Newton* ne sont pas aussi nombreux qu'on pourrait le penser, d'après l'activité de son esprit et la durée de sa vie ; mais ils en sont d'autant plus solides et plus importants. Comme presque tous les travaux des grands physiciens du XVII° siècle, ils se rapportent : 1° aux mathématiques pures ; 2° à la mécanique et à l'astronomie ; 3° à l'optique, à quoi l'on peut ajouter

quelques travaux isolés dans les parties de la physique cultivées à cette époque. La plupart de ses travaux, ses recherches expérimentales-même, ont un caractère mathématique. *Newton* ne se propose pas de trouver des faits nouveaux; il cherche la cause de ceux qui existent, et lorsqu'il embrasse de son œil d'aigle le domaine de la science, ce n'est pas au loin qu'il regarde, c'est en haut et en bas. C'est en donnant cette direction à ses recherches que *Newton* a mérité de servir éternellement de modèle.

Je commencerai par exposer ses travaux d'optique. C'est par ceux-là que *Newton* s'est fait surtout connaître de ses contemporains, et ils ont rendu son nom plus célèbre que ses découvertes en astronomie ou en mécanique. Il y a trente ou quarante années à peine, on les mettait encore sur le même rang que ces dernières, et il était périlleux de mettre leur exactitude en doute. Maintenant il en est tout autrement. Depuis lors en effet, le domaine de l'optique s'est tellement étendu que les sujets traités par *Newton* n'en forment plus qu'une petite partie et l'horizon en s'élargissant a fait reconnaître que la théorie de *Newton*, bien loin d'expliquer d'une manière satisfaisante les nouveaux phénomènes, ne suffisait même pas à ceux pour lesquels elle avait été établie. Malgré cela, la théorie de *Newton* conservera toujours une place honorable parmi les tentatives faites pour reconnaître la nature de la lumière et elle ne mérite pas le dédain que *Gœthe* et ses partisans ont professé envers elle. Au seul point de vue historique, elle mériterait quelque considération, car une théorie qui pendant plus d'un siècle a satisfait tant d'esprits distingués ne peut pas être sans valeur.

Les recherches de *Newton* en optique portèrent d'abord sur les prismes de verre. Ceux-ci étaient connus déjà au commencement du XVIIᵉ siècle, sans qu'on puisse indiquer leur origine. *Newton* en acheta un à Cambridge, en 1666, pour en examiner les effets. Après avoir pris plaisir à regarder les splendides couleurs qu'il donnait, il examina les choses de plus près. Comme il est toujours intéressant de savoir en détail comment une recherche a commencé, et comme nous trouvons ici l'occasion d'apprendre avec quel soin *Newton* procédait dans ses recherches, nous allons exposer tout au long les expériences qu'il fit à ce sujet.

Il fit l'obscurité dans une chambre en fermant le volet de la fenêtre, perça un trou de 1/4 de pouce de diamètre dans le volet, et par ce trou laissa tomber un rayon solaire sur le prisme. La première chose qui le frappa fut l'allongement de l'image donnée par le prisme, qu'il appelle le *spectre* : celui-ci avait une longueur de 13 pouces 1/4. La distance de la paroi verticale, sur laquelle se formait le spectre, au trou du volet était de 22 pieds, et lorsqu'il calcula la divergence des rayons émergents, il trouva qu'elle était plus de cinq fois celle des rayons incidents, à savoir 2°49′ au lieu de 31′. L'angle réfringent du prisme était de 63° 12′, l'angle d'incidence et l'angle d'émergence d'environ 54°4′.

L'*Optique* de *Descartes*, qui jusqu'alors lui avait servi de guide, ne contenait aucune indication du phénomène. Il pensa tout d'abord qu'il pourrait bien être dû à quelque défaut du prisme. Pour s'en assurer il plaça derrière celui-ci un second prisme, disposé en sens inverse, pensant qu'il ferait ainsi disparaître les effets réguliers du premier prisme, et qu'il augmenterait au contraire les effets irréguliers. Mais il vit, à son grand étonnement, que la longue image colorée s'était changée en une image ronde et sans couleur, comme si les rayons n'eussent pas traversé le verre. Ce n'étaient donc pas les défauts du prisme qui pouvaient occasionner la dispersion des rayons.

Il se demanda alors si elle ne pouvait pas provenir de la petite divergence des rayons solaires, qui forment, comme on le sait, un angle d'environ 31'. Mais ce ne pouvait être la véritable raison, puisqu'en tournant le prisme dans un sens ou dans l'autre, les couleurs ne se modifiaient pas sensiblement. Il pensa que peut-être, au sortir du prisme, les rayons décrivaient des lignes courbes : il fallait en tout cas s'assurer du fait. C'est ce qu'il fit en diminuant la distance de la paroi au prisme, de manière à diminuer la dispersion des couleurs. Mais il trouva que l'angle des rayons entre eux demeurait toujours.le même, et que par conséquent, les rayons devaient être rectilignes.

Il reconnut ainsi que l'allongement de l'image colorée n'est pas un fait accidentel, et provient de la divergence des rayons émergents. Il en conclut que la lumière blanche n'est pas homogène, qu'elle est formée de rayons de couleurs différentes et d'inégale réfrangibilité, — de sorte qu'à cause même de cette différence de réfrangibilité ils sont séparés par le prisme.

Pour confirmer cette manière de voir, il fit l'expérience suivante : Il mit derrière le second prisme une planche percée d'un petit trou, et à 12 pieds de distance une deuxième planche avec un trou semblable derrière laquelle il plaça encore un second prisme. Au moyen de cette disposition, le rayon émergent du premier prisme tombait sur le second toujours sous le même angle. En faisant tourner légèrement le premier prisme, il amena successivement les rayons violets, bleus, jaunes et rouges à tomber sur le second prisme et observa que le violet était plus fortement réfracté que le jaune, le jaune que le rouge, etc. Il plaça également derrière le premier prisme horizontal un second prisme disposé verticalement, de sorte que la deuxième réfraction fut perpendiculaire à la première : le spectre prit alors une direction oblique, le violet étant plus fortement dévié. Enfin, il regarda aussi à travers un prisme un papier moitié rouge, moitié bleu, et vit que la moitié bleue était plus déplacée que la moitié rouge.

Toutes ces recherches le confirmèrent dans cette opinion que *la lumière blanche consiste en un nombre infini de rayons colorés de différentes réfrangibilités et qu'au même degré de réfrangibilité appartenait toujours une seule et même couleur.*

275. — L'étude exacte de la dispersion et les conclusions qu'il en tira sur l'hétérogénéité de la lumière constituent la partie la plus solide des services que *Newton* a rendus à l'optique. Il est vrai qu'il peut paraître singulier d'admettre que la lumière blanche soit composée d'un nombre infini de couleurs, ou même de sept couleurs seulement. Mais malgré cette invraisemblance, malgré les attaques passionnées dont cette théorie a été l'objet de la part de *Gœthe* par exemple, on n'a jusqu'ici rien pu trouver de mieux, et la théorie actuelle des ondulations a accepté cette explication sans la modifier. Et au fond cette explication restera toujours; car le différend ne peut porter que sur le point de savoir si les couleurs du spectre sont contenues à l'avance dans

la lumière blanche ou si elles sont produites par le prisme même, par le choc
de la lumière sur la matière du prisme.

On ne sait pas exactement à quelle époque *Newton* a donné cette explication
de la dispersion : quelques-uns indiquent l'année 1666, d'autres 1669. Mais
Newton dit lui-même qu'il acheta son premier prisme en 1666 ; d'autre part
on sait que cette même année il dut quitter Cambridge, à cause de la peste,
et que pendant deux ans il ne put continuer ses recherches : l'année 1669 est
donc plus vraisemblable. A cela s'ajoute encore que, dans cette dernière année,
Newton s'occupa de la publication des leçons d'optique de *Barrow*, qui contiennent sur les couleurs des considérations sans aucune valeur. Si *Newton* avait
su dès 1666 quelque chose de mieux, on peut croire qu'il aurait empêché son
professeur de publier ses théories. Il est vrai que *Newton* a pu avoir des
raisons pour ne pas contredire son professeur et ami, ou pour conserver ses
propres idées.

Cette découverte de l'inégale réfrangibilité des rayons de couleurs différentes
porta *Newton* à croire que ce pouvait bien être la principale cause de l'imperfection des lunettes du temps : il s'assura qu'une lentille, sur laquelle tombe
de la lumière blanche, réunit les rayons violets en un point plus rapproché que
les rayons rouges, et que, d'après cela, si on place une seconde lentille derrière
la première, on ne peut voir en même temps avec netteté les images formées
par les rayons violets et par les rayons rouges.

En cela il avait complètement raison; mais il supposa tacitement que dans
chaque spectre la dispersion des couleurs était la même, quelle que fût la
nature de la substance dont le prisme ou la lentille étaient formés. Il fut ainsi
conduit à cette conclusion inexacte qu'il était impossible d'obtenir des lunettes
parfaites, c'est-à-dire donnant, dans la lumière blanche, des images nettes e
sans couleurs. De telles images, croyait-il, ne pouvaient être obtenues que par
la réflexion, et c'est ce qui l'amena à construire lui-même des télescopes à
miroir.

Biot donne *Newton* comme l'inventeur du télescope à miroir. C'est une
erreur; car *Newton* lui-même, dans une lettre adressée à *Oldenbourg*, le
4 mai 1672, dit qu'il a connu cet instrument par l'*Optica promota*, 1663, de
James Gregory. Il ne fit que le modifier, et l'améliora à ce point que son télescope, qui n'avait que six pouces de long, se comportait comme une lunette de
six pieds de ce temps. Il en est fait pour la première fois mention dans une lettre
de *Newton* à son ami *Ent*, datée du 23 février 1668 (c'est-à-dire 1669, voir
§ 272). Cette lettre est encore remarquable en ce qu'on y trouve la première
indication de sa découverte relative aux couleurs.

La Société Royale ayant entendu parler de ce télescope, désira l'examiner, et
Newton l'envoya en décembre 1671 au secrétaire Oldenbourg. Dès lors le nom de
Newton commença à être connu, comme celui de *Galilée* l'avait été auparavant,
grâce à la lunette, et cependant ils n'étaient ni l'un ni l'autre les inventeurs
des instruments qu'ils avaient construits. Le roi Charles II et sa cour admirèrent
l'instrument de *Newton*, et la Société Royale, comme nous l'avons déjà dit (§ 242),
choisit celui-ci comme un de ses membres. Par reconnaissance pour cette faveur,
Newton envoya à la Société, le 6 février 1671 (1672) un résumé des découvertes

qu'il avait faites jusqu'alors sur la lumière : la société les fit insérer dans ses *Transactions* de 1672. C'est ainsi que les travaux de *Newton* furent connus du public. Ils trouvèrent de fervents admirateurs, mais dans les premiers temps ils eurent encore plus d'adversaires que de partisans. Ceux-là pour la plupart ne firent valoir que de très mauvaises raisons contre la théorie de la dispersion.

276. — Un des premiers adversaires fut le père *Ignace Gaston Pardies*, professeur de mathématiques à Clermont, né en 1636, mort en 1673. Il affirmait que l'allongement de l'image colorée provenait de la différence des rayons qui tombaient sur le prisme, bien que *Newton* eût déjà répondu à cette objection. *Newton* ayant pris la peine de la réfuter à nouveau, le père *Ignace* qui était élève de Descartes, eut recours à l'hypothèse de *Grimaldi* sur la dilatation des rayons réfractés, et à la théorie des ondulations de *Hooke*.

Le jésuite *Franciscus Linus* entra alors en lice. Celui-ci avait déjà donné une preuve peu favorable de ses dispositions pour la physique par l'opposition qu'il avait faite à la théorie de la pression atmosphérique (voy. §§ 150 et 208). Dans le cas présent il assurait hardiment que, lorsque le ciel était pur, l'image du Soleil n'était jamais allongée par le prisme, et que l'allongement de l'image colorée était simplement produite par la lumière des nuages blancs latéraux. Cette explication donna lieu à des répliques et contre-répliques, qui ne se terminèrent même pas à la mort de *Linus*, car un de ses compatriotes notamment, *Antoine Lucas* continua la discussion.

Antoine Lucas, élève de *Linus* était un homme intelligent. Le premier sur le continent il confirma entièrement les observations de *Newton;* il trouva seulement que l'allongement de l'image colorée était moindre que celui trouvé par *Newton*, 3 fois ou 3 fois 1/2 au lieu de 5 fois. *Newton* répondit que cette différence devait être attribuée à la valeur de l'angle de réfringence du prisme, qui n'était que de 60°, et qu'avec un prisme de 66° ou 67° il aurait trouvé un plus grand allongement. Cela amena *Newton* à mesurer la longueur du spectre dans différents prismes. Mais, soit que son opinion préconçue sur la constance de la dispersion ait influencé ses recherches, soit que le hasard lui ait mis entre les mains des prismes d'égale force dispersive, toujours est-il qu'il trouva que, dans les mêmes circonstances, la longueur du spectre était la même dans tous les prismes. Il laissa ainsi échapper la découverte de l'achromatisme, si importante pour la construction des lunettes.

Newton devait trouver des contradicteurs dans le sein même de la Société Royale : de ce nombre furent *Hooke* et *Huyghens. Hooke* était un trop bon observateur, pour mettre en doute d'une manière générale la justesse des observations de *Newton*, l'existence de l'inégale réfrangibilité des rayons, l'invariabilité des couleurs simples, et la réunion de toutes les couleurs dans la lumière blanche. Mais il expliquait l'inégale réfrangibilité des rayons par la destruction et l'affaiblissement des vibrations de l'éther, et il n'admettait que deux couleurs fondamentales, le *rouge* et le *violet,* dont le mélange formait toutes les autres couleurs. *Newton* répondit par une lettre très précise adressée à *Oldenbourg,* le 11 juin 1672. Il dit fort justement que sa théorie des couleurs est indépendante de toute hypothèse sur l'origine de la lumière, et que la supposition de deux couleurs n'est pas suffisante. Il exprime ensuite sa préférence pour la théorie de l'émission, et relève les défauts de la théorie des ondulations.

Huyghens, lui aussi, crut voir dans la théorie des couleurs de *Newton* une attaque contre la théorie des ondulations, et c'est peut-être ce qui a pu le conduire à affirmer, un peu à la légère, que deux couleurs, le *bleu* et le *jaune*, suffisaient pour produire toutes les autres couleurs ainsi que la lumière blanche. *Newton*, qui témoigna toujours d'une grande estime pour *Huyghens*, répliqua dans une lettre adressée à *Oldenbourg* en 1672, d'une manière très modérée, mais aussi très ferme. Mais cette contestation avec *Huyghens* pourrait bien avoir été cause que *Newton* se montra plus tard si injuste envers le *Traité de la lumière*. D'un autre côté, la théorie des couleurs de *Newton* a peut-être déterminé *Huyghens* à ne pas traiter cette question. Il est en effet très remarquable qu'il n'en dise pas un mot dans son *Traité*, bien qu'il l'ait lu à l'Académie de Paris en 1678, et qu'il ne l'ait fait imprimer qu'en 1690. On doit penser d'après cela, que *Huyghens* ne devait pas savoir bien nettement comment définir les couleurs dans la théorie des ondulations, et comment expliquer notamment le phénomène de la dispersion. Aussi aima-t-il mieux passer la chose sous silence, et en cela il prit certainement le parti le plus sage.

Mariotte fut aussi au nombre des adversaires de *Newton*, non pas pour des raisons théoriques, mais parce que les expériences de celui-ci ne lui avaient pas complètement réussi. Il contestait notamment l'invariabilité des couleurs; mais, sur la prière de *Newton*, *Desaguliers* lui montra qu'il n'avait pas convenablement séparé les couleurs du spectre.

Toutes ces attaques, si désagréables qu'elles pussent être pour *Newton*, ne firent aucun tort à sa théorie des couleurs. Celle-ci ne fit que s'affermir avec le temps, et finit par passer presque à l'état de dogme. Je dois rappeler ici que *Newton* n'a pas découvert le spectre, et que *Grimaldi* dans son ouvrage, *Physico-mathesis de lumine, coloribus et iride*, Bononiae, 1665, parle déjà de l'allongement qu'éprouve l'image du Soleil dans la réfraction à travers les prismes; il est vrai qu'il n'en donne pas d'explication (§ 154). *Grimaldi* lui-même a eu un prédécesseur qui, sous beaucoup de rapports, l'a dépassé, et s'est en quelque sorte approché de *Newton*.

Marci de Kronland (Johannes Marcus), né en 1595 à Landskron en Bohême, mort en 1667, fut professeur de médecine à Prague : c'était l'un des hommes les plus instruits de son temps. On a de lui un livre intitulé : *Thaumantias, liber de arcu cœlesti deque colorum apparentium natura*, qui parut à Prague en 1648. Dans cet ouvrage, il conseille d'observer le spectre, qu'il appelle *iris trigonia*, dans une chambre obscure, ce qu'on croyait avoir été fait pour la première fois par *Newton*. Alors, dit-il, la lumière colorée à sa sortie du prisme diverge davantage. Il dit en outre que lorsque la lumière est devenue colorée une première fois, elle conserve toujours la même couleur après toutes les autres réfractions! Ce sont certainement des propositions remarquables, mais plus loin il dit, par contre, que chaque couleur peut être changée en une autre par la condensation, ce qui détruit la proposition précédente. D'ailleurs le livre tout entier manque de clarté et de précision, de sorte qu'on ne sait d'ordinaire, s'il expose une expérience, ou s'il exprime simplement une idée. Par là l'auteur lui-même a condamné son livre à tomber dans l'oubli, et si maintenant on le cite encore, c'est simplement à titre de curiosité.

277. — Vers la fin de 1675, le 9 décembre, *Newton* communiqua à la Société Royale son deuxième travail important dans le domaine de l'optique, à savoir, un traité *sur les couleurs des lames minces*. Ce travail lui fut suggéré par un mémoire que *Hooke* avait lu en 1672 à la Société Royale, au sujet des bulles de savon.

Les couleurs des bulles de savon furent prises en considération pour la première fois par *Boyle* en 1663 (§ 209, n° 8). Trois ans plus tard, en 1666, lord *Brereton* fit, à la Société Royale, une communication sur les couleurs des vieux carreaux de fenêtre altérés par le temps. *Hooke* songea alors à étudier ces couleurs d'une manière plus approfondie, mais il n'arriva pas encore au but qu'il s'était proposé. Il fit cependant connaître un certain nombre de cas où on les retrouvait encore, d'abord dans les lames minces de mica, puis lorsqu'il comprimait fortement deux morceaux de verre l'un contre l'autre. A l'endroit de la plus forte compression, il voyait par réflexion des taches noires entourées de stries curvilignes présentant les plus belles couleurs. Il arriva à cette conclusion que les couleurs dépendaient de la distance qui séparait les lames de verre, mais il ne parvint pas à mesurer cette distance, ni surtout à donner l'explication des couleurs.

A la suite de ces observations, *Newton* reprit le sujet. Il prit une lentille biconvexe dont le rayon de courbure de chacune des faces était de 50 pieds. Il la posa sur la face plane d'une lentille plan-convexe, destinée à faire un objectif, et pressa les deux verres l'un sur l'autre. Non seulement il obtint ainsi un phénomène plus régulier, sous forme d'un système d'anneaux concentriques, mais il eut en même temps, grâce aux courbures connues du verre supérieur, un moyen de mesurer en chaque point, par conséquent pour chaque anneau coloré, l'épaisseur de l'espace compris entre les deux verres.

Il trouva qu'en regardant par dessus, c'est-à-dire par réflexion, ou en regardant à travers, c'est-à-dire par transmission, les anneaux apparaissaient également ! Mais les couleurs des premiers anneaux étaient complémentaires de celles des derniers, c'est-à-dire que réunies aux premières elles auraient donné de la lumière blanche. Enfin, tandis que les premiers avaient un centre noir, les derniers avaient un centre blanc. Il mesura alors, avec un compas, les rayons des zones les plus brillantes de chaque système d'anneaux, ainsi que les rayons des espaces les plus sombres qui les séparaient, et il trouva que les carrés des rayons étaient[1]

pour les anneaux clairs dans le rapport 1.3.5.7.9.
—   —   sombres   —   0.2.4.6.8.

Enfin, il calcula la grandeur absolue de la zone la plus claire du premier anneau, et trouva que l'épaisseur de la couche d'air y était de $\frac{1}{178.000}$ de pouce ou de $\frac{1}{14.833}$ de ligne anglaise.

Lorsqu'au lieu de laisser de l'air il mettait un peu d'eau entre les deux

---

1. Pour les anneaux vus par réflexion. (Tr.)

verres, il voyait les anneaux se contracter : leurs diamètres diminuaient dans le rapport de 8 à 7, sans que l'ordre des couleurs fût d'ailleurs modifié.

Il en conclut que les épaisseurs de la couche d'eau étaient aux épaisseurs de la couche d'air, qui produisaient les mêmes couleurs, dans le rapport de 7^2 à 8^2, c'est-à-dire, dans le rapport de 49 à 64 ou à peu près celui de 3 à 4, ou enfin dans le même rapport que les indices de réfraction de l'eau et de l'air.

Enfin, il produisit aussi ces couleurs sur les bulles de savon, et comme il tenait pour justifié que la couleur d'une lame mince dépend de son épaisseur, il en concluait que l'épaisseur d'une bulle de savon, là où elle montre le rouge du troisième ordre, est la 21 ^{e} millionième partie d'un pouce anglais.

Telle est dans son ensemble la partie expérimentale des travaux entrepris par *Newton* à ce sujet. Le phénomène, il est vrai, a été découvert par *Hooke*, mais on le nomme cependant avec raison le phénomène des *anneaux de Newton*, car ici l'étude expérimentale se tient à un rang plus élevé que la simple découverte. Il s'agit maintenant de trouver l'explication.

Il tombe sous le sens que l'origine des couleurs est ici tout autre que dans le prisme : il faut donc trouver une explication nouvelle. Après quelques méditations, *Newton* parvint à imaginer une hypothèse qui, jusqu'à un certain point, satisfait au phénomène, et qui fait beaucoup d'honneur à sa sagacité, mais qui en même temps donne une preuve manifeste de l'insuffisance de la théorie de l'émission, puisque cette hypothèse est purement arbitraire et faite en vue du phénomène qu'elle a pour but d'expliquer.

Pour expliquer la réfraction par les prismes, *Newton* admettait d'abord que la lumière blanche était composée de particules hétérogènes, possédant une réfrangibilité (il n'en indiquait pas autrement la cause), et en même temps une couleur différentes. Plus tard, lorsqu'il développa plus complètement son système, il admit que la diversité des particules lumineuses consistait dans leur grosseur, que les plus petites représentaient le violet dans le spectre, et possédaient la plus grande réfrangibilité. Comme il expliquait en même temps la réfraction de la lumière par une attraction, il dut admettre aussi que les plus petites particules lumineuses étaient plus fortement attirées par le milieu réfringent, hypothèse évidemment peu admissible et contraire aux principes de la mécanique, car une grosse pierre n'est pas attirée par la Terre autrement qu'une petite.

Le phénomène des *anneaux* conduisit *Newton* à attribuer aux particules lumineuses une autre propriété, et, cette fois encore sans que cette propriété fût tirée de leur nature même. Il dut en effet admettre que les particules lumineuses avaient la faculté de modifier périodiquement leur état, de sorte qu'à un moment donné elles se réfléchissaient plus facilement, et qu'à un autre moment elles se réfractaient au contraire plus volontiers. *Newton* donna à cette faculté de plus facile réflexion ou de plus facile réfraction le nom de *fits*, ce qu'on a traduit en allemand par *Anwandlungen*, en français par *accès* et en latin par *vices*. Ces *accès*, d'après lui, se succèdent d'autant plus rapidement que la couleur est plus rapprochée de l'extrémité violette du spectre, c'est-à-dire que les particules lumineuses sont plus petites.

Après ces hypothèses, le phénomène des *anneaux* se laisse en effet expliquer

du moins jusqu'à un certain point. Le cas le plus simple est celui où on admet
qu'il tombe sur le système des deux verres, lentille et verre plan, de la lumière
homogène, ou une série de particules d'égale grosseur ou d'*accès* égaux. Appelons CD la surface convexe supérieure du verre ou de la lentille inférieure, AB
la surface plane qui repose sur cette lentille, et O le point de contact. Parmi
les particules lumineuses qui tombent sur AB, celles qui sont dans un état de
plus facile réflexion sont renvoyées en arrière, mais celles qui se trouvent dans
un accès de plus facile réfraction traversent cette surface et atteignent la surface courbe CD.

Or il est évident que toutes ces particules n'atteignent pas la surface CD au
même instant, mais après un temps de plus en plus grand, à mesure qu'on
s'éloigne du point O pour aller vers C ou vers D. Il résulte de là que ces particules, au moment où elles rencontrent CD, sont les unes dans un état de plus
facile réflexion, les autres dans un accès de plus facile réfraction. Les premières
sont réfléchies, les secondes traversent CD : comme le retour est aussi long que
l'arrivée, celles qui ont été réfléchies en CD sont dans un état contraire en arrivant en AB, c'est-à-dire qu'elles traversent la surface AB. De toutes ces explications il résulte qu'à partir du milieu O, la lumière est alternativement

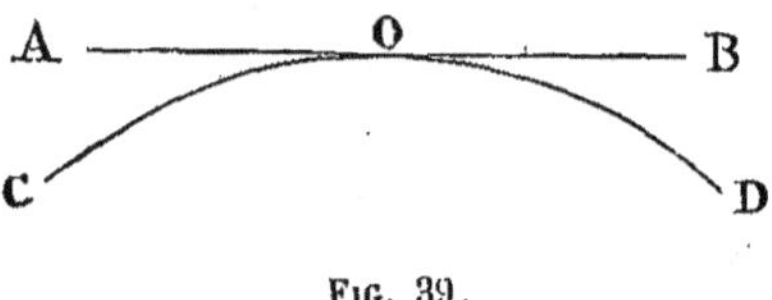

Fig. 39.

réfléchie ou réfractée, de sorte que des deux côtés de la lentille on doit voir se
succéder des anneaux clairs et des anneaux sombres, et de telle sorte que les
anneaux clairs de la partie supérieure correspondent aux anneaux sombres de
la partie inférieure et inversement.

Ce qui se passe pour la lumière d'une certaine couleur a lieu pour toute espèce de couleur, à cela près que la grandeur des anneaux est différente. Dans
la lumière blanche, il se forme en même temps des anneaux de toutes les couleurs qui empiètent l'un sur l'autre, de sorte qu'on obtient des séries de couleurs
que Newton distinguait par les noms d'*anneaux du* 1er, *du* 2e, 3e *ordre*.

Cette explication est très plausible. Mais ce qu'on ne voit pas bien, c'est la
cause qui met les particules lumineuses dans un état de plus facile réflexion ou
de plus facile réfraction, surtout si cette réflexion et cette réfraction sont produites comme le pensait *Newton* par une répulsion et une attraction. Les particules devaient donc alternativement être plus facilement attirées ou repoussées ; et comment cela pouvait-il se faire dans une masse qui n'aurait pas été
modifiée ?

Newton sentit fort bien que les *accès* ne donnaient pas encore une explication
satisfaisante, et il eut recours à une deuxième hypothèse pour expliquer les
accès, à leur tour. Pour cela, il dit qu'on devait se représenter les rayons
lumineux comme formés de particules animées d'un mouvement vibratoire,

soit par suite de leur attraction mutuelle, soit par suite d'une action des corps sur lesquels elles agissent. Si ces oscillations étaient plus rapides que les rayons mêmes, la vitesse des rayons était alternativement affaiblie ou augmentée, ce qui produisait les accès. Mais, parmi les partisans mêmes de *Newton*, les plus éclairés trouvaient que cette explication était par trop artificielle!

278. — Le mémoire sur les lames minces fut suivi, en 1676, d'un deuxième mémoire sur un sujet voisin, *les couleurs naturelles des corps*, dans lequel il cherche aussi à expliquer la transparence et l'opacité. La *transparence* provient, d'après lui, de ce que les particules du corps et les espaces intermoléculaires sont si petits qu'ils ne peuvent réfléchir la lumière. L'*opacité* au contraire provient de ce que les particules du corps sont assez grandes pour réfléchir la lumière; par suite des réflexions intérieures la lumière finit par s'éteindre. Les couleurs naturelles des corps ont la même origine que celles des lames minces : elles dépendent de la grandeur des plus petites particules des corps, qui sont transparentes au moins jusqu'à un certain point.

Ces considérations, comme toutes celles qui ont été données jusqu'ici, se rapportant à la constitution intime des corps sont très hypothétiques ; en outre elles ne s'accordent plus avec notre manière de voir, d'après laquelle les couleurs des corps résulteraient de phénomènes d'absorption, d'ailleurs fort obscurs encore. Il n'en est pas moins vrai que toutes ces considérations ont marqué une nouvelle époque en optique, car tout ce qu'on avait dit auparavant sur la nature des couleurs et sur les couleurs propres des corps était complètement insuffisant et du domaine de la fantaisie pure.

Descartes par exemple considérait la lumière comme produite par de petits globules durs, se touchant l'un l'autre immédiatement, et propageant les chocs qu'ils reçoivent par suite du frémissement des particules des corps lumineux. C'est ainsi qu'il expliquait par exemple comment les chats voient dans l'obscurité, ce qui n'est d'ailleurs pas vrai, ou du moins pas démontré. *Descartes* admettait que les couleurs provenaient de la rotation des petits globules combinée avec leur mouvement rectiligne, mouvement dont on n'entrevoit pas clairement la possibilité par suite du contact immédiat des globules. — Un mouvement de rotation plus fort que le mouvement rectiligne donnait le *rouge;* dans le cas contraire c'était le *bleu;* deux mouvements égaux produisaient le *jaune*.

Les partisans mêmes de la théorie des ondulations ne parvinrent pas à tirer de cette théorie une explication des couleurs. *Huyghens* passa la chose complètement sous silence; *Grimaldi* dit seulement que les couleurs sont la lumière même, agissant sur le sens de la vue d'une manière différente. Enfin *Hooke*, qui a réellement cherché le premier à donner une théorie de la lumière fondée sur la théorie des ondulations, manqua tellement son but, qu'on ne peut reprocher à *Newton* de ne pas s'être laissé gagner à sa théorie. *Hooke* n'admettait en effet que deux couleurs, le rouge et le bleu, et il disait que le rouge était l'impression produite sur la rétine par un choc lumineux d'abord intense, puis faible; le bleu était produit par un choc d'abord faible, puis fort.

Pour faire remarquer combien ces explications diffèrent de celles que nous admettons actuellement, rappelons que dans notre théorie moderne, nous faisons consister la différence des couleurs dans la différence de durée des vibrations de l'éther, tout comme la hauteur d'un son dépend de la durée des vibrations du corps sonore. Il paraît que c'est notre compatriote *Euler* qui aurait le premier donné cette explication si simple, et qui semble se présenter d'elle-même. Il l'a donnée, il est vrai, dans un mémoire purement théorique : *Nova theoria lucis et colorum*, imprimé dans les *Mémoires* de l'Académie de Berlin de 1746.

279 — Son mémoire sur les lames minces avait jeté *Newton* dans une discussion vive avec *Hooke* toujours irritable et passionné ; aussi avait-il résolu de ne jamais rien publier en optique tant que *Hooke* vivrait. Celui-ci heureusement (ou malheureusement pour la science), mourut en 1702, alors qu'il était président de la Société Royale et qu'il se trouvait au point culminant de sa renommée et de son influence. Deux ans plus tard, en 1704, *Newton* entra de nouveau dans le domaine de l'optique, en publiant cet ouvrage, qui devait être pendant plus d'un siècle le *Code* de la théorie de la lumière. Il parut d'abord en anglais sous le titre : *Opticks or a treatise of the reflections, refractions, inflexions and colours of light*, London 1704. Comme il importait alors, pour qu'un ouvrage se répandît, qu'il fût traduit en latin, *Newton* chargea de ce travail le Dʳ *Clarke* qui s'en acquitta, à sa grande satisfaction, à tel point que *Newton* fit volontairement présent de 100 livres sterling à chacun des cinq enfants du docteur. La traduction latine parut en 1706.

Les éditions anglaises et latines furent réimprimées plusieurs fois : l'édition anglaise le fut quatre fois à Londres, l'édition latine six fois, dont quatre à Londres, une fois à Lausanne et une fois à Padoue ; il parut en outre trois traductions françaises, une à Amsterdam, deux à Paris. Un ouvrage sur les sciences exactes n'a jamais eu autant d'éditions que l'Optique de *Newton*, ce qui contraste singulièrement avec le sort du traité de *Huyghens*, qui eut à peine une édition, et cependant ce traité est d'une lecture beaucoup plus facile que celle de l'Optique.

Dans son Optique, *Newton* a réuni et coordonné tous les travaux qu'il avait accomplis sur la lumière, jusqu'au moment où le livre parut. Nous n'y trouvons rien qui n'ait été déjà dit ici, mais le tout est relié et divisé systématiquement en livres, chapitres, définitions, axiomes, propositions, théorèmes, corollaires et expériences, de sorte que l'ensemble a une forme un peu sèche, bien que l'ouvrage, comme tout ce qui vient de *Newton*, soit écrit avec beaucoup de clarté et de précision.

Il est divisé en trois livres : le livre Iᵉʳ, traite de la réflexion, de la réfraction et de la dispersion, expliquées d'une manière très circonstanciée, d'après la théorie de l'émission et à l'aide d'hypothèses. A parler exactement, il n'y a que la réfraction que *Newton* soit parvenu à expliquer d'une manière assez satisfaisante. Dans ce cas, en effet, le principe de la théorie de l'émission, à savoir, l'attraction exercée par le milieu réfringent, perpendiculairement à sa surface, sur les particules lumineuses, est immédiatement applicable. Pour faire disparaître la difficulté qui semble résulter de ce qu'un plan, du moins un plan construit artificiellement, n'est jamais un plan parfait, il suffit d'admettre que l'attraction s'exerce un peu à distance, au delà des inégalités de la surface. Lorsque le rayon lumineux arrive alors près de la surface, dans le cercle d'action de la force attractive, il se courbe jusqu'à ce qu'il ait pénétré dans le milieu.

Là, il se meut de nouveau en ligne droite, avec une vitesse plus grande que celle qu'il possédait dans le premier milieu, air, vide, etc. La constance du rapport de sin. i à sin. r résulte de cette attraction.

La réflexion intérieure ou *réflexion totale*, découverte par *Keppler*, s'explique encore de la même manière, ainsi que *Newton* l'a parfaitement indiqué. Lorsqu'un rayon lumineux tombe, sous une incidence convenable, sur la surface intérieure d'un milieu réfringent, il est évident que s'il existe une force attractive, celle-ci peut être assez forte, soit pour s'opposer à la sortie du rayon, ou pour le ramener dans le milieu, s'il en est un peu sorti. Comme on le sait, cela a lieu lorsque le rayon se trouvant dans un milieu plus dense, le verre par exemple, tombe sur la surface intérieure sous un angle plus grand que l'angle limite, c'est-à-dire que l'angle de réfraction qui correspond à une incidence de 90°. Comme sin $i = n$ sin r, cela a lieu pour sin $r = \frac{1}{n}$. Si on admet que, pour le passage de la lumière de l'air dans le verre, $n = 1,50$, alors sin $r = 0,667$, l'angle limite $r = 41°, 50'$. Tout rayon lumineux qui rencontre la surface intérieure sous cet angle ou sous un angle plus grand ne peut sortir du verre.

Si on prend pour les rayons bleus la valeur plus précise $n = 1, 56$, et pour les rayons rouges $n = 1,54$, pour les premiers $r = 39°,52'$: pour les derniers $r = 40°, 29'$.

Tout cela a été fort bien établi par *Newton*. Cependant, ayant remarqué que dans la réflexion intérieure les rayons bleus se réfléchissent avant les rayons rouges, il supposa, ce qui était superflu, qu'il y avait des rayons de réflexibilités différentes.

Mais il en est tout autrement dans le cas ordinaire de la réflexion, lorsque la lumière tombe sur la surface d'un milieu plus dense que celui où elle se meut. On voit immédiatement que dans ce cas la force attractive ne peut rien expliquer. Qu'a fait alors *Newton* ?.. Si on cherche dans son Optique, à la place indiquée par le sujet, et même, si on parcourt tout l'ouvrage, on ne trouve rien : il ne donne pas d'explication. Il dit bien comment la réflexion ne peut se faire, mais il ne dit pas, d'une manière satisfaisante, comment elle se fait. Ainsi il montre que la réflexion ne saurait être comparée au rebondissement des balles élastiques, comme on le croyait généralement jusque-là, parce que la plupart des surfaces sur lesquelles la lumière se réfléchit sont loin d'être des plans parfaits.

Nous avons vu précédemment que *Newton*, pour expliquer les couleurs des lames minces, avait attribué aux particules lumineuses des accès périodiques de plus facile réflexion ou de plus facile réfraction. On pourrait tout d'abord croire que cette hypothèse serait ici applicable, mais il n'en est rien. La prédisposition à la réflexion ou à la réfraction ne suffit pas seule pour expliquer le phénomène. Il faut encore qu'une force intervienne, et *Newton* en admet une en effet, force de réflexion ou force répulsive, mais les difficultés ne sont pas aplanies pour cela. Comment admettre en effet qu'un seul et même milieu puisse exercer à la fois sur les particules lumineuses, soit une force attractive soit une force répulsive? La chose est encore plus incompréhensible si l'on remarque que *Newton*, s'appuyant sur ce fait, que les corps qui ont le plus grand pouvoir réfringent ont aussi le plus grand pouvoir réflecteur, admet que la force répulsive et la force attractive sont une seule et même force !

Un partisan absolu de *Newton*, *Herschel*, le jeune, dit dans son *Optique*, § 526, que la chose serait compréhensible si l'on admettait que les particules lumineuses ont des pôles comme les aimants, et tournent autour de leur axe, à peu près comme *Descartes* l'avait imaginé. Ces particules présenteraient alors alternativement leur pôle sud ou leur pôle nord à la surface, et si cette surface était munie de la force nord, elles seraient alternativement attirées et repoussées. Mais cette hypothèse elle-même n'est pas satisfaisante, car si un milieu plus dense, auquel on devrait également attribuer une force nord, se trouvait au-dessus de la surface, il devrait, en agissant d'abord sur les pôles sud, augmenter la réflexion : or ce n'est pas ce qui a lieu. *Newton* en effet savait bien que la réflexion sur une surface est d'autant plus faible que le milieu qui se trouve au-dessus est plus dense : de sorte que pour des densités égales des deux milieux, la réflexion le plus souvent disparaît tout entière.

Cette hypothèse ne peut donc pas non plus nous tirer d'embarras, et il demeure établi que la théorie de l'émission ne donne aucune explication satisfaisante de la réflexion, le plus simple de tous les phénomènes lumineux. Ce que *Newton* a expliqué, dans une certaine mesure, se borne donc aux phénomènes de la réfraction et de la dispersion : on ne peut y ajouter le phénomène des lames minces, puisque son explication complète suppose celle de la réflexion. *Newton* parait lui-même avoir senti l'insuffisance de ses explications, car tandis qu'il parle longuement de la réfraction, de la dispersion et même de la réflexion intérieure, il passe légèrement sur la réflexion extérieure. Le même fait nous frappe également dans les ouvrages des Newtoniens modernes, dans le *Traité de Physique* de *Biot*, Paris 1816, par exemple, dès que l'attention a été appelée sur ce point.

280. — Pour compléter ses considérations sur la réfraction de la lumière, *Newton* établit dans le livre suivant (II, proposit. III), la mesure de la puissance réfractive d'un corps. Pour lui, la force qui produit la réfraction est une force constante, tout comme la pesanteur. Or, de telles forces sont entre elles comme les carrés des vitesses qu'elles impriment pendant des chemins égaux : on sait en effet que les lois de la chute des corps sont

$$v = gt, e = \frac{1}{2} gt^2,$$ d'où $v^2 = 2ge$ de sorte que pour $e = 1$, on a $2g = v^2$. *Newton* suppose alors un rayon presque parallèle à la surface réfringente, de sorte que celle-ci agit sur lui presque perpendiculairement. Soit SC, fig. 40, le rayon incident, CB le

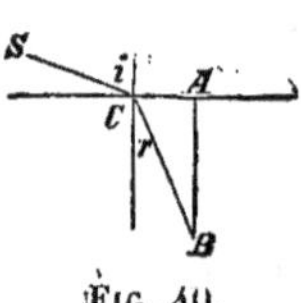

Fig. 40.

rayon réfracté : la vitesse du dernier peut être décomposée en deux autres, l'une CA, qu'il possédait déjà, et l'autre AB qu'il a reçue du milieu réfringent. Le carré de cette ligne par conséquent AB² mesurait alors la force de réfraction ou, comme on le dit, la *puissance réfractive*.

Or la relation $\sin i = \sin r$, pour $i = 90°$, donne $\sin r = \frac{1}{n}$; de plus AB $= \cot g\, r = \frac{\cos r}{\sin r}$ donc AB² $= \cot^2 r = n^2 - 1$.

Telle est donc l'expression de la puissance réfractive. Mais cette force est le produit de l'intensité de la force exercée par l'unité de masse par la densité du milieu. Pour obtenir l'intensité de cette force il suffit donc de diviser par d.

L'expression qu'on obtient ainsi, $\dfrac{n^2 - 1}{d}$ mesure le *pouvoir réfringent* du corps[1].

Newton mesura alors les indices de réfraction de vingt et quelques corps solides ou liquides, et il trouva que dans un certain nombre d'entre eux le pouvoir réfringent était le même. Les substances grasses se séparaient nettement des autres, mais lorsqu'on les comparait l'une à l'autre, elles présentaient de nouveau un accord assez satisfaisant. Le diamant présenta le plus fort pouvoir réfringent, et c'étaient les substances grasses qui s'en rapprochaient le plus. C'est en s'appuyant sur ce fait que *Newton* émit l'opinion, que le diamant était *probably an unctuous substance coagulated* [2].

Cette idée fut plus tard présentée par *Biot* comme la preuve d'un grand sens divinatoire chez *Newton*. Nous ne voulons pas le lui contester, mais nous devons faire remarquer qu'à l'époque où celui-ci publia son Optique en 1704, la combustibilité du diamant était déjà connue. Nous avons vu en effet au § 194, que, dans les années 1694 et 1695, *Averani* et *Targioni*, à l'aide de verres ardents, firent brûler des diamants fournis par le grand-duc Cosme III de Florence. Il est possible que *Newton* ait mesuré les indices de réfraction, et ait exprimé cette conjecture sur la nature du diamant, longtemps avant la publication de son Optique, mais je n'ai rien pu trouver sur ce sujet en fait de dates. Dans le mémoire qu'il présenta en 1675 à la Royal Society, et qui traite déjà les sujets contenus dans le livre II de l'Optique, il n'est pas question de ces recherches sur les indices de réfraction; elles se trouvent au contraire dans l'*Histoire* de la Royal Society de *Birch*, vol. III, p. 247, 261, 296. Dans les *Philos. Transact.*, on ne trouve qu'un mémoire de *Newton* sur l'optique : c'est le mémoire qu'il présenta en 1672.

D'ailleurs, la théorie qui porte à considérer $\dfrac{n^2 - 1}{d}$ comme constant ou $n^2 - 1$ comme proportionnel à la densité n'est pas précisément confirmée par les recherches de *Newton*. Les recherches ultérieures n'ont fait qu'en démontrer l'inexactitude.

281. — Dans le livre I, propos. II, se trouve aussi la théorie de l'arc-en-ciel, théorie qui fut considérée comme parfaite jusqu'à notre époque. En réalité elle laissait peu de choses à désirer, mais cependant la théorie nouvelle des ondulations en a fait ressortir deux défauts essentiels :

1° Elle n'explique pas les couleurs surnuméraires ou d'ordre supérieur, ces bandes vert et pourpre nettement limitées sur le bord violet intérieur de l'arc principal.

2° Elle ne donne pas une valeur exacte des diamètres des arcs principaux

---

1. Ce pouvoir réfringent devait avoir une valeur indépendante de l'état du milieu : il devait être le même pour un liquide et sa vapeur. (Tr.)

2. Newton, *Optik, etc.*, p. 249.

et de leurs différentes couleurs. *Newton* prend en effet pour l'indice de réfraction de l'eau par rapport à l'air :

$$\frac{109}{81} \text{ pour les rayons violets}$$

$$\frac{108}{81} \quad - \quad \text{rouges.}$$

Il trouve alors pour les rayons :

	De l'arc principal	De l'arc secondaire
pour le violet	40°17′	54°7′
— rouge	42°2′	50°57′

La théorie que *Newton* donne de l'arc-en-ciel n'est d'ailleurs qu'une simple extension de celle donnée par *Descartes*, une application de celle-ci à chacune des couleurs de la lumière blanche. *Descartes*, qui ne se rendait pas encore un compte bien exact de la constitution des couleurs, n'obtenait dans ses explications que deux arcs sans couleurs (§ 139, 140). Mais, dès qu'on admet que la lumière est formée d'un grand nombre de rayons colorés et de réfrangibilités différentes, on obtient par un raisonnement semblable deux arcs violets, deux arcs bleus, deux arcs rouges. Les rayons violets étant plus fortement réfractés que le rouge, le rayon violet réfracté dans l'arc principal forme avec le rayon incident un angle plus petit que le rayon rouge ; il en résulte que l'arc violet se trouve sur le côté intérieur de l'arc principal (voir fig. 1 et 2, § 45). Dans l'arc secondaire, le rayon violet fait au contraire, et pour la même raison, un angle plus grand que le rayon rouge, avec les rayons incidents, de sorte que l'arc violet se trouve sur le côté extérieur de l'arc secondaire. Ce sont ces différentes couleurs qui, se succédant dans les deux arcs, forment le phénomène de l'arc-en-ciel.

282. — Le deuxième livre de l'Optique de *Newton* traite des couleurs des lames minces, et des couleurs naturelles des corps. A cette occasion, l'hypothèse des *accès*, que j'ai déjà exposée, y est complètement développée. Dans la dernière partie de ce livre se trouvent aussi décrits les phénomènes des *lames épaisses* que Newton a observés, pour la première fois.

Il faisait pénétrer la lumière dans une chambre noire, par un trou de $\frac{1}{3}$ de pouce de diamètre, et recevait cette lumière sur un miroir concave de $\frac{1}{4}$ de pouce d'épaisseur, dont la surface postérieure convexe était étamée : le rayon de courbure du miroir était de 5 pieds, 11 pouces. Il plaçait ensuite un papier blanc en avant du miroir, à peu près vers son centre, et laissait passer la lumière à travers un petit trou percé dans le papier, de sorte que cette lumière était renvoyée vers le trou. Il voyait alors quatre ou cinq anneaux concentriques présentant les couleurs de l'arc-en-ciel. Des recherches ultérieures lui montrèrent que ces anneaux pouvaient encore s'obtenir avec un miroir non étamé, mais leur éclat était alors beaucoup plus faible. Newton expliquait encore ces phénomènes à l'aide de sa théorie des accès, mais on a reconnu depuis qu'ils avaient une tout autre origine que les anneaux réfléchis des lames minces, et qu'ils résultaient de l'interférence des rayons réfléchis sur les deux faces du miroir.

Le troisième et dernier livre contient d'abord quelques recherches, que *Newton* lui-même déclare incomplètes, sur la *diffraction* ou *inflexion*, comme il l'appelle. Ces recherches, bien que faites avec soin, n'ont rien appris de nouveau sur le phénomène ; la plupart des faits qui y sont exposés avaient déjà été étudiés par *Grimaldi*. *Newton* le savait, et en fait mention. Il ne s'explique pas d'ailleurs d'une manière précise sur la cause du phénomène, mais il est encore porté à mettre en jeu une attraction, et à admettre des rayons de différentes inflexibilités comme il avait admis des rayons différemment réflexibles ou réfrangibles.

Il ne dit rien de la théorie des ondulations, bien qu'il connût, sur ce point, l'opinion de *Grimaldi*, et bien que *Hooke*, dans un mémoire présenté à la Société Royale, le 18 mars 1674 (1675), eût cherché à appliquer cette théorie aux phénomènes de diffraction. Ces recherches de *Newton*, qui n'ont jamais été publiées séparément, et qui paraissent postérieures à ses autres travaux, ont exercé cependant une influence sur ses idées. L'ombre élargie que donne un corps mince lorsqu'on l'éclaire dans une chambre obscure, à l'aide d'un faible pinceau de lumière, conduisit Newton à admettre que les corps agissent sur la lumière à une distance importante. Cette conclusion est évidemment inexacte, car le tranchant affilé d'un couteau n'agit pas autrement sur la lumière que le dos cent fois plus épais du couteau.

Ce qu'il y a de plus remarquable dans ce troisième livre, c'est la conclusion. Elle se compose d'une série de 31 questions, se rapportant à l'optique : ce sont ou bien des expériences inachevées, ou des idées jetées en passant. Elles témoignent parfois d'une telle hésitation entre les deux théories de l'émission et des ondulations, que *Thomas Young*, dans son célèbre mémoire de 1801, où il défend la théorie des ondulations et établit le principe des interférences, a cru pouvoir s'appuyer sur ces questions et aussi sur des communications faites antérieurement par *Newton* à la Société Royale, pour affirmer que ce grand physicien n'était peut-être pas aussi éloigné de cette théorie qu'on pourrait le croire généralement. Il semble que *Young* ait jugé nécessaire de placer sa théorie sous la protection de *Newton*, pour lui assurer en Angleterre un accueil favorable, mais il ne réussit pas, malgré cela, à la faire adopter.

La vérité est que *Newton*, vers 1675, penchait vers la théorie des ondulations, et les questions qu'il pose à la fin de son Optique prouvent qu'en 1704, après un quart de siècle, ses scrupules n'étaient pas encore levés. Peut-être *Newton* n'a-t-il jamais attribué à sa théorie de l'émission l'infaillibilité qu'elle a acquise plus tard, aux yeux de ses partisans ?

Dans les questions dont nous venons de parler, *Newton* aborde également le phénomène de la *double réfraction*. Bien qu'il connût l'écrit de *Huyghens*, qu'il cite, il ne donne pas la loi de la réfraction du rayon extraordinaire trouvée par ce dernier ; il en donne une autre qui est fausse. Ainsi une théorie préconçue influa sur le jugement du grand homme ; à cela s'ajoutait peut-être une certaine animosité contre *Huyghens*, dont il ne peut avoir lu le *Traité*, en toute impartialité, non plus que celui de *Grimaldi*.

Enfin, *Newton* parle aussi du phénomène de *polarisation*. Il ne parvient pas plus à l'expliquer que celui de la double réfraction. Il se demande néanmoins si on ne réussirait pas à l'expliquer, en attribuant aux côtés du rayon des propriétés différentes. Il cherche ainsi à pallier les défauts de sa théorie, en attribuant à chaque fois des propriétés nouvelles aux particules lumineuses. Cette tendance, nous la retrouvons de nos jours chez le physicien écossais *Brewster*, toutes les fois que le désaccord entre la théorie de *Newton* et l'expérience éclate d'une manière plus manifeste.

Cette idée de *Newton* mérite néanmoins d'être citée au point de vue historique, car elle fut reprise en 1810 par *Malus*, lorsque celui-ci eut découvert la polarisation par réflexion. Il crut que le phénomène ne pouvait se produire dans la théorie des ondulations, et qu'il ne pouvait s'expliquer que par la théorie de l'émission, en admettant que les particules lumineuses avaient deux pôles comme les aimants, et placés sur une perpendiculaire à la direction du rayon. Cette hypothèse est à peu près celle que *Newton* avait déjà faite : c'est ce qui lui a fait donner au phénomène le nom de *polarisation*, nom qu'il a conservé depuis.

J'ai terminé l'esquisse complète de l'Optique de *Newton*, et j'ai cherché à vous donner une idée exacte du contenu et de la valeur de cette œuvre autrefois si célèbre. Il n'est pas difficile, dans l'état actuel de la science, d'en indiquer les défauts; mais il était bon de savoir et de se convaincre par sa propre expérience que l'édifice qu'on a abandonné, il y a à peine cinquante ans, était réellement élevé sur une base bien vermoulue. On peut être un admirateur sincère de *Newton* et cependant reconnaître avec *Fresnel*, que l'Optique est le plus faible ouvrage de ce grand esprit.

Je laisserai maintenant de côté le domaine de l'Optique, pour m'occuper de ses autres travaux en physique.

283. — Parmi ces travaux, je dois d'abord citer ceux qui concernent la *chaleur*. J'ai déjà dit, au § 221, qu'il se servait d'un thermomètre à l'huile de lin, portant deux points fixes : la température de la glace fondante et celle du corps humain, et qu'il divisait l'intervalle entre ces deux températures en douze parties. Il ne se servit pas de la température d'ébullition de l'eau, bien qu'il l'eût déterminée, à l'aide de son thermomètre. Il avait trouvé 33° pour le commencement de l'ébullition, 34° et 34° 1/2, selon que l'ébullition était plus ou moins vive. Il résulte de là qu'il ne considérait pas la température d'ébullition comme entièrement constante, ce qui n'est pas inexact pour l'eau bouillante elle-même, car ce qui est réellement constant, c'est la température de la vapeur qui s'élève de l'eau lorsque la pression extérieure demeure la même.

Newton a donné, en outre, un moyen ingénieux de mesurer, à l'aide de ce thermomètre, de très hautes températures : il décrit ce moyen dans les *Philos. Transact.* de 1701 (§ 223), mais sans donner son nom. Pour mesurer la température d'une tige de fer rouge, il la place dans une position convenable, en la soumettant à un courant d'air froid et continu. Il observe alors le temps du refroidissement, c'est-à-dire le temps au bout duquel sa température s'est suffisamment abaissée pour qu'il puisse la mesurer à l'aide de son thermomètre ou encore par la solidification d'un alliage facilement fusible. Il avait déterminé auparavant le point de solidification de tels alliages. L'un d'eux, formé de deux parties de plomb, trois d'étain et cinq de bismuth, qu'on désigne d'ordinaire comme l'*alliage de Newton*, lui présenta le point de fusion le plus bas : il correspondait à la température d'ébullition de l'eau.

Maintenant, pour déduire de ces observations la température primitive de la tige de fer, il établit la loi suivante : *la quantité de chaleur perdue par un corps dans un temps très petit est proportionnelle à sa température*, ou pour mieux dire, à l'excès de sa température sur celle du milieu ambiant.

Cette loi qui n'est, au fond, que la supposition la plus simple qu'on puisse faire sur la marche du refroidissement a été appelée plus tard : loi du refroidissement de *Newton*. Elle peut être considérée comme exacte tant que l'excès de température n'est pas trop considérable, et ne dépasse pas 10 ou 20 degrés. Cette loi s'exprime facilement en désignant par τ la température et par t le temps.

$$d\tau = a\tau dt \text{ d'où } L.\tau = at. \,[1]$$

Newton déduisait de cette loi ce que la formule montre également, c'est que les logarithmes des températures sont proportionnels aux temps. Autrement dit, en supposant tracée une ligne logarithmique, les temps seraient représentés par les abscisses et les températures par les ordonnées correspondantes.

Amontons modifia un peu le procédé. Il portait au rouge l'une des extrémités de la tige de fer, et déterminait l'endroit où sa température pouvait se mesurer au thermomètre. Il supposait ensuite, ce qui n'est pas exact, que la température décroissait de l'extrémité chaude vers l'extrémité froide en progression arithmétique, ou qu'elle pouvait se représenter géométriquement par une ligne droite. *Amontons*, qui était lui-même dans l'erreur, croyait cependant corriger ainsi beaucoup de défauts inhérents à la méthode de *Newton* (§ 223) ! *Amontons* présenta ses observations sur ce sujet en 1703.

Newton se livra aussi à quelques spéculations sur la nature de la chaleur. Dans les questions qui se trouvent à la fin de son Optique, il dit que si on suspend deux thermomètres au milieu de deux vases de verre, dont l'un est plein d'air et l'autre vide, et qu'on les porte d'un endroit froid dans un endroit chaud, ou inversement, on les voit monter ou descendre tous deux en même temps. Il se demande alors si la chaleur n'est pas transportée dans le vase plein d'air par les vibrations d'un milieu beaucoup plus subtil que l'air, et si le milieu n'existe pas même dans un espace vide d'air. Les corps chauds ne communiquent-ils pas leur chaleur aux corps froids qui sont dans le voisinage, parce que les vibrations de ce milieu se propagent des corps chauds aux corps froids ? Ce milieu ne traverse-t-il pas très facilement tous les corps, et n'est-il pas répandu par toute l'immensité des espaces célestes, grâce à sa force élastique [2]?

---

1. $d\tau$ étant une quantité négative, il vaut mieux écrire $- d\tau = a\tau dt$ d'où $\dfrac{d\tau}{\tau} = - adt$ $L.\tau = - at + C^{te}$. Si τ_0 est la température initiale du corps, pour $t = o$. $L.\tau_0 = C^{te}$: L'équation précédente devient donc $L.\tau = - at + L.\tau_0$ d'où $L.\tau_0 - L.\tau = at$. (Tr.)

2. Fischer, *Gesch. d. Phys.*, III, 215.

D'après *Brewster*, les questions 18 et 24, auxquelles les précédentes appartiennent, ne se trouveraient pour la première fois que dans la seconde édition de l'Optique parue en 1714. On voit par là que *Newton* qui, en 1702 dans une lettre adressée à J. C. *Gregory*, considérait l'éther comme un postulatum de pure fantaisie, et qui devait être banni de la nature des choses, était plus tard revenu de cette opinion.

D'autres parties de la physique encore dans l'enfance, l'*électricité* et le *magnétisme*, attirèrent aussi l'attention de *Newton*. En 1675 il communiqua à la Société Royale le fait suivant : Une lame de verre placée à $\frac{1}{8}$ de pouce environ d'une table mettait en mouvement de petits morceaux de papier placés entre la table et elle, les attirant et les repoussant, dès qu'on frottait sa surface avec du drap. Lorsqu'on posait le doigt sur la lame de verre, les petits morceaux de papier se collaient en regard à l'autre surface du verre et suivaient le doigt lorsqu'on le déplaçait. De ces expériences il paraît résulter que c'est *Newton* qui aurait remarqué le premier l'électrisation d'une lame de verre.

Le magnétisme attira particulièrement son attention. On se demandait alors comment un aimant agissait à distance. Cette question occupa d'abord un habile expérimentateur, *Hawksbee*, qui, plus tard, remplaça *Hooke* à la Société Royale comme *curator of experiments*. *Hawksbee* aborda la question seul en 1712, puis il se mit en relation, en 1715, avec le mathématicien *Brook Taylor*, et enfin avec le malheureux *Whiston*. Les expériences faites sur ce sujet étaient encore fort grossières, et on ne peut pas blâmer *Newton* d'en avoir conclu que les aimants agissent l'un sur l'autre en raison inverse du cube des distances, ce qui pouvait être exact dans certaines circonstances, mais n'est pas l'expression des faits. On raconte, à ce propos, que *Newton* possédait un aimant dont l'intensité était la plus grande qu'on connût jusque-là : il portait près de 250 fois son poids. Il avait la forme d'un anneau, pesait seulement 3 grains et portait 746 grains.

Newton s'occupa aussi de certains sujets se rapportant à la chimie, à la météorologie, à la géologie, tels que le feu, la lumière boréale, etc... Mais ce qu'il a laissé sur ces différents points n'a pas une grande importance : je n'en dirai donc rien.

284. —J'aborde maintenant les travaux de *Newton* en mécanique et en mathématiques. Ce sont eux qui ont fondé sa renommée de la manière la plus durable, non seulement à cause de leur importance scientifique, mais surtout parce qu'ils ont révélé toute la force et la profondeur de ce puissant esprit. Pour montrer *Newton* dans toute sa grandeur, il faudrait exposer en détail les découvertes qu'il a faites dans ces parties de la science ; il faudrait faire sentir la difficulté des problèmes qu'il a traités, et la pénétration créatrice qu'il lui a fallu pour les résoudre, car l'état défectueux des mathématiques en son temps nécessitait surtout l'établissement de méthodes nouvelles. C'est alors seulement qu'on comprendrait pourquoi le nom de *Newton* est si célèbre et combien est justifiée l'admiration dont le grand homme a joui jusqu'à ce jour chez tous les peuples civilisés, admiration que n'ont pu affaiblir quelques fautes et quelques erreurs.

Mais le développement de ces découvertes ne peut trouver place, à cause de

leur nature élevée, dans un simple exposé historique, et en tout cas exigerait
plus de temps qu'il ne m'en est accordé. Je devrai donc me borner à effleurer
le côté extérieur du sujet.

C'est vers 1666 que *Newton* paraît, pour la première fois, avoir porté son attention sur le mouvement des corps célestes. On connaît la légende qui nous a été
conservée. Vers 1666 la peste qui sévissait à Cambridge lui fit chercher un refuge à
Woolsthorpe. On raconte que là, étant assis sous un pommier, dans le jardin
de sa maison, une pomme qui vint à tomber lui aurait suggéré pour la première fois l'idée de la gravitation universelle! Ce récit a été mis en circulation
principalement par *Voltaire*, qui disait le tenir de madame Conduit, la nièce
de *Newton*.

Un sieur *Turner*, pasteur (mort en 1853), qui fut plus tard possesseur des
biens laissés par *Newton* à *Woolsthorpe*, a contribué à perpétuer cette légende.
Cet homme qui avait un véritable culte pour tout ce qui avait appartenu à
Newton, avait fait placer une plaque commémorative dans la chambre où celui-ci
avait fait ses premières études. Il était intimement convaincu qu'il connaissait
l'arbre en question, et cherchait soigneusement à le conserver. Mais au bout de
quelques années un orage l'ayant abattu, il en fit faire une chaise!

D'autres doutent de ce récit, et *Brewster* lui-même, le plus récent biographe
de *Newton*, ne veut pas le garantir parce qu'il n'a pu l'établir d'une manière
authentique. Il est vraisemblable que dans ce récit la fiction se mêle à la réalité. Il n'est guère croyable que ce soit la pomme, en tombant, qui ait été la
première occasion de la théorie de la gravitation, mais il se pourrait bien
qu'elle ait ramené *Newton* à méditer une idée déjà conçue. Du moins, il paraît
certain que dès 1666, *Newton* s'était dit que la pesanteur ne pouvait être bornée à la surface de la Terre et aux montagnes les plus élevées
et qu'elle devait s'étendre, avec une force décroissante, même
jusqu'à la Lune.

Les considérations étaient simples et ingénieuses et rappellent celles de *Galilée* sur le pendule. Il imaginait d'abord l'orbite de la Lune comme circulaire. Si cette orbite est décrite
par suite de l'attraction exercée par la Terre, T (fig.41), cette
attraction doit avoir pour effet de maintenir constamment la
Lune, L sur le cercle. Si cette attraction venait à cesser, la
Lune en vertu de la force centrifuge suivrait la tangente LA,

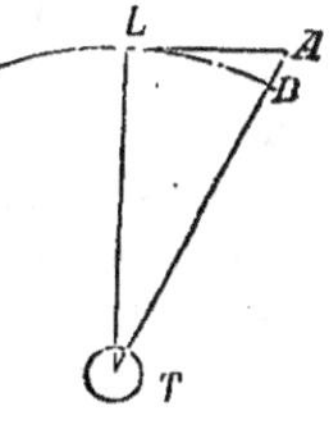

Fig. 41.

et dans une minute par exemple, irait jusqu'en A. Mais l'attraction a pour effet
de ramener la Lune sur le cercle; la partie AB est donc parcourue sous l'action de la pesanteur, c'est la quantité dont tomberait dans une minute, un corps
placé à la distance de la Lune : c'est la quantité dont la Lune tombe réellement
vers la Terre dans chaque minute.

Newton pose alors $TL = R = 60r$, r étant le rayon de la Terre. En outre la
Lune, dans une minute, parcourt un arc $\delta = 32'' \, 26'''$, de sorte que $AB = 13$
pieds $\frac{1}{3}$.

D'après les déterminations de l'époque, l'espace parcouru dans la première
seconde de chute à la surface de la Terre était de 15 pieds $\frac{1}{2}$, et par consé-

quent de 15 pieds $\frac{1}{2} \times 60^2$ dans la première minute. En supposant connue la loi dite de *Newton*, on déduirait de là $AB = 60^2 \times 15$ pieds $\frac{1}{2} \times \frac{r^2}{R^2} = 15$ pieds $\frac{1}{2}$ par minute.

Ce résultat ne s'accordant pas avec la valeur de 13 pieds $\frac{1}{2}$ déduite du mouvement de la Lune, *Newton* laissa cette recherche de côté. Vers la fin de 1666, il retourna à Cambridge et reprit ses travaux d'optique qui le détournèrent encore pendant longtemps de ses méditations sur le mouvement des corps célestes. Ce n'est qu'en 1679 que nous voyons *Newton* rentrer publiquement dans le domaine de la mécanique céleste, bien qu'il soit certain qu'il avait continué à méditer en silence les idées qu'il avait d'abord ébauchées sur la pesanteur.

285. — Dans cette année, le 28 novembre 1679, par une lettre adressée au Dr *Hooke*, alors secrétaire de la Société Royale, *Newton* proposa à la Société une expérience qui devait prouver directement la rotation de la Terre, dont quelques-uns doutaient encore.

Tycho-Brahe, ainsi que d'autres astronomes du xviie siècle, pensaient qu'un corps en tombant, devait dévier à l'ouest de la verticale, si la Terre tournait (§ 67), parce que, pendant la chute du corps, la Terre se serait déplacée vers l'est. Comme ils n'avaient pu observer une telle déviation, ils en avaient conclu que la Terre ne tournait pas autour de son axe. La conclusion de *Newton* était complètement opposée. Il affirmait qu'un corps qui tombe doit tomber à l'est du fil à plomb, parce que le point, où se trouvait d'abord le corps, décrit dans le sens du mouvement de la Terre un cercle plus grand que le sol et qu'il possède ainsi une plus grande vitesse. Le corps lui-même possède donc une vitesse plus grande que le sol, et la déviation d'un corps qui tombe à l'est de la verticale est une preuve directe du mouvement de rotation de la Terre.

La proposition fut très bien accueillie par la Société, qui chargea son expérimentateur *Hooke* de préparer l'expérience le plus tôt possible. Mais celui-ci temporisa, et au lieu de communiquer, dans la séance suivante, le résultat de ses recherches, il répondit à *Newton*, en affirmant qu'un corps qui tombe ne doit pas exactement dévier à l'est, mais plutôt vers le sud-est, que dans l'air il devait décrire une spirale elliptique excentrique, et dans le vide une ellipse excentrique, et non pas une spirale comme *Newton* semblait le croire. La Société pressa alors de nouveau l'exécution des expériences, et en effet, le 10 décembre 1679, *Hooke* rendit compte de celles qu'il avait faites. Mais ces expériences étaient très insuffisantes, la hauteur de chute n'étant que de 27 pieds; aussi ne donnèrent-elles aucun résultat. C'est probablement pour cela qu'il n'en est fait mention, ni dans les *Protocoles* de la Société, ni dans les *Philos. Transactions*, qui ne parurent d'ailleurs pas de 1679 à 1683, on ne sait pour quelle cause.

Ce n'est que dans ces derniers temps que l'ingénieuse proposition de *Newton* s'est trouvée justifiée, et cela par plusieurs expériences :

1° D'abord, d'une manière à moitié satisfaisante, en 1791 par *Guglielmini*, sur la tour *degli Asinelli* de Bologne. La hauteur de chute était de 90 pieds.

2° Complètement en 1802 par *Benzenberg*, sur la tour Saint-Michel à Hambourg. La hauteur de chute était de 235 pieds.

3° En 1804 par le même, dans un puits de mine à Schleebusch dans le comté de Mark. La hauteur de chute était de 262 pieds.

4° D'une manière très exacte en 1832, par *Reich* à Freiberg, dans le puits des Trois-Frères. La hauteur de chute était de 488 pieds.

Dans toutes ces expériences, les sphères en tombant dévièrent à l'est, mais dans celles de *Benzenberg*, et notamment dans celles de *Reich*, la déviation fut exactement celle indiquée par la théorie. La rotation de la Terre s'est trouvée ainsi mise hors de doute par l'expérience. Il est à noter que, dans ces recherches, on trouva également une petite déviation vers le sud, ainsi que *Hooke* croyait l'avoir démontré théoriquement et expérimentalement; mais rien ne l'indique dans la théorie établie par *Newton* et par d'autres mathématiciens, *Gauss* par exemple.

286. — J'ai dit précédemment que *Hooke* dans sa réponse à *Newton*, avait prétendu qu'un corps qui tombe devait, par les effets réunis de la pesanteur et de la force centrifuge, décrire une ellipse dans le vide. Cette assertion conduisit *Newton*, ainsi qu'il le dit lui-même, dans une lettre adressée à Halley en 1686, à l'importante proposition que voici :

« *Une planète sur laquelle une force agirait en raison inverse du carré des distances, décrirait une ellipse dont le Soleil serait l'un des foyers*[1]. »

Newton était alors persuadé qu'il avait découvert la véritable cause du mouvement des corps célestes, ou plutôt la cause qui entretient ce mouvement; mais, comme il n'avait pas encore pu confirmer sa théorie par l'expérience, il n'osait pas la produire ouvertement. Cependant, un jour du mois de janvier 1682, comme il assistait à une séance de la Société Royale, un heureux hasard voulut qu'il y fût question de la nouvelle mesure du méridien effectuée par *Picard* en 1679 (§ 260). *Newton* ne connaissait pas encore le résultat de cette mesure; il en prit copie, retourna à Cambridge et reprit le calcul qu'il avait laissé en 1666; avant d'avoir achevé, il vit que sa théorie était confirmée, et la joie le mit dans une telle surexcitation, que, de plusieurs jours, il ne put finir ses calculs. Il confia d'abord sa grande découverte à quelques amis, se remit au travail, et à la fin de 1683, envoya ses principaux résultats à la Société Royale, mais sans donner de preuves.

Pendant ce temps, deux autres membres de cette société étaient aussi presque parvenus à s'expliquer les mouvements du système solaire. *Wren*, le célèbre architecte de l'église Saint-Paul, celui que nous avons vu jouer un rôle si honorable dans la théorie des chocs (§ 262), s'efforçait depuis quelques années déjà de reproduire le mouvement des planètes par la combinaison de deux forces, une force émanant du Soleil et un choc latéral, mais il n'avait pu y parvenir. D'un autre côté, *Halley* s'appuyant sur la troisième loi de *Keppler*, à savoir : « que les carrés des temps de révolution sont comme les cubes des grands axes, » était arrivé à cette conclusion, que les forces centrifuges des planètes étaient en raison inverse des carrés de leurs distances.

Un jour qu'ils s'entretenaient tous les deux de cette question avec *Hooke*, ce dernier affirma qu'il avait déjà expliqué tous les mouvements des corps célestes,

---

1. On suppose ici que la force émane du Soleil. (Tr.)

à l'aide de la loi ci-dessus énoncée. *Wren* et *Halley* déclarèrent que cela ne leur avait pas été possible, et prièrent *Hooke* de leur communiquer sa démonstration. Mais *Hooke* refusa, bien que *Wren* et *Halley* lui eussent proposé de lui faire cadeau d'un livre d'une valeur de 40 shellings; sur ces entrefaites, *Halley* alla, en août 1684, chez *Newton*, afin d'obtenir de lui la démonstration des lois qu'il avait énoncées auparavant, et afin de l'engager aussi à communiquer ses travaux à la Royal Society.

Newton y consentit; et en avril 1686, il envoya au vice-président *Hoskins* un mémoire sous le titre : *Philosophiæ naturalis principia mathematica.* Ce mémoire fut présenté à la Société le 28 avril 1686. Le docteur *Vincent*, en le présentant, en fit un grand éloge, et conclut en disant que *Newton* avait tellement approfondi le sujet qu'il ne restait plus rien à faire.

Hooke, qui assistait à la séance, entra alors dans une grande colère. Il affirma que c'était lui qui avait donné à *Newton* les premières indications sur cette découverte; il en appela aux communications, qu'il prétendit avoir faites précédemment au vice-président *Hoskins*, mais celui-ci déclara ne pas s'en souvenir. Ces assertions de *Hooke* furent rapportées à *Newton*, et peut-être exagérées. Il en résulta que celui-ci écrivit, le 20 juin 1686, une lettre très vive à *Halley*, lettre dans laquelle il dit entre autres choses, « que, dès le 14 janvier 1672 (1673), il avait fait connaître brièvement sa découverte à *Huyghens*. Sa lettre avait été envoyée au D^r. *Oldenburg*, alors secrétaire de la Société Royale, pour lui être expédiée, mais *Oldenburg* aurait selon l'habitude, conservé l'original et envoyé seulement une copie. Les papiers et les lettres laissés par *Oldenburg* étaient alors tombés aux mains de *Hooke*, et il était fort possible qu'il avait lu sa lettre, et s'était approprié ses découvertes. »

Ces assertions, qui faisaient voir le caractère de *Hooke* sous un jour très défavorable, ont dû cependant plus tard paraître à *Newton* peu fondées, ou du moins peu démontrées; car, après une lettre que *Halley* lui envoya pour le calmer, *Newton* répondit, le 14 juillet 1686, en exprimant tous ses regrets de son mouvement irréfléchi, et, de plus, en signalant les nouvelles idées qu'il avait puisées dans sa correspondance avec *Hooke*. Il ajoutait enfin que le meilleur moyen de terminer ce différend, était de déclarer dans une séance de la Société Royale que *Wren*, *Hooke* et *Halley* avaient, indépendamment l'un de l'autre, déduit la loi de la gravitation des lois de *Keppler*.

C'est au milieu de telles mésintelligences que fut mise au jour cette œuvre qui semblait devoir enseigner aux hommes l'harmonie du ciel! La Société Royale fit d'ailleurs envoyer à *Newton* une lettre de félicitations pour son mémoire, et décida de le faire imprimer à ses frais. Cette décision fut aussitôt exécutée et l'impression du manuscrit fut terminée en mai 1687.

Pour compléter l'histoire de cette œuvre, disons encore que, tout d'abord, *Newton* ne voulait faire imprimer que les deux premiers livres, en leur conservant leur titre particulier : *De motu corporum libri duo*, au lieu de leur titre général : *Philosophiæ naturalis principia mathematica. Newton* ajoutait fort naïvement : *la philosophie est une dame si exigeante et querelleuse, que se commettre avec elle, c'est se jeter dans des disputes sans fin.* « Cependant, dit-il, le titre *Philosophiæ naturalis* augmenterait certainement le débit de l'ouvrage, » et comme celui-ci était la propriété de la Royal Society, il n'osait pas le réduire de parti pris. Il se résigna donc au dernier titre, et consentit également, sur les instances de *Halley*, à ce que le troisième livre fût publié.

On voit par là assez clairement ce que *Newton* pensait de la philosophie ; et ce n'est pas lui qui est cause que, depuis son époque, les mots *philosophie naturelle* et *physique* ont été complètement confondus en Angleterre.

Les *Principia mathematica*, qui parurent, comme nous l'avons déjà dit, en 1687, eurent encore, pendant la vie de *Newton*, deux éditions : l'une fut publiée en 1713, à Cambridge, par *Roger Cotes* (1682-1716), mathématicien plein de mérite qui entretint à ce sujet une correspondance très active avec *Newton ;* l'autre fut publiée à Londres, en 1726, avec l'aide du docteur *Pemberton*. Il parut encore plus tard d'autres éditions, à Amsterdam, en 1733, à Londres en 1746.

Les éditions publiées à Genève par les deux Frères mineurs *Le Sueur* et *Jacquier*, la première en 1739, l'autre en 1750, eurent une très grande vogue surtout sur le continent, principalement à cause du commentaire dans lequel les éditeurs expliquaient les difficultés de l'ouvrage.

Une autre édition, avec commentaire, fut encore publiée à Prague, en 1780, par *Tessaneck*. Il parut encore des exposés moins détaillés de l'ouvrage. Le plus célèbre est celui du mathématicien écossais, *Mac-Laurin : An Account of Sir Isaac Newton's philosophical discoveries*, London 1748, volume in-quarto qui a été également traduit en français. Puis *Pemberton : A View of Sir Isaac Newton's Philosophy.* London 1728. — *Voltaire : Éléments de la philosophie de Newton, mis à la portée de tout le monde*, Amsterdam 1738, Lausanne 1773. — *Paolo Frisi Barnabitæ : De gravitate universali corporum libri tres*, Mediolani 1768 ; le dernier est aussi approfondi que le précédent est superficiel.

287. — La *Philosophie naturelle* de *Newton* n'est au fond qu'un traité de mécanique, mais porté à un point de perfection tel, que jusqu'alors on n'avait rien vu de semblable. Il commence *ab ovo*, définit d'abord la quantité de la matière, la qualité du mouvement, l'inertie, etc... Il développe ensuite les principes généraux du mouvement, les principes de la composition et de la décomposition des forces. Il passe des problèmes les plus faciles à d'autres, présentant toujours une plus grande difficulté, jusqu'à ce qu'il arrive à traiter le mouvement même des corps célestes.

C'est alors que *Newton* démontre, d'une manière rigoureuse, que si un corps décrit une ellipse, une parabole ou une hyperbole, sous l'action d'une force émanée de l'un des foyers de ces coniques, cette force attractive doit agir en raison inverse du carré de la distance.

Il démontre également la proposition inverse que, si une force émanée d'un point agit sur un corps en raison inverse du carré de la distance, ce corps, quel que soit sa direction antérieure, pourvu qu'elle ne passe pas par le centre d'attraction, décrit nécessairement l'une des trois coniques. Il fait voir, en outre, que la deuxième et la troisième loi de *Keppler* sont des conséquences nécessaires de la loi générale qui s'énonce ainsi : *Les corps s'attirent en raison directe de leurs masses, et en raison inverse des carrés de leurs distances.*

Le développement logique, et presque toujours rigoureux, de toutes les conséquences qui découlent de cette loi unique, est ce qui donne à *Newton* la propriété incontestée de la théorie de la gravitation. Beaucoup d'esprits clairvoyants ont certainement, avant *Newton*, exprimé l'idée qu'une attraction devait s'exercer entre les corps célestes. — On trouve des traces de cette idée jusque chez les anciens, chez *Pythagore, Aristarque* de Samos et *Anaxagore*. On la retrouve parmi les modernes, chez *Copernic, Keppler, Fermat* et *Borelli*. *Newton* a lui-même accordé que *Wren, Halley* et *Hooke* avaient trouvé la loi de la gravitation, bien que *Hooke*, dans son ouvrage *An attempt to prove the motion of the Earth*, London 1674, dise seulement que l'attraction est d'autant plus forte que les corps agissent à une plus courte distance. Mais tous ces savants, et notamment les trois derniers, n'étaient pas parvenus à démontrer la loi. C'était chez eux une heureuse inspiration, heureuse parce qu'elle se trouvait exacte, mais qui aurait pu tout aussi bien être trouvée fausse plus tard. Le développement de cette idée première était ici la chose essentielle, — et ce développement, un génie mathématique aussi élevé que *Newton* pouvait seul le faire.

Comme nous l'avons déjà dit, il n'est pas possible ici d'effleurer même tous les problèmes que *Newton* traite dans son ouvrage, et qu'il a plus ou moins complètement résolus. J'en mentionnerai seulement quelques-uns, d'abord celui qui concerne la *forme de la Terre*.

Cassini avait déjà remarqué, en 1666, que, dans la planète Jupiter, l'axe de rotation était notablement plus petit que le diamètre équatorial, et *Flamstead*, astronome à Greenwich, avait confirmé cette observation. Ces faits paraissent avoir conduit *Newton* à s'occuper de la forme générale de la Terre. Il n'a pas complètement résolu la question, mais il l'a traitée toutefois beaucoup plus convenablement que son rival *Huyghens*. Il la traita, tout d'abord, d'une manière beaucoup plus conforme à la réalité, en ce qu'il ne considérait pas la force d'attraction comme émanant d'un point central ; il supposait que toutes les parties de la Terre s'attiraient l'une l'autre, d'après la loi de la gravitation. Il devina alors, plutôt qu'il ne démontra, qu'une masse liquide d'égale densité en tous ses points, soumise à cette loi, devait prendre en tournant la forme d'un sphéroïde aplati ; il arriva ensuite, par une voie détournée, à cette conclusion, que les axes du sphéroïde devaient être dans le rapport de 229 à 230.

Lorsque *Newton* indiqua ce résultat, *Richer* avait fait depuis longtemps ses observations sur le ralentissement des oscillations du pendule sous les tropiques, et *Huyghens* lui-même avait déjà exprimé son opinion sur la cause du phénomène, devant l'Académie de Paris, bien que son explication n'ait été imprimée qu'en 1690. Naturellement *Newton* ne pouvait aborder le problème de la forme de la Terre sans considérer la force centrifuge. On ne sait pas s'il emprunta, sur ce point, les idées que *Huyghens* avait exposées déjà dans son *Horologium oscill.* de 1673 (§ 259), ou s'il trouva lui-même les lois qui s'y rapportent. Toujours est-il que, dans ses *Principes*, il considère la force centrifuge à un point de vue beaucoup plus général qu'*Huyghens* ne l'avait fait, sans quoi il n'aurait pas pu analyser complètement le mouvement elliptique des corps célestes.

Les recherches sur la forme de la Terre conduisirent *Newton* à deux découvertes qui comptent parmi les plus belles qu'il ait faites. Lorsque le grand astronome *Hipparque* (128 ans av. J-C), voulut rapporter les longitudes des étoiles fixes au point équinoxial, il les trouva de 2 degrés plus grandes que celles déterminées (294 ans av. J.-C.), par *Timocharis* et par *Aristyll*. Il trouva une plus grande différence encore, lorsqu'il voulut comparer ses observations à celles plus anciennes d'*Eudoxe*. Il résultait de là que si les étoiles fixes continuaient ainsi à se déplacer par rapport au point équinoxial, elles feraient, en 25 700 ans environ, une révolution complète autour du pôle de l'écliptique. Ce cycle a reçu le nom de cycle de *Platon*.

Les observations plus récentes confirmèrent ce mouvement des étoiles fixes. Le point équinoxial, dont la position était déterminée par les constellations du Bélier et de la Balance, s'en écartait de plus en plus, de sorte qu'on fut obligé de faire une distinction entre les constellations mêmes du zodiaque ou astérismes et les signes ou dodécatémories.

Les anciens astronomes virent dans ce phénomène un mouvement réel des étoiles fixes, une marche en avant dans le sens de l'écliptique. *Copernic* rectifia cette manière de voir ; il montra que le mouvement était seulement apparent, et qu'il correspondait à une rotation lente du plan de l'équateur de la Terre, dans un sens opposé à celui de son mouvement sur l'écliptique. On a depuis désigné ce phénomène par le nom de *précession des équinoxes*, sans d'ailleurs pouvoir en indiquer la cause.

Les choses en étaient là lorsque *Newton* montra que le phénomène était une conséquence méconnue de la forme sphéroïdale de la Terre. Le Soleil et la Lune doivent en effet agir sur le renflement que la terre présente à l'équateur, de façon à lui communiquer un mouvement lent de rotation inverse.

La deuxième découverte en question concerne le cours de la Lune, la rétrogradation des nœuds de son orbite, et ensuite cette accélération et ce retard périodiques, qu'elle éprouve dans chaque quart de sa révolution et qu'on nomme *variation*. Cette variation fut découverte par *Tycho-Brahe;* on a également reconnu depuis qu'elle avait été observée de 970 à 980 par l'astronome arabe *Abulwefa* à Bagdad. *Newton* montra que le premier phénomène provenait de l'attraction du sphéroïde terrestre sur la Lune, et que le deuxième est produit par l'action du Soleil sur ce satellite. Il posa ainsi les premières bases de la théorie des mouvements de la Lune, l'un des problèmes les plus difficiles de l'astronomie, et aussi l'un des plus utiles, car il donne l'un des meilleurs moyens de déterminer les longitudes en mer.

Le nombre des sujets astronomiques que *Newton* a traités, ou du moins dans lesquels il a frayé la voie, est très considérable, et je serais entraîné trop loin si je voulais les exposer l'un après l'autre : je me bornerai à en signaler quelques-uns.

1° Méthode pour calculer l'orbite d'une comète, à l'aide de trois observations.

2° Recherches sur les mouvements de trois corps qui s'attirent d'après les lois de la gravitation, problème qui est devenu si célèbre plus tard sous le nom de *problème des trois corps*.

3° Attraction exercée par les montagnes sur le pendule.

4° Recherches sur le flux et le reflux.

Keppler et quelques autres avaient pressenti que ce phénomène était produit par l'attraction de la Lune, mais ils n'avaient pu l'expliquer d'une manière certaine. *Newton* résolut la question, du moins en tant qu'il expliqua d'une manière satisfaisante ce qui était resté une énigme pour tous ses devanciers, à savoir, le mouvement d'ascension de la mer sur le côté de la Terre opposé à la Lune. *Newton* l'expliqua par l'attraction de la Lune sur les parties solides et liquides du corps terrestre.

288. — Parmi les sujets qui appartiennent à la physique proprement dite, on trouve tout d'abord dans les *Principes* :

1° La théorie de la *réfraction* de la lumière, considérée comme résultant de l'attraction du corps réfringent sur les particules lumineuses. Cette théorie y fut exposée avant de paraître dans l'Optique.

2° L'établissement d'une loi assez satisfaisante, pour la *résistance* qu'éprouve un corps en mouvement dans un fluide aériforme. *Galilée* avait déjà entrevu que la loi qu'il avait établie pour la chute des corps, n'était rigoureusement vraie que dans le vide, et il avait même indiqué un moyen de mettre en évidence la résistance de l'air, moyen qui fut employé avec succès par les membres de l'Académie del Cimento. Plus tard, entre 1640 et 1650, *Riccioli* effectua une série de recherches sur la chute de sphères de densités différentes, dans des milieux tels que l'air et l'eau, et il trouva que les corps spécifiquement plus légers éprouvaient une plus grande résistance que les plus lourds. Il ne chercha cependant pas à formuler la résistance par une loi. Le premier qui en eut l'idée fut *Deschales*. Après avoir fait quelques expériences, celui-ci exprime, dans son *Cursus mathematicus*, Lugd. 1674, la loi que la résistance est proportionnelle au chemin parcouru par le corps qui tombe.

Vers 1670, *Mariotte* fit, à l'Observatoire de Paris, un grand nombre d'expériences pour trouver la résistance de l'air. Il laissait tomber des boules de différentes substances, d'une hauteur de 166 pieds $\frac{1}{2}$, et mesurait le temps de chute, à l'aide d'un pendule à seconde. Il arriva alors à ce résultat que la hauteur à retrancher pour représenter la résistance serait proportionnelle à la hauteur de chute et à la vitesse moyenne. Ces expériences s'accordaient si merveilleusement avec cette théorie, qu'un des collègues de *Mariotte, De la Hire*, pensait qu'il avait bien pu les mettre d'accord lui-même. *De la Hire* crut du moins nécessaire de recommencer ces expériences, mais il arriva précisément au même résultat.

Les choses en étaient là, lorsque *Newton* dans ses *Principes* établit une nouvelle loi : « *La résistance est égale au poids d'une colonne du fluide qui aurait pour base la surface antérieure du corps en mouvement, et pour hauteur, la hauteur de chute correspondant à sa vitesse.* » Pour un seul et même corps, et dans un seul et même fluide, la résistance est par conséquent proportionnelle au carré de la vitesse.

Pour vérifier cette loi déduite de principes théoriques, *Newton* fit exécuter une série d'expériences par *Hawksbee*. Ces expériences furent faites le 9 juin 1710, dans l'église Saint-Paul de Londres, à l'aide de boules de verres en partie remplies de mercure, qu'on fit tomber d'une hauteur de 200 pieds anglais. Elles s'accordèrent assez bien avec la théorie, et il en fut de même d'autres expériences entreprises 9 ans plus tard au même endroit par le physicien Desaguliers, mais sur une hauteur de 227 pieds anglais.

Après ces expériences, la loi fut considérée comme exacte, du moins pour des moyennes vitesses. Cependant *Newton* avait lui-même reconnu que sa théorie ne s'accordait pas suffisamment avec les faits, et à l'aide de recherches faites avec le pendule, il avait vérifié que dans des mouvements très lents sa loi indiquait pour la résistance des valeurs trop petites. Il déduisit de là que la résistance devait dépendre de deux termes, dont l'un serait proportionnel au carré de la vitesse; pour l'autre terme il ne put trouver la loi, et se vit obligé d'abandonner cette théorie, sans l'avoir complétée.

La chose en resta là jusqu'en 1740. Vers cette époque, l'Anglais *Robins* fit un grand nombre de recherches sur la vitesse des projectiles, et arriva à ce résultat, que pour des mouvements aussi rapides, la résistance était près de trois fois aussi grande que celle que la théorie de *Newton* indiquait. C'est dans ces expériences, notons-le en passant, que le pendule balistique fut employé pour la première fois. Depuis lors, on a reconnu réellement l'inexactitude de la théorie de *Newton*, mais, malgré de nombreuses expériences et malgré des recherches mathématiques tout aussi nombreuses, le problème de la résistance est encore à résoudre.

289. — *Newton* a encore laissé, en acoustique, des preuves de sa profonde sagacité. Il a le premier donné une formule théorique de la vitesse de propagation du son dans l'air. Cette formule est $v = \sqrt{\dfrac{e}{d}}$ dans laquelle e exprime l'élasticité et d la densité de l'air; elle est très simple, mais elle repose sur une série de déductions, dont l'intelligence suppose des connaissances mathématiques approfondies.

La théorie de *Newton* sur la propagation du son n'a pas été admise sans difficultés : les uns la trouvaient incompréhensible, d'autres contradictoire. Elle a le seul défaut d'être trop particulière. Elle est complétement exacte, eu égard aux hypothèses physiques sur lesquelles elle repose, et elle contient le germe de la vraie théorie, ainsi que l'a démontré l'un des contemporains de *Newton*, le grand mathématicien *La grange*, dans les *Mémoires de l'Académie de Berlin* de 1786. Il est vrai que la valeur numérique donnée par la formule ci-dessus diffère notablement de celle donnée par l'expérience. *Newton* lui-même avait trouvé par le calcul, pour les températures moyennes, la valeur $v = 968$ pieds anglais ou 906 pieds de Paris, et avec des valeurs plus exactes que celles qui étaient en sa possession, on serait conduit à une valeur encore un peu plus faible, tandis que les mesures les plus précises faites de notre temps ont donné $v = 1022$ pieds de Paris.

Mais cette différence ne diminue pas la valeur de la théorie de *Newton;* elle résulte simplement de ce que celui-ci n'avait pas tenu compte d'une condition qui lui était inconnue. S'appuyant sur la loi de Mariotte, il considérait l'élasticité de l'air comme simplement proportionnelle à la pression. Il ne savait pas qu'il y avait là une correction à faire, tenant à ce que les condensations et les dilatations rapides que l'air éprouve dans la propagation du son, produisent un dégagement ou une absorption de chaleur, qui n'ont pas le temps de se compenser et augmentent l'élasticité de l'air. En portant cette correction dans la formule de *Newton*, ainsi que *Laplace* l'a fait de nos jours, la formule s'accorde avec l'expérience d'une manière très satisfaisante. Disons, en passant, que *Newton*, dans tout son travail, ne parle jamais d'ondulations mais de pulsations, *pulsibus*.

Parmi les travaux que *Newton* a laissés sur la mécanique physique, je crois devoir encore signaler ceux qui se rapportent au mouvement des eaux ou des liquides en général.

Newton est le premier qui ait remarqué la contraction qu'éprouve une veine liquide, près de l'ouverture par laquelle elle s'échappe, la *contractio venæ*. Il l'explique par le mouvement que prennent les particules liquides vers le milieu de l'orifice avant de s'écouler, et arrive ainsi à trouver pour la vitesse d'écoulement l'expression[1]

$$v = m \sqrt{2gh},$$

qui est une modification de la formule de Torricelli $v = \sqrt{2gh}$.

Il s'occupe ensuite des oscillations de l'eau dans les tubes communiquants, et trouve que ces oscillations s'accordent avec celles d'un pendule qui aurait pour longueur la demi-longueur des deux colonnes d'eau. De cette loi il déduisait aussi la vitesse des ondes liquides.

Il considérait dans une couche de liquide AC, dont le milieu est B, AB comme une colonne, dont les extrémités montent et descendent par oscillations. Lorsque l'eau monte de A en B, et par suite descend de B en C, le pendule dont la longueur est $\frac{1}{2}$ AB fait une oscillation (Newton entendait par là une oscillation complète, une allée et un retour). Mais pendant ce temps, l'onde s'est déplacée de toute sa longueur, et, dans ce même temps, un pendule quatre fois aussi long que le premier ferait aussi une demi-oscillation ; la longueur de ce pendule serait 4. $\frac{1}{2}$ AB = 2AB = AC, c'est-à-dire la longueur de l'onde. Donc, concluait *Newton*, le temps dans lequel une onde se propage dans toute sa longueur est à peu près égal à la durée de l'oscillation d'un pendule simple, dont la longueur serait égale à celle de l'onde.

Une onde de 3,05 pieds de Paris parcourrait par conséquent, dans une seconde, un chemin de 3,05 pieds de Paris, puisque telle est la longueur du pendule à seconde[2]. Cependant, *Newton* observe néanmoins que ce calcul n'est pas mathématiquement exact, parce que les oscillations des particules d'eau qui forment les ondes ne se font pas verticalement. En réalité, un grand nombre de recherches ultérieures ont fait ressortir beaucoup de défauts dans la théorie de *Newton*, mais nous ne devons pas oublier qu'ici, comme en beaucoup d'autres branches de la physique mécanique, le grand homme a frayé la voie.

J'ai terminé l'exposé des principaux sujets traités dans cet ouvrage célèbre, qui a assuré à *Newton* une gloire impérissable, et qui, sous certains rapports, a fait époque aussi bien en physique qu'en astronomie. Les résultats auxquels il est arrivé en physique ne sont certes pas comparables à ceux qui ont couronné ses travaux d'astronomie, mais on doit reconnaître que ses *Principes* ont établi

1. V. Montucla, *Hist.* t. III, 680. — *La cataracte de Newton.* (Tr.)
2. V. Montucla, t. III, p. 716. (Tr.)

un lien plus étroit entre la mécanique et la physique, et ont conduit à une étude
et à une connaissance plus exactes des phénomènes de mouvement, qui forment
la plus grande partie des problèmes de la physique.

Les *Principes mathématiques* de *Newton* ont surtout contribué à débarrasser la physique des fantaisies de la philosophie cartésienne, et à les remplacer
par une méthode exacte d'investigation. On trouvera peut-être, qu'ils ont donné
à la physique des années suivantes un caractère trop exclusivement mathématique, mais la faute en revient moins à *Newton* qu'à la pédanterie de ses partisans, ainsi qu'au développement extraordinaire que prirent les mathématiques.
Tant d'esprits éminents s'appliquèrent à cette science, qu'on en était arrivé à
cette croyance bien pardonnable, que le salut de la physique était dans les mathématiques seules.

290. — *Newton* a lui-même tant contribué au développement de cette dernière science, que je donnerais une idée incomplète de son œuvre, si je ne disais
pas quelques mots de ses travaux mathématiques. Ces travaux l'ont d'ailleurs
mis en rapport avec notre célèbre compatriote *Leibnitz*, et ont soulevé une
discussion, qui a beaucoup attiré l'attention du monde savant de l'époque.

De toutes les découvertes qui ont été faites en mathématiques, celle du calcul
infinitésimal est de beaucoup la plus importante. Aucune autre ne peut lui être
comparée, car non seulement elle a étendu la science, mais elle l'a complètement renouvelée; elle l'a créée à nouveau et portée à une hauteur, en comparaison de laquelle, tous les progrès faits jusqu'alors paraissent bien petits. Il
n'est donc pas étonnant qu'au moment où on a commencé à comprendre l'importance et la puissance de ce nouveau mode de calcul, on se soit demandé à
qui en était due la découverte.

La question peut être traitée à différents points de vue. Si on veut l'attribuer
à celui chez lequel on en retrouve la première trace, il faut remonter bien loin,
On peut aller jusqu'à *Archimède* : on peut nommer *Pappus, Keppler, Napier,
Cavalieri, Fermat, Mercator, Wallis, Barrow,* et d'autres. Dans leurs écrits
on rencontre, en effet, des traces plus ou moins nettes de cette méthode, qui
consiste à trouver la limite du rapport des accroissements de deux quantités
variables, lorsque ces accroissements deviennent très petits. Mais, chez tous ces
mathématiciens, ce n'est qu'un artifice particulier, qu'ils emploient pour résoudre certains problèmes difficiles : aucun d'eux n'y vit le germe d'une transformation complète de la science.

Newton et *Leibnitz* sont les premiers qui aient reconnu la généralité de
cette méthode, et qui aient cherché à l'employer d'une manière fructueuse pour
le développement des mathématiques. Aussi la question devait-elle se borner, et
c'est ce qui a eu lieu, à savoir auquel de ces grands hommes appartenait la
priorité de cette nouvelle méthode de calcul. La passion et l'amour-propre
national envenimèrent le différend, qui ne put être résolu avec calme à cette
époque. Mais après plus d'un siècle, nous tenant au-dessus des parties adverses,
nous pouvons exprimer un jugement impartial.

Newton est, sans contredit, l'inventeur de cette partie élevée des mathématiques à laquelle on a donné le nom d'Analyse infinitésimale; du moins il en est
le premier inventeur, mais il n'est pas le seul. *Leibnitz*, lui aussi, l'a décou-

vert, et ses droits à cette découverte, quoique postérieurs à ceux de *Newton*, n'en sont pas moins fondés. Lorsqu'on se demande quel est celui qui a embrassé la question au point de vue le plus général, quel est celui qui a le plus contribué à son développement, il ne peut exister aucun doute; c'est à *Leibnitz* que revient le plus grand mérite. Un examen plus approfondi des faits sur lesquels repose ce jugement appartient à l'histoire des mathématiques; je n'ai pas à le présenter ici.

CONTEMPORAINS DE NEWTON.

291. — *Edmund Halley.* Cet homme, également célèbre comme physicien et comme astronome, était le fils d'un fabricant de savon très estimé de Haggerston près de Londres. Il naquit dans cette localité en 1656 et mourut en 1742 à Greenwich, dans sa quatre-vingt-sixième année. Son goût pour la physique et les mathématiques se manifesta de très bonne heure. En 1672, par conséquent dans sa seizième année, alors qu'il fréquentait encore l'école de Saint-Paul à Londres, il prenait plaisir à fabriquer des cadrans solaires et à observer l'aiguille de la boussole. Ce goût ne fit que se développer lorsqu'en 1673 son père l'envoya au Queen's College à Oxford, et lui acheta une petite collection d'instruments de physique et d'astronomie.

En 1676, par conséquent à l'âge de 20 ans, il fit paraître dans les *Philos. Transact.* un mémoire, dans lequel il cherchait à déterminer géométriquement les aphélies et les excentricités des orbites des planètes. Vers la même époque, il songea à dresser un catalogue des étoiles fixes, mais ayant appris que deux des plus célèbres astronomes de cette époque, *Flamstead* et *Hevel*, s'occupaient déjà de ce travail, il renonça à ce projet général et se borna à dresser le catalogue de l'hémisphère austral. Grâce à de puissantes protections, il parvint à se faire envoyer à Sainte-Hélène par Charles II, aux frais de l'État, pour exécuter son projet. Il arriva dans l'île en février 1677; il poursuivit ses observations pendant trois mois, temps relativement court, et eut cependant l'occasion d'observer le passage de Mercure devant le Soleil.

Le résultat de ce voyage fut un *Catalogus stellarum australium*, qui parut en 1679. Il n'avait pas manqué de perpétuer la mémoire de son protecteur, en donnant à une constellation le nom de « *Robur Carolinum* ». C'était une allusion au chêne creux dans lequel Charles II s'était caché après la défaite du marquis de Worcester par les troupes de Cromwell. — Ce travail eut pour conséquence immédiate de faire nommer *Halley* membre de la Société Royale (1678), bien qu'il n'eût alors que 22 ans.

Il ne tarda pas à acquérir une grande influence dans cette Société, car dès l'année suivante 1679, nous voyons qu'il fut envoyé à Dantzig, pour trancher le différend qui s'était élevé entre *Hooke* et *Hevel*, au sujet de l'emploi des lunettes dans les instruments de mesure pour l'astronomie (§ 196, 239). Comme nous l'avons vu, *Halley* put se convaincre que *Hevel*, avec ses alidades et à l'œil nu, observait aussi bien que les autres astronomes avec les lunettes d'alors.

J'ai déjà dit quelle fut la part de *Halley* dans la découverte de la loi de la gravitation ; j'ai dit notamment que ce fut lui qui engagea *Newton* à publier son livre des *Principes*. Des travaux théoriques sur le magnétisme terrestre, dont je parlerai tout à l'heure, lui inspirèrent le désir de connaître, par ses propres observations, les phénomènes de la déclinaison magnétique dans les régions tropicales de l'océan Atlantique. Cette idée fut favorablement accueillie par le gouvernement, à cause de l'intérêt qu'elle présentait pour la navigation.

Le roi Guillaume Ier fit, dans ce but, équiper un navire dont il lui confia le commandement. Halley partit de l'Angleterre, le 20 octobre 1698, se dirigea d'abord vers les côtes d'Afrique, puis alla sur les côtes tropicales de l'Amérique et enfin dans les Indes orientales. Des maladies et des révoltes des matelots le forcèrent à retourner en Angleterre, dès le mois de juillet 1699. L'entreprise ne fut cependant pas abandonnée. Son équipage renouvelé, il visita les Açores, les îles du Cap-Vert, les Canaries, Sainte-Hélène, plusieurs points des côtes d'Afrique et d'Amérique jusqu'au 53e degré de latitude sud, et rentra dans sa patrie le 7 septembre 1700.

Cette expédition valut à *Halley* le titre et la demi-pension de capitaine de vaisseau pour toute sa vie : elle valut à la science la première carte de déclinaison. Le succès de cette entreprise détermina le roi Guillaume Ier, en 1701, à le charger de faire le relevé des côtes anglaises de la Manche, tant au point de vue de la topographie que de la hauteur des marées. Le résultat de ce travail fut une carte de la Manche sur une grande échelle.

Ces deux expéditions acquirent à *Halley* une si grande renommée en Europe, que l'empereur d'Autriche pria la reine Anne de l'autoriser à venir dans ses États, afin qu'il le consultât sur l'établissement d'un port commode dans la mer Adriatique. *Halley* fit en effet un voyage en Istrie, puis alla à Vienne, où il fut accueilli avec distinction par l'Empereur, et revint enfin en Angleterre en repassant par le Hanovre. Il retourna encore une fois en Autriche, pour donner son avis sur les fortifications de Trieste.

En 1703, après la mort de *Wallis*, il fut nommé professeur de mathématiques à Oxford ; en 1713, il succéda à *Hans Sloane* comme secrétaire de la Société Royale, et, en 1719, *Flamstead* étant mort, il devint astronome royal à l'observatoire de *Greenwich*. Il est le deuxième qui ait obtenu cette place importante, qu'il occupa honorablement jusqu'à sa mort (§ 202).

292. — *Halley* était un homme d'une activité extraordinaire, et comme il conserva toute sa vigueur intellectuelle jusqu'à un âge avancé, on comprend que ses travaux doivent être très nombreux. Il a publié dans les *Philosophical Transactions* seules 78 mémoires, et il a écrit en outre plusieurs ouvrages spéciaux. Il a fait également des traductions, et entre autres, celle du livre suivant, *Apollonii Pergaei conicorum liber VIII*, Oxonii, 1710, qu'il a traduit de l'arabe en latin. Ses travaux ne portent pas tous, tant s'en faut, sur les mathématiques et l'astronomie : un grand nombre appartiennent à la physique et à l'astronomie physique.

Parmi ses travaux astronomiques, celui qui a le plus contribué à sa renommée est le calcul des orbites de 24 comètes, qui avaient paru de 1337 à 1698. Dans ce calcul, qu'il effectua en 1705, d'après la théorie des comètes de *Newton*, il eut le

bonheur de trouver que les comètes de 1531, 1607 et 1682 étaient un seul et
même corps céleste, se mouvant non pas suivant une parabole ou une hyperbole,
mais suivant une ellipse, sur une orbite fermée, et accomplissant sa révolution
autour du Soleil en 75 ans environ. Il prédit donc très exactement son retour
en 1759, et c'est, comme on le sait, la même comète qui a été vue en 1835.

Halley crut encore avoir trouvé deux autres comètes à orbites elliptiques;
l'une d'elles est la grande comète de 1680, dont la queue avait 70° de long. Il
croyait, ainsi que cela a été développé par *Whiston*, que cette comète avait été
la cause du déluge, que c'était elle qui avait paru à l'époque de la mort de Jules
César, et que la durée de sa révolution était de 575 ans. Elle doit paraître en
l'an 2224; nous avons donc quelque temps à attendre pour vérifier la justesse
du calcul!

Halley est encore tout aussi célèbre par l'idée qu'il émit de se servir du
passage de Vénus ou de Mercure devant le Soleil pour calculer la parallaxe du
Soleil ou sa distance à la Terre. Nous avons déjà indiqué au § 241 quelle suite on
a donné à cette idée.

Je signalerai encore que c'est *Halley*, qui a le premier observé les mouve-
ments propres de certaines étoiles fixes. Il montra notamment qu'Aldébaran,
Arcturus et Sidrius se trouvaient, à son époque, à un demi-degré plus au sud
qu'au temps de Ptolémée. Son mémoire sur ce sujet se trouve dans les *Philos.
Transact.* de 1718. Il ne parle cependant que du mouvement en latitude; c'est
Cassini qui découvrit le mouvement en longitude et qui émit l'opinion que le
Soleil lui-même pourrait bien se déplacer[1].

On ne doit pas confondre ces mouvements particuliers de différentes étoiles,
dont la loi n'est pas connue jusqu'à présent, avec ces petits mouvements
communs à toutes les étoiles fixes, et qui leur fait parcourir à chacune un petit
cercle ou une ellipse dans l'espace d'un an. Comme nous le savons, ces derniers
mouvements ne sont qu'apparents, tandis que nous avons tout lieu de croire que
ces mouvements non périodiques et particuliers à certaines étoiles sont réels.

Le mouvement apparent et périodique des étoiles a été aussi découvert et
étudié au temps de *Halley. Hooke* est le premier qui l'ait observé. Il dit
dans son *Attempt to prove the motion of the Earth*, 1674, qu'il avait observé,
dès 1669, que l'étoile γ du Dragon se tenait en juillet à 25″ plus au nord
qu'en octobre. Ensuite, *Picard*, faisant des observations, en 1671, à Uranienbourg, trouva une variation annuelle de 40″ environ. *Flamstead* observa également, en 1680, que la déclinaison de l'étoile polaire était, en juillet, de 40″
plus petite qu'en décembre. *Flamstead* crut y voir l'effet d'une parallaxe des
étoiles; ce que *Cassini* et *Manfredi* ne voulurent pas accepter, mais sans
donner toutefois une meilleure explication.

Le hasard voulut que *Samuel Molineux*, un amateur d'astronomie, fit établir dans son observatoire particulier à Kew, près de Londres, un instrument
construit par le célèbre *Graham*. Le 25 décembre 1725, il reçut la visite du
jeune docteur *Bradley*, professeur d'astronomie à Oxford, depuis la mort de
Keill (1721), auquel il avait succédé. Pour essayer le nouvel instrument, en

____

1. Annuaire 1842, p. 383.

même temps que pour vérifier les observations publiées par *Hooke* précédemment, ils dirigèrent la lunette sur la même étoile γ du Dragon, et furent très étonnés de trouver cette étoile plus au sud que cela n'avait été observé par *Molineux*, un mois auparavant. Ils attribuèrent d'abord cette différence à une erreur d'observation, mais la suite de ces observations leur montra que réellement, dans le cours d'une année, l'étoile effectuait un mouvement très régulier.

Peu de temps après, *Molineux* mourut, et *Bradley* poursuivit seul les observations à Wanstead, dans le comté d'Essex, avec un nouvel instrument construit par Graham. Depuis le mois d'août 1727 il étudia le phénomène avec assiduité. et bientôt il eut le bonheur d'en trouver l'explication complète, qu'il donne dans une lettre adressée à *Halley*, et insérée dans les *Philosophical Transactions* de 1728. « Une lunette, dit-il en substance, ne donne la véritable position de l'étoile, que si le mouvement de la Terre coïncide avec la direction de la lumière qui vient de l'étoile. Dans le cas contraire, la lunette doit être inclinée dans le sens du mouvement de la Terre, pour que la lumière la pénètre suivant son axe. Cette déviation est la plus grande possible, lorsque les deux mouvements sont perpendiculaires l'un à l'autre ; elle est nulle, comme nous l'avons déjà dit, lorsque les directions des deux mouvements coïncident. Comme la Terre, dans sa révolution autour du Soleil, change continuellement de direction, la lunette doit subir des déplacements correspondants, et tout se passe comme si l'étoile changeait périodiquement de position. Si la vitesse de translation de la Terre était négligeable par rapport à celle de la lumière, le phénomène ne serait pas sensible, mais comme il existe, c'est que les deux vitesses sont comparables et on a pu en effet en déduire la vitesse de la lumière. »

C'est le phénomène qu'on a appelé plus tard *aberration de la lumière*, et dont la découverte doit être considérée comme l'une des plus brillantes de l'astronomie moderne. Il a aussi un grand intérêt pour les physiciens. Si on admet en effet le mouvement de la Terre comme établi, il prouve que la vitesse de la lumière est mesurable : si au contraire on admet ce dernier point, il donne une preuve du mouvement de la Terre, et de plus, indépendante de la théorie de la gravitation.

Lorsque *Bradley* fit sa grande découverte, bien qu'il fût professeur d'astronomie à Oxford, il n'avait à sa disposition qu'un observatoire particulier, avec les appareils nécessaires à son travail. *Halley* étant mort en 1742, il fut appelé à lui succéder à l'Observatoire de Greenwich : il remplit d'une manière distinguée ces nouvelles fonctions, qu'il conserva lui-même jusqu'à sa mort. Le travail le plus important qu'il ait fait à Greenwich se rapporte à la *nutation* de l'axe terrestre, dont la période de 18 années dépend du cours des nœuds de la Lune. Ce travail était commencé depuis 1727, mais il n'était pas assez avancé pour être publié avant 1748 : il parut alors dans les *Philosophical Transactions*. A la fin de ce mémoire, on trouve cette opinion, que si notre système solaire se meut dans l'espace, il peut en résulter un changement apparent dans la distance angulaire des étoiles fixes[1]. La possibilité d'un mouvement du Soleil a été discutée depuis par *Tobias Mayer* 1760, *Lambert* 1761, *Herschel* 1783.

1. Annuaire 1842, p. 388.

James Bradley était né en 1692 à Shireborn dans le comté de Gloucester : il mourut à Chalford dans le même comté, en 1762, d'une rétention d'urine.

293. — Pour parler des services que *Halley* a rendus à la physique, je dirai d'abord, que nous lui devons la première relation générale convenablement établie entre les distances focales et les distances des points conjugués pour tous les miroirs et toutes les lentilles sphériques : il a donné cette relation dans les *Phil. Transact.* de 1693. Jusqu'alors, pour résoudre les problèmes de ce genre, on avait employé la méthode géométrique de *Barrow* et autres : mais cette méthode est longue et oblige à considérer chaque cas en particulier. La formule de *Halley* embrasse tous les cas, à la condition de négliger l'épaisseur des lentilles, et de ne considérer que les rayons faisant un petit angle avec l'axe principal, ce qui suffit quand il s'agit des lunettes. Sa formule se rapproche beaucoup de celle qu'on trouve dans Biot (III, 250) :

$$\frac{1}{\delta} + \frac{1}{\delta'} = (n\text{-}1)\left(\frac{1}{r} - \frac{1}{r'}\right)$$

dans laquelle δ' et δ désignent les distances de l'objet et de l'image, r et r' les rayons des surfaces de la lentille, et n l'indice de réfraction de la substance qui forme la lentille.

On doit aussi à *Halley* cette observation fort intéressante, que l'eau de mer, quand elle réfléchit une lumière verte, donne par réfraction une couleur complémentaire rouge. Il fit cette observation en 1716. Étant descendu dans la mer, jusqu'à une profondeur considérable, à l'aide d'une cloche à plongeur, il remarqua que ses mains paraissaient complétement rouges. *Halley*, dans ces expériences, se proposait de perfectionner l'art du plongeur. Non seulement il disposa l'appareil d'une manière plus commode, mais il trouva le moyen de l'alimenter d'air frais. En 1721 il revint encore une fois sur ce sujet, et décrivit un casque de plongeur, disposition employée depuis longtemps déjà sous une forme grossière, mais qui a été depuis très perfectionnée. Actuellement on l'emploie, dans beaucoup de cas, de préférence à la cloche à plongeur, surtout lorsqu'on se propose de retirer des objets du fond de la mer [1].

J'ai déjà parlé (§ 221) des travaux de *Halley* sur la chaleur. Mais les services qu'il a rendus, dans différentes parties de la géographie physique, sont beaucoup plus nombreux et beaucoup plus importants. Il a étendu surtout nos connaissances sur le magnétisme terrestre. Son premier mémoire sur ce sujet parut dans les *Phil. Transact.* de 1683. Il y donne tout d'abord un tableau numérique, très complet pour le temps, de la déclinaison magnétique en différents points des deux hémisphères, et cherche ensuite à relier les phénomènes par une théorie. Il arrive à cette conclusion que la Terre doit avoir quatre pôles magnétiques dans le voisinage de chaque pôle géographique.

Cette théorie a ceci de remarquable qu'elle fut reprise, il y a environ un demi-siècle, par le professeur *Hansteen* dans ses *Recherches sur le magnétisme terrestre* (*Untersuchungen über den Magnetismus der Erde*, Christiania, 1819).

---

1. *Philosoph. Transactions*, 1716-1721.

Elle a joui pendant assez longtemps d'un certain crédit, jusqu'à ce qu'on eût reconnu qu'elle était insoutenable.

Dans un second mémoire, publié en 1792 dans les *Phil. Transact.*, *Halley* s'occupa aussi de la cause qui faisait varier la déclinaison. Ce mémoire est pour ainsi dire la continuation du premier. L'hypothèse des quatre pôles, qu'il croyait nécessaire pour expliquer les différences de déclinaison en chaque point de la Terre, lui paraissait d'autre part en contradiction avec le fait qu'une aiguille aimantée n'a que deux pôles. — *Halley* chercha à lever cette difficulté, et il crut l'avoir fait en admettant que la Terre contiendrait un noyau solide séparé de la croûte extérieure par une couche de liquide et possédant un certain mouvement : ce noyau et son enveloppe possédaient alors chacun deux pôles.

Halley se vit confirmé dans cette hypothèse fort arbitraire, d'après laquelle la Terre aurait deux pôles magnétiques fixes et deux pôles mobiles, par ce fait que *Newton* trouva que la densité de la Lune était plus grande que celle de la Terre dans le rapport de 9 à 5. Ce résultat n'a pas été confirmé par les observations modernes, qui indiquent la densité de la Lune comme égale seulement aux 0,8 de celle de la Terre. Mais *Halley* ne croyait pouvoir l'expliquer que par l'hypothèse d'une sphère absolument ou relativement creuse, aussi bien habitable à l'intérieur qu'à l'extérieur. Il croyait donc formellement à l'existence d'un monde souterrain! Cette théorie a encore été reproduite en 1819, mais sans que le nom de *Halley* fût prononcé, par *Steinhauser*, professeur de mathématiques à Halle, mort depuis longtemps. Cet homme original sous bien des rapports, pour expliquer les variations de la déclinaison magnétique, supposait une sorte de planète dans l'intérieur de la Terre, et calculait qu'elle devait faire sa révolution en 440 ans.

Les deux mémoires, que nous venons de citer, furent écrits avant les voyages qu'*Halley* entreprit dans l'océan Atlantique, pour étudier de plus près la déclinaison magnétique. Après ces voyages, il eut l'heureuse idée de représenter graphiquement ses observations, ainsi que celles d'autres navigateurs, en reliant par des lignes les points où la déclinaison était égale. C'est ainsi que fut disposée la carte des déclinaisons qu'il publia en 1701. Ce fut la première de ce genre, et elle a encore aujourd'hui une grande valeur en ce que, comparée avec les cartes actuelles, elle nous fait voir comment les lignes d'égale déclinaison, les lignes isogoniques, se sont déplacées.

294. — Vers le même temps, on commença à observer avec plus d'attention l'*inclinaison magnétique*. En 1700, un certain *Cunningham* fit un assez grand nombre d'observations de ce genre dans un voyage d'Angleterre en Chine   mais on ne songea pas à tracer des cartes d'inclinaison. Ce ne fut qu'en 1768 que *Johann Karl Wilcke* (né en 1732 à Wismar, mort en 1796 à Stockholm), publia, dans des ouvrages suédois, la première carte d'inclinaison magnétique.

Par contre, la connaissance du magnétisme terrestre reçut encore un nouveau développement, au temps de *Halley*. Je crois d'autant plus en devoir faire mention ici, qu'il est dû à un homme qui fut en relations fréquentes avec *Halley*. Il s'agit de la *Variation diurne* de la déclinaison magnétique, décou-

____

1. Fischer, *Gesch d. Phys.*, III, 539.

verte par *Graham*, dont je vais donner d'abord une courte notice biographique.

Georges Graham naquit en 1675 à Horsgills, près Kirklinton, dans le Cumberland. Il était d'humble origine : il vint en 1688 à Londres, afin de se mettre en apprentissage chez un horloger. Il montra tant de talent en mécanique que *Tompion*, qui était alors le plus célèbre horloger de Londres, — celui qui construisit en Angleterre la première montre munie du ressort à spirale de *Hooke* (v. § 237), — conçut pour lui un intérêt tout particulier, le prit chez lui et le traita comme son fils. *Graham*, construisit pour l'observatoire de Greenwich, pendant qu'*Halley* y était astronome, un nombre considérable d'instruments remarquables pour l'époque : entre autres un grand quadrant mural dont il traça lui-même les divisions, — le grand secteur avec lequel *Bradley* découvrit l'aberration des étoiles fixes, et enfin un grand nombre d'instruments, principalement les horloges dont se servirent les Français pour mesurer un degré en Laponie.

Il construisit aussi, pour lord Orrery, un planétaire qui eut tant de succès que, depuis lors, les seigneurs anglais prirent l'habitude d'en placer un dans leurs bibliothèques. C'était en général une dépense de 1000 liv. st. Ces planétaires furent aussi, depuis ce temps-là, appelés Orreries, et c'est *Desaguliers* qui le premier employa ce nom[1]. Toutefois, le planétaire de *Graham* n'est pas le plus ancien. Le landgrave Guillaume IV de Hesse-Cassel (né en 1532, régna de 1567 à 1592), si célèbre par son goût pour l'astronomie, fabriqua de ses propres mains, avant son avènement, une machine de ce genre, mais beaucoup moins parfaite. Il avait entrepris ce travail après la lecture de l'*Astronomicum cæsareum*, de *Peter Apian*, qui parut en 1540. Ce dernier, qui fut mathématicien à la cour de Charles V, et fort célèbre en son temps, représentait les orbites des planètes par des cercles mobiles de carton.

A sa grande habileté manuelle et à son talent mécanique, *Graham* joignait des connaissances en physique et en astronomie, aussi ne devons-nous pas nous étonner de voir l'horloger et le mécanicien devenir membre de la Société Royale. Il a enrichi les *Phil. Transact.* de différents mémoires de beaucoup de valeur. Il mourut à un âge avancé à Londres, en 1751, et fut inhumé dans Westminster-Abbey, selon le désir exprimé par *Tompion*, et dans la même tombe que ce dernier.

Graham découvrit la variation diurne de la déclinaison magnétique, en 1722, en observant pendant un temps assez long une aiguille magnétique de 12 pouces de long, pivotant sur une chape, et munie d'un limbe qui permettait de déterminer la position de l'aiguille à 2 minutes près. Il trouva que, non-seulement la position de l'aiguille variait d'un jour à l'autre, entre certaines limites, mais aussi d'heure en heure. Il poursuivit ses observations pendant fort longtemps, et en fit plus de 1000, mais sans pouvoir découvrir aucune régularité dans les mouvements de l'aiguille. La seule règle qu'il put établir fut que la déclinaison, c'est-à-dire la déviation occidentale de l'extrémité nord, atteignait un maximum entre midi et 4 heures, et passait par un minimum entre 6 et 7 heures du soir.

Il faut que des circonstances particulières aient modifié les observations de *Graham*; peut-être y avait-il dans la maison des masses de fer cachées, car les

____

1. V. Zach, *Monatl. Correspondenz*, VII, 93.

heures ne sont pas exactes : le minimum a lieu vers 9 heures du matin et le maximum vers 3 heures de l'après-midi. S'il est vrai que *Graham* n'a découvert que la moitié du phénomène, il est du moins certain que cette moitié, il l'a découverte le premier. On trouve bien une indication d'après laquelle le père *Guy-Tachart* aurait fait lui-même cette découverte en 1682, en montrant au roi de Siam, dans la ville de Louvo, la déclinaison magnétique. Mais cette indication repose sur un malentendu, car, ce que ce père observa n'était pas une variation périodique de la déclinaison magnétique dans le cours d'une journée, mais bien la variation de déclinaison d'un jour à l'autre, sans qu'il ait tenu compte des heures.

Au contraire, les variations diurnes de la déclinaison magnétique furent étudiées, d'une manière plus précise et plus complète, par *Anders Celsius*, professeur à Upsal (où il naquit en 1701 et mourut en 1744). Celui-ci publia ses observations en 1740, dans les Mémoires de l'Académie de Stockholm. *Celsius* doit donc être regardé comme ayant une seconde fois découvert le phénomène, car il détermina exactement les heures du maximum et du minimum.

Graham poursuivit aussi l'étude du phénomène dans l'inclinaison, et, dans ce but, il construisit une boussole spéciale fort bonne pour l'époque. En 1723, il fit une longue série d'observations, tant sur la position de l'aiguille que sur la durée de ses oscillations. Il remarqua des différences irrégulières, mais il ne put trouver de variations périodiques ni dans l'inclinaison ni dans l'intensité. Il publia ces observations, ainsi que celles sur la variation diurne de la déclinaison, dans les *Phil. Transact.* de 1724.

295. — Afin de signaler tous les services rendus par *Graham*, je parlerai ici des perfectionnements qu'il a apportés aux horloges à pendule, et par lesquels il fait époque dans l'histoire de la mesure du temps.

Lorsque *Huyghens* appliqua le pendule aux horloges, il songea seulement à éviter les irrégularités qui pourraient se produire dans sa marche, par suite de l'inégale amplitude de ses oscillations. Il y parvint en plaçant de chaque côté du pendule des lames cycloïdales qui assujettissaient le pendule à décrire une cycloïde courbe pour laquelle les arcs grands ou petits sont parcourus dans des temps égaux. L'horloger *William Clement*, de Londres, parvint au même résultat en 1680, d'une manière plus complète et plus pratique, en inventant l'échappement anglais ou échappement à ancre, qui empêche l'inégalité des oscillations et permet par conséquent de conserver les oscillations circulaires (§ 253).

Lorsque les astronomes commencèrent à se servir d'horloges à pendule, ils trouvèrent que leur marche était irrégulière, et que, notamment, elles allaient plus vite en hiver qu'en été. On s'aperçut bientôt que cet effet ne pouvait être dû qu'à la température, qui, en s'élevant, allonge le pendule, et le raccourcit lorsqu'elle s'abaisse. Mais, bien que des hommes supérieurs, comme *Picard*, *de la Hire* et d'autres, en eussent fait l'expérience à leurs dépens, personne ne voyait le moyen de remédier à cet inconvénient. C'est alors que *Graham* commença à s'occuper de cette question, vers 1715.

Graham songea d'abord à se servir de l'inégale dilatation des métaux. Il chercha donc la dilatation de quelques-uns d'entre eux, comme le laiton, l'acier,

le fer, le cuivre, l'argent, etc., mais il arriva à cette conclusion, que les différences de dilatation, dans les limites ordinaires de la température, étaient trop
faibles pour qu'on pût en tirer parti. Il abandonna donc ces expériences jusqu'en
1721, où il eut l'idée de se servir de mercure pour construire un niveau. Il
reconnut que ce métal ne convenait pas pour le but qu'il s'était proposé, mais
en même temps, il apprit à connaître sa grande dilatabilité. C'est ce qui le porta
à fixer sur le pendule une sorte de thermomètre à mercure. La température
venant à s'élever, le pendule s'allongerait et le mercure se dilaterait; le centre
de gravité de celui-ci s'élèverait donc, tandis que le centre de gravité du pendule s'abaisserait. En choisissant convenablement les masses des deux corps, on
devait donc arriver à une compensation, c'est-à-dire à faire que le centre de
gravité de tout le système, ou plutôt son centre d'oscillation demeurât invariable.

Graham mit aussitôt son idée à exécution, et l'ayant vue se confirmer dans
la pratique, il construisit en 1722 une horloge munie d'un pendule compensé
avec le plus grand soin. Il l'observa pendant trois ans, lors du passage au méridien de certaines étoiles fixes. Pendant tout ce temps, l'horloge montra une
merveilleuse régularité, et Graham se décida à faire connaître son importante
découverte dans les Phil. Transact. de 1726. Plus tard, le vase contenant le
mercure reçut une forme se rapprochant davantage de celle d'un thermomètre [1].

296. — Mais, pendant ce temps, un autre homme doué d'un grand talent
mécanique avait suivi une voie analogue, et menaçait de porter préjudice aux
travaux de Graham. John Harrison, né en 1693, fils d'un charpentier de Foulby, dans le Yorkshire, s'occupait de réparer les
horloges. Il développa ses connaissances par l'étude des leçons de
physique de Saunderson, qu'il avait empruntées au pasteur de son
village, et qu'il copiait la nuit, ainsi que toutes les figures. Il
comprit ainsi toutes les imperfections des horloges à pendule, et
fabriqua, dès 1725, à l'aide d'un tour, une horloge qui avait une
marche extrêmement régulière.

Les rouages étaient pour la plupart en bois, mais le pendule
était pourvu d'un système compensateur qui remplissait le même
but que celui de Graham, bien qu'il en fût entièrement différent.
Ce pendule consistait en 9 tiges placées l'une à côté de l'autre,
alternativement en laiton et en fer, reliées de façon à ce que les

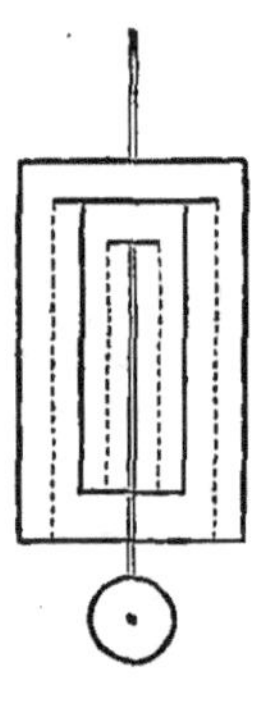

Fig. 42.

dilatations et les contractions provenant des variations de température se compensassent mutuellement. La fig. 42 représente l'ordre des tiges,
et les deux métaux sont indiqués différemment par des lignes pleines et par des
lignes ponctuées. A cause de sa ressemblance avec un gril, ce pendule a reçu
le nom de compensateur à gril ou de pendule à gril.

En 1726 Harrison avait déjà fabriqué deux horloges de ce genre dans
lesquelles, sans rien connaître des travaux de Huyghens, il faisait osciller le
pendule entre deux lames cycloïdales placées à la partie supérieure. Il l'avait
aussi suspendu aux murs de la maison, sans l'attacher aux rouages, après avoir

____

1. Nicholson, Journ., 1797, I, 56.

remarqué que la fixité du point de suspension était une condition essentielle de la régularité du pendule.

Harrison arriva en 1728 à Londres, où il n'était pas encore connu. Il y fit la connaissance de *Halley*, qui le recommanda à *Graham;* celui-ci l'accueillit avec bienveillance, et l'aida dans l'exécution de ses plans. L'invention de *Harrison* eut beaucoup de succès, et fut souvent imitée, bien qu'elle ne semble pas avoir été fort répandue, car en 1741, *Cassini*, à l'Académie de Paris, et même en 1752, *John Ellicott*, à la Société de Londres, firent la description d'un pendule compensateur identique à celui de *Harrison*. Vers 1737, *Graham* lui-même fit des horloges avec des pendules à gril, et contribua ainsi à faire oublier son propre pendule à mercure, bien que celui-ci ne soit pas inférieur et ait même été, dans ces derniers temps, préféré par plusieurs astronomes, au pendule à gril.

297. — Lorsque *Harrison* vint à Londres, en 1728, ce n'était pas tant pour son pendule à gril, que pour la solution d'une autre question importante, qui avait cependant avec la première beaucoup de rapport. Cette question préoccupait, depuis deux cents ans, les astronomes et les navigateurs, et depuis quelques années, elle avait de nouveau attiré l'attention. C'était le problème si important pour la navigation, qui consiste à déterminer en mer les longitudes géographiques. J'en ai déjà fait mention, à propos de Galilée (§ 115), et je vais en résumer ici l'histoire en quelques mots.

Trois méthodes se présentent pour la détermination des longitudes en mer :

1° Le mouvement des corps célestes;

2° La marche d'une horloge;

3° La différence de déclinaison magnétique d'un lieu à l'autre.

Nous avons déjà parlé de la première méthode au § 115. La deuxième, dans laquelle on se propose de déterminer la longitude au moyen d'une horloge, fut imaginée par un Hollandais, *Reinerus Gemma Frisius*, né en 1508 à Dockum, dans la Frise, et mort en 1555 à Louvain, où il jouissait d'une grande considération comme médecin et comme mathématicien. Il exprima cette idée dans l'ouvrage : *De principiis astronomiæ*, Par., 1547. Il est facile de comprendre que cette méthode ne pouvait être pratique, tant que les horloges seraient trop imparfaites. Cependant l'idée ne fut pas perdue : *Metius, Riccioli, Varenius, Hooke, Huyghens, Leibnitz* lui-même, la reprirent.

Huyghens, après avoir inventé son horloge à pendule, écrivit une instruction spéciale : *Brevis institutio de usu horologiorum ad inveniendas longitudines* [1]. Cet ouvrage détermina un capitaine de navire écossais, Holmes, à emporter avec lui deux de ces horloges, dans un voyage qu'il fit à Saint-Thomas sur la côte d'Afrique. D'après l'indication qu'on trouve dans les *Philos. Transact.* de 1665, sur les résultats de ce voyage, ces horloges rendirent en effet de bons services, meilleurs du moins que ceux que donnaient le loch. Mais il est évident qu'une horloge à pendule, à cause des oscillations du navire, ne peut rester longtemps exacte; aussi, malgré l'accueil favorable que reçurent ces horloges sur terre, elles furent bientôt abandonnées sur mer.

---

1. Paru en hollandais en 1657, dans les *Phil. Transact.* en 1669.

Il en fut de même de la troisième méthode proposée, paraît-il, par l'Anglais *Burroughs* en 1580, reprise par *Porta* en 1589, et qui, plus tard, trouva encore des partisans, *Halley*, par exemple. Il paraît, du reste, qu'on n'a jamais sérieusement expérimenté la déclinaison magnétique.

Ainsi, au commencement du XVII⁰ siècle, le problème des longitudes en mer était encore à résoudre, bien que les encouragements ne manquassent point à ceux qui s'occupaient de cette question. Le roi Philippe III avait offert, en 1600, une prime de 120000 piastres à celui qui la résoudrait, et, plus tard, les États-Généraux de Hollande promirent 30000 florins. En attendant, la navigation transatlantique prenait de plus en plus d'extension, et le besoin de parcourir l'Océan avec sûreté se faisait toujours plus vivement sentir. C'est ce qui amena le parlement anglais, en 1714, à nommer une commission chargée d'étudier cette question vitale pour la navigation.

Newton, Whiston, Clarke et d'autres en firent partie. *Newton* composa un mémoire détaillé, dans lequel il exposait les différentes méthodes pour déterminer les longitudes en mer et les difficultés qu'elles présentaient. Il exprima aussi son opinion sur l'emploi des horloges, et il était d'avis que les variations de la température, de l'état hygrométrique de l'air, ainsi que celles de la pesanteur dans les différentes régions, présentaient de trop grandes difficultés pour qu'on pût les surmonter d'abord. Cette manière de voir paraît avoir été généralement répandue, car en 1758 encore, un membre distingué de l'Académie de Stockholm, *Peter Wargentin*, doutait qu'on pût jamais déterminer les longitudes en mer, d'une manière précise, au moyen des horloges, vu qu'on ne pouvait se servir que d'horloges à pendule.

Cependant la commission crut bon d'encourager l'esprit d'invention de la nation, par l'établissement de primes convenables, et le Parlement promit une récompense de 10000 l. st. à celui qui déterminerait la longitude sur mer à 1° près, de 15000 l. st. pour une approximation de 40′, et de 20000 l. st. pour une approximation de 30′. Par un acte ultérieur, les conditions exigées furent précisées, et on promit 5000, 7500 et 10000 livres à celui qui construirait une horloge donnant, après un voyage de six mois, la longitude avec une approximation de 1°, 40′ ou 30′. Une somme de 2000 l. st. fut également consacrée aux expériences.

Malgré l'importance de ces primes, pendant longtemps, personne ne se présenta pour les réclamer. Ce ne fut qu'en 1724 qu'un candidat se présenta, et encore, pas en Angleterre. C'était l'horloger *Henry Sully*, Anglais d'origine il est vrai, mais établi en France. Il fit parvenir au roi un mémoire contenant la *Description abrégée d'une horloge de nouvelle invention pour l'usage de la navigation*, 1724, et présenta également son horloge à l'Académie de Paris. Cette société fit un rapport favorable sur cette horloge, qui donna de bons résultats dans plusieurs expériences faites sur la Garonne, près de Bordeaux. Mais, au moment où on allait en faire l'essai sur mer, toutes sortes d'intrigues survinrent, des désaccords se produisirent, au milieu desquels *Sully* mourut (1728) : l'expérience ne fut pas poursuivie.

C'est dans cette même année que *Harrison* arriva à Londres : attiré par les primes élevées du Parlement, il avait songé à fabriquer une horloge portative satisfaisant aux conditions exigées, et il croyait y être parvenu par l'invention de son pendule à gril. Il fit de cette horloge, qu'il appelait *Timekeeper* (qui garde l'heure), un dessin qu'il présenta à *Halley*, pour connaître son avis et se recommander à lui. *Halley* l'adressa à *Graham*, plus expérimenté que lui en ces matières, et ce dernier lui conseilla de perfectionner encore son invention, avant de la faire connaître. *Harrison* suivit ce conseil, et retourna chez lui pour se remettre au travail. Il poursuivit son projet sans interruption pendant sept ans, et en 1735, étant parvenu à construire une horloge suivant son désir, il crut pouvoir retourner à Londres. Il s'embarqua à Portsmouth avec son horloge, alla à Lisbonne et revint à Portsmouth. Dans les deux voyages elle lui donna la même différence de longitude. Un tel résultat n'avait encore jamais été obtenu. *Halley*, *Bradley*, *Graham* et d'autres connaisseurs furent émerveillés et témoignèrent en faveur de l'horloge.

Muni de leur certificat, *Harrison* se présenta au *Board of longitude* pour faire valoir ses titres à une subvention, qui lui fut en effet accordée en 1737. Il s'établit alors à Londres, et se remit avec une nouvelle ardeur à perfectionner son œuvre. En 1739 il avait réussi à construire un deuxième Timekeeper, meilleur que le premier; en 1749, un troisième l'emportait encore sur les précédents, ce qui lui valut la médaille de Copley de la Société Royale.

Mais *Harrison* n'était pas encore satisfait du résultat obtenu. Il se remit de nouveau au travail, et fit en 1758 un quatrième Timekeeper, qu'il envoya cette fois au Parlement, en demandant qu'il fût soumis à l'épreuve prescrite. En conséquence, son fils *William*, accompagné du commissaire du Parlement, partit en novembre 1761 de Deptford, se rendit à Port-Royal dans la Jamaïque et revint au mois de mars 1762[1]. Dans l'espace de ces quatre mois l'horloge n'avait varié que 1'54" et 1/2 de temps, ce qui correspond à un arc de 28' 1/2.

Ce résultat était des plus satisfaisants, puisqu'il était en deçà des limites fixées par le Parlement. On éleva cependant des doutes sur la justesse de la détermination des longitudes, et on pensa que les erreurs avaient pu se compenser pendant l'allée et le retour de Port-Royal. Aussi ne lui accorda-t-on que 2500 livres sterling, mais on lui donna ensuite 5000 livres, lorsqu'il se déclara prêt à expliquer la construction de son horloge, de telle sorte que les autres fabricants pourraient en construire de semblables.

Après de nombreux pourparlers, son fils William fit enfin un deuxième voyage pour éprouver ses horloges; en mars 1764, il partit pour la Barbade; et, comme cette fois encore, la différence de longitude de Portsmouth à la Barbade fut trouvée exacte, avec une approximation de 43 secondes de temps, le Parlement compta la moitié de la prime (10000 livres sterling) à *Harrison*, qui avait alors soixante-douze ans. En outre, le Parlement songea à récompenser ceux qui, pendant ce temps, avaient perfectionné la méthode astronomique pour la détermination des longitudes en mer. Il envoya 3000 livres sterling à notre *Euler* à Berlin, pour les perfectionnements qu'il avait apportés à la théorie de la Lune; 3000 livres sterling aux héritiers de *Tobias Mayer* (mort à Göttingen

---

1. Pour des détails sur ce voyage et sur la détermination des longitudes en mer, voir Montucla, t. IV, p. 557 et suiv. (Tr.)

en 1762), pour les tables de la Lune qu'il avait calculées et, enfin, il promit 5000 livres sterling à ceux qui feraient dans la suite des inventions utiles à la navigation. *Harrison* put jouir de son triomphe encore quelque temps; il mourut en 1776, à l'âge de quatre-vingt-trois ans.

298. — Après cette digression, revenons à *Halley*, afin d'examiner les autres services qu'il a rendus à la physique et à la géographie physique. Nous parlerons d'abord des perfectionnements qu'il a apportés à la mesure des hauteurs par le baromètre.

Mariotte avait jeté les bases de cette théorie dans son *Essai sur la nature de l'air*, Paris 1676. Après avoir trouvé par l'expérience quelle était la hauteur de la couche d'air, qui, au voisinage du sol, correspondait à une différence de $\frac{1}{12}$ de ligne de Paris dans la hauteur barométrique, il calculait d'après la loi qui porte son nom, la hauteur de chacune des couches d'air successives correspondant à une même différence du baromètre (§ 212). La méthode employée par *Mariotte* n'était certes pas mauvaise ; il aurait dû seulement considérer les hauteurs des couches d'air correspondant à des différences barométriques encore plus petites; mais il s'arrêta dans le développement de cette idée et finit par faire fausse route. Ne pouvant parvenir à faire la somme de toutes les couches d'air comprises entre les deux stations extrêmes, il admit qu'elles décroissaient en progression arithmétique. Il vaut la peine de remarquer que *Mariotte* entrevit bien qu'on pourrait calculer les hauteurs croissantes de chaque couche d'air, comme on calcule les logarithmes, mais il n'alla pas plus loin, et ne songea pas précisément à employer les logarithmes.

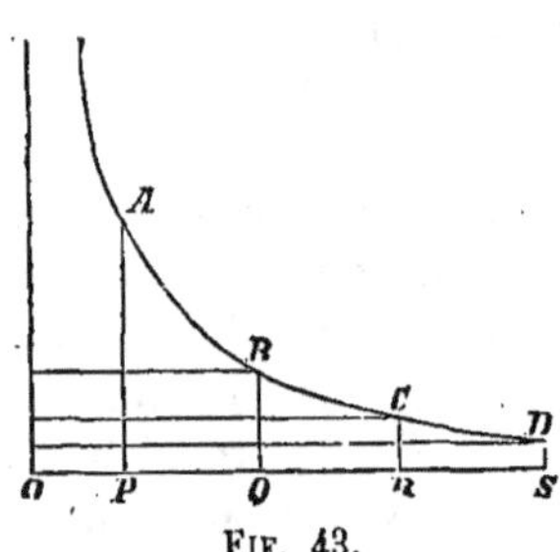

FIF. 43.

Neuf ans plus tard, *Halley* présenta à la Société Royale un mémoire sur la mesure des hauteurs par le baromètre, mémoire dans lequel il apporte de notables perfectionnements à la méthode de *Mariotte*. Il partait d'une considération géométrique, qu'il n'est pas sans intérêt de connaître. D'après la loi de Mariotte (ou de Boyle) en désignant par v et v' les volumes d'une masse d'air, par p et p' les pressions correspondantes, on a :

$$\frac{v}{v'} = \frac{p'}{p}.$$

Mais les ordonnées et les abscisses d'une hyperbole rapportées à ses asymptotes offrent une relation analogue. Dans la figure 43, par exemple, on aurait

$$\frac{OP}{OQ} = \frac{QB}{PA}$$

Si donc, OP, OQ, OR représentent les pressions ou les hauteurs barométriques, PA, QB, RC représenteront les volumes d'une même masse d'air, ou ce qui revient au même, les hauteurs des différentes couches d'air. Par consé-

quent la somme des hauteurs des différentes couches d'air comprises entre
denx siations, celles qui correspondent aux hauteurs barométriques OS et OR,
je suppose, sera évidemment égale à la somme de toutes les ordonnées comprises entre SD et RC ; c'est-à-dire égale à la surface RCDS. Mais, dans une
hyperbole équilatère, les surfaces RCDS et QBCR sont entre elles comme

$$\text{le log.} \ \frac{OS}{OR} \ \text{est au log.} \ \frac{OR}{OQ} \cdot$$

Il résulte de là, dit *Halley*, que la surface représentant la hauteur H[1], et les
abscisses les hauteurs barométriques B et *b*, on a

$$H = A \log \frac{B}{b} \cdot$$

Halley déterminait alors la constante A, à l'aide de la densité de l'air prise
par rapport à l'eau $\frac{1}{800}$, et de la densité de l'eau par rapport au mercure $\frac{1}{135}$.
Il trouvait ainsi que la densité de l'air rapportée à celle du mercure est de
$\frac{1}{10.800}$, et, par suite, qu'une colonne d'air de 10.800 pouces ou de 900 pieds
est équilibrée par une colonne de mercure de 1 pouce.

Cette formule est encore celle dont nous nous servons aujourd'hui, mais
réduite à sa forme la plus simple. Elle a encore quelques lacunes; elle ne tient
pas compte, par exemple, de l'influence de la température, mais elle est exacte
au fond. C'est pour cela qu'on doit s'étonner qu'elle ait si peu attiré l'attention,
et que pendant un certain temps, on ait encore cherché d'autres formules évidemment fausses pour la mesure des hauteurs. Ainsi *Maraldi* soutenait dans
les *Mém. de Paris* de 1703, que les hauteurs des couches d'air calculées à
partir du niveau de la mer, et qui correspondaient à une différence barométrique d'une ligne, étaient successivement de 61, 62, 63, 64... pieds. Le père
Feuillée établit aussi une règle semblable; *Jacques Cassini*, en 1733, déduisit
de quelques observations, faites dans les Pyrénées, que la densité de l'air était
proportionnelle au carré de la pression[2]. Le grand *Daniel Bernoulli* donna,
dans son *Hydrodynamique* de 1738, une formule non moins inexacte. *Bouguer*
est le premier qui, en 1749, ait rendu justice à *Halley*, bien qu'il ne le cite pas:
il employa en effet, pour la mesure des hauteurs qu'il fit au Pérou, la formule
logarithmique, dans laquelle la constante seule était un peu modifiée. — Pierre
Bouguer, né au Croisic en Bretagne, en 1698, mort en 1758, à Paris, fut professeur d'hydrographie et membre de l'Académie de Paris.

299. — Dans le même mémoire où *Halley* établit sa formule barométrique, et
qui parut dans les *Phil. Transact.* de 1686, il s'occupe aussi de la *cause des
variations du baromètre*. Ce phénomène, du moment qu'il fut connu, donna
lieu à des explications et à des hypothèses trop souvent dénuées de sens. C'est

---

1. C'est-à-dire la différence de niveau des deux stations où les hauteurs barométriques seraient B et *b*.

2. *Mém. de Paris*, 1733.

ainsi que *Martin Lister*, qui est d'ailleurs un savant estimé, et qui s'est un des premiers occupé des pétrifications (né en 1638 à Radcliff, dans le comté de Buckingham, et mort en 1712, médecin de la reine Anne), croyait que les variations barométriques devaient être uniquement attribuées au mercure lui-même, qui, en baissant, se contracte, et laisse dégager de l'air dans le vide, qu'il absorbe de nouveau en montant.

Le géologue *Woodward*, fort célèbre en son temps (né en 1665 dans le Derbyshire, et mort en 1728), médecin et professeur à Cambridge, fut encore plus hardi. Dans son *Essay towards a natural philosophy of the Earth*, London 1695, il admet que l'intérieur de la Terre est rempli d'une masse d'eau considérable, et que des vapeurs s'élevant de cette eau, par des ouvertures, venaient de temps à autre augmenter ou diminuer la pression de l'air, et produisaient ainsi les variations barométriques. Du reste, cette sphère hypothétique pleine d'eau joue un grand rôle dans la géologie de *Woodward*. Elle était primitivement renfermée dans une croûte dure et solide, mais un jour, Dieu voulut que cette croûte crevât; l'eau jaillit tout à coup au dehors et c'est ce qui produisit le déluge.

L'hypothèse développée par *de la Hire*, dans les *Mém. de Paris* de 1705, ne vaut pas beaucoup mieux. Il s'appuyait sur cette supposition, tout à fait inadmissible, que l'atmosphère forme vers les pôles un sphéroïde allongé, et que, par conséquent, les vents du nord augmentent la pression de l'air, tandis que les vents du sud doivent la diminuer.

Les explications que *Mariotte* donne dans son *Essai sur la nature de l'air*, Paris, 1676, é ient plus raisonnables, bien qu'elles soient encore mélangées de beaucoup d'hypothèses et d'erreurs. D'après lui, les vents du nord et du nord-est font monter le baromètre, non seulement parce qu'ils condensent l'air et le rendent plus pesant, mais aussi parce qu'ils soufflent de haut en bas, tandis que les vents sud et sud-ouest agissent en sens inverse[1]. Les explications de *Halley* étaient du même genre : il attribuait aussi au vent la plus grande part dans les variations du baromètre. Dans les détails, il exprime souvent des idées fort arbitraires et problématiques, qui auraient besoin d'être mieux établies[2]. C'est ainsi qu'il soutient que la pression verticale de l'atmosphère subit une diminution par suite du mouvement horizontal du vent.

C'est peut-être cette assertion qui amena *Hawksbee*, l'expérimentateur de la Société Royale, à faire une expérience très instructive, qu'il décrit dans ses *Physico-mechanical experiments*, London, 1709. Dans une sphère, contenant seize chopines, il comprima l'air trois ou quatre fois, et ensuite l'amena par une ouverture latérale dans la cuvette d'un baromètre à la surface du mercure.

Le mercure baissa dans le baromètre de deux pouces, et *Hawksbee* croyait par cette expérience pouvoir expliquer la descente du baromètre pendant les orages. Indépendamment de cette explication, que nous ne chercherons pas à réfuter, cette expérience, mérite certainement l'attention, et montre d'une manière très instructive la diminution de la pression latérale qui a lieu lors du

1. Fischer, *Gesch. d. Phys.*, II, 428.
2. *Ibid.*

mouvement des fluides dans les tuyaux. *Daniel Bernoulli* étudia ces phénomènes dans les fluides incompressibles, en 1726 [1], et d'une manière plus précise,
dans son fameux traité d'hydrodynamique de 1738. Quant aux fluides compressibles gazéiformes, on les a étudiés sous ce rapport seulement de nos jours [2].

Cette question des variations barométriques ne fut nullement tranchée par
les recherches de *Mariotte* et de *Halley*; elle devint au contraire le sujet de
nombreuses discussions. Nous voyons même paraître le nom de *Leibniz* dans
une polémique engagée de 1696 à 1698 entre les médecins *Ramazzini* (né
en 1633, à Carpi dans le duché de Modène, mort en 1714 à Padoue) et *Schell-
hammer* (né en 1649 à Iéna, mort en 1716 à Kiel). *Leibnitz* déclara, à ce
propos, que les vapeurs n'augmentent le poids de l'atmosphère que lorsque ces
vapeurs sont en suspension, et que cette augmentation cesse dès que les
vapeurs tombent. Pour appuyer cette manière de voir, qui expliquerait la chute
du baromètre par les temps de pluie, il fit l'expérience suivante : il suspendit
à une balance un tube assez long rempli d'eau, plaça sur l'eau une sphère
creuse de métal, d'abord fermée, et établit l'équilibre. Ensuite il ouvrit la
sphère, l'eau y pénétra, et elle s'enfonça. Il vit alors le contrepoids l'emporter,
comme si le tube et son contenu étaient devenus plus légers. On vit dans cette
expérience une preuve de l'exactitude de la proposition énoncée [3].

L'expérience fut plusieurs fois répétée et confirmée, notamment à Paris, par
le célèbre *Réaumur*; mais on ne la considéra cependant pas comme une explication suffisante des variations barométriques, comme cela résulte de ce fait,
qu'en 1715 l'Académie de Bordeaux proposa un prix pour la solution de cette
question. Ce fut *Mairan* qui l'obtint; il attribuait ces variations au vent et
surtout à sa vitesse. Son mémoire offrait cependant de nombreuses lacunes, et
donna lieu à des critiques assez vives, surtout de la part de *Hartsoeker*, 1722.

300. — Les vents réguliers qui règnent dans les régions tropicales, et qui
sont connus sous le nom de vents alizés ou de moussons, attirèrent aussi
l'attention de *Halley*. Il a écrit sur ce sujet, dans les *Philos. Transact.* de 1686,
un mémoire qui lui a valu une certaine renommée, mais bien à tort, car la
théorie qu'il donne des vents alizés est tout à fait insoutenable.

Les vents alizés sont ces vents d'est qui soufflent continuellement de chaque
côté de l'équateur entre les tropiques. Pour les expliquer, il admettait que le
soleil échauffe, le plus fortement, l'air au-dessus duquel il se trouve : l'air
échauffé s'élève, se disperse en haut dans toutes les directions, et afflue en bas
de tous côtés. Mais comme le Soleil va de l'est à l'ouest, l'appel d'air est plus
considérable de l'est que de tout autre côté, et notamment que de l'ouest. L'insuffisance de cette théorie résulte déjà de ce fait qu'elle n'explique pas l'une
des circonstances les plus remarquables de ce phénomène, l'absence de vent à
l'équateur même.

Une théorie beaucoup plus satisfaisante fut donnée par *Georges Hadley*, qu'il
ne faut pas confondre avec *John Hadley* qui inventa le sextant à miroir et

1. *Theoria nova de motu aquarum per canales fluentium.* (*Petersb. Mém.* II.)
2. P. Ewart, *Erscheinungen beim plötzlichen Ausströmem Elastischer Flüssigkeiten.* (*Pogg.
Ann.* XV, 309.)
3. Fischer, *Gesch. d. Phys.*, II, 437.

construisit le premier grand télescope à miroir. Georges Hadley développa sa théorie des vents alizés dans les *Philos. Transactions* de 1735, par conséquent pendant qu'*Halley* vivait encore. Cette théorie a ceci de commun avec celle de *Halley* qu'elle indique encore comme la cause première des vents alizés, l'échauffement de l'air situé à l'équateur, mais elle en diffère ensuite complètement. *Hadley* suppose que l'air qui s'élève est remplacé en bas par de l'air froid, qui vient seulement des deux côtés de l'équateur. Cet air froid forme deux courants venant du nord et du sud, mais de régions où la vitesse de rotation est, en valeur absolue, plus petite que sous l'équateur. Ces courants, en arrivant à l'équateur, doivent par conséquent demeurer en arrière, par rapport à la Terre, qui se meut de l'ouest à l'est; il en résulte un vent d'est continu, qui n'est à vrai dire qu'apparent, puisque les différents points de la Terre se meuvent plus vite que l'air en allant de l'ouest à l'est.

Si les vents alizés n'existent pas sous l'équateur même, cela s'explique par la rencontre des deux courants d'air qui viennent de chaque côté.

On trouve déjà une indication, mais assez confuse, de cette théorie ingénieuse dans le Traité des mouvements des eaux, 1686, de *Mariotte*. Cette théorie, qu'on regarde aujourd'hui comme exacte, et qui forme une des bases de la météorologie générale, est restée longtemps inaperçue; puis, à cause de la ressemblance des noms de *Hadley* et de *Halley*, on l'a attribuée à ce dernier, qui n'y a cependant aucun droit. Mais si *Halley* n'a pas été heureux dans ses explications des vents alizés, il faut reconnaître que c'est lui qui nous a donné les premiers renseignements généraux et détaillés sur ces vents, ainsi que sur les moussons, qui règnent dans les mers des Indes (*Mussin*, en malais, veut dire saison). Nous lui devons aussi une carte de ces vents[1].

Si la théorie de *Halley* trouva beaucoup de partisans, elle souleva aussi bien des doutes. C'est ce qui amena l'Académie des sciences de Berlin en 1746, à proposer un prix pour la solution de cette question : A quelle loi serait soumis le vent si la terre était entièrement couverte d'eau?

On voit que la question était faite à un point de vue purement mathématique: il en fut de même des réponses. Des trois mémoires qui furent présentés, c'est celui de d'*Alembert* qui remporta le prix. Ce mémoire est tout à fait précieux comme travail mathématique, mais il n'a en rien contribué à la solution du problème. Il rejette complétement l'idée que les vents alizés soient dus à l'échauffement de l'air, et il voit la cause de ces vents dans l'attraction du Soleil et de la Lune sur l'atmosphère. Il est d'ailleurs à remarquer que d'*Alembert*, aussi bien que les auteurs anonymes des deux autres mémoires qui ont obtenu des accessits et ont été imprimés, ne parle que de *Halley* et ne dit pas un mot de *Hadley*. La théorie de ce dernier ne lui était évidemment pas connue.

301. — Je ne peux terminer ce chapitre sur les vents, sans dire quelques mots des tentatives qu'on a faites pour mesurer leur force ou leur vitesse. Ces tentatives ont commencé vers la fin du XVIIe siècle. La plus ancienne indication sur la *vitesse du vent* est certainement celle que donne *Mariotte*, dans son Traité du mouvement des eaux, de 1686. Il prête au vent le plus violent une vitesse de

---

1. *Philos. Transact.*, 1686 ; *Acta Erudit.*, 1687, p. 509.

32 pieds à la seconde. Mais comme cette vitesse est beaucoup trop petite et qu'il ne dit pas comment il l'a déterminée, il est possible que cette évaluation soit purement arbitraire.

Le plus ancien *anémomètre* est celui que *Croune*, membre très actif de la Société Royale, présenta, en 1667, à cette société. Il consistait en un vase cylindrique muni tout autour de 32 fentes équidistantes, de sorte que le vent, se dirigeant vers le centre, agissait sur un petit drapeau qui s'y trouvait placé. *Hooke* se proposa d'améliorer cet anémomètre. Il lui donnait la forme d'un double cône: dans la partie médiane, où la section était la plus petite, il pratiquait 32 trous, séparés par des cloisons latérales qui formaient des sortes d'entonnoirs. Le vent, en s'y engouffrant, agissait sur des sifflets, et *Hooke* pensait que si l'instrument était placé sur le sommet d'une tour, il serait possible, jour et nuit, de déterminer la direction et la force du vent d'après la hauteur de l'intensité des sons[1]. Il n'est pas besoin de dire que cet anémomètre acoustique est demeuré à l'état de projet.

L'anémomètre qu'un inconnu décrit dans les *Philos. Transact.* de 1667, p. 444, était plus pratique. Autour du centre d'un quadrant vertical, divisé en degrés, tourne une tige très mobile, dont l'extrémité porte une petite surface plane, contre laquelle vient frapper le vent. Par un calme complet, cette tige et sa planchette tombent verticalement, mais elle se relève quand le vent souffle, si on le suppose horizontal, et on détermine la force du vent d'après l'écart de la tige : elle est proportionnelle au sinus de l'angle d'écart. Ce même appareil fut décrit, en 1733, par le marquis *Poleni*, et en 1744, par l'Anglais *Pickering*.

L'anémomètre que *Bouguer* décrit dans son *Traité du navire*, Paris 1746, en est une modification, dans laquelle le vent agit sur un disque vertical qui comprime un ressort.

Les anémomètres à ailettes sont aussi une invention des premières années du xviiie siècle. Le plus ancien de ces appareils a été décrit par le baron *Christian v. Wolf*, si célèbre en son temps comme philosophe et comme mathématicien, dans ses *Elementa aerometriæ*, Lips., 1709. L'anémomètre de l'Anglais *Martin* n'en est qu'une modification. Les deux anémomètres ont ceci de commun, que le moulin à vent doit soulever un poids qui agit avec une force toujours plus grande, jusqu'à ce que le moulin arrive au repos. Dans l'appareil de *Wolf*[2] un arbre, mis en mouvement par quatre ailettes, est muni de quelques pas de vis, qui s'engrènent comme une vis sans fin dans une roue dentée ; dans l'axe horizontal de cette roue est fixé un bras de levier, à l'extrémité duquel se trouve un poids : ce bras de levier tombe verticalement par un temps calme, mais il est soulevé pendant la rotation du moulinet, et le poids placé à l'extrémité acquiert un mouvement de plus en plus grand. Dans l'anémomètre de *Martin*, le moulin a un axe conique, autour duquel s'enroule une corde portant un poids : la corde s'enroule en allant vers la base du cône.

La mesure de l'intensité du vent est un des sujets de physique dont on s'est le plus occupé et pour lequel on a inventé le plus d'instruments. La plupart de

1. *Edinb. Encyclop.* : ANEMOMETER.
2. Fischer, *Gesch. d. Phys.*, II, 484.

ces appareils, il est vrai, ont été aussi vite oubliés qu'inventés et n'ont pas été d'une grande utilité pour la science. Le nombre des mesures précises sur la vitesse du vent est très restreint, et n'est pas du tout en rapport avec le nombre des anémomètres qui ont été imaginés pour cela. Parmi les mesures les plus anciennes, celles de *Derham* méritent d'être citées ; elles furent établies en 1705, et publiées dans les *Philos. Transact.*, de 1708. Observant la vitesse avec laquelle le vent emporte un objet léger, du duvet par exemple, il en concluait qu'une tempête parcourt 50 à 60 milles anglais par heure, ce qui est évidemment trop peu : *Rochow* a observé, comme vitesse d'un ouragan, 120 milles anglais ou 24 milles allemands [1].

Derham a eu aussi le mérite de signaler le premier, dans l'endroit cité, l'influence du vent sur la vitesse du son. Cette influence était niée encore par les académiciens *del Cimento;* elle exigeait en effet des instruments d'observations beaucoup plus précis que ceux qu'ils possédaient, vu que la vitesse du son comparée à celle du vent est très grande.

William Derham naquit, en 1657, à Stoughton près de Worcester, et mourut en 1735 à Upminster, dans le comté d'Essex, où il remplissait les fonctions de pasteur. Bien qu'il fût un théologien ardent, et qu'il ait composé plusieurs traités de théologie, l'étude de la nature n'en avait pas moins pour lui un grand attrait. La proximité d'Upminster et de Londres lui fournit l'occasion d'entrer en relations avec les physiciens de la Royal Society : il s'en fit connaître si avantageusement que ceux-ci le firent entrer dans leur société. Il a enrichi les *Philos. Transact.* de plusieurs travaux précieux, et il a publié en outre plusieurs ouvrages : *Physico-Theology*, Lond., 1713; *Astro-Theology*, Lond., 1714, etc.

302. — Enfin, pour donner une esquisse complète de l'étendúe des travaux de *Halley*, je dois encore ajouter qu'il prit une part très active à d'autres questions météorologiques de son temps, telles que l'origine des sources, la nature de la lumière boréale, la provenance des météores ignés.

La question des sources, fut à cette époque, traitée en France dans plusieurs ouvrages. *Mariotte* admit l'explication déjà donnée par *Vitruve*[2] au temps d'Auguste et de Tibère, à savoir que les sources proviennent seulement de l'eau de pluie et de la neige fondue. Il chercha à établir cette manière de voir, en comparant la quantité d'eau de pluie tombée sur le bassin de la Seine, déterminée par des observations faites à Dijon, avec la quantité d'eau charriée par la Seine sous le Pont-Royal de Paris (§ 217). Mais *Perrault*[3] et *de la Hire*[4] firent une objection à cette méthode, en disant que, d'après leurs propres recherches, l'eau de pluie dans un sol couvert de plantes ne pénétrait pas à plus de 2 pieds de profondeur. Cette objection faite déjà par *Sénèque*, *Mariotte* l'avait cependant prévenue, en disant qu'il fallait distinguer entre la terre inculte et la terre cultivée, qui était beaucoup plus facilement perméable.

Perrault croyait devoir admettre que les sources, dans les terrains bas, étaient

---

1. *The Philosophical Transact. abridged*, V. 392.
2. *De Architectura*, lib. VIII, cap. I.
3. Œuvres diverses, II, 787 : Fischer, *Gesch. d. Phys.*; II, 583.
4. *Mémoires de Paris*, 1703.

alimentées par les cours d'eau, mais que celles qui jaillissent dans les montagnes
étaient produites par la condensation de la vapeur d'eau, qui s'élève dans l'intérieur. *Descartes* avait déjà exprimé une opinion semblable. Dans ses *Principes
Philosoph.*, vol. IV de 1644), il dit que l'eau de mer pénètre dans la Terre par
des canaux, arrive dans de grandes cavités, où elle s'échauffe, se distille et s'élève
dans les parties supérieures des montagnes, comme dans d'immenses chapi-
teaux : là, elle se condense et s'écoule par les fissures du rocher, en formant des
sources.

L'opinion de *Mariotte* eut encore à subir d'autres attaques de la part de
Sédileau[1]. Celui-ci soutenait que les calculs de *Mariotte*, sur la quantité d'eau
de pluie tombée et sur la quantité emportée par les fleuves, étaient purement
arbitraires, ce qui n'est pas tout à fait inexact, à cause de l'évaluation approximative de la quantité d'eau vaporisée. Une île seule, ajoutait *Sédileau*, pourrait
fournir des données exactes pour une telle comparaison : or, en faisant l'évaluation pour l'Angleterre et pour l'Ecosse, on trouvait que la quantité d'eau de
pluie qui y tombe est à peine la moitié de celle qui serait nécessaire pour l'entretien des fleuves de ce pays.

Vers cette même époque, dans les *Philos. Transact.* de 1692[2], *Halley* émit
son avis sur la vaporisation et sur la formation des sources. Il est d'accord avec
Mariotte, en ce qu'il attribue la formation des sources à l'eau atmosphérique,
mais il pense que la pluie qui tombe sur le sol ne suffit pas pour alimenter les
sources et les fleuves. Il admet donc qu'ils sont formés surtout par les vapeurs qui s'élèvent de la mer, sont portées par les vents vers les sommets
des montagnes, et s'y condensent par le refroidissement. Il appuyait cette explication sur des expériences qu'il avait faites sur l'importance de l'évaporation,
et d'autre part sur l'existence d'une source à la pointe même de Sainte-Hélène.
Derham objectait à cela dans sa *Physico-Theologia*, que le comté d'Essex, qu'il
habitait, était très riche en sources et en ruisseaux, et qu'il ne s'y trouve cependant pas de collines ayant plus de 400 pieds d'élévation.

Je ferai remarquer ici que l'évaluation faite, pour la première fois, par *Sédileau*, du rapport entre la quantité d'eau tombée du ciel et la quantité d'eau
emportée par les fleuves ou vaporisée, fut reprise en 1803 par *Dalton* pour
l'Angleterre. *Dalton*, s'appuyant sur des données un peu plus exactes, arriva
précisément à un résultat contraire, à savoir que la quantité d'eau transportée
par les fleuves, et celle qui était perdue par évaporation, formeraient un total
égal à la quantité d'eau de pluie tombée[3].

Sédileau était membre de l'Académie de Paris. Sur l'ordre de cette assemblée, il fit les premières observations régulières établies à Paris et en France,
depuis 1688 jusqu'en 1696. *Picard* en avait fait de temps à autre depuis 1666;
et antérieurement à cette date, il en avait été fait également à Paris et à Dijon
par quelques amateurs. *Perrault*, né en 1613 à Paris, était médecin et membre
de l'Académie; il mourut en 1688.

<hr>

1. *Mém. de Paris*, 1693.
2. *Phil. Transact. abridged*, III, 387, 427.
3. Gilbert, *Annalen*, XV, 249.

En ce qui concerne la quantité d'eau de pluie tombée, les plus anciennes observations qu'on ait là-dessus en France furent faites à Dijon par un inconnu, à l'instigation de Mariotte. L'*ombromètre* employé consistait en un entonnoir carré conduisant l'eau dans un vase cylindrique, où on déterminait son volume d'après la hauteur qu'elle occupait dans le vase (*Traité du mouvement des eaux*, 1686).

Les premières observations de ce genre furent faites en Angleterre par *Richard Townley*, disciple de *R. Boyle*, membre de la Royal Society. Il publia dans les *Philos. Transact.* de 1694 les résultats de quinze années d'observations, qu'il avait faites, à partir de 1678 à Townley, dans le Lancashire. Son ombromètre était un entonnoir rond de 12 pouces de diamètre à bord supérieur; l'eau était reçue dans un vase cylindrique de verre où on la pesait. Cette détermination par le froid fut généralement adoptée en Angleterre, notamment par *Derham*, tandis que les Français et surtout *de la Hire*, depuis 1699, donnèrent régulièrement la préférence au procédé plus commode de la mesure des volumes; c'est du reste celui qui est adopté de nos jours. Depuis cette époque, l'ombromètre ou pluviomètre a subi un grand nombre de transformations, soit dans le but d'enregistrer la quantité de pluie tombée, — une disposition de ce genre fut déjà indiquée par *Hooke* en 1679[1], — soit pour mesurer la quantité de pluie apportée par chaque vent particulier.

303. — Vers 1716, une aurore boréale des plus brillantes s'étant étendue sur l'Europe centrale amena les physiciens à rechercher la cause de ce phénomène. C'était la première fois, depuis bien longtemps, qu'on en apercevait dans cette partie de l'Europe, car *Halley* qui comptait alors 60 ans, et qui avait l'habitude des observations astronomiques, n'en avait encore jamais vu en Angleterre.

La plupart des physiciens, entre autres le célèbre *Wolf* de Halle, pensaient que la lumière boréale était produite par l'inflammation de vapeurs nitreuses et sulfureuses, qui s'élevaient de la Terre. *Halley*, au contraire, dans les *Philos. Transact.* de 1716, exprimait l'avis que cette lumière était due aux émanations magnétiques des pôles nords de la Terre. Cette expression, bien qu'un peu vague, mérite d'être remarquée, parce qu'on ne connaissait alors aucune relation entre la lumière boréale et le magnétisme. On se demande, en effet, comment *Halley* arriva à cette conclusion.

Il faut dire tout d'abord que toute explication par les vapeurs nitreuses ou sulfureuses lui semblant insoutenable, il se laissa guider par une vague analogie entre la forme de la lumière boréale et celle des tourbillons magnétiques de *Descartes*. Ces tourbillons, il cherchait à se les représenter par la disposition qu'affecte la limaille de fer sur un papier placé au-dessus d'une *terella*, c'est-à-dire d'un aimant sphérique d'acier. Mais la raison principale sur laquelle il s'appuyait, c'est que le sommet de l'arc formé par l'aurore boréale était à l'ouest du méridien, précisément dans la direction du pôle nord de l'aiguille aimantée. C'est certainement *Halley* qui a fait le premier cette observation.

---

1. Birch., *Hist. of the Royal. Soc.*, III, 476.

D'ailleurs, dans la description qu'il donne de l'aurore boréale, *Halley* se montre observateur scrupuleux. Il indique que les faisceaux de lumière, qui forment une des parties principales du phénomène, doivent être droits, que leur courbure et leur convergence en un certain point, d'où résulte la couronne formée par la lumière, sont dues à une illusion d'optique. Il dit que cette couronne doit se trouver au sud, par rapport au zénith, et dans l'aurore boréale de 1719, il la trouva de 14 à 15 degrés au sud. *Halley* se trompa sur un point, en ce qu'il considérait l'aurore boréale, non comme un objet lumineux, mais comme un objet éclairé. Il pensait que les rayons formant l'aurore boréale s'élevaient de Terre assez haut, pour sortir de l'ombre terrestre et être éclairés par le Soleil. Il croyait, par suite, que l'arc boréal était un phénomène relatif comme l'arc-en-ciel, et que chacun voyait une aurore boréale particulière.

Malgré cette erreur, et malgré son caractère incertain, l'hypothèse de *Halley* était assurément meilleure que celles qui furent établies, avant et après lui, par *Descartes*, par exemple, et plus tard en 1744, par *Samuel V. Triewald*. Ce dernier, qui faisait partie de l'Académie de Stockholm, avait conclu, d'un certain nombre d'expériences, que la lumière boréale était due à la réflexion de la lumière sur la neige et la glace du pôle nord. *Triewald* faisait entrer la lumière solaire dans une chambre obscure, par une ouverture : les rayons traversaient un prisme, tombaient ensuite sur de l'eau-de-vie contenue dans un verre, et se projetaient enfin sur un mur blanc. Les rayons colorés donnaient une image si fidèle de l'aurore, que rien ne pouvait y ressembler davantage, et on y voyait même se produire parfois les rayons étincelants se transformant en nuages colorés.

La théorie que donne *Mairan*, dans son *Traité de l'Aurore boréale*, Paris 1733, a joui aussi d'un grand crédit pendant longtemps : elle se rapproche de celle qu'*Euler* développa, en 1740, dans les *Mém. de Berlin*. *Mairan* considérait la lumière boréale comme identique à la lumière zodiacale, ou plutôt comme un mélange de la lumière zodiacale avec l'atmosphère terrestre. *Euler*, de son côté, croyait que la lumière boréale était de même nature que celle de la queue des comètes. Ces deux hypothèses n'ont pas besoin d'être réfutées aujourd'hui. *Mairan* a d'ailleurs ajouté, plus tard[1], quelques notes à son ouvrage, dans lesquelles il signale, pour la première fois, un fait important qui avait échappé à l'attention de *Halley*, à savoir que la couronne de l'aurore boréale se trouve sur le prolongement de l'aiguille d'inclinaison. — C'est la deuxième relation entre l'aurore boréale et le magnétisme terrestre ; la première est la position du sommet de l'arc boréal dans le méridien magnétique, fait déjà remarqué par *Halley*, ainsi que nous l'avons dit. La troisième relation, à savoir l'influence que l'aurore boréale exerce sur l'aiguille de déclinaison, a également été découverte au temps de *Halley*, par *Olof Peter Hjorter*, attaché à l'Observatoire d'Upsal. Celui-ci avait été chargé par *Celsius* de suivre la marche journalière de l'aiguille aimantée. Le 1er mars 1741, alors qu'on apercevait directement au sud du zénith une éclatante aurore boréale, voulant faire son observation

---

1. *Mém. de Paris*, 1747.

habituelle, il trouva l'aiguille tellement agitée qu'il n'hésita pas à en attribuer la cause à la lumière boréale. *Celsius* le confirma dans cette idée, en lui assurant qu'il avait observé plusieurs fois de semblables perturbations, mais qu'il n'en avait pas parlé. Peu de temps après, le 5 avril 1741, *Graham* observa un trouble semblable dans la marche de l'aiguille aimantée, mais comme c'était en plein jour, il ne put l'attribuer à une aurore boréale.

304. — Il me reste enfin à parler de l'opinion de *Halley* sur la nature des météorites; elle mérite d'être signalée. La plupart des physiciens de l'époque attribuaient ces phénomènes lumineux à des exhalaisons de salpêtre et de soufre, qui s'élevaient de la Terre : *Wolf* de Halle pensait qu'elles étaient de même nature que l'air; mais *Halley* se déclara ouvertement contre cette opinion.

Un météore observé, le 31 juillet 1708, en plusieurs points de l'Angleterre, lui fournit l'occasion de se prononcer sur ce sujet : mais il s'appuya sur une autre observation faite en Italie, le 21 mars 1676. Un météore venant de la Dalmatie, traversa l'Adriatique et l'Italie, en se dirigeant vers la Corse, et éclata en chemin avec un bruit épouvantable. Comme il avait été soigneusement observé de plusieurs points, on put au moins approximativement déterminer sa hauteur au-dessus du sol : on la trouva égale à 40 ou 50 milles anglais. Cette hauteur, ainsi que la vitesse considérable du météore, parurent à *Halley* inconciliables avec l'opinion, admise alors, d'après laquelle il aurait été constitué par des exhalaisons terrestres ; *Halley* n'hésita pas à déclarer qu'il devait avoir une origine cosmique, qu'il provenait des espaces célestes.

Par cette explication, qui fut en somme peu appréciée, *Halley* a, dans une certaine mesure, devancé notre compatriote *Chladni*. Dans un opuscule *Ueber den Ursprung der von Pallas gefundenen und anderen ähnlichen Eisenmassen*, Leipzig, 1794, celui-ci affirma que des masses de pierre et de métal tombent parfois sur la Terre, par suite de la rupture des globes de feu qui viennent des espaces célestes. Mais pendant longtemps, avant et après, on n'a plus partagé l'opinion de *Chladni*.

Halley dit encore, à propos du météore italien de 1676, que son mouvement était directement opposé à celui de la Terre, circonstance qui a été signalée également, de nos jours, dans les étoiles filantes qui ont paru en novembre depuis une série d'années. *Halley* a publié son opinion sur les météorites dans les *Phil. Transact.* de 1716 : on la trouve dans les *Philos. Transact. abridged*, VI, 99 et 110.

QUATRIÈME ÉPOQUE

FORME DE LA TERRE.

305. — Par la considération de la force centrifuge, *Huyghens* et *Newton*
étaient arrivés à la conclusion que la Terre ne peut être sphérique, et doit être
aplatie aux pôles. Ils avaient cherché tous deux à déterminer exactement sa
forme. *Huyghens*, qui ne connaissait pas encore la loi de la gravitation, ni les
procédés de calcul nécessaires pour la solution de ce problème, admit que la
force attractive de la Terre émanait seulement de son centre. Il arriva ainsi à ce
résultat, que les méridiens terrestres avaient la forme de deux courbes paraboliques du quatrième degré, se coupant à l'équateur, et qu'entre le diamètre des
pôles et celui de l'équateur, le rapport des longueurs était de 577 à 578.

Newton, qui l'emportait beaucoup sur *Huyghens* dans les recherches de
mathématiques pures, après avoir découvert la loi de la gravitation, aborda
le problème d'une manière beaucoup plus naturelle. Il considéra toutes les parties de la Terre comme s'attirant l'une l'autre, d'après la loi énoncée ; et par une
méthode nouvelle, il démontra qu'en supposant la Terre parfaitement homogène,
les méridiens terrestres devaient avoir la forme d'une ellipse, dans laquelle l'axe
polaire devait être à l'axe équatorial dans le rapport de 229 à 230.

Les deux rapports $\frac{577}{578}$ et $\frac{229}{230}$, trouvés par des procédés si différents, sont
remarquables en ce que *Mac-Laurin* a montré plus tard, qu'ils sont les valeurs
limites du rapport que doivent présenter les deux axes, si la densité de la Terre
augmente de la surface au centre.

Huyghens publia ses recherches, en 1690, dans son *Discours de la cause de
la pesanteur*, dont une partie avait déjà été présentée, en 1678, à l'Académie de
Paris, avec le *Traité de la Lumière*. *Newton* publia les siennes dans les *Philosophiæ naturalis principia math.*, qui parurent en 1687. Depuis cette
époque, jusqu'à la fin du XVIIe siècle, et longtemps après, on ne fit, pour ainsi dire

rien pour arriver à la solution du problème si difficile de la forme de la Terre, soit au point de vue expérimental, soit au point de vue mathématique. Et cependant, à ce double point de vue, d'autres tentatives étaient fort désirables; car les recherches mathématiques de *Newton* n'avaient aucunement résolu le problème : elles avaient seulement ouvert la voie qui devait conduire à la solution. D'un autre côté, les données expérimentales qui auraient pu établir la justesse des spéculations mathématiques, se réduisaient alors : 1° à l'analogie qu'on pouvait tirer de la forme aplatie de Jupiter; 2° des observations du pendule, faites sous les tropiques par *Richer, Halley, Couplet, Varin, Deshayes* et autres, mais qui n'étaient ni assez nombreuses, ni assez exactes pour fournir des arguments décisifs dans cette question.

Il en était de même des mesures du degré entreprises jusqu'alors. Elles ne pouvaient en rien servir, puisqu'elles avaient toutes été faites dans la supposition que la Terre était parfaitement sphérique.

Il y avait donc encore beaucoup à faire, soit au point de vue de la théorie, soit au point de vue de l'expérience, et on peut dire encore plus pour l'expérience que pour la théorie. Car si la théorie pouvait montrer, en partant de certaines suppositions, que la Terre devait avoir la forme d'un sphéroïde de révolution aplati, d'un autre côté, elle n'était pas encore en état de donner la valeur de l'aplatissement, c'est-à-dire le rapport entre la grandeur des axes. Pour cela, la théorie devait être aidée par des mesures, et à l'époque de *Newton*, ainsi que longtemps après, ces mesures manquaient complétement : le besoin de mesures exactes se faisait donc vivement sentir.

La dernière et la plus exacte mesure du degré fut faite, au XVII° siècle, par *Picard* en 1669 (§ 260); mais elle était encore insuffisante, car, d'un côté, elle n'avait encore qu'une petite étendue, de Malvoisine à Amiens, dont la distance est de 1° 22′ 58″, et d'autre part, bien qu'elle ait rendu un très grand service à *Newton*, elle n'était exacte que par une compensation accidentelle des erreurs, ainsi que *Lacaille* l'a démontré plus tard.

306. — Vers 1671, l'Académie de Paris, d'accord avec le gouvernement, entreprit de faire une carte générale de la France; on n'en possédait pas encore. On envoya un nombre considérable de géomètres dans les provinces, pour en faire le tracé, mais après quelques années, on put se convaincre que pour faire concorder tous ces relevés partiels, il serait nécessaire de les rattacher à une base commune. *Picard* considéra l'arc de méridien qu'il avait tracé comme insuffisant, à cause de sa faible étendue, et il proposa au ministre *Colbert* de mesurer un arc du méridien, d'un bout à l'autre de la France. Ce Mécène de la science y consentit sans difficultés, et en confia l'exécution à l'Académie des sciences.

On se mit à l'œuvre en 1680. *Dom. Cassini*, aidé de *Chazelles, Varin, Deshayes* et *Sédileau* fut chargé de faire la mesure au sud de Paris; *de la Hire* aidé de *Pothenot* et *Lefèvre* devaient faire les mesures vers le nord. Mais la mort de *Colbert*, survenue en 1683, interrompit pendant 17 ans cette entreprise, qui avait été commencée avec tant d'activité : elle ne fut reprise qu'en 1700, par *Cassini* (remplacé à sa mort, 1712, par son fils *Jacques*), par *de la Hire* et par *Maraldi*, d'après le plan primitif, et elle ne fut terminée qu'en 1718.

Cette mesure du degré, la plus étendue, et sans contredit la plus exacte qui ait été exécutée jusqu'alors, comprend de

Paris à Dunkerque	2°45'50"
Paris à Collioure sur la frontière espagnole	6°18'47"
	9° 4'37"

ou environ $\frac{1}{10}$ d'un quadrant.

Le résultat le plus remarquable de cette mesure fut l'*inégalité* des longueurs trouvées pour un degré du méridien; dans chacune des parties mesurées, on avait trouvé, en effet, pour la longueur du degré :

Dans la partie sud	57097 toises
— — nord	56960 —
Différence,	137 —

Le degré nord avait donc été trouvé plus petit que le degré sud, ou autrement dit, la courbure du méridien plus forte vers le nord que vers le sud. Ces mesures semblaient donc indiquer un sphéroïde renflé vers les pôles, au lieu d'un sphéroïde aplati, la forme d'un œuf et non celle d'un oignon.

Ce résultat provoqua un grand étonnement, car il était en contradiction avec les conclusions que *Huyghens* et *Newton* avaient tirées de leurs théories. On se souvint alors qu'en 1691, un Alsacien *Eisenschmidt*, dans un opuscule intitulé : *Diatribe de figura Telluris elliptico-sphœroïde*, était arrivé à un résultat semblable, en comparant les valeurs trouvées pour le degré, sous différentes latitudes. Voici ces résultats :

Eratosthènes	en	Egypte	—	63000 toises
Riccioli	—	Italie	—	62560 —
Picard	—	France	—	57060 —
Snell	—	Hollande	—	55021 —

dans lesquels se manifeste une diminution du degré, du sud au nord, comme dans chacune des parties de la dernière mesure française.

Cassini, Fontenelle et d'autres membres de l'Académie pensèrent d'abord que cette diminution du degré, du sud au nord, était tout à fait dans l'ordre, et prouvait l'aplatissement de la Terre aux pôles. Mais ils s'aperçurent bientôt de leur erreur, et ils reconnurent que cette mesure indiquait, contrairement à la théorie de *Newton*, que la Terre était renflée aux pôles, au lieu d'être aplatie. Les académiciens français n'hésitèrent pas à déclarer fausse la théorie que *Newton* avait donnée de la forme de la Terre.

Comme on doit bien le penser, cette conclusion excita en Angleterre une grande irritation, qui, augmentée encore par les rivalités nationales, donna lieu à une polémique des plus vives, et pendant plus de vingt ans divisa profondément le monde savant. D'un côté, la plupart des mathématiciens anglais, *Gregory, Keill, Mac-Laurin, Stirling* et autres, auxquels se joignirent les Allemands

Hermann et *Kraft*, défendaient leur *Newton;* de l'autre les académiciens français *Cassini, de la Hire, Maraldi, Mairan*, défendaient leurs mesures, aidés par le géographe d'*Anville*, et même par le grand *Jean Bernoulli*.

Les Anglais, d'ordinaire si pratiques, se tenaient sur la défensive, et s'en rapportaient à la théorie pure, pensant que les conclusions de *Newton* n'avaient besoin d'aucune confirmation expérimentale. Les Français, au contraire, allaient de l'avant; et s'ils avaient pour cela des raisons spéciales, on doit. reconnaître que leur activité et leur esprit entreprenant ont éminemment contribué à résoudre la question.

, Plusieurs années s'écoulèrent dans des discussions stériles, jusqu'à ce qu'enfin les Français proposèrent de faire de nouvelles mesures, et de mesurer, en même temps, un arc de parallèle ou d'un cercle perpendiculaire au méridien. Cette entreprise fut exécutée, en 1733 et 1734, sous la direction de *Cassini*. On fit des mesures sur un arc perpendiculaire au méridien de Paris, d'un côté jusqu'à Saint-Malo, le point extrême de la Bretagne, de l'autre jusqu'à Strasbourg.

Cette entreprise, qui est remarquable déjà en ce qu'elle est la première mesure d'un degré de longitude, donna, chose assez singulière, un résultat qui s'accordait entièrement avec les premières mesures du degré, et comme celles-ci, elle attribuait à la Terre une forme allongée. Les Français se virent naturellement confirmés dans leur manière de voir, mais les Anglais ne se laissèrent pas déconcerter : ils continuèrent à défendre, avec ardeur, la théorie si bien établie par *Newton*, et firent aux Français deux objections principales :

1° Les inexactitudes de leurs opérations, qu'il était surtout facile de relever dans leur mesure du degré de longitude;

2° Le trop grand rapprochement des degrés mesurés dans le méridien : ils objectèrent avec raison que les degrés choisis par leurs adversaires étaient trop rapprochés et trop peu différents, pour qu'ils pussent décider si les degrés croissaient vers le sud ou vers le nord, surtout par des mesures qui n'étaient nullement exemptes d'erreurs.

307. — Pour répondre à ces objections, et pour terminer cette longue discussion, d'une manière honorable pour la nation française, l'Académie de Paris se décida enfin à s'adresser au comte de *Maurepas*, ministre de Louis XV, afin de décider le gouvernement à entreprendre une nouvelle mesure du degré, autant que possible sous l'équateur même. Le degré, quelle que fût d'ailleurs la forme de la Terre, devait y être certainement différent de ce qu'il était en France, plus petit si les Anglais avaient raison, plus grand, au contraire, si le bon droit se trouvait du côté des Français. *Maurepas* accueillit la proposition, et obtint du gouvernement espagnol la permission de faire cette mesure dans ses possessions.

A la tête de cette expédition, envoyée dans les régions équatoriales de l'Amérique, se trouvaient *La Condamine, Godin, Bouguer*, auxquels le gouvernement espagnol adjoignit deux habiles officiers de marine, *Don George Juan* et *Don Antonio de Ulloa;* le botaniste *Joseph de Jussieu* se joignit aussi à l'expédition, qui était pourvue de toutes les ressources scientifiques alors connues. Le 16 mai 1735, les membres français partirent de La Rochelle, d'abord pour

Saint-Domingue, et de là pour Carthagène et Portobello. Ils y furent rejoints par les officiers espagnols, et ils traversèrent ensemble l'isthme de Panama : ils reprirent ensuite la mer, et abordèrent, en mars 1736, sur les côtes du Pérou, pour effectuer les mesures proposées, dans la haute vallée de Quito, sur les deux côtés de l'équateur.

Le tableau de cette remarquable expédition ne laisse pas de présenter quelques ombres. D'une part, des difficultés inattendues provenant du terrain entrecoupé, de la rigueur du climat et de la sauvagerie de ses habitants, d'autre part, l'inexpérience des académiciens, qui firent leur première école pendant le cours de ces mesures astronomiques et géodésiques, enfin les rivalités, les dissentiments, qui éclatèrent entre eux, firent traîner les travaux en longueur. Plusieurs opérations durent être recommencées trois ou quatre fois ; même toutes les opérations faites jusqu'en 1741, c'est-à-dire pendant cinq années, durent être abandonnées.

Enfin, la société fut dissoute, par suite du désaccord de ses membres, qui se dispersèrent dans toutes les directions. *Bouguer* s'échappa, pour ainsi dire, du Pérou, gagna Mexico et se hâta de se rendre à Paris, où il arriva en 1744, afin de devancer *La Condamine* dans la publication des résultats. *La Condamine*, qui se trouvait à l'extrémité opposée de la ligne d'opérations, et qui apprit le départ de *Bouguer*, six semaines après, revint en remontant le fleuve des Amazones, qu'il releva soigneusement dans toute l'étendue de son cours, et n'arriva en Europe qu'en 1746.

Les deux officiers espagnols se rendirent au Chili, qu'ils étudièrent, sous différents rapports, d'une manière fort intelligente. Ils revinrent dans leur patrie, en doublant le cap Horn. *Don George Juan* revint en Espagne sans autre aventure, en 1746. *Don Antonio Ulloa* fut pris par les Anglais, qui étaient en guerre avec l'Espagne. Il fut conduit à Londres, où il fut mis immédiatement en liberté, et traité avec beaucoup d'égards. Non seulement on lui rendit tous ses papiers, mais il fut élu membre de la Société Royale.

Godin enfin resta au Pérou jusqu'en 1748 : il fut témoin de l'épouvantable tremblement de terre qui, en 1746, détruisit les villes de *Callao* et de *Lima*. Il revint par le Tucuman, le Paraguay et Buenos-Ayres, arriva en Espagne en 1750, et après un court séjour en France, accepta la place de professeur à l'école des cadets de la marine de Cadix. Il mourut dans cette ville, en 1760, sans avoir publié la relation de son voyage. Par contre, *Bouguer* et *La Condamine* publièrent un grand nombre d'écrits, où ils se combattirent avec vivacité, et ils auraient pu même par là discréditer entièrement leurs mesures, si, par bonheur, leurs objections n'eussent porté que sur des points accessoires, et n'eussent prouvé, en même temps, qu'ils avaient l'un et l'autre accompli leur travail avec sincérité et conscience.

Enfin l'arc mesuré après tant de difficultés, en 1743, s'étendait :

De Cotchesqui...........	1°25'57" N
jusqu'à Mamo Tarqui............	1°41' 7" S
par conséquent	3° 7' 4"

et avait une longueur de 176 940 toises. La longueur du degré, calculée d'après cela, était :

Pour *Bouguer* de 56753 toises sous l'équateur à 0°
«   *La Condamine* 49
«   *Ulloa*   68.

Des astronomes ont repris, depuis, le calcul des observations, en tenant compte entre autres de ce fait, que l'arc n'avait pas été mesuré au niveau de la mer, mais à 1226 toises ou 6356 pieds d'altitude. Cette correction, commencée d'ailleurs par *Bouguer*, a donné comme résultat :

56.731,7 toises[1].

Tel fut le résultat principal de cette fameuse expédition du Pérou, qui, malgré la fatalité qui la poursuivit, fut très fructueuse pour la science. Mais il s'écoula assez longtemps avant que ce résultat fût connu. Les mesures avaient duré huit ans, et ce ne fut qu'après six autres années qu'elles furent complétement publiées dans l'ouvrage ayant pour titre : *La figure de la Terre déterminée par les observations de MM. Bouguer et de La Condamine*. Paris, 1749.

308. — Les Français, dans leur vivacité, auraient été certes fort excusables si, après ces longs retards, ils avaient perdu patience ; mais c'est ce qui leur arriva au bout de très peu de temps. Un an à peine après le départ de l'expédition du Pérou, l'Académie de Paris, où la forme de la Terre était beaucoup discutée, conçut la pensée d'arriver à une solution, d'une deuxième manière, en faisant mesurer un degré dans les régions polaires. Cette décision fut prise à l'instigation de *Celsius*, alors à Paris. *Maupertuis* surtout embrassa cette idée avec enthousiasme, et ce fut lui qui décida le ministre *Maurepas*, non seulement à consentir à l'entreprise, mais encore à lui confier la conduite de l'expédition. Cette dernière faveur lui aurait été accordée, dit-on, parce qu'il avait su se rendre agréable au ministre, par son talent de chanteur et son habileté sur la guitare. Cette expédition se proposait de mesurer un degré dans les plaines de la Laponie. Elle comprenait, outre le directeur *Maupertuis*, les académiciens *Clairault, Camus, Le Monnier*, et le correspondant *Outhier*, auxquels le gouvernement suédois adjoignit le professeur *Celsius* d'Upsal.

L'expédition arriva, en juillet 1736, à Tornéa, y passa l'hiver, et revint à Paris, en juin 1737. Elle procéda donc très rapidement dans ses travaux, ne mesura qu'un arc relativement petit, et même pas avec une grande exactitude, comme *Melanderhjelm* l'a montré plus tard. L'opération s'étendait depuis la

Montagne de Kittis............	66°48′30″
jusqu'à Tornea................	65°51′ 1″.5
Différence	0°57′28″.5

La longueur de cet arc, déterminée par la mesure d'une ligne de stations sur

1. *Zach's Korresp.*, XXVI, 39.

la glace de Tornea-Elf, était de 55023 toises, ce qui donna pour la longueur du degré d'un méridien, vers 66° 20′ nord, la valeur de 57437 toises. Une nouvelle mesure entreprise par les Suédois *Svanberg, Öfverbom, Palander* et *Holmquist* de 1801 à 1803, donna pour résultat 57196, 16 toises pour 66°20′10″ Nord, par conséquent 240,84 toises de moins.

Maupertuis publia le résultat de l'expédition de Laponie en 1738, dans un petit ouvrage : *Sur la figure de la Terre déterminée par les observations de MM. Maupertuis, Clairault, Camus, Le Monnier* et *Outhier*, Amsterdam, 1738, par conséquent, au moins six ans avant qu'on né connût le résultat de l'expédition américaine. Ce résultat isolé était déjà en contradiction avec l'idée de la forme allongée de la Terre, car

<pre>
le degré mesuré en Laponie valait   57437 toises,
   —   —   France   —   57097 »
       par conséquent, différence   340 toises.
</pre>

Il fut confirmé par une observation du pendule faite à Pello par 66°3′ de latitude ; la longueur du pendule à seconde y fut trouvée plus grande qu'à Paris de 0,6 de ligne.

Naturellement ce résultat produisit, à l'Académie de Paris, la plus vive sensation, surtout dans l'entourage de *Jacq. Cassini*, dont la manière de voir se trouvait ainsi controuvée. On fit pleuvoir d'abord une foule de railleries sur *Maupertuis* et son expédition, ainsi que sur une Lapone, que *Maupertuis* avait ramenée avec lui. Celui-ci se vengea par plusieurs écrits très mordants contre ses adversaires. Mais cela détermina l'Académie à entreprendre, en 1740, par conséquent six ans avant qu'on connût le résultat de l'expédition en Amérique, une revision scrupuleuse des mesures faites en France, depuis Dunkerque jusqu'à Perpignan ; ce travail fut confié à *Lacaille* et à *Cassini de Thury*, petit-fils de *Domenico Cassini*. On divisa l'arc du méridien, qui comporte plus de 9 degrés de latitude, en quatre sections, et l'on détermina pour chacune d'elles la longueur d'un degré. On trouva ainsi :

<pre>
Entre Dunkerque et Paris   57084 toises
  —   Paris et Bourges   57071   »
  —   Bourges et Rhodez   57040   »
  —   Rhodez et Perpignan   57048   »
</pre>

par conséquent, en faisant exception pour la troisième section, on constatait un accroissement du degré du sud au nord, comme la théorie le voulait, ce qui montrait que les résultats antérieurs étaient dus à des erreurs dans les mesures. On en déduisit pour la valeur du degré à la latitude de 45°, 57023 toises.

309. — Si l'on rassemble maintenant les principales données que l'on possédait, après l'expédition d'Amérique, pour déterminer la forme de la Terre, voici quelles étaient les longueurs d'un degré du méridien, sous différentes latitudes :

<pre>
sous le 66°20′ N.   57437 toises (plus exactement 57196)
  —   45°   57023
  —   0°   56732
     Différence   705 toises.
</pre>

Ces valeurs n'étaient pas encore absolument exactes; mais leur différence était beaucoup trop grande pour qu'on pût l'attribuer uniquement à des erreurs dans les observations. On eut donc parfaitement raison d'en tirer la conclusion que la longueur du degré du méridien devait croître de l'équateur aux pôles, et que, par suite, la Terre devait avoir la forme d'un corps sphérique aplati vers les pôles.

La théorie de *Newton* se trouvait donc ainsi complétement confirmée. Mais *Newton* avait encore déterminé la forme de la Terre d'une manière plus précise. Il avait dit qu'elle avait la forme d'un sphéroïde, figure engendrée par la rotation d'une ellipse autour de son petit axe, et il avait indiqué le rapport des axes de cette ellipse, $\frac{229}{230}$. Mais toutes les mesures faites jusqu'en 1750 ne pouvaient permettre de décider si ce rapport était exact, quoique cette décision appartînt directement à l'expérience, puisque la théorie ne peut déterminer la forme de la Terre, d'une manière précise, qu'autant qu'elle possède une connaissance exacte de la densité de la terre en chaque point.

Malgré toutes ces entreprises si pénibles, si longues et si coûteuses, on n'avait encore, en 1750, résolu que la moitié du problème et encore la moitié la plus facile. Néanmoins, ces expéditions avaient été d'une grande utilité pour la science, car elles ouvraient la voie à d'autres entreprises, et donnaient le brillant exemple d'un État prêtant son appui libéral à des travaux purement scientifiques. Pour faire apprécier à leur juste valeur ces mesures du degré, je dois dire que c'est à partir de cette époque seulement qu'on dressa des cartes exactes, et que le perfectionnement de ces cartes, si précieuses pour la connaissance des pays, a toujours marché de pair avec les perfectionnements apportés à ces mesures.

310. — Depuis l'expédition faite en Amérique, on fit encore, dans le cours du XVIIIe siècle, différentes mesures du degré; mais, à l'exception peut-être de celle que fit *Lacaille*, en 1751, au cap de Bonne-Espérance, elles n'apprirent pas grand chose de nouveau sur la forme de la Terre. Je les passerai donc sous silence, pour ne parler que de l'une d'elles qui a un grand intérêt, et qui se rattache de plus près à celles que nous avons mentionnées jusqu'ici. Nous voulons parler de celle qui fut décrétée par la Convention nationale de la République française, en 1792 : c'est la quatrième mesure du degré entreprise en France.

Tout concourut à faire de cette entreprise scientifique l'une des plus mémorables qui aient jamais été accomplies. Elle fut commencée en un temps où la France était en proie, à l'intérieur, à toutes les horreurs de la Révolution, où elle n'avait pas de gouvernement solidement établi, où elle était menacée, au dehors, par l'invasion — à une époque enfin qui semblait aussi défavorable que possible à toute entreprise scientifique.

Si la hardiesse qu'il y avait à entreprendre ce travail gigantesque, à une époque si troublée, nous étonne déjà, ce qui doit nous émerveiller encore bien davantage, c'est l'énergie et le talent qui permirent de terminer cette œuvre dans un temps relativement très court. De toutes les opérations de ce genre faites en Europe, elle est la plus importante en étendue, elle est aussi celle où l'on a

le plus mis en œuvre toutes les ressources de l'expérimentation et toutes les
facultés de l'esprit. Mais, ce qui, avant tout, attira sur elle l'attention de toute
l'Europe savante, ce fut l'idée, qui s'y rattachait, de prendre, dans la nature
même, pour les mesures et les poids, des grandeurs invariables qui pussent
être retrouvées dans toutes les circonstances, et qui ne pourraient disparaître
qu'avec la Terre elle-même.

Ce fut véritablement cette idée qui fit naître cette entreprise, et bien qu'elle
ne fût pas nouvelle, c'est alors qu'on la réalisa en grand et systématiquement
pour la première fois. Elle eut, dans la suite, une très heureuse influence sur la
régularisation des poids et des mesures, dans tous les États civilisés de l'Europe.
Plus tard, par des moyens plus simples, on est sans doute arrivé à des résultats
égaux et peut-être même plus précis, mais on ne doit pas oublier que ce sont
nos voisins d'outre-Rhin qui, ici, comme dans bien d'autres circonstances, ont
été les premiers à porter cette réforme dans le domaine de la pratique.

Ce grand travail fut commencé en 1792 et poursuivi jusqu'en 1799. Les
mesures s'étendirent :

```
De Dunkerque............................... 51° 2′10.7″
jusqu'à la tour de la forteresse de Monjouy près
   de Barcelone............................. 41°21′44.8″
                                             ──────────
        Longueur............................  9°40′25.9″
```

La plus grande partie, de Dunkerque jusqu'à Rodez, fut mesurée sous la
direction de *Delambre* ; la plus petite partie, celle du sud, sous la direction de
Méchain. Comme bases, on se servit des mesures de deux lignes de stations,

```
l'une près de Melun, de.................... 6075.9  toises.
l'autre près de Perpignan, de.:........... 6006.25    »
```

Ces mesures furent effectuées au moyen de règles de platine, longues de
12 pieds, que l'astronome *Borda* avait disposées de telle sorte qu'à la température de 12°,5 centigrades elles fussent exactement égales à deux des toises de
fer, qui avaient servi à la mesure du degré au Pérou (toises de Pérou). Il les
avait, en outre, pourvues d'un mécanisme très ingénieux, non seulement pour
trouver leur dilatation par la chaleur, mais aussi pour la corriger. Ces règles
reçurent le nom de modules.

Les autres points de l'arc furent alors rattachés à ces lignes de base par une
triangulation qui donna :

		Latitude moyenne
I. de Dunkerque	51° 2′ 10.5″	
jusqu'à Paris (Panthéon)	48°50′ 49.7″	49°56
	──────────	
	2°11′20.8″	
II. de Paris	48°50′49.7″	
jusqu'à Evaux.	46°10′42.5″	47°30′46″
	──────────	
	2°40′ 7.2″	

<pre>
    III. d'Evaux   46°10′42.5″
         à Carcassonne.   43°12′54.4″   44°41′48″ .
                                ──────────
                                 2°57′48.1″

    IV. de Carcassonne   43°12′54.4″
         à Monjouy.   41°21′44.8″   42°17′20′
                                ──────────
                                 1°51′ 9.6″

        Les distances étaient pour I de 62472.9   modules.
                                  II   76145.74   —
                                  III   84424.55   —
                                  IV   52749.48   —
</pre>

On calcula ensuite la grandeur du degré, pour chacune des sections, et l'on trouva : 1° qu'entre les latitudes moyennes I et II elle diminue régulièrement du nord au sud mais très lentement, de 4 toises par degré; 2° qu'entre les latitudes II et III elle diminue aussi du nord au sud, mais beaucoup plus rapidement, de 30 toises par degré; 3° enfin, qu'entre les latitudes III et IV elle diminue encore du nord au sud, mais beaucoup plus lentement, de 14 toises par degré.

311. — Dans cette opération, conduite avec tant de soins et avec des instruments si précis, on trouva donc encore une anomalie dans l'arc de méridien mesuré. Cette anomalie n'avait pas le même sens qu'auparavant; elle n'était pas en opposition avec l'aplatissement de la Terre, puisque partout le degré croissait du sud au nord, mais elle montrait clairement une irrégularité dans la configuration de cet arc de méridien. C'était la première fois qu'une telle irrégularité était prouvée avec certitude.

Cette circonstance causa de grands embarras à la commission chargée d'établir les nouvelles mesures et les nouveaux poids, car, dans le décret promulgué en 1791, avant le commencement des opérations, il avait été spécifié que la mesure fondamentale serait la dix-millionième partie du quadrant terrestre.

Cette clause, due à *Laplace*, montre, d'une manière très significative, ce qu'on savait alors de la forme de la Terre; car elle supposait évidemment que la Terre était un sphéroïde régulier, et que tous les méridiens étaient rigoureusement égaux. Mais *Bouguer*, qui, de son temps, ne pouvait comparer l'un à l'autre que trois degrés différents, avait déjà trouvé que les méridiens terrestres ne sont pas égaux entre eux[1].

L'hypothèse de l'égalité des méridiens étant dès lors réfutée, de la manière la plus catégorique, comment répondre aux exigences de la loi, qui reposaient évidemment sur un principe faux? Après de nombreuses discussions, on résolut de prendre l'arc entier de 9°,6738, ou en longueur de 275 792, 36 doubles toises, et en s'aidant des résultats donnés par la mesure du Pérou, d'en déduire la grandeur du quadrant terrestre. C'est ce qui eut lieu, et on trouva ainsi pour le quadrant nord de la Terre, qui, à le prendre exactement, n'était ni

_____

1. Fischer, *Gesch. d. Phys.*, IV, 339.

celui qui passait en France, ni celui qui passait au Pérou, mais un quadrant
moyen indéterminé, la valeur

$$5.130.738,62 \text{ toises.}$$

La dix-millionième partie de ce quadrant fut considérée par la commission
comme la mesure fondamentale fournie par la nature même ; et, d'après la nomenclature proposée en 1795 par le député *Prieur*, elle reçut le nom de *mètre*.
D'après l'ancienne toise de fer de Pérou, le mètre contenait :

$$443.295.8 \text{ lignes anciennes de Paris.}$$

On prit comme valeur définitive du mètre :

$$443.296 \text{ lignes,}$$

la toise de fer étant supposée à $13°$ R $= 16$ 1/4 C. et le mètre de platine
à $0°$. Un mètre de platine conforme à ce résultat fut déposé, le 23 juin 1799,
aux Archives nationales.

Quelque ingénieuse que soit cette fixation de la mesure fondamentale, quelque
sensation qu'elle ait faite, à bon droit, dans son temps, et malgré l'influence
incontestable qu'elle a exercée sur les autres déterminations des poids et mesures, on doit malheureusement reconnaître aujourd'hui que le but qu'on se proposait, en entreprenant cette grande mesure du méridien, n'a pas été atteint.
Cette mesure même montrait que la Terre n'est pas un sphéroïde entièrement
régulier, et qu'on ne devait pas espérer trouver un méridien entièrement semblable à un autre. Ce fait fut d'ailleurs rendu plus manifeste peu de temps après
l'achèvement des travaux français.

Tandis que les Français exécutaient, en effet, leur grande entreprise, et
même auparavant, les Anglais avaient commencé, en 1783, sous *William Roy*
et *Dalby*, une mesure semblable, qui ne fut terminée qu'en 1803, sous le
général *Mudge*. Cette mesure se fit sur une petite étendue :

de Clifton, Yorkshire.......... $53°27'31''39$
jusqu'à Dunnose, île de Wight.. $50°37'\ 8''21$

par conséquent............. $2°50'23.28''$,

pas tout à fait trois degrés, mais l'opération avait été conduite avec le plus
grand soin.

On remarqua, dans cette mesure, ce fait singulier, que des trois degrés celui
qui était le plus au nord était constamment plus petit que celui qui était plus
au sud, contrairement à la théorie de *Newton*. Ce résultat heureusement ne
fut pas connu plus tôt, car il aurait jeté beaucoup de doutes dans les esprits.
Il est évidemment dû à une anomalie locale dans la forme de la Terre, et prouve,
ce que l'expérience a montré très clairement dans plusieurs contrées, que la
Terre n'est pas un sphéroïde de révolution, dans toute la rigueur du mot.

Ce fut par une décision purement arbitraire que les Français rattachèrent leur dernière mesure du degré à celle qui avait été faite, auparavant, au Pérou; et qu'ils arrivèrent à trouver l'aplatissement du sphéroïde terrestre égal à 1/334. S'ils avaient fait une autre combinaison ; s'ils avaient, par exemple, rattaché la mesure faite en France à celle qui avait été faite en Laponie, ils auraient trouvé un autre aplatissement, et, par suite, une autre valeur pour la grandeur du quadrant terrestre.

Si la Terre était un sphéroïde entièrement régulier, deux degrés de méridien mesurés en différentes latitudes suffiraient pour déterminer le rapport des axes $\frac{r}{R}$, et, par suite, l'aplatissement $\frac{R-r}{R}$ de ce sphéroïde, r représentant le demi-axe et R le rayon de l'équateur. Mais comme on sait que la Terre n'est pas un sphéroïde régulier, qu'elle présente une foule d'irrégularités, on est arrivé à l'opinion qu'un calcul de ce genre ne suffit point, et qu'il faut réunir toutes les mesures précises des degrés, quelque nombreuses qu'elles soient, et opérer d'après la méthode des moindres carrés.

On ne trouve pas ainsi, il est vrai, la véritable forme de la Terre, mais bien le sphéroïde qui représente le mieux l'ensemble des mesures et des observations. Un tel calcul a été fait, pour la première fois, en 1819, par le Dr *Walbeck*, mort en 1822, dans la *Dissert. de forma et magnitudine Telluris*, Aboae, 1819, d'après les mesures de degrés les plus exactes, connues alors. Ce calcul a été repris plus tard, plus en détail, par le Dr *J. K. E. Schmidt* (professeur de mathématiques et de physique à Tubingue en 1832), dans le premier volume de son précieux *Lehrb. d. mathemat. u. phys. Geographie*, 2 Bde, Gött., 1829. Enfin, notre célèbre *Bessel*[1] a repris deux fois ce travail, et a trouvé $\frac{R}{r} = \frac{299}{298}$. Il résulte de ce dernier calcul que le quadrant terrestre, qui, d'après le projet primitif, devait contenir 10 millions de mètres, contiendrait en réalité, d'après l'ensemble des mesures faites jusqu'à ce jour, 10 000 855^{m}76 ± 498, 23 mètres.

On voit par là qu'en se rapportant à sa définition le mètre est trop petit, et que le but que l'on s'était proposé, en le créant, n'a pas été atteint. « Le mètre, dit *Bessel*, est une partie de la toise de Pérou, arbitrairement choisie, dans une intention spéciale, entre des limites plus ou moins grandes. »

Le mètre, au point de vue de sa longueur, n'a aucun avantage sur telle ou telle autre mesure bien déterminée, mais ce qui lui donne le pas sur la plupart d'entre elles, surtout au point de vue scientifique, c'est : 1° l'emploi du système décimal dans ses subdivisions, et 2° la relation simple établie entre les mesures et les poids, par la condition que 1 centimètre cube d'eau pèse un gramme, lequel est pris pour unité de poids. Malheureusement, on a introduit ici une complication inutile en exigeant que l'eau eût la température de 4° C. correspondant à son maximum de densité, condition tout aussi peu pratique que celle qui exige que le mètre soit à 0° pour avoir sa véritable longueur. Un gramme est le poids de l'eau contenue dans un petit vase de platine d'une capacité de 1 centimètre cube à 0°, rempli avec de l'eau à 4° ! 3° Un troisième avantage du mètre réside dans le grand nombre de mesures importantes aux-

---

1. Poggendorff, *Ann.* LV, 529.

quelles il a servi : plus on se sert d'une mesure, plus elle acquiert de valeur. Mais cet avantage pourrait appartenir à tout autre système de poids et de mesures, et ne ferait que croître avec l'usage.

L'ÉTALON NATUREL ET LE MÈTRE.

312. — Quelques amis passionnés de l'antiquité, qui trouvent volontiers toutes les découvertes de notre époque dans les temps les plus reculés, ont cherché à attribuer aux anciens l'idée d'une mesure fondamentale prise dans la nature. C'est ainsi qu'un certain *Paucton* (1732-1798), professeur de mathématiques à Strasbourg, et en dernier lieu employé au cadastre de Paris, dit, dans sa *Météorologie ou traité des mesures*, Paris, 1780, page 102, que les Égyptiens possédaient une pareille mesure naturelle. Le côté de la base de la grande pyramide serait exactement la $\frac{1}{500}$ partie d'un degré, tel qu'il a été déterminé par les modernes. Mais les ingénieurs de l'expédition française de 1798 trouvèrent le côté de la pyramide égal à 716,5 pieds ; or 500 fois cette mesure donnerait pour le degré 2700 toises ou 16200 pieds de trop. *Jean Sylvain Bailly*, dans son *Histoire de l'Astronomie moderne*, Paris, 1778 (vol. I, p. 156), avance, lui aussi, ce fait insoutenable.

Le premier qui ait exprimé l'idée de donner une base naturelle aux mesures artificielles est certainement *Gabriel Mouton* (1618-1694, né et mort à Lyon), vicaire à l'église Saint-Paul de Lyon. Dans un ouvrage paru dans cette ville en 1670, sous le titre : *Observationes diametrorum Solis et Lunæ apparentium*, p. 427, il propose de prendre comme mesure fondamentale la minute d'un degré du méridien, environ $\frac{1}{4}$ de mille. Il donnait à cette mesure le nom de mille, et voulait la diviser, d'après le système décimal, en *centuria, decuria, virga, virgula, decima, centesima* et *millesima* ou *stadium, funiculus, virga, virgula, digitus, granum, punctum*.

Après *Mouton*, qui exprima son idée en un temps où l'on croyait encore à la sphéricité de la Terre, *Huyghens*, en 1673, dans son *Horologium oscillat.*, fit la proposition beaucoup plus convenable, de prendre comme mesure fondamentale, son *pes horarius*, c'est-à-dire le $\frac{1}{3}$ de la longueur du pendule à secondes. Mais cette proposition trouva tout aussi peu d'accueil que celle faite, plus tard, par *La Condamine*, de prendre pour unité de mesure la longueur du pendule sous l'équateur.

Jacques Cassini croyait préférable de prendre, comme pied géométrique, la $\frac{1}{6000}$ partie de la minute de la circonférence de la Terre, ou d'adopter, comme aune ou brasse de deux pieds, la $\frac{1}{10000}$ partie du rayon terrestre. D'après cela, le degré serait de 60000 toises de 6 pieds géométriques. Il fit cette proposition dans son *Traité de la pesanteur et de la figure de la Terre*, Paris, 1720, p. 158, qu'il publia après l'achèvement de la seconde mesure du degré en 1718.

Mais cette proposition ne fut pas prise en considération. En attendant, l'inconvénient présenté par la diversité des mesures employées se faisait, de jour en jour, plus vivement sentir en France. De plus, au moment où la Révolution française éclata, le désir de tout renouveler passionnait les esprits, et quelques personnes proposèrent, vers 1788, de faire une réforme radicale dans les mesures et dans les poids.

Il en résulta qu'en 1790, le fameux Talleyrand proposa à l'Assemblée constituante de prier le roi de vouloir bien s'entendre avec le roi d'Angleterre, afin qu'il nommât des commissaires chargés de travailler avec les délégués français à la détermination d'une unité normale, déduite de la longueur du pendule à seconde, sous la latitude de 45° nord, ou sous toute autre latitude.

Une commission fut nommée par l'Académie pour examiner cette proposition : elle était composée de cinq des mathématiciens les plus distingués, parmi tous ceux que la France comptait en si grand nombre à cette époque, à savoir : *Borda, Lagrange, Laplace, Monge,* et *Condorcet.* Cette commission déposa, le 19 mars 1791, un rapport remarquable par les raisons sur lesquelles ces hommes célèbres appuyaient leurs conclusions. Ils citent trois éléments pouvant servir à déterminer une mesure normale : 1° la longueur du pendule à seconde, 2° le quadrant de l'équateur, 3° le quadrant d'un méridien terrestre.

. Ils rejetèrent la longueur du pendule à seconde, parce qu'il introduisait un élément hétérogène, le temps. Ils ne trouvèrent pas le quadrant de l'équateur convenable, parce que, d'abord, il n'était pas certain que l'équateur eût exactement la forme d'un cercle, ensuite, parce que sa mesure offre de grandes difficultés, et enfin parce que l'équateur n'appartient qu'à un petit nombre de nations, dans les contrées inhospitalières de l'Afrique et de l'Amérique. Dans ces circonstances, ils s'arrêtèrent au quadrant d'un méridien, et conseillèrent d'en déterminer exactement la valeur par une nouvelle mesure du degré. Ils furent d'avis d'entreprendre cette détermination, sans le concours des nations étrangères, afin qu'on sût plus tard, ce qui ne manque pas d'une certaine présomption, à quelle nation on devait l'idée et la détermination d'un étalon naturel.

Malgré cette conclusion, la commission fut d'avis de fixer aussi la longueur du pendule à seconde, et de la comparer avec la mesure normale, pour laquelle on avait adopté la dix-millionième partie du quadrant terrestre. C'est ce qui eut lieu, et même, plus tôt que la mesure du degré. Le 15 juin 1792, *Borda* et *Cassini* donnèrent, en effet, la longueur du pendule à seconde : cette valeur, considérée d'abord comme une vérification accessoire; est en réalité devenue la véritable mesure métrique, bien qu'elle n'aît avec le mètre aucun rapport simple.

La grande expérience entreprise par les Français, de 1792 à 1799, n'a fait que prouver, avec plus d'évidence, que l'idée de *Huyghens* donne la manière la plus simple et la plus sûre de déterminer des mesures invariables. Cela a été si généralement reconnu depuis, que toutes les nations civilisées, qui n'ont pas accepté directement la mesure française, ont fixé et régularisé leurs mesures de cette manière.

Pour terminer ce paragraphe, je dois encore ajouter que la mesure du degré terminée en 1799, fut étendue plus tard vers le sud, sur une décision de l'Institut national, afin de reporter, autant que possible, le milieu de l'axe mesuré vers le 45° de latitude, ainsi que le voulait déjà *Méchain*. *Biot* et *Arago* entreprirent cette œuvre importante, et la conduisirent à bonne fin, malgré tous les obstacles, et plus d'une fois au péril de leur vie. Grâce à eux, la mesure a été poussée jusqu'à l'île de Formentera, et s'étend par conséquent :

De Dunkerque......... 51° 2′ 9″55
à Formentera......... 38°39′56″16

12°22′13″39.

La longueur totale de l'arc est de 701188, 8 toises, et son milieu se trouve à 44° 51′ 2″8. Grâce à ce prolongement, la mesure française du degré est la plus grande qui ait été faite en Europe, et elle n'a été dépassée que par celle que les Anglais ont faite, à partir de 1802, dans les Indes orientales :

de Kullianpoor.................... 24° 7′11″
jusqu'à Punna.................... 8° 9′31″

sur une longueur de.............. 15°57′40″

313. — Telles sont les principales recherches expérimentales, qui ont été faites dans le cours du xviiie siècle, pour déterminer la forme de la Terre. Il me reste seulement quelques mots à dire des travaux théoriques entrepris par les mathématiciens, travaux qui étaient un complément nécessaire des mesures effectuées, et qui, unis à celles-ci, ont conduit enfin à une solution scientifique du problème. Vu la nature du sujet, je devrai me borner à donner quelques renseignements seulement sur ce point, une plus longue exposition du sujet appartenant à l'histoire des mathématiques.

Le problème qui se trouva posé de lui-même lorsqu'on s'occupa de la forme de la Terre, consistait à rechercher la forme que prendrait une masse liquide tournant autour de son axe, sous l'action de la pesanteur et de la force centrifuge. La première simplification qu'on apporta au problème fut de supposer que la densité de la masse était partout la même, et que la force attractive émanait du centre. C'est ainsi que *Huyghens* procéda, et, sans pouvoir déterminer exactement la forme de la Terre, il trouva pour l'aplatissement la valeur $\frac{1}{578}$.

Il fut suivi dans cette voie par *Jakob Hermann*, né à Bâle, en 1678, mort dans la même ville en 1733, mathématicien distingué. Dans son *Phoronomia* Amstel., 1716, ouvrage remarquable pour l'époque, il montra que, quelle que soit la puissance, ou plus généralement la fonction, d'après laquelle on ferait décroître la pesanteur, à partir du centre jusqu'à la surface, on arrive toujours à retrouver l'aplatissement $\frac{1}{578}$, dès qu'on admet, en même temps, ce qui est le cas pour la Terre, que la force centrifuge est petite par rapport à la pesanteur. Dans les mêmes suppositions on trouve, en outre, que le méridien est réellement une ellipse.

Pendant ce temps, *Newton* avait embrassé le problème à un point de vue beaucoup plus naturel; car il ne supposait pas que le centre seul agit sur les autres parties, mais que toutes les parties s'attirent l'une l'autre, et il parvint ainsi à trouver par un procédé indirect, il est vrai, que la masse de liquide devait affecter la forme d'un sphéroïde aplati, dont les axes seraient dans le rapport de 230 à 231.

Après *Newton*, *James Stirling*, mathématicien écossais, publia un mémoire : *On the figure of the Earth*, inséré dans les *Philos. Transact.* de 1735, où il donne quelques propositions ingénieuses, mais sans faire avancer sensiblement la question.

Vers la fin du siècle précédent, les recherches prirent un plus grand essor, grâce aux travaux de *Mac-Laurin : A complete system of fluxions*, 1742; — de *Clairault : Théorie de la figure de la Terre* 1743; — de *d'Alembert : Recherches sur différents points importants du système du monde*, 1754; — d'*Euler* dans les *Mém. de Berlin;* — de *Daniel Bernoulli* dans les *Mém. de Pétersbourg;* — de *Legendre* et de *Laplace* dans les *Mém. de Paris*, 1772 et 1784.

Grâce aux recherches approfondies et étendues de ces mathématiciens, recherches qui ne peuvent être exposées ici, le problème a été porté à une telle hauteur, qu'on aurait pu le croire épuisé, si les recherches faites par *Jacobi* et *Poisson*, il y a quelques années, n'avaient montré que le problème de l'équilibre d'une masse liquide animée d'un mouvement de rotation, est inépuisable, au point de vue mathématique. Une grande partie de ces recherches, il est vrai, n'ont qu'un intérêt purement mathématique, vu qu'elles reposent sur la distribution hypothétique de la densité dans les différentes parties de la Terre, distribution que nous ne pouvons vérifier.

Mais il s'y trouve aussi quelques résultats théoriques d'une grande importance pour les recherches expérimentales, et principalement pour le problème de la forme de la Terre. Il convient d'abord de citer la proposition énoncée par *Mac-Laurin*, que si la densité de la Terre augmente de la surface vers le centre, l'aplatissement (α) doit être tel que :

$$\frac{5}{4}\,\frac{f}{g_0} > \alpha > \frac{2}{5}\cdot\frac{5}{4}\,\frac{f}{g_0} = \frac{1}{2}\,\frac{f}{g_0},$$

où f désigne la force centrifuge, et g_0 l'accélération due à la pesanteur à l'équateur. Or comme $\dfrac{f}{g_0} = \dfrac{1}{289}$, on a :

$$\frac{5}{4}\cdot\frac{1}{289} = \frac{1}{231} > \alpha > \frac{1}{2}\cdot\frac{1}{289} = \frac{1}{576}.$$

D'après le calcul de *Bessel*, l'aplatissement le plus vraisemblable est :

$$\frac{R - r}{R} = \frac{1}{299,1528}.$$

Il serait donc compris entre ces deux valeurs, et il en résulterait que la densité de la Terre croît de la surface au centre.

Une proposition encore plus importante est celle qui a été énoncée par *Clairault*, dont elle porte le nom :

$$\frac{g_{90} - g_0}{g_0} + \alpha = \frac{5}{2}\,\frac{f}{g_0}$$

ou en général,

$$g_\varphi = g_0 \left[1 + sin^2\varphi \left(\frac{5}{2}\,\frac{f}{g_0} - \alpha \right) \right].$$

Cette formule s'applique à tous les sphéroïdes dont la forme s'approche de celle d'une sphère, comme c'est le cas pour la Terre, et quelle que soit la loi de distribution de la densité. Elle est surtout importante parce que c'est la seule qui permette, jusqu'à ce jour, de déduire la forme de la Terre de l'observation de la longueur du pendule à secondes, en supposant que cette forme soit celle d'un sphéroïde. *Clairault* donna d'abord cette formule dans les *Philos. Transact.* de 1738, et il la développa plus tard dans l'ouvrage célèbre que nous avons cité, et qui mérite encore d'être lu aujourd'hui : *Théorie de la figure de la Terre*, Paris, 1743, p. 305.

Si l'on ajoute à ces propositions une formule donnée par *Maupertuis*, dans son ouvrage *Sur la figure de la Terre*, etc., Amsterd., 1638, pour trouver l'aplatissement d'un sphéroïde par la mesure de deux degrés de latitude, on aura tout ce que les recherches des mathématiciens du xviiie siècle ont produit pour la détermination expérimentale de la forme de la Terre, ce qui ne veut pas dire que les recherches et les résultats purement théoriques aient été superflus.

CASSINI.

314. — En terminant ce chapitre, il convient de donner quelques détails biographiques sur les savants, qui, dans le cours du xviiie siècle, se sont acquis une grande réputation par leurs recherches sur la forme de la Terre.

Jacques Cassini, le plus jeune fils du célèbre *Domenico Cassini*, naquit à Paris le 18 février 1677 (§ 244). Après avoir été soigneusement élevé dans la maison paternelle, il fit ses études au collège Mazarin à Paris, sous la direction du célèbre mathématicien *Varignon*. Il fit des progrès si rapides qu'à l'âge de quinze ans il composa une thèse de mathématiques, et qu'à l'âge de dix-sept ans, en 1694, il fut choisi comme membre de l'Académie. L'année suivante, il fit avec son père un voyage en Italie, pour vérifier la méridienne que celui-ci avait tracée dans l'église Saint-Petronius à Bologne, et pour déterminer la latitude de plusieurs villes. Il fit ensuite un voyage en Hollande, où il détermina également les latitudes de différents lieux, et découvrit quelques fautes dans la mesure du degré entreprise par *Snell*. De Hollande il passa en Angleterre, où il entra en relations avec *Newton*, *Halley*, *Flamstead*, *Gregory* et d'autres savants.

Lorsque son père mourut en 1712, il fut appelé à le remplacer à l'Observatoire, et remplit ses fonctions d'astronome, avec la plus grande activité, jusqu'au moment de sa mort. Il surpassa même son père par le nombre de mémoires qu'il publia sur l'astronomie ; on en trouve en effet 172 dans les *Mémoires de Paris*, au lieu de 165 composés par son père, mais ils ne contiennent pas de découvertes aussi importantes. Il écrivit aussi plusieurs mémoires de physique, notamment sur la compressibilité de l'air, sur la lumière due au frottement, l'influence du vent sur le thermomètre, la fabrication des miroirs concaves en métal ou en verre, la cuisson du baromètre, etc.

Cassini a, comme nous l'avons dit, continué après la mort de son père, la mesure du degré du méridien commencée par celui-ci ; et il la termina en 1718. Mais de plus, en 1735, il dirigea la mesure du degré de latitude entreprise de Strasbourg à Brest. Sur la première mesure du méridien il a publié son *Traité de la grandeur et de la figure de la Terre*, Paris, 1720.

Comme son père, il atteignit un âge avancé, et il aurait peut-être vécu aussi longtemps que lui, sans un accident : il fut renversé dans la rue par une voiture. Il mourut des suites de cet accident, le 15 avril 1756.

Son fils, *César François Cassini*, né en 1714 à Paris, suivit les traces de son père et de son grand-père ; on le désigne d'ordinaire, pour le distinguer, sous le nom de *Cassini de Thury*, du nom d'une propriété de son père. Il est d'abord connu par la revision qu'il fit, avec *Lacaille*, de la mesure du méridien qui avait été exécutée de 1700 à 1718 : les résultats en ont été publiés dans les *Mémoires de Paris* de 1744. Il est encore plus connu par la carte générale de la France, dont il commença, en 1750, le relevé topographique, sur l'ordre de Louis XV, avec un traitement annuel de 40 000 francs. En 1756, l'État ne pouvant plus lui fournir ces subsides, il continua son œuvre à l'aide des fonds d'une société par actions ; il poursuivit ce travail jusqu'à sa mort sans avoir pu l'achever.

Cette entreprise, la première qui ait été faite sur une aussi grande échelle, lui valut une telle renommée, qu'en 1760, l'empereur François Ier l'invita à venir à Vienne, afin de préparer une carte de ce genre pour ses États. Cela donna aussi aux Anglais l'idée d'entreprendre des mesures dans leur pays, pour les relier aux mesures commencées en France ; c'est à cette occasion qu'ils firent la mesure du degré commencée par le général *Roy* et terminée par *Mudge* (§ 311).

Nommé membre de l'Académie, puis directeur de l'Observatoire, après la mort de son père, *Cassini* s'occupa très activement d'astronomie, ainsi que le prouvent les 77 articles qu'il a publiés de 1735 à 1770, dans les *Mémoires de Paris ;* il n'a fait cependant aucune découverte marquante. En ce qui concerne la physique, on peut citer la mesure de la vitesse du son, qu'il effectua en 1738, en compagnie de *La Caille* et de *Maraldi*. *Cassini de Thury* mourut en 1784, à Paris, de la petite vérole. Son fils *Jacques Dominique Cassini* (1748-1845) hérita lui aussi de son talent en astronomie. Il lui succéda à l'Observatoire, où il resta jusqu'en 1793, et poursuivit le relevé de la carte de France : il fut aussi membre de l'Académie. Mais cette famille illustre s'éteignit en 1832 avec le fils du précédent, le vicomte *Alexandre Henri Gabriel*, pair de France, membre de l'Institut dans la section de botanique, né en 1781.

LA HIRE. — MAIRAN. — LA CONDAMINE. — ULLOA.

315. — *Philippe de la Hire*, que j'ai eu souvent l'occasion de nommer, était né à Paris en 1640. Il avait eu d'abord l'intention de se consacrer, comme son père, qui était peintre, à la culture des beaux-arts, et fit dans ce dessein un voyage en Italie. Mais après un séjour de trois ans dans ce pays, il se sentit plus de goût pour les sciences exactes. Ses connaissances et l'ardeur qu'il déploya dans cette nouvelle voie, lui valurent d'être choisi comme membre de l'Académie de Paris. C'est en cette qualité qu'il prit part à la mesure du degré de *Picard*, puis à celle qui fut commencée, en 1683, par *Domenico Cassini*, et bientôt interrompue.

Son activité était extraordinaire. De 1678 à 1718 il n'a pas écrit moins de 244 mémoires sur presque toutes les branches des sciences exactes. Il publia, en outre, plusieurs autres ouvrages, sans compter les soins qu'il donna à la publication de quelques travaux de ses amis, tels que le *Traité du nivellement*, Paris, 1684 par *Picard*, et le *Traité du mouvement des eaux*, Paris, 1686 par *Mariotte*. Malheureusement, on est obligé de reconnaître que parmi tous ses travaux il n'en est pas qui ait une réelle importance. Il mourut à Paris en 1718.

Son fils, *Gabriel Philippe de la Hire* (1677-1719), qui fit aussi partie de l'Académie de Paris, est surtout connu à cause de la part qu'il prit à la mesure du degré de *Cassini*. Cependant les *Mém. de Paris* contiennent de lui plusieurs mémoires sur la physique.

Jean-Jacques d'Ortous de Mairan naquit, en 1678, à Béziers. Après avoir terminé ses études à Toulouse, il alla à Paris, pour y cultiver les mathématiques et la physique; sa fortune personnelle lui permettait de s'y consacrer tout entier.

Il se fit d'abord connaître par sa *Dissertation sur les variations du baromètre*, Paris, 1715, qui lui valut le prix de l'Académie de Bordeaux sur ce sujet : ce travail, comme nous l'avons déjà dit (§ 299), contient cependant de nombreuses lacunes. Cet écrit, ainsi qu'une autre *Dissertation sur la glace*, Paris 1716, qui fut également couronnée par l'Académie de Bordeaux, lui ouvrit les portes de l'Académie de Paris. Dès lors, il publia sur différents sujets de physique, un grand nombre de mémoires, qui lui valurent alors une grande renommée parmi ses compatriotes, mais qui ne le placent cependant pas parmi les physiciens de premier ordre. Son attachement à la théorie des tourbillons de *Descartes*, et une foule d'hypothèses insoutenables le prouvent suffisamment.

L'observation la plus importante qu'il ait faite est celle qui se rapporte à la position de la couronne de la lumière boréale (§ 303), et elle a certainement plus de valeur que tout le reste de son *Traité de l'aurore boréale*, Paris, 1733. On lui doit aussi l'emploi du *baromètre tronqué*, pour mesurer l'élasticité de l'air sous la cloche de la machine pneumatique, que *Dufay* a décrit dans les *Mém. de Paris* de 1734[1]. Citons enfin plusieurs observations sur la cohésion, la vapo-

1. Fischer, *Gesch. d. Phys.*, IV, 171.

risation, et quelques autres propriétés de la glace, qu'on trouve dans son ou-vrage *Dissert. sur la glace* [1].

Mairan était d'ailleurs un homme d'un savoir très étendu et très varié : il cultivait les beaux-arts et était même un virtuose distingué. Il avait ce que les Français appellent les « grâces du style », et cette précieuse qualité à laquelle, nous autres Allemands, attribuons en général si peu d'importance, lui valut, à la mort de Fontenelle, en 1740, d'être choisi comme secrétaire de l'Académie. Il mourut à Paris en 1771 âgé de 93 ans.

Charles-Marie de La Condamine, né à Paris en 1701, était le fils de Charles de La Condamine, receveur des finances de la province du Bourbon-nais. A l'école, il ne se distingua, ni par son ardeur pour l'étude, ni par ses ta-lents; par contre, les preuves de courage et de décision qu'il donna bientôt semblaient le destiner à la carrière militaire. A l'âge de 19 ans, sous la conduite de son oncle, capitaine au régiment des dragons du Dauphin, il prit part au siège de Rosas, et y montra beaucoup de sang-froid. La paix qui suivit bientôt et le peu d'espoir d'avancement le décidèrent à renoncer aux armes pour se livrer à l'étude des sciences; il s'y adonna avec une telle ardeur, qu'en 1730, il fut nommé adjoint de chimie à l'Académie de Paris.

En 1731, il fit, à bord d'une escadre française, un voyage sur les côtes d'Afrique et du Levant : il visita Jérusalem et Constantinople, et publia ses *Observations astronomiques et météorologiques faites dans un voyage du Levant en* 1731 *et* 1732, Paris, 1732. Les qualités qu'il déploya comme voya-geur ont sans doute contribué à lui faire donner une part importante dans l'expé-dition du Pérou, en 1735, et ce choix fut certainement très heureux, car dans le cours de l'expédition, la présence d'un homme entreprenant fut plus d'une fois nécessaire. En mai 1743, La Condamine quitta le Pérou, et, accompagné d'un seul serviteur, entreprit de descendre le fleuve des Amazones en se diri-geant vers Cayenne. Après ce périlleux voyage, il dut rester cinq mois à Cayenne, avant de trouver un navire faisant voile pour l'Europe : ce séjour pro-longé sous un climat brûlant lui fut très préjudiciable.

Son retour à Paris fit une grande sensation. Les aventures multiples aux-quelles il avait été exposé, et la manière agréable dont il savait les raconter, firent que, dans ses discussions avec *Bouguer*, il eut la plus grande partie des Parisiens de son côté, du moins tous ceux qui ne savaient pas apprécier les réels services rendus par *Bouguer*. Depuis lors, sa vie s'écoula entre ses tra-vaux scientifiques et des voyages qu'il faisait, tantôt en Italie, tantôt en Angle-terre. Malheureusement en 1763, une paralysie des extrémités le rendit inca-pable de tout travail absorbant. Il s'adonna alors à la poésie, fit des vers, écrivit des récits, traduisit une partie de l'*Énéide*. — Mais à sa paralysie s'ajouta plus tard une hernie, qui finit par causer sa mort, en 1774.

Bien que *La Condamine* ne fût pas un physicien d'un talent supérieur, on doit reconnaître, que dans son voyage en Amérique, il ne négligea aucune occa-sion de faire des observations utiles pour la physique. Il observa attentivement l'aiguille magnétique et mesura la vitesse du son à Quito et à Cayenne : il la

1. Fischer, *Gesch. d. Phys.*, III. 297.

tróuva de 439 mètres d'une part, de 357 de l'autre. Il détermina la longueur du pendule à seconde, à Para, sous la latitude de 1°28'. En compagnie de *Bouguer* il observa, pour la première fois, la variation du fil à plomb sous l'action des montagnes. Il fit cette observation sur le Chimborazo : en déterminant la hauteur d'une même étoile au sud et au nord de la montagne, il trouva que la déviation était de 7 à 8″ [1].

Il enrichit les mémoires de l'Académie de Paris de vingt et quelques articles. Je mentionnerai seulement celui dans lequel il émet l'idée de prendre comme mesure invariable la longueur du pendule à secondes sous l'équateur[2], un autre sur le caoutchouc, « résine élastique », qui venait d'être découverte à Cayenne par *Fresneau*[3] et enfin un autre sur l'inoculation de la petite vérole, question à laquelle il s'intéressait tout particulièrement, parce que dans sa jeunesse il avait été complétement défiguré par cette maladie [4].

Don Antonio de Ulloa était né en 1716 à Séville. Cet officier de marine distingué a laissé, lui aussi, un ouvrage sur l'expédition américaine : *Relacion historica del viaje à la America meridional*, Madrid, 1748. Après cette expédition, il reprit du service sur la flotte, et pendant longtemps jouit d'un grand crédit auprès de son gouvernement. En 1762, il fut placé à la tête d'une escadre pour reprendre possession de la Louisiane, qui s'était séparée de l'Espagne. Sa dernière campagne fut une croisière devant les Açores, où il était chargé de s'emparer d'un convoi de navires marchands anglais qui revenaient des Indes orientales. Mais *Ulloa* occupé, dit-on, à faire des observations, n'ouvrit pas à temps l'ordre cacheté qu'il avait pris avec lui, et laissa les Anglais passer. Il fut cité devant un conseil de guerre qui l'acquitta à cause des services qu'il avait rendus à la science, mais il fut destitué de ses fonctions. Il se retira dans l'île de Léon, près de Cadix, où il mourut en 1795.

MAUPERTUIS. — LE MONNIER. — CAMUS. — OUTHIER. — MAC-LAURIN.

316. — *Pierre-Louis Moreau de Maupertuis* appartenait à la noblesse; il naquit en 1698 à Saint-Malo. Comme *La Condamine*, il s'adonna d'abord à la carrière militaire, et arriva jusqu'au grade de capitaine de dragons. — Il donna alors sa démission, étudia les sciences avec tant d'ardeur qu'en 1723 il fut nommé membre de l'Académie de Paris. Il se signala d'abord en prenant parti pour *Newton* contre *Descartes*, ce qui, pour l'époque, était à Paris une hardiesse : il revenait d'un voyage en Angleterre. Dans une visite qu'il fit ensuite à Bâle aux *Bernoulli*, il se lia très intimement avec eux et fut gagné aux nouvelles théories mathématiques. C'est peut-être là aussi qu'il conçut la première idée d'une expédition dans le Nord.

Après cette expédition, il fut appelé, en 1740, à Berlin par Frédéric le Grand,

1. Fischer, *Gesch. d. Phys.* IV, 30.
2. *Mém. de Paris*, 1747, p. 589.
3. *Mémoires de Paris*, 1751, p. 319.
4. *Ibid.*, 1754 et 1758.

qui lui confia la direction de l'Académie, qui venait d'être fondée dans cette ville. Lorsqu'il arriva en Prusse, le roi faisait la campagne de Silésie. Il se hâta de le rejoindre, et prit part au combat de Mollwitz : il fut fait prisonnier et conduit à Vienne, où l'empereur le traita avec une grande distinction et lui rendit bientôt la liberté. En 1745, il se fixa à Berlin, épousa une demoiselle Bork de Poméranie, et prit, en 1746, la présidence de l'Académie. Il occupa ces fonctions pendant 10 ans, mais en 1756, mécontent de se voir impliqué dans des démêlés littéraires avec *Voltaire*, il retourna en France, et quelques années après (1759), mourut à Bâle (chez les Bernoulli).

Maupertuis est peu connu comme physicien, à moins qu'on ne veuille faire entrer dans la physique le *principe de la moindre action*, qu'il établit le premier, et qui l'entraîna, plus tard, dans une discussion très vive avec le professeur *Samuel König* de la Haye et avec *Voltaire*. *Maupertuis* appelle *quantité* d'action le produit de la masse par la vitesse et par le chemin parcouru, et il énonce ce principe, que la quantité d'action est toujours un minimum dans tous les mouvements produits par la nature, aussi bien en mécanique, dans les chocs, par exemple, qu'en optique, dans la réfraction. Dans sa Cosmologie il s'efforce même de prouver que cette loi d'économie est une conséquence immédiate des attributs de la Divinité.

Pierre Charles Le Monnier, naquit en 1715 à Paris, où son père était professeur de philosophie au collège d'Harcourt, et membre de l'Académie. Son intelligence se développa de très bonne heure ; à 16 ans il fit déjà des observations astronomiques, et à 21 ans il était membre de l'Académie des sciences. Comme astronome, il prit aussi une part active à l'expédition de Laponie, et il a bien mérité de l'Observatoire, en y introduisant, en 1741, un instrument de passage, ainsi que d'autres appareils construits par Graham. Il fut le professeur de *La Lande*.

Lorsqu'en 1791 l'Institut National fut fondé il fut l'un des 44 membres de ce corps savant. Comme physicien, il mérite d'être nommé, même en dehors des observations qu'il a faites avec *Cassini* sur le baromètre, soit à cause de ses travaux sur les lois du magnétisme, soit sur la théorie des vents. Il mourut en 1799, à Héril près de Bayeux.

Charles Étienne Louis Camus, né en 1699 à Cressy, était fils d'un chirurgien. Son goût très précoce pour les mathématiques fut tourné, par le célèbre *Varignon*, vers les applications de cette science, l'architecture, la navigation, la mécanique et l'astronomie. Il fit tant de progrès, qu'en 1727 il remporta un des prix institués par l'Académie sur la meilleure méthode à employer pour la mâture des navires. Ce travail le fit entrer dans l'Académie, comme mécanicien adjoint, en remplacement de *Pitot*, et, en 1720, à la suite d'un mémoire sur les forces dans les corps en mouvement, il fut nommé membre de l'Académie d'architecture.

Dans l'expédition de Laponie, il ne se rendit pas seulement utile comme astronome, mais encore comme mécanicien. Aussi bien, après comme avant cette expédition, il enrichit les *Mémoires de Paris* d'une longue série d'articles précieux, se rapportant soit aux mathématiques, soit aux questions de mécanique pure ou appliquée. A sa mort, il laissa un nombre considérable de manuscrits du même genre. Il mourut à Paris en 1768.

Alexis Claude Clairault était le second des 21 enfants de Jean-Baptiste Clairault, professeur de mathématiques à Paris. Il naquit en 1713. Le goût pour les mathématiques était héréditaire dans cette famille, mais c'est chez *Alexis* qu'il se révéla le plus tôt, et avec le plus d'éclat. A quatre ans, non seulement il savait lire et écrire, mais il comprenait déjà les éléments d'arithmétique et de géométrie; à neuf ans il étudiait les applications de l'algèbre à la géométrie par *Guisnée*, et à dix ans l'analyse infinitésimale de *l'Hôpital*. Il n'avait pas plus de onze ans lorsqu'il composa, en secret, pendant la nuit surtout, un mémoire sur quatre courbes du troisième degré, qui produisit la plus vive sensation lorsque son père le soumit à l'Académie, et présenta l'enfant comme en étant l'auteur. Le vieux *Reyneau*, le maître de *d'Alembert*, ne put contenir des larmes de joie, en entendant parler d'un si merveilleux talent. Le mémoire a été publié, en 1724, dans les *Miscellanea Berolinensia*.

Quelques années après, en 1738, il publia un autre mémoire sur les courbes à double courbure, qui fut imprimé en 1730, avec une note de l'Académie déclarant que *Clairault* avait fait, à seize ans, un travail qui aurait honoré les plus célèbres mathématiciens. L'Académie se proposait d'admettre ce génie précoce dans son sein, mais comme les statuts s'opposaient à ce qu'on reçût un académicien avant l'âge de vingt ans, elle s'adressa au roi pour qu'il fît une exception en faveur de *Clairault*. La demande fut accordée, et le jeune homme entra dans la société, le 14 juillet 1731, à l'âge de dix-huit ans.

Bientôt après, *Alexis* perdit son jeune frère, qui paraissait avoir un talent égal au sien pour les mathématiques. Cette mort fit sur lui une telle impression que *Maupertuis*, qui craignait pour sa santé, lui conseilla de faire avec lui un voyage à Bâle chez les *Bernoulli*. Il trouva là un nouvel aliment pour son génie, et, comme à son retour, l'Académie était en pleine discussion sur la forme de la Terre, ce fut pour lui une occasion de s'appliquer à ce problème, à la solution duquel il contribua d'une manière si remarquable par sa *Théorie de la figure de la Terre*. Paris 1743.

En 1748, il travailla avec *Euler* et *d'Alembert* à la solution du difficile problème des trois corps. Par une singulière coïncidence, les trois recherches faites indépendamment les unes des autres ne donnèrent, pour le mouvement de l'apogée de la Lune que la moitié de la valeur observée. Cela frappa *Clairault*. Il se proposait de faire une petite correction à la loi de la gravitation de Newton, pour faire concorder les calculs avec l'expérience, mais *Buffon* s'opposa à ce projet. *Clairault* reprit alors ses calculs et trouva, à sa grande joie, que l'inexactitude de ses résultats et de ceux de ses illustres rivaux provenait de ce qu'ils avaient négligé certains petits termes dans une série. Il gagna ainsi le prix que l'Académie de Saint-Pétersbourg avait établi, en 1751, pour la solution complète du problème.

Le nombre des travaux qu'il a publiés, dans les *Mémoires de l'Académie de Paris*, sur des sujets importants et difficiles de mathématiques et d'astronomie, est très considérable, mais il n'entre pas dans notre plan de les exposer. Dans leur ensemble, les travaux de *Clairault* portent sur les mathématiques, mais il en est quelques-uns qui touchent à la physique : à ceux-ci appartient un chapitre de la *Théorie de la figure de la Terre*, qui est remarquable en ce qu'il contient la première théorie de l'attraction capillaire. En outre, on lui doit trois mémoires sur le perfectionnement des lunettes achromatiques, parus dans les *Mémoires de Paris*, en 1751 et 1762, et enfin un travail sur les oscillations du pendule conique dans les *Mémoires* de 1735.

Clairault conserva toute son activité jusqu'à la fin de sa vie. Il mourut en 1765 à la suite d'un souper qu'il accepta, contre son habitude, à la sollicitation d'un de ses amis.

L'abbé *Reginaud Outhier* naquit en 1694 à Lamare-Jousserand, bailliage de Poligny. Avant l'expédition en Laponie il était vicaire à Montain, près de Lons-le-Saulnier. A son retour, il accepta une place de chanoine à Bayeux, mais il y renonça bientôt pour vivre dans la retraite, lorsqu'il eut reçu une pension du roi. Il mourut à Bayeux en 1774.

Colin Maclaurin naquit en 1698 à Kilmoddan, près d'Inverary : il était issu d'une vieille famille écossaise. Comme la plupart des génies mathématiques, il se développa de très bonne heure : dès l'âge de seize ans, il avait trouvé beaucoup de propositions qu'il publia, en 1720, dans la *Geometria organica*. A dix-neuf ans, il était déjà professeur au Marishal-College d'Aberdeen. Un voyage à Paris lui fournit l'occasion de concourir pour le prix que l'Académie avait institué pour la solution du problème sur la chute des corps. Son mémoire fut couronné, en 1724, ce qui fit connaître son nom de tout le monde savant.

En 1725, sur la recommandation de *Newton*, qui avait reconnu son grand talent, on le nomma professeur à l'Université d'Édimbourg, en remplacement de *James Gregory*, qui venait de mourir. Pendant vingt ans il s'acquitta de ces fonctions avec distinction, dans une tranquillité parfaite, lorsque des orages politiques éclatèrent sur sa patrie, et remplirent d'amertume la fin de sa vie. *Charles-Edouard*, petit-fils de Jacques II, débarqua en Écosse en 1745, et une grande partie des Écossais, en dépit de l'Union avec l'Angleterre, prirent les armes pour ce descendant des Stuarts. — *Maclaurin* prit parti pour l'Angleterre, et, nouvel Archimède, il déploya le plus grand zèle pour que la ville d'Édimbourg résistât au prétendant. Lui-même, jour et nuit, par la pluie et le vent, dirigeait les travaux de fortification. Mais ses efforts furent inutiles. Édimbourg tomba aux mains des rebelles, avant que les secours fussent arrivés d'Angleterre. *Maclaurin* se réfugia auprès de l'évêque d'York, qui l'accueillit très amicalement, mais peu de temps après, en 1746, il mourut d'une maladie provoquée par toutes ces fatigues auxquelles il n'était pas habitué.

Parmi tous ses travaux, qui appartiennent aux mathématiques, l'un d'eux a pour la physique un intérêt particulier ; c'est le mémoire *De causa physica fluxus et refluxus maris* qui fut couronné, en 1740, par l'Académie de Paris.

ACOUSTIQUE.

317. — Cette branche de la physique, peu cultivée depuis l'époque de Galilée, commença, vers la fin du XVIIe siècle, à exciter un plus grand intérêt. Elle attira notamment l'attention des mathématiciens, qui lui firent faire de grands progrès, dans le cours du siècle suivant. Ce fut incontestablement *Newton*, qui donna le premier l'idée d'appliquer les mathématiques à l'acoustique, par la formule qu'il établit dans ses *Principes* de 1687, pour la vitesse de propagation du son.

Cette formule ne contribua pas cependant à la détermination expérimentale de cette vitesse, et, on ne se préoccupa guère d'expliquer la différence qu'elle présentait avec l'expérience. Elle ne donnait en effet, ainsi que nous l'avons dit, qu'une vitesse de 906 pieds de Paris.

Cependant les mesures ne manquèrent pas, et à celles de :

Gassendi [1]	1473	pieds de Paris.
Mersenne	1380	—
Académiciens de Florence	1077	—

s'ajoutèrent encore, au temps de Newton, celles de :]

Boyle	1126	pieds de Paris.
Dom. Cassini, Huyghens, Picard, Römer.	1097	—
Walker	1255	—
Roberts	1220	—
Flamstead et Halley	1071	—

qui ne se font remarquer ni par une grande exactitude ni par aucune autre particularité. Le premier qui rechercha spécialement les circonstances qui pouvaient influer sur la vitesse du son fut *Derham*, en 1705 (§ 301). Il découvrit, pour la première fois, l'influence du vent sur cette vitesse, ce que les Académiciens de Florence avaient nié [2]. Il trouva ensuite : 1° que cette vitesse était uniforme, ce qui se trouve déjà dans la formule de *Newton;* 2° qu'un son fort ou un son faible, un coup de pistolet ou un coup de marteau, se propagent avec la même vitesse; 3° que le résultat reste le même, que le coup de canon ou de pistolet soit tiré dans la direction de l'observateur ou dans une direction contraire, — et que le son se propage de haut en bas avec la même vitesse que dans le sens horizontal.

Comme moyenne, il trouva le même résultat que *Halley*, à savoir 1143 pieds anglais = 1071 pieds parisiens. Le temps était mesuré à l'aide d'un pendule qui comptait les demi-secondes. Il trouva que l'état de l'atmosphère, aussi bien que les heures de la journée, était sans influence, ce qui ne peut être tout à fait exact, vu la différence de température.

Il s'occupa également de l'intensité du son. Il trouva, en général, que le son était plus faible en été et par les vents d'ouest, et qu'au contraire, en hiver, par les vents d'est et du nord, il était plus fort et plus pénétrant. Il observa aussi les anomalies qui se sont rencontrées dans les mesures les plus récentes, et qui n'ont pas encore été suffisamment expliquées [3]. Parfois, le bruit d'une arme à

---

1. Son indication doit être un résultat de Mersenne. (Musschenbroek. Introduct. II, p. 920, § 2231).

2. *Philos. Transact.* 1708; *abridg*, V, 380.

3. Voir *le Son*, par Amédée Guillemin, p. 98. (Tr.)

feu n'était pas diminué par un temps pluvieux, même par les plus grandes averses, comme *Kircher* l'a observé à Rome, tandis que dans d'autres occasions, par un ciel tout à fait serein, même quand le vent soufflait dans le sens de la propagation, on l'entendait à peine. *Derham* ne put découvrir dans ces anomalies aucune relation avec l'état barométrique : il laissa à d'autres le soin de les expliquer, ajoutant qu'il s'en rapportait à eux pour décider si c'est l'air lui-même ou bien certaines parties éthérées subtiles et gazeuses, ou même matérielles, qui servaient de véhicule au son.

On voit par là, malgré les réserves de l'auteur, que les idées de *Newton*, sur la manière dont se propage le son, n'avaient pas encore jeté de profondes racines dans l'esprit des physiciens. — *Mairan* nous en fournit encore une autre preuve. Étonné de ce qu'une seule et même masse d'air propage, en même temps, un nombre extraordinaire de sons de hauteurs différentes, il croyait devoir admettre que l'air était constitué de particules différentes par leur élasticité, toutes celles de même espèce propageant un son spécial. Il émit cette idée subtile, en 1719, à l'Académie de Paris, et la développa plus tard dans un mémoire spécial : *Discours sur la propagation du son (Mémoires de Paris*, 1737). *Derham* chercha aussi à tirer de ses expériences différents résultats pratiques : il remarqua, par exemple, que la vitesse du son étant connue, on peut déterminer la distance d'un orage par le temps qui s'écoule entre l'éclair et le tonnerre.

En 1738, l'Académie de Paris nomma une commission composée de *Cassini de Thury, Maraldi* et *La Caille*, pour déterminer de nouveau la vitesse du son. L'opération fut conduite avec beaucoup de soin, aussi le résultat est-il plus exact que celui de *Derham*, 173 toises = 1038 pieds de Paris. Mais on ne tint pas compte de l'influence du vent, les coups de canon n'ayant pas été tirés alternativement de chacune des deux stations, ce qui est nécessaire. Pour le reste, les Académiciens ne firent que constater ce que *Derham* avait observé, et de même que celui-ci, ils ne portèrent pas leur attention sur l'influence de la température, qui dans leurs mesures variait entre 5° et 7°5 centigrades.

Le premier qui ait douté que la vitesse du son fût la même à toutes les températures est l'Italien *Bianconi*. Pour éclaircir son doute, il entreprit quelques mesures à Bologne en 1740. Pour cela, il faisait tirer le canon sur la forteresse de la ville, et observait du cloître Saint-Urbano, situé à 30 milles de distance, le moment où on y mettait le feu. — Une première fois, en été, à la température de 28° R, il compta, entre l'éclair et la détonation, 76 oscillations de pendule : une seconde fois en hiver, à — 1°, 2 R., il en compta 79. Il était donc démontré par là que l'élévation de température augmente la vitesse du son. Il fit connaître ces expériences par un écrit intitulé : *Della diversa velocita del suono*, Venezia, 1746 ; on les retrouve aussi dans les *Commentarii de Bononiensi scientiarium et artium instituto et academia*, II. 1. 365. — *Giov. Ludov. Bianconi* était comte : il naquit à Bologne et mourut en 1781 à Pérouse ; il est surtout connu comme médecin.

Le même résultat ressort également des observations faites par *La Condamine* à Quito, en 1740, et à Cayenne, en 1744 : il avait trouvé que la vitesse du son à Quito était de 339 mètres, et à Cayenne, où la température est beaucoup plus élevée, de 357 mètres[1]. Mais en somme, on ne fit que peu de cas de ces résultats et on peut dire que l'influence de la température sur la vitesse du son ne fut réellement prise en considération, qu'à la suite des expériences que *Benzenberg* fit à Düsseldorf, en 1811, précisément pour étudier cette influence[2].

318. — La différence que toutes ces mesures faisaient ressortir entre l'expérience et la théorie de *Newton* devait naturellement, tôt ou tard, attirer l'attention des physiciens. Le premier qui souleva publiquement cette question est *Gabriel Cramer* (1704-1752), professeur de mathématiques à Genève. Il croyait avoir trouvé que la démonstration de la proposition 47 de *Newton* n'était pas concluante, et pouvait même conduire à des résultats complètement faux[3]. Mais *Jacquier* et *Le Sueur*, qui avaient traduit et commenté les *Principes* de *Newton*, protestèrent contre cette assertion.

Euler entra alors dans le débat. Dans un écrit : *Conjectura physica circa propagationem soni et luminis*, Berol., 1750, il examina la théorie de Newton, et la trouva tout à fait exacte pour la propagation d'une seule impulsion, mais il émit l'avis que, dans le cas de plusieurs impulsions successives, chacune d'elles pouvait bien être accélérée par la suivante. Cette opinion était évidemment fausse, car les sons élevés, dont les vibrations se succèdent plus rapidement, auraient dû se propager plus vite que les sons graves, ce qui n'a pas lieu. *Euler* lui-même le reconnut plus tard, et retira ce qu'il avait dit dans le mémoire *De la propagation du son, Mémoires de Berlin*, 1759. Le débat en resta là.

A cette même époque, *Lagrange* reprit la question, et publia deux mémoires : *Recherches sur la propagation du son, Miscellanea Taurinensia*, I, 1759, et *Nouvelles recherches sur la prop.*, etc., *ibid.*, II, 1762. Dans ce dernier il crut faire disparaître la contradiction, en admettant que la loi de Mariotte n'était pas tout à fait rigoureuse et que l'air est un peu plus compressible que ne l'indique la loi, autrement dit $\frac{v'}{v} < \frac{p'}{p}$. Au contraire, *Sulzer* de Berlin[4] pensait que l'air était moins compressible, ce qui était évidemment faux. Mais, si la manière de voir de *Lagrange* était juste, il fallait du moins qu'il montrât que la loi de Mariotte était inexacte dans le sens indiqué, et précisément de manière à faire disparaître la contradiction.

Cette preuve, *Lagrange* ne la donna pas, et il paraît même plus tard avoir douté que la chose fût possible, car il chercha à expliquer la différence entre la théorie et l'expérience par une erreur dans les mesures[5]. Cette explication ne résistait pas à un examen plus approfondi ; car, bien que les mesures n'eussent pas une très grande précision, l'erreur ne pouvait porter sur $\frac{1}{6}$ de la valeur totale. Cette dernière explication de *Lagrange* n'était donc pas propre à lever la difficulté, non plus que l'hypothèse du célèbre *Lambert*, qui admettait la présence dans l'air de particules hétérogènes, qui en augmentaient

1. *Mém. de Paris*, 1745.
2. Gilbert, *Ann.* XXXV, 383.
3. Lettre de M. Cramer du mois de juil. 1740 dans le *Journ. des Savants*, 1841, p. 177.
4. *Mém. de Berlin*, 1753.
5. *Mém. de Berlin*, 1786.

le poids sans en augmenter l'élasticité, et qui servaient à propager le son [1].

C'est ainsi que, pendant tout le xviiie siècle, la différence entre la théorie de *Newton* et l'expérience demeura un paradoxe inexplicable. Enfin, en 1816, *Laplace* montra que cette différence avait bien son point de départ dans la loi de *Mariotte*, qui a besoin dans le cas présent de subir une correction. Les condensations et les dilatations qui se succèdent dans l'onde sonore produisent ou absorbent de la chaleur, ce qui modifie l'élasticité de l'air, et diminue sa compressibilité.

319. — Les expériences sur la vitesse de la propagation dans l'air se rattachent d'une manière intime, aux expériences sur l'intensité du son dans l'air de différentes densités. *Otto de Guericke* avait déjà observé que l'intensité décroît avec la densité, en plaçant un timbre muni d'un mouvement d'horlogerie sous la cloche de sa machine pneumatique, et en y faisant le vide. Plus le vide était complet, plus le son diminuait ; — et il finissait par disparaître entièrement (§ 189).

Hawksbee répéta la même expérience, en 1705, et la modifia plus tard d'une manière très ingénieuse. Au milieu de deux sphères concentriques il plaçait une cloche. Il faisait le vide dans l'espace intermédiaire, tandis que la sphère intérieure, qui communiquait avec la sphère extérieure par un tube ouvert, était pleine d'air. Tant que ce tube était ouvert, on entendait très distinctement la cloche : mais, dès que le tube était fermé, on ne l'entendait plus qu'avec peine. Dans cette même année 1705, *Hawksbee* avait déjà fait l'expérience inverse. Il avait placé une cloche dans un ballon en verre avec de l'air à la pression atmosphérique : lorsque le marteau frappait la cloche, on entendait le son à une distance de 30 yards. Il comprima l'air, à deux, trois atmosphères, et la cloche s'entendit alors aussi distinctement à une distance de 60 et de 90 yards.

Papin procédait autrement. Il laissait l'air entrer par un tuyau dans un ballon vide, et observa que le son produit était d'autant plus faible que le vide avait été fait plus complètement dans le ballon. Lorsque le ballon était tout à fait vide, on n'entendait même pas le son, dans les premiers instants. *Papin* communiqua cette expérience à la Société Royale : elle avait déjà été faite par *Boyle*, mais d'une manière moins complète [2].

Hawksbee a fait aussi les premières recherches sur la propagation du son dans l'eau, bien que *Guericke* savait déjà qu'on peut appeler les poissons avec une cloche, d'où il avait conclu que l'eau doit conduire le son. *Hawksbee* enfermait une cloche dans un ballon de verre plein d'air, et la faisait descendre dans l'eau, à l'aide d'une ficelle. Lorsque le marteau frappait la cloche, il entendait le son très distinctement, mais il observait en même temps que le son était devenu dur et rude. Un membre de la Royal Society *Arderon* exécuta la même expérience plus en grand en 1748. Il fit plonger des nageurs expérimentés à des profondeurs variant entre 2 et 12 pieds d'eau : non seulement ils entendirent une cloche qu'on faisait sonner à quelque distance, mais aussi les coups de fusil qu'on tirait dans l'air. On entendait aussi dans l'air les cloches résonnant dans l'eau [3]. Le physicien français *Nollet* décrit également, dans ses

<hr>

1. *Mém. de Berlin*, 1768.
2. Birch, *History of the Royal Society*, IV, 379.
3. *Philosoph. Transact.*, 1747-1748 ; *abridg*, IX, 468.

Leçons de Physique expérimentale, vol. III, 417. Paris, 1743, ainsi que dans les *Mémoires de Paris*, 1743, des expériences du même genre faites par lui.

Pendant toute la durée du xviii° siècle on ne songea pas à mesurer la vitesse de propagation du son dans l'eau. On ne pensa pas davantage à mesurer la vitesse de transmission du son dans les corps solides. On connaissait cependant le fait depuis longtemps, car le père *Kircher* en parle dans sa *Musurgia*, Rom. 1650; *Boerhaave* également. Plus tard, ce sujet fut maintes fois discuté, lorsque *Jorissen* eût montré en 1757, à Halle, qu'on pouvait entendre les sons par l'intermédiaire d'une baguette tenue entre les dents[1]. La seule indication qui nous soit parvenue de cette époque sur la vitesse de propagation du son dans les corps solides se trouve dans la *Micrographie* de *Hooke* de 1665, et encore est-elle inexacte, car *Hooke* dit que, dans ces corps, le son se propage instantanément ou avec la vitesse de la lumière. Il tire cette conclusion d'une expérience sur un long fil fortement tendu.

320. — Bien avant ces recherches sur la propagation du son, l'on s'était occupé des sons au point de vue de leur production, de leurs rapports et de leurs effets sur l'oreille. Cette étude se rattachait à celle de la musique, incontestablement le premier en date de tous les beaux-arts, et dont on peut suivre les traces chez les peuples les plus anciens, comme on en trouve aujourd'hui des vestiges chez les tribus les plus grossières. Si *Jubal* n'a pas inventé la musique instrumentale vers l'an 500 de la création du monde, le premier livre de Moïse nous apprend cependant que les flûtes, les fifres, les chalumeaux, les guitares, les harpes, étaient déjà connus des anciens Hébreux; il est probable que les Égyptiens et les Chinois s'en étaient servis bien avant eux.

Mais cette musique pratique ne prit une forme scientifique que chez les Grecs, chez les Pythagoriciens surtout. *Pythagore* paraît, en effet, avoir eu des connaissances étendues sur les rapports des sons, et s'être servi, pour les déterminer, d'une sorte de monocorde. Il est toutefois difficile de dire jusqu'où s'étendaient ces connaissances; car, ce que *Nicomaque* et *Jamblique* rapportent à ce sujet repose évidemment sur une méprise[2]. D'après *Théon* de Smyrne et *Nicomaque*, il paraît cependant certain que les Pythagoriciens ont fait des recherches sur les sons d'une corde de longueur variable, et plus ou moins tendue, ainsi que sur les sons d'un verre plus ou moins rempli d'eau (§ 11).

Deux siècles après *Pythagore*, *Aristote* écrivit sur les sons, et fit preuve d'une connaissance exacte des faits, dont il est peut-être redevable aux Pythagoriciens. Il savait, par exemple, que dans les cordes de tension égale et dans les tuyaux, le nombre des vibrations est en raison inverse des longueurs, et que les sons sont produits par des vibrations qui passent des corps sonores à l'air, qui les transmet à notre oreille.

Plus tard *Euclide* et *Ptolémée* exposèrent la théorie mathématique des intervalles musicaux, sans que la physique en ait retiré aucun avantage sensible. Il en fut de même au moyen âge, bien que pendant cette période la musique ait fait de très grands progrès, soit au point de vue pratique, soit au point de vue

---

1. Chladni, *Akustik*, p. 262.
2. Montucla, *Hist. des Math.*, I, 126; Chladni, *Akust.*, p. 102.

théorique. C'est ainsi qu'on imagina les notes, d'abord celles dans lesquelles on ne fait pas intervenir le temps, et dont on attribue l'invention au bénédictin *Guido d'Arrezzo* ou *Guido Aretius* au XIe siècle (bien à tort, d'après *Kiesewetter*). C'est à ce même *Guido* qu'on doit la dénomination des sons encore usitée en Italie, en France et en Angleterre, *ut, re, mi, fa, sol, la*, au lieu des lettres *c, d, e, f, g, a*, employées en Allemagne. Ces dénominations sont tirées d'un hymne latin, dans lequel les chanteurs prient saint Jean de purifier leurs voix :

Ut queant laxis *resonare* fibris
Mira gestorum *famuli* tuorum,
Solve polluti *labri* reatum,
Sancte Ioannes.

A l'hexacorde des syllabes d'Aretius, comme on les nomme, *Erich van der Putten* (1574-1646) de Venloo aurait ajouté, dit-on, le *si*, chez nous *h*.

Cette invention fut suivie de celle des notes de mesures, c'est-à-dire de celles qui indiquent à la fois la hauteur des sons et leur durée. On a cru longtemps qu'elle était due à *Jean de Meurs* ou *Murs*, *Johannes de Muris*, chanoine à Paris, né vers 1310 et mort après 1360. Mais on prétend avoir découvert plus tard, qu'un Allemand, *Franco* de Cologne, qui vivait au XIIIe siècle, se serait servi de ces signes dans sa *Musica et Ars cantus mensurabilis*[1]. Mais comme celui-ci parle de la mesure du temps, comme d'une chose connue, on en est arrivé à douter de ses titres à cette découverte : quelques auteurs même la lui contestent formellement[2].

Tous ceux qui écrivirent sur les sons jusqu'à la fin du XVIe siècle, comme par exemple *Giuseppe Zarlino* (né en 1540 à Chioggia, mort en 1599 à Venise), maître de chapelle de l'église Saint-Marc, ainsi que le père du grand Galilée, n'avaient en vue que la musique théorique et non la physique. C'est avec *Galilée* que commence la physique des sons, bien qu'il n'ait exposé que fort peu de choses, et n'en ait pas enseigné plus que *Pythagore*. Dans ses *Discorsi e dimonstrazioni matematiche*, Leida 1638, il dit que les durées des vibrations des cordes élastiques de même diamètre, de même nature, tendues par des poids égaux sont proportionnelles aux longueurs de ces cordes, et il conclut de là que la hauteur du son produit par une corde dépend de la fréquence du nombre des vibrations. Pour le démontrer, il supposait la masse entière de la corde concentrée en son milieu, et que le reste de la corde était élastique, mais n'avait aucune inertie.

Après *Galilée*, *Mersenne* s'occupa de cette branche de la physique, et fit quelques expériences très instructives, qu'il décrivit dans son *Harmonie universelle*, Paris 1636, en latin *Harmonicorum libri* XII, ibid., 1636. Il trouva pour les cordes de même nature, qu'en désignant par *n* la hauteur du son ou le nombre de vibrations dans un temps donné, on obtenait les résultats suivants :

1. Bindseil, *Akust.*, 691.
2. Zamminer, *Die Musik*, p. 159.

1° Lorsque les cordes sont d'égale longueur et de même diamètre, mais qu'elles sont tendues par des poids inégaux p et p' :

$$\frac{n}{n'} = \frac{\sqrt{p}}{\sqrt{p'}};$$

2° Lorsque les cordes sont d'égale longueur et également tendues, mais qu'elles ont des poids inégaux q et q' :

$$\frac{n}{n'} = \frac{\sqrt{q'}}{\sqrt{q}};$$

3° Quand les diamètres sont les mêmes ainsi que les tensions, mais que les cordes ont des longueurs l et l' :

$$\frac{n}{n'} = \frac{l'}{l};$$

4° Que si les cordes ont des longueurs et des tensions égales, mais des diamètres d et d' inégaux :

$$\frac{n}{n'} = \frac{d'}{d}.$$

Mersenne avait indiqué par erreur le rapport :

$$\frac{d'^{\,2}}{d^2} \quad \text{au lieu de} \quad \frac{d'}{d}.$$

Il fit aussi des expériences avec des cordes de différents métaux, or, argent, cuivre, laiton, fer, dans lesquelles la longueur, l'épaisseur et la tension étaient égales, et trouva que le son était d'autant plus grave que le poids spécifique du métal était plus grand. — Dans toutes ces expériences, pour déterminer la hauteur des sons, il se servait d'un monocorde divisé en 120 parties. Pour qu'il fût à l'unisson

de la corde d'or, il fallait	100 1/2 parties	
—	argent	—	76 1/2	—
—	cuivre	—	69 1/2	—
—	laiton	—	69	—
—	fer	—	66.	—

En outre *Mersenne* remarqua, mais sans y attacher une importance particulière, qu'une corde en dehors du son fondamental peut donner aussi des sons plus élevés [1].

321. — Ces déterminations expérimentales demeurèrent isolées, pendant le XVII° siècle, sans être rattachées l'une à l'autre par la théorie. Au commence-

[1]. Fischer, *Gesch. d. Phys.* I, 468, 470.

ment du XVIIIe siècle, le mathématicien anglais *Brook Taylor*, le même auquel
nous devons l'important théorème d'analyse, porta son attention sur le problème
des cordes vibrantes. Il chercha d'abord la forme d'une corde vibrante, et arriva
ensuite, pour le nombre de ses vibrations dans un temps déterminé, à la formule
suivante, aussi simple que générale :

$$n = \sqrt{\frac{g\,p}{l\,q}},$$

dans laquelle g désigne l'accélération due à la pesanteur, 9[m], 81, l et q la
longueur et le poids de la corde, p sa tension. Or $q = \pi\,r^2\,l\,d$, en désignant
par d le poids spécifique de la corde ; on peut donc écrire

$$n = \frac{1}{r\,l}\sqrt{\frac{g\,p}{\pi\,d}},$$

formule où sont indiquées toutes les lois trouvées par *Mersenne*. Il en résulte
que toutes les cordes d'un métal quelconque ou d'une autre substance, ayant
même longueur, même tension et même poids, rendent le même son. *Taylor* fit d'abord connaître cette formule dans les *Phil. Transact.* de 1713
(abridg, VI, 14), il la donna plus tard en l'expliquant dans son célèbre ouvrage : *Methodus incrementorum*, London 1715.

Brook Taylor, né en 1685 à Edmonton près Londres, fit ses études à Cambridge, devint membre de la Société Royale en 1712 et secrétaire de cette
société en 1714. Il était riche et vivait de ses rentes ; malheureusement il mourut d'une phtisie, dans toute la force de l'âge, en 1731.

Outre ce traité : *Methodus incrementorum*, *Taylor* a publié, dans la même
année 1715, un ouvrage sur la perspective : *New principles of linear perspective*, London 1715. Bien que cette partie de l'Optique purement mathématique
ait, depuis *Euclide* et *Ptolémée*, et pendant tout le moyen âge, été l'objet d'un
grand nombre de travaux parfois remarquables, *Taylor* en établit les principes
d'une manière beaucoup plus scientifique. Il écrivit aussi sur le centre d'oscillation dans les *Phil. Transact.* de 1713, et aussi sur le mouvement des projectiles ; mais ce dernier travail, achevé en 1710, ne parut dans les *Phil. Transact.* qu'en 1721. Il a fait aussi quelques recherches expérimentales, entre
autres sur l'action de deux aimants placés à différentes distances, mais il n'arriva pas à des résultats satisfaisants. Il étudia également l'ascension de l'eau
entre deux lames de verre faisant entre elles un petit angle, et trouva que l'eau,
en s'élevant, donnait une hyperbole (*Phil. Transact.*, 1712) : cette étude fut
reprise plus tard par *Hawksbee*. Enfin en 1713, il fit encore quelques observations sur l'adhérence de l'eau aux corps solides : il se servit ici d'un procédé qui a été plus tard employé par *Musschenbroeck*, *Guyton de Morveau*,
Achard, etc., et qui consiste à chercher le poids nécessaire pour soulever une
plaque posée à la surface de l'eau : il trouva le poids proportionnel à la surface
du plateau[1].

---

1. *Philosoph. Transact.* pour 1721 ; *abrigd*, VI, 528.

322. — Le travail de *Taylor* sur les cordes vibrantes ouvrit un champ nouveau aux recherches des premiers analystes du dernier siècle.

Taylor avait trouvé qu'une corde tendue légèrement, écartée de sa position d'équilibre, quelle que soit du reste sa forme primitive, doit prendre après quelques oscillations la forme d'une cycloïde allongée. Il croyait que cette courbe, qu'il nommait harmonique, était la seule pour laquelle les vibrations pouvaient être isochrones, c'est-à-dire pour laquelle tous les points de la corde pouvaient passer en même temps dans l'axe. C'était une erreur dans laquelle tomba également *Jean Bernoulli*, qui s'occupa, après *Taylor*, du problème des cordes vibrantes.

D'Alembert rectifia cette erreur et développa d'une manière considérable la solution du problème. Il montra dans un travail publié dans les *Mémoires de l'Académie de Berlin* de 1747, que la cycloïde n'était pas la seule solution, qu'un nombre infini d'autres courbes possédaient cette propriété. *Euler* aborda alors la question, et démontra dans les *Mémoires de Berlin*, 1748, que la corde vibrante n'a pas besoin d'avoir une forme algébrique, c'est-à-dire qui puisse se représenter par une équation, — qu'elle peut avoir une forme quelconque, celle d'une ligne tracée à la main, par exemple.

Cette assertion fut combattue par *d'Alembert*, dans les *Mémoires de Berlin* de 1750. Quelques années après (*Mémoires de Berlin,* 1753), *Dan. Bernoulli* intervint, reprochant aux deux savants d'avoir traité la question d'une manière trop abstraite, et affirmant que les cordes vibrantes ont toujours la forme d'une trochoïde ou d'une combinaison de trochoïdes. *Euler* ne fit pas longtemps attendre sa réponse (*Mémoires de Berlin*, 1753) ; il donna raison à *Bernoulli* sur quelques points, mais maintint fermement son opinion que les courbes discontinues pouvaient aussi convenir au problème.

Enfin *Lagrange* prit part lui aussi à la discussion. Il aborda le problème d'une manière tout à fait nouvelle, tout à fait indépendante de l'hypothèse que l'état initial de la corde était soumis à une loi quelconque de continuité. En considérant successivement la corde vibrante comme formée d'un nombre infini de parties, il arriva, dans le premier cas, au même résultat que *Bernoulli*, dans le second cas, au même résultat qu'*Euler*.

Cette décision ne termina pas le débat. *Euler, Dan. Bernoulli, d'Alembert* et *Lagrange* continuèrent à échanger des mémoires. Mais comme ces travaux appartiennent beaucoup plus aux mathématiques qu'à la physique, nous n'en parlerons pas, non plus que des ouvrages des Italiens *Riccati* et *Zanotti*. Ce que j'ai dit à ce sujet n'avait d'ailleurs pour but que de montrer tout le développement que le problème des cordes vibrantes a reçu depuis *Taylor*.

323. — Jusqu'à présent, en parlant des vibrations des cordes, je ne me suis occupé que des vibrations transversales. Ce n'est pas qu'elles soient les seules employées en musique, mais c'est que, dans la plus grande partie du XVIIIe siècle, on n'en connaissait pas d'autres. Les vibrations longitudinales ont été découvertes seulement à la fin du siècle dernier par *Chladni* (§ 329), qui nie également qu'on ait avant lui connu les vibrations circulaires. Voir *Chladni, Entdeckungen über die Theorie des Klanges*, Leipzig 1787.

Une corde vibrant transversalement peut, ou bien osciller dans toute sa

longueur (fig. 44) AA, ou se partager en un certain nombre de parties égales
vibrant dans des directions opposées (fig. 44) B B, et séparées par des *nœuds*,
a, a, c'est-à-dire par des points où la corde demeure en repos. Dans le premier
cas, la corde donnera le son fondamental, dans le second des sons plus élevés,
qu'on désigne sous les noms de sons de flageolet (de l'italien *flagioletto*), sons
harmoniques, sons partiels, aliquotes, secondaires, hypertons. Enfin il peut se
produire un troisième cas, celui où deux espèces de vibrations se produisent
simultanément, comme l'indique la figure 44, CC'. C'est même le cas qui se présente le plus ordinairement, quand on ne prend pas de précautions pour empêcher l'une ou l'autre de ces vibrations.

On attribue d'ordinaire au Français *Sauveur* la découverte de ces sons supérieurs qu'il a, en effet, décrits avec soin dans les *Mém. de Paris* de 1701. C'est
même lui qui leur a donné le nom malencontreux de sons harmoniques. Toutefois ces sons étaient déjà connus. Ils furent découverts par *William Noble*
et *Thomas Pigot*, deux élèves de *Wallis*. Ce dernier en fait mention dans les
Philos. Transact. de 1677 et plus tard dans son *Algèbre*, II, p. 466.

Cette découverte fut faite dans des circonstances tout à fait intéressantes. On

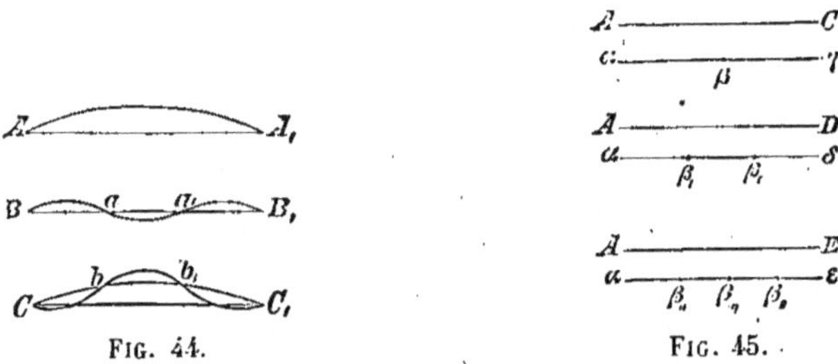

FIG. 44.FIG. 45.

savait déjà, à cette époque, que si on fait vibrer une corde d'un violon ou d'un
luth, une corde voisine qui se trouve à l'unisson de la première, ou qui peut en
donner l'octave, se met également à vibrer. Les Anglais appellent les sons ainsi
obtenus des sons sympathiques: nous les appelons consonants. On les attribuait
déjà, en général, à l'intervention de l'air qui transmettait les vibrations d'une
corde à l'autre. Mais on ne savait pas alors ce qui pouvait se produire lorsque
les deux cordes n'étaient pas accordées.

Noble et *Pigot* tendirent plusieurs cordes, l'une à côté de l'autre, de sorte
qu'un premier couple produisît l'octave, un second la quinte supérieure ou un
intervalle de douze notes, le troisième la double octave. Supposons par exemple,
dans la figure 45, que $\alpha\gamma$, $\alpha\delta$, $\alpha\varepsilon$, fussent accordées sur le son *ut*; alors AC, AD,
AE donnaient respectivement les sons ut^2, sol^2, et ut^3. *Noble* et *Pigot* plaçaient
alors sur les cordes inférieures $\alpha\gamma$, $\alpha\delta$, $\alpha\varepsilon$ de petits morceaux de papier, et en
les déplaçant successivement, ils trouvèrent que lorsqu'on faisait résonner les
cordes voisines, ces petits morceaux de papier restaient immobiles respectivement aux points β, β' β''. — Ils conclurent de là que dans ces circonstances la
corde produisant le son le plus grave ne vibrait pas dans toute sa longueur,

mais seulement par moitié, par tiers, par quarts. *Wallis* remarque de plus qu'une corde ne donne pas un son net, quand on l'attaque à la moitié, au tiers, ou au quart de sa longueur. Il ajoute qu'une corde ne répond pas seulement au son d'une corde, mais aussi à un son consonant produit par un instrument à vent quelconque, un tuyau d'orgue par exemple.

Sauveur employait deux procédés pour produire les sons harmoniques. Il fit d'abord usage de sons consonants, comme *Noble* et *Pigot;* ensuite il les obtint d'une manière fort simple, à l'aide d'un monocorde. Il faisait rendre à la corde le son fondamental, et tandis qu'elle vibrait dans toute sa longueur, il la touchait avec un corps léger en un point convenable, au milieu, au tiers, au quart... selon qu'il voulait obtenir l'octave, la douzième (quinte de l'octave), la double octave. Il rendait sensibles à l'œil les divisions de la corde en plaçant sur les parties immobiles β, β', β'' (fig. 45) de petits cavaliers de papier blanc, et dans les points intermédiaires, de petits cavaliers noirs. Lorsqu'il faisait vibrer la corde, de la manière indiquée, les cavaliers noirs sautaient tandis que les blancs restaient immobiles.

Sauveur donna le nom de *nœuds* aux points β, β', β'', qui restaient au repos, et le nom de *ventres* aux parties en mouvement qui semblaient renflées : ces noms ont passé depuis dans la science. Il montra aussi que pendant qu'une corde donne des harmoniques, on peut lui faire rendre des sons encore plus élevés, en la touchant entre deux nœuds, aux points qui correspondent aux parties aliquotes de ces nœuds, au tiers, au quart, par exemple, de la distance qui sépare deux points β et β'.

On doit dire, à l'honneur de *Sauveur*, que dès qu'il connut les observations de *Noble* et de *Pigot*, il renonça librement à toute prétention à la découverte des sons harmoniques, bien que sa méthode d'observation lui appartînt encore entièrement. En y regardant de près, on voit que *Noble* et *Pigot* ont seulement obtenu les sons harmoniques par la consonance, tandis que *Sauveur* les obtenait en touchant légèrement la corde vibrante.

324. — Une troisième manière d'observer ces sons, tout à fait simple, est encore plus ancienne. Elle fut découverte par *Mersenne* et décrite par lui dans ses œuvres mathématiques, p. 355, au chapitre : *Des difficultés de la musique*[1]. Quand on fait vibrer librement une corde, on entend d'abord le son fondamental, mais dès que celui-ci s'affaiblit, on distingue les harmoniques qui durent un peu plus longtemps. *Mersenne* entendit ainsi la douzième et la dix-septième note au-dessus du son fondamental, c'est-à-dire celles qui correspondent au partage de la corde en 3 et en 5 parties.

S'il n'a pas entendu la double octave, qui correspond à la subdivision de la corde en 4 parties, c'est qu'il confondait cette note avec le son fondamental.

Mersenne a dit beaucoup de choses inexactes sur les sons harmoniques, mais *Descartes*, auquel il communiqua ses observations, exprime dans ses lettres 75 et 106, l'opinion très juste, que ces sons pouvaient provenir de ce qu'une corde qui vibre se divisait en parties vibrant chacune pour leur compte. Mais il se trompa cependant, en ce qu'il croyait qu'une semblable superposition de

---

1. Math. Young, *An Inquiry into the phenomena of sounds*, p. 110.

différentes vibrations ne pouvait se rencontrer que dans une corde fausse [1].

On peut d'ailleurs croire que *Mersenne* n'est pas le premier qui ait observé les sons harmoniques. Bien avant lui existait déjà un instrument qui semble fait pour les produire, bien qu'on n'eût peut-être jamais réfléchi jusqu'alors sur leurs rapports. Je veux parler de la *trompette marine*, inventée au milieu du xvie siècle par l'Italien *Marino* ou *Marigni,* et qu'on appelle aussi trompette de Marigni. Ce n'est ni une trompette ni un instrument à vent, mais bien un instrument à corde, une sorte de monocorde.

La trompette de mer a la forme d'une pyramide triangulaire creuse ouverte à la base. Elle est formée de trois lames minces : la lame supérieure sert de table de résonance, l'instrument étant placé horizontalement sur une de ses arêtes. Près de la pointe se trouve un manche avec une clef, sur laquelle s'enroule une corde unique, qui passe sur un chevalet et sur un étrier, derrière lequel elle est attachée. L'étrier ne repose que très légèrement sur la caisse de résonance, ce qui donne au son de la corde quelque chose de strident analogue au son d'une trompette. Entre le chevalet et l'étrier sont des degrés qui divisent cet espace en parties aliquotes. Si l'on attaque la corde avec l'archet, et qu'on presse doucement, avec le doigt, à l'une des divisions, mais de manière à ne pas interrompre les vibrations, on obtient les sons harmoniques qui correspondent à la longueur de la corde comprise entre le doigt et le chevalet. On obtient ainsi :

$$\frac{1}{1}\text{ le son fondamental,}$$

$$\frac{1}{2}\text{ l'octave,}$$

$$\frac{1}{3}\text{ le douzième son, quinte de l'octave,}$$

$$\frac{1}{4}\text{ le quinzième son, double octave,}$$

$$\frac{1}{5}\text{ le dix-septième,}$$

$$\frac{1}{6}\text{ le dix-neuvième,}$$

$$\frac{1}{7}\text{ le vingt et unième,}$$

$$\frac{1}{8}\text{ le vingt-deuxième son, triple octave,}$$

et ainsi de suite, d'où il résulte que les sons de flageolet (harmoniques) ne sont pas produits ici de la même façon que cela a lieu d'ordinaire pour les cordes entières. A mesure que le doigt s'éloigne du chevalet vers le milieu de la corde, la hauteur du son décroît, mais elle s'élève de nouveau quand on dépasse le milieu de la corde [2].

Comme instrument de musique, la trompette marine n'a que peu de valeur, vu qu'on n'y peut jouer que les morceaux dont les notes se trouvent parmi les sons

1. Chladni, *Akustik,* p. 206.
2. Chladni, *Akustik,* p. 69.

élevés, mais théoriquement elle est très intéressante et très instructive. — Les effets de la *harpe éolienne*, reposent également sur la subdivision de la corde en parties vibrantes.

325. — Bien que ces sons supérieurs ou harmoniques fussent connus, au commencement du xviiie siècle, au double point de vue théorique et pratique, il arrivait souvent qu'on n'expliquait pas d'une manière convenable les phénomènes qui en dépendent, ou qu'on les faisait intervenir là où ils n'avaient rien à voir.

Ainsi *de la Hire* dans les *Mém. de Paris* de 1716, et plus tard, **Christ. Benedikt Funk**, professeur de physique à l'Université de Leipzig, dans sa *Dissert. de sono et tono*, Lips. 1779, sont d'avis que le son d'une corde ou d'une tige ne résulte pas des vibrations de la corde tout entière ou de toute la tige, mais bien du frémissement de leurs plus petites parties, des vibrations moléculaires. *De la Hire* appuyait son opinion sur le fait qu'une pincette produit un son lorsqu'on la frappe, tandis qu'elle n'en donne aucun, lorsqu'on lâche tout à coup les deux branches qu'on a rapprochées avec la main, bien que ces branches entrent en oscillation. Il ne remarqua pas que, dans ce dernier cas, les tiges, si elles vibrent, font des vibrations trop lentes pour pouvoir être entendues, tandis que, dans le premier cas, ce ne sont pas les molécules individuelles, mais les parties aliquotes des branches qui se mettent à vibrer, en produisant les sons supérieurs ou harmoniques.

Une autre erreur, fort répandue au xviiie siècle, consistait à croire que la coexistence des sons de flageolet (hypertons ou sons harmoniques) correspondant à la suite naturelle des nombres était une propriété nécessaire de tous les corps sonores, que c'était à elle qu'étaient dues la consonance et la dissonance de certains sons, et la différence essentielle entre un son et un bruit.

Si cette manière de voir était exacte, il ne devrait naturellement exister aucun son simple. Mais l'inexactitude de cette opinion, que *Lagrange* combattait déjà dans son mémoire : *Recherches sur la nature et la propagation du son, Misc. Soc. Taur.* 1759, est complètement démontrée par ce fait, qu'on peut très bien faire vibrer une corde, de telle sorte qu'elle rende simplement le son fondamental, sans aucun des harmoniques. C'est ce qui a lieu, par exemple, quand l'on pince la corde en l'un des points quelconques des parties aliquotes, tandis qu'on obtient les sons harmoniques quand on pince celle-ci entre les points nodaux.

Cette manière de voir est cependant exposée dans un livre qui eut une très grande célébrité, dans les *Anfangsgründe der Naturlehre*, Gött. 1772, de *Erxleben*, professeur à Göttingue. Cet ouvrage eut six éditions, et fut pris par *Lichtenberg*, son successeur, comme base de ses cours. Elle se trouve encore dans l'*Allgemeine Theorie der shönen Künste*, de *Sulzer*, si célèbre comme philosophe et comme esthéticien, professeur de mathématiques à Berlin, au gymnase de Joachimsthal, [et membre de l'Académie (né en 1720 à Winterthur en Suisse, mort en 1779 à Berlin).

Rameau, le plus célèbre musicien français du xviiie siècle, au point de vue de la théorie, fondait également tout son système d'harmonie sur cette opinion. *Jean Philippe Rameau*, né à Dijon en 1683, était maître de chapelle du roi, lorsqu'il mourut à Paris en 1764. Outre un grand nombre de mémoires dans des journaux scientifiques et artistiques, il écrivit 15 ouvrages spéciaux sur la musique théorique, parmi lesquels son *Traité d'Harmonie*, Paris 1722: un autre travail de 1750, qui parut dans les *Mém. de Paris*, sous le titre *Principe d'Harmonie*, en forme le supplément. C'est là que se trouve le principe qui l'a fait surnommer, bien à tort, par ses contemporains, le Newton de l'harmonie. *Rameau* était aussi un compositeur fécond : on lui doit 22 opéras. Son genre est maintenant bien vieilli, et non sans raison, si on en juge par le mot qu'on cite de lui : « Qu'on me donne une Gazette de Hollande et je la mettrai en musique ! »

Si les physiciens et les musiciens exprimaient ainsi une foule de vues inexactes sur les sons harmoniques, les physico-mathématiciens, qui s'occupèrent du problème des cordes vibrantes, laissaient également sans réponse une importante question relative à ces sons. Sans doute *Bernoulli* admit, comme *Descartes*, que les sons harmoniques résultaient de la subdivision de la corde en parties aliquotes, et *Euler* se rangea à cette opinion. Mais comment et pourquoi une corde vibrante se divise-t-elle en parties aliquotes, c'est ce que les deux grands mathématiciens ne pouvaient expliquer. *D'Alembert* leur faisait cette objection, sans parvenir lui-même à y répondre.

Les uns en donnaient des raisons physiologiques; d'autres attribuaient ce phénomène à la réaction de l'ouïe sur la corde vibrante, comme le faisait, par exemple, l'Irlandais *Matthew Young* dans son livre si intéressant: *An Inquiry into the phenomena of sounds and musical strings*, Dublin 1784. Enfin, *Thomas Young* donna, dans les *Phil. Transact.* de 1800, l'explication la plus acceptable, en attribuant cette subdivision d'une corde à la réaction de ses différentes parties les unes sur les autres, selon la manière dont le son était produit.

Matthew Young, né en 1750 dans le comté de Roscommon, Irlande, mourut en 1800 à Withworth, Lancashire; il fut professeur de physique au Trinity College de Dublin, jusqu'au moment où on le nomma évêque de Clonfert et de Kilmacduach en Irlande. *Thomas Young* naquit en 1773 à Milverton, Somersetshire; depuis 1800 il pratiqua la médecine à Londres; il devint aussi professeur à la Royal Institution, membre et secrétaire de la Royal Society, et enfin membre du « Board of longitude ». Il mourut en 1829 à Londres.

326. — Les sons de flageolet ou hypertons, dont j'ai parlé jusqu'ici, sont spécialement appelés par les Anglais et les Français sons harmoniques supérieurs, lorsqu'ils veulent les distinguer des sons auxquels ils donnent le nom peu convenable de sons harmoniques graves. Ces derniers, qui ne se produisent que lorsque deux sons d'un intervalle déterminé se font entendre en même temps, ont été observés longtemps après les harmoniques supérieurs. On en attribue d'ordinaire la découverte à l'Italien *Tartini*, ce qui leur a fait donner le nom de *sons tartiniques* ou encore de sons *résultants* [1].

Si l'on s'en rapportait exclusivement aux dates des documents publiés, *Tartini* ne pourrait revendiquer la priorité de la découverte. Il ne l'a fait connaître en effet que dans son ouvrage *Trattatto di musica secondo la vera*

---

1. C'est précisément ainsi qu'on les désigne en France. (Tr.)

scienzia dell'armonia, Padova 1754, et déjà le Français *Romieu*, de l'Académie des sciences de Montpellier, avait fait mention, en 1753, de la coexistence de ces sons graves. Notre compatriote *Georg Andreas Sorge* (1703-1778), organiste à Lobenstein, aurait même des droits encore plus anciens à cette observation, car dans son *Anweisung zur Stimmung der Orgelwerke und des Klaviers*, Hambourg, 1744, et précédemment dans son *Vorgemach der musikalischen Komposition*, Hambourg, 1740, il parle de ces sons [1].

Mais dans un ouvrage : *Dissertazione dei principi dell'armonia musicale contenuta nel diatonico genere*, Padova, paru en 1767 seulement, *Tartini* dit qu'il avait remarqué, dès 1714, le son grave qui accompagne deux sons simultanés, et qu'il nommait pour cette raison *terzo suono*. Il aurait fait cette découverte à Ancône, sur son violon, et l'aurait signalée depuis lors à un grand nombre de musiciens et de savants ; s'il en est ainsi, ce qu'on ne peut guère contester, c'est à *Tartini* qu'en reviendrait l'honneur.

Tartini ne peut cependant prétendre qu'à la découverte empirique du phénomène, et encore ne l'a-t-il pas faite complètement, car, dans toutes ses expériences, il a toujours indiqué le troisième son qui se fait entendre, lorsqu'on en produit deux autres simultanément, à une octave au-dessus de sa véritable valeur. Ainsi, il dit que si l'on produit une quinte, *ut* et *sol* par exemple, le troisième son se met à l'unisson du plus grave : ce serait donc l'*ut*, tandis qu'il est en réalité ut_2 — *Romieu* et *Sorge* n'ont pas commis cette erreur. En outre, *Tartini* a basé, sur ce troisième son, un système d'harmonie tout aussi peu naturel que celui que *Rameau* avait bâti sur les sons harmoniques. On peut cependant avoir pour *Tartini* quelque indulgence : il n'était pas plus physicien que *Rameau*, mais seulement artiste et praticien.

D'ailleurs *Tartini* ne parle pas plus de théorie que *Romieu* et *Sorge*, bien qu'il existe un phénomène qui aurait pu mettre sur la voie de l'explication de ces sons. Tous les constructeurs d'orgues de la fin du xviie siècle savaient, depuis longtemps, que lorsqu'on fait parler simultanément deux tuyaux d'orgue d'un ton un peu grave et quelque peu différent, on entend des *battements* d'une intensité considérable. Il est vrai qu'ils n'en connaissaient pas la cause, et ne se préoccupaient nullement de la chercher. Dès que *Sauveur* eut connaissance de ce fait, il comprit que ces battements devaient résulter de la concordance des vibrations.

Supposons qu'en un certain temps l'un des sons fasse huit vibrations et l'autre neuf, il est clair qu'après chaque intervalle de temps les deux vibrations coïncideront en se renforçant : ces renforcements formeront une série de chocs, de battements, nettement séparés, si l'intervalle est suffisamment grand. *Sauveur* alla encore plus loin : il chercha à utiliser ces *battements*, nom qu'on leur a donné depuis, pour déterminer le nombre des vibrations d'un son. Avait-il par exemple un son qu'il savait correspondre à 32 vibrations par seconde, et un autre un peu plus élevé, donnant avec le premier quatre battements par seconde, il en concluait que 8 vibrations du premier s'accomplissaient dans le même temps que 9 vibrations du dernier et que celui-ci faisait par suite

---

1. Chladni, *Akust. Zusatz*, p. 73.

36 vibrations par seconde. — *Sauveur* publia ces recherches dans les *Mémoires de Paris* de 1700.

Pendant longtemps on ne vit aucune relation entre ces battements et les sons tartiniques : enfin *Lagrange*, dans son mémoire de 1759 que nous avons déjà plus d'une fois mentionné, expliqua ces derniers précisément par une coïncidence des vibrations des deux sons primitifs. La seule différence entre les sons tartiniques et les battements de *Sauveur*, consiste en ce que, pour ceux-là, les sons primitifs offrent un plus grand intervalle ; les battements se succèdent plus rapidement, si rapidement que l'oreille ne peut les séparer et perçoit un son continu. Dans l'un des cas, le nombre des battements, dans l'autre le nombre des vibrations du troisième son (son résultant), est toujours égal à la différence des nombres des vibrations des deux sons dans le même temps.

327. — *Sauveur* s'occupa aussi de trouver une mesure absolue des sons. Il avait remarqué qu'un tuyau d'orgue de cinq pieds de long donne un son qui correspond à 100 vibrations par seconde. Il s'était servi pour cela de deux tuyaux d'environ 5 pieds de long, et il avait raccourci l'un d'eux à l'aide d'un bouchon, de façon à ce que le rapport de leurs longueurs fût de 99 à 100 : ces deux tuyaux donnaient 1 battement par seconde. Sauveur voulait considérer comme point de départ ce son de 100 vibrations doubles ou de 200 vibrations simples par seconde, mais cette proposition ne fut pas acceptée. D'ailleurs, à la même époque, *Brook Taylor* avait déjà fourni un moyen beaucoup plus exact pour déterminer la hauteur absolue d'un son : c'est le moyen que donne sa formule citée plus haut, qui permet de déterminer en mesures absolues, la hauteur du son produit par une corde, dès qu'on connaît sa longueur, son poids et sa tension. Il ne paraît cependant pas que *Taylor* ait songé à faire cette application ; celle-ci se trouve indiquée seulement dans l'ouvrage d'*Euler* : *Tentamen novæ theoriæ musicæ*, Petrop., 1739, dans laquelle il expose pour la première fois, d'une manière scientifique, la théorie de la musique.

Sauveur a également cherché à indiquer les limites dans lesquelles les sons étaient perceptibles. Il trouva que le son le plus grave qu'on pouvait percevoir était celui d'un tuyau ouvert de 40 pieds de long. Comme ce tuyau devait faire 8 fois moins de vibrations que le tuyau qu'il avait pris pour module, il en conclut que le son le plus grave qu'on pouvait percevoir correspondait à $12\frac{1}{2}$ vibrations doubles par seconde. Il obtint également le son le plus élevé à l'aide d'un tuyau 64 fois plus court que le tuyau normal et faisant par suite 6400 vibrations doubles par seconde. *Euler* s'occupa aussi de trouver les limites de la perception des sons, mais il obtint des résultats fort variables,

pour les tons les plus graves..	d'abord 30 vibrations ensuite 20 —
pour les plus élevés	d'abord 7520 — ensuite 4000 —

comprenant environ 8 octaves.

Les résultats de *Sauveur* et d'*Euler* sur les limites de la perception des sons diffèrent notablement des résultats auxquels sont parvenus les physiciens modernes. En ce qui concerne les sons graves, *Wollaston*[1] dit tout d'abord qu'il n'est pas possible de fixer la limite avec précision, vu que l'oreille humaine peut encore percevoir des sons, alors qu'on arrive à de simples chocs qu'il serait possible de compter un à un. *F. Savart*[2] est du même avis, mais il pense que 16 vibrations simples par seconde peuvent produire un véritable son musical. Cette opinion a été combattue par *Despretz* (1845). Celui-ci affirme qu'on ne peut percevoir de sons correspondant à moins de 32 vibrations simples, et que, même dans ce cas, la détermination de la hauteur ou mieux de la gravité n'est plus sûre. Le son le plus grave qu'on puisse déterminer serait de 96 vibrations simples, et pour cette cause, *Despretz* regarde l'indication de *Sauveur* comme fautive.

La détermination des sons les plus élevés est tout aussi variable, bien que les auteurs modernes aient reculé cette limite beaucoup plus loin que ne l'avaient fait *Sauveur* et *Euler*. *Wollaston* considère le chant d'un grillon ou le cri d'une chauve-souris comme les plus élevés que l'oreille humaine peut percevoir : il les estimait 600 ou 700 fois plus élevés que le son le plus grave de l'orgue; d'où il résulte que ces sons extrêmes étaient compris entre 19 000 et 22 000 vibrations. *Chladni* évaluait également cette limite à 22 000 vibrations. *Savart* obtenait des résultats variables avec la nature des sons; les tuyaux lui donnaient la limite supérieure de 20 000 vibrations, les verges vibrant longitudinalement 32 à 33 000, les roues dentées 48 000 vibrations.

Cette dernière limite qui est déjà de deux octaves plus élevée que celle indiquée par Sauveur, a été encore reculée par *Despretz*[3]. Il affirmait que les diapasons produisant 65 536 vibrations par seconde donnaient encore un son plus aigu qu'on pouvait classer, et il évaluait la limite d'un son simplement perceptible à 73 700 vibrations simples. Assurément cela dépend beaucoup de la force et de la nature du son, ainsi que de la sensibilité de l'oreille. — En tout cas, on voit que la sensibilité de l'oreille, pour les sons, est beaucoup plus étendue que celle de l'œil pour la lumière.

328. — *Joseph Sauveur* était né en 1653 à la Flèche. Son père était notaire. Il reçut son éducation au collège de cette ville, où *Descartes* et *Mersenne* avaient été élevés. S'il n'avait pas de goût pour la rhétorique et pour les anciens poëtes, il montrait plus de dispositions pour les mathématiques et pour la mécanique. Tout enfant, il avait déjà fabriqué une foule de petites machines. A peine au sortir de l'adolescence, le désir de tenter fortune à Paris s'empara de lui; comme il n'avait pas de ressources, il fit le voyage à pied. L'influence d'un oncle le décida à se vouer à l'état ecclésiastique, mais peu après son arrivée à Paris, le hasard lui mit entre les mains un *Euclide* et la Physique de *Rohault :* à partir de ce moment c'en fut fait de la théologie. Il chercha d'abord à se procurer des ressources en donnant des leçons de mathématiques; d'ailleurs ses manières sociables lui firent faire beaucoup de connaissances agréables et utiles.

En 1680, il devint professeur de mathématiques des pages de Madame la

---

1. *Philosph. Transactions*, 1820.

2. *Ann. chim. et phys.*, XLVII, LXIX, an 1831.

3. Observations sur la limite des sons graves et aigus. *Comptes rendus*, t. XX, 1845.

Dauphine. En 1681, il fit la connaissance de *Mariotte* et l'aida dans ses expériences sur les eaux de Chantilly, où il sut gagner la faveur du prince Louis de Condé. En 1686, il fut nommé à la chaire de mathématiques du Collège Royal. Chargé par un haut personnage militaire de composer un traité sur l'art des fortifications, il prit part au siège de Mons, afin d'acquérir sur ce sujet des connaissances pratiques, et il se distingua à la fois par son courage et par sa prudence.

De retour à Paris, il s'occupa d'un grand nombre de travaux sur les mathématiques appliquées : il fit des tableaux sur l'écoulement de l'eau par les tuyaux, des cartes des côtes de la France, indiqua des méthodes pour calculer la contenance des vases, etc. Il fut élu membre de l'Académie en 1696, bien que jusqu'alors il n'eût fait aucun ouvrage réellement scientifique pouvant motiver ce choix. Mais on ne s'était pas trompé sur son compte : à partir de ce moment il s'adonna à l'étude de l'acoustique avec tant de succès, qu'on peut dire que ses travaux y font époque, du moins pour la France. Il n'a publié que peu de traités dans les *Mémoires de Paris*, mais ils ont une très grande valeur pour le temps où ils parurent.

Sauveur mourut à Paris, en 1716, à l'âge de 63 ans. Il est remarquable qu'un homme qui a montré tant de goût pour l'acoustique et pour la musique théorique, ait été si mal doué par la nature. Il fut muet jusqu'à l'âge de sept ans, et la parole ne se développa chez lui que très lentement. Pendant toute sa vie il eut la voix et l'oreille fausses, ce qui l'obligeait pour déterminer les intervalles et les accords des sons, à se faire aider par des musiciens. *Sauveur* forme sous ce rapport un pendant à l'Anglais *Nicol. Saunderson* (né en 1682 à Thurlston, Yorkshire, mort en 1739, professeur de mathématiques à Cambridge), qui ayant perdu la vue à un an, à la suite de la petite vérole, composa malgré cela un traité d'optique !

Giuseppe Tartini, né en 1692 à Pirano en Istrie, fut destiné par ses parents à l'état ecclésiastique. Mais ni dans sa jeunesse, ni plus tard à l'université de Padoue, où il échangea la théologie contre le droit, il ne montra un goût bien vif pour les sciences : le libertinage semblait avoir pour lui beaucoup plus de charmes. L'escrime était un de ses plaisirs favoris : il en était tellement épris qu'il avait formé le projet d'ouvrir une école d'escrime dans une grande ville d'Italie.

Un mariage secret qu'il contracta avec une maîtresse de musique lui occasionna beaucoup de désagréments. Cette union étant parvenue à la connaissance de son oncle, le cardinal Cornaro, évêque de Padoue, celui-ci en fut vivement irrité. Redoutant les suites de la colère de son oncle, *Tartini* crut prudent d'abandonner sa femme et s'enfuit au monastère d'Assise. Il y vécut pendant deux ans dans une profonde retraite. Le calme du cloître l'ayant rendu plus sérieux et plus sédentaire, la société d'un Père très versé en musique réveilla en lui son ancien goût pour cet art. Il s'y adonna avec une véritable furie et devint bientôt un artiste consommé sur le violon.

Pendant ce temps, la colère de son oncle s'était apaisée, et *Tartini* osa retourner à Padoue. Tout le monde fut ravi de son talent, et bientôt sa renommée se répandit par toute l'Italie. Il fut appelé à Venise, pour faire partie de l'Aca-

démie de musique fondée par le roi de Pologne, et de 1714 à 1721, Ancône lui
donna une situation semblable. Ce fut à Ancône, en 1714, que, d'après ses indications, il aurait découvert son terzo suono. En 1721, il fut nommé maître de
chapelle de l'église St-Antoine de Padoue, et en 1723, il fut appelé à Prague
pour y diriger le festival musical, à l'occasion du couronnement de l'empereur
Charles VI. Après un séjour de deux ans à Prague il retourna à Padoue, où il
fonda, en 1728, une institution de musique qu'il dirigea jusqu'à la fin de sa
vie, et qui acquit une grande renommée par le nombre considérable d'artistes
qui en sortirent. *Tartini* mourut dans un âge avancé, en 1770.

329. — L'acoustique est de toutes les parties de la physique mécanique celle
qui est restée le plus longtemps inculte : mais, après que *Newton* et *Taylor*
surtout en eurent montré la fertilité, elle fut défrichée et cultivée comparative-
ment plus vite que les autres. L'étude de cette science appartient presque exclusivement au XVIII_e siècle qui, au point de vue théorique du moins, n'a laissé
à notre siècle que peu de chose à glaner. C'est ce qui est vrai, en particulier,
pour le problème des cordes vibrantes. Les nombreux travaux de *Daniel Bernoulli* et d'*Euler* ont abordé ce sujet sous toutes ses faces, s'ils ne l'ont pas
complètement épuisé. *Euler*, par exemple, ne s'est pas seulement occupé des
vibrations d'une corde qui vibre dans un plan, mais aussi des vibrations tournantes, de celles qui s'effectuent à la manière des oscillations d'un pendule
conique.

Il a montré que ces vibrations, qui se produisent communément dans la
pratique, peuvent être considérées comme résultant de la composition de deux
vibrations planes, ce qui est aussi intéressant, à cause de l'analogie qu'elles
présentent avec les vibrations de l'éther.

Des cordes on passa aux membranes, qui, comme les cordes, possèdent la
propriété de vibrer uniquement par la tension, ou qui, du moins, n'ont été étudiées que dans ces conditions, si l'on en excepte quelques travaux récents. Le
premier qui étudia les lois d'une membrane vibrante, à savoir, d'une peau de
tambour bien tendue fut le comte *Giordane Riccatti* dans les *Saggi* dell'Accad.
di Padova, t. I. 1786. Le même auteur a composé un ouvrage précieux sur les
cordes : *Delle corde, ovvero delle fibre elastiche*, Bologna 1767. — Le comte
Giord. Riccati naquit en 1709 à Castelfranco près de Trévise, et mourut à
Trévise en 1790. Il est connu comme mathématicien, architecte et musicien.
Son frère *Vincenzo* (1707-1775) remplit pendant 30 ans les fonctions de professeur de mathématiques à Bologne, et son père le comte *Jacopo Riccati* (1676-
1754) fut un musicien distingué.

Après les cordes et les membranes, qui n'acquièrent la faculté de vibrer que
lorsqu'elles ont été tendues, on en vint à considérer les corps solides qui peuvent vibrer en suite de leur propre rigidité et de leur élasticité, et tout d'abord
les verges et les plaques.

Les *verges* peuvent présenter les trois sortes de vibrations : transversales,
longitudinales et tournantes.

Les *vibrations transversales* ont été étudiées, pour la première fois, par
Dan. Bernoulli, et plus tard, d'une manière plus complète, par *Euler*. Il faut
distinguer plusieurs cas : 1° Les deux extrémités de la tige sont fixées ou bien

libres; 2° Une extrémité est fixe et l'autre libre, ou appuyée sur un obstacle; 3° L'une des extrémités est appuyée et l'autre libre ou également appuyée. Lorsque les tiges sont serrées à leurs deux extrémités, elles vibrent d'après les mêmes lois que les cordes, et la rigidité de la matière remplace la tension qu'on doit donner aux cordes. *Giord. Riccati* a exécuté des recherches précieuses sur le cas où les deux extrémités sont libres [1].

De telles vibrations transversales sont utilisées dans le violon de fer (violon à clous ou à tiges), dans lequel des tiges de fer sont fixées en demi cercles perpendiculairement à une table d'harmonie et mises en mouvement par un archet. Cet instrument fut inventé par *Joh. Wilde* de Saint-Pétersbourg, au milieu du XVIIIe siècle [2]. Ce sont encore des vibrations transversales qui se produisent dans le xylophone, dans lequel de petites tiges de bois ou de verre sont placées sur de la paille tordue, et frappées avec un petit marteau de bois: cet instrument nous viendrait des Flandres.

L'harmonica de verre, les montres et les boîtes à musique, et surtout le diapason, sont encore des applications de ces vibrations.

Les *vibrations longitudinales* furent découvertes par *Chladni*, et décrites par lui dans un mémoire, *Ueber die longitudinal Schwingungen der Saiten und Stäbe*, Erfurt, 1796. Il avait déjà fait connaître l'existence de ces vibrations dans les cordes, par son ouvrage : *Neue Entdeckungen über die Theorie des Klanges*, Leipzig, 1787, et, plus en détail, dans la *Berliner musikalische Monatsschrift*, 1792. L'application importante et ingénieuse qu'il fit de ces vibrations, pour déterminer la vitesse de propagation du son dans les corps solides, fut publiée en 1797 seulement, sous le titre : *Ueber longitudinal Schwingungen und über die Fortleitung des Schalles in festen Körpern*, dans la Revue des sciences naturelles de *Voigt*, t. I, 1, et avec plus de développements, dans son *Akustik*, Leipzig, 1802. Il trouva qu'en prenant pour unité la vitesse du son dans l'air, elle est dans

l'étain	$7\frac{1}{2}$		fer	17
argent	9		verre	17
cuivre	12		différents bois de 11 à 17.	

Enfin *Chladni* découvrit les *vibrations tournantes* d'une tige et publia cette découverte dans le vol. II des *Neuen Schriften der Gesellschaft naturforsch. Freunde in Berlin*.

Quant aux vibrations des *plaques*, elles furent étudiées pour la première fois par *Chladni*. Les résultats de cette étude, et surtout la découverte des figures acoustiques, qui immortalisera son nom, ont été publiés dans le traité de 1787, dont nous avons déjà parlé, et développés plus tard dans son *Acoustique* de 1802.

330. — Les vibrations de l'air, dont la connaissance empirique est naturellement aussi ancienne que celle des instruments à vent, ont été l'objet de

1. Chladni, *Akustik*, p. 94.
2. Bindseil, *Akustik*, p. 185.

recherches scientifiques dans la seconde moitié du XVIIIe siècle. Ceux qui s'en sont principalement occupés, sont: *Lagrange : Sur la propagation du son, Miscell. Societ. Taurin.* I et II, 1759, 1762; *Dan. Bernoulli : Sur le son et sur les tons des tuyaux d'orgue différemment construits, Mém. de Paris,* 1762 ; *Euler : Nov. Comment. Academ. Petrop.* XVI, 1771 ; *Giord. Riccati: Delle corde, etc.,* Bologna, 1767; *Lambert : Sur les flûtes. Mém. de Berlin,* 1775.

De même, les instruments dans lesquels l'air est mis en vibration en même temps qu'un corps solide, les tuyaux à anche, par exemple, furent soumis au calcul par *Euler (Acta Petrop.* 1779). *Kratzenstein* de Saint-Pétersbourg paraît avoir inventé les tuyaux à anche libre vers 1780. De nos jours *W. Weber*[1] a fait sur tous ces tuyaux de nombreuses expériences.

Après qu'on eut appris à préparer les différents gaz, on étudia leurs propriétés acoustiques. L'infatigable *Priestley*, auteur d'un si grand nombre de découvertes en chimie, fraya ici la voie. Il fit les premières expériences sur l'intensité avec laquelle le son se propage dans les différents gaz[2]. Il plaçait une cloche munie d'un marteau sous un globe de verre rempli du gaz soumis à l'expérience, et cherchait à quelle distance le son pouvait être entendu. Il trouva que, dans l'hydrogène, le son était presque aussi faible que dans le vide; dans l'oxygène plus fort que dans l'air; et dans l'acide carbonique, il l'entendait presque une fois et demi mieux que dans l'air. *Priestley* conclut de là que, dans les gaz, l'intensité de la propagation du son est proportionnelle à leur densité ou à leur poids spécifique.

Plus tard *Perolle* reprit ces expériences, en procédant de la même façon que *Priestley*[3]. Il trouva que l'intensité de la propagation du son dans l'air étant prise pour unité, elle est :

| dans l'oxygène | 1.135 | l'acide carbonique | 0.82 |
| l'azote | 1.23 | l'hydrogène | 0.234 |

ce qui diffère assez notablement des données de *Priestley*, particulièrement en ce qui concerne l'acide carbonique.

Enfin, notre compatriote *Chladni* a fait les premières expériences sur la vitesse de propagation du son dans différents gaz, en employant la méthode ingénieuse qui consiste à faire vibrer des tuyaux d'orgue, à l'aide de ces gaz. Il fit connaître ses premières recherches encore incomplètes, en 1798, dans le *Mag. d. Naturkunde* (Revue des sciences naturelles) de *Voigt,* I, v. 3, p. 65, dans un mémoire intitulé *Ueber die Töne einer Pfeife in verschiedenen Gasarten.* Il en donna un compte rendu plus précis dans son *Acoustique* de 1802, duquel il résulte que, de tous les gaz essayés, c'est dans l'acide carbonique que le son se propage le plus lentement, et que c'est dans l'hydrogène qu'il se propage le plus vite.

Ernst Florens Friedrich Chladni, qui a tant contribué aux progrès de l'acoustique naquit en 1756 à Wittemberg : il mourut à Breslau en 1827. Il était docteur en philosophie et en droit, mais il ne remplit aucune fonction pu-

---

1. *Theorie der Zungenpfeifen, Poggend. Ann.* XVII, 193 (1829).
2. *Experiments and observations,* etc. Lond. 1779.
3. *Mém. de l'Acad. de Toulouse,* 1781.

blique ; il vécut du produit de ses travaux, et des cours sur l'acoustique qu'il faisait dans ses nombreux voyages. Outre ses ouvrages sur l'Acoustique, il s'est fait encore connaître par ses recherches sur les météores ignés, et sur le fer météorique de Pallas. Il inventa aussi deux instruments de musique : l'Euphon et le Clavicylindre, dans lesquels on fait résonner des tiges comme dans l'harmonica. Dans le clavicylindre ces tiges sont en bois, et dans l'euphon en verre : il construisit le premier de ces instruments en 1790, et le deuxième en 1800. Tous deux sont très ingénieusement disposés et rendent un son fort doux, mais ils manquent de la force désirable, dans la plupart des cas, et c'est pourquoi leur emploi ne s'est pas propagé.

ÉLECTRICITÉ.

331.—Si on se demande pourquoi, depuis le temps de *Newton*, les recherches physiques ont pris des directions si variées et une extension si extraordinaire, on peut répondre sans hésitation que cet état de choses est dû à l'étude de ces substances énigmatiques, qu'en l'absence d'une meilleure dénomination, nous appelons fluides impondérables, savoir, la lumière, la chaleur, l'électricité et le magnétisme.

Il ne faudrait pas croire pour cela que l'étude des propriétés plus grossières de la matière, si j'ose m'exprimer ainsi, c'est-à-dire l'étude des phénomènes moléculaires, ait été négligée. Elle a fait au contraire, depuis l'époque du grand physicien anglais, des progrès très importants, et en même temps si étendus, qu'on s'est vu obligé de détacher la physique de la chimie, qui comprend un nombre considérable de ces phénomènes moléculaires. Mais cette distinction une fois établie, sur le terrain de la physique proprement dite, c'est surtout dans l'étude des fluides impondérables qu'ont été faites les découvertes les plus importantes pour la science.

Le caractère énigmatique et mystérieux de ces substances, considérées en elles-mêmes, ou au point de vue du rôle qu'elles sont appelées à jouer dans la nature, la multiplicité et le merveilleux des phénomènes qu'elles produisent, ont excité de plus en plus l'attention des savants. Le nombre toujours croissant des physiciens qui s'occupent de cette étude, la riche moisson qu'ils ont recueillie dans leurs recherches, et qui constitue aujourd'hui les trois quarts de tous les travaux en physique, peuvent faire croire qu'un jour viendra où notre science finira par ne plus embrasser que l'étude des impondérables.

Nous connaissons actuellement quatre de ces puissances physiques partout répandues : la chaleur, la lumière, l'électricité, le magnétisme. Y en a-t-il d'autres? A en juger par les recherches faites jusqu'ici, nous n'avons aucune raison de répondre affirmativement à cette question. Après la découverte du galvanisme, les physiciens croyaient devoir admettre l'existence d'une nouvelle force naturelle; mais, peu de temps après, cette opinion était reconnue fausse. Depuis lors rien de pareil ne s'est reproduit, bien que le diamagnétisme, découvert de notre temps par *Faraday*, eût pu donner lieu à une pensée de ce genre,

d'autant plus qu'on n'est pas encore parvenu à rattacher d'une manière satisfaisante le diamagnétisme aux lois du magnétisme et de l'électricité.

Jusqu'à présent, on ne compte donc que quatre fluides impondérables, et
encore faut-il remarquer que ces quatre fluides, ou plutôt ces deux couples, lumière et chaleur d'une part, électricité et magnétisme de l'autre, sont connus
depuis que la physique existe. Il est vrai que, dans la première période de notre
science, la connaissance du dernier couple demeura incomparablement plus bornée que celle du premier. Cela tient sans doute à ce que la nature ne nous à
donné aucun organe pour percevoir immédiatement l'électricité et le magnétisme; que nous ne pouvons les connaître que par leurs effets, et que pour les
étudier plus exactement, il faut avoir recours à des appareils assez compliqués,
destinés à en augmenter l'intensité.

332. — En dehors des faibles manifestations électriques que donnent l'ambre
et le lynkurion (§ 13) les Anciens devaient naturellement connaître la plus violente de toutes : l'orage. Mais ils connaissaient aussi un phénomène beaucoup
plus rare et un effet beaucoup plus faible de l'électricité atmosphérique : je veux
parler du feu Saint-Elme (§ 14).

Cependant, à partir de Théophraste, pendant toute la durée du moyen âge,
dans une période de près de deux mille ans, personne ne songea à s'occuper
de l'électricité, tandis qu'un autre fluide impondérable, la lumière, attirait plus
d'une fois l'attention. On y fit même quelques progrès ; de même, le magnétisme,
dans les phénomènes de la boussole, était aussi l'objet de quelques recherches.

C'est *William Gilbert*, que j'ai déjà cité comme ayant découvert le magnétisme terrestre (§ 122), qui le premier attira l'attention sur les phénomènes
électriques; et la manière dont il le fit lui donne pleinement le droit d'être
considéré comme le fondateur de cette science.

A l'ambre et au lynkurion, les deux seules substances reconnues électrisables
par les Anciens, il ajouta toute une série de corps possédant la même propriété :
des pierres précieuses de toutes sortes, comme le diamant, le saphir, l'amé-
thyste, l'opale, le béryl, le jais, le spath fluor, le verre, la fluorine, le soufre, la
colophane, le mastic (gomme du lentisque), la gomme laque, le sel gemme, etc.
Il fit remarquer en outre, ce dont ne parlent pas les Anciens, que le frottement
est nécessaire pour électriser ces corps. Mais, en même temps, il montre que tous
les corps ne s'électrisent pas par le frottement, entre autres les métaux. Il dit aussi
que les métaux sont soumis à l'attraction électrique, quand on les fait osciller à
la manière d'une aiguille de boussole sur une pointe, et qu'on en approche un
corps électrisé ; mais que les corps en ignition et la flamme ne sont point attirés.

Il observa aussi que les phénomènes électriques dépendent beaucoup de l'état
hygrométrique de l'air, qu'ils se produisent mieux dans un air sec, par les vents
du Nord et de l'Est, que par les vents humides du Sud et de l'Ouest. Il est à
remarquer que s'il connaît l'attraction électrique, il ne se doute nullement de
la répulsion électrique, et il va même jusqu'à établir une différence entre le
magnétisme et l'électricité, basée sur ce que dans le magnétisme il y a répulsion,
et non dans l'électricité.

On voit par là que *Gilbert* n'avait aucune connaissance de la dualité dé l'électricité, ce qui nous est encore confirmé par ce fait, que, parmi les corps électri-

sables qu'il cite se trouvent des substances positives comme le verre, aussi bien que négatives comme le soufre, et qu'il n'établit entre elles aucune différence. Il distinguait au contraire très bien l'électricité du magnétisme, et il donnait comme signes distinctifs :

1° Que l'électricité ne se produit que par le frottement ;

2° Qu'elle est détruite par l'humidité ;

3° Qu'un corps électrisé attire un grand nombre de corps, tandis que l'aimant n'attire que l'acier et le fer ;

4° Que, dans l'attraction électrique, l'un des corps seulement se meut : dans l'attraction magnétique les deux corps se meuvent !

Gilbert publia ses recherches dans l'ouvrage que nous avons déjà cité (§ 122) : *De magnete, magneticisque corporibus et de magno magnete tellure*, London, 1600.

Dans cet ouvrage il employa le mot *électrique*, qui est admis depuis lors dans la science. On y lit en effet (livre II, chap. II, p. 54. Edit. Sedini 1628) : *Vim illam electricam nobis placet appellare quæ ab humore provenit*. Cet ouvrage ne doit pas être considéré seulement comme le point de départ des théories électriques, à cause des découvertes qui y sont exposées, mais aussi comme l'origine des travaux des physiciens postérieurs, qui tout d'abord n'y ajoutèrent que peu de chose.

Un des premiers qui s'occupa d'électricité, après *Gilbert* et à son instigation, fut le jésuite *Nicolo Cabeo* (1585-1650). Dans sa *Philosophia magnetica* 1669 (§ 128), où il traite principalement du magnétisme, il examine aussi la question d'électricité, et à la série des corps électrisables établie par *Gilbert*, en ajoute quelques autres, la cire blanche par exemple et le gypse brut.

Après lui, les physiciens de Florence firent quelques expériences sur l'électricité. Ils trouvèrent, par exemple, que les corps électrisables par le frottement ne s'électrisent pas quand le corps frottant possède une surface lisse. Ils firent aussi cette remarque digne d'être signalée, que les propriétés électriques de l'ambre frotté disparaissent quand on l'approche d'une flamme (§ 177, IX). Mais eux aussi, dans toutes leurs recherches, ne parlent que de l'attraction électrique.

Les autres physiciens qui, au XVIe siècle et dans la première moitié du XVIIe, se sont occupés d'électricité, tels que *Fracastoro, Cardan, Gassendi* et *Descartes*, ne firent aucune recherche expérimentale, et se contentèrent de faire des hypothèses sur la nature et l'origine de l'électricité.

Naturellement ces hypothèses, auxquelles on était plus porté alors que de nos jours, répondaient à l'état des connaissances en électricité, aussi les passerons-nous sous silence.

333. — Le premier, qui après *Gilbert*, contribua à étendre d'une manière importante la connaissance de cet agent est notre compatriote *Otto de Guericke*. J'ai déjà décrit (§ 191) la disposition qu'il employa pour augmenter les effets électriques, et dans laquelle nous avons pu reconnaître le premier pas vers l'invention de la machine électrique. Au moyen de cet appareil, *Guericke* observa la répulsion électrique, à laquelle personne avant lui n'avait fait attention. Il remarqua aussi la faible lueur phosphorescente qui se laissait voir dans

l'obscurité (non pas l'étincelle électrique proprement dite), et le craquement caractéristique qui se produisait pendant l'électrisation de son globe de soufre. Il vit aussi qu'un léger duvet repoussé par le globe lui présentait toujours le même côté, et que des fils, dans le voisinage du globe électrisé, étaient mis en mouvement par l'approche de son doigt[1]. Ces phénomènes ne furent expliqués que plus tard.

Vers la même époque, en 1678, *Picard* fit aussi connaître les lueurs électriques qui se produisent dans un baromètre dont toutes les parties n'ont pas été portées à l'ébullition, mais on ne se doutait pas encore que ces lueurs fussent dues à l'électricité (§ 220).

Robert Boyle s'occupa ensuite de ces phénomènes. Il répéta la plupart des expériences de *Gilbert*, mais il remarqua aussi que l'attraction se produit dans le vide de la machine pneumatique. Il vit en outre que divers diamants n'acquéraient pas seulement, par le frottement, la propriété d'attirer les autres corps, mais qu'en même temps ils devenaient lumineux dans l'obscurité. Il constata enfin que l'électrisation est d'autant plus forte et plus durable que la surface frottée était plus propre, plus chaude et plus polie[2].

Ces expériences furent bientôt suivies de celles du docteur *Wall*, compatriote de *Boyle*, qui les fit connaître en 1698, dans les *Philosoph. Transactions*. *Wall* parvint à électriser un gros morceau d'ambre, frotté simplement avec une étoffe de laine, de telle sorte que, non seulement il donnait une lueur assez forte, mais encore faisait entendre un craquement très distinct, dès qu'on en approchait le doigt. Ce bruit était accompagné d'une lumière qui produisait sur le doigt une sensation très vive, en même temps qu'une sorte de souffle. C'est la première mention de la décharge électrique et de l'un de ses effets physiques.

L'expression par laquelle le *Docteur Wall* termine son mémoire mérité d'être citée: « Cette lumière et ce bruit, dit-il, paraissent en quelque sorte représenter l'éclair et le tonnerre. »

Newton s'occupa aussi une fois en passant d'électricité. En 1675, il soumit à la Royal Society, l'expérience déjà décrite au § 283, et fit mention, pour la première fois, de l'électrisation d'un plateau de verre. Il conseillait de poursuivre les recherches dans cette voie; mais on ne tint nul compte, paraît-il, de ses recommandations.

334. — Enfin *Hawksbee*, cet homme de talent dont j'ai déjà eu l'occasion de parler, reprit l'étude délaissée de l'électricité. Il publia dans les *Phil. Transact.* de 1705 une série de recherches qui comptent parmi les meilleures faites depuis *Gilbert* : il les réunit plus tard dans son ouvrage *Physico-mechanical experiments*, London, 1709.

Le point de départ de ces recherches fut l'étude du phosphore mercuriel, nom qu'on donnait alors aux lueurs observées dans le baromètre (§ 220). Il imagina quelques dispositions pour rendre ces lueurs bien nettement visibles; il mettait, par exemple, du mercure dans des vases de verre, y faisait le vide à l'aide d'une pompe à air, et agitait ensuite le mercure en tous sens, ce qui pro-

---

1. Fischer, *Gesch. d. Phys.*, II, 237.
2. Fischer, *Gesch. d. Phys.*, II, 239-240.

duisait l'effet désiré [1]. Il en vint à penser que cette lumière pouvait bien être due au frottement du mercure sur le verre, et qu'elle pourrait bien avoir une origine électrique. Pour s'en assurer, il fixa un ballon de verre sur un axe et le fit tourner à l'aide d'une corde et d'une roue, en le frottant avec les mains : ce ballon s'électrisait très fortement. Lorsqu'il eut fait le vide dans le ballon, il vit apparaître à l'intérieur une lueur brillante et en approchant le doigt à une distance d'un pouce il fit jaillir une étincelle. Ce fut la première étincelle électrique, et en même temps, la première preuve de la grande capacité électrique du verre frotté.

Hawksbee remplaça ensuite le ballon de verre par des boules de cire à cacheter, de soufre et de résine mélangées avec de la poudre de briques ; mais ces substances lui donnèrent des effets moins intenses. Chose étonnante pour un observateur aussi habile, il ne fit pas de distinction entre l'électricité du verre et celle des trois autres substances. Il trouva que l'électricité du verre était de même nature que celle de la cire à cacheter, et n'en différait que par l'intensité ! Dans le cours de ses recherches, il remarqua que la pression pendant le frottement n'augmentait pas la production de l'électricité, et qu'au contraire une pression modérée donnait les meilleurs résultats.

Comme on doit le penser, les expériences de *Hawksbee* firent grande sensation parmi ses contemporains. On ne songea cependant pas d'abord à les poursuivre, et on abandonna notamment la machine à globe de verre, qui aurait pu si facilement conduire à la construction de la machine électrique [2].

On se contentait, pour obtenir de l'électricité, de frotter des tubes de verre tenus à la main. Ces expériences ne furent reprises par les autres physiciens que dans le seul but d'étudier les lueurs phosphorescentes. Telles sont les dispositions décrites par *Christian v. Wolf*, dans ses *Experimenta physica oder allerhand nützliche Versuche*, Halle 1721-1723 ; celles du Français *Polynier*, et en particulier une série de recherches de *Jean Bernoulli* et de *Jacques Cassini* décrites dans les *Mém. de Paris* de 1707. Les faits les plus remarquables qu'on y puisse relever sont la mention de la lumière que présentent les chats, et la production de lumière lorsqu'on frotte de l'amalgame d'argent sur le verre.

Hawksbee mourut vers 1713. On ne sait rien de particulier sur sa vie, si ce n'est qu'il fut *curator of experiments* de la Société royale. Ses expériences forment une page à part dans l'histoire de l'électricité, car pendant près de vingt années après lui on ne fit rien pour développer cette science.

Si l'on jette un coup d'œil sur les progrès accomplis depuis la mort de *Gilbert*, c'est-à-dire pendant plus d'un siècle, on voit qu'ils se réduisent à peu de chose. On a appris à connaître la répulsion électrique ; on a vu la lumière électrique sous l'apparence d'une lueur diffuse ou d'une étincelle compacte ; on a entendu le bruit qui l'accompagne, et on a senti l'effet mécanique qu'elle produit ; mais tout cela à un très faible degré, vu que les moyens employés pour augmenter les effets étaient complètement insuffisants. On ne connaissait alors d'autre source d'électricité que le frottement, et on ne savait rien de la différence que

<hr>

1. Fischer, *Gesch. d. Phys.*, III, 445.
2. Fischer, *ibid.*, V, 434 et suiv.

présentent les corps, ou comme producteurs, ou comme conducteurs de l'électricité.

335. — Les choses en restèrent là jusqu'en l'année 1729, où *Stephen Gray*
membre de la Royal Society entreprit une série de recherches qui devaient le
conduire à l'importante découverte de la transmission de l'électricité. Au fond,
on avait déjà observé la communication de l'électricité dans la répulsion, de
même que la distribution des électricités dans l'attraction, mais sans s'en
douter. *St. Gray* est le premier qui ait découvert le phénomène d'une manière
consciente; voici dans quelles circonstances :

Gray avait fermé, par deux bouchons, un tube de verre de 3 pieds 1/2 de long
et d'un pouce de diamètre, afin de voir si le tube frotté se comporterait d'une
manière différente, selon qu'il serait ouvert ou fermé : il ne trouva pas de différence sensible. Pendant qu'il expérimentait, un brin de duvet, qui se trouvait
maintenu sur la partie supérieure du tube, vola vers le bouchon et fut par lui
alternativement attiré et repoussé, comme il l'aurait été par le tube lui-même.
Le bouchon avait donc reçu du tube une force attractive ou de l'électricité.
Gray enfonça alors dans le bouchon une tige de bois de quatre pouces de long,
portant, à son extrémité supérieure, une boule d'ivoire qui se montra aussi
électrisée et même beaucoup plus fortement que ne l'était le bouchon de liège
auparavant. Lorsque la tige de bois était remplacée par un fil de cuivre ou de
fer, les mêmes effets se produisaient, mais *Gray* remarqua que la plume n'était
pas aussi fortement attirée par le fil que par la petite boule placée à l'extrémité [1].

Lorsqu'il voulut donner au fil une plus grande longueur, celui-ci oscillait de
tous côtés pendant qu'on frottait le tube. *Gray* eut alors l'idée de remplacer le
fil métallique par une ficelle attachée d'un côté à l'extrémité du tube, de l'autre
à la bille d'ivoire. Celle-ci se comportant encore de la même façon, on la fit
descendre dans une cour du haut d'un balcon de 26 pieds d'élévation : ainsi
suspendue à l'extrémité de la ficelle, elle put encore attirer des corps légers.

Dans les essais qu'il fit, pour conduire l'électricité à des distances plus considérables, *Gray* ne pouvant disposer de hauteurs suffisantes, chercha à étendre
sa corde horizontalement, ce qui l'amena à une autre découverte. Sa corde était
fixée au tube de verre par l'une de ses extrémités; l'autre bout, portant la bille
d'ivoire, passait dans la boucle d'un fil de chanvre attaché à une poutre, à l'aide
d'un clou, et tombait ensuite verticalement. Mais la bille ne s'électrisait plus
lorsqu'on frottait le tube de verre, et *Gray* pensa que le fil suspendu au clou,
formant la boucle, laissait écouler toute l'électricité (ou du moins la plus grande
partie) qui arrivait jusque-là. Mais il ne sut comment empêcher cette déperdition.

En juin 1729, *Gray* causant de cette expérience avec *Granville Wheler*,
ecclésiastique et membre de la Société royale, celui-ci lui dit qu'il ferait peut-
être mieux de suspendre sa corde à un fil de soie, plutôt qu'à une ficelle de
chanvre, parce que la soie étant plus fine conduirait probablement moins l'électricité. Ils résolurent de reprendre l'expérience en la modifiant ainsi, et l'éta-

1. L. Figuier, *Découvertes scientifiques*, t. IV, chap. II, 1857. (Tr.)

blirent en effet, le 2 juillet 1729, dans une longue galerie de la maison de *Wheler*.

La corde attachée au tube de verre avait 80 pieds de long, et reposait sur des fils de soie tendus transversalement; l'extrémité portant la bille d'ivoire tombait sur une longueur d'environ 9 pieds. L'expérience réussit cette fois : la boule se montra fortement électrisée, même lorsqu'on eut replié la corde sur elle-même, en lui donnant une longueur de 147, et même de 765 pieds. Dans l'une de ces expériences, quelques fils de soie transversaux s'étant rompus, on les remplaça par un fil de laiton plus solide; mais, dans ce cas, la boule ne reçut plus d'électricité, bien que les fils métalliques fussent aussi fins que les fils de soie.

C'est ainsi que fut établie la distinction entre les corps conducteurs et les corps non conducteurs, bien que *Gray* et *Wheler* n'aient sans doute pas songé à généraliser la découverte qu'ils venaient de faire. Cependant, en poursuivant leurs recherches, ils arrivèrent à découvrir plusieurs substances qui ne conduisaient pas l'électricité, tels que les cheveux, la résine, le verre, et ils s'en servirent pour faire quelques expériences instructives. En voici une qui produisit une vive sensation, comme on peut le croire : *Gray* suspendit un enfant dans une position horizontale, sur des cordons de crin ; en le touchant par les pieds, au moyen du tube de verre frotté, il l'électrisa si fortement que des petites feuilles de clinquant placées près de sa tête étaient souvent attirées à une distance de 8 à 10 pouces. *Gray* modifia l'expérience, avec un égal succès, en plaçant l'enfant sur un gâteau de résine. Le premier tabouret-isolant date donc de 1732. Il électrisa aussi un enfant par l'intermédiaire d'un autre : tous deux étaient isolés et reliés par une ficelle.

Gray électrisa aussi de l'eau, en la plaçant dans une écuelle de bois, ou dans une coupe posée sur un gâteau de résine ou sur un disque de verre. Si l'on tenait au-dessus de cette eau un petit bout de fil ou de papier mince, etc., à une distance d'un pouce environ, ces substances étaient attirées à la surface de l'eau et ensuite repoussées. Lorsqu'on avait rempli la coupe à pleins bords, en tenant à un pouce au-dessus d'elle un tube électrisé, il se formait au-dessous du tube un petit monticule d'eau, du sommet duquel on voyait, dans l'obscurité, jaillir de la lumière, en même temps qu'on entendait de petits crépitements. Lorsqu'on touchait le tube avec le doigt, le monticule retombait dans l'eau, selon l'expression dont il se sert.

Parmi les autres découvertes de *Gray*, citons encore celle-ci : pour communiquer de l'électricité à un corps, il n'est pas nécessaire de toucher la corde de communication avec le tube de verre frotté, il suffit de l'approcher assez près, pendant un certain temps. Il observa aussi que l'attraction électrique se propage à travers le vide, et que les effets électriques ne sont pas détruits par un aimant. Il faut aussi signaler, d'une manière toute particulière, l'observation qu'il fit sur l'électrisation des corps. Elle ne dépend pas de la masse, mais simplement de la surface, vu qu'un cube de chêne creux s'électrise de la même façon qu'un cube massif d'égale grandeur.

Gray poursuivit ses expériences jusqu'à sa mort, survenue à Londres, en 1736. Nous ne connaissons ni la date ni le lieu de sa naissance, et nous ne savons que

peu de choses sur sa vie. Il ne peut être mort tout jeune, car nous trouvons déjà
en 1696, par conséquent 40 ans avant sa mort, un mémoire de lui dans les
Phil. Transactions. Dans ce mémoire il montre beaucoup d'esprit d'observation,
en décrivant les recherches qu'il fit avec une goutte d'eau en guise de microscope simple.

Il ne faut pas confondre *Stephen Gray* avec *Edward Whitaker Gray*, qui a
aussi écrit sur l'électricité. Ce dernier était médecin, conservateur des collec-
tions du *British Museum*, et membre secrétaire de la Royal Society.

Né à Londres en 1748, il mourut dans cette même ville, en 1806.

336. — Les expériences de *Gray* attirèrent de nouveau l'attention générale sur
l'électricité. En France, où jusqu'alors cette étude avait été beaucoup négligée, un
observateur distingué s'appliqua à cette branche de la physique. C'était *Charles
François de Cisternay du Fay*, ordinairement connu sous le nom de *Dufay*,
né en 1698 à Paris, et fils d'un lieutenant des gardes. Le jeune *Dufay* entra de
bonne heure au service militaire : à 14 ans il prit part, comme lieutenant, à plusieurs combats dans la guerre de la succession d'Espagne, et parvint plus tard
au grade de capitaine. La paix ayant été conclue, le peu de chances d'avancement qu'il entrevoyait, et surtout sa santé délicate le décidèrent à renoncer à
la carrière des armes, pour se vouer aux sciences.

Il s'adonna d'abord à l'étude de la chimie que son grand'père avait déjà cultivée : quelques travaux heureux (dont le premier parut en 1723), se rapportant aux lueurs barométriques lui valurent d'être choisi comme membre de
l'Académie. Il s'appliqua alors avec ardeur à la physique, et notamment à
l'étude du magnétisme ; bientôt, stimulé par les découvertes de *Gray*, il s'adonna
à l'étude de l'électricité. La place d'intendant du Jardin botanique, qu'il
obtint en 1732, l'obligea à s'occuper de cette science, qu'il connaissait peu, mais
ne le détourna point de ses travaux en physique.

Il a enrichi les Mémoires de l'Académie des sciences d'un grand nombre
d'articles estimables, parmi lesquels ceux qui se rapportent à l'électricité lui
assurent un nom honorable comme physicien. Son dernier travail est une étude
sur les cristaux biréfringents. Il mourut en 1739 de la petite vérole : il n'avait
pas encore 41 ans. Dans une lettre adressée au ministre Maurepas, quelque
temps avant sa mort, il désignait *Buffon* pour le remplacer.

Dufay commença ses recherches sur l'électricité en 1733, et s'occupa d'abord
du pouvoir conducteur. Après avoir essayé un grand nombre de substances, il
trouva que tous les corps s'électrisent par le frottement, surtout lorsqu'ils sont
chauffés, à l'exception des métaux, des corps mous et des fluides. Il explique
d'où vient cette différence : il montre que ce sont les corps non conducteurs ou
mauvais conducteurs qui s'électrisent par le frottement, et qu'au contraire les
corps conducteurs, précisément à cause de cette propriété, ne peuvent ni s'électriser ni conserver leur électricité.

Parmi les faits qu'il observa, trois méritent une attention spéciale :

1° Pour reconnaître si les différents corps prennent des quantités d'électricité
très différentes, il suspendit des fils de soie, de coton, de laine et de lin à une
tige de fer reposant sur des cordons de soie, et il trouva qu'en approchant un
tube de verre électrisé de la tige de fer, les fils se séparaient, ceux de lin le plus,

ceux de coton ensuite et ceux de laine le moins [1]. Dans cette expérience se trouve en germe la découverte de l'électromètre, réalisée plus tard.

2° Il trouva qu'une corde mouillée pouvait conduire l'électricité à 1256 pieds de distance.

3° Il constata qu'on pouvait tirer des étincelles d'un corps vivant. A l'exemple de *Gray*, il plaça un enfant sur des cordons de soie et l'électrisa, mais les circonstances lui furent sans doute beaucoup plus favorables, car il constata, ce que le physicien anglais n'avait pas remarqué, qu'en approchant le doigt à un pouce de distance du corps de l'enfant, on en tirait une étincelle qui était accompagnée d'un petit bruit et produisait à la fois un picotement et la sensation d'une brûlure.

L'abbé *Nollet,* qui devint plus tard un ardent électricien, assistait à cette expérience ; il fut frappé d'étonnement à la vue d'une étincelle tirée d'un être vivant. *Dufay* se proposa alors de reproduire, dans de meilleures conditions, le phénomène déjà observé sur les chats (§ 334). Il plaça un de ces animaux sur un coussin de soie et le frotta à rebrousse-poil : en approchant un doigt du chat, il en tirait des étincelles qui causaient évidemment de la douleur à l'animal. Les expériences de *Dufay* amenèrent *Gray* à reprendre les siennes, en les modifiant. Il suspendit des tiges de bois et de métal à des cordons de soie et les électrisa. Il trouva qu'elles donnaient aussi une étincelle avec la sensation d'une piqûre, comme celles qu'on tirait du corps humain, et, à partir de ce moment, on employa des conducteurs métalliques.

Dufay a tiré de ses recherches deux principes qui ont essentiellement contribué à expliquer et à coordonner des phénomènes aussi variés. Il établit :

1° Que les corps électrisés *attirent* tous ceux qui ne le sont pas, et quand ils leur ont communiqué leur électricité, ils les *repoussent* ensuite.

Quant au deuxième principe, qui n'est qu'une rectification et un développement du premier, *Dufay* y arriva par hasard. Ayant approché d'une feuille d'or un tube de verre électrisé, il la maintint flottante dans l'air. Il approcha alors également de la feuille d'or un morceau de copal frotté, s'attendant à ce que, conformément au principe énoncé, la feuille d'or fût repoussée ; mais elle fut au contraire attirée et fortement attachée au copal. *Dufay* déduisit de ce phénomène cette conclusion qui fait époque dans l'histoire de l'électricité :

2° Il y a deux électricités opposées qu'il nomme, l'une « électricité vitrée », l'autre « électricité résineuse ».

Ce principe date de 1733, et, depuis lors, il s'est maintenu dans la science, bien qu'il n'ait été accueilli tout d'abord qu'avec une grande circonspection et qu'il ait été depuis bien souvent attaqué. Les expériences de *Dufay* furent suivies, de 1739 à 1742, par celles de *Desaguliers*, membre de la Société Royale de Londres : mais celles-ci n'ont pas beaucoup contribué à étendre nos connaissances en électricité. La manière dont il montrait l'attraction de l'eau est toutefois fort intéressante. Au-dessus du jet s'échappant d'une fontaine en cuivre, il plaçait un tube de verre électrisé : le jet se courbait vers le tube, et parfois assez fortement pour que la colonne d'eau retombât en dehors du récipient placé

---

1. Fischer, *Gesch. d. Phys.*, V, 452.

au-dessus[1]. *Desaguliers* fut le premier qui employa les mots de corps conducteurs (conductores) et de corps non conducteurs ou corps électriques (corpora electrica per se) : par cette dernière expression il désignait tous ceux qui s'électrisaient par le frottement. C'est lui aussi qui émit le premier l'opinion que l'air pur et sec fait partie des corps électriques.

Jean Théophile Desaguliers, bien que vivant en Angleterre, était Français de naissance ; il était fils d'un pasteur protestant qui quitta la France à la révocation de l'édit de Nantes et vint s'établir en Grande-Bretagne, où il exerça son ministère. Son fils, né à la Rochelle en 1683, étudia la théologie, et fut plus tard chapelain du prince de Galles. Il acquit une grande réputation par ses cours sur la physique, ce qui le fit appeler à Amsterdam et à La Haye. La Société Royale, dont il était l'un des membres les plus actifs, le fit revenir en lui offrant une pension annuelle de 300 livres sterling. Il mourut à Londres, en 1744. Il a enrichi les *Philosoph. Transactions* de 56 mémoires ; de plus, il a publié ses cours, sous le titre : *A Course of experimental philosophy*, 2 volumes 4°, London 1734. Ses recherches portent sur la machine à force centrifuge, la force musculaire de l'homme, le bathomètre, le pyromètre, l'hygromètre, le ventilateur, la rouille, la résistance de l'air, etc.

MACHINE ÉLECTRIQUE.

337. — Toutes les découvertes faites jusqu'alors en électricité ont été accomplies à l'aide de l'instrument le plus simple et le plus primitif, à l'aide d'un tube de verre frotté à la main. On n'avait pas songé à développer l'idée donnée par *Otto de Guericke* et par *Hawksbee* (§ 191, 334). Le premier qui reprit cette idée est *Christian August Hausen* (1693-1743), professeur de mathématiques et de physique à Leipzig. Mais l'exemple de *Hawksbee* n'y fut pour rien. Ce fut un de ses disciples, *Litzendorf*, qui lui proposa de remplacer le frottement discontinu du tube de verre par celui d'un globe de même substance mis en mouvement à l'aide d'une roue. *Hausen* accepta cette proposition et construisit un appareil dont il donne la description dans son *Novi perfectus in historia electricitatis*, Lips., 1743.

Georges Mathias Bose apporta un perfectionnement important à cette machine en y ajoutant, pour la première fois, un conducteur. Ce conducteur consistait en un tube de fer-blanc ouvert, soutenu d'abord par une personne placée sur un baril de brai, et plus tard porté par des fils de soie. Il conserva le globe de verre et la main employée comme frotteur.

Au moyen de cette machine, *Bose* observa que la personne qui frottait la boule était tout aussi électrisée que le premier conducteur, et il profita de cette circonstance pour faire une expérience qu'il nommait la *béatification*. Lorsqu'on se servait de gros globes de verre, et que la personne électrisée se tenait sur un grand baril de brai, des flammes jaillissaient peu à peu de son corps, en com-

---

1. Fischer, *Gesch. d. Phys.*, V, 474.

mençant par les pieds, et en remontant jusqu'à la tête, autour de laquelle elles formaient une sorte d'auréole. D'autres physiciens n'ayant pu reproduire l'expérience, d'après cette description, *Bose* avoua : « qu'il s'était servi, dans ce but, d'une sorte de harnois garni d'ornements d'acier[1] ».

Bose réussit le premier à enflammer de la poudre, à l'aide de l'étincelle, ce que *Dufay* avait en vain essayé de faire. Il montra aussi que les corps ne changeaient pas de poids par l'électrisation.

Cet homme de mérite était né, en 1710 à Leipzig, et depuis 1743 s'était occupé très activement d'électricité. Pendant la guerre de sept ans, il perdit tout ce qu'il possédait, par suite du bombardement de Wittemberg, et fut emmené prisonnier par les Prussiens dans la forteresse de Magdebourg, 1760; Il y mourut en 1761.

A partir de ce moment la machine électrique devint à la mode, et on fit de nombreuses tentatives pour la perfectionner. *Andreas Gordon* (1712-1751), d'origine écossaise, moine bénédictin et professeur de philosophie dans le couvent de son ordre, à Erfurt, remplaça la boule de verre par un cylindre de verre de 8 pouces de long et de 4 pouces de diamètre, qu'il faisait tourner, non pas au moyen d'une roue, mais à l'aide d'une corde tendue par un arc qui lui communiquait un mouvement de va-et-vient. *Gordon* est aussi l'inventeur de la fontaine électrique, du tourniquet électrique et du carillon électrique.

La machine de *Gordon* fut d'abord modifiée par *Winkler* de Leipzig, qui mit la corde en mouvement, à l'aide du pied, comme dans l'établi des tourneurs. Mais celui-ci revint bientôt à la disposition de *Hausen*, en mettant toutefois quatre globes sur un axe, ce qui nécessitait l'intervention de deux personnes pour frotter les globes. Un tourneur de Leipzig, nommé *Giessing*, apporta un perfectionnement bien important à cette machine, en inventant les coussinets qui supprimaient le frottement à la main ; cette modification fut faite toutefois sous la direction de *Winkler*. Le coussinet consistait en un coussin de laine pressé contre le globe ou le cylindre de verre, d'abord par une vis, ensuite par un ressort métallique.

338. — Grâce à ces dispositions, la machine électrique se trouvait pour ainsi dire complète : elle avait des frotteurs et un conducteur, mais la construction en était encore fort grossière, comme on peut s'en assurer par les dessins des deux opuscules dans lesquels *Winkler* décrit sa machine. Ces opuscules ont pour titres : *Gedanken von den Eigenschaften, Wirkungen und Ursachen der Elektricität, nebst Beschreibung zweier elektrischer Maschinen*, Leipzig, 1744 ; et *Eigenschaften der elektrischen Materie nebst etlichen neuen Maschinen, zum elektrisiren*, Leipzig, 1745. — *Johann Heinrich Winkler* naquit, en 1703, à Wingendorf dans la Lusace. Grâce à ces inventions il fit, en quelque sorte, époque dans l'histoire de l'électricité, bien qu'il ne se soit guère fait connaître comme observateur judicieux. Lorsqu'il commença à s'occuper d'électricité, il était professeur des langues grecque et latine à l'Université de Leipzig; plus tard, il occupa la chaire de physique dans la même ville, et mourut en 1770.

---

1. Fischer, *Gesch. d. Phys.*, V. 559.

En Allemagne, les machines électriques nouvellement inventées furent d'abord employées à enflammer des substances combustibles. Le premier essai de ce genre fut fait en 1744 par un membre de l'Académie de Berlin, *Christian Friedrich Ludolf*. Dans une séance publique de l'Académie, en présence de plus de cent personnes, il enflamma de l'éther sulfurique (*spiritus œthereus Frobenii*) au moyen d'une étincelle, qu'il tira d'une tige de fer électrisée. *Winkler* reproduisit la même expérience avec une étincelle tirée de son doigt, sur de l'esprit-de-vin à différents degrés, sur de la poix, de la cire fondue et de l'huile, — ces substances étant fortement chauffées.

David Gralath (1739-1809), professeur au gymnase de Dantzig, auteur de l'ouvrage estimé *Geschichte der Electricität*, 1756, parvint à rallumer, au moyen de l'étincelle électrique, une bougie que l'on venait d'éteindre. Enfin *Gordon* enflamma de l'esprit-de-vin avec un jet d'eau électrisée [1].

D'Allemagne, les machines électriques passèrent en France et en Angleterre, où elles subirent, surtout en Angleterre, de nombreuses modifications et améliorations. L'abbé *Nollet* décrit, dans son *Essai sur l'électricité des corps*, Paris 1747, une machine qui n'était au fond que la machine à globe de verre, et qui mérite seulement d'être remarquée parce que les coussinets électriques étaient de nouveau remplacés par la main. Le conducteur était suspendu à des cordons de soie : — cette machine s'est conservée en France jusqu'en 1770.

A Londres, *William Watson* fut amené, par un échange de lettres avec *Bose*, à faire tourner en même temps, au moyen d'une roue munie de cordes, quatre boules de verre superposées, qui frottaient contre quatre coussins. Cette première machine composée fut construite en Angleterre, principalement dans le but de reproduire la *béatification* de *Bose*, et se trouve décrite dans l'ouvrage de Watson, *Experiments and observations on electricity*, London, 1745.

Ces deux machines n'avaient, à vrai dire, rien de nouveau. Celle que construisit *Benjamin Wilson* vers 1746, présentait au contraire une disposition nouvelle que l'on a maintenue depuis lors. Le conducteur, qui du reste, était plus long et plus mince que celui d'aujourd'hui, fut pour la première fois pourvu d'un collecteur ou peigne à pointes métalliques pour prendre l'électricité, et la machine était une machine à cylindre.

Vers 1762, *John Canton* apporta au coussinet un perfectionnement important. Sans rien connaître, paraît-il, des expériences que fit *Jean Bernoulli* en 1707 (§ 334), l'idée lui vint de rechercher si le mercure, qui par le frottement ou par les secousses qu'on lui imprime, développe de l'électricité à l'intérieur du tube barométrique, posséderait à l'extérieur la même propriété. Il plongea donc des tubes de verre dans le mercure, et, en les retirant, les trouva électrisés. Il eut alors la pensée de recouvrir le coussinet en soie huilée de sa machine à boule ou à tube, d'un amalgame de mercure et d'étain mélangé d'un peu de craie. Il trouva l'effet de sa machine considérablement augmenté, et depuis lors on a appliqué à toutes les machines cette découverte utile. Le Dr *Noothe* apporta aussi un perfectionnement nouveau : il recouvrit, en 1773, le cylindre de verre frotté avec du taffetas ciré, pour que l'électricité produite ne se perdît pas.

---

1. Fischer *Gesch. d. Phys.*, V, 482, 483.

Une des premières machines à cylindre pourvues de tous les perfectionnements apportés jusque-là à l'appareil primitif, est celle que décrit *Tiberio Cavallo* dans : *A complete Treatise on electricity, with original experiments,* London, 1777 (traduit en allemand, 1783).

Dans cette machine, le conducteur possède sa forme actuelle, repose sur des pieds de verre, et est muni d'un peigne ; le coussinet est recouvert d'amalgame, et à la suite se trouve une enveloppe de taffetas ciré.

339. — Après les machines à tubes, à globes et à cylindre, vinrent les machines à plateau, presque exclusivement employées aujourd'hui. On attribue leur invention à différentes personnes. *Sigaud de la Fond*, médecin à Paris, plus tard professeur de physique et de chimie à Bourges (né en 1740 à Dijon, mort en 1810 à Bourges) dit dans son *Précis historique et expérimental des phénomènes électriques*, Paris 1781, qu'il se servait d'un plateau de cristal pour produire de l'électricité, dès l'année 1756. — Le constructeur anglais *Jesse Ramsden*, si célèbre par ses instruments d'optique et d'astronomie (1735-1800), construisit, en 1766, une machine à plateau, dont il s'attribuait l'invention. *Ingenhouss* (né à Breda en 1730, mort à Londres en 1799, médecin et membre de la Société Royale) affirme au contraire, mais dans des écrits postérieurs, que dès 1764, il avait commencé à se servir de disques, parce qu'il attendait de bons résultats du frottement du verre sur ses deux faces. — D'autre part, il est avéré que *Planta* (1727-1772) de Suse dans l'Engadine, qui devint directeur du séminaire de Haldenstein, se servit d'une machine à plateau, dès 1755, et plus tôt par conséquent que tous ceux que nous avons nommés. Il doit donc être considéré comme le premier inventeur de cet utile instrument.

Les machines à plateau reçurent bientôt de très grandes dimensions. Le duc *de Chaulnes* (1714-1769), pair de France et membre honoraire de l'Académie de Paris, bien connu par ses travaux sur l'optique, et particulièrement sur les appareils d'astronomie, fit faire une machine dans laquelle le plateau avait 5 pieds de diamètre et donnait des étincelles de 22 pouces. La plus célèbre de toutes les machines électriques, au siècle dernier, fut celle que le mécanicien anglais *Cuthbertson* fabriqua pour le musée Teyler, fondé à Harlem par un riche particulier *Teyler van der Hulst* (1702-1778). *Van Marum*, conservateur de ce musée a décrit cette machine en 1783, et l'a employée dans diverses expériences qui sont instructives surtout à cause de la puissance des effets obtenus. Cette machine consistait en deux disques de verre de 65 pouces anglais de diamètre, fixés à une distance de 7 pouces $\frac{1}{2}$ sur un axe de 33 pouces de long. Elle donnait des étincelles de 24 pouces et ses effets étaient très appréciables sur un électromètre placé à une distance de 40 pieds.

Cela nous entraînerait trop loin de parler des innombrables modifications apportées à cette machine, ainsi que des autres machines dans lesquelles le verre fut remplacé par d'autres substances électrisables, telles que des étoffes de soie et de laine, du cuir, de la toile, du papier, du bois sec, de la gomme-laque, etc. — On fit aussi de nombreux essais pour trouver le meilleur amalgame ; on a conservé comme tel celui que le *baron de Kienmayer* de *Vienne* indique dans le *Journal de physique* du mois d'août 1788, et qui se compose de

2 parties de mercure, 1 d'étain et 1 de zinc. *Van Marum* crut augmenter l'effet de cet amalgame en y ajoutant $\frac{1}{4}$ du poids d'or mussif[1].

Ce qui précède suffit à montrer quels progrès ont été faits au siècle dernier pour produire l'électricité par le frottement. On peut dire que, depuis cette époque, on n'a rien fait de remarquable dans ce sens, et que le développement de l'électricité par le frottement est encore une énigme pour nous.

BOUTEILLE DE LEYDE.

340. — Vers 1745, peu de temps après l'invention de la machine électrique, on fit par hasard, et presque au même moment, en Allemagne et en Hollande, une découverte qui excita le plus grand étonnement, et qu'on doit regarder comme une des plus importantes de celles qui ont été faites dans la première moitié du XVIIIe siècle. C'est la découverte du renforcement ou de la *condensation* de l'électricité par le procédé de l'*induction*. *Von Kleist*, doyen du chapitre de Kammin sur la Dievenow, en Poméranie, fit cette importante découverte, le 11 octobre 1745. Pour une raison inconnue, il avait placé un clou de fer dans un bocal, et, tenant ce bocal à la main, il avait approché le clou de sa machine électrique, qui consistait en un globe de verre électrisé par le frottement. Lorsqu'il voulut prendre le clou de l'autre main, il éprouva une forte secousse, et il crut que le corps humain était pour quelque chose dans ce phénomène. Il trouva aussi que l'effet était augmenté quand on versait de l'esprit-de-vin ou du mercure dans le bocal.

Von Kleist communiqua aussitôt cette observation, ainsi que plusieurs autres, à un certain nombre de personnes : — le 4 novembre au Dr *Lieberkühn* de Berlin, l'inventeur du microscope solaire, qui en fit immédiatement part à l'Académie de *Berlin* : — le 28 novembre, au pasteur *Swietlicki* (Schwidlitzky), de Dantzig, qui la fit immédiatement connaître à la Société des sciences naturelles de cette ville : — et enfin, peu de temps après, à *Johann Gottlob Krüger*, professeur de médecine à Halle, qui publia cette découverte dans un appendice à son ouvrage *Geschichte der Erde*, Halle, 1746.

Pendant ce temps, la même découverte était faite en Hollande, sous les auspices de *Pieter van Musshenbroeck*. Celui-ci, qui fut successivement professeur de mathématiques et de physique à Duisbourg, à Utrecht et à Leyde, était né en 1692 dans cette dernière ville, où il mourut en 1761. Il s'acquit une grande renommée, plutôt par ses leçons et par ses livres clairement écrits, que par de brillantes découvertes, bien qu'il ait cultivé presque toutes les parties de la physique.

Musshenbroeck ayant remarqué que presque tous les corps électrisés perdent bientôt leur électricité à l'air libre, s'était demandé s'ils ne la conserveraient pas mieux dans un vase qui ne conduirait pas l'électricité. Il crut, par exemple, que l'eau s'électriserait beaucoup mieux si on la mettait dans une bouteille de verre.

---

1. Fischer, *Gesch. d. Phys.*, VIII, 483, 486.

Il en fit l'expérience, mais le résultat attendu ne se réalisa pas ; l'eau ne s'électrisa pas plus que dans une écuelle plate.

Un amateur de Leyde nommé *Cunaeus*, qui assistait à l'expérience de *Musschenbroeck*, la répéta avec cette modification inconsciente, qu'il tenait à la main la bouteille dans laquelle plongeait un fil de métal aboutissant au conducteur. Lorsqu'il prit le fil métallique, avec l'autre main, après avoir éloigné la bouteille du conducteur, il reçut dans les bras et dans la poitrine une secousse violente qui lui causa un grand saisissement.

Musschenbroeck répéta l'expérience avec un égal succès, et la communiqua, au commencement de l'année 1746, au célèbre *Réaumur* à Paris. Il lui disait qu'il avait fait une expérience terrible, qu'il ne recommencerait certainement pas pour la couronne de France ! Par cette lettre l'abbé *Nollet* eut connaissance de la nouvelle découverte, et ce fut lui qui fit adopter les noms d'*expérience de Leyde, de bouteille de Leyde*, qu'on emploie même chez nous, bien que nous ayons toute raison d'immortaliser notre compatriote ou plutôt notre patrie par les noms de bouteille de *Kleist*, bouteille de *Kammin*.

341. — Comme on doit bien le penser, les propriétés merveilleuses de la bouteille électrique excitèrent au plus haut degré l'attention des physiciens, et donnèrent à l'étude de l'électricité une direction toute nouvelle. *Winkler* à Leipzig, et *Gralath* à Dantzig, furent chez nous les premiers qui répétèrent l'expérience de *Musschenbroek*, en la développant. *Winkler* donne une relation curieuse des effets que la secousse de la machine électrique produisit sur lui, et qui font croire qu'il reçut une décharge un peu forte. Il éprouva, dit-il, de si fortes convulsions, qu'il craignit une fièvre chaude, et qu'il dut avoir recours à des remèdes rafraîchissants ; pendant quelque temps il se sentait comme une pierre sur la tète, et plusieurs jours après, il eut des saignements de nez répétés, sans qu'il y fût prédisposé par tempérament. Il ressentit aussi, dans les articulations des mains et des bras, des douleurs persistantes qui l'empêchèrent d'écrire pendant huit jours. Sa femme, qui n'avait reçu que deux secousses, pouvait à peine marcher, et une semaine plus tard, une seule secousse lui occasionna un saignement de nez.

Cela l'amena à imaginer une disposition qui lui permît d'observer l'étincelle, sans exposer ni lui ni les autres aux effets de la décharge électrique. Il plaça donc la bouteille sur un plateau d'étain, enroula autour une chaîne de fer qui aboutissait à un bouton métallique placé assez près du conducteur pour que l'étincelle pût jaillir entre ce dernier et le bouton. *Winkler* remarqua que le contact immédiat du vase de verre n'était pas nécessaire, et qu'il suffisait de toucher le plateau métallique sur lequel la bouteille reposait, ou de l'eau versée dans ce plateau. Il voulut voir si l'expérience réussirait en grand. Le 28 juillet 1746, il suspendit dans la Pleysse[1] trois grandes bouteilles remplies d'eau, dans chacune desquelles plongeait un fil de laiton. Les trois fils étaient tressés ensemble et reliés métalliquement au conducteur d'une machine placée dans une chambre. Autour des trois bouteilles s'enroulait une chaîne de fer en communication avec une sphère creuse en cuivre, qui se trouvait tout près et au-dessous du conducteur : cette sphère remplaçait le bouton de métal dont il a été parlé ci-dessus.

1. La Pleysse est une petite rivière de Leipzig. (Tr.)

Lorsqu'on faisait tourner la machine, les étincelles jaillissaient avec tant d'éclat qu'on pouvait les voir en plein soleil et en entendre le bruit à une distance de 200 pas[1].

Les expériences qui précèdent amenèrent *Winkler* à construire une *batterie électrique*, et à recouvrir extérieurement les bouteilles, mais encore d'une manière imparfaite, d'une enveloppe métallique. Du reste, il ne se représentait nullement en quoi consistait le chargement de la bouteille et le renforcement de l'électricité, ainsi que cela résulte du titre même de son ouvrage : *Die Stärke der elektrischen Kraft des Wassers in gläsernen Gefässen (Force de la vertu électrique de l'eau dans les vases de verre)*, Leipzig, 1746. On voit par là qu'il croyait que l'électricité s'accumulait simplement dans l'eau ou dans tel liquide pouvant la remplacer, comme le vinaigre, le vin, l'eau salée, etc.

Gralath prit, au lieu de bocaux, de grands ballons de verre, dans lesquels il versa de l'eau, et au lieu d'un clou y enfonça un fil métallique terminé en haut par une boule de plomb. Avec cet appareil, le 20 avril 1746, en présence de la Société des sciences naturelles de Dantzig, il fit passer la décharge à travers vingt personnes qui se tenaient par la main. Il interposa également, entre chaque personne, des fils et des tiges de fer et obtint le même résultat, seulement les personnes qui ne touchaient les fils qu'à l'aide d'une main, celles qui n'étaient pas dans le circuit par conséquent, n'éprouvaient pas de secousses.

Gralath imagina aussi de disposer les bouteilles en batterie, mais il ne les recouvrait pas d'une enveloppe conductrice, ce qui le conduisit à la découverte de la charge résiduelle. Il remarqua, en effet, que les bouteilles ne perdaient pas leur force par une seule décharge, et qu'on pouvait en tirer successivement plusieurs étincelles, mais de plus en plus faibles. Si on laissait la bouteille en repos pendant quelque temps, les décharges redevenaient plus fortes et se produisaient même parfois lorsque toute l'électricité semblait avoir été dépensée. C'est, comme on l'a reconnu plus tard, l'effet des charges résiduelles qui se manifeste surtout dans les bouteilles qui n'ont pas d'armatures.

342. — En France, les premières expériences avec la bouteille électrique furent faites par l'abbé *Nollet*. Il exécuta, sur une plus grande échelle, l'expérience de *Gralath*. En présence du roi, il fit passer la décharge à travers une chaîne de 180 personnes réunies par des fils métalliques et formant un cercle de 900 toises : toutes ressentirent la secousse en même temps. *Nollet* tua aussi des oiseaux et des poissons par la décharge électrique, et il mentionne aussi qu'on pouvait, à l'aide de cette décharge, percer des trous ronds dans le verre. Il est à remarquer que *Nollet* avait des vues exactes sur l'utilité de l'eau dans la bouteille électrique : elle sert, dit-il, à amener l'électricité sur les parois internes du verre. Il n'eut cependant pas l'idée d'employer des armatures.

Après *Nollet*, *Le Monnier* s'occupa de la bouteille électrique. — *Louis Guillaume Le Monnier*, dit *le jeune*, frère cadet de *Charles Le Monnier* qui prit part à la mesure du degré faite en Laponie (§ 316), naquit à Paris, en 1717 et mourut à Montreuil en 1799. Il fut médecin de Louis XVI, médecin de l'état-major, professeur de botanique au Jardin des Plantes et membre de l'Académie.

---

1. Fischer, *Gesch. d. Phys.*, V, 497.

Bien qu'il n'ait publié qu'un seul article dans les *Mémoires de Paris*, de 1746, il donne néanmoins sur le sujet qui nous occupe quelques renseignements instructifs et importants. Il observa :

1° Que la bouteille ne se charge pas, quand elle est placée sur un verre sec ou qu'elle est suspendue à un cordon de soie, par conséquent lorsqu'elle est isolée ; qu'elle se charge au contraire quand on la touche extérieurement par un conducteur ;

2° Qu'on n'éprouve pas de secousses quand on saisit simplement le fil intérieur d'une bouteille chargée et isolée : qu'on peut retirer le fil et ensuite mettre la bouteille dans sa poche, sans aucun inconvénient, mais qu'on éprouve immédiatemement une secousse quand on replace le fil, et qu'on le touche en même temps que le côté extérieur de la bouteille ;

3° Que, lorsqu'on touche avec la main le fil intérieur d'une bouteille chargée et isolée, le côté extérieur du vase s'électrise et attire les corps légers ;

4° Qu'une bouteille chargée conserve sa force pendant des heures entières, et peut être même transportée à la main.

Le Monnier attacha aussi la bouteille électrique à un fil de fer de 2 000 toises de long, reposant simplement sur le sol, sur l'herbe, les buissons et la terre cultivée : il trouva que la décharge se propageait à travers le fil sans être affaiblie. Il fit aussi passer la décharge à travers un fil étendu sur le bord du bassin du jardin des Tuileries, le long de la demi-circonférence de ce bassin, grand d'un arpent, en faisant revenir la décharge par l'eau même. Pour cela, une personne tenait l'extrémité du fil, d'une main, en plongeant l'autre dans l'eau, tandis que lui-même prenait, d'une main, l'autre extrémité du fil, et de l'autre main une bouteille chargée. Il approcha ensuite le fil intérieur de la bouteille de l'extrémité supérieure d'une broche de fer qui flottait verticalement sur l'eau. Aussitôt les deux observateurs ressentirent une secousse dans les deux bras.

Le Monnier chercha également à mesurer la vitesse de propagation de l'électricité, le long d'un fil de fer de 950 toises, mais il n'arriva à aucun résultat ; car il trouva que le temps employé pour franchir cette distance n'était pas de $\frac{1}{4}$ de seconde. Il publia toutes ces recherches en 1746.

343. — Les expériences de *Le Monnier* exécutées sur une plus grande échelle par *William Watson* firent, en leur temps, grande sensation. Celui-ci formait un cercle avec plusieurs tiges de fer, plaçait entre chaque couple une cuillère remplie d'esprit-de-vin : lorsqu'il fermait le circuit où la bouteille électrique *faisait feu,* comme on disait alors, l'esprit-de-vin s'allumait à la fois dans toutes les cuillères.

Le 14 juillet 1747, il déchargea une bouteille à travers un fil de fer placé le long du pont de Westminster sur la Tamise, à Londres, en faisant revenir la décharge par le fleuve. De cette façon, de l'esprit-de-vin put encore être allumé, et des secousses furent communiquées à des personnes placées sur les deux rives. Cette expérience fut répétée plus en grand, le 24 juillet, car on fit passer la décharge à travers un circuit qui n'avait pas moins de 8 000 pieds dans l'eau, et 2800 pieds sur le sol. Le 24 août 1747, le circuit était formé par un fil de fer de 2 milles anglais, et par une étendue de terrain aussi grande, donnant ainsi un circuit total de 4 milles anglais.

Dans ces expériences, *Watson* se proposait, comme *Le Monnier*, de mesurer la vitesse de propagation de l'électricité, mais il arriva seulement à constater que cette vitesse était beaucoup trop grande pour pouvoir être mesurée, d'après son procédé du moins : elle était presque instantanée. Les expériences de *Wheatstone* faites en 1834 n'ont pas conduit, au fond, à un meilleur résultat.

Watson a fait aussi un grand nombre d'expériences, dont le détail montre quelles difficultés de tout genre avait à surmonter le physicien qui cherchait à découvrir ce qui était essentiel dans les phénomènes de la bouteille électrique. Je ne citerai qu'un seul fait qui est important pour l'histoire de l'électricité.

Ainsi *Watson* croyait d'abord que l'effet de la bouteille dépendait de la quantité d'eau ou de la matière conductrice qui y était contenue. Mais il reconnut son erreur, lorsqu'il vit qu'en introduisant un volume égal de mercure, l'effet de la bouteille n'était pas augmenté. Il trouva aussi que l'effet produit ne dépendait pas de la position du point touché sur la paroi extérieure, mais que la secousse augmentait de force quand la partie touchée était plus grande.

Lorsque *Watson* montra cette expérience au docteur *Bevis*, celui-ci eut l'idée de remplir d'eau la bouteille électrique, et de la revêtir extérieurement, jusqu'au col, d'une feuille de plomb ou d'étain. La bouteille donnait alors une secousse beaucoup plus forte qu'auparavant, et il n'était pas nécessaire de la prendre à la main, mais seulement de la toucher avec un fil tenu à une main tandis qu'on saisissait le fil intérieur avec l'autre. C'était un grand pas vers le perfectionnement de la bouteille de Leyde, mais *Watson* et *Bevis* n'avaient fait que la moitié du chemin, car ils ne reconnurent pas que tout dépendait de la grandeur de la surface de contact intérieure.

Bientôt cependant le docteur *Bevis* eut l'idée de recouvrir un disque de verre (un carreau de fenêtre), sur les deux faces, avec une feuille d'étain, qui arrivait à un pouce du bord, et de l'électriser de la même façon que la bouteille de Leyde. Ce carreau donna à *Bevis* une secousse aussi forte qu'une bouteille contenant une chopine ou une $\frac{1}{2}$ pinte d'eau. Cela donna à *Watson* l'idée de recouvrir les parois internes et externes d'une cruche de terre avec des feuilles d'argent, jusqu'à un pouce du bord : c'est ainsi que la bouteille de Leyde reçut, pour la première fois, la forme qu'elle a conservée depuis.

Watson recouvrit ensuite de la même façon des bouteilles de dimensions beaucoup plus considérables : 22 pouces de haut, 41 de circonférence, et 1129 pouces carrés de surface métallique; de plus, il relia ensemble plusieurs de ces bouteilles à la manière de nos batteries actuelles. C'est au moyen de ces vases munis d'armatures que *Watson* fit ses expériences sur la vitesse de transmission de l'électricité.

Enfin *Watson* découvrit que la bouteille de Leyde, pendant qu'on la charge, produit des étincelles sur sa paroi extérieure, mais il ne reconnut pas l'importance de ce fait, n'ayant pas une idée nette de la manière dont s'accomplissaient la charge et la décharge de la bouteille. Il entrevit seulement que la force de la décharge dépendait de la grandeur des surfaces conductrices placées des deux côtés du vase.

William Watson était pharmacien et médecin à Londres ; il naquit en 1715, et mourut en 1787. — C'était un membre actif de la Royal Society, et, sans être précisément un physicien de premier ordre, il a enrichi les *Philos. Transactions* d'un nombre considérable de travaux pleins de valeur sur des sujet très variés.

Quant au Dr *Bevis*, auquel on doit l'invention des bouteilles à armatures métalliques, on ne sait rien de précis sur lui. C'est peut-être le même personnage que le Dr *John Bevis*, né en 1695 près de *Old Sarum, Wiltshire*, mort en 1771 à Londres, où il exerçait la médecine. Il était membre de la Société Royale. Il s'occupait d'optique et d'astronomie : il fit un grand nombre d'observations astronomiques, publia les tables de *Halley*, composa différents autres ouvrages estimés, et s'acquit, par tous ces travaux, une telle réputation, qu'à la mort de *Bliss*, en 1765, on songea à le nommer astronome royal à *Greenwich;* cependant *Maskelyne* lui fut préféré. Il composa aussi un verre dans la composition duquel entrait du borax, et en détermina l'indice de réfraction, qu'il trouva plus grand que celui du cristal anglais.

A côté de *Watson*, il convient de placer un autre homme, qui joua plus tard un certain rôle dans l'histoire de l'électricité, et qui s'occupa de bonne heure de la bouteille de Leyde, je veux parler de *Benjamin Wilson*. Dès le 6 octobre 1746 il écrivait de Dublin au célèbre *Smeaton* qu'il avait découvert la véritable loi de la condensation de l'électricité dans la bouteille, que l'électricité était proportionnelle à la surface des conducteurs et en raison inverse de l'épaisseur du verre.

On peut se demander comment il a pu parvenir à cette loi, puisqu'il n'employait comme corps conducteur que de l'eau, et encore ne l'employait-il qu'extérieurement, en plongeant la bouteille (une fiole) dans le liquide. Ce ne fut que plus tard qu'il employa les armatures métalliques ; et il remarqua alors que la charge résiduelle était plus faible que lorsque les surfaces n'étaient pas recouvertes[1]. — *Wilson* paraît avoir été peintre : il était membre de la Société Royale. Il inventa le tourniquet électrique ; et nous le verrons plus tard engagé dans les discussions sur les paratonnerres.

344. — Bien que les recherches faites jusqu'alors eussent fourni des indications précieuses sur ce qui se passe dans la bouteille électrique, la plus grande partie de la tâche restait encore à faire. Personne n'avait encore pu se rendre compte, d'une manière à peu près satisfaisante, de ce qui se passait pendant la charge et la décharge de la bouteille : il n'était donc même pas question de théorie. Mais ces ténèbres devaient être bientôt dissipées par une lumière venue du nouveau monde, de l'Amérique, contrée où jusqu'alors les sciences naturelles et surtout la physique avaient fait bien peu de progrès.

Cette lumière, ce fut *Benjamin Franklin* qui la fit jaillir. Cet homme, à l'intelligence si nette, à l'esprit si pénétrant, qui avait su s'élever lui-même, était alors imprimeur, libraire et publiciste, à Philadelphie. Stimulé par les

1. Fischer, *Gesch. d. Phys.*, V, 506, 509.

écrits de ses compatriotes d'Europe, dont il n'était pas encore séparé politiquement, il s'adonna à l'étude des phénomènes électriques. Il réunit bientôt un certain nombre d'observations et d'idées, qu'il communiqua à *Peter Collinson*, membre de la Société Royale, dans une série de lettres qu'il lui adressa de 1747 à 1754.

La nouveauté des idées qui y étaient exprimées, aussi bien que la clarté et l'aisance de l'exposition, ont valu à ces lettres une grande renommée. Elles ont été traduites dans presque toutes les langues, et elles ont essentiellement contribué à étendre et à vivifier l'étude de l'électricité[1].

Une des principales découvertes de *Franklin* est, que les deux côtés de la bouteille chargée contiennent des électricités contraires. Il l'a fait connaître dans sa troisième lettre datée de Philadelphie, le 28 juillet 1747.

Il avait observé qu'une petite boule de liège suspendue à un fil de soie était attirée par l'armature extérieure d'une bouteille chargée, était ensuite repoussée par un fil communiquant avec le côté intérieur; inversement, si elle était repoussée par la surface extérieure, elle était attirée par l'armature interne. Il prit alors deux fils communiquant avec les deux armatures de la bouteille et terminés par deux boutons de métal qui se trouvaient à quelques pouces de distance : la petite boule de liège placée entre les deux fut alternativement attirée par chacun des boutons jusqu'à ce que la bouteille fût déchargée.

Avec cela, *Franklin* donna une théorie de la charge de la bouteille, théorie différente, il est vrai, de celle qu'on admet généralement aujourd'hui. Déjà *Watson* et *Wilson* avaient remarqué que, pour que le globe de verre ou le cylindre d'une machine fournît de l'électricité, il était nécessaire de mettre les coussins en communication avec le sol, par l'intermédiaire d'un corps conducteur, d'un fil métallique par exemple. De même, *Le Monnier* avait découvert que, pour qu'une bouteille de Leyde se chargeât, il était nécessaire de la mettre extérieurement en contact avec un corps conducteur. *Watson* croyait que le fil attaché au coussin avait pour effet de conduire l'électricité du sol ou de l'air ambiant sur le globe où elle s'accumulait. L'opinion de Franklin était juste l'opposé; d'après lui, le fil ne servait pas à amener l'électricité, mais à la laisser s'écouler.

Franklin n'admet, en effet, qu'une sorte d'électricité contenue en certaine quantité dans tous les corps, selon leur nature. Lors de l'électrisation, — ce qui nécessite au moins deux corps, — il ne se produit pour *Franklin* qu'une distribution nouvelle de l'électricité. Celle-ci passe de l'un des corps dans l'autre, qui contient alors un excès d'électricité, tandis que le premier en contient moins que d'ordinaire; pour cette raison, il dit que l'un des corps est électrisé *positivement*, l'autre *négativement*. Lorsqu'il parle d'électricité positive ou d'électricité négative, il n'attache jamais à ces expressions d'autre sens que

---

1. Les premières lettres de *Franklin* furent publiées à Londres en un volume précédé d'une préface du Dr. *Fothergill*. Elles furent traduites en français par *Dalibard*, sur la recommandation de *Buffon*. Dans sa deuxième lettre, *Franklin* décrit « l'étonnant effet des corps pointus tant pour *tirer* que pour *pousser* le feu électrique »; dans sa quatrième lettre et dans une partie de la cinquième, il exposa l'idée de l'analogie entre le tonnerre et l'électricité de nos machines. Cette dernière lettre porte la date du 29 juillet 1750. (Tr.)

celui d'un excès ou d'un défaut d'électricité, par rapport à l'état naturel.

Parmi les expériences qui conduisirent *Franklin* à cette manière de voir, on peut surtout citer les suivantes : Il n'est pas possible à un homme de s'électriser lui-même, quand il est placé sur de la cire ou du verre, c'est-à-dire quand il est isolé. Le tube de verre qu'il frotte ne lui communique pas plus d'électricité que le tube lui-même n'en reçoit par la friction. Si deux personnes se tiennent sur de la cire et que l'une frotte le tube tandis que l'autre en tire des étincelles, elles s'électrisent toutes les deux, et, si elles viennent à se toucher, il se produit entre elles une étincelle plus forte que si une troisième personne venait à toucher l'une d'elles; d'ailleurs elles ne sont plus électrisées. Pour *Franklin*, la personne qui frotte a perdu de l'électricité, elle s'est électrisée négativement; l'autre a reçu un surcroît d'électricité, elle s'est électrisée positivement; quand elles se touchent, l'équilibre se rétablit et elles reviennent à leur état primitif.

Franklin appliqua ces considérations à la bouteille électrique. Lorsque celle-ci est chargée, si la surface intérieure est positive, la surface extérieure est négative. L'une a gagné exactement ce que l'autre a perdu. Il n'y a, dans la bouteille chargée, pas plus d'électricité qu'avant la charge; mais, comme le verre ne se laisse pas traverser par l'électricité, l'équilibre ne peut être rétabli que par un conducteur qui réunisse les surfaces intérieure et extérieure.

Cette explication des phénomènes de la bouteille de Leyde formait le côté brillant de la théorie de *Franklin* : c'est par là qu'elle obtint l'approbation des physiciens, et qu'elle put résister victorieusement aux attaques de l'abbé *Nollet*, car elle ne laissait pas de présenter certains défauts. Pour expliquer l'attraction et la répulsion électrique, *Franklin* admettait que les particules de l'électricité se repoussaient mutuellement, tandis qu'elles étaient attirées par les corps. La répulsion des corps électrisés positivement ou l'attraction des corps inégalement électrisés se déduit facilement de là ; mais la répulsion des corps négatifs nécessitait une nouvelle hypothèse, à savoir, que les atomes dépourvus d'électricité se repoussent!

En poursuivant ses travaux sur la bouteille de Leyde, *Franklin* fut conduit à imaginer la disposition qu'on a nommée plus tard : batterie de Franklin, batterie en cascade, bouteille à colonne. Il l'appelait lui-même, batterie électrique, et la décrit dans sa quatrième lettre, Philadelphie, 28 mars 1748. Dans cette batterie l'armature intérieure de chaque bouteille est reliée à l'armature extérieure de la suivante, tandis que dans la disposition ordinaire, les armatures extérieures communiquent ensemble, ainsi que les armatures intérieures.

PARATONNERRE.

345. — Ces travaux et d'autres encore eussent suffi à assurer à *Franklin* une grande renommée parmi les physiciens de son époque; mais ce qui lui a valu surtout l'admiration de ses contemporains et le souvenir de la postérité, c'est son invention du *paratonnerre* qui fut la conséquence de cette opi-

nion que l'éclair n'était autre chose qu'une étincelle électrique d'une grande puissance.

On ne saurait précisément soutenir que cette opinion fût nouvelle au temps de *Franklin. Wall*, en 1708, et plus tard *Desaguliers* semblent l'avoir exprimée. *Nollet*, en 1743, l'émet aussi dans ses *Leçons de physique expérimentale*, vol. V, p. 34. Notre compatriote *Winkler*, dans son ouvrage *Die Stärke der elektrischen Kraft des Wassers in gläsernen Gefässen*, Leipzig, 1746, consacre un chapitre spécial à la question de savoir si l'étincelle et la secousse de l'électricité condensée peuvent être considérées comme une sorte d'éclair et de tonnerre. Il compare les phénomènes et les effets de l'un et de l'autre, et arrive à la conclusion que la seule différence entre eux est la différence d'intensité.

Cette théorie n'a jamais été exposée avant *Franklin*, d'une manière plus détaillée et plus convaincante que par *Johann Heinrich Winkler*, et cependant elle est demeurée inaperçue ! Peut-être parce qu'elle ne s'appuyait pas sur une preuve expérimentale. D'abord, ce ne fut aussi chez *Franklin* qu'une pure hypothèse, à laquelle vint s'ajouter une autre tout à fait singulière sur la production de l'électricité atmosphérique, et qu'il abandonna lui-même plus tard.

Le seul avantage important que *Franklin* ait sur *Winkler*, c'est d'avoir proposé une expérience, pour vérifier son hypothèse. Le projet se trouve au supplément de sa cinquième lettre, qui porte la date de 1750. En 1747 déjà, il avait observé la propriété extraordinaire des pointes dans la charge et la décharge électrique, et il attribue cette découverte à son ami *Thomas Hopkinson*. Il nous faut ajouter, à cette occasion, que *Jallabert* et *Nollet* avaient déjà fait auparavant des observations sur les effets des pointes, mais du reste sans les étudier d'une manière plus approfondie [1]. *Franklin* proposa donc de placer une guérite sur une haute tour, avec un tabouret isolant au milieu, et de faire partir de ce tabouret une tige de fer pointue qui s'élèverait de 30 pieds dans l'air.

Franklin exprima ce projet sans songer tout d'abord à l'exécuter. Par conséquent, lorsque les Américains d'aujourd'hui nous représentent, avec suffisance, ce que toute l'Europe leur doit, on peut du moins leur répondre que, dans cette circonstance, l'ancien monde a devancé le nouveau, et a pris une part importante à cette œuvre. Ce furent deux partisans de *Franklin*, les Français *Dalibard* et *Delor*, qui spontanément, dans un intérêt tout scientifique, exécutèrent les premiers ce projet [2].

Dalibard assujettit, avec des cordes de soie, à Marly-la-Ville, à 6 lieues de Paris, une tige de fer de 40 pieds de haut, sur des pieux disposés à cet effet. L'extrémité inférieure de la tige ainsi que les pieux étaient à l'abri de la pluie. Quand il s'absentait, il faisait faire les observations par un gardien nommé *Coiffier*, auquel il avait donné quelques instructions. Ce fut ce dernier qui, l'après-midi du 10 mai 1752, pendant un violent orage, tira de la tige de fer, au moyen d'un fil métallique, les premières étincelles de l'électricité céleste. Les

---

1. Fischer, *Gesch. d. Phys.*, V, 577. L. Figuier, *Découvertes scientifiques*, t. IV, p. 156, 1857. (Tr.)

2. *Buffon* fit d'abord élever sur la tour de son château de Montbard une longue tige de fer isolée par de la résine. (Tr.)

étincelles avaient 1/2 pouce de long, répandaient une odeur de soufre, et se produisaient avec un pétillement caractéristique.

Huit jours après, *Delor* fit la même expérience dans sa maison à Paris, avec
une tige de fer de 99 pieds, en présence du roi, et sous des nuages orageux, mais
sans tonnerre ni éclair.

En juin de la même année seulement, et sans y être du reste nullement provoqué par les expériences précédentes qu'il ne connaissait pas, *Franklin* confirma son hypothèse, en modifiant son premier projet, et en se servant de ce que
l'on a appelé le *cerf-volant électrique.* Ce cerf-volant consistait en un grand
morceau de soie tendu sur des bâtons en croix, avec une pointe de fer reliée à
une ficelle de chanvre, à laquelle était attachée une clef isolée de la main par
des fils de soie. Il lança son cerf-volant aidé seulement de son fils (pour se
soustraire aux railleries) pendant le passage de quelques nuages orageux, et il
eut la joie de tirer des étincelles de la clef. En septembre 1752, il reprit son
projet primitif. Il dressa sur sa maison une tige de fer isolée et la pourvut inférieurement d'une couple de clochettes, afin d'être averti par leur tintement
(semblable à celui du carillon électrique), du moment où la tige serait électrisée.
Le 12 avril 1753, il chargea une bouteille de Leyde à cette tige, ou soutira
l'éclair dans des bouteilles, ce qui prouvait l'analogie de l'éclair avec l'étincelle
électrique artificielle. Tous ces faits confirmaient l'hypothèse de *Franklin*.

Franklin conclut de ces expériences que l'on pourrait détourner les effets
dangereux de la foudre, en élevant au-dessus des édifices, des tiges de fer que l'on
mettrait en communication avec le sol. En septembre 1753, dans sa 13e lettre,
il expose, d'une manière plus détaillée, pourquoi de pareilles tiges protégeraient
contre les effets de la foudre. Le tonnerre, dit-il, ne fait explosion que lorsque
les corps conducteurs reçoivent l'électricité plus vite qu'ils ne peuvent la transmettre, c'est-à-dire quand ils sont séparés ou divisés, quand ils sont trop petits
ou trop mauvais conducteurs. Par conséquent, continue-t-il, des tiges métalliques non interrompues et d'une épaisseur suffisante, ou bien empêcheraient
entièrement l'explosion de se produire, ou bien, si elle se produisait entre la
pointe et les nuages conduiraient la foudre jusqu'au point où mène la tige.

L'utilité des paratonnerres frappa immédiatement l'esprit pratique des Américains, et ils ne négligèrent rien pour exécuter immédiatement le plan de leur
illustre compatriote; mais cet utile appareil se répandit aussi très rapidement
en Europe.

En Allemagne, indépendamment de *Franklin*, notre *Winkler* avait, dès la
même année, recommandé l'emploi des paratonnerres et donné des indications
à ce sujet, dans un petit écrit *Programma de avertendi fulminis artificio,*
Lips. 1753. Ce fut probablement grâce à cette publication, qu'un an plus tard
en 1754, le premier paratonnerre fut élevé dans notre pays. Le premier en
Allemagne et aussi en Europe fut établi par *Procopius Divisch*, chanoine
prémontré et curé de Prenditz, près Znaym en Moravie, sur sa demeure. Cet
ecclésiastique distingué, qui publia à ce sujet un écrit dans les *Mémoires de la
Société des sciences de Bohème*, et qui plus tard s'occupa de l'électricité atmosphérique, mourut en 1765. En Angleterre, le premier paratonnerre fut dressé
par *Watson* à Payneshill; il fut bientôt suivi de beaucoup d'autres en dif-

férents endroits et en différents pays. En 1769, le célèbre *Reimarus* en fit placer un sur la tour de l'église Saint-Jacques à Hambourg. En Italie, ils ne furent introduits que plus tard [1].

346. — Vers la fin de sa carrière de physicien, bien que l'on accueillît en général avec le plus grand enthousiasme sa bienfaisante invention, *Franklin* vit commencer une discussion qui dura plusieurs années, et dans laquelle il se trouva engagé sans qu'il pût, — comme cela n'a que trop souvent été le cas dans tant d'autres discussions savantes — l'amener à une conclusion définitive. Il s'agissait de savoir quel était le meilleur du paratonnerre à pointe ou du paratonnerre à boule, du paratonnerre offensif ou du paratonnerre défensif? *Franklin* s'appuyant sur les expériences qu'il avait faites en petit, sur la propriété que possèdent les pointes de soutirer l'électricité, tenait pour les conducteurs pointus. Il était d'avis que le paratonnerre ne devait pas seulement servir à conduire l'électricité dans le sol, dans le cas où la foudre frapperait par hasard l'édifice, mais qu'il devait, en même temps décharger les nuages qui passeraient au-dessus de lui, soutirer leur électricité et en prévenir l'explosion violente. Sur ces entrefaites, il arriva que la foudre fit sauter un magasin de poudre à Brescia, ce qui donna l'occasion à l'état-major de l'artillerie anglaise de s'enquérir, auprès de la Société Royale, de la meilleure disposition à donner au paratonnerre. A la suite de cette demande, en 1772, la Société nomma une commission composée de *Cavendish*, *Watson*, *Franklin*, *Robertson* et *Wilson*.

Les quatre premiers se déclarèrent pour les paratonnerres pointus, *Wilson* au contraire pour les paratonnerres à boule. Il écrivit sur ce sujet, en 1773, un long mémoire : *Observations on lightning* [2], dans lequel il invoque comme raison principale contre les paratonnerres à pointe, qu'ils attiraient l'éclair, et qu'il n'y avait nulle nécessité de provoquer de pareilles visites. La discussion reçut bientôt un nouvel aliment : le 15 mai 1777, la foudre tomba à Purfleet, sur un magasin de la marine, muni d'un paratonnerre pointu, et causa quelques dégâts. *Wilson* se montra alors un adversaire encore plus ardent des paratonnerres à pointe, et il commença une série d'expériences pour prouver les avantages du paratonnerre à boule. C'est à cette occasion que l'on inventa les guérites contre le tonnerre, perfectionnées plus tard par *Cavallo*. Les objections de *Wilson* furent peu de temps après réfutées par *Edward Nairne*, mécanicien et membre de la Société Royale de Londres. La discussion en resta d'ailleurs là.

Le travail de *Nairne* est encore intéressant parce qu'il le conduisit à la découverte des *pauses électriques* décrites, pour la première fois, en 1676, par *Joh. Friedr. Gross* (1732-1795), professeur de physique et de mathématiques à la *Karlsschule* de Stuttgard. Celui-ci cite une expérience faite sur une boule électrisée d'un pouce de diamètre, dont il put tirer des étincelles à une distance de deux lignes ; entre deux lignes et dix lignes, il n'en obtenait

---

1. En France, on n'adopta le paratonnerre que plus tard, à cause de l'opposition de l'abbé Nollet et de l'abbé Poncelet. Ceux-ci pensaient qu'une verge de fer pointue ne pouvait suffire « pour décharger entièrement de tout son feu la nuée orageuse vis-à-vis de laquelle on la dresse » et que la pointe, attirant l'électricité, pourrait au contraire provoquer de fâcheux effets. (Tr.)

2. *Philos. Transact. for* 1773, et *Phil. Trans. abridged*, XIII, 374.

plus, tandis qu'elles recommençaient pour une distance de 10 à 16 pouces.

Franklin put jouir encore longtemps de la gloire que lui valut son utile invention. Mais, vers 1765, il délaissa la physique pour la politique, et à partir de 1775, année où il retourna de Londres à Philadelphie, au péril de sa propre liberté, il prit la part la plus active à la lutte que sa patrie soutint contre l'Angleterre. Le 20 janvier 1783, il signa à Versailles les préliminaires de paix, par lesquels l'indépendance des États-Unis fut reconnue. Nommé alors président de l'Assemblée de Pensylvanie, il vécut encore jusqu'au 17 avril 1790, travaillant avec une incroyable activité au bien de ses compatriotes. Il était né à Boston le 17 janvier 1706. *D'Alembert* a résumé dans cet hexamètre aussi beau que vrai les services qu'il a rendus, à l'humanité : *Eripuit cœlo fulmen, sceptrumque tyrannis.* Son adversaire, dans le domaine de la théorie, l'abbé *Jean-Antoine Nollet*, était mort longtemps auparavant, en 1770. Il était né en 1700 à Pimpré, diocèse de Noyon : il fut professeur de physique au collège de Navarre, à l'école d'artillerie et du génie à Paris, et membre de l'Académie. S'il ne peut être comparé à *Franklin* par l'originalité de ses travaux, on doit cependant reconnaître qu'il a fait maintes observations de valeur sur des points particuliers. Par le grand nombre de ses travaux en électricité et dans les autres branches de la physique, il a beaucoup contribué à répandre le goût de cette étude. Disons en passant que c'est lui qui a découvert, le premier, le phénomène de la diffusion des liquides ou de l'endosmose, qu'il décrit dans les *Mémoires de l'Académie des Sciences de Paris* de 1748.

ÉLECTRICITÉ ATMOSPHÉRIQUE.

347. — Les découvertes de *Franklin* ouvrirent aux physiciens un nouveau champ d'études : l'électricité atmosphérique. On peut dire aussi que, grâce à elles, une nouvelle source d'électricité, —l'atmosphère, —fut ajoutée à la seule connue jusque-là, le frottement des corps. *Franklin* avait déjà observé, en avril 1753, sur sa tige isolée, que les nuages orageux renferment presque toujours de l'électricité négative, bien qu'il s'en rencontre parfois d'électrisés positivement, et que, même en dehors des orages, on trouve toujours dans l'atmosphère des traces plus ou moins grandes d'électricité.

L'émulation qu'il avait excitée parmi les physiciens d'Europe eut pour effet de leur faire souvent exécuter, avant lui, des expériences semblables aux siennes. *De Romas*, lieutenant assesseur au présidial de Nérac, dans le sud de la France, amateur passionné des sciences, était arrivé, lui aussi, sans connaître les expériences de *Franklin*, à l'idée du cerf-volant électrique, et il a la gloire d'avoir construit cet appareil dans des proportions gigantesques.

Son cerf-volant était en papier. Il avait 7 pieds 1/2 de haut, 3 de large et 18 pieds carrés de superficie ; la corde était tressée avec un fil de fer et se terminait, en bas, par de la soie sèche, afin de pouvoir faire l'expérience sans danger. Le 7 juin 1753, il lança son cerf-volant avec une corde de 780 pieds, et il atteignit une hauteur de 550 pieds. Les effets furent vraiment effrayants, bien qu'il n'observât ni éclairs ni tonnerre dans les nuages. On pouvait entendre, à une distance de 200 pas, le crépitement des étincelles tirées de la corde, et, à une distance de trois pieds, il éprouvait la sensation de toiles d'araignée sur son visage. Un tube de fer-blanc suspendu à la corde enlevait, à une hauteur de trois pieds au-dessus du sol, des tiges de blé couchées par terre, et celles-ci s'agitaient autour du tube comme dans la danse des pantins. Lorsque la plus longue tige fut subitement attirée par le tube, il se produisit trois explosions semblables à celles du tonnerre ; en même temps, parut une masse de feu dont la longueur fut estimée à 8 pouces, et le diamètre à $\frac{1}{2}$ pouce. L'odeur caractéristique, si souvent constatée dans les décharges électriques et désignée sous le nom d'odeur soufrée, se fit fortement sentir. Plus tard, en août 1757, *de Romas* obtint dans des expériences semblables des étincelles longues de 10 pieds, pour lesquelles il fit usage d'un excitateur spécial.

Le professeur *Richmann*, à Pétersbourg, ne fut pas si prévoyant : il n'avait point songé à munir de conducteur la tige isolée qu'il avait placée sur sa maison. Le 6 août, 1753, vers midi, voulant se rendre compte de l'état électrique de la tige pendant un orage qui se préparait, il s'en approcha à un pied de distance. Aussitôt une boule de feu, grosse comme le poing, le frappa à la tête et le tua sur le coup[1].

La mort de *Richmann* produisit, comme on peut le supposer, une vive sensation ; mais, si l'étude de l'électricité atmosphérique fut momentanément abandonnée, elle fut bientôt reprise et poursuivie avec plus de précautions. Même avant cette catastrophe, on avait inauguré en France, la vraie méthode pour étudier l'état électrique de l'atmosphère, qui consistait à ne faire les expériences que sous un ciel serein et non par un temps orageux.

C'est de cette façon que *Le Monnier*, en 1752, par conséquent avant *Franklin*, fit ses expériences à Saint-Germain-en-Laye, et démontra que l'air contient de l'électricité, même quand il n'y a pas d'orage. Aussi, n'est-ce pas à tort que l'on considère *Le Monnier* comme ayant découvert l'électricité de l'air.

Il fut suivi par *Giacomo Battista Beccaria*, né en 1716 à Mondovi, et mort en 1781, professeur de physique à Turin. Il traite de la question qui nous occupe, dans ses ouvrages *Dell' elettricismo naturale ed artificiale*, Torino, 1753, et *Dell' elettricità terrestre atmosferica a cielo sereno*, ibid., 1775.

Tiberio Cavallo, né en 1749 à Naples, mort en 1809, à Londres, membre de la Royal Society, fit un grand nombre d'observations à Islington près de Londres, soit avec des cerfs-volants électriques, soit avec des électromètres construits par lui. De ses expériences il tira la plus grande partie des données que nous possédons aujourd'hui sur l'électricité de l'atmosphère, quoique nous ne sachions pas encore, d'une manière exacte, quelle est l'origine de cette électricité.

---

1. Fischer, *Gesch. d. Phys.*, V, 615, 620. — L. Figuier, *Découv. scientifiques*, t. IV, chap. IV, 1857. (Tr.)

APPLICATION A LA MÉDECINE.

348. — Si la fin tragique de *Richmann* interrompit, pendant quelque temps, l'étude de l'électricité atmosphérique, la mort de *Johann Gabriel Doppelmaier*, (professeur de mathématiques à l'Ægidien Gymnasium de Nuremberg), survenue le 1er décembre 1750, pendant une expérience sur la bouteille de Leyde, nuisit, pour quelques années, aux applications de l'électricité à la médecine. On avait cependant bientôt reconnu que cette fin subite était due, non à une décharge électrique, mais à une attaque d'apoplexie.

Les applications de l'électricité à la médecine remontent à *Christian Gottlieb Kratzenstein* (né en 1723 à Wernigerode), médecin praticien à Halle, plus tard professeur de physique à Pétersbourg, et depuis 1753, à Copenhague, où il mourut en 1795. En 1745, il publia un petit écrit : *Abhandlung von Nutzen der Elektricität in der Arzeneiwissenschaft*, Halle 1745. Il prétendait avoir activé le pouls et la transpiration, au moyen de l'électricité. Il fut suivi, en Allemagne, par *Joh. Baptist Bohadsch* (1724-1768), médecin et professeur d'histoire naturelle à Prague. On lui doit un traité portant le titre de : *Dissert. de utilitate electrisationis in curandis morbis*, Pragae, 1751. En Suisse, on peut citer *Jallabert* à Genève ; et en France, *Nollet, Sauvage* et autres.

A partir de 1755, les traitements par l'électricité devinrent plus fréquents, surtout pour les paralytiques. C'est à cette époque environ, que le grand *Linné* commença à étudier la question ; et il a paru depuis lors tant d'ouvrages, que je crois prudent de ne pas poursuivre l'exposé de ces travaux, qui sont plutôt du ressort de la médecine que de la physique. Nous ne voulons plus donner que deux exemples des illusions involontaires et des impostures auxquelles on était exposé dans les premiers temps. *Pivati*, jurisconsulte à Venise, crut, en 1747, avoir découvert un moyen de faire agir les médicaments sur les malades, sans que ceux-ci fussent obligés de les prendre. Il suffisait de faire approcher le patient d'un bocal électrisé, contenant le médicament. Notre honorable *Winkler* lui-même tomba dans une erreur semblable, en croyant que les parfums des substances se répandaient au travers des bocaux de verre électrisés.

ÉLECTROSCOPE.

349. — Pendant que les électriciens ouvraient un nouveau champ à leur activité dans deux directions différentes, l'atmosphère et la médecine, ils ne négligeaient point les autres travaux ayant pour but d'établir une théorie des phénomènes électriques. Ils les multiplièrent tellement, au contraire, que c'est pour l'historien une tâche difficile de séparer, dans ce grand nombre de faits, ceux qui sont importants de ceux qui ne le sont pas, et de donner ensuite,

en les rattachant les uns aux autres, un exposé fidèle des progrès de la science.

Parmi les hommes qui, à l'époque de *Franklin*, s'occupèrent avec succès de l'électricité, il convient de citer *John Canton*, fils d'un tisserand, né en 1718 à Stroud, Glocestershire, et mort à Londres en 1772. Il remplit, pendant la plus grande partie de sa vie, les humbles fonctions de maître d'école, et sut néanmoins trouver le temps et le moyen de faire des travaux, qui lui assurèrent une place honorable parmi les membres de la Société Royale.

Nous lui devons, par exemple, une méthode pour faire des aimants artificiels, ou pour aimanter l'acier, au moyen du magnétisme terrestre seul, méthode qui lui valut d'être nommé membre de la Royal Society[1]. Ce fut lui qui, le premier, démontra par des expériences la compressibilité de l'eau et des autres liquides [2]. Enfin il découvrit une nouvelle pierre lumineuse ou phosphore, nommée, en son honneur, phosphore de Canton, et formée de sulfure de calcium obtenu avec des écailles d'huîtres et du soufre [3].

Quant à ses travaux sur l'électricité, il faut d'abord rappeler que ce fut lui, le premier en Angleterre, qui confirma l'hypothèse de *Franklin* sur la foudre, en tirant, en 1752, des étincelles d'une tige isolée, pendant un orage. Par ses observations répétées, il vit que quelques nuages se trouvaient électrisés positivement, d'autres négativement, et que, par suite, l'électricité de son conducteur passait cinq ou six fois au moins, en une demi-heure, d'un état à l'autre. Il observa aussi, en 1754, que les nuages sont plus souvent et plus longtemps électrisés négativement, mais que l'électricité positive se montre généralement la plus forte [4].

Si j'ai, avant tout, nommé ici *Canton*, c'est que nous lui devons le premier instrument, au moyen duquel on reconnaît non seulement la présence de l'électricité, mais qui permet encore de la mesurer, au moins d'une manière approximative : je veux parler de l'électroscope ou électromètre. Déjà *Gray* et *Dufay* avaient observé que des fils suspendus ensemble divergeaient ou se repoussaient lorsqu'ils étaient électrisés, et *Dufay*, dès 1733, utilisa la divergence de deux fils semblables pour reconnaître l'état électrique d'une tige de fer. *Nollet* proposa, en 1747, de prendre l'angle de divergence comme mesure de l'intensité de l'électricité, et de la déterminer d'après l'ombre des fils sur un arc de cercle gradué. [4] – *Jacob Siegismund v. Waitz*, conseiller d'État, qui mourut en 1777, à Berlin, recommanda dans son *Abhandlung von der Elektricität und deren Ursachen*, Berlin 1745, couronné par l'Académie de cette ville, de suspendre des petits poids aux fils, afin de pouvoir comparer la force de répulsion de l'électricité avec la pesanteur. *Ellicott*[5] et ensuite *Gralath*[6] voulaient mesurer l'attraction au moyen d'une balance.

Mais personne n'avait encore fait un électromètre utile ni pratique. *Canton*

1. *Philosoph. Transact.*, 1751 ; *abridged*, X, 31.
2. *Ibid.*, 1761-1762, XI, 665 ; XII, 151.
3. *Ibid.*, 1758 ; XII, 579.
4. Fischer, *Gesch. d. Phys.*, V, 596.
5. *Philosoph. Transact.*, 1748.
6. *Abhandl. d. naturforsch. Gesellsch. zu Danzig*, 1747.

y réussit le premier, avec son électromètre à boules de liège ou de sureau [1], qui
servit de type à un nombre incalculable d'autres électromètres, dans lesquels
le principe reste le même. Je ne veux ici citer que les suivants : *Henley*, Electro-
mètre à cadran (*Philosoph. Transact.*, 1772; abridg., XIII, 323). — *Cavallo,
Complete treatise on electricity*, 1777. — *Achard, Berliner naturforsch.
Gesellsch.*, 1775. — Excitateur de Lane, *Philosoph. Transact.*, 1767; abr., XII,
475. — *Volta,* Électromètre à pailles, inventé en 1781. *Lettres météorol.* n° 1.
— *Bennet,* Électromètre à feuilles d'or. *Philos. Transact.*, 1787; abr., 173.

INFLUENCE ÉLECTRIQUE.

350. — Depuis que *Dufay*, en 1733, avait remarqué la différence entre l'électricité vitrée et l'électricité résineuse, on admettait généralement que l'électricité développée dans un corps par le frottement était indissolublement liée
à la nature de ce corps. Ce fut *Canton* qui, le premier, rectifia cette erreur en
démontrant par une série d'expériences faites en 1753, et décrites dans les
Philos. Transact. en 1754, qu'un même corps peut donner de l'électricité positive et de l'électricité négative, selon l'état de sa surface et la nature du frotteur.

Il trouva qu'un tube de verre dépoli frotté avec de la flanelle donnait de l'é-
lectricité négative, comme la cire à cacheter, tandis que si l'on frottait un tube
de verre poli avec la même flanelle, il donnait de l'électricité positive. Il obtenait de l'électricité positive même avec un verre dépoli, en l'enduisant d'abord
de suif, en l'essuyant ensuite, et en le frottant avec de la soie huilée sur laquelle on avait ajouté un peu de craie. Les travaux des physiciens qui suivirent
n'ont fait que confirmer et étendre cette découverte de *Canton*.

Un autre mémoire de *Canton*, celui dans lequel il décrivit l'électromètre à
boules de liège (*Philos. Transact.*, 1753), produisit sur ses contemporains une
sensation encore plus vive, au point que *Priestley*, dans son Histoire de l'électricité, dit que les phénomènes ressemblaient aux effets de la magie, bien
qu'aujourd'hui ils nous paraissent très simples et très naturels. Le mémoire
traitait de ce qu'on a appelé l'atmosphère électrique.

Les premiers électriciens, qui ne connaissaient guère des nombreux phénomènes de l'électricité que l'attraction et la répulsion, les attribuaient à des
effluences huileuses, qui, d'après eux, entouraient le corps frotté comme une
atmosphère. C'est de là que vient le nom d'atmosphère électrique. On abandonna peu à peu cette grossière théorie, sans pouvoir cependant s'en dégager
complètement, même *Canton*, bien que ses expériences aient frayé la voie à une
théorie exacte.

Voici ces expériences [2] : Il suspendit deux boules de liège à des fils de lin, et
deux autres à des fils de soie. En approchant des premières un tube électrisé,

---

1. *Philos. Transact.*, 1753; *abridged*, X, 421.
2. Fischer, *Gesch. d. Phys.*, V, 726 s.

elles se séparaient, mais retombaient lorsqu'on retirait le tube. Les autres boules, au contraire, se séparaient bien lorsqu'on approchait le tube, mais elles restaient séparées longtemps encore après que le tube était retiré. *Canton* admettait, pour expliquer ces phénomènes, que, dans le premier cas, les boules ne s'électrisaient pas, parce qu'elles étaient suspendues à des fils conducteurs, et que leur divergence était due seulement à l'atmosphère qui s'échappait du tube électrisé, et dont les particules étaient attirées par les boules, se condensaient sur elles et ensuite se repoussaient. Quant aux boules suspendues aux fils de soie, il fallait qu'une partie de l'électricité passât dans les fils, de sorte que la force nécessaire pour la répulsion était puisée dans les parties les plus condensées de l'atmosphère qui entourait le tube.

Il isola ensuite des tubes de fer-blanc et suspendit, à chacune de leurs extrémités, deux petites boules de liège. Quand il approchait ou éloignait le tube électrique des tubes de fer-blanc, il voyait les boules de liège, tantôt diverger, tantôt se rapprocher, et il essaya également d'expliquer ce phénomène par l'atmosphère électrique.

Les expériences de *Canton* fournirent à *Franklin* l'occasion d'étudier les phènomènes, et il communiqua le résultat de ses observations à la Société Royale en décembre 1755. Mais il n'arriva pas davantage à des idées bien nettes, et ne put, avec sa théorie de l'excès et du manque d'électricité, expliquer d'une manière satisfaisante ce qui se produisait. Il s'en tint à cette opinion, qu'un corps qui arrive dans la soi-disant atmosphère électrique d'un autre corps électrisé, reçoit la même électricité que celle de ce dernier corps.

351. — Il était réservé à deux de nos compatriotes de dissiper cette erreur fondamentale, et non seulement de donner une explication complète de la distribution de l'électricité, mais encore d'en établir la théorie exacte. Ces deux hommes furent malheureusement forcés par les circonstances de chercher à l'étranger un champ pour leur activité. Aussi, les Anglais et les Français ne les considèrent-ils point comme Allemands, quoiqu'ils le soient tout aussi bien que le célèbre chimiste *Scheele*[1], et la plupart des mathématiciens et des physiciens qui, dans la deuxième moitié du XVIII⁰ siècle, illustrèrent l'Académie de Pétersbourg. Ces deux hommes étaient *Wilke* et *Æpinus*.

Johann Karl Wilke (Wilcke) était fils d'un pasteur de *Weimar*, alors possession suédoise, où il naquit en 1732. Il fit ses études à Göttingue et à Rostock, où il prit ses grades universitaires, et vécut ensuite quelque temps à Berlin. Il y rencontra *Æpinus*, avec lequel il étudia les phénomènes de la bouteille de Leyde. Il se rendit ensuite à Stockholm, où il fit le cours de physique à l'École des cadets, et devint bientôt membre de l'Académie des sciences. Cette société fit en lui une très heureuse acquisition, car jusqu'à sa mort qui survint à Stockholm en 1796, c'est-à-dire pendant 30 ans, il se montra d'une activité infatigable. Il enrichit les mémoires de l'Académie de travaux, sur presque toutes les branches de la physique, la chaleur, l'électricité et le magnétisme, dont quelques-uns ont une réelle importance.

---

1. Scheele né en 1742 à Stralsund, alors possession suédoise, passa toute sa vie en Suède. (Tr.)

Indépendamment de *Black* et de *Crawford*, il découvrit, en 1772, la chaleur spécifique, l'étudia avec soin, et publia avant eux le résultat de ses recherches. C'est lui aussi qui donna la première carte de l'inclinaison magnétique. — Tous ses travaux sont empreints d'un caractère de simplicité et de clarté.

Franz Ulrich Theodor Æpinus était aussi un mecklembourgeois; il était né en 1724 à Rostock. Il ne porta jamais son véritable nom, qu'un de ses ancêtres avait d'ailleurs abandonné. Celui-ci, qui était pasteur à Hambourg où il mourut, en 1553, s'appelait *Joh. Huch*, *Huck*, ou *Hoek*, noms qu'il crut devoir transformer, selon la coutume d'alors, en celui d'*Æpinus* (de αἰπεινός ou αἰπύς, haut, élevé, *Hoch* en allemand). Æpinus fut d'abord professeur libre à Rostock, puis professeur à Berlin : il alla ensuite à Saint-Pétersbourg, où il fut professeur de physique, membre de l'Académie, directeur de l'École des cadets et sous-intendant de l'École normale russe. Il se retira enfin à Dorpat, et y mourut en 1802. Son ouvrage le plus important, le plus souvent cité, et qui concerne précisément la théorie de l'électricité, est son *Tentamen theoriæ electricitatis et magnetismi*, Petrop. 1759.

Wilke avait déjà commencé à établir une théorie plus exacte des phénomènes électriques, dans sa thèse : *De electricitatibus contrariis*, Rostock 1757. — Il y analyse avec soin les phénomènes observés par *Canton*, en les rapportant à leur cause. Il remarque : 1° Que les corps légers isolés, dont on approche un corps électrisé A, sont attirés par lui, mais ne restent pas électrisés quand on éloigne le corps. 2° Si d'un corps isolé B, qui se trouve dans l'atmosphère de A, on approche un corps isolé et mobile, celui-ci est d'abord attiré puis repoussé. 3° B étant toujours soumis à l'influence de A, si on en approche une pointe, puis qu'on éloigne A, on constate que B est électrisé, et en sens contraire de A.

De ces recherches et d'autres semblables, *Wilke* conclut qu'un corps non électrisé B, placé dans l'atmosphère d'un corps électrisé A, prend de l'électricité contraire à celle de ce dernier.

Æpinus répéta ces expériences, en faisant descendre un corps léger suspendu à un fil de soie, le long d'un conducteur isolé B, près duquel se trouvait un corps électrisé A. Il reconnut ainsi que la partie du conducteur tournée vers A était chargée d'électricité contraire, tandis que l'extrémité la plus éloignée était chargée d'électricité de même nom. — S'appuyant sur des expériences de ce genre, il se prononça ouvertement contre l'hypothèse d'une atmosphère électrique. Il admit, tout au plus, l'intervention de l'air, et introduisit le nom caractéristique de *sphère d'action électrique*[1] (influence électrique).

Ces remarques conduisirent enfin à une théorie exacte de la charge de la bouteille de Leyde, et les deux physiciens eurent alors l'idée, pendant les recherches qu'ils firent en commun, à Berlin, de charger une lame d'air, comme on le faisait d'ordinaire pour les lames de verre. Ils couvrirent de fer blanc deux grandes planches et les suspendirent parallèlement à quelques pouces de distance. Quand l'une des planches était électrisée positivement, l'autre, conformément à l'expérience faite par Franklin sur un carreau de verre, l'était

---

1. Fischer, *Gesch. d. Phys.*, V, 734, 735.

toujours négativement; et si l'on plaçait une main sur l'une des planches, en touchant l'autre de l'autre main, on recevait une commotion, comme avec la bouteille de Leyde.

Une lame d'air se chargeant tout aussi bien qu'une lame de verre, l'opinion de *Franklin* se trouvait par là réfutée. Celui-ci croyait en effet, que la faculté que la bouteille ou le carreau ont de se charger d'électricité tenait à la structure du verre et en constituait une propriété. Cette propriété, disait *Æpinus*, appartient à tous les corps non conducteurs, et il niait l'existence d'atmosphères électriques consistant en effluences émanant des corps électrisés. Il pensait aussi que l'odeur de soufre et la sensation de toile d'araignée, produite par un corps électrisé, n'étaient que des sensations résultant de l'action du corps électrisé sur le fluide électrique contenu dans les narines ou dans les parties du corps soumises à l'influence[1].

THÉORIE DE SYMMER.

352. — En attendant, en Angleterre, *Robert Symmer*, membre de la Société Royale, fit, en 1759, une série d'expériences, dont on peut dire à la lettre, qu'elles ramenèrent l'électricité à une question de bas. L'expérience, en effet, qui aida sérieusement aux progrès de la théorie de l'électricité fut faite avec des bas de soie. *Symmer* avait coutume de porter des bas de soie doubles, blancs en dessous, noirs en dessus : un soir, en les ôtant, il entendit un craquement, et en même temps vit briller, dans l'obscurité, des étincelles lumineuses. Il comprit bientôt que ce phénomène était dû à l'électricité ; il l'étudia de plus près, et trouva les résultats suivants :

Quand on ôtait les deux bas en même temps, ils ne donnaient pas de trace d'électricité, pas plus que lorsqu'ils étaient encore au pied. Mais si on les ôtait l'un après l'autre, ou si, après les avoir enlevés en même temps, on venait à les séparer, ils étaient électrisés au point de rester gonflés comme si le pied y était encore. Il se produisait, entre les bas de même couleur, une si vive répulsion, qu'en les rapprochant l'un de l'autre ils formaient un angle de 30 à 35°. — Ceux de couleurs différentes s'attiraient avec une force égale. Les blancs étaient électrisés positivement, les noirs négativement. Quand les bas de couleurs différentes venaient à se toucher, ils se dégonflaient immédiatement, s'appliquaient l'un contre l'autre, et il fallait faire un effort considérable pour les séparer. Dans l'une des expériences, où les bas employés étaient un peu gros et avaient été retournés afin de mettre leur envers en contact, il fallut, pour séparer les bas de couleurs différentes, un poids de 15 livres, 92 fois le poids d'un bas.

On peut se figurer la sensation que produisirent ces expériences; elles furent répétées maintes fois. Je dirai seulement, à ce sujet, que l'abbé *Nollet* prouva que la différence des couleurs n'était ici qu'une circonstance accessoire, et que les bas noirs ne doivent la différence électrique qu'ils présentent avec les bas blancs,

---

1. Fischer, *Gesch. d. Phys.*, V, 737, 739.

qu'à la décoction de noix de galle dans laquelle ils ont été trempés. Quelque
étonnantes que fussent les expériences de *Symmer*, elles n'apprenaient rien
d'essentiellement nouveau. *Franklin* avait en effet montré, en 1747, que deux
personnes isolées dont l'une frotte l'autre s'électrisent toutes deux et en sens
contraire (344). *Wilke* avait même, dans sa *Dissertatio de electricitatibus
contrariis*, 1757, généralisé ce fait expérimental, sous forme de loi, et il avait fait
une liste de substances, dans laquelle chaque corps était négatif par rapport aux
précédents et positif par rapport aux suivants :

Verre poli,	Papier,
Étoffe de laine,	Cire à cacheter,
Barbes de plume,	Verre dépoli,
Bois,	Soufre.

La conclusion que *Symmer* tira de ses expériences n'en est que plus remarquable : c'était qu'il existe deux fluides contraires, réunis dans les corps à l'état
naturel, et que le frottement sépare. Cette manière de voir, exprimée 26 ans plus
tôt par *Dufay* (§ 336), mais qui était abandonnée depuis, fut dès lors accueillie
avec empressement par les physiciens. Et cependant *Franklin* vivait encore, et
un physicien de ce temps, *Giovanni Francesco Cigna* (1734-1790), professeur
d'anatomie à Turin, avait déjà remarqué, après avoir répété les expériences de
Symmer, qu'elles s'expliquaient tout aussi bien dans la théorie de *Franklin!*
Symmer se donna beaucoup de mal pour appuyer sa théorie par de nouvelles
recherches, et *Franklin* fut assez généreux pour lui prêter ses propres appareils.
Mais, la seule preuve encore bien insuffisante qu'il parvint à trouver et qu'il
modifia de bien des manières se réduisait à ce fait que, lorsqu'une étincelle traverse un cahier de papier, les bords du trou sont relevés des deux côtés. Cependant, comme nous l'avons dit, la théorie de *Symmer* fut accueillie favorablement, et peu à peu, les physiciens se rangèrent à cette explication, renouvelée
de celle de *Dufay*. C'est ce que firent, entre autres, *Torbern Bergman*, dans
ses *Versuche über an einander geriebene Glasflächen ; Stockholm Akademie*,
1765. — *Kratzenstein*, dans ses *Vorlesungen über Experimental-Physik*,
6ᵉ éd., 1783. — *Karsten*, dans *Anleitung zur gemeinnützigen Kenntniss der
Natur*, 1783. — *Lichtemberg*, qui désigna, le premier, par $+$ E et $-$ E les
deux électricités positive et négative, et qui contribua, par ses figures de poussière, dites figures de Lichtemberg à faire adopter la théorie dualistique. *Wilke*
lui-même dans ses premières recherches s'était montré un partisan ardent de
la théorie unitaire ou théorie de *Franklin;* mais il donna plus tard, dans ses
travaux de 1767 et surtout dans ceux de 1777, la préférence à la théorie de
Dufay[1], qui est partout appelée théorie de *Symmer*, et qui s'est propagée sous
ce nom.

Quelques physiciens, surtout parmi les Anglais, demeurèrent attachés à la
théorie de *Franklin, Cavallo* p. ex., dans *A complete Treatise on electr.*,
1777 ; d'autres restèrent neutres, comme *Priestley* dans son *History of electricity*, London, 1767, 1770. Mais, peu à peu, la théorie de *Symmer* détrôna com-

---

1. *Mémoires de Suède*, XXXIX, p. 63.

plètement la théorie unitaire, à cause de la facilité avec laquelle elle se plie à toutes les expériences connues jusqu'alors. Et cependant, il n'y a pas aujourd'hui de physicien éclairé qui voudrait jurer qu'il y a deux électricités.

PRIESTLEY.

353. — *Joseph Priestley*, dont nous venons de prononcer le nom, naquit en 1733, à Fieldhead, près Leeds dans le Yorkshire. Fils d'un fabricant de toile, il fut d'abord destiné au commerce, mais une grande exaltation religieuse, dont il paraît avoir hérité de sa mère, le porta vers l'étude de la théologie. S'il avait voulu se plier aux doctrines de la haute Église anglicane, cette voie l'aurait certainement conduit à une vie paisible, mais son esprit sceptique et railleur fit de lui un adversaire déclaré des doctrines régnantes; il devint donc prédicateur de quelques communautés dissidentes, et s'y montra l'apôtre intolérant du socialisme. Il trouva toutefois un protecteur généreux en lord Shelbourne, plus tard marquis de Landsdown; celui-ci le prit pour chapelain, ce qui l'empêcha de tomber dans une situation trop précaire.

Heureusement pour la science, on lui refusa la place d'aumônier dans la deuxième expédition du capitaine *Cook*, à cause de son incrédulité. Mais, à partir de ce moment jusqu'au jour fatal du 14 juillet 1791, où le peuple de Birmingham, l'accusant de sympathies pour la République française, pilla sa maison, celle de ses amis et brûla tout ce qui s'y trouvait, sa vie ne nous offre qu'une longue suite de persécutions et de malheurs. Il faut reconnaître qu'il les avait attirés par son humeur querelleuse et son caractère passionné.

Pour se convaincre de sa passion, il suffit de lire ses mémoires. Il ne cite pas une seule personne, sans examiner ses idées religieuses avec une scrupuleuse sévérité. Il avait un ami avec lequel il causait volontiers de chimie, mais comme il ne partageait pas sa manière de voir au point de vue religieux, ils ne parlaient jamais de religion. Par contre, ils épanchaient toute leur amertume dans les livres et dans les brochures qu'ils échangeaient.

Un caractère si violent et si intolérant ne pouvait longtemps se plaire dans sa patrie. En 1794, il partit pour l'Amérique du Nord, et s'établit en Pensylvanie, sous la protection du président Jefferson, et finit par y vivre tranquille. Il mourut le 6 février 1804, probablement des suites d'un empoisonnement.

Bien que *Priestley* répète sans cesse qu'il n'est pas chimiste et qu'il n'entend rien à la chimie, ce sont incontestablement ses découvertes dans cette science qui ont immortalisé son nom. Dans ses recherches sur les gaz, il découvrit : l'oxygène, le protoxyde d'azote, l'oxyde de carbone, le gaz ammoniaque, l'acide sulfureux, l'acide chlorhydrique et le fluorure de silicium. Ces découvertes, qu'il commença à publier dans son ouvrage, *Experiments and observations on different kinds of air* (3 vol., London 1774), ont essentiellement contribué à l'établissement de la chimie moderne. Malheureusement, avec tous ces matériaux il ne sut pas élever un nouvel édifice, et après que *Lavoisier* eût établi les nouvelles bases de la chimie, il demeura attaché à l'ancienne théorie de

Stahl. On l'entendit même, en 1800, élever la voix en faveur du phlogistique, depuis longtemps relégué dans le royaume des chimères.

Son attitude en physique fut à peu près la même, notamment en ce qui concerne les théories électriques. Il avait été amené à s'en occuper par suite de ses relations avec *Franklin*. Nous ne lui devons dans ce domaine aucune découverte qu'on puisse comparer avec celles qu'il fit en chimie ; il a fait cependant un grand nombre de travaux isolés qui ont provoqué des recherches plus approfondies. Ainsi, il étudia la conductibilité du verre en fusion, de la glace, dont il tira, après l'avoir électrisée, des étincelles de 1 pouce de long : il déchargea aussi une bouteille de Leyde à travers la flamme d'une chandelle[1]. Ses observations sur la lumière électrique dans l'hydrogène sont encore à signaler, de même que celles qu'il a faites sur les anneaux nommés d'après lui *anneaux* de *Priestley*. Il a rendu aussi à la science un véritable service en publiant son *History and Present state of electricity*, Lond., 1767, *Additions* 1770, qui lui a valu une grande réputation parmi ses contemporains.

ÉLECTROPHORE. — CONDENSATEUR. — BALANCE DE TORSION.

354. — Parmi les expériences que fit *Robert Symmer*, pour appuyer son hypothèse des deux électricités, il s'en trouve plusieurs ayant pour but l'étude des phénomènes qui se produisent quand on charge deux disques de verre recouverts d'étain sur les deux faces ou sur une seule, et disposés, l'un par rapport à l'autre, de différentes manières[2].

Les observations de *Symmer* conduisirent, en 1769, le P. *Beccaria* de Turin à entreprendre un travail, dans lequel il employa des disques de verre à armatures mobiles, afin d'en étudier l'état avant et après la décharge. Il arriva ainsi à cette opinion singulière, que le verre a la propriété de céder d'abord de l'électricité à l'armature, mais de la reprendre ensuite à cette armature pendant la décharge. Cette électricité qui réapparaît sur la lame de verre, *Beccaria* l'appelait *Electricitas vindex*.

Cette *Electricitas vindex* fournit à un grand physicien la première occasion de se faire connaître du monde savant — le célèbre Volta — qui donna plus tard à l'étude de l'électricité une impulsion toute nouvelle, en lui ouvrant des horizons dont on ne soupçonnait pas même l'existence. *Volta* ne voulut pas admettre qu'un isolateur électrisé, mis en contact avec un conducteur, lui cédât son électricité, pour la reprendre ensuite au moment de la séparation. Il soutint, au contraire, que les électricités, tant qu'elles se trouvaient dans leurs sphères d'action réciproques, se maintenaient en équilibre ou se neutralisaient, c'est-à-dire s'unissaient l'une à l'autre. Il le démontra au moyen d'un conducteur isolé posé sur un gâteau de résine électrisé, et comme celui-ci conservait très longtemps son électricité, il fut conduit ainsi à la construction de l'appareil auquel il donna le nom d'*électroforo perpetuo*.

1. Fischer, *Gesch. d. Phys.*, V, 660, 663.
2. *Ibid.*, V, 708, s.

Ce fut en décembre 1775, dans une lettre adressée à *Priestley*, que *Volta* décrivit cet instrument si important pour la théorie et la pratique[1]. Il consiste en trois parties principales : 1° une forme métallique ronde à bords relevés, le *plateau;* 2° un disque d'une substance conductrice, verre, résine, soufre, etc., nommé *gâteau;* 3° une pièce d'un corps bon conducteur, de bois par exemple, recouvert de fer-blanc ou d'étain, appelé *couvercle* ou bouclier et qui est suspendu à des fils de soie. Le plateau et le couvercle doivent, autant que possible, être polis et sans angles; le gâteau ne doit avoir ni fentes ni boursouflures : il doit être de la même hauteur que le bord du plateau et dépasser d'au moins 1 pouce le couvercle placé au-dessus[2].

Au fond, l'électrophore n'était pas une nouveauté : tous les phénomènes que présente un gâteau de résine électrisé se retrouvent aussi, mais affaiblis, dans un disque de verre électrisé. Or *Wilke*, notre compatriote, avait, dès 1762, signalé dans celui-ci toutes les propriétés que *Volta* indique dans son électrophore[3] : il est vrai que *Wilke* n'avait pas songé à en faire un appareil spécial, comme il le reconnaît lui-même dans un mémoire ultérieur de 1777. Ces deux mémoires de Wilke valent encore la peine d'être lus de nos jours, car les phénomènes que présentent un disque de verre électrisé et l'électrophore y sont étudiés avec une rigueur qu'on ne rencontre pas ailleurs. Il en est ainsi notamment de la réfutation de l'« Electricitas vindex » de *Beccaria*, dont l'inadmissibilité est démontrée point par point.

Grâce à tous les travaux faits jusqu'alors, les phénomènes de la charge électrique, du partage et de la communication de l'électricité semblaient si bien élucidés, qu'on aurait pu croire leur étude terminée. Il s'écoula en effet plus de cinq ans, sans qu'on fît sur ce sujet aucun progrès remarquable. Mais en 1783 *Volta* accomplit un de ces progrès, par l'invention du *condensateur*, instrument ayant pour objet de renforcer les effets des charges électriques faibles, de façon à les rendre appréciables : il le décrit dans le *Journal de Physique* de 1783.

Volta, qui s'était déjà occupé de mesurer l'électricité, et qui avait imaginé dans ce but l'électromètre à pailles (§ 349), songea aussi plus tard au moyen d'augmenter la sensibilité des électromètres. — C'est pour cela qu'il munit l'électromètre de la mèche d'une chandelle ou d'un petit morceau de soufre enflammés, ainsi qu'il le dit dans une de ses lettres sur la météorologie, adressée à Lichtenberg, en 1787. Cet emploi de la flamme d'une chandelle permet, en même temps, d'expliquer pourquoi celle-ci possède à un aussi haut degré la propriété de décharger les corps électrisés. *Priestley*, ainsi que d'autres observateurs, avaient depuis longtemps fait cette remarque, mais ils n'avaient pu l'expliquer ou n'avaient pas cherché à le faire.

Horace Bénédict Saussure modifia l'appareil de *Volta*, en prenant de l'amadou enflammé au lieu d'une chandelle, ce qui rendit l'instrument plus propre aux observations à l'air libre.

Un autre perfectionnement de l'électromètre fut réalisé, à la fois, par

---

1. *Scelta di opuscoli interessanti*, t. IX, t. X. Milano, 1775.
2. Fischer, *Gesch. d. Phys.*, VIII, 281, 283.
3. *Mém. suédois*, t. XXIV.

Volta et *Bennet*, en 1787 : il consiste dans la réunion du condensateur et de l'électromètre. Cette même année, *Bennet* décrivit aussi son *duplicateur*, destiné à condenser de faibles traces d'électricité. Il consiste en trois plateaux de laiton A B C, de trois à quatre pouces de diamètre. Le plateau inférieur A est recouvert, sur sa face supérieure, d'une mince couche de vernis ; il en est de même pour la face inférieure du plateau supérieur C. Le plateau intermédiaire est poli sur les deux faces ; A et C le sont sur les côtés qui ne sont pas vernis. En outre, B et C sont munis de manches isolés qui permettent de les placer l'un sur l'autre et de les enlever. D'abord B est placé sur A ; ensuite, le plateau A est chargé de l'électricité qu'on veut étudier, comme dans le condensateur. Cela fait, on enlève B, on place C au dessus, de manière à former un autre condensateur. Si l'électricité communiquée d'abord au plateau A était positive, B s'est chargé négativement et C positivement. L'électricité positive de C est de nouveau transmise au plateau A, par une disposition semblable à la première, ce qui double à peu près la charge que celui-ci contenait déjà. En répétant les mêmes opérations, on peut ainsi augmenter cette charge d'une manière notable.

Quelque ingénieuse que fût cette disposition, les indications qu'elle fournissait étaient souvent douteuses : elle donnait souvent, dans la même expérience, des résultats contraires, et lorsqu'on avait chargé le plateau A d'une électricité connue, elle indiquait parfois une électricité contraire. *Cavallo*, qui étudia ces anomalies, en trouva la raison dans les couches de vernis, qui s'électrisent elles-mêmes, conservent leur électricité, et influent ainsi très fortement sur le résultat.

355. — S'il est vrai qu'on eût déjà réuni un grand nombre d'observations sur les phénomènes électriques, il n'en restait pas moins beaucoup, sinon tout à faire, pour relier ces phénomènes entre eux par une théorie exacte. *Æpinus*, dans son *Tentamen theoriæ electr.* 1759, et plus tard *Cavendish*, dans les *Phil. Transact.* de 1771, avaient bien cherché à établir une théorie mathématique de l'électricité, mais ils manquaient encore de base ; ils n'avaient pas de données numériques exactes pour la contrôler. Et non seulement on ne possédait pas alors de mesures certaines, mais on ne connaissait pas de méthode pouvant en donner. On avait alors, pour tout instrument de mesure, l'électromètre, et celui-ci répondait encore d'une manière bien imparfaite à son nom. Cette lacune fut comblée, pour la première fois, par *Coulomb*.

Charles Augustin Coulomb naquit en 1736 à Angoulême. Très jeune encore il vint à Paris et montra un goût marqué pour les mathématiques, mais différentes circonstances l'empêchèrent de s'appliquer à cette science. Il entra dans l'armée comme ingénieur, et fut envoyé à ce titre dans les colonies françaises des Indes occidentales. Il y demeura pendant neuf ans, et fut chargé de l'inspection de plusieurs établissements publics ; mais sa santé, altérée par le climat, le força à retourner en Europe. A partir de ce moment, il commença à s'occuper de travaux scientifiques, qu'il communiquait de temps à autre à l'Académie de Paris. En 1779, il partagea avec *van Swinden* le prix que l'Académie avait institué pour la meilleure construction du compas de mer. Deux ans plus tard, en 1781, il reçut le prix pour son traité sur la théorie des machines simples, travail important, dans lequel il tient compte du frottement des surfaces et de la rigidité des cordes.

Dans cette même année 1781, *Coulomb* devint membre de l'Académie de Paris, et justifia le choix qu'on avait fait de lui, par son beau mémoire intitulé : *Recherches théoriques et expérimentales sur la force de torsion et sur l'élasticité des fils de métal* (*Mém. de Paris*, 1784). Ce travail, auquel il avait été conduit en s'occupant de la boussole marine, est de la plus grande importance, surtout à cause de ses applications. Il contribua à l'invention de ce délicat instrument qui est partout employé depuis lors pour mesurer avec exactitude de faibles forces, je veux parler de la *balance de torsion*.

Cette balance permet de mesurer les forces magnétiques et électriques, par la rotation d'un fil métallique fin, suspendu dans l'axe d'un cylindre de verre assez élevé. Voici quelle est sa disposition essentielle. Le cylindre de verre est recouvert d'un disque, au milieu duquel tourne un pivot métallique, dont la partie inférieure est munie d'une pince, qui saisit le fil tandis que la partie supérieure porte un indicateur. Celui-ci se déplace sur le disque dont le limbe est divisé, et donne en degrés l'angle dont on a fait tourner le fil à l'aide du pivot. A la partie inférieure du fil, est suspendue horizontalement une aiguille de gomme laque, avec une petite boule de moelle de sureau à l'une des extrémités : une deuxième boule de sureau est fixée à l'extrémité d'un support non conducteur, disposé de telle sorte qu'elle touche la première lorsque le fil est sans torsion. Dans le plan horizontal qui passe par ces boules, est une graduation circulaire tracée sur le cylindre de verre, et dont le zéro correspond à la boule fixe. Avant de commencer une expérience, l'aiguille et l'indicateur supérieur doivent se trouver au zéro de leurs divisions, et les boules de sureau doivent être en contact. Mais dès que celles-ci ont été électrisées, elles se repoussent, et l'aiguille et le fil tournent en même temps. Si l'on fait alors tourner le fil en sens contraire à l'aide du pivot supérieur et de l'indicateur, on produit un rapprochement des deux boules, et en mesurant les deux rotations on peut établir exactement un rapport entre la force électrique et l'élasticité du fil.

On a reconnu depuis, que l'Anglais *John Michell*, celui-là même qui a imaginé la méthode mise en œuvre par *Cavendish*, en 1798, pour déterminer la densité moyenne de la terre, avait déjà eu auparavant l'idée de la balance de torsion : il l'avait appliquée à mesurer les chocs présumés des rayons solaires. Mais, lorsque *Coulomb* publia son mémoire, on ne savait rien de cela, et d'ailleurs il a le mérite d'avoir le premier démontré les lois sur lesquelles repose cet instrument, lois sans lesquelles on n'en pourrait faire aucune application. Il montra, en effet, que la force qui produit une torsion μ est donnée par la formule

$$ F = \mu\,\alpha\,\frac{r^2}{l} $$

dans laquelle r est le rayon du fil tordu, l la longueur du fil, μ un coefficient différent pour les différentes substances, et α l'angle de rotation.

L'application que *Coulomb* fit de cette balance de torsion, est précisément ce

qui nous a amené à parler ici de ce physicien distingué. Dans une série de
7 articles publiés de 1785 à 1789 dans les *Mémoires de Paris*, il donne les lois
de l'attraction et de la répulsion électrique, et les lois de la distribution de l'é-
lectricité sur les conducteurs. Toutes ces lois ont été établies, à l'aide de la
balance, avec un soin et une exactitude qu'aujourd'hui même on doit se proposer comme exemple.

Voici les principaux résultats auxquels il parvint dans ces recherches :

1° Il y a deux fluides électriques, un fluide positif et un négatif.

2° Les molécules de chacun de ces deux fluides se repoussent mutuellement.

3° Les molécules de l'un attirent celles de l'autre.

4° Les attractions et les répulsions s'exercent en raison inverse du carré des
distances.

5° Le fluide électrique ne se répand pas sur les conducteurs par suite d'une
affinité chimique ; il se distribue uniquement d'après leur forme et leur position, en vertu de la force répulsive de ses molécules.

6° Dans les conducteurs, le fluide électrique se répand seulement sur la surface et ne pénètre pas à l'intérieur.

7° Dans les corps isolants l'électricité, au contraire, pénètre aussi à l'intérieur.

8° Le fluide électrique ne forme pas une atmosphère autour des corps : les
attractions et les répulsions électriques ont lieu par une action à distance des
fluides qui se trouvent sur ou dans les corps.

9° Dans l'état naturel, les deux électricités sont réunies dans les corps, et
c'est pourquoi elles ne peuvent exercer aucune action. Lorsqu'on frotte deux
corps l'un contre l'autre, ces électricités se séparent ; l'un des corps prend l'électricité positive, l'autre l'électricité négative.

Les travaux de *Coulomb* forment, pour ainsi dire, la clef de voûte de toutes
les recherches qui ont été faites sur l'électricité statique, non pas seulement
pendant le xviii⁰ siècle, mais aussi pendant le xix⁰. C'est en s'appuyant sur eux
que *Poisson* a pu entreprendre, en 1811 et en 1824, ses profondes recherches
analytiques sur la distribution de l'électricité dans les conducteurs. Ces recherches, il est vrai, n'ont pas étendu nos connaissances sur la nature de cet agent
mystérieux, mais elles n'en sont pas moins d'une grande importance pour les
études qui pourront être faites ultérieurement dans cette direction.

Coulomb vécut longtemps encore après cette époque qui a immortalisé son
nom, et ne délaissa point la science. Pendant la tourmente révolutionnaire,
l'Académie ayant été dissoute, comme on le sait, il quitta Paris et se retira dans
une petite propriété, près de Blois. Lorsque l'Académie fut rétablie, sous le nom
d'Institut, il y reprit sa place, qu'il occupa dignement. En 1800, il publia
encore, sur le magnétisme et sur la cohésion des liquides, deux mémoires qui
possèdent toute la précision et l'exactitude qu'on retrouve dans ses autres
travaux.

Il mourut d'épuisement, à Paris, le 23 août 1806, à l'âge de 70 ans, vivement regretté de tous ceux qui l'approchaient et l'estimaient, non seulement
pour sa science, mais aussi pour la droiture de son caractère.

SOURCES D'ÉLECTRICITÉ.

356. — Après les travaux de *Coulomb*, comme nous l'avons dit, il se produisit dans l'étude de l'électricité statique un temps d'arrêt considérable pendant lequel on ne fit aucun progrès important. C'est ainsi que les propriétés déjà observées de l'électricité dynamique, la production de lumière et de chaleur, aussi bien que les effets physiologiques et magnétiques, demeurèrent, quelque remarquables qu'ils fussent, des faits isolés. Nous voulons mettre ce moment d'arrêt à profit pour jeter un coup d'œil sur les développements que reçut l'électricité sur d'autres points, et tout d'abord, par la découverte de nouvelles sources d'électricité.

Jusqu'à *Franklin* on n'en connut qu'une seule source, le frottement. Il ajouta à cette source unique une deuxième, l'atmosphère, l'électricité naturelle. Notre compatriote *Wilke* en découvrit une troisième en 1757, et la nomma « Electricitas spontanea » ; c'est celle qui se produit dans le refroidissement des substances en fusion, mais qui est peut-être due uniquement au frottement des molécules les unes sur les autres. Il la découvrit en faisant fondre du soufre, de la cire et autres substances dans des vases de différentes matières, et en les faisant refroidir pendant qu'il les mettait en communication avec le sol.

Dans les vases de verre, le soufre fondu s'électrisait négativement par le refroidissement ; le verre, au contraire, était électrisé positivement surtout quand il était recouvert de métal. La cire d'Espagne se comportait de même dans un vase de verre, mais, dans un vase de soufre, elle s'électrisait positivement et le soufre négativement. *Dufay* aurait déjà fait d'ailleurs des observations du même genre[1].

La tourmaline en présente une nouvelle source (§ 13). Si celui qui, le premier, mit ce cristal au nombre des substances électriques doit être regardé comme en ayant découvert les propriétés, ce serait au grand *Linné* que reviendrait cet honneur, car dans la préface de la *Flora Ceylanica*, en 1747, il nomme la tourmaline « Lapis electricus ». Pour quels motifs lui donne-t-il ce nom ? — Il ne le dit pas ; mais c'est sans doute pour des raisons semblables à celles qui ont fait donner à ce corps communément le nom d'aimant de Ceylan, après que *Lemery*, en 1717, en eut montré les propriétés à l'Académie de Paris. Ces deux dénominations viennent évidemment d'une vague analogie qu'on établissait entre les phénomènes observés dans la tourmaline et ceux que présentent les corps électrisés ou magnétiques, bien qu'on n'eût à cette date, jamais prouvé, dans la tourmaline, l'existence de l'électricité ou du magnétisme. C'est ce qui résulte du reste du fait que ni *Lémery* ni *Linné* ne connaissaient les conditions indispensables à la production des effets étonnants de la tourmaline.

Ce fut *Æpinus* qui prouva, le premier, que les phénomènes observés dans la tourmaline étaient dus à un développement d'électricité, et il doit par conséquent

1. Priestley, *Hist. de l'électr.*, p. 147, 808. — *Mém. suédois*, XXVIII, p. 102.

être considéré comme ayant trouvé cette source d'électricité. Il fit cette découverte, à Berlin, en 1757, alors que *Wilke* y demeurait et habitait la même maison que lui. *Æpinus* avait reçu cette tourmaline, qui leur était auparavant inconnue à l'un et à l'autre, de l'ingénieur des mines, *Lehmann*, métallurgiste distingué qui fut appelé en 1761 à Pétersbourg, et mourut en 1767, tué par l'explosion d'un creuset rempli d'arsenic.

Æpinus apprit de *Lehmann* que la tourmaline, placée sur des charbons ardents, acquiert la propriété d'attirer les corps légers et bientôt après de les repousser. Ceci le détermina à faire de nouvelles études sur cette pierre, et voici les résultats auxquels il arriva :

1° La tourmaline également chauffée des deux côtés ne donne pas trace d'électricité ;

2° Elle en donne, au contraire, quand une de ses extrémités est plus chaude que l'autre ;

3° Les extrémités du cristal donnent des électricités opposées, et la production de cette électricité est liée à certains points invariables du cristal ; en un mot, le cristal a ou prend des pôles électriques.

Dans ses recherches ultérieures, *Æpinus* trouva encore qu'en coupant la tourmaline, les morceaux ont également deux pôles, comme c'est le cas dans l'aimant.

Cependant *Wilson*, à Londres, et le duc de *Noya Caraffa*, à Paris, s'étaient procuré des tourmalines, et tous deux, à l'exemple d'*Æpinus*, firent, en 1759, des recherches, qui confirmèrent en général celles de ce savant, mais en différaient aussi par quelques résultats.

Cés différences et ces contradictions furent bientôt expliquées par un mémoire de *Torbern Bergmann*, 1766, grâce auquel nous sommes enfin arrivés à une connaissance exacte des propriétés électriques de la tourmaline [1]. Ce savant démontra que ce n'est point la chaleur, la température en elle-même, qui rend a tourmaline électrique, mais bien les variations de température, l'échauffement et le refroidissement, et que, lorsqu'on chauffe la tourmaline, un des pôles devient positif, l'autre négatif : les électricités opposées se produisent aux mêmes pôles pendant que la tourmaline se refroidit. C'est ainsi qu'il put expliquer une observation de *Wilson*, qui avait remarqué une même électricité aux deux pôles de la tourmaline : c'est que dans l'expérience l'un des pôles s'échauffait et l'autre se refroidissait.

Bref, ces propriétés furent de nouveau constatées et étudiées par *Wilke* avec plus d'exactitude [2]. On découvrit bientôt que la tourmaline n'est pas la seule substance présentant ces propriétés électriques remarquables, et que d'autres cristaux la possédaient également.

Wilson les constata, en 1759, dans l'émeraude du Brésil, et *Canton*, en 1760, dans la topaze du Brésil. Au commencement de ce siècle, le célèbre minéralogiste *Haüy* a augmenté considérablement le nombre des cristaux présentant cette propriété [3].

1. *Mém. suédois*, XXVIII, p. 58, 1766.
2. *Ibid.*, XXVIII, 95 ; XXX, 1, 1768.
3. Voir le *Traité d'électricité statique de M. Mascart*, t. II, p. 191 et suiv. (Tr.)

357. — Dans le cours du XVIII° siècle, on découvrit une cinquième source d'électricité dans l'organisme des êtres vivants, dans certains poissons : la raie électrique, « Raia torpedo », la gymnote électrique, et le silure.

La torpille électrique, qui vit dans les mers du sud de l'Europe, fut, à cause même de la situation géographique de ces mers, le premier poisson dans lequel on reconnut la merveilleuse propriété de donner de violentes secousses. *Réaumur* en parle déjà dans les *Mémoires de Paris*, 1714, mais il est encore bien loin de reconnaître dans cette commotion un phénomène électrique ; il la croyait purement mécanique, et due à un mouvement musculaire très rapide du poisson. Peu, à peu on commença à soupçonner la présence de l'électricité dans ces secousses, surtout quand on entendit parler par les voyageurs des commotions incomparablement plus fortes que donne l'anguille de Surinam (Gymnote). Mais ce n'était qu'une simple conjecture, et même les deux poissons si différents l'un de l'autre par leur forme, la torpille et la gymnote, furent souvent confondus ensemble. *Musschenbroeck* et même *Priestley* ne surent pas reconnaître la différence qui existe entre eux.

Ce fut l'Anglais Dr *John Walsh* qui prouva que les commotions produites par la torpille sont de nature électrique, à la suite d'une série d'expériences qu'il fit à la Rochelle, dans l'été de 1772, et qu'il publia dans les *Philosoph. Transactions* de 1773. Il fit passer la commotion à travers 4 et 8 personnes, et montra que pour la ressentir, il fallait toucher le poisson à la fois sur sa face inférieure et sur sa face supérieure. Il fit voir aussi que la commotion était plus forte dans l'air que dans l'eau, et qu'elle ne se produisait pas quand il y avait de la cire d'Espagne ou du verre dans le circuit. Les expériences de *Walsh* furent bientôt confirmées par *Ingenhouss, Spallanzani* et autres. L'anatomiste *John Hunter* montra que ce poisson possède un organe spécial très compliqué pour produire l'électricité[1].

Ce fut le Français *Broussonnet* qui fit connaître, d'une manière plus exacte, le Silure électrique, que l'on rencontre dans le Nil et quelques autres fleuves de l'Afrique. Le Suédois *Forskal*, dans un voyage en Egypte et en Arabie 1761-1763, l'avait déjà vu et décrit, mais d'une façon fort incomplète. Jusqu'à présent on a très peu étudié le silure électrique. On connaît beaucoup mieux la torpille et la gymnote, surtout depuis qu'on les a plusieurs fois apportés vivants en Europe, le plus souvent à Paris et à Londres.

Les phénomènes de cette électricité animale sont, de nos jours encore, entourés d'une grande obscurité, malgré les travaux de *Cavendish*, qui s'est efforcé de reproduire l'effet de la torpille, au moyen de bouteilles électriques[2], et malgré les nombreuses expériences faites de notre temps pour les expliquer.

1. J. Hunter, *Philos. Transact.*, 1773.
2. *Philos. Transact.*, 1776.

GALVANISME[1].

358. — Aux cinq sources d'électricité connues jusqu'à présent vient s'en ajouter une sixième, découverte vers la fin du XVIIIe siècle, et dépassant en efficacité toutes les autres. Cette découverte de la plus grande importance est due au hasard, qui a toujours joué un grand rôle dans les sciences d'observation en général, et spécialement dans l'histoire de l'électricité.

Aloys Galvani, professeur d'anatomie et d'accouchement à l'Université de Bologne, sut mettre à profit une circonstance purement fortuite pour ouvrir de nouveaux domaines à la science. Sa femme souffrait d'une maladie de poitrine, et les médecins lui avaient ordonné du bouillon de cuisses de grenouilles. *Galvani* avait coutume, par un sentiment de délicate sollicitude pour sa femme, et à cause de son habileté comme anatomiste, de les dépouiller lui-même. Un jour, que des grenouilles préparées se trouvaient sur sa table, le hasard voulut que son aide appuyât la pointe d'un scalpel sur leurs nerfs cruraux, en même temps qu'une autre personne tournait, sans intention particulière, une machine électrique qui se trouvait dans la chambre et en tirait des étincelles. Immédiatement les grenouilles furent animées de convulsions violentes.

Galvani venait précisément de quitter la chambre, mais sa femme s'y trouvait encore ; et ce fut elle qui fit la remarque que les grenouilles avaient des mouvements convulsifs, toutes les fois que l'on tirait une étincelle du conducteur. Elle fit part à son mari de son étrange observation. *Galvani* revint, se convainquit de l'exactitude du fait, et s'appliqua avec d'autant plus d'ardeur à l'étude de ces phénomènes qu'il crut y voir la confirmation d'une de ses hypothèses favorites, celle d'une électricité spéciale aux animaux.

Il fut amené par là à rechercher si l'électricité atmosphérique agirait sur les grenouilles préparées, de la même façon que les étincelles de la machine électrique. Par les temps d'orage le fait se confirma : chaque éclair produisait des convulsions chez les grenouilles, tandis qu'un simple éclair de chaleur ou les oscillations électriques de l'air, perceptibles seulement au moyen de l'électromètre n'étaient accompagnés d'aucun effet.

Pour faire ces expériences, il avait suspendu les grenouilles à la balustrade de fer du balcon de son appartement, au moyen d'un fil métallique, qui passait par la moelle épinière, et était probablement attaché à une ficelle. Un jour, il suspendit de cette façon un certain nombre de grenouilles pour étudier leurs convulsions, mais quelque longtemps qu'il attendît, il ne se produisit rien. Fatigué d'observer, il plia par mégarde (et c'est encore là un hasard dans sa grande découverte) le fil de métal qui passait dans la moelle épinière, tout contre la balustrade. Une sorte d'arc métallique faisait donc communiquer la moelle épinière des grenouilles avec leurs pattes, qui étaient en contact avec

---

1. Pour plus de détails sur les expériences de Galvani et de Volta, voir L. Figuier, *Découv. scient. modernes*, t. IV, p. 280, 1857. (Tr.)

l'appui de fer du balcon. Les convulsions recommencèrent aussitôt, et il se convainquit qu'elles n'avaient aucun rapport avec l'électricité atmosphérique. Il répéta les expériences dans la chambre : il fit communiquer les organes des grenouilles au moyen de plaques de divers métaux, et put ainsi produire les convulsions à volonté.

C'est de cette manière que fut faite la grande découverte dont l'ensemble a reçu le nom de galvanisme, et que *Galvani* fit connaître sous ce titre : *De viribus electricitatis in motu musculari commentarius*, dans les *Commentaires de l'Académie des sciences de Bologne*, 1791. Généralement on indique l'année 1790, comme celle de la découverte. Il est vrai qu'on a cherché plus tard à prouver que *Galvani* avait déjà fait, dès 1780, des expériences sur l'électricité avec des grenouilles, mais l'authenticité de notre récit, qui courait les rues de Bologne, et que les Français *Alibert* et *Sue* ont complété par des renseignements privés, n'est nullement infirmée par là. Il parut même, à Bologne, un sonnet sur *Galvani*, où l'on attribue uniquement à sa femme *Lucia Galeazzi* le mérite de la découverte :

« Ce fut elle, et non toi, qui trouva dans les membres des grenouilles dépouillées le nouveau principe de vie. »

A la vérité, il est prouvé que longtemps avant *Galvani*, on avait observé les convulsions des grenouilles, sous l'influence de l'électricité, et qu'à Bologne même, un membre de l'Institut de cette ville, *Caldani*, avait déjà lu un mémoire sur ce sujet, le 15 novembre 1756. Mais tout cela ne diminue en rien le mérite de *Galvani*. Quand bien même, ce qui n'est pas prouvé, il en aurait eu connaissance, il a toujours le grand mérite d'avoir reconnu l'importance du phénomène, de lui avoir donné sa valeur scientifique, et par le chemin qu'il a frayé, d'avoir contribué à attirer sur sa découverte les regards du monde savant.

Son appareil consistait, comme nous venons de le voir, en une cuisse de grenouille et un arc métallique. Où est la source de l'électricité qui produit les convulsions ?

Telle fut naturellement la première et la principale question qui occupa *Galvani*. La cause est-elle dans la grenouille ou dans le métal ? Nous savons actuellement que la source de l'électricité se trouve dans les deux ; et, par conséquent, sa grande découverte fut double.

Galvani, en sa qualité de médecin et d'anatomiste, se déclara en faveur de la première hypothèse, et se persuada qu'il fallait chercher la cause de l'électricité dans la cuisse des grenouilles. Celle-ci, à son avis, représentait une bouteille chargée qui se déchargeait par l'arc métallique ; toutes ses expériences ultérieures n'ont pour but que de confirmer cette théorie de la bouteille, et de prouver par là l'existence de l'électricité animale si développée dans les poissons électriques. C'était l'espoir de trouver la solution des problèmes les plus intimes de la vie, qui animait, non seulement *Galvani*, mais la plupart des physiciens et physiologistes de toute l'Europe, dans leurs innombrables expériences.

Même *Volta*, qui jouissait déjà d'une grande autorité parmi les physiciens, avait d'abord adopté les idées de son compatriote, mais peu de temps après, son coup d'œil exercé et pénétrant découvrit que la partie la plus essentielle du nouveau phénomène n'avait pas encore été trouvée. S'appuyant sur les propres observations de *Galvani*, qui avait remarqué qu'un arc métallique formé de deux métaux différents produisait des effets plus forts, il arriva, en poursuivant ses recherches, à la conviction que dans l'expérience de la grenouille, la source de l'électricité se trouvait dans le métal seul. Il alla trop loin dans cette voie, comme nous le savons aujourd'hui, mais sa manière de voir n'en était pas moins beaucoup plus féconde pour la science : elle devait donc être développée, tout d'abord, avant qu'on songeât à donner suite aux idées de *Galvani*.

Ce dernier, avec sa théorie, ne trouva plus aucun fait important. *Volta*, au contraire, avec la sienne, découvrit un instrument qui, dans l'espace de quelques années, lui permit de faire une série de découvertes importantes, et enfin, en 1800, il fit la plus brillante de toutes, en construisant la pile qui porte encore son nom, et qui est son plus beau titre de gloire près de la postérité.

La pile de *Volta*, qui fit connaître l'électricité sous la forme de courants continus, ouvrit aux recherches scientifiques un champ vaste et original, que la physique n'avait jamais soupçonné jusqu'alors. Elle termine dignement la série des grandes découvertes et des inventions que le dix-huitième siècle nous a léguées, au moment de disparaître, et qui doivent nous servir de modèle et exciter notre émulation.

FIN

TABLE GÉNÉRALE

PREMIÈRE ÉPOQUE

DEUXIÈME ÉPOQUE

TROISIÈME ÉPOQUE

QUATRIÈME ÉPOQUE

FIN DE LA TABLE GÉNÉRALE

TABLE ANALYTIQUE DES MATIÈRES

applications de l'électricité en médecine, 530.

KUNCKEL invente le rubinglas (verre de rubis), 276; découvre le phosphore, 277.

L

LACAILLE, révision de la mesure du degré de Picard, 460; de Cassini, 465; sa mesure au Cap, 466.

LAGRANGE, vitesse de propagation du son, d'après la théorie et l'expérience, 485; forme des vibrations d'une corde, 491; relation entre les battements et les sons tartiniques, 498.

LA HIRE (de), détails biographiques, 477; expériences sur la résistance de l'air, 432; causes des variations barométriques, 450; origine des sources, 305, 454; observations sur la quantité de pluie tombant en un lieu, 456; sonorité, vibration des molécules, 495; mesure d'un degré en France, 460.

LANA, ballon à air, 267.

LANGREN, veut déterminer les longitudes géographiques par les taches de la lune, 177.

LANTERNE MAGIQUE, titres de Porta et de Kircher à son invention, 79, 265; description par Deschales, 79; par Hooke, 358.

LARMES BATAVIQUES, leur histoire; leurs rapports avec les flacons de Bologne, 251, 252.

LATITUDE GÉOGRAPHIQUE, détermination de la latitude géographique par Tycho-Brahe au moyen de la hauteur polaire, 88; par Gilbert, au moyen de l'inclinaison magnétique, 169.

LÉGÈRETÉ, théorie d'une légèreté absolue réfutée par l'Académie del Cimento, 244; par Boyle, 291.

LENTILLES, connues des anciens, 11; combinaison de lentilles de Fracastoro, 74; de Porta, 78; détermination du foyer dans les lentilles planes et biconvexes par Keppler, 101; dans les lentilles de tout genre par Cavalieri, 102, 207; foyers des rayons parallèles et non parallèles par Barrow, 102, 404; formule générale de Halley; Maurolykus observe l'aberration de sphéricité dans les boules de verre; Keppler dans les lentilles, 102.

Lentille hyperbolique de Descartes, 193; procédé de Huyghens pour tailler les verres télescopiques, 392; grande lentille de Tschirnhausen, 270; lentilles creuses remplies d'eau ou d'autres liquides de Burattini, 230; lentilles de verre fondu de Tor-

ricelli, 229, 357; lentilles de glace et de diamant, 219.

LEEUWENHOEK, ses observations microscopiques, 357.

LEIBNITZ, machine à calculer, 201; sur la brachystochrone, 372; cause des variations barométriques, 451; invente le calcul infinitésimal, 435.

LE MONNIER (Louis-Guillaume), détails biographiques, 519; pour charger la bouteille de Leyde il faut que l'armature extérieure communique avec le sol; il décharge la bouteille de Leyde à travers un fil de fer de 2000 toises de long; vitesse de l'électricité, 520; preuve de l'électricité atmosphérique, 529.

LÉONARD DE VINCI, première observation de la diffraction, 66, 210; de la capillarité, 66, 248; application de la chambre obscure à la théorie de la vision, 66; explication de l'azur du ciel, 228.

LEVIER, est la base de toutes les machines, d'après del Monte, 70; le problème dés leviers courbes ou coudés d'après Benedetti, 75.

LEYDE (bouteille de), voir ÉLECTRICITÉ.

LIBAU, chlorure d'étain liquide; premier traité de chimie en Allemagne, 274, 275.

LICHTENBERG introduit dans la langue de la science les termes « électricité positive et électricité négative »; ses figures, 536.

LIGNES DIA ET CATA-CAUSTIQUES, indications de Maurolykus, 76; recherches du baron de Tschirnhausen; de Jacques Bernoulli, 271.

LINNÉ, appelle la tourmaline une pierre électrique, 543.

LINUS, nie la pression atmosphérique, 292; adversaire de la théorie des couleurs de Newton, 410.

LIPPERSHEY, inventeur de la lunette, 110.

LIQUOR FUMANS, *Boylii sive Beguinii*, 296.

LISTER, cause des variations barométriques. 450.

LOGARITHMES, inventés par Borgen et Napier, 375.

LONGITUDE GÉOGRAPHIQUE, Galilée veut la déterminer au moyen des satellites de Jupiter; Peiresc également, 113; calculs de Renieri, concernant les satellites de Jupiter, 159; Werner et autres cherchent à déterminer la longitude, au moyen des éclipses de lune et des distances de cet astre aux étoiles fixes, 158; Euler et Tobias Mayer obtiennent le prix pour des perfectionnements apportés à cette méthode, 158, 447; Langren

W

NOMS LATINS DE QUELQUES VILLES MODERNES CITÉES DANS CET OUVRAGE

Augusta Vindelicorum.......	Augsbourg.	Lugdunum Batavorum.......	Leyde.
Chilonium ou Kilonium.....	Kiel.	Lincium...................	Lintz.
Gedanum.................	Dantzick.	Norimberga...............	Nüremberg.
Haga Comitum............	La Haye.	Œnipontum................	Deux-Ponts.
Hafnia..................	Copenhague.	Utini....................	Udine.

Imprimeries réunies, **B**, Puteaux.